Harry H. Binder

Lexikon der chemischen Elemente

Lexikon der chemischen Elemente

Das Periodensystem in Fakten, Zahlen und Daten

von

Dipl. Phys.-Chem. Harry H. Binder, Erlangen

Mit einem Geleitwort von

Prof. Dr. I. Barbur

Mit 96 Abbildungen
und vielen tabellarischen Zusammenstellungen

S. Hirzel Verlag Stuttgart · Leipzig 1999

Über den Autor

Dipl. Phys.-Chem. Harry H. Binder war über 20 Jahre in der Stahlindustrie und in der chemischen Industrie u. a. in den Bereichen Automatisierungstechnik, Radiochemie, Isotopenchemie, NMR-Spektroskopie tätig. Nach mehrjähriger Tätigkeit bei der Firma Siemens/KWU in Erlangen im Bereich Reaktortechnik und Strahlenschutz sowie im höheren Lehrdienst führt Herr Binder z. Zt. ein Ingenieurbüro für Strahlenmedizin-Technik. Dieses Buch ist das Ergebnis langjähriger beruflicher Erfahrung und intensiver Forschungsarbeiten auf dem Gebiet der chemischen Elemente.

Anschrift des Autors:

Dipl. Phys.-Chem. Harry H. Binder
Tetzelweg 8
91058 Erlangen

Die Deutsche Bibliothek – CIP-Einheitsaufnahme

Binder, Harry H.:
Lexikon der chemischen Elemente : das Periodensystem in Fakten, Zahlen und Daten / von Harry H. Binder. Mit einem Geleitw. von I. Barbur. – Stuttgart ; Leipzig : Hirzel, 1999
ISBN 3-7776-0736-3

Printed in Germany
Satz: primustype R. Hurler GmbH, Notzingen
Druck: Gulde-Druck GmbH, Tübingen
Umschlaggestaltung: Atelier Schäfer, Esslingen

Wer sie nicht kennte
Die Elemente,
Ihre Kraft
Und Eigenschaft,

Wäre kein Meister
Über die Geister.

Goethe, *„Faust“*
(Zweiter Band, 1982,
S. 319)

Meiner Familie

Geleitwort

The world we live in is made of matter. Matter consists of elements and these elements again are made up of atoms, these smallest particles of all substances, which were already postulated by Leukipp and Demokrit at about 400 b. C.
There are 92 naturally chemical elements which correspond to 92 distinct types of atoms from hydrogen up to uranium. 20 further elements which are heavier than uranium, the *Transuranium Elements* were artificially created by transformation of heavy elements in the laboratories of the modern sciences in Berkeley, California, USA, in Dubna near Moskow, Russia and at GSI in Darmstadt, Germany.
The knowledge about chemical elements is essential in all fields of science nowadays. A book such as the „Lexikon der chemischen Elemente“ in which the nature and the chemical and physical properties of all hitherto known elements are summarized and described, therefor was overdue long ago.
The optimal division, the discussion of important historical moments, the description of every chemical element in an easy understandable form and the precise information make this successful book a valuable reference book, especially for students, teachers, scientist, as well as skilled workers and technicians from chemical fields.
The compilation of this work surely was not an easy task and I want to congratulate the author sincere for this admirable achievement.

Sommer 1998

Prof. Dr. I. Barbur
Member of New York Academie of Science

Vorwort

Philosophischer Disput
Ein Mensch verteidigt mit viel List:
Die Welt scheint anders, als sie ist!
Sein Gegner aber streng verneint:
Die Welt ist anders, als sie scheint.
...
Durch sprachlich kleinsten Unterschied
Jeder die Welt ganz anders sieht.

Frei nach Eugen Roth
(„Der letzte Mensch“ 1964, S. 78)

Der Himmel, die Erde, die Luft, das Meer, die Pflanzen, die Tiere, die Menschen, all das und alles sonst besteht aus *Atomen* und *leerem Raum*. So oder ähnlich formulierte um 400 v. Chr. der griechische Philosoph Demokrit aus Abdera seine Gedanken über die Natur der uns umgebenden Dinge. Heute, 2400 Jahre später wissen wir, daß alle Materie, die uns umgibt, aus *Quarks, Leptonen* und *leerem Raum* besteht.
Die Frage nach dem Ursprung und den Aufbau der Welt in der wir leben hat die Menschheit schon von alters her beschäftigt. Im Laufe der Jahrtausende entdeckten Bauern, Bergleute, Alchimisten, Naturforscher, Chemiker und Physiker nach und nach alle 92 natürlichen chemischen Elemente aus unserem Lebensraum und bemühten sich, ihre Eigenschaften zu untersuchen. Aber erst das Periodensystem der Elemente und die Erkenntnisse der modernen Wissenschaft über den Aufbau der Atome waren der Schlüssel, mit dessen Hilfe aus den Hieroglyphen der Pseudowissenschaften ein Alphabet wurde, aus dem sich die Geheimnisse der Natur buchstabieren ließen. Anhand der Erkenntnis, daß jedem chemischen Element eine eigene Atomsorte entspricht, konnten nur in den letzten 50 Jahren 20 neue Elemente, die schwerer sind als Uran, die sog. *Transurane* und *Transactinoide* entdeckt bzw. hergestellt werden, und heute nähern sich die Wissenschaftler der Grenze des Periodensystems, dem letzten überhaupt möglichen chemischen Element.
Nie in der Geschichte der Menschheit sind die Entwicklung der Wissenschaft und unsere Kenntnisse über den Aufbau und die Eigenschaften der uns umgebenden Materie stürmischer fortgeschritten als in der Nachkriegszeit des 20. Jahrhunderts. Mit dieser Entwicklung Schritt zu halten, ist nicht einfach. In jahrelangen Recherchen, zahlreichen Besuchen in chemischen Werken, wissenschaftlichen Instituten und Labors, Gesprächen mit Fachleuten und Wissenschaftlern sowie gestützt auf eigene Erfahrungen aus der Forschung, Industrie und dem Lehramt habe ich eine Fülle von Informationen und Daten über die chemischen Elemente gesammelt, aus denen schließlich dieses Werk entstanden ist.

Mein besonderer Dank gilt den Wissenschaftlern Prof. Dr. P. Armbruster, Prof. Dr. G. Münzenberg, Dr. S. Hofmann, Dr. G. Siegert u. a. von der *Gesellschaft für Schwerionenforschung (GSI)* in Darmstadt, für die freundlichen Gespräche und die Hilfsbereitschaft bei der Ausarbeitung dieses Buches sowie für die Möglichkeiten, die mir geboten wurden, bei einigen laufenden Experimenten dabei zu sein. Herzlichen Dank möchte ich auch Prof. Dr. Yu. Ts. Oganessian, dem Direktor des *Flerov Laboratory for Nuclear Research, JINR,* Dubna, Moskau aussprechen, der mich nach Dubna eingeladen, mir die hochmodernen Anlagen gezeigt und in langen und ausführlichen Gesprächen die Arbeiten der russischen Kernforschung erläutert hat.
Das Lexikon enthält eine Auslese der wichtigsten Daten aller bisher bekannten chemischen Elemente. In leicht verständlicher Form werden Entdeckung, Vorkommen, Herstellungsverfahren, physikalische und chemische Eigenschaften, Radiochemie, Verbindungen, Verwendung sowie Physiologie und Toxikologie für jedes Element beschrieben. Sämtliche Daten sind in SI-Einheiten angegeben. Es enthält alle von der IUPAC festgelegten, offiziellen Namen der chemischen Elemente einschließlich der Transurane und Transactinoide.
Das Lexikon wendet sich besonders an Schüler der gymnasialen Mittel- und Oberstufe, der Berufs- und Technikerschulen, Studenten, MTA, Techniker, Ingenieure, Naturwissenschaftler sowie an alle, für den Umweltschutz interessierten Leser.
Mit diesem Lexikon möchte ich allen interessierten Leserinnen und Lesern ein wertvolles und nützliches Nachschlagewerk für ihre Aus- und Weiterbildung in die Hand geben. Für kritische Anregungen und Verbesserungsvorschläge sind Verlag und Autor dankbar.

Erlangen, im Sommer 1998 Harry H. Binder

Inhaltsverzeichnis

Actinium Ac

International (Lat.)	Actinium	Italienisch	Attinio
Englisch	Actinium	Griechisch	Ακτὶνιο (Aktinio)
Französisch	Actinium	Russisch	Актиний (Aktinij)
Spanisch	Actinio	Japanisch	アクチニウム (akutiniumu)

Atomare und physikalische Eigenschaften	T+
Protonenzahl **(Z)**	**89**
Standard-Atomgewicht (bezogen auf $^{12}C = 12$)	227,027750 [1)]
Effektive Kernladung	(Slater) 1,80
Elektronenkonfiguration	[Rn] $6d^1\ 7s^2$
Grundzustand, Termsymbol	$^2D_{3/2}$
Metallatomradius (KZ 12)	187,8 pm
Ionenradius (KZ 6,12)	$112^{3+}_{(6)}$ pm, $118^{3+}_{(12)}$ pm
Molares Volumen	$22{,}6 \cdot 10^{-6}\ m^3 \cdot mol^{-1}$
1.;2.;3.;4.;5 Ionisierungsenergie	6,8912 eV; 11,526 eV; 16,931 eV; 48,711 eV; 62,185 eV
Elektronegativität	(Allred/Rochow) 1,00; (Pauling) 1,10
Wirkungsquerschnitt für thermische Neutronen ($\sigma_{n,\gamma}$; $^{227}_{89}Ac$)	$880 \cdot 10^{-28}\ m^2$
Dichte (bei 20 °C) *	$10070\ kg \cdot m^{-3}$
Schmelztemperatur	(1050 ± 50) °C; [(1323,15 ± 50) K] [a)]
Siedetemperatur *	(3200 ± 300) °C; [(3473,15 ± 300) K] [b)]
Spezifische Schmelzenthalpie	$62{,}55\ kJ \cdot kg^{-1}$ [c)]
Spezifische Verdampfungsenthalpie	$1290{,}75\ kJ \cdot kg^{-1}$
Thermische Leitfähigkeit (bei 27 °C)	$12\ W \cdot m^{-1} \cdot K^{-1}$
Thermischer Längenausdehnungskoeffizient (bei 25 °C)	$14{,}9 \cdot 10\ K^{-1}$
Normalpotential Ac/Ac^{3+}	–2,130 V [d)]
Bildungsenthalpie $AcCl_3$**	$-1089\ kJ \cdot mol^{-1}$

1) Angegeben ist das Atomgewicht des Isotops mit der längsten Halbwertszeit $^{227}_{89}Ac$.
Weitere Angaben: a) 827 °C. b) 2470 °C. c) 46,25 kJ · kg^{-1}. d) –2,611 V. * geschätzt Werte: ** extrapolierte (berechnete) Werte.

Entdeckung

Actinium wurde im Jahre 1899 von dem französischen Chemiker André Louis Debierne (1874–1949) in Paris, Frankreich, in Pechblende-Rückständen erstmals nachgewiesen. In Analogie zum Radium (von lat. *radius* d. h. „Strahl") gab er dem neuen Element den Namen „Actinium", chemisches Symbol „Ac" [von griech.: „ακτῖνος" (aktinós) bzw. „ἀκτίς" (aktis), d. h. „Strahl"]. Unabhängig davon entdeckte 1902 auch Friedrich Oskar Giesel (1852–1927) in Braunschweig, Deutschland, das Element; er nannte es „Emanium" (von lat. *emanare*, d. h. „ausstrahlen"). Fünf Jahre später entdeckte Otto Hahn

(1879–1968) in Berlin das Isotop $^{228}_{89}Ac$, das er *Mesothorium 2* nannte. Ende der 40er Jahre zeigte S. Peterson, daß Actinium durch Neutronenbeschuß von Radium künstlich hergestellt werden kann. 1950 erhielt F. T. Hageman erstmals im *Argonne National Laboratory, Chicago*, durch Neutronenbeschuß von 1 g Radium im Kernreaktor gemäß (2) etwa 1,25 mg Actinium aus dem er mittels mikrochemischer Methoden mehrere Salze wie Halogenide, Sulfide u. a. herstellte.

Vorkommen

Actinium gehört zu den äußerst seltenen Elementen auf der Erde. Mit einem geschätzten Massenanteil in der Erdhülle von ca. $6{,}1 \cdot 10^{-14}\%$ ist es fast 1000mal seltener als Radium und steht an 86. Stelle der Elementhäufigkeit. In den obersten 16 km der Erdkruste ist es wegen seiner kurzen Halbwertszeit nur in Spuren in einigen Uranerzen enthalten, in denen es v. a. durch den radioaktiven Zerfall des Urans gemäß (1) entsteht:

$$^{235}_{92}U \xrightarrow[T_{1/2} = 7{,}038 \cdot 10^8 a]{\alpha} {}^{231}_{90}Th \xrightarrow[T_{1/2} = 25{,}52 h]{\beta^-} {}^{231}_{91}Pa \xrightarrow[T_{1/2} = 3{,}276 \cdot 10^4 a]{\alpha} {}^{227}_{89}Ac \xrightarrow[T_{1/2} = 21{,}77 a]{\beta^-} {}^{227}_{90}Th \longrightarrow \quad (1)$$

Man schätzt, daß der äußerste Kilometer der Erdkruste etwa 7000 t Actinium enthält, das ist fast dreimal mehr als Polonium, dessen Anteil bei ca. 2500 t liegt.

Herstellung

Die Herstellung von Actinium aus Uranerzen, spielt wegen seines geringen Gehalts von etwa 0,15 mg Actinium pro 1 t Pechblende kaum eine Rolle. Das wichtigste Ac-Isotop $^{227}_{89}Ac$ erhält man heute in µg- und mg-Mengen durch Neutronenbeschuß von $^{226}_{88}Ra$ und anschließenden β^--Zerfall des $^{227}_{88}Ra$ gemäß (2) in Kernreaktoren:

$$^{226}_{88}Ra + {}^{1}_{0}n \longrightarrow {}^{227}_{88}Ra \xrightarrow[T_{1/2} = 42{,}2 m]{\beta^-} {}^{227}_{89}Ac \xrightarrow{\beta^-} \quad (2)$$

Die Abtrennung des Actiniums von den anderen Produkten erfolgt mittels Kationen-Austauscher oder Lösungsmittel-Extraktion. Die zeitweise größte bekannte Menge von 7 g $^{227}_{89}Ac$ wurde 1969 in Frankreich gemäß (2) durch Neutronenbestrahlung von etwa 300 g Radium als $RaCO_3$ im Kernreaktor erzeugt. Reines Actinium erhält man durch Reduktion von AcF_3 oder $AcCl_3$ mit Lithium bei 1200 °C oder Kalium bei 350 °C, besser durch Reduktion von Ac_2O_3 mit Thorium bei ca. 1730 °C im Vakuum.

Physikalische Eigenschaften

Actinium ist ein silberweißes, weiches, stark radioaktives Schwermetall, das aufgrund seiner intensiven radioaktiven Strahlung im Dunkeln bläulich leuchtet. An der Luft läuft es infolge Oxidbildung rasch an. Es kristallisiert wie Lanthan in kubisch-flächenzentrierter Gitterstruktur. Die thermische Leitfähigkeit beträgt 2,80% der des Silbers. Wegen der intensiven α-Strahlung seiner Zerfallsprodukte konnten die Eigenschaften des Metalls bisher noch nicht näher untersucht werden.

Radiochemie

Vom Actinium sind 28 radioaktive Isotope bekannt.

Die Isotope des Actiniums (1995)

Isotop	Natürliche Häufigkeit n (%)	Zerfallsart				Halbwertszeit $T_{1/2}$
		α	EC	γ	$β^-$	
Ac 207		x				22 ms
Ac 208*		x				95 ms
Ac 208*		x				25 ms
Ac 209		x				90 ms
Ac 210		x				0,35 s
Ac 211		x	x			0,25 s
Ac 212		x				0,93 s
Ac 213		x				0,80 s
Ac 214		x	x			8,2 s
Ac 215		x	x			0,17 s
Ac 216*		x				ca. 0,33 ms
Ac 216*		x				0,33 ms
Ac 217*		x				69 ns
Ac 217 m*		x				0,74 µs
Ac 218		x				1,1 µs
Ac 219		x				11,8 µs
Ac 220		x		x		26 ms
Ac 221		x				52 ms
Ac 222*		x				5,0 s
Ac 222 m*		x	x	x		63 s
Ac 223		x	x	x		2,10 m
Ac 224		x	x	x		2,9 h
Ac 225	**Spuren**	x	x	x		10,0 d
Ac 226		x	x	x	x	29 h
Ac 227	**Spuren**	x		x	x	21,773 a
Ac 228	**Spuren**	x		x	x	6,13 h
Ac 229				x	x	62,7 m
Ac 230				x	x	122 s
Ac 231				x	x	7,5 m
Ac 232				x	x	119 s
Ac 233				x	x	145 s
Ac 234				x	x	44 s

(* isomere Atomkerne; m* markiert jeweils einen metastabilen Zustand)

Die Isotope $^{227}_{89}Ac$ und $^{228}_{89}Ac$ kommen in der Natur in winzigen Mengen als Glieder der natürlichen Zerfallsreihen vor:

$^{227}_{89}Ac$: *Uran-Actinium-Zerfallsreihe*
$^{228}_{89}Ac$, Mesothorium 2 ($MsTh_2$): *Thorium-Zerfallsreihe.*

Spurenweise findet man auch das Isotop $^{225}_{89}Ac$ das zu der inzwischen ausgestorbenen *Neptunium-Zerfallsreihe* gehört; es entsteht beim Zerfall von $^{233}_{92}U$, das in Brutreaktoren in großen Mengen hergestellt wird. Die meisten Ac-Isotope wurden durch Beschuß von Thorium mit verschiedenen Teilchen erzeugt. Die Halbwertszeiten der Ac-Isotope sind relativ kurz. Die leichteren Isotope A < 229 zerfallen durch α-Strahlung in die entsprechenden Fr-Isotope bzw. durch Elektronen-Einfang (EC) in Ra-Isotope, die schwereren A > 225 verwandeln sich durch β^--Emission in Th-Isotope. Spaltbar ist nur das Isotop $^{227}_{89}$Ac ($\sigma_f < 0{,}029 \cdot 10^{-28}\,m^2$). Das Isotop $^{227}_{89}$Ac der Kernspinzahl 3/2- und kernmagnetischen Moment + 1,1 dient zum NMR-spektroskopischen Nachweis. NMR-Frequenz (bei 2,3488 T) $13{,}1 \cdot 10^6\,s^{-1}$ Actinium besitzt etwa die 150fache Aktivität des Radiums. Die maximal zulässige radiologische Aktivität bezogen auf das Isotop $^{227}_{89}$Ac beträgt 370 Bq für den menschlichen Körper, 112 Bq/l in wäßriger Lösung und 0,148 Bq/m^3 Luft.

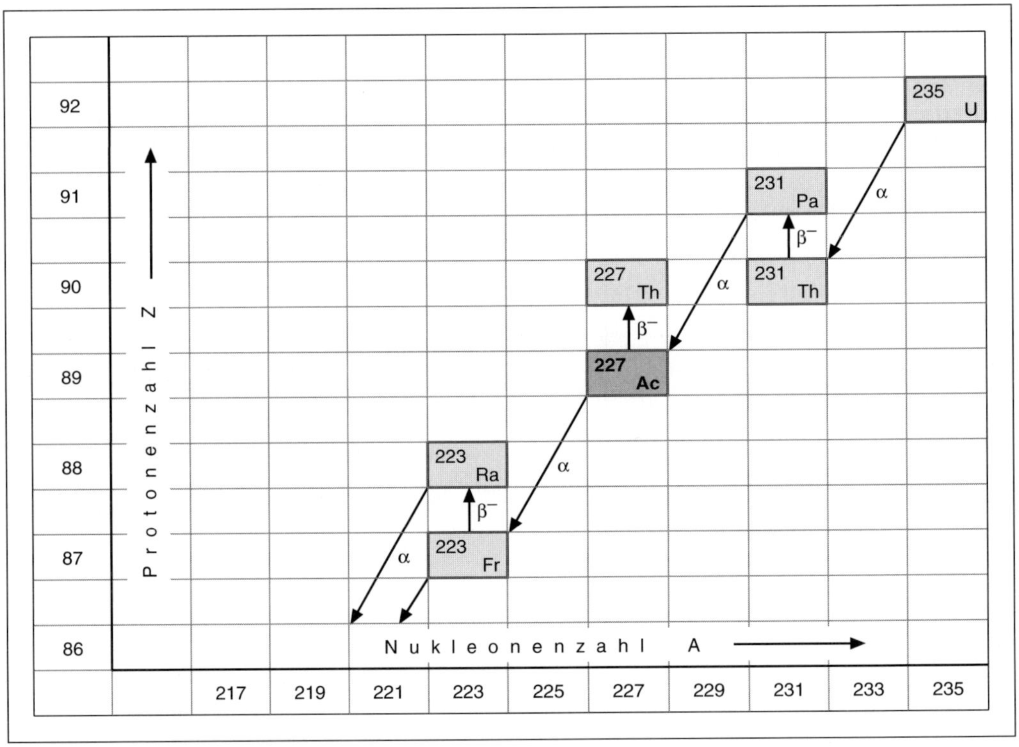

Abb. 1: Entstehung und Zerfall des $^{227}_{89}$Ac (Ausschnitt aus der Uran-Actinium-Zerfallsreihe).

Frühere Bezeichnung nichtidentifizierter Isotope in den radioaktiven Zerfallsreihen:

Actinium A	(AcA)	für	$^{215}_{84}$Po
Actinium B	(AcB)	für	$^{211}_{82}$Pb
Actinium B’	(AcB’)	für	$^{215}_{85}$At
Actinium C	(AcC)	für	$^{211}_{83}$Bi

Actinium C'	(AcC')	für	$^{211}_{84}Po$
Actinium C''	(AcC'')	für	$^{207}_{81}Tl$
Actinium D	(AcD)	für	$^{207}_{82}Pb$
Actinium K	(AcK)	für	$^{223}_{87}Fr$
Actinouran	(AcU)	für	$^{235}_{92}U$
Actinium X	(AcX)	für	$^{223}_{88}Ra$
Actinon	(An)	für	$^{219}_{86}Rn$ (Ac-Emanation)
Radioactinium	(RdAc)	für	$^{227}_{90}Th$

Chemische Eigenschaften

Actinium gehört zur sog. *Scandiumgruppe*; es ist Ausgangsglied der Reihe der „Actinoide", gehört aber selbst nicht dazu. Es befindet sich im Periodensystem der Elemente (PSE) in der 3. Gruppe (IIIB Nebengruppe) unter dem Lanthan La sowie in der 7. Periode zwischen Radium Ra und Thorium Th. Das Übergangsmetall gehört zur Gruppe der 6d-Metalle bei denen der Ausbau der 6d-Orbitale mit Elektronen erfolgt. Entsprechend seiner Stellung im PSE hat das freie, neutrale Ac-Atom im elektronischen Grundzustand folgende Elektronenkonfiguration:

$$1s^2\ 2s^2\ 2p^6\ 3s^2\ 3p^6\ 3d^{10}\ 4s^2\ 4p^6\ 4d^{10}\ 4f^{14}\ 5s^2\ 5p^6\ 5d^{10}\ 6s^2\ 6p^6\ 6d^1\ 7s^2$$

In seinen Verbindungen bildet Actinium ausschließlich die Oxidationsstufe +III ([Rn]) die durch Abgabe der beiden 7s-Elektronen und des einen 6d-Elektrons erreicht wird. Die Normalpotentiale des Actiniums:

	+III		+II		0
			−2,130 V (Ac³⁺ → Ac)		
Saure Lösung	Ac^{3+}	−4,9 V	(Ac^{2+})	−0,7 V	Ac
Basische Lösung	$Ac(OH)_3$		−2,60 V		Ac

Wie aus seinen Normalpotentialen ersichtlich ist Actinium ein stark elektropositives, sehr unedles Metall und ein starkes Reduktionsmittel. Mit Wasser reagiert es heftig unter Wasserstoffentwicklung und Bildung des Hydroxids. In seinem chemischen Verhalten ähnelt es weitgehend seinem leichteren Homologen dem Lanthan, aufgrund seines größeren Ionenradius ist jedoch beim Actinium der basische Charakter stärker ausgeprägt. Auf den Basizitätunterschied beruht auch die Trennung des Elements von den Lanthanoiden, da das hydratisierte Ac^{3+} Kation an Kationenaustauschern stärker adsorbiert wird als die Lanthanoide. Auch die Hydrolyse bei ca. 1000 °C der Halogenide AcX_3 führt zu Halogenidoxiden AcOX statt zum Trioxid wie beim Lanthan. Von Actinium sind bisher nur wenige Verbindungen bekannt. Das Metall bildet jedoch dieselben unlöslichen Verbindungen bzw. Salze wie die Lanthanoide beispielsweise das Oxid Ac_2O_3, Hydroxid $Ac(OH)_3$, Fluorid AcF_3, Oxalat $Ac_2(C_2O_4)_3$, Phosphat $AcPO_4$, während die restlichen Halogenide AcX_3 (X = Cl, Br, I), das Nitrat $Ac(NO_3)_3$ Sulfat $Ac_2(SO_4)_3$ u. a. in

Wasser leicht löslich sind. Bis auf das schwarze Sulfid Ac_2S_3 sind alle bekannten Verbindungen farblos und bilden farblose Lösungen.

Nachweis

Qualitativ:

- Radiometrie; indirekt durch die Strahlung seiner Tochter-Isotope $^{223}_{87}Fr$ (AcK) und $^{219}_{86}Rn$ (An).
- Spektralanalyse; wichtige Spektrallinien der einfach positiven Ionen Ac^+: 386,312 nm, 408,844 nm, 416,840 nm, 438,641 nm, 450,720 nm, 591,085 nm.

Verwendung

Wegen seiner starken Radioaktivität dient Actinium v. a. als α-Strahlungsquelle zur Erzeugung von Neutronen gemäß $^{227}_{89}Ac$-Be (α, n). Daneben findet es Verwendung zu Forschungszwecken in der Radiochemie, in der Aktivierungsanalyse von Legierungen und Erzen sowie zur Herstellung von Francium als Tochter-Isotop des $^{227}_{89}Ac$. Das Isotop $^{227}_{89}Ac$ wird für *thermionische Energieumwandlungen* also für die Direktumwandlung von Wärme in elektrische Energie verwendet und hat mit einer Ausbeute von etwa $50\ MJ \cdot kg^{-1} \cdot h^{-1}$ große Bedeutung als Energiequelle für Satelliten.

Physiologie, Toxikologie

Actinium hat keine biologische Bedeutung für den menschlichen Organismus, das Element ist aber aufgrund seiner intensiven radioaktiven Strahlung äußerst toxisch.

Aluminium Al

International (Lat.)	Aluminium	Italienisch	Alluminio
Englisch	Aluminium/ Aluminum	Griechisch	Αϱγίλιο (Arjilio)
Französisch	Aluminium	Russisch	Алюминий (Aljuminji)
Spanisch	Aluminio	Japanisch	アルミニウム (aluminiumu)

Atomare und physikalische Eigenschaften O

Protonenzahl **(Z)**	**13**
Standard-Atomgewicht (bezogen auf $^{12}C = 12$)	26,981539 (±5)
Effektive Kernladung	(Slater) 3,50; (Clementi) 4,07; (Froese-Fischer) 3,64
Elektronenkonfiguration	[Ne] $3s^2$ $3p^1$
Grundzustand, Termsymbol	$^2P_{1/2}$
Metallatomradius (KZ 12) /Kovalenzradius (Einfachbindung)	143,2 pm/125 pm
Van-der-Waals-Radius	205 pm
Ionenradien (KZ 4;6)	$39^{3+}_{(4)}$ pm, $53{,}5^{3+}_{(6)}$ pm
Molares Volumen	$1{,}0 \cdot 10^{-6}$ $m^3 \cdot mol^{-1}$
1.;2.;3.;4.;5. Ionisierungsenergie	5,9843 eV; 18,823 eV; 28,445 eV; 119,96 eV; 153,79 eV
Elektronegativität	(Allred/Rochow) 1,47; (Pauling) 1,61; (absolut) 3,23 eV
Elektronenaffinität Al ⟶ Al^-	–0,456 eV a)
Wirkungsquerschnitt für thermische Neutronen ($\sigma_{n,\gamma}$)	$0{,}230 \cdot 10^{-28}$ m^2
Dichte (bei 20 °C)	2702 $kg \cdot m^{-3}$ b)
Härte (geglüht)	(Mohs) 2,75 ; (Brinell) $18{,}4 \cdot 10^7$ Pa
Elastizitätsmodul (geglüht)	$6{,}85 \cdot 10^{10}$ Pa
Schmelztemperatur	660,37 °C (933,52 K)
Siedetemperatur	2467 °C (2740,15 K) c)
Spezifische Schmelzenthalpie (Verdampfungsenthalpie)	395,48 $kJ \cdot kg^{-1}$ d) (10886,58 $kJ \cdot kg)^{-1}$ e)
Spezifische Sublimationsenthalpie (einatomiges Gas)	11923,65 $kJ \cdot kg^{-1}$
Spezifische Wärmekapazität (bei 25 °C)	0,897 $kJ \cdot kg^{-1} \cdot K^{-1}$
Thermische Leitfähigkeit (bei 27 °C)	237 $W \cdot m^{-1} \cdot K^{-1}$
Thermischer Längenausdehnungskoeffizient (bei 25 °C)	$23{,}1 \cdot 10^{-6}$ K^{-1}
Thermospannung (Δt=100K / Pt;Cu)	+0,39 mV; –0,36 mV
Elektrische Leitfähigkeit (> 99,5%; bei 20 °C)	$37{,}66 \cdot 10^6$ $S \cdot m^{-1}$
Spezifischer elektrischer Widerstand (> 99,5%; bei 20 °C)	$2{,}6548 \cdot 10^{-8}$ $\Omega \cdot m$
Temperaturkoeffizient (bei 20 °C)	$(3{,}77\ldots4{,}03) \cdot 10^{-3}$ K^{-1}
Supraleitung; Sprungtemperatur	–271,975 °C (1,175 K)
Spezifische magnetische Suszeptibilität	$+7{,}7 \cdot 10^{-9}$ $m^3 \cdot kg^{-1}$
Hall-Koeffizient (Al 99,5 %)	$0{,}33 \cdot 10^{-10}$ $m^3 \cdot A^{-1} \cdot s^{-1}$
Elektrochemisches Äqivalent Al^{3+}	$0{,}0932 \cdot 10^{-6}$ $kg \cdot A^{-1} \cdot s^{-1}$
Normalpotential Al/Al^{3+}	–1,676 V
Hydratationsenthalpie Al^{3+}	–4616 $kJ \cdot mol^{-1}$
Bildungsenthalpie AlH_3 f) ($AlCl_3$; Al_2O_3)	–11 $kJ \cdot mol^{-1}$ (–705 $kJ \cdot mol^{-1}$;–1676,8 $kJ \cdot mol^{-1}$)

Weitere Angaben: a) 0,441 eV, –0,27 eV. b) 2699 $kg \cdot m^{-3}$ und 2707 $kg \cdot m^{-3}$. c) 2450 °C. d) 389,18 $kJ \cdot kg^{-1}$ und 397 $kJ \cdot kg^{-1}$. e) 10778,35 $kJ \cdot kg^{-1}$ und 10900 $kJ \cdot kg^{-1}$. f) bezogen auf 1/x $(AlH_3)_x$

Entdeckung

Aluminium wurde im Jahre 1825 von dem dänischen Naturwissenschaftler Hans Christian Oersted (1777–1851) in Kopenhagen, Dänemark, bei der Zerlegung der Alaunerde entdeckt und in unreiner Form isoliert. Reines Aluminium erhielt Friedrich Wöhler (1800–1882) im Jahre 1827 durch Reduktion von $AlCl_3$ mit Kalium. Der Name „Aluminium“ chemisches Symbol „Al“, wurde von lat. *alumen*, d. h. „Alaun“ abgeleitet, wegen seinem Vorkommen in der Alaunerde. Die heute fast ausschließlich angewandte Schmelzfluß-Elektrolyse eines Gemisches von Tonerde, Bauxit und Kryolith wurde 1886 unabhängig voneinander von Charles Martin Hall (1863–1914) in Thompson, Ohio, USA, und Paul Louis T. Héroult (1863–1914) in Gentilly, Frankreich, entwickelt.

Vorkommen

Aluminium ist das häufigste Metall auf der Erde und steht mit einem berechneten Massenanteil von 7,57% nach Sauerstoff und Silicium an 3. Stelle der Elementhäufigkeit. In der Erdkruste, bis 16 km Tiefe, ist Aluminium mit rund 81,3 kg/t Krustengestein vertreten, in Steinmeteoriten mit ca. 14 kg/t. Im Meerwasser beträgt sein Anteil als $Al^{(+III)}$ durchschnittlich 0,27 mg/m³, bei einer Verweilzeit von ca. 150 Jahren.
Wegen seiner starken Affinität zu Sauerstoff kommt Aluminium in der Natur nie gediegen, sondern nur in Form oxidischer Verbindungen vor.

Zu den wichtigsten Mineralen gehören vor allem die zu den Alumo-Silicaten zählenden Feldspäte und Glimmer	
Feldspäte	
Kalifeldspat, Orthóklas enthalten in Granit, Gneis, Porphyr u. a. Eruptivgesteinen	$K\,[AlSi_3\,O_8]$
Natronfeldspat, Albit	$Na\,[AlSi_3O_8]$
Kalkfeldspat, Anorthit	$Ca\,[Al_2Si_2O_8]$
Leucit	$K\,[AlSi_2O_6]$ u. a.
Glimmer	
Kaliglimmer, Muskovit	$KAl_2\,[AlSi_3O_{10}]\,(OH, F)_2$
Kalk- oder Perlglimmer, Margarit	$CaAl_2\,[Al_2Si_2O_{10}]\,(OH)_2$
Magnesiaglimmer, Biotit	$K\,(Mg, Fe^{II})_3\,[AlSi_3O_{10}]\,(OH, F)_2$
Lithionglimmer, Lepidolith	$(K, Li)\,Al_2\,[AlSi_3O_{10}]\,(OH, F)_2$ u. a.

Die Verwitterungsprodukte feldspathaltiger Gesteine sind *Tonminerale* wie z. B. Kaolinit $Al_2\,[(OH)_4 | Si_2O_5]$ (= $Al_2O_3 \cdot 2\,SiO_2 \cdot 2\,H_2O$), Montmorillonit, Vermiculit u. a. Stark magnesium- und calciumcarbonathaltige Tone nennt man *Tonmergel*, mit Eisenoxid und Sand verunreinigte Tone hingegegen werden als *Lehm* bezeichnet.
Als reines Al-Oxid, sog. *Tonerde*, findet man Aluminium in Form von Korund und Schmirgel. Einige Al-Oxide sind durch Spuren anderer Oxide gefärbt und werden als Edelsteine sehr geschätzt (s. S. 17).

Weitere wichtige Aluminium-Minerale	
Kryolith, Eisstein	$Na_3 [AlF_6]$
Kryolithionit	$Li_3Na_3 [AlF_6]_2$
Spinell	$MgAl_2O_4$ (Spinelle allg. Formel: $M^{II}M_2^{III}O_4$)
Granat	$Ca_3Al_2 [SiO_4]_3$ (Granate allg. Formel: $M_3^{II}M_2^{III}[SiO_4]_3$)
Beryll	$Be_3Al_2 [Si_6O_{18}]$
Türkis, Kallait	$CuAl_6 [(OH)_8 \vert (PO_4)_4]\ 4\ H_2O$

Das für die Al-Herstellung weitaus wichtigste Mineral ist der Bauxit[1], ein Al-Erz das aus einem Gemenge verschiedener Al-Hydroxide und -Oxide, wie z. B. Hydrargillit, Gibbsit Al $(OH)_3$ (= $Al_2O_3 \cdot 3\ H_2O$), Diaspor, Böhmit 2 AlO(OH) (= $Al_2O_3 \cdot H_2O$) besteht und von Eisenoxiden meist rötlich gefärbt ist. Industriell verwendeter Bauxit enthält 40–60% Al_2O_3, 7–30% Fe_2O_3, 12–30% H_2O, 2–15% SiO_2, 3–4% TiO_2, bis 0,2% V_2O_5, P_2O_5 u. a. Die wichtigsten Vorkommen von Bauxit befinden sich in Australien, Guinea, Brasilien, Jamaika, Indien, Guyana und Indonesien. Geringere Mengen findet man auch in Frankreich, Ungarn, Italien, ehem. Jugoslawien u. a. Die bis heute sicher nachgewiesenen Bauxit-Reserven von 22,6 Mrd. t ergeben einen Weltvorrat von ca. 7,4 Mrd. t Al. Die Häufigkeit des Elements auf der Sonne beträgt ca. $3{,}25 \cdot 10^6$ Atome Aluminium pro $1 \cdot 10^{12}$ Atome Wasserstoff, die kosmische Häufigkeit wird auf $9 \cdot 10^5$ Atome Aluminium pro $1 \cdot 10^6$ Atome Silicium geschätzt.

Herstellung

Großtechnisch wird Aluminium fast ausschließlich durch Schmelzfluß-Elektrolyse einer Lösung von Al-Oxid in geschmolzenem Kryolith hergestellt. Das Verfahren erfolgt in zwei Arbeitsstufen:

- Herstellung von reinem Al-Oxid bzw. Tonerde aus Bauxit nach dem 1887 patentierten *Bayer-Verfahren*[2] dem sog. *nassen Aufschluß*. Der getrocknete und feingemahlene, durch Eisenoxide meist rötliche Bauxit wird zunächst in Autoklaven mit konz. Natronlauge NaOH auf ca. 180 °C erhitzt. Dabei geht das Hydroxid $Al(OH)_3$ unter Bildung von Na-Aluminat NA $[Al(OH)_4]$ in Lösung, während die Oxide des Eisens, Siliciums, Titans u. a. ungelöst im sog. *Rotschlamm* zurückbleiben und mit Filterpressen abgetrennt werden. Aus der Na-Aluminat-Lösung scheidet sich nach Abkühlung auf etwa 80 °C und *Impfen*, beim Verdünnen mit Wasser krist. Hydrargillit ab, der durch Glühen bei 1200–1300 °C in langen Drehrohröfen oder Wirbelschichtöfen in wasserfreies *totgebranntes* α-Al_2O_3 übergeht. Der Gesamtvorgang kann schematisch wie folgt dargestellt werden:

---

1 Das Mineral wurde 1821 von *Pierre Berthier* (1782–1861) in der Provence, nahe der Ortschaft Les Baux entdeckt und nach dieser Ortschaft benannt.

2 Nach *Karl Josef Bayer* (1847–1904), der das Verfahren 1887 entdeckte und 1892 zum Patent anmeldete.

$$Al(OH)_3 + NaOH \underset{\text{Ausfällung}}{\overset{\text{Aufschluß}}{\rightleftharpoons}} Na\,[Al(OH)_4] \qquad (1)$$

$$2\,Al\,(OH)_3 \xrightarrow{\text{Kalzinieren}} Al_2O_3 + 3\,H_2O \qquad (2)$$

Die bei diesen Verfahren anfallenden großen Mengen Rotschlamm von bis zu 1,5 t pro 1 t Al_2O_3 werden heute in zunehmenden Maße zur Herstellung von Baumaterialien verwendet.

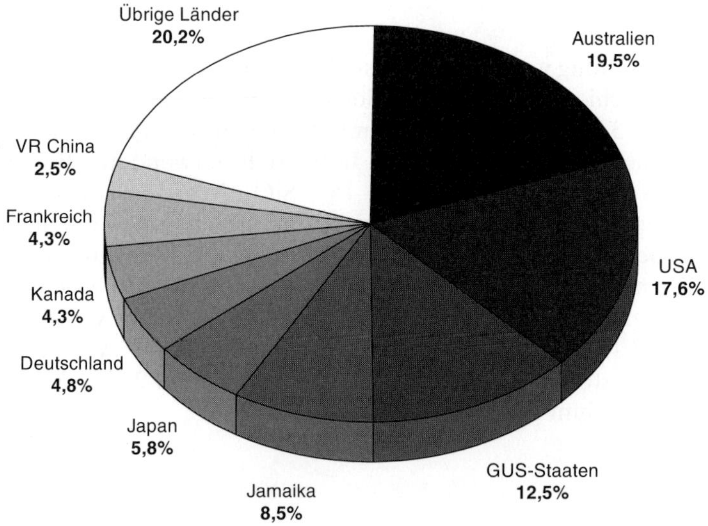

Abb. 2: Die Hauptproduzenten von Tonerde.

- Herstellung von metallischen Aluminium durch Schmelzfluß-Elektrolyse von Al-Oxid nach dem *Hall-Héroult-Verfahren*. Wegen der hohen Schmelztemperatur von 2045 °C wird das trockene Al_2O_3 in der 10- bis 20-fachen Menge einer Schmelze aus synthetischen Kryolith $Na_3[AlF_6]$ und einigen Zusätzen gelöst. In der Technik verwendet man Elektrolytzusammensetzungen von etwa 80–85% $Na_3[AlF_6]$, 2–8% Al_2O_3 und als Zusätze 5–7% AlF_3 und 5–7% CaF_2, die eine Schmelztemperatur von etwa 950–980 °C ergeben.

Die Schmelzfluß-Elektrolyse (Abb. 3) erfolgt in einer mit Schamotte- und Kohlensteinen ausgekleideten Eisenwanne, die zugleich als Kathode dient. Die Anoden bestehen aus vorgebrannten Kohleblöcken, sog. *Blockanoden* oder selbstbrennenden *Söderberg-Elektroden*[3]. Bei einer Gleichspannung von 5–6 V und Stromstärken bis zu 150000 A

3 Nach dem schwedischen Ingenieur *C. W. Söderberg* (1876–1955) benannte Elektroden, die in elektrothermischen Industrieöfen v. a. bei der Aluminium-, Silicium- und Calciumcarbidherstellung verwendet werden. Diese bestehen aus einem zylindrischen Stahlblechmantel mit einem Durchmesser bis zu 1,5 m, in den von oben ein vorgewärmtes Gemisch aus feingemahlenen Anthrazit, Koks und Teer eingepreßt wird. Das Gemisch verfestigt sich durch die Ofenhitze zu einer den elektrischen Strom gut leitenden Graphitmasse.

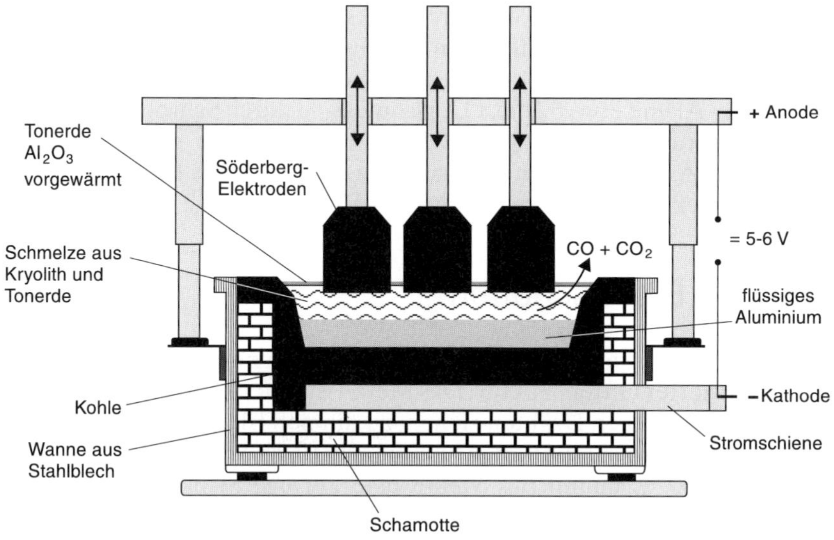

Abb. 3: Schmelzelektrolyseofen zur Aluminium-Herstellung.

wird das Al-Oxid zerlegt. Das metallische Aluminium wird an der Kathode abgeschieden und sammelt sich unter der leichteren Schmelze, am Boden der Elektrolysewanne. Es wird so vor Rückoxidation durch Luftsauerstoff geschützt. Von hier wird das Aluminium alle 2–4 Tage abgesaugt und in Barrenformen gegossen. Man erhält Hütten-Al mit einem Reinheitsgrad von 99,5–99,8%.
Die sehr komplexen Reaktionsvorgänge lassen sich vereinfacht wie folgt darstellen:

Bildung beweglicher Ionen durch Schmelzen: $Al_2O_3 \xrightarrow{Na_3[AlF_6];\ 950\ °C} 2\ Al^{3+} + 3\ O^{2-}$ $\Delta H = +1676{,}8$ kJ

Vorgänge an der Kathode: $2\ Al^{3+} + 6e^- \longrightarrow 2\ Al$

Vorgänge an der Anode: $3\ O^{2-} \longrightarrow 1{,}5\ O_2 + 6e^-$
$1{,}5\ O_2 + 3\ C \longrightarrow 3\ CO \uparrow$ $\Delta H = -\ 331{,}6$ kJ

Gesamtvorgang $Al_2O_3 + 3\ C \longrightarrow 2\ Al + 3CO$ $\Delta H = +1345{,}2$ kJ

Der freigesetzte Sauerstoff bildet mit den Kohleelektroden CO und CO_2, das entweicht. Die verbrauchten Anoden werden langsam nachgeschoben. Zur Herstellung von 1 t Hütten-Al in einem modernen Elektrolyseofen benötigt man ca. 4–5 t Bauxit (bzw. 2,8 t Al_2O_3), 0,6 t Kohlenstoff (Anodenmaterial) 0,06 t Kryolith und 0,03 t AlF_3. Der Energieaufwand liegt bei etwa 151,2 MWh für die Al_2O_3-Herstellung und etwa 15,5 MWh für die Elektrolyse. Der für die Elektrolyse benötigte Kryolith ist ein sehr seltenes Mineral und wird daher heute vorwiegend künstlich durch Auflösen von Tonerde und Soda in wäßriger Flußsäure in speziellen mit Blei ausgekleideten Reaktoren hergestellt:

$$Al_2O_3 + 12\ HF \longrightarrow 2\ H_3[AlF_6] + 3\ H_2O$$

$$2\ H_3[AlF_6] + 3\ Na_2CO_3 \longrightarrow 2\ Na_3[AlF_6] + 3\ H_2O + 3\ CO_2 \uparrow$$

Die Raffination des Hütten-Al erfolgt durch *Dreischichtelektrolyse*, wobei ein Reinheitsgrad von 99,99% erreicht wird. Mittels dem *Zonenschmelzverfahren* kann Aluminium mit einem Reinheitsgrad von 99,999% hergestellt werden. Weltweit werden jährlich rund 16,5 Mio. t Hütten-Al und etwa 8 Mio. t Umschmelz-Al durch Schrottverwertung erzeugt. In Deutschland werden jährlich etwa 1,25 Mio. t Aluminium produziert, davon rund 0,85 Mio. t Hütten-Al und 0,4 Mio. t Umschmelz-Al. Der Preis für 1 kg Aluminium beträgt je nach Reinheitsgrad etwa zwischen 1,68–1,94 $ bzw. ca. 2,85–3,30 DM.

Physikalische Eigenschaften

Aluminium ist ein silberweißes, relativ weiches, paramagnetisches Leichtmetall mit kubisch-flächenzentrierter Gitterstruktur. Das Metall ist sehr gut dehn- und verformbar und läßt sich leicht zu sehr feinen Drähten ziehen, zu dünnen Blechen und feinsten Folien bis zu 0,001 mm auswalzen sowie zu Blatt-Aluminium bis 0,0005 mm Dicke aushämmern. Bei Erwärmung über 600 °C nimmt das Metall eine körnige Struktur an, die unterkühlte Schmelze läßt sich leicht in feine Körner *Al-Grieß* oder Pulver *Al-Bronze* zerteilen. Aluminium hat eine sehr niedrige Schmelz- und Siedetemperatur und ist ein sehr guter Leiter von Wärme und elektrischen Strom; die thermische Leitfähigkeit beträgt 55,24%, die elektrische 59,88% der des Silbers. Unterhalb – 271,975 °C (1,175 K) in dünnen Schichten bereits unterhalb – 267,44 °C (5,71 K) besteht Supraleitfähigkeit. Die kritische Feldstärke beträgt (8347,68 ± 23) $A \cdot m^{-1}$. Die Austrittsarbeit für Elektronen im Vakuum beträgt 4,06–4,41 eV (P). Die Schallgeschwindigkeit in Aluminium liegt bei 5200 $m \cdot s^{-1}$.

Radiochemie

Aluminium ist ein anisotopes Element. Es kommt in der Natur nur in Form eines einzigen stabilen Isotops vor, daneben sind weitere 17 künstliche, radioaktive Isotope bekannt.

Die leichteren Isotope A < 27 zerfallen durch β^+-Strahlung in die entsprechenden Mg-Isotope, die schwereren verwandeln sich durch β^--Zerfall in Silicium. Einige Isotope entstehen als β^--Zerfallsprodukte aus Mg-Isotopen oder werden in $^{A}_{13}Al$ (n, γ) $^{A+1}_{13}Al$-Reaktionen hergestellt. Das langlebigste Isotop $^{26}_{13}Al$ (β^+ | 1,2 MeV; γ | 1,81 MeV) erhält man durch Beschuß von Magnesiumtargets mit Protonen oder Deuteronen gemäß:

$$^{25}_{12}Mg + ^{2}_{1}H \longrightarrow ^{26}_{13}Al + ^{1}_{0}n$$

Es wird als radioaktiver Indikator (Tracer), in der Al-Metallurgie v. a. für Korrosionsuntersuchungen verwendet. Daneben eignet es sich wegen seiner langen Halbwertszeit zu Eichzwecken. Das stabile Isotop $^{27}_{13}Al$ der Kernspinzahl 5/2+ und kernmagnetischen Moment +3,6415 dient zum NMR-spektroskopischen Nachweis; NMR-Frequenz (bei 2,3488 T) 26,057 · $10^{-6} s^{-1}$; Referenz $Al(H_2O)_6^{3+}$.

Im Jahre 1934 entdeckten die Eheleute Iréne Joliot-Curie (1897–1956) und Frédéric Joliot-Curie (1900–1958) die künstliche Radioaktivität, nachdem sie beim Beschuß einer Al-Folie mit α-Teilchen He-Kernen das in der Reaktion

$$^{27}_{13}Al + ^{4}_{2}He \longrightarrow ^{30}_{15}P + ^{1}_{0}n$$

gebildete kurzlebige Isotop $^{30}_{15}P$ chemisch nachweisen konnten.

Die Isotope des Aluminums (1995)					
Isotope	Natürliche Häufigkeit n (%)	Zerfallsart			Halbwertszeit $T_{1/2}$
		β^+	γ	β^-	
Al 22		x			70 ms
Al 23		x			470 ms
Al 24*		x	x		2,07 s
Al 24 m*		x	x		129 ms
Al 25		x	x		7,18 s
Al 26*		x	x		$7{,}16 \cdot 10^5$a
Al 26*		x			6,35 s
Al 27	**100**				
Al 28			x	x	2,246 m
Al 29			x	x	6,6 m
Al 30			x	x	3,60 s
Al 31			x	x	644 ms
Al 32			x	x	33 ms
Al 33			x	x	54 ms
Al 34			x	x	60 ms
Al 35				x	ca. 150 ms
Al 36				x	n.bek.
Al 37				x	n.bek.
Al 38				x	n.bek.
Al 39				x	n.bek.

(* isomere Atomkerne; m* markiert einen metastabilen Zustand)

Chemische Eigenschaften

Aluminium ist das zweite Element in der Gruppe der „Triele". Es befindet sich im PSE in der 13. Gruppe (III A Hauptgruppe) zwischen Bor B und Gallium Ga, sowie in der 3. Periode zwischen Magnesium Mg und Silicium Si. Das chemische Verhalten von Aluminium ist durch die ausgeprägte Tendenz, sich mit Sauerstoff zu verbinden, gekennzeichnet. Dennoch ist das Metall an der Luft beständig, da es mit dem Luftsauerstoff eine dichte, fest anhaftende, sehr widerstandsfähige Oxidschicht bildet, die das Metall gegen Luft und andere chemische Einflüsse schützt *(Passivierung)*. Die natürliche Oxidschicht kann auch auf elektrochemischem Wege durch anodische Oxidation in Schwefelsäure, dem sog. *Eloxal-Verfahren* (**El**ektrisch **Ox**idiertes **Al**uminium) (in England *Bengough-Verfahren*, in den USA *Aluminite-Verfahren* genannt) verstärkt werden. Man erhält bis zu 0,02 mm dicke Schichten, die sehr hart und chemisch sehr widerstandsfähig sind. Mit Quecksilber bildet Aluminium eine nichtoxidierbare Amalgamschicht, die bei Luftfeuchtigkeit in kurzer Zeit faserartige Al-Oxide bildet, die das Metall schimmelartig bedecken. Fein verteiltes Aluminium verbrennt, in der Luft einmal angezündet, unter starker Hitze- und Lichtentwicklung zu Al-Oxid *(Blitzlicht)*:

$$2\ Al + 1{,}5\ O_2 \longrightarrow Al_2O_3 \qquad \Delta H = -1676{,}8\ kJ$$

Aufgrund seiner starken Affinität zu Sauerstoff brennt Aluminium auch in Kohlenstoffmonooxid CO und Kohlenstoffdioxid CO_2 und im Beisein einiger Metalloxide, indem es diesen den Sauerstoff entreißt. Das Metall eignet sich daher sehr gut als Desoxidationsmittel bei der Stahlerzeugung sowie als Reduktionsmittel bei der Herstellung schwer schmelzender Metalle wie Chrom, Mangan, Molybdän, Titan, Vanadium, u. a. aus ihren Oxiden, nach dem sog. *Goldschmidt-Verfahren* oder *Aluminothermie*:

$$3\ TiO_2 + 4\ Al \longrightarrow 3\ Ti + 2\ Al_2O_3 \qquad \Delta H = -521{,}3\ kJ$$

Das Metalloxid wird dazu mit Al-Pulver oder Al-Grieß in einem feuerfesten Tiegel angezündet. Bei einer Temperatur von über 2000 °C setzt sich das reduzierte Schwermetall als Schmelze am Boden ab, während das Al_2O_3 als Schlacke auf der Schmelze schwimmt.

Entsprechend seiner Stellung im PSE hat das freie, neutrale Al-Atom im elektronischen Grundzustand die Elektronenkonfiguration:

$$1s^2\ 2s^2\ 2p^6\ 3s^2\ 3p^1$$

Aluminium bildet fast ausschließlich die Oxidationsstufe +III, die durch Abgabe der beiden 3s-Elektronen und des 3p-Elektrons erreicht wird. Bei sehr hohen Temperaturen kann das Metall unter bestimmten Bedingungen auch in den Stufen +I und +II auftreten. Die Normalpotentiale des Aluminiums:

	+III		O
Saure Lösung	Al^{3+}	−1,676 V	Al
Basische Lösung	$Al(OH)_3$	−2,301 V	Al
	$[Al(OH)_4]^-$	−2,310 V	Al

Gemäß seinem stark negativen Normalpotential ist Aluminium ein elektropositives, sehr unedles Metall. Wegen seines amphoteren Charakters löst sich Aluminium sowohl in starken Säuren als auch in Laugen unter heftiger Wasserstoffentwicklung. Von nicht oxidierenden Säuren wie z. B. Flußsäure HF, Salzsäure HCl, Hydrogenbromidsäure HBr, Schwefelsäure H_2SO_4 wird Aluminium zunächst langsam, bis sich die schützende Oxidschicht aufgelöst hat, danach rascher in Lösung gebracht, wobei Hexaaqua-Komplexe $[Al\ (H_2O)_6]^{3+}$ gebildet werden, die stärkere Säuren darstellen als Wasser. Aus diesem Grunde reagieren Al-Salze starker Säuren infolge Hydrolyse in wäßrigen Lösungen stets sauer:

$$Al + 3\ H_3O^+ \longrightarrow Al^{3+} + 1{,}5\ H_2 \uparrow + 3\ H_2O$$

$$[Al(H_2O)_6]^{3+} \rightleftharpoons [Al(H_2O)_5OH]^{2+} + H^+$$

In Salzsäure löst sich Aluminium unter Bildung von Al (III)-chlorid:

$$2\ Al + 6\ HCl \longrightarrow 2\ AlCl_3 + 3\ H_2 \uparrow$$

Mit Natronlauge bildet es unter stürmischer Wasserstoffentwicklung das Natriumhydroxoaluminat:

$$2\ Al + 2\ NaOH + 6\ H_2O \longrightarrow 2\ Na\ [Al(OH)_4] + 3\ H_2 \uparrow$$

Von Salzen verschiedener Metalle wie beispielsweise Blei, Eisen, Kupfer, Nickel, Natrium, Quecksilber, Silber, Zink, Zinn u. a. wird Aluminium angegriffen. In oxidierenden Säuren hingegen wie z. B. in konz. Salpetersäure wird es nicht gelöst, weil sich durch die oxidierende Wirkung die Oxidschicht des Metalls weiter verstärkt. Von Wasser oder schwachen, vor allem organischen Säuren wird Aluminium in der Kälte kaum angegriffen, ebenso ist es beständig gegen Al-Salze, Ether, Benzin, Benzol, Glycerin, Petroleum, Bier, Fette, Harze, Öle und fast alle Lebensmittel. Das Metall bildet Verbindungen mit fast allen Elementen der Gruppe 14–17 (Hauptgruppen IVA–VIIA), wobei es bevorzugt Ionenbindungen eingeht. Das Al^{3+}-Ion ist ein dreiwertiges, farbloses Kation mit Neon-Konfiguration. Daneben gibt es aber auch einen erheblichen Anteil kovalenter Bindungen wie z. B.: Al-H (ca. 170 pm; 285 kJ · mol^{-1}), Al-O (162 pm; 585 kJ · mol^{-1}), Al-C (224 pm; 225 kJ · mol^{-1}), Al-F (163 pm; 665 kJ · mol^{-1}), Al-Cl (206 pm; 498 kJ · mol^{-1}), Al-Al (286 pm; ca. 200 kJ · mol^{-1}). (in den Klammern sind die Bindungslängen und die Bindungsenthalpien angegeben) In der Oxidationssstufe +I bildet Aluminium das Chlorid AlCl (in der Gasphase), das Fluorid AlF, Monooxid Al_2O (in der Gasphase), Selenid Al_2Se u. a. In der Oxidationsstufe +II verbindet es sich zum AlO. In der Stufe +III bildet das Metall das amphotere Trioxid Al_2O_3, das Hydroxid $Al(OH)_3$, das Oxid-Hydroxid AlO(OH), das Hexaaqua-Ion $[Al(H_2O)_6]^{3+}$ (aq), Al^{3+}-Salze, AlH_3, AlF_3, $AlCl_3$, $LiAH_4$, $Na_3[AlF_6]$ u. a. sowie organische Verbindungen wie das basische Aluminiumacetat die sog. *Essigsaure Tonerde* $(HO)Al(OOC\text{-}CH_3)_2$ u. a. Leicht lösliche Al-Verbindungen sind vor allem die Halogenide (außer Fluoride), Sulfate und Nitrate; die Carbonate sind unbeständig und zerfallen schon bei Raumtemperatur; die Fluoride, Phosphate, Hydroxide und Oxide sind schwer löslich.

Nachweis

Qualitativ:

- Durch die intensive Blaufärbung durch Bildung von *Thénards-Blau*, Cobaltaluminat Co $[Al_2O_4]$, das beim Glühen von Al-Sulfat oder Al-Hydroxid in Gegenwart von verd. Cobalt(II)-nitratlösung entsteht.
- Mit Reagenzien wie Alizarin, Chinalizarin, 8-Hydroxychinolin, Kupferron, Chloranilsäure u. a.

Quantitativ:

- Fällung als schwerlösliches, weißes Al-Phosphat in essigsaurer Lösung mit Diammoniumhydrogenphosphat:

  $$AlCl_3 + (NH_4)_2\,HPO_4 \longrightarrow AlPO_4 \downarrow + HCl + 2\,NH_4Cl$$

- Fällung als schwerlösliches, gelbes Al-Oxinat in essigsaurer Lösung mit 8-Hydroxychinolin:

  $$AlCl_3 + 3\,C_9H_7NO \longrightarrow Al(C_9H_6NO)_3 + 3\,HCl$$

- Spektralanalyse; wichtige Spektrallinien der neutralen Atome sind: 308,216 nm, 309,271 nm, 309,281 nm, 394,403 nm, 396,153 nm.
- Atomabsorptionsspektrometrie (AAS) mittels der beiden 309,271 nm und 309,281 nm Linien des Atomspektrums.

Verwendung

Aluminium und seine Legierungen gehören heute zu den wichtigsten Werkstoffen in der Industrie. *Hütten-Al* wird hauptsächlich zur Herstellung von Legierungen verwendet, die

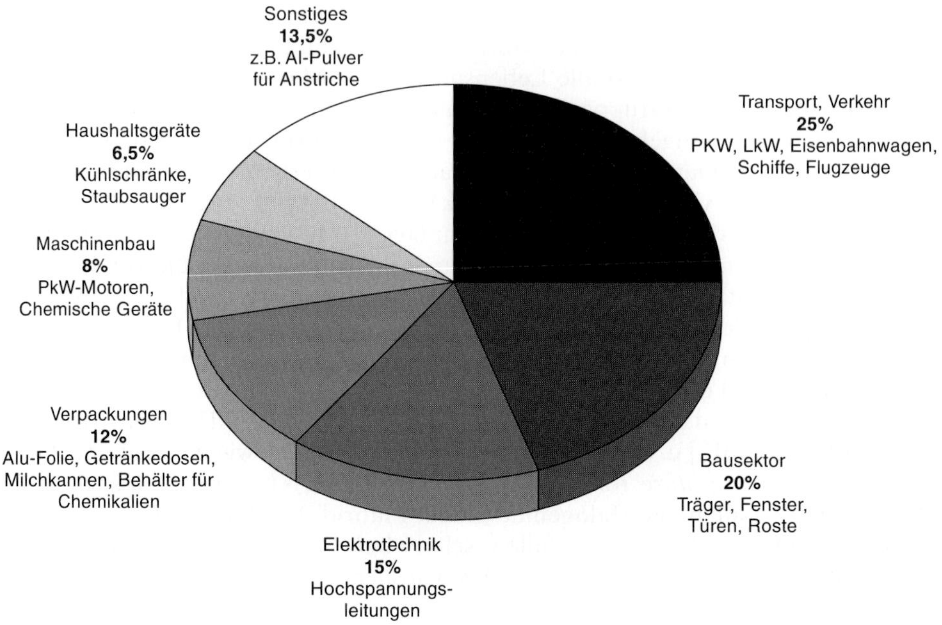

Abb. 4: Verbrauch von Aluminium in Deutschland.

sich durch niedrige Dichte, hohe mechanische Festigkeit, Duktilität, Schweißbarkeit sowie gute thermische und elektrische Leitfähigkeit auszeichnen. Beispiele:

Duraluminium; 92–96% Al, 2,5–5,5% Cu, 0,2–2% Mg, 0,5–1,2% Mn, 0,2–1,0% Si.
Hydronalium; 86–96% Al, 3–12% Mg, 0,8% Mn, 0,2–1,1% Si.
Silumin; 86–95% Al, 12,5–14% Si, 0,8–2% Cu, 0,8–1,0% Mg, 0,8–2,4% Ni, 0,5% Fe.
Al-Bronzen; Hauptbestandteil Cu, max. 14% Al sowie bis zu 5% Ni, 4% Fe, 1,5% Mn.

Reinst-Al wird überwiegend in der Elektrotechnik als Leitermaterial besonders für Überlandleitungen eingesetzt. *Rein-Al* dient in der Technik v. a. als Profil, Rohr oder Blech für Apparate- und Gerätegehäuse, Behälter u. a. In der Lebensmittelindustrie ist es ein wichtiges Verpackungsmaterial *(Alufolie)*, dient aber auch zur Herstellung von Getränkedosen, Bierfässern und Haushaltswaren wie Kochgeschirre, Milchkannen, Trinkbecher u. a. *Al-Pulver* findet Anwendung als Blitzlichtpulver sowie bei der Herstellung von Schutzfarben, Sprengstoffen wie Ammonale, Hexal, Tritonal u. a., Raketentreibstoffen und Wundheilmitteln wie Alumed, Al-Branolind-Binden. Eloxiertes Aluminium dient vorwiegend zur Herstellung von Modeschmuck. Einige Al-Legierungen stellen ein wichtiges Konstruktionsmaterial für die Bauindustrie, z. B. für Dachkonstruktionen, Träger, Dachabdeckungen *(Wellblech)* sowie für Einrichtungsgegenstände wie Treppengeländer, Tür- und Fensterrahmen dar. *Duraluminium* dient als Konstruktionsmaterial im Fahrzeugbau und in der Luftfahrtindustrie. Das seewasserbeständige *Hydronalium* wird im Schiffsbau eingesetzt und *Silumin* als Druckgußlegierung im Motoren-

Arten von Edelkorund		
Name	eingelagertes Metall oder Oxid	Farbe
Rubin	Cr_2O_3	rot
Saphir	TiO_2	blau
orientalischer Smaragd	Co, V, Mg, Zn	grün
orientalischer Amethyst	Vanadium	violett
orientalischer Topas	Mangan	gold-gelb

und Apparatebau. Die natürliche Tonerde und Korund eignen sich wegen ihrer großen Härte als Schleifmittel. Der teuerste Edelstein *Rubin* wird als Schmuck und in der Technik als Lasermaterial verwendet. Al-Silicate sind wichtige Rohstoffe für die Porzellanherstellung. Alumino-Silicate eignen sich als Ionenaustauscher z. B. bei der Wasserreinigung, das wasserfreie $AlCl_3$ dient als Katalysator in der chemischen Industrie. Andere Al-Verbindungen finden Anwendung in der Medizin wie Alaun, das bei Bleisalzvergiftungen verordnet wird und das basische Al-Acetat, *Essigsaure-Tonerde* das als Desinfektions- und Blutstillmittel dient. Legierungen des Aluminiums mit Eisen, Nickel, Cobalt bilden ferromagnetische Werkstoffe mit relativ hohen Übergangstemperaturen bzw. Curie-Temperaturen z. B.:

Fe-Al-Legierungen;	74–92,9% Fe, 26–7,1% Al	T_C = 494–756 °C
Ni-Al-Legierungen;	98% Ni, 2% Al	T_C = 293 °C
AlNi 090;	66% Fe, 22% Ni, 12% Al	T_C = 730 °C
AlNi 120;	58% Fe, 28% Ni, 14% Al	T_C = 730 °C
AlNiCo 160	ca. 52% Fe, 20% Ni, 15% Co, 10% Al, ca. 3% CuTi	T_C = 720 °C
AlNiCo 190	50% Fe, 19% Ni, 12% Al, 4% Cu	T_C = 760 °C

Al_2O_3 und $Al_2(SO_4)_3$ sind diamagnetisch.

Physiologie, Toxikologie

Aluminium gehört zu den Spurenelementen, deren Funktion für den menschlichen Stoffwechsel noch weitgehend ungeklärt ist. Im Zusammenhang mit der *Alzheimerschen Krankheit* wurde von einer selektiven Abscheidung von Aluminiumverbindungen in bestimmten Hirngeweben berichtet. Dies ist aber umstritten und eine Verursachung des Syndroms durch Aluminium wird nicht angenommen.
Der menschliche Körper enthält durchschnittlich 50–150 mg Aluminium. Der tägliche Bedarf liegt bei 2,45 mg, so daß der größte Teil des durch die Nahrung aufgenommenen Aluminiums von etwa 10–40 mg wieder ausgeschieden wird. Sowohl Aluminium als auch die in Kontakt mit Lebensmitteln entstehenden Al-Verbindungen gelten allgemein toxikologisch als unbedenklich. Die toxische Dosis beträgt 5 g Aluminium, eine letale Dosis ist nicht bekannt. Allerdings kann eine erhöhte Zufuhr von Aluminium bei Niereninsuffizienz, beispielsweise bei Hämodialysepatienten, eine Enzephalopathie und Demenz zur Folge haben. Eine heute eher selten auftretende Berufskrankheit durch Einatmung von Aluminiumstaub ist die *Aluminiumlunge*, eine Erkrankung der tiefen Atemwege und Lunge. Ein MAK-Wert von 6 mg Feinstaub/m^3 Luft wurde festgelegt.

Americium Am

International (Lat.)	Americium	Italienisch	Americio
Englisch	Americium	Griechisch	Αμερίκιο (Amerikio),
Französisch	Américium	Russisch	Америций (Amerizij)
Spanisch	Americio	Japanisch	アメリシウム (amerisiumu)

Atomare und physikalische Eigenschaften  T+ 

Atomare und physikalische Eigenschaften	
Protonenzahl **(Z)**	**95**
Standart-Atomgewicht (bezogen auf $^{12}C = 12$)	243,061375 [1)]
Effektive Kernladung	(Slater) 4,65
Elektronenkonfiguration	[Rn] $5f^7\ 7s^2$
Grundzustand, Termsymbol	$^8S_{7/2}$
Metallatomradius (KZ 12)	173 pm [a)]
Ionenradien (KZ 6;8)	$126^{2+}_{(8)}$ pm, $97{,}5^{3+}_{(6)}$ pm, $85^{4+}_{(6)}$ pm,
Molares Volumen	$17{,}78 \cdot 10^{-6}\ m^3 \cdot mol^{-1}$
1. Ionisierungeenergie **	5,9925 eV
Elektronegativität *	(Allred/Rochow) 1,20; (Pauling) 1,30
Wirkungsquerschnitt für thermische Neutronen ($\sigma_{n,\gamma}$; $^{243}_{95}Am$)	$75 \cdot 10^{-28}\ m^2$
Dichte (bei 20 °C) *	$13670\ kg \cdot m^{-3}$
Schmelztemperatur **	994 °C (1267,15 K) [b)]
Siedetemperatur	2607 °C (2880,15 K)
Spezifische Schmelzenthalpie	$59{,}26\ kJ \cdot kg^{-1}$
Spezifische Verdampfungsenthalpie	$981{,}48\ kJ \cdot kg^{-1}$
Thermische Leitfähigkeit (bei 27 °C) *	$10{,}0\ W \cdot m^{-1} \cdot K^{-1}$
Elektrische Leitfähgkeit (bei 20 °C)	$1{,}47 \cdot 10^6\ S \cdot m^{-1}$
Spezifischer elektrischer Widerstand (bei 20 °C)	$68{,}03 \cdot 10^{-8}\ \Omega \cdot m$
Supraleitung; Sprungtemperatur	–272,34 °C (0,79 K)
Spezifische magnetische Suszeptibilität	$51{,}68 \cdot 10^{-9}\ m^3 \cdot kg^{-1}$
Normalpotential Am/Am^{3+}	–2,070 V

1) Angegeben ist das Atomgewicht des Isotops mit der längsten Halbwertszeit $^{243}_{95}Am$.
Weitere Angaben: a) 184 pm. b) 1176 °C. * geschätzte Werte, ** extrapolierte (berechnete) Werte.

Entdeckung

Americium wurde als viertes Transuran in Form des Isotops $^{241}_{95}Am$, Anfang des Jahres 1945 von den amerikanischen Forschern Glenn Theodore Seaborg (geb. 1912), Albert Ghiorso (geb. 1915), Ralph A. James und Leon O. Morgan vom *Metallurgical Laboratory* (dem späteren *Argonne National Laboratory*) der Universität von Chicago, USA, künstlich hergestellt und nachgewiesen. Die Schwierigkeiten der Entdeckung weiterer Transurane bestand darin, daß diese Elemente damals als Homologe von Rhenium Re,

Osmium Os, Iridium Ir, Platin Pt, also als *Eka-Rhenium* (Z=93), *Eka-Osmium* (Z=94), *Eka-Iridium* (Z=95), *Eka-Platin* (Z=96) usw. betrachtet wurden, und die Meinung bestand, daß auch die Transurane sich leicht in verschiedene Oxidationsstufen überführen, und somit leicht abtrennen und nachweisen ließen. Mitte 1944 fand G. T. Seaborg jedoch, daß diese Einordnung der Transurane im PSE falsch war. Nach der von ihm aufgestellten Hypothese bilden die auf das Actinium folgende Elemente eine den Lanthanoiden ähnliche Gruppe bei denen das fünfte Energieniveau analog zum vierten Energieniveau der Lanthanoide von Element zu Element allmählich mit 14 f-Elektronen besetzt wird. Analog zu den *lanthanides* (Lanthanoiden) nannte Seaborg diese Elemente *actinides* zu deutsch Actinoide. Nach Seaborg sollten die Elemente 95 und 96 demnach Homologe der Lanthanoidenelemente Europium und Gadolinium sein und wie diese in wäßrigen Lösungen dreifach positiv geladene Ionen bilden. Im Juli 1944 beschossen Seaborg und Mitarbeiter am 60-Zoll-Zyklotron in Berkeley eine Probe $^{239}_{94}Pu$ mit $^{4}_{2}He$-Kernen und eine weitere Probe mit Deuteronen. Die Proben wurden anschließend zum *Metallurgical Laboratory* nach Chicago gebracht. Nach der chemischen Abtrennung der dreiwertigen Ionen vom Plutonium wurden zwei α-Aktivitäten entdeckt, die auf die beiden Elemente 95 und 96 hinwiesen. Der eindeutige Nachweis des Elements 95 in Form des Isotops $^{241}95$ wurde aber erst nach Aufarbeitung einer weiteren Probe von $^{239}_{94}Pu$ die sechs Monate in einem Kernreaktor in Hanford bestrahlt worden war, erbracht. Dieses entstand gemäß (1) als Betazerfallsprodukt des Isotops $^{241}_{94}Pu$, das seinerseits im Kernreaktor durch zweifachen Neutroneneinfang aus $^{239}_{94}Pu$ gebildet wurde:

$$^{239}_{94}Pu \xrightarrow[\gamma]{n} {}^{240}_{94}Pu \xrightarrow[\gamma]{n} {}^{241}_{94}Pu \xrightarrow[T_{1/2} = 14{,}4\,a]{\beta^-} {}^{241}_{95}Am \xrightarrow[T_{1/2} = 432{,}6\,a]{\alpha} \quad (1)$$

Die Abtrennung von den als Träger verwendeten Lanthanoiden erfolgte mittels Kationentauschern.

Noch im gleichen Jahr erhielten Seaborg und Mitarbeiter in Berkeley, Kalifornien, auch beim Beschuß von $^{238}_{92}U$ mit energiereichen $^{4}_{2}He$-Kernen am 60-Zoll-Zyklotron das Isotop $^{241}_{95}Am$. Dabei entstand als Zwischenprodukt das Isotop $^{241}_{94}Pu$, daß durch β^--Emission in $^{241}_{95}Am$ übergeht:

$$^{238}_{92}U + {}^{4}_{2}He \longrightarrow {}^{241}_{94}Pu + {}^{1}_{0}n$$

$$^{241}_{94}Pu \xrightarrow[T_{1/2}\ 14{,}4\,a]{\beta^-} {}^{241}_{95}Am \xrightarrow[T_{1/2} = 432{,}6\,a]{\alpha}$$

Ende 1945 gelang es Prof. Burris B. Cunningham (1912–1972) im *Metalurgical Laboratory* wägbare Mengen (wenige Mikrogramm) in Form des Isotops $^{241}_{95}Am$ als Hydroxid $Am(OH)_3$ zu isolieren und einige Eigenschaften des neuen Elements zu ermitteln. Angesichts der Schwierigkeiten seiner Entdeckung wurden für das Element 95 zunächst die Namen *Pandemonium* und *Delirium* vorgeschlagen. In Analogie zu seinem leichteren Homologen Europium erhielt das neue Element schließlich den Namen „Americium" (von Amerika) mit dem chemischen Symbol „Am".

Bestrahlt man $^{241}_{95}Am$ mit Neutronen, so entsteht das kurzlebige Isotop $^{242}_{95}Am$, das durch β^--Emission in $^{242}_{96}Cm$ übergeht:

$$^{241}_{95}Am + {}^{1}_{0}n \longrightarrow {}^{242}_{95}Am \xrightarrow[T_{1/2} = 16\,h]{\beta^-} {}^{242}_{96}Cm$$

Das Isotop $^{243}_{95}Am$ entsteht als Betazerfallsprodukt des Isotops $^{243}_{95}Pu$, das durch mehrfachen Neutroneneinfang aus dem Isotop $^{239}_{94}Pu$ hervorgeht:

$$^{239}_{94}Pu + 4\,^{1}_{0}n \longrightarrow \,^{243}_{94}Pu + \gamma$$

$$^{243}_{94}Pu \xrightarrow[T_{1/2} = 4{,}956\,h]{\beta^-} \,^{243}_{95}Am \xrightarrow[T_{1/2} = 7370\,a]{\alpha}$$

Metallisches Americium erhielten erstmals Westrum und Eyring (1951, USA) in kleinen Mengen durch Reduktion von AmF_3 mit Barium bei 1150 °C. 1963 konnten im *Los Alamos Scientific Laboratory* durch Reduktion von AmO_2 im Vakuum erstmals größere Mengen Americium, etwa 25 g, gewonnen werden.

Herstellung

Americium fällt (in 100-g-Mengen) in Form der Isotope $^{241}_{95}Am$ und $^{243}_{95}Am$ als Nebenprodukt in den Brennelementen von Kernreaktoren an. Jährlich erhält man auf diese Weise weltweit rund 150 kg $^{241}_{95}Am$ und bis 250 kg $^{243}_{95}Am$. Die Anreicherung und Abtrennung von Americium aus den Reaktor-Ablaugen erfolgt über das stabilere Am^{3+}-Ion mit Lantanoiden als Trägersubstanzen, von denen es durch fraktionierte Fluoridfällung getrennt wird, da das Trifluorid leichter löslich ist als die Lantanoidfluoride. Die Abtrennung kann auch durch Ionenaustauscher und Extraktion mit Hilfe organischer Lösungen wie Tributylphosphat u. a. erfolgen. Das Metall wird durch Reduktion von AmF_3 mit Barium bei etwa 1100 °C oder durch Reduktion von AmO_2 mit Lanthan oder Thorium bei 1200 °C und anschließender fraktionierter Destillation gewonnen. Durch wiederholte Sublimation im Hochvakuum in einer Tantal-Apparatur kann ein Reinheitsgrad von 99,9% erreicht werden.

Physikalische Eigenschaften

Americium ist ein silberweißes, sehr geschmeidiges und dehnbares, radioaktives Schwermetall, das an der Luft jedoch infolge Oxidation rasch anläuft.
Zwei allotrope Modifikationen sind bekannt:

$$\begin{matrix}\alpha\text{-Am} \\ \text{hexagonal dichteste} \\ \text{Kugelpackung}\end{matrix} \xrightarrow{1078\ °C} \begin{matrix}\beta\text{-Am} \\ \text{kubisch dichteste} \\ \text{Kugelpackung}\end{matrix}$$

Das paramagnetische Metall hat eine mittlere Schmelz- und Siedetemperatur. Die thermische Leitfähigkeit beträgt 2,33% die elektrische 2,34% der des Silbers. Unterhalb –272,34 °C (0,79 K) zeigt das Metall Supraleitfähigkeit.

Radiochemie

Bis heute sind insgesamt 14 Isotope des Americiums bekannt, sie wurden alle künstlich hergestellt und sind radioaktiv.

Die Isotope des Americiums (1995)						
Isotop	Zerfallsart					Halbwertszeit $T_{1/2}$
	α	EC	γ	sf	$β^-$	
Am 232	x	**x**		x		1,31 m
....						
Am 234	x	**x**	x	x		2,32 m
....						
Am 236	x	**x**				3,7 m
Am 237	x	**x**	x	x		73,0 m
Am 238	x	**x**	x	x		1,63 h
Am 239	x	**x**	x	x		11,9 h
Am 240	x	**x**	x	x		50,8 h
Am 241	**x**		x			432,2 a
Am 242		**x**	x		**x**	16 h
Am 242 m*	x		**x**	x		141 a
Am 243	**x**			x		7370 a
Am 244*		**x**	x	x	**x**	26 m
Am 244*			x		**x**	10,1 h
Am 245			x	x	**x**	2,05 h
Am 246*			x	x	**x**	25 m
Am 246*			x		**x**	39 m
Am 247			x		**x**	22 m

(* isomere Atomkerne; m* markiert einen metastabilen Zustand)

Die leichteren Isotope A < 244 zerfallen z. T. durch α-Strahlung in Np-Isotope bzw. durch $β^+$-Strahlung oder Elektronen-Einfang (EC) in Pu-Isotope. Die schwereren A > 243 verwandeln sich durch $β^-$-Emmision in Cm-Isotope. Die zwei wichtigsten Am-Isotope $^{241}_{95}$Am und $^{243}_{95}$Am, die als Nebenprodukte in den Brennelementen von Kernreaktoren entstehen, gehören zu den giftigsten Stoffen und bilden eines der Hauptprobleme bei der Langzeitlagerung des radioaktiven Abfalls der Wiederaufbereitungsanlagen.
Die weiteren Am-Isotope werden vorwiegend durch Deuteronenbeschuß von $^{239}_{94}$Pu oder durch $β^-$-Zerfall entsprechender Plutoniumisotope erzeugt. Die Isotope $^{241}_{95}$Am und $^{243}_{95}$Am werden mit beschleunigten α-Teilchen gespalten, wobei Spallationsprozesse auftreten, die zur Bildung von Curium- und Berkeliumisotopen führen.
Fünf Am-Isotope sind mit thermischen Neutronen (< 0,5 eV; < $7 \cdot 10^3 m \cdot s^{-1}$) spaltbar:

$^{241}_{95}$Am ($σ_f = 3{,}15 \cdot 10^{-28}$ m^2)
$^{242}_{95}$Am ($σ_f = 2100 \cdot 10^{-28}$ m^2)
$^{242m*}_{95}$Am ($σ_f = 7000 \cdot 10^{-28}$ m^2)
$^{244}_{95}$Am ($σ_f = 1600 \cdot 10^{-28}$ m^2)
$^{244*}_{95}$Am ($σ_f = 2200 \cdot 10^{-28}$ m^2) ($σ_f$ = Spaltquerschnitt)

Die Radioisotope $^{242m*}_{95}$Am und $^{244*}_{95}$Am haben den größten Spaltquerschnitt aller bekannten Isotope. Mit diesen Isotopen können kritische Anordnungen für unkontrolliert ablaufende Kernreaktionen bereits mit einer Mindestmasse von 3,8 kg, also etwas mehr als die Hälfte der kritischen Masse von $^{239}_{94}$Pu (5,6 kg), erreicht werden.
$^{241}_{95}$Am (α | 5,486 MeV; γ) wird als radioaktiver Indikator (Tracer) v. a. in der Medizin verwendet, das Isotop $^{243}_{95}$Am der Kernspinzahl 5/2- und dem kernmagnetischen Moment

+1,61 dient zum NMR-spektroskopischen Nachweis; NMR-Frequenz (bei 2,3488 T) $5{,}76 \cdot 10^6\ s^{-1}$.
Die maximal zulässige radiologische Aktivität bezogen auf das Isotop $^{241}_{95}Am$ beträgt 1850 Bq für den menschlichen Körper, 3700 Bq/l in wäßriger Lösung und 1,15 Bq/m^3 Luft.

Chemische Eigenschaften

Americium gehört zur Gruppe der „Actinoide". Es befindet sich im PSE in der 3. Gruppe (III B Nebengruppe) unter dem Europium Eu sowie in der 7. Periode zwischen Plutonium Pu und Curium Cm. Wie bei den anderen Actinoiden wird auch beim Americium das 5 f-Niveau mit Elektronen ergänzt. Das freie, neutrale Am-Atom hat demnach im elektronischen Grundzustand folgende Elektronenkonfiguration:

$$1s^2\ 2s^2\ 2p^6\ 3s^2\ 3p^6\ 3d^{10}\ 4s^2\ 4p^6\ 4d^{10}\ 4f^{14}\ 5s^2\ 5p^6\ 5d^{10}\ 5f^7\ 6s^2\ 6p^6\ 7s^2$$

Americium ist isoelektronisch mit Europium im 4f-Niveau, unterscheidet sich jedoch chemisch von diesem durch die größere Anzahl der Oxidationszustände sowie durch die stärkere Neigung zur Komplexbildung. Das Metall betätigt die gleichen Oxidationsstufen +II, +III, +IV, +V und +IV wie die Uranide (U, Np, Pu), wobei jedoch die Oxidationsstufe +III ([Rn] $5f^6$) die stabilste ist. Damit bildet Americium einen natürlichen Übergang zu den Elementen der Reihe der Curide (ab Cm), die fast ausschließlich in der Oxidationsstufe +III auftreten.
Die Normalpotentiale des Americiums:

+VI +V +IV +III +II 0

Saure Lösung

$$AmO_2^{2+} \xrightarrow{+1{,}6\ V} AmO_2^{+} \xrightarrow{+0{,}82\ V} Am^{4+} \xrightarrow{+2{,}62\ V} Am^{3+} \xrightarrow{-2{,}3\ V} (Am^{2+}) \xrightarrow{-1{,}95\ V} Am$$

$Am^{3+} \rightarrow Am$: −2,070 V

$Am^{4+} \rightarrow Am$: −0,90 V

Basische Lösung

$$AmO_2(OH)_2 \xrightarrow{+0{,}9\ V} AmO_2(OH) \xrightarrow{+0{,}7\ V} AmO_2 \xrightarrow{+0{,}5\ V} Am(OH)_3 \xrightarrow{-2{,}53\ V} Am$$

Americium ist ein stark elektropositives und, wie aus seinem negativen Normalpotential Am/Am^{3+} hervorgeht, ein sehr unedles Metall. Es ist sehr reaktionsfreudig, in Sauerstoff- oder Wasserstoffatmosphäre wird es oberflächlich, unter Bildung von Am(II)-oxid AmO bzw. Am(II)-Hydrid AmH_2 angegriffen, in Säuren ist es leicht löslich. In seinen chemischen Verhalten ähnelt es vor allem in den Oxidationsstufen +IV, +V und +VI stark seinem Periodennachbarn Plutonium, zeigt aber auch Analogien zu Neptunium und Uran.
Im dreiwertigen Zustand Am^{3+} zeigt das Element analoge Eigenschaften zu den übrigen dreiwertigen „Actinoiden", einschließlich Actinium sowie auch zu denen seines leichteren Homologen Europium; so sind das Fluorid und das Oxalat in saurer Lösung unlöslich, das Phosphat und Iodat schwer löslich, die anderen Halogenide sowie das Sulfat, Nitrat und Perchlorat dagegen leicht löslich. Durch starke Oxidationsmittel wie Peroxodisulfat entstehen Am^{5+} und Am^{6+} in Form der Americyl-Ionen AmO_2^{+} und AmO_2^{2+}.

Diese neigen jedoch zur Disproportionierung, wobei in saurer Lösung Am(V) nach Am(III) und Am(VI) übergeht:

$$3\ AmO_2^+ + 4\ H^+ \longrightarrow Am^{3+} + 2\ AmO_2^{2+} + 2\ H_2O$$

Die Farben der Am-Kationen sind:

Am^{3+} (aq) rosa, Am^{4+} (aq) gelbrot, AmO_2^+ (aq) gelb-rotbraun, AmO_2^{2+} (aq) rotbraun. Americium bildet mehrere Halogenide der allg. Formeln AmX_3 (X = F, Cl, Br, I), drei Oxide AmO, Am_2O_3 und AmO_2 zwei Hydroxide $Am(OH)_3$ und $Am(OH)_4$ ein Sulfat $Am_2(SO_4)_3$ und mehrere Komplexe.

Nachweis

- Fällung als Am(III)-Hydroxid oder -Oxalat und Verglühen zum Dioxid AmO_2 oberhalb 450 °C, anschließend gravimetrische Bestimmung.
- Radiometrie; über die radioaktive Strahlung.
- Spektralanalyse; wichtige Spektrallinien der neutralen Atome: 351,013 nm, 367,312 nm, 605,464 nm; und der einfachen positiven Ionen Am^+: 356,916 nm; 450,945 nm, 457,559 nm, 466,279 nm

Verwendung

Das Isotop $^{241}_{95}Am$ wird hauptsächlich zur Erzeugung höherer Transurane verwendet, die durch Beschuß mit Neutronen oder leichteren Atomkernen entstehen:

$$^{241}_{95}Am + ^{1}_{0}n \longrightarrow ^{242}_{95}Am \longrightarrow ^{242}_{96}Cm + \beta^-$$

$$^{241}_{95}Am + ^{4}_{2}He \longrightarrow ^{243}_{97}Bk + 2\ ^{1}_{0}n$$

$$^{241}_{95}Am + ^{12}_{6}C \longrightarrow ^{247}_{99}Es + ^{4}_{2}He + 2\ ^{1}_{0}n$$

$$^{241}_{95}Am + ^{12}_{6}C \longrightarrow ^{248}_{101}Md + 5\ ^{1}_{0}n \text{ u. a.}$$

$$^{241}_{95}Am + ^{22}_{10}Ne \longrightarrow ^{260}105 + 3\ ^{1}_{0}n \text{ u. a.}$$

Es dient ferner als Ionenquelle, z. B. in Ionisationsfeuermeldern, als Wärmequelle in thermoelektrischen Isotopenbatterien für Satelliten als Strahlenquelle für die Fluoreszenzspektroskopie u. a. Als Oxid bildet es mit Beryllium verpreßt eine starke Neutronenquelle für radiochemische Untersuchungen, Feuchtemessungen, zur Anregung von Kettenreaktionen in Kernreaktoren sowie für geologische und hydrologische Untersuchungen. Die isomeren Isotope $^{242m}_{95}Am^*$ und $^{242}_{95}Am^*$ sowie $^{244}_{95}Am^*$ und $^{244}_{95}Am^*$ eignen sich als Spaltmaterial für Kernreaktionen.

Physiologie, Toxikologie

Americium hat keine biologische Bedeutung für den menschlichen Organismus. Das Element gehört jedoch aufgrund seiner intensiven radioaktiven Strahlung zu den äußerst toxischen Stoffen.

Antimon Sb

International (Lat.)	Stibium, Antimonium	Griechisch	Αντιμόνιο (Antimonio)
Englisch	Antimony	Russisch	Сурьма (Surjma)
Französisch	Antimoin	Japanisch	アンチモン (antimon)
Spanisch	Antimonio		
Italienisch	Antimonio		

Atomare und physikalische Eigenschaften

T+

Protonenzahl **(Z)**	**51**
Standard-Atomgewicht (bezogen auf $^{12}C = 12$)	121,757 (± 3)
Effektive Kernladung	(Slater) 6,30; (Clementi) 9,99; (Froese-Fischer) 12,37
Elektronenkonfiguration	[Kr] $4d^{10}\ 5s^2\ 5p^3$
Grundzustand, Termsymbol	$^4S_{3/2}$
Atomradius/Kovalenzradius (Sb^{III}; Einfachbindung)	145 pm[a)]/141 pm
Van-derWaals-Radius	220 pm
Ionenradien (KZ 6)	245^{3-} pm, $76^{3+}_{(6)}$ pm, $60^{5+}_{(6)}$ pm
Molares Volumen	$18{,}20 \cdot 10^{-6}\ m^3 \cdot mol^{-1}$
1.;2.;3.;4.;5. Ionisierungsenergie	8,6406 eV; 16,753 eV; 25,319 eV; 44,151 eV; 55,966 eV
Elektronegativität	(Allred/Rochow) 1,82; (Pauling) 2,05; (absolut) 4,85 eV
Elektronenaffinität $Sb \rightarrow Sb^-$	1,05 eV
Wirkungsquerschnitt für thermische Neutronen ($\sigma_{n,\gamma}$)	$5{,}10 \cdot 10^{-28}\ m^2$
Dichte (α; bei 20 °C)	$6684\ kg \cdot m^{-3}$ [b)]
Härte (Mohs)	3–3,5
Elastizitätsmodul	$7{,}8 \cdot 10^{10}$ Pa
Schmelztemperatur (α)	630,50 °C (903,65 K)
Siedetemperatur (α)	1635 °C (1908,15 K) [c)]
Spezifische Schmelzenthalpie	$171{,}65\ kJ \cdot kg^{-1}$ [d)]
Spezifische Verdampfungsenthalpie	$557{,}74\ kJ \cdot kg^{-1}$ [e)]
Spezifische Atomisierungsenthalpie	$2160\ kJ \cdot kg^{-1}$
Spezifische Wärmekapazität (bei 25 °C)	$0{,}207\ kJ \cdot kg^{-1} \cdot K^{-1}$
Debye-Temperatur	– 62 °C (211,15 K)
Thermische Leitfähigkeit (bei 27 °C)	$24{,}3\ W \cdot m^{-1} \cdot K^{-1}$
Thermischer Längenausdehnungskoeffizient (bei 25 °C)	$11 \cdot 10^{-6}\ K^{-1}$ [f)]
Thermospannung (Δt =100 K/Pt;Cu)	+ 4,75 mV; + 4,0 mV
Elektrische Leitfähigkeit (bei 20 °C)	$2{,}39 \cdot 10^6\ S \cdot m^{-1}$
Spezifischer elektrischer Widerstand (bei 20 °C)	$41{,}80 \cdot 10^{-8}\ \Omega \cdot m$
Temperaturkoeffizient (bei 20 °C)	$3{,}1 \cdot 10^{-3}\ K^{-1}$
Supraleitung; Sprungtemperatur	– 270,45 °C (2,7 K)
Spezifische magnetische Suszeptibilität	$-10{,}21 \cdot 10^{-9}\ m^3 \cdot kg^{-1}$

Weitere Angaben: a) 182 pm. b) $6697\ kg \cdot m^{-3}$. c) 1380 °C, 1440 °C, 1587 °C und 1750 °C. d) $167\ kJ \cdot kg^{-1}$. e) $1050\ kJ \cdot kg^{-1}$. f) $8{,}5 \cdot 10^{-6}\ K^{-1}$.

Atomare und physikalische Eigenschaften	T+
Elektrochemisches Äquivalent (Sb^{3+})	$0{,}4205 \cdot 10^{-6}$ kg · A^{-1} · s^{-1}
Normalpotential Sb/SbO^+	+ 0,212 V
Dissoziationsenthalpie 1/n $Sb_n \rightarrow Sb$	262,5 kJ · mol^{-1}
Bildungsenthalpie SbH_3 ($SbCl_3$; Sb_2O_3)	145,2 kJ · mol^{-1} (–382,4 kJ · mol^{-1} ; –721,1 kJ · mol^{-1})

Entdeckung

Antimon war bereits im Altertum (ca. 4000 v. Chr.) bekannt, es wurde aber oft mit Blei verwechselt. Erst z. Z. der Alchimisten konnte man Antimon vom Blei unterscheiden. Eine erste Beschreibung von Antimon findet sich in dem Buch *Triumph Wagen des Antimony*, das aus dem 17. Jh. stammt. Paracelsus (1493–1541) und Andreas Libavius (1550–1616) verwendeten Antimon-Präparate für medizinische Behandlungen, Nicolas Lémery (1645–1715) zählt 1707 in seinem Buch *Treatise of Antimony* über 500 solcher Heilmittel auf. Der Name „Antimonium“ stammt wahrscheinlich von arab. „Anthos Ammonos“, zu dt. „Blüte des Gottes Ammon“, eine frühere Bezeichnung des Minerals Antimonit, „Stibium“ wurde von „στίμη“ (stimmi) oder „στῆβι“ (stivi) abgeleitet, eine im Altertum verwendete schwarze Schminke. Das chemische Symbol „Sb“ wurde 1814 von Jöns Jakob Berzelius (1779–1848) vorgeschlagen.

Vorkommen

Mit einem berechneten Massenanteil in der Erdhülle von $6{,}5 \cdot 10^{-5}$% steht Antimon an 61. Stelle der Elementhäufigkeit. In der Erdkruste, bis 16 km Tiefe, ist es mit etwa 0,21 g/t Krustengestein vertreten. Meerwasser enthält durchschnittlich 0,3 g $Sb^{(+III)}/m^3$ bei einer Verweilzeit von ca. $3{,}5 \cdot 10^5$ Jahren. Antimon kommt in der Natur gelegentlich gediegen vor, in Form grober zinnweißer Aggregate sowie in isomorpher Mischung mit Arsen im Mineral Allemontit. Ähnlich dem Arsen findet man es in Form von Verbindungen in verschiedenen Mineralen und Erzen. Heute sind über 100 Antimon-Minerale bekannt. Das wichtigste ist der Grauspießglanz, ein Sb-Sulfid mit ca. 72% Antimon-Anteil das sowohl in abbauwürdigen oft goldhaltigen, hydrothermalen Erzgängen als auch in geringen Mengen in vielen anderen sulfidischen Erzen als Begleiter vorkommt.

Die Antimon-Reserven werden weltweit auf 2,5 Mio t geschätzt. Die größten abbauwürdigen Vorkommen liegen u. a. in China (ca. 50% der Weltreserven), Republik Südafrika, Bolivien, GUS-Staaten, Mexiko, Türkei, ehem. Jugoslawien, Österreich. In Deutschland kommt Antimon sehr selten im Erzgebirge, Harz und bei Arnsberg in Westfalen vor.

Die Häufigkeit des Elements auf der Sonne beträgt rund 10 Atome Antimon pro $1 \cdot 10^{12}$ Atome Wasserstoff, die kosmische Häufigkeit wird auf 0,1 Atome Antimon pro $1 \cdot 10^6$ Atome Silicium geschätzt.

Wichtige Antimon-Erze	
Grauspießglanz, Antimonit, Antimonglanz oder Stibnit	Sb_2S_3
Pyrargyrit, Antimonsilberblende, dunkles Rotgültigerz	Ag_2SbS_3 (= $3Ag_2S \cdot Sb_2S_3$)
Boulangerit	$Pb_5Sb_4S_{11}$ (= $5PbS \cdot 2Sb_2S_3$)
Bournonit	$CuPbSbS_3$ (= $Cu_2S \cdot 2PbS \cdot Sb_2S_3$)
Wolfsbergit, Kupferantimonglanz	$CuSbS_2$ (= $Cu_2S \cdot Sb_2S_3$)
Jamesonit	$Pb_2Sb_2S_5$ (= $2\ PbS \cdot Sb_2S_3$)
Zinckenit, Bleiantimonglanz	$PbSb_2S_4$ (= $PbS \cdot Sb_2S_3$)
Stephanit, Melanglanz, Sprödglaserz	Ag_5SbS_4 (= $5Ag_2S \cdot Sb_2S_3$)
Silberantimonglanz	$AgSbS_2$ (= $Ag_2S \cdot Sb_2S_3$)
Polybasit, Mildglanzerz	Ag_9SbS_6 (= $9Ag_2S \cdot Sb_2S_3$)
Weißspießglanz, Valentinit, Antimonblüte	Sb_2O_3
Rotspießglanz, Kermesit, Antimonblende	Sb_2S_2O (= $2Sb_2S_3 \cdot Sb_2O_3$)
Tetraedrit, dunkles Fahlerz, Antimon-Fahlerz	Cu, Zn, Fe, Ag, Hg)$_3$ (Sb, As, Bi$_{3-4}$)
Breithauptit	NiSb
Ullmannit	NiSbS
Dyskrasit, Antimonsilber	Ag_3Sb u. a.

Herstellung

Die Antimon-haltigen Erze, meist Grauspießglanz, werden zunächst in Seigeröfen auf schräger Unterlage auf ca. 550–560 °C erhitzt, wobei das relativ niedrig schmelzende, schwerere Sb-Sulfid aus den festen, viel höher schmelzenden Verunreinigungen ausfließt. Das ausgeseigerte Antimonsulfid mit ca. 92–98% Sb_2S_3 kommt als *Antimonium crudum* (lat. *crudus*, d. h. „roh") in den Handel. Die Gewinnung des Metalls aus dem Sulfid erfolgt auf pyrometallurgischem Weg. Es werden drei Verfahren angewandt:

- Röstreduktionsverfahren: Sb-Sulfid wird in Drehöfen geröstet, wobei es in das beständige Sb(III)-oxid übergeht, das in Flugstaubkammern aufgefangen wird. Das Oxid wird anschließend in Flamm- oder Kurztrommelöfen durch Glühen mit Koks oder Holzkohle zu metallischen Antimon reduziert:

$$Sb_2S_3 + 5\ O_2 \longrightarrow Sb_2O_4 + 3\ SO_2 \uparrow \qquad \Delta H = -2870\ \text{kJ}$$
$$Sb_2O_4 + 4\ C \longrightarrow 2Sb + 4\ CO \uparrow$$

- Röstreaktionsverfahren: Das Sb-Sulfid wird in Schachtöfen nur partiell abgeröstet und das gebildete Oxid unmittelbar mit dem verbleibenden Sulfid reduziert:

$$Sb_2S_3 + 5\ O_2 \longrightarrow Sb_2O_4 + 3\ SO_2 \uparrow$$
$$3\ Sb_2O_4 + 2Sb_2S_3 \longrightarrow 10\ Sb + 6\ SO_2 \uparrow$$

- Niederschlagsverfahren: Das Sulfid wird zusammen mit Eisen in Tiegeln oder Flammöfen verschmolzen, wobei sich der Schwefel mit dem Eisen zu Schwefeleisen verbindet und niederschlägt:

$$Sb_2S_3 + 3\ Fe \longrightarrow 2\ Sb + 3\ FeS$$

Die Raffination erfolgt durch Schmelzen des Rohmetalls mit Soda oder Ätznatron in Flammöfen, oder durch Elektrolyse. Man erhält 99,6–99,9 %iges Antimon. Hochreines > 99,9 %iges Antimon erhält man im Zonenschmelzverfahren oder durch Reduktion von $SbCl_3$ mit Wasserstoff. Antimon-Metall kommt häufig unter dem Namen *Antimon regulus* (lat. *regulus* d. h. „kleiner König" oder „Prinz") in Form von Kuchen, Scheiben oder Blättchen in den Handel. Die Weltproduktion von Antimon und seinen Verbindungen, liegt bei etwa 85 000 t jährlich. Die wichtigsten Produzenten sind China ca. 27%, Bolivien 18,5%, Republik Südafrika 15% GUS-Staaten 13%, Mexiko 6%, Thailand 5,5% u. a. Der Preis für 1 kg Antimon beträgt z. Z. etwa 4,8 $ bzw. ca. 8,20 DM.

Physikalische Eigenschaften

Mehrere Modifikationen sind bekannt:

- *Graues* oder *metallisches* Antimon (α-Form) ist ein zinnweißes, hellglänzendes, sehr sprödes, leicht pulverisierbares diamagnetisches Schwermetall. Seine Kristallstruktur entspricht der des grauen, rhomboedrischen Arsens. Es ist ein relativ schlechter Leiter von Wärme und elektrischen Strom, die thermische Leitfähigkeit beträgt 5,66%, die elektrische 3,80% der des Silbers. Unterhalb –270,45 °C (2,7 K) ist das Metall supraleitend. Antimon gehört zusammen mit Bismut, Gallium, Germanium und Wasser zu den wenigen Substanzen, die sich beim Erstarren aus dem flüssigen Zustand ausdehnen.

Weitere, unbeständige Modifikationen sind:

- *Schwarzes*, amorphes Antimon: Es entsteht aus Antimon-Dampf durch Abschrecken an kalten Flächen. Beim Erhitzen geht es in die metallische Modifikation *(graues* Antimon) über. Diese sehr reaktionsfähige Modifikation entspricht dem *roten* Phosphor und dem *schwarzen* Arsen.
- *Glasartig*, amorphes, explosives Antimon: Es entsteht auf elektrolytischem Wege; es ist sehr instabil und geht bereits durch bloßes Ritzen oder schnellem Erhitzen, unter Aufglühen, explosionsartig in *metallisches* Antimon über.
- *Gelbes* Antimon: Dies ist eigentlich keine eigene Modifikation, sondern ein instabiles Mischpolymerisat aus Antimon und Wasserstoff.

Antimon-Dampf besteht bei der Siedetemperatur aus Sb_4-Molekülen, die bei weiterem Erhitzen in Sb_2-Moleküle übergehen.

Radiochemie

Natürliches Antimon besteht aus zwei stabilen Isotopen. Daneben sind weitere 35 künstliche, radioaktive Isotope bekannt.
Antimon-Isotope haben meist kurze Halbwertszeiten. Die leichteren Isotope A < 123 zerfallen durch β^+-Strahlung oder Elektronen-Einfang (EC) in die entsprechenden Sn-Isotope, die schwereren Isotope A > 123 verwandeln sich durch β^--Emission in Te-Isotope. Die Isotope ${}^{122}_{51}Sb(\beta^- | 1{,}982\ MeV;\ \beta^+;\ EC;\ \gamma | 0{,}693\ MeV)$ und ${}^{124}_{51}Sb(\beta^- | 2{,}905\ MeV;\ \gamma | 0{,}691\ MeV)$ werden durch Neutronenbestrahlung von Antimon in Kernreaktoren erzeugt, ${}^{125}_{51}Sb(\beta^- | 0{,}767\ MeV;\ \gamma | 0{,}636\ MeV)$ entsteht in der Reaktion:

$$ {}^{124}_{50}Sn + {}^{1}_{0}n \longrightarrow {}^{125}_{50}Sn \xrightarrow[T_{1/2} = 9{,}5\ min]{\beta^-} {}^{125}_{51}Sb $$

Die Isotope des Antimons (1995)							
Isotop	Natürliche Häufigkeit n (%)	Zerfallsart					Halbwertszeit $T_{1/2}$
		p	β^+	EC	γ	β^-	
Sb 103		?					n.bek.
Sb 104			**x**				0,51 s
Sb 105		x	**x**				1,30 s
Sb 106			**x**				n.bek.
Sb 107			**x**		x		3,7 s
Sb 108			**x**		x		7,0 s
Sb 109			**x**		x		16,7 s
Sb 110			**x**		x		24,0 s
Sb 111			**x**		x		75 s
Sb 112			**x**		x		53,5 s
Sb 113			**x**		x		6,67 m
Sb 114			**x**		x		3,5 m
Sb 115			**x**	**x**	x		32,1 m
Sb 116*			**x**	**x**	x		60 m
Sb 116*			**x**	**x**	x		16 m
Sb 117			**x**	**x**	x		2,8 h
Sb 118			**x**	**x**	x		5,0 h
Sb 118*			**x**	**x**	x		3,5 m
Sb 119				**x**	x		38,5 h
Sb 120*				**x**	x		5,76 d
Sb 120*			**x**	x	x		15,9 m
Sb 121	**57,36**						
Sb 122			x	x	x	**x**	2,70 d
Sb 122 m*					**x**		4,2 m
Sb 123	**42,64**						
Sb 124					x	**x**	60,3 d
Sb 124 m*					**x**	**x**	1,6 m
Sb 124 m*					**x**		20 m
Sb 125					x	**x**	2,77 a
Sb 126					x	**x**	12,4 d
Sb 126 m*					**x**	x	19,0 m
Sb 126 m*					**x**		ca. 11 s
Sb 127					x	**x**	3,85 d
Sb 128*					x	**x**	9,0 h
Sb 128*					x	**x**	10,0 m
Sb 129					x	**x**	4,40 h
Sb 129 m*					**x**	**x**	17,7 m
Sb 130*					x	**x**	6,3 m
Sb 130*					x	**x**	39,5 m
Sb 131					x	**x**	23 m
Sb 132					x	**x**	2,8 m
Sb 132					x	**x**	4,1 m
Sb 133					x	**x**	2,5 m
Sb 134*					x	**x**	0,75 s

Die Isotope des Antimons (1995)

Isotop	Natürliche Häufigkeit n (%)	Zerfallsart p	β^+	EC	γ	β^-	Halbwertszeit $T_{1/2}$
Sb 134*					x	x	10,1 s
Sb 135					x	x	1,7 s
Sb 136						x	0,8 s
Sb 137						x	n.bek.
Sb 138						x	n.bek.
Sb 139						x	n.bek.

(* isomere Atomkerne; m* markiert jeweils einen metastabilen Zustand)

Alle drei Isotope finden Anwendung als radioaktive Indikatoren (Tracer). Die beiden stabilen Isotope $^{121}_{51}Sb$ und $^{123}_{51}Sb$ der Kernspinzahlen 5/2+ bzw. 7/2+ und den kernmagnetischen Momenten +3,3592 bzw. +2,5466 dienen zum NMR-spektroskopischen Nachweis; NMR-Frequenzen (bei 2.3488 T) 23,930 · 10^6 s^{-1} bzw. 12,959 · 10^6 s^{-1}; Referenz $Et_4N^+SbCl_6^-$.

Chemische Eigenschaften

Antimon gehört zur Gruppe der „Pentele". Es befindet sich im PSE in der 15. Gruppe (VA Hauptgruppe) zwischen Arsen As und Bismut Bi sowie in der 5. Periode zwischen Zinn Sn und Tellur Te. Entsprechend der Stellung des Elements im PSE hat das freie, neutrale Sb-Atom im elektronischen Grundzustand folgende Elektronenkonfiguration:

$$1s^2\ 2s^2\ 2p^6\ 3s^2\ 3p^6\ 3d^{10}\ 4s^2\ 4p^6\ 4d^{10}\ 5s^2\ 5p^3$$

Das Element besitzt fünf Valenzelektronen und kann daher in seinen Verbindungen die Oxidationsstufen +III ([Kr] $4d^{10}5s^2$) und +V ([Kr]$4d^{10}$) bilden, die durch Abgabe der drei 5p-Elektronen oder der beiden 5s- und der drei 5p-Elektronen erreicht werden. Gelegentlich tritt Antimon auch in den Stufen +IV und −III auf. Während in alkalischer Lösung die Oxidationsstufe +V bevorzugt ist, zeigt das fünfwertige Antimon in saurer Lösung das Bestreben in die Stufe + III überzugehen und wirkt daher oxidierend.
Die Normalpotentiale des Antimons:

+V   +IV   +III   0   −III

Saure Lösung

Sb_2O_5 —— +0,605 V —— SbO^+ —— +0,212 V —— Sb

Neutrale Lösung

Sb_2O_5 —— +1,055 V —— Sb_2O_4 —— +0,342 V —— Sb_4O_6 —— +0,150 V —— Sb —— −0,510 V —— SbH_3

Alkalische Lösung

$Sb(OH)_6^-$ —— −0,465 V —— $Sb(OH)_4^-$ —— −0,639 V —— Sb —— −1,338 V —— SbH_3

Antimon ist schwach elektropositiv, wobei der metallische Charakter jedoch stärker ausgeprägt ist als beim Arsen. Während Arsen noch eine schwache Säure bildet, zeigt die Antimonige Säure amphoteren Charakter, womit die Tendenz des Antimons zur Basenbildung zum Ausdruck kommt. Das *graue* Antimon ist bei gewöhnlicher Temperatur an der Luft und im Wasser beständig. Beim Erhitzen über die Schmelztemperatur verbrennt es jedoch an der Luft mit bläulich-weißer Flamme zu Antimon(III)-oxid:

$$4\,Sb + 3\,O_2 \longrightarrow 2\,Sb_2O_3 \qquad \Delta H = -\,1442{,}2\ kJ$$

Mit den Halogenen verbindet es sich bereits bei Raumtemperatur zu Halogeniden. In fein pulverisierter Form reagiert es mit Chlorgas unter Feuererscheinung zu Antimon(V)-Chlorid:

$$2\,Sb + 5\,Cl_2 \longrightarrow 2\,SbCl_5 \qquad \Delta H = -\,878\ kJ$$

In nicht oxidierenden Säuren wie Salzsäure oder verdünnter Schwefelsäure ist Antimon nicht löslich, dagegen wird es in Salpetersäure je nach Konzentration zu Antimoniger Säure

$$2\,Sb + 3\,H_2O \longrightarrow Sb_2O_3 + 6\,H^+ + 6\,e^-$$

oder Antimonsäure

$$2\,Sb + 5\,H_2O \longrightarrow Sb_2O_5 + 10\,H^+ + 10\,e^-$$

oxidiert.

Neben Ionenbindungen geht Antimon zahlreiche kovalente Bindungen ein wie z. B. (in den Klammern sind die Bindungslängen und die Bindungsenthalpien angegeben): Sb-H (170,6 pm; 257 kJ · mol^{-1}), Sb-O (200 pm; 314 kJ · mol^{-1}), Sb-C (220 pm; 215 kJ · mol^{-1}), Sb-F (203 pm; 389 kJ · mol^{-1}), Sb-Cl (233 pm; 313 kJ · mol^{-1}), Sb-N (205 pm), Sb=N (181 pm), Sb-Sb (290 pm; 299 kJ · mol^{-1}).

Die meist sehr giftigen Antimonverbindungen sind in ihrer Zusammensetzung und Eigenschaften den entsprechenden Arsenverbindungen sehr ähnlich. Bekannt sind u. a. Halogenide der allg. Formel SbX_3 und SbX_5 (X = F, Cl), Antimonhydrid, Monostiban SbH_3, Metallantimonide der Formel M^I_3Sb bzw. $M^{II}_3Sb_2$, verschiedene Oxide Sb_2O_3, Sb_2O_5, Sb_2O_4 bzw. $Sb[SbO_4]$, die Antimonige Säure eine hypothetische Säure H_3SbO_3 = $Sb(OH)_3$; wasserreiche Form $H_3SbO_3 \cdot H_2O = HSb(OH)_4$; wasserarme Form $HSbO_2$. Die Säure hat amphoteren Charakter:

$$\underset{\textit{saure Lösung}}{H^+ + Sb(OH)_4^-} \underset{+\,H_2O}{\overset{-\,H_2O}{\rightleftharpoons}} Sb(OH)_3 \longrightarrow \underset{\textit{basische Lösung}}{Sb(OH)_2^+ + OH^-}$$

ihre Salze heißen Antimonite bzw. Antimonate(III) der Allg. Formeln $M^ISb(OH)_4$ oder M^ISbO_2, die Antimonsäure, Antimon(V)-säure; wasserreiche Form $H_3SbO_4 \cdot 2\,H_2O$ = $H[Sb(OH)_6]$; wasserarme Form H_3SbO; ihre Salze heißen Antimonate bzw. Hexahydroxo-antimonate(V) der allg. Formel $M^I[Sb(OH)_6]$ bzw. $M^I_3SbO_4$ sowie verschiedene Komplexe.

Nachweis

Qualitativ:
- Die Lötrohrprobe ergibt einen farblosen zum Rand hin bläulichen weniger flüchtigen Beschlag.
- Die Marshsche Probe liefert einen in Natrium-hypochloridlösung unlöslichen Antimonspiegel (s. Abb. 6, S. 44).

Quantitativ:
- Fällung von Antimon als schwerlösliches, orangerotes Sb_2S_3 mittels H_2S in salzsaurer Lösung: $2\ SbCl_3 + 3\ H_2S \longrightarrow Sb_2S_3 + 6\ HCl$ (Iodometrie).
- Mit Reagenzien wie Silberdiethyldithiocarbamat oder Rhodamin B zur kolorimetrischen oder mit Thionalid zur gravimetrischen Bestimmung.
- Spektralanalyse: wichtige Spektrallinien der neutralen Atome sind: 206,833 nm, 217,581 nm, 231,174 nm, 252,854 nm, 259,806 nm, 323,250 nm, 326,760 nm.
- Atomabsorptionsspektrometrie (AAS) mittels der 206,833 nm Linie des Atomspektrums.

Verwendung

Antimon hat wegen seiner ungünstigen mechanischen Eigenschaften v. a. wegen seiner Sprödigkeit nur geringe technische Bedeutung. Es wird hauptsächlich als Legierungs-Bestandteil zur Erhöhung der Härte und Festigkeit weicher Metalle wie Blei, Kupfer, Zinn und Zink verwendet, wie z. B. in Hartblei, Letternmetall u. a. (s. S. 87). Reinstes Antimon findet in der Halbleitertechnik Verwendung. Wichtig sind einige Verbindungen wie z. B. Antimonpigmente, *Antimonweiß* (Sb_2O_3) für hitzebeständige Anstriche, *Goldschwefel* (Sb_2S_5) und *Antimonzinnober* (Sb_2OS_2) als Rohpigment für Kautschukwaren u. a. Einige organische Antimon-Präparate wurden im Mittelalter als Brechmittel wie z. B. *Brechweinstein* bzw. Kalium-antimon(III)-oxid-tartrat $K\ [C_4H_2O_6Sb(OH)_2] \cdot \frac{1}{2}H_2O$ verwendet und werden zum Teil auch heute in der Medizin zur Behandlung tropischer Krankheiten eingesetzt.

Physiologie, Toxikologie

Antimon hat zwar keine Bedeutung für den menschlichen Organismus, wirkt aber stimulierend. Das Metall und seine Verbindungen sind „sehr giftig“, (R 23/25, R 34, R 37, S 1/2, S 20/21, S 26, S 28, S 44). Ins Blut gespritzt sind sie fast ebenso giftig wie die entsprechenden Arsenverbindungen. Antimonvergiftungen kommen jedoch seltener vor, da die Antimonsalze einen starken Brechreiz hervorrufen und so aus dem Körper ausgeschieden werden. Außerdem können Antimonsalze die Magen- und Darmwände viel schwerer passieren als die Arsenverbindungen und sind daher weniger wirksam.

Der tägliche Bedarf für eine Person von ca. 70 kg liegt unter 1 mg, die toxische Dosis beträgt 100 mg, eine letale Dosis ist nicht bekannt. Antimon reichert sich bevorzugt in der Leber (bis zu 20fach) und in der Schilddrüse (bis zu 200fach) an. Für Antimon wurde ein MAK-Wert von 0,5 mg/m^3 festgelegt.

Argon Ar

International (Lat.)	Argon	Italienisch	Argon
Englisch	Argon	Griechisch	Αργό (Argó)
Französisch	Argon	Russisch	Аргон (Argon)
Spanisch	Argón	Japanisch	アルゴン (arugon)

Atomare und physikalische Eigenschaften

Protonenzahl **(Z)**	**18**
Standard-Atomgewicht (bezogen auf $^{12}C = 12$)	39,948(± 1)
Effektive Kernladung	(Slater) 6,75; (Clementi) 6,76; (Froese-Fischer) 7,52
Elektronenkonfiguration	[Ne] $3s^2\,3p^6$
Grundzustand, Termsymbol	$^1S_0$
Atomradius	174 pm
Van-der-Waals-Radius	191 pm [a)]
Molares Volumen (bei –233,15 °C)	$24{,}12 \cdot 10^{-6}\ m^3 \cdot mol^{-1}$
Molares Eigenvolumen (Van-der-Waals-Konst.)	$32{,}3 \cdot 10^{-6}\ m^3 \cdot mol^{-1}$
Molare Binnendruckkonstante (Van-der-Waals-Konst.)	$0{,}136\ Nm^4 \cdot mol^{-2}$
1.;2.;3.;4.;5.;6.;7.;8. Ionisierungsenergie	15,759 eV; 27,629 eV; 40,741 eV; 59,811 eV; 75,016 eV; 91,318 eV; 124,58 eV; 143,48 eV
Elektronegativität	(Allred/Rochow) 3,5; (Pauling) n. bek.; (absolut) 7,70 eV
Elektronenaffinität $Ar \longrightarrow Ar^-$	0,362 eV
Wirkungsquerschnitt für thermische Neutronen ($\sigma_{n,\gamma}$)	$0{,}66 \cdot 10^{-28}\ m^2$
Dichte gasförmig (bei 0 °C; 101,325 kPa)	$1{,}78403\ kg \cdot m^{-3}$
flüssig (bei – 189,37 °C)	$1380\ kg \cdot m^{-3}$
fest (bei – 233,15 °C)	$1656\ kg \cdot m^{-3}$
Schmelztemperatur	–189,37 °C (83,78 K)
Siedetemperatur (bei 101,325 kPa)	–185,86 °C (87,29 K)
Temperatur am Tripelpunkt	–190,45 °C (82,7 K)
Dampfdruck am Tripelpunkt	68,7 kPa
Kritische Temperatur	–122,50 °C (150,85 K)
Kritischer Druck	4,896 MPa
Kritisches Volumen	$74{,}9 \cdot 10^{-6}\ m^3 \cdot mol^{-1}$
Kritische Dichte	$536\ kg \cdot m^{-3}$
Spezifische Schmelzenthalpie	$29{,}44\ kJ \cdot kg^{-1}$
Spezifische Verdampfungsenthalpie	$163\ kJ \cdot kg^{-1}$
Spezifische Wärmekapazität (bei 0 °C, 101,325 kPa, konst. Druck)	$0{,}312\ kJ \cdot kg^{-1} \cdot K^{-1}$
(bei 0 °C, konst. Vol.)	$0{,}521\ kJ \cdot kg^{-1} \cdot K^{-1}$
Thermische Leitfähigkeit (bei 0 °C)	$0{,}0165\ W \cdot m^{-1} \cdot K^{-1}$
Permittivitätszahl (bei 0 °C, 101,325 kPa)	1,000504
Spezifische magnetische Suszeptibilität (Gas)	$-6{,}16 \cdot 10^{-9}\ m^3 \cdot kg^{-1}$
Löslichkeit in Wasser (bei 20 °C)	$33{,}6 \cdot cm^3$ Ar pro kg H_2O

Weitere Angaben: a) 180 pm.

Entdeckung

Das chemische Element Argon wurde als erstes Edelgas im Jahre 1894 von den britischen Forschern Sir William Ramsay (1852–1916) und Lord John William Rayleigh (1842–1919) in London, Großbritannien, als Bestandteil der atmosphärischen Luft gemeinsam entdeckt. In Anlehnung an die Reaktionsträgheit des Gases gaben die beiden Forscher dem neuen Element den Namen „Argon“ mit dem chemischen Symbol „Ar“ [von griech.: „αἔργον“ (aergón), d. h. „träge“ bzw. „untätig“].
Den Existenznachweis einer inerten Gasmenge in der atmosphärischen Luft erbrachte schon mehr als ein Jh. vorher der englische Chemiker Henry Cavendish (1731–1810), als ihm beim Versuch, die Bestandteile der Luft, Sauerstoff und Stickstoff, mittels elektrischer Entladungen in Oxide zu überführen, stets ein reaktionsträges Restgas zurückblieb, dessen Volumen er auf $^1/_{120}$ (0,83%) der ursprünglichen Luftmenge schätzte. Dies entspricht annähernd dem Edelgasgehalt der Luft, der nach den heutigen Kenntnissen rund $^1/_{107}$ (0,93%) beträgt. Da für die Edelgase im PSE kein Platz vorgesehen war, wurden diese auf Vorschlag von Ramsay und Dimitrij Ivanovič Mendeleev (1834–1907) im Jahre 1900 als nullte Gruppe in das Periodensystem der Elemente aufgenommen.

Vorkommen

Argon gehört zu den selteneren Elementen und steht mit einem Massenanteil in der Erdhülle von $3{,}6 \cdot 10^{-4}$% an 53. Stelle der Elementhäufigkeit. Im Vergleich zu den anderen Edelgasen ist Argon allerdings in der atmosphärischen Luft, mit einem Massenanteil von 1,258% und einem Volumenanteil von 0,9327% (1 m^3 Luft enthält rund 9,3 l Argon) das bei weitem häufigste Edelgas. In kleineren Mengen kommt Argon auch in vielen Gesteinen, vor allem in Kalium-haltigen Mineralen vor, in denen es ständig durch Elektronen-Einfang oder Positronen-Zerfall aus dem Kalium-Isotop $^{40}_{19}K$ entsteht. In der Erdkruste bis 16 km Tiefe, beträgt der Anteil an Argon etwa 1,5 g/t Gestein. Von hier gelangt das Gas auch in das Meerwasser, in dem es durchschnittlich mit 0,45 g/m^3 vertreten ist, bei einer Verweilzeit von ca. 28 000 Jahren. Beträchliche Mengen Argon findet man auch im Wasser vieler Mineralquellen, die aus größerer Tiefe stammen (z. B. in Geysire, Wildbad, Karlsbad), in Grubengasen (z. B. bei Staßfurt) sowie in vulkanischen Exhalationen.
Die Argon-Reserven in der Atmosphäre werden weltweit auf rund 66 Bio t ($66 \cdot 10^{12}$ t) geschätzt. Die Häufigkeit des Elements auf der Sonne beträgt ca. $1 \cdot 10^6$ Atome Argon pro $1 \cdot 10^{12}$ Atome Wasserstoff, die kosmische Häufigkeit schätzt man auf $1{,}5 \cdot 10^5$ Atome Argon pro $1 \cdot 10^6$ Atome Silicium.

Herstellung

Großtechnisch wird Argon aus flüssiger Luft, durch fraktionierte Destillation gewonnen (s. S. 555). Die Fraktionen bei der Destillation verflüssigter Luft:

Bestandteile der Luft	Siedetemperaturen		Fraktionen	
	°C	K		
Xe	–107,10	166,05	4. Fraktion:	Krypton und Xenonhaltiger Sauerstoff
Kr	–153,35	119,80		
O	–182,962	90,188	3. Fraktion:	Argon-haltiger Sauerstoff
Ar	–185,86	87,29	2. Fraktion:	Argon-haltiger Stickstoff
N	–195,82	77,33		
Ne	–246,06	27,09	1. Fraktion:	Helium- und Neon-haltiger Stickstoff
He	–268,935	4,215		

Ein weiteres, äußerst wirtschaftliches Ausgangsmaterial zur technischen Gewinnung von Argon stellen die Kreislauf-Restgase der Ammoniaksynthese dar, in denen sich bis zu 20% Argon anreichert. Durch fraktionierte Tieftemperaturdestillation des verflüssigten Gasgemisches, erhält man Argon von sehr hohen Reinheitsgrad. Die Weltproduktion liegt bei jährlich rund 800 000 t bzw. 450 Mio. m^3 Argon.

Physikalische Eigenschaften

Argon ist ein farb-, geruch- und geschmackloses, einatomiges Gas das bei – 189,37 °C in den flüssigen und bei – 185,86 °C in den festen Zustand übergeht. Unterhalb – 243 °C bilden sich Einkristalle mit kubisch dichtester Packung der Ar-Atome, die ausschließlich durch Van-der-Waals-Wechselwirkungen zusammengehalten werden. Im gasförmigen Zustand ist Argon in Wasser und in organischen Flüssigkeiten relativ gut löslich; von verschiedenen festen Stoffen wird es oberflächlich adsorbiert. Bei elektrischen Entladungen leuchtet das Gas blau auf.

Argon zeigt eine ausgeprägte Tendenz zur Bildung, sog. *Einschlußverbindungen*, *Käfigverbindungen* oder *Clathrate* (lat. „clatratus“, d. h. „vergittert“), wie z. B. die Hydrate des Argons. Diese entstehen beim Ausfrieren von Wasser in Gegenwart von Argon unter hohem Druck bis zu 20 MPa. Dabei bildet sich eine kubische Struktur des Eises, in dessen Hohlräume das Argon festgehalten wird. Werden je Elementarzelle (46 H_2O Moleküle) alle acht gebildeten Hohlräume besetzt, so ergibt sich die Zusammensetzung $8\,Ar \cdot 46\,H_2O$ bzw. $Ar \cdot 5{,}75\,H_2O$. Bekannt sind auch Clathrate des Argons mit Chloroform, Hydrochinon sowie mit komplexen Übergangsmetallecyaniden.

Radiochemie

Luftargon setzt sich aus drei stabilen Isotopen zusammen. Weitere 18 künstliche radioaktive Isotope sind bekannt.

Die Ar-Isotope haben relativ kurze Halbwertszeiten, die leichteren Isotope $A < 38$ zerfallen durch β^+-Strahlung und Elektronen-Einfang (EC) in die entsprechenden Cl-Isotope, die schwereren Isotope $A > 40$ verwandeln sich durch β^--Emission in K-Isotope.

Die Isotope des Argons (1995)						
Isotop	Natürliche Häufigkeit n (%)	Zerfallsart				Halbwertszeit $T_{1/2}$
		β^+	EC	γ	β^-	
Ar 31		x				15,1 ms
Ar 32		x		x		98 ms
Ar 33		x		x		174,1 ms
Ar 34		x		x		844 ms
Ar 35		x		x		1,78 s
Ar 36	**0,337**					
Ar 37			x			35,0 d
Ar 38	**0,063**					
Ar 39					x	269 a
Ar 40	**99,600**					
Ar 41				x	x	1,83 h
Ar 42					x	33 a
Ar 43				x	x	5,37 m
Ar 44				x	x	11,87 m
Ar 45				x	x	21,5 s
Ar 46				x	x	7,8 s
Ar 47					x	700 ms
Ar 48					x	n.bek.
Ar 49					x	n.bek.
Ar 50					x	n.bek.
Ar 51					x	n.bek.

Luftargon entsteht größtenteils durch Elektronen-Einfang oder Positronen-Zerfall des Isotops ${}^{40}_{19}K$ gemäß:

$$ {}^{40}_{19}K + {}^{0}_{-1}e \longrightarrow {}^{40}_{18}Ar $$

$$ {}^{40}_{19}K - {}^{0}_{+1}e \longrightarrow {}^{40}_{18}Ar $$

Die künstliche Ar-Isotope werden hauptsächlich in ${}^{A}Ar\ (n, \gamma)^{A+1}A$ Reaktionen erzeugt. Die wichtigsten Radioisotope sind ${}^{37}_{18}Ar$ (EC | 0,814 MeV; kein γ) das als Indikator (Tracer) Verwendung findet und ${}^{41}_{18}Ar$ (β^- | 2,5 MeV; γ) das zur Überprüfung von Undichtigkeiten von Gasleitungen eingesetzt wird. Das Isotop ${}^{39}_{18}Ar$ (β^- | 3,44 MeV; kein γ) der Kernspinzahl 7/2– und kernmagnetischen Moment –1,3 dient zum NMR-spektroskopischen Nachweis. Das Verhältnis der Konzentrationen der Ar-Isotope oder das Verhältnis von ${}^{40}_{19}K$ zu ${}^{40}_{18}Ar$ wird zur absoluten Altersbestimmung verschiedener Gesteine bzw. Minerale herangezogen. Dabei werden gleichzeitig zwei Verfahren angewendet:

- *Argon-Argon-Methode* durch Messung des Häufigkeits- oder Mengenverhältnisses der Argonisotope ${}^{40}_{18}Ar$ und ${}^{39}_{18}Ar$ mit Hilfe von Massenspektrometern.
- *Kalium-Argon-Methode*, ein radiometrisches Verfahren zur Altersbestimmung aufgrund des relativen Gehalts an ${}^{40}_{19}K$ und ${}^{40}_{18}Ar$.

Chemische Eigenschaften

Argon gehört zur Gruppe der „Edelgase". Es befindet sich im PSE in der 18. Gruppe (VIIIA Hauptgruppe) zwischen Neon Ne und Krypton Kr sowie in der 3. Periode neben Chlor Cl. Argon ist wie die meisten Edelgase ein chemisch inertes Gas. Aufgrund seiner Stellung im PSE besitzt das freie, neutrale Ar-Atom im elektronischen Grundzustand folgende Elektronenkonfiguration:

$$1s^2\ 2s^2\ 2p^6\ 3s^2\ 3p^6$$

Diese Elektronenanordnung entspricht einer abgeschlossenen, also stabilen, äußeren Elektronenschale (M-Schale) und erklärt die chemische Trägheit des Elements. Obwohl Argon ein einatomiges Gas ist, konnte durch massenspektrometrische Untersuchungen die Existenz einiger molekularer Ionen nachgewiesen werden: Ar_2^+, ArH^+, ArC^+, $ArCH_3^+$, $ArCO^+$, $ArLi^+$, ArK^+, u. a. Von Argon sind bis heute keine chemischen Verbindungen bekannt.

Nachweis

Spektralanalyse; wichtige Spektrallinien der neutralen Atome: 696,5431 nm, 706,7218 nm, 750,3869 nm, 801,4786 nm, 811,5311 nm, 912,2967 nm, 965,7786 nm u. a.

Verwendung

Argon wird wegen seiner chemischen Trägheit in Mischung mit etwa 15–20% Stickstoff in großen Mengen als Füllgas von Glühlampen verwendet. Das Gas hat gegenüber Stickstoff nicht nur eine geringere thermische Leitfähigkeit, sondern verhindert auch die Verdampfung des Wolfram-Glühdrahtes und ermöglicht dadurch die Erhöhung der Glühfadentemperatur bis auf rund 2450 °C, wodurch der Wirkungsgrad der Glühlampen wesentlich verbessert wird. Daneben dient Argon als Füllgas in Leuchtstoffröhren für Lichtreklame – blaues Licht –, in Ionisationskammern und Zählrohren und in der Laser-Technik zum Bau des sogenannten Argon-Lasers. Argon findet zunehmend Verwendung als Spülgas zum Entgasen von Metallschmelzen sowie als Schutzatmosphäre beim Lichtbogenschweißen leicht oxidierbarer Metalle wie Aluminium, Magnesium u. a. sowie sehr hoch schmelzender Metalle wie Molybdän, Titan, Tantal, Wolfram, Zirconium nach dem sog. *Argonarc-Verfahren*. In der Gaschromatographie wird Argon als Trägergas verwendet.

Physiologie, Toxikologie

Argon hat keine biologische Bedeutung für den menschlichen Organismus. Der Mensch atmet täglich etwa 18–20 Liter Argon ein und aus. Das Gas ist nicht toxisch, kann aber erstickend wirken.

Arsen As

International (Lat.)	Arsenicum	Italienisch	Arsenico
Englisch	Arsenic	Griechisch	Αρσενικό (Arsenico)
Französisch	Arsenic	Russisch	Мышьяк (Mischjak)
Spanisch	Arsénico	Japanisch	ヒ素 (ヒソ) (hiso)

Atomare und physikalische Eigenschaften	T+
Protonenzahl **(Z)**	**33**
Standard-Atomgewicht (bezogen auf ^{12}C = 12)	74,92159(±2)
Effektive Kernladung	(Slater) 6,30; (Clementi) 7,45; (Froese-Fischer) 8,98
Elektronenkonfiguration	[Ar] $3d^{10}\ 4s^2\ 4p^3$
Grundzustand, Termsymbol	$^4S_{3/2}$
Atomradius	124,5 pm
Kovalenzradius (As^{III}; Einfachbindung)	121 pm
Van-der-Waals-Radius	200 pm
Ionenradien (KZ 6,4)	222^{3-} pm, $58^{3+}_{(6)}$ pm, $46^{5+}_{(6)}$ pm, $34^{5+}_{(4)}$ pm
Molares Volumen (α)	$12{,}95 \cdot 10^{-6}\ m^3 \cdot mol^{-1}$
1.;2.;3.;4.;5. Ionisierungsenergie	9,8148 eV; 18,635 eV; 28,356 eV; 50,131 eV; 62,625 eV
Elektronegativität	(Allred/Rochow) 2,20; (Pauling) 2,18; (absolut) 5,30 eV
Elektronenaffinität As ⟶ As^-	0,65 eV
Wirkungsquerschnitt für thermische Neutronen ($\sigma_{n,\gamma}$)	$4{,}30 \cdot 10^{-28}\ m^2$
Dichte (α; bei 20 °C)	$5727\ kg \cdot m^{-3}$ a)
Härte (α)	3–4
Schmelztemperatur (α ; bei 2,75 MPa)	817 °C (1090,15 K)
Siedetemperatur (subl.)	615 °C (888,15 K)
Spezifische Schmelzenthalpie	$369{,}72\ kJ \cdot kg^{-1}$
Spezifische Verdampfungsenthalpie	$425{,}78\ kJ \cdot kg^{-1}$
Spezifische Atomisierungsenthalpie	$4044\ kJ \cdot kg^{-1}$
Spezifische Wärmekapazität (bei 25 °C)	$0{,}3285\ kJ \cdot kg^{-1} \cdot K^{-1}$
Debye-Temperatur	8,85 °C (–264,3 K)
Thermische Leitfähigkeit (α; bei 27 °C)	$50{,}0\ W \cdot m^{-1} \cdot K^{-1}$
Thermischer Längenausdehnungskosffizient (bei 25 °C)	$4{,}7 \cdot 10^{-6}\ K^{-1}$
Kontraktion bei der Verfestigung in %	10
Elektrische Leitfähigkeit (α; bei 20 °C)	$2{,}98 \cdot 10^6\ S \cdot m^{-1}$
Spezifischer elektrischer Widerstand (a ;bei 20 °C)	$33{,}55 \cdot 10^{-8}\ \Omega \cdot m$
Spezifische magnetische Suszeptibilität	(α) $-0{,}922 \cdot 10^{-9}\ m^3 \cdot kg^{-1}$; (β) $-3{,}97 \cdot 10^{-9}\ m^3 \cdot kg^{-1}$; (γ) $-38{,}55 \cdot 10^{-9}\ m^3 \cdot kg^{-1}$
Normalpotential As/H_3AsO_3	+0,2476 V
Kernabstand As_4 (Tetraeder) As-As	243,5 pm
Dissoziationsenthalpie 1/n As_n ⟶ As	$302{,}7\ kJ \cdot mol^{-1}$
Bildungsenthalpie AsH_3 ($AsCl_3$; As_2O_3)	$66{,}49\ kJ \cdot mol^{-1}$ ($-305\ kJ \cdot mol^{-1}$; $-657{,}40\ kJ \cdot mol^{-1}$

Weitere Angaben: a) $5780\ kg \cdot m^{-3}$.

Entdeckung

Natürliche Arsenverbindungen waren schon in der Antike bekannt, man verwendete sie als Farbstoffe, Schminke oder als Haarentfernungsmittel. Bereits Theophrast (um 372–288 v. Chr.) erwähnte das rote As-Sulfid As_4S_4, er nannte das Mineral „Realgar". Das gelbe As-Sulfid $(As_2S_3)_2$ bezeichnete Plinius der Ältere (23–79 n. Chr.) als „Auripigment", d. h. „das Goldfarbene". Die Arsen-Herstellung wurde erstmals um 1250 von Albertus Magnus (um 1193–1280) beschrieben. Er gilt daher als der Entdecker des Arsens. Bereits Paracelsus (16. Jh.) verwendete As-Präparate für medizinische Zwecke. Der Name Arsen stammt vom griechischen „ἄρσην" (arsin) oder „ἀρσενικός" (arsenikós), das soviel wie „kühn" oder „männlich" bedeutet. Das chemische Symbol „As" wurde 1814 von J. J. Berzelius eingeführt. Die Symbole des Arsens im Verlauf der Jahrhunderte:

 15. Jh.  16. Jh.  17. Jh.  1783 Bergmann  1808 Dalton As 1814 Berzelius

Vorkommen

Arsen gehört zu den selteneren Elementen; es ist auf der Erde aber in geringen Mengen weit verbreitet. Mit einem berechneten Massenanteil in der Erdhülle von $5{,}5 \cdot 10^{-4}\%$ steht es an 47. Stelle der Elementhäufigkeit. In der Erdkruste, bis 16 km Tiefe, ist es mit 1,8 g/t Gestein und in Gesteinsmeteoriten mit rund 2 g/t vertreten. Im Meerwasser beträgt sein Anteil durchschnittlich 1,65 mg $As^{(+III)}$ und $As^{(+V)}$ pro Kubikmeter bei einer Verweilzeit von ca. 90 000 Jahren. Daneben findet sich Arsen u. a. spurenweise in Vulk-

Die wichtigsten Arsenminerale	
Realgar, Rauschrot	As_4S_4
Auripigment, Rauschgelb	As_4S_6 bzw. $(As_2S_3)_2$
Proustit, Lichtes Rotgültigerz, Arsensilberblende	Ag_3AsS_3 (= $3Ag_2S \cdot As_2S_3$)
Enargit	Cu_3AsS_4 (= $Cu_2S \cdot 4\,CuS \cdot As_2S_3$)
Tennantit, Arsen-Fahlerz, Lichtes Fahlerz	$(Cu, Fe, Zn)_3\,AsS_{3,25}$
Arsentrioxid, Arsenik in zwei Modifikationen: Arsenolith, Arsenblüte Claudetit	 As_2O_3 (kubisch) As_2O_3 (monoklin)
Löllingit, Arsenikalkies	$FeAs_2$
Nickelin, Rotnickelkies	NiAs
Rammelsbergit (Weißnickelkies)	$NiAs_2$
Chloantit, Nickelskutterudit (Weißnickelkies)	$(Ni, Co)\,As_3$
Skutterudit, Smaltin, Speiskobalt	$(Co, Ni)\,As_3$
Sperrylith	$PtAs_2$
Arsenkies, Arsenopyrit, Giftkies	FeAsS (= $FeAs_2 \cdot FeS_2$)
Safflorit (Weißkobaltkies)	$CoAs_2$ oder $(Co, Fe)\,As_2$
Cobaltin, Cobaltit, Kobaltglanz, Glanzcobalt	CoAsS
Arsennickelkies, Gersdorffit	NiAsS

angasen, Steinkohlen, Mineralwässer. Gediegen kommt Arsen in der Natur nur in geringen Mengen z. B. als *Scherbenkobalt* oder *Fliegenstein*, oder vergesellschaftet mit Antimon als Allemontit vor. Hauptsächlich findet es sich jedoch in Form seiner Salze, wobei es sowohl kationisch in Form von Arsensulfiden und -oxiden als auch anionisch in Form von Metallarseniden auftritt.
Die bekannten Arsen-Reserven schätzt man weltweit auf einigen Mrd. t. Die Hauptvorkommen liegen in den GUS-Staaten, China, Schweden, Mexiko. Die Weltförderung von Arsen-Erze bezogen auf As_2S_3 beträgt rund 50000 t/Jahr, Hauptproduzenten von As_2S_3 sind Schweden ca. 20%, GUS-Staaten 16,4%, Frankreich 16%, Mexiko und Chile jeweils 12%, Kanada 10% u. a. In Deutschland werden jährlich etwa 380 t As_2S_3 erzeugt. Die Häufigkeit des Elements auf der Sonne ist nicht bekannt, die kosmische Häufigkeit wird auf 4 Atome Arsen pro $1 \cdot 10^6$ Atome Silicium geschätzt.

Herstellung

Die Herstellung von metallischen Arsen in technischem Maßstab erfolgt hauptsächlich durch Erhitzen von Arsenkies FeAsS oder Arsenikalkies $FeAs_2$ unter Luftabschluß in liegenden Tonröhren bzw. Retorten bei 650–700 °C. Das dabei sublimierende Arsen wird in gekühlten tönernen Vorlagen aufgefangen und kondensiert.

$$FeAsS \xrightarrow{700\,°C} FeS + As\,(g) \longrightarrow As\,(f)$$
$$FeAs_2 \xrightarrow{700\,°C} FeAs + As\,(g) \longrightarrow As\,(f)$$

Die im Sulfidrückstand verbleibenden Arsenreste werden durch Rösten an Luft in Arsen(III)-oxid As_2O_3 überführt, das sich verflüchtigt und aus den Rauchgasen *Hüttenrauch* in Flugstaubkondensatoren niederschlägt. Das Trioxid kann anschließend durch Reduktion mit Aktivkohle bei 700–800 °C zu metallischen Arsen reduziert werden. Hochreines Arsen > 99,999% z. B. für die Halbleitertechnik erhält man durch Kristallisation aus geschmolzenem Arsen oder durch Umwandlung in Arsenhydrid AsH_3 und dessen Zersetzung in Arsen und Wasserstoff bei 600 °C.
Die wichtigste Arsenquelle für die Industrie stellt heute das in großen Mengen im Flugstaub angesammelte Arsenik As_2O_3 dar, das beim Rösten anderer Erze wie Zinkblende, Kupferkies, Eisenkies oder Bleiglanz entsteht. Arsenik bzw. Arsen(III)-oxid ist die wichtigste Ausgangssubstanz zur Herstellung aller weiterer Arsenverbindungen. Weltweit werden jährlich rund 50000 t Arsenik produziert. Die Hauptproduzenten sind die USA mit ca. 70% gefolgt von Schweden, Frankreich, GUS-Staaten, Mexiko, Südwestafrika u. a. Der Preis für 1 t As_2O_3 liegt bei etwa 250 $, der Kilogrammpreis für technisch reines Arsen (99%) beträgt ca. 5 $ (etwa 9 DM) und für hochreines Arsen bis zu 22 $ (ca. 40 DM).

Physikalische Eigenschaften

Arsen tritt in mehreren Modifikationen auf:
„Graues Arsen“ oder „metallisches Arsen“ (α-Form) ist bei Raumtemperatur die stabile Form. Es stellt eine stahlgraue, metallisch glänzende, undurchsichtige, spröde, rhombo-

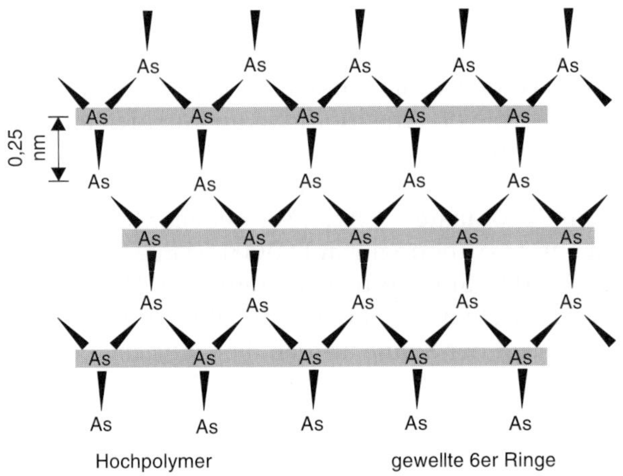

Abb. 5: Gitterstruktur des grauen Arsens.

edrisch kristallisierende Masse dar, die bei längerem Stehen an der Luft schwarz wird. Die Kristallstruktur ist analog der des „schwarzen Phosphors“ aufgebaut und besteht aus gewellten (gefaltcten) Sechsring-Schichten, in denen jedes As-Atom an drei Nachbaratome kovalent gebunden ist. Innerhalb einer Schicht beträgt der As-As-Abstand 251,7 pm, bei einem Winkel As-As-As von 96,7°. Daneben besitzt jedes As-Atom in den angrenzenden Schichten jweils drei weitere Nachbarn im Abstand von 312 pm. Das schwach diamagnetische *metallische Arsen* ist ein relativ guter Wärmeleiter, die thermische Leitfähigkeit beträgt 11,65%, die elektrische rund 4,74% der des Silbers. Die Sprungtemperatur für die metallische Hochdruckphase bei p >14 GPa liegt bei –272,65 °C (0,5 K).
Beim Erhitzen unter Luftabschluß und einem Druck von 2,75 MPa schmilzt α-Arsen bei 817 °C. Bei Normaldruck sublimiert es bei 615 °C und bildet einen durchsichtigen zitronengelben Dampf der bis etwa 800 °C aus As_4-Molekülen besteht, die oberhalb 1700 °C in As_2-Moleküle und einzelne Atome übergehen.
„Gelbes Arsen“ (β-Form) ist eine metastabile, nichtmetallische Modifikation, die durch Abschrecken von Arsendampf, z. B. mit flüssiger Luft oder durch Erhitzen von α-Arsen auf 228 °C entsteht und sich leicht in Kohlenstoffdisulfid auflöst. Beim Abkühlen der Lösung unterhalb –70 °C scheiden sich hellgelbe, durchsichtige, wachsweiche, knoblauchartig riechende, kubische Kriställchen von „gelben Arsen“ aus (ρ = 1970 kg · m^{-3}). Das As_4-Molekül des „gelben Arsens“ bildet ähnlich dem P_4-Molekül des „weißen Phosphors“ eine Tetraeder-Struktur. Schon bei geringer Energiezufuhr, z. B. Licht oder Wärme, wandelt sich das gelbe Arsen in graues Arsen um.
„Schwarzes Arsen, „amorphes Arsen“ ist eine schwarzglänzende glasartig, spröde, den elektrischen Strom nicht leitende Modifikation des Arsens, die in mehreren nichtmetallischen Formen (β, γ, ε) auftritt (ρ = 4700–5100 kg · m^{-3}). Das „amorphe Arsen“ entsteht beim Abkühlen von Arsen-Dampf an 100–200 °C warmen Flächen und geht oberhalb von 270 °C in die graue Modifikation über.

Radiochemie

Arsen ist ein anisotopes Element, es kommt in der Natur nur in Form eines einzigen Isotops vor. Zusätzlich sind 25 künstliche, radioaktive Isotope des Arsens bekannt.
Die As-Isotope haben allgemein kurze Halbwertszeiten. Die leichteren Isotope A < 75 zerfallen durch β^+-Strahlung und z. T. durch Elektronen-Einfang in die entsprechenden Ge-Isotope. Die schwereren A > 75 zerfallen durch β^--Emission in Se-Isotope. Die Isotope $^{73}_{33}$As (EC | 0,35 MeV; γ) und $^{74}_{33}$As (β^- | 1,36 MeV; β^+, EC, γ) werden durch Deuteronenbeschuß von Germanium erzeugt, $^{76}_{33}$As (β^- | 2,97 MeV; γ) entsteht bei der Bestrahlung von Arsen im Kernreaktor. Alle drei Isotope finden Anwendung als radioaktive Indikatoren (Tracer). Das stabile Isotop $^{75}_{33}$As der Kernspinzahl 3/2- und kernmagnetischen Moment +1,43947 wird zum NMR-spektroskopischen Nachweis verwendet; NMR-Frequenz (bei 2,3488 T) 17,126 · 10^6 s^{-1}; Referenz $KAsF_6$.
Die maximal zulässige radiologische Aktivität bezogen auf $^{76}_{33}$As beträgt 40 700 Bq für den menschlichen Körper, 7,4 · 10^6 Bq/l in wäßriger Lösung und 74 Bq/m^3 Luft.

Die Isotope des Arsens (1995)

Isotop	Natürliche Häufigkeit n (%)	Zerfallsart				Halbwertszeit $T_{1/2}$
		β^+	EC	γ	β^-	
As 64		x				n.bek.
As 65		**x**				0,19 s
As 66		**x**				96 ms
As 67		**x**				42,5 s
As 68		**x**		x		2,53 m
As 69		**x**		x		15,1 m
As 70		**x**		x		53 m
As 71		**x**	**x**	x		65,28 h
As 72		**x**		x		26,0 h
As 73			**x**	x		80,3 d
As 74		**x**	x	x	**x**	17,77 d
As 75	**100**					
As 76				x	**x**	26,4 h
As 77				x	**x**	38,8 h
As 78				x	**x**	1,5 h
As 79				x	**x**	8,2 m
As 80				x	**x**	15,2 s
As 81				x	**x**	34 s
As 82				x	**x**	19,1 s
As 82*				x	**x**	14,0 s
As 83				x	**x**	13,3 s
As 84				x	**x**	4,5 s
As 85				x	x	2,03 s
As 86				x	**x**	0,9 s
As 87					**x**	0,73 s
As 88					**x**	n.bek.
As 89					**x**	n.bek.

(* isomere Atomkerne)

Chemische Eigenschaften

Arsen gehört zur Gruppe der „Pentele". Es befindet sich im PSE in der 15. Gruppe (VA Nebengruppe) zwischen Phosphor P und Antimon Sb sowie in der 4. Periode zwischen Germanium Ge und Selen Se. Entsprechend seiner Stellung im PSE hat das freie, neutrale As-Atom im elektronischen Grundzustand folgende Elektronenkonfiguration:

$$1s^2\ 2s^2\ 2p^6\ 3s^2\ 3p^6\ 3d^{10}\ 4s^2\ 4p^3$$

Angesichts der fünf Valenzelektronen bildet Arsen in seinen Verbindungen mit elektronegativen Partnern die Oxidationsstufen +III und +V, während es mit elektropositiven Partnern die Stufe –III betätigt. Im Gegensatz zu seinen höheren, metallischeren Homologen Antimon und Bismut bildet Arsen keine As^{3+}-Kationen, und auch die Bildung von As^{3-}-Anionen ist sehr selten, da sehr stark endotherm. Der Bindungsanteil sowohl mit kationischen als auch mit anionischen Arsen ist bei Arsenverbindungen sehr gering, wodurch sein Charakter als Halbmetall bzw. als Übergangselement von Nichtmetall zu Metall zum Ausdruck kommt. Arsen bildet mit den meisten Nichtmetallen starke kovalente Bindungen, wie z. B. (in den Klammern sind die Bindungslängen und Bindungsenthalpien angegeben): As–H (151,9 pm; ca. 245 kJ · mol^{-1}), As–O (178 pm; 477 kJ · mol^{-1}), As–C (198 pm; ca. 200 kJ · mol^{-1}), As-F (171 pm; 464 kJ · mol^{-1}), As-Cl (216 pm; 293 kJ · mol^{-1}), As=Cl (197 pm) As–As (244 pm; 348 kJ · mol^{-1}). Die Metallarsenide sind intermetallische oder legierungsartige Verbindungen.

Die Normalpotentiale des Arsens:

	+V		+III		0		–III
Saure Lösung	H_3AsO_4	+0,560 V	H_3AsO_3	+0,2476 V	As	–0,225 V	AsH_3
Alkalische Lösung	AsO_4^{3-}	–0,67 V	AsO_2^-	–0,675 V	As	+1,37 V	AsH_3

„Graues Arsen" ist an trockener Luft beständig, an feuchter Luft wird es jedoch oberflächlich oxidiert, wobei sich eine gelbbronzene Trübung und schließlich ein schwarzer Belag bildet. Arsen wird von Wasser, alkalischen Lösungen oder nichtoxidierenden Säuren z. B. Salzsäure nicht angegriffen. Mit verd. Salpetersäure, konz. Schwefelsäure oder kochende Alkalilaugen reagiert es zu Arseniger Säure H_3AsO_3 bzw. $As(OH)_3$

$$2As + 3H_2\,SO_4 \longrightarrow 2H_3AsO_3 + 3SO_2 \uparrow$$

Durch stark oxidierende Säuren wie Königswasser oder heiße konz. Salpetersäure wird es zu Arsensäure H_3AsO_4oxidiert:

$$3As + 5HNO_3 + 2H_2O \longrightarrow 3H_3AsO_4 + 5NO \uparrow$$

Beim Erhitzen an der Luft auf 180 °C verbrennt Arsen mit bläulicher Flamme zu weißen Arsen(III)-oxid As_2O_3 wobei ein knoblauchartiger Geruch entsteht. Beim Entzünden in Sauerstoff verbrennt es mit leuchtender Flamme zu As_2O_3 (und As_2O_5):

$$4As + 3O_2 \longrightarrow 2As_2O_3 \qquad \Delta H = -\ 1314{,}8\ kJ$$

Mit molekularem Fluor reagiert Arsen schon bei Raumtemperatur unter Leuchterscheinung zu Arsen(V)-fluorid AsF_5. Mit molekularem Chlor verbindet es sich heftig zu Arsen(III)-chlorid:

$$2As + 3Cl_2 \longrightarrow 2AsCl_3 \qquad \Delta H = -\ 610\ kJ$$

Mit den übrigen „Halogenen" bildet es Arsen(III)-Halogenide. Mit Schwefel und zahlreichen weiteren Elementen verbindet sich Arsen ebenfalls direkt. Arsenverbindungen sind auf der Erde in Form verschiedener Minerale weit verbreitet, sie sind größtenteils giftig.

Arsen-Verbindungen	
Oxidationsstufe	Verbindung
–III	Arsenhydrid, Monoarsan AsH_3
+III	Arsen(III)-Halogenide AsX_3 (X = F, Cl, Br, I) Arsen(III)-Oxid, Arsenik As_2O_3 Arsen(III)-Säure, Arsenige Säure H_3AsO_3 bzw. $As(OH)_3$; Anion $H_2AsO_3^-$ (aq) Salze: Arsenate(III), Arsenite Orthoform: $M^IH_2AsO_3$, $M^I_2HAsO_3$, $M^I_3AsO_3$ Metaform: M^IAsO_2 (M = Metall) Arsen(III)-Sulfid As_2S_3
+V	Arsen(V)-Halogenide AsX_5 (X = F, Cl) Arsen(V)-Oxid As_2O_5 Arsen(V)-Säure, Arsensäure H_3AsO_4 Anion $H_2AsO_4^-$ (aq) Salze: Arsenate(V), Arsenate $M^I_3AsO_4$ Arsen(V)-Sulfid As_2S_5 u. a.
Org. Verb.	Arsine R_nAsH_{3-n} (R = Alkylradikal) Arsoniumsalze $R_4As^+X^-$ (X = Cl, Br, I) Arsonsäuren $R^-As(O)(OH)$ Arsinsäuren $R_2As(O)(OH)$ u. a.

Nachweis

Qualitativ:

- „Bettendorfsche Arsen-Probe", „Gutzeitsche Arsen-Probe", „Kakodyl-Reaktion" u. a.
- Marshsche Arsen-Probe; ein wichtiges in der Gerichtsmedizin angewandtes Verfahren zum Nachweis geringster Mengen von Arsen (Abb. 6). Die arsenhaltige Probe wird mit naszierenden Wasserstoff behandelt, der durch Einwirken von Salzsäure oder Schwefelsäure auf Zink entsteht. Die Arsenverbindungen werden dabei zu Arsenhydrid AsH_3 reduziert, das beim Erhitzen zerfällt wobei sich das Arsen als schwarzbrauner, glänzender *Arsenspiegel* auf einer Porzellanschale bzw. in einem erhitzten Glasrohr niederschlägt. Der Wasserstoff verbrennt. Im Gegensatz zu dem auf gleiche Weise sich absetzenden Antimon löst sich Arsen in Natrium-hypochloridlösung, NaOCl. Mit diesem Test können noch Spuren von Arsen von 0,0001 mg nachgewiesen werden.

Quantitativ:

- Fällung als gelbes As_2S_3 mit H_2 S aus stark salzsaurer Lösung.
- Iodometrie; Reaktion zwischen Iod und Arseniger Säure:

$$H_3AsO_3 + H_2O + I_2 \longrightarrow H_3AsO_4 + 2H^+ + 2I^-$$

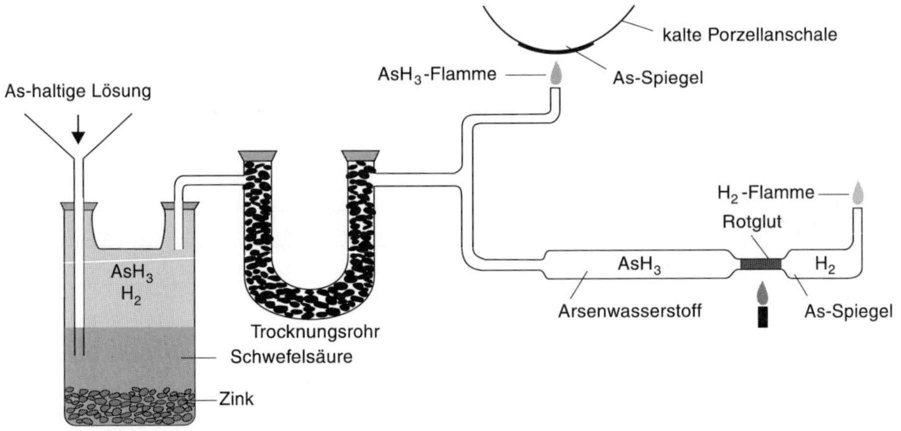

Abb. 6: Marshsche Arsen-Probe.

- Spektralphotometrisch mit Toluoldithiol oder mit Silberdiethyldithiocarbamat.
- Spektralanalyse; wichtige Spektrallinien der einfach positiven Ionen As^+: 234,984 nm, 228,812 nm, 419,008 nm, 445,847 nm, 446,635 nm, 449,423 nm, 450,766 nm, 454,348 nm u. a.
- Atomabsorptionsspektrometrie (AAS) mittels der 193,759 nm Linie des Atomspektrums.

Verwendung

Metallisches Arsen findet vorwiegend Verwendung als Legierungsbestandteil für Blei- und Kupferlegierungen. So werden z. B. die Gitter von Bleiakkumulatoren aus einer PbSb-As-Legierung mit 0,5% As hergestellt. Durch Zugabe von 0,75% As wird die Härte und Gießfähigkeit von Letternmetall verbessert. Werden dem Schrotblei 0,5–2% Arsen zulegiert, so läßt sich dieses leichter zu Kugeln formen. Bleilegierungen mit 92% Pb, 5% Sb, 2,5% Sn und 0,5% As werden als Karosserielötmittel und Kupferlegierungen mit einem Arsenanteil bis 1,5% zur Herstellung von Autokühlern u. a. verwendet. Hochreines Arsen dient in der Halbleitertechnologie zur Dotierung von Silicium und Germanium sowie zur Herstellung von intermetallischen Verbindungen mit Aluminium, Gallium und Indium, wobei besonders GaAs und InAs wertvolle Materialien zur Herstellung von Leuchtdioden LEDs, Tunneldioden, Infrarotstrahler, Laserfenster und Hall-Effekt-Geräte darstellen (der Hall-Koeffizient für InAs beträgt $1 \cdot 10^{-4}\ m^3 \cdot A^{-1} \cdot s^{-1}$). Hochreines Arsen wird weltweit nur von zwei japanischen und einer deutschen Firma hergestellt.
Arsenverbindungen werden v. a. in den USA noch im großen Umfang in der Landwirtschaft zur Unkraut- und Schädlingsbekämpfung (Herbizide und Pestizide) wie z. B. Natriummethylarsenat $NaMeHAsO_4$, zur Holzkonservierung (Fungizide) z. B. Kupfer-Chromarsenat das sogenannte CCA, und zur Herstellung von Farben eingesetzt. Arsensäure H_3AsO_4 verwendet man als Trockenmittel zwecks Ablösung der Blätter von Baumwollkapseln und Natriumarsenit Na_3AsO_3 als Badezusatz zur Entfernung von Ungeziefer bei Rindern und Schafen. Arsenik wird zur Fabrikation von Email, bei der Glas-

erzeugung zum Klären des Glasflusses, zur Konservierung tierischer und pflanzlicher Stoffe, als Rattengift u. v. a. verwendet.

Physiologie, Toxikologie

Arsen gehört zu den 12 Spurenelementen, deren biologische Bedeutung für den Menschen fraglich ist. Reines metallisches Arsen gilt als nicht giftig, es wirkt stimulierend und kanzerogen. Arsen oxidiert jedoch an der Luft sehr leicht und bildet giftige Verbindungen. As(III)-Verbindungen wie Arsenik As_2O_3 und Arsenite sind Starke Gifte (R $^{23}/_{25}$, S $^{1}/_{2}$, S $^{20}/_{21}$, S 28, S 44).
Der menschliche Organismus enthält etwa 0,25 mg Arsen pro kg Körpergewicht. Der tägliche Bedarf liegt bei 0,04–1,2 mg und wird über die Nahrung gedeckt. Beim längeren Einnehmen von langsam gesteigerten Dosen entsteht ein Gewöhnungseffekt, wobei es zu einer verminderten Resorption im Darm kommt, so daß Arsenik größtenteils ausgeschieden wird. In der Steiermark gab es früher die sogenannten *Arsenikesser*, die gewohnheitsmäßig ohne gesundheitliche Schwierigkeiten Dosen bis zu 1 g Arsenik täglich einnahmen. Die toxische Dosis für den Menschen liegt bei 5–50 mg, die letale Dosis über 50 mg. Die Resorption erfolgt hauptsächlich im Magen-Darm-Trakt, es kann aber auch durch die Haut oder als Staub über die Lunge aufgenommen werden. Akute Arsenvergiftungen, die durch orale Aufnahme meistens von Arsenik auftreten, verlaufen unter heftigen Kopf- und Leibschmerzen, Schwindel, Schwächegefühl, Übelkeit, Erbrechen, Krämpfen, heftige blutige Durchfälle, jagender Atem, kleiner schneller Puls, Angstgefühl, wobei das Bewußtsein bis zum Tode erhalten bleibt.
Erste-Hilfe-Maßnahmen: Verabreichung warmer konz. Kochsalzlösung, die zu Erbrechen führt, Aktivkohle, Abführmittel, Magenspülungen. Chronische Arsenvergiftungen treten meist als gewerbliche Vergiftungen auf und äußern sich zusätzlich durch periphere Lähmungen, karzinomatöse Erkrankungen der Bronchien, Leber, Haut.
Arsen(V)-Verbindungen sind primär weniger toxisch, sie können im Körper aber leicht zu toxischen Arsen(III)-Verbindungen reduziert werden. Aufgrund der kanzerogenen Wirkungen von Arsenverbindungen wurden sie größtenteils durch andere Substanzen ersetzt. Für Arsenverbindungen wurde ein TRK-Wert von 0,2 mg/m^3 festgelegt.

Astat At

International (Lat.)	Astatium	Italienisch	Astato
Englisch	Astatine	Griechisch	Αστάτιο (Astatio)
Französisch	Astate	Russisch	Астатин (Astatin)
Spanisch	Astatino	Japanisch	アスチタン (asutitan)

Atomare und physikalische Eigenschaften	T+
Protonenzahl **(Z)**	**85**
Standard-Atomgewicht (bezogen auf ^{12}C =12)	209,987126[1)]
Effektive Kernladung	(Slater) 7,60; (Clementi) 15,16; (Froese-Fischer) 19,61
Elektronenkonfiguration	[Xe] $4f^{14}$ $5d^{10}$ $6s^2$ $6p^5$
Grundzustand, Termsymbol	$^3P_{3/2}$
Atomradius	145 pm
Kovalenzradius (Einfachbindung)	140 pm
Ionenradien (KZ 6)	227^- pm, $57^{5+}_{(6)}$ pm, $62^{7+}_{(6)}$ pm
Molares Volumen	n. bek.
1.;2.;3.;4.;5. Ionisierungsenergie	9,6382 eV; 16,582 eV; 30,056 eV; 41,456 eV; 50,785 eV
Elektronegativität	(Allred/Rochow) 1,96; (Pauling) 2,20; (absolut) 6,20 eV
Elektronenaffinität At ⟶ At^-	–3,1 eV
Wirkungsquerschnitt für thermische Neutronen	n. bek.
Dichte*	8750 kg · m^{-3}
Schmelztemperatur*	302 °C (575,15 K)
Siedetemperatur*	370 °C (643,15 K)
Spezifische Schmelzenthalpie	113,35 kJ · kg^{-1}
Thermische Leitfähigkeit (bei 27 °C)	1,70 W · m^{-1} · K^{-1}
Normalpotential At^-/At_2	+0,25 V
Kernabstand At-At in At_2 (Gas)*	280 pm
Dissoziationsenergie	95,0 kJ · mol^{-1}
Hydratationsenthalpie von At^-	–276 kJ · mol^{-1}

1) Angegeben ist das Atomgewicht des Isotops mit der längsten Halbwertszeit $^{210}_{85}At$.
* geschätzte Werte.

Entdeckung

Astat wurde im Jahre 1940 von den amerikanischen Forschern Emilio Gino Segré (1905–1989), D. R. Corson und K. R. Mackenzie von der Universität von Kalifornien in Berkeley, USA, in Form des Isotops $^{211}_{85}At$ erstmals hergestellt und nachgewiesen.
Bereits 1871 hatte D. I. Mendelejew das Element 85 als *Eka-Iodum* vorausgesagt. Aufgrund seiner Stellung im PSE als letztes Element in der Gruppe der Halogene mußte das Element interessante Übergangseigenschaften haben. So erwartete man einerseits die

Reaktionsfreudigkeit der Halogene, andererseits sollte es aber auch metallische Eigenschaften aufweisen.
Die erste Nachricht von der Entdeckung des Elements 85 stammt aus dem Jahre 1931, als Fred Allison und Mitarbeiter vom Polytechnischen Institut in Alabama, USA, in den *Physical Reviews* mitteilten, Spuren des Elements 85 in Monazitsand gefunden zu haben. Das neue Element erhielt den Namen *Alabamium* (nach dem Staat Alabama, USA) mit dem chemischen Symbol „Ab". Obwohl die Entdeckung nie betätigt wurde, war das Element 85 bis 1947 in allen Lehr- und Fachbüchern unter diesem Namen zu finden. In den dreißiger Jahren meldeten rumänische Wissenschaftler die Entdeckung des Elements 85, das sie *Dacinum* (von Dacia, dem früheren Namen von Siebenbürgen) nannten, und 1942 teilten der Engländer Ligh-Smith und der Schweitzer Minder die Entdeckung des Elements 85 mit, das sie *Anglo-helvetium* (von lat.: *angli* d. h. „angeln" bzw. „Engländer" und *Helvetia*, den alten römischen Namen der Schweiz) nannten. In Wirklichkeit wurde das Element 85 aber erst im Jahre 1940 von E. G. Segré, D. R.Corson, K. R. Mackenzie künstlich hergestellt. Zunächst erhielten die amerikanischen Forscher das Isotop $^{211}_{85}At$ durch Beschuß von $^{209}_{83}Bi$ mit beschleunigten He-Kernen der Energie 32 MeV in dem 60-Zoll-Zyklotron der Universität in Berkeley gemäß:

$$^{209}_{83}Bi + ^{4}_{2}He \longrightarrow ^{211}_{85}At + 2\,^{1}_{0}n \qquad (1)$$

Die natürlichen Vorkommen des Elements, in Form einiger kurzlebiger Isotope, wurden 1943 von den Österreicherinnen B. Karlik und T. Bernet in Wien als Zerfallsprodukte der radioaktiven Zerfallsreihen in Uran- und Thoriumminaralen nachgewiesen.
Während des Zweiten Weltkriegs wurden die Untersuchungen des Elements unterbrochen, da die meisten Atomphysiker in den USA im Rahmen des *Manhattan-Project* zum Bau der Atombombe herangezogen wurden. So erhielt das Element 85 erst sieben Jahre nach der Entdeckung seiner endgültigen Namen „Astatine" mit dem chemischen Symbol „At", der 1947 in der Zeitschrift *Nature* veröffentlicht wurde.
Der Name der vom griechischen „ἄστατος", d. h. „instabil" abgeleitet wurde, bezieht sich auf den raschen radioaktiven Zerfall des Elements. Im deutschen Sprachraum wurde der Name „Astat" eingeführt.

Vorkommen

Astat kommt in der Natur nur in äußerst winzigen Spuren vor. Sein Massenanteil in der Erdhülle wird auf den sehr geringen Wert von $3 \cdot 10^{-24}$% geschätzt. Neuere Schätzungen ergeben, daß der äußere Kilometer der Erdkruste nicht mehr als 50 mg Astat enthält. Im Vergleich zu Francium ca. 30–50 g, Polonium 2500 t und Actinium mit etwa 7000 t stellt Astat das seltenste natürlich vorkommende Element dar und steht damit nach Francium an 94. und praktisch an letzter Stelle der Elementhäufigkeit.

Herstellung

Astat wird ausschließlich durch Beschuß von Bismut, in Form des Metalls oder des Oxids, mit beschleunigten He-Kernen der Energie im Bereich von 26–29 MeV gemäß (1) hergestellt. Aus dem Produktgemisch wird es durch Erhitzen im Stickstoffstrom auf

450–600 °C und anschließender Abscheidung des sublimierten Astats an einer gekühlten Platinscheibe abgetrennt. Durch Abspülen der Platinscheibe mit verd. Salpetersäure oder Salzsäure erhält man die wäßrige Lösung, aus der das Astat isoliert wird. Aufgrund der äußerst kurzen Halbwertszeiten war es bis heute nicht möglich, wägbare Mengen des Elements oder seiner Verbindungen zu isolieren. Die größten bislang auf einmal hergestellten Mengen Astat lagen bei etwa 50 ng.

Physikalische Eigenschaften

Angesichts der geringen Mengen, in denen das Element zur Verfügung steht, sind dessen Eigenschaften nur sehr wenig bekannt. Astat ist das schwerste Halogen, es ist eine feste Substanz mit niedriger Schmelz- und Siedetemperatur und sehr geringer thermischer Leitfähigkeit. Das Element ist sublimierbar und relativ flüchtig, jedoch weniger flüchtig als Iod. Astat ist nur wenig löslich in Wasser, gut jedoch in Benzol, Carbondisulfid und Carbontetrachlorid.

Radiochemie

Zur Zeit sind 30 radioaktive Isotope des Elements bekannt, vier davon kommen in der Natur in winzigen Spuren als Glieder der radioaktiven Zerfallsreihen vor und zwar:

$^{218}_{85}$At (RaB'); *Uran-Radium-Zerfallsreihe*

$^{216}_{85}$At (ThB'); *Thorium-Zerfallsreihe*

$^{219}_{85}$At und $^{215}_{85}$At; *Uran-Actinium-Zerfallsreihe*

Die Isotope des Astats (1995)

Isotop	Natürliche Häufigkeit n (%)	Zerfallsart					Halbwertszeit
		α	β⁺	EC	γ	β⁻	$T_{1/2}$
At 194		x					0,18 s
At 195		x	x	x			n.bek.
At 196		x	x	x			0,3 s
At 197*		x					3,7 s
At 197*		x	x	x			0,35 s
At 198*		x	x	x	x		4,2 s
At 198*		x	x	x			1,0 s
At 199		x	x	x			7,2 s
At 200*		x		x	x		47 s
At 200*		x		x	x		43 s
At 200*		x			x		3,5 s
At 201		x		x	x		1,5 m
At 202*		x		x	x		184 s
At 202*		x		x	x		182 s
At 202 m*		x			x		0,46 s
At 203		x		x	x		7,4 m

Die Isotope des Astats (1995)							
Isotop	Natürliche Häufigkeit n (%)	Zerfallsart					Halbwertszeit
		α	β^+	EC	γ	β^-	$T_{1/2}$
At 204		x	x	x	x		9,2 m
At 205		x	x	x	x		26,2 m
At 206		x	x	x	x		29,4 m
At 207		x	x	x	x		1,8 h
At 208		x		x	x		1,63 h
At 209		x		x	x		5,4 h
At 210		x		x	x		8,3 h
At 211		x		x	x		7,22 h
At 212*		x			x		314 ms
At 212*		x			x		119 ms
At 213		x					0,11 µs
At 214*		x			x		0,76 µs
At 214*		x			x		0,56 µs
At 214*		x					0,27 µs
At 215	**Spuren**	x			x		0,1 ms
At 216*	**Spuren**	x			x		0,3 ms
At 216*		x			x		n.bek.
At 217		x			x	x	32,3 ms
At 218	**Spuren**	x			x	x	ca. 2 s
At 219	**Spuren**	x			x	x	0,9 m
At 220		x			x	x	3,71 m
At 221						x	2,3 m
At 222						x	54 s
At 223						x	50 s

(* isomere Atomkerne; m* markiert einen metastabilen Zustand)

Die Halbwertszeiten der At-Isotope sind sehr kurz. Alle Isotope sind α-Strahler und gehen in die entsprechenden Bi-Isotope über, einige Isotope zerfallen zusätzlich durch β^+-Strahlung und Elektronen-Einfang (EC) in Polonium sowie durch schwache β^--Strahlung in Radon. Die meisten At-Isotope entstehen durch Beschuß von Bismut mit He-Kernen. Die maximal zulässige radiologische Aktivität bezogen auf $^{211}_{85}At$ beträgt 38 Bq für den menschlichen Körper, 150 Bq/l in wäßriger Lösung und 18,5 Bq/m³ Luft.

Chemische Eigenschaften

Astat ist das letzte Element in der Gruppe der „Halogene". Angesichts der äußerst geringen Mengen des Elements die zur Verfügung stehen, konnten die chemischen Eigenschaften nur durch Tracerexperimente ermittelt werden, wobei die konzentriertesten wäßrigen Lösungen des Elements oder seiner Verbindungen, die zur Verfügung standen, nicht mehr als etwa 10^{-8} mol At^- pro Liter Wasser enthielten. Allgemein wurde jedoch in Konzentrationsbereichen von 10^{-11} bis 10^{-15} mol pro Liter gearbeitet.
Entsprechend seiner Stellung im PSE hat das freie, neutrale At-Atom im elektronischen Grundzustand folgende Elektronenkonfiguration:

$$1s^2\ 2s^2\ 2p^6\ 3s^2\ 3p^6\ 3d^{10}\ 4s^2\ 4p^6\ 4d^{10}\ 4f^{14}\ 5s^2\ 5p^6\ 5d^{10}\ 6s^2\ 6p^5$$

Astat bildet in seinen Verbindungen die Oxidationsstufen –I, +I, +V und +VII, von denen die Stufe –I ([Rn]) die häufigste ist.
Die Normalpotentiale des Astats:

	+V		+I		0		–I
Saure Lösung	$HAtO_3$	$\xrightarrow{+1,4\ V}$	HAtO	$\xrightarrow{+0,7\ V}$	At_2	$\xrightarrow{+0,25\ V}$	At^-
Basische Lösung	AtO_3^-	$\xrightarrow{+0,5\ V}$	AtO^-	$\xrightarrow{0,0\ V}$	At_2	$\xrightarrow{+0,2\ V}$	At^-

Das Normalpotential At/At^- ist weniger positiv als das entsprechende Normalpotential des Iods (I/I^-, 0,5355 V), was auf einen stärker ausgeprägten basischen, also metallischen und elektropositiven Charakter hindeutet. Hydrogenastatid HAt ist daher ein stärkeres Reduktionsmittel als Hydrogeniodid HI und das elementare Astat ein schwächeres Oxidationsmittel als Iod. In basischer Lösung disproportioniert Astat in At^- und höhere Oxidationsstufen. Allgemein verhält sich Astat wie ein höheres Homolog des Iods. Das nichtmetallische Element tritt vermutlich zweiatomig auf, allerdings konnte die Existenz von At_2-Molekülen noch nicht nachgewiesen werden.
Auf Massenspektroskopischem Wege konnten mehrere Salze, gasförmige Interhalogenverbindungen und organische Verbindungen nachgewiesen werden wie z. B. Hydrogenastatid HAt, Silberastatid AgAt mit dem Anion At^- (aq), Halogenide AtX (X = Cl, Br, I) mit dem Anion AtX_2^- (aq), die Hipoastatige Säure HAtO, Methylastatid CH_3At, Ethylastatid C_2H_5At, Phenylastatid (Astatbenzol) C_6H_5At, Astathalogenbenzol C_6H_5AtX (X = Cl, Br, I) Monoastatessigsäure AtH_2CCOOH, das Astatat(V)-Ion $[AtO_3]^-$ (aq), Perastatat-Ion, Astatat(VII)-Ion $[AtO_4]^-$ (aq) u. a.

Nachweis

- Fällung als schwer lösliches Silberastatid aus saurer Lösung:

$$At^- + Ag^+ \longrightarrow AgAt$$

- Spektralanalyse; wichtige Spektrallinien der neutralen Atome: 216,225 nm und 224,401 nm.

Verwendung

Organische At-Verbindungen eignen sich wegen der kurzen Halbwertszeit der At-Isotope in Form markierter Präparate als Radiopharmaka zur Diagnose, in der Nuklearmedizin finden sie Verwendung zur lokalen Bestrahlung bösartiger Tumoren.

Physiologie, Toxikologie

Astat hat keine biologische Bedeutung für den menschlichen Organismus, wirkt aber aufgrund seiner Radioaktivität toxisch. Im Organismus wird es, ähnlich wie Iod, in der Schilddrüse und in der Leber angereichert, bzw. gespeichert.

Barium Ba

International (Lat.)	Barium	Italienisch	Bario
Englisch	Barium	Griechisch	„Βάριο“ (Vario)
Französisch	Baryum	Russisch	„Барий“ (Barij)
Spanisch	Bario	Japanisch	バリウム (bariumu)

Atomare und physikalische Eigenschaften	Xn O
Protonenzahl **(Z)**	**56**
Standard-Atomgewicht (bezogen auf $^{12}C = 12$)	137,327(± 7)
Effektive Kernladung	(Slater) 2,85; (Clementi) 7,58; (Froese-Fischer) 10,27
Elektronenkonfiguration	[Xe] $6s^2$
Grundzustand, Termsymbol	$^1S_0$
Metallatomradius (KZ 6)	217,4 pm
Kovalenzradius (Einfachbindung)	198 pm
Ionenradien (KZ 6;8)	$135^{2+}_{(6)}$ pm, $142^{2+}_{(8)}$ pm
Molares Volumen	$38{,}21 \cdot 10^{-6}$ $m^3 \cdot mol^{-1}$
1.;2.;3.;4.;5. Ionisierungsenergie	5,2121 eV; 10,004 eV; 37,311 eV; 48,712 eV; 62,185 eV
Elektronegativität	(Allred/Rochow) 0,97; (Pauling) 0,89; (absolut) 2,40 eV
Elektronenaffinität Ba ⟶ Ba^-	0,476 eV
Wirkungsquerschnitt für thermische Neutronen ($\sigma_{n,\gamma}$)	$1{,}30 \cdot 10^{-28}$ m^2
Dichte (bei 20 °C)	3620 $kg \cdot m^{-3}$ a)
Härte (Mohs)	1,2
Schmelztemperatur	725 °C (998,15 K)
Siedetemperatur	1696 °C (1969,15 K) b)
Spezifische Schmelzenthalpie	55,78 $kJ \cdot kg^{-1}$ c)
Spezifische Verdampfungsenthalpie	1098,18 $kJ \cdot kg^{-1}$ d)
Spezifische Sublimationsenthalpie	1310 $kJ \cdot kg^{-1}$
Spezifische Atomisierungsenthalpie	1281,58 $kJ \cdot kg^{-1}$
Spezifische Wärmekapazität (bei 25 °C)	0,280 $kJ \cdot kg^{-1} \cdot K^{-1}$
Debye-Temperatur	–163 °C (110,15 K)
Thermische Leitfähigkeit (bei 27 °C)	18,4 $W \cdot m^{-1} \cdot K^{-1}$
Thermischer Längenausdehnungskoeffizient (bei 25 °C)	$20{,}6 \cdot 10^{-6}$ K^{-1}
Elektrische Leitfähigkeit (bei 20 °C)	$2{,}00 \cdot 10^6$ $S \cdot m^{-1}$
Spezifischer elektrischer Widerstand (bei 20 °C)	$50{,}0 \cdot 10^{-8}$ $\Omega \cdot m$
Supraleitung, Sprungtemperatur (bei $p > 14{,}4$ GPa)	–267,95 °C (5,2 K)
Spezifische magnetische Suszeptibilität	$+1{,}88 \cdot 10^{-9}$ $m^3 \cdot kg^{-1}$
Elektrochemisches Äquivalent (Ba^{2+})	$0{,}7117 \cdot 10^{-6}$ $kg \cdot A^{-1} \cdot s^{-1}$
Normalpotential Ba/Ba^{2+}	–2,912 V
Hydratationsenthalpie Ba^{2+}	–1274 $kJ \cdot mol^{-1}$
Bildungsenthalpie BaH_2 (BaO)	–179 $kJ \cdot mol^{-1}$ (–553,85 $kJ \cdot mol^{-1}$)

Weitere Angaben: a) 3510 $kg \cdot m^{-3}$, 3594 $kg \cdot m^{-3}$, 3760 $kg \cdot m^{-3}$. b) 1537 °C, 1640 °C und 1850 °C. c) 56,8 $kJ \cdot kg^{-1}$. d) 990,32 $kJ \cdot kg^{-1}$.

Entdeckung

Barium wurde 1772/73 in Form des Oxids BaO „Baryterde", von dem schwedischen Chemiker Carl Wilhelm Scheele (1742–1786) bei der Untersuchung von Braunsteinproben in Uppsala, Schweden, entdeckt. 1774 fand Johan Gottlieb Gahn (1745–1818) in Falun, Schweden, das BaO bei der Untersuchung des Schwerspats. Metallisches Barium, allerdings in unreiner Form erhielt erstmals 1808 Sir Humphry Davy (1778–1829) bei der Schmelzelektrolyse von BaO/Ba$(OH)_2$-Proben mittels einer Quecksilberkathode und anschließender Abdestillation des Quecksilbers aus dem erhaltenen Amalgam. Annähernd reines Barium (99,9%) erhielt A. Guntz 1901 durch Reduktion von Bariumoxid mit Aluminium. Das Element erhielt seinen Namen nach dem Mineral *Schwerspat Baryt* (griech.: „βαρύς" (barys), d. h. „schwer"], in dem es entdeckt wurde. Das chemische Symbol Ba wurde 1814 von J. J. Berzelius vorgeschlagen.

Vorkommen

Barium gehört zu den relativ häufigen Elementen auf der Erde. Mit einem berechneten Massenanteil in der Erdhülle von 0,026% steht es an 18. Stelle der Elementhäufigkeit. In der Erdkruste bis 16 km Tiefe ist es mit 390 g/t Gestein vertreten, in Gesteinsmeteoriten mit ca. 9 g/t. Im Meerwasser beträgt sein Anteil in Form von Ba^{2+} durchschnittlich 14,5 mg/m^3, bei einer Verweilzeit von ca. 10000 Jahren. Barium kommt infolge seines sehr unedlen Charakters in der Natur nie elementar vor. In Form von Verbindungen ist es jedoch weit verbreitet. Die wichtigsten Bariumminerale sind der *Schwerspat* oder *Baryt* ein Bariumsulfat $BaSO_4$ sowie der selten vorkommende *Witherit* ein Bariumcarbonat $BaCO_3$. Abbauwürdige Vorkommen von Schwerspat finden sich fast auf der ganzen Welt, vor allen in den USA. Auch Deutschland ist sehr reich an Schwerspat; bei Meggen in Westfalen liegt die derzeit größte Fundstelle der Welt, andere Vorkommen befinden sich im Sauerland, Harz und Rheinpfalz. Weltweit werden jährlich rund 6,5 Mio. t Baryt abgebaut, die Hauptförderländer sind China ca. 24%, Mexiko 9%, Indien 8%, Türkei 7,5%, USA 5,5%, Deutschland 5%, Marokko, Irland, Thailand, Frankreich ca. 2%. Die bekannten Barium-Reserven schätzt man weltweit auf etwa 450 Mio. t. Die Häufigkeit des Elements auf der Sonne liegt bei etwa 123 Atome Barium pro $1 \cdot 10^{12}$ Atome Wasserstoff, die kosmische Häufigkeit wird auf 3,68 Atome Barium pro $1 \cdot 10^6$ Atome Silicium geschätzt.

Herstellung

Technisch wird Barium heute fast ausschließlich aus Schwerspat $BaSO_4$ hergestellt. Das fein gemahlene Erz wird mit Kohle gemischt und in Drehrohröfen durch Erhitzen auf 800 bis 1000 °C zu Ba-Sulfid reduziert:

$$BaSO_4 + 2\,C \longrightarrow BaS + 2\,CO_2 \uparrow$$

Das BaS wird mit Wasser ausgelaugt und aus der Lösung mit Kohlenstoffdioxid CO_2

$$BaS + CO_2 + H_2O \longrightarrow BaCO_3 \downarrow + H_2S$$

oder mit Soda Na_2CO_3

$$BaS + Na_2CO_3 \longrightarrow BaCO_3 \downarrow + Na_2S$$

das schwer lösliche Bariumcarbonat ausgefällt, das anschließend zusammen mit natürlichen Bariumcarbonat, Witherit, durch Glühen in Ba-Oxid überführt wird:

$$BaCO_3 \longrightarrow BaO + CO_2 \uparrow$$

Das metallische Barium erhält man durch Reduktion des Oxids im Hochvakuum bei 1200 °C „aluminothermisch" mit Aluminium-Grieß:

$$3\,BaO + 2\,Al \longrightarrow Al_2O_3 + 3\,Ba$$

oder „silicothermisch" mit Silicium:

$$3\,BaO + Si \longrightarrow BaSiO_3 + 2\,Ba$$

Der Bariumdampf schlägt sich auf Kühlflächen nieder und wird von dort abgenommen. Die Feinreinigung erfolgt durch Vakuumdestillation. Reinstes Barium erhält man durch Schmelzelektrolyse von wasserfreien $BaCl_2$, ein Verfahren das technisch allerdings sehr schwierig ist. Barium wird in luftdichten Kannen oder Dosen unter Paraffinöl oder Petroleum aufbewahrt.

Physikalische Eigenschaften

Barium ist ein silberweißes, glänzendes, im reinsten Zustand jedoch ein goldgelbes Leichtmetall, das an der Luft rasch grau bis schwarz anläuft. Es ist das einzige Erdalkalimetall, das in kubisch-raumzentriertem Gitter kristallisiert. Barium ist relativ weich und geschmeidig jedoch etwas härter als Blei. Das paramagnetische Metall hat eine niedrige Schmelz- und Siedetemperatur, die thermische Leitfähigkeit beträgt 4,29%, die elektrische 3,18% der des Silbers. Die Sprungtemperatur für die metallische Hochdruckphase bei 14,4 GPa beträgt für $Ba^{(III)}$ –267,95 °C (5,2 K). Einige intermetallische Bariumverbindungen sind gute Hochtemperatur-Supraleiter mit Sprungtemperaturen > 77 K (der Siedetemperatur flüssigen Stickstoffs) wie $Ba_2Cu_3LaO_6$ T_c = 80 K; $Ba_2CaCu_2O_8Tl_2$ T_c = 120 K u. a. Die Austrittsenergie für Elektronen im Vakuum beträgt 2,7 eV (T), wird das Metall auf BaO aufgetragen, so verringert sich die Austrittsenergie auf 1,00 eV. Bariumtitanat besitzt die höchste Permittivitätszahl 1000...9000 aller Stoffe.

Radiochemie

Natürliches Barium besteht aus einem Gemisch aus sieben stabilen Isotopen, zusätzlich sind 24 radioaktive künstliche Ba-Isotope bekannt.

Die Radioisotope des Bariums haben allgemein kurze Halbwertszeiten, die leichteren Isotope A < 134 verwandeln sich durch β^+-Emission und z. T. durch Elektronen-Einfang (EC) in die entsprechenden Cs-Isotope, während die schwereren A > 138 durch β^--Zerfall in die höheren La-Isotope übergehen.

Die Isotope der Nukleonenzahlen 138 bis 145 sind Spaltprodukte des Urans und entstehen in Kernreaktoren. Das metastabile Isomer ${}^{137m}_{56}Ba$ ist das Zerfallsprodukt von ${}^{137}_{55}Cs$

Die Isotope des Bariums (1995)

Isotop	Natürliche Häufigkeit n (%)	Zerfallsart				Halbwertszeit $T_{1/2}$
		β^+	EC	γ	β^-	
Ba 114		x				0,44 s
Ba 115		x				0,4 s
Ba 116		x				1,3 s
Ba 117		x		x		1,75 s
Ba 118		x				5,2 s
Ba 119		x				5,4 s
Ba 120		x		x		24 s
Ba 121		x		x		29,7 s
Ba 122		x		x		117 s
Ba 123		x		x		2,7 m
Ba 124		x		x		11,9 m
Ba 125*		x				8,0 m
Ba 125*		x		x		3,5 m
Ba 126		x	x	x		100 m
Ba 127		x		x		12,7 m
Ba 127 m*		x				1,9 s
Ba 128			x	x		2,43 d
Ba 129*		x		x		2,20 h
Ba 129*			x	x		2,13 h
Ba 130	**0,106**					
Ba 131		x	x	x		11,5 d
Ba 131 m*				x		14,5 m
Ba 132	**0,101**					
Ba 133			x	x		10,5 a
Ba 133 m*			x	x		38,9 h
Ba 134	**2,417**					
Ba 135	**6,592**					
Ba 135 m*				x		28,7 h
Ba 136	**7,854**					
Ba 137	**11,23**					
Ba 137 m*				x		2,55 m
Ba 138	**71,70**					
Ba 139				x	x	83,06 m
Ba 140				x	x	12,75 d
Ba 141				x	x	18,3 m
Ba 142				x	x	10,7 m
Ba 143				x	x	14,5 s
Ba 144				x	x	11,5 s

(* isomere Atomkerne; m* markiert jeweils einen metastabilen Zustand)

mit dem es sich im radioaktiven Gleichgewicht befindet. Die Isotope $^{133}_{56}$Ba (EC | 0,52 MeV; γ), $^{135\,m}_{56}$Ba (IT | 0,268 MeV; γ) und $^{140}_{56}$Ba (β^- | 1,03 MeV; γ) finden Anwendung als radioaktive Indikatoren (Tracer), z. B. zur Markierung von Küstensanden zwecks Bestimmung der Sandwanderungen, oder zur Bestimmung von Wasserströmungen. Die stabilen Isotope $^{133}_{56}$Ba und $^{137\,m}_{56}$Ba (IT | 0,662 MeV; γ) dienen zu Eichzwecken in der γ-

Spektroskopie. Die stabilen Isotope $^{135}_{56}Ba$ und $^{137}_{56}Ba$ der Kernspinzahl 3/2+ und kernmagnetischen Momenten +0,8365 bzw. +0,9357 werden zum NMR-spektroskopischen Nachweis herangezogen. NMR-Frequenzen (bei 2,3488 T) $9{,}934 \cdot 10^6\ s^{-1}$ bzw. $11{,}113 \cdot 10^6\ s^{-1}$; Referenz $BaCl_2$ (aq).
Die maximal zulässige radiologische Aktivität des Gemisches von $^{137}_{55}Cs + {}^{137m}_{56}Ba$ beträgt $36{,}5 \cdot 10^5$ Bq für den menschlichen Körper, 750 Bq/l in wäßriger Lösung und $7{,}4 \cdot 10^3$ Bq/m³ Luft.
Historische Bedeutung erlangte Barium im Jahre 1938 als O. Hahn und F. Straßmann die Bildung von Barium bei der Bestrahlung von Uran mit Neutronen nachwiesen und damit erstmals den chemischen Beweis für die Kernspaltung des Urans lieferten.

Chemische Eigenschaften

Barium ist das vorletzte Element in der Gruppe der „Erdalkalimetalle“. Es befindet sich im PSE in der 2. Gruppe (IIA Nebengruppe) zwischen Strontium Sr und Radium Ra, sowie in der 6. Periode zwischen Caesium Cs und Lanthan La. Entsprechend seiner Stellung im PSE hat das freie, neutrale Ba–Atom im elektronischen Grundzustand folgende Elektronenkonfiguration:

$$1s^2\ 2s^2\ 2p^6\ 3s^2\ 3p^6\ 3d^{10}\ 4s^2\ 4p^6\ 4d^{10}\ 5s^2\ 5p^6\ 6s^2$$

Dementsprechend bildet Barium in seinen Verbindungen ausschließlich die Oxidationsstufe +II ([Xe]), die durch Abgabe der beiden 6s-Elektronen erreicht wird. Die Normalpotentiale des Bariums:

+IV		+II		0		−II
			−1,110 V (Ba^{2+} → BaH_2)			
	+2,365 V	Ba^{2+}	−2,912 V	Ba	−0,685 V	BaH_2
BaO_2 (hyd.)		BaO (hyd.)	−2,166 V (BaO → Ba)			

Das sehr negative Normalpotential Ba/Ba^{2+} wie auch die sehr geringe 1. Ionisierungsenergie weist Barium als eines der unedelsten Metalle und als sehr starkes Reduktionsmittel aus. Barium ist das reaktionsfähigste Element der Gruppe der Erdalkalimetalle. Diese Reaktionsfähigkeit kommt daher, daß Barium innerhalb seiner Gruppe den größten Atomradius besitzt, wodurch die Valenzelektronen sehr weit vom Kern entfernt sind und die Anziehungskräfte des Kerns durch die dazwischen liegenden Elektronenschalen stark abgeschwächt werden. Das Metall kann daher seine Valenzelektronen sehr leicht abgeben und heteropolare Bindungen eingehen. Das Ba^{2+}-Kation ist farblos.
Barium läuft an der Luft schnell an, da es sich bereits bei Raumtemperatur mit dem Kohlenstoffdioxid der Luft zu grauen bis schwarzen, basischen Ba-Carbonat verbindet. Es muß deshalb unter Luftabschluß aufbewahrt werden. Fein verteiltes Barium ist pyrophor und verbrennt mit grüner Flamme unter Bildung von Ba-Oxid BaO und Ba-Nitrid Ba_3N_2. Bei höherer Temperatur verbrennt auch das kompakte Metall. Brennendes Barium wird mit Sand gelöscht. Mit Wasser oder Alkohol reagiert Barium stürmisch unter heftiger Wasserstoffentwicklung und Bildung von Ba-Hydroxid:

$$Ba + 2\ H_2O \longrightarrow Ba^{2+} + 2\ OH^- + H_2 \uparrow$$

Das Metall wird in fast allen Säuren unter Wasserstoffentwicklung und Salzbildung leicht aufgelöst. Ausnahme bildet konz. Schwefelsäure, die infolge Bildung einer schwerlöslichen Schutzschicht von Ba-Sulfat, das Metall nicht angreift.
Barium verbindet sich leicht mit den Halogenen zu Halogeniden der allg. Formel BaX_2 (X = F, Cl, Br, I), mit Schwefel zum Sulfid BaS und bei höheren Temperaturen mit molekularem Stickstoff zu Ba-Nitrid Ba_3N_2 und mit molekularem Wasserstoff zu Ba-Hydrid BaH_2. Mit Kohlenstoff bildet es bei 1300 °C das Ba-Carbid BaC_2, das ähnlich wie Ca-Carbid CaC_2 mit Wasser Acetylen entwickelt.
Die Halogenide (außer dem Fluorid) sowie das Sulfid, Nitrat $Ba(NO_3)_2$, Acetat $Ba(OOC\text{-}CH_3)_2$, das Cyanid $Ba(CN)_2 \cdot H_2O$ und das Tetracyanoplatinat(II) $Ba[Pt(CN)_4] \cdot 4\,H_2O$ sind in Wasser leicht löslich, schwer lösliche bzw. unlösliche Verbindungen sind das Oxid (BaO), das Peroxid (BaO_2), das Hydroxid $Ba(OH)_2$, sowie viele Salze wie das Carbonat ($BaCO_3$), das Fluorid (BaF_2), das Stearat $Ba(OOC\text{-}C_{17}H_{35})_2$, Sulfat ($BaSo_4$) u. a.

Nachweis

Qualitativ:

- Flammenfärbung; Barium und seine Salze sind durch die charakteristische gelbgrüne Flammenfärbung erkennbar.

Quantativ:

- Ausfällen mit Schwefelsäure aus Bariumsalzlösungen als unlösliches Bariumsulfat.
- Spektralanalyse; wichtige Spektrallinien der neutralen Atome: 307,159 nm, 350,111 nm, 513,702 nm, 524,202 nm, 705,994 nm; der einfachen positiven Ionen Ba^+: 230,423 nm, 233,527 nm, 455,404 nm, 493,409 nm, 553,548 nm, 614,172 nm, 649,690 nm.
- Atomabsorptionsspektrometrie (AAS) mittels der 553,548-nm-Linie des Atomspektrums.

Verwendung

Metallisches Barium ist technisch von geringer Bedeutung. Es wird als Zusatz zu Lagermetallen in Betracht gezogen, da es ähnlich wie Calcium zur Härtung von Blei beiträgt. Als Bestandteil von Al- und Mg-Legierungen wird es als Getter-Metall in Elektronenröhren (Fernsehröhren) und in Höchstvakuumanlagen verwendet. Gemischt mit Ba-Oxid sowie auch einige Ni-Ba-Legierungen werden als Kathoden-Metall in Elektronenröhren eingesetzt. Ba-Oxid findet Anwendung bei der Herstellung von Spezialgläsern *„Barytgläser“* für optische Instrumente. Je nach Gehalt an Ba-Oxid unterscheiden sich die Gläser durch ihre hohen Brechzahlen und Dispersionsvermögen. Ba-Fluorid dient zur Herstellung von Spezialgläsern und Email, zur Imprägnierung von Kohlebürsten für Elektromotoren sowie als Flußmittel bei der Herstellung von Leichtmetallen.
Ba-Sulfat in hochgereinigter Form als Schwerspatmehl *„Baryt-Weißmehl“* wird als Füllstoff oder Verschnittpigment in Farben, Kunststoffmassen und Gummi verwendet. Chemisch ausgefälltes Ba-Sulfat *„Permanentweiß“*, *„Blanc fixe“* oder *„Barytweiß“*, ist besonders rein und weiß und dient zur Herstellung von Farben, als Füllstoff für besonders

glatte Kunstdruck- und Photopapiere und zusammen mit Zinksulfid ZnS als Lithopone, eine sehr beständige weiße Deckfarbe. Daneben findet es Anwendung in der Medizin als Röntgenkontrastmittel, sog. *„Röntgenbrei"*, für Röntgendurchleuchtungen im Magen-Darm-Bereich. Ba-Sulfat ist der wichtigste Ausgangsstoff zur Herstellung von metallischen Barium und der meisten Ba-Verbindungen.
Ba-Carbonat $BaCO_3$ wird zur Herstellung anderer Bariumsalze, in der Glasindustrie und als Rattengift verwendet. Ba-Chromat $BaCrO_4$ dient als gelbes Pigment *„Barytgelb"* oder *„gelber Ultramarin"* für Malerfarben und keramische Produkte. Ba-Nitrat, Barytsalpeter $Ba(NO_3)_2$ wird in der Pyrotechnik für Grünfeuer verwendet. Ba-Peroxid BaO_2 ist ein guter Crack-Katalysator und dient außerdem zur Herstellung von Bleichmitteln. Barium wird in der Radiochemie oft als Träger für Radium verwendet.

Physiologie, Toxikologie

Barium hat keine biologische Bedeutung für den menschlichen Organismus, es wirkt aber stimulierend. Der menschliche Körper enthält rund 0,3 mg pro kg Körpergewicht, der tägliche Bedarf liegt unter 1 mg. Die toxische Dosis beträgt etwa 200 mg, die letale Dosis 2–4 g. Ba-Salze sind giftig bzw. gesundheitsschädlich (R 20/22, R 31, S 28). Vorsicht geboten ist v. a. bei den wasserlöslichen Ba-Salzen, die u. a. in einigen Schädlingsbekämpfungsmitteln enthalten sind. Der MAK-Wert für lösliche Ba-Verbindungen wurde auf 0,5 mg/m^3 festgelegt. Vergiftungserscheinungen sind Übelkeit, Erbrechen, Leibschmerzen, Darmkoliken, Durchfall, Schwindelgefühl, Lähmungen, Muskelkrämpfe, Blutdruckanstieg und Pulsverlangsamung, die unter fortschreitender Muskellähmung zum Tod führen können. Erste Hilfe erfolgt durch Magenspülungen mit Na-Sulfat oder Mg-Sulfat, da die Bariumsalze durch Sulfate in unlösliches und ungiftiges Ba-Sulfat überführt werden.

Berkelium Bk

International (Lat.)	Berkelium	Griechisch	Μπερκέλιο (Mperkellio)
Englisch	Berkelium		
Französisch	Berkélium	Russisch	Беркелий (Berkjälij)
Spanisch	Berquelio, Berkelio	Japanisch	バークリウム (baakuriumu)
Italienisch	Berkelio, Berchelio		

Atomare und physikalische Eigenschaften	T+
Protonenzahl **(Z)**	**97**
Standard-Atomgewicht (bezogen auf $^{12}C = 12$)	247,070300 1)
Effektive Kernladung	(Slater) 1,65
Elektronenkonfiguration	[Rn] $5f^9\ 7s^2$
Grundzustand, Termsymbol	$^6H_{15/2}$
Metallatomradius (KZ 12)	170 pm
Ionenradien (KZ 6)	$118^{2+}_{(6)}$ pm, $97^{3+}_{(6)}$ pm, $83^{4+}_{(6)}$ pm
Molares Volumen	$16{,}70 \cdot 10^{-6}\ m^3 \cdot mol^{-1}$
1. Ionisierungsenergie	5,4932 eV
Elektronegativität *	(Allred/Rochow) 1,20; (Pauling) 1,30
Wirkungsquerschnitt für thermische Neutronen ($\sigma_{n,\gamma}$; $^{249}_{97}Bk$)	$700 \cdot 10^{-28}\ m^2$
Dichte (bei 20 °C) **	$14790\ kg \cdot m^{-3}$
Schmelztemperatur *	986 °C (1259,15 K)
Thermische Leitfähigkeit (bei 25 °C)*	$10\ W \cdot m^{-1} \cdot K^{-1}$
Normalpotential Bk/Bk^{3+}	–1,960 V

1) Angegeben ist das Atomgewicht des Isotops mit der längsten Halbwertszeit $^{247}_{97}Bk$.
* geschätzte Werte, ** extrapolierte (berechnete) Werte.

Entdeckung

Berkelium wurde im Jahre 1949 von den amerikanischen Forschern Stanley G. Thompson, Albert Ghiorso und Glenn T. Seaborg im *Lawrence Berkeley Laboratory* der Universität von Kalifornien in Berkeley, USA, in Form des Isotops $^{243}_{97}Bk$ erstmals künstlich hergestellt und nachgewiesen.
Nach dem Ende des Zweiten Weltkriegs kehrten G. T. Seaborg und A. Ghiorso aus Chikago nach Berkeley zurück. Nachdem sie in Chikago bereits 1944/45 zusammen mit R. A. James und L. O. Morgan die Transurane Americium und Curium künstlich hergestellt hatten, begannen sie nun in Berkeley zusammen mit S. G. Thompson planmäßig und gezielt, nach Möglichkeiten zur Herstellung weiterer Transuranelemente zu forschen. Die Schwierigkeiten bestanden einerseits darin, daß die als Target-Material in Frage kommenden Am- und Cm-Isotope nur in µg-Mengen zur Verfügung standen und

aufgrund ihrer starken radioaktiven Strahlung von ihren Trägern nur unter großen Schwierigkeiten getrennt werden konnten. Andererseits mußten die neu hergestellten Transurane, die meist nur in Spuren zustande kamen und sehr kurze Halbwertszeiten hatten, sehr rasch identifiziert werden. Nachdem in dreijähriger Vorbereitungszeit in einem Hochflußreaktor durch Neutronenbestrahlung von $^{239}_{94}Pu$ eine genügend große Menge des Isotops $^{241}_{95}Am$ als Targetmaterial erbrütet worden war begannen Anfang Dezember 1949 am *Lawrence Berkeley Laboratory* die Experimente zur Synthese des Elements 97. Dazu bestrahlten die amerikanischen Forscher im 60-Zoll-Zyklotron 7 mg des Isotops $^{241}_{95}Am$ mit hochbeschleunigten Heliumkernen $^{4}_{2}He^{4+}$ der Energie 35 MeV. Das Target wurde anschließend aufgelöst und die Lanthanoide und Actinoide in verschiedenen Trennungsverfahren abgetrennt. Am 19. Dezember 1949 gelang es Stanley G. Thompson auf einer Kationenaustauschersäule eine Fraktion abzutrennen die vor den Elementen Americium und Curium auftauchte, in der die Zerfälle des Isotops der Nukleonenzahl 243 des Elements 97 gemessen werden konnten das in der Syndthesereaktion

$$^{241}_{95}Am + ^{4}_{2}He \longrightarrow ^{243}_{97}Bk + 2\ ^{1}_{0}n$$

entstanden war und sich mit der Halbwertszeit von $T_{1/2} = 4{,}5$ h durch Elektronen-Einfang in das Isotop $^{243}_{93}Cm$ verwandelte. Anhand der beim Zerfall des $^{243}_{97}Bk$ ausgesandten Röntgenstrahlung konnte das Element 97 eindeutig identifiziert werden.
Entsprechend seinem niedereren Homologen Terbium, das seinen Namen nach der Ortschaft Ytterby in Schweden erhalten hat, erhielt das neue Element den Namen „Berkelium" mit dem chemischen Symbol Bk, nach der Stadt Berkeley, in der das Element entdeckt wurde. Seitdem sind 11 weitere, Radioisotope mit den Nukleonenzahlen A = 238 bis 251 hergestellt worden. Sie wurden durch Bestrahlung passender Target-Materialien wie Thorium, Uran, Americium, Curium mit beschleunigten Stickstoff-, Bor-, Helium-, Deuterium-Ionen sowie durch mehrfachen Neutroneneinfang von Plutonium, Americium oder Curium und anschließendem β^--Zerfall erhalten. So wurde z. B. der β^-- und γ-Strahler $^{249}_{97}Bk$ in der Synthesereaktion

$$^{244}_{96}Cm + 5\ ^{1}_{0}n \longrightarrow ^{249}_{96}Cm \xrightarrow{\beta^-} ^{249}_{97}Bk$$

erzeugt. Dieses Isotop eignet sich angesichts seiner längeren Halbwertszeit am besten zur chemischen Untersuchung des Elements. Im Jahre 1958 konnten nach fünfjähriger Bestrahlung von $^{239}_{94}Pu$ mit Neutronen im Kernreaktor der *National Reactor Testing Station* in Idaho erstmals wägbare Mengen (etwa 0,6 Mikrogramm) des Isotops $^{249}_{97}Bk$ hergestellt und von B. B. Cunningham und S. G. Thompson in Berkeley isoliert werden.
Metallisches Berkelium wurde erstmals 1969 von B. B. Cunningham in Berkeley und von J. A. Fahey in Oak Ridge durch Reduktion von Berkelium(IV)-Fluorid BkF mit Lithiumdampf bei 1025 °C dargestellt.
Die Abtrennung von Berkelium von den übrigen Transuranelementen erfolgt am besten durch Ionenaustausch, Elution oder durch Extraktion von Bk(IV) mit Dioktylphosphorsäure in n-Heptan.
Einige Bk-Isotope wurden später auch in den Überresten thermonuklearer Explosionen nachgewiesen.
Das Isotop $^{249}_{97}Bk$ ist heute in Milligramm-Mengen verfügbar. Der Preis für 1 mg des Isotops $^{249}_{97}Bk$ liegt bei etwa 100 000 $.

Physikalische Eigenschaften

Berkelium ist ein silberweißes, duktiles stark radioaktives Schwermetall. Es kristallisiert in zwei Modifikationen.

$$\alpha\text{-Bk} \xrightarrow{\text{ca. } 450\ °\text{C}} \beta\text{-Bk}$$

α-Bk		β-Bk
hexagonal Doppelschichtgitter	ca. 450 °C →	kubisch flächenzentriert

Die geschätzte thermische Leitfähigkeit beträgt etwa 2,33% der des Silbers.

Radiochemie

Bis heute sind 12 Radioisotope des Berkeliums bekannt.

Die Isotope des Berkeliums (1995)

Isotop	Zerfallsart					Halbwertszeit $T_{1/2}$
	α	EC	γ	sf	β⁻	
Bk 238		**x**		x		144 s
....						
Bk 240		**x**		x		5 m
....						
Bk 242		**x**		x		7 m
Bk 243	x	**x**	x	x		4,5 h
Bk 244	x	**x**	x	x		4,35 h
Bk 245	x	**x**	x	x		4,90 d
Bk 246		**x**	x			1,80 d
Bk 247	**x**		x			1380 a
Bk 248		**x**	x		**x**	23,7 h
Bk 248 m*	x	x			x	>9 a
Bk 249	x		x		**x**	320 d
Bk 250			x		**x**	3,217 h
Bk 251			x		**x**	55,6 m

(m* markiert einen metastabilen Zustand)

Mit Ausnahme von ${}^{247}_{97}$Bk und ${}^{248\,m}_{97}$Bk haben alle Bk-Isotope kurze Halbwertszeiten. Die leichteren Isotope A < 250 zerfallen z. T. durch α-Emission in Am-Isotope bzw. durch β^+-Strahlung oder Elektronen-Einfang (EC) in die entsprechenden Cm-Isotope. Die schwereren Isotope A > 247 verwandeln sich durch β^--Strahlung in Cf-Isotope. Das Isotop ${}^{250}_{97}$Bk ist mittels thermischer Neutronen spaltbar, der Spaltquerschnitt beträgt

$$\sigma_f = 999{,}5 \cdot 10^{-28}\ m^2.$$

Die maximal zulässige radiologische Aktivität bezogen auf das Isotop ${}^{249}_{97}$Bk beträgt durchschnittlich 25 900 Bq (bzw. 0,4 ng) für den menschlichen Körper, $22{,}5 \cdot 10^4$ Bq/l in wäßriger Lösung und 11,5 Bq/m³ Luft.

Chemische Eigenschaften

Berkelium gehört zur Gruppe der „Actinoide". Es befindet sich im PSE in der 3. Gruppe (IIIB Nebengruppe) unter dem Terbium Tb sowie in der 7. Periode zwischen den Elementen Curium Cm und Californium Cf. Entsprechend seiner Stellung im PSE hat das freie, neutrale Bk-Atom im elektronischen Grundzustand mit großer Wahrscheinlichkeit folgende Elektronenstruktur:

$$1s^2\ 2s^2\ 2p^6\ 3s^2\ 3p^6\ 3d^{10}\ 4s^2\ 4p^6\ 4d^{10}\ 4f^{14}\ 5s^2\ 5p^6\ 5d^{10}\ 5f^9\ 6s^2\ 6p^6\ 7s^2$$

Analog dem im 4. und 6. Energieniveau isoelektronischen Terbium bildet Berkelium wie alle Curiden, in seinen Verbindungen fast ausschließlich die Oxidationsstufen +III und +IV von denen die Stufe +III ($[Rn]5f^8$) die häufigste und beständigste ist. Durch starke Oxidationsmittel ist Bk(III) zu Bk(IV) oxidierbar. Unter bestimmten Bedingungen bildet Berkelium auch die Oxidationsstufe +II, die jedoch in wäßrigen Lösungen nicht auftritt. Die Normalpotentiale des Berkeliums:

	+IV		+III		+II		0
				−1,96 V (Bk³⁺ → Bk)			
Saure Lösung	Bk^{4+}	+1,67 V	Bk^{3+}	−2,80 V	(Bk^{2+})	−1,54 V	Bk

Angesichts des sehr negativen Normalpotentials wie auch der relativ geringen 1. Ionisierungsenergie, ist Berkelium ein sehr unedles, stark elektropositives Metall.
Die Farben der Kationen sind:

Bk^{3+} gelbgrün, Bk^{4+} beigfarben

Berkelium bildet u. a. mehrere Oxide wie BkO, Bk_2O_3 und BkO_2, das Hydroxid $Bk(OH)_3$, verschiedene Halogenide der allg. Formel BkX_3 (X = F, Cl, Br, I), Oxid-Halogenide BkOX (X = F, Cl, Br, I) das Tetrafluorid und Komplexe wie $[BkCl_6]^{3-}$. Von den bekannten Verbindungen sind die Halogenide (außer dem Fluorid), das Nitrat, Sulfat und Perchlorat in Wasser löslich, die Oxide, das Fluorid, Iodat Phosphat und Oxalat sind unlöslich.

Nachweis

- Radiometrie, vorwiegend über die radioaktive Strahlung seiner Tochter-Isotope.
- Spektralanalyse; wichtige Spektrallinien der neutralen Atome sind: 325,219 nm, 328,875 nm, 329,935 nm, 333,526 nm, 340,828 nm, 342,695 nm.

Verwendung

Berkelium findet z. Z. Verwendung zu Forschungszwecken sowie zur Herstellung weiterer Actinoide und Transactinoide wie z. B.:

$$^{249}_{97}Bk + ^{4}_{2}He \longrightarrow ^{250}_{99}Es + 3\,^{1}_{0}n$$

$$^{249}_{97}Bk + ^{18}_{8}O \longrightarrow ^{262}_{105}Db + 5\,^{1}_{0}n$$

Physiologie, Toxikologie

Das Element hat keine biologische Bedeutung für den menschlichen Organismus, es wirkt jedoch aufgrund seiner starken Radioaktivität extrem toxisch. Bk-Isotope lagern sich bevorzugt im Skelett ab. Toxizitätswerte sind nicht bekannt.

Beryllium Be

International (Lat.)	Beryllium	Italienisch	Berillio
Englisch	Beryllium	Griechisch	Βηρύλλιο (Virillio)
Französisch	Béryllium	Russisch	Бериллий (Birilij)
Spanisch	Berilio	Japanisch	ベリリウム (beririumu)

Atomare und physikalische Eigenschaften	T
Protonenzahl **(Z)**	**4**
Standard-Atomgewicht (bezogen auf $^{12}C = 12$)	9,012182(± 3)
Effektive Kernladung	(Slater) 1,95; (Clementi) 1,91; (Froese-Fischer) 2,27
Elektronenkonfiguration	[He] $2s^2$
Grundzustand, Termsymbol	$^1S_0$
Metallatomradius (KZ 4)	111,3 pm
Kovalenzradius (Einfachbindung)	89 pm
Ionenradien (KZ 4;6)	$27^{2+}{}_{(4)}$ pm, $45^{2+}{}_{(6)}$ pm
Molares Volumen	$4{,}88 \cdot 10^{-6}\ m^3 \cdot mol^{-1}$
1.; 2.; 3., 4. Ionisierungsenergie	9,3215 eV; 18,211 eV; 153,89 eV; 217,71 eV
Elektronegativität	(Allred/Rochow) 1,47; (Pauling) 1,57; (absolut) 4,90 eV
Elektronenaffinität Be → Be^-	0,69 eV
Wirkungsquerschnitt für thermische Neutronen ($\sigma_{n,\gamma}$)	$0{,}0092 \cdot 10^{-28}\ m^2$
Dichte (bei 20 °C)	$1847{,}7\ kg \cdot m^{-3}$
Härte (Mohs)	6 – 7
Schmelztemperatur	(1278 ±5) °C [(1551,15 ±5) K] a)
Siedetemperatur	2970 °C (3243,15 K) b)
Spezifische Schmelzenthalpie	$1087{,}5\ kJ \cdot kg^{-1}$ c)
Spezifische Verdampfungsenthalpie	$34265{,}41\ kJ \cdot kg^{-1}$ d)
Spezifische Sublimationsenthalpie	$35596{,}98\ kJ \cdot kg^{-1}$
Spezifische Atomisierungsenthalpie	$36284{,}95\ kJ \cdot kg^{-1}$
Spezifische Wärmekapazität (bei 25 °C)	$1{,}825\ kJ \cdot kg^{-1} \cdot K^{-1}$
Debye-Temperatur	1167 °C (1440,15 K)
Thermische Leitfähigkeit (bei 27 °C)	$200\ W \cdot m^{-1} \cdot K^{-1}$
Thermischer Längenausdehnungskoeffizient (bei 25 °C)	$11{,}5 \cdot 10^{-6}\ K^{-1}$
Elektrische Leitfähigkeit (bei 20 °C)	$23{,}81 \cdot 10^6\ S \cdot m^{-1}$
Spezifischer elektrischer Widerstand (bei 20 °C)	$4{,}20 \cdot 10^{-8}\ \Omega \cdot m$
Supraleitung; Sprungtemperatur	–273,12 °C (0,026 K)
Spezifische magnetische Suszeptibilität	$-12{,}5 \cdot 10^{-9}\ m^3 \cdot kg^{-1}$
Hall-Koeffizient (Be 99,5 %)	$+7{,}7 \cdot 10^{-10}\ m^3 \cdot A^{-1} \cdot s^{-1}$
Elektrochemisches Äquivalent (Be^{2+})	$0{,}0467 \cdot 10^{-6}\ kg \cdot A^{-1} \cdot s^{-1}$
Normalpotential Be/Be^{2+}	–1,971 V
Hydratationsenthalpie Be^{2+}	$-2458\ kJ \cdot mol^{-1}$
Bildungsenthalpie BeH_2 ($BeCl_2$; BeO)	$-19{,}3\ kJ \cdot mol^{-1}$ ($-496{,}1\ kJ \cdot mol^{-1}$;$-610{,}10\ kJ \cdot mol^{-1}$)

Weitere Angaben: a) 1287 °C. b) ca. 2477 °C und 2500 °C. c) $1664{,}5\ kJ.kg^{-1}$ und $1390\ kJ \cdot kg^{-1}$. d) $32600\ kJ.kg^{-1}$.

Entdeckung

Beryllium wurde im Jahre 1797 von dem französischen Chemiker Louis Nicolas Vauquelin (1763–1829) in Paris, Frankreich, in Form der *„Beryllerde"* also des Oxids BeO entdeckt. Wegen des süßen Geschmacks einiger Be-Salze nannte er diese Erde *„Glycinia"* [von griech.: „γλυκύς" (glykys), d. h. „süß"]. Das in der Erde vermutete Metall wurde entsprechend *Gluciunium* genannt (chemisches Symbol G). Martin Heinrich Klaproth (1743–1817), der kurz darauf die gleiche Erde entdeckte, nannte das der Erde zugrunde liegende Metall „Beryllium", nach dem Mineral Beryll [griech.: βήριλλος (beryllós), d. h. „hellgrüner Stein"], in dem die Erde entdeckt wurde. Das chemische Symbol „Be" wurde 1814 von J. J. Berzelius eingeführt. Elementares Beryllium, allerdings in unreiner Form, erhielten fast zeitgleich, aber unabhängig im Jahre 1828 F. Wöhler in Berlin und Antoine Alexandre Bussy (1794–1882) in Paris, durch Reduktion von $BeCl_2$ mit Kalium. Die Reindarstellung des Metalls gelang erstmals 1899 Paul Marie Alfred Lebeau (1868–1959) durch Schmelzflußelektrolyse von Natriumfluoroberyllat $Na_2[BeF_2]$.

Vorkommen

Beryllium gehört zu den selteneren Elementen auf der Erde. Mit einem berechneten Massenanteil in der Erdhülle von $5{,}3 \cdot 10^{-4}$% steht es nach Arsen an 48. Stelle der Elementhäufigkeit. In der Erdkruste bis 16 km Tiefe ist es mit ca. 4 g/t Gestein vertreten, in Eruptivgesteinen variiert sein Anteil zwischen 3–6 g/t. Meerwasser enthält durchschnittlich 0,2 µg $Be^{(+II)}$ pro m^3, bei einer Verweilzeit von ca. 4000 Jahren.
Beryllium tritt niemals elementar auf. Gebunden kommt es in zahlreichen Mineralen vor, jedoch nur selten in abbauwürdigen Lagerstätten. Das häufigste und wichtigste Mineral ist der Beryll, ein durchsichtiges bis durchscheinendes Berylliumaluminiumsilicat, das in der Natur oft in meterhohen, tonnenschweren prismatischen, hexagonalen Kristallen vorkommt und je nach Fundstätte die verschiedensten Färbungen aufweist. Bekannte Abarten des Berylls sind die sehr wertvollen Edelsteine *Smaragd* (grün; chromhaltig), *Aquamarin* (hellblau bis blaugrün; eisenhaltig), *Goldberyll* (zitronen- bis goldgelb), *Heliodor* (hellgelb-grün), *Morganit* (rosa bis violett) u. a.
Die wichtigsten technisch verwertbaren Vorkommen an Beryllium-haltigen Mineralen befinden sich in Brasilien, Argentinien, Indien, Sri Lanka, Zentral- und Südafrika, USA, GUS-Staaten und Columbien, kleinere Vorkommen liegen in Österreich, Deutschland (Bayerischer Wald, Oberpfalz). Die Gesamtweltvorräte werden auf 4 Mio. t geschätzt.

Wichtige Beryllium-Minerale	
Beryll	$Al_2Be_3[Si_6O_{18}]$ (= 3 BeO · Al_2O_3 · 6 SiO_2)
Bertrandit	$Be_4[OH)_2 \mid SiO_4 \mid SiO_3]$ (= 4 BeO · 2 SiO_2 · H_2O)
Phenakit	$Be_2[SiO_4]$ (= 2 BeO · SiO_2)
Gadolinit	$Be_2Y_2Fe^{II}[O \mid SiO_4]_2$ (= 2 BeO · Y_2O_3 · FeO · 2 SiO_2)
Chrysoberyll	$Al_2[BeO_4]$ (= BeO · Al_2O_3)
Euklas	$AlBe[(OH \mid SiO_4]$ (= BeO · AlO(OH) · SiO_2)

Die abbauwürdigen Vorkommen liegen jedoch nur etwa bei 10% also etwa 400 000 t, davon werden weltweit etwa 9500 t Beryll jährlich gefördert. Die Hauptförderländer sind die USA mit etwa 65%, die GUS-Staaten ca. 25%, Brasilien, China etwa 15% u. a.
Die Häufigkeit des Elements auf der Sonne beträgt ca. 14 Atome Beryllium pro $1 \cdot 10^{12}$ Atome Wasserstoff; die kosmische Häufigkeit wird auf 20 Atome Beryllium pro $1 \cdot 10^{6}$ Atome Silicium geschätzt.

Herstellung

Großtechnisch wird Beryllium vorwiegend nach einem im Jahre 1920 von Alfred Eduard Stock (1876–1946) und Hans Goldschmidt (1861–1923) entwickelten Verfahren durch Schmelzflußelektrolyse von basischen Berylliumfluorid $2\,BeO \cdot 5\,BeF_2$ im Gemisch mit BaF_2 oder $BaCl_2$ hergestellt. Ausgangsmaterial ist das Mineral Beryll dessen Aufschluß nach verschiedenen Verfahren erfolgt:

- Sinteraufschluß: Beryll wird mit Natriumfluorosilicat und Soda bei etwa 750 °C geröstet, wobei Natriumfluoroberyllat, Al_2O_3 und SiO_2 entstehen:

  $$3\,BeO \cdot Al_2O_3 \cdot 6\,SiO_2 + 2\,Na_2[SiF_6] + Na_2CO_3 \rightarrow 3\,Na_2[BeF_4] + Al_2O_3 + 8\,SiO_2 + CO_2 \uparrow$$

  Das lösliche Fluoroberyllat wird mit Wasser ausgelaugt. Aus der Lösung wird das $Be(OH)_2$ mit Natronlauge ausgefällt und je nach Bedarf in $BeCl_2$ oder BeF_2 überführt. Zur Gewinnung des Fluorids wird das Hydroxid mit Ammoniak in Ammoniumtetrafluoroberyllat umgesetzt, das bei 1000 °C in BeF_2 und NH_4F übergeht:

  $$(NH_4)_2\,[BeF_4] \xrightarrow{1000\,°C} BeF_2 + 2\,NH_4F$$

  Das Chlorid erhält man durch Umwandlung des Hydroxids bei 400 °C in BeO, das mit Kohlenstoff und Chlor bei 800 °C in $BeCl_2$ überführt wird:

  $$BeO + C + Cl_2 \xrightarrow{800\,°C} BeCl_2 + CO \uparrow$$

- Chloraufschluß: Gemahlener Beryll wird im Chlorstrom mit Kohle auf 800 °C erhitzt:

  $$3\,BeO \cdot Al_2O_3 \cdot 6\,SiO_2 + 18\,Cl_2 + 18\,C \xrightarrow{800\,°C} BeCl + 2\,AlCl + 6\,SiCl + 18\,CO.$$

Die flüchtigen Chloride werden durch fraktionierte Kondensation oder durch Lösungsmittelextraktion voneinander getrennt.

- Fluoraufschluß: Der gemahlene Beryll wird mit Hydrogenfluorid HF auf ca. 600 °C erhitzt und das so erhaltene BeF_2 mit Wasser ausgelaugt:

  $$3\,BeO \cdot Al_2O_3 \cdot 6\,SiO_2 + 36\,HF \xrightarrow{600\,°C} 3\,BeF_2 + 2AlF_3 + 6\,SiF_4 + 18\,H_2O$$

Die Schmelzflußelektrolyse von $2\,BeO \cdot 5\,BeF_2$ zusammen mit BaF_2 oder von $BeCl_2$ im Gemisch mit NaCl erfolgt in Nickelgefäßen. Das Metall setzt sich dabei in Flittern an den Wänden ab, während die freigesetzten Halogene zur Fluorierung bzw. Chlorierung dem Prozeß zurückgeführt werden. Von technischer Bedeutung ist auch die Reduktion von Be-Fluorid bei 900 °C mit Magnesium zu fein verteilten, pulverförmigen Beryllium:

$$BeF_2 + Mg \xrightarrow{900\,°C} Be + MgF_2$$

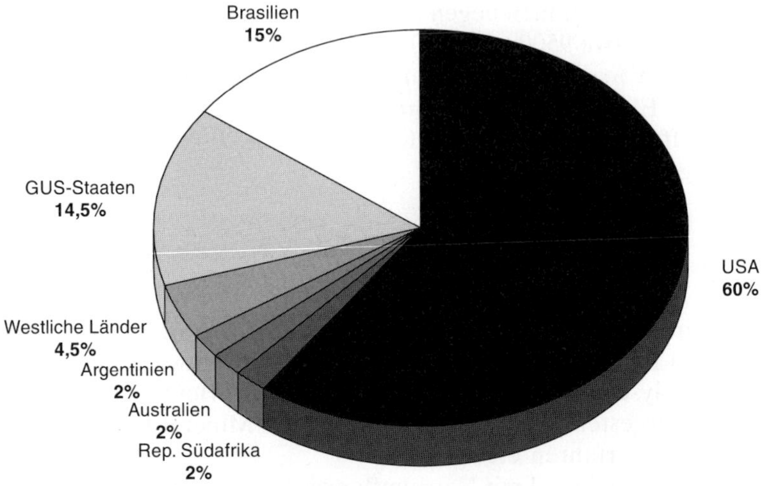

Abb. 7: Hauptproduktionsländer von Beryllium bei einer Weltproduktion von ca. 400 t/Jahr.

Das pulverförmige Beryllium wird durch Schmelzen im Vakuum bei 1300 °C, Kalt- oder Heißpressen, Sintern oder Schmieden zum kompakten Metall verarbeitet. Weltweit werden jährlich rund 400 t Beryllium gewonnen. Die Hauptproduzenten sind die USA mit ca. 60% der Weltproduktion gefolgt von Brasilien, GUS-Staaten, Argentinien und Südafrika (Abb. 7).
Der Preis für 1 kg reines Beryllium (99,8%) liegt bei etwa 28 $, (ca. 51 DM).

Physikalische Eigenschaften

Beryllium ist ein stahlgraues, sehr hartes und sprödes, an der Luft beständiges diamagnetisches Leichtmetall. Es kristallisiert in der Niedertemperaturform (α-Be) in hexagonal dichtester Kugelpackung mit kovalenten Bindungsanteilen. In der Hochtemperaturform (β-Be) oberhalb 600 °C (Rotglut) bildet es eine kubisch raumzentrierte Gitterstruktur. In dieser Form ist das Metall gut verform- und dehnbar und läßt sich leicht verarbeiten. Beryllium hat eine mittlere Schmelz- und Siedetemperatur und ist ein guter Leiter von Wärme und elektrischen Strom. Die thermische Leitfähigkeit beträgt 46,62%, die elektrische 37,86% der des Silbers. In der Nähe des absoluten Nullpunkts (0,026 K) ist das Metall supraleitend, in dünnen Schichten bereits unterhalb –263,55 °C bzw. 9,6 K.

Radiochemie

Beryllium ist ein anisotopes Element, es kommt in der Natur nur in Form eines einzigen Isotops vor. Weitere sieben künstliche, radioaktive Isotope sind bekannt.
Das Isotop $^{7}_{4}Be$ wird durch Beschuß von Lithium- oder Bor-Targets mit beschleunigten Protonen im Zyklotron hergestellt.

Die Isotope des Berylliums (1995)							
Isotop	Natürliche Häufigkeit n (%)	Zerfallsart					Halbwertszeit
		2p	2α	EC	γ	β⁻	$T_{1/2}$
Be 6		x					n.bek.
Be 7				x	x		53,29 d
Be 8			x				10^{-15} s
Be 9	**100**						
Be 10						x	$1,6 \cdot 10^6$ a
Be 11					x	x	13,8 s
Be 12						x	23,6 ms
....							
Be 14					x	x	4,35 ms

$$^{7}_{3}Li + ^{1}_{1}H \longrightarrow ^{7}_{4}Be + ^{1}_{0}n$$

$$^{10}_{5}B + ^{1}_{1}H \longrightarrow ^{7}_{4}Be + ^{4}_{2}He$$

Daneben entsteht es in verschiedenen Spalationsreaktionen einiger Elemente wie Kohlenstoff, Aluminium, Gold, Kupfer u. a. Es wird ferner zusammen mit dem Isotop $^{10}_{4}Be$ durch kosmische Strahlung in Meteoriten und in der Atmosphäre erzeugt, von wo die beiden Isotope ins Meer gelangen und sich in Sinkstoffen festsetzen. Angesichts der langen Halbwertszeit des Isotops $^{10}_{4}Be$ eignet sich dieses sehr gut zur Altersbestimmung von Sedimenten in den Meeren und Ozeanen nach der sogenannten *Beryllium-Be10-Methode*.

Das Isotop $^{8}_{4}Be$ hat die kürzeste Lebensdauer; es entsteht beim Beschuß von Lithium- oder Bor-Targets mit beschleunigten Deuteronen und Protonen und zerfällt mit der Halbwertszeit von 10^{-15}s in zwei Heliumkerne $^{4}_{2}He$. Es ist als Zwischenprodukt in einigen Kernreaktionen von Bedeutung, z. B.:

$$^{7}_{3}Li + ^{2}_{1}D \longrightarrow ^{8}_{4}Be + ^{1}_{0}n$$

$$^{11}_{5}B + ^{1}_{1}H \longrightarrow ^{8}_{4}Be + ^{4}_{2}He$$

$$^{8}_{4}Be \longrightarrow 2\,^{4}_{2}He$$

Das Isotop $^{7}_{4}Be$ zerfällt durch Elektronen-Einfang, die schwereren Isotope verwandeln sich durch β^--Strahlung in entsprechende Bor-Isotope. Das Isotop $^{7}_{4}Be$ (EC | 0,862 MeV; γ) wird als radioaktiver Indikator (Tracer) verwendet, das stabile Isotop $^{9}_{4}Be$ der Kernspinzahl 3/2– und dem kernmagnetichen Moment –1,1776 dient zum NMR-spektroskopischen Nachweis; NMR-Frequenz (bei 2,3488 T) $14{,}053 \cdot 10^{-6}$ s^{-1}; Referenz $Be(NO_3)_2$ (aq).

Die maximal zulässige radiologische Aktivität bezogen auf das Isotop $^{7}_{4}Be$ beträgt durchschnittlich $26{,}8 \cdot 10^6$Bq für den menschlichen Körper, $3{,}7 \cdot 10^7$ Bq/l in wäßriger Lösung und $18{,}5 \cdot 10^4$ Bq/m³ Luft.

Die Bestrahlung von Beryllium mit Heliumkernen führte 1930/32 zur Entdeckung des Neutrons durch Walter Bothe (1891–1957) und Sir James Chadwick (1891–1974) gemäß:

$$^{9}_{4}Be + ^{4}_{2}He \longrightarrow ^{13}_{6}C \longrightarrow ^{12}_{6}C + ^{1}_{0}n + \gamma$$

Chemische Eigenschaften

Beryllium ist das erste Element in der 2. Gruppe (IIA Hauptgruppe) des PSE. Gemäß den Regeln der IUPAC gehört Beryllium aber nicht zu den „Erdalkalimetalle"n, sondern nimmt in dieser Gruppe eine Sonderstellung ein. Wegen seines kleinen Atom- und Ionenradius werden die Elektronen vom Kern sehr stark angezogen, so daß die 1. Ionisierungsenergie des Be-Atoms den größten Wert aller Elemente dieser Gruppe hat. Beryllium unterscheidet sich daher wesentlich von den schwereren Homologen seiner Gruppe und zeigt eine ausgeprägte Analogie zum Aluminium (Schrägbeziehung im PSE).
Entsprechend seiner Stellung im Periodensystem hat das freie, neutrale Be-Atom im elektronischen Grundzustand folgende Elektronenkonfiguration:

$$1s^2\ 2s^2$$

Aufgrund dieser Elektronenanordnung wäre zu erwarten, daß Beryllium die beiden 2s-Elektronen abgibt und zweifach positiv geladene Kationen bildet. Wegen seiner großen Ionisierungsenergie kann das Metall jedoch keine Ionen bilden, um Ionenbindung einzugehen und bildet stattdessen zwei Kovalenzbindungen. Damit kann das Be-Atom aber nur ein Elektronenquartett erreichen. Die kovalenten Be-Verbindungen sind daher durch starken Elektronenmangel gekennzeichnet, den sie wie die Bor- und Aluminiumatome u. a. durch Bildung von Dreizentrenbindungen ausgleichen. So muß z. B. beim Be-Hydrid BeH_2 jedes Be-Atom zwei Dreizentrenbindungen BeHBe betätigen, um ein Elektronenoktett zu erreichen. Dies führt zur Bildung eines kettenförmig aufgebauten, polymeren Stoffes $(BeH_2)_n$. Beim Be-Chlorid $BeCl_2$ besitzen die Brückenatome freie Elektronenpaare, wobei sich ein faserförmiges Kettenmolekül $(BeCl_2)_n$ mit Chlorbrükken bildet (Abb. 8). Einige kovalente Bindungen des Berylliums (in Klammern sind die Bindungslängen und die Bindungsenthalpien angegeben): Be-H (163 pm; 226 kJ · mol^{-1}), Be-O (133 pm; 523 kJ · mol^{-1}), Be-F (143 pm; 615 kJ · mol^{-1}), Be-Cl (177 pm; 293 kJ · mol^{-1}), Be-C (193 pm; n. bek.), Be-Be (22,6 pm; n. bek.).
Beryllium ist chemisch recht beständig. Es behält an der Luft unbegrenzt seinen Glanz, da es sich mit einer dünnen, unsichtbaren aber fest haftenden Oxidschicht überzieht, die das Metall vor weiterer Luftoxidation schützt. Erst oberhalb 600 °C reagiert es mit molekularem Sauerstoff und verbrennt zu Be-Oxid:

$$2\ Be + O_2 \longrightarrow 2\ BeO \qquad \Delta H = -\ 1220{,}2\ kJ$$

Das stark neative Normalpotential (Be/Be^{2+} –1,971 V) weist Beryllium als ein sehr unedles Metall aus. Von Wasser und oxidierenden Säuren wie z. B. kalte konz. Salpetersäure wird es aber infolge Passivierung nicht angegriffen. In nichtoxidierenden Säuren

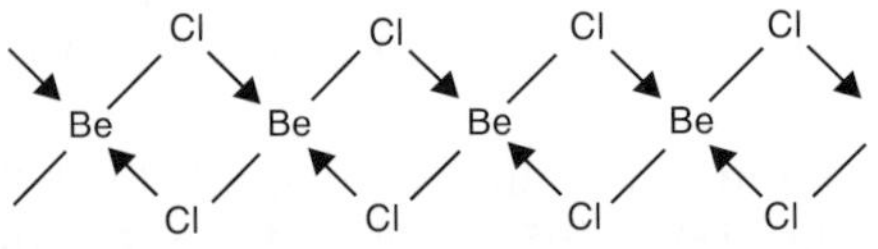

Abb. 8: Bildung von Dreizentrenbindungen beim Be-Chlorid; aufgrund der freien Elektronenpaare der Brückenatome entsteht ein faserförmiges Kettenmolekül $(BeCl_2)_n$.

hingegen wie beispielsweise verdünnte Salzsäure oder Schwefelsäure wird das Metall unter heftiger Wasserstoffentwicklung schnell aufgelöst und in die entsprechenden Be-Salze überführt:

$$Be + 2\,HCl \longrightarrow BeCl_2 + H_2 \uparrow$$
$$Be + H_2SO_4 \longrightarrow BeSO_4 + H_2 \uparrow$$

Im Gegensatz zu den anderen Erdalkalimetallen löst sich Beryllium auch in verdünnten Alkalilaugen, wobei das zunächst gebildete amphotere Be-Hydroxid $Be(OH)_2$ in das entsprechende Hydroxoberyllat $[Be(OH)_4]^{2-}$ übergeht:

$$Be + 2\,NaOH + 2\,H_2O \longrightarrow Na_2[Be(OH)_4] + H_2 \uparrow$$

Mit den Halogenen verbindet sich Beryllium in der Hitze zu Halogeniden BeX_2 (X = F,Cl,Br,I), mit gasförmigen Schwefel bildet es Be-Sulfid BeS. Be-Verbindungen haben meist süßen Geschmack und sind sehr „giftig“ Wirtschaftlich spielen sie nur bei der Gewinnung von Beryllium eine Rolle. Lösliche Salze sind die Halogenide, das Sulfid, Nitrat $Be(NO_3)_2$, das Sulfat $BeSO_4 \cdot 4\,H_2O$, schwer löslich sind das Acetat $Be(OOC\text{-}CH_3)_2$, Oxid BeO, Hydroxid $Be(OH)_2$ u. a.

Nachweis

Quantitativ:

- Fällung als Be-Hydroxid mit Ammoniak, das bei 1000 °C in Be-Oxid übergeht.
- Photometrische Bestimmung mit Hilfe verschiedener Komplexe wie 2,4-Pentandion, Thorin, Morin, Aluminon, Chromazurol u. a.
- Spektralanalyse; wichtige Spektrallinien der neutralen Atome sind: 234,861 nm, 332,134 nm, 381,345 nm und der einfach positiven Ionen Be^+ 313,042 nm, 313,107 nm, 436,099 nm, 467,334 nm, 467,342 nm, 527,081 nm.
- Atomabsorptionsspektrometrie (AAS) mittels der 234,861 nm Linie des Atomspektrums.

Verwendung

Wegen seines hohen Schmelzpunktes und seines geringen Wirkungsquerschnittes für thermische Neutronen eignet sich Beryllium als Moderator in kleineren Kernreaktoren und in Kernwaffen an Stelle von Graphit oder schwerem Wasser (D_2O) sowie als Reflektor- und Hüllenrohrwerkstoff in Kernreaktoren. Größtenteils dient das Metall aber zur Herstellung von Hitzeschildern für die Luft- und Raumfahrt sowie an Stelle von Aluminium zur Herstellung von Austrittsfenstern für Röntgenstrahlen. Zulegierung von 2–8% Beryllium zu Kupfer ergibt Legierungen von extremer Härte, die sehr elastisch sind und sich aufgrund der guten elektrischen Leitfähigkeit zur Herstellung von Kontaktfedern für Elektromotoren, Motorbürsten und mechanischen Präzisionsteilen vor allem für die Optoelektronik sehr gut eignen. Zulegierung von 2–3% Beryllium zu Nickel erhöht die Härte, die Biegefestigkeit und die Korrosionsbeständigkeit des Materials, das sich zur Herstellung von Uhrfedern und besonders für chirurgische Instrumente hervorragend eignet. Legierungen des Berylliums mit Aluminium (z. B. Lockaloy 38% Al), Magnesium und Titan sind wegen ihrer Härte, ihres geringen Gewichts und ihrer hohen Belastbarkeit hochwertige Werkstoffe für die Luft- und Raumfahrtindustrie. Die Ra-Be-Neutronenquelle (s. S. 67) besteht aus einem Gemisch eines Be- und eines Ra-Salzes (α-Strahler). Die Energie der ausgesandten Neutronen liegt etwa zwischen 5 MeV und 13,7 MeV. Hochbeschleunigte Be-Ionen werden in der Kernchemie zur Erzeugung schwerer Radionuklide verwendet, wie z. B.:

$$^{247}_{98}Cf + ^{9}_{4}Be \longrightarrow ^{254}_{102}No + 2\,^{1}_{0}n.$$

Beryll wird als Rohstoff zur Gewinnung von Beryllium verwendet. Daneben dient es u. a. zur Herstellung von Bauelementen für Laser, Maser und als Schmuck. Berylliumoxid wird wegen seiner guten thermische Leitfähigkeit bei gleichzeitig hohem elektrischen Widerstand und wegen seiner hohen Schmelztemperatur (2530 °C) als Oxidkeramik zur Herstellung von Flugzeugzündkerzen, Tiegeln, Isoliermaterial für Radarröhren und in der Elektronik verwendet. Als hochfeuerfester Werkstoff eignet es sich v. a. für Verbrennungskammern in Raketen.

Physiologie, Toxikologie

Beryllium hat keine biologische Bedeutung für den menschlichen Organismus. Das Element und seine Verbindungen sind jedoch extrem giftig und kanzerogen. In der Gefahrstoffverordnung (GefStoffV) steht Beryllium in der Gruppe II der stark gefährdenden, krebserzeugenden Gefahrstoffe. Der MAK-Wert beträgt 2 $\mu g/m^3$. Bereits der Hautkontakt mit Be-Verbindungen ruft schwere Erkrankungen hervor. Besonders gefährdend sind Berylliumdämpfe und Berylliumstaub, die zu toxischer Berylliumpneumonie mit Zyanose, Husten und Atemnot sowie zu Lungenkrebs führen. Als akkumulationsfähiges Gift wirkt es durch Haut-, Schleimhaut-, Lungen-, Leber- und Nierenerkrankungen, sog. *Beryllose*, meistens tödlich. Da Beryllium vom Organismus nur sehr langsam ausgeschieden wird, kann die Latenzzeit bis zu 30 Jahre dauern. In zweiwertiger Form kann Beryllium bis in den Zellkern gelangen und dort mutagen, d. h. DNA-verändernd und kanzerogen (Tumor-induzierend) wirken. Toxizitätswerte sind nicht bekannt.

Bismut Bi

International (Lat.)	Bismutum	Griechisch	Βισμούθιο (Vismouthio)
Englisch	Bismuth	Russisch	Висмут (Wißmut)
Französisch	Bismuth	Japanisch	ビスマス (bisumasu)
Spanisch	Bismuto		
Italienisch	Bismuto		

Atomare und physikalische Eigenschaften

Xn

Protonenzahl **(Z)**	**83**
Standard-Atomgewicht (bezogen auf $^{12}C = 12$)	208,98037(±3)
Effektive Kernladung	(Slater) 6,30; (Clementi) 13,34; (Froese-Fischer) 16,90
Elektronenkonfiguration	[Xe] $4f^{14}\ 5d^{10}\ 6s^2\ 6p^3$
Grundzustand, Termsymbol	$^4S_{3/2}$
Atomradius /Kovalenzradius (Bi^{III}; Einfachbindung)	154,5 pm/150 pm [a)]
Van-der-Waals-Radius	240 pm
Ionenradien (KZ 6)	250^{3-} pm, $103^{3+}_{(6)}$ pm, $76^{5+}_{(6)}$ pm
Molares Volumen	$21{,}44 \cdot 10^{-6}\ m^3 \cdot mol^{-1}$
1.; 2.; 3.; 4.; 5. Ionisierungsenergie	7,2885 eV; 19,305 eV; 25,558 eV; 45,312 eV; 55,966 eV
Elektronegativität	(Allred/Rochow) 1,67; (Pauling) 2,02; (absolut) 4,69 eV
Elektronenaffinität $Bi \rightarrow Bi^-$	≥ 0,75 eV
Wirkungsquerschnitt für thermische Neutronen ($\sigma_{n,\gamma}$)	$0{,}034 \cdot 10^{-28}\ m^2$
Dichte (α; bei 20 °C)	$9790\ kg \cdot m^{-3}$ [b)]
Härte (α; gegossen)	(Mohs) 2,5 ; (Brinell) $7 \cdot 10^7$ Pa
Elastizitätsmodul (α; gegossen)	$3{,}19 \cdot 10^{10}$ Pa
Schmelztemperatur (α)	271,3 °C (544,45 K)
Siedetemperatur	(1560 ± 5) °C [(1833,15 ± 5) K]
Spezifische Schmelzenthalpie	$52{,}2\ kJ \cdot kg^{-1}$
Spezifische Verdampfungsenthalpie	$725\ kJ \cdot kg^{-1}$ [c)]
Spezifische Atomisierungsenthalpie	$990{,}52\ kJ \cdot kg^{-1}$
Spezifische Wärmekapazität (bei 25 °C)	$0{,}122\ kJ \cdot kg^{-1} \cdot K^{-1}$
Debye-Temperatur	– 154 °C (119,15 K)
Thermische Leitfähigkeit (bei 27 °C)	$7{,}87\ W \cdot m^{-1} \cdot K^{-1}$
Thermischer Längenausdehnungskoeffizient (bei 25 °C)	$13{,}4 \cdot 10^{-6}\ K^{-1}$
Thermospannung (Δt = 100 K/Pt; Cu)	– 6,5 mV; – 7,25 mV
Elektrische Leitfähigkeit (bei 20 °C)	$0{,}856 \cdot 10^6\ S \cdot m^{-1}$ [d)]
Spezifischer elektrischer Widerstand (bei 20 °C)	$116{,}80 \cdot 10^{-8}\ \Omega \cdot m$
Temperaturkoeffizient (bei 20 °C)	$4{,}45 \cdot 10^{-3}\ K^{-1}$
Spezifische magnetische Suszeptibilität	$-16{,}83 \cdot 10^{-9}\ m^3 \cdot kg^{-1}$
Hall-Koeffizient	$-5000 \cdot 10^{-10}\ m^3 \cdot A^{-1} \cdot s^{-1}$
Elektrochemisches Äquivalent (Bi^{3+})	$0{,}7219 \cdot 10^{-6}\ kg \cdot A^{-1} \cdot s^{-1}$

Weitere Angaben: a) 146 pm. b) $9747\ kg \cdot m^{-3}$ und $9808\ kg \cdot m^{-3}$. c) $857\ kJ \cdot kg^{-1}$. d) $0{,}936 \cdot 10^{-6}\ S \cdot m^{-1}$.

Atomare und physikalische Eigenschaften	Xn
Normalpotential Bi/Bi^{3+}	+ 0,317 V
Dissoziationsenthalpie $1/n\ Bi_n \rightarrow Bi$	207,2 kJ · mol^{-1}
Bildungsenthalpie BiH_3 ($BiCl_3$; Bi_2O_3) 278 kJ · mol^{-1}	(– 379,4 kJ · mol^{-1} ; – 574,3 kJ · mol^{-1})

Entdeckung

Soweit bekannt wurde Bismut im 15. Jh. von sächsischen Bergleuten im Erzgebirge entdeckt, es wurde aber häufig mit Antimon, Zink oder Zinn verwechselt. 1527 beschreibt Paracelsus das *Wismat*, das er als *Bastard des Zinns* bezeichnete. Die Herstellung des Metalls wird erstmals 1530 von Georgius Agricola (1494–1555) geschildert, der das Metall jedoch *Plumbum cinereum*, d. h. „aschgraues Blei" nennt. Erst 1775 erkannten die schwedischen Chemiker Carl Wilhelm Scheele und Torbern Olof Bergman (1735–1784) die Elementnatur des Bismuts. Der Name *Wismat* bzw. *Wismut* stammt vermutlich aus der deutschen Bergmannssprache von wis = weiß und mat = Masse, also *„weiße Masse"*. Andererseits wird angenommen, daß der Name auf den ersten Mutungsort (Mutung = Ausbeutung) *„in den Wiesen"* bei St. Georgen im Erzgebirge zurückgeht, also „Wiesemutung". „Bisemutum" ist die von Agricola latinisierte Form, aus der schließlich „Bismut" hervorgeht. Das chemische Symbol „Bi" wurde 1814 von J. J. Berzelius vorgeschlagen.

Vorkommen

Mit einem berechneten Massenanteil in der Erdhülle von 2.10^{-5}% steht Bismut an 65. Stelle der Elementhäufigkeit und gehört damit zu den relativ seltenen Elementen. In der Erdkruste, bis 16 km Tiefe, ist es mit 0,048 g/t Krustengestein vertreten, im Meerwasser

Wichtige Bismut-Minerale	
Wismutocker[1], Bismit	α-BiO
Wismutglanz, Bismuthinit, Bismutin	Bi_2S_3
Selenwismutglanz	Bi_2Se_3
Wismutspat, Bismutit	$(BiO)_2CO_3H_2O$ (= $Bi_2O_3 \cdot CO_2 \cdot H_2O$)
Galenobismutit	$PbBi_2S_4$ (= $PbS \cdot Bi_2S_3$)
Lillianit	$Pb_3Bi_2S_6$ (= $3\ PbS \cdot Bi_2S_3$)
Kupferwismutglanz, Emplektit	$CuBiS_2$ (= $Cu_2S \cdot Bi_2S_3$)
Kupferwismutblende, Wittichenit	Cu_3BiS_3 (= $3\ Cu_2S \cdot Bi_2S_3$)
Silberwismutglanz, Matildit, Schapbachit	α-Ag BiS_2 (= $Ag_2S \cdot Bi_2S_3$)
Tellurwismut, Tetradymit	Bi_2Te_2S (= $2\ Bi_2Te_3 \cdot Bi_2S_3$)
Wismutblende, Eulytin, Kieselwismut	$Bi_4\ [SiO_4]_3$

1) Obwohl nach der neueren chemischen Nomenklatur für das Element der Name Bismut eingeführt wurde, wird bei den Namen von Mineralen die Bezeichnung Wismut beibehalten.

mit durchschnittlich 0,024 μg $Bi^{(+III)}/m^3$. Bismut ist in der Natur sehr verbreitet, findet sich jedoch nicht in größeren Lagerstätten. Das Metall kommt sowohl gediegen in Blei-, Kupfer-, Antimon-, Silber- oder Golderzen als auch kationisch gebunden in Form verschiedener Sulfide, Oxide u. a. vor.
Die Hauptvorkommen liegen in Südamerika v. a. in Mexiko, Peru, Bolivien, sowie in China, Australien, Kanada und in Spanien. In Deutschland findet man Bismut hauptsächlich im sächsischen Erzgebirge (Annaberg, Schneeberg, Zinnwald), im Schwarzwald und in Thüringen (Bad Liebenstein). Die Bismut-Reserven sind nicht bekannt, die Anzahl der abbauwürdigen Lagerstätten ist jedoch sehr gering. Erhebliche Mengen Bismut sind in den Abgasen von Braunkohlekraftwerken enthalten. Jährlich werden etwa 15000 t Bi-Erze gefördert. Hauptförderländer sind Mexiko mit ca. 21%, Australien 16,5%, Peru 15,5%, Japan 14,2%, USA und Kanada mit jeweils ca. 12,5%. Die Häufigkeit des Elements auf der Sonne beträgt ca. 80 Atome Bismut pro $1 \cdot 10^{12}$ Atome Wasserstoff, die kosmische Häufigkeit wird auf 0,1 Atome Bismut pro $1 \cdot 10^{6}$ Atome Silicium geschätzt.

Herstellung

Technisch wird Bismut überwiegend als Nebenprodukt bei der Verhüttung von Schwermetallerzen v. a. bei der Aufarbeitung von Blei-, Kupfer- und Zinnerzen gewonnen. So erhält man z. B. Bismut aus Werkblei nach dem *Kroll-Betterton-Verfahren*, indem der Schmelze Calcium oder Magnesium beigefügt wird. Dabei bilden sich ternäre Ca-Mg-Bi-Legierungen, die aufgrund ihrer geringeren Dichte als sog. *Wismutschaum* auf der Schmelze schwimmen, und von da abgeschöpft werden. Daneben wird Bismut auch direkt aus seinen, zunächst meist durch Flotation angereicherten Erzen gewonnen. Dazu gibt es verschiedene Verfahren:

- Reduktionsarbeit: Oxidische Erze z. B. Wismutocker werden in Tiegeln oder Flammöfen mit Kohle zu Bismut reduziert:

$$2\,Bi_2O_3 + 3\,C \longrightarrow 4\,Bi + 3\,CO_2 \uparrow$$

- Röstreduktionsverfahren: Die sulfidischen Erze werden zunächst, analog der Antimon-Gewinnung in Drehrohröfen bei ca. 500 °C abgeröstet

$$2\,Bi_2S_3 + 9\,O_2 \longrightarrow 2\,Bi_2O_3 + 6\,SO_2 \uparrow$$

  und anschließend das Oxid mit Kohle zum Metall reduziert, siehe Reduktionsarbeit.
- Niederschlagsverfahren: Reduktion der sulfidischen Erze mit Eisen:

$$Bi_2S_3 + 3\,Fe \longrightarrow 2\,Bi + 3\,FeS$$

Das erhaltene Rohbismut wird durch oxidierendes Schmelzen von Beimengungen wie Antimon, Arsen, Blei, Eisen u. a. befreit. Ultrareines Bismut mit einem Reinheitsgrad von 99,999% erhält man im „Zonenschmelzverfahren“. Die Weltproduktion an Bismut ist sehr schwankend, sie lag in den letzten Jahren bei etwa 5000 t/a. Die Hauptproduzenten waren Japan mit rund 22,5%, Peru 17,5%, Bolivien 16,6%, Mexiko 15,4%, Australien 6,5%, GUS-Staaten, USA u. a. Der Preis für 1 kg Bismut schwankt zwischen 15–32 $ bzw. 27–60 DM.

Physikalische Eigenschaften

Bismut (α-Form) ist ein rötlichweißes, glänzendes, relativ weiches, niedrig schmelzendes, stark diamagnetisches Schwermetall. Reines Bismut ist nur wenig spröde, die Sprödigkeit wird aber bereits durch geringe Mengen von Verunreinigungen erheblich erhöht. Es ist ein schlechter Leiter von Wärme und elektrischen Strom, die thermische Leitfähigkeit beträgt 1,84%, die elektrische 1,36% in flüssigem Zustand 2,89% der des Silbers. Die Sprungtemperatur für die metallische Hochdruckphase für $Bi^{(V)}$ bei $p > 8{,}0$ GPa liegt bei –264,55 °C bzw. 8,6 K. Die Gitterstruktur des Bismutkristalls entspricht der des metallischen Arsens, wobei die Doppelschichten bereits so dicht gepackt sind, daß fast ein Metallgitter vorliegt. Auch Bismut tritt in mehreren polymorphen Formen auf, jedoch ist außer α-Bi nur ξ-Bi näher bekannt, das bei einem Druck von 9 GPa gebildet wird, und eine kubisch-raumzentrierte Gitterstruktur aufweist. Bismut zeigt von allen Metallen den größten Diamagnetismus und besitzt den größten Hall-Effekt-Koeffizienten. Geschmolzenes Bismut dehnt sich beim Erstarren aus, eine Eigenschaft, die es außer mit Wasser nur mit den Halbmetallen Antimon, Germanium und Gallium teilt. Bismut geht mit Silber, Gold, Kupfer, Quecksilber, Blei, Zinn und den Platinmetallen leicht Legierungen ein, die zum Teil ebenso wie Bismut einen negativen Ausdehnungskoeffizienten zeigen. Wie Antimon-Dampf besteht auch Bi-Dampf aus Bi_2- und Bi_4-Molekülen. Das Tellurid Bi_2Te_3 und das Selenid Bi_2Se_3 sind elektrische Halbleiter.

Radiochemie

Bismut ist ein anisotopes Element, es kommt in der Natur nur in Form des Isotops $^{209}_{83}Bi$ vor. Weitere 30 künstliche, radioaktive Isotope des Bismuts sind bekannt.

Die Isotope des Bismuts (1995)

Isotop	Natürliche Häufigkeit n (%)	Zerfallsart						Halbwertszeit $T_{1/2}$
		p	α	β^+	EC	γ	β^-	
Bi 185		x						43 µs
....								
Bi 187*			x		x			35 ms
Bi 187*			x		x			8 ms
Bi 188*			x		x			0,21 s
Bi 188*			x					44 ms
Bi 189*			x		x			0,68 s
Bi 189*			x		x			5 ms
Bi 190*			x		x	x		5,7 s
Bi 190*			x		x	x		5,9 s
Bi 191*			x		x			12 s
Bi 191*			x		x			150 ms
Bi 192*			x	x	x	x		40,6 s
Bi 192*			x	x	x	x		34,6 s
Bi 193*			x		x	x		67 s

Die Isotope des Bismuts (1995)

Isotop	Natürliche Häufigkeit n (%)	Zerfallsart						Halbwertszeit $T_{1/2}$
		p	α	β⁺	EC	γ	β⁻	
Bi 193*			**x**		**x**			3,2 s
Bi 194*			x		**x**	x		95 s
Bi 194*			x		**x**	x		115 s
Bi 195*			x	**x**	**x**	x		3,0 m
Bi 195*			**x**		**x**	x		87 s
Bi 196*			x	**x**		x		5,1 m
Bi 196*			**x**		**x**	x		4,0 m
Bi 196 m*						**x**		0,6 s
Bi 197*					**x**	**x**		9,3 m
Bi 197*			**x**		**x**	x		4,9 m
Bi 198*					**x**	x		10,3 m
Bi 198*					**x**	x		11,6 m
Bi 198 m*						**x**		7,7 s
Bi 199*					**x**	x		27 m
Bi 199*			x		**x**			24,7 m
Bi 200*				**x**	**x**	x		36,4 m
Bi 200*				**x**	**x**	x		31 m
Bi 201*					**x**	x		1,8 h
Bi 201 m*			x		**x**	x		59,1 m
Bi 202				**x**	**x**	x		1,72 h
Bi 203				**x**	**x**	x		11,76 h
Bi 204					**x**	x		11,22 h
Bi 205				**x**	**x**	x		15,31 d
Bi 206				**x**	**x**	x		6,24 d
Bi 207				**x**	**x**	x		31,55 a
Bi 208					**x**	x		$3{,}68 \cdot 10^5$a
Bi 209	**100**							
Bi 210			x			x	**x**	5,013 d
Bi 210*			**x**			x		$3{,}0 \cdot 10^6$ a
Bi 211			**x**			x	x	2,17 m
Bi 212*			**x**			x	**x**	60,60 m
Bi 212*			**x**			x	**x**	25 m
Bi 212*							**x**	9 m
Bi 213			x			x	**x**	45,59 m
Bi 214			x			x	**x**	19,9 m
Bi 215						x	**x**	7,4 m
Bi 216						x	**x**	3,6 m

(* isomere Atomkerne; m* markiert jeweils einen metastabilen Zustand)

Einige Bi-Isotope sind Glieder der natürlichen Zerfallsreihen und zwar
$^{214}_{83}$Bi (RaC); *Uran-Radium-Zerfallsreihe*
$^{210}_{83}$Bi (RaE); *Uran-Radium-Zerfallsreihe*
$^{212}_{83}$Bi (ThC); *Thorium-Zerfallsreihe*

$^{215}_{83}Bi$; *Uran-Actinium-Zerfallsreihe*
$^{211}_{83}Bi$ (AcC); *Uran-Actinium-Zerfallsreihe.*

Die beiden Kernisomere des $^{210}_{83}Bi$ werden in der Reaktion $^{209}_{83}Bi$ (n; γ) $^{210}_{83}Bi$ gebildet. Die Isotope $^{207}_{83}Bi$ und $^{208}_{83}Bi$ entstehen in den Reaktionen $^{208}_{82}Pb$ (d; 3n) $^{207}_{83}Bi$ bzw. $^{209}_{83}Bi$ (n;2 n) $^{208}_{83}Bi$; das Isotop $^{206}_{83}Bi$ erhält man in einer $^{206}_{82}Pb$ (d; 2n) $^{206}_{83}Bi$ Reaktion. Die Halbwertszeiten der Bi-Isotope sind allgemein sehr kurz, die meisten Isotope zerfallen durch α-Strahlung in die entsprechenden Tl-Isotope oder durch Elektronen-Einfang (EC) in Pb-Isotope. Die schwersten Isotope $A > 209$ verwandeln sich zusätzlich durch β^--Emission in Po-Isotope. Die Radioisotope $^{206}_{83}Bi$ (EC | 3,761 MeV; γ) und $^{210}_{83}Bi$ (β^- | 1,16 MeV; α; γ) werden als radioaktive Indikatoren (Tracer) verwendet, das stabile Isotop $^{209}_{83}Bi$ dient zum NMR-spektroskopischen Nachweis; NMR-Frequenz (bei 2,3488 T) $16{,}069 \cdot 10^6\ s^{-1}$; Referenz $KBiF_6$. Einige Bi-Isotope können durch beschleunigte He-Kerne und Deuteronen sowie durch hochenergetische Photonen gespalten werden.

Chemische Eigenschaften

Bismut gehört zur Gruppe der „Pentele". Es befindet sich im PSE in der 15. Gruppe (VA Hauptgruppe) unter dem Antimon Sb, sowie in der 6. Periode zwischen Blei Pb und Polonium Po. Entsprechend seiner Stellung im PSE hat das freie, neutrale Bi-Atom im elektronischen Grundzustand folgende Elektronenkonfiguration:

$$1s^2\ 2s^2\ 2p^6\ 3s^2\ 3p^6\ 3d^{10}\ 4s^2\ 4p^6\ 4d^{10}\ 4f^{14}\ 5s^2\ 5p^6\ 5d^{10}\ 6s^2\ 6p^3$$

Das Element bildet in seinen Verbindungen die Oxidationsstufen −III, +I, +III und +V, von denen die Stufe +III ($5d^{10}\ 6s^2$), die durch Abgabe der drei 6p-Elektronen erreicht wird, die häufigste und beständigste ist.
Die Normalpotentiale des Bismuts:

$$\textit{Saure Lösung}\quad \overset{+V}{Bi^{5+}} \xrightarrow{\text{ca. } +2\ V} \overset{+III}{Bi^{3+}} \xrightarrow{+0{,}317\ V} \overset{0}{Bi} \xrightarrow{-0{,}97\ V} \overset{-III}{BiH_3}$$

Bismut ist ein schwach elektropositives, edles Halbmetall. Der vergleichsweise zu Antimon verstärkte metallische Charakter zeigt sich in der Tendenz des Metalls, überwiegend Kationen zu bilden. Diese werden besonders leicht hydrolisiert, wobei basische Salze entstehen, wie z. B. basisches Nitrat (Subnitrat), Sulfat, Carbonat u. a. Bei gewöhnlicher Temperatur ist Bismut an trockener Luft beständig, an feuchter Luft wird es oberflächlich oxidiert. Bei Rotglut verbrennt es mit bläulicher Flamme zu gelbem Bi(III)-oxid:

$$4\ Bi + 3\ O_2 \longrightarrow 2\ Bi_2O_3 \qquad \Delta H = -\ 1148{,}6\ kJ$$

Mit molekularem Chlor verbindet sich Bismut bei Erwärmung unter Feuererscheinung zu Bismut(III)-Chlorid:

$$2\ Bi + 3\ Cl_2 \longrightarrow 2\ BiCl_3 \qquad \Delta H = -\ 758{,}8\ kJ$$

In der Hitze reagiert es direkt auch mit molekularem Brom und Iod sowie mit Schwefel, Selen und Tellur, nicht aber mit Stickstoff und Phosphor. Von Wasser und nichtoxidierenden Säuren z. B. Salzsäure und verd. Schwefelsäure wird Bismut gemäß seinem positiven Normalpotential nicht angegriffen. In oxidierenden Säuren wie Salpetersäure, heiße konz. Schwefelsäure wird es jedoch unter Bildung von Bi(III)-Salzen oxidiert:

$$2\,Bi + 6\,HNO_3 \longrightarrow 2\,Bi(NO_3)_3 + 3\,NO \uparrow + 3\,H_2O$$
$$2\,Bi + 6\,H_2SO_4 \longrightarrow Bi_2(SO_4)_3 + 3\,SO_2 \uparrow + 6\,H_2O$$

Beim Zusammenschmelzen des Trioxids Bi_2O_3 mit basischen Oxiden wie beispielsweise Na_2O oder PbO bildet es Bismutite oder Polybismutite:

$$Na_2O \cdot Bi_2O_3\ (= NaBiO_2)\ \text{oder}\ 2\,PbO \cdot Bi_2O_3,\ 2\,PbO \cdot 3\,Bi_2O_3.$$

Neben ionischen Bindungen geht Bismut auch kovalente Bindungen ein wie z. B. (in den Klammern sind die Bindungslängen und die Bindungsenthalpien angegeben): Bi-H (n. bek.; 194 kJ · mol^{-1}), Bi-O (232 pm; 339 kJ · mol^{-1}); Bi-C (230 pm; 143 kJ · mol^{-1}), Bi-F (235 pm; 314 kJ · mol^{-1}), Bi-Cl (2458 pm; 285 kJ · mol^{-1}), Bi-Bi (309 pm; 200 kJ · mol^{-1}) u. a. Von den Bi-Salzen sind die Halogenide, Nitrate und Sulfide in Wasser löslich, die Carbonate, Hydroxide, Oxide, Sulfide, Bismutide u. a. sind unlöslich. Das Bismuthydrid, Bismutan BiH_3 ist ein giftiges Gas. Bismutide sind intermetallische Verbindungen des Bismuts meist mit Alkali- bzw. Erdalkalimetallen der allgemeinen Formel M^I_3Bi bzw. M_mBi_n: Beispiele: Natriumbismutid Na_3Bi, Kaliumbismutide K_3Bi, K_3Bi_2, KBi_2. Bismutate sind Salze der hypothetischen Bismut(V)-säure der allgemeinen Formel M^IBiO_3 und $M^I_3BiO_4$; z. B.: Natriumbismutat Na_3BiO_4.
Bismutite und Polybismutite sind Salze der allgemeinen Formel M^IBiO_2, z. B. Lithiumbismutit $LiBiO_2$ bzw. $Li_2O \cdot Bi_2O_3$.
Bismutine sind Trialkyl- und Triarylbismutverbindungen R_3Bi u. a. (R = Alkyl bzw. Aryl).

Nachweis

Qualitativ:

- Lötrohranalyse; Bismutverbindungen ergeben auf der Holzkohle einen gelborangefarbigen Niederschlag, der sich beim Abkühlen um das gebildete Bismutkügelchen herum gelbgrau färbt.
- Fällung mit Kaliumiodid KI und 1,8-Hydroxichinolin, wobei ein intensiv roter Niederschlag entsteht.

Quantitativ:

- Fällung als Doppelsulfat mit Alkalimetallsulfaten.
- Mittels Reagenzien wie Dithizon, Dimethylglyoxim, Oxin, Kupferon u. a. Komplexometrisch über das weiße Bismut(III)-Sulfid BiS.
- Spektralanalyse; wichtige Spektrallinien des neutralen Atoms sind: 202,121 nm, 206,170 nm, 211,026 nm, 223,061 nm, 289,798 nm, 306,772 nm.
- Atomabsorptionsspektrometrie (AAS) mittels der 223,061 nm Linie des Atomspektrums.

Verwendung

Bismut wird vorwiegend zur Herstellung leicht schmelzbarer Legierungen vor allem mit Blei und Zinn verwendet, z. B.:

Rosesches Metall: 50% Bi, 25% Pb, 25% Sn; ($\vartheta_{schm.} = 94\ °C$).

Woodsches Metall: 50% Bi, 25% Pb, 12,5% Sn, 12,5% Cd, ($\vartheta_{schm.}$ = 70 °C).
Lipowitz Legierung: 50% Bi, 27% Pb, 13,5% Sn, 9,5 Cd, ($\vartheta_{schm.}$ = 60 °C).

Die Legierungen finden Anwendung als Weichlote, Heizbadflüssigkeiten, zum Bau von Schmelzsicherungen, Sicherheitsverschlüssen, automatischen Feuermelde-, Löschanlagen u. a. Legierungen mit weniger als 48% Bismut ziehen sich beim Erstarren zusammen, Legierungen mit mehr als 55% Bismut dehnen sich dagegen aus. Legierungen des Bismuts mit Mangan dienen zur Herstellung von Permanentmagneten. Das reine Metall wird aufgrund seiner niedrigen Schmelztemperatur und des niedrigen Absorptionsquerschnittes für thermische Neutronen, im flüssigen Zustand als Kühlmittel oder als Brennstoffträger in Hochleistungsreaktoren eingesetzt. Daneben dient es als Katalysator in der chemischen Industrie, zur Herstellung von Elektroden für pH-Messungen, Halbleitern u. a. Bi-Tellurid Bi_2Te_3 dient als *Peltier-Element* zu Kühlzwecken. Mehr als die Hälfte der Bismut-Produktion wird für pharmazeutische Zwecke verbraucht. Bismut-Präparate wie Bismutsubcarbonat, Bismutsubnitrat, Bismutsubgallat, Bismutsubsalicylat spielen als Adstringentien, Antiseptika, Diuretika usw. in der Chemotherapie eine wichtige Rolle.

Physiologie, Toxikologie

Bismut gehört zu den neun Spurenelementen, die für den menschlichen Organismus keine biologische Bedeutung haben. Seine toxischen Eigenschaften sind ähnlich denen von Antimon, Blei und Quecksilber. Das Element selbst gilt jedoch als nicht toxisch. Die Aufnahme größerer Mengen von Bismut führt zu unspezifischen Metallvergiftungen, wie z. B. Reizung der Mund- und Dickdarmschleimhäute.

Blei Pb

International (Lat.)	Plumbum
Englisch/USA	Lead
Französisch	Plomb
Spanisch	Plombo
Italienisch	Piombo
Griechisch	Μόλυβδος (Molibdos)
Russisch	Свинец (Swinjäz)
Japanisch	鉛 (ナマリ)(namari)

Atomare und physikalische Eigenschaften	Xn
Protonenzahl **(Z)**	**82**
Standard-Atomgewicht (bezogen auf $^{12}C = 12$)	207,2(± 1)
Effektive Kernladung	(Slater) 5,65; (Clementi) 12,39; (Froese-Fischer) 15,33
Elektronenkonfiguration	[Xe] $4f^{14}\ 5d^{10}\ 6s^2\ 6p^2$
Grundzustand, Termsymbol	$^3P_0$
Metallatomradius (KZ 6)	175 pm
Kovalenzradius (Pb^{IV} ; Einfachbindung)	146 pm [a)]
Ionenradien (KZ 6)	215^{4-} pm, $119^{2+}_{(6)}$ pm, $78^{4+}_{(6)}$ pm
Molares Volumen	$18{,}26 \cdot 10^{-6}\ m^3 \cdot mol^{-1}$
1.; 2.; 3.; 4.; 5. Ionisierungsenergie	7,4155 eV; 15,032 eV; 31,937 eV; 42,317 eV; 69,732 eV
Elektronegativität	(Allred/Rochow) 1,55; (Pauling) 2,33 (1,9); (absolut) 3,90 eV
Elektronenaffinität $Pb \rightarrow Pb^-$	0,363 eV
Wirkungsquerschnitt für thermische Neutronen ($\sigma_{n,\gamma}$)	$0{,}171 \cdot 10^{-28}\ m^2$
Dichte (bei 20 °C)	$11342\ kg \cdot m^{-3}$ [b)]
Härte (gegossen)	(Mohs) 1,2 ; (Brinell) (3,75...4,2) $\cdot 10^7$ Pa
Elastizitätsmodul (gegossen)	$1{,}62 \cdot 10^{10}$ Pa
Schmelztemperatur	327,502 °C (600,652 K)
Siedetemperatur	1740 °C (2013,15 K) [c)]
Spezifische Schmelzenthalpie	$23{,}4\ kJ \cdot kg^{-1}$
Spezifische Verdampfungsenthalpie	$866{,}7\ kJ \cdot kg^{-1}$ [d)]
Spezifische Sublimations-/Atomisierungsenthalpie	$941\ kJ \cdot kg^{-1}$
Spezifische Wärmekapazität (bei 25 °C)	$0{,}129\ kJ \cdot kg^{-1} \cdot K^{-1}$
Thermische Leitfähigkeit (bei 27 °C)	$35{,}3\ W \cdot m^{-1} \cdot K^{-1}$
Thermischer Längenausdehnungskoeffizient (bei 25 °C)	$29{,}1 \cdot 10^{-6}\ K^{-1}$
Relative Volumenänderung beim Schmelzen $\Delta V/V$	0,036
Thermospannung (Δt =100 K/Pt; Cu)	+ 0,44 mV; – 0,31 mV
Überspannung des Wasserstoffs (Sauerstoffs)	– 0,40 V (+ 0,30 V)
Elektrische Leitfähigkeit (bei 20 ° C)	$4{,}84 \cdot 10^6\ S \cdot m^{-1}$
Spezifischer elektrischer Widerstand (bei 20 °C)	$20{,}648 \cdot 10^{-8}\ \Omega \cdot m$
Temperaturkoeffizient (bei 20 °C)	(3,9...4,2) $\cdot 10^{-3}\ K^{-1}$
Supraleitung; Sprungtemperatur	– 265,95 °C (7,196 K)
Spezifische magnetische Suszeptibilität	$-1{,}39 \cdot 10^{-9}\ m^3 \cdot kg^{-1}$
Elektrochemisches Äquivalent Pb^{2+}	$1{,}0737 \cdot 10^{-6}\ kg \cdot A^{-1} \cdot s^{-1}$
Normalpotential Pb/Pb^{2+}	– 0,1262 V
Bildungsenthalpie $PbCl_2$ ($PbCl_4$; PbO_2)	$-359{,}2\ kJ \cdot mol^{-1}$ ($-330\ kJ \cdot mol^{-1}$; $-278\ kJ \cdot mol^{-1}$)

Weitere Angaben: a) 154 pm. b) $11350\ kg \cdot m^{-3}$, $11373\ kg \cdot m^{-3}$. c) 1751 °C. d) $942\ kJ \cdot kg^{-1}$

Entdeckung

Blei war den Menschen schon im Altertum bekannt, es ist eins der sieben Metalle des Altertums. Bereits 7000–5000 v. Chr. wurde das Metall in Ägypten zum Glasieren von Töpfen verwendet und etwa ab 3000 v. Chr. wurden daraus Standbilder von Göttern und Königen, Siegel und verschiedene Haushaltsgegenstände gegossen. Im 3. Jh. v. Chr. verwendeten die Römer das Metall v. a. im Bauwesen für Dachabdeckungen sowie zur Herstellung von Wasser- und Abwasserleitungen. Seit dem Mittelalter spielt Blei hauptsächlich im Maschinenbau eine wichtige Rolle. Der deutsche Name „Blei“ stammt vermutlich vom indogermanischen „bhlei“, d. h. „glänzen“ bzw. „leuchten“. Das chemische Symbol „Pb“ von lat. Plumbum wurde 1814 von J. J. Berzelius vorgeschlagen. Die chemischen Symbole des Bleis ab dem Mittelalter:

 15. Jh.  16. Jh.  17. Jh.  1783 Bergmann  1808 Dalton **Pb** 1814 Berzelius

Vorkommen

Mit einem berechneten Massenanteil in der Erdhülle von $1{,}8 \cdot 10^{-3}$% steht Blei an 35. Stelle der Elementhäufigkeit und gehört damit zu den weniger häufigen Elementen auf der Erde. Am Aufbau der bis 16 km tiefen Erdkruste ist es mit ca. 14 g/t Krustengestein vertreten, in Eisenmeteoriten mit etwa 60 g/t. Im Meerwasser beträgt sein Anteil durchschnittlich 17,5 μg $Pb^{(+II)}$ pro m^3, bei einer Verweilzeit von ca. 50 Jahren. Gediegen kommt Blei in der Natur nur selten, wie z. B. in schwedischen Eisenerzen und in Goldseifen vor. Blei-Verbindungen sind dagegen weit verbreitet.
Reine Bleierze sind sehr selten, die meisten enthalten als Gangart Quarz und Kalkstein. Sie sind fast immer mit Pyrit, Kupferkies oder Sulfiden anderer Schwermetalle vermischt und enthalten meistens auch Silber und Gold. Die Fördererze deren mittlerer Pb-Gehalt meist unter 5% liegt, werden bereits auf der Grube v. a. durch Flotation auf etwa 60–80% Blei angereichert. Daneben enthalten die Konzentrate 3–10% Zink, bis zu 1% Silber sowie geringere Mengen Kupfer, Arsen, Antimon, Bismut, Zinn, Nickel, Eisen und Gold.

Wichtige Blei-Minerale	
Bleiglanz, Galenit	PbS
Weißbleierz, Cerussit	$PbCO_3$
Bleivitriol, Anglesit	$PbSO_4$
Rotbleierz, Krokoit	$PbCrO_4$
Gelbbleierz, Wulfenit	$PbMoO_4$
Scheelbleierz, Stolzit	$PbWO_4$
Boulangerit	$Pb_5Sb_4S_{11}$ (= 5 $PbS \cdot 2\ Sb_2S_3$)
Bournonit	$PbCuSbS_3$ (= $Cu_2S \cdot 2\ PbS \cdot Sb_2S_3$)
Buntbleierze:	
Pyromorphit	$Pb_5\ [Cl \mid (PO_4)_3]$ (= 9 PbO 3 $P_2O_5 \cdot PbCl_2$)
Mimetesit	$Pb_5\ [Cl \mid (AsO_4)_3]$ (= 9 PbO $\cdot\ 3A_{s2}O_5 \cdot PbCl_2$)
Vanadinit, Vanadinbleierz	$Pb_5\ [Cl \mid (VO_4)_3]$ (= 9 PbO $\cdot\ 3V_2O_5 \cdot PbCl_2$)

Die größten Blei-Lagerstätten der Welt sind in Australien, USA, GUS-Staaten, Kanada, Mexiko, Peru, China, Spanien, Polen, Irland, Schweden u. a. In Deutschland finden sich abbauwürdige Blei-Lager im Erzgebirge, im Harz, in der Eifel, Ruhrgebiet. Nur etwa 10% der in Deutschland benötigten Erze kommen aus eigenen Lagerstätten, 90% werden vor allem aus Irland, Schweden, Kanada, Lateinamerika importiert.
Weltweit werden jährlich Erze mit einem Pb-Gehalt von rund 3,5 Mio. t gefördert. Die Hauptförderländer sind die GUS-Staaten ca. 0,65 Mio. t, USA ca. 0,6 Mio. t, Australien ca. 0,5 Mio. t, Kanada 0,35 Mio. t, Mexiko 0,22 Mio. t, China 0,15 Mio. t u. a. Die Weltvorräte, bezogen auf Blei, schätzt man auf rund 85 Mio. t. Die Häufigkeit des Elements auf der Sonne beträgt ca. 85,2 Atome Blei pro $1 \cdot 10^{12}$ Atome Wasserstoff, die kosmische Häufigkeit wird auf 0,5 Atome Blei pro $1 \cdot 10^{6}$ Atome Silicium geschätzt.

Herstellung

Großtechnisch wird Blei fast ausschließlich aus Bleiglanz PbS gewonnen. Zwei Verfahren werden angewandt.

- Röstreduktionsverfahren: Die feinkörnigen Erzkonzentrate werden auf Wanderrosten im Luftstrom bei etwa 1000 °C möglichst vollständig abgeröstet und gesintert:

  $$2\,PbS + 3\,O_2 \longrightarrow 2\,PbO + 2\,SO_2 \uparrow \qquad \text{Röstarbeit}$$

  Das erhaltene Sintergut wird in einem 10 m hohen Schachtofen mit Koks oder Kohlenstoffmonooxid CO und einem Flußmittel, z. B. Kalkstein bei 1400 °C zu Blei reduziert:

  $$PbO + C \longrightarrow Pb + CO \uparrow \qquad \text{Reduktionsarbeit}$$
  $$PbO + CO \longrightarrow Pb + CO_2 \uparrow$$

Das noch unreine Rohblei sog. *Werkblei* sammelt sich im unteren Teil des Ofens und fließt kontinuierlich ab. Die leichtere Schlacke sammelt sich über dem Blei und wird fortlaufend abgezogen (Abb. 9).

- Röstreaktionsverfahren: Der Bleiglanz wird nur unvollständig geröstet, so daß nur zwei Drittel des Sulfids in Oxid bzw. Sulfat übergehen. Die Reaktionsprodukte werden dann unter Luftabschluß am Herdofen weiter erhitzt, wobei sich das PbS, PbO und $PbSO_4$ zu *Werkblei* umsetzen.

  $$3\,PbS + 3\,O_2 \longrightarrow PbS + 2\,PbO + 2\,SO_2 \uparrow \qquad \text{Röstarbeit}$$
  $$PbS + 2\,PbO \longrightarrow 3\,Pb + SO_2 \uparrow \qquad \text{Reaktionsarbeit}$$

Werkblei enthält noch etwa 2–3% metallische Beimengungen, insbesonders Cu, Fe, As, Sn, Sb, Bi, Zn und bis zu 1% Ag und Au, die durch verschiedene Raffinationsverfahren entfernt werden. Cu, Ni, Fe und S werden im Seigerofen abgetrennt *Seigerung*. As, Sb und Sn werden durch selektive Oxidation im Flammofen abgetrennt, oder nach dem *Harris-Verfahren* durch Verschlackung mit Ätznatron und Salpeter (bei ca. 420 °C) in Pb-Arsenat, -Antimonat und -Stannat überführt, die als *Antimonabstrich* abgezogen werden. Ag und Au werden nach dem *Parkes-Verfahren* abgetrennt (s. S. 593), das auf der besonders guten Löslichkeit des Silbers in Zink beruht. Bei Zugabe von Zink zur Bleischmelze scheidet sich ein auf dem Blei schwimmender silberhaltiger *Zinkschaum* ab, der abgeschöpft wird. Aus diesem wird das entsilberte Blei, sogenanntes *Armblei*

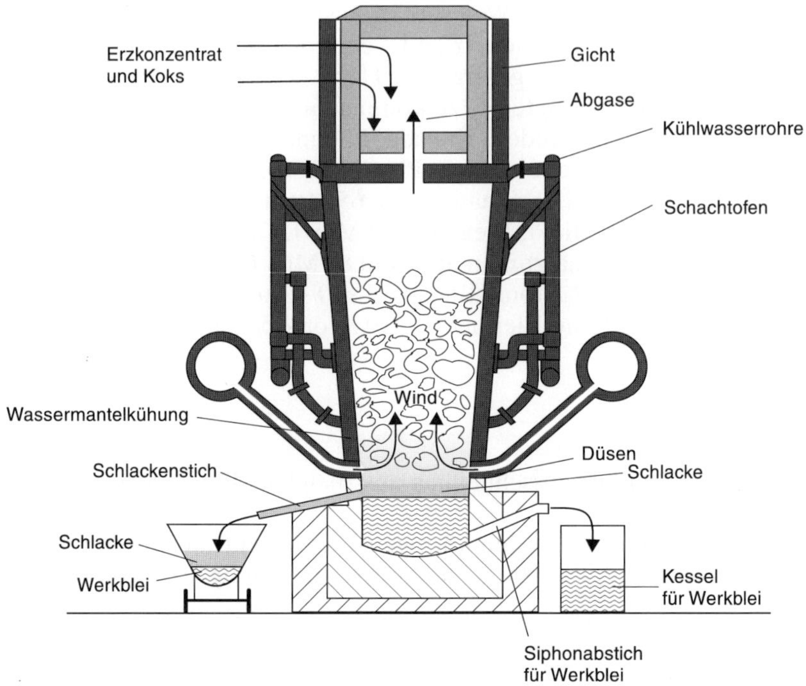

Abb. 9: Schematische Darstellung der Bleiherstellung im Schachtofen nach dem Röstreduktionsverfahren.

ausgeseigert und aus dem zurückbleibenden *Reichschaum*, der rund 75–80% Pb und bis 10% Ag enthält, das Zink abdestilliert. Das erhaltene *Reichblei* enthält noch 8–12% Ag, das durch den sog. *Treibprozeß* (s. S. 593) gewonnen wird. Man erhält *Weichblei* oder *Raffinadeblei* mit einem Reinheitsgrad von 99,99% (Abb. 10). Weltweit werden jährlich ca. 3,5 Mio. t Blei aus Bergwerken und etwa 2,2 Mio. t aus Altmaterial gewonnen. Die Hauptproduzenten von Weichblei in den letzten Jahren waren die USA ca. 1,03 Mio. t, GUS-Staaten 0,8 Mio. t, Großbritannien, Deutschland und Japan jeweils ca. 0,35 Mio. t, Frankreich, China, Kanada und Australien jeweils etwa 0,25 Mio. t. Der Preis für 1 kg Blei liegt z. Z. bei rund 0,58 $ bzw. ca. 1,00 DM.

Physikalische Eigenschaften

Blei ist ein blaugraues, an frischen Schnittflächen bläulich-silber glänzendes, gut dehnbares Schwermetall, das sich gießen, walzen und pressen läßt. An der Luft läuft es rasch grau an. Das Metall bildet ein rein metallisches Gitter mit kubisch dichtester Kugelpakung, in dem keine kovalenten Wechselwirkungen auftreten. Blei ist daher das weichste aller technisch verwendeten Schwermetalle; man kann es mit dem Finger ritzen, mit dem Messer schneiden, und auf dem Papier hinterläßt es einen grauen Strich. Es läßt sich ohne Schwierigkeit zu Bleifolien von 0,01–0,02 mm auswalzen und zu dünnen Drähten ziehen, die jedoch nur eine geringe Festigkeit und Elastizität haben. Die relative Volu-

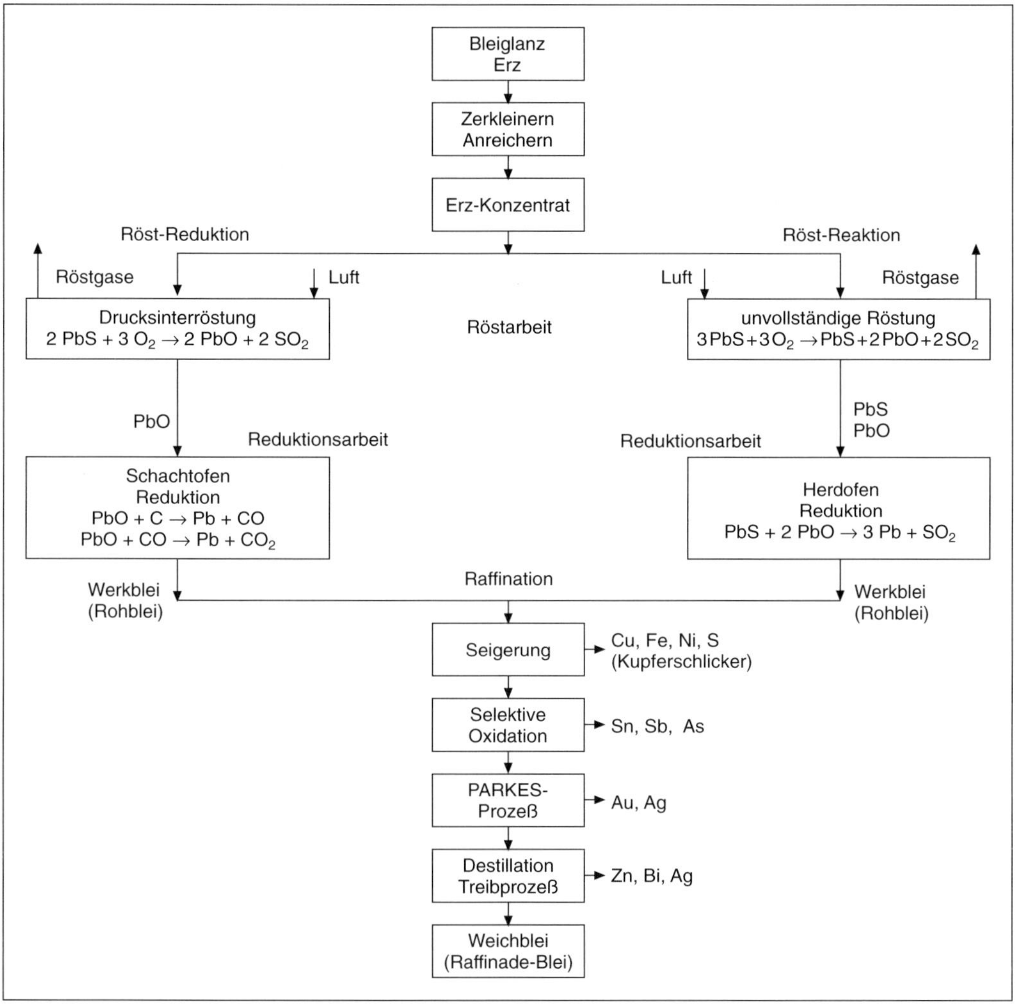

Abb. 10: Fließschema zur Herstellung von Weichblei.

menänderung beim Schmelzen $\Delta V/V$ beträgt 0,036. Das diamagnetische Metall hat eine sehr niedrige Schmelz- und Siedetemperatur, die thermische Leitfähigkeit beträgt 8,23%, die elektrische 7,69%, in flüssigem Zustand 3,88% der des Silbers. Unterhalb –265,92 °C (7,23 K) bzw. in dünnen Schichten unterhalb 265,45 °C (7,7 K) besitzt das Metall Supraleitfähigkeit. Die kritische Feldstärke beträgt 63900,71 A · m^{-1}. Die Schallgeschwindigkeit in Blei liegt bei 1200 m · s^{-1}.

Radiochemie

Natürliches Blei besteht aus vier stabilen Isotopen. Weitere 30 künstliche, radioaktive Isotope sind bekannt.

Die Isotope des Bleis (1995)

Isotop	Natürliche Häufigkeit n (%)	Zerfallsart					Halbwertszeit $T_{1/2}$
		α	β^+	EC	γ	β^-	
Pb 181		x					50 ms
Pb 182		x					55 ms
Pb 183		x		x			0,30 s
Pb 184		x					0,55 s
Pb 185		x					ca. 4 s
Pb 186		x		x			4,8 s
Pb 187*		x		x	x		18,3 s
Pb 187*		x		x	x		15,2 s
Pb 188		x	x	x	x		25,5 s
Pb 189		x		x	x		51 s
Pb 190		x	x	x	x		1,2 m
Pb 191*				x	x		2,2 m
Pb 191*		x		x	x		1,4 m
Pb 192		x	x	x	x		3,5 m
Pb 193*				x	x		5,6 m
Pb 193*				x	x		4,0 m
Pb 194		x		x	x		12,0 m
Pb 195*			x	x	x		15,0 m
Pb 195*				x	x		ca. 15 m
Pb 196				x	x		36,4 m
Pb 197*			x	x	x		8 m
Pb 197 m*				x	x		43 m
Pb 198				x	x		2,40 h
Pb 199*			x	x	x		1,5 h
Pb 199 m*				x	x		12,2 m
Pb 200				x	x		21,5 h
Pb 201*			x	x	x		9,4 h
Pb 201 m*					x		61 s
Pb 202*					x		$5{,}25 \cdot 10^4$ a
Pb 202 m*				x	x		3,53 h
Pb 203*				x	x		51,9 h
Pb 203 m*					x		6,2 s
Pb 204*	**1,4**						
Pb 204 m*					x		67,2 s
Pb 205					x		$1{,}5 \cdot 10^7$a
Pb 206	**24,1**						
Pb 207	**22,1**						
Pb 208	**52,4**						
Pb 209						x	3,253 h
Pb 210			x		x	x	22,3 a
Pb 211					x	x	36,1 m
Pb 212					x	x	10,64 h
Pb 213						x	10,2 m
Pb 214					x	x	26,8 m

(* isomere Atomkerne; m* markiert jeweils einen metastabilen Zustand).

Einige Blei-Isotope sind Glieder der radioaktiven Zerfallsreihen:

$^{214}_{82}Pb$ (RaB); *Uran-Radium-Zerfallsreihe*
$^{210}_{82}Pb$ (RaD); *Uran-Radium-Zerfallsreihe*
$^{206}_{82}Pb$ (RaG); *Uran-Radium-Zerfallsreihe*
$^{212}_{82}Pb$ (ThB); *Thorium-Zerfallsreihe*
$^{208}_{82}Pb$ (ThD); *Thorium-Zerfallsreihe*
$^{211}_{82}Pb$ (AcB); *Uran-Actinium-Zerfallsreihe*
$^{207}_{82}Pb$ (AcD); *Uran-Actinium-Zerfallsreihe*

Die Pb-Isotope haben allgemein kurze Halbwertszeiten. Die leichteren Isotope $A < 206$ zerfallen z. T. durch α-Emission in die entsprechenden Hg-Isotope, hauptsächlich jedoch durch Elektronen-Einfang (EC) und β^+-Strahlung in Tl-Isotope. Die schwereren Isotope $A > 208$ sind β^--Strahler und zerfallen in Bi-Isotope. Die Radioisotope des Bleis entstehen hauptsächlich durch Beschuß von Thallium mit beschleunigten Protonen oder Deuteronen, durch Neutronenbestrahlung von Blei oder durch Elektronen-Einfang verschiedener Bi-Isotope. Die Protonenzahl von Blei $Z = 82$ ist eine *magische Zahl*, das Isotop $^{208}_{82}Pb$ hat eine „doppelt magische Zahl" $Z = 82$; $N = 126$. Das Radioisotop $^{210}_{82}Pb$ (β^- | 0,063 MeV; γ | 0,061 MeV) wird als radioaktiver Indikator (Tracer) verwendet, das stabile Isotop $^{207}_{82}Pb$ dient zum NMR-spektroskopischen Nachweis; NMR-Frequenz (bei 2,3488 T) $20{,}921 \cdot 10^6\ s^{-1}$; Referenz $Pb(CH_3)_4$. Die maximal zulässige radiologische Aktivität bezogen auf $^{212}_{82}Pb$ beträgt 2225 Bq für den menschlichen Körper 18,5 Bq/l in wäßriger Lösung und 1,5 Bq/m^3 Luft.

Chemische Eigenschaften

Blei ist das letzte Element in der Gruppe der „Tetrele". Es befindet sich im PSE in der 14. Gruppe (IVA Hauptgruppe) unter dem Zinn Sn, sowie in der 6. Periode zwischen Thallium Tl und Bismut Bi. Von allen Elementen seiner Gruppe hat Blei den größten Atomradius. Es besitzt eine größere Anzahl von Elektronen in den inneren Schalen, die den Einfluß des Kerns auf die Außenelektronen abschwächen, so daß diese leichter abgegeben werden können. Beim Blei ist daher der metallische Charakter innerhalb seiner Gruppe am stärksten ausgeprägt. Gemäß seiner Stellung im PSE hat das freie, neutrale Pb-Atom im elektronischen Grundzustand folgende Elektronenkonfiguration:

$$1s^2\ 2s^2\ 2p^6\ 3s^2\ 3p^6\ 3d^{10}\ 4s^2\ 4p^6\ 4d^{10}\ 4f^{14}\ 5s^2\ 5p^6\ 5d^{10}\ 6s^2\ 6p^2$$

Gegenüber elektronegativen Partnern betätigt Blei in seinen Verbindungen die Oxidationsstufen +II und +IV, die durch Abgabe der beiden 6p-Elektronen bzw. der beiden 6s- und der beiden 6p-Elektronen erreicht werden. Gegenüber elektropositiven Partnern bildet es dagegen ähnlich dem Zinn die negative Oxidationsstufe –II.
Die Normalpotentiale des Bleis:

$$\textit{Saure Lösung}\quad \overset{+IV}{Pb^{4+}} \xrightarrow{+1{,}69\ V} \overset{+II}{Pb^{2+}} \xrightarrow{-0{,}1262\ V} \overset{0}{Pb} \xrightarrow{-1{,}507\ V} \overset{-II}{PbH_2}$$

Blei ist ein schwach elektropositives, ziemlich unedles und reaktionsfähiges Metall. An der Luft oxidiert es sehr schnell zu PbO und $Pb(OH)_2$, das sich mit CO_2 aus der Luft verbindet und an der Metalloberfläche eine dichte, mattblaugraue Schutzschicht von schwer löslichen basischen Pb(II)-Carbonat $Pb(OH)_2 \cdot 2\,PbCO_3$ bildet, die das Metall vor weiterer Oxidation schützt. Feinverteiltes Blei ist pyrophor, es entzündet sich an der Luft schon bei Raumtemperatur unter Bildung von PbO. Mit molekularem Sauerstoff verbindet es sich bei Erwärmung direkt zu Pb(II)-oxid:

$$2\,Pb + O_2 \longrightarrow 2\,PbO \qquad \Delta H = -448{,}4\ kJ$$

Mit molekularem Chlor reagiert es zu Pb(II)-Chlorid:

$$Pb + Cl_2 \longrightarrow PbCl_2 \qquad \Delta H = -359{,}2\ kJ$$

und mit den anderen Halogenen zu Pb(II)-Halogeniden. Mit geschmolzenem Schwefel vereinigt es sich direkt zu Pb(II)-Sulfid:

$$Pb + S \longrightarrow PbS \qquad \Delta H = -\ 94{,}26\ kJ$$

In Kohlensäure-haltigen Wasser löst sich Blei langsam unter Bildung von Pb(II)-Hydrogencarbonat:

$$2\,Pb + O_2 + 2\,H_2O + 4\,CO_2 \longrightarrow 2\,Pb(HCO_3)_2$$

Luftfreies Wasser und Trinkwasser greifen Blei nicht an. Mit harten, carbonat- und sulfathaltigen Wasser reagiert es unter Bildung einer fest haftenden dichten Schutzschicht von $PbCO_3$ und $PbSO_4$, die den Kontakt des Wassers zum Metall verhindert. Von Salzsäure, Schwefelsäure, Phosphorsäure und Flußsäure wird Blei nicht angegriffen, da diese Säuren mit Blei die schwer löslichen Salze $PbCl_2$, $PbSO_4$, $Pb_2\,(PO_4)_3$, PbF_2 bilden, die das Metall als Schutzschicht bedecken und vor weiterer Säureeinwirkung schützen. Dagegen löst sich das Metall besonders gut in heißer konz. Schwefelsäure, in verd. Salpetersäure und wird bei Sauerstoffzutritt von einigen organischen Säuren wie Essigsäure, aber auch von Kalkmörtel und Zement langsam angegriffen. Als amphoteres Metall reagiert Blei mit heißen Alkalilaugen unter Bildung von Plumbaten $M^I_2\,[Pb(OH)_6]$. Die Blei-Verbindungen sind allgemein in Wasser schwer löslich bis unlöslich, gut löslich sind die Acetate, Nitrate, Bleiessig u. a. Viele Blei-Verbindungen vor allem das Bleihydrid oder Plumban PbH_2 sind giftig. Blei bildet drei Oxide: Pb(II)-oxid PbO, Pb(IV)-oxid PbO_2 und Pb(II,IV)-oxid bzw. Mennige Pb_2O_4. Blei(II)-Hydroxid $Pb(OH)_2$ und Blei(II)-Oxid-Hydrat $PbO \cdot x\,H_2O$ stellen ein weißes, etwas lösl. amphoteres Pulver dar. In wäßriger Lösung:

– alkalische Reaktion $Pb(OH)_2 \rightleftarrows Pb(OH)^+ + OH^-$
– saure Reaktion $Pb(OH)_2 + H_2O \rightleftarrows Pb(OH)_3^- + H^+$

Metallplumbide sind intermetallische Verbindungen des Bleis z. B. Bariumplumbid BaPb.

Plumbate(II) (früher Plumbite); Verbindungen, die Blei in Form komplexer Anionen enthalten: Hydroxoplumbate(II), Trihydroxoplumbate der allgemeinen Formel $M^I[Pb(OH)_3]^-$ mit dem Anion $[Pb(OH)_3]^-$ z. B. Natriumhydroxoplumbat(II) Na $[Pb(OH)_3]$; Chloroplumbate(II) der allgemeinen Formel $M^I[PbCl_3]$ mit dem Anion $[PbCl_3]^-$ und $M^I_2\,[PbCl_4]$ mit dem Anion $[PbCl_4]^{2-}$ z. B.: Calciumchloroplumbat(II) $Ca[PbCl_4]$.

Plumbate (IV), Orthoplumbate der allgemeinen Formel $M^I_4\,[PbO_4]$ mit dem Anion $[PbO_4]^{4-}$ z. B.: Magnesiumorthoplumbat $Mg_2[PbO_4]$; Metaplumbate der allgemeinen Formel $M^I_2\,[PbO_3]$ mit dem Anion $[PbO_3]^{2-}$ z. B.: Calciummetaplumbat $Ca[PbO_3]$, Hexahydroxoplumbate(IV) $M^I_2[Pb(OH)_6]$, mit dem Anion $[Pb(OH)_6]^{2-}$; Hexachloroplumbate (IV) $M^I_2[PbCl_6]$, mit dem Anion $[PbCl_6]^{2-}$; Trisulfato-plumbate(IV) $M^I_2[Pb(SO_4)_3]$, mit dem Anion $[Pb(SO_4)_3]^{2-}$ u. a.

Nachweis

Qualitativ:

- Lötrohranalyse; viele Pb-Verbindungen ergeben bei der Lötrohranalyse einen Pb-Regulus, also eine Metallkugel und einen gelben Beschlag.

Quantitativ:

- Fällung als gelbes Pb-Chromat, Chromgelb $PbCrO_4$ durch Aufschluß mit HNO_3, Bildung des löslichen Pb(II)-Nitrats $Pb(NO_3)_2$ und anschließender Fällung mit Kaliumchromat.
- Fällung mit H_2S aus saurer Lösung als schwarzes Sulfid PbS, Sulfat u. a.
- Komplexometrische Titration mit EDTA, Dithizon, Natriumdietyldithiocarbamat u. a.
- Röntgenfluoreszensanalyse.
- Spektralanalyse; wichtige Spektrallinien der neutralen Atoms sind: 217,000 nm, 261,418 nm, 280,201 nm, 283,306 nm, 357,273 nm, 363,958 nm, 368,346 nm, 405,782 nm.
- Atomabsorptionsspektrometrie (AAS) mittels der 217,000 nm Linie des Atomspektrums.

Verwendung

Blei gehört neben Aluminium, Kupfer und Zink zu den wichtigsten Nichteisenmetallen und ist nach Eisen und Zink das preisgünstigste Gebrauchsmetall. Der größte Teil des erzeugten Bleis wird zur Herstellung von Pb-Legierungen verbraucht:
Hartblei; 85–95% Pb, 5–15% Sb; Herstellung von Akkumulatorplatten, und Schutzmaterial für chemischen Anlagen.
Bleilagermetalle; 80% Pb, 3–10% Sn, 10–15% Sb; Herstellung von Lagern.
Bahnlagermetall ist ein Bleilagermetall mit einem Zusatz von etwa 2% Alkali- und Erdalkalimetallen (Na, Li, Ca); Achsenlager von Eisenbahnzügen.
Schriftmetalle für Schrifttypen und Buchdruckplatten:
Letternmetall; 66,5% Pb, 28% Sb, 5% Sn, 0,5% Cu und Ni.
Linometall; 82,95% Pb, 12% Sb, 5% Sn, 0,05% Cu und Ni.
Notenmetall; ca. 79% Pb, 16% Sn, 4,5% Sb, 0,5% Cu und Ni.
Blei-Spritzgußlegierungen: ca. 70% Pb, 5–41% Sn, 2–13% Sb.
Blei-Zinnlote; 10–92% Pb, 8–90% Sn, 1–2% Sb.
In Form sehr weicher Pb-Cu-Legierungen dient Blei zur Herstellung von Kabelummantelungen, Abdeckungen, Dichtungen, Isolierungen und Rohrleitungen u. a. Wegen seiner Korossionsbeständigkeit wird Blei in der chemischen Industrie als Gefäß- und Rohrmaterial für aggressive Flüssigkeiten verwendet. Beim Strahlenschutz dienen Bleiplatten zur Abschirmung von Röntgen- und Gammastrahlen. Ferner dient Blei zur Herstellung von Pigmenten (Buntpigmente, Bleiweiß, Mennige) von Tetraethylblei (TEB)

$Pb(C_2H_5)_4$ und Tetramethylblei (TMB) $Pb(CH_3)_4$, die als Antiklopfmittel verwendet werden u. a. anderer organischer Pb-Verbindungen. Das Sulfid PbS und das Tellurid PbTe dienen zur Herstellung von IR-Detektoren und Photowiderständen.

Physiologie, Toxikologie

Blei hat keine biologische Bedeutung für den menschlichen Organismus, es wirkt jedoch kanzerogen und teratogen. Das Metall ist kein Gift im Sinne der Giftverordnung, dient aber als Ausgangsstoff vieler giftiger Verbindungen (R 20/22, R 33, S 13, S 20/21). Diese können als Dämpfe oder Stäube durch Inhalation, seltener über die Nahrung, in den Körper gelangen. Die toxische Dosis für Blei beträgt 1 mg, die letale Dosis ca. 10 g. Der menschliche Körper enthält 1–2 mg Blei pro kg Körpergewicht, das vor allem im Skelett gespeichert ist. Als Grenzwert der täglichen Nahrungsaufnahme wurde von der WHO 430 µg festgelegt. Der MAK-Wert beträgt 0,1 mg/m^3. Bleivergiftungen äußern sich durch Übelkeit, Erbrechen, Müdigkeit, Nervosität, metallischer Geschmack, bläulich-schwarze Verfärbung des Zahnfleisches, sog. *Bleisaum*, fahle Haut, sog. *Bleikolorit*, Magen- und Darmkoliken, Herzbeklemmung, Kreislaufkollaps. Als Erste-Hilfe-Maßnahme empfiehlt man Magenspülung mit 3%iger Natriumsulfatlösung und medizinische Aktivkohle. Weitere toxische Effekte bei Bleivergiftungen sind Sterilität und Fehlgeburten.

Bohrium Bh

International (Lat.)	Bohrium	Italienisch	Bohrio
Englisch	Bohrium	Griechisch	Βοχριο (Bohrio)
Französisch	Bohrium	Russisch	Борий (Bohrij)
Spanisch	Bohrio	Japanisch	ボーアリウム (booariumu)

Atomare Eigenschaften	
Protonenzahl **(Z)**	**107**
Nukleonenzahl (Neutronenzahl)	261 (154); 262 (155); 264 (157)
Elektronenkonfiguration	[Rn] $5f^{14}$ $6d^5$ $7s^2$

Entdeckung

Bohrium wurde am 25. Februar 1981 von den deutschen Wissenschaftlern und Forschern Gottfried Münzenberg, Sigurd Hofmann, Fritz-Peter Heßberger, Willibrord Reisdorf, Karl-Heinz Schmidt, Jürgen H. R. Schneider und Peter Armbruster von der *Gesellschaft für Schwerionenforschung*, GSI in Darmstadt, Deutschland, Christoph C. Sahm vom *Institut für Kernphysik*, Technische Hochschule Darmstadt, und Bernd Thuma vom *II Physikalischen Institut*, Universität Gießen, Deutschland durch Verschmelzung von Chrom-54 und Bismut-209 erstmals hergestellt und durch eine Kette zeitlich korrelierter α-Zerfälle eindeutig nachgewiesen. Es war das erste Transactinoiden-Element, das in Deutschland hergestellt wurde.
Die *Gesellschaft für Schwerionenforschung* (GSI) wurde am 17. Dez. 1969 in Darmstadt gegründet. Bis 1975 wurden hier unter der Leitung von Prof. Dr. Christoph Schmelzer der Universal Linear Beschleuniger UNILAC *(Universal Linear Accelerator)* sowie unter Leitung von Prof. Dr. Peter Armbruster und Dr. Gottfried Münzenberg das Geschwindigkeitsfilter SHIP *(Separator for Heavy Ion Reaction Products)*, ein Rückstoßspektrometer zur Trennung von Fusionsprodukten gebaut. Daneben entwickelten Dr. Helmut Folger eine neue Targettechnologie und Dr. Sigurd Hofmann ein Detektorsystem zum Nachweis der neuen Elemente. Mit dem Gesamtsystem UNILAC-Target-SHIP-Detektor waren in Deutschland erstmals die Voraussetzung für den Einstieg in die Schwerionenforschung und die Synthese neuer Elemente gegeben.
Indes scheiterten weltweit alle Bemühungen durch *heiße Fusion* also durch Verschmelzung von Transuranen bzw. schweren Actinoiden mit Kernen leichterer Elemente wie Bor, Kohlenstoff, Sauerstoff u. a. überschwere Elemente zu synthetisieren. Dies kam daher, daß der gebildete Verbundkern so stark angeregt war, daß dieser, vor Abkühlung durch sukzessives Abdampfen von Neutronen spontan zerfiel. 1974 fand der russische Wissenschaftler Prof. Dr. Yu. Ts. Oganessian, daß beim Beschuß von Targetkernen mit

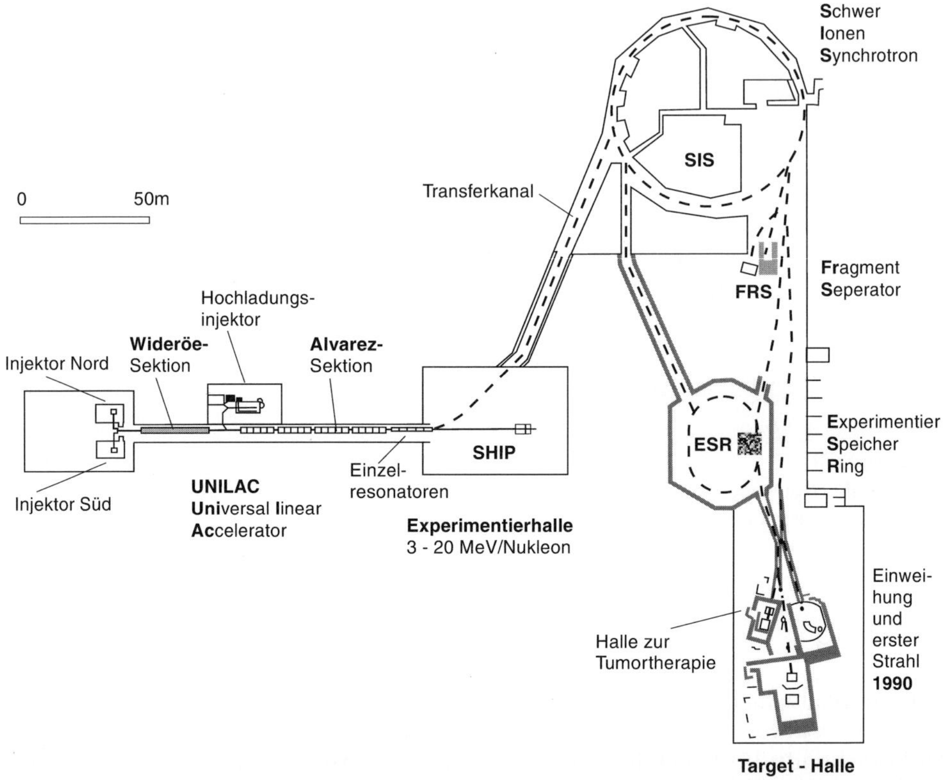

Abb. 11: Schematische Darstellung der Beschleuniger und -Versuchsanlagen bei GSI in Darmstadt. Eine Beschleunigeranlage besteht allgemein aus einem Injektor mit eingebauter Ionenquelle, einem Vorbeschleuniger, einem Stripper zur Erhöhung der Ionenladung und einem Nachbeschleuniger. Bei GSI werden die ionisierten Atome elektrostatisch (bei 320 000 V) vorbeschleunigt und über die Injektoren (Nord/Süd) in die erste Stufe des UNILAC *(Universal Linear Accelerator)*, eine *Wideröe*-Sektion (von etwa 30 m Länge, mit etwa 130 Beschleunigungselektroden den sog. Driftröhren; Betriebsfrequenz 27 MHz) eingelenkt. Alle Ionenarten verlassen die *Wideröe*-Sektion mit der gleichen Geschwindigkeit von etwa 16 000 km · s^{-1} (ca. 5% der Lichtgeschwindigkeit) bzw. der Energie von 1,4 MeV pro Nukleon und werden nach weiterer Ionisierung im *Stripper* mittels eines Überschall-Gasstrahls (z. B. Uran-Ionen bis auf 28+) in die zweite Stufe des UNILAC, eine *Alvarez*-Sektion (von etwa 55 m Länge, bestehend aus vier Tanks von jeweils etwa 13 m Länge mit über 150 Driftröhren, Betriebsfrequenz 108 MHz) eingeschossen. Im Jahre 1992 wurde ein neuer Hochladungsinjektor (mit einer *Elektron-Zyklotron-Resonanz-Ionenquelle*, EZR, die es ermöglicht z. B. für Uran direkt den Ladungszustand 28+ einzustellen) in Betrieb genommen, aus der die Ionen mit der gleichen Energie von 1,4 MeV in die *Alvarez*-Sektion eingebracht werden können. Hinter dem UNILAC hat der Ionenstrahl die Geschwindigkeit von fast 50 000 km · s^{-1} (ca. 16% der Lichtgeschwindigkeit) bzw. die Energie von ca. 11,6 MeV pro Nukleon. Ein Teil des Ionenstrahls wird in der Experimentierhalle für Versuche verwendet, während der Rest zur weiteren Beschleunigung über den Transferkanal in das 1990 in Betrieb genommene Schwerionen-Synchotron, SIS (d = 68,8 m) geleitet wird. Im Transferkanal wird der Ionenstrahl beim Durchgang durch eine dünne Kohlenstoff-Folie weiter ionisiert (z. B. bei Uran-Ionen von 28+ auf 72+). Im SIS erreichen die Ionen bis zu 90% der Lichtgeschwindigkeit und werden für weitere Experimente am Fragmentseparator FRS, im Experimentierspeicherring ESR oder in der Target-Halle verwendet.
(Von Dr. G. Siegert, GSI, freundlicherweise zur Verfügung gestellt).

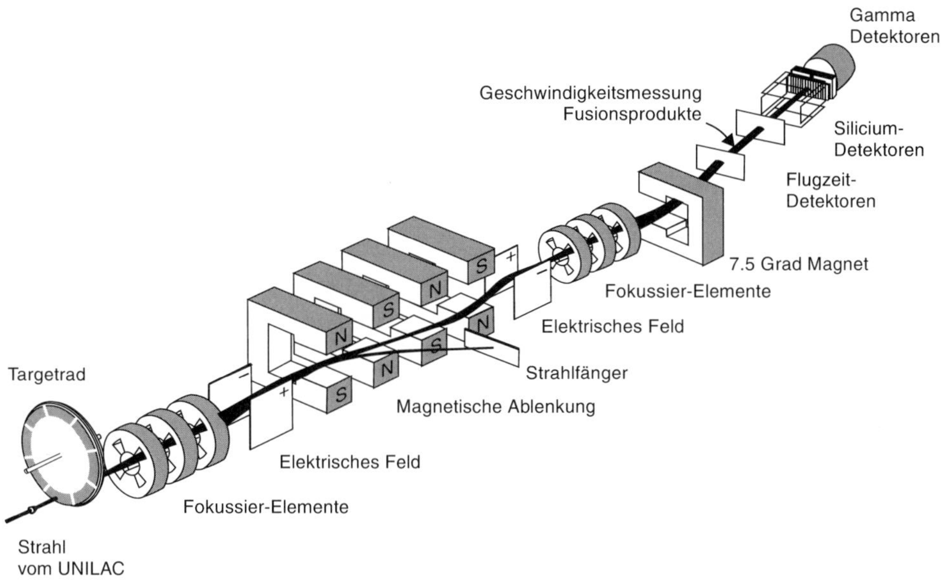

Abb. 12: Schematische Darstellung des SHIP *(Separator for Heavy Ion Reaction Products)*
Das SHIP ist ein Geschwindigkeitsfilter zur Trennung der im Target entstandenen Fusionsprodukte vom Projektilstrahl. Mittels einer Kombination von zwei elektrischen und vier magnetischen Ablenkfeldern, wird der schnellere Projektilstrahl ausgelenkt, während die langsamer fliegenden Fusionsprodukte das am Ausgang des Filters, 11 m vom Target entfernte Detektorsystem erreichen. Durch Implantation in ortsempfindliche Silicium-Halbleiterzähler werden Ort und Energie, sowie Alpha-Zerfälle oder Spaltung aller implantierten Kerne nach Ort und Zeit registriert.
(Von Dr. S. Hofmann freundlicherweise zur Verfügung gestellt).

abgeschlossenen Kernschalen, also Blei oder Bismut, mit mittelschweren, neutronenreichen Ionen nur eine geringe Aufheizung des Verbundkerns *(CN für compound nucleus)* erfolgt und dieser bereits durch Emission von ein bis zwei Neutronen abkühlen kann. Durch die geringere Aufheizung des Kerns wird auch die Wahrscheinlichkeit einer Spaltung stark reduziert. Diese sog. *kalte Fusion* kam den deutschen Wissenschaftlern schon allein deswegen gelegen, da man nicht mehr von den teuren und schwer zugänglichen Actinoiden abhängig war und Blei und Bismut als natürliche Elemente leicht verfügbar waren.

Nach intensiven Vorarbeiten, bei GSI, bei denen v. a. eine genaue Korrelationstechnik entwickelt und getestet wurde, begannen im Februar 1981 die Experimente zur Synthese des Elements 107.

Um den Prozeß der Kernverschmelzung einzuleiten wurden Ionen des Chrom-Isotops $^{54}_{24}Cr^{13+}$ mit Hilfe des Schwerionen-Linearbeschleunigers UNILAC, auf eine Geschwindigkeit von etwa 30 000 km · s^{-1} also etwa 10% der Lichtgeschwindigkeit bzw. auf eine Energie von 262 MeV (4,85 MeV/Nukleon) beschleunigt. Mit dieser Energie trafen die Chrom-Ionen in Strömen von ca. $6 \cdot 10^{11}$ Teilchen pro Sekunde auf isotopenreines Bismut-209, das in dünner Schicht von etwa 400 µg/cm^2 auf eine dünne Graphitfolie der Dicke 50 µg/cm^2 aufgedampft war. Mehrere dieser Folien befanden sich auf einem Targetrad von 30 cm Durchmesser, das mit etwa 1000 Umdrehungen pro Minute durch den

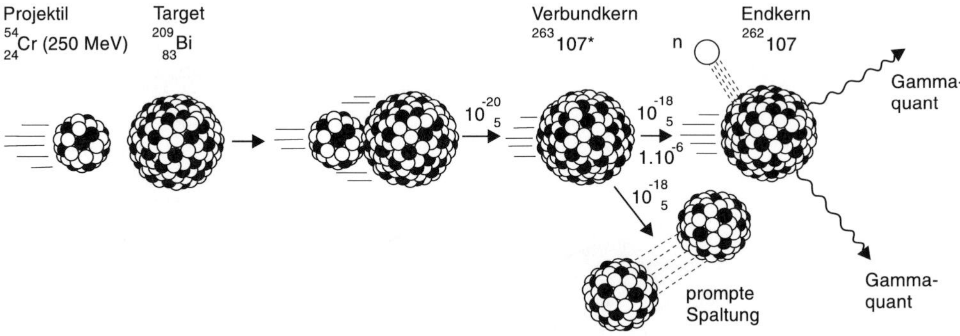

Abb. 13: Die „kalte Fusion" am Beispiel der Synthese von Bohrium
Treffen Projektil- und Targetkern (Chrom 54 und Bismut 209) mit sehr hoher Energie zentral aufeinander, so daß sie sich trotz der Coulomb-Abstoßungskräfte berühren, beginnen die Kernkräfte zu wirken, die Kerne verschmelzen innerhalb von etwa $1 \cdot 10^{-20}$ Sekunden und es entsteht ein Verbundkern mit einer Anregungsenergie von etwa 15 MeV, der mit hoher Wahrscheinlichkeit prompt spaltet. Nur in einem von einer Million Fälle kühlt der angeregte Verbundkern durch Abdampfen eines Neutrons ab und geht in einen gegen Spontanspaltung stabilisierten Endkern über.

Ionenstrom gedreht wurde. Die Fusionsprodukte wurden im Geschwindigkeitsfilter SHIP vom Projektilstrahl getrennt und mittels eines hochauflösenden Detektorsystems aus sieben ortsempfindlichen Silicium-Halbleiterzählern analysiert.
Am 24. Februar 1981 um 19.24 Uhr wurde ein bis dahin unbekannter α-Strahler registriert, der unter Aussendung eines α-Teilchens der Energie von 9,70 MeV innerhalb von 165 ms in eine bekannte Zerfallskette überging. Bei diesem Strahler handelte es sich, wie sich später herausstellte, um einen isomeren Zustand des Isotops der Nukleonenzahl 262 des Elements 107. Am 25. Februar 1981 um 1.30 Uhr, nach drei Tagen Bestrahlungszeit wurde schließlich eine Zerfallskette registriert anhand der in der nachfolgenden Korrelationsanalyse das erste Atom des Elements 107 in Form des Isotops $^{262}107$ nachgewiesen und identifiziert werden konnte. Es entstand durch *kalte Fusion* von $^{209}_{83}Bi$ und $^{54}_{24}Cr$ nach Emission eines Neutrons innerhalb von $1 \cdot 10^{-18}$ s, bei einem Bildungsquerschnitt von ca. $2 \cdot 10^{-38}$ m^2 in der Kernreaktion:

$$^{54}_{24}Cr + ^{209}_{83}Bi \longrightarrow \{^{263}107\} \longrightarrow ^{262}107 + ^{1}_{0}n$$

In sieben Tagen Bestrahlungszeit konnte die GSI-Gruppe insgesamt sechs Zerfallsketten, also sechs Atome des neuen Elements nachweisen. In der Zwischenzeit wurden in Darmstadt insgesamt 38 Atome entdeckt. Mit der gleichen Projektil-Target-Kombination, bei etwas erhöhter Einschußenergie gelang es den deutschen Forschern auch ein zweites Isotop des Elements 107 anhand von zehn Zerfallsketten nachzuweisen. Es handelt sich um das Isotop $^{261}107$ mit der Halbwertszeit von ca. 11,8 ms und einem komplexen α-Energiespektrum von (10,40, 10,10, 10,03) MeV, das in der Synthese-Reaktion

$$^{54}_{24}Cr + ^{209}_{83}Bi \longrightarrow \{^{263}107\} \longrightarrow ^{261}107 + 2\ ^{1}_{0}n$$

entstanden war.
Am 2. Sept. 1992 wurde das Element 107 bei der GSI in Darmstadt, in Absprache mit den russischen Wissenschaftlern aus Dubna, zu Ehren des dänischen Atomphysikers Niels Hendrik David Bohr auf den Namen „Nielsbohrium" mit dem chemischen Symbol

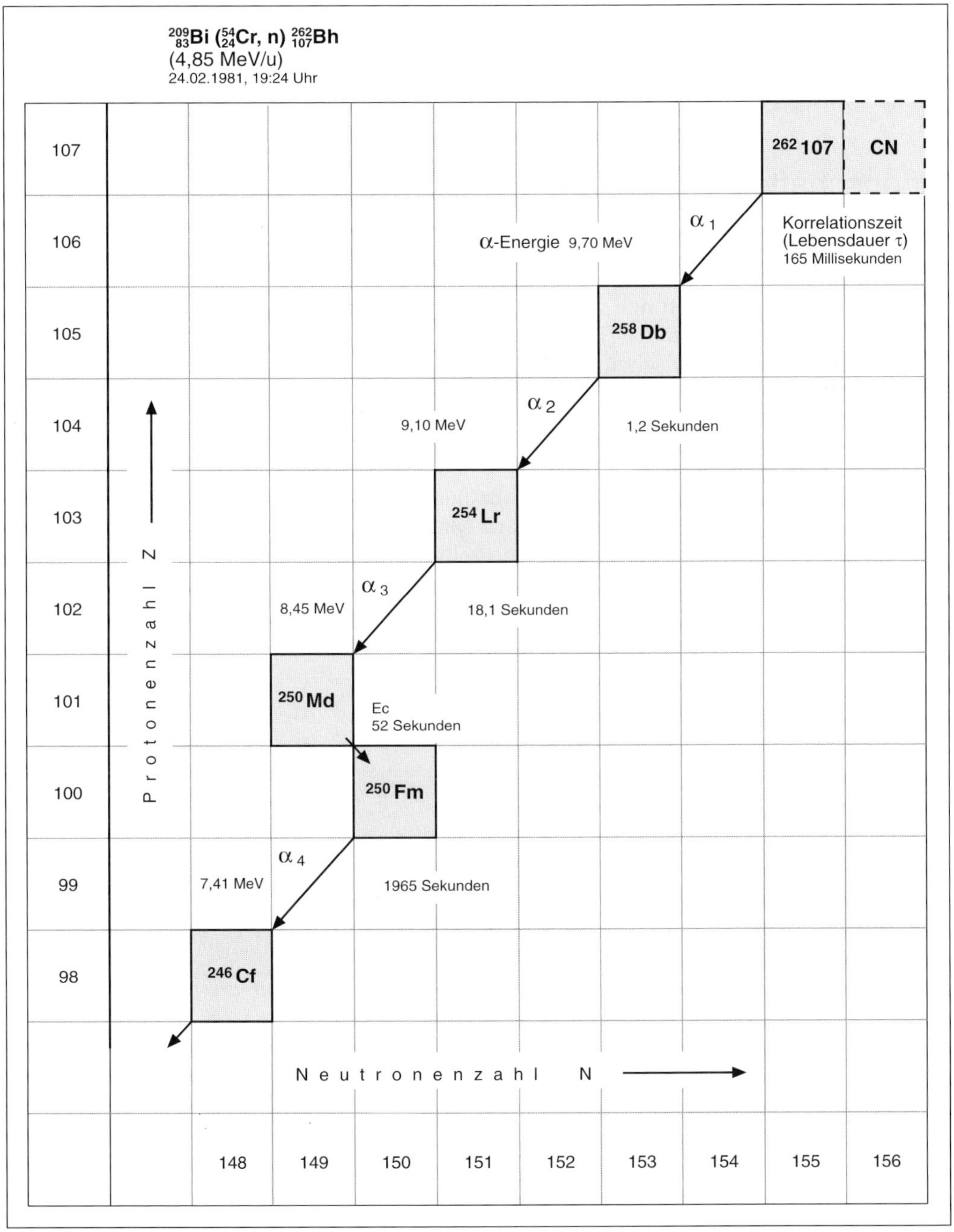

Abb. 14: Erster Nachweis des Elements 107. Die α-Zerfallskette, die am 24. Februar 1981 um 19:24 Uhr am SHIP registriert wurde, anhand der das erste Atom des chemischen Elements 107 eindeutig identifiziert werden konnte. Die Zerfallskette verknüpft das neue Element mit einem Atom des Elements Dubnium und dessen Folgeprodukten. Angegeben sind die gemessene α-Zerfallsenergien (links) in MeV sowie die ermittelten Korrelationszeiten [= Lebensdauer τ; $T_{1/2}$ = ln 2 · τ] (rechts) zwischen den einzelnen Zerfällen. Der Verbundkern (CN) ist gestrichelt umrahmt.

Ns getauft. Am 31. August 1997 entschied die Generalversammlung der IUPAC in Genf, entgegen dem Namensvorschlag seiner Entdecker, für das Element 107 den Namen „Bohrium“ mit dem chemischen Symbol „Bh“ offiziell einzuführen. Mit diesem Namen soll neben Niels H. D. Bohr auch dessen Sohn Aage Niels Bohr geehrt werden.

Eigenschaften

Angesichts der nur wenigen Atome, die bisher erzeugt wurden, sowie der sehr kurzen Halbwertszeit sind die Eigenschaften des Elements bisher praktisch unbekannt. Entsprechend seiner Protonenzahl gehört Bohrium zur Gruppe der „Transactinoide“. Es befindet sich im PSE in der 7. Gruppe (VIIB Nebengruppe), unter dem Rhenium Re, bzw. in der 7. Periode zwischen den Elementen Seaborgium Sg und Hassium Hs. Entsprechend seiner Stellung im PSE hat das freie, neutrale Bh-Atom im elektronischen Grundzustand mit großer Wahrscheinlichkeit folgende Elektronenkonfiguration:

$$1s^2\ 2s^2\ 2p^6\ 3s^2\ 3p^6\ 3d^{10}\ 4s^2\ 4p^6\ 4d^{10}\ 4f^{14}\ 5s^2\ 5p^6\ 5d^{10}\ 5f^{14}\ 6s^2\ 6p^6\ 6d^5\ 7s^2$$

Bohrium ist ein Übergangsmetall. Es ist anzunehmen, daß es in seinem chemischen Verhalten seinen leichteren Gruppennachbarn Mangan Mn, Technetium Tc und Rhenium Re, ähnlich ist und vermutlich wie diese mehrere Oxidationsstufen bildet, von denen voraussichtlich die Stufe +VII die beständigste ist. Allerdings kann z. Z. nicht gesagt werden, wie weit sich die relativistischen Effekte in der Elektronenhülle auf die Eigenschaften des Elements auswirken.

Radiochemie

Bis heute sind drei Isotope des Bohriums bekannt. Sie wurden alle künstlich hergestellt und sind radioaktiv.

Die Isotope des Bohriums (GSI 1998)

Isotop	Halbwertszeit $T_{1/2}$	Zerfalls-art	Zerfallsenergie (MeV)	Herstellungsart	Bildungs-querschnitt
Bh-261	$(11{,}8^{+5,3}_{-2,8})$ ms	α sf 15%	10,40; 10,10 10,03	$^{209}Bi(^{54}Cr, 2n)$ $^{208}Pb(^{55}Mn, 2n)$	ca. $2 \cdot 10^{-38}$ m² ca. $2 \cdot 10^{-38}$ m²
Bh-262	(102^{+26}) ms	α	10,06; 9,91; 9,74	$^{209}Bi(^{54}Cr, n)$	ca. $2 \cdot 20^{-38}$ m²
Bh-262m*	$(8{,}0^{+2,1})$ ms	α	10,37; 10,24	$^{209}Bi(^{54}Cr, n)$	ca. $2 \cdot 10^{-38}$ m²
Bh-264	(440^{+600}_{-160}) ms	α	9,62; 9,48	$^{268}109$ Tochter-isotop	

sf-Spontanspaltung
(m* markiert einen metastabilen, isomeren Zustand)

Die Isotope des Bohriums haben relativ kurze Halbwertszeiten, sie zerfallen ausschließlich durch α-Emission in die entsprechenden Isotope des Elements 105 gemäß:

$$^{A}_{107}Bh \longrightarrow \alpha + {}^{A-4}_{105}Db \longrightarrow$$

Das Isotop $^{261}107$ zerfällt zusätzlich durch Spontanspaltung.

Verwendung

Angesichts der bisher nur sehr wenigen erzeugten Bohrium-Atome dient dessen Herstellung z. Z. ausschließlich zu Forschungszwecken.

Physiologie, Toxikologie

Bohrium hat keine biologische Bedeutung für den menschlichen Organismus, es würde aber aufgrund seiner Radioaktivität toxisch wirken.

Bor B

International (Lat.)	Borum
Englisch	Boron
Französisch	Bore
Spanisch	Boro
Italienisch	Boror
Griechisch	Βόριο (Vorio)
Russisch	Бор (Bor)
Japanisch	ホウ素（ホウソ）(houso)

Atomare und physikalische Eigenschaften	Xn
Protonenzahl **(Z)**	**5**
Standard-Atomgewicht (bezogen auf $^{12}C = 12$)	10,811(±5)
Effektive Kernladung	(Slater) 2,60; (Clementi) 2,42; (Froese-Fischer) 2,27
Elektronenkonfiguration	[He] $2s^2\ 2p^1$
Grundzustand, Termsymbol	$^2P_{1/2}$
Metallatomradius/Kovalenzradius (Einfachbindung)	79,5 pm [a)] / 81 pm [b)]
Van-der-Waals-Radius	208 pm
Ionenradien (KZ 3,4,6)	$10^{3+}_{(3)}$ pm, $11^{3+}_{(4)}$ pm, $23^{3+}_{(6)}$ pm
Molares Volumen	$4,62 \cdot 10^{-6}\ m^3 \cdot mol^{-1}$
1.; 2., 3.; 4.; 5. Ionisierungsenergie	8,2976 eV; 25,154 eV; 37,933 eV; 259,368 eV; 340,217 eV
Elektronegativität	(Allred/Rochow) 2,01; (Pauling) 2,04; (absolut) 4,29 eV
Elektronenaffinität $B \rightarrow B^-$	–0,276 eV [c)]
Absorptionsquerschnitt für thermische Neutronen (σ_{abs})	$760 \cdot 10^{-28}\ m^2$
Dichte (β-rhomb.; bei 20 °C)	$2350\ kg \cdot m^{-3}$ [d)]
Härte (Mohs; β-rhomb.)	ca. 10 [e)]
Schmelztemperatur (β-rhomb.)	2180 °C (2453,15 K) [f)]
Siedetemperatur (unter Druck)	3650 °C (3923,15 K) [g)]
Sublimationstemperatur	2550 °C (2823,15 K)
Spezifische Schmelzenthalpie	$2055,56\ kJ \cdot kg^{-1}$ [h)]
Spezifische Verdampfungsenthalpie	$49898,15\ kJ \cdot kg^{-1}$ [i)]
Spezifische Sublimations-/Atomisierungsenthalpie	$52090\ kJ \cdot kg^{-1}$
Spezifische Wärmekapazität (bei 25 °C)	$1,26\ kJ \cdot kg^{-1} \cdot K^{-1}$
Thermische Leitfähigkeit (bei 27 °C)	$27,1\ W \cdot m^{-1} \cdot K^{-1}$
Thermischer Längenausdehnungskoeffizient (bei 25 °C)	$5 \cdot 10^{-6}\ K^{-1}$
Elektrische Leitfähigkeit (bei 0 °C)	$0,55 \cdot 10^{-4}\ S \cdot m^{-1}$
Spezifischer elektrischer Widerstand (bei 0 °C)	$1,8 \cdot 10^4\ \Omega \cdot m$
Spezifische magnetische Suszeptibilität	$-7,78 \cdot 10^{-9}\ m^3 \cdot kg^{-1}$
Normalpotential $B/B(OH)_3$	– 0,8698 V
Bildungsenthalpie BH_3 [j)] (BCl_3 ; B_2O_3)	$18\ kJ \cdot mol^{-1}$ ($-427\ kJ \cdot mol^{-1}$; $-1274\ kJ \cdot mol^{-1}$)

Weitere Angaben: a) (80–90) pm, 83 pm. b) 88 pm. c) – 0,16 eV. d) siehe Seite 99. e) 11. f) 2100 °C und 2300 °C. g) 2550 °C und 3660 °C. h) $2185,2\ kJ \cdot kg^{-1}$. i) $46712,96\ kJ \cdot kg^{-1}$. j) bezogen auf $1/2\ (BH_3)_2$.

Entdeckung

Elementares Bor, allerdings in unreiner Form, wurde erstmals im Jahre 1808 von den französischen Chemikern Joseph-Louis Gay-Lussac (1778–1850) und Louis Jacques Thénard (1777–1857) in Paris durch Reduktion von Bortrioxid B_2O_3 mit Kalium und zeitgleich, aber unabhängig, von dem englischen Chemiker Sir H. Davy in London durch Elektrolyse der Borsäure hergestellt. Davy nannte das neue Element „Boracium", das später auf „Boron" zu deutsch Bor gekürzt wurde, in Anlehnung an dessen Vorkommen im Borax und auf seine Ähnlichkeit mit Kohlenstoff: **bor**(ax + carb)**on**. Das chemische Symbol B wurde 1814 von J. J. Berzelius vorgeschlagen. Fast 100 Jahre später erhielt Henrì F.-Frédéric Moissan (1852–1907) in Paris durch Reduktion von B_2O_3 mit Magnesium Bor mit einem Reinheitsgrad von 95–98%. Hochreines kristallines Bor (> 99%) wurde erst 1909 von dem amerikanischen Chemiker W. Weintraub durch Reduktion von B_2O_3 mit Wasserstoff im Lichtbogen erhalten.

Vorkommen

Bor gehört zu den weniger häufigen Elementen auf der Erde. Sein berechneter Massenanteil in der Erdhülle beträgt $1{,}6 \cdot 10^{-3}$%, damit steht Bor an 37. Stelle der Elementhäufigkeit. In der bis 16 km tiefen Erdkruste ist Bor mit rund 9,5 g/t, in der Lithosphäre und in Gesteinsmeteoriten mit ca. 30 g/t vertreten. Wegen der guten Wasserlöslichkeit einiger Borate ist Bor im Meerwasser, durchschnittlich mit 4,5 g $B^{(+III)}$ pro m^3 angereichert, bei einer Verweilzeit von ca. 10 Mio Jahren. In der Natur tritt Bor nie elementar auf, es kommt fast ausschließlich als Borsäure oder Salze von Borsäuren der allg. Formel $H_{n-2}B_nO_{2n-1}$, Borate oft in Lagern von großer Mächtigkeit vor.

Die wichtigsten Bor-Minerale	
Borate	allg. Formel $M_{n-2}B_nO_{2n-1}$
Borsäure, Sassolin	H_3BO_3 bzw. $B(OH)_3$
Kernit, Rasorit	$Na_2[B_4O_6(OH)_2] \cdot 3\,H_2O$ (= $Na_2B_4O_7 \cdot 4\,H_2O$)
Borax, Tinkal	$Na_2[B_4O_5(OH)_4] \cdot 8\,H_2O$ (= $NA_2B_4O_7 \cdot 10\,H_2O$)
Tinkalkonit, Mohavit	$Na_2[B_4O_5(OH)_4] \cdot 3\,H_2O$ (= $Na_2B_4O_7 \cdot 5\,H_2O$)
Borocalcit	$Ca[B_4O_5(OH)_4] \cdot 2\,H_2O$ (= $CaB_4O_7 \cdot 4\,H_2O$)
Ulexit, Boronatrocalcit	$NaCa[B_5O_6(OH)_6] \cdot 5\,H_2O$ (= $NaCaB_5O_9 \cdot 8\,H_2O$)
Colemanit	$Ca[B_3O_4(OH)_3] \cdot 2\,H_2O$ (= $Ca_2B_6O_{11} \cdot 5\,H_2O$)
Meyerhofferit	$Ca[B_3O_4(OH)_3] \cdot 4\,H_2O$ (= $Ca_2B_6O_{11} \cdot 7\,H_2O$)
Pandermit (Priceit)	$Ca_4B_{10}O_{19} \cdot 7\,H_2O$ (= $4\,CaO \cdot 5\,B_2O_3 \cdot 7\,H_2O$)
Boracit	$Mg_3[Cl \mid B_7O_{13}]$

Turmalin, Gruppe von Mischkristallen verschiedener chemischer Zusammensetzungen z. B. Dravit $NaMg_3Al_6[(OH,F) \mid (OH)_3 \mid (BO_3)_3 \mid Si_6O_{18}]$.
Die Weltvorräte an Bor-Mineralen schätzt man auf ca. 1,2 Mrd. t, davon werden etwa 2,5 Mio. t jährlich gefördert. Die Hauptvorkommen liegen in der Türkei, USA, in Kalifornien und Nevada, GUS-Staaten, Argentinien, Chile, Italien in der Toscana, China, Ti-

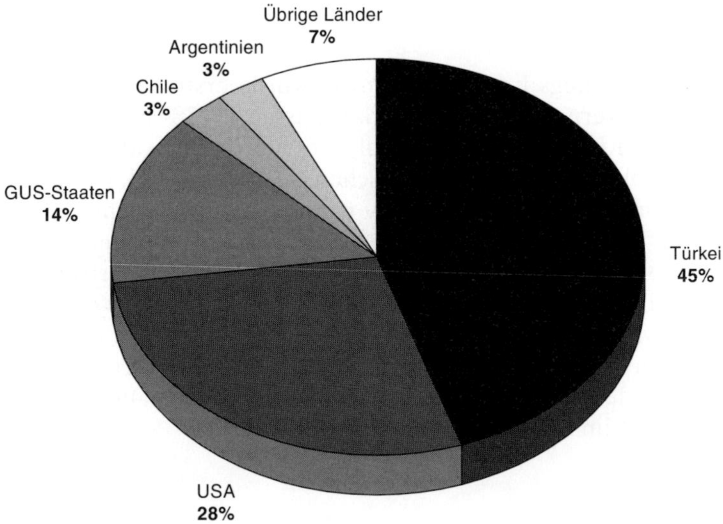

Abb. 15: Weltvorräte an Bormineralien.

bet u. a. (Abb. 15). Geringere Mengen an Boracit finden sich auch in Deutschland bei Staßfurt. Daneben stellen auch die Boraxsolen mit ca. 3% Borax des Searles Sees in Kalifornien sowie die Borate des Indersee-Gebiets in Kasachstan, GUS-Staaten eine bedeutende Rohstoffquelle dar. Die Häufigkeit des Elements auf der Sonne beträgt ca. 125 Atome Bor pro $1 \cdot 10^{12}$ Atome Wasserstoff, die kosmische Häufigkeit wird auf 24 Atome Bor pro $1 \cdot 10^{6}$ Atome Silicium geschätzt.

Herstellung

Zur technischen Herstellung von Bor werden verschiedene Verfahren angewandt:

- Thermische Reduktion von B(III)-oxid mit Magnesium:

$$B_2O_3 + 3\,Mg \longrightarrow 2\,B + 3\,MgO \qquad \Delta H = -533\text{ kJ}$$

  In Frage kommen auch andere Metalle wie z. B. Lithium, Natrium, Calcium, Aluminium oder Eisen. Man erhält stark verunreinigtes, pulverförmiges, amorphes sog. *Moissansches Bor* von 95–98%, das anschließend unter Luftausschluß in einer Wasserstoffatmosphäre bei ca. 2200 °C durch Sintern gereinigt wird. Massives, kristallines Bor von ca. 96% erhält man in einem kontinuierlichen Verfahren durch Umsetzung von B(III)-Chlorid BCl_3 mit Zink bei 900 °C herstellen.
- Schmelzflußelektrolyse eines Gemisches von Kaliumfluoroborat KBF_4, B(III)-oxid B_2O_3, Kaliumchlorid KCl und Kaliumfluorid KF in einem Graphittiegel als Anode und senkrecht in die Schmelze eingetauchter Eisenkatode bei 750–1000 °C. Es entsteht 99%iges Bor das sich an der Kathode ansammelt.
- Thermolyse von Diboran B_2H_6 bei 650–800 °C oder Bo(III)-Iodid BI_3 bei 800–1000 °C an Wolfram- oder Tantaloberflächen:

$$B_2H_6 \xrightarrow{\text{ca. } 800\ °C} 2\,BH + 3\,H_2 \uparrow \qquad \Delta H = -36\ kJ$$

$$2\,BI_3 \xrightarrow{\text{ca. } 1000\ °C} 2\,B + 3\,I_2 \qquad \Delta H = -72\ kJ$$

- Reduktion von B(III)-Halogenoiden wie BBr_3 oder BCl_3 im Wasserstoffstrom bei 1000–1400 °C an Wolfram- oder Tantaldrähten:

$$2\,BBr_3 + 3\,H_2 \xrightarrow{900-1000\ °C} 2\,B + 6\,HBr \qquad \Delta H = +262\ kJ$$

Unterhalb 1000 °C entsteht amorphes Bor, zwischen 1000 und 1200 °C bilden sich α- und β-rhomboedrische Modifikationen und oberhalb 1200 °C tetragonale Kristalle. Nach diesem äußerst effektiven Verfahren erhält man reines Bor von 99,9%. Durch anschließendes *Zonenschmelzverfahren* kann man bis zu 99,9999% reines Bor erhalten.

Hauptproduzent für Bor und Borverbindungen sind die USA, die fast 90% des Weltbedarfs decken, gefolgt von der Türkei, GUS-Staaten, Argentinien.

Physikalische Eigenschaften

Bor ist ein hitzebeständiges, diamagnetisches Leichtmetall von geringer Dichte und hoher Schmelz- und Siedetemperatur. Es ist nach Kohlenstoff (Diamant) das härteste aller Elemente. Als Halbmetall hat Bor bei Raumtemperatur eine sehr geringe elektrische Leitfähigkeit, die jedoch beim Erwärmen rasch ansteigt. Bei Erhöhung der Temperatur von 20 °C auf 600 °C nimmt die Leitfähigkeit um das hundertfache zu. Die thermische Leitfähigkeit beträgt etwa 6,32% der des Silbers. Bor tritt neben einer amorphen Form in vier weiteren kristallinen Modifikationen auf:

amorphes Bor: schwarz-braune, glasig undurchsichtige Modifikation ($\rho = 2340\ kg \cdot m^{-3}$)
Kristalline Modifikationen
α-rhomboedrisches Bor: rot, durchscheinend ($\rho = 2460\ kg \cdot m^{-3}$)
β-rhomboedrisches Bor: schwarzgrau, dunkel-glänzend ($\rho = 2350\ kg \cdot m^{-3}$)
α-tetragonales Bor: schwarz ($\rho = 2310\ kg \cdot m^{-3}$)
β-tetragonales Bor: rot ($\rho = 2360\ kg \cdot m^{-3}$)

Die kristallinen Modifikationen enthalten alle das Bor in Form von B_{12}-Ikosaedern (Zwanzigflächner; von griech.: „εικοσι“ (eikosi), d. h. „zwanzig“ und „εδρα“ (hedra), d. h. „Fläche“), die direkt über Boratome oder über Borgruppen miteinander verbunden sind (Abb. 16).

Die thermodynamisch stabilste Form des Bors ist die β-rhomboedrische Modifikation, die eine äußerst komplizierte Struktur von 105 Boratomen pro Elementarzelle besitzt, die sich aus B_{12}-Einheiten, zwei B_{28}-Einheiten und einem einzelnen B-Atom zusammensetzt (Abb. 17). Diese Modifikation entsteht entweder in exothermer Umwandlung aus amorphen Bor:

$$\text{amorphes Bor} \longrightarrow \beta\text{-rhomboedrisches Bor}; \qquad \Delta H = -3{,}8\ kJ \cdot mol^{-1}$$

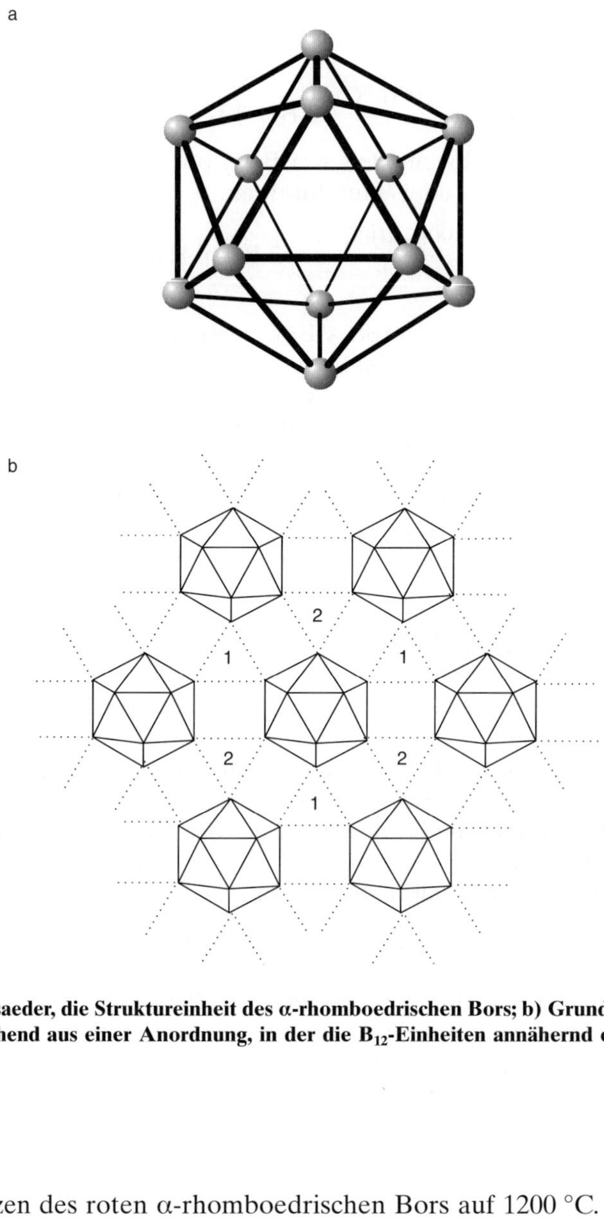

Abb. 16 a): B_{12}-Ikosaeder, die Struktureinheit des α-rhomboedrischen Bors; b) Grundfläche des α-rhomboedrischen Bors, bestehend aus einer Anordnung, in der die B_{12}-Einheiten annähernd eine kubisch dichteste Packung bilden.

oder durch Erhitzen des roten α-rhomboedrischen Bors auf 1200 °C.

$$\alpha\text{-rhomboedrisches Bor} \xrightarrow{1200\ ^\circ\text{C}} \beta\text{-rhomboedrisches Bor}$$

Bor bildet kein übliches Metallgitter mit freien Elektronen, sondern zwischen den Boratomen bestehen die bedeutend festeren kovalenten Bindungen. Damit läßt sich sowohl die Härte und die hohe Schmelztemperatur des Bors erklären aber auch die Zunahme der elektrischen Leitfähigkeit bei Temperaturerhöhung, da durch Erwärmung die Beweglichkeit der Elektronen erhöht wird.

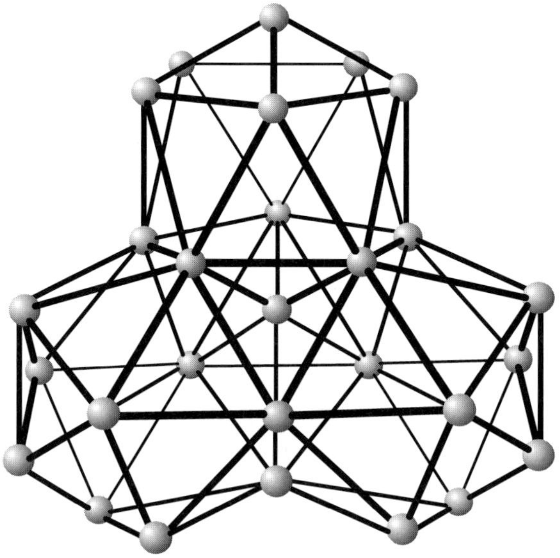

Abb. 17: B_{28}-Struktureinheit des β-rhomboedrischen Bors.

Radiochemie

Natürliches Bor besteht aus einem Gemisch von zwei stabilen Isotopen. Zusätzlich sind neun künstliche radioaktive, isotope Isotope des Bors bekannt.
Die radioaktiven B-Isotope haben extrem kurze Halbwertszeiten. Das Isotop $^{8}_{5}$B zerfällt durch β^{+}-Strahlung in $^{8}_{4}$Be, die anderen Isotope sind β^{-}-Strahler und zerfallen in die entsprechenden C-Isotope. Das Isotop $^{10}_{5}$B spielt wegen seines sehr großen Wirkungsquer-

Die Isotope des Bors (1995)

Isotop	Natürliche Häufigkeit n (%)	Zerfallsart				Halbwertszeit $T_{1/2}$
		α	β^{+}	γ	β^{-}	
B 7		**x**				n.bek.
B 8			**x**			770 ms
B 9		**x**				n.bek.
B 10	**19,9**					
B 11	**80,1**					
B 12				x	**x**	20,20 ms
B 13				x	**x**	17,33 ms
B 14				x	**x**	13,8 ms
B 15					**x**	10,4 ms
....						
B 17					**x**	5,1 ms
....						
B 19					**x**	n.bek.

schnitts für thermische Neutronen ($\sigma = 3837 \cdot 10^{-28}$ m²) in der Kernphysik eine wichtige Rolle. So liefert beispielsweise die Reaktion ${}^{10}_{5}B(n, \alpha)\,{}^{7}_{3}Li$ niederenergetische α-Teilchen (0,7 MeV), die in BF-Proportionalzählern, in borhaltigen Szintillatoren u. a. zum Nachweis von Neutronen dienen. Bor ist Bestandteil der Kontrollstäbe in Kernreaktoren. Unerwünscht ist das Bor allerdings in nuklearen Brennstoffen, da bereits geringste Spuren des Elements den Neutronen-Multiplikationsfaktor der Kernreaktoren erheblich verringern. Die Reinheit von Kernbrennstoffen wird daher als Äquivalent des Borgehalts angegeben.

Chemische Eigenschaften

Bor ist das erste Element der Gruppe der „Triele", der die Elemente:

Bor B, Aluminium Al, Gallium Ga, Indium In und Thallium Tl

angehören. Die „Triele" bilden im Periodensystem der Elemente die 13. Gruppe (IIIA Hauptgruppe). Angesichts der zunehmenden Kernladung sind die Atomradien der „Triele" im Vergleich zu den Atomen der Elemente der 1. und 2. Gruppe bedeutend kleiner. Bor hat den kleinsten Atomradius aller Elemente der ersten drei Hauptgruppen, demzufolge werden die Valenzelektronen vom Kern am stärksten angezogen und nur sehr schwer abgetrennt. Bor befindet sich im PSE zwischen einem Metall Beryllium Be und einem Nichtmetall Kohlenstoff C, wodurch auch seine Sonderrolle innerhalb der Gruppe als Halbmetall bedingt ist. Das B-Atom hat im Grundzustand folgende Elektronenkonfiguration:

$$1s^2\,2s^2\,2p^1$$

Entsprechend seiner Stellung in der 13. Gruppe besitzt Bor drei Valenzelektronen, tritt aber zum Unterschied von seinen höheren Homologen nie als Kation B^{3+} auf, sondern geht unter Bildung von drei Hybridorbitalen (sp^2-Hybridisierung) ausschließlich kovalente Bindungen ein. Da es dabei nur ein Elektronensextett statt des energetisch günstigeren Elektronenoktetts erreicht, zeigt Bor ein großes Bestreben durch Dreizentrenbindung (bei den Boranen) bzw. durch Adduktbildung (bei den Boranaten und Boraten) oder durch Ausbildung von $p_\pi p_\pi$-Bindungen Valenzsättigung zu erreichen. Einige kovalente Bindungen des Bors (in Klammern ist die Bindungslänge und die Bindungsenergie angegeben): B-H (119 pm; 381 kJ · mol^{-1}), B-H-B (132 pm; 439 kJ · mol^{-1}), B-C (161 pm; 372 kJ · mol^{-1}). B=C (140 pm), B≡C (127 pm), B-N (156 pm; 475 kJ · mol^{-1}), B-O (150 pm; 523 kJ · mol^{-1}), B-F (129 pm; 644 kJ · mol^{-1}), B-Cl (174 pm; 445 kJ · mol^{-1}), B-B (176 pm; 335 kJ · mol^{-1}), B=B (156 pm), B≡B (142 pm).
Die Normalpotentiale des Bors:

III		0
$B(OH)_3$	$\xrightarrow{-0{,}8698\ V}$	B
BF_4^-	$\xrightarrow{-1{,}284\ V}$	B

Entsprechend seinen stark negativen Normalpotentialen ist Bor ein unedles Element und ein starkes Reduktionsmittel. Bis 400 °C ist Bor chemisch ziemlich träge, seine Reaktionsfähigkeit nimmt aber mit steigender Temperatur rasch zu, und oberhalb 1200 °C ist es außerordentlich aktiv. Das reaktionsfähigere amorphe Bor entzündet sich an der

Luft oder in Sauerstoff bei etwa 700 °C und verbrennt mit rötlicher Flamme zu B(III)-Oxid:

$$4\,B + 3\,O_2 \longrightarrow 2\,B_2O_3 \qquad \Delta H = -\,2548\ kJ$$

Mit molekularem Fluor reagiert es bereits bei Zimmertemperatur sehr heftig zu B(III)Fluorid BF_3 und mit molekularem Chlor zu B(III)-Chlorid:

$$2\,B + 3\,Cl_2 \longrightarrow 2\,BCl_3 \qquad \Delta H = -\,845\ kJ$$

Mit den übrigen Halogeniden bildet des oberhalb 400 °C B(III)-Halogenide. Mit Schwefel vereinigt es sich oberhalb 700 °C zu B(III)-Sulfid:

$$2\,B + 3\,S \longrightarrow B_2S_3 \qquad \Delta H = -\,245\ kJ$$

Mit Kohlenstoff vereinigt es sich zu B-Carbid B_4C und bei etwa 900 °C mit Stickstoff zum Nitrid BN. Oberhalb 2000 °C verbindet es sich mit Metallen oder Metalloxiden zu Boriden.

Salzsäure und Flußsäure greifen Bor nicht an. Heiße konz. Salpetersäure und Königswasser hingegen oxidieren Bor leicht zu Borsäure, mit konz. Schwefelsäure und Phosphorsäure erfolgt die Oxidation erst bei höheren Temperaturen. Alkalische Schmelzen überführen Bor in Gegenwart von Luft in Alkaliborate.

Insgesamt ähnelt Bor und seine Verbindungen in ihrem Verhalten mehr den Derivaten des Siliciums (Schrägbeziehung im Periodensystem) als denen des Aluminiums.

Wichtige Bor-Verbindungen

Borane, Borhydride; übelriechende, giftige gasförmige, flüssige oder feste Wasserstoffverbindungen des Bors unterschiedlicher stöchiometrischer Zusammensetzungen wie z. B.: *Nido*-Borane der allg. Formel B_nH_{n+4}, und *Arachno*-Borane der allg. Formel B_nH_{n+6} (Abb. 18).

Carborane, *Carba*-Borane; kohlenstoffhaltige Borane, bei denen Boratome durch Kohlenstoffatome ersetzt sind: z. B. *Nido*-Carborane der allg. Formel $B_{n-a}\,C_aH_{n+4-a}$ z. B.: Monocarba-nido-hexaboran(9) B_5CH_9. *Arachno*-Carborane der allgemeinen Formel $B_{n-a}C_aH_{n+6-a}$ z. B.: Dicarba-arachno-heptaboran(11) $B_5C_2H_{11}$.

Boranate; die Salze der Boranat-Ionen, komplexe metallborhydride mit dem Anion $[BH_4]^-$. Wichtig sind die Monoboranate der allgemeinen Formel $M^I[BH_4]$ z. B.: Lithiumboranat $LiBH_4$.

Borcarbid $B_{19}C_2$ oder $B_{12}CBC$; schwarze, glänzende Kristalle, härter als Diamant, guter Halbleiter;

Borhalogenide; sehr reaktionsfähige und leicht zersetzliche Substanzen:

Bormonohalogenide	$(BX)_n$ (X = Halogen)	$(BF)_n$, $(BCl)_n$, $(BBr)_n$, $(BI)_n$
Bortrihalogenide	BX_3	BF_3, BCl_3, BBr_3, BI_3
Dibortetrahalogenide	B_2X_4	B_2F_4, B_2Cl_4, B_2Br_4, B_2I_4

Bornitrid, Borstickstoff (BN) *anorganischer Graphit*; weiße, sehr temperaturbeständige Verbindung, die in vier Modifikationen vorkommt. Borazon, *anorganischer Diamant;* eine dichtere, äußerst harte, kubische Modifikation, die durch Hochdruck-Synthese bei 1800 °C aus Bornitrid BN entsteht:

$$BN_{hex} \xrightarrow[\text{Alkalimetall}]{\text{8500 MPa, 1800 °C}} BN_{kub}$$

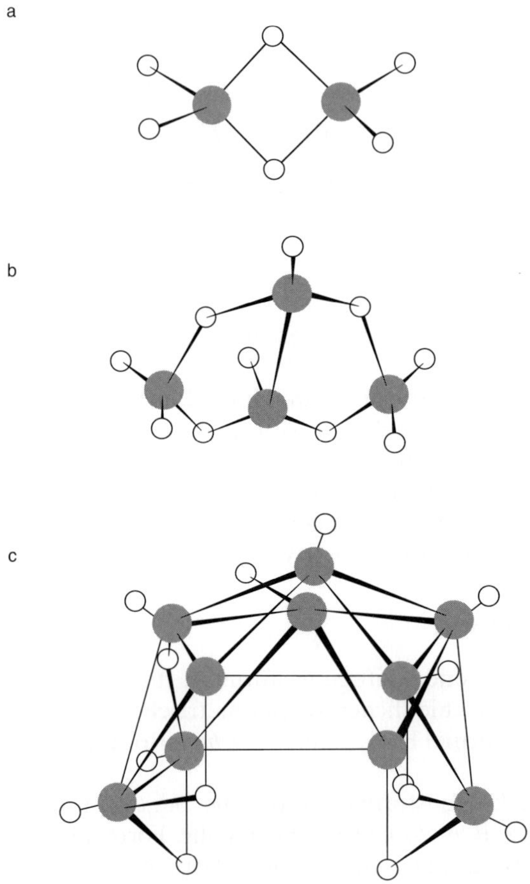

Abb. 18: Molekularstrukturen einiger Borane: a) Diboran (6); b) Tetraboran (10); c) Dekaboran (14).

Borazin, Borazol $B_3N_2H_6$; zyklische Bor-Stickstoff-Wasserstoff-Verbindung (Abb. 19).
Bortrioxid, Borsäureanhydrid B_2O_3.
Borsäuren: *Orthoborsäure* H_3BO_3 oder $B(OH)_3$; in Wasser gelöst gibt sie eine schwache Säure, Borwasser: $B(OH)_3 + H_2O \longrightarrow H^+ + B(OH)_4^-$
Metaborsäure HBO_2; kommt als Ringpolymer mit dem Anion $[B_3O_6]^-$ oder als Kettenpolymer $[BO_2]_n^{n-}$ vor.
Polyborsäuren z. B. $H_2B_4O_7$, HB_5O_8 kommen in vielen Mineralen vor (Abb. 20).

$$H_3BO_3 \xrightarrow[-H_2O]{<130\ °C} \underset{\text{orthorombisch}}{\alpha\text{-}HBO_2} \xrightarrow[\text{Tage}]{130\text{–}150\ °C} \underset{\text{monoklin}}{\beta\text{-}HBO_2} \xrightarrow[\text{Wochen}]{>150\ °C} \underset{\text{kubisch}}{\gamma\text{-}HBO_2} \xrightarrow[-1/2\ H_2O]{500\ °C} 1/2\ B_2O_3.$$

Borate sind die Salze der Ortho-, Meta- und Polyborsäuren. Von Bedeutung sind die Polyborate z. B.: Borax, Natriumtetraborat-Dekahydrat $Na_2B_4O_7 \cdot 10\ H_2O$ oder $Na_2[B_4O_5\ (OH)_4] \cdot 8\ H_2O$;

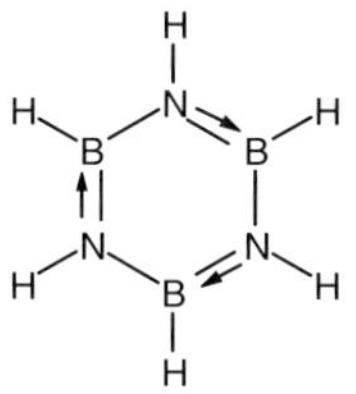

Abb. 19: Strukturformel des Borazinmoleküls.

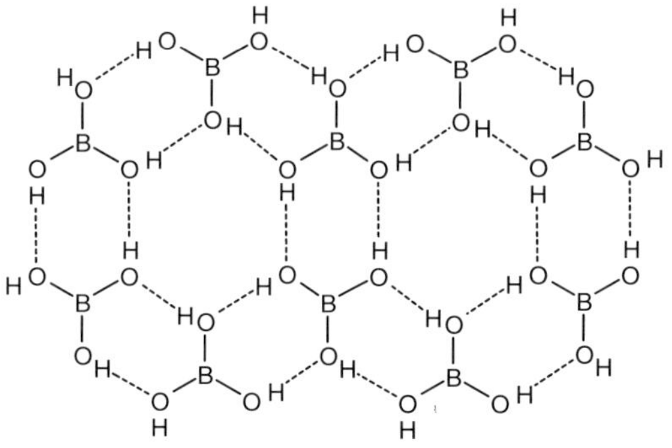

Abb. 20: Struktur der Borsäure.

Metallboride entstehen beim Erhitzen von Bor mit Metallen oder Metalloxiden auf ca. 2000 °C. Sie haben äußerst vielfache Zusammensetzung wie z. B. M_2B, MB, MB_2, MB_4, M_5B, M_4B, M_5B_2, M_7B_3, $M_{11}B_8$, M_2B_{13}, ... MB_{12}, ... MB_{18} usw.

Nachweis

Qualitativ:

- Flammenfärbung; bereits geringe Mengen von Bor färben die Flamme des Bunsenbrenners grün.
- Nachweis von Borsäure oder Borax, durch Bildung des leicht flüchtigen Borsäuretrimethylesters, Trimethylboran $B(OCH_3)_3$, das mit grüner Flamme brennt.
- Mit Reagenzien wie 1,1-Dianthrimid, Karminsäure, Alizarin S, Chinalizarin, Curcumin, 1,10-Phenanthrolin sowie zur Spurenbestimmung in Trinkwasser und Abwässern mit Azomethin.

Quantitativ:

- Fällung als unlösliches Calciummetaborat.

- Spektralanalyse; wichtige Spektrallinien der neutralen Atome sind: 208,891 nm, 208,957 nm, 249,668 nm, 249,773 nm, 345,129 nm, 1166,004 nm, 1166,247 nm.
- Atomabsorptionsspektrometrie (AAS) mittels der 249,773 nm Linie des Atomspektrums.

Verwendung

Borkristalle hoher Reinheit > 99,99% werden hauptsächlich als elektronische Bauteile wie z. B. Heißleiter und Thermistoren sowie zur Dotierung von Silicium- und Germanium-Halbleitern verwendet. Amorphes Bor dient als Additiv in pyrotechnischen Mischungen und in festen Raketentreibstoffen. Daneben wird es wegen der großen Affinität zu Sauerstoff als Getter in Glühlampen, Elektronenröhren u. a. eingesetzt. Es wird ferner zur Herstellung von Borfasern und sog. *Whiskers* bzw. Haarkristalle oder Faserkristalle, zur Faserverstärkung von Kunststoffen oder Leichtmetallen wie Aluminium, Titan u. a. verwendet, die als Verbundwerkstoffe im Flugzeugbau und in der Raumfahrt von großer Bedeutung sind.
Das Isotop $^{10}_{5}B$ dient in der Kerntechnik als Neutronenabsorber in Regelstäben zur Steuerung von Kernreaktoren, als Zusatz in Abschirmmaterialen gegen Neutronen, z. B. in Paraffin sowie zum Neutronennachweis. Ferner dient Bor zur Herstellung von Hartstoffen wie Boride, Bornitride, die ebenso wie *Quadratisches Bor* AlB_{12} sog. *Bordiamant* wegen ihrer großen Härte als Schleifmittel oder hochtemperaturbeständige Werkstoffe als Glühkathoden eingesetzt werden. Borcarbid dient als Schleifmittel, als Konstruktionsmaterial für verschleißfeste Teile wie Sandstrahldüsen, Zündelektroden, als Neutronenabsorber in Kernreaktoren u. a.
In Form von Ferrobor dient Bor zur Erzeugung von Spezialstählen von besonders hoher Härte. Borax wird hauptsächlich für Glasuren von Porzellan, Steingut und Emaille, in der Glasindustrie zur Herstellung von Spezialgläsern sowie zur Wasserenthärtung verwendet. Borsäure ist ein Desinfektions- und Bakterienbekämpfungsmittel, Natriumperborat wird zum Bleichen verwendet. Verschiedene Bor-Verbindungen finden Anwendung als Waschmittel sowie als Pflanzenschutz- und Düngemittel. Borane bzw. Borhydride wie z. B. Pentaboran dienen aufgrund ihres hohen Heizwertes in Gemischen mit F_2O als Raketentreibstoffe.

Physiologie, Toxikologie

Bor hat keine biologische Bedeutung für den tierischen und menschlichen Organismus. Elementares Bor ist nicht toxisch, dennoch zeigen sich bei längerer Einnahme von Bor-Verbindungen Vergiftungserscheinungen. Die durchschnittliche Menge des Elements im menschlichen Körper beträgt ca. < 1 mg pro kg Körpergewicht; der tägliche Bedarf liegt bei etwa 1–3 mg. Die toxische Dosis beträgt 4 g, eine letale Dosis ist nicht bekannt.
Für Pflanzen ist Bor in Form von Boraten ein essentielles Spurenelement, das für ein normales Wachstum und für die Infektionsresistenz von Bedeutung ist. Daneben scheint es für die Regulation des Calciumhaushaltes und damit der Zellteilung eine wichtige Funktion zu haben.

Brom Br

International (Lat.)	Bromum	Italienisch	Bromo
Englisch	Bromine	Griechisch	Βρώμιο (Vromio)
Französisch	Brome	Russisch	Бром (Brom)
Spanisch	Bromo	Japanisch	臭素（シュウソ）(syuuso)

Atomare und physikalische Eigenschaften T

Protonenzahl **(Z)**	**35**
Standard-Atomgewicht (bezogen auf $^{12}C = 12$)	79,904(±1)
Effektive Kernladung	(Slater) 7,60; (Clementi) 9,03; (Froese-Fischer) 10,89
Elektronenkonfiguration	[Ar] $3d^{10}\ 4s^2\ 4p^5$
Grundzustand, Termsymbol	$^2P_{3/2}$
Atomradius	114,5 pm
Kovalenzradius (Einfachbindung)	114,2 pm
Van-der-Waals-Radius	195 pm [a)]
Ionenradius (KZ 6)	$196^{-}_{(6)}$ pm
Molares Volumen (bei – 150,15 °C)	$19{,}73 \cdot 10^{-6}\ m^3 \cdot mol^{-1}$
1.; 2.; 3.; 4.; 5.; 6.; 7. Ionisierungsenergie	11,814 eV; 21,806 eV, 36,274 eV; 47,260 eV; 59,698 eV; 88,621 eV; 103,02 eV
Elektronegativität	(Allred/Rochow) 2,74; (Pauling) 2,96; (absolut) 7,59 eV
Elektronenaffinität $Br \rightarrow Br^-$	– 3,365 eV
Wirkungsquerschnitt für thermische Neutronen ($\sigma_{n,\gamma}$)	$6{,}80 \cdot 10^{-28}\ m^2$
Dichte gasförmig (bei 59 °C)	$7{,}59\ kg \cdot m^{-3}$
flüssig (bei 20 °C)	$3122{,}6\ kg \cdot m^{-3}$ [b)]
fest (bei –150 °C)	$4050\ kg \cdot m^{-3}$
Schmelztemperatur	– 7,25 °C (265,90 K)
Siedetemperatur	58,78 °C (331,93 K)
Kritische Temperatur	311 °C (584,15 K)
Spezifische Schmelzenthalpie	$132{,}3\ kJ \cdot kg^{-1}$
Spezifische Verdampfungsenthalpie	$369{,}95\ kJ \cdot kg^{-1}$
Spezifische Atomisierungsenthalpie	$1414{,}26\ kJ \cdot kg^{-1}$
Spezifische Wärmekapazität (bei 25 °C)	$0{,}4381\ kJ \cdot kg^{-1} \cdot K^{-1}$
Thermische Leitfähigkeit (bei 27 °C)	$0{,}122\ W \cdot m^{-1} \cdot K^{-1}$
Spezifische magnetische Suszeptibilität	$-8{,}86 \cdot 10^{-9}\ m^3 \cdot kg^{-1}$
Elektrochemisches Äquivalent Br^-	$0{,}8282 \cdot 10^{-6}\ kg \cdot A^{-1} \cdot s^{-1}$
Normalpotential 2 Br^-/Br_2	+1,0652 V
Kernabstand Br-Br in Br_2 (Gas)	228,09 pm
Dissoziatiosenthalpie	$192{,}99\ kJ \cdot mol^{-1}$
Hydratationsenthalpie Br^-	$-351\ kJ \cdot mol^{-1}$

Weitere Angaben: a) 200 pm. b) $3140\ kg \cdot m^{-3}$.

Entdeckung

Brom wurde im Jahre 1826 von dem französischen Chemiker Antoine Jérôme-Balard (1802–1876) in Montpellier, Frankreich, in Salzen aus dem Meerwasser und in der Asche von Meeresalgen entdeckt und als Element erkannt. Bereits 1825 hatte auch Carl Jakob Löwig (1803–1890) in Heidelberg Brom isoliert, ohne jedoch dessen Elementcharakter zu erkennen. Balard nannte das neue Element *Muride* (von lat. *muria* bzw. franz.: *muire*, d. h. „Sole" oder „Salzlake"). Da die Salzsäure aber damals *acidum muriaticum* und ihre Salze *muriate* genannt wurden, befürchtete man, daß dies zu Irrtümern führen könnte. Nach einem Vorschlag von Joseph, Louis Gay-Lussac erhielt das Element aufgrund seiner übelriechenden Dämpfe, den Namen „Brome" zu dt. „Brom", [von griech.: „βρῶμος" (bromos), d. h. „Gestank"], mit dem chemischen Symbol „Br".
Das erste Brom-haltige Mineral Bromargyrit AgBr wurde 1841 von Pierre Berthier (1782–1861) in Mexiko entdeckt. Die großtechnische Produktion von Bromiden begann im vorigen Jahrhundert, nachdem 1858 die gigantischen Pottaschevorkommen bei Staßfurt und Hannover entdeckt worden waren.

Vorkommen

Brom gehört zu den relativ seltenen Elementen auf der Erde. Mit einem berechneten Massenanteil in der Erdhülle von $6 \cdot 10^{-4}$% steht es an 43. Stelle der Elementhäufigkeit und ist damit sogar seltener als Niob, Lanthan oder gar Thorium. In der bis 16 km tiefen Erdkruste beträgt der Anteil an Brom 2,5–10 g/t, in Gesteinsmeteoriten etwa 25 g/t. Brom kommt in der Natur nie elementar, sondern nur in gebundenem Zustand, in Form von Bromiden vor, jedoch niemals in Schichten oder Salzlagern von großer Mächtigkeit. Gewöhnlich findet es sich zusammen mit Chlor in Form analoger Verbindungen, wobei Chlor 250mal so häufig ist wie Brom. Brom-Minerale finden sich häufig in Verbindung mit Silber-Erzen.

Die wichtigsten Brom-Minerale	
Bromcarnallit	$KBr \cdot MgBr_2 \cdot 6\,H_2O$
Bromargyrit, Silberbromid	AgBr
Bromchloroargyrit, Embolit	Ag(Br,Cl)
Iodembolit	Ag(Br,Cl,I)

Die Bromreserven sind praktisch unbegrenzt. Etwa 99% der irdischen Bromvorräte sind im Meerwasser enthalten, in dem Brom in gelöster Form als NaBr und $MgBr_2$ mit einem Anteil an Bromid Br^- von 65 bis 70 g/m³ vorkommt, bei einer Verweilzeit von ca. 100 Mio. Jahren.
Beträchtliche Mengen an Bromsalzen finden sich in verschiedenen Salzseen. Im Searles Lake in Kalifornien, USA, beträgt der Anteil an Br^- rund 850 g/m³, in den Solen von Michigan bis zu 2 kg/m³, in Sebhka el Melch, Tunesien, 2 bis 2,5 kg/m³, Sakskoe Ozoro auf der Halbinsel Krim, Rußland, 2,5 bis 3 kg/m³, im Toten Meer 4 bis 5 kg/m³ und in den Solen von Arkansas, USA, bis 5 kg/m³. Bei einigen Pflanzen und niederen Tieren kommt Brom in gebundener Form (an organischen Stoffen) vor.

Die Häufigkeit des Elements auf der Sonne ist nicht bekannt, ist jedoch sehr gering; die kosmische Häufigkeit wird auf 13,4 Atome Brom pro $1 \cdot 10^6$ Atome Silicium geschätzt.

Herstellung

Im großtechnischen Maßstab wird Brom ausschließlich aus Bromiden durch Oxidation mit Chlor gewonnen. In Deutschland gewinnt man Brom hauptsächlich aus den bromidhaltigen Carnallit-Endlaugen der Kaliumchlorid-Düngerindustrie, die bis zu 4% $MgBr_2$ angereichert haben, nach dem sog. „Heißentbromungsverfahren". Dazu läßt man die auf 80 °C erwärmten Carnallit-Endlaugen in hohen, mit Glas- oder Keramik-Ringen, sog. „Raschig-Ringen" gefüllten Türmen von oben herabrieseln und durchbläst diese im Gegenstromverfahren von unten mit einem Chlor-Dampf-Gemisch. Das Brom wird dabei mit Chlor freigesetzt und vom Dampfstrom zusammen mit einem Chlorrest aus der Lauge ausgetrieben.

$$2\,KBr + Cl_2 \longrightarrow Br_2 + 2\,KCl$$
$$MgBr_2 + Cl_2 \longrightarrow Br_2 + MgCl_2$$

Das sich nach der Kondensation des Gemisches $H_2O/Cl_2/Br_2$ abscheidende schwerere *Rohbrom* wird durch Destillation vom restlichen Chlor getrennt, gereinigt und in einer Entwässerungsanlage getrocknet.
In einigen Ländern, v. a. in den USA und Israel, wird Brom nach dem sog. „Kaltentbromungsverfahren" aus dem Wasser von Salzseen oder Meeren gewonnen. Das in flachen Becken durch Verdunsten angereicherte Meerwasser wird nach Ansäuern mit Chlor versetzt und in Ausblastürmen im Luftstrom ausgeblasen. Das *Rohbrom* wird in einer Sodalösung gewaschen und aus der Lösung mit Schwefelsäure und Wasserdampf freigesetzt.
Die Weltproduktion an Brom beträgt etwa 370 000 t/Jahr. Die wichtigsten Produktionsländer sind die USA mit jährlich ca. 142 000 t, Israel 104 000 t, GUS-Staaten 64 000 t, Großbritannien 26 000 t, Frankreich 18 000 t, Japan 7500 t, Deutschland 2500 t u. a.

Physikalische Eigenschaften

Brom ist eine dunkelrote, fast braune, schwere, diamagnetische Flüssigkeit, die bereits bei Raumtemperatur unter Bildung rotbrauner, erstickend riechender Dämpfe rasch verdunstet. Unterhalb −7,25 °C erstarrt Brom zu einer dunkelbraunen, schwach metallisch glänzenden Kristallmasse, die bei weiterer Temperaturabnahme aufhellt und bei etwa −252 °C fast farblos wird. Festes Brom ist mit Iod isomorph und bildet stark doppelbrechende, orthoromb. Kristalle. In Ethanol, Benzol, Chloroform und Tetrachlormethan ist Brom leicht löslich und bildet braune Lösungen. In Wasser löst es sich nur wenig und bildet „Bromwasser", eine 3,5%ige Lösung (entsprechend ca. 0,21 Mol/l), die bei längerem Stehen im direkten Sonnenlicht unter Bildung von Hydrogenbromid und Sauerstoff zerfällt:

$$Br_2 + H_2O \longrightarrow 2\,HBr + {}^1\!/_2\,O_2$$

Unterhalb 6,2 °C bildet Brom mit Wasser ein Hydrat der Formel $6\,Br_2 \cdot 46\,H_2O$. Brom-Dämpfe sind etwa 5mal schwerer als Luft und sammeln sich am Boden von Gefäßen an.

Radiochemie

Natürliches Brom besteht aus einem Gemisch von zwei stabilen Isotopen. Weitere 24 künstliche, radioaktive Isotope des Broms sind bekannt.
Die künstlichen Br-Isotope haben allgemein kurze Halbwertszeiten. Die leichteren Isotope A < 79 zerfallen hauptsächlich durch β^+-Strahlung und z. T. durch Elektronen-Einfang (EC) in die entsprechenden Se-Isotope, die schwereren A > 79 verwandeln sich

Die Isotope des Broms (1995)

Isotop	Natürliche Häufigkeit n (%)	Zerfallsart				Halbwertszeit $T_{1/2}$
		β^+	EC	γ	β^-	
Br 69		?				n.bek.
Br 70*		**x**				79 ms
Br 70*		**x**				2,2 s
Br 71		**x**		x		21,4 s
Br 72*		**x**		x		1,3 m
Br 72 m*		**x**		**x**		10,9 s
Br 73		**x**		x		3,3 m
Br 74*		**x**		x		46 m
Br 74*		**x**		x		25,4 m
Br 75		**x**		x		1,6 h
Br 76*		**x**		x		16,0 h
Br 76 m*				**x**		1,32 s
Br 77*		**x**	**x**	x		57,0 h
Br 77 m*				**x**		4,3 m
Br 78		**x**		x		6,46 m
Br 79*	**50,69**					
Br 79 m*				**x**		4,9 s
Br 80*		**x**	**x**	x	**x**	17,6 m
Br 80 m*				**x**		4,42 h
Br 81	**49,31**					
Br 82*				x	**x**	35,34 h
Br 82 m*				**x**	x	6,1 m
Br 83				x	**x**	2,40 h
Br 84*				x	**x**	31,8 m
Br 84*				x	**x**	6,0 m
Br 85				x	**x**	2,87 m
Br 86				x	**x**	55,1 s
Br 87				x	**x**	55,7 m
Br 88				x	**x**	16,3 s
Br 89				x	**x**	4,40 s
Br 90				x	**x**	1,9 s
Br 91				x	**x**	0,64 s
Br 92				x	**x**	343 ms
Br 93					**x**	102 ms
Br 94					**x**	70 ms

(* isomere Atomkerne; m* markiert jeweils einen metastabilen Zustand)

durch β^--Emission in Kr-Isotope. Die meisten Br-Isotope entstehen durch Bestrahlung von Selen- oder Brom-Targets mit beschleunigten Teilchen oder durch Spaltung schwerer Kerne wie $^{235}_{92}U$, $^{239}_{94}Pu$ u. a. Die Isotope $^{77}_{35}Br$ (EC | 1,365 MeV; β^+; γ) und $^{82}_{35}Br$ (β^- | 0,5 MeV; γ | 0,77 MeV) werden als radioaktive Indikatoren, Tracer v. a. in der Biologie und in der Industrie, z. B. bei der Lecksuche verwendet. Die beiden stabilen Isotope $^{79}_{35}Br$ und $^{81}_{35}Br$ der Kernspinzahl 3/2- und kernmagnetischen Momenten +2,1064 bzw. +2,2706 dienen zum NMR-spektroskopischen Nachweis; NMR-Frequenzen (bei 2,3488 T) $25{,}053 \cdot 10^6\ s^{-1}$ bzw. $27{,}006 \cdot 10^6\ s^{-1}$; Referenz NaBr (aq).

Chemische Eigenschaften

Brom gehört zur Gruppe der „Halogene". Es befindet sich im PSE in der 17. Gruppe (VIIA Hauptgruppe) zwischen Chlor Cl und Iod I sowie in der 4. Perioden zwischen Selen Se und Krypton Kr. Entsprechend seiner Stellung im PSE besitzt das freie, neutrale Bromatom im elektronischen Grundzustand folgende Elektronenkonfiguration:

$$1s^2\ 2s^2\ 2p^6\ 3s^2\ 3p^6\ 3d^{10}\ 4s^2\ 4p^5$$

Als typisches Halogen mit sieben Außenelektronen ist Brom durch die Tendenz zur Aufnahme eines Elektrons und Bildung einer stabilen Krypton-Schale gekennzeichnet. In seinen Verbindungen mit elektropositiven Partnern bildet Brom hauptsächlich die Oxidationsstufe –I, wobei es sowohl ionische Bindungen z. B. NA^+Br^- als auch kovalente Bindungen z. B. HBr eingeht. Mit elektronegativen Elementen tritt Brom vorwiegend als kovalent gebundener Partner in den Oxidationsstufen +I, +III, +IV, +V, und +VII auf. Einige kovalente Bindungen des Broms (in Klammern ist die Bindungslänge und die Bindungsenthalpie angegeben): Br-H (140,8 pm; 366 kJ · mol^{-1}), Br-O (160 pm; 234 kJ · mol^{-1}), Br-C (194 pm; 285 kJ · mol^{-1}), Br-F (176 pm; 286 kJ · mol^{-1}), Br-B (187 pm; 410 kJ · mol^{-1}), Br-Si (215 pm; 310 kJ · mol^{-1}), Br-P (218 pm; 264 kJ · mol^{-1}), Br-Br (229 pm; 193 kJ · mol^{-1}).
Nur in Verbindung mit stark negativen Partnern kann Brom auch in kationischer Form wie z. B. Br_2^+, Br_3^+ auftreten. Wie alle „Halogene" liegt auch Brom stets als zweiatomiges Molekül Br_2 vor. Die Br-Br-Bindung ist sehr stabil; eine Spaltung findet erst bei intensiver Belichtung oder bei sehr hohen Temperaturen statt; bei 1500 °C sind etwa 30% aller Br_2-Moleküle in Atome gespalten.
Die Normalpotentiale des Broms:

+VII		+V		+I		0		–I
Saure Lösung								
BrO_4^-	+1,853 V	BrO_3^-	+1,447 V	HBrO	+1,604 V	Br_2	+1,0652 V	Br^-
						$Br_2(aq)$	+1,0875 V	
Alkalische Lösung								
BrO_4^-	+1,025 V	BrO_3^-	+0,492 V	BrO^-	+0,455 V	Br_2	+1,0625 V	Br^-

Brom ist ein sehr reaktionsfreudiges Element und ein starkes Oxidationsmittel. Es reagiert weniger heftig als Chlor, verbindet sich aber mit fast allen Elementen außer Sauerstoff, Kohlenstoff und den Edelgasen. Mit molekularem Wasserstoff vereinigt sich Brom direkt zu HBr:

$$H_2 + Br_2 \longrightarrow 2\,HBr \qquad \Delta H = -72{,}4\ kJ$$

Mit den Alkalimetallen, Erdalkalimetallen und den Trielen, reagiert Brom äußerst heftig, mit Kalium, Arsen- oder Antimonpulver sogar explosionsartig, mit Zinn und Aluminium unter Feuererscheinung. Mit metallischem Natrium verbindet es sich zu NaBr:

$$2\,Na + Br_2 \longrightarrow 2\,NaBr \qquad \Delta H = -\,719{,}6\ kJ$$

Mit metallischem Arsen bildet es $AsBr_3$:

$$2\,As + 3\,Br_2 \longrightarrow 2\,AsBr_3 \qquad \Delta H = -\,318\ kJ$$

Aus verschiedenen Wasserstoffverbindungen vermag Brom den Wasserstoff zu entziehen. So dient z. B. die Reaktion von Brom mit Dihydrogensulfid zur Herstellung von Hydrogenbromid:

$$H_2S + Br_2 \longrightarrow 2\,HBr + \tfrac{1}{8}\,S_8$$

Mit den anderen Halogenen bildet Brom zwei- oder mehratomige Interhalogen-Verbindungen; das schwerere Halogen ist dabei immer der elektropositive, das leichtere der elektronegative Partner.
Feuchtes Brom greift alle Metalle, außer Platin, Tantal und Hastelloy an, sogar Gold wird problemlos aufgelöst. Gegen trockenes, wasserfreies Brom sind auch Silber, Blei, Kupfer, Nickel und Teflon beständig. Brom verdrängt das Iod aus Iodiden und addiert sich leicht an viele Verbindungen, besonders an die Doppelbindungen der Alkene. Orga-

Wichtige Wasserstoff- und Sauerstoffverbindungen des Broms

Oxidationsstufe	Oxide	Säuren	Salze
–I ([Kr])		HBr Hydrogenbromidsäure Bromwasserstoffsäure	Br^- (aq) Bromide
+I ($4s^2\,4p^4$)	Br_2O Brom(I)-oxid	HBrO Brom(I)-säure Hypobromige Säure	BrO^- (aq) Bromate(I) Hypobromite
+II	BrO Brom(II)-oxid		
+III ($4s^2\,4p^2$)	Br_2O_3 Brom(III)-oxid	$HBrO_2$ Brom(III)-säure Bromige Säure	BrO_2^- (aq) Bromate(III) Bromite
+IV ($4s^2\,4p^1$)	BrO_2 (Br_2O_4) Brom(IV)-oxid		
+V ($3d^{10}\,4s^2$)	Br_2O_5 Brom(V)-oxid	$HBrO_3$ Brom(V)-säure Bromsäure	BrO_3^- (aq) Bromate(V) Bromate
+VI ($3d^{10}\,4s^1$)	BrO_3 (Br_2O_6) Brom(VI)-oxid		
+VII ($3d^{10}$)		$HBrO_4$ Brom(VII)-säure Perbromsäure	BrO_4^- (aq) Bromate(VII) Perbromate

nische Stoffe wie Fette, Stärke, Holz, Papier, Kork, Gummi, einige Farb- und Kunststoffe werden von Brom rasch aufgelöst. Brom wird in Glasflaschen oder Gefäßen aus Monelmetall, Nickel oder Blei aufbewahrt. Als Verschluß dienen paraffinierte Schliffstopfen aus Glas oder Polytetrafluorethylen. Die Verbindungen des Broms sind in ihren Eigenschaften den Chlor- und Iodverbindungen sehr ähnlich.

Nachweis

Qualitativ:

- Bromlösungen ergeben mit Chloroform eine Braunfärbung.
- Fällung als schwerlösliches AgBr mit $AgNO_3$; man erhält einen in Ammoniak schwer löslichen gelblichweißen Niederschlag.

Quantitativ:

- Oxidation des Bromids zu Bromat, das aus hinzugefügtem Kaliumiodid KI Iod freisetzt, das mit Thiosulfat titriert wird.
- Spektralanalyse; wichtige Spektrallinien der neutralen Atome: 635,073 nm, 655,980 nm, 663,162 nm, 751,296 nm, 827,244 nm, 844,655 nm.

Verwendung

Brom ist Ausgangsmaterial für die Synthese einer Reihe von Bromverbindungen:

Br +

- H_2 / H_2S / $H_2O + PBr_3$ ⟶ HBr $\xrightarrow{\text{Neutralisation}}$ Bromide
- Metalle ⟶ Bromide (z. B. AgBr)
- NaOH ⟶ NaBr + NaBrO
- H_2O ⟶ HBrO $\xrightarrow{\text{NaOH}}$ NaBrO $\xrightarrow{\text{Erhitzen}}$ $NaBrO_3$
- F_2 ⟶ BrF (BrF_3; BrF_5)
- Cl_2 ⟶ BrCl
- I_2 ⟶ IBr
- Methan ⟶ Brommethan CH_3Br
- Ethan ⟶ Bromethan C_2H_5Br
- Ethylen ⟶ 1,2 Dibromethan $C_2H_4Br_2$
- Benzol ⟶ Brombenzol
- Toluol ⟶ o- bzw. p-Bromtoluol

Silberbromid wird als Suspension in Gelatine sog. *Silberbromidgelatine* zur Herstellung der lichtempfindlichen Schicht auf Filmen, Photoplatten und Photopapier verwendet. Organische Bromverbindungen dienen als Arzneimittel vorwiegend als Beruhigungsmittel, sog. *Sedativa* oder *Tranquilizer*, als Farbstoffe wie z. B. Eosin zur Herstellung von roter Tinte, Nagellack oder Lippenstiften sowie als Pflanzenschutzmitteln, Flammschutzmitteln, Feuerlöschmitteln, Kontrastmitteln, Lösungsmitteln, Tränengas u. a. Elementares Brom wird wie Chlor als Oxidationsmittel, als Bleichmittel in der Textil-, Papier- und Zellstoffindustrie und gelegentlich als Desinfektionsmittel zur Wasserbehandlung in Schwimmbädern eingesetzt. Wäßrige Bromidlösungen finden Verwendung in hydraulischen Flüssigkeiten, bei der Erzflotation sowie als sog. *Pakker fluids* zum Druckausgleich von Förderrohren bei der Erdölförderung.

Physiologie, Toxikologie

Brom gehört zu den 12 Spurenelementen, deren biologische Bedeutung für den menschlichen Organismus fraglich ist. Bromdämpfe Br_2 sind stark ätzend, reizend, erstickend und sehr giftig (R 26, R 35, S 79, S 26). Sie greifen die Schleimhäute der Atmungsorgane unter starkem Hustenreiz an und verursachen, auch noch in 10000facher Verdünnung, gefährliche Verätzungen der Bronchien. Der menschliche Körper enthält etwa 3 mg Br^- pro kg Körpergewicht. Die toxische Dosis liegt unter 3 g, die letale Dosis über 5 g. Flüssiges Brom ist sehr ätzend und erzeugt auf der Haut tiefe schmerzhafte Wunden, die nur langsam heilen. Die betroffenen Stellen müssen sofort mit einer 10%igen Natriumthiosulfatlösung oder Petroleum abgewaschen und mit viel Wasser nachgespült werden. Die meist als Beruhigungsmittel verwendeten Brompräparate können nach längerer Einnahme zu chronischen Bromvergiftungen *Bromismus* führen. Vergiftungssymptome sind Übelkeit, Konzentrationsabnahme, psychische und motorische Störungen, Tremor, Halluzinationen, manisches Verhalten, Delirium. Als Gegenmittel dient Kochsalzlösung (NaCl), durch die die Bromidionen aus dem Körper verdrängt werden, Milch und aufgeschwemmte Aktivkohle. Methylbromid CH_3Br ist ein Nervengift, die tödliche Konzentration liegt bei 0,035%.

Cadmium Cd

International (Lat.)	Cadmium	Italienisch	Cadmio
Englisch	Cadmiu	Griechisch	Κάδμιο (Cadmio)
Französisch	Cadmium	Russisch	Кадмий (Kadmij)
Spanisch	Cadmio	Japanisch	カドミウム (kadomiumu)

Atomare und physikalische Eigenschaften	Xn T
Protonenzahl **(Z)**	**48**
Standard-Atomgewicht (bezogen auf ^{12}C = 12)	112,411(±8)
Effektive Kernladung	(Slater) 4,35; (Clementi) 8,19; (Froese-Fischer) 11,58
Elektronenkonfiguration	[Kr] $4d^{10}\ 5s^2$
Grundzustand, Termsymbol	$^1S_0$
Metallatomradius (KZ 12)	151 pm [a)]
Kovalenzradius (Einfachbindung)	141 pm
Ionenradien (KZ 4;6)	$114^{+}_{(6)}$ pm, $78^{2+}_{(4)}$ pm, $97^{2+}_{(6)}$ pm
Molares Volumen	$13{,}0 \cdot 10^{-6}\ m^3 \cdot mol^{-1}$
1.; 2.; 3.; 4.; 5. Ionisierungsenergie	8,9919 eV; 16,904 eV; 37,476 eV; 54,930 eV; 72,549 eV
Elektronegativität	(Allred/Rochow) 1,46; (Pauling) 1,69; (absolut) 4,33 eV
Elektronenaffinität Cd ⟶ Cd^-	0,260 eV
Absorptionsquerschnitt für thermische Neutronen (σ_{abs})	$2520 \cdot 10^{-28}\ m^2$
Dichte (bei 20 °C)	$8650\ kg \cdot m^{-3}$ [b)]
Härte (gegossen)	(Mohs) 2 ; (Brinell) $19{,}6 \cdot 10^7$ Pa
Elastizitätsmodul (gegossen)	$4{,}99 \cdot 10^{10}$ Pa
Schmelztemperatur	320,9 °C (594,05 K)
Siedetemperatur	765 °C (1038,15 K) [c)]
Spezifische Schmelz-/Verdampfungsenthalpie	$56{,}93\ kJ \cdot kg^{-1}$ [d)] / $888{,}5\ kJ \cdot kg^{-1}$
Spezifische Sublimationsenthalpie (einatomiges Gas)	$995{,}46\ kJ \cdot kg^{-1}$ [e)]
Spezifische Wärmekapazität (bei 25 °C)	$0{,}232\ kJ \cdot kg^{-1} \cdot K^{-1}$
Thermische Leitfähigkeit (bei 27 °C)	$96{,}8\ W \cdot m^{-1} \cdot K^{-1}$
Thermischer Längenausdehnungskoeffizient (bei 25 °C)	$30{,}8 \cdot 10^{-6}\ K^{-1}$ [f)]
Thermospannung (Δt =100 K/Pt;Cu)	+0,9 mV; +0,15 mV
Elektrische Leitfähigkeit (bei 20 °C)	$13{,}30 \cdot 10^6\ S \cdot m^{-1}$
Spezifischer elektrischer Widerstand (bei 20 °C)	$7{,}50 \cdot 10^{-8}\ \Omega \cdot m$ [g)]
Temperaturkoeffizient (bei 20 °C)	$3{,}9 \cdot 10^{-3}\ K^{-1}$ [h)]
Supraleitung; Sprungtemperatur	-272,633 °C (0,517 K)
Spezifische magnetische Suszeptibilität	$-2{,}21 \cdot 10^{-9}\ m^3 \cdot kg^{-1}$
Hall-Koeffizient (Cd 99,9 %)	$+0{,}531 \cdot 10^{-10}\ m^3 \cdot A^{-1} \cdot s^{-1}$
Elektrochemisches Äquivalent Cd^{2+}	$0{,}5824 \cdot 10^{-6}\ kg \cdot A^{-1} \cdot s^{-1}$
Normalpotential Cd/Cd^{2+}	−0,4025 V
Hydratationsenthalpie Cd^{2+}	$-1776\ kJ \cdot mol^{-1}$
Bildungsenthalpie $CdCl_2$ (CdO)	$-391\ kJ \cdot mol^{-1}$ ($-258{,}3\ kJ \cdot mol^{-1}$)

Weitere Angaben: a) 148,9 pm. b) $8642\ kg \cdot m^{-3}$ und $8648\ kg \cdot m^{-3}$. c) 767,3 °C. d) $54{,}35\ kJ \cdot kg^{-1}$. e) $997{,}25\ kJ \cdot kg^{-1}$; $1005{,}25\ kJ \cdot kg^{-1}$. f) $29{,}8 \cdot 10^{-6}\ K^{-1}$. g) $6{,}83 \cdot 10^{-8}\ \Omega \cdot m$. h) $4{,}26 \cdot 10^{-3}\ K^{-1}$.

Entdeckung

Cadmium wurde im Jahre 1817 von dem deutschen Apotheker Carl Samuel Hermann (1765–1846) in Schönebeck, Deutschland, im Zinkoxid und im gleichen Jahr von dem deutschen Chemiker Friedrich Strohmeyer (1776–1835) in Göttingen, Deutschland im „Galmei", Zinkcarbonat, entdeckt und erstmals isoliert. Nach seiner Entdeckung erhielt das Element verschiedene Namen wie „Melinum" (von lat. *melinus*, d. h. „quittengelb"), „Klaprothium" (nach Prof. M. H. Klaproth), „Junonium" (nach dem Asteroiden Juno), u. a. Schließlich setzte sich der von Stromeyer vorgeschlagene Name „Cadmium" nach dem griechischen Namen „Καδμία" (Kadmia) für „Galmei" mit dem chemischen Symbol Cd international durch.

Vorkommen

Mit einem berechneten Massenanteil in der Erdhülle von $3 \cdot 10^{-5}$% steht Cadmium an 63. Stelle der Elementhäufigkeit und gehört damit zu den selteneren Elementen auf der Erde. In der Erdkruste, bis 16 km Tiefe ist es mit 0,15–0,3 g/t Gestein, in Eisenmeteoriten mit ca. 3,3 g/t vertreten. Im Meerwasser beträgt der Anteil an $Cd^{(+II)}$ durchschnittlich 65 $\mu g/m^3$, bei einer Verweilzeit von ca. 30 000 Jahren. Cadmium kommt in der Natur nie elementar vor, sondern nur in Form von Verbindungen, meist vergesellschaftet mit Zink. In der Zinkblende ZnS ist es mit 0,1–0,5%, im Zinkspat, Galmei $ZnCO_3$ bis zu 5% enthalten. Auf dem Festland ist Cadmium als Folge der Emission von Zinkhütten, Eisen- und Stahlwerken, sowie aus Müllverbrennungsanlagen und Braunkohlekraftwerken weit verbreitet. Von den Cadmium-Mineralen kommt keines in abbauwürdigen Mengen vor.

Die wichtigsten Cadmium-Minerale	
Greenockit, Cadmiumblende, Cadmiumsulfid	β-CdS
Otavit, Cadmiumcarbonat	$CdCO_3$
Monteponit, Cadmiumoxid	CdO

Die Cadmium-Reserven, die mit Zink-Erzen eng verbunden sind, schätzt man auf mehrere Mio. t. Die Hauptvorkommen liegen in den USA, Kanada, Australien und den GUS-Staaten. Die Häufigkeit des Elements auf der Sonne beträgt ca. 71 Atome Cadmium pro $1 \cdot 10^{12}$ Atome Wasserstoff, die kosmische Häufigkeit wird auf 0,9 Atome Cadmium pro $1 \cdot 10^6$ Atome Silicium geschätzt.

Herstellung

Großtechnisch wird Cadmium ausschließlich als Nebenprodukt der Zink-, Kupfer- und Blei-Verhüttung gewonnen. Dazu werden v. a. die Cadmium-reichen Flugstäube, die beim Rösten sulfidischer Erze entstehen, Zinkstäube sowie die Rückstände der Zinkelektrolyse herangezogen. Immer größere Bedeutung kommt heute der Rückgewin-

nung, *Recycling*, aus Cadmium-haltigen Industrieabfällen und Schrotten z. B. Batterieplatten zu.
Bei der *trockenen Zink-Herstellung* wird das leichter flüchtige Cadmium bei der Röstreduktion der Zinkblende bevorzugt abdestilliert und verbrennt in den Vorlagen zu CdO, das sich in den zuerst anfallenden Zinkstäuben bis auf 3–4 Cd% anreichert. Nach elektrostatischer Abscheidung wird der CdO enthaltende Zinkstaub unter Kokszusatz in besonderen Muffeln bei etwa 500 °C reduziert und wiederholt destilliert, bis man Cadmium von einem Reinheitsgrad von ca. 99,8% erhält.
In einem anderen Verfahren werden die Flugstäube bis auf etwa 8–10% angereichert und danach mit Schwefelsäure gelaugt. Die in der Lösung in geringen Konzentrationen enthaltenen weiteren Metalle wie Arsen, Antimon, Kupfer, Nickel u. a. werden ausgefällt. Beim Einrühren von Zinkstaub fällt *Cadmiumzement* aus, sog. *Zementation*, aus dem das Cadmium durch Destillation bei etwa 400 °C oder durch Sprühverdampfung abgetrennt wird.
Bei der *nassen Zink-Herstellung* wird aus den Zinkerzlaugen das edlere Cadmium durch Zinkstaub reduziert, der erhaltene *Cadmium-Schwamm* zu CdO oxidiert und anschließend in Schwefelsäure gelöst.

$$Cd + \tfrac{1}{2}\,O_2 \longrightarrow CdO$$
$$CdO + H_2SO_4 \longrightarrow CdSO_4 + H_2O$$

Durch Elektrolyse der $CdSO_4$-Lösung in Kunststoffbehältern mit Blei-Anoden und rotierenden Aluminium-Kathoden, bei einer Badspannung von 3,5 V und einer Stromdichte von etwa 250 A · m^{-2} erhält man 99,97%iges Elektrolytcadmium. Durch *Zonenschmelzverfahren*, erhält man Cadmium mit einem Reinheitsgrad bis zu 99,9999%. Das Metall gelangt in Form von Granalien, Kugeln, Stangen oder Platten in Reinheiten von 99,5 bis 99,9999% in den Handel. Die Weltproduktion an Cadmium beträgt z. Z. jährlich etwa 19000 t. Die wichtigsten Produktionsländer sind die GUS-Staaten mit einer Jahres-

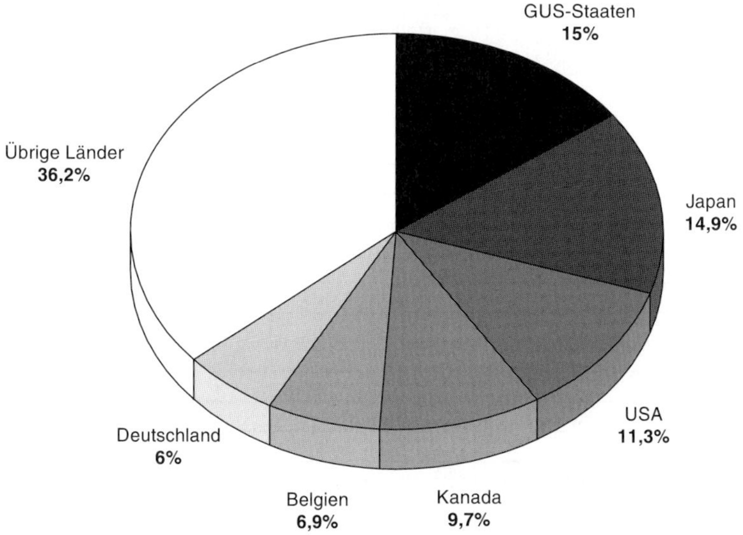

Abb. 21: Hauptproduktionsländer von Cadmium bei einer Weltproduktion von ca. 19 000 t/Jahr.

produktion von ca. 2850 t, Japan 2800 t, USA 2500 t, Kanada 1950 t, Belgien 1250 t, Deutschland ca. 115 t (Abb. 21). Der Preis für 1 kg Cadmium liegt z. Z. bei etwa 4,5 $ bzw. 8,5 DM.

Physikalische Eigenschaften

Cadmium ist ein silberweißes, glänzendes Schwermetall, das an der Luft langsam mit gelblichgrauer Farbe anläuft. Es ist ziemlich weich und plastisch gut verformbar, läßt sich mit dem Messer schneiden, leicht zu Drähten ziehen, zu Blechen walzen und zu Blättchen aushämmern. Das Metall kristallisiert, wie Zink, in einer leicht verzerrten hexagonal dichtesten Kugelpackung, beim Verdampfen bildet es einatomige Dämpfe. Cadmium zeigt, ähnlich dem Zink, Thallium und Blei diamagnetische Eigenschaften, es hat eine sehr niedrige Schmelz- und Siedetemperatur und ist ein relativ guter Leiter von Wärme und elektrischen Strom. Die thermische Leitfähigkeit beträgt 22,56% die elektrische 21,14%, in flüssigem Zustand 11,2% der des Silbers. Unterhalb –272,633 °C (0,517 K) bzw. in dünnen Schichten unterhalb –272,24 °C (0,91 K) ist das Metall supraleitend. Die kritische Feldstärke beträgt (2228,17 ± 80) $A \cdot m^{-1}$.

Radiochemie

Natürliches Cadmium besteht aus einem Gemisch von sechs stabilen und zwei sehr langlebigen radioaktiven Isotopen. Zusätzlich sind weitere 26 künstliche, radioaktive Isotope des Cadmiums bekannt.

Die Isotope des Cadmiums (1995)

Isotop	Natürliche Häufigkeit n (%)	Zerfallsart				Halbwertszeit $T_{1/2}$
		β^+	EC	γ	β^-	
Cd 97		x				3 s
Cd 98		x		x		9,2 s
Cd 99		x		x		16 s
Cd 100		x		x		49,1 s
Cd 101		x		x		1,2 m
Cd 102		x	x	x		5,5 m
Cd 103		x	x	x		7,3 m
Cd 104		x	x	x		57,5 m
Cd 105		x	x	x		55,5 m
Cd 106	**1,25**					
Cd 107		x	x	x		6,5 h
Cd 108	**0,89**					
Cd 109			x			462,6 d
Cd 110	**12,49**					
Cd 111*	**12,80**					
Cd 111 m*				x		49 m
Cd 112*	**24,13**					

Die Isotope des Cadmiums (1995)

Isotop	Natürliche Häufigkeit n (%)	Zerfallsart				Halbwertszeit $T_{1/2}$
		β^+	EC	γ	β^-	
Cd 113*	**12,22**			x	x	$9 \cdot 10^{15}$a
Cd 113*				x	x	14,6 a
Cd 114	**28,73**					
Cd 115*				x	x	53,38 h
Cd 115*				x	x	44,8 d
Cd 116	**7,49**					$2{,}6.10^{19}$a
Cd 117*				x	x	2,42 h
Cd 117*				x	x	3,31 h
Cd 118					x	50,3 m
Cd 119*				x	x	2,7 m
Cd 119*				x	x	2,2 m
Cd 120				x	x	50,8 s
Cd 121*				x	x	12,8 s
Cd 121*				x	x	8,3 s
Cd 122					x	5,5 s
Cd 123*				x	x	2,10 s
Cd 123*				x	x	18,2 s
Cd 124				x	x	1,29 s
Cd 125*				x	x	0,65 s
Cd 125*				x	x	0,57 s
Cd 126				x	x	0,51 s
Cd 127				x	x	0,43 s
Cd 128				x	x	0,30 s
Cd 129				x	x	0,27 s
Cd 130					x	195 ms

(* isomere Atomkerne; m* markiert einen metastabilen Zustand)

Die Radioisotope des Cadmiums haben allgemein kurze Halbwertszeiten. Die leichteren A < 110 zerfallen durch β^+-Strahlung oder durch Elektronen-Einfang (EC) in die entsprechenden Ag-Isotope, die schwereren Isotope A > 110 verwandeln sich durch β^--Emission in In-Isotope.

Die schwersten Isotope sind größtenteils Spaltprodukte. Die Isotope ${}^{109}_{48}Cd$ (EC | 0,16 MeV; γ), ${}^{115*}_{48}Cd$ (β^- | 1,62 MeV; γ) und ${}^{115*}_{48}Cd$ (β^- | 1,45 MeV; γ) entstehen in den Reaktionen ${}^{108}_{48}Cd(n, \gamma)\ {}^{109}_{48}Cd$, ${}^{109}_{47}Ag(p,n)\ {}^{109}_{48}Cd$ bzw. ${}^{114}_{48}Cd(n, \gamma)\ {}^{115}_{48}Cd$, sie werden als radioaktive Indikatoren, Tracer, verwendet. Die beiden stabilen Isotope ${}^{111}_{48}Cd$ und ${}^{113}_{48}Cd$ der Kernspinzahl 1/2+ und kernmagnetischen Momenten –0,5943 bzw. –0,6217 dienen zum NMR-spektroskopischen Nachweis; NMR-Frequenzen (bei 2,3488 T) $21{,}205 \cdot 10^6\ s^{-1}$ bzw. $22{,}182 \cdot 10^6 s^{-1}$; Referenz $Cd(ClO_4)_2$ (aq) und $Cd(CH_3)_2$. Der sehr große Absorptionsquerschnitt für thermische Neutronen ist hauptsächlich auf das Isotop ${}^{113}_{48}Cd$ mit dem äußerst großen Wirkungsquerschnitt von $\sigma_{n,\gamma} = 20\,600 \cdot 10^{-28}\ m^2$ zurückzuführen. Dieses eignet sich daher in der Kernphysik sehr gut als Neutronenabsorber. Die maximal zulässige radiologische Aktivität bezogen auf das Gemisch ${}^{109}_{48}Cd + {}^{109*}_{48}Cd$ beträgt $16{,}65 \cdot 10^5$ Bq für den menschlichen Körper, 2590 Bq/ml in wäßriger Lösung und 2600 Bq/m^3 Luft.

Chemische Eigenschaften

Cadmium gehört zur sog. *Zinkgruppe* und befindet sich im PSE in der 12. Gruppe (IIB Nebengruppe) zwischen Zink Zn und Quecksilber Hg sowie in der 5. Periode zwischen Silber Ag und Indium In. Das freie, neutrale Cd-Atom besitzt im elektronischen Grundzustand die Elektronenkonfiguration:

$$1s^2\ 2s^2\ 2p^6\ 3s^2\ 3p^6\ 3d^{10}\ 4s^2\ 4p^6\ 4d^{10}\ 5s^2$$

Wie bei den anderen Elementen seiner Gruppe ist auch beim Cadmium der Übergangsmetallcharakter weniger ausgeprägt, da keine freien 4d-Orbitale mehr zur Verfügung stehen und durch Abgabe der beiden 5s-Elektronen eine stabile Elektronenkonfiguration erreicht wird. Cadmium bildet daher in seinen Verbindungen fast ausschließlich die Oxidationsstufe +II ($[Kr]4d^{10}$). Nur in seltenen Fällen tritt Cadmium auch in Stufe +I auf. Bei gewöhnlicher Temperatur ist Cadmium an der Luft beständig, es verliert jedoch an blanken Flächen nach einigen Tagen seinen Glanz, da es sich v. a. in CO_2-haltiger Luft mit einer dünnen grauweißen CO_2-haltigen Schicht überzieht. Bei starkem Erhitzen entzündet es sich und verbrennt mit roter Flamme wobei ein brauner sehr giftiger Rauch von Cd(II)-oxid entsteht:

$$2\ Cd + O_2 \longrightarrow 2\ CdO \qquad \Delta H = -\ 516{,}6\ kJ$$

In der Hitze verbindet es sich leicht mit den Halogenen zu Cd(II)-halogeniden. Mit molekularem Chlor bildet es Cd(II)-chlorid:

$$Cd + Cl_2 \longrightarrow CdCl_2 \qquad \Delta H = -\ 391\ kJ$$

Die Normalpotentiale des Cadmiums:

	+II		0
Saure Lösung	Cd^{2+}	$\xrightarrow{-0{,}4025\ V}$	Cd
Alkalische Lösung	$Cd(OH)_2$	$\xrightarrow{-0{,}824\ V}$	Cd

Cadmium ist unedles, elektropositives Metall. In oxidierenden Säuren wie verd. Salpetersäure löst sich Cadmium leicht, während es in nichtoxidierenden Säuren wie verd. Salz- oder Schwefelsäure nur schwer löslich ist. Von Alkalilaugen wird es, im Gegensatz zu Zink, nicht angegriffen. Cadmium bildet meist farblose Verbindungen; das Acetat $Cd(OOC\text{-}CH_3)_2$, die Halogenide CdX_2 (X = Cl,Br,I,), das Nitrat $Cd(NO_3)_2$ und das Sulfat $CdSO_4$, sind in Wasser löslich, das Carbonat $CdCO_3$, Oxid CdO, Selenid CdSe, Sulfid CdS, Tellurid CdTe sind in Wasser unlöslich. Das Hydroxid $Cd(OH)_2$ löst sich in Wasser und starken Alkalilaugen unter Bildung von $[Cd(OH)_4]^{2-}$. Cadmium bildet viele Komplexe-Verbindungen z. B. Hexaaquacadmium(II)-Ion $[Cd(H_2O)_6]^{2+}$; Cadmiumthiocyanat-Ion $[Cd(SCN)_4]^{2-}$ u. a. Fast alle Cd-Verbindungen sind stark giftig.

Nachweis

Quantitativ:

- Fällung als gelbes Cd-Sulfid CdS mit H_2S in saurer Lösung und anschließende gravimetrische Bestimmung.

- Mittels Reagenzien wie z. B. Dithizon, Cadion, Anthranilsäure u. a.
- Photometrie, Polarographie.
- Spektralanalyse; wichtige Spektrallinien der neutralen Atome: 228,802 nm, 326,106 nm, 361,051 nm, 643,847 nm, und der positiven Ionen Cd^+, 214,441 nm, 226,502 nm.
- Atomabsorptionsspektrometrie (AAS) mittels der 228,802 nm Linie des Atomspektrums.

Verwendung

Die Hauptmenge von Cadmium wird als Rostschutz für Eisen gebraucht. Galvanisch oder durch Vakuum-Bedampfung erzeugte Cd-Überzüge schützen bereits bei einer Dicke von 0,008 mm wirksam gegen Korrosion. Daneben dient Cadmium als Elektrodenmaterial in Ni-Cd- und Ag-Cd-Akkumulatoren, in „Weston-Normalelementen" und als CdS, CdSe, CdTe u. a. für Halbleiterzwecke. Cadmium wird ferner in Form von Cd-Seifen als Stabilisator von Kunststoffen und in Farbpigmenten verwendet und dient wegen seines großen Wirkungsquerschnittes für thermische Neutronen vor allem in Form des Isotops $^{113}_{48}Cd$ zur Herstellung von Brems- und Regelstäben in Kernreaktoren. Cadmium ist Bestandteil vieler Legierungen mit Kupfer, Nickel und Silber als Lagermetall, mit Zinn, Blei und Bismut als Lote und niedrig schmelzende Legierungen wie z. B. „Woodsches Metall" (s. S. 78). Geringe Zusätze von Cadmium verleihen dem Gold einen besonderen Glanz. Cd-Verbindungen werden in geringerem Umfang in der Galvanotechnik, als Katalysatoren, Fernsehleuchtstoffe u. a. verwendet.

Physiologie, Toxikologie

Cadmium und seine Verbindungen sind giftig und möglicherweise kanzerogen, teratogen und mutagen (R 20/21/22, S 2, S 13). Gewebetoxikologisch ist Cadmium dem Blei und Quecksilber gleichgestellt. Die Giftwirkung beruht vor allem auf der Blockierung lebenswichtiger Enzyme. Der menschliche Organismus enthält durchschnittlich $< 0{,}5$ mg Cadmium pro kg Körpergewicht, verteilt hauptsächlich auf die Knochen und Muskeln. Mit der Nahrung und Wasser nimmt der Mensch täglich ca. 0,05–0,1 mg Cadmium auf (Raucher), das sich hauptsächlich in der Leber und in den Nieren ansammelt. Die WHO ermittelte 0,07 mg als kritischen Grenzwert. Besonders gefährlich sind Cadmium-haltige Industrieabwässer, die über die Nahrungskette wie Fische, Muscheln, Austern oder über Futterpflanzen von mit Klärschlamm gedüngten Feldern in den tierischen und menschlichen Organismus gelangen. Die toxische Dosis beträgt 3–320 mg, die letale Dosis 1,5–9 g. Akute Cd-Vergiftungen, die durch Inhalation von Cadmium-haltigen Rauch, Dämpfen oder Staub auftreten, äußern sich durch Kopfschmerzen, Reizung der Atemwege bis hin zu Lungenödemen. Bei peroraler Aufnahme treten nach etwa $^1/_2$–1 Stunde Speichelfluß, Übelkeit, Erbrechen, Krämpfe, Leberschädigung und Kollaps ein. Chronische Vergiftungen äußern sich durch Rhinitis, Anosmie, gelbliche Verfärbung der Zahnhälse, Anämie, Schmerzen in Becken, LWS und Gliedmaßen sowie im fortgeschrittenen Stadium durch Knochenmarkschädigung und Osteoporose. In Japan wurde die *Itai-Itai-Krankheit*, eine chronische Cadmium-Vergiftung, bekannt, die durch Verseuchung von Getreide-, Reis- und Gemüsefeldern auftrat und neben allgemeinen körperlichen Verfall durch Nerven- und Hirnschädigungen in den meisten Fällen tödlich endete. Der MAK-Wert für Cadmium wurde in Deutschland auf 0,05 mg/m^3 festgelegt.

Caesium Cs

International (Lat.)	Caesium	Italienisch	Cesio
Englisch/USA	Caesium/Cesium	Griechisch	Καίσιο (Kessio)
Französisch	Césium	Russisch	Цезий (Zesij)
Spanisch	Cesio	Japanisch	セシウム (sesiumu)

Atomare und physikalische Eigenschaften

C  E  F+ 

Protonenzahl **(Z)**	**55**
Standard-Atomgewicht (bezogen auf 12C = 12)	132,90543(± 5)
Effektive Kernladug	(Slater) 2,20; (Clementi) 6,36; (Froese-Fischer) 8,56
Elektronenkonfiguration	[Xe] $6s^1$
Grundzustand, Termsymbol	$^2S_{1/2}$
Metallatomradius/Kovalenzradius (Einfachbindung)	265,5 pm/253 pm
Van-der-Waal-Radius	262 pm
Ionenradien (KZ 6;8)	$167^{+}_{(6)}$ pm, $174^{+}_{(8)}$ pm
Molares Volumen	$70{,}96 \cdot 10^{-6}$ $m^3 \cdot mol^{-1}$
1.; 2.; 3.; 4.; 5. Ionisierungsenergie	3,8935 eV; 25,081 eV; 35,238 eV; 45,602 eV; 62,185 eV
Elektronegativität	(Allred/Rochow) 0,86; (Pauling) 0,79; (absolut) 2,18 eV
Elektronenaffinität Cs → Cs^-	– 0,471 eV
Wirkungsquerschnitt für thermische Neutronen ($\sigma_{n,\gamma}$)	$29{,}0 \cdot 10^{-28}$ m^2
Dichte (bei 20 °C)	1878 kg · m^{-3} a)
Härte (Mohs)	0,2
Schmelztemperatur	28,40 °C (301,55 K) b)
Siedetemperatur	678,45 °C (951,60 K) c)
Spezifische Schmelzenthalpie	15,72 kJ · kg^{-1} d)
Spezifische Verdampfungsenthalpie	495,86 kJ · kg^{-1} e)
Spezifische Sublimationsenthalpie (einatomiges Gas)	594,43 kJ · kg^{-1}
Spezifische Wärmekapazität (bei 25 °C)	0,242 kJ · $kg^{-1} \cdot K^{-1}$
Thermische Leitfähigkeit (bei 27 °C)	35,9 W · $m^{-1} \cdot K^{-1}$
Thermischer Längenausdehnungskoefizient (bei 25 °C)	$97 \cdot 10^{-6}$ K^{-1}
Thermospannung (Δt =100 K/Pt)	+ 0,5 mV
Elektrische Leitfähigkeit (bei 20 °C)	$5{,}00 \cdot 10^{6}$ S · m^{-1}
Spezifischer elektrischer Widerstand (bei 20 °C)	$20{,}00 \cdot 10^{-8}$ Ω · m
Spezifische magnetische Suszeptibilität	$+ 2{,}74 \cdot 10^{-9}$ $m^3 \cdot kg^{-1}$ f)
Hall-Koeffizient	$- 7{,}8 \cdot 10^{-10}$ $m^3 \cdot A^{-1} \cdot s^{-1}$
Elektrochemisches Äquivalent Cs^+	$1{,}3775 \cdot 10^{-6}$ kg · $A^{-1} \cdot s^{-1}$
Normalpotential Cs/Cs^+	– 2,923 V
Kernabstand Cs-Cs in Cs_2 (Diss.-Energie)	455 pm (44,8 kJ · mol^{-1})
Hydratat.-Radius (Hydratat.-Zahl)	228 pm (10)
Hydratationsenthalpie Cs^+	– 248 kJ · mol^{-1}
Bildunsgenthalpie CsH (CsCl; Cs_2O)	– 49,91 kJ · mol^{-1} (- 433,4 kJ · mol^{-1}; – 317,8 kJ · mol^{-1})

Weitere Angaben: a) 1900 kg · m^{-3}, 1903 kg · m^{-3}. b) 28,5 °C. c) 669,3 °C, 705 °C. d) 16,4 kJ · kg^{-1}. e) 496 kJ · kg^{-1}, 504,1 kJ · kg^{-1}. f) $2{,}8 \cdot 10^{-9}$ $m^3 \cdot kg^{-1}$.

Entdeckung

Caesium wurde im Jahre 1860 von den deutschen Forschern Robert Wilhelm Bunsen (1811–1899) und Gustav Robert Kirchhoff (1824–1887) in Heidelberg, Deutschland, bei den spektralanalytischen Untersuchungen von Bad Dürkheimer Mineralwasser, aufgrund zweier blauer Spektrallinien nachgewiesen und von Bunsen in amalgamierter Form isoliert. Bunsen gab dem neuen Element nach der blauen Farbe seiner charakteristischen Spektrallinien den Namen „Caesium" mit dem chemischen Symbol „Cs" (von lat. *caesium*, d. h. „himmelgrau"). Metallisches Caesium erhielt erstmals 1882 Carl Setterberg durch Schmelzflußelektrolyse von Caesiumcyanid.

Vorkommen

Caesium gehört zu den selteneren Elementen. Angesichts eines berechneten Massenanteils in der Erdhülle von $6{,}5 \cdot 10^{-4}\%$ steht es an 42. Stelle der Elementhäufigkeit. Das Alkalimetall kommt in der Natur ausschließlich in gebundener Form, meist in Begleitung der anderen „Alkalimetalle", nur in sehr geringen Mengen vor. In der bis 16 km tiefen Erdkruste ist es mit ca. 5 g pro t Gestein vertreten, dies entspricht etwa dem Anteil von Zinn. In magmatischen Gestein (Erstarrungsgestein) konnte man durchschnittlich 7 g Caesium pro t nachweisen. Durch Verwitterung bilden sich daraus lösliche Salze, die spurenweise in die Böden, Flüsse und Meere gelangen. So ist Caesium in winzigen Mengen in vielen Solwässern wie auch im Bad Dürkheimer Mineralwasser enthalten. Meerwasser enthält ca. 0,5 mg Cs^+ pro m^3 bei einer Verweilzeit von ca. 600000 Jahren. Das wichtigste Caesiummineral ist der sehr seltene Pollux oder Pollucit ein Caesiumaluminiumsilicat $Cs_4[Al_4Si_9O_{26}] \cdot H_2O$ bzw. ($2\ Cs_2O \cdot 2\ Al_2O_3 \cdot 9\ SiO_2 \cdot H_2O$) auch $(Cs, Na)_4[Al_4Si_9O_{26}] \cdot H_2O$, angegeben, mit einem Anteil von etwa 30% Cs_2O. Das Mineral findet man in geringen Mengen z. B. auf der Insel Elba, in den USA (Maine), in Südwestafrika, Kanada, Rußland, Schweden. Die Caesiumreserven sind nicht bekannt.
Die Häufigkeit des Elements auf der Sonne beträgt etwa 80 Atome Caesium pro $1 \cdot 10^{12}$ Atome Wasserstoff, die kosmische Häufigkeit wird auf 0,46 Atome Caesium pro $1 \cdot 10^6$ Atome Silicium geschätzt.

Herstellung

Das reine Metall wird technisch hauptsächlich auf chemische Wege durch Reduktion des Caesiumhydroxids CsOH oder Caesiumcarbonats Cs_2CO_3 mit Magnesium, Calcium oder Aluminium bei Rotglut im Wasserstoffstrom hergestellt. Besonders vorteilhaft ist die Umsetzung des Dichromats $Cs_2Cr_2O_7$ mit Zirconium im Hochvakuum bei 500 °C:

$$Cs_2Cr_2O_7 + 2\ Zr \longrightarrow 2\ Cs + 2\ ZrO_2 + Cr_2O_3$$

wobei das Caesium abdestilliert. Ferner erhält man Caesium durch Schmelzflußelektrolyse von Caesiumchlorid CsCl, durch Extraktion aus Pollucit mit Natrium bei 700–850 °C sowie durch Reduktion von Cs-Halogeniden mit metallischem Calcium oder Calciumcarbid im Hochvakuum. Das Caesium destilliert als Dampf ab und wird an gekühlten Vorlagen rein abgeschieden.

Die Weltproduktion von Caesium liegt bei rund 20 t/Jahr. Der Großhandelspreis für 1 kg Caesium liegt bei etwa 420 $ bzw. ca. 760 DM.

Physikalische Eigenschaften

Caesium ist ein gold-gelblich schimmerndes, dehnbares, sehr weiches, paramagnetisches Leichtmetall. Es hat nach Quecksilber den niedrigsten Schmelzpunkt aller Metalle und schmilzt schon in der menschlichen Hand zu einer goldgelben Schmelze. Das Metall besitzt unter allen bekannten Elementen den größten Atomradius. Es läßt sich leicht durch sichtbares Licht oder durch UV-Strahlen ionisieren und eignet sich daher, in Form von Cs-Sb- oder Cs-Bi-Legierungen, sehr gut zur Herstellung von Photozellen und Photokathoden. Das Metall kristallisiert in einem kubisch-raumzentrierten Gitter. Die thermische Leitfähigkeit beträgt 8,37%, die elektrische 7,95% im flüssigen Zustand 4,78% der des Silbers. Die Austrittsarbeit der Elektronen im Vakuum beträgt 2,14 eV (P).

Radiochemie

Caesium ist ein anisotopes Element, es kommt in der Natur nur in Form eines einzigen Isotops vor. Weitere 31 künstliche, radioaktive Isotope des Caesiums sind bekannt.

Die Isotope des Caesiums (1995)

Isotop	Natürliche Häufigkeit n (%)	Zerfallsart						Halbwertszeit $T_{1/2}$
		p	α	β^+	EC	γ	β^-	
Cs 112		**x**						500 μs
Cs 113		**x**						17 μs
Cs 114			x	**x**		x		0,57 s
Cs 115				**x**				1,4 s
Cs 116*				**x**		x		3,5 s
Cs 116*				**x**		x		0,7 s
Cs 117*				**x**		x		8,4 s
Cs 117*				**x**				6,5 s
Cs 118*				**x**		x		17 s
Cs 118*				**x**		x		14 s
Cs 119*				**x**		x		43,0 s
Cs 119*				**x**		x		30,4 s
Cs 120*				**x**		x		64 s
Cs 120*				**x**		x		57 s
Cs 121*				**x**		x		2,6 m
Cs 121 m*				**x**		x		2,0 m
Cs 122*				**x**		x		4,2 m
Cs 122*				**x**		x		21,0 s
Cs 123*				**x**		x		5,9 m
Cs 123 m*						**x**		1,6 s

Die Isotope des Caesiums (1995)								
Isotop	Natürliche Häufigkeit n (%)	Zerfallsart						Halbwertszeit $T_{1/2}$
		p	α	β⁺	EC	γ	β⁻	
Cs 124*				**x**		x		30,8 s
Cs 124 m*						**x**		6,3 s
Cs 125				**x**	**x**	x		45 m
Cs 126				**x**		x		1,6 m
Cs 127				**x**	**x**	x		6,25 h
Cs 128				x		x		3,8 m
Cs 129				**x**	**x**	x		32,06 h
Cs 130*				x	x	x	x	29,21 m
Cs 130 m*					x	**x**		3,46 m
Cs 131				**x**				9,69 d
Cs 132				**x**	**x**	x	x	6,47 d
Cs 133	**100**							
Cs 134*				x		x	**x**	2,06 a
Cs 134 m*						**x**		2,90 h
Cs 135*							x	$2 \cdot 10^6$a
Cs 135 m*						**x**		53 m
Cs 136*						x	**x**	13,16 d
Cs 136 m*						**x**		19 s
Cs 137							**x**	30,17 a
Cs 138*						x	**x**	32,2 m
Cs 138 m*						**x**	**x**	2,90 m
Cs 139						x	**x**	9,3 m
Cs 140						x	**x**	63,7 s
Cs 141						x	**x**	24,94 s
Cs 142						x	**x**	1,70 s
Cs 143						x	**x**	1,78 s

(* isomere Atomkerne; m* markiert jeweils einen metastabilen Zustand)

Die meisten Cs-Isotope haben kurze Halbwertszeiten. Die leichteren Isotope A < 133 verwandeln sich durch β^+-Strahlung oder Elektronen-Einfang (EC) in die entsprechenden Xe-Isotope, die schwereren A > 133 gehen durch β^--Emission in Ba-Isotope über. Die Isotope $^{133}_{55}Cs$ sowie $^{135}_{55}Cs$ bis $^{142}_{55}Cs$ sind Spaltprodukte, sie entstehen bei der Kernspaltung von $^{235}_{92}U$ und $^{239}_{94}Pu$. Das in Kernreaktoren in größeren Mengen anfallende radioaktive Isotop $^{137}_{55}Cs$ (β^- | 1,17 MeV) und das Isotop $^{134}_{55}Cs$ (β^- | 2,06 MeV; γ) werden als radioaktive Indikatoren (Tracer) in der Technik zur Messung der Dichte, der Dicke von Papier, Metallplatten, Betonwänden u. a. eingesetzt. Daneben finden sie Verwendung zur Bestimmung von Fließgeschwindigkeiten, Flüssigkeitsständen u. a. Große Bedeutung kommt dem Isotop $^{137}_{55}Cs$ bei der Herstellung großtechnischer γ-Strahlenquellen und als Standardnuklid für Eichzwecke in der γ-Spektrometrie zu, wobei die $^{137}_{55}Cs$ γ-Strahlung in Wirklichkeit von seinem β^--Zerfallsprodukt $^{137m}_{56}Ba$ stammt. In der Nuklearmedizin wird $^{137}_{55}Cs$ ähnlich dem Isotop $^{60}_{27}Co$, zur Strahlenbehandlung von Krebsgeschwüren eingesetzt. Das stabile Isotop $^{133}_{55}Cs$ der Kernspinzahl 7/2+ und kernmagnetischen Moment +2,579 dient zum NMR-spektroskopischen Nachweis; NMR-Frequenz (bei 2,3488 T) $13{,}117 \cdot 10^6\ s^{-1}$,

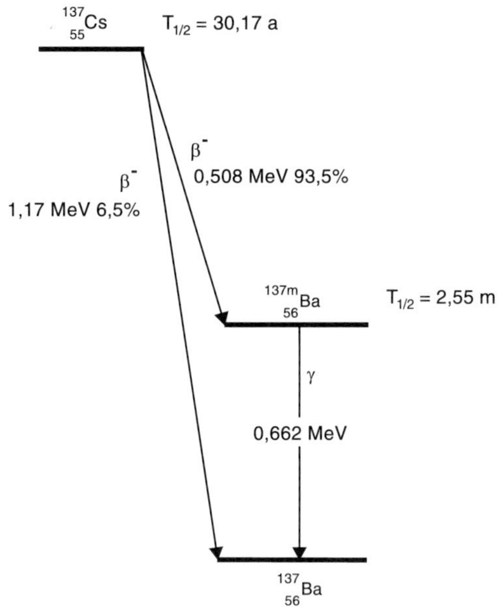

Abb. 22: Zerfallschema des Isotops $^{137}_{55}Cs$.

Referenz 0,5 M CsBr (aq). Die maximal zulässige radiologische Aktivität des Gemisches $^{137}_{55}Cs + ^{137m}_{56}Ba$ beträgt $36{,}5 \cdot 10^5$ Bq für den menschlichen Körper, 74 000 Bq/l in wäßriger Lösung und $7{,}4 \cdot 10^3$ Bq/m³ Luft (Abb. 22).

Chemische Eigenschaften

Caesium gehört zur Gruppe der „Alkalimetalle". Es befindet sich im Periodensystem der Elemente in der 1. Gruppe (IA Hauptgruppe) zwischen Rubidium Rb und Francium Fr sowie in der 6. Periode neben Barium Ba. In seinen chemischen Eigenschaften ist Caesium seinen leichteren Homologen, besonders dem Kalium sehr ähnlich. Es hat von allen Alkalimetallen (außer Francium) den größten Atomradius. Das freie, neutrale Cs-Atom hat im elektronischen Grundzustand folgende Elektronenkonfiguration:

$$1s^2\ 2s^2\ 2p^6\ 3s^2\ 3p^6\ 3d^{10}\ 4s^2\ 4p^6\ 4d^{10}\ 5s^2\ 5p^6\ 6s^1$$

Das einzige 6s-Valenzelektron kann sehr leicht abgegeben werden, da es sehr weit vom Kern entfernt ist, und durch die inneren Elektronenschalen, K- bis O-Schale, vom Kern gut abgeschirmt wird. Caesium tritt daher fast ausschließlich in der Oxidationsstufe +I ([Xe]) auf, wobei es aber in seltenen Fällen auch zur Bildung der Stufen +II, +III und +IV geneigt ist. Das stark negative Normalpotential Cs/Cs^+ von –2,923 V sowie die geringe Ionisierungsenergie weisen Caesium, abgesehen vom radioaktiven Francium, als das unedelste, elektropositivste und reaktionsfähigste Metall aus. Es reagiert mit fast allen Elementen zum Teil explosionsartig oder unter Entflammung. In der Luft entzündet

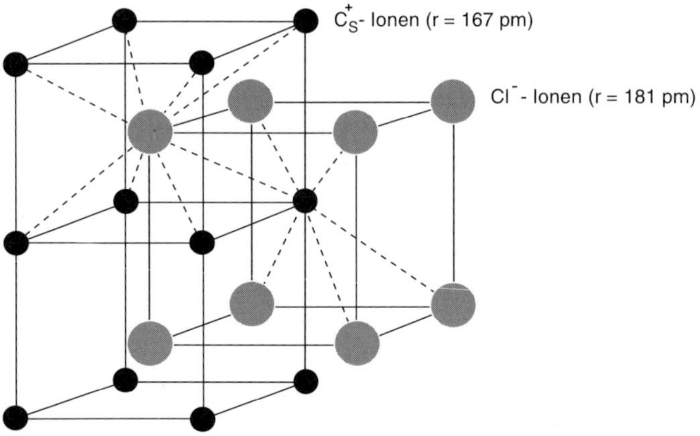

Abb. 23: Das Kristallgitter des Caesiumchlorids; „Caesiumchlorid-Struktur" (CsCl-Typ); kubisch-raumzentriertes Würfelgitter, bei dem jedes Caesium-Kation Cs^+ kubisch von acht Chlorid-Anionen Cl^- und jedes Cl^--Anion kubisch von acht Cs^+-Kationen koordiniert ist. Verhältnis der Radien r_{Cs^+}/r_{Cl^-} = 0,923. Gittertyp AB 8/8.

es sich sofort und verbrennt mit rotvioletter Flammenfärbung zu Cs(IV)-oxid CsO_2. Mit Wasser reagiert Caesium sehr heftig, sogar bis zu Temperaturen von –116 °C, und bildet Cs-Hydroxid CsOH. Der dabei freigesetzte Wasserstoff entzündet sich spontan:

$$2\,Cs + 2\,H_2O \longrightarrow 2\,CsOH + H_2 \uparrow$$

Caesiumhydroxid ist die stärkste bisher bekannte Base. Oberhalb 300 °C greift Caesium sogar Glas an. Das Metall wird im Vakuum oder im Paraffinöl aufbewahrt. Das Caesium-Ion Cs^+ ist ein farbloses einwertiges Kation mit Xe-Konfiguration. Cs-Verbindungen sind in ihrer Zusammensetzung und in ihren Eigenschaften den Kaliumverbindungen sehr ähnlich. Das Metall bildet mehrere Oxide von denen das Caesiummonooxid Cs_2O am häufigsten vorkommt. Die meisten Cs-Salze sowie auch das Oxid und das Hydroxid sind in Wasser leicht löslich. In Wasser schwer lösliche Salze sind z. B. Cs-Perchlorat $CsClO_4$, Cs-Hexacloroplatinat $Cs_2[PtCl_6]$, Cs-Hydrogentartrat $CsHC_4H_4O_6$, Cs-Tetraphenylborat $CsB(C_6H_5)_4$.

Nachweis

Qualitativ:

- Durch die blaue Flammenfärbung.

Quantitativ:

- Fällung als schwerlösliches Cs-Perchlorat, Cs-Hexachloroplatinat, Cs-Hydrogentartrat usw.
- Spektralanalyse; wichtige Spektrallinien der neutralen Atome: 455,528 nm, 852,113 nm, 895,347 nm und der einfach positiv geladenen Ionen Cs^+ 460,376 nm, 522,704 nm, 592,563 nm.
- Atomabsorptionsspektrometrie (AAS) mittels der 852,113 nm Hauptlinie des Atomspektrums.

Verwendung

Caesium findet in der Technik vielfache Verwendung. Es dient hauptsächlich zur Herstellung von Photozellen sog. *Caesiumzellen*, besonders für Infrarotstrahlung, von Gleichrichtern, Glühkathoden z. B. die Antimon-Caesium-Kathode, Photomultipliern, Caesiumdampflampen für Nachtsichtgeräte sowie als Gettermaterial in Hochvakuumröhren. Daneben ist Caesium ein wichtiges Material für den Bau von Atomuhren bzw. Caesiumatomstrahluhren bei denen die Schwingungsfrequenz des Isotops $^{133}_{55}Cs$ ausgenutzt wird. Diese Uhren haben eine Ungenauigkeit von 0,3 s in 10000 Jahren. Die z. Z. genaueste Atomuhr ist das an der Physikalisch-Technischen Bundesanstalt in Braunschweig befindliche *Caesiumstrahl-Zeitnormal* mit einer Fehlzeit von einer Sekunde in fünf Millionen Jahren. In der Raumfahrt dient Caesium als Treibstoff für Ionenstrahltriebwerke sog. *Ion Thrusters*. Dazu werden die positiven Cs^+-Ionen in einem elektrischen Feld auf eine Geschwindigkeit von ca. 140 km · s^{-1} beschleunigt und dann als Ionenstrahl durch eine Düse ausgestoßen. In den letzten Jahren wurden in Los Alamos, USA, Versuche mit Uran-Caesiumplasma-Thermoelementen zur direkten Umwandlung der bei der Kernspaltung entstehenden Wärme in elektrische Energie sog. *thermionische-Batterien* durchgeführt. Cs-Salze wie z. B. CsBr und CsI werden in Szintillationszählern und Cs_2CO_3 zur Herstellung von Spezialgläsern verwendet. Cs-Boranat $CsBH_4$ eignet sich als Festtreibstoff für Raketenantriebe.

Physiologie, Toxikologie

Caesium hat keine biologische Bedeutung für den menschlichen Organismus. Das Element gilt als nicht toxisch. Angesichts seiner großen Reaktionsfreudigkeit kann Caesium aber auf der Haut schwere Verletzungen verursachen. Das aus radioaktiven Niederschlägen, *fallout* z. B. als Folge von Kernwaffentests, oder schweren Betriebsunfällen in Kernkraftwerken sog. *GAU* (Tschernobyl 1986) stammende $^{137}_{55}Cs$ ist eines der potentiell gefährlichsten Radionuklide, da es vom Organismus besonders im Magen-Darm-Trakt vollständig resorbiert wird. Es wird vor allen mit Fleisch, Milch und Milchprodukten sowie mit Speisepilzen aufgenommen und hat im Körper eine biologische Halbwertszeit von ca. 140 Tagen. Als hochwirksames Antidot bei Vergiftungen mit radioaktiven Caesium hat sich Berliner Blau erwiesen, das Cs^+-Ionen aus dem Dünndarm durch Ionenaustausch bindet und die Ausscheidung fördert. Der menschliche Organismus enthält nur wenige Mikrogramm des Elements, verteilt v. a. auf Muskeln und Knochen.

Calcium Ca

International (Lat.)	Calcium	Italienisch	Calcio
Englisch	Calcium	Griechisch	Ασβέσιο (Asvesio)
Französisch	Calcium	Russisch	Кальций (Kaljzij)
Spanisch	Calcio	Japanisch	カルシウム (karusiumu)

Atomare und physikalische Eigenschaften

Protonenzahl **(Z)**	**20**
Standard-Atomgewicht (bezogen auf ^{12}C = 12)	40,078(±4)
Effektive Kernladung	(Slater) 2,85; (Clementi) 4,40; (Froese-Fischer) 5,69
Elektronenkonfiguration	[Ar] $4s^2$
Grundzustand, Termsymbol	$^1S_0$
Metallatomradius (α-Modification)	197,4 pm
Kovalenzradius (Einfachbindung)	174 pm
Ionenradien (KZ 6;8)	$100^{2+}_{(6)}$ pm, $112^{2+}_{(8)}$ pm
Molares Volumen	$25{,}86 \cdot 10^{-6}$ $m^3 \cdot mol^{-1}$
1.; 2.; 3.; 4.; 5. Ionisierungsenergie	6,1131 eV; 11,871 eV; 50,908 eV; 67,097 eV; 84,406 eV
Elektronegativität	(Allred/Rochow) 1,04; (Pauling) 1,00; (absolut) 2,20 eV
Elektronenaffinität Ca → Ca^-	+ 1,927 eV
Wirkungsquerschnitt für thermische Neutronen ($\sigma_{n,\gamma}$)	$0{,}43 \cdot 10^{-28}$ m^2
Dichte fest (bei 20 °C)	1540 $kg \cdot m^{-3}$
flüssig (bei 839 °C)	1365 $kg \cdot m^{-3}$
Härte	(Mohs) 1,5 ; (Brinell) $41{,}6 \cdot 10^7$ Pa
Zugfestigkeit	$6{,}0 \cdot 10^7$ Pa
Schmelztemperatur	(839 ±2) °C [(1112,15 ±2) K] [a)]
Siedetemperatur	1484 °C (1757,15 K) [b)]
Spezifische Schmelzenthalpie	216 $kJ \cdot kg^{-1}$ [c)]
Spezifische Verdampfungsenthalpie	3750 $kJ \cdot kg^{-1}$ [d)]
Spezifische Sublimations-/ Atomisierungsenthalpie	4438,5 $kJ \cdot kg^{-1}$
Spezifische Wärmekapazität (bei 25 °C)	0,6473 $kJ \cdot kg^{-1} \cdot K^{-1}$
Debye-Temperatur	– 43,15 °C (230 K)
Thermische Leitfähigkeit (bei 27 °C)	201 $W \cdot m^{-1} \cdot K^{-1}$
Thermischer Längenausdehnungskoeffizient (bei 25 °C)	$22{,}3 \cdot 10^{-6}$ K^{-1}
Elektrische Leitfähigkeit (bei 20 °C)	$29{,}15 \cdot 10^6$ $S \cdot m^{-1}$
Spezifischer elektrischer Widerstand (bei 20 °C)	$3{,}43 \cdot 10^{-8}$ $\Omega \cdot m$
Spezifische magnetische Suszeptibilität	$+ 12{,}53 \cdot 10^{-9}$ $m^3 \cdot kg^{-1}$
Hall-Koeffizient (99 %)	$- 1{,}78 \cdot 10^{-10}$ $m^3 \cdot A^{-1} \cdot s^{-1}$
Elektrochemisches Äquivalent Ca^{2+}	$0{,}2077 \cdot 10^{-6}$ $kg \cdot A^{-1} \cdot s^{-1}$
Normalpotential Ca/Ca^{2+}	– 2,866 V
Hydratationsenthalpie Ca^{2+}	– 1563 $kJ \cdot mol^{-1}$
Bildungsenthalpie CaH_2 ($CaCl_2$; CaO)	– 186 $kJ \cdot mol^{-1}$ (–796,3 $kJ \cdot mol^{-1}$; – 635,5 $kJ \cdot mol^{-1}$)

Weitere Angaben: a) 845 °C und 851 °C. b) 1494 °C. c) 232,6 $kJ \cdot kg^{-1}$. d) 3739,5 $kJ \cdot kg^{-1}$ und 3865,3 $kJ \cdot kg^{-1}$.

Entdeckung

Calcium wurde im Jahre 1808 von dem englischen Chemiker Sir H. Davy in London, Großbritannien, entdeckt und in verunreinigter Form durch Elektrolyse von Calciumhydroxid gewonnen. Davy gab dem neuen Element den Namen „Calcium“ (von. lat. *calx*[1]), d. h. „Kalkstein“). Fast zeitgleich aber unabhängig gelang es auch den schwedischen Chemikern J. J. Berzelius und Magnus Martin Pontin (1781–1858) in Stockholm das unreine Metall zu isolieren. Das chemische Symbol „Ca“ wurde 1814 von J. J. Berzelius vorgeschlagen. Reines Calcium erhielt erstmals H. F. Moissan 1898 auf chemischen Wege durch Reduktion des wasserfreien Calciumiodids mit Natrium.

Vorkommen

Calcium gehört zu den fünf häufigsten Elementen und ist nach Aluminium und Eisen das dritthäufigste Metall auf der Erde. Mit einem berechneten Massenanteil in der Erdhülle von 3,39% steht es an 5. Stelle der Elementhäufigkeit. Die Erdkruste bis 16 km Tiefe enthält ca. 46,6 kg/t, Steinmeteoriten etwa 20 kg/t chemisch gebundenes Calcium. Im Meerwasser beträgt der Anteil an $Ca^{(+II)}$ durchschnittlich 420 g/m^3, bei einer Verweilzeit von ca. einer Mio. Jahren. In der lebenden Natur kommt Calcium u. a. in verschiedenen Pflanzen wie Rhabarber, Aronstab, Panamarinde vor. Es ist ein wichtiges Bestand-

Die wichtigsten Calciumminerale (Abb. 24)	
Kalkspat, Calcit (trig.)	$CaCO_3$
Aragonit, Vaterit (rhomb.)	$CaCO_3$
Kalkstein, Kreide Marmor aus kleinen Calcitkristallen bestehenden gewöhnliche Formen des	$CaCO_3$
Dolomit	$MgCa[CO_3]_2$ (= $MgCO_3 \cdot CaCO_3$)
Gips	$CaSO_4 \cdot 2\,H_2O$
Anhydrit	$CaSO_4$
Glauberit	$CaNa_2[SO_4]_2$ (= $CaSO_4 \cdot Na_2SO_4$)
Kalkfeldspat, Anorthit	$Ca[Al_2Si_2O_8]$
α-Wollastonit	$Ca_3[Si_3O_9]$
β-Wollastonit	$Ca[SiO_3]$
Pyroxene; Diopsid	$CaMg[SiO_3]_2$
Apatit, Fluoroapatit	$Ca_5[(F,Cl,OH, 1/2\,CO_3\,|(PO_4)_3]$
Phosphorit	$Ca_3(PO_4)_2$
Flußspat, Fluorit	CaF_2
Tachhydrit	$CaCl_2 \cdot MgCl_2 \cdot 12\,H_2O$

1) Als *calx* bezeichnete man im Altertum sowohl den Kalkstein als auch Kreide, Gips, Kalkmörtel u. a. Schon 300 v. Chr. berichtete Theophrast über die bauliche Verwendung von Gips und im 1. Jh. n. Chr. beschrieben Plinius d. Ältere, Dioskurides u. a. das Brennen von Kalkstein, Löschen von Kalk und die Herstellung von Kalkmörtel.

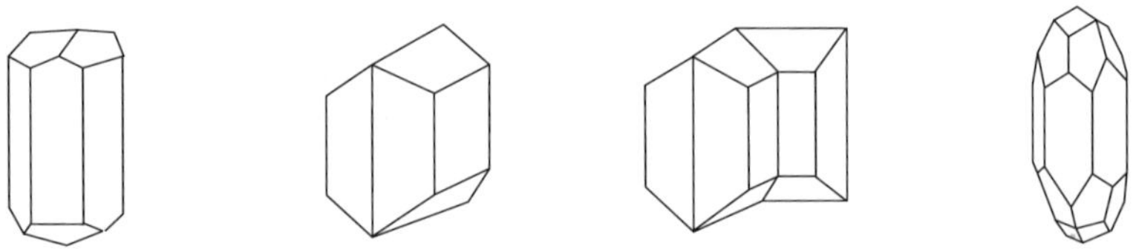

Abb. 24: Verschiedene Formen der Calciumminerale Calcit und Aragonit.

teil der Stützsubstanzen der Knochen, Zähne, Eierschalen, Schneckengehäuse, Muscheln, Korallen. Infolge seiner großen Reaktionsfreudigkeit tritt Calcium nie elementar auf. In der Natur findet man das Metall nur in Form von Verbindungen, die meist in gewaltigen Lagern vorkommen, wie z. B. der Dolomit, der ganze Gebirgszüge bildet. Bei den Verbindungen handelt es sich vorwiegend um wasserunlösliche Salze. Calcium kommt in weit über 400 Erzsorten vor (Abb. 24).
Die Calcium-Reserven sind fast unbegrenzt. Weltweit werden jährlich rund 115 Mio. t Ca-Oxid CaO produziert. Die Häufigkeit des Elements auf der Sonne beträgt ca. $2{,}24 \cdot 10^6$ Atome Calcium pro $1 \cdot 10^{12}$ Atome Wasserstoff, die kosmische Häufigkeit schätzt man auf $4{,}9 \cdot 10^4$ Atome Calcium pro $1 \cdot 10^6$ Atome Silicium.

Herstellung

Metallisches Calcium wurde bis Mitte der 40. Jahre vorwiegend durch Schmelzflußelektrolyse von Ca-Chlorid $CaCl_2$, das als Nebenprodukt bei der Sodaherstellung anfiel, hergestellt. Bei diesem Verfahren wird das $CaCl_2$ zur Herabsetzung der Schmelztemperatur mit einem Zusatz von ca. 15–25% CaF_2 und KCl als Flußmittel gemischt und in Graphitzellen bei ca. 780–800 °C geschmolzen. Als Kathode dient ein senkrechter Eisen- oder Graphitstab der die Oberfläche der Schmelze berührt. Bei einer Elektrolysespannung von 20 V setzt sich das metallische Calcium an der Kathode, die langsam angehoben wird, stabförmig ab. Die mehrere Zentimeter dicken Calciumstäbe, sogenannte *Knüppel* werden abgeschlagen. Man erhält Rohcalcium mit einem Reinheitsgrad von 95–98%.
Heute erfolgt die großtechnische Produktion von Calcium durch aluminothermische Reduktion von gebranntem Kalk. Dazu wird ein briketiertes Gemisch von Ca-Oxid CaO und Al-Pulver in einer Retorte unter Vakuum auf ca. 1200 °C erhitzt. Der entstehende Ca-Dampf wird abgeleitet und kondensiert im wassergekühlten Teil der Retorte, aus dem die Schmelze laufend abgezogen wird.

$$4CaO + 2Al \longrightarrow Ca[Al_2O_4] + 3Ca$$

Das aluminothermisch hergestellte Rohcalcium hat einen Reinheitsgrad von 99%. Die Nachreinigung von Rohcalcium erfolgt durch Vakuumdestillation oberhalb 850 °C in der Destillationsretorte. Das reine Metall setzt sich dabei in Form glitzernder Kristalle

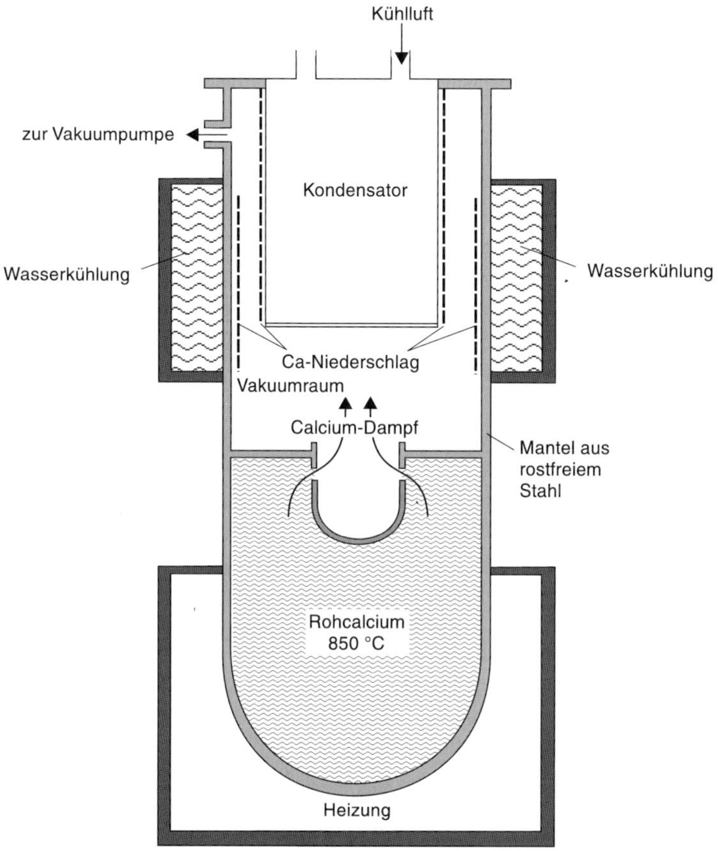

Abb. 25: Schematische Darstellung einer Destillationsretorte zur Calciumproduktion.

sog. *Calcium-König* an den gekühlten Wänden der Retorte ab (Abb. 25). Calcium kommt in luftdichten Gefäßen, oder unter Schutzgas in den Handel. Die Weltproduktion von metallischen Calcium beträgt durchschnittlich etwa 2500–3000 t/a. Die Hauptproduktionsländer sind die USA mit ca. 48%, Kanada 20%, Frankreich 14%, GUS-Staaten 12% u. a.

Physikalische Eigenschaften

Calcium ist ein silberweißes, in reinstem Zustand hellgoldgelbes, glänzendes Leichtmetall, das an der Luft jedoch infolge Oxidbildung rasch mattblaugrau anläuft. Es ist gut dehnbar und sehr weich, etwa wie Blei, läßt sich aber nicht mit dem Messer schneiden. Das paramagnetische Metall hat eine relativ niedere Schmelz- und Siedetemperatur und ist ein guter Leiter von Wärme und elektrischem Strom. Die thermische Leitfähigkeit beträgt 46,85% die elektrische Leitfähigkeit etwa 46,35% der des Silbers.

Calcium tritt in drei verschiedenen Modifikationen auf:

α-Ca kubisch-flächen- zentrierte dichteste Kugelpackung	$\xrightarrow{300\ °C}$	β-Ca kubisch raum- zentriert	$\xrightarrow{450\ °C}$	γ-Ca hexagonal- dichteste Kugelpackung

Radiochemie

Natürliches Calcium ist ein Gemisch aus sechs stabilen Isotopen. Daneben sind weitere 13 künstliche radioaktive Isotope bekannt.
Die Ca-Isotope haben allg. kurze Halbwertszeiten. Die leichteren Isotope A < 42 zerfallen durch β^+-Strahlung oder durch Elektronen-Einfang (EC) in die entsprechende K-Isotope, während die schwereren A > 44 sich durch β^--Emission in Sc-Isotope verwandeln. Von praktischem Interesse sind die Isotope $^{45}_{20}Ca$ (β^- | 0,257 MeV; γ) und $^{47}_{20}Ca$ (β^- | 1,998 MeV; γ) die in den Reaktionen $^{44}_{20}Ca$ (n; γ) $^{45}_{20}Ca$ bzw. $^{46}_{20}Ca$ (n, γ) $^{47}_{20}Ca$ entstehen. Sie werden als radioaktive Indikatoren, Tracer, zur Untersuchung der Wirkungsweise von Hochöfen, der Löslichkeit von Calcium in flüssigen Eisen, in der Biologie zur Untersuchung des Ca-Stoffwechsels u. a. verwendet. Das Radioisotop $^{45}_{20}Ca$ wird in der Nuklearmedizin eingesetzt. Das stabile Isotop $^{43}_{20}Ca$ der Kernspinzahl 7/2– und kernmagnetischen Moment 1,3173 dient zum NMR-spektroskopischen Nachweis; NMR-Frequenz (bei 2,3488 T) $6{,}728 \cdot 10^6 s^{-1}$; Referenz $CaCl_2$ (aq).

Die Isotope des Calciums (1995)

Isotop	Natürliche Häufigkeit n (%)	Zerfallsart				Halbwertszeit $T_{1/2}$
		β^+	EC	γ	β^-	
Ca 35		x		x		50 ms
Ca 36		x		x		102 ms
Ca 37		x		x		181 ms
Ca 38		x		x		439 ms
Ca 39		x		x		860 ms
Ca 40	**96,941**					
Ca 41			x			$1{,}03 \cdot 10^5$ a
Ca 42	**0,647**					
Ca 43	**0,135**					
Ca 44	**2,086**					
Ca 45				x	x	163 d
Ca 46	**0,004**					
Ca 47				x	x	4,54 d
Ca 48	**0,187**					
Ca 49				x	x	8,72 m
Ca 50				x	x	13,9 s
Ca 51				x	x	10,0 s
Ca 52				x	x	4,6 s
Ca 53					x	90 ms

Chemische Eigenschaften

Calcium ist das erste Element in der Gruppe der „Erdalkalimetalle", der gemäß den Regeln der IUPAC die Elemente

Calcium Ca, Strontium Sr, Barium Ba und Radium Ra

angehören. (Im deutschen Sprachraum werden auch die Elemente Beryllium und Magnesium häufig zu den Erdalkalimetallen gezählt.) Entsprechend seiner Stellung im PSE in der 2. Gruppe (IIA Hauptgruppe) hat das freie, neutrale Ca-Atom im elektronischen Grundzustand folgende Elektronenkonfiguration:

$$1s^2\ 2s^2\ 2p^6\ 3s^2\ 3p^6\ 4s^2$$

Wie die schwereren Homologen seiner Gruppe bildet auch Calcium in seinen Verbindungen fast ausschließlich die Oxidationsstufe +II ([Ar]), die durch Abgabe der beiden 4s-Valenzelektronen unter Bildung einer stabilen Argonschale erreicht wird.
Die Normalpotentiale des Calciums:

+II		0	+II
	−1,045 V (Ca^{2+} → CaH_2)		
Ca^{2+}	−2,866 V	Ca	CaH_2
CaO (hyd.)	−2,189 V	(→ Ca)	

Das stark negative Normalpotential sowie die relativ niedrige 1. Ionisierungsenergie weist Calcium als ein sehr unedles, stark elektropositives und sehr reaktionsfähiges Metall aus. In seinem chemischen Verhalten zeigt Calcium sehr enge Verwandtschaft mit seinen schwereren Homologen Strontium und Barium. Bei gewöhnlicher Temperatur ist Calcium an trockener Luft beständig, überzieht sich aber in Gegenwart von Luftfeuchtigkeit sehr rasch mit einer grauweißen Oxidschicht. Bei höheren Temperaturen verbrennt es an der Luft zu Ca-Oxid CaO und Ca-Nitrid Ca_3N_2:

$$2\ Ca + O_2 \longrightarrow 2\ CaO \qquad \Delta H = -\ 1271\ kJ$$
$$3\ Ca + N_2 \longrightarrow Ca_3N_2 \qquad \Delta H = -\ 432{,}5\ kJ$$

Mit molekularem Sauerstoff und den Halogenen reagiert Calcium nur träge beim Erhitzen erfolgt jedoch lebhafte Reaktion. Mit Wasserstoff verbindet es sich zu Ca-Hydrid

$$Ca + H_2 \longrightarrow CaH_2 \qquad \Delta H = -\ 186\ kJ$$

das mit Wasser das Hydroxid bildet und den Wasserstoff wieder frei gibt:

$$CaH_2 + 2\ H_2O \longrightarrow Ca(OH)_2 + 2\ H_2 \uparrow \qquad \Delta H = -226{,}1\ kJ$$

Mit warmen Wasser reagiert Calcium unter Wasserstoffentwicklung zum Ca-Hydroxid:

$$Ca + 2\ H_2O \longrightarrow Ca(OH)_2 + H_2 \uparrow \qquad \Delta H = -\ 986\ kJ$$

$Ca(OH)_2$ ist eine schwächere Base als das Hydroxid seines Periodennachbaren aus der 1. Gruppe, Kalium, jedoch eine stärkere Base als das Hydroxid seines rechten Nachbaren aus der Gruppe der „Triele", Scandium. Die Lösung des nur wenig löslichen Ca-Hydroxids nennt man *Kalkwasser*. Das Oxid-CaO *Ätzkalk* reagiert heftig mit Wasser unter Bildung des Hydroxids:

$$CaO + H_2O \longrightarrow Ca(OH)_2 \qquad \Delta H = -\ 65{,}2\ kJ$$

ungelöschter Kalk *gelöschter Kalk*

Diese Reaktion nennt man *Kalklöschen*.

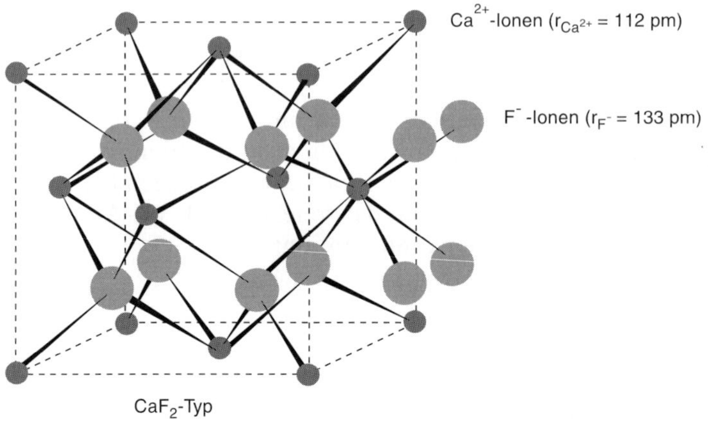

Abb. 26: Das Kristallgitter von Fluorit, Flußspat; „Fluorit-Struktur" (CaF_2-Typ); die Calcium-Kationen Ca^{2+} bilden einen flächenzentrierten Würfel, der einen an acht Ecken mit Fluorit-Anionen F^- besetzten Würfel umschließt. Dabei wird jedes Ca^{2+}-Kation kubisch von acht F^--Anionen und jedes F^--Anion tetraedrisch von vier Ca^{2+}-Kationen koordiniert bzw. umgeben.
Verhältnis der Radien $r_{Ca^{2+}}/r_{F^-}$ = 0,842. Gittertyp AB 8/4.

Calcium wird von den meisten Säuren unter Salzbildung rasch gelöst. In flüssigem Ammoniak löst sich Calcium unter Bildung einer intensiv, schwarzblauen Lösung. Das Ca-Ion Ca^{2+} ist ein farbloses doppelt positiv geladenes Kation mit Ar-Konfiguration. In seinen Verbindungen bildet Calcium ausschließlich heteropolare Bindungen, also Ionenbindungen. Das Metall bildet viele Salze jedoch nur wenige Komplexe. Ausgangsprodukt zur Herstellung von Ca-Verbindungen ist das Ca-Carbonat $CaCO_3$. Von den Ca-Salzen sind die Halogenide der allg. Formel CaX_2 (X = Cl,Br,I), das Acetat $Ca(OOCCH_3)_2$, Sulfid CaS, Nitrat $Ca(NO_3)_2$, Nitrid Ca_3N_2 und das Cyanid $Ca(CN)_2$ in Wasser löslich. Das Fluorid CaF_2 (Abb. 26), Sulfat $CaSO_4$, Carbonat $CaCO_3$, Oxalat $Ca(C_2O_4)$ und die Phosphate $Ca_3(PO_4)_2$ sind dagegen in Wasser nicht löslich. Calciumcarbonat, *Kalkstein*, $CaCO_3$ bildet mit Ton gemischt *Tonmergel* 10–40% $CaCO_3$; *Mergel* 40–75% $CaCO_3$; *Kalkmergel* 75–90% $CaCO_3$. Der Gehalt von Ca^{2+} und Mg^{2+}-Ionen im Wasser umgerechnet auf CaO wird zur Festlegung der *Wasserhärte* herangezogen:
Deutschland: 1 dH (= 1 Grad deutscher Härte) bedeutet 10 mg CaO pro 1 Liter Wasser. Dies entspricht 7,19 mg Ca^{2+} bzw. 4,34 mg Mg^{2+}.
Man bezeichnet Wasser mit den Härtegraden
0–7,3 *weich*; 7,3–14 *mittelhart*; 14–21 *ziemlich hart*; über 21 *hart*.

USA:	1 aH (= 1 Grad amerikanischer Härte) entspricht 9,6 mg CaO pro 1 Liter Wasser
England:	1 eH (= 1 Grad englischer Härte) entspricht 8,0 mg CaO pro 1 Liter Wasser
Frankreich:	1 fH (= 1 Grad französischer Härte) entspricht 5,6 mg CaO pro 1 Liter Wasser.

Nachweis

Qualitativ:
- Flammenfärbung, Calciumsalze färben nichtleuchtende Flammen ziegelrot bis orangerot.
- Komplexometrisch mit EDTA und Colmagit als Indikator.

Quantitativ:
- Fällung als weißes Calciumsulfat-Dihydrat aus schwach konz. Salzlösung mit verd. Schwefelsäure:
$$Ca^{2+} + SO_4^{2-} + 2\ H_2O \longrightarrow CaSO_4 \cdot 2\ H_2O$$
im Niederschlag erkennt man unter dem Mikroskop charakteristische Nadeln.
- Fällung als weißes Calciumcarbonat durch Erhitzen aus ammoniakalischer Calciumsalzlösung:
$$Ca^{2+} + CO_3^{2-} \longrightarrow CaCO_3$$
- Fällung als weißes Calciumoxalat aus schwach essigsaurer Lösung mit Ammoniumoxalat-Lösung:
$$Ca^{2+} + C_2O_4^{2-} + 3\ H_2O \longrightarrow CaC_2O_4 \cdot 3\ H_2O$$
- Spektralanalyse; wichtige Spektrallinien der neutralen Atome: 239,856 nm, 422,673 nm, 442,544 nm, 443,496 nm, 445,478 nm und der einfach positiven Ionen Ca^+ 317,933 nm, 373,690 nm, 393,366 nm.
- Atomabsorbtionsspektrometrie (AAS) mittels der 422,673 nm Hauptlinie des Atomspektrums.

Verwendung

Calcium wird zur Reduktion von Oxiden, Fluoriden und Chloriden sog. *Calciothermie* zur Gewinnung einiger Schwermetealle wie Chrom, Vanadium, Zirconium, Thorium, Plutonium und Uran, z. B.:
$$ThF_4 + 2\ Ca \longrightarrow Th + 2\ CaF_2$$
verwendet. Daneben dient es in Form von Ca/Al-, Ca/Si-, Ca/Ti/Si- u. a. Legierungen als Desoxidationsmittel. Das Metall wird ferner zur Entschwefelung, Entgasung, und Entkohlung von Roheisen, Stählen, einiger Nichteisenmetalle und Erdölprodukten verwendet. Es dient als Gettersubstanz zur Erzielung hoher Vakua, z. B. in Elektronenröhren, zum Trocknen von Alkoholen, als Absorptionsmittel für Stickstoff und Sauerstoff bei der Edelgasgewinnung, als Reduktionsmittel in der organischen Chemie und zur Herstellung von Batterien. Des weiteren ist es ein wichtiger Legierungszusatz z. B. für *Bahnlagermetall* 98,68% Pb, 0,73% Ca, 0,55% Na, 0,04% Li, für Feuersteine als Ca/Ce Legierung und Permanentmagnete als Ca/Fe-Legierung.
Große wirtschaftliche Bedeutung haben Ca-Verbindungen. Ca-Carbonat in Form von Kalkstein und Marmor ist ein wichtiges Baumaterial. Daneben dient es zur Herstellung von Branntkalk und Zement, als Rohstoff in der Glasindustrie, als basischer Zuschlag bei der Gewinnung von Roheisen im Hochofen, als Dünge- und Futterkalk, zur Herstellung von Düngemitteln wie *Kalkstickstoff, Kalksalpeter* und *Kalkammonsalpeter (Rieselkorn* $NH_4NO_3 \cdot 5\ CaCO_3 \cdot 10\ H_2O$), und ist in Putzmitteln, Zahnpasten und als Füllstoff in

Papieren enthalten. *Kalkspat* (v. a. der durchsichtige isländische Doppelspat) wird zur Erzeugung polarisierten Lichts in *Nicolschen Prismen* verwendet. Ca-Hydroxid ist als Baumörtel wichtig, wird aber auch zum Auskalken von Viehställen, zur Herstellung von *Chlorkalk*, *Bleichkalk* [3 CaCl(OCl) · $Ca(OH)_2$] · 5 H_2O ein Desinfektions- und Bleichmittel, als basisches Düngemittel sowie in der chemischen Industrie zur Rückgewinnung des Ammoniaks bei der technischen Gewinnung von Soda nach dem Solvay-Verfahren verwendet. Ca-Sulfat $CaSO_4 \cdot 2\,H_2O$ wird als Gips wie Stuckgips, Putzgips, Estrichgips in der Bauindustrie sowie als Tafelkreide in Schule benutzt. Das Anhydrit $CaSO_4$ dient zur Herstellung von Schwefelsäure. Ca-Chlorid wird zur Herstellung von Kältemischungen, als Trockenmittel für Gase und Flüssigkeiten sowie in der Medizin als Blutstillungs- und Antikariesmittel verwendet. Ca-Hydrogenphosphat wird als Knochenaufbaumittel in der Medizin eingesetzt. Calciumcarbid dient zur Herstellung von Acetylengas für organische Synthesen, sowie zur Herstellung von Kalkstickstoff. Calciumphosphat, -citrat und -gluconat sind wichtige Arzneimittel.

Physiologie, Toxikologie

Calcium ist für alle Spezies essentiell. Es gehört zu den elf Elementen aus denen die tierische und menschliche Körpersubstanz zu 99% aufgebaut ist. Es ist in Form von Hydroxylapatiat $Ca_5[(OH)\,|\,(PO_4)_3]$ und Carbonatapatit $Ca_5[(CO_3)_2\,|\,(PO_4)_2]$ Hauptbestandteil der festen Substanz der Knochen, des Zahnschmelzes der Zähne und der Haut und hat im Körper zu 99% Strukturaufgaben. Die physiologisch aktive Form des Calciums ist das Ca^{2+}-Ion, das in Form von Phosphaten und Carbonaten mit der Nahrung aufgenommen wird. Der Calciumanteil im menschlichen Körper liegt bei rund 2% des Körpergewichts, das sind ca. 1,5 kg, davon sind rund 1,3 kg im Knochengerüst enthalten. Calcium ist v. a. für die Zellteilung, für die Blutgerinnung, die normale Erregbarkeit von Nerven- und Muskelgewebe, für die Muskelkontraktion, dem Knochenstoffwechsel sowie als Basenstoff für die Erhaltung des Säure-Basen-Gleichgewichts wichtig. Ein konstanter Calciumspiegel im Blut (Normalwert 10 mg Ca^{2+} pro 100 ml) ist für den Organismus von größter physiologischer Bedeutung. Sinkt die Konzentration an Ca^{2+} unter den Normalwert, sog. *Hypokalzämie*, so kann dies zu lebensgefährdenden Muskelkrämpfen, *Tetanie* führen. Calciummangel droht v. a. während der Schwangerschaft, Stillzeit und übertriebener Sporttätigkeit und kann in Verbindung mit Vitamin-D-Mangel zu Knochenerweichung, bei Kindern zu Rachitis führen.
Ein Anstieg der Ca^{2+}-Konzentration über den Normalwert, sog. *Hyperkalzämie* hingegen führt zu Kalkeinlagerungen in den Blutgefäßen und kann zu Arterienverkalkung und Herzinfarkt sowie zu Ablagerungen in der Niere und zur bildung von Nierenstein führen. Der tägliche Bedarf an Calcium liegt bei etwa 600–1400 mg, davon werden bis zu 300 mg mit dem Harn wieder ausgeschieden. Calciumreich sind v. a. Milch und Milchprodukte, Mineralwässer und andere. Fleisch und pflanzliche Kost sind arm an Calcium. Pflanzen nehmen Ca^{2+} über die Wurzeln auf und lagern es in den Blättern in Form von Oxalat, Carbonat und Phosphat ab. Da keine Abgabe stattfindet, werden die Blätter mit zunehmendem Alter calciumreicher. Calcium ist nicht toxisch.

Californium Cf

International (Lat.)	Californium	Griechisch	Καλιφόρνιο (Kalifornio)
Englisch	Californium		
Französisch	Californium	Russisch	Калифорний (Kalifornij)
Spanisch	Californio		
Italienisch	Californio	Japanisch	カリホルニウム (karihoruniumu)

Atomare und physikalische Eigenschaften

T

Protonenzahl **(Z)**	**98**
Standard-Atomgewicht (bezogen auf $^{12}C = 12$)	251,079580 1)
Effektive Kernladung	(Slater) 1,65
Elektronenkonfiguration	[Rn] $5f^{10}\ 7s^2$
Grundzustand, Termsymbol	$^5I_8$
Metallatomradius (KZ 12)	(186±2) pm
Ionenradien (KZ 6)	$117^{2+}_{(6)}$ pm, $93{,}4^{3+}_{(6)}$ pm, $86^{4+}_{(6)}$ pm
1. Ionisierungsenergie	6,3014 eV
Elektronegativität	(Allred/Rochow) 1,20; (Pauling) 1,30
Wirkungsquerschnitt für thermische Neutronen ($\sigma_{n,\gamma}$; $^{251}_{98}Cf$)	$2900 \cdot 10^{-28}\ m^2$
Dichte (hex.;bei 20 °C) *	$15100\ kg \cdot m^{-3}$
Schmelztemperatur **	950 °C (1223,15 K)
Normalpotential Cf/Cf^{3+}	–1,910 V

1) Angegeben ist das Atomgewicht des Isotops mit der längsten Halbwertszeit $^{251}_{98}Cf$.
* geschätzte Werte, ** extrapolierte (berechnete) Werte.

Entdeckung

Californium wurde erstmals im Jahre 1950 von den amerikanischen Forschern S. G. Thompson, Kenneth Street Jr., Albert Ghiorso und Glenn T. Seaborg in Berkeley, Kalifornien, USA, künstlich hergestellt und eindeutig nachgewiesen.

Das erste Isotop des Elements 98 erhielten die amerikanischen Wissenschaftler im Februar 1950 an der University of California, Berkeley, durch Beschuß von Atomkernen des Cm-Isotops $^{242}_{96}Cm$ mit beschleunigten He-Kernen der Energie 35 MeV im 60-Zoll-Zyklotron. Dabei spielte sich folgende Synthesereaktion ab:

$$^{242}_{96}Cm + ^{4}_{2}He \longrightarrow ^{245}_{98}Cf + ^{1}_{0}n$$

Obwohl bei dieser Reaktion nur knapp 5000 Atome erzeugt wurden, gelang es S. G. Thompson und seinen Kollegen das Isotop $^{245}_{98}Cf$, das mit der Halbwertszeit von 43,6 Minuten durch α-Emission und Elektronen-Einfang zerfällt, eindeutig zu identifizieren. Das Element 98 erhielt zu Ehren der Universität und des Staates Kalifornien den Namen „Californium“ mit dem chemischen Symbol „Cf“.

Die Nachricht über die Entdeckung des Elements wurde in der Zeitschrift *Physical Review* veröffentlicht. Die Autoren wiesen darauf hin, daß das Element analog dem leichteren Homologen Dysprosium (von griech.: „δυσπροσιτος“ (disprósitos), d. h. „schwer zugänglich“), „Californium“ genannt wurde, da die Entdeckung des Elements Californium ebenso schwierig war, wie der Weg nach Kalifornien vor 100 Jahren.
Im Jahre 1958 isolierten B. B. Cunningham und S. G. Thompson erstmals wägbare Mengen eines Gemisches der Isotope $^{249}_{98}Cf$, $^{250}_{98}Cf$, $^{251}_{98}Cf$, $^{252}_{98}Cf$, die durch langjährige Neutronenbestrahlung von $^{239}_{94}Pu$ in dem Testreaktor der *National Reactor Testing Station* in Idaho erzeugt wurden. 1960 isolierten B. B. Cunningham und J. C. Wallmann die erste Verbindung des Elements etwa 0,3 µg Cf-Oxidchlorid (CfOCl) und anschließend das Oxid Cf_2O_3 und das Trichlorid $CfCl_3$, deren Strukturen durch Röntgendiffraktions-Verfahren ermittelt wurden.
Von den übrigen Transuranen kann Californium durch Ionenaustausch an kationischen oder anionischen Harzen oder durch Extraktion mit phosphororganischen Lösungsmitteln getrennt werden. Metallisches Californium erhält man durch Reduktion von Cf(III)-oxid Cf_2O_3 mit Lanthan La oder Thorium Th, sowie durch Reduktion des Cf(III)-Chlorids $CfCl_3$ mit Lithium Li.

Physikalische Eigenschaften

Californium ist ein silberweißes, duktiles stark radioaktives Schwermetall, das in drei Modifikationen auftritt:

$$\underset{\text{hexagonal}}{\alpha\text{-Cf}} \xrightarrow{\text{Wärme}} \underset{\text{kubisch}}{\beta\text{-Cf}} \xrightarrow{\text{Wärme}} \underset{\text{kubisch}}{\gamma\text{-Cf}}$$

Die geschätzte thermische Leitfähigkeit beträgt etwa 2,5% der des Silbers.

Radiochemie

Bis heute sind 20 Isotope des Elements Californium bekannt. Sie wurden alle künstlich hergestellt und sind radioaktiv.
Das Isotop $^{245}_{98}Cf$ erhält man im Zyklotron in der Reaktion $^{242}_{96}Cm\ (\alpha, n)\ ^{245}_{98}Cf$. Weitere Isotope entstehen durch mehrfachen Neutroneneinfang von Transuranen in Hochflußreaktoren z. B.:

$$^{239}_{94}Pu + 13\ ^{0}_{1}n \xrightarrow{4\beta^-} {}^{252}_{98}Cf$$

durch Beschuß von U-, Pu-, und Cm-Isotopen mit Be-, C- oder N-Kernen oder durch β^--Zerfall von Bk-Isotopen. Die beiden Isotope $^{254}_{98}Cf$ und $^{255}_{98}Cf$ wurden in den Überresten theramonuklearer Explosionen nachgewiesen. Cf-Isotope haben allgemein relativ kurze Halbwertszeiten. Mit zwei Ausnahmen sind alle α-Strahler und zerfallen in die entsprechenden Cm-Isotope. Einige Isotope zerfallen zusätzlich durch Elektronen-Einfang (EC) und Spontanspaltung, zwei sind β^--Strahler sie verwandeln sich in Es-Isotope. Fünf Cf-Isotope sind mittels thermischer Neutronen spaltbar:

$^{249}_{98}Cf$ ($\sigma_f = 1700 \cdot 10^{-28}$ m²), $^{250}_{98}Cf$ ($\sigma_f < 350 \cdot 10^{-28}$ m²), $^{251}_{98}Cf$ ($\sigma_f = 4500 \cdot 10^{-28}$ m²)
$^{252}_{98}Cf$ ($\sigma_f = 32 \cdot 10^{-28}$ m²), $^{253}_{98}Cf$ ($\sigma_f = 1300 \cdot 10^{-28}$ m²) (σ_f = Spaltquerschnitt)

Die Isotope des Californiums (1995)						
Isotop	Zerfallsart					Halbwertszeit $T_{1/2}$
	α	EC	γ	sf	β^-	
Cf 237	x			**x**		2,1 s
Cf 238				**x**		21 ms
Cf 239	**x**	**x**				ca. 39 s
Cf 240	**x**			x		1,06 m
Cf 241	**x**	**x**				3,78 m
Cf 242	**x**	x				3,68 m
Cf 243	**x**	**x**				10,7 m
Cf 244	**x**					19,7 m
Cf 245	**x**	**x**				43,6 m
Cf 246	**x**		x	x		35,7 h
Cf 247	x	**x**	x			3,11 h
Cf 248	**x**		x	x		333,5 d
Cf 249	**x**		x	x		350,6 a
Cf 250	**x**		x	x		13,08 a
Cf 251	**x**		x			898 a
Cf 252	**x**		x	x		2,645 a
Cf 253	x		x		**x**	17,81 d
Cf 254	x		x	**x**		60,5 d
Cf 255					**x**	1,4 h
Cf 256				**x**		12,3 m

Chemische Eigenschaften

Californium gehört zur Gruppe der „Actinoide". Es befindet sich im PSE in der 3. Gruppe (IIIB Nebengruppe) unter dem Dysprosium Dy sowie in der 7. Periode zwischen Berkelium Bk und Einsteinium Es. Entsprechend seiner Stellung im PSE besitzt das freie, neutrale Cf-Atom im elektronischen Grundzustand mit größter Wahrscheinlichkeit folgende Elektronenkonfiguration:

$$1s^2\ 2s^2\ 2p^6\ 3s^2\ 3p^6\ 3d^{10}\ 4s^2\ 4p^6\ 4d^{10}\ 4f^{14}\ 5s^2\ 5p^6\ 5d^{10}\ 5f^{10}\ 6s^2\ 6p^6\ 7s^2$$

Californium bildet in seinen Verbindungen wie alle Curiden fast ausschließlich die Oxidationsstufen +III und +IV, wobei analog seinem leichteren Homologen Dysprosium, die Stufe +III ([Rn]$5f^9$) die beständigste ist.
Die Normalpotentiale des Californiums sind:

	+IV		+III		+II		0
				−1,910 V (Cf³⁺ → Cf)			
Saure Lösung	(Cf^{4+})	$\xrightarrow{+3,2\ V}$	Cf^{3+}	$\xrightarrow{-1,60\ V}$	(Cf^{2+})	$\xrightarrow{-1,97\ V}$	Cf

Californium ist ein sehr unedles Metall, es wird von Wasserdampf, Sauerstoff und Säuren, jedoch nicht von Alkalien angegriffen. Die Farben der Kationen sind: Cf^{3+} grün, Cf^{4+} braun. Alle Cf-Verbindungen sind intensiv farbig. Die bekannten Cf(II)-Verbindungen

$CfBr_2$ und CfI_2 sind sehr starke Reduktionsmittel, während die Cf(IV)-Verbindungen CfF_4 und CfO_2 starke Oxidationsmittel darstellen. Von den Cf(III)-Verbindungen kennt man bisher die Halogenide CfX_3 und die Oxidhalogenide CfOX (X = F,Cl,Br,I) sowie das Oxid Cf_2O_3 und das Sulfid Cf_2S_3.

Nachweis

- Radiometrie.
- Spektralanalyse; wichtige Spektrallinien der neutralen Atome 339,222 nm, 353,149 nm, 354,089 nm, 359,877 nm, 360,532 nm, und der einfach positiven Ionen Cf^+ 316,211 nm, 362,676 nm.

Verwendung

Californium dient außer zu Forschungszwecken hauptsächlich zur Herstellung schwererer Transurane, z. B.:

$$^{246}_{98}Cf + ^{11}_{5}B \longrightarrow ^{257-k}_{103}Lr + k\,^{1}_{0}n$$

$$^{249}_{98}Cf + ^{15}_{7}N \longrightarrow ^{260}_{105}Db + 4\,^{1}_{0}n$$

Das z. T. durch Spontanspaltung zerfallende Isotop $^{252}_{98}Cf$ stellt eine sehr starke Neutronenquelle dar; eine Menge von 1 µg dieses Isotops liefert rund 2,42 Mio. Neutronen pro Sekunde. Es wird daher unter besonderen Strahlenschutzvorkehrungen v. a. in der Aktivierungsanalyse sowie in der Nuklearmedizin z. B. zur Krebstherapie verwendet. Das Isotop $^{251}_{98}Cf$ (α | 6,170 MeV) dient als radioaktiver Indikator, Tracer.

Physiologie, Toxikologie

Californium hat keine biologische Bedeutung für den menschlichen Organismus, es wirkt aber aufgrund seiner starken Radioaktivität toxisch. Die maximal zulässige radiologische Aktivität ist nicht bekannt, könnte aber in der Größenordnung der des Berkeliums liegen.

Cer Ce

International (Lat.)	Cerium	Italienisch	Cerio
Englisch	Cerium	Griechisch	Δημήτριο (Dimitrio)
Französisch	Cérium	Russisch	Церий (Zärij)
Spanisch	Cerio	Japanisch	セリウム (seriumu)

Atomare und physikalische Eigenschaften

Protonenzahl (Z)	58
Standard-Atomgewicht (bezogen auf $^{12}C = 12$)	140,115(±4)
Effektive Kernladung	(Slater) 2,85; (Clementi) 10,80; (Froese-Fischer) 10,57
Elektronenkonfiguration	[Xe] $4f^2$ $6s^2$
Grundzustand, Termsymbol	$^3H_4$
Metallatomradius (KZ 6)	182,5 pm
Kovalenzradius (Einfachbindung)	165 pm
Ionenradien (KZ 6,8)	$101^{3+}_{(6)}$ pm, $107^{3+}_{(8)}$ pm, $87^{4+}_{(6)}$ pm, $94^{4+}_{(8)}$ pm
Molares Volumen	$17,00 \cdot 10^{-6}$ $m^3 \cdot mol^{-1}$
1.;2.;3.;4.;5. Ionisierungsenergie	5,4661 eV; 10,851 eV; 20,262 eV; 36,761 eV; 70,476 eV
Elektronegativität	(Allred/Rochow) 1,06; (Pauling) 1,12; (absolut) ≤ 3,0 eV
Elektronenaffinität Ce → Ce^-	0,518 eV
Wirkungsquerschnitt für thermische Neutronen ($\sigma_{n,\gamma}$)	$0,64 \cdot 10^{-28}$ m^2
Dichte (γ-Ce; bei 20 °C)	6773 kg · m^{-3} a)
Härte (Mohs)	1,5
Schmelztemperatur	798 °C (1071,15 K)
Siedetemperatur	3443 °C (3716,15 K) b)
Spezifische Schmelzenthalpie	39,1 kJ · kg^{-1} c)
Spezifische Verdampfungsenthalpie	2242 kJ · kg^{-1} d)
Spezifische Sublimationsenthalpie (einatomiges Gas)	2992,52 kJ · kg^{-1} e)
Spezifische Wärmekapazität (bei 25 °C)	0,192 kJ · $kg^{-1} \cdot K^{-1}$
Thermische Leitfähigkeit (bei 27 °C)	11,3 W · $m^{-1} \cdot K^{-1}$
Thermischer Längenausdehnungskoeffizient (bei 25 °C)	$5,2 \cdot 10^{-6}$ K^{-1} f)
Elektrische Leitfähigkeit (bei 20 °C)	$1,36 \cdot 10^6$ S · m^{-1}
Spezifischer elektrischer Widerstand (bei 20 °C)	$73,50 \cdot 10^{-8}$ Ω · m
Spezifische magnetische Suszeptibilität	(α) + $224,1 \cdot 10^{-9}$ $m^3 \cdot kg^{-1}$; (β) + $203,5 \cdot 10^{-9}$ $m^3 \cdot kg^{-1}$
Néel-Temperatur	– 148 °C (125,15 K)
Hall-Koeffizient (Ce 99,88 %)	+ $1,81 \cdot 10^{-10}$ $m^3 \cdot A^{-1} \cdot s^{-1}$
Normalpotential Ce/Ce^{3+}	– 2,483 V
Hydratationsenthalpie Ce^{3+}	3370 kJ · mol^{-1} g)
Bildungsenthalpie $CeCl_3$ (Ce_2O_3)	– 1058 kJ · mol^{-1} (– 1804 kJ · mol^{-1})

Weitere Angaben: a) In Abhängigkeit der kristallinen Form (s. Seite 145). b) 3257 °C, 3426 °C, 3470 °C. c) 37,12 kJ · kg^{-1} , 63,3 kJ · kg^{-1} . d) 2842,5 kJ · kg^{-1}, e) 3337,2 kJ · kg^{-1} . f) $8,5 \cdot 10^{-6}$ K^{-1}. g) 3266 kJ · mol^{-1}.

Entdeckung

Cer wurde im Jahre 1803 von dem deutschen Chemiker Martin H. Klaproth in Berlin, Deutschland bei der Analyse des Minerals „Cerit von Bastnäs“ in Form einer Erde bzw. eines Oxids entdeckt. Klaproth nannte die neue Erde *Ochroiterde* [von griech.: „ὤχρός“ (ochros), d. h. „gelblich-braun“]. Fast zeitgleich aber unabhängig fanden auch die schwedischen Chemiker Jöns Jacob Berzelius und Wilhelm Hisinger (1766–1852) in Stockholm, Schweden diese Erde, die sie nach dem kurz davor entdeckten Planetoiden Ceres *Ceria* und das darin enthaltene Metall entsprechend „Cerium“ nannten. Das chemische Symbol Ce wurde 1814 von Berzelius vorgeschlagen. 1825 erhielt Carl Gustav Mosander (1797–1858) Cer durch Reduktion von Cerchlorid mit Natrium und 1875 wurde metallisches Cer von William Francis Hillebrand (1853–1925) und T. H. Norton in Washington DC, USA erstmals durch Schmelzelektrolyse von Cerchlorid hergestellt (s. auch Tab. Entdeckung der Metalle der Seltenen Erden, S. 775).

Vorkommen

Cer ist das häufigste Element der Seltenerdmetalle bzw. der Lanthanoide. Mit einem berechneten Massenanteil in der Erdhülle von $4{,}3 \cdot 10^{-3}\%$ steht es an 28. Stelle der Elementhäufigkeit. In der Erdkruste, bis 16 km Tiefe ist es mit rund 68 g/t Gestein vertreten und ist damit sogar häufiger als Zinn oder Blei. Im Meerwasser beträgt der Anteil an $Ce^{(+III)}$ durchschnittlich 1,8 $\mu g/m^3$, bei einer Verweilzeit von ca. 100 Jahren. Cer kommt in der Natur stets vergesellschaftet mit den anderen Seltenenerdmetallen vor.
Wichtige Lagerstätten befinden sich in Skandinavien, GUS-Staaten, Indien, Südafrika, Kongo, und in den USA. Die bekannten Cer-Reserven liegen weltweit bei rund 40 Mio. t. Die Häufigkeit des Elements auf der Sonne beträgt ca. 35,5 Atome Cer pro $1 \cdot 10^{12}$ Atome Wasserstoff, die kosmische Häufigkeit ist nicht bekannt.

Die wichtigsten Cer-haltigen Minerale	
Cerit	$(Ca, Mg)_2$ (Ce, u. a. SE)$_8$ $[SiO_4]_7$ (SE = „Seltenerdmetalle“)
Monazit und Monazitsande	(Ce, La, Th) $[(P, Si)O_4]$
Bastnäsit	(Ce, La, Dy u. a.) $[F \mid CO_3]$
Cheralit	(Ca, Ce, La, Th) $[PO_4]$
Allanit, Orthit u. a. kompliziert aufgebaute Cersilicate.	

Herstellung

Ausgangsmaterial für die Gewinnung von Cer ist vorwiegend der Monazitsand. Zur Abtrennung der Lanthanoide von den übrigen Elementen wird der feingemahlene Monazitsand mit konzentrierter Schwefelsäure aufgeschlossen, die Lanthanoidsulfate durch Zusatz von Oxalsäure ausgefällt und durch Glühen in Oxide überführt. Das Ceroxid wird mittels Kationenaustausch und Komplexbildung von den anderen Oxiden getrennt und in Ce-Halogenide überführt. Die Herstellung des Metalls erfolgt durch Schmelzflußelektrolyse von $CeCl_3$ oder metallothermisch durch Reduktion von $CeCl_3$ oder CeF_3 mit Kalium, Natrium oder Calcium in inerter Atmosphäre. Da die Abtrennung des Ceroxids von den anderen Oxiden recht schwierig ist, wird meist ein Gemisch wasserfreier Lantanoidchloride der Schmelzflußelektrolyse unterworfen wobei *Cermischmetall* entsteht, eine Legierung der Seltenerdmetalle bestehend aus 50–60% Ce, 25–30% La, 10–15% Nd, 4–6% Pr, 1–3% Sm, 2,5% Tb und Y, geringere Mengen der restlichen Seltenerdmetalle sowie etwa 1% Fe und Spuren von Aluminium, Calcium und Silicium. Die Weltproduktion von Cer liegt bei jährlich rund 9500 t.

Physikalische Eigenschaften

Cer ist ein silberweißes, glänzendes, weiches, gut dehnbares Schwermetall, das an der Luft infolge Oxidation rasch eisengrau anläuft. Das Metall bildet vier Modifikationen:

α-Ce	$\xrightarrow{-196\ °C}$	**β-Ce**	$\xrightarrow{-24\ °C}$	**γ-Ce**	$\xrightarrow{726\ °C}$	**δ-Ce**
kubisch flächenzentriert		hexagonal dichteste Kugelpackung		kubisch flächenzentriert		kubisch raumzentriert
($\rho = 8240\ kg \cdot m^{-3}$)		($\rho = 6749\ kg \cdot m^{-3}$)		($\rho = 6773\ kg \cdot m^{-3}$)		($\rho = 6700\ kg \cdot m^{-3}$)

Cer hat eine relativ niedere Schmelz- und eine ziemlich hohe Siedetemperatur, die thermische Leitfähigkeit beträgt 2,63%, die elektrische 2,16% der des Silbers. Bei Normaltemperatur ist Cer stark paramagnetisch. Bei niederen Temperaturen zeigt Cer ferromagnetische Eigenschaften.

Radiochemie

Natürliches Cer besteht aus einem Gemisch von vier stabilen Isotopen, zusätzlich sind weitere 30 künstliche radioaktive Isotope bekannt.

Die Isotope des Cers (1995)

Isotop	Natürliche Häufigkeit n (%)	Zerfallsart				Halbwertszeit $T_{1/2}$
		β^+	EC	γ	β^-	
Ce 123		**x**		x		3,8 s
Ce 124		**x**		x		6 s
Ce 125		**x**		x		9,0 s
Ce 126		**x**		x		50 s
Ce 127		**x**		x		31 s
Ce 128		**x**				5,5 m
Ce 129		**x**		x		3,5 m
Ce 130		**x**		x		25 m
Ce 131*		**x**	**x**	x		10,2 m
Ce 131*		**x**		x		5,0 m
Ce 132			**x**	x		3,51 h
Ce 133*		**x**	**x**	x		4,93 h
Ce 133*		**x**	**x**	x		97 m
Ce 134			**x**	x		75,9 m

Die Isotope des Cers (1995)

Isotop	Natürliche Häufigkeit n (%)	Zerfallsart				Halbwertszeit $T_{1/2}$
		β⁺	EC	γ	β⁻	
Ce 135*		x	x	x		17,76 h
Ce 135 m*				x		20 s
Ce 136	**0,19**					
Ce 137*		x	x	x		9,0 h
Ce 137 m*			x	x		34,4 h
Ce 138	**0,25**					
Ce 139*			x	x		137,6 d
Ce 139 m*				x		56,5 s
Ce 140	**88,48**					
Ce 141				x	x	32,50 d
Ce 142	**11,08**					
Ce 143				x	x	33,0 h
Ce 144				x	x	84,8 d
Ce 145				x	x	2,98 m
Ce 146				x	x	13,5 m
Ce 147				x	x	57 s
Ce 148				x	x	48 s
Ce 149				x	x	5 s
Ce 150				x	x	4,1 s
Ce 151				x	x	1,0 s
Ce 152				x	x	1,4 s
Ce 153					x	n.bek.
Ce 154					x	n.bek.
Ce 155					x	n.bek.
Ce 156					x	n.bek.

(* isomere Atomkerne; m* markiert jeweils einen metastabilen Zustand)

Die Halbwertszeiten der Ce-Isotope sind allgemein kurz, die leichteren Isotope A < 140 zerfallen durch β^+-Strahlung oder Elektronen-Einfang (EC) in die entsprechenden La-Isotope, die schwereren A > 140 verwandeln sich durch β^--Emmission in Pr-Isotope. Die schwersten Isotope sind hauptsächlich Spaltprodukte. $^{139}_{58}$Ce (EC | 0,27 MeV; γ), $^{141}_{58}$Ce (β^- | 0,582 MeV; γ) und $^{143}_{58}$Ce (β^- | 1,465 MeV; γ) werden als radioaktive Indikatoren (Tracer) verwendet. Das $^{144}_{58}$Ce + $^{144}_{59}$Pr-Gemisch ist eine wichtige Strahlenquelle energiereicher β^--Strahlung. Die maximal zulässige radiologische Aktivität bezogen auf das Gemisch $^{144}_{58}$Ce + $^{144}_{59}$Pr beträgt $3{,}7 \cdot 10^4$ Bq für den menschlichen Körper, 296 Bq/ml in wäßriger Lösung und 74 Bq/m³ Luft.

Chemische Eigenschaften

Cer gehört zur Gruppe der „Seltenerdmetalle", der die Elemente von Scandium Sc bis Lutetium Lu angehören. Das Element befindet sich im PSE in der 3. Gruppe (IIIB Nebengruppe) über dem Thorium Th, sowie in der 6. Periode zwischen Lanthan La und Praseodym Pr. Cer ist das erste Element in der Gruppe der „Lanthanoide", also der Elemente von Cer Ce bis Lutetium Lu. Bei diesen 14 Übergangsmetallen erfolgt mit steigender Protonenzahl, schrittweise die Auffüllung der sieben 4f-Orbitale (N-Schale), nachdem beim Caesium Cs und Barium Ba das 6. Energieniveau (P-Schale) mit zwei 6s-Elektronen besetzt und beim Lanthan La das 5. Energieniveau (O-Schale) mit einem 5d-Elektron begonnen wurde. Da sich die Lanthanoiden nur im Aufbau des 4f-Energieniveaus voneinander unterscheiden, das kaum Einfluß auf das chemische Verhalten hat, sind diese Elemente chemisch untereinander sehr ähnlich. Da zwischen dem 4f- und 5d-Niveau nur ein geringer Energieunterschied besteht, können Elektronenübergänge 5d–4f bzw. 4f–5d stattfinden. Aufgrund solcher Übergänge besitzt das Ceratom im Grundzustand nicht wie erwartet die Elektronenkonfiguration $[Xe]4f^1\ 5d^1\ 6s^2$ sondern

$$1s^2\ 2s^2\ 2p^6\ 3s^2\ 3p^6\ 3d^{10}\ 4s^2\ 4p^6\ 4d^{10}\ 4f^2\ 5s^2\ 5p^6\ 6s^2$$

bei der das 5d-Elektron in ein 4f-Orbital übergetreten ist. Cer unterscheidet sich von den anderen Elementen seiner Gruppe dadurch, daß es in seinen Verbindungen neben der beständigeren Oxidationsstufe +III ($[Xe]4f^1$) durch Abgabe der beiden 4f- und der beiden 6s-Elektronen auch die Stufe +IV ([Xe]) bildet.
Die Normalpotentiale des Cers:

	+IV		+III		0
Saure Lösung	Ce^{4+}	+1,72 V	Ce^{3+}	−2,483 V	Ce
Basische Lösung	CeO_2	−0,7 V	$Ce(OH)_3$	−2,78 V	Ce

Entsprechend seinem stark negativen Normalpotential Ce/Ce^{3+}, sowie seiner geringen Ionisierungsenergie ist Cer, wie alle Lanthanoide, ein sehr unedles, stark elektropositives Metall und ein kräftiges Reduktionsmittel. Das sehr hohe positive Normalpotential Ce^{3+}/Ce^{4+} weist Cer hingegen als ein kräftiges Oxidationsmittel aus. Ce(IV)-Maßlösungen können in der Cerimetrie für Redox-Titrationen verwendet werden. Cer hat den größten Ionenradius aller Lanthanoide und ist somit das reaktionsfähigste Element seiner Gruppe. Beim Erhitzen an der Luft verbrennt es mit blendend weißer Flamme zu Ce_2O_3, in reinem Sauerstoff entzündet es sich bereits bei 150 °C. Fein verteiltes Cer ist pyrophor, schon durch die beim Reiben an rauhen Flächen entstehende Wärme können sich abgerissene Metallsplitter entzünden die dann unter lebhafter Licht- und Wärmeentwicklung verbrennen. Mit den Halogenen reagiert Cer oberhalb 200 °C sehr heftig zu Cer(III)- und (IV)-Halogeniden CeX_{3-4} (X = F,Cl), bei höheren Temperaturen verbindet es sich auch mit Wasserstoff sowie mit Bor, Kohlenstoff, Stickstoff, Phosphor, Schwefel, Selen und Tellur unter Bildung der entsprechenden Salze. Cer reagiert heftig mit heißem Wasser zu Ce(III)-Hydroxid, in Alkohol und in Säuren ist es unter Reaktion löslich. Cer bildet zwei Oxide Ce_2O_3 und CeO_2.
Die Farben der Cer-Kationen: Ce^{3+} farblos, Ce^{4+} orangegelb.

Nachweis

Qualitativ:
- Als Ce^{4+} mit Arsanilsäure mit der es orange oder braune Verbindungen bildet.

Quantitativ:
- Fällung als weißes Cer(III)-Oxalat aus schwach saurer Lösung.

- Fällung als rote Kristalle von Ammoniumcer(IV)-Nitrat aus Salpetersaurer Lösung mit Ammoniumnitrat.
- Titration von Ce^{4+} mit $FeSO_4$ in schwefelsaurer Lösung.
- Spektralanalyse; wichtige Spektrallinien der einfach positiven Ionen Ce^{+} sind: 349,275 nm, 395,254 nm, 399,924 nm, 401,239 nm, 413,380 nm, 418,660 nm.
- Röntgenfluoreszensanalyse, Aktivierungsanalyse u. a.
- Atomabsorption und Flammenphotometrie.

Verwendung

Cer wird sowohl als Metall als auch in Form von Cer-Mischmetall als Legierungszusatz zur Verbesserung der Festigkeit, Dehnbarkeit, Gießfähigkeit von Grauguß, Gußstahl, Eisen- und Aluminiumlegierungen sowie zur Herstellung von Heizleiterlegierungen und magnetischer Werkstoffe verwendet. Legiert mit Eisen bildet es das sogenannte Cereisen das als *Zündmetall* oder *Feuerstein* für Feuerzeuge oder Gasanzünder Verwendung findet. Ferner dient Cer zur Desoxidation und Entschwefelung von Stählen, zur Bindung von Spurenelementen wie Antimon, Arsen, Bismut, Blei und Zinn im Edelstahl, als Trübungsmittel in Emaillestoffen für Bleche, zur Stabilisierung von Gläsern gegen radioaktive Strahlung und Röntgenstrahlung für die Kerntechnik, sowie zusammen mit anderen Lanthanoiden als Aktivator in Fernsehbildschirmen, Leuchtstoffröhren und Quecksilberhochdrucklampen.
Cer-Verbindungen werden zum Färben und Entfärben von Gläsern, zur Herstellung von Katalysatoren und Poliermitteln verwendet, einige organische Cer-Salze dienen in der Medizin als Antiemetika und zur Thromboseprophylaxe. Cer(IV)-Verbindungen stellen wichtige Oxidationsmittel für die präparative org. Chemie sowie für Maßlösungen in der Cerimetrie für Redox-Titrationen dar. Das Chelat des Cers Ce(DPM) wird als Antiklopfmittel untersucht.

Physiologie, Toxikologie

Cer hat keine biologische Bedeutung für den menschlichen Organismus. Das Element ist nicht toxisch, es wirkt stimulierend. Der menschliche Organismus enthält etwa 2,7 mg Cer pro kg Körpergewicht, angereichert hauptsächlich im Skelett. Die biologische Halbwertszeit bezogen auf Knochen beträgt rund 4 Jahre, auf den ganzen Körper etwa 1,5 Jahre.

Chlor Cl

International (Lat.)	Chlorum	Italienisch	Cloro
Englisch	Chlorine	Griechisch	Χλώριο (Chlorio)
Französisch	Chlore	Russisch	Хлор (Chlor)
Spanisch	Cloro	Japanisch	硫黄 (イオウ)(enso)

Atomare und physikalische Eigenschaften T+ C Xi

Protonenzahl **(Z)**	**17**
Standard-Atomgewicht (bezogen auf ^{12}C = 12)	35,4527(±9)
Effektive Kernladung	(Slater) 6,10; (Clementi) 6,12; (Froese-Fischer) 6,79
Elektronenkonfiguration	[Ne] $3s^2\,3p^5$
Grundzustand, Termsymbol	$^2P_{3/2}$
Atomradius/Kovalentradius (Einfachbindung)	99,4 pm/99 pm
Van-der-Waals-Radius	180,5 pm
Ionenradius (KZ 6)	$181^{-}_{(6)}$ pm
Molares Volumen (bei – 160 °C)	$17{,}46 \cdot 10^{-6}\ m^3 \cdot mol^{-1}$
1.; 2.; 3.; 4.; 5.; 6. ;7. Ionisierungsenergie	12,967 eV; 23,806 eV; 39,653 eV; 53,458 eV; 67,821 eV; 98,029 eV; 114,19 eV
Elektronegativität	(Allred/Rochow) 2,83; (Pauling) 3,16; (absolut) 8,30 eV
Elektronenaffinität Cl → Cl^-	– 3,613 eV
Wirkungsquerschnitt für thermische Neutronen ($\sigma_{n,\gamma}$)	$33{,}6 \cdot 10^{-28}\ m^2$
Dichte (Cl_2 Gas: bei 0 °C; 101,325 kPa)	$3{,}214\ kg \cdot m^{-3}$
Schmelztemperatur	– 100,98 °C (172,17 K)
Siedetemperatur	– 34,06 °C (239,09 K)
Temperatur am Tripelpunkt	– 100,98 °C (172,17 K)
Kritische Temperatur	143,9 °C (417,05 K)
Kritischer Druck	7,71 MPa
Kritisches Volumen	$124 \cdot 10^{-6}\ m^3 \cdot mol^{-1}$
Kritische Dichte	$573\ kg \cdot m^{-3}$
Spezifische Gaskonstante	$0{,}11719\ kJ \cdot kg^{-1} \cdot K^{-1}$
Spezifische Schmelzenthalpie	$180{,}82\ kJ \cdot kg^{-1}$
Spezifische Verdampfungsenthalpie	$575{,}55\ kJ \cdot kg^{-1}$
Spezifische Wärmekapazität (bei 25 °C; 101,325 kPa, konst. Druck)	$0{,}473\ kJ \cdot kg^{-1} \cdot K^{-1}$
(bei 25 °C; konst. Vol.)	$0{,}361\ kJ \cdot kg^{-1} \cdot K^{-1}$
Thermische Leitfähigkeit (bei 27°C)	$0{,}0089\ W \cdot m^{-1} \cdot K^{-1}$
Spezifische magnetische Suszeptibilität (Gas)	$-14{,}35 \cdot 10^{-9}\ m^3 \cdot kg^{-1}$
Elektrochemisches Äquivalent Cl^-	$0{,}3674 \cdot 10^{-6}\ kg \cdot A^{-1} \cdot s^{-1}$
Normalpotential 2 Cl^-/Cl_2	+ 1,3595 V
Kernabstand Cl-Cl im Cl_2 (Gas)	198,81 pm
Dissoziationsenthalpie	$243{,}52\ kJ \cdot mol^{-1}$
Hydratationsenthalpie von Cl^-	$-384\ kJ \cdot mol^{-1}$
Löslichkeit in Wasser (bei 20 °C)	2,3 dm^3 Cl_2 pro 1 kg H_2O

Entdeckung

Chlor wurde erstmals 1774 von dem schwedischen Chemiker Carl Wilhelm Scheele in Uppsala, Schweden, beim Einwirken von naszierender Salzsäure auf Braunstein gemäß der Reaktion

$$4\ NaCl + 2\ H_2SO_4 + MnO_2 \xrightarrow{\text{Wärme}} Na_2SO_4 + MnCl_2 + H_2O + Cl_2 \uparrow$$

isoliert. Scheele war jedoch der Meinung eine Verbindung vor sich zu haben, die er als *dephlogistierte Salzsäureluft* bezeichnete. Erst Sir Humphry Davy erkannte 1810 die Elementnatur des Gases. Er nannte das neue Element „Cloricgas" bzw. „Chlorine", zu dt. „Chlor" [von griech.: „χλωϱός" (chlorós), d. h. „gelbgrün"], wegen der gelblichgrünen Farbe des Gases. Das chemische Symbol „Cl" wurde 1814 von J. J. Berzelius eingeführt. 1892–95 entwickelten Hamilton Young Castner (1858–1899) in Großbritannien und Karl Kellner (1851–1905) in Wien unabhängig voneinander ein technisches Verfahren zur wäßrigen Alkalichloridelektrolyse. 1896 wurde die erste technische Alkalichlorid-Elektrolyse-Anlage die *Castner-Kellner Alkali Co* in Großbritannien und 1897 in den USA in Betrieb genommen.

Vorkommen

Mit einem berechneten Massenanteil in der Erdhülle von 0,19% steht Chlor an 11. Stelle der Elementhäufigkeit und gehört damit zu den relativ häufigen Elementen auf der Erde. Wegen seiner großen Reaktionsfähigkeit kommt Chlor, außer in einigen Vulkangasen, in der Natur nie elementar vor, es ist aber in Form von Salzen, meist Chloriden, die teils in mächtigen Lagerstätten auftreten, teils im Meerwasser gelöst sind, sehr verbreitet. In der Erdkruste, bis 16 km Tiefe, ist Chlor mit ca. 130 g/t Gestein, in Steinmeteoriten bis zu 90 g/t vertreten. Meerwasser enthält durchschnittlich 2,9% Alkalichloride und etwa 0,3% MgCl, das entspricht einem Anteil an Chlorid Cl^- von etwa 18 kg/m³ bei einer Verweilzeit von rund 400 Mio. Jahren. Besonders hohe Konzentrationen an Cl^-, meist als Kochsalz, enthalten einige Binnengewässer und unterirdische Solequellen wie z. B. der Große Salzsee, Great Salt Lake in Utah, USA, mit 230 kg/m³ und das Rote Meer mit 8% NaCl, 14% $MgCl_2$, 3,5% $CaCl_2$, das entspricht einem Anteil an Cl^- von etwa 170 kg/m³.
Die NaCl-Reserven sind praktisch unbegrenzt, sie liegen weltweit bei über 10 Bio t bzw. $1 \cdot 10^{13}$ t. Davon werden jährlich etwa 200 Mio. t gefördert. Die Häufigkeit des Elements

Die wichtigsten Chlor-Minerale	
Steinsalz	NaCl
Sylvin	KCl
Sylvinit (Gemisch)	(KCl + NaCl)
Hartsalz (Gemisch)	$(KCl + NaCl + MgSO_4 \cdot H_2O)$
Carnallit	$KMgCl_3 \cdot 6\ H_2O$ $(= KCl \cdot MgCl_2 \cdot 6\ H_2O)$
Kainit	$KMg[Cl \mid SO_4] \cdot 3\ H_2O$ $(= KCl \cdot MgSO_4 \cdot 3\ H_2O)$
Bischofit	$MgCl_2 \cdot 6\ H_2O$

auf der Sonne beträgt ca. $3{,}2 \cdot 10^5$ Atome Chlor pro $1 \cdot 10^{12}$ Atome Wasserstoff, die kosmische Häufigkeit wird auf $8{,}85 \cdot 10^3$ Atome Chlor pro $1 \cdot 10^6$ Atome Silicium geschätzt.

Herstellung

Die großtechnische Herstellung von Chlor erfolgt durch Elektrolyse wäßriger konz. Natriumchlorid-Lösungen, der sog. „Alkalichlorid-Elektrolyse“. Bei diesem Prozeß, der industriell der Herstellung von Natriumhydroxid NaOH dient, entstehen gemäß

$$2\,NaCl\,(aq) + 2\,H_2O \longrightarrow 2\,NaOH\,(aq) + Cl_2\uparrow + H_2\uparrow \qquad \Delta H = +446{,}2\ kJ$$

Chlor und Wasserstoff als wichtige Nebenprodukte.
Zwei Verfahren werden angewandt:

- Amalgam- oder Quecksilberverfahren: Dieses Verfahren wurde 1892 von H. Y. Castner und K. Kellner entwickelt und wird vorwiegend in Europa angewandt. Über den schräg angelegten Boden der Elektrolysezelle fließt kathodisch geschaltetes reines Quecksilber. In die konz. ca. 27%ige NaCl-Lösung, sog. *Reinsole*, ragen von oben Graphit- oder Edelmetalloxid beschichtete Titan-Anoden (Abb. 27).
  An der Kathode werden infolge der hohen Wasserstoffüberspannung an reinem Quecksilber die in der Lösung befindlichen Na^+-Ionen gemäß $Na^+ + e^- \longrightarrow Na$ zum Metall reduziert das sich unter Amalgambildung NaHg (bis 0,4%) im Quecksilber auflöst. Das Amalgam fließt kontinuierlich in einen mit Graphitstücken gefüllten Zersetzer, in dem durch katalytische Reaktion mit Wasser ca. 50%ige, chloridfreie Natronlage entsteht:

$$2\,NaHg + 2\,H_2O \xrightarrow{Graphit} 2\,NaOH + H_2\uparrow + 2\,Hg$$

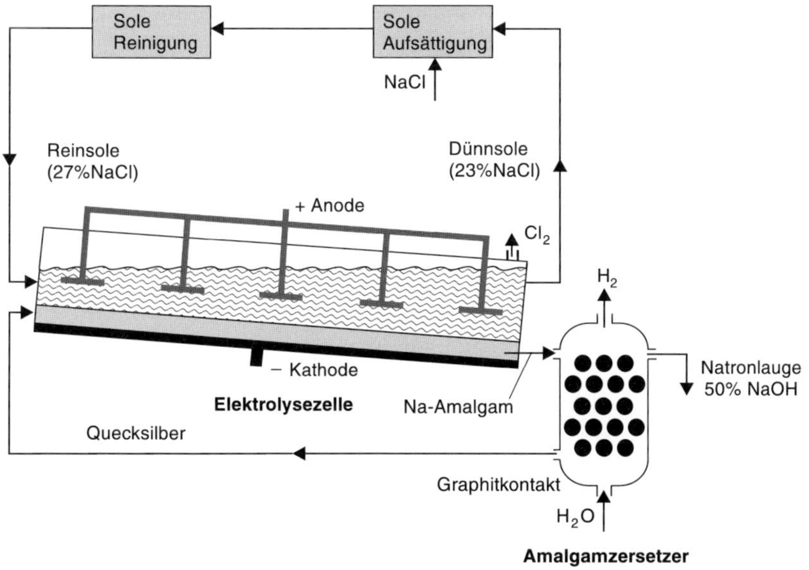

Abb. 27: Schematische Darstellung der Alkalichlorid-Elektrolyse nach dem Amalgamverfahren.

Das von Natrium freigesetzte Quecksilber wird laufend in die Elektrolysezelle zurückgeleitet, die ca. 23%ige Dünnsole wird erneut mit NaCl angereichert, gereinigt und in die Elektrolysezelle gepumpt.

An den Anoden werden gleichzeitig die Cl^--Ionen gemäß $2\,Cl^- - 2\,e^- \longrightarrow Cl_2$ zu Chlor oxidiert, das gebildete Chlorgas wird abgeleitet.

Moderne Großanlagen bestehen aus zahlreichen, bis zu etwa hundert einzelnen Elektrolysezellen (ca. 15 m lang, 1,2 m breit) und arbeiten bei Betriebsspannungen von 4–5 V, Stromstärken bis 450 000 A und Stromdichten von 12–15 kA · m^{-2}. Bei einem Wirkungsgrad von rund 97,5% benötigt eine Anlage für eine t Chlor durchschnittlich: 1,8 t NaCl 2,6 kg Graphit, < 0,03 kg Quecksilber und ca. 3350 kWh elektrische Energie. Moderne Großanlagen liefern bis zu 300 000 t Chlor jährlich.

- Diaphragmaverfahren: Dieses vorwiegend kontinuierlich arbeitende Verfahren, sog. *Diamond-Verfahren*, das vorwiegend in den USA durchgeführt wird, ist bedeutend preiswerter, liefert aber chloridhaltige Natronlauge. Kathoden- und Anodenraum werden durch eine poröse Scheidewand (Diaphragma) meist aus Asbest getrennt, um damit sowohl die Bildung von Chlorknallgas (50% Cl +50% H) als auch die Rückreaktion der Reaktionsprodukte gemäß

  $1^1/_2\,Cl_3 + 3\,NaOH \longrightarrow 2\,NaOCl + NaCl + H_2O$

  zu verhindern. Die konz. NaCl-Lösung strömt laufend in den Anodenraum und wird hier zersetzt.

Anodenvorgang:			Kathodenvorgang:		
$2\,NaCl$	$\longrightarrow$	$2\,Na^+ + 2\,Cl^-$	$2\,H_2O$	$\longrightarrow$	$2\,H^+ + 2\,OH^-$
$2\,Cl^-$	$\longrightarrow$	$Cl_2 + 2\,e^-$	$2\,H^+ + 2\,e^-$	$\longrightarrow$	H_2
$2\,NaCl$	$\longrightarrow$	$2\,Na^+ + Cl_2 + 2\,e^-$	$2\,H_2O + 2\,e^-$	$\longrightarrow$	$2\,OH^- + H_2$

Gesamtvorgang: $2\,NaCl\,(aq) + 2\,H_2O \longrightarrow 2\,NaOH\,(aq) + Cl_2\uparrow + H_2\uparrow$

$\Delta H = +446{,}2$ kJ

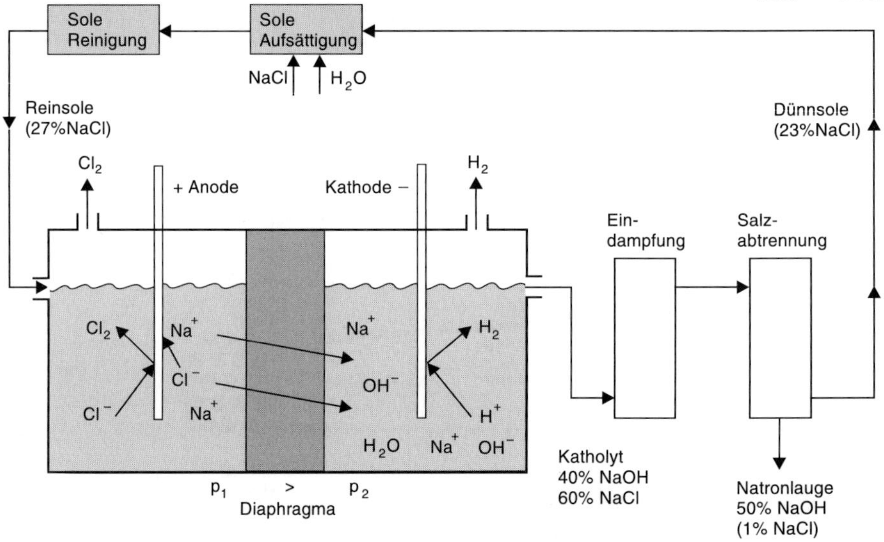

Abb. 28: Darstellung der Alkalichlorid-Elektrolyse nach dem Diaphragmaverfahren.

Während sich der Wasserstoff an der Stahlkathode absetzt, wird das Chlor an Graphit- oder aktivierten Titananoden abgeschieden. Die Na^+-Ionen dringen durch das Diaphragma in den Kathodenraum wo sie mit den OH^--Ionen eine sehr verdünnte < 15% Natronlauge bilden, die anschließend auf 50% eingedampft wird (Abb. 28).

Von technischer Bedeutung ist ferner die Schmelzfluß-Elektrolyse von NaCl, bei der man neben Natrium auch Chlor erhält, sowie die Herstellung von Chlor durch Elektrolyse von Salzsäure, die als Nebenprodukt vieler industrieller chemischer Prozesse anfällt. Daneben fällt Chlor in großen Mengen als Nebenprodukt der Alkali- und Erdalkaliproduktion an.

Während das 1868 entwickelte *Deacon-Verfahren* der Chlor-Herstellung aus Salzsäure mit $CuCl_2$ als Katalysator in seinen verschiedenen Varianten wie der *Shell-Deacon-Prozeß* u. a. weniger Bedeutung erlangt haben, wurde 1988 in Japan eine neue Produktionsanlage in Betrieb genommen, die nach dem *Mitsui-Toatsu-Chlor-Prozeß* mit Cr_2O_3 als Katalysator arbeitet.

Chlor gelangt hauptsächlich flüssig unter einem Druck von 0,5–0,7 MPa in grauen Stahlbomben bis zu 70 kg Fassungsvermögen, Stahlfässern oder Kesselwagen in den Handel. Weltweit werden jährlich rund 40 Mio. t Chlor, Cl_2, hergestellt. Die wichtigsten Produktionsländer sind die USA ca. 34%, Deutschland 20%, GUS-Staaten 10%, Japan 9,5%, Frankreich 8%, Großbritannien 6%, Italien und Kanada jeweils 3,5%, andere 5,5%.

Physikalische Eigenschaften

Chlor ist ein gelbgrünes, stechend riechendes diamagnetisches Gas, das in Form dimerer Moleküle, Cl_2, vorliegt. Die Chlormoleküle spalten sich bei 725 °C zu 0,03%, bei 1800 °C zu 55% in Einzelmoleküle auf. Chlor ist 2,5mal schwerer als Luft. Da seine kritische Temperatur recht hoch ist, läßt sich Chlor bereits bei –34,06 °C zu einer gelben Flüssigkeit verdichten, unter einem Druck von ca. 0,7 MPa ist die Verflüssigung auch bei gewöhnlicher Temperatur möglich. Flüssiges Chlor erstarrt bei –100,98 °C zu einer gelben kristallinen Masse. Festes Chlor tritt in zwei Modifkationen auf:

$$\text{Tetragonale Gitterstruktur} \xrightarrow{-175\ °C} \text{Orthorhombische Gitterstruktur}$$

Chlor ist in Wasser relativ gut löslich; bei Normaldruck lösen sich in 1 l Wasser bei 0 °C 14,6 Chlorgas, bei 20 °C 7,28 g Chlorgas, bei 50 °C 3,88 g Chlorgas und bei 100 °C 0,00 g Chlorgas. Eine 0,4–0,5 Vol.%ige wäßrige Chlorlösung nennt man *Chlorwasser*.

Radiochemie

Natürliches Chlor besteht aus einem Gemisch von zwei stabilen Isotopen. Daneben sind weitere 18 künstliche, radioaktive Isotope des Chlors bekannt.

Die Cl-Isotope haben allg. sehr kurze Halbwertszeiten. Die leichteren Isotope A < 37 zerfallen durch β^+-Strahlung bzw. Elektronen-Einfang (EC) in die entsprechenden S-Isotope die schwereren A > 37 verwandeln sich durch β^--Strahlung in Ar-Isotope. Die Isotope $^{36}_{17}Cl$, $^{38}_{17}Cl$ und $^{39}_{17}Cl$ entstehen durch Einwirkung der Höhenstrahlung in der Atmosphäre, sie wurden im Regenwasser festgestellt. Die beiden wichtigsten Isotope $^{36}_{17}Cl$ (β^-

Die Isotope des Chlors (1995)						
Isotop	Natürliche Häufigkeit n (%)	Zerfallsart				Halbwertszeit $T_{1/2}$
		β^+	EC	γ	β^-	
Cl 31		x				150 ms
Cl 32		x		x		291 ms
Cl 33		x		x		2,51 s
Cl 34*		x				1,53 s
Cl 34 m*		x		x		32,0 s
Cl 35	**75,77**					
Cl 36		x	x		x	$3{,}0 \cdot 10^5$ a
Cl 37	**24,23**					
Cl 38				x	x	37,18 m
Cl 39				x	x	56 m
Cl 40				x	x	1,35 m
Cl 41				x	x	38,4 s
Cl 42				x	x	6,9 s
Cl 43				x	x	3,3 s
Cl 44					x	434 ms
Cl 45					x	400 ms
Cl 46					x	223 ms
Cl 47					x	n.bek.
Cl 48					x	n.bek.
Cl 49					x	n.bek.
...						
Cl 51					x	n.bek.

(* isomere Atomkerne; m* markiert einen metastabilen Zustand)

|0,709 MeV; β^+) und $^{38}_{17}$Cl (β^-|4,9 MeV; γ) werden in der Reaktion $^{A}_{17}$Cl(n, γ) $^{A+1}_{17}$Cl erzeugt; $^{36}_{17}$Cl wird als radioaktiver Indikator, Tracer verwendet, $^{38}_{17}$Cl findet Anwendung in der Aktivierungsanalyse. Die beiden stabilen Isotope $^{35}_{17}$Cl und $^{37}_{17}$Cl der Kernspinzahl 3/2+ und kernmagnetischen Momenten +0,82187 bzw. +0,68412 dienen zum NMR-spektroskopischen Nachweis; NMR-Frequenzen (bei 2,3488 T) $9{,}798 \cdot 10^6\ s^{-1}$; Referenz NaCl (aq). Die maximal zulässige radiologische Aktivität bezogen auf $^{36}_{17}$Cl beträgt etwa $30 \cdot 10^5$ Bq für den menschlichen Körper, $1{,}2 \cdot 10^5$ Bq/ml in wäßriger Lösung und $14{,}8 \cdot 10^3$ Bq/m^3 Luft.

Chemische Eigenschaften

Chlor gehört zur Gruppe der „Halogene". Entsprechend seiner Stellung im PSE hat das freie, neutrale Cl-Atom im Grundzustand folgende Elektronenkonfiguration:

$$1s^2\ 2s^2\ 2p^6\ 3s^2\ 3p^5$$

Chlor hat sieben Valenzelektronen in der dritten Schale. Die Chemie des Chlors ist daher durch die Tendenz zur Aufnahme eines Elektrons in das 3p-Niveau und Bildung einer stabilen Argonschale gekennzeichnet. So bildet Chlor in seinen Verbindungen gegenüber elektropositiven Partnern die Oxidationsstufe –I ($3\,s^2\,3\,p^6$) die durch Aufnahme

eines Elektrons in ein 3p-Orbital erreicht wird. Gegenüber elektronegativen Elementen hingegen z. B. Fluor, Sauerstoff und z. T. Stickstoff bildet Chlor aber auch fast alle positiven Oxidationsstufen von +I bis +VII, von denen die Stufe +I die wichtigste ist.
Die Normalpotentiale des Chlors:

+VII		+V		+III		+I		0		–I
Saure Lösung										
				+1,659 V ($HClO_2 \rightarrow Cl_2$)						
ClO_4^-	+1,202 V	ClO_3^-	+1,181 V	$HClO_2$	+1,701 V	$HClO$	+1,630 V	Cl_2	+1,3595 V	Cl^-
Basische Lösung										
ClO_4^-	+0,374 V	ClO_3^-	+0,295 V	ClO_2^-	+0,681 V	ClO^-	+0,421 V	Cl_2	+1,3583 V	Cl^-

Chlor ist nach Fluor das reaktionsfähigste aller nichtmetallischen Elemente und gemäß seinen stark positiven Normalpotentialen ein sehr kräftiges Oxidationsmittel. Es verbindet sich unter starker Wärmeentwicklung meist schon bei Zimmertemperatur mit fast allen Elementen, außer mit Sauerstoff, Stickstoff, Kohlenstoff und den „Edelgasen". Mit elektropositiven Elementen, Metallen, bildet Chlor ausschließlich heteropolare Bindungen, während es mit weniger elektropositiven Elementen, Nichtmetallen, kovalente Bindungen eingeht wie z. B. (in Klammer sind die Bindungslänge und die Bindungsenthalpie angegeben): Cl-H (127,4 pm; 431 kJ · mol^{-1}), Cl-O (170 pm; 206 kJ · mol^{-1}), Cl-S (199 pm; 255 kJ · mol^{-1}), Cl-F (163 pm; 257 kJ · mol^{-1}), Cl-Cl (198,8 pm; 242 kJ · mol^{-1}); weitere Bindungen siehe bei den jeweiligen Elementen. Bor, Phosphor und Silicium entzünden sich im Chlor-Gas von selbst. Mit molekularem Wasserstoff vereinigt sich Chlor bereits bei Bestrahlung mit kurzwelligem Licht oder bei leichter Erwärmung explosionsartig zu Hydrogenchlorid; *Knallgasreaktion*:

$$H_2 + Cl_2 \longrightarrow 2\,HCl \qquad \Delta H = -184{,}62\ kJ$$

Mit metallischen Natrium reagiert es unter Feuererscheinung zu Na-Clorid:

$$2\,Na + Cl_2 \longrightarrow 2\,NaCl \qquad \Delta H = -822{,}56\ kJ$$

mit Calcium zu Ca(II)-Chlorid:

$$Ca + Cl_2 \longrightarrow CaCl_2 \qquad \Delta H = -796{,}3\ kJ$$

mit Antimon zu Sb(III)-Chlorid:

$$2\,Sb + 3\,Cl_2 \longrightarrow 2\,SbCl_3 \qquad \Delta H = -764{,}8\ kJ$$

und mit metallischen Eisen zu Fe(III)-Chlorid:

$$2\,Fe + 3\,Cl_2 \longrightarrow 2\,FeCl_3 \qquad \Delta H = -799{,}6\ kJ$$

Mit anderen unedlen Metallen vor allen den Alkali- und Erdalkalimetallen sowie auch einigen Halbmetallen in feinverteiltem Zustand wie Arsen, Bismut oder Selen reagiert Chlor, bereits bei gewöhnlicher Temperatur oder bei leichter Erwärmung sehr heftig, meist unter Feuererscheinung zu Chloriden. Cobalt, Mangan, Zinn u. a. verbrennen nach Erwärmung in Chlor unter Lichterscheinung. Mit leicht passivierbaren Metallen wie Chrom, Tantal, Wolfram sowie auch mit den Edelmetallen reagiert Chlor erst bei Rotglut. Bei allen Reaktionen mit Chlor, spielt ein geringer Feuchtigkeitsgehalt eine wichtige Rolle, da trockenes Chlor bedeutend reaktionsträger ist als feuchtes. So greift

Wichtige Wasserstoff- und Sauerstoffverbindungen des Chlors			
Oxidationsstufe	**Oxide**	**Säuren**	**Salze**
–I ([Ar])		HCl Hydrogenchloridsäure Salzsäure	Cl^- (aq) Chloride
+I	Cl_2O (g) Clor(I)-oxid	HClO Chlor(I)-säure Hypochlorige Säure	ClO^- (aq) Chlorate (I) Hypochlorite
+II	ClO (Cl_2O_2) Chlor(II)-oxid		
+III	Cl_2O_3 (g) (OCl-ClO_2) Chlor(III)-oxid	$HClO_2$ Chlor(III)-säure Chlorige Säure	ClO_2^- (aq) Chlorate (III) Chlorite
+IV	ClO_2 (g) (Cl_2O_4) (fl) Chlor(IV)-oxid		
+V		$HClO_3$ Chlor(V)-säure Chlorsäure	ClO_3^- (aq) Chlorate (V) Chlorate
+VI	ClO_3 Cl_2O_6 (fl) Chlor(VI)-oxid		
+VII	Cl_2O_7 (fl) Chlor(VII)-oxid	$HClO_4$ Chlor(VII)-säure Perchlorsäure	ClO_4^- (aq) Chlorate (VII) Perchlorate

z. B. vollkommen trockenes Chlor, Kupfer und Eisen nicht an und kann daher durch Kupfer- oder Eisenrohre geleitet, sowie in flüssigem Zustand in Stahlbomben oder eisernen Behältern transportiert werden.

Nachweis

Qualitativ:

- Freies Chlor ist an seinem Geruch, in größeren Konzentrationen an der gelbgrünen Farbe erkennbar.
- Blaufärbung von Kaliumiodid-Stärkepapier.

Quantitativ:

- Fällung mit $AgNO_3$ aus salpetersaurer Lösung als schwerlöslichen, weißen, käsigen Niederschlag von AgCl:

  $$Cl^- + AgNO_3 \longrightarrow AgCl \downarrow + NO_3^-$$

  Silberchlorid ergibt im Gegensatz zu den anderen Silbersalzen in Ammoniakwasser den lösl. Silberdiammin-Komplex:

  $$AgCl + 2\,NH_3 \longrightarrow [Ag(NH_3)_2]Cl.$$

- Zur kolorimetrischen Bestimmung mit O-Tolidin u. a. Reagenzien.
- Spektralanalyse; wichtige Spektrallinien der neutralen Atome: 837,574 nm, 858,597 nm; der einfach positiven Ionen Cl^+: 479,455 nm, 489,677 nm, 542,323 nm.

Verwendung

Über die Hälfte des gewonnenen Chlors wird zur Herstellung zahlreicher anorganischer und organischer Verbindungen verwendet. Zu den wichtigsten großtechnisch hergestellten anorganischen Verbindungen gehören die Salzsäure HCl, Chloride ($AgCl$, $AlCl_3$, $FeCl_3$, NCl_3, PCl_3, $SiCl_4$, $GeCl_4$, $TiCl_4$), Hypochlorite ($NaClO$), Chlorate ($NaClO_2$), Oxide (ClO_2), *Chlorkalk (Bleichkalk)* [$3\,CaCl(OCl) \cdot Ca(OH_2] \cdot 5\,H_2O$ u. a. Wichtige organische Chlorierungsprodukte sind Chlormethan (Methylchlorid CH_3Cl), Chlorethan C_2H_5Cl, Chlorbenzole, Phosgen (Carbonylchlorid $COCl_2$), Vinylchlorid und Polyvinylchlorid PVC, Chloropren $C_4H_8Cl_2$), organische Lösungsmittel wie Tetrachlormethan CCl_4, *Chloroform* (Trichlormethan $CHCl_3$), Insektizide, Pestizide, Zwischenprodukte für Farbstoffe u. v. a.
Chlorfluorkohlenstoffe CFK, Fluorchlorkohlenstoffe FCK, auch Chlorfluorkohlenwasserstoffe (CFKW) oder Fluorchlorkohlenwasserstoffe FCKW genannt sind organische Verbindungen, in denen die Wasserstoffatome niedriger Kohlenwasserstoffe durch Chlor- und Fluoratome ersetzt sind. Sie wurden unter dem Handelsnamen *Frigene* oder *Freons* (USA) als Treibstoff für Aerosole, Feuerlösch- und Kältemittel für Kühlschränke und Klimaanlagen u. a. verwendet. Untersuchungen haben jedoch ergeben, daß in die Stratosphäre gelangende CFK durch die harte UV-Strahlung photolysiert werden und aktives Chlor freisetzen das für die teilweise Zerstörung der Ozonschicht verantwortlich ist. Aus diesem Grunde wurde die Herstellung und Verwendung dieser Substanzen verboten.
Chlor ist Ausgangsmaterial für die Synthese verschiedener Chlorverbindungen:

Cl +	H_2 ⟶ HCl	→ Salzsäure, Salmiak NH_4Cl
		→ Vinylchlorid, PVC, Rhovyl u. a.
	Metalle ⟶	Chloride (z. B. $ZnCl_2$)
	Quecksilber ⟶	Sublimat $HgCl_2$, Kalomel Hg_2Cl_2
	NaOH ⟶	Natriumhypochlorid, Natronbleichlauge (→ Chlorat)
	Bromide ⟶	Brom
	Löschkalk ⟶	Chlorkalk
	Kohlenstoffmonooxid CO →	Phosgen (→ Polyurethane)
	Carbondisulfid CS_2 ⟶	Tetrachlormethan
	SO_2 + Paraffine ⟶	Alkylsulfochlorid (→ Alkansulfonate)
	Methan ⟶	Mono-, Di-, Tri-, Tetrachlormethan
	Ethan ⟶	Chlorethan
	Ethin ⟶	Tetrachlorethan (→ Trichlorethen)
	Benzen ⟶	Chlorbenzen, Hexachlorcyclohexan (HCH)
	Essigsäure ⟶	Monochloressigsäure (→ Indigo)
	Kautschuk ⟶	Chlorkautschuk

Chlor dient ferner als Oxidationsmittel, zur Desinfektion von Trinkwasser und Badewasser in Freibädern, zum Bleichen von Papier, Zellstoffen und Textilien sowie zum Entzinnen von Weißblech.

Physiologie, Toxikologie

Chlor gehört zu den elf Elementen, aus denen die Körpersubstanz zu 99% aufgebaut ist. Chloridionen Cl^- sind für viele Spezies auch für den Menschen essentiell. Sie werden über die Nahrung in Form von gelöstem Kochsalz aufgenommen und spielen eine wichtige Rolle im Wasserhaushalt, bei der Erhaltung des Säuren-Basen-Gleichgewichts sowie bei der Nieren- und Magensekretion. Der menschliche Organismus enthält im Durchschnitt etwa 1,5 g Cl^- pro kg Körpergewicht. Der tägliche Bedarf liegt bei etwa 3–6 g Cl^- bzw. rund 5–8 g NaCl.

Elementares Chlorgas Cl_2 ist sehr giftig (R 23, R 36/37/38, S 7/9, S 44). Es zerstört das tierische und pflanzliche Gewebe v. a. durch Bildung von Salzsäure. Bereits bei einer Verdünnung von 1:100000 ist der stechende Geruch des Chlors bemerkbar, es treten Reizungen der Augen und Atemwege auf. Ein Cl_2-Gehalt von 0,001% in der Atemluft verursacht schwere Lungenschäden, bei längerem Einatmen von Luft mit 0,01% Cl_2-Gehalt können Vergiftungen mit Todesfolge eintreten. Ein Luftgemisch mit 0,5–1% Chlorgas (2 mg Chlor pro Liter) wirkt rasch tödlich. Chlor ist vor allem ein Lungengift, das auf die Schleimhäute der Atmungsorgane ätzend wirkt. Vergiftungssymptome sind Brennen der Schleimhäute, Augen und Atemwege, quälender Hustenreiz, Erstickungsgefühl, später Atemnot, Lungenentzündung und Lungenbluten. Als Gegenmaßnahme bei Chlorvergiftungen empfiehlt man das Inhalieren von Wasserdampf, Hydrogencarbonatlösung oder stark verdünnten Ammoniak, bei Atemnot Sauerstoffbeatmung.

Chrom Cr

International (Lat.)	Chromium	Italienisch	Cromo
Englisch	Chromium	Griechisch	Χρώμιο (Chromio)
Französisch	Chrome	Russisch	Хром (Chrom)
Spanisch	Cromo	Japanisch	クロム (kuromu)

Atomare und physikalische Eigenschaften Xn ✖

Protonenzahl **(Z)**	**24**
Standard-Atomgewicht (bezogen auf $^{12}C = 12$)	51,9961 (± 6)
Effektive Kernladung	(Slater) 3,45; (Clementi) 5,13; (Froese-Fischer) 6,92
Elektronenkonfiguration	[Ar] $3d^5\ 4s^1$
Gruindzustand, Termsymbol	$^7S_3$
Metallatomradius (KZ 12)	128 pm a)
Kovalenzradius (Einfachbindung)	119 pm
Ionenradien (KZ 4;6)	$80^{2+}_{(6)}$ pm, $61{,}5^{3+}_{(6)}$ $55^{4+}_{(6)}$ pm, $52^{4+}_{(4)}$ pm, $26^{6+}_{(4)}$ pm
Molares Volumen	$7{,}23 \cdot 10^{-6}\ m^3 \cdot mol^{-1}$
1.; 2.;3.; 4.; 5.; 6. Ionisierungsenergie	6,7647 eV; 16,499 eV; 30,957 eV; 49,126 eV; 69,336 eV; 90,563 eV
Elektronegativität	(Allred/Rochow) 1,56; (Pauling) 1,66; (absolut) 3,72 eV
Elektronenaffinitt $Cr \rightarrow Cr^-$	0,666 eV
Wirkungsquerschnität für thermische Neutronen ($\sigma_{n,\gamma}$)	$3{,}10 \cdot 10^{-28}\ m^2$
Dichte (bei 20 °C)	$7190\ kg \cdot m^{-3}$ b)
Härte (geglüht)	(Mohs) 9 ; (Brinell) $68{,}8 \cdot 10^7$ Pa
Elastizitätsmodul	$27{,}9 \cdot 10^{10}$ Pa
Schmelztemperatur	1890 °C (2163,15 K) c)
Siedetemperatur	2640 °C (2913,15 K) d)
Spezifische Schmelzenthalpie	$294{,}25\ kJ \cdot kg^{-1}$ e)
Spezifische Verdampfungsenthalpie	$6707{,}3\ kJ \cdot kg^{-1}$ f)
Spezifische Sublimationsenthalpie (einatomiges Gas)	$7634{,}65\ kJ \cdot kg^{-1}$
Spezifische Wärmekapazität (bei 25 °C)	$0{,}449\ kJ \cdot kg^{-1} \cdot K^{-1}$
Thermische Leitfähigkeit (bei 27 °C)	$93{,}7\ W \cdot m^{-1} \cdot K^{-1}$
Thermischer Längenausdehnungskoeffizient	$6{,}2 \cdot 10^{-6}\ K^{-1}$ g)
Elektrische Leitfähigkeit (bei 20 °C)	$7{,}84 \cdot 10^6\ S \cdot m^{-1}$
Spezifischer elektrischer Widerstand (bei 20 °C)	$12{,}75 \cdot 10^{-8}\ \Omega \cdot m$
Temperaturkoeffizient (bei 20 °C)	ca. $15 \cdot 10^{-3}\ K^{-1}$
Spezifische magnetische Suszeptibilität	$+43{,}5 \cdot 10^{-9}\ m^3 \cdot kg^{-1}$
Néel-Temperatur	200 °C (473,15 K)
Elektrochemisches Äquivalent Cr^{3+}	$0{,}1796 \cdot 10^{-6}\ kg \cdot A^{-1} \cdot s^{-1}$
Hall-Koeffizient (Cr 99,9 %)	$+3{,}63 \cdot 10^{-10}\ m^3 \cdot A^{-1} \cdot s^{-1}$
Normalpotential Cr/Cr^{3+}	–0,744 V
Bildungsenthalpie $CrCl_3$ (Cr_2O_3)	$-557\ kJ \cdot mol^{-1}$ ($-1140\ kJ \cdot mol^{-1}$)

Weitere Angaben: a) 124,9 pm. b) $7140\ kg \cdot m^{-3}$ und (7180–7200) $kg \cdot m^{-3}$. c) 1857 (±20) °C, 1903 °C. d) 2672 °C, 2690 °C. e) $280\ kJ \cdot kg^{-1}$, $403{,}85\ kJ \cdot kg^{-1}$. f) $6576{,}9\ kJ \cdot kg^{-1}$. g) $8{,}4 \cdot 10^{-6}\ K^{-1}$

Entdeckung

Chrom wurde im Jahre 1797 von dem französischen Chemiker Louis Nicolas Vauquelin in Paris, Frankreich, in Form des Oxids im Mineral Krokoit entdeckt und in unreiner Form dargestellt. Im gleichen Jahr erkannte auch der deutsche Chemiker Martin Heinrich Klaproth unabhängig in dem gleichen Mineral die Existenz eines neuen Elements. Wegen der Vielfarbigkeit seiner Salze erhielt das neue Metall den Namen „Chromium" z. dt. „Chrom" [von griech.: „χρῶμα" (chroma), d. h. „Hautfarbe" oder „Farbe"]. Das chemische Symbol „Cr" wurde 1814 von J. J. Berzelius eingeführt. Reines Chrom wurde erstmals 1854 von R. W. Bunsen durch Elektrolyse wäßriger Chromchloridlösungen hergestellt. 1893 gelang H. F.-F. Moissan die Reduktion des Metalls mit Koks im elektrischen Ofen und 1898 erhielt H. Goldschmidt kohlenstofffreies Metall durch Aluminothermie. Hochreines, duktiles Chrom wurde um 1930 von Anton Eduard van Arkel (1893–1976) und Jan Hendrik de Boer (1899–1971) nach dem sog. *Aufwachsverfahren* oder *Van-Arkel-de-Boer-Verfahren* hergestellt.

Vorkommen

Chrom gehört zu den häufigeren Elementen auf der Erde. Mit einem berechneten Massenanteil in der Erdhülle von 0,019% steht es noch vor Zink oder Kupfer an 20. Stelle der Elementhäufigkeit. In der Erdkruste bis 16 km Tiefe ist Chrom mit 122 g/t Gestein, in Eisenmeteoriten bis zu 2,4 kg/t vertreten. Im Meerwasser beträgt sein Anteil durchschnittlich 0,24 µg $Cr^{(+VI)}$ pro m^3, bei einer Verweilzeit von ca. 10000 Jahren. Außer in Meteoriten tritt Chrom nicht elementar auf. Es kommt in der Natur meist in flözartigen Lagern vor. Das wichtigste Chromerz ist der Chromit oder Chromeisenstein $(Fe,Mg)Cr_2O_4$, von geringerer Bedeutung ist der Krokoit oder Rotbleierz $PbCrO_4$ (= $PbO \cdot CrO_3$). Die Chrom-Reserven werden weltweit auf eine Mrd. t geschätzt. Die wichtigsten Lagerstätten liegen in Südafrika, Rußland, Türkei, Indien, Brasilien, Zimbabwe, Philippinen, Finnland. Weltweit werden jährlich ca. 10 Mio. t Chromit gefördert. Die Hauptförderländer sind die Republik Südafrika ca. 3,8 Mio. t, Rußland 3 Mio. t, Albanien 0,85 Mio. t, Türkei, Indien, Brasilien jeweils ca. 0,65 Mio. t. Die Häufigkeit des Elements auf der Sonne beträgt etwa $5{,}15 \cdot 10^5$ Atome Chrom pro $1 \cdot 10^6$ Atome Wasserstoff, die kosmische Häufigkeit ist nicht bekannt.

Herstellung

Im technischen Maßstab wird Chrom fast ausschließlich aus Chromit hergestellt, der in natürlicher Zusammensetzung 8–22% FeO, 40–55% Cr_2O_3, jeweils bis 15% MgO und Al_2O_3, sowie geringe Mengen Fe_2O_3 und SiO_2 enthält. Das durch Flotation angereicherte und feingemahlene Erz wird mit Kalk und Soda gemischt und unter Luftzufuhr in Ringherd- oder Drehrohröfen bei 1000–1200 °C zu Natriumchromat oxidiert

$$2\,FeCr_2O_4 + 4\,Na_2CO_3 + 3^1/_2O_2 \longrightarrow 4\,Na_2CrO_4 + Fe_2O_3 + 4\,CO_2\uparrow$$

Das Chromat wird mit heißem Wasser aus dem Klinker extrahiert und mit konz. Schwefelsäure in Natriumdichromat überführt

$$2\,Na_2CrO_4 + H_2SO_4 + H_2O \longrightarrow Na_2Cr_2O_7 + Na_2SO_4 + 2\,H_2O$$

das aus der heißen Lösung beim Abkühlen als Dihydrat $Na_2Cr_2O_7 \cdot 2\,H_2O$ auskristallisiert. Die Reduktion mit Kohle oder Schwefel führt schließlich zu Chrom(III)-oxid

$$Na_2Cr_2O_7 \cdot 2\,H_2O + 2\,C \longrightarrow Cr_2O_3 + Na_2CO_3 + 2\,H_2O$$

aus dem das Chrom vorwiegend durch Reduktion mit Aluminium gewonnen wird:

$$Cr_2O_3 + 2\,Al \longrightarrow Al_2O_3 + 2\,Cr \qquad \Delta H = -\,536{,}5\ kJ$$

Zur Herstellung von 1 t Chrom benötigt man etwa 1,6 t Cr_2O_3, 0,6 t Al-Grieß sowie 0,2 t Kalk und Natriumnitrat als Zuschläge. Das so gewonnene Chrom hat einen Reinheitsgrad von ca. 99%.

Reineres Chrom kann man durch Elektrolyse von Cr(III)- oder Cr(IV)-Salzlösungen herstellen. Die Elektrolyse erfolgt mit Kupfer- oder Stahlkathoden und Blei- oder Edelstahlanoden. Man erhält elektrolytisches Chrom mit einem Reinheitsgrad von 99,95%. Der Energieumsatz beträgt etwa 75 kWh pro 1 kg Chrom. Hochreines Chrom erhält man nach dem *Van-Arkel-de-Boer-Verfahren* durch Zersetzung des Dampfes von Chrom(II)-iodid, CrI_2, an heißen Glühdrähten.

In der Technik wird Chrom meist als Legierung mit Eisen, sog. *Ferrochrom* FeCr mit einem Chromgehalt von 52–75% hergestellt. Die Herstellung erfolgt aus Chromit in dreiphasigen Elektroschachtöfen durch Reduktion mit Kohle oder Schwefel mit Flußmitteln z. B. Kalkstein und Quarzit bei ca. 1600 °C gemäß:

$$FeO + Cr_2O_3 + 4\,C \longrightarrow Fe + 2\,Cr + 4\,CO\uparrow$$

Zur Herstellung von 1 t Ferrochrom benötigt man zwischen 9000–12 000 kWh elektrische Energie. Je nach Kohlenstoffgehalt unterscheidet man: FeCr *suraffiné* max. 0,5% C, FeCr *affiné* > 0,5–4,0% C und FeCr *carburé* 4,0–10% C. Weltweit werden jährlich etwa 20 000 t Chrom hergestellt, davon in Deutschland ca. 1000 t.

Physikalische Eigenschaften

Chrom ist ein bläulich-weißes, glänzendes Schwermetall, das auch an feuchter Luft seinen Glanz behält. Bei höchster Reinheit ist das Metall sehr zäh, dehn- und schmiedbar, bei Verunreinigungen mit H_2 oder O_2 ist es jedoch das härteste unter allen Gebrauchsmetallen und sehr spröde. Es kristallisiert in kubisch raumzentrierter Gitterstruktur. Das stark paramagnetische Metall hat eine mittlere Schmelz- und Siedetemperatur, die thermische Leitfähigkeit beträgt 21,84% die elektrische 12,47% der des Silbers.

Radiochemie

Natürliches Chrom besteht aus einem Gemisch vier stabiler Isotopen, weitere 18 Radioisotope des Chroms sind bekannt.

Die Cr-Isotope haben relativ kurze Halbwertszeiten, die leichteren Isotope A < 52 zerfallen durch β^+-Emission oder Elektronen-Einfang in die entsprechenden V-Isotope, die schwereren A > 54 verwandeln sich durch β^--Emission in Mn-Isotope. Das langlebigste Isotop $^{51}_{24}Cr$ (EC | 0,751 MeV; γ) entsteht in der Reaktion $^{50}_{24}Cr\ (n, \gamma)\ ^{51}_{24}Cr$, es findet Anwendung als radioaktiver Indikator, Tracer, z. B. bei Selbstdiffusionsmessungen, in der

Die Isotope des Chroms (1995)

Isotop	Natürliche Häufigkeit n (%)	Zerfallsart				Halbwertszeit $T_{1/2}$
		β^+	EC	γ	β^-	
Cr 43		**x**				21 ms
Cr 44		**x**				53 ms
Cr 45		**x**				50 ms
Cr 46		**x**				0,26 s
Cr 47		**x**		x		472 ms
Cr 48			**x**	x		21,6 h
Cr 49		**x**		x		42 m
Cr 50	**4,345**					
Cr 51			**x**	x		27,70 d
Cr 52	**83,789**					
Cr 53	**9,501**					
Cr 54	**2,365**					
Cr 55				x	**x**	3,50 m
Cr 56				x	**x**	5,9 m
Cr 57				x	**x**	21,1 s
Cr 58				x	**x**	7,0 s
Cr 59				x	**x**	0,74 s
Cr 60					**x**	0,57 s
Cr 61					**x**	n.bek.
Cr 62					**x**	n.bek.
Cr 63					**x**	n.bek.
Cr 64					x	n.bek.

Korrosionsforschung u. a. Mit $^{51}_{24}Cr$ gekennzeichnetes Chromchlorid und Natriumchromat dient in der Medizin zur Bestimmung der Widerstandsfähigkeit der roten Blutkörperchen. Das stabile Isotop $^{53}_{24}Cr$ der Kernspinzahl 3/2+ und kernmagnetischen Moment −0,47454 dient zum NMR-spektroskopischen Nachweis; NMR-Frequenz (bei 2,3488 T) $5{,}652 \cdot 10^6\ s^{-1}$; Referenz CrO^{2-} (aq).

Chemische Eigenschaften

Chrom ist das erste Metall der sog. *Chromgruppe*, der die Elemente

Chrom Cr, Molybdän Mo, Wolfram W und Seaborgium Sg

angehören. Chrom ist bei gewöhnlichen Temperaturen außerordentlich widerstandsfähig. An feuchter Luft und im Wasser oxidiert es kaum, in Sauerstoff verbrennt es erst bei höheren Temperaturen. Entsprechend seiner Stellung im PSE in der 6. Gruppe (VIB Nebengruppe) hat das freie, neutrale Cr-Atom im elektronischen Grundzustand folgende Elektronenkonfiguration:

$$1s^2\ 2s^2\ 2p^6\ 3s^2\ 3p^6\ 3d^5\ 4s^1$$

Als typisches Übergangsmetall kann Chrom in seinen Verbindungen alle Oxidationsstufen von −II bis +VI bilden, wobei die Stufen +III ($[Ar]3d^3$) und +VI ([Ar]) die wichtigsten und stabilsten sind.

Die Normalpotentiale des Chroms:

+VI +V +IV +III +II 0

Saure Lösung

$Cr_2O_7^{2-}$ $\xrightarrow{+0{,}55\ V}$ CrO_4^{3-} $\xrightarrow{+1{,}34\ V}$ Cr(IV) $\xrightarrow{+2{,}10\ V}$ Cr^{3+} $\xrightarrow{-0{,}424\ V}$ Cr^{2+} $\xrightarrow{-0{,}912\ V}$ Cr

(Cr^{3+} → Cr: −0,744 V)

orangefarben

Basische Lösung

CrO_4^{2-} $\xrightarrow{-0{,}11\ V}$ $Cr(OH)_3$ $\xrightarrow{-1{,}33\ V}$ Cr

gelb $Cr(OH)_4^-$ $\xrightarrow{-1{,}33\ V}$ Cr

Gemäß dem negativen Normalpotential Cr/Cr^{3+} ist Chrom ein ziemlich unedles Metall. Das blanke Metall wird von verd. Salzsäure oder Schwefelsäure unter Wasserstoffentwicklung angegriffen und löst sich leicht in Königswasser und Flußsäure. In Basen und in oxidierenden Säuren wie z. B. konz. Salpetersäure ist Chrom nicht löslich, da diese die Oberfläche des Metalls durch Bildung einer dünnen CrO_3-Schutzschicht passivieren. Es wird dann auch von verd. nichtoxidierenden Säuren nicht mehr angegriffen. Bei erhöhten Temperaturen reagiert Chrom mit den meisten Nichtmetallen. Mit molekularem Chlor verbindet es sich zum Chrom(III)-chlorid:

$$2\ Cr + 3\ Cl_2 \longrightarrow 2\ CrCl_3 \qquad \Delta H = -\ 1114\ kJ$$

das mit Wasser das Hexahydrat bildet:

$$CrCl_3 + 6\ H_2O \longrightarrow [Cr(H_2O_6]Cl_3$$

das seinerseits einer Hydratisometrie unterliegt:

$$\underset{\text{graublau}}{[Cr(H_2O)_6]Cl_3} \rightleftharpoons \underset{\text{hellgrün}}{[Cr(H_2O)_5Cl]\ Cl_2 \cdot H_2O} \rightleftharpoons \underset{\text{tiefgrün}}{[Cr(H_2O)_4Cl_2]Cl \cdot 2\ H_2O}$$

Mit molekularem Sauerstoff verbrennt es nach Entzündung zum Chrom(III)-oxid:

$$4\ Cr + 3\ O_2 \longrightarrow 2\ Cr_2O_3 \qquad \Delta H = -\ 2280\ kJ$$

Mit Schwefel verbindet es sich zum Chrom(II)-sulfid CrS, mit Stickstoff bildet es Nitride wie CrN, mit Kohlenstoff Carbide z. B. CrC, mit Silicium Silicide wie CrSi, mit Bor Boride z. B. CrB usw.
Chrom bildet zwei Hydroxide $Cr(OH)_2$ und $Cr(OH)_3$, vier Oxide CrO, Cr_2O_3, CrO_2, CrO_3, zwei Säuren die Chrom(IV)-säure bzw. Chromsäure H_2CrO_4 mit dem Anion $HCrO_4^-$ (aq); ihre Salze heißen Chromate(VI), und die Dichrom(VI)-säure $H_2Cr_2O_7$ mit dem Anion $HCr_2O_7^-$ (aq); ihre Salze heißen Dichromate(VI). Die löslichen Verbindungen wie die Halogenide, Hydroxide, Nitrate, Oxide, Chromate und Dichromate sind giftig. Weniger gefährlich sind die unlöslichen Salze wie das Phosphat, Sulfatoxalat u. a. Chrom-Verbindungen sind vielfarbig. Die Farben einiger Sauerstoff-Verbindungen des Chroms: Chromate CrO_4^{2-} (aq) gelb, Dichromate $Cr_2O_7^{2-}$ (aq) orange, Polychromate $[C_nO_{3n+1}]^{2-}$ (aq) tiefrot, Peroxochromate $HCrO_6^-$ (aq) blau, CrO_8^{3-} (aq) rot.

Nachweis

Qualitativ:

- Durch die grüne Verfärbung der Boraxperle oder Phosphorsalzperle mit Chrom.
- Fällung von grau-grünem amphoteren Chrom(III)-hydroxid.
- Oxidation von grünem Cr^{3+} zu gelben Cr(VI) und umgekehrt durch Reduktion

$$\underset{\text{grün}}{Cr^{3+}} \longrightarrow \underset{\text{gelb}}{Cr(VI)} + 3e^-$$

- Durch das Chromat-Dichromat-Gleichgewicht

$$\underset{\text{gelb}}{2\,CrO_4^{2-}} + 2\,H^+ \longrightarrow \underset{\text{orange}}{Cr_2O_7^{2-}} + H_2O$$

Quantitativ:

- Fällung als rotes Quecksilber(I)-chromat Hg_2CrO_4, mit anschließendem Glühen zu Cr_2O_3 und Wägung.
- Gravimetrisch als Chrom(III)-oxid oder Bariumchromat(VI).
- Chromate(VI) mittels iodometrischer Titration.
- Spektralanalyse; wichtige Spektrallinien der neutralen Atome: 283,563 nm, 357,869 nm, 359,349 nm, 360,533 nm, 425,435 nm, 427,480 nm, 428,972 nm, 520,844 nm.
- Atomabsorptionsspektrometrie (AAS) mittels der 357,869 nm, Hauptlinie des Atomspektrums.

Verwendung

Chrom ist das wichtigste Legierungsmetall, es dient v. a. in Form von Ferrochrom zur Herstellung nichtrostender und hitzebeständiger Stähle. Bereits kleine Mengen Chrom erteilen dem Stahl hohe mechanische Beanspruchbarkeit. Wichtige Stähle sind Chromstahl, Chromnickelstahl, V2A-Stahl, Molybdänstahl, Wolframstahl u. a. (s. S. 205).

Reines Chrom wird zur Herstellung eisenfreier Legierungen v. a. in Verbindung mit Nikel verwendet und dient aufgrund seiner großen chemischen Widerstandsfähigkeit zum Verchromen von Metallgegenständen, die dadurch gegen Korrosion geschützt werden.

Immer größere Bedeutung gewinnt Chrom für die Herstellung von *Cermets* (von Englisch „ceramics metals“) hochtemperaturbeständige Werkstoffe aus keramischen (Oxide des Aluminiums, Magnesiums, Chroms, Titan u. a.) und metallischen Bestandteilen (Eisen, Cobalt, Chrom, Nickel, Wolfram u. a.).

Chromverbindungen wie z. B. Cr(III)-oxid dienen als Katalysator in der organischen Chemie, sowie als Farbpigmente zur Herstellung von Druck-, Lack-, Leim-, Ölfarben u. a.

Chrompigmente für Anstriche, Baustoffe, Kunststoffe, Emails, Keramik u. a.

Chromoxid-Pigmente (nicht toxisch)

Chromoxid-grün	Chrom(III)-oxid Cr_2O_3
Chromoxidhydrat-grün	Chrom(III)-oxidhydrat $2\,Cr_2O_3 \cdot 3\,H_2O$

Chromat-Pigmente:

Chromgelb	($PbCrO_4$ und $PbSO_4$)
Cromorange oder Chromrot	
Chromzinnober, Wiener Rot	(PbO $PbCrO_4$)
Strontiumgelb	(Gemisch aus $SrCrO_4$ und $BaCrO_4$)
Barytgelb, Gelber Ultramarin	$BaCrO_4$
Zinkgelb	(wechselnde Zusammensetzung $K_2O \cdot 4\ ZnO \cdot 4\ CrO_3 \cdot 3\ H_2O$)
Chromgrün, Zinnobergrün usw.	($PbCrO_4$ und Berliner Blau)
Zinkgrün	($ZnCrO_4$ und Berliner Blau)
Molybdatrot	(Gemisch aus $PbCrO_4 + PbSO_4 + PbMoO_4$)

Physiologie, Toxikologie

Chrom ist als Spurenelement essentiell für den Menschen, es ist vor allem für den Glukosestoffwechsel von Bedeutung. Das Element wirkt stimulierend und kanzerogen. Die Gesamtmasse des Elements im menschlichen Körper liegt bei etwa 1,5 mg Chrom, menschliches Gewebe enthält ca. 0,02–0,04 ppm Chrom in der Trockensubstanz. Gespeichert wird Chrom vor allem in der Milz und in der Leber. Der tägliche Bedarf liegt unter 1 mg und wird ausschließlich durch die Nahrung aufgenommen. Metallisches Chrom ist wegen seiner Unlöslichkeit nicht schädlich, hingegen wirken höhere Dosen löslicher Chromverbindungen sowohl auf Menschen als auch auf Tiere giftig (R 36/37/38, S 22, S 28). Während Chrom(III)-verbindungen wegen schlechter Resorbierbarkeit wenig toxisch wirken, sind Chrom(VI)-verbindungen sehr giftig. Chrom(VI)-oxid CrO_3, Chromsäure H_2CrO_4, Chromate Na_2CrO_4, Dichromate $K_2Cr_2O_7$, $Na_2Cr_2O_7$ u. a. rufen chronische Verätzungen der Haut und der Schleimhäute hervor, verursachen schlecht heilende Geschwüre, sowie Magen-, Darm-, Leber- und Nierenschäden. Die toxische Dosis liegt bei 200 mg, die letale Dosis über 3 g, (Chrom(VI)-oxid 0,6 g). Die Inhalation von Chromat-haltigen Stäuben kann zu Lungengeschwüren und Lungenkrebs führen. Für CrO_3 wurde ein MAK-Wert von 0,1 mg/m^3 festgelegt.

Cobalt Co

International (Lat.)	Cobaltum	Italienisch	Cobalto
Englisch	Cobalt	Griechisch	Κοβάλτιο (Kovaltio)
Französisch	Cobalt	Russisch	КобалЬт (Kobaljt)
Spanisch	Cobalto	Japanisch	コバルト (kobaruto)

Atomare und physikalische Eigenschaften

Protonenzahl **(Z)**	**27**
Standard-Atomgewicht (bezogen auf $^{12}C = 12$)	58,93320(±1)
Effektive Kernladung	(Slater) 3,90; (Clementi) 5,58; (Froese-Fischer) 7,63
Elektronenkonfiguration	[Ar] $3d^7\ 4s^2$
Grundzustand, Termsymbol	$^4F_{9/2}$
Metallatomradius (KZ 12)	125,3 pm
Kovalenzradius (Einfachbindung)	116,2 pm
Ionenradien (KZ 6)	$75^{2+}_{(6)}$ pm, $61^{3+}_{(6)}$ pm, $53^{4+}_{(6)}$ pm
Molares Volumen	$6{,}62 \cdot 10^{-6}\ m^3 \cdot mol^{-3}$
1.; 2.; 3., 4.; 5. Ionisierungeenergie	7,8765 eV; 17,059 eV; 33,497 eV; 51,303 eV; 79,493 eV
Elektronegativität	(Allred/Rochow) 1,70; (Pauling) 1,88; (absolut) 4,30 eV
Elektronenaffinität Co → Co^-	0,661 eV
Wirkungsquerschnitt für thermische Neutronen ($\sigma_{n,\gamma}$)	$37{,}19 \cdot 10^{-28}\ m^2$
Dichte (bei 20 °C)	$8890\ kg \cdot m^{-3}$ a)
Härte (geglüht)	(Mohs) 5,5; (Brinell) $129{,}1 \cdot 10^7$ Pa
Elastizitätsmodul (geglüht)	$(19{,}6 \ldots 20{,}5) \cdot 10^{10}$ Pa
Schmelztemperatur	1495 °C (1768,15 K)
Siedetemperatur	2870 °C (3143,15 K) b)
Spezifische Schmelzenthalpie	$276{,}6\ kJ \cdot kg^{-1}$ c)
Spezifische Verdampfungsenthalpie	$6503\ kJ \cdot kg^{-1}$ d)
Spezifische Sublimations- /Atomisierungsenthalpie	$7212\ kJ \cdot kg^{-1}$
Spezifische Wärmekapazität (bei 25 °C)	$0{,}421\ kJ \cdot kg^{-1} \cdot K^{-1}$
Thermische Leitfähigkeit (bei 27 °C)	$100\ W \cdot m^{-1} \cdot K^{-1}$
Thermischer Längenausdehnungskoeffizient (bei 25 °C)	$13{,}2 \cdot 10^{-6}\ K^{-1}$
Thermospannung (Δt = 100 K / Pt; Cu)	–1,7 mV; –2,45 mV
Elektrische Leitfähigkeit (bei 20 °C)	$16{,}02 \cdot 10^6\ S \cdot m^{-1}$
Spezifischer elektrischer Widerstand (bei 20 °C)	$6{,}24 \cdot 10^{-8}\ \Omega \cdot m$
Temperaturkoeffizient (bei 20 °C)	$6{,}58 \cdot 10^{-3}\ K^{-1}$
Sättigungsmagnetisierung (bei 20 °C)	1,79 T
Curie-Temperatur	1120,85 °C (1393,95 K) e)
Elektrochemisches Äquivalent Co^{2+}	$0{,}3054 \cdot 10^{-6}\ kg \cdot A^{-1} \cdot s^{-1}$
Normalpotential Co/Co^{2+}	–0,277 V
Hydratationsenthalpie Co^{2+}	$-2081\ kJ \cdot mol^{-1}$
Bildungsenthalpie $CoCl_2$ (CoO)	$-313\ kJ \cdot mol^{-1}$ ($-238\ kJ \cdot mol^{-1}$)

Weitere Angaben: a) $8830\ kg \cdot m^{-3}$, $8900\ kg \cdot m^{-3}$. b) 3100 °C. c) $257{,}95\ kJ \cdot kg^{-1}$. d) $6489\ kJ \cdot kg^{-1}$. e) 1075 °C, 1127 °C.

Entdeckung

Im Mittelalter fanden Bergleute im Erzgebirge Cobalterze, in denen sie wegen ihres silbrigen Glanzes Silber vermuteten. Da die Erze jedoch kein Silber enthielten, nannte man diese *Kobolt*, das soviel wie *täuschendes Erz* bedeuten sollte, also ein Erz mit dem ein Kobolt oder ein Berggeist sie genarrt hatte. Die Entdeckung des Metalls erfolgte im Jahre 1735 durch den schwedischen Chemiker Georg Brandt (1694–1768) in Stockholm, Schweden. Im Jahre 1780 gelang dem schwedischen Chemiker Torbern Olof Bergman erstmals, Cobalt in unreiner Form zu isolieren und mit seinen Eigenschaften zu beschreiben. Reines Metall erhielten erst Anfang des 19. Jh. J. J. Berzelius, L. J. Thénard und Joseph Louis Proust (1754–1826). Der Name „Kobolt" bzw. „Kobalt" wurde später zu „Cobaltum" latinisiert, vom dem 1814 J. J. Berzelius das Symbol Co ableitete.

Vorkommen

Cobalt gehört zu den relativ häufigen Elementen auf der Erde. Mit einem berechneten Massenanteil in der Erdhülle von $3{,}7 \cdot 10^{-3}$% steht es an 29. Stelle der Elementhäufigkeit. In der Erdkruste, bis 16 km Tiefe, ist Cobalt mit 29 g/t Gestein vertreten, in Eisenmeteoriten mit etwa 6,3 g/t. Die ozeanischen Mangan-Knollen enthalten bis zu 1% Cobalt. Meerwasser enthält durchschnittlich 5 µg $Co^{(+II)}$ pro m^3, bei einer Verweilzeit von ca. 40 Jahren. Außer in Meteoriten kommt Cobalt nie gediegen, sondern hauptsächlich in Verbindung mit Arsen oder Schwefel in Form von Mineralen vor und ist oft als Nebenbestandteil in vielen Nickel-, Eisen- und Kupfererzen enthalten. In geringen Konzentrationen ist Cobald sehr weit verbreitet, allerdings gibt es nur wenige größere Lagerstätten.

Die wichtigsten Erzlagerstätten finden sich in Kongo (Katanga) USA, Kuba, Neukaledonien, Australien, Kanada, Finnland, Marokko, Tschechische Republik (Joachimsthal) in Deutschland (Schneeberg, Annaberg, Wittichen) u. a. Als Spurenelement kommt Cobalt in den meisten Böden und in vielen Pflanzen vor. Die Cobalt-Reserven auf der Erde schätzt man auf rund 6 Mio. t ohne Meeresböden, da allein die Cobaltvorkommen in den Mangan-Knollen im Pazifik schon bei über 6 Mrd. t liegen. Die Häufigkeit des Elements auf der Sonne beträgt ca. $7{,}95 \cdot 10^4$ Atome Cobalt pro $1 \cdot 10^{12}$ Atome Wasserstoff, die kosmische Häufigkeit wird auf mehrere tausend Atome Cobalt pro $1 \cdot 10^6$ Atome Silicium geschätzt.

Wichtige Cobaltminerale	
Skutterudit, Smaltin, Speiskobalt	$(Co, Ni)As_3$
Chloantit, Nickelskutterudit	$(Ni, CO)As_3$
Cobaltin, Cobaltit, Kobaltglanz	CoAsS
Linneit, Kobaltkies	Co_3S_4
Carrolit	$CuS \cdot Co_2S_3$
Erythrin, Kobaltblüte	$Co_3 [AsO_4]_2 \cdot 8 H_2O$

Herstellung

Zur technischen Gewinnung von Cobalt werden überwiegend Kupfer-, Nickel-, Cobalt- und Eisen-Erze herangezogen. Die Erze deren Cobalt-Gehalt meist unter 0,5% liegt, werden nach Anreicherung durch Flotation einem Röstprozeß unterworfen, wobei ein Großteil des Eisens als Silicat mit der Schlacke aus dem Ofen abfließt. Man erhält einen *Rohstein* oder *Speise*, in dem die Metalle in Form von Sulfiden und Arseniden vorliegen. Der Rohstein wird anschließend mit Soda Na_2CO_3 und Salpeter $NaNO_3$ abgeröstet, wobei ein Teil des Schwefels und Arsens entweicht, ein weiterer Teil zusammen mit den Metalloxiden als Sulfat und Arsenat im Röstgut zurück bleibt und mit Wasser ausgelaugt wird. Die zurückbleibenden Metalloxide werden in heißer Salzsäure oder Schwefelsäure gelöst und mit Chlorkalk $[3\ CaCl(OCl) \cdot Ca(OH)_2] \cdot 5\ H_2O$ durch fraktionierte Fällung getrennt. Das CoO wird dabei durch das Hypochlorit in Hydroxid umgesetzt

$$2\ Co^{2+} + OCl^- + 4\ OH^- + H_2O \longrightarrow 2\ Co(OH)_3 \downarrow + Cl^-$$

und geht beim Erhitzen in Cobalt(II,III)-oxid Co_3O_4 über, das sich mit Koks oder aluminothermisch zu metallischen Cobalt reduzieren läßt.

$$Co_3O_4 + 2\ C \longrightarrow 3\ Co + 2\ CO_2 \uparrow$$

Der weltweit größte Anteil an Cobalt wird heute aus den in Kongo (Zaire) vorkommenden Kupfererzen oder aus dem kanadischen kupferhaltigen Magnetkies, Pyrrhotin gewonnen. Die Weltproduktion von Cobalt liegt bei jährlich etwa 45 000 t. Die Hauptproduzenten sind v. a. Kongo mit ca. 48% der Weltproduktion, gefolgt von Australien 16,5%, GUS-Staaten 8,5%, Sambia und Kuba 4,5%, Kanada und Finnland ca. 3,5% u. a.

Physikalische Eigenschaften

Cobalt ist ein stahlgraues, glänzendes sprödes, hartes und außerordentlich zähes und schwer zu bearbeitendes Schwermetall. Es tritt in zwei allotropen Modifikationen auf.

$$\alpha\text{-Co} \xrightarrow{417\ °C} \beta\text{-Co}$$

hexagonal dichteste Kugelpackung → kubisch dichteste Kugelpackung

Bei Normaltemperatur zeigt Cobalt ferromagnetische Eigenschaften, es ist jedoch weniger magnetisch als Eisen. Oberhalb 1120 °C *Curie-Temperatur* ist das Metall paramagnetisch, bei 1200 °C beträgt die spezifische magnetische Suszeptibilität von Cobalt $3800 \cdot 10^9\ m^3 \cdot kg^{-1}$. Intermetallische Verbindungen des Cobalts mit Seltenerdmetallen wie auch verschiedene Stähle wie Kobaltstahl (36% Co, 4,8% Cr u. a.), Vicalloy (30–40% Co, 14% V u. a.) haben hohe magnetische Suszeptibilität, Cobalt besitzt eine mittlere Schmelz- und Siedetemperatur, die thermische Leitfähigkeit beträgt 23,31%, die elektrische 25,47% der des Silbers.

Radiochemie

Cobalt ist ein anisotopes Element, es kommt in der Natur nur in Form des Isotops $^{59}_{27}Co$ vor. Daneben sind 25 weitere künstliche Radioisotope des Cobalts bekannt.
Die Co-Isotope haben allgemein kurze Halbwertszeiten, die leichteren Isotope $A < 59$ zerfallen durch β^+-Strahlung oder Elektronen-Einfang (EC) in die entsprechenden Fe-Isotope, die schwereren $A > 59$ verwandeln sich durch β^--Strahlung in Ni-Isotope. Die Isotope $^{56}_{27}Co$ (β^+ | 4,566 MeV; EC; γ | 2,58 MeV) und $^{57}_{27}Co$ (EC | 0,836 MeV; γ) werden durch Bestrahlung von Nickel oder Eisen mit beschleunigten Protonen oder Deuteronen erzeugt, sie werden zusammen mit $^{58}_{27}Co$ (β^+ | 2,30 MeV; EC; γ) und dem Isotop $^{60}_{27}Co$ (β^- | 2,82 MeV; γ | 1,33 MeV), das durch die Reaktion $^{59}_{27}Co$ (n, γ) $^{60}_{27}Co$ entsteht, als radio-

Die Isotope des Cobalts (1995)

Isotop	Natürliche Häufigkeit n (%)	Zerfallsart				Halbwertszeit $T_{1/2}$
		β^+	EC	γ	β^-	
Co 50		**x**				44 ms
Co 51		**x**				n.bek.
Co 52		**x**		x		n.bek.
Co 53*		**x**		x		240 ms
Co 53*		**x**				247 ms
Co 54*		**x**		x		193,2 ms
Co 54*		**x**		x		1,48 m
Co 55		**x**		x		17,54 h
Co 56		**x**	**x**	x		77,26 d
Co 57			**x**	x		271,79 d
Co 58*		**x**	**x**	x		70,86 d
Co 58 m*				**x**		8,94 h
Co 59	**100**					
Co 60*				x	**x**	5,272 a
Co 60 m*				x	**x**	10,5 m
Co 61				x	**x**	1,65 h
Co 62*				x	**x**	1,5 m
Co 62*				x	**x**	14,0 m
Co 63				x	**x**	27,5 s
Co 64				x	**x**	0,3 s
Co 65				x	**x**	1,14 s
Co 66				x	**x**	0,23 s
Co 67				x	**x**	0,42 s
Co 68					**x**	0,18 s
Co 69					**x**	0,27 s
Co 70					**x**	0,19 s
Co 71					**x**	0,20 s
Co 72					**x**	0,15 s
Co 73					**x**	n.bek.
Co 74					**x**	n.bek.
Co 75					**x**	n.bek.

(* isomere Atomkerne; m* markiert jeweils einen metastabilen Zustand)

aktive Indikatoren (Tracer) verwendet. Das gleichzeitig entstehende metastabile Isomer $^{60m}_{27}Co$ findet Anwendung in der Aktivierungsanalyse. Wegen seiner relativ langen Halbwertszeit wird $^{60}_{27}Co$ in der Industrie für Dichte- und Dickenmessungen, zur Bestimmung von Flüssigkeitsspiegeln, zur Behandlung von Kunststoffen, Sterilisierung von Nahrungsmitteln sowie zusammen mit $^{57}_{27}Co$ und $^{58}_{27}Co$ in der Medizin zur Strahlentherapie sog. *Cobaltbestrahlung* eingesetzt. Das stabile Isotop $^{59}_{27}Co$ der Kernspinzahl 7/2– und dem kernmagnetischen Moment +4,627 dient zum NMR-spektroskopischen Nachweis; NMR-Frequenz (bei 2,3488 T) $23{,}614 \cdot 10^6\ s^{-1}$; Referenz $K_3Co(CN)_6$. Die maximal zulässige radiologische Aktivität bezogen auf $^{60}_{27}Co$ beträgt $11{,}2 \cdot 10^4$ Bq für intravenöse Behandlung, $1{,}48 \cdot 10^4$ Bq für orale Einnahme, 740 Bq/ml in wäßriger Lösung und $3{,}7 \cdot 10^4$ Bq/m^3 Luft.

Chemische Eigenschaften

Cobalt ist das zweite Element in der sog. *Eisengruppe*. Es befindet sich im PSE in der 9. Gruppe (VIII Nebengruppe) über dem Rhodium Rh sowie in der 4. Periode zwischen Eisen Fe und Nickel Ni. Das freie, neutrale Co-Atom hat im elektronischen Grundzustand folgende Elektronenkonfiguration:

$$1s^2\ 2s^2\ 2p^6\ 3s^2\ 3p^6\ 3d^7\ 4s^2$$

Das Metall bildet in seinen Verbindungen fast alle Oxidationsstufen von –I bis +V, wobei die Stufe +II ($[Ar]3d^7$) in einfachen Verbindungen und die Stufe +III ($[Ar]3d^6$) in komplexen Verbindungen jeweils die beständigste ist.
Die Normalpotentiale des Cobalts:

	+IV		+III		+II		0
Saure Lösung	CoO_2	$\xrightarrow{+1{,}416\ V}$	Co^{3+}	$\xrightarrow{+1{,}92\ V}$	Co^{2+}	$\xrightarrow{-0{,}277\ V}$	Co
Basische Lösung	CoO_2	$\xrightarrow{+0{,}7\ V}$	$Co(OH)_3$	$\xrightarrow{+0{,}18\ V}$	$Co(OH)_2$	$\xrightarrow{-0{,}734\ V}$	Co

Cobalt ist ein elektropositives, relativ unedles Übergangsmetall, das in seinem chemischen Verhalten dem Nickel und Eisen sehr ähnlich ist. So tritt es wie diese in seinen Verbindungen meist zwei- oder dreiwertig auf und wird wie Nickel von Wasser und feuchter Luft nicht angegriffen. In verd. Salzsäure und Schwefelsäure wird es nur langsam, in verd. Salpetersäure rascher gelöst. In konz. Salpetersäure wird es ähnlich wie Eisen und Nickel durch Bildung einer Oberflächenschicht passiviert.
Mit molekularem Sauerstoff reagiert es in der Hitze zu Cobalt(II)-oxid:

$$2\ Co + O_2 \longrightarrow 2\ CoO \qquad \Delta H = -476\ kJ$$

In wäßrigen Lösungen liegen stets Hexaaquakomplexe des $Co^{(+II)}$ und $Co^{(+III)}$ $[Co(H_2O)_6]^{2+}$ (aq) bzw. $[Co(H_2O)_6]^{3+}$ (aq) vor oder die Aqualiganden sind durch andere Liganden wie Amine, Ammoniak, Carbonat-, Cyanid-, Halogenid-, Hydroxid-, Nitro-Ionen u. a. ersetzt. Cobalt bildet leicht meist farbige Komplexe die das gesamte Spektrum von blaßrose bis tief blauviolett umfassen, wie die Co(III)-Amminkomplexe oder „Cobaltiake“, die nach ihren Farben benannt wurden: $[Co(NH_3)_6]^{3+}$ *Luteosalze* (orangegelb); $[CoCl(NH_3)_5]^{2+}$ *Purpureosalze* (purpurrot); $[Co(H_2O)\ (NH_3)_5]^{3+}$ *Roseosalze* (rose); $[Co(NO_2)\ (NH_3)_5]^{2+}$ *Xanthosalze* (gelb), z. B.:

Diammintrichloro(dimethylamin)cobalt(III) $[CoCl_3(NH_3)_2\{(CH_3)_2NH\}]$ u. a.
Cobaltpigmente sind farbige Cobaltverbindungen, die als Pigmente für die Malerei in der Glas-, Email- und keramischen Industrie verwendet werden.
Cobaltblau, Thénards Blau, Leitners Blau, Dumonts Balu, Coelestinblau, Cobaltaluminat (Spinell) $CoO \cdot CoAl_2O_3$ oder $CoAl_2O_4$;
Coelinblau, Coelin, Cobaltstannat(IV) $CoSnO_3$,
Cobaltgelb, *Fischers Salz*, Indischgelb, Kaliumhexanitrocobalt(III) $K_3[Co(NO_2)_6] \cdot 1{,}5\ H_2O$;
Cobaltgrün, *Rinmanns Grün, Türkisgrün*, Zinkcobaltat(III) $ZnO \cdot Co_2O_3$ oder $ZnCo_2O_4$;
Cobaltviolett, Mischung aus Co(II)- und Mg-Phosphat, $Co_3(PO_4)_2 + Mg_3(PO_4)_2$;
Smalte, Schmalte, Cobalt(II)-Kaliumsilikat u. a.

Nachweis

Qualitativ:

- Versetzt man eine wäßrige Co(II)-Lösung (Probelösung) mit konzentriertem Ammoniak, so erhält man einen blauen Niederschlag, der sich beim kräftigen Schütteln zu roten Cobalt(III)-ammin-Komplexen löst.
- Versetzt man die Probelösung mit Natronlauge entsteht in der Kälte ein blauer Niederschlag von $Co(OH)_2$, der sich langsam grau und beim Stehen an der Luft braun färbt.

$$Co^{2+} + OH^- \longrightarrow \underset{\text{blau rosa}}{Co(OH)_2} \longrightarrow \underset{\text{grau}}{Co(OH)_2} \xrightarrow[-OH^-]{O_2} \underset{\text{braun}}{CoO(OH)}$$

  Bei Fällung in der Hitze erhält man einen rosa Niederschlag.
- Wird einer schwach sauren Co(II)-Lösung Kalliumnitrit KNO_2 und Ammoniumacetat zugesetzt, entsteht ein gelber Niederschlag von Kalium-Ammonium-hexanitro-cobaltat(III) $(KNH_4)_3\,[Co(NO_2)_6]$.
- Mit Thiocyanaten färbt sich die Co(II)-Lösung rosa und geht bei Zugabe von Aceton in tiefblau über.

Quantitativ:

- Komplexometrisch mit EDTA, NTA, Zincon, Thorin u. a.
- Spektralanalyse; wichtige Spektrallinien der neutralen Atome: 228,616 nm, 240,725 nm, 242,493 nm, 340,512 nm, 344,364 nm, 345,351 nm, 350,228 nm, 352,981 nm, 356,938 nm, 399,531 nm.
- Atomabsorptionsspektrometrie (AAS) mittels der 240,725 nm Linie des Atomspektrums.

Verwendung

Der größte Teil der Cobaltproduktion dient zur Herstellung korrosionsbeständiger Legierungen, Hartmetallen, Schneidemetallen sowie für Legierungen für Dauermagnete: *Invar*; 50% Co, 20% Cr, 30% Fe geringe thermische Ausdehnung und *Super-Invar*, *Stain-*

less-Invar; 54% Co, 36,5% Fe, 9,5% Cr; große Korrosionsbeständigkeit und Wärmefestigkeit; Verwendung für Laufschaufeln in Gasturbinen, chemischer Anlagenbau u. a.
Superalloys, z. B. Gußlegierung HS-31; 54% Co, 25,5% Cr, 10,5% Ni, 7,5% W, 2% Fe, 0,5% C; hochtemperaturbeständige und korrosionsbeständige Legierung; Verwendung für Düsentriebwerke, Bauteile in Brennkammern von Raketentriebwerken u. a.
Stellite; 50–65% Co, 25–35% Cr, 6–12% W, 1–2,5% C; abriebfeste, temperatur- und korrosionsbeständige Legierungen; Verwendung zur Herstellung von Schneidwerkzeugen wie Meisselspitzen, Bohrer u. a.
Vitallin; 65% Co, 30% Cr, 5% Mo; äußerst fest und korrosionsbeständige Legierung; Verwendung für Zahn- und Knochenersatz.
Widia (hart „**wi**e **Dia**mant"); Sinterwerkstoff aus Wolframcarbid und 10% Co; äußerst harte Legierung; Verwendung für Schneidwerkzeuge, Gesteinsbohrer u. a.
AlNiCo (Fe, **Al, Ni, Co**, evtl. Cu, Ti, Nb) sowie intermetallische Verbindungen mit Seltenerdmetallen SE, (z. B. Samarium) der allgemeinen Formeln Co_5SE, Co_7SE_2 und $Co_{17}Sm_2$ oder $Yb_2Co_{13}Fe_3Mn$ sind hervorragende magnetische Werkstoffe von hoher Permeabilität und dienen zur Herstellung von Dauermagneten. Legierungen der Zusammensetzung $SE_2\ (Co_{1-x}Fe_x)_{17}$ erreichen Gütezahlen von über 480 kJ · m^{-3} sowie magnetische Flußdichten bis zu 30 T. Andere Co-Legierungen verwendet man im Maschinenbau, im chemischen Anlagenbau usw. Daneben wird Cobalt in Form von „Smalte" (gepulvertem Kalium-cobalt-silicat) zum Blaufärben in der keramischen und der Glasin-

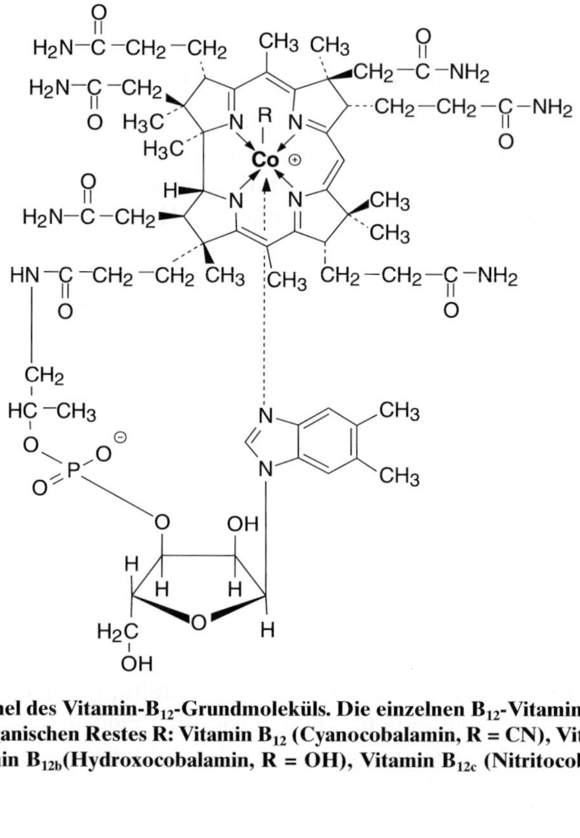

Abb. 29: Strukturformel des Vitamin-B_{12}-Grundmoleküls. Die einzelnen B_{12}-Vitamine unterscheiden sich in der Substitution des organischen Restes R: Vitamin B_{12} (Cyanocobalamin, R = CN), Vitamin B_{12a} (Aquacobalamin, R = H_2O), Vitamin B_{12b}(Hydroxocobalamin, R = OH), Vitamin B_{12c} (Nitritocobalamin, R = NO).

dustrie „Cobaltblau“ bzw. „Cobaltglas“ vielfach benutzt. Die vielfarbigen Co-Verbindungen dienen v. a. zur Herstellung von Farbpigmenten hauptsächlich für die Porzellanmalerei, zur Herstellung von Katalysatoren, Emails, Glasuren, Ferriten, Thermistoren, Solarkollektoren u. v. a.

Physiologie, Toxikologie

Cobalt gehört zu den sieben Spurenelementen, die für Tiere und Menschen lebenswichtig sind. Es tritt in biologischen Substanzen in loser Form gebunden in Metallenzymen auf und ist vor allem das Zentralatom des Vitamin-B_{12}-Moleküls (Abb. 29). Vitamin B_{12} ist bei der Biosynthese der Erbsubstanz und der Myelinscheiden im Nervensystem beteiligt. Ein Mangel an Vitamin B_{12} äußert sich in einer gestörten Blutbildung, die in schweren Fällen zur perniziösen Anämie führen kann. Das Element wirkt nachweislich kanzerogen. Der menschliche Körper enthält im Durchschnitt 2 mg Cobalt verteilt vor allem auf Muskeln und Knochen. Der tägliche Bedarf liegt bei etwa 0,05–1 mg Cobalt, das hauptsächlich über die Nahrung aufgenommen wird. Überhöhte Dosen können zu Magenbeschwerden sowie Leber- und Nierenschäden, Hauterkrankungen sowie bei Inhalation zu Lungenerkrankungen führen. Die toxische Dosis beträgt 500 mg, eine letale Dosis ist nicht bekannt. Bei Rindern können in cobaltarmen Gegenden Cobaltmangelerscheinungen auftreten.
Der TRK-Wert in der Cobalt verarbeitenden Industrie beträgt 0,5 mg/m^3, sonst 0,1 mg/m^3.

Curium Cm

International (Lat.)	Curium
Englisch	Curium
Französisch	Curium
Spanisch	Curio
Italienisch	Curio
Griechisch	Κιούριο (Kiurio)
Russisch	Кюрий (Kjurij)
Japanisch	キュリウム (kyuriumu)

Atomare und physikalische Eigenschaften	F+
Protonenzahl **(Z)**	**96**
Standard-Atomgewicht (bezogen auf $^{12}C = 12$)	247,070347 [1)]
Effektive Kernladung	(Slater) 1,80
Elektronenkonfiguration	[Rn] $5f^7\ 6d^1\ 7s^2$
Grundzustand, Termsymbol	$^9D_2$
Metallatomradius (KZ 12)	174,4 pm
Ionenradien (KZ 6)	$119^{2+}_{(6)}$ pm, $97^{3+}_{(6)}$ pm, $85^{4+}_{(6)}$ pm
Molares Volumen	$18{,}6 \cdot 10^{-6}\ m^3 \cdot mol^{-1}$
1. Ionisierungsenergie	6,0215 eV
Elektronegativität	(Allred/Rochow) ca. 1,20; (Pauling) 1,30
Wirkungsquerschnitt für thermische Neutronen ($\sigma_{n,\gamma}$; $^{245}_{96}Cm$)	$350 \cdot 10^{-28}\ m^2$
Dichte (bei 20 °C)	$13510\ kg \cdot m^{-3}$
Schmelztemperatur	(1340 ±40) °C [(1613,15 ±40)K]
Siedetemperatur	3110 °C (3383,15 K)
Thermische Leitfähigkeit (bei 27 °C) *	$10\ W \cdot m^{-1} \cdot K^{-1}$
Normalpotential Cm/Cm^{3+}	– 2,06 V

1) Angegeben ist das Atomgewicht des Isotops mit der längsten Halbwertszeit $^{247}_{96}Cm$.
* geschäzte Werte.

Entdeckung

Das chemische Element Curium wurde als drittes Transuran in Form des Isotops $^{242}_{96}Cm$ im Jahre 1944 von den amerikanischen Wissenschaftlern Glenn T. Seaborg, Ralph A. James, Leon O. Morgan und Albert Ghiorso im *Metallurgical Laboratory* der Universität von Chikago, Illionois, USA, entdeckt. Nach intensiven Arbeiten zur Herstellung von Plutonium, im Rahmen des *Manhattan Project* während des Zweiten Weltkrieges, setzten die amerikanischen Wissenschaftler 1944 ihre Suche nach neuen Transuranen fort. Inzwischen hatte G. T. Seaborg eine Hypothese entworfen, nach der er die Actinoiden als Homologe der Lanthanoiden, also isoelektronisch im 5f- und 7s-Niveau und einer stabilen Oxidationsstufe +III betrachtete. Er ordnete die Actinoiden daher im Periodensystem der Elemente unter den Lanthanoiden ein. Die theoretischen Betrachtungen, zusammen mit der Entwicklung des Zyklotrons an der Universität von Kalifornien in Ber-

keley und neuer Trennungsmethoden an synthetischen oder natürlichen Ionenaustauschern, bildeten hervorragende Voraussetzungen zur Herstellung und Identifizierung neuer Transurane (s. a. Americium S. 18).
Curium wurde vor dem Americium bereits im Sommer 1944 entdeckt. Es war nach längerem Beschuß von Plutonium $^{239}_{94}Pu$ mit hochbeschleunigten He-Kernen der Energie 32 MeV im 60-Zoll-Zyklotron in Berkeley gemäß

$$^{239}_{94}Pu + ^{4}_{2}He \longrightarrow ^{242}_{96}Cm + ^{1}_{0}n$$

entstanden. Die bestrahlte Probe verschiffte man nach Chikago, wo das neue Transuran durch das Isotop $^{238}_{94}Pu$, das als Tochternuklid des $^{242}_{96}Cm$ durch α-Zerfalls entstanden war, identifiziert werden konnte.
Das gleichzeitig gemäß

$$^{239}_{94}Pu + ^{4}_{2}He \longrightarrow ^{240}_{96}Cm + 3\,^{1}_{0}n$$

gebildete kurzlebigere Isotop $^{240}_{96}Cm$ ($T_{1/2}$ = 27 Tage) wurde erst später entdeckt. $^{242}_{96}Cm$ kann auch durch Bestrahlung von Americium $^{241}_{95}Am$ mit Neutronen im Kernreaktor hergestellt werden, wobei als Zwischenprodukt $^{242}_{95}Am$ entsteht

$$^{241}_{95}Am + ^{1}_{0}n \longrightarrow ^{242}_{95}Am + \gamma$$

$$^{242}_{95}Am \longrightarrow ^{242}_{96}Cm + \beta^-$$

Zu Ehren der bedeutenden französischen Forscher, dem Ehepaar Marie und Pierre Curie, erhielt das Element 96 den Namen „Curium“ mit dem chemischen Symbol „Cm“. Im Symbol Cm soll der Buchstabe „m“ auf „Marie“ dem Vornamen von Frau Curie hinweisen.
Die Entdeckung der beiden Elemente Americium und Curium wurde anläßlich eines Symposioms der *American Chemical Society* an der Northwestern University in Chikago am 15. November 1945 bekanntgegeben, nachdem die beiden Elemente nicht mehr als „geheim“ eingestuft waren.
Curium wurde 1947 von L. B. Werner und I. Perlman an der Universität in Berkeley erstmals in Form des $^{242}_{96}Cm$-Hydroxids in wägbaren Mengen isoliert.

Herstellung

Langlebige Cm-Isotope werden heute in Kernreaktoren durch Neutronenbeschuß von Pu- oder Am-Isotopen hergestellt, wo sie in Gramm-Mengen anfallen. Weitere Isotope entstehen durch β^--Zerfall von Am-Isotopen.

$$^{239}_{94}Pu \xrightarrow[\gamma]{n} ^{240}_{94}Pu \xrightarrow[\gamma]{n} ^{241}_{94}Pu \xrightarrow[T_{1/2} = 14{,}4\ a]{\beta^-} ^{241}_{95}Am \xrightarrow[\gamma]{n} ^{242}_{95}Am \xrightarrow[T_{1/2} = 16{,}0\ h]{\beta^-} ^{242}_{96}Cm \longrightarrow$$

$$^{239}_{94}Pu \xrightarrow[\gamma]{4n} ^{243}_{94}Pu \xrightarrow[T_{1/2} = 4{,}956\ h]{\beta^-} ^{243}_{95}Am \xrightarrow[\gamma]{n} ^{244}_{95}Am \xrightarrow[T_{1/2} = 26\ m]{\beta^-} ^{244}_{96}Cm \longrightarrow$$

Die Abtrennung des Metalls von den anderen Transuranen ist sehr schwierig und erfolgt allgemein durch Kationenaustausch an Harzen und Elution mit organischen komplexbildenden Mitteln oder durch Anionenaustausch und Elution mit konzentrierter Salzsäure HCl oder Ammoniumthiocyanat NH_4SCN. Das reine Metall erhält man durch Reduktion von Curium(III)-fluorid CmF_3 mit Barium bei 1275 °C in einem Berylliumtiegel. Curium steht heute in einigen 100 Gramm-Mengen zur Verfügung.

Physikalische Eigenschaften

Angesichts der geringen Mengen Curium die zur Verfügung stehen, konnten die Eigenschaften des Elements noch nicht ausreichend ermittelt werden. Curium ist ein silberweißes, dehnbares radioaktives Schwermetall, das an der Luft infolge Oxidation rasch anläuft. Es kristallisiert in hexagonaler Doppelschicht Gitterstruktur. Die geschätzte thermische Leitfähigkeit beträgt rund 2,33% der des Silbers. Durch die Einwirkung der eigenen α-Strahlung korrodiert das Metall sehr schnell.

Radiochemie

Bis heute sind 14 radioaktive Isotope des Curiums bekannt, sie wurden alle künstlich hergestellt.
Die schwereren Cm-Isotope haben relativ lange Halbwertszeiten. Die meisten Isotope zerfallen durch α-Strahlung in die entsprechenden Pu-Isotope oder durch Spontanspaltung (sf). Die leichtesten Isotope verwandeln sich durch Elektronen-Einfang (EC) in Am-Isotope, die schwersten gehen durch β^--Emission in Bk-Isotope über. Wegen seiner langen Halbwertszeit von $1{,}56 \cdot 10^7$Jahren, die in etwa dem Alter der Erde entspricht, könnte das Isotop ${}^{247}_{96}Cm$ noch in Spuren in der Erdkruste vorhanden sein. Da sich seine

Die Isotope des Curiums (1995)

Isotop	Zerfallsart					Halbwertszeit $T_{1/2}$
	α	EC	sf	γ	β^-	
Cm 238	x	**x**				2,4 h
Cm 239		**x**		x		3,0 h
Cm 240	**x**		x			27 d
Cm 241	x	**x**	x	x		32,8 d
Cm 242	**x**		x	x		162,94 d
Cm 243	**x**	x	x	x		29,1 a
Cm 244	**x**		x	x		18,10 a
Cm 245	**x**		x	x		8500 a
Cm 246	**x**		x	x		4730 a
Cm 247	**x**		x			$1{,}56 \cdot 10^7$a
Cm 248	**x**		**x**	x		$3{,}40 \cdot 10^5$a
Cm 249				x	**x**	64,15 m
Cm 250			**x**			ca. 9700 a
Cm 251				x	**x**	16,8 m

Nukleonenzahl durch die Formel (4n+3) ausdrücken läßt, kann angenommen werden, daß die radioaktive Uranium-Actinium-Zerfallsreihe ursprünglich von diesem Isotop ausging. Curium gehört zu den am stärksten radioaktiven Substanzen, seine Alphastrahlung ist mehrere tausend mal stärker als die des Radiums. Die starke Strahlung, vor allem der kurzlebigen Isotope, bewirkt eine große Wärmeentwicklung, so beträgt z. B. die Wärmeleistung von 1 g des Isotops $^{242}_{96}Cm$ rund 1,5 kW. Eine Salzlösung die etwa 0,8 g Curium pro Liter Wasser enthält, entwickelt soviel Wärmeenergie, daß die Flüssigkeit dauernd siedet und das Wasser gleichzeitig zersetzt wird. Ein genügend großes Stück $^{242}_{96}CmO_2$ oder $^{242}_{96}Cm(OH)_3$würde wegen seiner äußerst starken Radioaktivität dauernd glühen. Sieben Cm-Isotope sind durch thermische Neutronen spaltbar, die wichtigsten sind $^{242}_{96}Cm$ (σ_f = ca. $5 \cdot 10^{-28}$ m^2), $^{243}_{96}Cm$ ($\sigma_f = 620 \cdot 10^{-28}$ m^2), $^{245}_{96}Cm$ ($\sigma_f = 2100 \cdot 10^{-28}$ m^2) $^{247}_{96}Cm$ ($\sigma_f = 82 \cdot 10^{-28}$ m^2) (σ_f = Spaltquerschnitt).
Die maximal zulässige radiologische Aktivität bezogen auf $^{242}_{96}Cm$ beträgt $1{,}85 \cdot 10^3$ Bq für den menschlichen Körper, 3,7 Bq/ml in wäßriger Lösung und 1,12 Bq/m^3 Luft.

Chemische Eigenschaften

Curium gehört zur Gruppe der „Actinoide" bzw. der „Transurane". Es befindet sich im PSE in der 3. Gruppe (IIIB Nebengruppe) sowie in der 7. Periode zwischen Americium Am und Berkelium Bk. Röntgenuntersuchungen lassen auf folgende Elektronenkonfiguration des Cm-Atoms schließen:

$$1s^2\ 2s^2\ 2p^6\ 3s^2\ 3p^6\ 3d^{10}\ 4s^2\ 4p^6\ 4d^{10}\ 4f^{14}\ 5s^2\ 5p^6\ 5d^{10}\ 5f^7\ 6s^2\ 6p^6\ 6d^1\ 7s^2$$

Curium bildet in seinen Verbindungen hauptsächlich die Oxidationsstufen +III ([Rn] $5f^7$) und +IV ([Rn] $5f^6$), seltener auch die Stufe +II ([Rn] $5f^7\ 6d^1$). Die bevorzugte Stufe ist +III die infolge des halbesetzten 5f-Niveaus besonders stabil ist. Curium ist das erste Element der chemischen Reihe der „Curide", in der aufgrund der Erhöhten Stabilisation der 5f-Elektronen der dreiwertige Zustand vorherrscht.
Die Normalpotentiale des Curiums:

	+IV		+III		+II		0
			⌐	−2,06 V (Cm³⁺ → Cm)			¬
Saure Lösung	Cm^{4+}	+3,2 V	Cm^{3+}	−3,7 V	(Cm^{2+})	−1,2 V	Cm
Basische Lösung	CmO_2	+0,7 V	$Cm(OH)_3$	−2,53 V			Cm

Angesichts seines negativen Normalpotentials und der geringen Ionisierungsenergie ist Curium ein elektropositives, sehr unedles und reaktionsfähiges Element. Cm(III)-Verbindungen sind denen der dreiwertigen Lanthanoide und Actinoide sehr ähnlich. So sind die Chloride, Bromide, Iodide, Perchlorate, Nitrate, Sulfate und Sulfide in Wasser löslich, die Fluoride, Hydroxide, Phosphate, Jodate und Oxalate unlöslich.
Drei Oxide des Elements sind bekannt CmO, Cm_2O_2 und CmO_3, zwei Hydroxide $Cm(OH)_3$ und $Cm(OH)_4$ und mehrere Halogenide.
Die Farben der Kationen sind Cm^{3+} (aq) blaßgrün, Cm^{4+} (aq) tiefgelb.

Nachweis

Qualitativ:

- Cm-Isotope können wie alle radioaktiven Stoffe aufgrund ihrer radioaktiven Strahlung und ihrer Halbwertszeit nachgewiesen werden.
- Spektralanalyse; wichtige Spektrallinien der neutralen Atome: 299,939 nm, 310,969 nm, 311,641 nm, 313,716 nm, 314,733 nm, 315,510 nm, 315,860 nm,
- Röntgenspektroskopie.

Verwendung

Curium wird als Strahlenquelle bei Materialprüfungen sowie in Atombatterien, als Wärmequelle zur direkten Stromerzeugung, für Satelliten oder Herzschrittmachern verwendet. Daneben dienen einige Cm-Isotope zur Herstellung schwererer Transurane und Transactinoide wie z. B.:

$$^{244}_{96}\mathrm{Cm} + ^{13}_{6}\mathrm{C} \longrightarrow ^{253}_{102}\mathrm{No} + 4\ ^{1}_{0}\mathrm{n}$$

$$^{248}_{96}\mathrm{Cm} + ^{15}_{7}\mathrm{N} \longrightarrow ^{260}_{103}\mathrm{Lr} + 3\ ^{1}_{0}\mathrm{n}$$

$$^{248}_{96}\mathrm{Cm} + ^{16}_{8}\mathrm{O} \longrightarrow ^{261}_{104}\mathrm{Rf} + 3\ ^{1}_{0}\mathrm{n}$$

Physiologie, Toxikologie

Curium hat keine biologische Bedeutung für den menschlichen Organismus, es wirkt aber als α-Strahler zellschädigend. Ablagerungen des Elements erfolgen bevorzugt in den Knochen, jedoch ist die Aufnahme von Curium über die Nahrung bisher nicht nachgewiesen. Als radioaktives Element ist Curium, toxisch.

Dubnium Db

International (Lat.)	Dubnium	Italienisch	Dubnio
Englisch	Dubnium	Griechisch	Δυβνιο (Dubnio)
Französisch	Dubnium	Russisch	Дубний (Dubnij)
Spanisch	Dubnio	Japanisch	ドゥブニウム (dyubuniumu)

Atomare und physikalische Eigenschaften	
Protonenzahl **(Z)**	**105**
Standard-Atomgewicht (bezogen aus $^{12}C = 12$)	
(^{258}Db)	258,109020
(^{262}Db)	262,113760
Elektronenkonfiguration	[Rn] $5f^{14}$ $6d^3$ $7s^2$
Termsymbol	$^3F_{3/2}$
Schmelztemperatur *	> 2500 °C (2773,15 K)
Siedetemperatur *	> 5500 °C (5773,15 K)

* geschätzte Werte

Entdeckung

Bezüglich der Entdeckung des Elements 105 gab es bedauerlicherweise zwischen Amerikanern und Russen erhebliche Unstimmigkeiten. Im Jahre 1968 berichteten die sowjetischen Wissenschaftler um N. G. Flerow (Fljorow) vom Kernforschungszentrum in Dubna bei Moskau, über zwei neue α-Strahler in Form der Isotope $^{260}105$ und $^{261}105$, die durch Beschuß von Americium mit energiereichen Neon-Ionen im Schwerionen-Zyklotron U 300 hergestellt wurden. Die Vorgänge können durch folgende Reaktionsgleichungen beschrieben werden:

$$^{243}_{95}Am + ^{22}_{10}Ne \longrightarrow {}^{260}105 + 5\,^{1}_{0}n$$
$$^{243}_{95}Am + ^{22}_{10}Ne \longrightarrow {}^{261}105 + 4\,^{1}_{0}n$$

Die beiden Isotope wurden über die Energie der ausgesandten α-Strahlung von 9,7 und 9,4 MeV in Korrelation mit der α-Strahlung der Tochterisotope ^{256}Lr und ^{257}Lr, identifiziert, und Halbwertszeiten von 0,1–3 und > 0,01 s ermittelt. Die sowjetischen Angaben konnten jedoch von den amerikanischen Wissenschaftlern um G. T. Seaborg nicht bestätigt werden. Angesichts der geringen Anzahl von etwa 10 Ereignissen und der inkorrekten Angabe der ausgesandten Energien und Halbwertszeiten die nach genaueren Messungen 9,1 bzw. 8,9 MeV und 1,52 s bzw. 1,8 s ergab, kann angenommen werden, daß von sowjetischer Seite her ein Irrtum vorliegt. Ende 1969 meldete die Gruppe aus Dubna um N. G. Flerow, Yu. Ts. Oganessian u. a. die Entdeckung des Isotops $^{261}105$, das nach 70

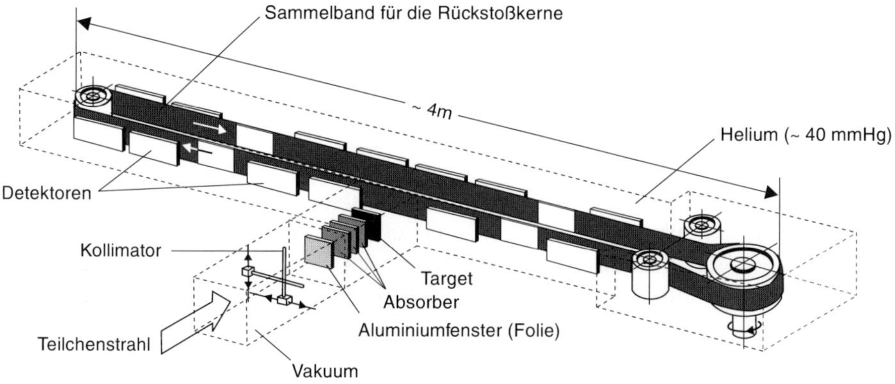

Abb. 30: Schematische Darstellung der Versuchsanlage zur Erzeugung und zum Nachweis superschwerer Kerne. (Von Prof. Dr. Yu. Ts. Oganessian freundlicherweise zur Verfügung gestellt).

Stunden Bestrahlungszeit mit Neon-Ionen der Energie 114 MeV und einer Strahlungsintensität von $5 \cdot 10^{12}$ Teilchen pro Sekunde aus dem U-300 Zyklotron in der Reaktion

$$^{243}_{95}\text{Am} + ^{22}_{10}\text{Ne} \longrightarrow ^{261}105 + 4\,^{1}_{0}\text{n}$$

entstanden und mit der Halbwertszeit von 1,8 + 0,6 s durch Spontanspaltung zerfallen war. Das Isotop wurde in der Versuchsanlage (Abb. 30) nachgewiesen.
Die sowjetischen Forscher schlugen für das Element 105 zu Ehren des dänischen Physikers Niels H. D. Bohr den Namen „Nielsbohrium" mit dem chemischen Symbol Ns, vor. Anfang 1970 meldeten die amerikanischen Forscher aus Berkeley um A. Ghiorso, M. Nurmia, K. Eskola, P. Eskola und J. Harris über die Entdeckung eines Isotops des Elements 105, das beim Beschuß von Californium-Targets mit Stickstoff-Ionen gemäß den Synthese-Reaktionen gebildet worden war:

$$^{249}_{98}\text{Cf} + ^{15}_{7}\text{N} \longrightarrow ^{260}105 + 4\,^{1}_{0}\text{n}$$

Weitere Isotope wurden anschließend auch durch Beschuß von Berkelium-Targets mit Sauerstoff-Kernen erhalten:

$$^{249}_{97}\text{Bk} + ^{16}_{8}\text{O} \longrightarrow ^{261}105 + 4\,^{1}_{0}\text{n}$$
$$^{249}_{97}\text{Bk} + ^{18}_{8}\text{O} \longrightarrow ^{262}105 + 5\,^{1}_{0}\text{n}$$

Auf diese Weise konnten im Zyklotron je Stunde ca. 6 Atome dieser Isotope hergestellt werden. Alle drei sind α-Strahler und gehen mit Halbwertszeiten von 1,5 s, 1,8 s und 35 s in die Isotope $^{256}_{103}\text{Lr}$, $^{257}_{103}\text{Lr}$ und $^{258}_{103}\text{Lr}$ über. Die Identifizierung der Isotope des Elements 105 erfolgte wie bei Element 104 mit dem *Vertical Wheel* durch Messung der Korrelationszeiten zwischen den α-Zerfällen der Isotope des Elements 105 und der Lawrencium-Tochterisotope.
Die amerikanischen Forscher schlugen zu Ehren des deutschen Physikers Otto Hahn, für das neue Element den Namen *Hahnium* mit dem chemischen Symbol Ha vor.
Zur totalen Verwirrung wurde dann auch noch von der IUPAC im November 1994 für das Element 105 zu Ehren des französischen Kernphysikers Frédéric Joliot-Curie der Name „Joliotium" mit dem chemischen Symbol Jl vorgeschlagen. Erst im August 1997

wurde endlich Klarheit geschaffen, indem die Generalversammlung der IUPAC in Genf für das Element 105 den Namen „Dubnium" mit dem chemischen Symbol „Db" offiziell festlegte.

Eigenschaften

Angesichts der nur wenigen Dubnium-Atome, die bis heute erzeugt wurden sowie der kurzen Halbwertszeiten sind die Eigenschaften des Elements noch unbekannt. Dubnium befindet sich im PSE in der 5. Gruppe (VB Nebengruppe) unter dem Tantal Ta, sowie in der 7. Periode zwischen Rutherfordium Rf und Seaborgium Sg. Entsprechend seiner Stellung im PSE hat das freie, neutrale Db-Atom im elektronischen Grundzustand mit größter Wahrscheinlichkeit folgende Elektronenkonfiguration:

$$1s^2\ 2s^2\ 2p^6\ 3s^2\ 3p^6\ 3d^{10}\ 4s^2\ 4p^6\ 4d^{10}\ 4f^{14}\ 5s^2\ p^6\ 5d^{10}\ 5f^{14}\ 6s^2\ 6p^6\ 6d^3\ 7s^2$$

Aufgrund dieser Elektronenanordnung dürfte die wichtigste Oxidationsstufe des Dubniums +V sein. Das Element müßte daher in seinen chemischen Eigenschaften seinen leichteren Gruppennachbarn Tantal, Ta und Niob, Nb ähnlich sein. Angesichts der bei höheren Protonenzahlen v. a. bei den Transactinoiden auftretenden direkter und indirekter relativistischer Effekte, die sich auch auf die äußeren 6d- und 5f-Elektronen auswirken, stellte sich allerdings die Frage, wie weit Dubnium den Eigenschften seiner Gruppennachbarn folgt. Die maßgeblichen Experimente zur Bestimmung der chemischen Eigenschaften des Dubniums, die mit einzelnen Atomen durchgeführt wurden, erfolgten bei der *Gesellschaft für Schwerionenforschung*, GSI in Darmstadt in Zusammenarbeit der Kernchemiegruppe um M. Schädel und der Gruppe um J. V. Kratz von der Universität Mainz. Das dazu benötigte langlebigste Dubniumisotop $^{262}_{105}Db$ wurde durch Bestrahlung eines $^{249}_{97}Bk$-Targets mit $^{18}_{8}O$-Ionen erhalten. Die durch Rückstoß aus dem Target hinausfliegenden Dubnium-Atome transportierte man in einem mit Aerosolteilchen aus Kaliumchlorid versetzten He-Strom zu der acht Meter entfernten, computergesteuerten, automatischen Trennapparatur ARCA *(Automated Rapid Chemistry Apparatus)*. Hier sammelten sich die Aerosolteilchen auf einem Filter, von dem sie periodisch mit verdünnter Salzsäure in kleine Miniatur-Chromatographiesäulen (d = 1,6 mm, h = 8 mm) mit Triisooctylamin (TIOA) gespült wurden.

Unter diesen Bedingungen zeigte Dubnium in seinem chemischen Verhalten große Ähnlichkeit mit Niob und Protactinium, jedoch nicht wie erwartet auch mit Tantal. In stärker verdünnter Salzsäure folgte Dubnium dann weder dem Niob noch dem Tantal, zeigte dagegen aber besonders große Ähnlichkeit mit dem pseudo-homologen Protactinium. Auch Berechnungen unter Berücksichtigung relativistischer Effekte von Valeria Pershina bei GSI zeigen, daß Dubnium nicht wie Tantal die reinen Halogenidkomplexe des Typs $DbCl_6^-$ sondern eher wie Niob und Protactinium sauerstoffhaltige Verbindungen wie $DbOCl_4^-$ bildet.

Radiochemie

Bis heute sind sechs Isotope des Dubniums bekannt. Sie sind alle radioaktiv und wurden künstlich hergestellt.

Die Isotope des Dubniums (GSI 1998)				
Isotop	Zerfallsart			Halbwertszeit $T_{1/2}$
	α	EC	sf	
DB-257	x		x	1,3 s
DB-258	x	x		4,4 s
. . .				
Db-260	x			1,5 s
Db-261	x			1,8 s
Db-262	x		x	34 s
Db-263	x		x	27 s

Die Isotope des Dubniums haben relativ kurze Halbwertszeiten, sie zerfallen hauptsächlich durch α-Strahlung in die entsprechenden Lr-Isotope und z. T. durch Spontanspaltung (sf). Das Isotop $^{258}_{105}$Db verwandelt sich in geringem Umfang zusätzlich durch Elektronen-Einfang (EC) in $^{258}_{104}$Rf.

Verwendung

Das Element Dubnium dient ausschließlich zu Forschungszwecken.

Physiologie, Toxikologie

Dubnium hat keine biologische Bedeutung für den menschlichen Organismus, würde aber wegen seiner starken Radioaktivität toxisch wirken.

Dysprosium Dy

International (Lat.)	Dysprosium	Griechisch	Δυσπςόσιο (Disprosio)
Englisch	Dysprosium		
Französisch	Dysprosium	Russisch	Диспрозий (Disprosij)
Spanisch	Disprosio		
Italienisch	Disprosio	Japanisch	ジスプロシウム (jisupurosiumu)

Atomare und physikalische Eigenschaften	
Protonenzahl **(Z)**	**66**
Standard-Atomgewicht (bezogen auf ^{12}C = 12)	162,50(±3)
Effektive Kernladung	(Slater) 2,85; (Clementi) 8,34; (Froese-Fischer) 11,49
Elektronenkonfiguration	[Xe] $4f^{10}$ $6s^2$
Grundzustand, Termsymbol	$^5I_8$
Metallatomradius (KZ 6)	178,1 pm[a)]
Kovalenzradius (Einfachbindung)	159 pm
Ionenradien (KZ 6;9)	$107^{2+}_{(6)}$ pm, $91^{3+}_{(6)}$ pm, $108^{3+}_{(9)}$ pm
Molares Volumen	$19{,}00 \cdot 10^{-6}\ m^3 \cdot mol^{-1}$
1.; 2.; 3.; 4. Ionisierungsenergie	5,9272 eV; 11,670 eV; 22,801 eV; 41,467 eV
Elektronegativität	(Allred/Rochow) 1,10; (Pauling) 1,22; (absolut) n.bek.
Elektronenaffinität Dy → Dy^-	n.bek.
Wirkungsquerschnitt für thermische Neutronen ($\sigma_{n,\gamma}$)	$940 \cdot 10^{-28}\ m^2$
Dichte (bei 20 °C)	$8559\ kg \cdot m^{-3}$ [b)]
Schmelztemperatur	1407 °C (1680,15 K) [c)]
Siedetemperatur	2562 °C (2835,15 K) [d)]
Spezifische Schmelzenthalpie	$105{,}8\ kJ \cdot kg^{-1}$ [e)]
Spezifische Verdampfungsenthalpie	$1723{,}1\ kJ \cdot kg^{-1}$ [f)]
Spezifische Sublimationsenthalpie (einatomiges Gas)	$1790{,}77\ kJ \cdot kg^{-1}$ [g)]
Spezifische Wärmekapazität (bei 25 °C)	$0{,}173\ kJ \cdot kg^{-1} \cdot K^{-1}$
Debye-Temperatur	–63 °C (210,15 K)
Thermische Leitfähigkeit (bei 27 °C)	$10{,}7\ W \cdot m^{-1} \cdot K^{-1}$
Thermischer Längenausdehnungskoeffizient (bei 25 °C)	$9{,}95 \cdot 10^{-6}\ K^{-1}$
Elektrische Leitfähigkeit (bei 20 °C)	$1{,}08 \cdot 10^6\ S \cdot m^{-1}$
Spezifischer elektrischer Widerstand (bei 20 °C)	$92{,}60 \cdot 10^{-8}\ \Omega \cdot m$
Spezifische magnetische Suszeptibilität	$+7574{,}6 \cdot 10^{-9}\ m^3 \cdot kg^{-1}$ [h)]
Curie-Temperatur	–168 °C (105,15 K)[i)]
Néel-Temperatur	–94,65 °C (178,5 K)
Normalpotential Dy/Dy^{3+}	–2,353 V
Hydratationsenthalpie Dy^{3+}	$3637\ kJ \cdot mol^{-1}$
Bildungsenthalpie $DyCl_3$ (Dy_2O_3)	$-983{,}2\ kJ \cdot mol^{-1}$ ($-1871\ kJ \cdot mol^{-1}$)

Weitere Angaben: a) 175,2 pm, 177,3 pm. b) $8550\ kg \cdot m^{-3}$. c) 1412 °C. d) 2335 °C, 2467 °C, 2600 °C. e) $68{,}1\ kJ \cdot kg^{-1}$. f) $1803{,}1\ kJ \cdot kg^{-1}$. g) $1833{,}85\ kJ \cdot kg^{-1}$. h) $8000 \cdot 10^{-9}\ m^3 \cdot kg^{-1}$. i) –188,15 °C.

Entdeckung

Dysprosium wurde im Jahre 1886 von dem französischen Chemiker Paul-Émil Lecoq de Boisbaudran (1838–1912) in Paris, Frankreich, als Begleitelement des Holmiums in der Yttererde, mit Hilfe der Spektralanalyse nachgewiesen. Wegen der Schwierigkeiten seiner Gewinnung erhielt das neue Element den Namen „Dysprosium“ mit dem chemischen Symbol Dy [von griech.: „δυσπρόσιτος“ (dysprósitos), d. h. „schwer zugänglich“]. Die Herstellung des reinen Metalls (etwa 50 g) gelang erstmals 1906 Georges Urbain (1872–1938) durch fraktionierte Kristallisation der Ethylsulfate (s. auch Tab. Entdekkung der Metalle der Seltenen Erden, S. 775).

Vorkommen

Dysprosium gehört zu den relativ seltenen Elementen. Mit einem geschätzten Massenanteil von $4{,}3 \cdot 10^{-4}$% in der Erdhülle steht es an 51. Stelle der Elementhäufigkeit. In der Erdkruste bis 16 km Tiefe ist es mit ca. 6,2 g/t vertreten und ist somit auf der Erde viel häufiger als Silber (0,08 g/t), Selen (0,05 g/t) oder Gold (4,1 mg/t). Im Meerwasser beträgt sein Anteil durchschnittlich 0,85 μg $Dy^{(+III)}$ pro m^3, bei einer Verweilzeit von ca. 300 Jahren. Dysprosium tritt in der Natur meist vergesellschaftet mit den anderen Seltenerdmetallen auf, vor allem im Monazitstand (Ce, La, Th, Dy u. a.) [(P, Si) O_4] der in Form von Küstensanden vor allem in Australien, Brasilien, Indien und Indonesien vorkommt, im Mineral Bastnäsit (Ce, La, Dy u. a.) [F | CO_3] das sich in Burundi, Madagaskar und in den USA findet, sowie in den Mineralen Xenotim, Gadolinit, Euxenit, Samarskit u. a. Die Reserven an Dysprosium werden weltweit auf etwa hunderttausend Tonnen geschätzt. Die Häufigkeit des Elements auf der Sonne beträgt ca. 11,5 Atome Dysprosium pro $1 \cdot 10^{12}$ Atome Wasserstoff, die kosmische Häufigkeit ist nicht bekannt, sie ist allerdings sehr gering.

Herstellung

Nach Anreicherung der Erze durch Schweretrennung, magnetische oder elektrostatische Scheidung, Aufschluß mit Schwefelsäure und Überführung in das Trifluorid und Trichlorid wird das Metall metallothermisch durch Reduktion des wasserfreien Fluorids oder Chlorids mit Natrium, Kalium, Calcium oder Magnesium gewonnen. Die Reinigung erfolgt durch *Zonenschmelzverfahren.*

Physikalische Eigenschaften

Dysprosium ist ein duktiles, silberglänzendes, Schwermetall das an der Luft jedoch rasch anläuft. Es bildet zwei Modifikationen:

$$\underset{\text{hexagonal dichteste Kugelpackung}}{\alpha\text{-Dy}} \xrightarrow{1360\ °\text{C}} \underset{\text{kubisch raumzentriert}}{\beta\text{-Dy}}$$

Das Metall besitzt eine mittlere Schmelz- und Siedetemperatur, die thermische Leitfähigkeit entspricht 2,49% die elektrische Leitfähigkeit 1,72% der des Silbers. Dysprosium ist bei Normaltemperatur stark paramagnetisch, zwischen –94,65 °C (178,5 K) und –168 °C (105,14 K) zeigt es antiferromagnetische Eigenschaften, unterhalb –168 °C ist das Metall ferromagnetisch. Die spezifische Sättigungsmagnetisierung beträgt $235 \cdot 10^{-7}$ $T \cdot m^3 \cdot kg^{-1}$. Einige Dysprosium-Verbindungen wie Dy_2O_3, $Dy_2(SO_4)_3$, Dy_2S_3 gehören zu den stärksten paramagnetischen Werkstoffen.

Radiochemie

Natürliches Dysprosium besteht aus einem Gemisch aus sieben stabilen Isotopen, daneben sind 22 künstliche, radioaktive Isotope bekannt.

Die Isotope des Dysprosiums (1995)

Isotop	Natürliche Häufigkeit n (%)	Zerfallsart					Halbwertszeit
		α	β^+	EC	γ	β^-	$T_{1/2}$
Dy 141			**x**		x		0,9 s
Dy 142			**x**		x		2,3 s
Dy 143			**x**		x		3,2 s
Dy 144			**x**		x		9,1 s
Dy 145			**x**		x		14,5 s
Dy 145*			**x**		x		6 s
Dy 146			**x**		x		29 s
Dy 147			**x**		x		ca. 40 s
Dy 147*			**x**		x		55 s
Dy 148			**x**	**x**	x		3,1 m
Dy 149*			**x**	**x**	x		4,2 m
Dy 149 m*			x		**x**		0,5 s
Dy 150		**x**	x	**x**	x		7,2 m
Dy 151		**x**		**x**	x		17 m
Dy 152		x		**x**	x		2,4 h
Dy 153		x	**x**	**x**	x		6,29 h
Dy 154		**x**					$3{,}0 \cdot 10^6$a
Dy 155			**x**	**x**	x		10,0 h
Dy 156	**0,06**						
Dy 157				**x**	x		8,1 h
Dy 158	**0,10**						
Dy 159				**x**	x		144,4 d
Dy 160	**2,34**						
Dy 161	**18,9**						
Dy 162	**25,5**						
Dy 163	**24,9**						
Dy 164	**28,2**						
Dy 165					x	**x**	2,35 h
Dy 165 m*					**x**	x	1,3 m

(* isomere Atomkerne; m* markiert jeweils einen metastabilen Zustand)

Die Isotope des Dysprosiums (1995)

Isotop	Natürliche Häufigkeit n (%)	Zerfallsart					Halbwertszeit
		α	β^+	EC	γ	β^-	$T_{1/2}$
Dy 166					x	x	81,5 h
Dy 167					x	x	6,2 m
Dy 168					x	x	8,7 m
Dy 169					x	x	39 s

Die Dy-Isotope haben relativ kurze Halbwertszeiten. Die leichteren Isotope $A < 160$ zerfallen durch α-Strahlung in Gd-Isotope sowie durch β^+-Strahlung bzw. Elektronen-Einfang (EC) in die entsprechenden Tb-Isotope. Die schwereren Isotope $A > 164$ zerfallen durch β^--Strahlung in Ho-Isotope. $^{159}_{66}Dy$ entsteht durch Neutroneneinfang in der Reaktion $^{158}_{66}Dy\ (n, \gamma)\ ^{159}_{66}Dy$. $^{166}_{66}Dy$ ist das schwerste Isotop, das bei der Spaltung von $^{239}_{94}Pu$ durch thermische Neutronen entsteht. Die beiden stabilen Isotope $^{161}_{66}Dy$ und $^{163}_{66}Dy$ der Kernspinzahlen 5/2+ und 5/2– und den kernmagnetischen Momenten –0,48 bzw. +0,673 dienen zum NMR-spektroskopischen Nachweis; NMR-Frequenzen (bei 2,3488 T) $3{,}294 \cdot 10^6\ s^{-1}$ bzw. $4{,}583 \cdot 10^6\ s^{-1}$.

Chemische Eigenschaften

Dysprosium gehört zur Gruppe der „Seltenerdmetalle" bzw. zu den „Lanthanoiden". Es befindet sich im PSE in der 3. Gruppe (IIIB Nebengruppe) über dem Californium Cf sowie in der 6. Periode zwischen Terbium Tb und Holmium Ho. Gemäß seiner Stellung im PSE hat das freie, neutrale Dy-Atom im Grundzustand die Elektronenkonfiguration

$$1s^2\ 2s^2\ 2p^6\ 3s^2\ 3p^6\ 3d^{10}\ 4s^2\ 4p^6\ 4d^{10}\ 4f^{10}\ 5s^2\ 5p^6\ 6s^2$$

infolge der das Metall in seinen Verbindungen die Oxidationsstufen +II +III und +IV bildet, von denen die Stufe +III ($[Xe]4f^9$) die häufigste und beständigste ist.
Die Normalpotentiale des Dysprosium:

	+IV		+III		+II		0
				–2,353 V (Dy³⁺ → Dy)			
Saure Lösung	Dy^{4+}	+5,7 V	Dy^{3+}	–2,5 V	Dy^{2+}	–2,3 V	Dy
Basische Lösung	DyO_2	+3,5 V	$Dy(OH)_3$		–2,80 V		Dy

Gemäß seinen stark negativen Normalpotentialen und der niedrigen Ionisierungsenergie ist Dysprosium, wie die anderen „Lanthanoide", ein sehr unedles, reaktionsfähiges Metall und starkes Reduktionsmittel, Dy^{4+} hingegen stellt aufgrund des hohen positiven Normalpotentials Dy^{3+}/Dy^{4+} ein starkes Oxidationsmittel dar. Das Metall überzieht sich an feuchter Luft mit einer leicht abbröckelnden Oxidschicht. Es reagiert unter Wasserstoffentwicklung mit kaltem Wasser langsam, mit heißem schnell und löst sich in Säuren. In Chlor verbrennt das erhitzte Metall unter Leuchterscheinung zum Trichlorid, mit den anderen Nichtmetallen wie Wasserstoff, Sauerstoff, Stickstoff, Kohlenstoff, Schwefel

u. a. reagiert es bei erhöhten Temperaturen zum Hydrid, Oxid, Nitrid, Carbid, Sulfid u. a. Die Farben der Ionen sind: Dy^{3+} (aq) gelblichgrün, Dy^{4+} (aq) tief orangegelb. Die Halogenide (außer den Fluoriden), das Nitrat und Sulfat lösen sich leicht in Wasser, andere Verbindungen wie das Fluorid, Hydroxid, Oxid, Carbonat und Oxalat hingegen sind schwer löslich.

Nachweis

- Fällung als Oxalat aus schwach saurer Lösung.
- Spektralanalyse; wichtige Spektrallinien der neutralen Atome: 400,045 nm, 404,597 nm, 407,797 nm, 416,797 nm, 418,682 nm, 421,172 nm, und der einfach positiven Ionen Dy^{+} 353,170 nm, 364,540 nm, 394,468 nm, 396,839 nm.
- Röntgenspektroskopie.
- Atomabsorptionsspektrometrie (AAS) über die 421,172 nm Hauptlinie des Atomspektrums.

Verwendung

Wegen seines relativ großen Wirkungsquerschnitts für thermische Neutronen eignet sich Dysprosium als Legierungsbestandteil für Regelstäbe in Kernreaktoren und in Legierung mit Blei als Abschirmmaterial in der Kerntechnik. Daneben wird es in Legierungen für magnetische Werkstoffe verwendet.

Physiologie, Toxikologie

Dysprosium hat keine biologische Bedeutung für den menschlichen Organismus, es ist gering toxisch und wirkt stimulierend.

Einsteinium Es

International (Lat.)	Einsteinium	Griechisch	Αίνσταίνιο (Ainbsteinio)
Englisch	Einsteinium		
Französisch	Einsteinium	Russisch	Эйнштейний (Einstjeinjij)
Spanisch	Einsteinio		
Italienisch	Einsteinio	Japanisch	アインスタイニウム (ainsutainiumu)

Atomare und physikalische Eigenschaften	T+
Protonenzahl **(Z)**	**99**
Standard-Atomgewicht (bezogen auf ^{12}C = 12)	252,082944 1)
Effektive Kernladung	(Slater) 1,65
Elektronenkonfiguration	[Rn] $5f^{11}$ $7s^2$
Grundzustand, Termsymbol	$^5I_{15/2}$
Metallradius (KZ 12)	186 pm
Ionenradien (KZ 6)	$116^{2+}_{(6)}$ pm, $98^{3+}_{(6)}$ pm, $85^{4+}_{(6)}$ pm
Molares Volumen	n. bek.
1. Ionisierungsenergie	6,4154 eV
Elektronegativität	(Allred/Rochow) 1,20; (Pauling) 1,30; (absolut) ≤ –3,5 eV
Elektronenaffinität Es → Es^-	0,52 eV
Wirkungsquerschnitt für thermische Neutronen ($\sigma_{n,\gamma}$; $^{253}_{99}Es$)	$180 \cdot 10^{-28}$ m^2
Dichte **	13500 $kg \cdot m^{-3}$
Schmelztemperatur **	(860 ±30) °C [(1133,15 ±30) K]
Thermische Leitfähigkeit (bei 27 °C) *	10 $W \cdot m^{-1} \cdot K^{-1}$
Normalpotential Es/Es^{3+}	–1,98 V

1) Angegeben ist das Atomgewicht des Isotops mit der längsten Halbwertszeit $^{252}_{99}Es$.
* geschätzte Werte, ** extrapolierte (berechnete) Werte.

Entdeckung

Einsteinium und Fermium wurden Ende des Jahres 1952 und Anfang 1953 von amerikanischen Wissenschaftlern bei Routine-Falloutuntersuchungen (von engl.: *fall-out*, d. h. „radioaktiver Niederschlag") in den radioaktiven Rückständen der ersten thermonuklearen Explosion nachgewiesen. An der Entdeckung waren beteiligt: Vom *Radiation Laboratory and Department of Chemistry of the University of California*, Berkeley: A. Ghiorso, S. G. Thompson, G. H. Higgins und G. T. Seaborg. Vom *Argonne National Laboratory*, Chicago: M. H. Studier, P. R. Fields, S. M. Fried, H. Diamond, J. F. Mech u. a. Vom *Los Alamos Scientific Laboratory*, New Mexico: C. I. Browne, H. L. Smith und R. W. Spence.
Am 1. November 1952 zündeten die USA auf dem Eniwetok-Atoll im Südpazifik unter dem Stichwort *Operation Mike* die erste Wasserstoffbombe. Kurz nach der Explosion

durchflogen unbemannte, speziell ausgerüstete Flugzeuge das Innere der Explosionswolke und sammelten radioaktive Staubteilchen ein, die zur Untersuchung in die Forschungslaboratorien von Berkeley in Kalifornien, Los Alamos in New Mexico und Chicago, Illinois gebracht wurden. In den Staubteilchen wurden noch im gleichen Jahr, völlig unerwartet die ersten Atome des Elements 99 in Form des Isotops $^{253}_{99}Es$ entdeckt. Es wurde mit ziemlicher Sicherheit während der thermonuklearen Explosion gebildet. Im Explosionsblitz der Bombe herrschen nämlich ungewöhnlich hohe Neutronenintensitäten. Dabei entstehen durch mehrfachen Neutroneneinfang äußerst instabile Uran-Isotope die durch mehrere aufeinanderfolgende β^--Zerfälle in Isotope des Elements 99 übergehen. Der Vorgang läßt sich vereinfacht durch folgende Reaktionsgleichung darstellen:

$$^{238}_{92}U + 15\,^{1}_{0}n \longrightarrow {}^{253}_{92}U \longrightarrow {}^{253}_{99}Es + 7\,\beta^-$$

Mehr Atome dieses Isotops erhielt man später bei der Aufarbeitung des Korallengesteins benachbarter Atolle, das in größeren Mengen in die USA gebracht wurde.
Im Laboratorium wurde das Element 99 erstmals 1954 von G. T. Seaborg, A. Ghiorso und Mitarbeitern durch Beschuß von Urankernen des Isotops $^{238}_{92}U$ mit energiereichen sechsfach ionisierten Stickstoffatomen hergestellt. Gemäß den folgenden Reaktionsgleichungen entstanden dabei die Isotope $^{246}_{99}Es$ und $^{247}_{99}Es$:

$$^{238}_{92}U + {}^{14}_{7}N^{6+} \longrightarrow {}^{246}_{99}Es + 6\,^{1}_{0}n$$

$$^{238}_{92}U + {}^{14}_{7}N^{6+} \longrightarrow {}^{247}_{99}Es + 5\,^{1}_{0}n$$

Von der Entdeckung des Elements 99 erfuhr die Öffentlichkeit erst 1955 aus einem umfangreichen Bericht in der Zeitschrift *Physical Reviews*, der von 16 Autoren unterzeichnet war, darunter G. T. Seaborg, A. Ghiorso, S. G. Thompson u. a. In Würdigung des bedeutenden Physikers Albert Einstein, der kurz vorher (18. 4. 1955) verstorben war, erhielt das Element 99 den Namen „Einsteinium" mit dem chemischen Symbol „Es". Der Name wurde am 12. Aug. 1955 anläßlich des Internationalen Atomenergie-Kongresses in Genf bekanntgegeben.
Die ersten Es-Verbindungen konnten von B. B. Cunningham und J. R. Peterson in ng-Maßstab isoliert und beschrieben werden. Es handelte sich ausschließlich um Verbindungen des dreiwertigen Einsteiniums. Wägbare Mengen des neuen Elements in Form der Isotope $^{253}_{99}Es$, $^{254}_{99}Es$ und $^{255}_{99}Es$ konnten erst 1961 durch Beschuß von Plutonium $^{239}_{94}Pu$ mit Neutronen gemäß den Synthesereaktionen

$$^{239}_{94}Pu + 14\,^{1}_{0}n \longrightarrow {}^{253}_{99}Es + 5\,\beta^-$$

$$^{239}_{94}Pu + 15\,^{1}_{0}n \longrightarrow {}^{254}_{99}Es + 5\,\beta^-$$

$$^{239}_{94}Pu + 16\,^{1}_{0}n \longrightarrow {}^{255}_{99}Es + 5\,\beta^-$$

hergestellt werden, so daß Einsteinium heute in mg-Mengen verfügbar ist.

Vorkommen

Das Element kommt in der Natur nicht vor, es wird ausschließlich künstlich hergestellt.

Herstellung

Die sämtlich radioaktiven Es-Isotope werden in Kernreaktoren, durch mehrjährige Neutronenbestrahlung von Atomkernen der Isotope $^{238}_{92}U$ oder $^{239}_{94}Pu$ z. B. im *High Flux Material Testing Reaktor* (MTR) der *National Reaktor Testing Station* in Arco, Idaho oder durch Beschuß geeigneter Targets wie z. B. Uran oder Transurane kleinerer protonenzahl mit hochbeschleunigten He-Kernen oder leichteren Ionen im Zyklotron hergestellt.

$$^{233}_{92}U + ^{15}_{7}N \longrightarrow ^{243}_{99}Es + 5\,^{1}_{0}n$$

$$^{241}_{95}Am + ^{12}_{6}C \longrightarrow ^{247}_{99}Es + ^{4}_{2}He + 2\,^{1}_{0}n$$

$$^{249}_{97}Bk + ^{4}_{2}He \longrightarrow ^{251}_{99}Es + 2\,^{1}_{0}n$$

Die Abtrennung von den anderen Transuranen erfolgt allg. durch Ionenaustauschchromatographie, Elution durch komplexbildende organische Säuren oder durch Extraktion mit phosphororganischen Lösungen. Das Metall erhält man am besten durch Reduktion des Trifluorids EsF_3 mit Lithium.
In den heute existierenden Hochflußreaktoren wie z. B. dem *High Flux Isotope Reactor* (HFIR) in Oak Ridge mit Neutronenintensitäten von $2 \cdot 10^{15}$ Neutronen pro Quadratzentimeter und Sekunde können in jährlichen Bestrahlungen Mikrogramm-Mengen von Einsteinium hergestellt werden.

Physikalische Eigenschaften

Einsteinium ist ein silberweißes, stark radioaktives Schwermetall das schon weit unterhalb der Schmelztemperatur eine merkliche Flüchtigkeit zeigt. Es kristallisiert in kubisch dichtester Kugelpackung. Die geschätzte thermische Leitfähigkeit beträgt etwa 2,33% der des Silbers.

Radiochemie

Bis heute sind 17 radioaktive Isotope des Einsteiniums bekannt. Sie wurden alle künstlich hergestellt.

Die Isotope des Einsteiniums (1995)

Isotop	Zerfallsart					Halbwertszeit $T_{1/2}$
	α	EC	sf	γ	β⁻	
Es 241	x					ca. 8,5 s
Es 242	x	x				ca. 7 s
Es 243	x	x				20 s
Es 244	x	x				37 s
Es 245	x	x				1,1 m
Es 246	x	x				7,7 m
Es 247	x	x				4,55 m
Es 248	x	x				27 m

Die Isotope des Einsteiniums (1995)						
Isotop	Zerfallsart					Halbwertszeit $T_{1/2}$
	α	EC	sf	γ	β^-	
Es 249	x	**x**		x		1,70 h
Es 250*		**x**		x		2,22 h
Es 250*		**x**		x		8,6 h
Es 251	x	**x**		x		33 h
Es 252	**x**	**x**		x		471,7 d
Es 253	**x**		x	x		20,47 d
Es 254*	**x**			x	x	275,7 d
Es 254*	x	x		x	**x**	39,3 h
Es 255	**x**		x	x	**x**	39,8 d
Es 256*					**x**	25,4 m
Es 256*				x	**x**	7,6 h
Es 257			**x**	x		7,8 d

(* isomere Atomkerne)

Die Isotope des Einsteiniums haben relativ kurze Halbwertszeiten, sie sind überwiegend α-Strahler und verwandeln sich in Berkelium, die leichteren Isotope zerfallen zusätzlich durch Elektronen-Einfang (EC) in Californium, die schwereren Isotope gehen durch β^--Emission in die entsprechenden Fm-Isotope über. Die beiden Kernisomere $^{254*}_{99}Es$ sind mittels thermischer Neutronen spaltbar: $^{254*}_{99}Es$ ($\sigma_f = 2000 \cdot 10^{-28}$ m²), $^{254*}_{99}Es$ ($\sigma_f = 1800 \cdot 10^{-28}$ m²) (σ_f = Spaltquerschnitt).

Chemische Eigenschaften

Einsteinium gehört zur Gruppe der „Actinoide“ bzw. „Transurane“. Es befindet sich im PSE in der 3. Gruppe (IIIB Nebengruppe) unter dem Holmium Ho sowie in der 7. Periode zwischen Californium Cf und Fermium Fm. Aufgrund seiner Stellung im PSE hat das freie, neutrale Es-Atom im elektronischen Grundzustand mit größter Wahrscheinlichkeit folgende Elektronenkonfiguration:

$$1s^2\ 2s^2\ 2p^6\ 3s^2\ 3p^6\ 3d^{10}\ 4s^2\ 4p^6\ 4d^{10}\ 4f^{14}\ 5s^2\ 5p^6\ 5d^{10}\ 5f^{11}\ 6s^2\ 6p^6\ 7s^2$$

Einsteinium bildet in seinen Verbindungen vorwiegend die Oxidationsstufe +III ([Rn]$5f^{10}$), daneben gibt es auch die Stufen +II und +IV die aber sehr selten sind. In seinem chemischen Verhalten ähnelt es den Elementen aus der Reihe der Curide sowie auch seinem leichteren Homologen Holmium aus der Reihe der Lanthanoide.
Die Normalpotentiale des Einsteiniums:

	+IV		+III		+II		0
Saure Lösung	(Es^{4+})	+4,5 V	Es^{3+}	−1,55 V	(Es^{2+})	−2,205 V	Es

(Es^{3+} → Es: −1,980 V)

Einsteinium ist wie die anderen „Actinoide“ ein elektropositives, unedles Übergangsmetall. Die Verbindungen des zweiwertigen Einsteiniums sind instabil und starke Reduktionsmittel, Verbindungen des vierwertigen Einsteiniums sind nicht bekannt sie wären starke Oxidationsmittel. Das Es^{3+} Kation ist blaßgrün. Von den auschließlich farbigen Einsteinium-Verbindungen sind zwei Oxide EsO und Es_2O_3, einige Halogenide EsX_2 und EsX_3 (X = F, Cl, Br, I) sowie ein Oxidchlorid EsOCl bekannt.

Nachweis

- Spektralanalyse; wichtige Spektrallinien der neutralen Atome: 342,848 nm, 349,811 nm, 351,433 nm, 352,138 nm, 352,349 nm, und der einfach positiven Ionen Es 270,866 nm, 354,775 nm.
- Röntgenspektroskopie
- Radiometrie; mittels der Tochterisotope beim radioaktiven Zerfall.

Verwendung

Außer zu Forschungszwecken wird Einsteinium v. a. zur Herstellung von Transuranen verwendet, dabei stellt das langlebigste Isotop ${}^{254}_{99}Es$ der Halbwertszeit von 275,7 Tagen eines der begehrtesten Targets für Kernreaktionen dar.

$$ {}^{253}_{99}Es + {}^{4}_{2}He \longrightarrow {}^{256}_{101}Md + {}^{1}_{0}n $$

$$ {}^{254}_{99}Es + {}^{16}_{8}O \longrightarrow {}^{260}_{102}No + \text{unbek.} $$

$$ {}^{254}_{99}Es + {}^{20}_{10}Ne \longrightarrow {}^{262}_{103}Lr + \text{unbek.} $$

Der genaue Ablauf der beiden unten angegebenen Reaktionen ist noch nicht genau bekannt.

Physiologie, Toxikologie

Einsteinium hat keine biologische Bedeutung für den menschlichen Organismus, es würde aber aufgrund seiner starken radioaktiven Strahlung toxisch wirken. Bekannt ist, daß sich das Element bevorzugt in den Nebennieren ablagert.

Eisen Fe

International (Lat.)	Ferrum	Italienisch	Ferro
Englisch	Iron	Griechisch	Σιδηϱος (Sidiros)
Französisch	Fer	Russisch	Железо (Jiljäso)
Spanisch	Hierro	Japanisch	鉄 (テツ) (tetsu)

Atomare und physikalische Eigenschaften	O Xn
Protonenzahl **(Z)**	**26**
Standard-Atomgewicht (bezogen auf $^{12}C = 12$)	55,847 (± 3)
Effektive Kernladung	(Slater) 3,75; (Clementi) 5,43; (Froese-Fischer) 7,40
Elektronenkonfiguration	[Ar] $3d^6\ 4s^2$
Grundzustand, Termsymbol	$^5D_4$
Metallatomradius (KZ 12)	126 pm a)
Konvalenzradius; Einfachbindung	116,5 pm
Ionenradien (KZ 4;6)	$78^{2+}_{(6)}$ pm, $64{,}5^{3+}_{(6)}$ pm, $58{,}5^{4+}_{(6)}$ pm, $25^{6+}_{(4)}$ pm
Molares Volumen	$7{,}09 \cdot 10^{-6}\ m^3 \cdot mol^{-1}$
1.; 2.; 3.; 4.; 5.; 6. Ionisierungsenergie	7,8695 eV; 16,178 eV; 30,651 eV; 54,826 eV; 75,036 eV; 99,496 eV
Elektronegativität	(Allred/Rochow) 1,64; (Pauling) 1,83; (absolut) 4,06 eV
Elektronenaffinität $Fe \rightarrow Fe^-$	0,163 eV
Wirkungsquerschnitt für thermische Neutronen ($\sigma_{n,\gamma}$)	$2{,}56 \cdot 10^{-28}\ m^2$
Dichte (bei 20 °C)	$7874\ kg \cdot m^{-3}$ b)
Härte (Mohs)	4,5
Elastizitätsmodul (gegossen/Schweiß-)	$12 \cdot 10^{10}$ Pa/$21 \cdot 10^{10}$ Pa
Schmelztemperatur	1535 °C (1808,15 K) c)
Siedetemperatur	2750 °C (3023,15 K) d)
Spezifische Schmelzenthalpie	$277\ kJ \cdot kg^{-1}$ e)
Spezifische Verdampfungsenthalpie	$6340\ kJ \cdot kg^{-1}$ f)
Spezifische Sublimations-/Atomisierungsenthalpie	$7466{,}8\ kJ \cdot kg^{-1}$
Spezifische Wärmekapazität (bei 25 °C)	$0{,}449\ kJ \cdot kg^{-1} \cdot K^{-1}$
Thermische Leitfähigkeit (bei 27 °C)	$80{,}2\ W \cdot m^{-1} \cdot K^{-1}$
Thermischer Längenausdehnungskoeffizient (bei 25 °C)	$11{,}8 \cdot 10^{-6}\ K^{-1}$ g)
Temperaturkoeffizient (bei 20 °C)	$(4{,}5 \ldots 6{,}2) \cdot 10^{-3}\ K^{-1}$
Thermospannung ($\Delta t = 100$ K / Pt; Cu)	+1,88 mV; +1,08 mV
Elektrische Leitfähigkeit (bei 20 °C)	$10{,}29 \cdot 10^6\ S \cdot m^{-1}$
Spezifischer elektrischer Widerstand (bei 20 °C)	$9{,}71 \cdot 10^{-8}\ \Omega \cdot m$
Sättigungsmagnetisierung (Weicheisen)	212 T
Curie-Temperatur	768 °C (1041,15 K) h)

Weitere Angaben: a) (α) 124,1 pm. b) $7897\ kg \cdot m^{-3}$. c) 1540 °C. d) 3000 °C und 3070 °C. e) $247{,}1\ kJ \cdot kg^{-1}$ und $266{,}8\ kJ \cdot kg^{-1}$. f) $6088\ kJ \cdot kg^{-1}$ und $6285\ kJ \cdot kg^{-1}$. g) $12{,}3 \cdot 10^{-6}\ K^{-1}$. h) 760 °C.

Atomare und physikalische Eigenschaften O  Xn 	
Elektrochemisches Äquivalent	Fe^{2+} (Fe^{3+}) $0{,}2894 \cdot 10^{-6}\,kg \cdot A^{-1} \cdot s^{-1}$ ($0{,}1929 \cdot 10^{-6}\,kg \cdot A^{-1} \cdot s^{-1}$)
Normalpotential Fe/Fe^{2+}	−0,4402 V
Hydratationsenthalpie Fe^{2+} (Fe^{3+})	$-1959\,kJ \cdot mol^{-1}$ ($4334\,kJ \cdot mol^{-1}$)
Bildungsenthalpie $FeCl_3$ (Fe_2O_3)	$-399{,}8\,kJ \cdot mol^{-1}$ ($-824{,}8\,kJ \cdot mol^{-1}$)

Entdeckung

Eisen war bereits in der Antike bekannt, es ist eines der sieben Metalle des Altertums. Nach der Stein- und Bronzezeit beginnt etwa um 1400 v. Chr. die Eisenzeit. Als Erfinder der Eisentechnik gelten die Hethiter, die um 1400–1200 v. Chr. im Vorderen Orient ein Eisenmonopol hatten. In Europa beherrschte man die Technik des Eisenschmelzens nach dem sog. *Rennfeuerverfahren* erst um 500 v. Chr. Eine Eisenindustrie entstand im 7. Jh. n. Chr. in der Steiermark, später auch in Thüringen, Sachsen u. a. Im 12. Jh. wurden Eisenhüttenwerke in Holland, im 15. Jh. auch in England und Schweden errichtet. Als Reduktionsmittel verwendete man Holz, die dabei entstandenen Klumpen wurden in *Hammerwerken* verarbeitet. Ab dem 18. Jh. wurde Koks verwendet, der erste Hochofen wurde 1735 von Abraham Darby d. J. (1711–1763) in Shropshire, England in Betrieb genommen. 1742 stellte Benjamin Huntsman (1704–1776) erstmals Stahl her, das Verfahren wurde Anfang des 19. Jh. von Friedrich Krupp (1787–1826) großtechnisch eingesetzt. 1855 erfand Sir Henry Bessemer das saure *Windfrischverfahren* mittels der *Bessemer Birne* und 1878 entwickelten Percy Carlyle Gilchrist (1851–1935) und Sidney Gilchrist Thomas (1850–1885) das basische Windfrischverfahren *Thomas-Gilchrist-Verfahren.* Sir Carl Wilhelm Siemens (1823–1883) und sein Bruder August Friedrich Siemens (1826–1904) entwickelten 1864 zusammen mit Pierre-Émile Martin (1824–1915) den *Siemens-Martin-Ofen* zur Stahlerzeugung und 1904 wurde der erste Elektroofen zur Stahlerzeugung von Paul-Louis Héroult in Betrieb genommen. Der deutsche Name „Eisen“ und der englische Iron gehen vermutlich auf keltische Flußnamen *Isarno – Isarkos – Eisack – Eisen* zurück. Möglich wäre auch die Ableitung vom keltischen *Isara*, das soviel wie „fest“ oder „stark“ bedeutet. Der lat. Name Ferrum stammt wahrscheinlich von lat. *ferreus* ab, d. h. „kräftig“, „hart“ oder „schwer“. Das chemische Symbol „Fe“ wurde 1814 von J. J. Berzelius eingeführt.

Im 2. Jh. n. Chr. wurde das Eisen dem Planeten Mercur zugeordnet, ab dem 6. Jh. dem Planeten Mars. Die chemischen Symbole des Eisens ab dem 15. Jh.:

15. Jh.  16. Jh.  17. Jh.  1783 Bergmann  1808 Dalton  1814 Berzelius Fe

Vorkommen

Eisen gehört zu den sehr häufigen Elementen und steht mit einem Massenanteil in der Erdhülle von 4,7% an 4. Stelle der Elementhäufigkeit. Es ist nach Aluminium das zweithäufigste Metall auf der Erde. Am Aufbau der uns zugänglichen Erdkruste bis 16 km Tiefe ist Eisen mit 51 kg/t Gestein bzw. mit rund 5% beteiligt, wobei der Eisenanteil mit der Tiefe zunimmt und man vermutet, daß das Erdinnere also der Erdkern aus ca. 90%

Die wichtigsten Eisenerze

Magneteisenstein, Magnetit	Fe_3O_4 (= $FeO \cdot Fe_2O_3$); 45–70% Fe.
Roteisenstein, Hämatit, „roter Glaskopf“	α-Fe_2O_3; 40–65% Fe.
Brauneisenstein, Limonit, „brauner Glaskopf“	FeO(OH) bzw. $Fe_2O_3 \cdot xH_2O$; 40–60% Fe;
Hauptbestandteile: Goethit, Nadel-Eisenstein Lepidokrokit, Rubin-Glimmer	α-FeO(OH) und γ-FeO(OH)
Eisenkies, Pyrit, Schwefelkies	FeS_2; 60–65% Fe
Magnetkies, Pyrrhotin	Fe_{1-x} S
Kupferkies, Chalkopyrit	$CuFeS_2$
Buntkupferkies, Bornit	Cu_5FeS_4 (= 2 $Cu_2S \cdot CuFeS_2$)
Spateisenstein, Siderit, Eisenspat	$FeCO_3$; 30–40% Fe
Olivin	$(Mg,Fe)_2$ $[SiO_4]$.
Granit enthält etwa 2,5 Masse-% Eisen in Form von Verbindungen. Durch Verwitterung gelangt das Eisen v. a. in Form von Fe(II)- und Fe(III)-oxiden in die Böden, wo es die Braun-, Rot- und Gelbtöne von Sandstein, Tonen, Lehmen u. a. verursacht.	

Eisen neben 10% Nickel besteht, so daß der Eisenanteil des gesamten Erdballs nach H. S. Washington auf rund 37–40 Masse-% geschätzt wird. Steinmeteoriten enthalten etwa 150 kg Fe/t und Eisenmeteoriten über 900 kg/t, das entspricht einem Eisengehalt von über 90%. Im Meerwasser beträgt der Eisenanteil durchschnittlich 0,25 mg $Fe^{(+III)}$ pro m^3, bei einer Verweilzeit von ca. 98 Jahren. Eisen kommt, außer in Meteoriten, in der Natur fast nie gediegen, sondern überwiegend in Form von Verbindungen vor. Es handelt sich dabei meist um Oxide, weniger um Sulfide, Carbonate u. a. Als Eisenerze bezeichnet man nur Gesteine die mehr als 20% Eisen enthalten.

Die größten Eisenerzvorkommen liegen in Brasilien, das im Bergland von Carajás über die größten Erzvorkommen der Erde verfügt, ferner in Rußland (Uralgebiet), Australien, Kanada, Indien, Schweden, China, Frankreich u. a. In Deutschland findet man Brauneisenstein im Lahn-Dill Gebiet, Hessen, bei Salzgitter, Peine (Ndsachs.) sowie Spateisenstein v. a. im Siegerland (NRW, Rhein-Pf. u. a.). Das meiste Erz, vor allem Magneteisenstein wird in Deutschland hauptsächlich aus Brasilien, Australien, Kanada und Schweden eingeführt. Die Förderung von Eisenerz beträgt z. Z. weltweit über 980 Mio t/Jahr (Abb. 31). Die wichtigsten Förderländer sind die GUS-Staaten ca. 25,5%, China 15,8%, Brasilien 15%; Australien 10%; USA 5,6%, Indien, Kanada, Rep. Südafrika, Schweden $< 5\%$ u. a. Der wichtigste Abnehmer ist Japan mit über 35% der gesamten Weltförderung.
Die Eisen-Reserven werden weltweit auf über 115 Mrd. t Erz geschätzt, davon sind gegenwärtig rund 85 Mrd. t abbauwürdig, davon in Deutschland etwa 12 Mrd. t.
Der Mondboden enthält etwa 0,5% metallisches Eisen, dies bedeutet, daß auf der Mondoberfläche, bis 10 m Bodentiefe, ca. $1 \cdot 10^{12}$ t Eisen vorhanden sind. Die Häufigkeit von Eisen auf der Sonne beträgt ca. $3{,}16 \cdot 10^7$ Atome Eisen pro $1 \cdot 10^{12}$ Atome Wasserstoff, die kosmische Häufigkeit schätzt man auf $6 \cdot 10^5$ Atome Eisen pro $1 \cdot 10^6$ Atome Silicium.

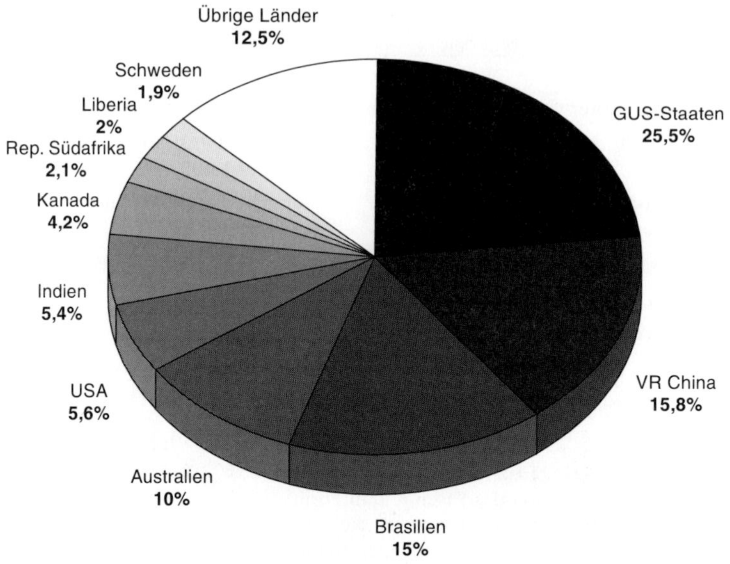

Abb. 31: Prozentualer Anteil der Hauptförderungsländer von Eisenerz bei einer weltweiten Förderung von ca. 980 Mio. t.

Herstellung

Reineisen in kleineren Mengen, Labormaßstab, kann auf verschiedene Arten hergestellt werden, z. B.:

Thermische Zersetzung, Pyrolyse, von Eisenpentacarbonyl:

$$Fe(CO)_5 \longrightarrow Fe + 5\ CO$$

Reduktion von Eisen(III)-oxid mit Aluminium „Thermitverfahren":

$$Fe_2O_3 + 2\ Al \longrightarrow 2\ Fe + Al_2O_3$$

Reduktion von Eisen(III)-oxid mit molekularem Wasserstoff:

$$Fe_2O_3 + 3\ H_2 \longrightarrow 2\ Fe + 3\ H_2O$$

Das z. Z. wichtigste großtechnische Verfahren ist die *Pyrometallurgie*, die Herstellung von Roheisen in Gebläse-Schachtöfen sog. „Hochöfen" durch Reduktion oxidischer Eisenerze mit Koks bei hohen Temperaturen. Ein moderner Hochofen hat eine Höhe von 25–30 m, einen Durchmesser von 10–14 m und einen Rauminhalt von 500–1000 m. Der Hochofen hat die Form eines Doppelkegels und besteht aus feuerfesten Schamottesteinen. Der obere Kegel der *Schacht* ruht auf einem eisernen Tragering. Der untere Kegel *Rast* sitzt auf dem Gestell, das seinerseits auf dem feuerfesten Bodenstein ruht. Die Wandstärke der Kegel beträgt 70–80 cm, die des Gestells bis 120 cm. Da die Beschikkung sich beim Niedergehen aufgrund der Temperaturzunahme ausdehnt, muß der Schachtdurchmesser nach unten größer werden. Im unteren Teil des Hochofens, im Rast, kann der Durchmesser verkleinert werden, da wegen der höheren Temperaturen die Beschickung schmilzt und daher kontrahiert. Rast und Gestell werden mit Wasser, der Schacht wird mit Luft gekühlt (Abb. 32).

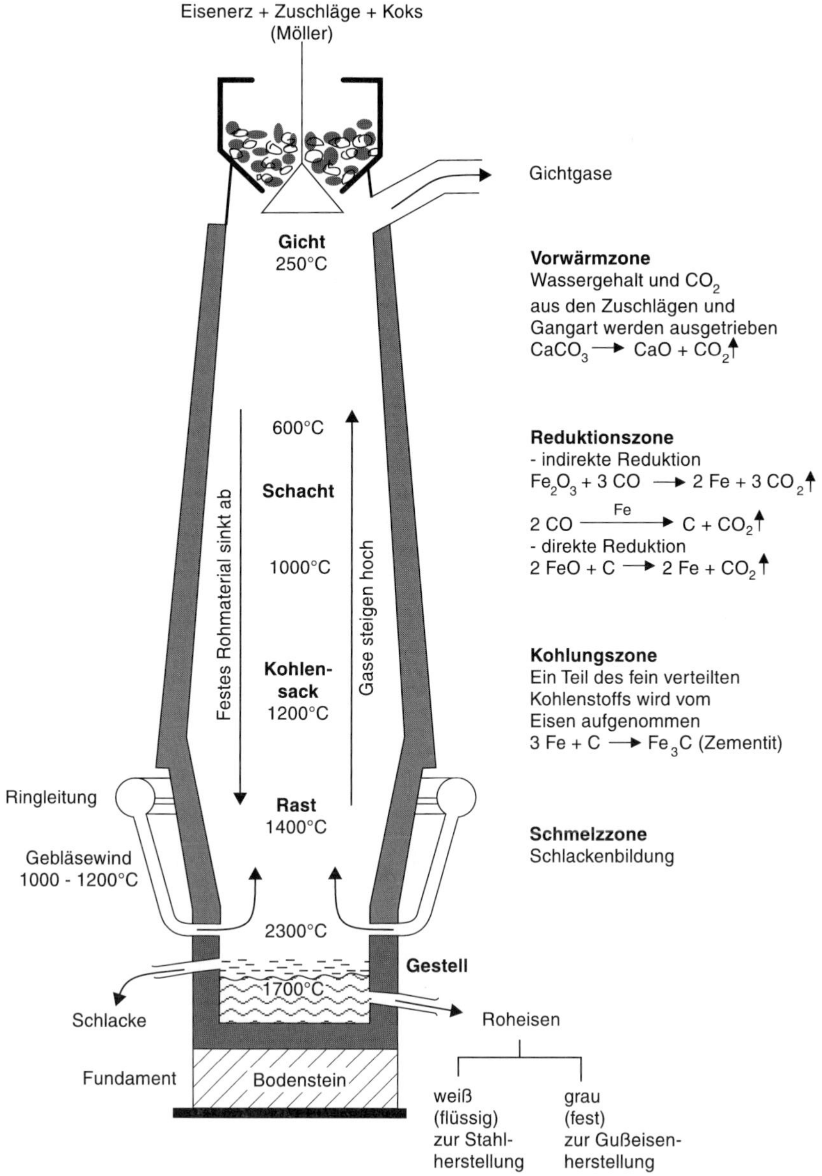

Abb. 32: Darstellung der Eisenherstellung in einem modernen Hochofen.

Die Aufbereitung der Eisenerze umfaßt:

- Zerkleinerung und weitgehende Entfernung des tauben Gesteins bzw. *Gangart* auf trockenem, nassem oder magnetischen Wege.

- Überführung der nichtoxidischer Erze in Oxide durch Rösten:
  Pyrit: $4\ FeS_2 + 11\ O_2 \longrightarrow 2\ Fe_2O_3 + 8\ SO_2 \uparrow$ $\Delta H = -3312$ kJ
  Spateisenstein: $6\ FeCO_3 + O_2 \longrightarrow 2F\ e_3O_4 + 6\ CO_2 \uparrow$

Der Hochofen wird über die *Gicht* schichtweise mit Koks und *Möller* (aufbereitete Eisenerze und Zuschläge) gefüllt. Die *Zuschläge* dienen dazu, die *Gangart*, also die noch verbliebenen Beimengungen des Erzes in leicht schmelzbare *Schlacke* überzuführen. Bei Tonerde- und kieselsteinhaltigen Gangarten werden als Zuschläge Kalkstein, Dolomit, bei kalkhaltigen Gangarten hingegen Feldspat, Tonschiefer verwendet. Nach Entzünden der unteren Koksschicht verbrennt die über die Winddüsen eingeblasene Heißluft bzw. *Heißwind* einen Teil des Kokses unvollständig zu Kohlenstoffmonooxid:

$$2\ C + O_2 \longrightarrow 2\ CO \qquad \Delta H = -221{,}20\ \text{kJ}$$

Durch die dabei entstehende Wärme wird der Hochofen aufgeheizt. Das aufsteigende Kohlenstoffmonooxid CO reduziert das Eisen(III)-oxid und verbrennt dabei zu Kohlenstoffdioxid CO_2. Beim Durchströmen durch die darüber liegenden heißen Koksschichten erfolgt nach dem *Boudouard Gleichgewicht* die Reduktion von CO_2 zu CO gemäß $CO_2 + C \longrightarrow 2\ CO$. Dieser Vorgang wiederholt sich beim Aufsteigen des CO_2 mehrfach. In der oberen weniger heißen Reduktionszone erfolgt bei etwa 600 °C–900 °C die *indirekte Reduktion* der Eisenoxide durch CO:

	$3\ Fe_2O_3 + CO \longrightarrow 2\ Fe_3O_4 + CO_2 \uparrow$	$\Delta H = -\ 47{,}3$ kJ
	$CO_2 + C \longrightarrow 2\ CO$	$\Delta H = +172{,}6$ kJ
	$Fe_3O_4 + CO \longrightarrow 3\ FeO + CO_2 \uparrow$	$\Delta H = +\ 36{,}8$ kJ
	$CO_2 + C \longrightarrow 2\ CO$	$\Delta H = +172{,}6$ kJ
zum Teil:	$FeO + CO \longrightarrow Fe + CO_2 \uparrow$	$\Delta H = -\ 17{,}2$ kJ
	$CO_2 + C \longrightarrow 2\ CO$	$\Delta H = +172{,}6$ kJ

Zwischen 900 °C und 1200 °C zerfällt ein Teil des Kohlenstoffmonooxids
$2\ CO \xrightarrow{Fe} C + CO_2$.

Durch den dabei entstehenden fein zerteilten Kohlenstoff findet die *direkte Reduktion* des restlichen Eisen(II)-oxid in Eisen statt

$$2\ FeO + C \longrightarrow 2\ Fe + CO_2 \uparrow \qquad \Delta H = +138{,}2\ \text{kJ}$$

Ein Teil des Kohlenstoffs löst sich in dem schwammartigen Eisen, wobei die Schmelztemperatur um fast 400 K auf etwa 1150 °C erniedrigt wird. In der Umgebung der Winddüsen ist die Temperatur am höchsten. Hier schmelzen alle Einsatzstoffe und trennen sich in Roheisen und Schlacke. Das schwerere kohlenstoffreiche Roheisen sammelt sich im unteren Teil des Gestells während die leichtere Schlacke auf dem Roheisen schwimmt und dieses vor erneuter Oxidation durch den Gebläsewind schützt.

Die Gase verlassen den Hochofen durch die Gicht, sie werden vom Staub befreit und dienen zum Vorwärmen der Luft in den Winderhitzern sowie als Energiequelle für das Hüttenwerk. Zusammensetzung der Gichtgase:

N_2 50–60%, CO 25–30%, CO_2 10–15%, H_2 1–4%, CH_4 bis 4%, H_2O bis 2%.

Die Schlacke fließt aus dem Gestell chargenweise ab. Sie besteht aus Ca-Al-Silicat der allg. Formel $xCaO \cdot yAl_2O_3 \cdot zSiO_2$ und wird zu *Eisen-Portland-Zement* (EPZ), *Hoch-*

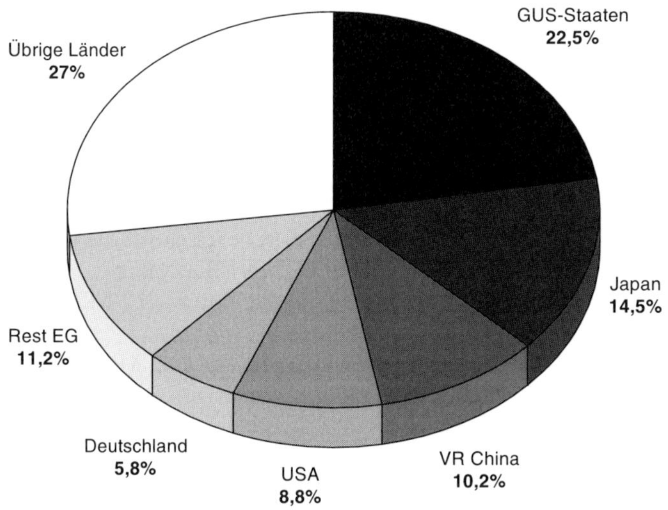

Abb. 33: Hauptproduktionsländer von Roheisen, bei einer weltweiten Jahresproduktion von ca. 520 Mio. t.

ofenzement, zu Pflastersteinen, Straßen- und Gleisschotter u. v. a. weiterverarbeitet. Das flüssige Roheisen im Gestell wird in regelmäßigen Abständen von etwa 3 Stunden abgestochen. Durchschnittliche Zusammensetzung des Roheisens:

Fe bis 92%, C 2,5–4%, Mn 0,1–6%, Si 0,5–3%, P bis 2%, S 0,01–0,05%.

Man unterscheidet:
Graues Roheisen: Siliciumreich; entsteht durch langsames Abkühlen des Roheisens in Masselbetten aus Sand (Sandformen). Der gelöste Kohlenstoff scheidet sich dabei als Graphit aus. Bedingung: Si-Gehalt > 2%, Mn-Gehalt < 0,2%. Es wird zu „Gußeisen" umgeschmolzen und ist Ausgangsmaterial für Gußwaren.
Weißes Roheisen: Manganreich; entsteht durch schnelles Abkühlen des Roheisens, in Stahlkokillen (Stahlformen). Der gelöste Kohlenstoff verbleibt als Eisencarbid Fe_3C bzw. Zementit. Bedingung: Mn-Gehalt > 4%, Si-Gehalt < 0,5%. Es ist Ausgangsmaterial für die Stahlherstellung.
Zur Herstellung von 1 t Roheisen im Hochofen, benötigt man durchschnittlich 2 t Eisenerz, 1 t Koks, 0,5 t Zuschläge und 5,5 t Heißluft (Wind), wobei neben dem Roheisen 1 t Schlacke und 7 t Gichtgas anfallen.
Rein-Eisen mit 99,90–99,99% Fe, das besonders in der Pulvermetallurgie und in der Magnettechnik verwendet wird, kann v. a. durch elektrolytische Raffination von vorgereinigtem technischen Eisen gewonnen werden.
Reinst-Eisen > 99,999% Fe erhält man durch Zonenschmelzverfahren.
Etwa 80% des erzeugten Roheisens wird zu „Stahl" weiterverarbeitet.
Man unterscheidet: Härtbarer Stahl oder *Werkzeugstahl* 0,4–1,7% C und nichthärtbarer Stahl oder *Baustahl* < 0,4% C. Zur *Entkohlung* bzw. *frischen* des Roheisens, das bis zu 4% C enthält gibt es zwei Möglichkeiten:
- *Windfrischverfahren* oder *Blasverfahren*; bei dem das Roheisen mit Luft oder Sauerstoff vollständig entkohlt und anschließend auf den gewünschten C-Gehalt gebracht

wird. Die älteren Verfahren wie das Bessemer- und Thomas-Verfahren wurden inzwischen weitgehend durch das modernere *LD-Verfahren* (Linz-Donawitz-Verfahren) ersetzt.

- *Herdfrischen* (Siemens-Martin-Verfahren und Elektrostahlverfahren); die Oxidation des Kohlenstoffs erfolgt wesentlich langsamer, so daß die Entkohlung direkt bis auf den gewünschten C-Gehalt erfolgen kann. Das Verfahren eignet sich v. a. auch zur Wiederverwendung von Schrott.

Weltweit werden jährlich über 520 Mio. t Roheisen hergestellt. die wichtigsten Erzeugerländer sind die GUS-Staaten ca. 117 Mio. t (22,5%), Japan 75,5 Mio. t (14,5%), China 53 Mio. t (10,2%), USA 46 Mio. t (8,8%), Deutschland 30,2 Mio. t (5,8%), Rest-EG 58,5 Mio. t (11,2%) u. a.

Für die Stahlproduktion werden zusätzlich jährlich ca. 12,5 Mio. t Schrott verbraucht.

Physikalische Eigenschaften

Eisen ist in reiner Form ein silberweißes, glänzendes, dehnbares, relativ weiches Schwermetall. Es erweicht bei Rotglut und ist in diesem Zustand gut schmied- und schweißbar. Eisen tritt in drei enantiotropen Modifikationen auf:

ferromagnetisch — paramagnetisch [(β-Fe), γ-Fe, ϑ-Fe]

$$\alpha\text{-Fe} \xleftrightarrow{768\ °C} (\beta\text{-Fe}) \xleftrightarrow{906\ °C} \gamma\text{-Fe} \xleftrightarrow{1400\ °C} \vartheta\text{-Fe} \xleftrightarrow{1539\ °C} \text{geschmolzenes Eisen}$$

(β-Fe): kubisch raumzentriert; γ-Fe: kubisch flächenzentriert; ϑ-Fe: kubisch raumzentriert

Unterhalb 768 °C „Curie-Temperatur" ist Eisen ferromagnetisch (α-Fe), besitzt jedoch keine Remanenz. Oberhalb 768 °C ist es paramagnetisch (β-Fe). Kohlenstoffhaltiges Eisen hingegen ist permanent magnetisierbar. Das Metall hat eine mittlere Schmelz- und Siedetemperatur, die thermische Leitfähigkeit entspricht 18,69% die elektrische 16,36%, in flüssigem Zustand 15% der des Silbers. Die Austrittsarbeit der Elektronen im Vakuum beträgt 4,67 eV (P). Die Schallgeschwindigkeit in Eisen liegt bei 5000 $m \cdot s^{-1}$. Die physikalischen und chemischen Eigenschaften werden durch Zusatz anderer Metalle oder Nichtmetalle und vor allem von Kohlenstoff stark beeinflußt. Beim technischen Eisen unterscheidet man zwischen nichtschmiedbarem *Roheisen* C-Gehalt 1,7–4% und schmiedbaren *Stahl* C-Gehalt < 1,7%. Die Änderungen des Aggregatzustandes sowie der kristallinen Struktur von Fe-C-Legierungen in Abhängigkeit der Temperatur und des C-Gehalts werden im Fe-C-Phasendiagramm dargestellt (Abb. 34).

Radiochemie

Natürliches Eisen ist ein Gemisch von vier stabilen Isotopen. Zusätzlich sind weitere 20 künstliche, radioaktive Isotope bekannt.

Die Fe-Isotope haben unterschiedliche Halbwertszeiten. Die leichteren Isotope A < 57 zerfallen durch β^+-Strahlung oder Elektronen-Einfang (EC) in die entsprechenden Mn-Isotope, die schwereren Isotope A > 58 verwandeln sich durch β^--Strahlung in

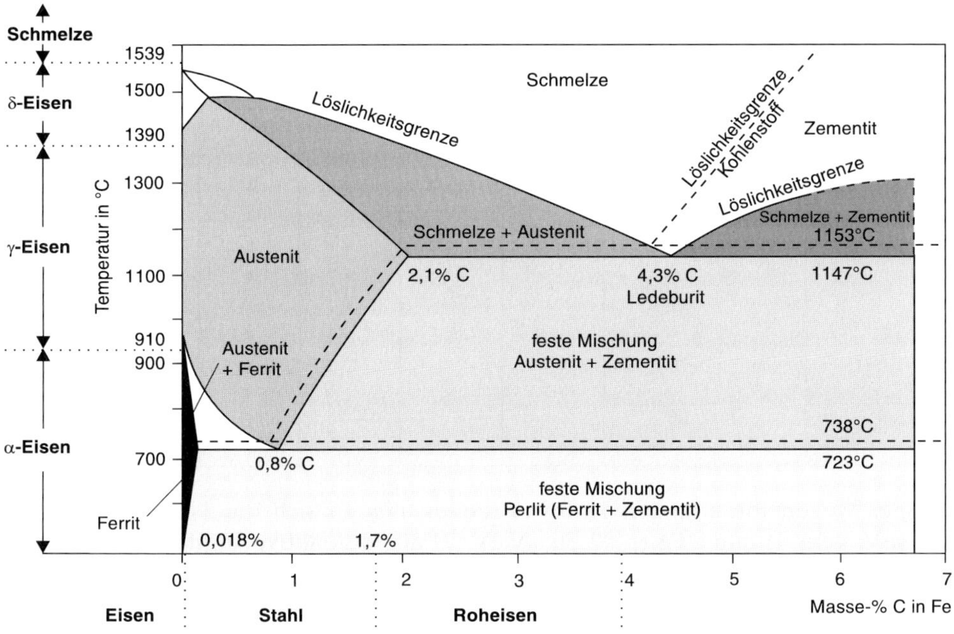

Ferrit - feste Lösung α-Fe/C
Austenit - feste Lösung γ-Fe/C
Zementit (Eisencarbid) Fe, C
Perlit - Ferrit + Zementit

Abb. 34: Eisen-Kohlenstoff-Phasendiagramm: Die durchgezogenen Linien beziehen sich auf die Fe_3C-Ausscheidung, die gestrichelten Linien auf die C-Ausscheidung.

Die Isotope des Eisens (1995)

Isotop	Natürliche Häufigkeit (%)	Zerfallsart				Halbwertszeit $T_{1/2}$
		β+	EC	γ	β−	
Fe 46		**x**				ca. 20 ms
Fe 47		**x**				ca. 27 ms
Fe 48		**x**				51 ms
Fe 49		**x**				75 ms
Fe 50		**x**		x		150 ms
Fe 51		**x**		x		305 ms
Fe 52*		**x**		x		8,27 h
Fe 52*		**x**		x		45,9 s
Fe 53*		**x**		x		8,51 m
Fe 53 m*				**x**		2,5 m
Fe 54	**5,8**					
Fe 55			**x**			2,7 a
Fe 56	**91,72**					
Fe 57	**2,2**					

(* isomere Atomkerne; m* markiert einen metastabilen Zustand)

Die Isotope des Eisens (1995)						
Isotop	Natürliche Häufigkeit (%)	Zerfallsart				Halbwertszeit $T_{1/2}$
		β+	EC	γ	β−	
Fe 58	**0,28**					
Fe 59				x	**x**	44,503 d
Fe 60					**x**	$1{,}5 \cdot 10^6$ a
Fe 61				x	**x**	6,0 m
Fe 62				x	**x**	68 s
Fe 63				x	**x**	6,1 s
Fe 64				x	**x**	2,0 s
Fe 65					**x**	0,45 s
Fe 66					x	n. bek.
Fe 67					x	n. bek.
Fe 68					x	0,1 s
Fe 69					x	n. bek.

Co-Isotope. Wegen ihrer langen Halbwertszeiten eignen sich die Isotope $^{55}_{26}Fe$ (EC | 0,2314 MeV; kein γ) und $^{59}_{26}Fe$ (β^- | 1,565 MeV; γ) als radioaktive Indikatoren (Tracer), v. a. in der Biologie und Medizin, in der Technik wird das Isotop $^{52}_{26}Fe$ (β^+ | 0,8 MeV; γ) eingesetzt, da sich dieses leichter nachweisen läßt. Das stabile Isotop $^{57}_{26}Fe$ der Kernspinzahl 1/2− und kernmagnetischen Moment +0,09044 dient zum NMR-spektroskopischen Nachweis; NMR-Frequenz (bei 2,3488 T) $3{,}231 \cdot 10^6\ s^{-1}$; Referenz $Fe(CO)_5$. Die maximal zulässige radiologische Aktivität bezogen auf das Isotop $^{55}_{26}Fe$ beträgt $3{,}7 \cdot 10^7$ Bq für den menschlichen Körper, 148 Bq/ml in wäßrigen Lösungen (bzw. 44,4 Bq/ml für $^{59}_{26}Fe$) und $22{,}2 \cdot 10^3\ Bq/m^3$ Luft (bzw. $7{,}5 \cdot 10^2\ Bq/m^3$ für $^{59}_{26}Fe$).

Chemische Eigenschaften

Eisen ist das erste und wichtigste Metall der sog. *Eisengruppe*, der die drei nebeneinander angeordneten Elemente

Eisen Fe, Cobalt Co und Nickel Ni

angehören. Es befindet sich im PSE in der 8. Gruppe (VIII Nebengruppe) über dem Ruthenium Ru sowie in der 4. Periode zwischen Mangan Mn und Cobalt Co. Entsprechend seiner Stellung im PSE hat das freie, neutrale Eisenatom im elektronischen Grundzustand folgende Elektronenkonfiguration:

$$1s^2\ 2s^2\ 2p^6\ 3s^2\ 3p^6\ 3d^6\ 4s^2$$

Als typisches Übergangsmetall bildet Eisen fast alle Oxidationsstufen von −II bis +VI, von denen die Stufen +II ([Ar] $3d^6$) und +III ([Ar] $3d^5$) die durch Abgabe der beiden 4s-Elektronen bzw. der beiden 4s-Elektronen und eines 3d-Elektrons erreicht werden, praktisch die wichtigsten und stabilsten sind.

Die Normalpotentiale des Eisens:

	+VI	+III		+II		0
				−0,04 V		
Saure Lösung		Fe^{3+}	+0,771 V	Fe^{2+}	−0,4402 V	Fe
		$[Fe(CN)_6]^{3-}$	+0,361 V	$[Fe(CN)_6]^{2-}$	−1,16 V	Fe

	+VI		+III		+II		0
Basische Lösung	FeO_4^{2-}	+0,55 V	FeO_2^-	−0,7 V	$HFeO_2^-$	−0,8 V	Fe
					$Fe(OH)_2$	−0,877 V	

Das niedrige negative Normalpotential weist Eisen als ein unedles und schwach elektropositives Metall aus. An trockner Luft, in Sauestoff- und Kohlenstoffdioxid-freien Wasser wie auch in Laugen ist kompaktes Eisen, infolge der Existenz einer zusammenhängenden Oxidschutzhaut beständig. An feuchter Luft sowie in Sauestoff- und CO_2-haltigen Wasser wird das Eisen unter Bildung von „Rost" bzw. Eisen(III)-oxidhydrat $Fe_2O_3 \cdot H_2O$ oder FeO(OH), oxidiert. Da die entstehende Oxidschicht weich und porös ist, kann der Rostvorgang ungehindert fortschreiten, das Eisen wird dabei zerstört. Den Vorgang nennt man *Korrosion*. Das Metall löst sich in nichtoxidierenden Säuren wie Salzsäure HCl oder verd. Schwefelsäure H_2SO_4 unter Wasserstoffentwicklung und Bildung der entsprechenden Salze

$$Fe + 2\,HCl \rightleftharpoons FeCl_2 + H_2 \uparrow$$

Mit Wasser reagiert es in umkehrbarer Reaktion oberhalb 500 °C gemäß

$$3\,Fe + 4\,H_2O \rightleftharpoons Fe_3O_4 + 4\,H_2 \uparrow$$

Durch konz. Schwefelsäure und konz. Salpetersäure wird Eisen passiviert, so daß man diese Säuren in eisernen Gefäßen aufbewahren bzw. transportieren kann. Beim Erhitzen verbindet sich Eisen leicht mit vielen Nichtmetallen. Mit molekularem Chlor reagiert es z. T. unter Feuererscheinung zu Eisen(III)-chlorid:

$$2\,Fe + 3\,Cl_2 \longrightarrow 2\,FeCl_3 \qquad \Delta H = -799{,}6\ kJ$$

mit Schwefel zu Eisen(II)-Sulfid:

$$Fe + S \longrightarrow FeS \qquad \Delta H = -96{,}2\ kJ$$

mit molekularem Sauerstoff zu Eisen(II, III)-oxid:

$$3\,Fe + 2\,O_2 \longrightarrow Fe_3O_4 \qquad \Delta H = -1116\ kJ$$

Eisen bildet zahlreiche Verbindungen, die wichtigsten sind die Fe(II)- und Fe(III)-Verbindungen in denen Eisen vorwiegend basischen Charakter hat sowie verschiedene Komplexe wie z. B. das *Gelbe Blutlaugensalz* Kalium-hexacyanoferrat(II) $K_4[Fe(CN)_6]$, das *Rote Blutlaugensalz* Kalium-hexacyanoferrat(III) ($K_3[Fe(CN)_6]$, das Lösliche *Berliner Blau* oder *Turnbulls Blau* $K[Fe^{III}Fe^{II}(CN)_6]$ und das unlösliche *Berliner Blau* $Fe^{III}[Fe^{III}Fe^{II}(CN)_6]_3$ u. a. Die Halogenide, Acetate, Citrate, Nitrate, Sulfate sind in Wasser löslich, Eisencarbid Fe_3C, das Carbonat, die Chromate, Hydroxide, Oxide, Oxalate, Phosphate, Sulfide sind in Wasser schwer bzw. nicht löslich.

Nachweis

Qualitativ:

- Fällung von schwarzem Eisen(II)-Sulfid aus ammoniakalischer Lösung.
- Eisen(II)-salzlösungen ergeben mit *Rotem Blutlaugensalz* einen intensiv blauen Niederschlag von *Turnbulls-Blau*.

- Eisen(III)-salzlösungen bilden mit *Gelbem Blutlaugensalz* ebenfalls einen intensiv blauen Niederschlag von *Berliner Blau.*
- Eisen(III)-salzlösungen bilden mit Alkalithiocyanaten in wäßriger Lösung tiefrotes Eisen(III)-thiocyanat (sehr empfindlicher Nachweis).

Quantitativ:

- Gravimetrisch kann Eisen durch Fällung von Eisen(III)-hydroxid und Verglühen zum Eisen(III)-oxid bestimmt werden.
- Spektralanalyse; wichtige Spektrallinien der neutralen Atome: 248,327 nm, 248,814 nm, 252,285 nm, 344,061 nm, 371,994 nm, 373,713 nm, 374,556 nm, 835,991 nm.
- Atomabsorbtionsspektrometrie (AAS) über die 248,327 nm Hauptlinie des Atomspektrums.

Verwendung

Reines Eisen findet nur geringe Anwendung in der Pulvermetallurgie und in der Magnettechnik. In Form von Legierungen mit verschiedenen Metallen und Nichtmetallen v. a. mit Kohlenstoff ist Eisen jedoch das mit Abstand technisch wichtigste Gebrauchsmetall.

Wichtige Eisenlegierungen und ihre Verwendung

Gußeisen 1,7–4% C: graphithaltiger *Grauguß* zementithaltiger *Weiß-*, bzw. *Hartguß*, ist sehr hart, spröde, bricht bei Schlag, Stoß und Biegung, niedriger schmelzend als unlegierter Stahl, gut gießbar. Da Gußeisen beim Erwärmen nicht erweicht, ist es nicht schmied- und walzbar; Verwendung: Rohre für Kanalisationen, Kanalisationsdeckel, Ofen- und Herdplatten, feste Maschinenteile u. a.

Stahl, Kohlenstoffstahl 0,2–1,7% C: ist weniger zäh, jedoch elastischer, härter und niedriger schmelzend als Reineisen, gut schweiß-, schmied- und walzbar. Stahl ist erst bei hohen Temperaturen gut gießbar *Gußstahl*; Verwendung: *Werkzeugstähle* für Werkzeuge, Federn, Seildrähte, Eisenbahnschienen und *Baustähle* für Stahlträger, Stahlkonstruktionen, Nägel, Bleche, Rohre u. a.

Wichtige Stahllegierungen und ihre Verwendung

Chromstahl „Ferrochrom" 78–98% Fe, 2–22% Cr, 1–1,3% C, 0,07% Si: Chrom verleit dem Stahl besondere Härte; Chromstahl ist sehr hart, hitze-, rost- und chemikalienbeständig, verschleißfest; Verwendung: zur Herstellung von Schneid- und Schlagwerkzeugen, Kugeln, festen Maschinenteilen, Dauermagneten u. a.

Nickelstahl „Ferronickel" 64–98% Fe, bis 35,5% Ni, 0,2% C, 0,2% Si: Nickel erhöht die Zähigkeit und Dehnbarkeit des Stahls; Nickelstahl ist zäh, rostbeständig und besitzt einen erhöhten elektrischen Widerstand; Verwendung: für Drahtseile, Maschinenbauteile (Achsen, Wellen, Zahnräder, Pleuelstangen), Widerstandsdrähte u. a.

„Invarstahl" 35,5% Ni: ist sehr wärmebeständig und wird zur Herstellung von Präzisionsmeßinstrumenten verwendet.

Wichtige Stahllegierungen und ihre Verwendung

Chromnickelstahl 54–55% Fe, 25% Cr, 20% Ni, 0,5% Si, 0,12% C: ein sehr harter und zäher Stahl, gut schweißbar, hitze-, rost- und chemikalienbeständig; Verwendung: zur Herstellung von Panzerplatten, Eisenbahnrädern, Achsen und im chemischen Apparatebau.

Manganstahl „Ferromangan" 75–98% Fe, 0,8–25% Mn, 0,5% Si, 0,1–1,5% C: Mangan verleit dem Stahl Festigkeit und Zähigkeit; Manganstahl ist sehr fest, zäh, härtbar, schmiedbar, wärmebeständig; Verwendung: für Schneidwerkzeuge, Schienen, Maschinenbauteile u. a.

Molybdänstahl „Ferromolybdän" 90–98% Fe, 1–5% Mo, 1,5–5% Cr, 0,6–0,8 C: fest, rostbeständig, elastisch, geringe Dehnbarkeit, sehr wärmebeständig; Verwendung: für schnellaufende Maschinenbauteile (Zahnräder, Achsen, Wellen), Stahlfedern für Kraftwagen und Uhren, Magnete u. a.

Siliciumstahl „Ferrosilicium" 85–98% Fe, 0,5–15% Si, 0,1–1,7% C: Silicium erhöht die Säurebeständigkeit; Siliciumstahl ist sehr fest, härtbar, elastisch, gut verarbeitbar, säurebeständig; Verwendung: für Transformatoren-, Motoren- und Generatorenbleche, Säureleitungen und Säurebehälter.

V2A-Stahl 71% Fe, 20% Cr, 8% Ni, 0,2% SiO, 0,1% C: gut schweißbar, sehr hart, rostbeständig, säure- und korrosionsfest; Verwendung: im chemischen Apparatebau, Waschmaschinen, Kochgeschirre, Bestecke, Gehäuse von Armbanduhren.

Wolframstahl „Ferrowolfram" 70–98% Fe, 2–18% W, 2,5% Cr, 0,6–0,8% C: sehr hart, zäh und hitzebeständig; Verwendung: für Schneidwerkzeuge, Matritzen, Schnellaufteile für Maschinen u. a.

Physiologie, Toxikologie

Eisen gehört zu den sieben lebenswichtigen Spurenelementen für den menschlichen und tierischen Organismus. Es ist zur Bildung des roten Blutfarbstoffs *Hämoglobin* notwendig und daher an der Sauerstoffübertragung durch das Blut von der Lunge in die Körperzellen entscheidend beteiligt. Es dient ebenfalls als Sauerstoffspeicher im Muskelfarbstoff *Myoglobin* und als Oxidationsmittel in Enzymen z. B. Cytochromen, Peroxidasen, Katalase. Die Gesamtmasse des Elements im menschlichen Körper beträgt etwa 4,5 g. Die Eisenspeicher befinden sich v. a. in der Leber, Milz und im Knochenmark. Der tägliche Bedarf an Eisen liegt zwischen 6–40 mg, er erhöht sich bei größeren Blutverlusten und in der Schwangerschaft. Eisenmangel entsteht besonders durch häufige Blutverluste sowie bei ungenügender Aufnahme durch falsche Ernährung und führt bei längerer Dauer zu Eisenmangelanämien. Dabei sind die roten Blutkörperchen (Erythrozyten) verkleinert, und der Hämoglobingehalt eines jeden Erythrozyten ist vermindert. Die Symptome einer Anämie äußern sich durch Mattigkeit, Kopfschmerzen, Appetitlosigkeit, rissige Haut, Brennen von Zunge und Speiseröhre sowie Schleimhautveränderungen. Die Behandlung erfolgt durch Einnahme von Eisenpräparaten oder Bluttransfusion. Als toxische Dosis gilt die Menge von 200 mg, als letale Dosis 7–35 g. Der MAK-Wert für Eisenoxidstaub wurde auf 8 mg/m^3 festgelegt.

Pflanzen benötigen Eisen für viele Komponenten innerhalb der Photosynthese und zur Bildung von *Chlorophyll*. Ein Eisenmangel führt hier zu Chlorophyllmangelerscheinungen (Chlorosen). Auch potentiell schädigende (pathogene) Mikroorganismen brauchen für ihre Vermehrung eine ständige Eisenzufuhr als wachstumsbestimmenden Faktor.

Erbium Er

International (Lat.)	Erbium	Italienisch	Erbio
Englisch	Erbium	Griechisch	Εϱβιο (Ervio)
Französisch	Erbium	Russisch	Эрбий (Ärbij)
Spanisch	Erbio	Japanisch	エルビウム (erubiumu)

Atomare und physikalische Eigenschaften

Protonenzahl **(Z)**	**68**
Standard-Atomgewicht (bezogen auf ^{12}C = 12)	167,26(±3)
Effektive Kernladung	(Slater) 2,85; (Clementi) 8,48; (Froese-Fischer) 11,70
Elektronenkonfiguration	[Xe] $4f^{12}$ $6s^2$
Grundzustand, Termsymbol	$^3H_6$
Metallatomradius (KZ 6)	176,1 pm a)
Kovalenzradius (Einfachbindung)	157 pm
Ionenradien (KZ 6;9)	$89^{3+}_{(6)}$ pm, $106^{3+}_{(9)}$ pm
Molares Volumen	$18{,}44 \cdot 10^{-6}$ $m^3 \cdot mol^{-1}$
1.; 2.; 3., 4. Ionisierungsenergie	6,1014 eV; 11,929 eV; 22,739 eV; 42,648 eV
Elektronegativität	(Allred/Rochow) 1,11; (Pauling) 1,24; (absolut) ≤ 3,3 eV
Elektronenaffinität Er → Er^-	ca. 0,518 eV
Wirkungsquerschnitt für thermische Neutronen ($\sigma_{n,\gamma}$)	$170 \cdot 10^{-28}$ m^2
Dichte (bei 20 °C)	9062 $kg \cdot m^{-3}$ b)
Schmelztemperatur	1497 °C (1770,15 K) c)
Siedetemperatur	2863 °C (3136,15 K) d)
Spezifische Schmelzenthalpie	119 $kJ \cdot kg^{-1}$ e)
Spezifische Verdampfungsenthalpie	1674 $kJ \cdot kg^{-1}$ f)
Spezifische Sublimationsenthalpie (einatomiges Gas)	1895,25 $kJ \cdot kg^{-1}$
Spezifische Wärmekapazität (bei 25 °C)	0,168 $kJ \cdot kg^{-1} \cdot K^{-1}$
Thermische Leitfähigkeit (bei 27 °C)	14,5 $W \cdot m^{-1} \cdot K^{-1}$
Thermischer Lägenausdehnungskoeffizient (b0ei 25 °C)	$12{,}2 \cdot 10^{-6}$ K^{-1}
Elektrische Leitfähigkeit (bei 20 °C)	$1{,}15 \cdot 10^6$ $S \cdot m^{-1}$
Spezifischer elektrischer Widerstand (bei 20 °C)	$86{,}96 \cdot 10^{-8}$ $\Omega \cdot m$
Spezifische magnetische Suszeptibilität	$+3604{,}5 \cdot 10^{-9}$ $m^3 \cdot kg^{-1}$
Curie-Temperatur	–244 °C (29,15 K)
Néel-Temperatur	–188 °C (85,15 K)
Normalpotential Er/Er^{3+}	–2,296 V
Hydratationsenthalpie Er^{3+}	+3691 $kJ \cdot mol^{-1}$
Bildungsenthalpie $ErCl_3$ (Er_2O_3)	–970,5 $kJ \cdot mol^{-1}$ (–1899 $kJ \cdot mol^{-1}$)

Weitere Angaben: a) 173,4 pm, 175,7 pm. b) 9006 $kg \cdot m^{-3}$, 9045 $kg \cdot m^{-3}$. c) 1522 °C und 1529 °C. d) 2510 °C und 2900 °C. e) 102,8 $kJ \cdot kg^{-1}$. f) 1750 $kJ \cdot kg^{-1}$.

Entdeckung

Im Jahre 1843 trennte der schwedische Chemiker Carl Gustav Mosander (1797–1858) aus der, 1794 von Johan Gadolin (1760–1852) entdeckten Yttererde, der sog. *Yttria*, zwei neue Erden die er *Erbia* und *Terbia* nannte. Da diese Erden nur in unreiner Form isoliert werden konnten, wurden diese oft miteinander verwechselt. Daneben vermeinten einige Chemiker darin neue Elemente wie z. B. *Philippium*, *Decipium* entdeckt zu haben. Erst 1879 gelang es Per Theodor Cleve (1840–1905) aus der Erbia das reine Oxid zusammen mit zwei weiteren Erden zu isolieren. Das in der Erbia enthaltene neue Element erhielt entsprechend den Namen „Erbium" mit dem chemischen Symbol „Er". Metallisches Erbium wurde erstmals 1934 von Karl Andreas Hofmann (1870–1940) in Berlin hergestellt. Der Name des Elements entstand durch Zerlegung der schwedischen Ortsbezeichnung *Ytterby*, dem Fundort des Minerals Ytterbit (später Gadolinit), in die Fragmente *Ytt*, *Erb* und *Terb* mit der lat. Endung *ium*; Erb + ium = Erbium (s. auch Tab. Entdeckung der Metalle der Seltenen Erden, S. 775).

Vorkommen

Erbium gehört zu den selteneren Elementen auf der Erde. Mit einem geschätzten Massenanteil in der Erdhülle von $2{,}3 \cdot 10^{-4}\%$ steht es an 56. Stelle der Elementhäufigeit. In der bis 16 km dicken Erdkruste ist es mit rund 3,5 g/t Gestein vertreten, es ist damit viel häufiger als Silber (0,08 g/t), Quecksilber (0,08 g/t) oder Gold (4,1 mg/t). Im Meerwasser beträgt sein Anteil durchschnittlich 0,65 µg $Er^{(+III)}$ pro m^3, bei einer Verweilzeit von ca. 400 Jahren. Erbium kommt meist vergesellschaftet mit den anderen „Seltenerdmetalle"n, vor allem mit Yttrium in verschiedenen Mineralien vor wie z. B. in Monazitsand, Bastnäsit, Gadolinit, Thortveitit, Xenotim u. a. Die Erbiumreserven werden weltweit auf rund 100 000 t geschätzt. Die Häufigkeit des Elements auf der Sonne beträgt ca. 5,8 Atome Erbium pro $1 \cdot 10^{12}$ Atome Wasserstoff, die kosmische Häufigkeit ist nicht bekannt, sie ist jedoch sehr gering.

Herstellung

Nach Anreicherung der Erze, Aufschluß mit Schwefelsäure, Fällung als Oxalat und Überführung in das Oxid und in das Trichlorid und Trifluorid wird das Metall metallothermisch durch Reduktion eines bestimmten Gemisches aus Trichlorid und Trifluorid mit Calcium, oder durch Schmelzflußelektrolyse des wasserfreien Chlorids gewonnen. Der Reinheitsgrad des Metalls liegt bei 99%. Die Weltproduktion beträgt ca. 100 t Erbium jährlich. (s. auch Lanthan S. 341).

Physikalische Eigenschaften

Erbium ist ein silbergraues, metallisch glänzendes, weiches, dehnbares Schwermetall, das an der Luft jedoch rasch anläuft. Das Metall bildet zwei allotrope Modifikationen:

$$\alpha\text{-Er} \xrightarrow{1367\ ^\circ C} \beta\text{-Er}$$

α-Er		β-Er
hexagonal dichteste Kugelpackung	$\xrightarrow{1367\ ^\circ C}$	kubisch raumzentriert

Feinverteiltes Erbium kann Wasserstoff bis zu einem Atomverhältnis von H: Er = 2,45 absorbieren. Erbium besitzt eine relativ hohe Schmelz- und Siedetemperatur, die thermische Leitfähigkeit beträgt 3,38% die elektrische 1,83% der des Silbers.
Bei Normaltemperatur ist Erbium stark paramagnetisch, es zeigt jedoch zwischen –94,65 °C (178,5 K) und –244 °C (29,15 K) antiferromagnetische Eigenschaften, unterhalb der Curie-Temperatur ist das Metall ferromagnetisch. Einige Erbium-Verbindungen wie Er_2O_3, Er_2S_3 zeigen fast doppelt so starke paramagnetische Eigenschaften wie das Metall selbst.

Radiochemie

Erbium kommt in der Natur als Gemisch aus sechs stabilen Isotopen vor, zusätzlich wurden 24 Radioisotope des Erbiums künstlich hergestellt.
Die Halbwertszeiten der Er-Isotope sind allgemein kurz. Die leichteren Isotope A < 166 zerfallen z. T. durch α-Strahlung in Dysprosium und durch Elektronen-Einfang (EC) oder β^+-Strahlung in die entsprechenden Ho-Isotope, die schwereren A > 167 verwandeln sich durch β^--Strahlung in Tm-Isotope. Die Isotope $^{169}_{68}Er$ (β^- | 0,351 MeV; γ) und $^{171}_{68}Er$ (β^- | 1,490 MeV; γ) finden Anwendung als radioaktive Indikatoren (Tracer), das stabile Isotop $^{167}_{68}Er$ der Kernspinzahl 7/2+ und kernmagnetischen Moment –0,5665 dient zum NMR-spektroskopischen Nachweis; NMR-Frequenz (bei 2,3488 T) $2{,}890 \cdot 10^6\ s^{-1}$.

Die Isotope des Erbiums (1995)

Isotop	Natürliche Häufigkeit n (%)	Zerfallsart					Halbwertszeit
		α	β^+	EC	γ	β^-	$T_{1/2}$
Er 145			x		x		0,9 s
Er 146			x				1,7 s
Er 147*			x				2,5 s
Er 147*			x		x		ca. 2,5 s
Er 148			x		x		4,6 s
Er 149*			x		x		8,9 s
Er 149*			x		x		ca. 4 s
Er 150			x		x		18,5 s
Er 151*			x		x		23,5 s
Er 151 m*			x		x		0,57 s
Er 152		x	x	x	x		10,3 s
Er 153		x		x	x		37,1 s
Er 154		x		x	x		3,73 m
Er 155		x		x	x		5,3 m
Er 156			x	x	x		18,6 m
Er 157			x	x	x		18,65 m
Er 158			x	x	x		2,25 h
Er 159			x	x	x		36 m
Er 160				x	x		28,6 h
Er 161			x	x	x		3,24 h
Er 162	**0,14**						

(* isomere Atomkerne; m* markiert jeweils einen metastabilen Zustand)

Die Isotope des Erbiums (1995)							
Isotop	Natürliche Häufigkeit n (%)	Zerfallsart					Halbwertszeit
		α	β^+	EC	γ	β^-	$T_{1/2}$
Er 163			**x**	x	x		75 m
Er 164	**1,61**						
Er 165				**x**			10,3 h
Er 166	**33,60**						
Er 167*	**22,95**						
Er 167 m*					**x**		2,5 s
Er 168	**26,80**						
Er 169					x	**x**	9,40 d
Er 170	**14,90**						
Er 171					x	**x**	7,52 h
Er 172					x	**x**	49 h
Er 173					x	**x**	1,4 m
Er 174					x	**x**	3,2 m

(* isomere Atomkerne; m* markiert jeweils einen metastabilen Zustand)

Chemische Eigenschaften

Erbium gehört zur Gruppe der „Seltenerdmetalle" bzw. „Lanthanoide", es ist ein Übergangsmetall und befindet sich im PSE in der 3. Gruppe (IIIB Nebengruppe) über dem Fermium Fm sowie in der 6. Periode zwischen Holmium Ho und Thulium Tm. Entsprechend seiner Stellung im PSE hat das freie, neutrale Er-Atom im elektronischen Grundzustand folgende Elektronenkonfiguration:

$$1s^2\ 2s^2\ 2p^6\ 3s^2\ 3p^6\ 3d^{10}\ 4s^2\ 4p^6\ 4d^{10}\ 5s^2\ 5p^6\ 4f^{12}\ 6s^2$$

Wie die anderen „Seltenerdmetalle" bildet Erbium in seinen Verbindungen ausschließlich die Oxidationsstufe + III ($[Xe]4f^{11}$) die durch Abgabe der beiden 6s-Valenzelektronen und eines 4f-Elektrons erreicht wird.
Die Normalpotentiale des Erbiums:

	+III		0
Saure Lösung	Er^{3+}	$\xrightarrow{-2{,}296\ V}$	Er
Basische Lösung	$Er(OH)_3$	$\xrightarrow{-2{,}84\ V}$	Er

Das stark negative Normalpotential wie auch die geringe Ionisierungsenergie weist Erbium als ein ziemlich unedles, elektropositives und sehr reaktionsfähiges Metall aus. An der Luft ist es ziemlich stabil, es überzieht sich jedoch an feuchter Luft rasch mit einer dünnen Oxidschicht. In feinverteilter Form ist es pyrophor. In kaltem Wasser wird es unter Wasserstoffentwicklung langsam, in heißem Wasser rasch zersetzt. Mit Chlor verbindet es sich unter Leuchterscheinung direkt zum Chlorid, mit Schwefel zum Sulfid. Die Farbe des $Er^{3+}(aq)$ Kations ist tief rosa, Er-Verbindungen sind daher meist rosafarben bis rötlich. Die Halogenide (außer dem Fluorid) das Nitrat, Sulfat u. a. sind in Wasser löslich, das Fluorid, Oxid, Oxalat sind unlöslich.

Nachweis

Qualitativ:
- Durch Flammenspektroskopie.

Quantitativ:
- Fällung als Oxalat in schwach saurer Lösung.
- Röntgenspektroskopie
- Spektralanalyse; wichtige Spektrallinien der neutralen Atome: 386,285 nm, 389,268 nm, 400,796 nm, 415,112 nm und der einfach positiven Ionen Er^+ 369,265 nm, 390,631 nm.
- Atomabsorptionsspektroskopie (AAS) über die 400,796 nm Hauptlinie des Atomspektrums.

Verwendung

Erbium hat nur geringe technische Bedeutung. Das Metall wird als Legierungsbestandteil vor allem für Titanlegierungen in der Metallurgie, zum Färben von Gläsern und Emaille (rosa), zur Herstellung von IR-absorbierenden Spezialgläsern sowie in geringem Maße in der Kernenergietechnologie als Mikrolegierungszusatz in Regelstäben verwendet. Aufgrund seines Absorptionsvermögens von Wasserstoff eignet es sich gut zum Speichern von Wasserstoff. Ferner eignet sich Erbium zur Leuchtstoffaktivierung in Farbfernsehbildröhren und ist ein wichtiger Bestandteil des sog. Erbium-Lasers. Einige organische Er-Verbindungen dienen als Shift-Reagenzien in der NMR-Spektroskopie.

Physiologie, Toxikologie

Erbium hat keine biologische Bedeutung für den menschlichen Organismus, es ist gering toxisch und wirkt stimulierend.

Europium Eu

International (Lat.)	Europium	Italienisch	Europio
Englisch	Europium	Griechisch	Ευρώπιο (Evropio)
Französisch	Europium	Russisch	Европий (Jiwropij)
Spanisch	Europio	Japanisch	ユウロピウム (yuuropiumu)

Atomare und physikalische Eigenschaften

Protonenzahl **(Z)**	**63**
Standard-Atomgewicht (bezogen auf ^{12}C = 12)	151,965(±9)
Effektive Kernladung	(Slater) 2,85; (Clementi) 8,11; (Froese-Fischer) 11,17
Elektronenkonfiguration	[Xe] $4f^7\ 6s^2$
Grundzustand, Termsymbol	$^8S_{7/2}$
Metallatomradius (KZ 6)	204,2 pm a)
Kovalenzradius (Einfachbindung)	185 pm
Ionenradien (KZ 6)	$117^{2+}_{(6)}$ pm , $94{,}7^{3+}_{(6)}$ pm
Molares Volumen	$28{,}98 \cdot 10^{-6}\ m^3 \cdot mol^{-1}$
1.; 2.; 3., 4. Ionisierungsenergie	5,6661 eV; 11,245 eV; 24,915 eV; 42,596 eV
Elektronegativität	(Allred/Rochow) 1,01; (Pauling) 1,20; (absolut) ≤ 3,1 eV
Elektronenaffinität Eu → Eu^-	ca. 0,518 eV
Wirkungsquerschnitt für thermische Neutronen ($\sigma_{n,\gamma}$)	$4570 \cdot 10^{-28}\ m^2$
Dichte (bei 20 °C)	$5243\ kg \cdot m^{-3}$ b)
Schmelztemperatur	826 °C (1099,15 K) c)
Siedetemperatur	1439 °C (1712,15 K) d)
Spezifische Schmelzenthalpie	$69{,}1\ kJ \cdot kg^{-1}$ e)
Spezifische Verdampfungsenthalpie	$1156{,}2\ kJ \cdot kg^{-1}$
Spezifische Sublimationsenthalpie (einatomiges Gas)	$1171{,}36\ kJ \cdot kg^{-1}$
Spezifische Wärmekapazität (bei 25 °C)	$0{,}182\ kJ \cdot kg^{-1} \cdot K^{-1}$
Thermische Leitfähigkeit (bei 27 °C)	$14{,}0\ W \cdot m^{-1} \cdot K^{-1}$
Thermischer Längenausdehnungskoeffizient (bei 25 °C)	$35 \cdot 10^{-6}\ K^{-1}$ f)
Elektrische Leitfähigkeit (bei 20 °C)	$1{,}11 \cdot 10^6\ S \cdot m^{-1}$
Spezifischer elektrischer Widerstand (bei 20 °C)	$90{,}06 \cdot 10^{-8}\ \Omega \cdot m$
Spezifische magnetische Suszeptibilität	$+2554 \cdot 10^{-9}\ m^3 \cdot kg^{-1}$ g)
Néel-Temperatur	–186 °C (87,15 K)
Normalpotential Eu/Eu^{3+}	–2,407 V
Hydratationsenthalpie Eu^{3+}	$3547\ kJ \cdot mol^{-1}$
Bildungsenthalpie $EuCl_3$ (Eu_2O_3)	$-1035\ kJ \cdot mol^{-1}$ ($-1642\ kJ \cdot mol^{-1}$)

Weitere Angaben: a) 199,5 pm, 208,4 pm. b) $5260\ kg \cdot m^{-3}$. c) 822 °C. d) 1527 °C. e) $60{,}6\ kJ \cdot kg^{-1}$. f) $32 \cdot 10^{-6} K^{-1}$. g) $+2810 \cdot 10^{-9}\ m^3 \cdot kg^{-1}$.

Entdeckung

Bereits 1886 entdeckte Sir William Crookes (1832–1919) im Spektrum des Minerals Samarskit eine bisher unbekannte Linie die er einem neuen Element zuordnete das er mit „Sα“, von Samarskit, bezeichnete. Sechs Jahre später fand P.-E. Lecoq de Boisbaudran im Funkenspektrum einer Probe gereinigter Samarskiterde drei Linien der Wellenlängen 459 nm, 462 nm und 466 nm. Auch er nahm an, daß diese Linien von einem neuen bisher unbekannten Element „Zε“ stammten, er konnte dieses aber nicht nachweisen. Den Nachweis über die Existenz eines neuen Elements erbrachte 1901 der französische Chemiker Eugéne Anatole Demarcay (1852–1903) in Paris, Frankreich. Auch er beobachtete im Funkenspektrum der Samariumerde die unbekannten Linien, ihm gelang es aber erstmals das Element zu isolieren. Demarcay gab dem neuen Element nach dem Erdteil Europa den Namen „Europium“ mit dem chemischen Symbol „Eu“ (s. auch Tab. Entdeckung der Metalle der Seltenen Erden, S. 775).

Vorkommen

Europium gehört zu den äußerst seltenen Elementen auf der Erde. Sein geschätzter Massenanteil in der Erdhülle beträgt $9{,}9 \cdot 10^{-6}$%, damit steht es an 69. Stelle der Elementhäufigkeit. In der Erdkruste, bis 16 km Tiefe ist es mit 2,1 g/t Gestein in Steinmeteoriten mit 3,3 g/t vertreten. Europium ist damit das seltenste Metall unter den „Lanthanoiden“, es ist aber dennoch häufiger als so bekannte Metalle wie Silber (0,08 g/t) Quecksilber (0,08 g/t) oder Gold (4,1 mg/t). Im Meerwasser beträgt sein Anteil durchschnittlich 0,15 µg $Eu^{(+III)}$ pro m^3, bei einer Verweilzeit von ca. 500 Jahren. In der Natur kommt Europium meist vergesellschaftet mit Cer und den leichteren Lanthanoiden in verschiedenen Mineralien wie z. B. im Monazitsand, Bastnäsit, Xenotim vor. Die bekannten Europium-Reserven liegen weltweit bei rund 100 000 t. In einigen Sternen in denen die Linien des Europiums besonders stark auftreten, sog. „Europiumsterne“, vermutet man besonders große Mengen von Europium. Die Häufigkeit des Elements auf der Sonne beträgt ca. 5 Atome Europium pro $1 \cdot 10^{12}$ Atome Wasserstoff, die kosmische Häufigkeit wird auf 0,19 Atome Europium pro $1 \cdot 10^{6}$ Atome Silicium geschätzt.

Herstellung

Nach Anreicherung und Aufschluß der Minerale erfolgt eine erste Vortrennung indem Eu^{3+} mittels Zinkamalgam zu Eu^{2+} reduziert und als Sulfat gefällt wird, während die anderen Lanthanoide als Ln^{3+} in Lösung bleiben. Im zweiten Schritt erfolgt die Trennung durch Lösungsmittelextraktion und Kationenaustausch. Das Metall erhält man entweder durch Reduktion des Chlorids mit Natrium, durch Schmelzflußelektrolyse einer $EuCl_3$/KCl/LiCl-Schmelze bei ca. 950 °C oder durch Reduktion des Oxids mit Lanthan in Vakuum bei ca. 1150 °C.

Physikalische Eigenschaften

Europium ist ein eisengraues, dehnbares, weiches, schmiedbares Schwermetall. Es kristallisiert in kubisch raumzentrierter Gitterstruktur. Das Metall hat eine relativ niedere Schmelz- und Siedetemperatur, die thermische Leitfähigkeit beträgt 3,26% die elektrische 1,76% der des Silbers. Europium ist stark paramagnetisch, zeigt aber unterhalb 186 °C (87,15 K) antiferromagnetische Eigenschaften. Einige Europium-Verbindungen wie Eu_2O_3, $EuSO_4$, EuS u. a. sind ebenfalls stark paramagnetisch.

Radiochemie

Europium kommt in der Natur in Form von zwei stabilen Isotopen vor, weitere 27 künstliche, Radioisotope des Europiums sind bekannt.

Die Isotope des Europiums (1995)

Isotop	Natürliche Häufigkeit n (%)	Zerfallsart					Halbwertszeit
		α	β+	EC	γ	β-	$T_{1/2}$
Eu 134			x				0,5 s
Eu 135			x		x		1,5 s
Eu 136*			x		x		3,7 s
Eu 136*			x		x		3,3 s
Eu 137			x		x		11 s
Eu 138			x		x		12,1 s
Eu 139			x		x		17,9 s
Eu 140			x		x		1,51 s
Eu 141*			x		x		40,0 s
Eu 141 m*			x		x		2,7 s
Eu 142*			x		x		1,22 m
Eu 142*			x		x		2,4 s
Eu 143			x		x		2,6 m
Eu 144			x		x		10,2 s
Eu 145			x	x	x		5,93 d
Eu 146			x	x	x		4,51 d
Eu 147		x	x	x	x		24,6 d
Eu 148		x	x	x	x		55,6 d
Eu 149				x	x		93,1 d
Eu 150*				x	x		36,9 a
Eu 150*			x	x	x	x	12,8 h
Eu 151	**47,8**						
Eu 152*			x	x	x	x	13,33 a
Eu 152*			x	x	x	x	9,3 h
Eu 152 m*					x		96 m
Eu 153	**52,2**						
Eu 154*				x	x	x	8,8 a
Eu 154 m*					x		46,0 m

(* isomere Atomkerne; m* markiert jeweils einen metastabilen Zustand)

Die Isotope des Europiums (1995)

Isotop	Natürliche Häufigkeit n (%)	Zerfallsart α	β⁺	EC	γ	β⁻	Halbwertszeit $T_{1/2}$
Eu 155					x	**x**	4,761 a
Eu 156					x	**x**	15,2 d
Eu 157					x	**x**	15,18 h
Eu 158					x	**x**	46 m
Eu 159					x	**x**	18,1 m
Eu 160					x	**x**	42 s
Eu 161					x	**x**	26 s
Eu 162					?	**x**	10,6 s

Die Halbwertszeiten der Eu-Isotope sind sehr unterschiedlich. Die leichteren Isotope A < 155 zerfallen hauptsächlich durch β^+-Strahlung und Elektronen-Einfang (EC) in die entsprechenden Sm-Isotope, zwei sind auch α-Strahler und zerfallen zusätzlich in Pm-Isotope. Die schwereren Isotope A > 149 verwandeln sich durch β^--Strahlung in Gd-Isotope. Die Isotope $^{155}_{63}Eu$ bis $^{158}_{63}Eu$ sind Spaltprodukte. Das Isotop $^{155}_{63}Eu$ sowie auch das Gemisch $^{154}_{63}Eu$ mit den beiden Isomeren $^{152}_{63}Eu$ und $^{152m}_{63}Eu$ entstehen in einer $^{A}_{63}Eu$ (n, γ) $^{A+1}_{63}Eu$ Reaktion, sie werden als trägerfreie Indikatoren, Tracer verwendet. Die stabilen Isotope $^{151}_{63}Eu$ und $^{153}_{63}Eu$ der Kernspinzahl 5/2+ und kernmagnetischen Momenten +3,464 bzw. +1,530 dienen zum NMR-spektroskopischen Nachweis; NMR-Frequenzen $24{,}801 \cdot 10^6\ s^{-1}$ bzw. $10{,}951 \cdot 10^6\ s^{-1}$.

Chemische Eigenschaften

Europium gehört zur Gruppe der „Seltenerdmetalle" bzw. „Lanthanoide". Es ist ein Übergangsmetall und befindet sich im PSE in der 3 Gruppe (IIIB Nebengruppe). Über dem Americium Am sowie in der 6. Periode zwischen Samarium Sm und Gadolinium Gd. Das freie, neutrale Eu-Atom hat im elektronischen Grundzustand folgende Elektronenkonfiguration:

$$1s^2\ 2s^2\ 2p^6\ 3s^2\ 3p^6\ 3d^{10}\ 4s^2\ 4p^6\ 4d^{10}\ 5s^2\ 5p^6\ 4f^7\ 6s^2$$

Wie alle „Seltenerdmetalle" bildet Europium in seinen Verbindungen vorwiegend die Oxidationsstufe +III ([Xe]$4f^6$), darüber hinaus tritt es jedoch gelegentlich auch in der Stufe +II auf.

Die Normalpotentiale des Europiums:

	+III		+II		0
			−2,407 V (Eu^{3+} → Eu)		
Saure Lösung	Eu^{3+}	−0,35 V	Eu^{2+}	−2,8 V	Eu
Basische Lösung	$Eu(OH)_3$		−2,51 V		Eu

Entsprechend seiner stark negativen Normalpotentiale ist Europium ein sehr unedles und reaktionsfähiges Metall. Es wird an der Luft rasch oxidiert, Wasser und schwache

Säuren werden unter Wasserstoffbildung zersetzt. Das erhitzte Metall verbrennt in Chlor unter Leuchterscheinung und Bildung von Chloriden. Das dreiwertige Metall läßt sich durch Elektrolyse an einer Quecksilberkathode sowie durch Zink-, Chrom- oder ein anderes Amalgam zum zweiwertigen Zustand reduzieren. Das zweiwertige Metall Eu^{2+} ist von allen Lanthanoiden am stabilsten, so daß es von den anderen Lanthanoiden relativ leicht getrennt werden kann. Die beiden Kationen Eu^{2+} (aq) und Eu^{3+} (aq) sind farblos bzw. blaßrosa. Von den Eu-Verbindungen sind die Halogenide (außer den Fluoriden), Nitrate und Sulfate in Wasser löslich, die Fluoride, Hydroxide, Oxide, Oxalate sind in Wasser unlöslich.

Nachweis

Qualitativ:

- Flammenfärbung, die Bunsenflamme wird durch Europium herrlich rot gefärbt.

Quantitativ:

- Fällung als Oxalat in schwach saurer Lösung.
- Spektralanalyse; wichtige Spektrallinien der neutralen Atome: 459,402 nm, 462,722 nm, 466,187 nm und der einfach positiven Ionen Eu^+: 318,967 nm, 412,974 nm, 420 505 nm.
- Atomabsorptionsspektrometrie (AAS) über die 459,402 nm, Hauptlinie des Atomspektrums.

Verwendung

Wegen seines besonders großen Wirkungsquerschnitts für thermische Neutronen wird Europium als Neutronenabsorber vor allem in Regelstäben für Kernreaktoren verwendet. Daneben dient es als Aktivator in Szintillationskristallen, in Leuchtstoffen von Farbfernsehbildschirmen und als Lasermaterial. Einige organische Europiumverbindungen dienen als Shift-Reagenzien in der NMR-Spektroskopie.

Physiologie, Toxikologie

Europium hat keine biologische Bedeutung für den menschlichen Organismus, es ist gering toxisch und wirkt stimulierend.

Fermium Fm

International (Lat.)	Fermium	Italienisch	Fermio
Englisch	Fermium	Griechisch	Φέρμιο (Fermio)
Französisch	Fermium	Russisch	Фермий (Fjermij)
Spanisch	Fermio	Japanisch	フェルミウム (ferumiumu)

Atomare und physikalische Eigenschaften	T+
Protonenzahl **(Z)**	**100**
Standard-Atomgewicht (bezogen auf $^{12}C = 12$)	257,075099 1)
Elektronenkonfiguration	[Rn] $5f^{12}\ 7s^2$
Effektive Kernladung	(Slater) 1,65
Grundzustand, Termsymbol	$^3H_6$
Metallatomradius (KZ 12) *	190 pm
Ionenradien (KZ 6)	$115^{2+}_{(6)}$ pm, $97^{3+}_{(6)}$ pm, $84^{4+}_{(6)}$) pm
Molares Volumen	n.bek.
1. Ionisierungsenergie	6,4983 eV
Elektronegativität	(Allred/Rochow) 1,20; (Pauling) 1,30
Absorptionsquerschnitt für thermische Neutronen (σ_{abs}; $^{257}_{100}Fm$)	$6100 \cdot 10^{-28}$ m^2
Dichte **	13600 kg $\cdot$ m^{-3}
Schmelztemperatur **	900 °C (1173,15 K)
Thermische Leitfähigkeit (bei 27 °C) *	10 W $\cdot$ m^{-1} $\cdot$ K^{-1}
Normalpotential Fm/Fm^{3+}	– 2,070 V

1) Angegeben ist das Atomgewicht des Isotops mit der längsten Halbwertszeit $^{257}_{100}Fm$.
* geschätzte Werte, ** extrapolierte (berechnete) Werte

Entdeckung

Fermium wurde Anfang des Jahres 1952/53 bei *Routine-Falloutuntersuchungen* radioaktiver Rückstände der ersten Wasserstoffbombenexplosion von Wissenschaftlern des *Radiation Laboratory and Department of Chemistry of the University of California*, vom *Argonne National Laboratory*, Chikago, und vom *Los Alamos Scientific Laboratory*, New Mexico, entdeckt (siehe Einsteinium S. 188).
Das erste Fermium-Isotop $^{255}_{100}Fm$ fanden die amerikanischen Wissenschaftler zusammen mit Einsteinium völlig unerwartet im Fallout der am 1. November 1952 auf dem Eniwetok-Atoll (Südpazifik) ausgelösten thermonuklearen Explosion *Operation Mike*. Dieses Isotop entstand als Folgeprodukt von hochneutronenaktivierten Uran $^{238}_{92}U$ durch mehrere aufeinanderfolgende β^--Zerfallsprozesse.

$$^{238}_{92}U + 17\ ^{1}_{0}n \longrightarrow\ ^{255}_{92}U \xrightarrow{-8\beta^-}\ ^{255}_{100}Fm \xrightarrow[T_{1/2} = 20,1\ h]{\alpha}$$

Der Nachweis des Elements erfolgte mit knapp 200 Atomen!
Noch im gleichen Jahr erhielt eine Gruppe schwedischer Forscher im Laboratorium durch Beschuß von Urankernen $^{238}_{92}U$ mit beschleunigten Sauerstoffionen der Energie 180 MeV, die Isotope $^{249}_{100}Fm$ und $^{250}_{100}Fm$, gemäß:

$$^{238}_{92}U + ^{16}_{8}O \longrightarrow ^{249}_{100}Fm + 5\,n$$

$$^{238}_{92}U + ^{16}_{8}O \longrightarrow ^{250}_{100}Fm + 4\,n$$

Ab dem Jahre 1954 wurden dann mehrere Fm-Isotope durch Neutronenbeschuß von $^{239}_{94}Pu$ im Kernreaktor hergestellt z. B.:

$$^{239}_{94}Pu + 15\,^{1}_{0}n \xrightarrow{-6\beta^-} ^{254}_{100}Fm \xrightarrow[T_{1/2} = 3{,}24\,h]{\alpha}$$

Wegen seiner Protonenzahl 100 erhielt das Element zunächst den Namen *Centurium* (von lat.: *centum*, d. h. „hundert“), wurde dann aber später, nach dem 1954 verstorbenen Atomphysiker Enrico Fermi (1901–1954), in Fermium umbenannt und erhielt das chemische Symbol „Fm“.

Vorkommen

Fermium kommt in der Natur nicht vor, es kann nur künstlich hergestellt werden.

Herstellung

Die wichtigste Quelle für die bis heute nur in ng-Mengen isolierten Fermiumisotope sind die Rückstände unterirdischer Kernexplosionen. Die schwersten Fm-Isotope wurden durch mehrjährigen Beschuß von $^{238}_{92}U$ im *High Flux Material Testing Reaktor* (MTR) der *National Reaktor Testing Station* in Arco, Idaho, durch mehrfachen Neutroneneinfang und β^--Zerfälle erhalten. Vereinfacht läßt sich die Synthesereaktion wie folgt darstellen:

$$^{238}_{92}U + X\,^{1}_{0}n \longrightarrow ^{238+X}_{92}U \xrightarrow{-8\beta^-} ^{238+X}_{100}Fm \longrightarrow$$

Mehrere Isotope erhielt man durch den Beschuß geeigneter Targets mit hochbeschleunigten He-Kernen, oder Ionen leichterer Elemente im *Heavy Ion Linear Accelerator* kurz HILAC-Beschleuniger, in Zyklotronen und Synchrotronen. Wichtige Synthesereaktionen sind:

$$^{240}_{94}Pu + ^{12}_{6}C \longrightarrow ^{248}_{100}Fm + 4\,^{1}_{0}n$$

$$^{238}_{92}U + ^{16}_{8}O \longrightarrow ^{250}_{100}Fm + 4\,^{1}_{0}n$$

$$^{252}_{98}Cf + ^{4}_{2}He \longrightarrow ^{253}_{100}Fm + 3\,^{1}_{0}n$$

$$^{252}_{98}Cf + ^{9}_{4}Be \longrightarrow ^{256}_{100}Fm + ^{4}_{2}He + ^{1}_{0}n \qquad \text{u. a.}$$

Fermium ist das letzte und zugleich das seltenste Element dessen Synthese durch Neutronenbestrahlung in Kernreaktoren und anschließenden β^--Zerfall möglich ist, da weder Fermium noch die folgenden sog. Transfermiumelemente β^--Zerfall zeigen. In den

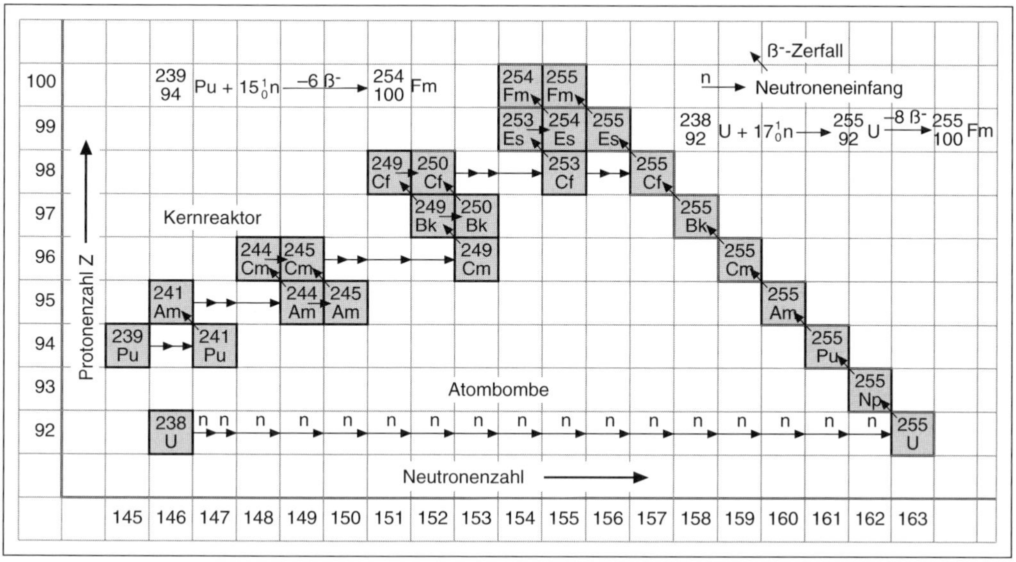

Abb. 35: Synthese von $^{254}_{100}Fm$ durch Neutronenbeschuß und anschließenden β^--Zerfall (links); Bildung neutronenreicher Isotope im Neutronenfluß einer thermonuklearen Explosion und die Entstehung neuer Transurane im nachfolgenden β^--Zerfall (rechts).

heute existierenden Hochflußreaktoren wie z. B. dem *High Flux Isotope Reactor* (HFIR) in Oak Ridge, in denen Bestrahlungen mit Neutronenintensitäten von bis zu $2 \cdot 10^{15}$ Neutronen pro Quadratzentimeter und Sekunde möglich sind, können jährlich Mengen von einigen Milliardstel Gramm bzw. Nanogramm (ng) hergestellt werden.

Physikalische Eigenschaften

Fermium ist z. Zt. noch wenig bekannt. Es ist ein stark radioaktives Schwermetall mit einer mittleren Schmelztemperatur. Die geschätzte thermische Leitfähigkeit entspricht rund 2,33% der des Silbers.

Radiochemie

Bis heute sind 18 radioaktive Isotope des Fermiums bekannt.
Die Fm-Isotope haben allgemein kurze Halbwertszeiten. Fast alle sind α-Strahler und verwandeln sich in die entsprechenden Cf-Isotope. Viele zerfallen zusätzlich durch Spontanspaltung. Vier Isotope zerfallen durch Elektronen-Einfang (EC) in Es-Isotope. Zwei Fm-Isotope sind mittels thermischer Neutronen spaltbar:

$^{255}_{100}Fm$ ($\sigma_f = 3400 \cdot 10^{-28}$ m²) und $^{257}_{100}Fm$ ($\sigma_f = 2950 \cdot 10^{-28}$ m²). (σ_f = Spaltquerschnitt).

Die Isotope des Fermiums (1995)					
Isotop	Zerfallsart				Halbwertszeit $T_{1/2}$
	α	EC	sf	γ	
Fm 242			x		0,8 ms
Fm 243	x				0,18 s
Fm 244			x		3,0 ms
Fm 245	x				4,2 s
Fm 246	x		x		1,1 s
Fm 247*	x	x			35 s
Fm 247*	x				9,2 s
Fm 248	x		x		36 s
Fm 249	x	x			2,6 m
Fm 250*	x		x		30 m
Fm 250 m*				x	1,8 s
Fm 251	x	x		x	5,30 h
Fm 252	x		x	x	25,39 h
Fm 253	x	x		x	3,0 d
Fm 254	x		x	x	3,24 h
Fm 255	x		x	x	20,1 h
Fm 256*	x		x		2,63 h
Fm 256 m*				x	70 ns
Fm 257	x		x	x	100,5 d
Fm 258			x		0,38 ms
Fm 259			x		1,5 s

(* isomere Atomkerne; m* markiert jeweils einen metastabilen Zustand)

Chemische Eigenschaften

Über die Chemie des Fermiums, von dem bis heute nur in wenigen Laboratorien der Welt einige ng-Mengen vorhanden sind, ist wenig bekannt. Das Element gehört zur Gruppe der „Actinoide“ bzw. Transcurium-Elemente und befindet sich im PSE in der 3. Gruppe (IIIB Nebengruppe) unter dem Element Erbium Er sowie in der 7. Periode zwischen Einsteinium Es und Mendelevium Md. Das freie, neutrale Fe-Atom besitzt im Grundzustand mit größter Wahrscheinlichkeit folgende Elektronenkonfiguration:

$$1s^2\ 2s^2\ 2p^6\ 3s^2\ 3p^6\ 3d^{10}\ 4s^2\ 4p^6\ 4d^{10}\ 4f^{14}\ 5s^2\ 5p^6\ 5d^{10}\ 5f^{12}\ 6s^2\ 6p^6\ 7s^2$$

Fermium ist ein Übergangsmetall. In seinem chemischen Verhalten ist es vermutlich den anderen Curiden sowie seinem niederen Homologen Erbium ähnlich und bildet in wäßrigen Lösungen nur das Fm^{3+} Kation. Bekannt sind die Oxidationsstufen +I +II und +III von denen die Stufe +III ($[Rn]5f^{11}$) die stabilste sein dürfte.
Die Normalpotentiale des Fermiums:

	+VI		+III		+II		0
					−2,070 V (Fm^{3+} → Fm)		
Saure Lösung	(Fm^{4+})	+5,2 V	Fm^{3+}	−1,15 V	(Fm^{2+})	−2,50 V	Fm

Fermium ist ein unedles, elektropositives und ziemlich reaktionsfähiges Element. Fm^{3+} kann mit Magnesium in alkoholischer Salzsäure zu Fm^{2+} reduziert werden. Bekannt sind zwei Oxide FmO und Fm_2O_3 sowie einige Fm(II)- und Fm(III)-halogenide.

Nachweis

Qualitativ:

- Radiometrie, über die Tochternuklide bzw. Korrelationszeiten.
- Röntgenspektralanalyse.

Verwendung

Das Element hat z. Z. nur wissenschaftliche Bedeutung und wird ausschließlich für Forschungszwecke verwendet.

Physiologie, Toxikologie

Fermium hat keine biologische Bedeutung für den menschlichen Organismus, würde aber wegen seiner starken Radioaktivität toxisch wirken.

Fluor F

International (Lat.)	Fluorum	Italienisch	Fluor
Englisch	Fluorine	Griechisch	φθόριο (Phtorio)
Französisch	Fluor	Russisch	Фтор (Ftor)
Spanisch	Flúor	Japanisch	フッ素（フッソ）(fusso)

Atomare und physikalische Eigenschaften	T+ C O
Protonenzahl **(Z)**	**9**
Standard-Atomgewicht (bezogen auf $^{12}C = 12$)	18,9984032(±9)
Effektive Kernladung	(Slater) 5,20; (Clementi) 5,10; (Froese-Fischer) 4,61
Elektronenkonfiguration	[He] 2s $2p^5$
Grundzustand, Termsymbol	$^2P_{3/2}$
Atomradius/Kovalenzradius (Einfachbindung)	70,9 pm / 64 pm [a)]
Van-der-Waals-Radius	140 pm
Ionenradius (KZ 6)	$133^{-}_{(6)}$pm
Molares Volumen (bei – 188 °C)	$18{,}05 \cdot 10^{-6}\ m^3 \cdot mol^{-1}$
1.; 2.; 3.; 4.; 5.; 6.; 7 Ionisierungsenergie	17,422 eV; 34,968 eV; 62,707 eV; 87,142 eV; 114,24 eV; 157,16 eV; 185,18 eV
Elektronegativität	(Allred/Rochow) 4,10; (Pauling) 3,98; (absolut) 10,41 eV
Elektronenaffinität $F \longrightarrow F^-$	–3,399 eV [b)]
Wirkungsquerschnitt für thermische Neutronen ($\sigma_{n,\gamma}$)	$0{,}0095 \cdot 10^{-28}\ m^2$
Dichte gasförmig (bei 0 °C; 101,325 kPa)	$1{,}696\ kg \cdot m^{-3}$
flüssig (bei –188,14 °C)	$1513\ kg \cdot m^{-3}$
Schmelztemperatur	–219,62 °C (53,53 K)
Siedetemperatur	–188,14 °C (85,01 K)
Temperatur am Tripelpunkt	–219,67 °C (53,48 K)
Dampfdruck am Tripelpunkt	252 Pa
Kritische Temperatur	–129 °C (144,15 K)
Kritischer Druck	5,22 MPa
Kritisches Volumen	$66{,}2 \cdot 10^{-6}\ m^3 \cdot mol^{-1}$
Kritische Dichte	$573{,}76\ kg \cdot m^{-3}$
Spezifische Schmelzenthalpie	$268{,}42\ kJ \cdot kg^{-1}$ [c)]
Spezifische Verdampfungsenthalpie	$344{,}63\ kJ \cdot kg^{-1}$
Spezifische Atomisierungsenthalpie	$4157{,}9\ kJ \cdot kg^{-1}$
Spezifische Wärmekapazität (bei 0 °C; 101,325 kPa, konst. Druck)	$0{,}829\ kJ \cdot kg–1 \cdot K^{-1}$
Thermische Leitfähigkeit (bei 0 °C; 101,325 kPa)	$0{,}0248\ W \cdot m^{-1} \cdot K^{-1}$
Elektrochemisches Äquivalent F^-	$0{,}1969 \cdot 10^{-6}\ kg \cdot A^{-1} \cdot s^{-1}$
Normalpotential F^- / F_2	+2,868 V
Kernabstand F–F im F_2 (Gas)	143 pm
Dissoziationsenthalpie	$158{,}1\ kJ \cdot mol^{-1}$
Hydratationsenthalpie von F^-	$-457{,}6\ kJ \cdot mol^{-1}$

Weitere Angaben: a) 58 pm. b) –3,448 eV. c) $163{,}8\ kJ \cdot kg^{-1}$.

Entdeckung

Im Jahre 1764 entdeckte der deutsche Chemiker Andreas Sigismund Marggraf (1709–1782) in Berlin, Deutschland die Flußsäure, deren Radikal bereits 1789 von A. L. Lavoisier in seiner Tabelle der nichtzerlegbaren bzw. einfachen Körper aufgenommen wurde. 1808 bemühte sich H. Davy vergeblich, die Flußsäure mit Kalium zu zerlegen. Er gab dem in der Flußsäure vermuteten Element analog der Englisch Bezeichnung *Chlorine* für Chlor, den Namen *Fluorine* zu dt. „Fluor" (von Lat. *fluere*, d. h. „fließen" bzw. *fluor*, d. h. „Fluß"), weil das Mineral Flußspat CaF_2 den Erzen oft als Flußmittel zugesetzt wurde. Das chemische Symbol „F" wurde 1814 von J. J. Berzelius vorgeschlagen.
Die Herstellung von elementarem Fluor gelang erstmals dem französischen Chemiker F. Frédéric, Henri Moissan (1852–1907) in Paris, Frankreich, durch Elektrolyse einer gekühlten Lösung von Kaliumfluorid KF in wasserfreien, flüssigen Hydrogenfluorid HF in einem Platingefäß. 1986 zeigte der amerikanische Chemiker Karl O. Christe, daß die Herstellung von elementarem Fluor auch auf chemischem Wege gemäß der Reaktion

$$K_2MnF_6 + 2\ SbF_5 \longrightarrow 2\ KSbF_6 + MnF_3 + \tfrac{1}{2}F_2$$

möglich sei. Ein vom Autor 1995 vorgeschlagenes Verfahren zur Herstellung von elementarem Fluor ist die Schmelzflußelektrolyse eines Gemisches aus 1 Teil CaF_2 und 2 Teilen V_2O_5 bei 700 °C mit Anoden aus Iridium.

Vorkommen

Fluor gehört zu den häufigeren Elementen auf der Erde und steht mit einem berechneten Massenanteil in der Erdhülle von 0,028% zwischen Stickstoff und Barium an 17. Stelle der Elementhäufigkeit. In den obersten 16 km der Erdkruste ist Fluor mit rund 650 g/t (auch 950 g/t angegeben) vertreten, und ist damit mehr als viermal häufiger als Chlor, in Eisenmeteoriten ist Fluor nur mit etwa 40 g/t vorhanden. Im Meerwasser beträgt sein Anteil als Fluorid F^-durchschnittlich 1,3 g/m³ bei einer Verweilzeit von ca. 400000 Jahren. Bei Quellwässern liegt der Anteil an Fluorid-Ionen zwischen 0,1 bis 40 g/m³. Angesichts seiner großen Reaktionsfähigkeit tritt Fluor in der Natur nie elementar auf, in Form von Verbindungen ist es jedoch weit verbreitet.
In vulkanischen Exhalationen kommt Fluor vor allem in Form von Fluoroboraten und Fluorosilicaten vor. In geringen Mengen finden sich Fluorverbindungen auch in Sedimenten, Kohlen, Korallen sowie in pflanzlichen und tierischen Organismen.

Die wichtigsten Fluor-Minerale	
Fluorit, Flußspat (Abb. 28)	CaF_2
Apatit, Fluorapatit	$Ca_5[(F, Cl, OH, 1/2\ CO_3) \mid (PO_4)_3]$
Kryolith, Eisstein	$Na_3[AlF_6]$ (= $3\ NaF \cdot AlF_3$)
Chiolith	$Na_5[Al_3F_{14}]$ (= $5\ NaF \cdot 3\ AlF_3$)
Topas	$Al_2[(F,OH)_2 \mid SiO_4]$ (= $Al_2O_3 \cdot SiO_2 \cdot (F,OH)_2$)
Lepidolith, Lithionglimmer	$K(Li,Al)_{2-3}\ [(F,OH) \mid AlSi_3O_{10}]$

Die Weltvorräte an Flußspat werden auf 135 Mio. t geschätzt, und verteilen sich auf Europa ca. 28%, Afrika 25%, Asien 20%, Südamerika 15%, Nordamerika 12%. Deutschland besitzt nur geringe Vorkommen hauptsächlich im Schwarzwald (Gruben Klara und Käfersteige), im Harz, in Oberfranken und im Bayerischen Wald, der Großteil seines Bedarfs wird importiert. Die Weltproduktion von Flußspat liegt bei rund 5 Mio. t/Jahr, Tendenz steigend; die Hauptproduktionsländer sind die VR China, Mongolische VR, Rußland, Mexiko, Republik Südafrika und Frankreich.
Die Häufigkeit des Elements auf der Sonne beträgt ca. $3{,}65 \cdot 10^{-4}$ Atome Fluor pro $1 \cdot 10^{12}$ Atome Wasserstoff, die kosmische Häufigkeit wird auf $1{,}6 \cdot 10^3$ Atome Fluor pro $1 \cdot 10^6$ Atome Silicium geschätzt.

Herstellung

Wegen seiner außerordentlich hohen Reaktionsfähigkeit wird elementares Fluor industriell z. Z. ausschließlich auf elektrochemischen Wege, nach dem 1886 von H. Moissan entdeckten Verfahren hergestellt. Als Ausgangsmaterial dient wasserfreies Hydrogenfluorid HF, das man durch Umsetzen von Flußspat CaF_2 mit einem Gemisch aus 98%iger Schwefelsäure und Oleum erhält:

$$CaF_2 + H_2SO_4\ (100\%) \xrightarrow{300\ °C} CaSO_4 + 2\ HF(g)$$

Zur Erhöhung der elektrischen Leitfähigkeit wird dem Hydrogenfluorid, Kaliumfluorid KF zugefügt, wobei wasserfreie Kaliumhydrogenfluoride der Zusammensetzungen KF/HF (ϑ_{schm} = 217 °C), KF/2 HF (ϑ_{schm} = 72 °C), KF/3 HF (ϑ_{schm} = 66 °C) entstehen, die nach verschiedenen Verfahren elektrolisiert werden. Großtechnisch erfolgt die Fluorherstellung heute überwiegend durch Schmelzflußelektrolyse nach dem Mitteltemperatur-Verfahren mit der Elektrolytzusammensetzung KF/2,0–2,2 HF. Die etwa 2,5 m langen und 0,8 m breiten Elektrolysezellen (Abb. 36) die gleichzeitig die Kathode bilden, sind aus Weichstahl oder Monel-Legierung, die Anoden aus graphitfreier Kohle oder Petrolkoks. Kathoden- und Anodenraum sind durch Blenden aus Magnesium sog. *Schürzen* voneinander getrennt. Die thermodynamische Zersetzungsspannung beträgt 2,9 V.

Vorgänge bei der Elektrolyse

Bildung beweglicher Ionen durch Schmelzen:	$2\ HF \longrightarrow 2\ H^+ + 2\ F^-$
Vorgänge an der Kathode:	$2\ H^+ + 2\ e^- \longrightarrow H_2 \uparrow$
Vorgänge an der Anode:	$2\ F^- \longrightarrow F_2 \uparrow + 2\ e^-$
Gesamtvorgang:	$2\ HF \longrightarrow H_2 \uparrow + F_2 \uparrow \quad \Delta H = +543\ kJ$

Die Elektrolyse erfolgt bei der Badtemperatur von ca. 85 °C, mit einer Gleichspannung von 10 V, Stromstärke von etwa 5000 A und der Stromdichte von ca. $1500\ A \cdot m^{-2}$.
Technische Großanlagen arbeiten mit 50 bis 90 Elektrolysezellen und liefern bis zu 9 t Fluor pro Tag. Der Energieaufwand liegt bei etwa 15 000 kWh/t Fluor.
Angesichts der rapid abnehmenden Flußspatreserven kommt der Fluorherstellung als Nebenprodukt der Phosphorsäure- und Superphosphatherstellung immer größere Bedeutung zu.

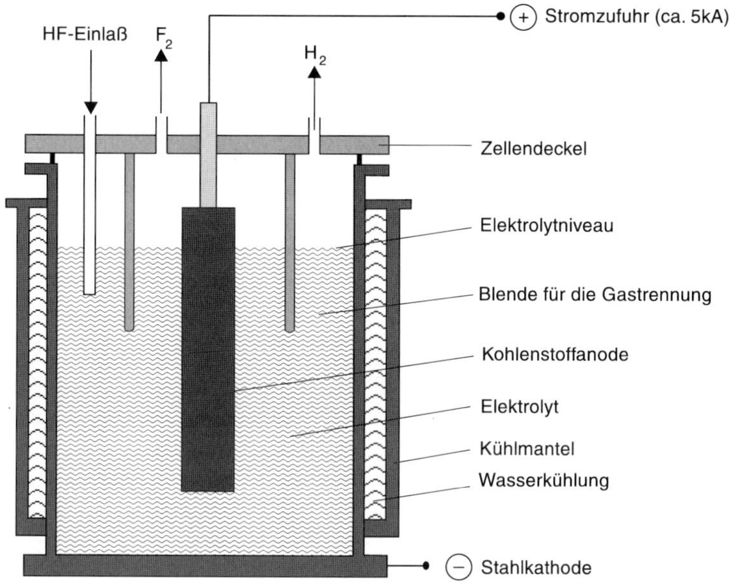

Abb. 36: Schematische Darstellung einer wassergekühlten Elektrolysezelle zur Herstellung von elementarem Fluor. Eine Elektrolysezelle liefert etwa 150 kg Fluor pro Tag.

Die Weltproduktion von Fluor liegt z. Z. bei etwa 15000 t/Jahr. Die Hauptproduktionsländer sind die USA gefolgt von Kanada, Großbritannien GUS-Staaten u. a. Das einzige deutsche Unternehmen zur Herstellung von elementarem Fluor ist die Firma Solvay in Bad Wimpfen bei Heilbronn mit einer Jahresproduktion von ca. 1000 t.

Elementarfluor erhält man im Handel als komprimiertes Gas in 1,8 m hohen 50 l Druckflaschen mit grauem Anstrich (nicht brennbare Gase) mit Rechtsgewinde, die mit Spezial-Fluorventilen ausgerüstet sind, entweder in reiner Form unter einem max. zulässigen Druck von 2,8 MPa oder als Gemisch mit 80–90% Stickstoff unter einem Druck von 14 MPa. Eine Flasche enthält maximal 5 kg Fluor der Reinheit 99,999%, Preis im Großhandel ca. 14500 DM.

Physikalische Eigenschaften

Fluor ist ein nahezu farbloses, in dicker Schicht schwach grünlich-gelb gefärbtes Gas, von chlorartigen, stechendem Geruch und stark ätzender Wirkung. Bei gewöhnlichen Temperaturen liegt es in Form dimerer Moleküle, F_2, vor. Fluor ist das leichteste Halogen, es ist jedoch schwerer als Luft. Bei –188,14 °C verdichtet sich das Gas zu einer hellgelben Flüssigkeit die bei –219,63 °C zu gelben, festen Fluor erstarrt. Festes Fluor bildet zwei Modifikationen:

$$\underset{\text{monoklin}}{\alpha\text{-}F_2} \xrightarrow{-228\ °C} \underset{\text{kubisch}}{\beta\text{-}F_2}$$

Fluor ist wie die anderen „Halogene“ diamagnetisch; einige Fluorverbindungen wie MnF_2, $RbMnF_3$, CoF_2, NiF_2, FeF_2, $KCoF_3$, sind antiferromagnetisch, CdF_2, CaF_2 sind diamagnetisch, AuF_3, PuF_4, PuF_6, UF_4, UF_6 zeigen paramagnetische Eigenschaften.

Radiochemie

Fluor ist ein anisotopes Element, es besitzt nur ein einziges natürliches Isotop. Weitere 13 künstliche, radioaktive Isotope des Elements sind bekannt.

Die Isotope des Fluors (1995)						
Isotop	Natürliche Häufigkeit n (%)	Zerfallsart				Halbwertszeit $T_{1/2}$
		p	β^+	γ	β^-	
F 15		**x**				n.bek.
F 16		**x**				n.bek.
F 17			**x**			64,8 s
F 18			**x**			109,7 m
F 19	**100**					
F 20				x	**x**	11,0 s
F 21				x	**x**	4,16 s
F 22				x	**x**	4,23 s
F 23				x	**x**	2,23 s
F 24				x	**x**	0,34 s
F 25					**x**	59 ms
F 26					**x**	n.bek.
F 27					**x**	n.bek.
...						
F 29					**x**	n.bek.

Die Fluorisotope haben allgemein kurze Halbwertszeiten, die leichtesten Isotope zerfallen durch β^+-Strahlung in O-Isotope, die schwereren $A > 19$ verwandeln sich durch β^--Emmision in die entsprechenden Ne-Isotope. Das wichtigste Isotop $^{18}_{9}F$ (β^+ | 1,655 MeV), entsteht in verschiedenen Kernreaktionen wie z. B. $^{16}_{8}O(^{4}_{2}He, pn)^{18}_{9}F$, $^{19}_{9}F(n, 2n)^{18}_{9}F$, $^{20}_{10}Ne(^{2}_{1}H, ^{4}_{2}He)^{18}_{9}F$, und $^{16}_{8}O(^{3}_{1}H, n)^{18}_{9}F$ es ist ein wichtiger radioaktiver Indikator (Tracer), sowohl in der biologischen Forschung als auch in der Medizin. Das stabile Isotop $^{19}_{9}F$ der Kernspinzahl 1/2+ und dem kernmagnetischen Moment +2,6887 dient zum NMR-spektroskopischen Nachweis; NMR-Frequenz (bei 2,3488 T) $94{,}077 \cdot 10^6\ s^{-1}$, Referenz $CFCl_3$.

Chemische Eigenschaften

Fluor ist das erste Element der Gruppe der „Halogene“ [von griech.: „χαλσ“ (háls) oder „χαλοσ“ (halós) d. h. Salz und „γενναν“ (gennán), d. h. „erzeugen“ oder „bilden“ also „Salzbildner“; der Name wurde 1811 von dem deutschen Physiker J. S. Christoph Schweigger (1779–1857) eingeführt]. Der Gruppe der Halogene gehören die Elemente

Fluor F, Chlor Cl, Brom Br, Iod I und Astat At

an. Fluor befindet sich im Periodensystem der Elemente in der 17. Gruppe (VIIA Hauptgruppe) über dem Chlor Cl sowie in der 2. Periode zwischen Sauerstoff O und Neon Ne. Entsprechend seiner Stellung im PSE hat das freie, neutrale F-Atom im elektronischen Grundzustand folgende Elektronenkonfiguration:

$$1s^2\ 2s^2\ 2p^5$$

Wegen der sieben Außenelektronen des Fluor-Atoms ist die Chemie des Fluors durch die Tendenz zur Aufnahme eines Elektrons in das dritte 2p-Orbital und Bildung einer stabilen Außenschale mit acht Elektronen, geprägt. Die einzige Oxidationsstufe des Elements ist –I ([Ne]).
Die Normalpotentiale des Fluors:

0		–I
F_2	+2,868 V	F^- (aq)
F_2	+2,979 V	HF_2^-
F_2	+3,053 V	HF (aq)

Fluor ist ein typisches Nichtmetall. Es hat die höchste Elektronegativität aller Elemente, es ist das reaktionsfähigste Element und das stärkste Oxidationsmittel überhaupt. Die starke Reaktionsfähigkeit verdankt Fluor einerseits der geringen Bindungsenergie der F-Atome in den F_2-Molekülen, andererseits seiner sehr hohen Affinität zu anderen Elementen. Fluor reagiert mit fast allen Elementen, meist schon bei tiefen Temperaturen z. T. sehr heftig.
Mit molekularem Wasserstoff vereinigt sich Fluor in stark exothermer Reaktion bereits im Dunkeln und bei niederen Temperaturen explosionsartig zu Hydrogenfluorid HF

$$H_2 + F_2 \longrightarrow 2\,HF \qquad \Delta H = -543\ kJ$$

Ein Gemisch aus festen Fluor und flüssigen Wasserstoff explodiert bereits bei –253 °C. Das Halogen entreißt Wasserstoff aus seinen Verbindungen wie Wasser, Ammoniak und vielen Säuren unter Bildung von Hydrogenfluorid. Mit Wasser erfolgt eine sehr heftige Umsetzung zu Hydrogenfluorid unter Bildung von atomaren Sauerstoff, der sich unter Ozonbildung mit dem Luftsauerstoff vereinigt:

$$F_2 + H_2O \longrightarrow 2\,HF + {}^1/_2\,O_2$$
$$O_2 + {}^1/_2\,O_2 \longrightarrow O_3$$

Mit Antimon, Arsen, Bor, Phosphor, Schwefel, Selen, Silicium, Tellur und vielen Metallen verbindet sich Fluor unter Feuererscheinung und Bildung von Fluoriden in denen die betreffenden Elemente in den höchsten Oxidationsstufen vorliegen wie z. B. SbF_5, BF_3, PF_5, SF_6, SeF_6, SiF_4, TeF_6 u. a. Mit den übrigen Halogenen bildet Fluor in stark exothermer Reaktion mehrere Interhalogenverbindungen wie ClF, ClF_3, ClF_5, BrF, BrF_3, BrF_5, IF, IF_3, IF_5, IF_7 z. B:

$$Cl_2 + F_2 \longrightarrow 2\,ClF \qquad \Delta H > 0$$
$$IF \xrightarrow{+F_2} IF_3 \xrightarrow{+F_2} IF_5 \xrightarrow{+F_2} IF_7 \qquad \Delta H > 0$$

Von den „Edelgasen" verbinden sich Xenon und Radon leicht mit Fluor. Sauerstoff, Stickstoff wie auch Krypton reagieren mit Fluor nur unter besonderen Bedingungen wie elektrische Entladungen, Plasmabogen u. a. Mit Sauerstoff bildet Fluor Sauerstoff-Fluoride wie OF_2; $OF(O_2F_2)$; 2 $O_2F(O_4F_2)$ jedoch nur eine Säure die Hypofluorige Säure oder Hydroxylfluorid HOF, mit Stickstoff das Trifluorid NF_3 und mit Krypton das Difluorid KrF_2. Einige Metalle und Legierungen wie Aluminium, Chrom, Eisen, Stahl, Kupfer, Magnesium und Nickel bilden mit Fluor eine festhaftende oberflächliche Fluoridschicht, die das Metall vor weiteren Angriffen des Fluors schützt. Bei Rotglut werden jedoch auch diese Metalle und selbst Gold und Platin heftig angegriffen. Fluor zersetzt viele Verbindungen wie Glas, Silicate, Halogenide, Oxide, Sulfide u. a. Organische Verbindungen werden durch Fluor, in stark exothermen, zuweilen explosionsartig verlaufenden Reaktionen unter Bildung der thermodynamisch stabileren Produkte CF_4 und HF zersetzt:

$$C_nH_{2n+2} + (3n+1)F_2 \longrightarrow nCF_4 + (2n+2)HF \qquad \Delta H > 0$$

Da das F^--Ion einen sehr kleinen Ionenradius besitzt ist Fluor nur wenig polarisierbar und deshalb von allen Halogenen am meisten zur Ausbildung ionischer Verbindungen befähigt. Es gibt aber auch eine ausgeprägte Chemie kovalenter Verbindungen die z. B. bei (in den Klammern sind die Bindungslänge und die Bindungsenergie angegeben) F-O (147 pm; 159 $kJ \cdot mol^{-1}$), F-N (137 pm; 272 $kJ \cdot mol^{-1}$), F-F (142 pm; 160 $kJ \cdot mol^{-1}$) sowie bei den höheren Oxidationsstufen der Metalle vorliegen. Das F^--Ion und die Fluoride bilden viele Komplexe hauptsächlich mit Bor, Aluminium, Silicium, Germanium u. a. Die Fluoride der Alkali- und „Erdalkalimetalle", der Metalle der Seltenen Erden, des Actiniums, Thoriums und Urans sind in Wasser schwer bzw. nicht löslich, Silberfluorid ist in Wasser jedoch leicht löslich.

Hydrogenfluorid, Fluorwasserstoff HF; ist ein farbloses, stechend riechendes, giftiges Gas, das bei 19,54 °C zu einer farbl. nicht brennbaren Flüssigkeit kondensiert; Mr = 20,01. HF ist nur oberhalb 90 °C monomer, bei tieferen Temperaturen liegt es als Gemisch assoziierter Moleküle vor, die auf die Bildung von Wasserstoffbrücken zurückzuführen sind (s. a. Abb. 37):

$$(HF)_6 \underset{}{\overset{19{,}5\ °C}{\rightleftharpoons}} (HF)_4 \overset{21\ °C}{\rightleftharpoons} (HF)_3 \overset{32\ °C}{\rightleftharpoons} (HF)_2 \overset{90\ °C}{\rightleftharpoons} HF$$

Die wäßrige Lösung des Hydrogenfluorid wird als *Flußsäure* bezeichnet, es findet eine Dissoziation in Oxonium- und Fluorid- bzw. Hydrogenfluoridionen statt:

$$HF + H_2O \rightleftharpoons H_3O^+ + F^-$$

$$(HF)_2 + H_2O \rightleftharpoons H_3O^+ + HF_2^-$$

Die Flußsäure ist eine starke Säure, allerdings viel schwächer als die anderen Halogensäuren, ihre Salze heißen „Fluoride". Weitere Fluorverbindungen siehe bei den Elementen.

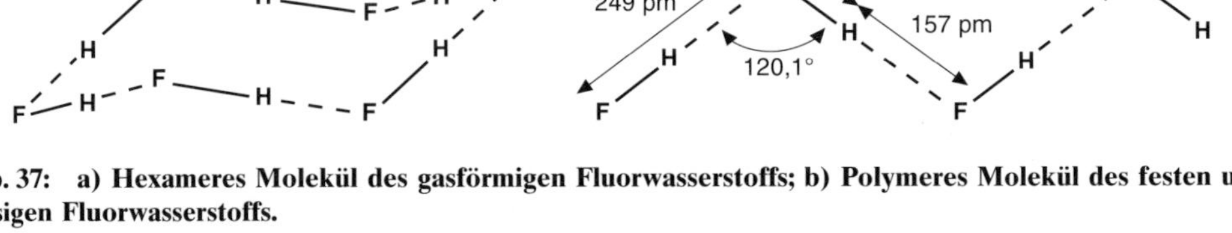

Abb. 37: a) Hexameres Molekül des gasförmigen Fluorwasserstoffs; b) Polymeres Molekül des festen und flüssigen Fluorwasserstoffs.

Nachweis

Qualitativ:

- Mit Iodstärkepapier.
- Kriechprobe; konz. Schwefelsäure setzt in Anwesenheit von Fluoriden Flußsäure frei, die das Reagenzglas angreift, das dann von der Schwefelsäure nicht mehr benetzt wird. Beim Erwärmen des Glasbodens kriechen kleine Tropfen Schwefelsäure nach oben.
- Ätzprobe; durch Ätzung von Glas mittels des bei der Zersetzung der Fluoride freiwerdenden HF z. B.: $CaF_2 + H_2SO_4 \longrightarrow CaSO_4 + 2\ HF$
- Wassertropfenprobe; die zu überprüfende Substanz wird mit der dreifachen Menge SiO_2 in einem geschlossenen Bleitiegel gemischt und mit H_2SO_4 versetzt. Das dabei gebildete SiF_4 läßt man auf einem an einem Glasstab hängenden Wassertropfen einwirken, der sich infolge der bei der Hydrolyse des Gases gemäß $SiF_4 + 4\ H_2O \longrightarrow Si(OH)_4 + 4\ HF$ entstehenden Kieselsäure trübt.
- Bleitiegelprobe u. a.

Quantitativ:

- Fällung als unlösliches CaF_2, oder Titration mit Lanthan- oder Thoriumnitrat.
- Gaschromatographie, NMR-Spektroskopie u. a.
- Spektralanalyse; wichtige Spektrallinien der neutralen Atome: 685,603 nm, 690,248 nm, 703,747 nm, 712,787 nm, 775,470 nm.

Verwendung

Der größte Teil der Produktion von elementarem Fluor dient zur Herstellung von Uranhexafluorid UF_6 gemäß

$$UF_4 + F_2 \longrightarrow UF_6$$

das aufgrund seiner Flüchtigkeit in der Kerntechnik zur Trennung der Uranisotope durch Gasdiffusion verwendet wird. Weltweit werden jährlich ca. 50000 t UF_6 hergestellt. Daneben wird Fluor durch Direktfluorierung entsprechender Elemente oder Verbindungen zur Herstellung wichtiger anorganischer und organischer Verbindungen wie z. B. Aluminiumtrifluorid AlF_3, Chlortrifluorid ClF_3, Sulfurhexafluorid SF_6, Carbontetrafluorid CF_4, Iodpentafluorid IF_5, Stickstofftrifluorid NF_3, Wolframpentafluorid WF_5, von Hochtemperaturkunststoffen, Polymeren usw. verwendet. In der Raketentechnik dient Fluor als wichtiger Oxidator in Raketentreibstoffen sog. *Diergolen* bzw. Zweifachtreibstoffen für Brennstoffe wie Wasserstoff H_2, Ammoniak NH_3 oder Hydrazin N_2H_4. Technisch von Bedeutung ist die Direktfluorierung von Kunststoffoberflächen mit Fluor/Inertgas-Gemischen zur Erhöhung der Dichtigkeit v. a. für Behälterinnenwände, so z. B. wird durch Fluorierung von Kraftstofftanks die Benzinausdünstung erheblich vermindert. Große technische Bedeutung haben F-Verbindungen wie AlF_3 das neben Kryolith als Flußmittel bei der Al-Herstellung verwendet wird, ClF_3 mit einer Produktion von weltweit mehreren tausend t/Jahr das zur Herstellung höherer Fluoride wie z. B.

$$Co_3O_4 + 3\ ClF_3 \longrightarrow 3\ CoF_3 + 3/2\ Cl_2 + 2\ O_2$$

aber v. a. in der Kerntechnik zur Herstellung von UF_6 gemäß

$$U(f) + 3\ ClF_3(fl) \xrightarrow{50-90\ °C} UF_6(fl) + 3\ ClF(g)$$

dient. SF_6 ein ungiftiges, chemisch inertes Gas ist ein wichtiges Dielektrikum und dient in der Elektrotechnik als Isoliergas und Lichtbogenlöschmittel, CF_4 wird in der Kältemittelindustrie sowie in Druckspeichersystemen verwendet. Bedeutung haben SF_6 und CF_4 zusammen mit NF_3 und WF_5 in der Halbleiterindustrie. Calciumfluorid CaF_2 dient als Flußmittel in der Metallurgie während reines CaF_2 als sog. „optischer Spat" zur Herstellung von Linsen und Prismen Verwendung findet. Flußsäure wird zum Ätzen von Glas, zur Oberflächenbehandlung von Metallen, Halbleiterplatten und Chips, zur Herstellung von UF_6 und anderer Fluoride sowie zahlreicher Komplexverbindungen verwendet. Die früher verwendeten Fluorchlorkohlenwasserstoffe FCKW die durch Freisetzung von Elementar-Chlor zur Zerstörung der Ozonschicht beigetragen haben, werden heute weitgehend durch ungiftige und unbrennbare fluorierte Kohlenwasserstoffe FKW bzw. Hydrofluorocarbons HFC ersetzt die insbesondere als Kältemittel und als Treibgase für Aerosolsprühmittel Verwendung finden.

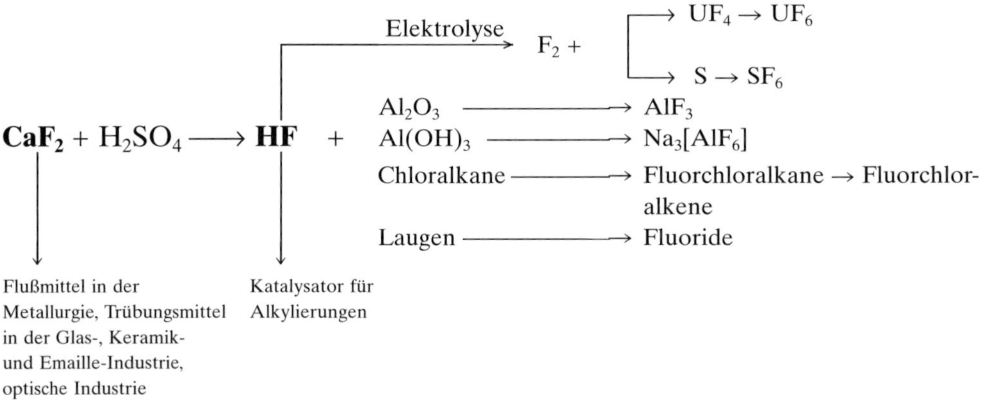

Calciumfluorid ist der wichtigste Rohstoff zur Herstellung von Fluor-Verbindungen

Physiologie, Toxikologie

Fluor und einige seiner Verbindungen sind extrem giftig (R 26, R 35, S 7/9, S 36, S 45). Dennoch ist Fluor ein wichtiges Spurenelement für Säugetiere und für den Menschen. Der menschliche Organismus enthält rund 2,5 g Fluor, verteilt hauptsächlich auf Knochen und Zähne. Die WHO hält eine kontrollierte Zufuhr, *Fluoridierung*, bis zu 1 ppm von Fluorverbindungen zu Lebensmitteln wie Wasser, Milch, Salz als wirksamen Schutz vor Karies, für angebracht. Der tägliche Bedarf für eine Durchschnittsperson liegt bei 0,3–0,5 mg, der nach Auffassung der WHO bei normaler Ernährung gewährleistet ist. Durch Einbau von Fluor in die Knochensubstanz wird der Knochen verfestigt. Eine Fluortherapie wird daher vor allem bei *Osteoporose* angewandt. Größerer Mengen Fluor, die über längere Zeit z. B. durch Einatmen von Fluorstäuben oder Hydrogenfluorid aufgenommen werden, führen zu chronischen Fluorvergiftungen, sog. *Fluorose*, v. a. zur Verdickung und Verhärtung der Gelenke und Knochen, der sog. *Osteosklerose*. Die *Fluorose* ist als entschädigungspflichtige Berufskrankheit anerkannt. Akute Fluorvergiftungen durch Einatmen von Fluor in hohen Konzentrationen äußern sich durch Übelkeit, blutig-schleimigem Erbrechen, Atemstörungen, Lungenödem und schließlich

Asphyxie. Weitere Symptome sind Schwellungen der Mundschleimhaut sowie Reizungen der Augen und der Haut. Die toxische Dosis liegt bei 20 mg (F^-), die letale Dosis bei 2 g (F^-). Der MAK-Wert für Fluor ist auf 0,2 mg/m^3 bzw. 0,1 ppm festgelegt. Da Fluor bereits bei geringen Konzentrationen durch Geruch wahrnehmbar ist kommen Vergiftungsfälle relativ selten vor. Die Geruchsschwelle liegt zwischen 0,1 ppm und 0,2 ppm. Die Wirkung von Fluor auf den menschlichen Organismus ist vergleichbar mit derjenigen des Hydrogenfluorid. Dieses ist ein Protoplasmagift, das auf der Haut tiefe, schwer heilende und schmerzhafte Wunden verursacht.

Francium Fr

International (Lat.)	Francium
Englisch	Francium
Französisch	Francium
Spanisch	Francio
Italienisch	Francio
Griechisch	φράγκιο (Phragio)
Russisch	франций (Franzij)
Japanisch	フランシウム (furansiumu)

Atomare und physikalische Eigenschaften	T+
Protonenzahl **(Z)**	**87**
Standard-Atomgewicht (bezogen auf $^{12}C = 12$)	223, 019733 [1)]
Effektive Kernladung	(Slater) 2,20
Elektronenkonfiguration	[Rn] $7s^1$
Grundzustand, Termsymbol	$^2S_{1/2}$
Metallatomradius	ca. 270 pm
Ionenradius (KZ 6)	$180^{+}_{(6)}$ pm [a)]
Molares Volumen	n.bek.
1.;2.;3.;4.;5. Ionisierungsenergie	3,9822 eV; 22,515 eV; 33,512 eV; 42,993 eV; 59,075 eV
Elektronegativität	(Allred/Rochow) 0,86; (Pauling) 0,70
Elektronenaffinität Fr ⟶ Fr^- **	–0,456 eV
Wirkungsquerschnitt für thermische Neutronen	n.bek.
Dichte (bei 20 °C)*	2500 kg · m^{-3}
Schmelztemperatur **	27 °C (300,15 K) [b)]
Siedetemperatur **	677 °C (950,15 K) [c)]
Thermische Leitfähigkeit (bei 27 °C) *	15 W · m^{-1} · K^{-1}
Normalpotential Fr/Fr^+ *	– 3,092 V

1) Angegeben ist das Atomgewicht des Isotops mit der längsten Halbwertszeit $^{223}_{87}Fr$.
Weitere Angaben: a) 176 pm. b) 27 °C. c) 660 °C, 680 °C.
* geschätzte Werte ; ** extrapolierte (berechnete) Werte.

Entdeckung

Francium wurde im Jahre 1939 von der französischen Physikerin Marguerite Perey (1909–1975) in Paris, Frankreich, bei der Untersuchung gereinigter Actiniumproben entdeckt. Bei der Überprüfung der β^--Strahlung einer Probe fiel ihr eine bis dahin unbekannte β^--Aktivität auf, die sich durch die kurze Halbwertszeit von 21,8 min vom β^--Zerfall des Actinium $^{227}_{89}Ac$ deutlich unterschied. Die Nachforschungen ergaben, daß das Actinium zwar größtenteils unter β^--Emission in RdAc übergeht, daneben sich aber durch α-Zerfall ein neues Isotop eines bis dahin unbekannten Elements bildete, dessen β^--Zerfall ebenfalls zum Isotop AcX führt (s. Uran-Actinium-Zerfallsreihe). Das Isotop erhielt zunächst die Bezeichnung AcK ($^{223}_{87}Fr$). Die Eigenschaften des neuen Elements entsprachen denen des bereits 1869 von Mendelejew vorausgesagten Elements 87 bzw. dem

Eka-Caesium. Auf Vorschlag von Frau Perey erhielt das Element 87, zu Ehren ihrer Heimat Frankreichs, den Namen „Francium" mit dem chemischen Symbol „Fr". 1940 konnte in der Neptunium-Zerfallsreihe ein weiteres Fr-Isotop $^{221}_{87}Fr$ mit der Halbwertszeit von 4,9 min, das beim α-Zerfall des $^{225}_{89}Ac$ entstand, nachgewiesen werden.

Vorkommen

Francium gehört zu den äußerst seltenen Elementen und steht mit einem geschätzten Massenanteil in der Erdhülle von $1{,}3 \cdot 10^{-21}$% vor Astat an 93. Stelle der Elementhäufigkeit. In der Natur kommt es in in Form der Isotope $^{223}_{87}Fr$ bzw. AcK und $^{221}_{87}Fr$ in winzigen Spuren in einigen Uranerzen als Zwischenprodukt der Uran-Actinium-Zerfallsreihe (4n+3) bzw. als Rest der inzwischen ausgestorbenen Neptunium-Zerfallsreihe (4n+1) vor. Eine Tonne natürliches Uranerz enthält ca. $3{,}8 \cdot 10^{-10}$ g des Isotops $^{223}_{87}Fr$ und etwa $1 \cdot 10^{-17}$ g $^{221}_{87}Fr$. Die Gesamtmenge des auf der Erde vorkommenden Elements wird auf etwa 30–50 g geschätzt. Im Vergleich zu Astat ca. 50 mg, Polonium 2500 t und Actinium ca. 7000 t ist Francium nach Astat das seltenste Element auf der Erde.

Herstellung

Natürliches Francium wird in winzigen Mengen aus Uranerzen gewonnen. Die äußerst schwierige Abtrennung erfolgt nach Aufschluß der Erze mit konz. Salpetersäure, Fällung der Actiniumfraktion mittels Carbonat, Sulfid oder Fluorid, wobei $^{223}_{87}Fr$ in der Lösung verbleibt. Aus dieser erfolgt die Fällung mit Cs-Perchlorat und Reinigung durch Ionenaustauschchromatographie oder Lösungsmittelextraktion mit organischen Lösungen. Künstlich erhält man Francium in sehr geringen Mengen, durch Neutronenaktivierung von Radium und anderen Isotopen entsprechender Massen in Kernreaktoren, sowie durch Beschuß von Gold, Blei oder Thallium mit Bor-, Kohlenstoff- oder Sauerstoffionen. Die meisten Fr-Isotope entstehen jedoch durch Spallation von Thorium und Uran beim Beschuß mit hochenergetischen Protonen oder Deuteronen gemäß:

$$^{238}_{92}U + ^{1}_{1}H \longrightarrow ^{212}_{87}Fr + 6\,^{1}_{1}H + 21\,^{1}_{0}n$$

Da alle Fr-Isotope sehr kurzlebig sind konnten bisher kaum wägbare Mengen des Elements isoliert werden.

Physikalische Eigenschaften

Da Francium nur in winzigen Spuren erhältlich und außerdem äußerst unbeständig ist, sind seine Eigenschaften noch weitgehend unbekannt. Aus Tracerexperimente und durch Extrapolation kann man schließen, daß Francium ein Leichtmetall mit sehr niedriger Schmelztemperatur ist, dessen Eigenschaften allgemein denen der Alkalimetalle entsprechen.

Radiochemie

Francium kommt in der Natur praktisch nicht vor. Alle 33 bekannten Isotope des Franciums wurden künstlich hergestellt und sind radioaktiv.

Die Isotope des Franciums (1995)

Isotop	Natürliche Häufigkeit n (%)	Zerfallsart				Halbwertszeit $T_{1/2}$
		α	EC	γ	β^-	
Fr 200		**x**				0,57 s
Fr 201		**x**				48 ms
Fr 202		**x**				0,34 s
Fr 203		**x**				0,55 s
Fr 204*		**x**				2,6 s
Fr 204*		**x**	**x**	x		1,7 s
Fr 204*		**x**				ca. 1 s
Fr 205		**x**				3,9 s
Fr 206*		**x**	x	x		15,9 s
Fr 206 m*		x		**x**		0,7 s
Fr 207		**x**	x			14,8 s
Fr 208		**x**	**x**	x		58,6 s
Fr 209		**x**	**x**			50,0 s
Fr 210		**x**	**x**	x		3,18 m
Fr 211		**x**	**x**	x		3,10 m
Fr 212		**x**	**x**	x		20,0 m
Fr 213		**x**	x			34,6 s
Fr 214*		**x**				5,0 ms
Fr 214*		**x**				3,35 ms
Fr 215		**x**				0,09 µs
Fr 216		**x**				0,70 µs
Fr 217		**x**				16 µs
Fr 218*		**x**				1,0 ms
Fr 218*		**x**				22 ms
Fr 219		**x**		x		21 ms
Fr 220		**x**		x	x	27,4 s
Fr 221	**Spuren**	**x**		x		4,9 m
Fr 222		x		x	**x**	14,2 m
Fr 223	**Spuren**	x		x	**x**	21,8 m
Fr 224				x	**x**	3,3 m
Fr 225				x	**x**	4,0 m
Fr 226				x	**x**	48 s
Fr 227				x	**x**	2,47 m
Fr 228				x	**x**	39 s
Fr 229				x	**x**	50,2 s
Fr 230				x	**x**	19,1 s
Fr 231				x	**x**	17,5 s
Fr 232				x	**x**	5 s

(* isomere Atomkerne; m* markiert einen metastabilen Zustand)

Die Fr-Isotope haben sehr kurze Halbwertszeiten, die leichteren Isotope $A < 224$ sind hauptsächlich α-Strahler und zerfallen in At-Isotope, einige zerfallen zusätzlich durch Elektronen-Einfang in Rn-Isotope. Die schwereren Isotope $A > 220$ verwandeln sich durch β^--Emission in die entsprechenden Ra-Isotope. $^{223}_{87}Fr$ dient zum Nachweis von $^{227}_{89}Ac$ mit dem es sich im radioaktiven Gleichgewicht befindet.

Chemische Eigenschaften

Francium ist das letzte Element in der Gruppe der „Alkalimetalle". Es befindet sich im PSE in 1. Gruppe (IA Hauptgruppe) unter dem Caesium Cs sowie in der 7. Periode neben dem Radium Ra. Die Chemie des Franciums ist bis heute praktisch noch sehr wenig bekannt. Gemäß seiner Stelle im PSE hat das freie, neutrale Fr-Atom im elektronischen Grundzustand folgende Elektronenkonfiguration

$$1s^2\ 2s^2\ 2p^6\ 3s^2\ 3p^6\ 3d^{10}\ 4s^2\ 4p^6\ 4d^{10}\ 4f^{14}\ 5s^2\ 5p^6\ 5d^{10}\ 6s^2\ 6p^6\ 7s^1$$

Wie alle Alkalimetalle bildet Francium in seinen Verbindungen ausschließlich die Oxidationsstufe +I ([Rn]), die durch Abgabe des einen 7s-Elektrons erreicht wird. Francium besitzt den größten Ionenradius aller Elemente. Es ist das Element mit dem höchsten negativen Normalpotential Fr/Fr^+ –3,092 V, der niedrigsten Elektronegativität und besitzt nach Caesium die niedrigste 1. Ionisierungsenergie aller Elemente. Francium stellt daher das unedelste und am stärksten elektropositive Element dar. In seinen chemischen Verhalten schließt sich Francium den Eigenschaften der übrigen „Alkalimetalle" an. Es verbindet sich mit allen Nichtmetallen, reagiert heftig mit Wasser unter Wasserstoffentwicklung und bildet u. a. analog dem Rubidium und Caesium ein schwerlösliches Perchlorat $FrClO_4$ und Hexachloroplatinat $Fr_2[PtCl_6]$.

Nachweis

- Radiometrie.
- Fällung als $FrClO_4$ oder $Fr_2[PtCl_6]$.
- Spektralanalyse über die 717,8 nm Hauptlinie des Atomspektrums.

Verwendung

Francium wird aufgrund seiner schweren Verfügbarkeit praktisch kaum verwendet. Neben Forschungszwecken könnte das Element als Indikator in der Medizin zur Untersuchung der Verteilung schwerer Alkalimetalle sowie aufgrund seiner kurzen Halbwertszeiten auch in der Krebsforschung nützlich sein.

Physiologie, Toxikologie

Francium hat keine biologische Bedeutung für den menschlichen Organismus, es würde aber wegen seiner starken Radioaktivtät toxisch wirken.

Gadolinium Gd

International (Lat.)	Gadolinium	Griechisch	Γαδολίνιο (Jadolinio)
Englisch	Gadolinium	Russisch	Гадолиний (Gadolinij)
Französisch	Gadolinium		
Spanisch	Gadolinio	Japanisch	ガドリニウム (gadoriniumu)
Italienisch	Gadolinio		

Atomare und physikalische Eigenschaften

Protonenzahl **(Z)**	**64**
Standard-Atomgewicht (bezogen auf $^{12}C = 12$)	157,25(±3)
Effektive Kernladung	(Slater) 2,85; (Clementi) 8,22; (Froese-Fischer) 11,28
Elektronenkonfiguration	[Xe] $4f^7\ 5d^1\ 6s^2$
Grundzustand, Termsymbol	$^9D_2$
Metallatomradius (KZ 6)	180,4 pm [a)]
Kovalenzradius ; Einfachbindung	161 pm
Ionenradius (KZ 6;9)	$93{,}8^{3+}_{(6)}$ pm, $111^{3+}_{(9)}$ pm
Molares Volumen	$19{,}9 \cdot 10^{-6}\ m^3 \cdot mol^{-1}$
1.; 2.; 3.; 4. Ionisierungsenergie	6,1425 eV; 12,105 eV; 20,624 eV; 44,047 eV
Elektronegativität	(Allred/Rochow) 1,11; (Pauling) 1,20; (absolut) ≤ 3,3 eV
Elektronenaffinität Gd → Gd^-	0,518 eV
Wirkungsquerschnitt für thermische Neutronen ($\sigma_{n,\gamma}$)	$48800 \cdot 10^{-28}\ m^2$
Dichte (bei 20 °C)	$7895\ kg \cdot m^{-3}$ [b)]
Härte (Mohs)	ca. 1,5
Schmelztemperatur	1312 °C (1585,15 K)
Siedetemperatur	3273 °C (3546,15 K)
Spezifische Schmelzenthalpie	$63{,}8\ kJ \cdot kg^{-1}$ [c)]
Spezifische Verdampfungsenthalpie	$1982{,}2\ kJ \cdot kg^{-1}$ [d)]
Spezifische Sublimationsenthalpie (einatomiges Gas)	$2162{,}8\ kJ \cdot kg^{-1}$ [e)]
Spezifische Wärmekapazität (bei 25 °C)	$0{,}236\ kJ \cdot kg^{-1} \cdot K^{-1}$
Debye-Temperatur	–73 °C (200,15 K)
Thermische Leitfähigkeit (bei 27 °C)	$10{,}6\ W \cdot m^{-1} \cdot K^{-1}$
Thermischer Längenausdehnungskoeffizient (bei 25 °C)	$8{,}6 \cdot 10^{-6}\ K^{-1}$
Elektrische Leitfähigkeit (bei 20 °C)	$0{,}74 \cdot 10^6\ S \cdot m^{-1}$
Spezifischer elektrischer Widerstand (bei 20 °C)	$134{,}20 \cdot 10^{-8}\ \Omega \cdot m$
Supraleitung, Sprungtemperatur (α)	–272,067 °C (1,083 K)
Spezifische magnetische Suszeptibilität	$+60300 \cdot 10^{-9}\ m^3 \cdot kg^{-1}$
Curie-Temperatur	16 °C (289,15 K) [f)]
Normalpotential Gd/Gd^{3+}	–2,397 V
Hydratationsenthalpie Gd^{3+}	$+3571\ kJ \cdot mol^{-1}$
Bildungsenthalpie $GdCl_3$ (Gd_2O_3)	$-1028\ kJ \cdot mol^{-1}$ ($-1817\ kJ \cdot mol^{-1}$)

Weitere Angaben: a) 178,7 pm. b) $7886\ kg \cdot m^{-3}$, $7900\ kg \cdot m^{-3}$. c) $98{,}56\ kJ \cdot kg^{-1}$. d) $1914{,}15\ kJ \cdot kg^{-1}$. e) $2531\ kJ \cdot kg^{-1}$. f) 19,85 °C.

Entdeckung

Gadolinium wurde im Jahre 1880 von dem Schweizer Chemiker Jean-Charles Gallissard de Marignac (1817–1894) in Genf, Schweiz, bei der chemischen Untersuchung des Minerals Samarskit, in Form einer neuen Erde (Oxid), entdeckt. Marignac nannte die neue Erde nach dem finnischen Chemiker Johan Gadolin, der 1794 das Mineral Ytterbit bzw. Gadolinit entdeckt hatte, „Gadolinerde". Das der Erde zugrunde liegende Metall wurde entsprechend „Gadolinium" benannt und erhielt das chemische Symbol „Gd". Gadolinium wurde erstmals 1886 von P.-E. Leqoc de Boisbaudran in Paris, isoliert und in reiner Form dargestellt (s. auch Tab. Entdeckung der Metalle der Seltenen Erden, S. 775).

Vorkommen

Gadolinium gehört zu den selteneren Elementen auf der Erde. In der Erdhülle beträgt sein berechneter Massenanteil $5{,}9 \cdot 10^{-4}$%, damit steht es an 45. Stelle der Elementhäufigkeit. In der Erdkruste bis 16 km Tiefe ist Gadolinium mit 6,4 g/t Gestein vertreten, im Meerwasser beträgt sein Anteil durchschnittlich 1,25 µg $Gd^{(+III)}$ pro m^3, bei einer Verweilzeit von ca. 300 Jahren. Gadolinium kommt in der Natur fast immer vergesellschaftet mit den anderen Seltenerdmetallen vor, hauptsächlich in Monazitsanden an den Küsten Australiens, Brasiliens, Indien, Indonesiens sowie in den Mineralen Bastnäsit, Xenotim, Gadolinit u. a vor. Die Gadolinium-Reserven werden weltweit auf ca. 100 000 t geschätzt. Die Häufigkeit des Elements auf der Sonne beträgt etwa 13,2 Atome Gadolinium pro $1 \cdot 10^{12}$ Atome Wasserstoff, die kosmische Häufigkeit ist nicht bekannt.

Herstellung

Nach Anreicherung und Aufschluß der Erze wird das Lanthanoidenoxidgemisch in Chloride oder Fluoride umgesetzt, die durch Kationenaustausch oder Lösungsmittelextraktion getrennt werden. Das Metall erhält man durch Reduktion der wasserfreien Chloride oder Fluoride mit Calcium im Vakuum bei ca. 1500 °C.

Physikalische Eigenschaften

Reines Gadolinium ist ein silberweißes, oder schwach gelbliches, glänzendes, sehr weiches, duktiles und gut schmiedbares Schwermetall. Es tritt in zwei allotropen Modifikationen auf:

$$\alpha\text{-Gd} \xrightarrow{1262\ °C} \beta\text{-Gd}$$

α-Gd	$\xrightarrow{1262\ °C}$	β-Gd
hexagonal dichteste Kugelpackung		kubisch raumzentriert

Gadolinium besitzt die größte spezifische magnetische Suszeptibilität aller Elemente und gehört damit zu den stärksten paramagnetischen Werkstoffen. Unterhalb 16 °C (289,15 K) ist das Metall schwach ferromagnetisch. Die paramagnetische Verbindung $Gd_2(SO_4)_3 \cdot 8\,H_2O$ wird zur Erzeugung sehr tiefer Temperaturen verwendet; so kann durch adiabatische Entmagnetisierung in flüssigem Helium eine Temperatur von

–272,91 °C bzw. 0,24 K erreicht werden. Die thermische Leitfähigkeit beträgt 2,47%, die elektrische 1,18% der des Silbers. Unterhalb –272,067 °C (1,083 K) zeigt α-Gd Supraleitfähigkeit, die kritische Feldstärke beträgt (4639,37 ± 16) A · m^{-1}. In weiteren Modifikationen besteht Supraleitfähigkeit schon bei höheren Temperaturen β-Gd –267,15 °C (5,9 K) [γ-Gd –266,15 °C (7 K); Δ-Gd –265,3 °C (7,85 K)]. In der metallischen Hochdruckphase liegt die Sprungtemperatur bei –265,3 °C (1,87 K).

Radiochemie

Natürliches Gadolinium besteht aus einem Gemisch von sechs stabilen Isotopen und einem Radioisotop mit sehr langer Halbwertszeit, weitere 20 Radioisotope wurden künstlich hergestellt.

Die Isotope des Gadoliniums (1995)

Isotop	Natürliche Häufigkeit n (%)	Zerfallsart					Halbwertszeit
		α	$β^+$	EC	γ	$β^-$	$T_{1/2}$
Gd 137			**x**				7 s
...							
Gd 139			**x**				4,9 s
Gd 140			**x**		x		15,8 s
Gd 141*			**x**		x		14 s
Gd 141 m*			**x**		**x**		24,5 s
Gd 142			**x**		x		70,2 s
Gd 143*			**x**		x		39 s
Gd 143*			**x**		x		1,8 m
Gd 144			**x**		x		4,5 m
Gd 145*			**x**	**x**	x		23,9 m
Gd 145 m*			x		**x**		85 s
Gd 146			**x**	**x**	x		48,3 d
Gd 147			**x**	**x**	x		38,1 h
Gd 148		**x**					74,6 a
Gd 149		x		**x**	x		9,28 d
Gd 150		**x**					1,8 · 10^6 a
Gd 151		x		**x**	x		120 d
Gd 152	**0,20**	**x**					1,1 · 10^{14} a
Gd 153				**x**	x		239,47 d
Gd 154	**2,18**						
Gd 155	**14,80**						
Gd 156	**20,47**						
Gd 157	**15,65**						
Gd 158	**24,84**						
Gd 159					x	**x**	18,48 h
Gd 160	**21,86**						
Gd 161					x	**x**	3,66 m
Gd 162					x	**x**	8,2 m
Gd 163					x	**x**	68 s
Gd 164						**x**	45 s

(* isomere Atomkerne; m* markiert jeweils einen metastabilen Zustand)

Die Halbwertszeiten der Gd-Isotope sind sehr unterschiedlich, die leichteren Isotope A < 154 zerfallen hauptsächlich durch β^+-Strahlung und Elektronen-Einfang (EC) in die entsprechenden Eu-Isotope, zwei zerfallen durch α-Emission in Sm-Isotope. Die schwereren Isotope A > 158 gehen durch β^--Strahlung in Tb-Isotope über. Das Isotop $^{159}_{64}Gd$ (β^- | 1,205 MeV; γ) ist ein Spaltprodukt, $^{153}_{64}Gd$ (EC | 0,243 MeV; γ) entsteht durch Protonenbeschuß von Europium in der Reaktion $^{153}_{63}Eu$ (^1_1H,n) $^{153}_{64}Gd$, beide Isotope werden als radioaktive Indikatoren (Tracer) verwendet. Die beiden stabilen Isotope $^{155}_{64}Gd$ und $^{157}_{64}Gd$ der Kernspinzahl 3/2– und den kernmagnetichen Momenten –0,27 bzw. –0,36 dienen zum NMR-spektroskopischen Nachweis; NMR-Frequenzen (bei 2,3488 T) $3{,}819 \cdot 10^6\ s^{-1}$ bzw. $4{,}774 \cdot 10^6\ s^{-1}$. Gadolinium hat den größten Wirkungsquerschnitt für thermische Neutronen bzw. für die (n, γ)-Reaktion aller Elemente, er beträgt $\sigma = 49\,000 \cdot 10^{-28}\ m^2$; dieser hohe Wert wird vorwiegend durch die Anteile der Isotope $^{155}_{64}Gd$ ($\sigma = 61\,000 \cdot 10^{-28}\ m^2$ bzw. $^{157}_{64}Gd$ ($\sigma = 254\,000 \cdot 10^{-28}\ m^2$) erreicht.

Chemische Eigenschaften

Gadolinium gehört zur Gruppe der „Seltenerdmetalle“ bzw. „Lanthanoide“. Es ist ein Übergangsmetall und befindet sich im PSE in der 3. Gruppe (IIIB Nebengruppe) über dem Curium Cu sowie in der 6. Periode zwischen Europium Eu und Terbium Tb. Entsprechend seiner Stellung im PSE hat das freie, neutrale Gd-Atom im elektronischen Grundzustand folgende Elektronenkonfiguration:

$$1s^2\ 2s^2\ 2p^6\ 3s^2\ 3p^6\ 3d^{10}\ 4s^2\ 4p^6\ 4d^{10}\ 4f^7\ 5s^2\ 5p^6\ 5d^1\ 6s^2$$

Gadolinium bildet wie fast alle Elemente der Gruppe der Lanthanoide in seinen Verbindungen ausschließlich die Oxidationsstufe +III ([Xe]), die durch Abgabe der beiden 6s-Elektronen und des einen 5d-Elektrons erreicht wird. Die Normalpotentiale des Gadoliniums:

	+III		0
Saure Lösung	Gd^{3+}	–2,397 V	Gd
Basische Lösung	$Gd(OH)_3$	–2,82 V	Gd

Infolge seines stark negativen Normalpotentials ist Gadolinium ein sehr unedles, stark elektropositives Metall und ein starkes Reduktionsmittel. An trockener Luft ist Gadolinium relativ stabil, an feuchter Luft überzieht es sich mit einer schuppenartigen schützenden Oxidschicht. In fein verteilter Form ist Gadolinium pyrophor. Mit Wasser reagiert es nur langsam, in verdünnten Säuren löst es sich unter Wasserstoffentwicklung. Das Gd^{3+} (aq) Kation ist farblos. Die Halogenide der allg. Formel GdX_3 (außer dem Fluorid) sind in Wasser löslich, das Fluorid GdF_3, Hydroxid $Gd(OH)_3$, Oxid Gd_2O_3, Oxalat $Gd_2(C_2O_4)_3 \cdot 10\ H_2O$ und verschiedene Komplexe sind in Wasser nicht löslich.

Nachweis

- Fällung als Oxalat in schwach saurer Lösung.
- Röntgenfluoreszenzanalyse.

- Spektralanalyse; wichtige Spektrallinien der neutralen Atome: 368,413 nm, 368,305 nm, 407,870 nm, und der einfach positiven Ionen Gd^+ 342,247 nm, 364,618 nm, 376,839 nm, u. a.
- Atomabsorptionsspektrometrie (AAS) mittels der 407,870 nm Hauptlinie des Atomspektrums.

Verwendung

Obwohl Gadolinium den größten Wirkungsquerschnitt für thermische Neutronen besitzt, ist sein Einsatz in der Kernreaktortechnologie begrenzt, da die beim Neutroneneinfang entstehenden Tochternuklide weniger gute Neutronenabsorber sind und die Absorbtionswirkung schnell nachläßt. Verwendung findet Gadolinium als Legierungsmetall $< 1\%$ von Fe- und Cr-Legierungen, in Hochtemperaturlegierungen, elektronischen Bauteilen, Magneten und Supraleitern sowie in der Neutronenradiographie und Magnetooptik. Daneben wird es zur Herstellung von Gd-Fe- und Gd-Y-Granaten für die Mikrowellentechnik bzw. von Gd-Ga-Granaten für Magnetblasenspeicher verwendet. Das Oxid Gd_2O_3 dient als Matrix der Rotkomponente in Farbfernsehbildschirmen, wo es durch Europium aktiviert wird. Das Isotop $^{153}_{64}Gd$ wird in der Strahlenmedizin eingesetzt.

Physiologie, Toxikologie

Gadolinium hat keine biologische Bedeutung für den menschlichen Organismus, es ist nur gering toxisch und wirkt stimulierend.

Gallium Ga

International (Lat.)	Gallium	Italienisch	Gallio
Englisch	Gallium	Griechisch	θάλλιο (Jalio)
Französisch	Gallium	Russisch	Галлий (Galij)
Spanisch	Galio	Japanisch	ガリウム (gariumu)

Atomare und physikalische Eigenschaften

Protonenzahl **(Z)**	**31**
Standard-Atomgewicht (bezogen auf ^{12}C = 12)	69,723(±1)
Effektive Kernladung	(Slater) 5,00; (Clementi) 6,22; (Froese-Fischer) 6,72
Elektronenkonfiguration	[Ar] $3d^{10}\,4s^2\,4p^1$
Grundzustand, Termsymbol	$^2P_{1/2}$
Metallatomradius	122,1 pm
Kovalenzradius; (Einfachbindung)	125 pm
Ionenradien (KZ 4;6)	$120^{+}_{(6)}$ pm, $47^{3+}_{(4)}$ pm, $62^{3+}_{(6)}$ pm
Molares Volumen	$11{,}81 \cdot 10^{-6}$ $m^3 \cdot mol^{-1}$
1.; 2., 3.; 4.; 5. Ionisierungsenergie	5,9988 eV; 20,511 eV; 30,709 eV; 64,258 eV; 90,168 eV
Elektronegativität	(Allred/Rochow) 1,82; (Pauling) 1,81; (absolut) 3,2 eV
Elektronenaffinität Ga → Ga^-	−0,31 eV
Wirkungsquerschnitt für thermische Neutronen ($\sigma_{n,\gamma}$)	$2{,}90 \cdot 10^{-28}$ m^2
Dichte; fest bei 20 °C (flüssig bei 30 °C)	5904 kg · m^{-3} (6095 kg · m^{-3} a))
Härte (Mohs)	1,5
Schmelztemperatur	29,78 °C (302,93 K)
Siedetemperatur	2403 °C (2676,15 K) b)
Spezifische Schmelzenthalpie	80,17 kJ · kg^{-1} c)
Spezifische Verdampfungsenthalpie	3640 kJ · kg^{-1} d)
Spezifische Sublimations-/Atomisierungsenthalpie	3972,85 kJ · kg^{-1}
Spezifische Wärmekapazität (bei 25 °C)	0,371 kJ · $kg^{-1} \cdot K^{-1}$
Debye-Temperatur	47 °C (320,15 K)
Thermische Leitfähigkeit (bei 27 °C)	40,6 W · $m^{-1} \cdot K^{-1}$
Thermischer Längenausdehnungskoeffizient (a-Achse)	$-11{,}5 \cdot 10^{-6}$ K^{-1}
Relative Volumenänderung beim Schmelzen	− 0,03
Elektrische Leitfähigkeit (bei 0 °C; achsenabhängig)	$3{,}68 \cdot 10^6$ S · m^{-1}
Spezifischer elektrischer Widerstand (bei 0 °C; achsenabhängig)	$27{,}12 \cdot 10^{-8}$ Ω · m e)
Spezifischer elektrischer Widerstand (bei 29,78 °C)	$12{,}7464 \cdot 10^{-8}$ Ω · m
Supraleitung, Sprungtemperatur	−272,07 °C (1,083 K)
Spezifische magnetische Suszeptibilität	$-3{,}9 \cdot 10^{-9}$ $m^3 \cdot kg^{-1}$
Hall-Koeffizient	$-0{,}63 \cdot 10^{-10}$ $m^3 \cdot A^{-1} \cdot s^{-1}$
Normalpotential Ga/Ga^{3+}	−0,529 V
Hydratationsenthalpie Ga^{3+}	−4641 kJ · mol^{-1}
Bildungsenthalpie $GaCl_3$ (Ga_2O_3)	−525 kJ · mol^{-1} (−1105 kJ · mol^{-1})

Weitere Angaben: a) 6113,6 kg · m^{-3}. b) 1983 °C, 2225 °C und 2250 °C. c) 80,8 kJ · kg^{-1}. d) 3673,1 kJ · kg^{-1}, 3876,77 kJ · kg^{-1}. e) $13{,}6 \cdot 10^{-8}$ Ω · m.

Entdeckung

Gallium wurde im Jahre 1875 von dem französischen Chemiker Paul-Émil Lecoq de Boisbaudran (1838–1912) in Paris, Frankreich, mit Hilfe eines selbstgebauten Funkenspektrometers, in einer pyrenäischen Zinkblende entdeckt. Noch im gleichen Jahr gelang es ihm zusammen mit seinem Mitarbeiter E. C. Jungfleisch das reine Metall durch Elektrolyse einer ammoniakalischen Ga-Sulfatlösung zu isolieren. Auf Vorschlag Boisbaudrans erhielt das neue Element, zu Ehren Frankreichs, den Namen „Gallium“ (von Lat. *Gallia*, d. h. „Frankreich“) mit dem chemischen Symbol Ga. Das Element hatte D. I. Mendelejew schon 1871 als *Eka-Aluminium* vorausgesagt, allerdings wurde seine Existenz von Boisbaudran bereits 1863 aufgrund spektroskopischer Untersuchungen von Aluminium- und Indiumverbindungen vermutet.

Vorkommen

Mit einem berechneten Massenanteil in der Erdhülle von $1{,}4 \cdot 10^{-3}\%$ steht Gallium an 38. Stelle der Elementhäufigkeit und gehört damit zu den weniger häufigen Elementen auf der Erde. In der Natur kommt Gallium nie elementar vor. In Form von Verbindungen ist es aber, in sehr geringen Konzentrationen, weit verbreitet. In der bis 16 km tiefen Erdkruste ist Gallium mit 18 g/t Gestein vertreten, in Gesteinsmeteoriten mit rund 5 g/t. In den Meeren und Ozeanen beträgt sein Anteil durchschnittlich 3 µg $Ga^{(+III)}$ pro m^3 Meerwasser, bei einer Verweilzeit von ca. 10000 Jahren. Das galliumreichste Mineral, mit einem Ga-Gehalt von 35,4% ist der Gallit $CuGaS_2$, der 1958 in der Tsumeb-Mine in Südwestafrika (Namibia) entdeckt wurde. Da Gallium einen ähnlichen Ionenradius hat wie das homologe Aluminium, dringt es leicht in die Kristallgitter verschiedener Aluminiumverbindungen ein. Man findet Gallium daher in geringen Mengen ca. 0,003–0,01% als Begleitelement in vielen Aluminiumerzen wie z. B. im Bauxit, der Tonerde u. a. Die höchsten Konzentrationen von 0,1 bis 1% Ga findet man in dem seltenen Mineral Germanit $Cu_3(Ge, Fe)S_4$ etwa 0,02% Ga in Sphalerit, Zinkblende, sowie in geringeren Konzentrationen im Magnetit und Pyrit. Das einzige bekannte oxidische Galliummineral ist der Söhngeit $[Ga(OH)_3]$. Spuren von Gallium findet man auch im Mansfelder Kupferschiefer und in einigen Kohleflugaschen, wie z. B. im Flugstaub nordenglischer Kohleaschen, die einen Ga-Gehalt bis zu 0,75% erreichen. Die Ga-Reserven dürften weltweit bei etwa 300000 t liegen, die Hauptvorkommen befinden sich in den USA, Afrika, Tschechien und Japan. Die Häufigkeit des Elements auf der Sonne beträgt ca. 631 Atome Gallium pro $1 \cdot 10^{12}$ Atome Wasserstoff, die kosmische Häufigkeit ist nicht bekannt.

Herstellung

Technisch erhält man Gallium heute vorwiegend als Nebenprodukt der Zink- und Aluminiumindustrie. So wird das Metall z. B. aus der Natriumaluminatfraktion, die bei der Aufbereitung von Bauxit nach dem *Bayer-Verfahren* anfällt (vergl. Aluminium), an einer mit Quecksilber überzogenen Eisenkathode elektrolytisch abgeschieden. Je nach Ga-

Gehalt schwankt die erhaltene Menge zwischen 30 g und 60 g Gallium je t Bauxit. Von Bedeutung ist die Gewinnung von Gallium als Nebenprodukt bei der Herstellung von Reinstaluminium (99,99%) mit Hilfe der Dreischichtelektrolyse. Reinstes Gallium von 99,9999% erhält man durch anschließende elektrolytische Raffination, Ziehung von Einkristallen oder durch *Zonenschmelzverfahren*. Die Gallium-Produktion beträgt weltweit ca. 50 t/Jahr. Gallium war lange Zeit sogar teurer als Gold. Heute liegt der Preis für 1 kg Gallium bei etwa 12 $ bzw. ca. 21,5 DM.

Physikalische Eigenschaften

Gallium ist ein silberweißes, glänzendes, an der Luft beständiges, sehr weiches, gut dehnbares diamagnetisches Metall. Es kristallisiert im orthorhombischen System. Die kleinere Dichte des festen Metalls gegenüber der Schmelze zeigt, daß Gallium sich beim Erstarren ausdehnt, es hat daher einen negativen Längenausdehnungskoeffizienten. Gallium hat die sehr niedrige Schmelztemperatur von 29,78 °C und schmilzt schon in der Hand. Infolge Unterkühlungserscheinungen bleibt das Metall bis weit unter seiner Schmelztemperatur flüssig. Wegen seiner niedrigen Schmelztemperatur und hohen Siedetemperatur hat Gallium den größten Flüssigkeitsbereich aller Stoffe (ca. 2400 K). Die thermische Leitfähigkeit beträgt 9,46% die elektrische 5,85% der des Silbers. Unterhalb –272,07 °C (1,083 K) bzw. in dünnen Schichten bereits unterhalb –264,55 °C (8,6 K) besteht Supraleitfähigkeit. Die kritische Feldstärke beträgt 4740 A · m^{-1}.

Radiochemie

Gallium kommt in der Natur in Form von zwei stabilen Isotopen vor. Daneben sind weitere 23 künstliche, radioaktive Isotope bekannt.

Die Isotope des Galliums (1995)

Isotop	Natürliche Häufigkeit n (%)	Zerfallsart				Halbwertszeit $T_{1/2}$
		β^+	EC	γ	β^-	
Ga 60		**x**				n.bek.
Ga 61		**x**				0,15 s
Ga 62		**x**				116 ms
Ga 63		**x**		x		31,4 s
Ga 64		**x**		x		2,62 s
Ga 65		**x**		x		15 m
Ga 66		**x**		x		9,4 h
Ga 67		**x**		x		78,3 h
Ga 68			**x**	x		68,63 m
Ga 69	**60,108**					
Ga 70			x	x	**x**	21,15 m
Ga 71	**39,892**					
Ga 72				x	**x**	14,1 h
Ga 73				x	**x**	4,86 h

Die Isotope des Galliums (1995)

Isotop	Natürliche Häufigkeit n (%)	Zerfallsart				Halbwertszeit $T_{1/2}$
		β^+	EC	γ	β^-	
Ga 74*				x	**x**	8,1 m
Ga 74 m*				**x**	**x**	9,5 s
Ga 75				x	**x**	2,1 m
Ga 76				x	**x**	32,6 s
Ga 77				x	**x**	13 s
Ga 78				x	**x**	5,49 s
Ga 79				x	**x**	2,85 s
Ga 80				x	**x**	1,70 s
Ga 81				x	**x**	1,22 s
Ga 82				x	**x**	0,60 s
Ga 83				x	**x**	0,31 s
Ga 84					**x**	85 ms

(* isomere Atomkerne; m* markiert einen metastabilen Zustand)

Die Halbwertszeiten der Ga-Isotope sind allgemein kurz, die leichteren Isotope A < 71 zerfallen durch β^+-Strahlung oder Elektronen-Einfang (EC) in die entsprechenden Zn-Isotope, die schwereren gehen durch β^--Emission in Ge-Isotope über. Einige Ga-Isotope wie ${}^{66}_{31}Ga$ und ${}^{67}_{31}Ga$ entstehen durch Bestrahlung von Zink mit beschleunigten Protonen oder Deuteronen andere wie ${}^{72}_{31}Ga$ werden in einer ${}^{A}_{31}Ga(n, \gamma)\,{}^{A+1}_{31}Ga$-Reaktion erzeugt. Die Isotope ${}^{67}_{31}Ga$ (EC|1,002 MeV; γ|0,3 MeV) und ${}^{72}_{31}Ga$ (β^-|3,22 MeV; γ|2,51 MeV) finden Anwendung als radioaktive Indikatoren, Tracer, in der Technik und in der Medizin, ${}^{72}_{31}Ga$ wird auch in der Aktivierungsanalyse verwendet. Die beiden stabilen Isotope ${}^{69}_{31}Ga$ und ${}^{71}_{31}Ga$ der Kernspinzahl 3/2– und den kernmagnetischen Momenten +2,01659 und +2,56227 dienen zum NMR-spektroskopischen Nachweis; NMR-Frequenzen (bei 2,3488 T) $24{,}003 \cdot 10^6\ s^{-1}$ bzw. $30{,}495 \cdot 10^6 s^{-1}$, Referenz $Ga(H_2O)_6^{3+}$.

Chemische Eigenschaften

Gallium gehört zur Gruppe der „Triele“. Es befindet sich im PSE in der 13. Gruppe (IIIA Hauptgruppe) zwischen Aluminium Al und Indium In sowie in der 4. Periode zwischen Zink Zn und Germanium Ge. Das freie, neutrale Ga-Atom hat im elektronischen Grundzustand die Elektronenkonfiguration

$$1s^2\ 2s^2\ 2p^6\ 3s^2\ 3p^6\ 3d^{10}\ 4s^2\ 4p^1$$

die durch drei Valenzelektronen, gekennzeichnet ist. Gallium bildet daher in seinen Verbindungen vorwiegend die Oxidationsstufe +III ([Ar]$3d^{10}$), die durch Abgabe der zwei 4s-Elektronen und des einen 4p-Elektrons gekennzeichnet ist. Seltener treten auch die Stufen +I und +II auf. Die Normalpotentiale des Galliums:

+III +II 0

−0,529 V (Ga³⁺ → Ga)

Saure Lösung Ga^{3+} —ca. −0,65 V— Ga^{2+} —ca. −0,45 V— Ga

Entsprechend seinem negativen Normalpotential ist Gallium ein elektropositives, unedles Metall, das sich unter Wasserstoffentwicklung sowohl in verdünnten Säuren, als auch in Basen und sogar in heißem Wasser löst. Mit Säuren bildet es Galliumsalze Ga^{3+}, in alkalischen Lösungen bildet es Gallate $[Ga(OH)_4]^-$. In kaltem Wasser und in oxidierenden Säuren wie Salpetersäure erfolgt Passivierung. In trockener Luft ist Gallium beständig, es verbrennt nur in reinem Sauerstoff unter hohen Druck. Mit den Halogenen reagiert Gallium schon bei Raumtemperatur und bildet Halogenide der Formel GaX_3 (X = Halogen). Mit Aluminium entstehen Legierungen, die bei geringem Aluminiumgehalt schon bei niedrigen Temperaturen flüssig sind und mit Wasser heftig reagieren. Allgemein zeigt Gallium in seinen meist farblosen Verbindungen große Ähnlichkeit mit den entsprechenden Al-Verbindungen.

Nachweis

Quantitativ:

- Fällung mit Ammoniak NH_3 und Glühen zum Ga_2O_3.
- Photometrisch mit Chinalizarin, Xylenolorange, Kupferron, Rhodamin B, Morin u. a.
- Spektralanalyse; wichtige Spektrallinien der neutralen Atome: 287,424 nm, 294,364 nm, 403,299 nm, 417,204 nm, 639,656 nm, 641,344 nm.
- Atomabsorptionsspektrometrie (AAS) mittels der 287,424 nm Hauptlinie des Atomspektrums.

Verwendung

Der größte Teil des erzeugten Galliums dient zur Herstellung von Ga(III,V)-Verbindungen wie Ga-Arsenid GaAs, Ga-Antimonid GaSb, Ga-Phosphid GaP u. a., die als Halbleiter zur Herstellung von Dioden, Laserdioden, Transistoren usw. Bedeutung haben. Ga-Arsenid ist ein wichtiges Material zur Herstellung von Solarzellen in der Raumfahrttechnik. Daneben findet Gallium Verwendung als Füllung von Quarz-Hochtemperaturthermometern im Temperaturbereich zwischen –15 °C und 1200 °C und als Wärmeaustauschmedium in der Reaktortechnik. Als ungiftige Flüssigkeit wird es an Stelle von Quecksilber, als Lampenfüllung für Galliumdampflampen, als Belag für Hochtemperaturspiegel, in der Spektroskopie, als Sperrflüssigkeit für Gasvolumenmessungen bei höheren Temperaturen sowie für Verschlüsse an automatischen Feuerlöschvorrichtungen eingesetzt. In der Zahntechnik wird Gallium als Bestandteil von Amalgamen für Zahnfüllungen verwendet. Das Metall eignet sich ferner zur Herstellung von leicht schmelzbaren Legierungen mit Sn, Pb, Bi und Cd oder mit Fe, Gd, Li, Y und Mg die gute magnetische Eigenschaften zeigen. Galliumverbindungen wie Ga-Chlorid $GaCl_3$ dienen als Katalysator in der organischen Chemie. Intermetallische Ga-Verbindungen sind Supraleiter mit relativ hohen Sprungtemperaturen: V_3Ga (T_c = 16,8 K), Nb_3Ga (T_c = 14 K) und ZrGa (T_c = 10 K). Das radioaktive Isotop $^{72}_{31}Ga$ wird in der Medizin zur Diagnose von Knochenkrebs verwendet.

Physiologie, Toxikologie

Gallium hat keine biologische Bedeutung für den menschlichen Organismus. Es ist gering toxisch und wirkt stimulierend. Der menschliche Körper enthält einige mg Gallium verteilt auf Muskeln und Blut.

Germanium Ge

International (Lat.)	Germanium	Italienisch	Germanio
Englisch	Germanium	Griechisch	Γερμάνιο (Jermanio)
Französisch	Germanium	Russisch	Германий (Gjirmanij)
Spanisch	Germanio	Japanisch	ゲルマニウム (gerumaniumu)

Atomare und physikalische Eigenschaften

Protonenzahl **(Z)**	**32**
Standard-Atomgewicht (bezogen auf ^{12}C = 12)	72,61(±2)
Effektive Kernladung	(Slater) 5,65; (Clementi) 6,78; (Froese-Fischer) 7,92
Elektronenkonfiguration	[Ar] $3d^{10}\ 4s^2\ 4p^2$
Grundzustand, Termsymbol	$^3P_0$
Atomradius	122,5 pm
Kovalenzradius (Einfachbindung)	122 pm
Ionenradien (KZ 4;6)	$272^{4-}_{(4)}$ pm, $73^{2+}_{(6)}$ pm, $39^{4+}_{(4)}$ pm, $53^{4+}_{(6)}$ pm
Molares Volumen	$13{,}64 \cdot 10^{-6}\ m^3 \cdot mol^{-1}$
1.; 2.; 3.; 4.; 5. Ionisierungsenergie	7,8985 eV;15,934 eV; 34,222 eV; 45,706 eV; 93,485 eV
Elektronegativität	(Allred/Rochow) 2,02; (Pauling) 2,01; (absolut) 4,6 eV
Elektronenaffinität Ge ⟶ Ge^-	–1,233 eV
Wirkungsquerschnitt für thermische Neutronen ($\sigma_{n,\gamma}$)	$2{,}20 \cdot 10^{-28}\ m^2$
Dichte (α; bei 20 °C)	$5323\ kg \cdot m^{-3}$ a)
Härte (Mohs)	6
Schmelztemperatur	937,4 °C (1210,55 K) b)
Siedetemperatur	2830 °C (3103,15 K)
Spezifische Schmelzenthalpie	$477{,}89\ kJ \cdot kg^{-1}$ c)
Spezifische Verdampfungsenthalpie	$4517{,}28\ kJ \cdot kg^{-1}$ d)
Spezifische Sublimationsenthalpie (einatomiges Gas)	$3897{,}5\ kJ \cdot kg^{-1}$
Spezifische Atomisierungsenthalpie	$5192{,}12\ kJ \cdot kg^{-1}$
Spezifische Wärmekapazität (bei 0 °C)	$0{,}3083\ kJ \cdot kg^{-1} \cdot K^{-1}$
Debye-Temperatur	102 °C (375,15 K)
Thermische Leitfähigkeit (bei 27 °C)	$59{,}9\ W \cdot m^{-1} \cdot K{-1}$
Thermischer Längenausdehnungskoeffizient (bei 25 °C)	$5{,}58 \cdot 10^{-6}\ K^{-1}$
Elektrische Leitfähigkeit (bei 20 °C)	$2{,}1645\ S \cdot m^{-1}$
Spezifischer elektrischer Widerstand (bei 20 °C)	$0{,}462\ \Omega \cdot m$
Dielektrizitätskonstante	16
Austrittsarbeit der Elektronen im Vakuum (CPD)	5,02 eV
Beweglichkeit der Elektronen (Löcher)	$0{,}38\ m^2 \cdot V^{-1} \cdot s^{-1}$ ($0{,}182\ m^2 \cdot V^{-1} \cdot s^{-1}$)
Energielücke	0,67 eV
Bildungsenthalpie	$791\ kJ \cdot mol^{-1}$
Spezifische magnetische Suszeptibilität	$-1{,}328 \cdot 10^{-9}\ m^3 \cdot kg^{-1}$
Normalpotential Ge /Ge^{2+} (Ge/GeO)	–0,247 V (0,255 V)
Bildungsenthalpie GeH_4 ($GeCl_4$; GeO_2)	$+90{,}8\ kJ \cdot mol^{-1}$ ($-531{,}1\ kJ \cdot mol^{-1}$; $-541{,}5\ kJ \cdot mol^{-1}$)

Weitere Angaben: a) $5320\ kg \cdot m^{-3}$, $5350\ kg \cdot m^{-3}$. b) 945 °C und 947,4 °C, c) $506{,}82\ kJ \cdot kg^{-1}$. d) $4616{,}78\ kJ \cdot kg^{-1}$.

Entdeckung

Germanium wurde im Jahre 1886 von dem deutschen Chemiker und Mineralogen Clemens Alexander Winkler (1838–1904) in Freiberg, Deutschland, im Mineral Argyrodit entdeckt und aus diesem isoliert. Während er jedoch glaubte ein *Eka-Stibium* erhalten zu haben, war D. I. Mendelejew der Meinung es handelte sich um ein *Eka-Cadmium*. Schließlich identifizierten Theodor Hieronymus Richter (1825–1898) und Julius Lothar Meyer (1830–1895) das neue Element als ein *Eka-Silicium*. Winkler nannte anfangs sein Element *Neptunium*, doch als sich herausstellte, daß dieser Name schon einmal einem vermeintlichen Element gegeben wurde, gab er dem neuen Element, zu Ehren seiner Heimat Deutschland, den Namen „Germanium" von Lat. „Germania", d. h. „Deutschland", mit dem chemischen Symbol „Ge".

Vorkommen

Germanium gehört zu den selteneren Elementen auf der Erde und steht mit einem berechneten Massenanteil in der Erdhülle von $5{,}6 \cdot 10^{-4}$% an 46. Stelle der Elementhäufigkeit. In der Erdkruste bis 16 km Tiefe ist es mit rund 1,6 g/t Gestein, in Steinmeteoriten bis zu 10 g/t vertreten. Im Meerwasser beträgt sein Anteil durchschnittlich 3,6 µg $Ge^{(+IV)}$ pro m^3, bei einer Verweilzeit von ca. 20000 Jahren. Germanium ist in mehreren Mineralen relativ weit verbreitet, in höheren Konzentrationen bis zu 8% kommt es jedoch hauptsächlich in Form von Schwefelverbindungen und Thiogermanaten, in den südafrikanischen Mineralen Canfieldit $4\,Ag_2S \cdot (Sn, Ge)S_2$, Germanit $Cu_6FeGe_2S_8$ (= $3\,Cu_2S \cdot FeS \cdot 2\,GeS_2$) und Renierit, eine eisenreichere Varietät des Germanit, sowie in dem seltenen Mineral Argyrodit Ag_8GeS_6 (= $4\,Ag_2\,S \cdot GeS_2$) vor. Germanium ist auch einigen Zinkerzen und spurenweise in einigen Steinkohlensorten enthalten. Die Hauptvorkommen befinden sich hauptsächlich in Kongo, Namibia, Bolivien u. a. Die bekannten Weltvorräte liegen bei einigen hunderttausend Tonnen. Die Häufigkeit des Elements auf der Sonne beträgt etwa 3160 Atome Germanium pro $1 \cdot 10^{12}$ Atome Wasserstoff, die kosmische Häufigkeit ist nicht bekannt.

Herstellung

Die wichtigsten Erze zur Gewinnung von Germanium sind Germanit und Renierit. Ein großer Teil des Metalls wird jedoch als Nebenprodukt der Zn-, Cu- oder Pb-Verhüttung sowie aus Kohlenflugaschen gewonnen. Aus den Aufschlußlösungen, wird das Metall als Sulfid oder Oxid ausgefällt und mit konz. Salzsäure in Ge(IV)-chlorid $GeCl_4$ überführt. Nach Reinigung durch fraktionierte Destillation gewinnt man daraus durch Hydrolyse reines Ge(IV)-oxid das anschließend im Wasserstoffstrom bei 650 °C zum Element reduziert wird. Man erhält Germaniumpulver das in Quarzschiffchen zu kleinen Barren umgeschmolzen wird. Hochreines Germanium für die Halbleiterindustrie erhält man durch *Zonenschmelzverfahren* oder durch Ziehen von Ge-Einkristallen in einer Helium-Schutzatmosphäre oder im Vakuum (Abb. 38). Auf diese Weise kann Germanium bis zu einer Reinheit von 1 Fremdatom pro $1 \cdot 10^{14}$ Ge-Atomen hergestellt werden. Die Weltproduktion an Germanium liegt bei 80–100 t/Jahr.

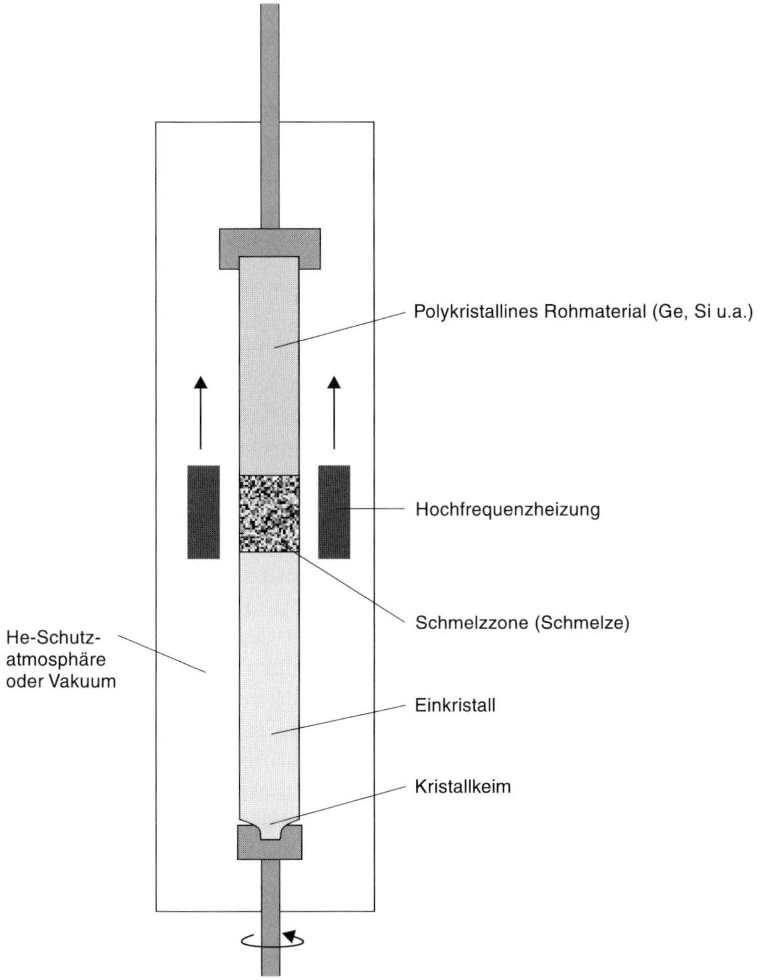

Abb. 38: Zonenschmelzverfahren; schematische Darstellung des Verfahrens zur Züchtung von Reinstkristallen aus der Schmelze. Die Reinigung erfolgt durch örtlich begrenztes Aufschmelzen des Materials mit Hochfrequenzheizung. Die Verunreinigungen, die in der Schmelze besser löslich sind als im Kristall, werden in der Schmelze zum Ende des Stabes transportiert und beseitigt. Das polykristalline Ausgangsmaterial wird in einen Einzelkristallstab umgewandelt.

Physikalische Eigenschaften

Gewöhnliches Germanium (α-Germanium) ist ein grauweißes, sehr sprödes Halbmetall, das erst bei Temperaturen über 500 °C plastisch verformbar ist. Es kristallisiert in kubisch flächenzentriertem Gitter, *Diamantgitter*, in dem die Ge-Atome durch Atombindungen zusammengehalten werden, und nicht wie bei Metallen durch metallische Bindung. Es besitzt eine mittlere Schmelz- und Siedetemperatur, die thermische Leitfähigkeit beträgt bei Raumtemperatur 13,96%, die elektrische jedoch nur etwa 0,00034%

der des Silbers. Germanium ist ein dem Silicium ähnlicher Halbleiter, bei dem die elektrische Leitfähigkeit mit der Temperatur stark ansteigt. Die temperaturabhängige Leitfähigkeit des Elements kommt dadurch zustande, daß unter dem Einfluß eines elektrischen Feldes oder durch Erwärmung, einzelne Elektronen aus der Atombindung herausgelöst werden, wodurch positive Atomrümpfe sogenannte *Elektronenlöcher* oder *Defektelektronen* zurück bleiben. Die Elektronen, die sich in Richtung des positiven Pols bewegen, werden dabei von den positiven Nachbaratomen eingefangen. Es entsteht so der Effekt, daß sich die Elektronen und Defektelektronen in entgegengesetzter Richtung zu den jeweils entgegengesetzten Polen bewegen. Da sich beim Erwärmen die Anzahl der freien Elektronen erhöht, steigt auch die Leitfähigkeit mit der Temperatur an. Die elektrische Leitfähigkeit kann auch durch *Dotieren* mit Fremdatomen der Elemente der 13. oder 15. Gruppe, erhöht werden. Dotiert man z. B. ein Ge-Kristall mit As-Atomen, die jeweils fünf Valenzelektronen besitzen, so erhält das Kristall mit jedem As-Atom ein überschüssiges Elektron, das für die Leitung des elektrischen Stromes zur Verfügung steht, man erhält einen sogenannten *n-Halbleiter* (n = negativ) mit Elektronenleitung. Beim Dotieren mit Gallium, das nur drei Valenzelektronen besitzt, entsteht für jedes Ga-Atom ein *Elektronenloch* bzw. ein *Defektelektron*, man erhält dann einen *p-Halbleiter* (p = positiv) mit Defektelektronenleitung. Bei Einwirkung sehr hoher Drücke von etwa 12 GPa läßt sich α-Germanium in eine spezifisch dichtere tetragonale, den elektrischen Strom leitende Form, β-Germanium überführen, die beim Erwärmen jedoch wieder in die kubische Form, α-Germanium übergeht. Durch Abschrecken von flüssigen oder gasförmigen Germanium erhält man instabiles amorphes Germanium, das aus unregelmäßig verknüpften Tetraedern besteht. Da innerhalb unregelmäßiger Strukturen freie Valenzen vorhanden sind, ist die amorphe Phase nur beständig wenn die freien Valenzen durch Fremdatome abgesättigt sind. Sind keine Fremdatome vorhanden, erfolgt spontane Kristallisation. In der metallischen Hochdruckphase also > 12 GPa besteht unterhalb –267,75 °C (5,4 K) Supraleitfähigkeit. Bei der Ge-Verbindung Nb_3Ge tritt Supraleitfähigkeit bereits bei –249,95 °C (23,2 K) ein. Einige Ge-Verbindungen weisen höhere Sprungtemperaturen auf wie z. B.: $Ge_{01}Si_{09}V_3$ (T_c = –259,15 °C; 14 K), $Al_{08}Ge_{02}Nb_3$ (T_c = –252,45 °C; 20,7 K), $GeNb_3$ (T_c = –249,95 °C; 23,2 K) u. a.

Radiochemie

Natürliches Germanium besteht aus einem Gemisch von fünf stabilen Isotopen und einem sehr langlebigen Radioisotop, weitere 21 künstliche Radioisotope sind bekannt. Die Radioisotope des Germaniums haben relativ kurze, jedoch sehr unterschiedliche Halbwertszeiten. Die leichteren Isotope A < 72 zerfallen durch β^+-Strahlung oder Elektronen-Einfang (EC) in die entsprechenden Ga-Isotope, die schwereren verwandeln sich durch β^--Strahlung in As-Isotope. Die wichtigsten Ge-Isotope sind $^{68}_{32}Ge$ (EC | 0,11 MeV) das durch Beschuß von Gallium mit energiereichen Protonen hergestellt wird und $^{71}_{32}Ge$ (EC | 0,236 MeV), das in der $^{70}_{32}Ge(n, \gamma)\ ^{71}_{32}Ge$ Reaktion entsteht, sie werden zusammen mit $^{77}_{32}Ge$ (β^- | 2,2 MeV; γ | 0,416 MeV) als radioaktive Indikatoren (Tracer) verwendet. Das stabile Isotop $^{73}_{32}Ge$ der Kernspinzahl 9/2+ und kernmagnetische Moment –0,87946 dient zum NMR-spektroskopischen Nachweis; NMR-Frequenz (bei 2,3488 T) $3{,}488 \cdot 10^6$ s^{-1}; Referenz $Ge(CH_3)_4$.

Die Isotope des Germaniums (1995)						
Isotop	Natürliche Häufigkeit n (%)	Zerfallsart				Halbwertszeit $T_{1/2}$
		β^+	EC	γ	β^-	
Ge 61		**x**				40 ms
Ge 62		**x**				n.bek.
Ge 63		**x**				95 ms
Ge 64		**x**		x		64 s
Ge 65		**x**		x		31 s
Ge 66		**x**	**x**	x		2,3 h
Ge 67		**x**		x		18,7 m
Ge 68			**x**			270,82 d
Ge 69		**x**	**x**	x		39,0 h
Ge 70	**21,23**					
Ge 71			**x**			11,43 d
Ge 72	**27,66**					
Ge 73	**7,73**					
Ge 74	**35,94**					
Ge 75*				x	**x**	83 m
Ge 75 m*				**x**	x	47 s
Ge 76	**7,44**					$1{,}53 \cdot 10^{21}$ a
Ge 77*				x	**x**	11,3 h
Ge 77 m*				x	**x**	53 s
Ge 78				x	**x**	88 m
Ge 79*				x	**x**	39 s
Ge 79*				x	**x**	19 s
Ge 80				x	**x**	29,5 s
Ge 81*				x	**x**	7,6 s
Ge 81*				x	**x**	7,6 s
Ge 82				x	**x**	4,60 s
Ge 83				x	**x**	1,85 s
Ge 84				x	**x**	984 ms
Ge 85				x	**x**	535 ms
Ge 86					**x**	n.bek.

(* isomere Atomkerne; m* markiert jeweils einen metastabilen Zustand)

Chemische Eigenschaften

Germanium gehört zur Gruppe der „Tetrele". Es befindet sich im PSE in der 14. Gruppe (IVA Hauptgruppe) zwischen Silicium Si und Zinn Sn sowie in der 4. Periode zwischen Gallium Ga und Arsen As. Entsprechend seiner Stellung im PSE besitzt das freie, neutrale Ge-Atom im elektronischen Grundzustand folgende Elektronenkonfiguration:

$$1s^2\ 2s^2\ 2p^6\ 3s^2\ 3p^6\ 3d^{10}\ 4s^2\ 4p^2$$

Germanium bildet wie die anderen Elemente seiner Gruppe in seinen Verbindungen die Oxidationsstufen +II ($3d^{10}\ 4s^2$) und +IV ($[Ar]3d^{10}$), seltener auch –IV ($[Kr]$), von denen

die Stufe +IV die häufigste und beständigste ist. Neben Ionenbindung geht Germanium auch zahlreiche kovalente Bindungen ein wie z. B. (in den Klammern sind die Bindungslängen und die Bindungsenthalpien angegeben): Ge–H (152,9 pm; 288 kJ · mol^{-1}), Ge–O (165 pm; 363 kJ · mol^{-1}), Ge–C (194 pm; 237 kJ · mol^{-1}), Ge–F (170 pm; 465 kJ · mol^{-1}), Ge–Cl (210 pm; 340 kJ · mol^{-1}), Ge–Ge (241 pm; 163 kJ · mol^{-1}) u. a.
Die Normalpotentiale des Germaniums:

	+IV		+II		0		–IV
Saure Lösung	GeO_2	–0,370 V	GeO	+0,255 V	Ge	–0,295 V	GeH_4
	Ge^{4+}	0,00 V	Ge^{2+}	–0,247 V (→ Ge)			

In seinem chemischen Verhalten ist Germanium seinem leichteren Homologen Silicium sehr ähnlich. Es ist ein ziemlich reaktionsträges Element. Kompaktes Germanium ist bei Raumtemperatur an der Luft beständig. Mit molekularem Sauerstoff verbrennt es bei Rotglut unter Bildung weißer Dämpfe zu Ge(IV)-oxid:

$$Ge + O_2 \longrightarrow GeO_2 \qquad \Delta H = -560{,}8 \text{ kJ}$$

Mit den Halogenen reagiert es zu Ge(IV)-halogeniden z. B. mit molekularem Chlor bildet es Ge(IV)-chlorid:

$$Ge + 2\,Cl_2 \longrightarrow GeCl_4$$

Von nichtoxidierenden Säuren und Basen wird es nicht angegriffen. Von oxidierenden Säuren wie konz. Selpetersäure, konz. Schwefelsäure und Königswasser, wird es in das unlösliche Ge(IV)-oxid überführt. Ge(II)-Verbindungen sind unbeständig, beständiger sind Ge-(IV)-Verbindungen. Das Ge(IV)-oxid reagiert in Lösung sauer und bildet die Germaniumsäure H_4GeO_4 bzw. $Ge(OH)_4$. In Alkalilauge bildet es Germanate, die Salze der Germaniumsäure: Orthogermanate der allg. Formel $M^I_4[GeO_4]$ die in wäßriger Lösung mehrere Anionen bilden GeO_4^{4-}, $GeO(OH)_3^-$, $GeO_2(OH)_2^{2-}$ und $\{[Ge(OH)_4]_8(OH)_3\}^{3-}$, Metagermanate der allg. Formel $M^I_2[GeO_3]$, Metadigermanate $M^I_2[Ge_2O_5]$ Hexahydroxogermanate der allg. Formel $M^I_2[Ge(OH)_6]$.
Ge(IV)-hydride oder Germane der allg. Formel Ge_4H_{2n+2}, Monogerman GeH_4, Digerman Ge_2H_6, Trigerman Ge_3H_8, Tetragerman Ge_4H_{10}, Pentagerman Ge_5H_{12} und Polygermane $[GeH]_n$ und $[GeH_2]$n. Alle Germane sind brennbar.

Nachweis

Qualitativ:
- Mit Reagenzien wie Benzoin oder 1,5-Diphenylcarbazon.
- Als weißes Ge(IV)-sulfid GeS_2 im H_2S Trennungsgang.

Quantitativ:
- Gravimentisch mit Benzol[*f*]chinolin oder Oxin.
- Photometrisch mit Phenylfluoron und Dithiol.
- Spektralanalyse; wichtige Spektrallinien der neutralen Atome: 204,171 nm, 206,866 nm, 209,426 nm, 259,253 nm, 265,117 nm, 265,157 nm.
- Atomabsorptionsspektrometrie (AAS) mittels der 265,157 nm Hauptlinie des Atomspektrums.

Verwendung

In der Halbleitertechnologie wurde Germanium in den letzten Jahren weitgehend von dem billigeren Silicium, GaP, GaAs u. a. verdrängt. Allerdings findet Germanium Verwendung in einigen speziellen Bereichen, in denen es dem Silicium überlegen ist, so z. B. zur Herstellung von Germanium-Höchstfrequenztransistoren, Germaniumdioden als Photodioden, als Demodulatordioden in der Rundfunk- und Fernsehtechnik. In Form großer lithiumdotierter Dioden wird es in Gammaspektrometern und Strahlendetektoren verwendet. Wegen der guten Durchlässigkeit von Infrarotstrahlung dient Germanium und Ge(IV)-oxid zur Herstellung optischer Bauteile wie Ge-Linsen oder Fenstern in Infrarotspektroskopen und anderen optischen Geräten. Ge-Salze erhöhen die Lichtbrechung von Glas. Als Legierungsbestandteil mit Aluminium, Magnesium, Zinn u. a. erhöht es die Härte dieser Metalle, so z. B. verdoppelt ein 0,35% Ge-Zusatz die Härte von Zinn. Ge-Si-Legierungen haben Bedeutung in der alternativen Energiegewinnung. Z. Z. werden auch Möglichkeiten zur Herstellung elektrischer Batterien durch Bestrahlung von p-n-Germaniumübergängen mit β^--Teilchen, aus radioaktiven Präparaten, untersucht. GeO_2 dient als Katalysator in der organischen Chemie.

Physiologie, Toxikologie

Germanium hat keine biologische Bedeutung für den menschlichen Organismus. Das Element gilt als nicht toxisch, einige Ge-Verbindungen hingegen sind giftig.

Gold Au

International (Lat.)	Aurum	Italienisch	Oro
Englisch	Gold	Griechisch	Χρυσός (Chrissós)
Französisch	Or	Russisch	Эолото (Solató)
Spanisch	Oro	Japanisch	金 (キン) (kin)

Atomare und physikalische Eigenschaften

Protonenzahl **(Z)**	**79**
Standard-Atomgewicht (bezogen auf ^{12}C = 12)	196,96654(±3)
Effektive Kernladung	(Slater) 4,20; (Clementi) 10,94; (Froese-Fischer) 15,94
Elektronenkonfiguration	[Xe] $4f^{14}$ $5d^{10}$ $6s^1$
Grundzustand, Termsymbol	$^2S_{1/2}$
Metallatomradius (KZ 12)	144,2 pm
Kovalenzradius (Einfachbindung)	134 pm
Ionenradien (KZ 6)	$137^{+}_{(6)}$ pm, $683^{+}_{(4)}$ pm, $853^{+}_{(6)}$ pm, $575^{+}_{(6)}$ pm
Molares Volumen	$10,19 \cdot 10^{-6}$ $m^3 \cdot mol^{-1}$
1.; 2.; 3.; 4.; 5. Ionisierungsenergie	9,2254 eV; 20,521 eV; 30,056 eV; 43,529 eV; 58,035 eV
Elektronegativität	(Allred/Rochow) 1,42; (Pauling) 2,54; (absolut) 5,77 eV
Elektronenaffinität Au → Au^-	2,309 eV
Wirkungsquerschnitt für thermische Neutronen ($\sigma_{n,\gamma}$)	$98,7 \cdot 10^{-28}$ m^2
Dichte (bei 20 °C)	19320 kg · m^{-3}
Härte (gegossen)	(Mohs) 2,5–3 ; (Brinell) $18,9 \cdot 10^7$ Pa
Elastizitätsmodul (gegossen)	$8,06 \cdot 10^{10}$ Pa
Schmelztemperatur	1064,43 °C (1337,58 K)
Siedetemperatur	2808 °C (3081,15 K) [a)]
Spezifische Schmelzenthalpie	64,5 kJ · kg^{-1} [b)]
Spezifische Verdampfungsenthalpie	1650 kJ · kg^{-1} [c)]
Spezifische Sublimationsenthalpie (einatomiges Gas)	1924,18 kJ · kg^{-1} [d)]
Spezifische Wärmekapazität (bei 25 °C)	0,129 kJ · $kg^{-1} \cdot K^{-1}$
Thermische Leitfähigkeit (bei 27 °C)	317 W · $m^{-1} \cdot K^{-1}$
Thermischer Längenausdehnungskoeffizient (bei 25 °C)	$14,16 \cdot 10^{-6}$ K^{-1}
Temperaturkoeffizient (bei 20 °C)	$4,5 \cdot 10^{-3}$ K^{-1}
Thermospannung (Δt =100 K / Pt; Cu)	+0,7 mV, –0,05 mV
Elektrische Leitfähigkeit (bei 20 °C)	$42,55 \cdot 10^6$ S · m^{-1}
Spezifischer elektrischer Widerstand (bei 20 °C)	$2,350 \cdot 10^{-8}$ Ω · m
Spezifische magnetische Suszeptibilität	$-1,78 \cdot 10^{-9}$ $m^3 \cdot kg^{-1}$
Hall-Koeffizient	$-0,705 \cdot 10^{-10}$ $m^3 \cdot A^{-1} \cdot s^{-1}$
Elektrochemisches Äquivalent Au^{3+}	$0,6805 \cdot 10^{-6}$ kg · $A^{-1}s^{-1}$
Normalpotential Au/Au^{3+}	+1,498 V
Hydratationsenthalpie Au^+	–645 kJ · mol^{-1}
Bildungsenthalpie AuCl	–35 kJ · mol^{-1}

Weitere Angaben: a) 2660 °C und 2970 °C. 3080 °C. b) 65,7 kJ · kg^{-1}. c) 1646,98 kJ · kg^{-1} und 1741,42 kJ · kg^{-1}. d) 1858,18 kJ · kg^{-1}.

Entdeckung

Gold ist eines der sieben Metalle des Altertums. Die ältesten Goldfunde stammen aus dem 5. Jahrtsd. aus einem Gräberfeld am Warnasee in Bulgarien. Die Römer kannten bereits im 2. Jh. v. Chr. ein Reinigungsverfahren des Goldes durch Ausschmelzen mit Blei, Kochsalz und Kreide. Im Mittelalter versuchten die Alchimisten Gold durch *Transmutation* anderer Stoffe zu erhalten und suchten nach dem *Stein der Weisen*, der die Umwandlung niederer Materie in Gold ermöglichen sollte. Im 14. Jh. wurden Goldvorkommen im Karpathenbecken, später auch in den östlichen Alpenländern gefunden. Nach der Entdeckung Amerikas 1498 brachten die spanischen Eroberer riesige Mengen Gold, das *Gold der Inkas, (Eldorado Saga)*, aus Südamerika nach Europa. Ab dem 19. Jh. wurden große Gold-Vorkommen in Sibieren, Australien, USA und schließlich in der Republik Südafrika entdeckt, wo 1886 der industrielle Abbau begann. Die Namen des Metalls beziehen sich fast immer auf die Farbe Gelb z. B. *aurum*, d. h. „das Gelbe" oder *aurora*, d. h. „Morgenröte" oder „Osten" also „Sonne". „Gold" stammt vom altgermanischen „ghlto" bzw. „ghel", d. h. „gelb". Das chemische Symbol „Au" wurde 1814 von J. J. Berzelius eingeführt. Die Symbole des Goldes ab dem 15. Jh.:

15. Jh.	16. Jh.	17. Jh.	Bergmann 1783	Dalton 1808	Berzelius 1814
☼	OR	☉	☉	Ⓖ	Au

Vorkommen

Gold gehört zu den äußerst seltenen Elementen auf der Erde. Mit einem geschätzten Massenanteil in der Erdhülle von $5 \cdot 10^{-7}\%$ steht es zwischen Tellur und Platin an 75. Stelle der Elementhäufigkeit. In der Erdkruste bis 16 km Tiefe, ist Gold mit rund 4,1 mg/t Gestein, in Eisenmeteoriten mit 1,8 g/t vertreten. Im Meerwasser beträgt sein Anteil durchschnittlich 1–2 µg $Au^{(+I)}$ pro m³, die Verweilzeit ist nicht bekannt. Als sehr edles Metall tritt Gold hauptsächlich in gediegenem Zustand, d. h. elementar auf. Allerdings ist es fast immer mit Silber und mit kleineren Mengen Blei, Kupfer, Platin u. a. verunreinigt. Man findet es als *Frei-Gold* in Form von Schuppen, Körner, Klumpen bzw. Nuggets oder fein verteilt in Mineralen z. B. als goldhaltiger Quarz SiO_2 goldhaltiger Pyrit FeS_2 oder Arsenkies bzw. Arsenopyrit Fe[AsS]. Daneben kommt es auch oft an Tellur gebunden vor, mit dem es Gold- bzw. Gold-Silber-Telluride bildet.
Das in seinen ursprünglichen Lagerstätten, meistens in Quarzgängen, in Mengen von 2–25 g je t Gestein, eingebettete silberhaltige Gold wird *Berggold* genannt. Bei der Verwitterung der goldführenden Schichten wurde es zum Teil vom Wasser weggewaschen und kam in die Flußsande wo man es auch heute noch in kleinen Mengen findet. Dieses Gold

Die wichtigsten Goldminerale	
Calaverit	$AuTe_2$
Krennerit	$AuTe_4$
Nagyagit, Blättertellur	$AuTe_2 \cdot 6$ Pb (S, Te, Fe, Sb)
Sylvanit, Schrifterz	$AuAgTe_4$
Petzit	Ag_3AuTe_2

nennt man *Seifengold* oder *Waschgold*. Ein kleiner Teil des Goldes erreichte auf diesem Weg auch das Meer. Die größten Goldvorkommen der Welt befinden sich am Witwatersrand Republik Südafrika etwa 1500–3000 m unter der Erde; der Goldgehalt beträgt bis zu 45 g/t Quarzgestein. Andere bedeutende Goldvorkommen liegen in Mother Lode in Kalifornien, ein 200 km langes Gangsystem; in Cripple Creek, Colorado; Alaska; Kanada; Berjosowsk im Ural-Gebiet, Rußland; Ghana; Simbabwe und Kalgoorlie in Australien *Goldene Meile* wo der bisher größte Goldklumpen von über 71 kg *Welcome Stranger* gefunden wurde. Die einzige Fundstelle in der das Gold über Tage abgebaut wird, befindet sich in der Kysyl Kum-Wüste in Zentralasien. Die Hauptfundstellen in Europa befinden sich nach wie vor in Siebenbürgen. In Deutschland gewinnt man Gold meist zusammen mit anderen Edelmetallen aus Kupferkies und Bleiglanz, der Goldgehalt ist allerdings sehr gering, er liegt bei etwa 1 g/t Erz. Die bekannten Gold-Reserven werden weltweit auf rund 60 000 t geschätzt, von denen jährlich etwa 1700 t abgebaut werden. Der Goldgehalt der Weltmeere, ca. 1,5 Mrd. km^3 Wasser, beträgt insgesamt mehrere Mio. t, die Goldgewinnung aus dem Meerwasser ist aber z. Z. noch unwirtschaftlich. Die Häufigkeit des Elements auf der Sonne beträgt ca. 5,6 Atome Gold pro $1 \cdot 10^{12}$ Atome Wasserstoff, die kosmische Häufigkeit wird auf 0,145 Atome Gold pro $1 \cdot 10^{6}$ Atome Silicium geschätzt.

Herstellung

Die einfachste und älteste Methode der Goldgewinnung, die schon vor über 5000 Jahren von den Ägyptern, Sumerern u. a. angewandt wurde, ist das *Goldwaschen*. Hierbei werden die zerkleinerten Goldhaltigen Gesteine und Flußsande in Wasser aufgeschlämmt, wobei sich die Goldkörnchen und -flitter aufgrund ihrer größeren Dichte schneller absetzten als die leichteren Begleitstoffe. Heute wird das Gold aus seinen Erzen nach Anreicherung durch *Amalgamierung* oder nach der 1887 von den Schotten MacArthur und Forrest erfundenen *Cyanidlaugerei* als Rohgold gewonnen und anschließend raffiniert. Die Anreicherung erfolgt durch Schwerkrafttrennung. Das in Steinbrechern zerkleinerte Golderz wird mit Wasser vermischt und auf ein Gummiförderband mit feinen Querrillen geleitet. Dabei bleiben die dichteren Gold-enthaltenden Partikel in den Rillen zurück, der Rest wird vom Wasser weggespült.

Bei der Amalgamierung wird das Goldkonzentrat in *Pochwerken* oder Mühlen gründlich mit Wasser und Quecksilber vermischt, wobei ein Teil des Goldes mit dem Quecksilber ein Amalgam bildet. Den restlichen Gold-haltigen Schlamm *Pochtrübe* läßt man über geneigte, oberflächlich amalgamierte Kupferplatten gleiten, auf denen ein weiterer Teil des Goldes als Amalgam zurückbleibt. Dieses wird stündlich mit einem Schaber von den Platten abgekratzt und das Quecksilber in Retorten bei 600 °C abdestilliert. Das zurückbleibende Rohgold wird in Graphittiegeln eingeschmolzen.

Weit ergiebiger arbeitet die seit 1890 allgemein praktizierte *Cyanidlaugerei*. Bei diesem Verfahren wird das fein zermahlene Gestein mit Natrium- oder Kaliumcyanidlösung, unter Zufuhr von Luftsauerstoff, gelaugt. Dabei löst sich das Gold unter Bildung der komplexen Cyanid-Verbindungen Natrium- oder Kaliumdicyanoaurat

$$4\,Au + 8\,NaCN + O_2 + 2\,H_2O \longrightarrow 4\,Na[Au(CN)_2] + 4\,NaOH$$

aus denen das Gold mit Zinkspänen oder -pulver gemäß

$$2\,Na[Au(CN)_2] + Zn \longrightarrow Na_2[Zn(CN)_4] + 2\,Au$$

gefällt wird das sich als Schlamm abscheidet. Der Niederschlag wird abfiltriert, getrocknet, geröstet und mit einem Flußmittel z. B. Borax-Silicat geschmolzen. Die Begleitmetalle wie Eisen, Zink, Blei u. a. werden dabei oxidiert und verschmelzen zu Boraten und Silicaten die als Schlacke abfließen. Die Raffination des erhaltenen „Rohgoldes" erfolgt durch Chlorierung der Verunreinigungen, *Miller-Prozeß*, durch Behandlung mit konz. Schwefelsäure, oder durch Elektrolyse in salzsaurer Goldchloridlösung mit Anoden (+) aus Rohgold und Kathoden (−) aus Feinblechgold. Elektrolytgold hat einen Reinheitsgrad von 99,99%.
Weltweit werden jährlich rund 1700 t Gold hergestellt, dazu kommen noch 200 t Altgold. Die Hauptproduktionsländer sind die Republik Südafrika mit Ca. 38,2%, GUS-Staaten 17,6%, USA 9,2%, Kanada 9%, Australien 6,3%, Brasilien 5,1% Philippinen 2,6% andere Länder 12%. Bis heute wurden weltweit insgesamt über 100 000 t Gold erzeugt. Der Preis für 1 kg Gold beträgt z. Z. etwa 12 558 $ bzw. ca. 22 500 DM.

Physikalische Eigenschaften

Reines Gold ist ein schön goldgelbes, glänzendes, sehr schweres, weiches, sehr gut dehnbares und beständiges diamagnetisches Edelmetall, das im kubisch-flächenzentrierten Metallgitter kristallisiert. Die große Dichte des Metalls, wie auch die seiner Periodennachbarn, ist auf die „Lanthanoiden-Kontraktion" der im PSE davor befindlichen 14 Lantanoidelemente zurückzuführen. Gold gehört neben Kupfer und Caesium zu den einzigen farbigen Metallen. Es ist das dehnbarste unter allen Metallen; aus 1 g Gold läßt sich ein etwa 3 km langes Drähtchen ziehen, ebenso kann man das Metall zu *Blattgold* von ca. 1 μm Dicke auswalzen (dies entspricht etwa der doppelten Wellenlänge des sichtbaren Lichts). Die gelb glänzenden Goldfolien erscheinen in der Durchsicht blau-grün. Das Metall läßt sich sehr gut polieren und ist ein guter Reflektor für Infrarotstrahlung, es löst sich leicht in Quecksilber und bildet Amalgam. Gold gehört neben Silber und Kupfer zu den drei besten Leitern von Wärme und elektrischen Strom, die thermische Leitfähigkeit beträgt 73,89% die elektrische 67,66% in flüssigem Zustand 29,67% der des Silbers. Die Austrittarbeit der Elektronen im Vakuum liegt bei 5,1–5,47 eV (P). Bei 1064,43 °C schmilzt Gold zu einer grünlich-leuchtenden Flüssigkeit, die bei 2808 °C verdampft. Golddampf besteht oberhalb der Siedetemperatur aus Dimeren Au_2, die Dissoziationsenthalpie beträgt $+232\ kJ \cdot mol^{-1}$. Die Schallgeschwindigkeit in Gold beträgt ca. $2010\ m \cdot s^{-1}$.

Radiochemie

Gold ist ein anisotopes Element, es tritt in der Natur nur in Form eines einzigen stabilen Isotops auf. Zusätzlich sind 34 künstliche radioaktive Isotope bekannt.
Die Halbwertszeiten der Au-Isotope sind relativ kurz, die leichteren Isotope $A < 188$ zerfallen durch α-Strahlung in die entsprechenden Ir-Isotope und teilweise durch β^+-Strahlung oder Elektronen-Einfang (EC) in Pt-Isotope. Die schwereren Isotope $A > 197$ gehen durch β^--Emission in Hg-Isotope über. Die radioaktiven Au-Isotope entstehen hauptsächlich durch Kernumwandlungen. Die wichtigsten sind $^{195}_{79}Au$ das durch Beschuß von Platin-Targets mit Deuteronen erzeugt wird:

$$^{193}_{78}Pt + ^{2}_{1}H \longrightarrow ^{195}_{79}Au + \gamma$$

Die Isotope des Goldes (1995)

Isotop	Natürliche Häufigkeit n (%)	Zerfallsart						Halbwertszeit $T_{1/2}$
		p	α	β+	EC	γ	β-	
Au 171		x						1,7 ms
Au 172			x					4 ms
Au 173			x					59 ms
Au 174			x					0,12 s
Au 175			x	x				0,20 s
Au 176			x			x		1,08 s
Au 177			x	x				1,18 s
Au 178			x	x				2,6 s
Au 179			x	x				7,1 s
Au 180			x	x	x	x		8,1 s
Au 181			x	x	x	x		11,4 s
Au 182			x	x	x	x		15,6 s
Au 183			x	x	x	x		42,0 s
Au 184*				x	x	x		19 s
Au 184 m*			x	x	x	x		46 s
Au 185			x	x	x	x		4,2 m
Au 186			x	x	x	x		10,7 m
Au 187*			x		x	x		8,4 m
Au 187 m*						x		2,3 s
Au 188				x	x	x		8,8 m
Au 189*					x	x		28,3 m
Au 189*				x	x	x		4,6 m
Au 190				x	x	x		42,8 m
Au 191*				x	x	x		3,18 h
Au 191 m*						x		1 s
Au 192				x	x	x		5,0 h
Au 193*				x	x	x		17,65 h
Au 193 m*					x	x		3,9 s
Au 194				x	x	x		38,0 h
Au 195*					x	x		186,1 d
Au 195 m*						x		30,5 s
Au 196*					x	x	x	6,2 d
Au 196 m*						x		8,2 s
Au 196 m*						x		9,7 h
Au 197*	**100**							
Au 197 m*						x		7,73 s
Au 198*						x	x	2,6943 d
Au 198 m*						x		2,30 d
Au 199						x	x	3,139 d
Au 200*						x	x	48,4 m
Au 200 m*						x	x	18,7 h
Au 201						x	x	26,4 m
Au 202						x	x	28 s

(* isomere Atomkerne; m* markiert jeweils einen metastabilen Zustand)

Die Isotope des Goldes (1995)								
Isotop	Natürliche Häufigkeit n (%)	Zerfallsart						Halbwertszeit $T_{1/2}$
		p	α	β^+	EC	γ	β^-	
Au 203						x	**x**	60 s
Au 204						x	**x**	39,8 s
Au 205						x	**x**	31 s

sowie ${}^{198}_{79}Au$ und ${}^{199}_{79}Au$, die in den unten dargestellten Reaktionen entstehen

$$ {}^{197}_{78}Pt + {}^{1}_{0}n \xrightarrow{-\gamma} {}^{198}_{78}Pt \xrightarrow{-\beta^-} {}^{198}_{79}Au $$

$$ {}^{198}_{78}Pt + {}^{1}_{0}n \longrightarrow {}^{199}_{78}Pt \xrightarrow{-\beta^-} {}^{199}_{79}Au $$

Die Radioisotope ${}^{195}_{79}Au$ (EC | 0,230 MeV; γ | 0,1 Mev), ${}^{198}_{79}Au$ (β^- | 1,372 MeV; γ | 0,412 MeV) und ${}^{199}_{79}Au$ (β^- | 0,453 MeV; γ | 0,21 MeV) finden Anwendung als radioaktive Indikatoren (Tracer) sowohl in der Technik, v. a. in der Grundlagenforschung als auch in der Medizin. Das stabile Isotop ${}^{197}_{79}Au$ der Kernspinzahl 3/2+ und kernmagnetischen Moment +0,1457 dient zum NMR-spektroskopischen Nachweis; NMR-Frequenz (bei 2,3488 T) $1{,}712 \cdot 10^6\ s^{-1}$, es ist aber schwierig nachzuweisen.

Chemische Eigenschaften

Gold ist das letzte Element in der sog. *Kupfergruppe*. Das Edelmetall befindet sich im PSE in der Gruppe 11. (Nebengruppe IB) unter dem Silber Ag sowie in der 6. Periode zwischen Platin Pt und Quecksilber Hg. Das freie, neutrale Au-Atom besitzt im elektronischen Grundzustand folgende Elektronenkonfiguration:

$$1s^2\ 2s^2\ 2p^6\ 3s^2\ 3p^6\ 3d^{10}\ 4s^2\ 4p^6\ 4d^{10}\ 4f^{14}\ 5s^2\ 5p^6\ 5d^{10}\ 6s^1$$

Wie bei seinen leichteren Homologen sind auch beim Gold alle 5d-Orbitale durch Aufnahme eines Elektrons aus dem höheren 6s-Orbital schon vorzeitig aufgefüllt, so daß das Goldatom nur ein bindungsfähiges Elektron im 6s-Orbital besitzt. Angesichts des sehr kleinen, jedoch protonenreichen und stark positiv geladenen Atomkern des Metalls ist die Orbitalkontraktion beim Gold von allen Elementen am stärksten, wodurch seine Elektronen äußerst fest gebunden sind. Das Metall bildet daher fast ausschließlich die Oxidationsstufen +I ($4f^{14}\ 5d^{10}$) und +III ($4f^{14}\ 5d^8$) die durch Abgabe des einen 6s-Elektrons bzw. des einen 6s-Elektrons und zweier 5d-Elektronen zustande kommen. Die Normalpotentiale des Goldes:

	+III		+I		0
			+1,498 V (Au^{3+} → Au)		
Saure Lösung	Au^{3+}	+1,36 V	Au^+	+1,83 V	Au
			+1,002 V ($AuCl_4^-$ → Au)		
	$AuCl_4^-$	+0,926 V	$AuCl_2^-$	+1,154 V	Au
			+0,636 V ($Au(SCN)_4^-$ → Au)		
	$Au(SCN)_4^-$	+0,623 V	$Au(SCN)_2^-$	+0,662 V	Au

Die stark positiven Normalpotentiale weisen Gold, im Gegensatz zu den sehr unedlen und reaktionsfähigen „Alkalimetalle"n, als sein sehr edles und reaktionsträges Metall aus. Gold wird von Luft, Wasser und Säuren nicht angegriffen. Nur starke Oxidationsmittel wie Chlorwasser oder Königswasser (1 Teil konz. NHO_3 + 3 Teile konz. HCl), lösen Gold zu Gold(III)-chlorid bzw. zu Tetrachlorogold(III)-säure $H[AuCl_4]$. Natrium- oder Kaliumcyanidlösung bringen Gold in Gegenwart von Sauestoff komplex in Lösung. Gold-Verbindungen entstehen nur unter sehr schwierigen Bedingungen aus metallischen Gold, sie sind meist wenig stabil und zerfallen bei Erwärmung unter Freigabe des Metalls. Gold(III)-Verbindungen sind beständiger als Gold(I)-Verbindungen. Die komplexen Gold-Verbindungen zeigen größere Stabilität. Neben den Oxidationsstufen +I und +III treten sehr selten auch die anderen Stufen von –I bis +VII auf die jedoch von geringerer Bedeutung sind. Gold-Verbindungen sind meist farbig und in Wasser unlöslich. In Wasser löslich und sehr giftig sind die farblosen Verbindungen Kaliumdicyanoaurat(I) oder Kaliumgoldcyanür $K[Au(CN)_2]$ und Natriumdicyanoaurat(I) bzw. Natriumgoldcyanür $Na[Au(CN)_2]$.

Nachweis

Qualitativ:

- Bildung von *Cassiusschen Goldpurpur* durch Reduktion schwach saurer Au(III)-Lösung mit Zinn(II)-chlorid

$$2\ Au^{3+} + 3\ Sn^{2+} + 6\ H_2O \longrightarrow 2\ Au + 3\ SnO_2 + 12\ H^+$$

  Es entsteht eine intensiv rote Adsorbtionsverbindung von kolloidalem Gold und kolloidalem Zinndioxid.

Quantitativ:

- Mit Reagenzien wie Dithizon, Tolidin, Rhodamin B u. a.
- Spektralanalyse; wichtige Spektrallinien der neutralen Atome: 201,200 nm, 202,138 nm, 242,795 nm, 267,595 nm, 274,825 nm, 312,278 nm u. a.
- Atomabsorptionsspektrometrie (AAS) mittels der 242,795 nm Hauptlinie des Atomspektrums.

Die Analyse von Gold in Erzen wird seit alters her „Dokimazie" genannt.

Verwendung

Gold war seit Jahrhunderten das wichtigste Währungsmetall, ist aber seit 1978 keine offizielle Währungsreserve mehr. Dennoch sind größere Goldmengen in Form von Goldbarren oder Münzen in den Tresoren goldreicher Staaten aufbewahrt. Technisch ist Gold von geringerer Bedeutung, da es für die meisten Verwendungszwecke Austauschstoffe gibt.

Als *Cassiusscher Goldpurpur* dient Gold zum Färben von Glas und Porzellan, so z. B. enthält das prächtig rot gefärbte *Rubinglas* kolloidales Gold. Eine wichtige Rolle spielt das Metall in der Zahnmedizin als sog. *Dentalgold*, in der Elektrotechnik und Elektronik zur Beschichtung leitender Teile, als Trägermetall für Dotierungsstoffe in der Halbleitertechnik, zum Korrosionsschutz chemischer Geräte und in der Optik zur Herstellung

hochwertiger Spiegel, Sonnenschutzgläser und Infrarot-Reflektoren für Satelliten. In der chemischen Industrie werden die katalytischen Eigenschaften von Platin durch Einlagerung von Gold-Atomen verbessert. Gold wird eingeschränkt auch als Färbemittel für Kosmetika sowie für Arznei- und Lebensmittel verwendet.
Das Isotop $^{199}_{79}Au$ wird in der Krebstherapie in Form von kolloidalem Gold zur Behandlung von Karzinosen und metastasischen Tumoren verwendet. Der größte Teil des hergestellten, sehr weichen Metalls wird überwiegend in Form von Legierungen zur Herstellung von Schmuckstücken, Münzen und aller möglichen Luxusgegenstände verwendet. Der Feingehalt an Gold wird in Tausendstel bzw. Promille angegeben, daneben ist aber auch die ältere Angabe in *Karat* noch gebräuchlich. Es gilt:
Reines Gold:
1000/1000 = 24 Karat
Legiertes Gold:
750/1000 = 18 Karat
585/1000 = 14 Karat
333/1000 = 8 Karat

Durch Zugabe von Silber, Kupfer, Platin, Palladium und Platin erhält man Legierungen die gegenüber reinem Gold eine höhere Härte, bessere Elastizität und Verschleisfestigkeit besitzen aber vor allem kostengünstiger sind.
Rot- oder Farbgold, 8–14 Karat: 33,3–58,5% Au, bis 30% Cu und 35% Ag.
Weißgold, 14–18 Karat: 65–80% Au und 35–20% Pd oder 33,3–75% Au und bis 66,7% Ni, zusätzlich etwa 10% Cu und Zn.
Münzgold, 18–24 Karat: 90% Au und 10% Cu (Deutschland; 20 DM Stück), 98,3% Au und 1,7% Cu (holländischer Dukaten).
Dentalgold oder *Blattgold*, 14–18 Karat: 55–96% Au, zusätzlich Ag, Cu, Pt, Pd und Zn.
Federngold, 14–18 Karat: 59% Au zusätzlich 23% Cu; 14% Ag; 4% Zn.
Goldamalgame: Legierungen aus Gold (bis 40%), Silber und Quecksilber.

Physiologie, Toxikologie

Gold hat keine biologische Bedeutung für den menschlichen Organismus. Reines Gold ist ungiftig und wird vom Organismus gut vertragen, es wirkt u. U. stimulierend. Vorsicht ist bei seinen Verbindungen geboten. So wirkt die in Wasser und Alkohol leicht lösliche Tetrachlorogold(III)-säure auf die Haut ätzend und bildet Blasen, die sich bei Lichteinwirkung violettbraun färben. Sehr giftig sind die in Wasser löslichen Cyanid-Verbindungen des Goldes wie z. B. Kalium- und Natriumdicyanoaurat(I). Die Gesamtmasse des Elements im menschlichen Organismus ist nicht bekannt, sie ist aber sehr gering. Ebenso ist auch der tägliche Bedarf äußerst gering. Das Metall setzt sich bevorzugt in den Knochen an etwa 0,016 ppm und ist auch im Blut in der Größenordnung von 0,01–0,04 µg pro dm^3 enthalten.

Hafnium Hf

International (Lat.)	Hafnium	Griechisch	Αψνιο (ή Κέλτιο)
Englisch	Hafnium		(Afnio oder Keltio)
Französisch	Hafnium	Russisch	Гафний (Gafnij)
Spanisch	Hafnio	Japanisch	ハフニウム
Italienisch	Afnio		(hafuniumu)

Atomare und physikalische Eigenschaften

Protonenzahl **(Z)**	**72**
Standard-Atomgewicht (bezogen auf ^{12}C = 12)	178,49 (±2)
Effektive Kernladung	(Slater) 3,15; (Clementi) 9,16; (Froese-Fischer) 13,27
Elektronenkonfiguration	[Xe] $4f^{14}$ $5d^2$ $6s^2$
Grundzustand, Termsymbol	$^3F_2$
Metallatomradius (α)	156,4 pm [a)]
Kovalenzradius (Einfachbindung)	144,2 pm
Ionenradien (KZ 4,6)	$71^{4+}_{(4)}$ pm, $76^{4+}_{(6)}$ pm
Molares Volumen	13,41 · 10^{-6} m^3 · mol^{-1}
1.; 2.; 3.; 4. Ionisierungsenergie	7,0035 eV; 14,924 eV; 23,319 eV; 33,331 eV
Elektronegativität	(Allred/Rochow) 1,23; (Pauling) 1,30; (absolut) 3,80 eV
Elektronenaffinität Hf → Hf^-	ca. 0
Wirkungsquerschnitt für thermische Neutronen ($\sigma_{n,\gamma}$)	106 · 10^{-28} m^2
Dichte (bei 20 °C)	13310 kg · m^{-3} [b)]
Härte (Mohs)	2–3
Schmelztemperatur	(2227±20) °C [(2500,15±20) K] [c)]
Siedetemperatur	4602 °C (4875,15 K) [d)]
Spezifische Schmelzenthalpie	142,86 kJ · kg^{-1} [e)]
Spezifische Verdampfungsenthalpie	3703,85 kJ · kg^{-1} [f)]
Spezifische Sublimationssenthalpie (einatomiges Gas)	3423,16 kJ · kg^{-1} [g)]
Spezifische Atomisierungsenthalpie	3400,75 kJ · kg^{-1}
Spezifische Wärmekapazität (bei 25 °C)	0,142 kJ · kg^{-1} · K^{-1}
Debye-Temperatur	–21 °C (252,15 K)
Thermische Leitfähigkeit (bei 27 °C)	23,0 W · m^{-1} · K^{-1}
Thermischer Längenausdehnungskoeffizient (bei 25 °C)	5,9 · 10^{-6} K^{-1}
Elektrische Leitfähigkeit (bei 20 °C)	2,85 · 10^6 S · m^{-1}
Spezifischer elektrischer Widerstand (bei 20 °C)	35,10 · 10^{-8} Ω · m
Supraleitung, Sprungtemperatur	–273,022 °C (0,128 K)
Spezifische magnetische Suszeptibilität	+5,27 · 10^{-9} m^3 · kg^{-1}
Hall-Koeffizient (Hf 99,4 %)	+0,42 · 10^{-10} m^3 · A^{-1} · s^{-1}
Normalpotential Hf/Hf^{4+}	–1,505 V
Bildungsenthalpie $HfCl_4$ (HfO_2)	–991 kJ · mol^{-1} (–1145,5 kJ · mol^{-1})

Weitere Angaben: a) 159 pm. b) 13090 kg · m^{-3} und 13280 kg · m^{-3}. c) 2150 °C und 2467 °C. d) 4450 °C, 5197 °C und 5400 °C. e) 146 kJ · kg^{-1}. f) 3199 kJ · kg^{-1}. g) 3471,34 kJ · kg^{-1}.

Entdeckung

Hafnium wurde im Jahre 1923 von dem niederländischen Physiker Dirk Coster (1889–1950) und dem ungarischen Physiker György K. von Hevesy (1885–1966) mit Hilfe der Röntgenspektrometrie in einem norwegischen Zirconium-Erz in Kopenhagen, Dänemark, nachgewiesen. Bereits 1911 vermeinte Georges Urbain das Metall in Rückständen von Seltenerdmetallen entdeckt zu haben und nannte dieses *Keltium*. Die Entdeckung des Metalls war jedoch erst möglich, nachdem der dänische Physiker Niels Hendrik David Bohr (1885–1962) zeigte, daß das Element 72 nicht zu den „Seltenerdmetallen" gehört, das letzte Elektron also nicht in einem 4f-Orbital, sondern analog dem Zirconium (4d-Orbital) in einem 5d-Orbital eingeordnet ist. Das neu entdeckte Element erhielt den Namen „Hafnium" mit dem chemischen Symbol „Hf" nach dem alten Namen der Stadt Kopenhagen, wo es entdeckt wurde. Noch im gleichen Jahr gelang v. Hevesy und Berglund die Abtrennung des Hafniums vom Zirconium durch fraktionierte Destillation der Doppelfluoride $K_2[ZrF_6]$ und $(NH_4)_2\,[(Zr, K)F_6]$, das Metall erhielten sie durch Reduktion der komplexen Fluoride mit Kalium.

Vorkommen

Hafnium gehört zu den selteneren Elementen auf der Erde. Mit einem berechneten Massenanteil in der Erdhülle von $4{,}2 \cdot 10^{-4}\%$ steht es an 52. Stelle der Elementhäufigkeit. Es ist aber keineswegs ein seltenes Element, denn mit einem geschätzten Massenanteil in der obersten, festen Erdkruste bis 16 km Tiefe von rund 5,3 g Hafnium pro t Gestein ist es etwa 1000mal häufiger als Gold und viel häufiger als so bekannte Elemente wie Quecksilber, Bismut, Silber oder Platin. Im Meerwasser beträgt sein Anteil rund $7 \cdot 10^{-6}$ g $Hf^{(+IV)}$ pro m^3, die Verweilzeit ist nicht bekannt. Hafniun tritt in der Natur nie elementar auf. Es ist in geringen Konzentrationen in Eruptivgesteinen und deren Verwitterungsprodukten vor allem in Küstensanden und in verschiedenen Zirkonmineralen weit verbreitet. Ein eigentliches Hf-Mineral, in welchen das Metall als Hauptbestandteil vorkommt, gibt es nicht, Hafnium kommt als ständiger Begleiter des Zirconiums nur in dessen Mineralen, wie dieses, als Silicat oder Dioxid mit ca. 1–5% vor. Nennenswert sind die Zirkone, Alvit, Malakon und Zyrtolith (Hf, Th, Zr) $SiO_4 \cdot x\,H_2O$ und Hafnon, ein Silicat mit größerem Anteil an $HfSiO_4$. Im Mineral Thortveitit sind neben Scandium u. a. „Seltenerdmetallen" auch 1–2% ZrO_2 und fast die gleiche Menge HfO_2 enthalten. Die Hauptvorkommen, vor allem sekundäre Lagerstätten, liegen an den Küsten Australiens; Natal, Republik Südafrika; Florida, USA; der GUS-Staaten; Brasiliens; Indiens; sowie Sri Lanka; Skandinavien; u. a. Die Weltreserven an Hafnium werden auf ca. 20 Mio. t geschätzt. Die Häufigkeit des Elements auf der Sonne beträgt ca. 6 Atome Hafnium pro $1 \cdot 10^{12}$ Atome Wasserstoff, die kosmische Häufigkeit ist nicht bekannt.

Herstellung

Hafnium ist ein Nebenprodukt der Zirconiumherstellung. Angesichts der großen Ähnlichkeit von Zirconium und Hafnium bereitet die Trennung der beiden Metalle erhebli-

che Schwierigkeiten. Die Trennung des Hafniums vom Zirkonium wird heute nach verschiedenen Verfahren durchgeführt.
Die Erzkonzentrate werden zunächst durch direkte Chlorierung bei etwa 1050 °C in ein Gemisch der wasserlöslichen Chloride $ZrCl_4$ und $HfCl_4$ überführt. Die Trennung der Chloride erfolgt entweder durch Ionenaustauschverfahren, Lösungsmittelextraktion oder durch fraktionierte Destillation der $POCl_3$-Komplexe des $ZrCl_4$ und $HfCl_4$ bzw. der Carbonyle. Hafnium-Metall erhält man nach dem *Kroll-Verfahren* durch Reduktion des Tetrachlorids mit Magnesium:

$$HfCl_4 + 2\,Mg \longrightarrow Hf + 2\,MgCl_2$$

Man erhält Hafnium-Schwamm, der anschließend durch Vakuumdestillation gereinigt wird. Rohhafnium enthält meist noch bis zu 4,5% Zr. Die Reindarstellung des Metalls erfolgt ähnlich wie beim Titan, nach dem Aufwachsverfahren durch Zersetzung des Tetraiodids am Wolframfaden bei 1750 °C. Die Weltproduktion von Hf-Metall beträgt ca. 80 t/Jahr.

Physikalische Eigenschaften

Reines Hafnium ist ein hochglänzendes, sehr dehnbares und ziemlich weiches, gut walz- und schmiedbares Schwermetall. Durch Aufnahme von Sauerstoff aus der Luft wird das Metall jedoch ziemlich spröde. Hafnium tritt in zwei allotropen Modifikationen auf:

α-Hf	$\xrightarrow{1760\ °C}$	β-Hf
hexagonal, dichteste, flächenzenctrierte Kugelpakung		kubisch raumzentrierte Kugelpackung

Das paramagnetische Metall hat eine sehr hohe Schmelz- und Siedetemperatur, ähnlich der des Zirconiums und Technetiums, die thermische Leitfähigkeit beträgt 5,36%, die elektrische Leitfähigkeit 4,53% der des Silbers. In der Nähe des absoluten Nullpunktes bei –273,022 °C (0,128 K) ist das Metall supraleitend, die kritische Feldstärke beträgt 1010,63 $A \cdot m^{-1}$.

Radiochemie

Natürliches Hafnium besteht aus einem Gemisch von fünf stabilen Isotopen und einem sehr langlebigen Isotop. Weitere 25 radioaktive Isotope wurden künstlich hergestellt.
Die Halbwertszeiten der Hf-Isotope sind allgemein kurz und sehr unterschiedlich. Die leichteren Isotope A < 176 zerfallen z. T. nur durch α-Emission die Yb-Isotope oder auch durch β^+-Strahlung und Elektronen-Einfang (EC) in die entsprechenden Lu-Isotope. Die schwereren Isotope A < 180 verwandeln sich durch β^--Strahlung in Ta-Isotope. Mehrere Isotope erhält man durch Neutronenbestrahlung von Hafnium über $^{A}_{72}Hf(n,\gamma)\ ^{A+1}_{72}Hf$-Reaktionen. Die wichtigsten Isotope sind $^{172}_{72}Hf$ (EC|0,35 MeV; γ|0,126 MeV), $^{175}_{72}Hf$ (EC|0,686 MeV; γ|0,343 MeV), $^{181}_{72}Hf$ (β^-|0,4 MeV; γ|0,482 MeV) und $^{182}_{72}Hf$ (β^-|0,431 MeV; γ|0,270 MeV), sie finden Anwendung als radioaktive Indika-

Die Isotope des Hafniums (1995)

Isotop	Natürliche Häufigkeit n (%)	Zerfallsart					Halbwertszeit $T_{1/2}$
		α	$β^+$	EC	γ	$β^-$	
Hf 154			x				2 s
Hf 155			x				890 ms
Hf 156		x					25 ms
Hf 156*		x					0,52 ms
Hf 157		x		x			110 ms
Hf 158		x		x			3,2 s
Hf 159		x		x			5,6 s
Hf 160		x		x	x		13,6 s
Hf 161		x		x	x		18,7 s
Hf 162		x		x	x		37,6 s
Hf 163			x	x	x		40,0 s
Hf 164				x	x		114 s
Hf 165				x	x		76 s
Hf 166			x	x	x		6,8 m
Hf 167			x	x	x		2,05 m
Hf 168			x	x	x		25,95 m
Hf 169			x	x	x		3,25 m
Hf 170				x	x		16,0 h
Hf 171				x	x		12,2 h
Hf 172				x	x		1,87 a
Hf 173				x	x		23,6 h
Hf 174	**0,16**	x					$2{,}0 \cdot 10^{15}$ a
Hf 175				x	x		70,0 d
Hf 176	**5,206**						
Hf 177*	**18,60**						
Hf 177 m*					x		1,1 s
Hf 177 m*					x		51 m
Hf 178*	**27,30**						
Hf 178 m*					x		4,0 s
Hf 178 m*					x		31 a
Hf 179*	**13,63**						
Hf 179 m*					x		18,7 s
Hf 179 m*					x		25 d
Hf 180*	**35,10**						
Hf 180 m*					x	x	5,5 h
Hf 181					x	x	42,39 d
Hf 182*					x	x	$9 \cdot 10^6$ a
Hf 182 m*					x	x	61,5 m
Hf 183					x	x	64 m
Hf 184*					x	x	4,12 h
Hf 184 m*					x		48 s
Hf 185					x	x	3,5 m

(* isomere Atomkerne; m* markiert jeweils einen metastabilen Zustand)

toren (Tracer). Die beiden stabilen Isotope $^{177}_{72}Hf$ und $^{179}_{72}Hf$ der Kernspinzahlen 7/2+ und 9/2+ und kernmagnetischen Momenten +0,7935 bzw. −0,6409 werden zum NMR-spektroskopischen Nachweis herangezogen, sie sind aber sehr schwierig zu beobachten, NMR-Frequenzen (bei 2,3488 T) $3{,}11120 \cdot 10^6\ s^{-1}$ bzw. $1{,}869 \cdot 10^6\ s^{-1}$. Hafnium hat einen relativ großen Wirkungsquerschnitt für thermische und epithermische Neutronen. Da bei den ablaufenden Kernumwandlungen erneut Isotope mit großen Wirkungsquerschnitten entstehen, eignet sich das Metall sehr gut zur Herstellung von Regelstäben für Kernreaktoren.

Chemische Eigenschaften

Hafnium ist das dritte Element der sog. *Titangruppe*. Es befindet sich im PSE in der 4. Gruppe (IVB Nebengruppe) zwischen Zirconium Zr und Rutherfordium Rf sowie in der 6. Periode zwischen Lutetium Lu und Tantal Ta. Hafnium zeigt in seinem chemischen Verhalten eine außerordentlich große Ähnlichkeit mit Zirconium. Diese Ähnlichkeit erklärt sich einerseits dadurch, daß die beiden Elemente in der letzten Schale isoelektronisch sind, andererseits als Folge der beim Übergang von der 5. zur 6. Periode durch die „Lanthanoiden-Kontraktion" bewirkten praktisch identischen Atom- und Ionenradien. Die beiden Elemente haben daher die gleiche Metallstruktur, ähnliche Löslichkeit der Salze u. a. Hafnium bildet jedoch ein stärker basisches Dioxid und weniger stabile Komplexe als Zirconium. Entsprechend seiner Stellung im PSE hat das freie, neutrale Hf-Atom im elektronischen Grundzustand folgende Elektronenkonfiguration:

$$1s^2\ 2s^2\ 2p^6\ 3s^2\ 3p^6\ 3d^{10}\ 4s^2\ 4p^6\ 4d^{10}\ 4f^{14}\ 5s^2\ 5p^6\ 5d^2\ 6s^2$$

Hafnium bildet in seinen Verbindungen die Oxidationsstufen +II, +III und +IV, von denen die Stufe +IV ([Xe] $4f^{14}$) die häufigste und beständigste ist. Die Normalpotentiale des Hafniums:

+IV		0
Hf^{4+}	−1,505 V	Hf
HfO_2	−1,57 V	Hf

Die stark negativen Normalpotentiale weisen Hafnium als ein ziemlich unedles und reaktionsfähiges Metall aus. Durch Ausbildung einer dünnen passivierenden Oxidschicht ist Hafnium aber gegenüber Luft, Wasser und Säuren beständig, bei Raumtemperatur wird es nur von Flußsäure und Königswasser angegriffen. Als Pulver oder Schwamm kann sich Hafnium an der Luft spontan entzünden und verbrennt mit greller Flamme. Mit molekularem Sauerstoff entzündet es sich oberhalb 300 °C und verbrennt zu Hf(IV)-oxid:

$$Hf + O_2 \longrightarrow HfO_2 \qquad \Delta H = -1145{,}5\ kJ \cdot mol^{-1}$$

Mit molekularem Chlor verbindet es sich beim Erwärmen unter Feuererscheinung direkt zu Hf(IV)-chlorid:

$$Hf + 2\ Cl_2 \longrightarrow HfCl_4 \qquad \Delta H = -991\ kJ \cdot mol^{-1}$$

Mit molekularem Stickstoff reagiert es bei hoher Temperatur zu Hf(IV)-nitrid

$$2\ Hf + N_2 \longrightarrow 2\ HfN \qquad \Delta H = -738{,}4\ kJ \cdot mol^{-1}$$

und mit Kohlenstoff zu Hafniumcarbid:

$$Hf + C \longrightarrow HfC$$

Hafniumverbindungen wurden bis heute wenig untersucht. Bekannt sind u. a. einige Hf(II)-, Hf(III)- und Hf(IV)-halogenide, das Oxid HfO_2, Nitrid HfN, Carbid HfC und Borid Hf_3B_4.

Nachweis

Quantitativ:

- Mit Kupferron, Arsenazo III u. a.
- Röntgenspektrometrie, Massenspektrometrie, Neutronenaktivierungsanalyse,
- Spektralanalyse; wichtige Spektrallinien der neutralen Atome; 286,637 nm, 289,826 nm, 307,288 nm, und der einfach positiven Ionen Hf^+: 201,278 nm, 202,818 nm, 329,980 nm u. a.
- Atomabsorptionsspektrometrie (AAS) mittels der 307,288 nm Hauptlinie des Atomspektrums.

Verwendung

Die Hauptmenge des erzeugten Hafniums wird in der Kerntechnik für Kontroll- und Steuerstäbe in Kernreaktoren sowie als Neutronenabsorber bei der Wiederaufbereitung bestrahlter Kernbrennstoffe vewendet. Ein wesentlicher Teil dient zur Füllung von Blitzlichtbirnen und -würfeln mit besonders hoher Lichtausbeute sowie als Getter in der Hochfrequenztechnik. In Legierungen mit Wolfram und anderen Metallen wird es zur Herstellung von Glühkathoden verwendet. Besondere Bedeutung hat Hafnium als Bestandteil (etwa 2%) hochschmelzender und hochfester Legierungen mit Molybdän, Niob, Tantal und Wolfram. Aber auch viele andere Legierungen, wie z. B. mit Chrom, Kupfer, Nickel, Silber, Eisen, Mangan und Cobalt finden zunehmendes Interesse. Hafniumcarbid wird zur Oberflächenvergütung hochbeanspruchter Werkstücke eingesetzt. Hf-Verbindungen haben wirtschaftlich kaum eine Bedeutung.

Physiologie, Toxikologie

Hafnium hat keine biologische Bedeutung für den menschlichen Organismus. Das Element ist nicht toxisch. Der MAK-Wert wurde auf 0,5 mg pro m^3 festgelegt.

Hassium Hs

International (Lat.)	Hassium	Italienisch	Hassio
Englisch	Hassium	Griechisch	Ηασσιο (Hassio)
Französisch	Hassium	Russisch	Гасий (Gasij)
Spanisch	Hassio	Japanisch	ハッシウム (hassiumu)

Atomare Eigenschaften	
Protonenzahl **(Z)**	**108**
Nukleonenzahl (Neutronenzahl)	264 (156); 265 (157); 267 (159); 269 (161)
Elektronenkonfiguration	[Rn] $5f^{14}$ $6d^6$ $7s^2$

Entdeckung

Das chemische Element Hassium wurde am 14. März 1984 von den deutschen Forschern und Wissenschaftlern Gottfried Münzenberg, Peter Armbruster, Helmut Folger, Fritz-Peter Heßberger, Sigurd Hofmann, Jörg Keller, Klaus Poppensieker, Willibrord Reisdorf, Karl-Heinz Schmidt und Hans-Joachim Schött von der *Gesellschaft für Schwerionenforschung*, GSI, Darmstadt, Deutschland, dem Finnen Matti E. Leino von der University of Helsinki, Finland und Rolf Hingmann von der Universität Gießen, in der Forschungsanlage der GSI, durch Verschmelzung von Eisen-58 und Blei-208 erstmals künstlich hergestellt und über seinen Alpha-Zerfall eindeutig nachgewiesen.
Das Element 108 wurde zunächst übersprungen, da man damals der Meinung war, daß Kerne mit ungeraden Protonen- und Neutronenzahlen wie Bohrium-262 (Z = 107, N = 155) und Meitnerium-266 (Z = 109, N = 157) gegen Spontanspaltung stabiler sind als Kerne mit geraden Protonen- bzw. Neutronenzahlen. Da man annahm, daß das Element 108 mit äußerst kurzer Halbwertszeit spalten würde ($T_{1/2} < 1$ µs), hätte man dieses zu dem Zeitpunkt gar nicht nachweisen können.
Nach knapp zweijährigen Vorbereitungen wurde im März 1984 ein neues Experiment durchgeführt. Als Reaktionspartner hatte man sich für das neutronenreiche Isotop Eisen-58 entschieden. Zum Auslösen der Kernreaktion wurden Ionen von Eisen-58 $^{58}_{26}Fe^{14+}$ im Schwerionen-Linearbeschleuniger UNILAC bis auf 10% der Lichtgeschwindigkeit bzw. auf eine Energie von 291 MeV (5,02 MeV/Nukleon) beschleunigt. Als Targetmaterial wurde eine dünne Folie aus isotopenreinem Blei-208 verwendet. Dieses Material wurde gewählt, da bei der Verschmelzung der Kerne wegen der stabilen Kernschale des Bleis mit 82 Protonen und 126 Neutronen, die Anregungsenergie des Verbundkerns kleiner und damit die Wahrscheinlichkeit einer Spontanspaltung verringert wird. Nach zehntägiger Bestrahlungszeit am SHIP, mit Strömen von bis zu $2 \cdot 10^{12}$ Ionen pro Sekunde, wurde am 14. März 1984 um 02.36 Uhr das erste Atom des Elements 108 in Form des Isotops $^{265}108$ entdeckt, das in der Synthesereaktion

$$^{58}_{26}Fe + ^{208}_{82}Pb \longrightarrow \{^{266}108\} \longrightarrow ^{265}108 + ^{1}_{0}n$$

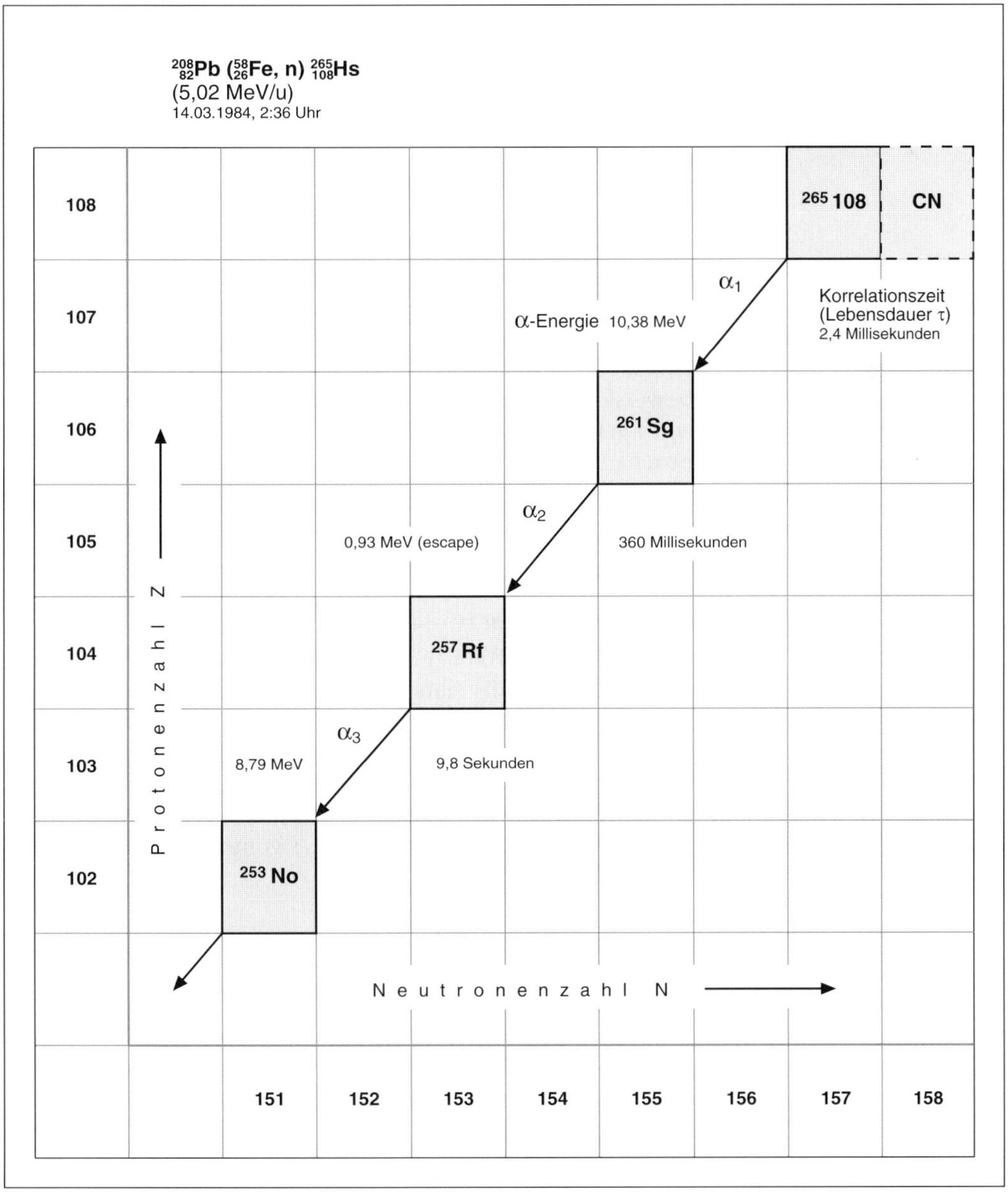

Abb. 39: Nachweis des Elements 108. Die α-Zerfallskette, die am 14. März 1984 um 2.36 Uhr registriert wurde, anhand der das chemische Element 108 nachgewiesen werden konnte. Angegeben sind die gemessene α-Zerfallsenergien (links) in MeV sowie die ermittelten Korrelationszeiten (rechts) zwischen den einzelnen Zerfällen. Der Verbundkern (CN für *compound nucleus*) ist gestrichelt umrahmt. Escape bedeutet ein aus dem Detektor herausgeflogenes α-Teilchen.

entstanden war und nach 2,4 ms in eine bekannte Zerfallskette überging. Der Bildungsquerschnitt lag bei etwa $2 \cdot 10^{-39}$ m^2. Insgesamt konnte die GSI-Gruppe drei Kerne!! des Isotops ^{265}108 anhand ihrer α-Zerfallsketten nachweisen (Abb. 39).

Fast zeitgleich meldete auch eine Gruppe von Wissenschaftlern aus Dubna unter der Leitung von Yu. Ts. Oganessian, der u. a. A. G. Demin, Yu. P. Kharitonov aus Dubna, M. Hussonnois aus Orsay, Frankreich, H. Bruchertseifer aus Rossendorf, ehem. DDR, und O. Constantinescu aus Bukarest, Rumänien, angehörten, die Entdeckung einiger Isotope des Elements 108, die in den Reaktionen

$$^{55}_{25}Mn + ^{209}_{83}Bi \longrightarrow {}^{263}108 + ^{1}_{0}n$$

$$^{58}_{26}Fe + ^{207,\,208}_{82}Pb \longrightarrow {}^{264,\,265}108 + ^{1}_{0}n$$

gebildet und über ihre Zerfallsprodukte identifiziert wurden.

Während in Darmstadt der Nachweis des Elements 108 direkt über dessen α-Zerfall erfolgte konnte in Dubna der Nachweis nur indirekt über das fünfte Glied also über den Ur-Ur-Urenkel in der α-Zerfallskette dem Isotop $^{253}_{99}Es$ erbracht werden. Da die Ergebnisse aus Darmstadt somit beweiskräftiger als die aus Dubna waren, wurde seitens der *Transfermium Working Group*, TWG, das Hauptverdienst der Entdeckung des Elements 108 der GSI-Gruppe zugesprochen.

Ein zweites Isotop des Elements 108 mit der Nukleonenzahl 264 und einer Lebensdauer von ca. 0,08 ms, das durch Verschmelzung von Blei-207 und Eisen-58 der Kernreaktion

$$^{58}_{26}Fe + ^{207}_{82}Pb \longrightarrow \{^{265}108\} \longrightarrow {}^{264}108 + ^{1}_{0}n$$

entstanden war, wurde 1986 ein einziges Mal beobachtet.

Am 7. September 1992 wurde das Element 108 bei der GSI in Darmstadt in Würdigung des Landes Hessen, dem Standort der Gesellschaft für Schwerionenforschung GSI auf den Namen „Hassium“, (von lat. *Hassia*) mit dem chemischen Symbol Hs getauft. Dieser Name wurde am 31. August 1997 von der Generalversammlung der IUPAC in Genf bestätigt und offiziell eingeführt. Zehn Jahre nach der Erstentdeckung des Elements 108 wurde im Zusammenhang mit der Synthese des Elements 110 das Experiment am Ship wiederholt wobei weitere 75 Zerfallsketten des Isotops $^{265}108$ gemessen werden konnten.

Eigenschaften

Angesichts der nur wenigen bisher hergestellten Hassium-Atome konnten die Eigenschaften des Elements naturgemäß noch nicht erforscht werden. Entsprechend seiner Protonenzahl gehört Hassium zur Gruppe der „Transactinoide“. Es befindet sich im PSE in der 8. Gruppe (VIII Nebengruppe), unter dem Osmium Os, sowie in der 7. Periode zwischen Bohrium Bh und Meitnerium Mt. Es ist ein Übergangsmetall. Aufgrund seiner Stellung im PSE ist anzunehmen, daß das freie, neutrale Hs-Atom im elektronischen Grundzustand mit großer Wahrscheinlichkeit folgende Elektronenkonfiguration besitzt:

$$1s^2\ 2s^2\ 2p^6\ 3s^2\ 3p^6\ 3d^{10}\ 4s^2\ 4p^6\ 4d^{10}\ 4f^{14}\ 5s^2\ 5p^6\ 5d^{10}\ 5f^{14}\ 6s^2\ 6p^6\ 6d^6\ 7s^2$$

In seinem chemischen Verhalten ähnelt Hassium vermutlich seinen leichteren Gruppennachbarn Eisen Fe, Ruthenium Ru und Osmium Os und bildet in seinen Verbindungen wahrscheinlich wie diese, fast alle Oxidationsstufen von –II bis +VII, von denen die Stufe +IV vorraussichtlich die häufigste und beständigste sein könnte. Man kann jedoch annehmen, daß aufgrund relativistischer Effekte in der Elektronenhülle, die sich besonders bei den schwersten Elementen auswirken, die chemischen Eigenschaften des Hassiums von denen seiner Gruppennachbarn abweichen könnten.

Radiochemie

Bis heute wurden vier Isotope des Hassiums mit Sicherheit nachgewiesen.

Die Isotope des Hassiums (GSI 1998)

Isotop	Halbwertszeit $T_{1/2}$	Zerfallsart	Zerfalls-energie (MeV)	Herstellungs-art	Bildungs-querschnitt
Hs-264	0,45 ms	α (50%) sf (50%)	10,43	$^{207}Pb(^{58}Fe, n)$	ca. $2 \cdot 10^{-39}$ m^2
Hs-265	$(1{,}7^{+2,2}_{-0,7})$ ms	α	10,31	$^{208}Pb(^{58}Fe, n)$	ca. $2 \cdot 10^{-39}$ m^2
Hs-265^{m*} ...	0,8 ms	α	10,57	$^{208}Pb(^{58}Fe, n)$	
Hs-267	59 ms	α	9,75; 9,83; 9,88	Tochterisotop von $^{273}110$	
Hs-269	9,3 s	α	9,17; 9,23	Tochterisotop von $^{273}110$	---

(m* markiert einen metastabilen, isomeren Zustand)

Die Hassium-Isotope haben relativ kurze Halbwertszeiten, sie zerfallen ausschließlich durch α-Emission in die entsprechenden Isotope des Elements Seaborgium gemäß:

$$^{A}_{108}\mathrm{Hs} \longrightarrow \alpha + {}^{A-4}_{106}\mathrm{Sg} \longrightarrow$$

Verwendung

Angesichts der wenigen Atome die bisher erzeugt wurden, findet Hassium z. Z. keine Verwendung. Seine Herstellung dient ausschließlich zu Forschungszwecken.

Physiologie, Toxikologie

Hassium hat keine biologische Bedeutung für den menschlichen Organismus, es könnte aber aufgrund seiner Radioaktivität toxisch wirken.

Helium He

International (Lat.)	Helium	Italienisch	Elio
Englisch	Helium	Griechisch	Ηλιο (Jlio)
Französisch	Hélium	Russisch	Гелий (Gjälij)
Spanisch	Helio	Japanisch	ヘリウム (heriumu)

Atomare und physikalische Eigenschaften	
Protonenzahl **(Z)**	**2**
Standard-Atomgewicht (bezogen auf $^{12}C = 12$)	4,002602(±2)
Effektive Kernladung	(Slater) 1,70; (Clementi) 1,69; (Froese-Fischer) 1,62
Elektronenkonfiguration	$1s^2$
Grundzustand, Termsymbol	$^1S_0$
Atomradius	128 pm
Van-der-Waals-Radius	122 pm [a)]
Molares Volumen (bei –269,15 °C)	$32{,}07 \cdot 10^{-6}\ m^3 \cdot mol^{-1}$
Molares Eigenvolumen (Van-der-Waals-Konst.)	$23{,}8 \cdot 10^{-6}\ m^3 \cdot mol^{-1}$
Molare Binnendruckkonstante (Van-der-Waals-Konst.)	$0{,}0035\ Nm^4 \cdot mol^{-2}$
1.; 2. Ionisierungsenergie	24,587 eV; 54,416 eV
Elektronegativität	(Allred/Rochow) > 4,50; (Pauling) n. bek.; (absolut) 12,3 eV
Elektronenaffinität $He \rightarrow He^-$	+0,19 eV
Absorptionsquerschnitt für thermische Neutronen (σ_{abs})	$< 0{,}05 \cdot 10^{-28}\ m^2$
Dichte gasförmig (bei 0 °C, 101,325 kPa)	$0{,}17847\ kg \cdot m^{-3}$
flüssig (bei –268,935 °C)	$124{,}8\ kg \cdot m^{-3}$
fest	n.bek.
Schmelztemperatur (bei 3 MPa Druck)	–271,4 °C (1,75 K)
Siedetemperatur	–268,935 °C (4,215 K)
Kritische Temperatur	–267,946 °C (5,204 K)
Kritischer Druck	227,5 kPa
Kritisches Volumen	$57{,}3 \cdot 10^{-6}\ m^3 \cdot mol^{-1}$
Kritische Dichte	$69{,}6\ kg \cdot m^{-3}$
Spezifische Schmelzenthalpie	$5{,}25\ kJ \cdot kg^{-1}$
Spezifische Verdampfungsenthalpie	$204{,}86\ kJ \cdot kg^{-1}$
Spezifische Wärmekapazität (bei 0 °C, 101,325 kPa, konst. Druck)	$5{,}21\ kJ \cdot kg^{-1} \cdot K^{-1}$
(bei 0 °C, konst. Vol.)	$3{,}121\ kJ \cdot kg^{-1} \cdot K^{-1}$
Thermische Leitfähigkeit (bei 27 °C)	$0{,}152\ W \cdot m^{-1} \cdot K^{-1}$
Permittivitätszahl (bei 0 °C; 101,325 kPa)	1,000066
Spezifische magnetische Suszeptibilität (Gas)	$-5{,}9 \cdot 10^{-9}\ m^3 \cdot kg^{-1}$
Löslichkeit in Wasser (bei 20 °C)	$8{,}61\ cm^3$ He pro 1 kg H_2O

Weitere Angaben: a) 140 pm.

Entdeckung

Helium wurde im Jahre 1868 während einer totalen Sonnenfinsternis von dem französischen Astrophysiker Pierre Jules César Janssen (1824–1907) in Guntur, Indien, und unabhängig von dem englischen Astronom Sir Joseph Norman Lockyer (1836–1920) in London im Spektrum der Sonnenchromosphäre entdeckt. Wegen seines Vorkommens auf der Sonne erhielt das neue Element auf Vorschlag Lockyers den Namen „Helium“ mit dem chemischen Symbol He [von griech.: „ἥλιος“ (hélios), d. h. „Sonne“]. 1890 isolierte William Francis Hillebrand in Washington DC, USA, Helium aus dem Mineral Cleveit, ohne dieses jedoch zu erkennen. 1895 wiederholte Sir William Ramsay in London die Versuche Hillebrands und erkannte das Element aufgrund seiner Spektrallinien. Kurz danach wurde Helium auch in der atmosphärischen Luft nachgewiesen.

Vorkommen

Helium gehört zu den äußerst seltenen Elementen auf der Erde. Mit einem berechneten Massenanteil in der Erdhülle von $4 \cdot 10^{-7}$% steht es an 78. Stelle der Elementhäufigkeit und ist etwa so häufig wie Platin, Neon oder Rhenium. In den obersten 16 km der Erdkruste, ist es mit 8 mg/t Gestein vertreten, im Meerwasser mit 0,5 µg Helium pro m^3, die Verweilzeit ist nicht bekannt. In der Atmosphäre beträgt sein Volumenanteil $4{,}6 \cdot 10^{-4}$%, der Massenanteil $7{,}2 \cdot 10^{-5}$%; ein m^3 Luft enthält demnach ca. 4,6 ml Helium. Der He-Anteil in der atmosphärischen Luft ist etwa fünf mal größer als der Anteil an Krypton bzw. sechzigmal größer als der Anteil an Xenon. In größeren Konzentrationen findet man Helium als Zerfallsprodukt radioaktiver Vorgänge in zahlreichen Erdgasen und Erdölgasen, die bis zu ca. 10% Helium enthalten. Besonders ergiebige Lager befinden sich in Amarillo, Texas, und in Hugoton Field in West Kansas; USA; in Otis, Kanada sowie in Osteuropa vor allem in Polen. In kleineren Mengen kommt Helium auch in radioaktiven, besonders in Uran- und Thorium-haltigen Mineralen wie z. B. im Cleveit, Monazit, Thorianit als eines der Reaktionsprodukte des radioaktiven α-Zerfalls vor. Spurenweise wurde Helium auch im Wasser einiger Mineralquellen entdeckt, so z. B. in der Heilquelle von Cauterets in den Pyrenäen, im englischen Kurort Bath, und in Deutschland in den Mineralwässern von Baden-Baden, Wildbad, Bad Dürkheim u. a. Obwohl Helium auf der Erde sehr selten ist, stellt es im Weltall mit 23 Atom-% nach Wasserstoff mit 76 Atom-%, das häufigste Element dar. Die Häufigkeit von Helium auf der Sonne beträgt ca. $6{,}32 \cdot 10^{10}$Atome Helium pro $1 \cdot 10^{12}$ Atome Wasserstoff, die kosmische Häufigkeit wird auf $4 \cdot 10^9$ Atome Helium pro $1 \cdot 10^6$ Atome Silicium geschätzt. Die Weltreserven an Helium sind nicht bekannt, die Atmosphäre enthält schätzungsweise $3{,}7\ 10^9$ t Helium.

Herstellung

Großtechnisch wird Helium, vor allem in den USA, durch Verflüssigung von Erdgasen und anschließender fraktionierter Destillation gewonnen. In erdgasarmen Gebieten wie z. B. in Deutschland erhält man Helium durch fraktionierte Destillation verflüssigter

Luft (s. S. 555 und Tab. auf S. 34). Daneben stellen auch die Kreislauf-Restgase der Ammoniaksynthese ein wichtiges Ausgangsmaterial zur He-Gewinnung dar. Im Laboratorium kann Helium in kleineren Mengen aus Uran- und Thorium-haltigen Mineralen wie Cleveit, Monazit u. a. gewonnen werden. Dazu wird das zerkleinerte Helium-haltige Mineral im Porzellanrohr auf 1200 °C erhitzt, das freigesetzte Rohgas anschließend durch Fraktionierung gereinigt. Dies war bis Anfang des 20. Jahrhunderts die einzige Herstellungsmethode. Weltweit werden heute jährlich etwa 26 · 10^6 m^3 Helium, entsprechend 4650 t/Jahr erzeugt, davon etwa 75% also etwa 3400 t/Jahr in den USA.

Physikalische Eigenschaften

Helium ist unter normalen Bedingungen ein farb-, geruch- und geschmackloses, sehr tief siedendes, diamagnetisches, einatomiges Gas. Es ist nach Wasserstoff das leichteste Element. Als erstes Element in der Gruppe der Edelgase zeigt Helium eine Reihe einzigartiger Eigenschaften, die hauptsächlich auf reine Quanteneffekte zurückzuführen sind. Kühlt man Heliumgas ($^4_2$He) auf –268,935 °C (4,215 K) ab, so bildet dieses eine vollkommen normale Flüssigkeit, die man als Helium-I ($^4_2$He-I) bezeichnet. Wird durch fortgesetzte Drucksenkung weiter abgekühlt, so geht das normalflüssige $^4_2$He-I bei –270,966 °C (2,184 K) und einem Druck von 5,04 kPa *(λ-Punkt)* in die Modifikation Helium-II ($^4_2$He-II) über. Die Trennlinie beider Flüssigkeiten im Zustandsdiagramm nennt man λ-*Kurve* (Abb. 40) $^4_2$He-II ist eine *Supraflüssigkeit* oder *Quantenflüssigkeit*, die sich dadurch kennzeichnet, daß die Wechselwirkung zwischen den Atomen fast aufgehoben und die innere Energie gleich Null ist. Die Viskosität nimmt den effektiven Wert null an, so daß die Flüssigkeit sich praktisch reibungslos durch Rohrleitungen oder dünnste Kapillaren einige tausendmal schneller und leichter als jedes Gas bewegt. $^4_2$He-II fließt über höher als der Flüssigkeitsspiegel gelegene Hindernisse hinweg auf das tiefstmögliche Niveau. Dieses Phänomen nennt man *Onnes-Effekt* (Abb. 41). Hebt man ein Gefäß aus einem $^4_2$He-II Bad so fließt ein etwa 100 Atomschichten dicker Film *Rollin-Film* im Inneren des Gefäßes hoch und über die Außenwand hinweg zurück ins Bad. Diese Eigenschaft benutzt man zur Trennung der beiden He-Isotope. Bei Abkühlung des natürlichen Isotopen-Gemisches $^4_2$He/$^3_2$He bis unter den λ-Punkt „kriecht" $^4_2$He-II regelrecht aus dem Dewar-Gefäß heraus, während $^3_2$He zurückbleibt. Dieser Effekt ermöglicht den Bau einer kontinuierlich arbeitenden Kältemaschine, die eine Endtemperatur von –273,148 °C (2 mK) erreicht. $^4_2$He-II besitzt thermische Supraleitfähigkeit und ist der beste bisher bekannte Wärmeleiter. Angesichts dieser ungewöhnlichen Eigenschaften bezeichnet man diese Tieftemperatur-Modifikation des Heliums als einen „vierten Aggregatzustand" der Materie. Den Übergang in den „superfluiden" oder „suprafluiden Zustand" erkennt man daran, daß das heftige Sieden plötzlich aufhört, obwohl die Verdampfung fortgesetzt wird.

Helium hat von allen Substanzen die niedrigste Schmelz- und Siedetemperatur und besitzt als einzige Substanz keinen Tripelpunkt (Dreiphasengleichgewicht; fest/flüssig/gasförmig). Das Element bleibt bei Normaldruck bis in die Nähe des absoluten Nullpunktes flüssig. Der Übergang in den festen Zustand erfolgt erst bei –272,2 °C (0,95 K) und einem Druck von 2,55 MPa. Im festen Zustand ist Helium farblos und durchsichtig, es ist der weicheste bekannte Festkörper; seine kristalline Struktur ändert sich je nach Temperatur- und Druckbereich. Festes Helium ist das einzige bekannte Beispiel eines *Quanten-*

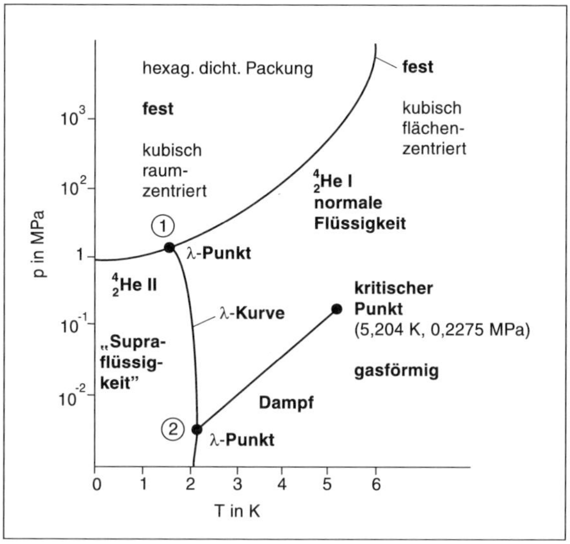

Abb. 40: Zustandsdiagramm von Helium ($^4_2$He). 1. Oberer λ-Punkt; 2. Unterer λ-Punkt.

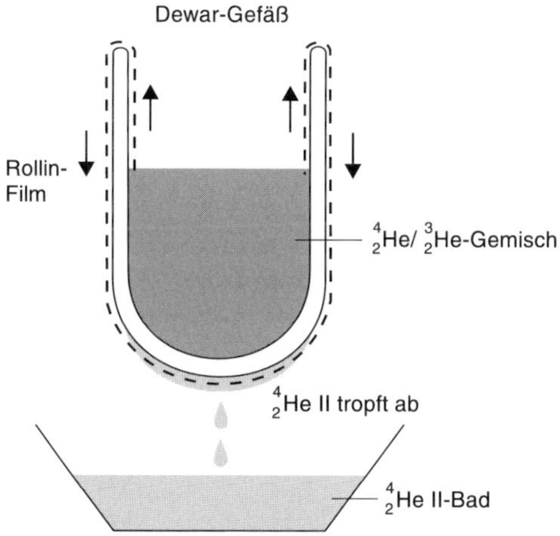

Abb. 41: Darstellung des Onnes-Effektes (Erläuterungen siehe Text).

festkörpers. Auch das Isotop $^3_2$He zeigt einen Übergang in den superfluiden Zustand, jedoch erst bei extrem tiefen Temperaturen im Milli-Kelvin-Bereich ca. –273,123 °C (2,7 mK). Helium besitzt die Fähigkeit verschiedene Materialien besonders Glas, Metalle u. a. sehr leicht zu durchdringen, eine Eigenschaft auf der ein Trennungsverfahren des Elements aus Gasgemischen beruht. Die He-Isotope $^4_2$He und $^3_2$He können im flüssigen Zustand nur in speziellen Dewar-Gefäßen, deren Wände mit flüssigem Stickstoff vorgekühlt sind, aufbewahrt werden.

Radiochemie

Natürliches Helium besteht aus zwei stabilen Isotopen und zwar: gewöhnliches Helium $^{4}_{2}He$, dessen Atomkern zwei Protonen und zwei Neutronen enthält, und in winzigen Spuren das leichtere Isotop $^{3}_{2}He$, dessen Kern zwei Protonen und ein Neutron enthält. Die Heliumkerne $^{4}_{2}He$ werden *Alphateilchen* bzw. *α-Teilchen* genannt, während man die Heliumkerne $^{3}_{2}He$ als *Alphinateilchen* bezeichnet. Zusätzlich sind weitere fünf künstliche radioaktive He-Isotope bekannt.

Die Isotope des Heliums (1995)					
Isotop	Natürliche Häufigkeit n (%)	Zerfallsart			Halbwertszeit $T_{1/2}$
		n	γ	β⁻	
He 3	0,000137				
He 4	99,999863				
He 5		x			n.bek.
He 6				x	806,7 ms
He 7		x			n.bek.
He 8			x	x	119 ms
He 9		x			n.bek.

Standard-Atomgewichte der natürlichen He-Isotope:

$^{3}_{2}He$ 3,016 03
$^{4}_{2}He$ 4,002 60

Das Isotop $^{4}_{2}He$ spielt sowohl bei verschiedenen Kernreaktionen als auch bei der Evolution der Sterne eine bedeutende Rolle. So wird Helium in der Sonne und in anderen Fixsternen durch Kernfusion, also Kernverschmelzung, durch einen Proton-Proton-Prozeß oder p-p-Zyklus erzeugt. Dieser Prozeß läuft bei Temperaturen zwischen $1{,}5 \cdot 10^6$ K und $1{,}2 \cdot 10^7$ K ab und besteht aus drei verschiedenen Kernreaktionen, von denen die beiden ersten zweimal durchlaufen werden müssen:

$$2\,(^{1}_{1}H + ^{1}_{1}H \longrightarrow ^{2}_{1}H + ^{0}_{1}e^+ + \nu) \quad \Delta H = -\ 2{,}88\ \text{MeV} \quad (1{,}4 \cdot 10^{10}\ \text{a})$$
$$2\,(^{2}_{1}H + ^{1}_{1}H \longrightarrow ^{3}_{2}He + \gamma) \quad \Delta H = -10{,}98\ \text{MeV} \quad (0{,}65)$$
$$^{3}_{2}He + ^{3}_{2}He \longrightarrow ^{4}_{2}He + 2\,^{1}_{1}H \quad \Delta H = -12{,}86\ \text{MeV} \quad (1 \cdot 10^{6}\ \text{a})$$

Im Inneren der Fixsterne findet bei Temperaturen zwischen $1{,}2 \cdot 10^7$ K und $1{,}7 \cdot 10^7$ K der sog. Kohlenstoff-Stickstoff-Prozeß bzw. C-N-Zyklus oder Bethe-Weizsäcker-Prozeß statt. Letzterer wurde 1937/38 von dem deutsch/amerik. Physiker Hans Albrecht Bethe (geb. 1906) und dem deutschen Physiker Carl Friedrich von Weizsäcker (geb. 1922) gleichzeitig entdeckt.
Bei dem Prozeß wird die Fusion von Protonen zu Helium durch eine Reihe katalytischer Nuklearreaktionen unterstützt, wobei der Kohlenstoff als Katalysator wirkt:

$$^{12}_{6}C + ^{1}_{1}H \longrightarrow ^{13}_{7}N \longrightarrow ^{13}_{6}C + ^{0}_{1}e^+ + \nu \quad \Delta H = -\ 4{,}17\ \text{MeV} \quad (1{,}3 \cdot 10^{7}\ \text{a})$$
$$^{13}_{6}C + ^{1}_{1}H \longrightarrow ^{14}_{7}N + \gamma \quad \Delta H = -\ 7{,}54\ \text{MeV} \quad (3 \cdot 10^{6}\ \text{a})$$
$$^{14}_{6}N + ^{1}_{1}H \longrightarrow ^{15}_{8}O \longrightarrow ^{15}_{7}N + ^{0}_{1}e^+ + \nu \quad \Delta H = -10{,}05\ \text{MeV} \quad (3 \cdot 10^{5}\ \text{a})$$
$$^{15}_{7}N + ^{1}_{1}H \longrightarrow ^{12}_{6}C + ^{4}_{2}He \quad \Delta H = -\ 4{,}96\ \text{MeV} \quad (1 \cdot 10^{5}\ \text{a})$$

Beide Prozesse lassen sich durch dieselbe Reaktionsgleichung wiedergeben:

$$4\,{}^{1}_{1}H \longrightarrow {}^{4}_{2}He + 2\,{}^{0}_{1}e^{+} + 2\,\nu \qquad \Delta H = -26{,}72\ MeV$$

Im Endergebnis werden also in beiden Prozessen vier Protonen in einen He-Kern, zwei Positronen und zwei Neutrinos (Neutrinos ν sind neutrale Teilchen der Ruhmasse gleich Null, sie gehören zur Gruppe der Leptonen) umgewandelt und eine Strahlungsenergie von 26,72 MeV pro gebildeten He-Kern freigesetzt.
Auf diese Weise werden in der Sonne pro Sekunde etwa 600 Mio. t Wasserstoff zu Helium verschmolzen, wobei die Sonnentemperatur auf mehrere Mio. Grad Celsius ansteigt.
Als Folge des α-Zerfalls entsprechender Uran- und Thorium-Isotope und ihrer Tochternuklide erklärt man auch die Heliumansammlung in Uran- und Thorium-haltigen Erzen. Helium wird auch in vielen Kernreaktionen besonders in (n, α), (p, α) Prozessen, Spallationsreaktionen und in kleineren Mengen bei der Kernspaltung gebildet.
${}^{6}_{2}He$ entsteht in der Reaktion ${}^{6}_{3}Li$ (n, p) ${}^{6}_{2}He$ und geht mit einer Halbwertszeit von 808,1 ms durch β^{-}-Zerfall erneut in ${}^{6}_{3}Li$ über. ${}^{8}_{2}He$ entsteht in der Reaktion ${}^{11}_{5}B$ (γ, 3p) ${}^{8}_{2}He$ und wird mit einer Halbwertszeit von 0,122 s durch β^{-}-Emission in ${}^{8}_{3}Li$ umgewandelt. α-Strahlen bzw. He-Kerne (${}^{4}_{2}He^{2+}$) werden in der Kernchemie zur Erzeugung künstlicher Radionuklide bzw. zur Umwandlung verschiedener Kerne in (α, p), (α, n) (α, d) u. a. Prozessen verwendet. Der Einfang eines Heliumkerns, ${}^{4}_{2}He^{2+}$ bzw. eines α-Teilchen durch ein Target der Protonenzahl Z und der Nukleonenzahl A führt zur Bildung eines Isotops der Form (Z + 2), (A + 4).
Durch solche Reaktionen wurden mehrere Transurane erzeugt, wie z. B.:

$${}^{238}_{92}U\ (\alpha, n)\ {}^{241}_{94}Pu;\ {}^{241}_{95}Am\ (\alpha, 2n)\ {}^{243}_{97}Bk;\ {}^{242}_{96}Cm\ (\alpha, n)\ {}^{245}_{98}Cf\ \text{u. a.}$$

He-Kerne die in modernen Teilchenbeschleunigern auf mehrere hundert MeV beschleunigt werden, können die stabilsten Kerne spalten und Mesonen bilden.
Mesonen sind eine Gruppe instabiler sehr kurzlebiger Elementarteilchen, deren Spin gleich Null ist; sie gehören zur Gruppe der Hadronen.

Chemische Eigenschaften

Helium ist das erste Element in der Gruppe der „Edelgase", der die Elemente

Helium He, Neon Ne, Argon Ar, Krypton Kr, Xenon Xe und Radon Rn

angehören. Es befindet sich im PSE in der 18. Gruppe (VIIIA Hauptgruppe) über dem Neon Ne sowie in der 1. Periode nach Wasserstoff H. Das freie, neutrale He-Atom besitzt zwei Elektronen auf der ersten Schale, K-Schale und hat die Elektronenkonfiguration

$$1s^2$$

Damit ist die K-Schale, die nur zwei Elektronen aufnehmen kann, vollständig besetzt. Da die beiden 1s-Elektronen nicht wie die Valenzelektronen anderer Elemente durch innere Elektronenschalen vom Kern abgeschirmt sind, werden sie vom Kern außerordentlich fest gebunden. Helium besitzt daher die höchste Ionisierungsenergie aller Elemente und eine ausgeprägte chemische Trägheit. Das Element ist chemisch völlig inert, es brennt nicht und kommt wie alle anderen Edelgase nur im einatomigen Zustand vor.

Von Helium sind bis heute keine chemischen Verbindungen bekannt. Mittels massenspektroskopischer Messungen wurde allerdings die Bildung einiger instabiler molekularer Ionen wie z. B. He_2^+, HeH^+, $HeLi^+$, HeK^+ nachgewiesen. Aus theoretischen Überlegungen soll die Synthese von He-Difluorid durch Zerfall von Tritium aus dem isoelektronischen Tritium-Difluorid gemäß

$$^3_1TF_2^- \longrightarrow {}^3_2HeF_2 + {}^0_1e^-$$

möglich sein.
Im Gegensatz zu den anderen Edelgasen, sind von Helium auch noch keine organischen Clathrate und keine Hydrate hergestellt worden.

Nachweis

- Massenspektrometrie.
- Spektralanalyse; wichtige Spektrallinien der neutralen Atome: 388,865 nm, 587,562 nm, 1083,025 nm, 1083,034 nm, 1868,534 nm, 2058,130 nm.

Verwendung

Helium findet Verwendung v. a. als Kühlmittel in verschiedenen technischen Prozessen, zur Füllung von Ballonen, Luftschiffen und Flugzeugreifen (in den USA), in Gasthermometern, elektronischen Schaltgeräten, Hochspannungsröhren u. a. Ferner dient Helium zur Erzeugung tiefer Temperaturen, als Testgas für Lecksuchgeräte, zur Feststellung unterirdischer Gasbewegungen, zur Schalldämmung in Doppelfenstern, als Inertgas in der Metallbearbeitung z. B. beim Schweißen von rostfreiem Stahl, Aluminium, Magnesium, Molybdän, Titan u. a., als Schutzgas in der Pulver-Metallurgie und bei der Herstellung von Halbleitern und elektronischen Bauelementen. Im Gemisch mit Cadmium oder Neon ist es ein wichtiges Lasermaterial für den *Helium-Cadmium*-Laser bzw. den *Helium-Neon*-Laser. Das Gas findet Verwendung in der wissenschaftlichen Forschung wie z. B. in der Gaschromatographie, als Ionenquelle in Beschleunigern, als Kühlmittel in Kernreaktoren. Im Gemisch mit 20% Sauerstoff dient Helium als künstliche Atmosphäre *Taucherluft* z. B. in Tauchgeräten. *Heliumluft* wird in der Medizin bei der Behandlung von schweren Asthma sowie von Diphtherie und *Krupp* bei Kindern verwendet.

Physiologie, Toxikologie

Helium hat keine biologische Bedeutung für den menschlichen Organismus. Das Element ist nicht toxisch, es wirkt aber erstickend. Bei Krankheiten, die eine Verengung der Atemwege zur Folge haben, kann die Atmung mit einem Sauerstoff-Helium-Gemisch (Heliumluft) wesentlich erleichtert werden.

Holmium Ho

International (Lat.)	Holmium	Italienisch	Olmio
Englisch	Holmium	Griechisch	Όλμιο (Olmio)
Französisch	Holmium	Russisch	Гольмий (Goljmij)
Spanisch	Holmio	Japanisch	ホルミウム (horumiumu)

Atomare und physikalische Eigenschaften

Protonenzahl **(Z)**	**67**
Standard-Atomgewicht (bezogen auf $^{12}C = 12$)	164,93032(±3)
Effektive Kernladung	(Slater) 2,85; (Clementi) 8,44; (Froese-Fischer) 11,60
Elektronenkonfiguration	[Xe] $4f^{11}$ $6s^2$
Grundzustand, Termsymbol	$^4I_{15/2}$
Metallatomradius (KZ 6)	176,2 pm [a)]
Kovalenzradius (Einfachbindung)	158 pm
Ionenradius (KZ 6,9)	$90{,}1^{3+}_{(6)}$ pm, $107^{3+}_{(9)}$ pm
Molares Volumen	$18{,}75 \cdot 10^{-6}\ m^3 \cdot mol^{-1}$
1.; 2.; 3.; 4 Ionisierungsenergie	6,0185 eV; 11,804 eV; 22,842 eV; 42,493 eV
Elektronegativität	(Allred/Rochow) 1,10; (Pauling) 1,23; (absolut) ≤ 3,30 eV
Elektronenaffinität Ho ⟶ Ho^-	ca. 0,518 eV
Wirkungsquerschnitt für thermische Neutronen ($\sigma_{n,\gamma}$)	$64 \cdot 10^{-28}\ m^2$
Dichte (bei 20 °C)	$8795\ kg \cdot m^{-1}$ [b)]
Schmelztemperatur	1474 °C (1747,15 K) [c)]
Siedetemperatur	2700 °C (2973,15 K) [d)]
Spezifische Schmelzenthalpie	$104{,}28\ kJ \cdot kg^{-1}$ [e)]
Spezifische Verdampfungsenthalpie	$1521{,}85\ kJ \cdot kg^{-1}$ [f)]
Spezifische Sublimationsenthalpie (einatomiges Gas)	$1825\ kJ \cdot kg^{-1}$
Spezifische Wärmekapazität (bei 25 °C)	$0{,}165\ kJ \cdot kg^{-1} \cdot K^{-1}$
Thermische Leitfähigkeit (bei 27 °C)	$16{,}2\ W \cdot m^{-1} \cdot K^{-1}$
Thermischer Längenausdehnungskoeffizient (bei 25 °C)	$11{,}2 \cdot 10^{-6}\ K^{-1}$ [g)]
Elektrische Leitfähigkeit (bei 20 °C)	$1{,}15 \cdot 10^6\ S \cdot m^{-1}$
Spezifischer elektrischer Widerstand (bei 20 °C)	$86{,}96 \cdot 10^{-8}\ \Omega \cdot m$ [h)]
Spezifische magnetische Suszeptibilität	$+5551{,}6 \cdot 10^{-9}\ m^3 \cdot kg^{-1}$
Curie-Temperatur	–253 °C (20,15 K)
Néel-Temperatur	–141,65 °C (131,5 K)
Normalpotential Ho/Ho^{3+}	–2,33 V
Hydratationsenthalpie Ho^{+3}	$+3667\ kJ \cdot mol^{-1}$
Bildungsenthalpie $HoCl_3$ (Ho_2O_3)	$-974{,}7\ kJ \cdot mol^{-1}$ ($-1882\ kJ \cdot mol^{-1}$)

Weitere Angaben: a) 174,3 pm. b) $8780\ kg \cdot m^{-3}$. c) 1461 °C und 1470 °C. d) 2600 °C und 2720 °C. e) $103\ kJ \cdot kg^{-1}$. f) $1697{,}69\ kJ \cdot kg^{-1}$. g) $9{,}5 \cdot 10^{-6}\ K^{-1}$. h) $81{,}4 \cdot 10^{-8}\ \Omega \cdot m$.

Entdeckung

Holmium wurde im Jahre 1878 von dem Schweizer Physiker Jaques Louis Soret (1827–1890) und dem Chemiker Marc Abraham Delafontaine (1837–1911) in Genf bei der spektralanalytischen Untersuchung der Erbinerde nachgewiesen. Das neue Element bezeichneten sie als *Element X*. 1879 entdeckte auch der schwedische Chemiker Per Theodor Cleve in Uppsala, Schweden, eine Erde, die er nach langen, schwierigen Arbeitsgängen isolierte, Cleve nannte die neue Erde *Holmiumerde* bzw. *Holmia* nach dem alten lat. Namen der schwedischen Hauptstadt Stockholm. Das darin enthaltene Element wurde entsprechend „Holmium" genannt und erhielt das chemische Symbol Ho. Das Element X erwies sich später identisch mit dem von Cleve entdecktem Holmium. Die Reindarstellung von Holmium erfolgte 1940 durch W. Feit (s. auch Tab. Entdeckung der Metalle der Seltenen Erden, S. 775).

Vorkommen

Holmium gehört zu den selteneren Elementen auf der Erde, und steht mit einem berechneten Massenanteil in der Erdhülle von $1{,}1 \cdot 10^{-4}$% an 57. Stelle der Elementhäufigkeit. In der Erdkruste, bis 16 km Tiefe, ist es mit von 1,4 g/t Gestein vertreten, es ist damit weit häufiger als Silber (0,08 g/t), Quecksilber (0,05 g/t) oder Gold (4,1 mg/t). Im Meerwasser beträgt sein Anteil durchschnittlich 0,35 µg $Ho^{(+III)}$ pro m^3; die Verweilzeit ist nicht bekannt. Das Element kommt stets vergesellschaftet mit den anderen Seltenerdmetallen, hauptsächlich in den Mineralen Monazit, Gadolinit, Bastnäsit und Xenotim vor. Die Holmium-Reserven werden weltweit auf 100 000 t geschätzt. Die Häufigkeit des Elements auf der Sonne und die kosmische Häufigkeit sind nicht bekannt. (s. auch Lanthan S. 341).

Herstellung

Nach Anreicherung und Aufschluß der Erze erfolgt die Abtrennung der Chloride und Fluoride im Ionenaustauschverfahren. Das Metall erhält man durch metallothermische Reduktion des Trifluorids mit Calcium. Die Weltproduktion von Holmium beträgt rund 100 t/Jahr.

Physikalische Eigenschaften

Holmium ist ein silbergraues, weiches, gut dehnbares Schwermetall, das an der Luft infolge Oxidbildung rasch anläuft. Das Metall bildet zwei allotrope Modifikationen:

$$\alpha\text{-Ho} \xrightarrow{1472\ °C} \beta\text{-Ho}$$

α-Ho	$\xrightarrow{1472\ °C}$	β-Ho
hexagonal dichteste Kugelpackung		kubisch raumzentriert

Die thermische Leitfähigkeit beträgt 3,77%, die elektrische 1,83% der des Silbers. Das Metall ist bei Normaltemperatur stark paramagnetisch bei sehr tiefen Temperaturen (T_c = –253 °C) zeigt es ferromagnetische Eigenschaften.

Radiochemie

Holmium ist ein anisotopes Element, es kommt in der Natur in Form eines einzigen stabilen Isotops vor. Zusätzlich sind weitere 28 künstliche radioaktive Isotope bekannt.

Die Isotope des Holmiums (1995)

Isotop	Natürliche Häufigkeit n (%)	Zerfallsart					Halbwertszeit
		α	β^+	EC	γ	β^-	$T_{1/2}$
Ho 144			**x**				0,7 s
Ho 145			**x**		x		2,4 s
Ho 146			**x**		x		3,6 s
Ho 147			**x**		x		5,8 s
Ho 148*			**x**		x		9,6 s
Ho 148			**x**		x		2,2 s
Ho 149*			**x**	**x**	x		56 s
Ho 149*			**x**		x		21,1 s
Ho 150*			**x**		x		78 s
Ho 150*			**x**		x		24 s
Ho 151*		**x**	**x**		x		35,2 s
Ho 151*		**x**	**x**		x		47,2 s
Ho 152*		**x**	**x**		x		2,4 m
Ho 152*		**x**	**x**		x		50 s
Ho 153*		x		**x**	x		9,3 m
Ho 153*		x	**x**	**x**	x		2,0 m
Ho 154*		x	**x**	**x**	x		11,8 m
Ho 154*		x	**x**	**x**	x		3,3 m
Ho 155			**x**	x	x		48 m
Ho 156*				**x**	x		ca. 2 m
Ho 156*				**x**	x		5,8 m
Ho 156 m*				x	**x**		56 m
Ho 157			**x**	**x**	x		12,6 m
Ho 158*			**x**		x		11 m
Ho 158*			**x**		x		21 m
Ho 158 m*			**x**		**x**		27 m
Ho 159*			**x**	**x**	x		33 m
Ho 159 m*					**x**		8,3 s
Ho 160*			**x**	**x**	x		26 m
Ho 160 m*			**x**	**x**	**x**		5,0 h
Ho 160 m*					**x**		3 s
Ho 161*				**x**	x		2,5 h
Ho 161 m*					**x**		6,7 s
Ho 162*			**x**	**x**	x		15 m
Ho 162 m*				**x**	**x**		68 m
Ho 163*				**x**			4750 a
Ho 163 m*					**x**		1,1 s
Ho 164*				**x**	x	**x**	29 m

(* isomere Atomkerne; m* markiert jeweils einen metastabilen Zustand)

Die Isotope des Holmiums (1995)							
Isotop	Natürliche Häufigkeit n (%)	Zerfallsart					Halbwertszeit
		α	β+	EC	γ	β⁻	$T_{1/2}$
Ho 164 m*					**x**		37 m
Ho 165	**100**						
Ho 166*					x	**x**	26,80 h
Ho 166*					x	**x**	1200 a
Ho 167					x	**x**	3,1 h
Ho 168*					x	**x**	3,0 m
Ho 168 m*					**x**		2,2 m
Ho 169					x	**x**	4,6 m
Ho 170*					x	**x**	2,76 m
Ho 170*					x	**x**	43 s
Ho 171					x	**x**	53 s
Ho 172					x	**x**	25 s

(* isomere Atomkerne; m* markiert jeweils einen metastabilen Zustand)

Die Halbwertszeiten der Ho-Isotope sind, mit zwei Ausnahmen, sehr kurz. Die leichteren Isotope A < 164 zerfallen durch β^+-Strahlung und Elektronen-Einfang (EC) in Dy-Isotope, einige sind α-Strahler und zerfallen in Tb-Isotope, die schwereren Isotope A > 163 verwandeln sich durch β^--Emission in Er-Isotope. Das Isotop $^{166}_{67}Ho$ (β^- | 1,854 MeV; γ) wird als radioaktiver Indikator, Tracer, verwendet. Das stabile Isotop $^{165}_{67}Ho$ der Kernspinzahl 7/2– und kernmagnetischen Moment +4,173 dient zum NMR-spektroskopischen Nachweis; NMR-Frequenz (bei 2,3488 T) $20{,}513 \cdot 10^6\ s^{-1}$.

Chemische Eigenschaften

Holmium gehört zur Gruppe der „Seltenerdmetalle" bzw. „Lanthanoide". Es ist ein Übergangselement und befindet sich im PSE in der 3. Gruppe (IIIB Nebengruppe) über dem Einsteinium Es sowie in der 6. Periode zwischen Dysprosium Dy und Erbium Er. Das freie, neutrale Ho-Atom hat im elektronischen Grundzustand folgende Elektronenkonfiguration:

$$1s^2\ 2s^2\ 2p^6\ 3s^2\ 3p^6\ 3d^{10}\ 4s^2\ 4p^6\ 4d^{10}\ 4f^{11}\ 5s^2\ 5p^6\ 6s^2$$

Wie die meisten Seltenerdmetalle bildet Holmium in seinen Verbindungen ausschließlich die Oxidationsstufe +III ([Xe]$4f^{10}$), die durch Abgabe der beiden 6s-Elektronen und eines 4f-Elektrons zustande kommt.
Die Normalpotentiale des Holmiums:

	+III		0
Saure Lösung	Ho^{3+}	$\xrightarrow{-2{,}33\ V}$	Ho
Basische Lösung	$Ho(OH)_3$	$\xrightarrow{-2{,}85\ V}$	Ho

Das stark negative Normalpotential weist Holmium als ein sehr unedles und stark elektropositives Metall aus. Das Metall wird an feuchter Luft angegriffen, in pulverförmigen

Zustand ist es pyrophor. Es reagiert langsam mit Wasser unter Bildung des Hydroxids, in Säuren löst es sich unter Wasserstoffentwicklung und bildet Salze:

$$Ho + 3\,H_2O \longrightarrow Ho(OH)_3 + 1^1/_2\,H_2 \uparrow$$
$$Ho + 3\,HCl \longrightarrow HoCl_3 + 1^1/_2\,H_2 \uparrow$$

Holmiumverbindungen haben meist bräunlichgelbe Farbe. Lösliche Verbindungen sind die Halogene, das Sulfat und Nitrid, unlöslich sind das Fluorid, Hydroxid, Oxid, Oxalat u. a.

Nachweis

- Flammenspektroskopie.
- Röntgenfluoreszenz, Massenspektrometrie, Aktivierungsanalyse u. a.
- Spektralanalyse; wichtige Spektrallinien der neutralen Atome: 405,393 nm, 410,384 nm, 416,303 nm und der einfach positiven Ionen Ho^+: 345,600 nm, 379,675 nm, 381,073 nm, 389,102 nm u. a.
- Atomabsorptionsspektrometrie (AAS) mittels der 410,384 nm Hauptlinie des Atomspektrums.

Verwendung

Holmium hat nur geringe technische Bedeutung. Aufgrund seiner ferromagnetischen Eigenschaften bei tiefen Temperaturen, werden Ho-Legierungen zur Herstellung starker Magnetpolschuhe verwendet. In geringem Maße findet Holmium Anwendung als Aktivator in den Leuchtmassen der Bildschirmröhren von Farbfernsehgeräten sowie in Form von Holmiumoxidsilicatglas als Eichsubstanz in der UV-Spektroskopie. Wichtig ist das Metall als Bestandteil für den *Holmium-Laser*, ein Festkörper-Laser bei dem Holmium in einem Wirtskristall wie z. B. Y-Sc-Ga-Granat YSGG eingelagert ist.

Physiologie, Toxikologie

Holmium hat keine biologische Bedeutung für den menschlichen Organismus. Das Element ist gering toxisch und wirkt stimulierend.

Indium In

International (Lat.)	Indium	Italienisch	Indio
Englisch	Indium	Griechisch	'Ινδιο (Indio)
Französisch	Indium	Russisch	Индий (Indij)
Spanisch	Indio	Japanisch	インジウム (injiumu)

Atomare und physikalische Eigenschaften

Protonenzahl **(Z)**	**49**
Standard-Atomgewicht (bezogen auf $^{12}C = 12$)	114,818(±1)
Effektive Kernladung	(Slater) 5,00; (Clementi) 8,47; (Froese-Fischer) 9,66
Elektronenkonfiguration	[Kr] $4d^{10}$ $5s^2$ $5p^1$
Grundzustand, Termsymbol	$^2P_{1/2}$
Metallatomradius	162,6 pm [a)]
Kovalenzradius (Einfachbindung)	150 pm
Ionenradien (KZ 4;6)	$140^{+}_{(4)}$ pm, $62^{3+}_{(4)}$ pm, $80^{3+}_{(6)}$ pm
Molares Volumen	$15{,}71 \cdot 10^{-6}$ $m^3 \cdot mol^{-1}$
1.; 2.; 3.; 4.; 5. Ionisierungsenergie	5,7863 eV; 18,869 eV; 28,024 eV; 53,893 eV; 76,695 eV
Elektronegativität	(Allred/Rochow) 1,49; (Pauling) 1,78; (absolut) 3,10 eV
Elektronenaffinität In → In^-	–0,31 eV
Wirkungsquerschnitt für thermische Neutronen ($\sigma_{n,\gamma}$)	$197 \cdot 10^{-28}$ m^2
Dichte (bei 20 °C)	7310 kg · m^{-3} [b)]
Härte	(Mohs) 1,2 ; (Brinell) 0,98 · 10^7 Pa
Elastizitätsmodul	$5{,}2 \cdot 10^{10}$ Pa
Schmelztemperatur	156,61 °C (429,76 K)
Siedetemperatur	2080 °C (2353,15 K)
Spezifische Schmelzenthalpie	28,48 kJ · kg^{-1}
Spezifische Verdampfungsenthalpie	1970 kJ · kg^{-1} [c)]
Spezifische Sublimations- /Atomisierungsenthalpie	2118 kJ · kg^{-1}
Spezifische Wärmekapazität (bei 25 °C)	0,238 kJ · $kg^{-1} \cdot K^{-1}$
Debye-Temperatur	–165 °C (108,15 K)
Thermische Leitfähigkeit (bei 27 °C)	81,6 W · $m^{-1} \cdot K^{-1}$
Thermischer Längenausdehnungskoeffizient (bei 25 °C)	$32{,}1 \cdot 10^{-6}$ K^{-1}
Relative Volumenänderung beim Schmelzen ΔV/V	0,025
Elektrische Leitfähigkeit (bei 20 °C)	$11{,}94 \cdot 10^6$ S · m^{-1}
Spezifischer elektrischer Widerstand (bei 20 °C)	$8{,}37 \cdot 10^{-8}$ Ω · m
Supraleitung; Sprungtemperatur	–269,742 °C (3,408 K)
Spezifische magnetische Suszeptibilität	$-11{,}7 \cdot 10^{-9}$ $m^3 \cdot kg^{-1}$ [d)]
Hall-Koeffizient	$-0{,}073 \cdot 10^{-10}$ $m^3 \cdot A^{-1} \cdot s^{-1}$
Normalpotential In/In^{3+}	–0,3382 V
Hydratationsenthalpie In^{3+}	–4065 kJ · mol^{-1}
Bildungsenthalpie $InCl_3$ (In_2O_3)	–538 kJ · mol^{-1} (–926 kJ · mol^{-1})

Weitere Angaben: a) 167 pm. b) 7280 kg · m^{-3}. c) 2354,16 kJ · kg^{-1}. d) $-7{,}0 \cdot 10^{-9}$ $m^3 \cdot kg^{-1}$.

Entdeckung

Indium wurde im Jahre 1863 von den deutschen Hüttenchemikern Ferdinand Reich (1799–1882) und Theodor Hieronymus Richter (1825–1898) in Freiberg, Deutschland, bei der spektralanalytischen Untersuchung eines Freiberger Zinkblendenerzes entdeckt und in Form des Chlorids, Oxids und Hydroxids isoliert. Kurz darauf gelang ihnen auch die Herstellung des reinen Metalls durch Reduktion des Oxids mit Wasserstoff. Wegen der charakteristischen Indigo-blauen Spektrallinie in seinem Flammenspektrum erhielt das neue Element den Namen „Indium" mit dem chemischen Symbol „In".

Vorkommen

Mit einem berechneten Massenanteil in der Erdhülle von ca. $1 \cdot 10^{-5}$% steht Indium an 68. Stelle der Elementhäufigkeit und gehört damit zu den äußerst seltenen Elementen auf der Erde. In der Erdkruste bis 16 km Tiefe ist es mit etwa 0,15 g/t Krustengestein vertreten, im Meerwasser beträgt sein Anteil durchschnittlich 0,1 µg $In^{(+III)}$ pro m^3, die Verweilzeit ist nicht bekannt. Indium tritt nie elementar auf. In geringen Konzentrationen ist es weit verbreitet, vor allem in Form der Sulfidminerale Indit $FeIn_2S_4$ und Roquésit $CuInS_2$, die jedoch für die Gewinnung unbedeutend sind. In geringen Mengen kommt Indium in sulfidischen Zink- und Bleierzen sowie in anderen oxidischen Schwermetallmineralen vor. Die Hauptvorkommen liegen in den USA, GUS-Staaten, Kanada, Bolivien, Peru und in Europa in Italien, Deutschland u. a. Die bekannten Indium-Reserven betragen weltweit über 1500 t. Die Häufigkeit des Elements auf der Sonne liegt bei etwa 44,8 Atome Indium pro $1 \cdot 10^{12}$ Atome Wasserstoff, die kosmische Häufigkeit ist nicht bekannt.

Herstellung

Indium erhält man hauptsächlich aus den Nebenprodukten der Zink-, Blei- oder Cadmium-Produktion, in denen es spurenweise enthalten ist. Dazu werden die Beimengungen abgetrennt, das Hydroxid gefällt und zum Oxid geglüht, das im Wasserstoffstrom zu Indium reduziert wird. Das Metall kann auch durch Elektrolyse aus den wäßrigen Lösungen seiner Salze gewonnen werden. Die Raffination erfolgt meist im *Zonenschmelzverfahren*, wobei man hochreines Indium von 99,9995% erhält. Die Weltproduktion an Indium liegt bei etwa 80–100 t/Jahr. Der Preis für 1 kg Indium beträgt etwa 3000 $ bzw. ca. 5400 DM.

Physikalische Eigenschaften

Indium ist ein silberweißes, stark glänzendes, sehr weiches diamagnetisches Schwermetall. Es läßt sich leicht mit dem Messer schneiden und mit der Hand plattdrücken. Beim Verbiegen eines Indiumstabes hört man wie beim Zinn ein leichtes Knistern, das durch die gegenseitige Reibung der Kristalle hervorgerufen wird. Das Metall kristallisiert in einem tetragonalen, flächenzentriertem Gitter. Indium hat eine sehr niedrige Schmelztemperatur, etwa halb so groß wie die des Bleis und eine mittlere Siedetemperatur. Es ist daher über einen weiten Temperaturbereich flüssig. In der flüssigen Phase benetzt es Glas. Die thermische Leitfähigkeit beträgt 19,02% die elektrische 18,98% der des Silbers. Unterhalb −269,742 °C (3,408 K) bzw. in dünnen Schichten bereits unterhalb −268,65 °C (4,5 K) ist das Metall supraleitend. Die kritische Feldstärke beträgt (22 401 ± 159) A · m^{-1}.

Radiochemie

Natürliches Indium besteht aus einem Gemisch von zwei Isotopen, zusätzlich sind 34 künstliche Radioisotope des Indiums bekannt.

Die Isotope des Indiums (1995)

Isotop	Natürliche Häufigkeit n (%)	Zerfallsart				Halbwertszeit $T_{1/2}$
		β^+	EC	γ	β^-	
In 98		x				n.bek.
In 99		x				n.bek.
In 100		x				6,1 s
In 101		x		x		16 s
In 102		x		x		22,1 s
In 103		x		x		65 s
In 104*		x		x		1,8 m
In 104 m*		x		x		15,7 s
In 105*		x		x		4,8 m
In 105 m*				x		43 s
In 106*		x		x		6,26 m
In 106*		x		x		5,33 m
In 107*		x	x	x		32,4 m
In 107 m*				x		50,4 s
In 108*		x		x		39,6 m
In 108*		x	x	x		58,0 m
In 109*		x	x	x		4,2 h
In 109 m*				x		1,34 m
In 110*		x		x		69,1 m
In 110*		x	x	x		4,9 h
In 111*			x	x		2,81 d
In 111 m*				x		7,6 m
In 112*		x	x	x	x	14,4 m
In 112 m*				x		20,8 m
In 113*	**4,3**					
In 113 m*				x		99,49 m
In 114*		x	x	x	x	71,9 s
In 114 m*			x	x		49,5 d
In 115*	**95,7**				x	$4,4 \cdot 10^{14}$ a
In 115 m*				x	x	4,49 h

(* isomere Atomkerne; m* markiert jeweils einen metastabilen Zustand)

Die Isotope des Indiums (1995)

Isotop	Natürliche Häufigkeit n (%)	Zerfallsart				Halbwertszeit $T_{1/2}$
		β⁺	EC	γ	β⁻	
In 116*				x	**x**	14 s
In 116*				x	**x**	54 m
In 116 m*				**x**		2,2 s
In 117*				x	**x**	43,1 m
In 117 m*				**x**	x	1,94 h
In 118*				x	**x**	5 s
In 118*				x	**x**	4,4 m
In 118 m*				**x**	x	8,5 s
In 119*				x	**x**	2,3 m
In 119*				x	**x**	18 m
In 120*				x	**x**	3,1 s
In 120*				x	**x**	46,2 s
In 120*				x	**x**	47,3 s
In 121*				x	**x**	23,1 s
In 121*				x	**x**	3,8 m
In 122*				x	**x**	1,5 s
In 122*				x	**x**	10,3 s
In 122*				x	**x**	10,8 s
In 123*				x	**x**	5,98 s
In 123*				x	**x**	47,8 s
In 124*				x	**x**	3,7 s
In 124*				x	**x**	3,17 s
In 125*				x	**x**	2,3 s
In 125*				x	**x**	12,2 s
In 126*				x	**x**	1,60 s
In 126*				x	**x**	1,64 s
In 127*				x	**x**	1,12 s
In 127*				x	**x**	3,7 s
In 128*				x	**x**	0,84 s
In 128*				x	**x**	0,72 s
In 129*				x	**x**	1,26 s
In 129*				x	**x**	0,59 s
In 130*				x	**x**	0,33 s
In 130*				x	**x**	0,53 s
In 130*				x	**x**	0,53 s
In 131*				x	**x**	0,32 s
In 131*				x	**x**	0,35 s
In 131*				x	**x**	0,28 s
In 132				x	**x**	0,20 s
In 133					**x**	180 ms

(* isomere Atomkerne; m* markiert jeweils einen metastabilen Zustand)

Die In-Isotope haben allg. kurze Halbwertszeiten, die leichteren Isotope A < 115 zerfallen durch β^+-Strahlung bzw. Elektronen-Einfang (EC) in Cd-Isotope, die schwereren A > 114 verwandeln sich durch β^--Emission in die entsprechenden Sn-Isotope. Die große Anzahl der Isomere ergibt sich daraus, daß Indium dem Isomerienschwerpunkt der *magischen Zahl* Z = 50 benachbart ist. Die Isotope ${}^{111}_{49}\mathrm{In}$ (EC | 0,245 MeV; γ), ${}^{113\,m}_{49}\mathrm{In}$ (IT | 0,3917 MeV) und ${}^{114\,m}_{49}\mathrm{In}$ (IT | 0,702 MeV; EC; γ) finden Anwendung als radioaktive Indikatoren (Tracer) in der Metallurgie und in der Medizin. Die beiden natürlichen Isotope ${}^{113}_{49}\mathrm{In}$ und ${}^{115}_{49}\mathrm{In}$ der Kernspinzahl 9/2+ und kernmagnetischen Momenten +5,5229 bzw. +5,534 dienen zum NMR-spektroskopischen Nachweis; NMR-Frequenzen (bei 2,3488 T) $21{,}866 \cdot 10^6\ s^{-1}$ bzw. $21{,}914 \cdot 10^6\ s^{-1}$; Referenz $In(H_2O)_6^{3+}$. Der Wirkungsquerschnitt für epithermische Neutronen des Isotops ${}^{115}_{49}\mathrm{In}$ zeigt bei einer Neutronenenergie von 1,5 eV den äußerst hohen Wert von $\sigma = 30\,000 \cdot 10^{-28}\ m^2$.

Chemische Eigenschaften

Indium ist das vierte Element in der Gruppe der „Triele“. Es befindet sich im PSE in der 13. Gruppe (IIIA Hauptgruppe) zwischen Gallium Ga und Thallium Tl sowie in der 5. Periode zwischen Cadmium Cd und Zinn Sn. Entsprechend seiner Stellung im PSE hat das freie, neutrale In-Atom im elektronischen Grundzustand die Elektronenkonfiguration

$$1s^2\ 2s^2\ 2p^6\ 3s^2\ 3p^6\ 3d^{10}\ 4s^2\ 4p^6\ 4d^{10}\ 5s^2\ 5p^1$$

aufgrund der das Element in seinen Verbindungen die Oxidationsstufen +I und +III bildet von denen die Stufe +III ([Kr]$4d^{10}$), die durch Abgabe der drei Valenzelektronen erreicht wird, die beständigste ist. Neben Ionenbindung besteht auch eine Anzahl kovalenter Bindungen wie z. B. (in den Klammern sind die Bindungslängen und die Bindungsenthalpien angegeben): In-H (185 pm; 243 kJ · mol^{-1}), In-O (213 pm; 109 kJ · mol^{-1}), In-C (261 pm; 165 kJ · mol^{-1}), In-F (199 pm; ca. 525 kJ · mol^{-1}), In-Cl (240 pm; 439 kJ · mol^{-1}), In-In (325,1 pm; ca. 85 kJ · mol^{-1}).
Die Normalpotentiale des Indiums:

	+III		+I		0
Saure Lösung	In^{3+}	−0,444 V	In^{+}	−0,126 V	In
			−0,3382 V (In^{3+} → In)		

Indium zeigt in seinem chemischen Verhalten große Ähnlichkeit mit seinen Homologen Gallium und Thallium, es ist jedoch etwas edler als Gallium. Das Metall ist bei Zimmertemperatur gegenüber Luft und Wasser beständig, bei Feuchtigkeit und Wärme oxidiert es langsam, bei hoher Temperatur verbrennt es mit blauer Flamme zu dem gelben In(III)-oxid. Mit den Halogenen reagiert es bereits bei Erwärmung zu In(III)-Halogeniden, im Chlor-Strom verbrennt es leicht zu dem farblosen In(III)-chlorid:

$$2\ In + 3\ Cl_2 \longrightarrow 2\ InCl_3 \qquad \Delta H = 1076\ kJ$$

Mit Phosphor, Schwefel, Selen, und Stickstoff reagiert es erst bei hohen Temperaturen zu In(III)-Verbindungen. Mit Wasserstoff vereinigt es sich bei 850–1050 °C zu Indan:

$$2\,In + 3\,H_2 \longrightarrow 2\,InH_3$$

Das Monomer InH_3 polimerisiert sofort zu einem weißen festen $(InH_3)_x$ Hochpolymer. Von Mineralsäuren wird Indium unter Wasserstoffentwicklung gelöst, von Alkalien hingegen wird es nicht angegriffen.
Das farblose In(III)-hydroxid ist amphoter, es löst sich leicht in Säuren und bildet Salze, in wäßrigen Alkalien bildet es Hydroxoindate der allg. Formel $M^I_3[In(OH)_6]$.
Allgemein unterscheidet sich Indium in seinen Verbindungen nur gering von denen seiner leichteren Homologen Aluminium und Gallium. Die Chloride, Sulfate und Nitrate sind leicht löslich, die Fluoride, Hydroxide, Oxide und Phosphate sind schwer löslich, die Carbonate sind unbeständig.

Nachweis

- Mit Reagenzien wie Oxin, Morin, Dithizon, Chinalizarin, 8-Hydroxichinolin.
- Spektralanalyse; wichtige Spektrallinien der neutralen Atome; 303,936 nm, 325,609 nm, 325,856 nm, 410,176 nm, 451,131 nm, u. a.
- Atomabsorptionsspektrometrie (AAS) mittels der 303,936 nm Hauptlinie des Atomspektrums.

Verwendung

Wegen seines hohen Preises findet das Metall in der Technik nur beschränkt Anwendung. Es dient vor allem zur Beschichtung anderer Metalle zwecks Korrosionsschutz, als Legierungszusatz, zur Erhöhung der Korrosionsbeständigkeit und der Härte, für Lagermetalle und Spezialstähle, für Dentallegierungen sowie für niedrig schmelzende Lote z. B. In-Pb-Legierungen wie Glaslot, Indalloy. Daneben wird es meist in Form von Ga-In-Legierungen für Schmelzsicherungen, in Quarz-Hochtemperaturthermometern, Feuerschutzanlagen u. ä. verwendet. In-Cu-Mn-Legierungen dienen als ferromagnetische Werkstoffe für Transformatoren und Spulen für die Hochfrequenztechnik. Cd-In-Ag-Legierungen werden in der Kerntechnik zur Herstellung von Reaktorregelstäben verwendet. Das Metall findet ferner Anwendung als Neutronenabsorber, für Spiegelbelege, Dichtungszwecke, als metallische Klebmassen, Glasfarben, Schmuckgegenstände u. a. Intermetallische Verbindungen wie Indiumantimonit InSb, -phosphit InP, -arsenid InAs und -selenid InSe sind wichtige Halbleitermateriale v. a. für Gunn-Generatoren, Halbleiterlaser, Photowiderstände, Hall-Generatoren, Infrarotdetektoren, Solarzellen.

Physiologie, Toxikologie

Indium hat keine biologische Bedeutung für den menschlichen Organismus. Das Metall ist gering toxisch und teratogen. Nur bei subkutaner oder intravenöser Verabreichung treten starke Intoxikationen auf. Die toxische Dosis beträgt 30 mg, die letale Dosis > 200 mg.

Iod I (Id)

International (Lat.)	Iodum	Italienisch	Iodo
Englisch	Iodine	Griechisch	Ιώδιο (Iodio)
Französisch	Iode	Russisch	Иод (Jod)
Spanisch	Yodo, Iodo	Japanisch	ヨウ素（ヨウソ）(youso)

Atomare und physikalische Eigenschaften

T Xn

Protonenzahl **(Z)**	**53**
Standard-Atomgewicht (bezogen auf $^{12}C = 12$)	126,90447(±3)
Effektive Kernladung	(Slater) 7,60; (Clementi) 11,61; (Froese-Fischer) 14,59
Elektronenkonfiguration	[Kr] $4d^{10}\ 5s^2\ 5p^5$
Grundzustand, Termsymbol	$^2P_{3/2}$
Atomradius /Kovalenzradius (Einfachbindung)	133,3 pm /133,1 pm
Van-der-Waals-Radius	215 pm a)
Ionenradius (KZ 6)	$220^{-}_{(6)}$ pm
Molares Volumen	$25{,}74 \cdot 10^{-6}\ m^3 \cdot mol^{-1}$
1.; 2.; 3.; 4.; 5.; 6.; 7. Ionisierungsenergie	10,451 eV; 19,131 eV; 33,165 eV; 42,493 eV; 51,821 eV; 76,695 eV; 90,168 eV
Elektronegativität	(Allred/Rochow) 2,21; (Pauling) 2,66; (absolut) 6,76 eV
Elektronenaffinität $I \rightarrow I^-$	–3,059 eV
Wirkungsquerschnitt für thermische Neutronen ($\sigma_{n,\gamma}$)	$6{,}15 \cdot 10^{-28}\ m^2$
Dichte fest (bei 20 °C)	$4940\ kg \cdot m^{-3}$ b)
flüssig (bei 120 °C)	$3960\ kg \cdot m^{-3}$
Schmelztemperatur	113,60 °C (386,75 K) c)
Siedetemperatur	184,35 °C (457,50 K) d)
Spezifische Schmelzenthalpie	$120{,}33\ kJ \cdot kg^{-1}$ e)
Spezifische Verdampfungsenthalpie	$328{,}36\ kJ \cdot kg^{-1}$ f)
Spezifische Atomisierungsenthalpie	$827{,}42\ kJ \cdot kg^{-1}$
Spezifische Wärmekapazität (bei 0 °C)	$0{,}2156\ kJ \cdot kg^{-1} \cdot K^{-1}$ g)
Thermische Leitfähigkeit (bei 27 °C)	$0{,}449\ W \cdot m^{-1} \cdot K^{-1}$
Elektrische Leitfähgigkeit (bei 20 °C)	$0{,}73 \cdot 10^{-7}\ S \cdot m^{-1}$
Spezifischer elektrischer Widerstand (bei 20 °C)	$1{,}37 \cdot 10^{7}\ \Omega \cdot m$
Spezifische magnetische Suszeptibilität (fest)	$-8{,}78 \cdot 10^{-9}\ m^3 \cdot kg^{-1}$
Elektrochemisches Äquivalent I^-	$1{,}3152 \cdot 10^{-6}\ kg \cdot A^{-1} \cdot s^{-1}$
Normalpotential I^-/I_2	+0,5356 V
Kernabstand I-I in I_2 (gasförmig ; fest)	266,6 pm ; 271,5 pm
Dissoziationsenthalpie	$151{,}34\ kJ \cdot mol^{-1}$
Hydratationsenthalpie von I^-	$-307\ kJ \cdot mol^{-1}$

1) Um Verwechslungen mit römischen Zahlen zu vermeiden, kann für Iod in bestimmten Fällen auch das chemische Symbol »**Id**« angegeben werden.

Weitere Angaben: a) 220 pm. b) $4930\ kg \cdot m^{-3}$. c) 113,5 °C. d) 184,20 °C und 185,5 °C. e) $122{,}26\ kJ \cdot kg^{-1}$. und $124\ kJ \cdot kg^{-1}$. f) $172\ kJ \cdot kg^{-1}$ und $330{,}57\ kJ \cdot kg^{-1}$. g) Ab 27 °C $0{,}1486\ kJ \cdot kg^{-1} \cdot K^{-1}$.

Entdeckung

Iod wurde im Jahre 1811 von dem französischen Chemiker Bernard Courtois (1777–1838) in Paris, Frankreich, in den Mutterlaugen aus der Asche von Seetang entdeckt. Versetzte er die Laugen mit Schwefelsäure, so stiegen beim Erwärmen schwere, violette Dämpfe auf, die sich an gekühlten Vorlagen als schwarzglänzende Kristalle niederschlugen. Die weitere Erforschung des Elements erfolgte ab 1812 durch Nicolas Clément-Desormes (1779–1841), Charles Bernard Desormes (1777–1862) und J. Louis Gay-Lussac. Sir H. Davy und Gay-Lussac erkannten als erste den Elementcharakter des neuen Stoffes und gaben diesem wegen der violetten Farbe seiner Dämpfe von griech. „ἰοειδής" (ioeidés), d. h. „violett" bzw. „veilchenartig" den Namen „Iodine" bzw. „Iode". Das chemische Symbol „I" wurde 1814 von J. J. Berzelius vorgeschlagen. (Veraltet „Jod" bzw. J.)

Vorkommen

Iod ist das seltenste Element unter den Halogenen und steht mit einem berechneten Massenanteil in der Erdhülle von $6 \cdot 10^{-6}$% an 70. Stelle der Elementhäufigkeit. Iod tritt nie elementar auf, es ist jedoch in der Natur, in Form seiner Verbindungen sehr weit verbreitet. Man findet es als lebensnotwendigen Bestandteil in sämtlichen Pflanzen und tierischen Organismen. In geringen Konzentrationen ist es in allen Gesteinen, Böden, Seen, Mineralquellen, Solen von Erdöl- und Erdgaslagerstätten, im Meer und sogar in der Luft enthalten. In der Erdkruste bis 16 km Tiefe ist Iod mit rund 0,3 g/t, in Steinmeteoriten mit ca. 1,26 g/t vertreten. In den Meeren und Ozeanen beträgt sein Anteil durchschnittlich 0,055 g $I^{(-I)}$ und $I^{(+V)}$ pro m^3 Meerwasser, bei einer Verweilzeit von etwa 300 000 Jahren. Einige Tiefenwässer z. B. in den USA enthalten bis zu 80 g Iod pro m^3 und werden zur Gewinnung von Iod herangezogen. Die technisch wichtigsten Vorkommen sind die riesigen Lager von Chilesalpeter oder Natronsalpeter $NaNO_3$ im Norden Chiles und in Peru, in denen Iod als Nebenbestandteil in Form von beigemengten Calciumiodat, Lautarit $Ca(IO_3)_2$ und Natriumiodat $NaIO_3$ bis zu 0,1% vorliegt. Meeresorganismen wie Algen, Seetang, Korallen und Hornschwämme besitzen die Fähigkeit, erhebliche Mengen der im Meereswasser enthaltenen Iodide, bis zu 1,5% der Trockensubstanz, anzureichern. Jährlich werden an den Küsten der Normandie, Bretagne, Schottland, Japan, Kalifornien und den GUS-Staaten bis zu 600 Mio. t Seetang geerntet, aus denen man Iod u. a. wichtige Substanzen industriell gewinnt. Die Iodreserven betragen weltweit etwa 2,8 Mio. t. Die Häufigkeit des Elements auf der Sonne ist nicht bekannt, die kosmische Häufigkeit wird auf 0,8 Atome Iod pro $1 \cdot 10^6$ Atome Silicium geschätzt.

Herstellung

Die Hauptquelle für die großtechnische Herstellung von Iod ist v. a. das in Chile vorkommende Natriumnitrat $NaNO_3$ oder Chilesalpeter. Der rohe Chilesalpeter *Caliche* ist meist durch Sand, Ton und verschiedenen Salzen u. a. Natrium- und Calciumiodat verunreinigt. Diese werden zunächst zusammen mit $NaNO_3$ aus dem Rohmaterial mit heißem Wasser ausgelaugt und das $NaNO_3$ auskristallisiert. Die so erhaltenen Endlaugen die ca. 3–4 g Iod/l als $NaIO_3$ enthalten läßt man in hohen Türmen herabrieseln und versetzt diese im Gegenstromverfahren mit gasförmigen Schwefeldioxid SO_2 wobei Iod ausfällt:

$$2\,NaIO_3 + 4\,H_2O + 5\,SO_2 \longrightarrow Na_2SO_4 + 4\,H_2SO_4 + I_2$$

Das ca. 80%ige Rohiod sammelt sich am Boden an und wird anschließend durch Sublimation gereinigt. Nach diesem Verfahren wird mehr als die Hälfte des Weltbedarfs an Iod gewonnen. Den Rest erhält man hauptsächlich aus Iodid-haltigen Solen aus Erdgas- oder Erdöllagerstätten wie z. B. bei Midland, Michigan, USA oder in Japan, indem das Iod durch Oxidation der Iodide mit Chlor freigesetzt und anschließend mit Dampf oder Luft aus der Lösung geblasen wird. Bei moderneren Verfahren wird die Sole mit Chlor behandelt und das Iod als Polyiodid aus der erhaltenen Lösung an Anionen-Austauschern absorptiv angereichert. Die älteste Methode der Iodgewinnung stellt die Extraktion aus der Asche von Meerespflanzen (Kelp und Varec) dar, die heute mit einem Anteil von 2% der Weltproduktion an Iod nur noch lokale Bedeutung hat. Die Weltproduktion an Iod beträgt heute etwa 15 000 t/Jahr, die wichtigsten Hersteller sind Japan mit ca. 56%, Chile 23%, GUS-Staaten 15,5%, USA 12,5% u. a. Rohiod wird in Holzfässern (45–90 kg) die mit Polyethylenfolie ausgelegt sind bzw. sublimiertes Iod in kleineren Holzfässern oder Glasstopfflaschen aufbewahrt.

Physikalische Eigenschaften

Reines Iod bildet weiche, dunkelgraue, metallisch glänzende, halbleitende diamagnetische Schuppen, die schon bei Raumtemperatur merklich flüchtig sind und einen charakteristischen stechenden Geruch verbreiten. Festes Iod kommt in einer amorphen Form und in zwei kristallinen Modifikationen, orthorhombisch und monoklin, vor. In der kristallinen Form bildet Iod, entsprechend seiner Schuppengestalt, Schichtengitter in denen, innerhalb einer Schicht, die I_2-Moleküle alle in einer Ebene liegen. Aufgrund des sehr geringen intermolekularen Abstandes der I_2-Moleküle entstehen beachtliche elektronische Wechselwirkungen, die die metallischen Eigenschaften wie metallischer Glanz und elektrische Leitfähigkeit bewirken. Erhitzt man Iod langsam im geschlossenen Gefäß so schmilzt es zu einer dunkelbraunen, den elektrischen Strom leitenden Flüssigkeit, deren elektrische Leitfähigkeit auf die Dissoziation der I_2-Moleküle gemäß $3I_2 \longrightarrow I_3^+ + I_3^-$ zurückzuführen ist. Bei raschem Erhitzen sublimiert Iod bereits unterhalb der Schmelztemperatur und bildet intensiv violette Dämpfe, die aus zweiatomigen Molekülen I_2, bei höherem Druck auch aus vieratomigen Molekülen I_4, bestehen und erst bei höheren Temperaturen in freie Atome zerfallen. In Wasser löst sich Iod bei Raumtemperatur nur in geringen Mengen, bei 20 °C ca. 0,3 g Iod in 1 l Wasser, zu bräunlichgelben Iodwasser:

$$I_2 + 2\,H_2O \longrightarrow HIO + H_2O^+ + I^-$$

Besser löst sich Iod in organischen Donorlösungsmitteln wie z. B. Alkohol, Glycerin, Ether, Dioxan, Aceton, ungesättigte Kohlenwasserstoffe u. a. mit brauner Farbe, in aromatischen Kohlenwasserstoffen wie Benzol, Toluol u. a. mit roter Farbe sowie in unpolaren Lösungsmitteln wie Kohlenstoffdioxid, Chloroform, Tetrachlormethan u. a. mit violetter Farbe. Charakteristisch ist die intensive Blaufärbung einer Stärkelösung im Beisein von Iod, die auf der Bildung von Einschlußverbindungen des Iods mit Stärke beruht.

Radiochemie

Iod ist ein anisotopes Element, es kommt in der Natur nur in Form des Isotops $^{127}_{53}I$ vor. Weitere 33 künstliche Radioisotope des Iods sind bekannt.

Die Isotope des Iods (1995)

Isotop	Natürliche Häufigkeit n (%)	Zerfallsart						Halbwertszeit $T_{1/2}$
		p	α	$β^+$	EC	γ	$β^-$	
I 108			**x**	**x**				36 ms
I 109		**x**						100 μs
I 110			**x**	**x**				0,65 s
I 111			x	**x**		x		2,5 s
I 112			x	**x**		x		3,42 s
I 113			x	**x**		x		5,9 s
I 114*				**x**		x		2,1 s
I 114 m*				**x**		**x**		6,2 s
I 115				**x**				1,3 m
I 116				**x**		x		2,9 s
I 117				**x**		x		2,2 m
I 118*				**x**		x		13 m
I 118*				**x**		x		ca. 8,5 m
I 119				**x**		x		19 m
I 120*				**x**	**x**	x		1,35 h
I 120*				**x**		x		53 m
I 121				**x**	**x**	x		2,12 h
I 122				**x**		x		3,6 m
I 123					**x**	x		13,2 h
I 124				**x**	**x**	x		4,15 d
I 125					**x**	x		59,41 d
I 126				**x**	**x**	x	**x**	13,11 d
I 127	**100**							
I 128				**x**	**x**	x	**x**	25,0 m
I 129						x	**x**	$1{,}57 \cdot 10^7$ a
I 130*						x	**x**	12,36 h
I 130 m*						**x**	**x**	9,0 m
I 131						x	**x**	8,02 d
I 132*						x	**x**	2,30 h
I 132 m*						**x**	**x**	83,6 m
I 133*						x	**x**	20,8 h
I 133 m*						**x**		9 s
I 134*						x	**x**	52,0 m
I 134 m*						**x**	x	3,5 m
I 135						x	**x**	6,61 h
I 136*						x	**x**	84 s
I 136*						x	**x**	45 s
I 137						x	**x**	24,2 s

(* isomere Atomkerne; m* markiert jeweils einen metastabilen Zustand)

Die Isotope des Iods (1995)								
Isotop	Natürliche Häufigkeit n (%)	Zerfallsart						Halbwertszeit $T_{1/2}$
		p	α	β⁺	EC	γ	β⁻	
I 138						x	**x**	6,4 s
I 139						x	**x**	2,29 s
I 140						x	**x**	0,86 s
I 141						x	**x**	0,43 s

Die I-Isotope haben allgemein kurze jedoch sehr unterschiedliche Halbwertszeiten, die leichteren Isotope A < 129 zerfallen z. T. durch α-Strahlung in Sb-Isotope sowie durch β^+-Strahlung und Elektronen-Einfang (EC) in Te-Isotope, die schwereren A > 124 verwandeln sich durch β^--Emission in die entsprechenden Xe-Isotope.
Die meisten I-Isotope fallen als Nebenprodukt bei der Uranspaltung an. $^{125}_{53}I$ wird in der Reaktion

$$^{124}_{54}Xe + ^{1}_{0}n \xrightarrow{-\gamma} ^{125}_{54}Xe \xrightarrow[T_{1/2} = 16,84]{EC} ^{125}_{53}I$$

erzeugt.

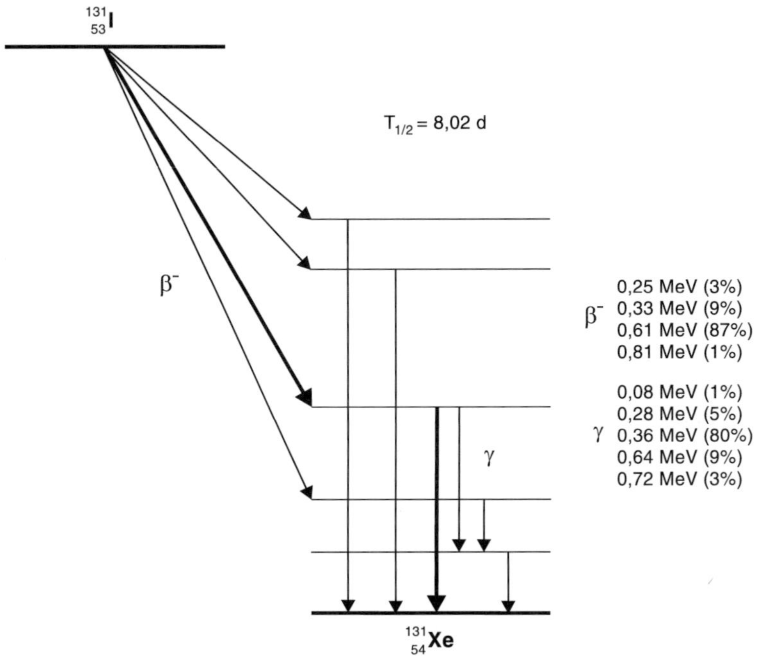

Abb. 42: Zerfallsschema des Isotops $^{131}_{53}I$.

Das häufigste Radioisotop des Iods ${}^{131}_{53}I$ entsteht bei der Bestrahlung von Tellur mit Neutronen und anschließendem β^--Zerfall gemäß:

$$ {}^{130}_{52}Te + {}^{1}_{0}n \longrightarrow {}^{131}_{52}Te \xrightarrow[T_{1/2} = 25\ min]{\beta^-} {}^{131}_{53}I $$

${}^{129}_{53}I$ entsteht wahrscheinlich durch natürliche Uranspaltung sowie durch kosmische Strahlung in der Lithosphäre und in der Hydrosphäre. ${}^{131}_{53}I$ findet sich im radioaktiven Niederschlag. Die Isotope ${}^{123}_{53}I$ (EC | 1,24 MeV; γ | 0,16 MeV), ${}^{125}_{53}I$ (EC | 0,178 MeV; γ) und ${}^{131}_{53}I$ (β^- | 0,971 MeV; γ | 0,64 MeV) werden als radioaktive Indikatoren (Tracer) v. a. in der Medizin verwendet, das stabile Isotop ${}^{127}_{53}I$ der Kernspinzahl 5/2+ und kernmagnetischen Moment +2,808 dient zum NMR-spektroskopischen Nachweis; NMR-Frequenz (bei 2,3488 T) $20{,}007 \cdot 10^6\ s^{-1}$; Referenz NaI (aq). Die maximal zulässige radiologische Aktivität bezogen auf ${}^{131}_{53}I$ beträgt $22{,}2 \cdot 10^3$ Bq für den menschlichen Körper, 2,23 Bq/ml in wäßriger Lösung und 224 Bq/m^3 Luft.

Chemische Eigenschaften

Iod ist das vorletzte Element in der Gruppe der „Halogene". Es befindet sich im PSE in der 17. Gruppe (VIIA Hauptgruppe) zwischen Brom Br und Astat At sowie in der 5. Periode zwischen Tellur Te und Xenon Xe. In seinen chemischen Eigenschaften ist Iod seinen leichteren Homologen Fluor, Chlor und Brom sehr ähnlich, es ist aber reaktionsträger und wird von diesen Elementen aus Iodiden verdrängt, z. B.

$$ 2\ NaI + Cl_2 \longrightarrow 2\ NaCl + I_2 $$

Die Iodidionen geben dabei je ein Elektron an die Chlormoleküle ab und werden oxidiert.

$$ 2\ I^- + Cl_2 \longrightarrow 2\ Cl^- + I_2 $$

Das freie, neutrale I-Atom hat im elektronischen Grundzustand folgende Elektronenkonfiguration:

$$ 1s^2\ 2s^2\ 2p^6\ 3s^2\ 3p^6\ 3d^{10}\ 4s^2\ 4p^6\ 4d^{10}\ 5s^2\ 5p^5 $$

Wie die anderen „Halogene" bildet Iod in seinen Verbindungen mehrere Oxidationsstufen. Gegenüber elektropositiven Partnern betätigt es bevorzugt die Oxidationsstufe –I, Aufnahme eines 5p-Elektrons und Bildung einer stabilen Xenonschale ([Xe]), gegenüber elektronegativen Partnern bildet es die Oxidationsstufen +I, +III, +V und +VII. Die Normalpotentiale des Iods:

	+VII		+V		+I		0		–I
Saure Lösung					+1,20 V ($IO_3^- \to I_2$)				
	H_5IO_6	+1,60 V	IO_3^-	+1,13 V	HIO	+1,44 V	I_2	+0,5356 V	I^-
			IO_3^-	+1,21 V	ICl_2	+1,07 V	I_2		
Basische Lösung	$H_3IO_6^{2-}$	+0,65 V	IO_3^-	+0,15 V	IO^-	+0,42 V	I_2	+0,5356 V	I^-

Wichtige Wasserstoff- und Sauerstoffverbindungen des Iods

Oxidationsstufe	Oxide	Säuren	Salze
–I ([Xe])		HI Hydrogeniodidsäure (Iodwasserstoffsäure)	I^- (aq) Iodide
+I	I_2O Iod(I)-oxid	HIO Iod(I)-säure Hypoiodige Säure	IO^- (aq) Iodate(I) Hypoiodite
+III	I_2O_3 Iod(III)-Oxid $I_4O_9 (= I^{3+}(IO_3^-)_3)$		
+V	I_2O_5 Iod(V)-oxid I_2O_4 Iod(III,V)-oxid	HIO_3 Iod(V)-säure Iodsäure	IO_3^- (aq) Iodate(V) Iodate
+VII	I_2O_7 Iod(VII)-oxid	HIO_4 Iod(VII)-säure Periodsäure H_5IO_6 Orthoperiodsäure	IO_4^- (aq) Iodate(VII) Periodate $H_4IO_6^-$ (aq) Orthoperiodate

Iod zeigt einen ausgeprägten elektropositiven Charakter während der elektronegative Charakter nur noch schwach vorhanden ist, es ist also nur ein schwaches Oxidationsmittel. Mit Ausnahme der Edelgase, Schwefel und Selen geht Iod mit allen Elementen Verbindungen ein. Bei Erwärmung verbindet es sich lebhaft mit Aluminium, Eisen, Quecksilber, Nickel, Antimon, Phosphor u. a. anderen Elementen zu Iodiden. Mit Wasser bildet es Iodwasser. Neben ionischen Bindungen geht Iod vor allem mit elektronegativen Partnern kovalente Bindungen ein wie z. B. (in den Klammern sind die Bindungslängen und die Bindungsenthalpien angegeben): I–H (160,9 pm; 299 kJ · mol^{-1}), I–O (195 pm; 234 kJ · mol^{-1}), I–C (213 pm; 218 kJ · mol^{-1}), I–F (191 pm; 280 kJ · mol^{-1}), I–Cl (232 pm; 208 kJ · mol^{-1}), I–Si (243 pm; 234 kJ · mol^{-1}), I–P (252 pm; 184 kJ · mol^{-1}), I–I (266,6 pm; 151 kJ · mol^{-1}). Anionen des Iods I^- (aq), I_3^- (aq) ($3\,I_2 \longrightarrow I_3^+ + I_3^-$), I_2^- dunkelgrün, ($2\,I_2^- \longrightarrow I^- + I_3^-$), sowie I_5^-, I_7^-, I_8^{2-} u. a. Interhalogenverbindungen des Iods IF, ICl, IBr, II, IF_3, IF_5IF_7, $(ICl_3)_2$ u. a. Iod bildet mehrere Oxide, Säuren und Salze (siehe Tabelle).
Organische Iodverbindungen: Iodobenzen, Iodylbenzen oder Iodoxybenzen C_6H_5– IO_2, Iodoform, Triiodmethan CHI_3, Iodoniumverbindungen der allg. Formel R^I– I^+– $R^{II}X^-$ (R^I R^{II} = aromatische Systeme, X = OH-Gruppe oder einwertiger Säurerest); Iodosobenzen, Iodosylbenzen C_6H_5 – IO u. a.

Nachweis

Qualitativ:

- Durch die violetten, stark riechenden Dämpfe.
- Iodstärkereaktion; elementares Iod bildet mit Stärkelösung tiefblaue Iodstärke. Iodverbindungen reagieren mit Stärke nicht.

- Fällen von gelben Silber(I)-iodid mit Silbernitrat:

  $AgNO_3 + NaI \longrightarrow AgI + NaNO_3$

- Iodid bildet mit Quecksilber(II) tiefrotes Quecksilber(II)-iodid HgI_2 und mit Blei(II) gelbes Blei(II)-iodid PbI_2.
- Versetzt man eine Iodid-Lösung mit Chlorwasser, scheidet bräunliches Iod aus, das mit Carbondisulfid CS_2 rotviolette Färbung ergibt.

Quantitativ:

- Titration mit Na-Thiosulfat-Lösung.
- Spektralanalyse: wichtige Spektrallinien der neutralen Atome; 511,929 nm, 804,374 nm, 905,833 nm, 911,391 nm und der einfach positiven Ionen I^+ 533,822 nm, 562,569 nm u. a.

Verwendung

Iod dient u. a. als Desinfektionsmittel z. B. Iodtinktur, zur Herstellung von Farbstoffen, Schmiermitteln in Verbindung mit aromatischen Kohlenwasserstoffen, Katalysatoren, Stabilisatoren, Röntgenkontrastmittel, von lichtempfindlichen Silberiodid AgI für die Phototechnik sowie zahlreicher anorganischer und organischer Verbindungen. In der Metallurgie findet Iod Anwendund bei der Gewinnung extrem reiner Metalle wie Titan, Hafnium, Zirconium u. a. nach dem van Arkel und de Boer entdeckten *Aufwachsverfahren.*

Der menschliche Organismus benötigt Iod zur Produktion zweier Schilddrüsenhormone: Thyroxin (Tetraiodthyronin; T_4) und Triiodthyronin (T_3). Diese beiden Hormone werden aus der Aminosäure Thyrosin durch Anlagerung von Iod gebildet, wobei Thyroxin 4 Iodatome und Triiodthyronin 3 Iodatome enthält (Abb. 43).

Ist die dem Körper zugeführte Iodmenge zu gering, so vergrößert sich die Schilddrüse, um mehr Iod speichern zu können. Diesem Zustand kann durch Zufuhr von Iod in den Körper, z. B. durch Zusatz von KI bzw. NaI zum Speisesalz entgegengewirkt werden. Kaliumiodidtabletten sind als vorbeugende Maßnahme bei Reaktorkatastrophen vorgesehen. Bei Einnahme sollen sie zu einer Iodanreicherung in der Schilddrüse führen und diese gegen die Aufnahme von radioaktiven Iod, das v. a. in Form der Isotope $^{129}_{53}I$ und $^{131}_{53}I$ bei Reaktorunfällen freigesetzt wird, schützen. Daneben dient Iod als antiseptisches und blutstillendes Mittel wie z. B. Iodtinktur. Iodoform CHI_3 u. a. Das radioaktive Isotop $^{131}_{53}I$ wird in der Schilddrüsentherapie, Radioiodtherapie eingesetzt, während es in der Schilddrüsendiagnostik meist durch die Isotope $^{123}_{53}I$ und $^{128}_{53}I$ ersetzt wird.

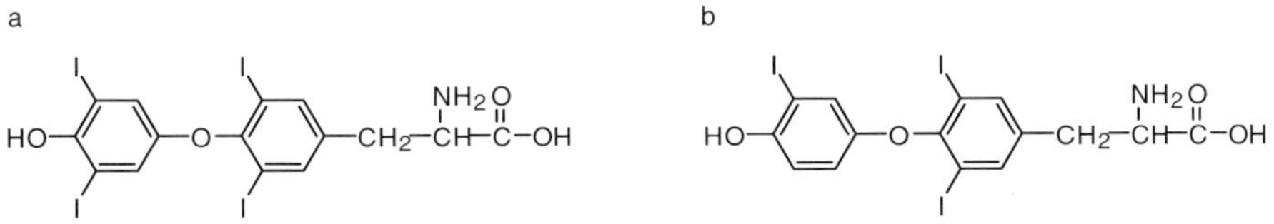

Abb. 43: Strukturformeln der Schilddrüsenhormone a) Thyroxin (T_4) und b) Triiodthyronin (T_3).

Physiologie, Toxikologie

Iod gehört zu den essentiellen Spurenelementen, die für viele Spezies und auch für den Menschen lebensnotwendig sind. Der menschliche Körper enthält durchschnittlich 0,18 mg Iod pro Kilogramm Körpergewicht verteilt vor allem auf die Knochen und Muskeln. Der tägliche Bedarf beträgt 0,1–0,2 mg und wird über die Nahrung und Trinkwasser aufgenommen. Die biologische Halbwertszeit bezogen auf die verschiedenen kritischen Organe liegt bei 7–14 Tagen, auf die Schilddrüse sowie auf den gesamten Körper 138 Tage.
Iodmangel führt zu Schilddrüsenerkrankungen wie beispielsweise Strumabildung (Kropf) oder zu Kretinismus des Neugeborenen bei schwerem Iodmangel während der Schwangerschaft.
Iod ist als I_2 toxisch (R 20/21, S 23, S 25) es hat eine starke Reizwirkung auf Augen und Schleimhäute. Bei peroraler Aufnahme bewirkt es eine Braunfärbung von Mund und Rachen sowie Entzündungen des Magen-Darm-Trakts. Als erste Hilfemaßnahmen sofort Milch oder Mehlwasser verabreichen, Natriumthiosulfat, Magnesia usta u. a. Die toxische Dosis beträgt 2 mg, die letale Dosis liegt über 50 g.

Iridium Ir

International (Lat.)	Iridium	Italienisch	Iridio
Englisch	Iridium	Griechisch	Ιρίδιο (Iridio)
Französisch	Iridium	Russisch	Иридий (Iridij)
Spanisch	Iridio	Japanisch	イリジウム (irijiumu)

Atomare und physikalische Eigenschaften

Protonenzahl **(Z)**	**77**
Standard-Atomgewicht (bezogen auf ^{12}C = 12)	192,22(±3)
Effektive Kernladung	(Slater) 3,90; (Clementi) 10,57; (Froese-Fischer) 15,33
Elektronenkonfiguration	[Xe] $4f^{14}\,5d^7\,6s^2$
Grundzustand, Termsymbol	$^4F_{9/2}$
Metallatomradius (KZ 12)	135,7 pm
Kovalenzradius (Einfachbindung)	126,5 pm
Ionenradien (KZ 6)	$89^{2+}_{(6)}$ pm, $68^{3+}_{(6)}$ pm, $63^{4+}_{(6)}$ pm, $57^{5+}_{(6)}$ pm
Molares Volumen	$8,57 \cdot 10^{-6}$ m^3 · mol^{-1}
1.; 2.; 3.; 4.; 5. Ionisierungsenergie	9,1205 eV; 17,411 eV; 26,946 eV; 39,384 eV; 57,106 eV
Elektronegativität	(Allred/Rochow) 1,55; (Pauling) 2,20; (absolut) 5,40 eV
Elektronenaffinität Ir → Ir^-	1,564 eV
Wirkungsquerschnitt für thermische Neutronen ($\sigma_{n,\gamma}$)	$420 \cdot 10^{-28}$ m^2
Dichte (bei 20 !°C)	22650 kg · m^{-3} a)
Härte	(Mohs) 7 ; (Brinell) 212 · 10^7 Pa
Elastizitätsmodul	$5,2 \cdot 10^{10}$ Pa
Schmelztemperatur	2410 °C (2683,15 K) b)
Siedetemperatur	4130 °C (4403,15 K) c)
Spezifische Schmelzenthalpie	137 kJ · kg^{-1}
Spezifische Verdampfungsenthalpie	2931 kJ · kg^{-1} d)
Spezifische Sublimationsenthalpie (einatomiges Gas)	3463,2 kJ · kg^{-1}
Spezifische Atomisierungsenthalpie	3485,6 kJ · kg^{-1}
Spezifische Wärmekapazität (bei 25 °C)	0,131 kJ · kg^{-1} · K^{-1}
Thermische Leitfähigkeit (bei 27 °C)	147 W · m^{-1} · K^{-1}
Thermischer Längenausdehnungskoeffizient (bei 25 °C)	$6,4 \cdot 10^{-6}$ K^{-1}
Thermospannung (Δt =100 K / Pt; Cu)	+0,66 mV; –0,09 mV
Elektrische Leitfähigkeit (bei 20 °C)	$18,83 \cdot 10^6$ S · m^{-1}
Spezifischer elektrischer Widerstand (bei 20 °C)	$5,31 \cdot 10^{-8}$ Ω · m e)
Temperaturkoeffizient (bei 20 °C)	$4,9 \cdot 10^{-3}$ K^{-1}
Supraleitung, Sprungtemperatur	–273,037 °C (0,1125 K)
Hall-Koeffizient	$+0,402 \cdot 10^{-10}$ m^3 · A^{-1} · s^{-1}
Normalpotential Ir/Ir^{3+}	+1,156 V
Hydratationsenthalpie Ir^{3+}	–200 kJ · mol^{-1}
Bildungsenthalpie $IrCl_3$ (IrO_2)	–246 kJ · mol^{-1} (–274 kJ · mol^{-1})

Weitere Angaben: a) 22420 kg · m^{-3} , 22560 kg · m^{-3} und 22610 kg · m^{-3}. b) 2443 °C, 2454 °C. c) (4550 ± 100) °C und (4527 ± 100) °C. d) 3183 kJ · kg^{-1}. e) $4,71 \cdot 10^{-8}$ Ω · m.

Entdeckung

Iridium wurde zusammen mit Osmium im Jahre 1804 von dem britischen Chemiker Smithson Tenannt (1761–1815) in London, Großbritannien, bei der Untersuchung der in Königswasser unlöslichen Rückstände von Rohplatinerzen entdeckt und isoliert. Wegen der bunten Farben seiner Salze nannte er das neue Metall „Iridium" [von griech.: „ἶρις" (iris), d. h. „Regenbogen" oder „ἰριοειδής" (irioeidis), d. h. „in allen Farben des Regenbogens spielend"]. Das chemische Symbol „Ir" wurde 1814 von J. J. Berzelius vorgeschlagen.

Vorkommen

Mit einem geschätzten Massenanteil von $1 \cdot 10^{-7}$% steht Iridium nach Gold und Platin an 81. Stelle der Elementhäufigkeit und gehört damit zu den äußerst seltenen Elementen auf der Erde. In der Erdkruste bis 16 km Tiefe ist es mit 1 mg/t Krustengestein vertreten, seine Häufigkeit in Eisenmeteoriten wird auf 3 g/t geschätzt. Sein Anteil in den Meeren und Ozeanen ist nicht bekannt, wird aber äußerst gering eingeschätzt. Iridium kommt in der Natur nur gediegen, meist als Begleiter des Platins und der anderen Platinmetalle vor. Es tritt in isomorphen Mischungen mit Osmium als zinnweißer Newjanskit oder Osmiridium (50–70% Ir, 30–50% Os), als dunkelgrauer Syssertskit oder Iridosmium (20–45% Ir, 55–80% OS) sowie als Auroosmirid (Au-Os-Ir-Legierung) auf, die primär in ultrabasischen Gesteinen wie Peridotit und Dunit, hauptsächlich aber sekundär auf Gold- und Platinseifen vorkommen. Die wichtigsten Vorkommen befinden sich in Witwatersrand, Republik Südafrika; Ural-Gebiet, Rußland; Kanada; Tasmanien; Japan und Borneo. 1979 wurden besonders hohe Iridium-Konzentrationen in Sedimenten der ausgehenden Kreidezeit gefunden, die vermutlich auf ein damals stattgefundenes außerirdisches Ereignis zurückzuführen sind. Die Iridium-Reserven werden weltweit auf rund 950 t geschätzt. Die Häufigkeit des Elements auf der Sonne beträgt ca. 7,1 Atome Iridium pro $1 \cdot 10^{12}$ Atome Wasserstoff, die kosmische Häufigkeit schätzt man auf 0,82 Atome Iridium pro $1 \cdot 10^{6}$ Atome Silicium.

Herstellung

Iridium wird, wie die anderen Platinmetalle, aus Platinkonzentraten, die als Anodenschlamm bei der elektrolytischen Nickelraffination anfallen, gewonnen. Nach Behandlung mit Königswasser fallen Ruthenium, Osmium, Rhodium und Iridium zusammen mit Silber im unlöslichen Rückstand an. Nach Abtrennung des Silbers in Form des löslichen Nitrats wird Iridium über zahlreiche Zwischenstufen, in Form von Pulvern oder Schwämmen gewonnen und anschließend mit Hilfe pulvermetallurgischer Methoden verfestigt. Die Weltproduktion an Iridium beträgt durchschnittlich etwa 3 t/Jahr. Der Preis für 1 kg Iridium liegt z. Z. bei etwa 1965 $ bzw. ca. 3540 DM.

Physikalische Eigenschaften

Iridium ist ein silberweißes, glänzendes, sehr hartes und sprödes, paramagnetisches Schwermetall. Es kristallisiert in kubisch dichtester Kugelpackung bzw. kubisch flächenzentrierter Gitterstruktur. Iridium hat die größte Dichte und ist daher das schwerste aller Elemente unseres Lebensraumes. Das Metall hat eine sehr hohe Schmelz- und Siedetemperatur, die thermische Leitfähigkeit beträgt 34,26%, die elektrische 29,94% der des Silbers. In der Nähe des absoluten Nullpunktes bei –273,037 °C bzw. 0,1125 K zeigt das Metall Supraleitfähigkeit, die kritische Feldstärke beträgt (1273,24 ± 3,97) A · m^{-1}. Die Schallgeschwindigkeit in Iridium beträgt 4900 m · s^{-1}.

Radiochemie

Iridium besitzt zwei natürliche stabile Isotope, daneben sind weitere 31 künstliche Radioistope des Iridiums bekannt.

Die Isotope des Iridiums (1995)

Isotop	Natürliche Häufigkeit n (%)	Zerfallsart					Halbwertszeit
		α	β^+	EC	γ	β^-	$T_{1/2}$
Ir 166		x					>5 ms
Ir 167		x					>5 ms
Ir 168		x					n.bek.
Ir 169		x					0,4 s
Ir 170		x	x				1,1 s
Ir 171		x			x		1,5 s
Ir 172*		x	x		x		4,4 s
Ir 172*		x	x		x		2,0 s
Ir 173*		x	x		x		2,2 s
Ir 173*		x	x		x		9,8 s
Ir 174*		x	x		x		9 s
Ir 174*		x	x		x		4,9 s
Ir 175		x	x		x		9 s
Ir 176		x	x		x		8 s
Ir 177		x	x		x		30 s
Ir 178				x	x		12 s
Ir 179			x		x		79 s
Ir 180				x	x		1,5 m
Ir 181				x	x		4,9 m
Ir 182				x	x		15 m
Ir 183			x	x	x		55 m
Ir 184			x	x	x		3,0 h
Ir 185				x	x		14,4 h
Ir 186*			x	x	x		16,64 h
Ir 186*			x	x	x		1,9 h
Ir 187				x	x		10,5 h

(* isomere Atomkerne)

Die Isotope des Iridiums (1995)							
Isotop	Natürliche Häufigkeit n (%)	Zerfallsart					Halbwertszeit
		α	$β^+$	EC	γ	$β^-$	$T_{1/2}$
Ir 188			x	x	x		41,5 h
Ir 189				x	x		13,3 d
Ir 190*				x	x		11,8 d
Ir 190*				x	x		3,1 h
Ir 190 m*					x		1,2 h
Ir 191*	**37,3**						
Ir 191 m*					x		4,94 s
Ir 192*				x	x	x	73,83 d
Ir 192 m*					x	x	1,4 m
Ir 192 m*					x		241 a
Ir 193*	**62,7**						
Ir 193 m*					x		10,53 d
Ir 194*					x	x	19,15 h
Ir 194*					x	x	171 d
Ir 195*					x	x	2,5 h
Ir 195*					x	x	3,8 h
Ir 196*					x	x	52 s
Ir 196*					x	x	1,40 h
Ir 197*						x	5,8 m
Ir 197*					x	x	8,9 m
Ir 198					x	x	8 s

(* isomere Atomkerne; markiert jeweils einen metastabilen Zustand)

Die leichteren Ir-Isotope entstehen hauptsächlich durch Bestrahlung von Gold-Targets mit beschleunigten Protonen oder durch Beschuß von Rhenium mit energiereichen He-Kernen, die schwereren Ir-Isotope erhält man durch Bestrahlung von Platin-Targets mit Photonen oder Neutronen im Kernreaktor.
Die Halbwertszeiten der Ir-Isotope sind allgemein kurz, die leichtesten Isotope $A < 177$ zerfallen durch α-Emission in die entsprechenden Re-Isotope, die mittelschweren $177 < A < 191$ durch $β^+$-Strahlung sowie durch Elektronen-Einfang (EC) in Os-Isotope, die schwesten Isotope $A > 191$ verwandeln sich durch $β^-$-Strahlung in Pt-Isotope.
Das Isotop $^{192}_{77}Ir$ ($β^-$ | 1,454 MeV; γ | 0,480 MeV) wird als radioaktiver Indiaktor, Tracer, vor allem in der Medizin eingesetzt. Die beiden stabilen Isotope $^{191}_{77}Ir$ und $^{193}_{77}Ir$ der Kernspinzahl 3/2+ und kernmagnetischen Momenten +0,1461 bzw. +0,1591 dienen zum NMR-spektroskopischen Nachweis; NMR-Frequenzen (bei 2,3488 T) $1{,}718 \cdot 10^6\ s^{-1}$ bzw. $1{,}871 \cdot 10^6\ s^{-1}$. Bei der Untersuchung der Resonanzstreuung der mit α-Strahlung angeregter $^{191}_{77}Ir$-Kerne entdeckte Rudolf Ludwig Mößbauer (geb. 1929) 1957 den nach ihm benannten *Mößbauer-Effekt*.
Die maximal zulässige radiologische Aktivität bezogen auf $^{190}_{77}Ir$ liegt bei $77{,}5 \cdot 10^4$ Bq für den menschlichen Körper, 370 Bq/ml in wäßriger Lösung, und $29{,}5 \cdot 10^3\ Bq/m^3$ Luft; für $^{194}_{77}Ir$ liegen die Werte entsprechend bei $11{,}2 \cdot 10^4$ Bq, 33,5 Bq/ml und $18{,}5 \cdot 10^2\ Bq/m^3$ Luft.

Chemische Eigenschaften

Iridium gehört zur Gruppe der schweren Platinmetalle und bildet zusammen mit Rhodium die sog. *Iridiumgruppe*. Es befindet sich im PSE in der 9. Gruppe (VIII Nebengruppe) unter dem Rhodium Rh sowie in der 6. Periode zwischen Osmium Os und Platin Pt. Das freie, neutrale Ir-Atom hat im elektronischen Grundzustand folgende Elektronenkonfiguration:

$$1s^2\ 2s^2\ 2p^6\ 3s^2\ 3p^6\ 3d^{10}\ 4s^2\ 4p^6\ 4d^{10}\ 4f^{14}\ 5s^2\ 5p^6\ 5d^7\ 6s^2$$

Als typisches Übergangsmetall betätigt Iridium in seinen Verbindungen fast alle Oxidationsstufen von –I bis +VI, wobei die Stufen +III und +IV die beständigsten und häufigsten sind.
Die Normalpotentiale des Iridiums:

+IV		+III		0
		+0,926 V		
IrO_2	+0,223 V	Ir^{3+}	+1,156 V	Ir
$IrCl_6^{2-}$	+0,867 V	$IrCl_6^{3-}$	+0,86 V	Ir

Iridium ist wie alle Platinmetalle ein edles Metall und das chemische inaktivste Element seiner Gruppe. Es wird von keiner Säure, auch nicht von Königswasser, angegriffen. Pulverisiertes Iridium reagiert bei Rotglut mit molekularem Sauerstoff, unter Bildung des schwarzen Iridium(IV)-oxids:

$$Ir + O_2 \longrightarrow IrO_2 \qquad \Delta H = -274\ kJ$$

Mit molekularem Chlor verbindet es sich sowohl zum dunkelolivgrünen Iridium(III)-Chlorid als auch zum braunen Iridium(IV)-chlorid.

$$2\ Ir + 3\ Cl_2 \longrightarrow 2\ IrCl_3 \qquad \Delta H = -492\ kJ$$
$$Ir + 2\ Cl_2 \longrightarrow IrCl_4$$

Mit Fluor bildet es das leichtflüchtige, gelbe Iridium(VI)-fluorid aus dem das gelbgrüne Iridium(V)-Fluorid entsteht. Durch Schmelzen mit Na_2O_2, BaO_2 oder $Ba(NO_3)_2$ bildet Iridium Iridate, die sich in Königswasser zu dem Komplex $H_2[IrCl_6]$ lösen. Iridium bildet zahlreiche Verbindungen wobei es in fast allen Oxidationsstufen vertreten ist. Iridium(I)-Komplexe wie z. B. der *Vaskas-Komplex* trans-$[IrCl(CO)\ (PPh_3)_2]$ Chlorobis(triphenylphosphin)carbonyl-iridium(I) weisen häufig quadratisch-planaren Bau, Iridium(III)-Komplexe z. B. Ammonium-hexachloroiridat(III) $(NH_4)_3[IrCl_6]$ meist oktaedrischen Bau auf, beide sind diamagnetisch. Iridium(IV)-, -(V)- und -(VI)-Verbindungen sind meist oktaedrisch aufgebaut und sind paramagnetisch. Iridium bildet zwei Oxide Ir(III)-oxid Ir_2O_3 und Ir(IV)-oxid IrO_2; zwei Säuren sind bekannt die Hexachloroiridium(III)-säure H_3IrCl_6 mit dem Anion $[IrCl_6]^{3-}$(aq), ihre Salze heißen Hexachloroiridate(III) und die Hexachloroiridium(IV)-säure H_2IrCl_6 mit dem Anion $[IrCl_6]^{2-}$(aq), ihre Salze heißen Hexachloroiridate(IV), z. B. Natrium-Hexachloroiridat(IV) $Na_2[IrCl_6]$.

Nachweis

- Röntgenfluoreszenzanalyse.
- Spektralanalyse; wichtige Spektrallinien der neutralen Atome: 203,357 nm, 208,882 nm, 209,263 nm, 215,805 nm, 254,397 nm, 263,971 nm, 322,078 nm, 351,365 nm u. a.
- Atomabsorptionsspektrometrie (AAS) mittels der 208,882 nm Hauptlinie des Atomspektrums.

Verwendung

Wegen seiner sehr großen Sprödigkeit findet Iridium nur in Form von Legierungen Verwendung. Pt-Ir-Legierungen mit 20–30% Iridium werden wegen ihrer großen Härte und Korrosionsbeständigkeit als Spitzen für Goldfedern von Füllhaltern eingesetzt. Sie eignen sich ebenfalls sehr gut zur Herstellung von Injektionsnadeln, chirurgischen Instrumenten, Laboratoriumsgeräten wie Schalen, Tiegel u. a. von Thermoelementen für Temperaturmessungen bis 2200 °C, elektrischen Schaltkontakten, Zündkerzen für Flugzeugmotoren, Dental-Legierungen, Edelmetallschmuck. *Urmeter* und *Urkilogramm*, die in Sèvres bei Paris aufbewahrt sind, bestehen aus einer Legierung aus 90% Platin und 10% Iridium. Das Isotop $^{192}_{77}Ir$ findet Anwendung in der Metallurgie bei Werkstoffprüfungen mittels Gammagraphie z. B. von Stahlblechen, Schweißnadstellen u. a. sowie in der Medizin bei der Strahlentherapie von Krebs.

Physiologie, Toxikologie

Iridium hat keine biologische Bedeutung für den menschlichen Organismus. Das Metall gilt als nicht toxisch.

Kalium K

International (Lat.)	Kalium	Italienisch	Potassio
Englisch	Potassium	Griechisch	Κάλιο (Kálio)
Französisch	Potassium	Russisch	Калий (Kalij)
Spanisch	Potasio	Japanisch	カリウム (kariumu)

Atomare u. physikalische Eigenschaften

T+ Xn C F+

Protonenzahl **(Z)**	**19**
Standard-Atomgewicht (bezogen auf ^{12}C = 12)	39,0983(±1)
Effektive Kernladung	(Slater) 2,20; (Clementi) 3,50; (Froese-Fischer) 4,58
Elektronenkonfiguration	[Ar] $4s^1$
Grundzustand, Termsymbol	$^2S_{1/2}$
Metallatomradius / Kovalenzradius (Einfachbindung)	227,2 pm / 203 pm
Van-der-Waals-Radius	231 pm
Ionenradien (KZ 6;8)	$138^{+}_{(6)}$ pm, $151^{+}_{(8)}$ pm
Molares Volumen	$45,36 \cdot 10^{-6}$ $m^3 \cdot mol^{-1}$
1.; 2.; 3.; 4.; 5. Ionisierungsenergie	4,3395 eV; 31,625 eV; 45,716 eV; 60,910 eV; 82,664 eV
Elektronegativität	(Allred/Rochow) 0,91; (Pauling) 0,82; (absolut) 2,42 eV
Elektronenaffinität $K \rightarrow K^-$	−0,502 eV
Wirkungsquerschnitt für thermische Neutronen ($\sigma_{n,\gamma}$)	$2,10 \cdot 10^{-28}$ m^2
Dichte (bei 20 °C)	862 $kg \cdot m^{-1}$ a)
Härte (Mohs)	0,5
Schmelztemperatur	63,25 °C (336,40 K) b)
Siedetemperatur	760 °C (1033,15 K) c)
Spezifische Schmelzenthalpie	61,38 $kJ \cdot kg^{-1}$ d)
Spezifische Verdampfungsenthalpie	1982,86 $kJ \cdot kg^{-1}$ e)
Spezifische Sublimationsenthalpie (einatomiges Gas)	2304,34 $kJ \cdot kg^{-1}$
Spezifische Wärmekapazität (bei 25 °C)	0,7578 $kJ \cdot kg^{-1} \cdot K^{-1}$
Thermische Leitfähigkeit (bei 27 °C)	102,4 $W \cdot m^{-1} \cdot K^{-1}$
Thermischer Längenausdehnungskoeffizient (bei 25 °C)	$83 \cdot 10^{-6}$ K^{-1}
Temperaturkoeffizient (bei 20 °C)	$5,5 \cdot 10^{-3}$ K^{-1}
Elektrische Leitfähigkeit (bei 20 °C)	$13,14 \cdot 10^{6}$ $S \cdot m^{-1}$
Spezifischer elektrischer Widerstand (bei 20 °C)	$7,61 \cdot 10^{-8}$ $\Omega \cdot m$
Spezifische magnetische Suszeptibilität	$+6,7 \cdot 10^{-9}$ $m^3 \cdot kg^{-1}$
Hall-Koeffizient	$-4,2 \cdot 10^{-10}$ $m^3 \cdot A^{-1} \cdot s^{-1}$
Elektrochemisches Äquivalent	$0,4052 \cdot 10^{-6}$ $kg \cdot A^{-1} \cdot s^{-1}$
Normalpotential K / K^+	−2,925 V
Kernabstand K-K in K_2 (Diss.-Energie)	391 pm (51,2 $kJ \cdot mol^{-1}$)
Hydratat.-Radius (Hydratat.-Zahl)	232 pm (11)
Hydratationsenthalpie K^+	−306 $kJ \cdot mol^{-1}$
Bildungsenthalpie KH (KCl ; K_2O)	−57,86 $kJ \cdot mol^{-1}$ (−436,16 $kJ \cdot mol^{-1}$; −361,8 $kJ \cdot mol^{-1}$)

Weitere Angaben: a) 851 $kg \cdot m^{-3}$, 856 $kg \cdot m^{-3}$ und 860 $kg \cdot m^{-3}$. b) 63,6 °C. c) 753,8 °C, 765,5 °C, 774 °C. d) 59,6 $kJ \cdot kg^{-1}$. e) 2020,5 $kJ \cdot kg^{-1}$.

Entdeckung

Kalium wurde im Jahre 1807 von dem englischen Chemiker Sir Humphry Davy in London, Großbritannien, entdeckt und durch Elektrolyse von schwach angefeuchteten Kaliumhydroxid in einem Platinlöffel als Kathode und einem Platindraht als Anode erstmals in elementarer Form gewonnen. Nachdem der Nachweis über die Element-Natur des Metalls erbracht wurde, schlug Davy für das neue Metall den Namen „Potassium“ (von engl. *potash* bzw. „Pottasche“) vor. Auf Anregung von Ludwig Wilhelm Gilbert (1769–1824) dem Herausgeber der *Annalen der Physik* erhielt das Element wegen seines Vorkommens in Landpflanzen, den Namen „Kalium“ (vom arab. *al qaliy*, d. h. Pflanzenasche oder Pottasche). Das chemische Symbol „K“ wurde 1814 von J. J. Berzelius vorgeschlagen.

Vorkommen

Kalium gehört zu den 10 häufigsten Elementen auf der Erde. Mit einem berechneten Massenanteil in der Erdhülle von 2,41% steht es an 7. Stelle der Elementhäufigkeit. Wegen seiner großen Reaktionsfähigkeit tritt Kalium niemals elementar auf, es ist aber in Form seiner Verbindungen weit verbreitet. In den obersten 16 km der Erdkruste beträgt sein Massenanteil rund 22,5 kg/t Gestein, dies entspricht etwa 25% der gesamten Aluminium- oder 50% der Eisenvorkommen. Durch Verwitterung kaliumhaltiger Minerale gelangen K^+-Ionen in das Wasser der Meere und Ozeane. Hier ist das Metall mit einem Anteil von ca. 0,379 kg/m³ Meerwasser vertreten, bei einer Verweilzeit von ca. $5 \cdot 10^6$ Jahren. Da K^+-Ionen vom Boden viel stärker adsorbiert werden als die auf gleiche Weise ge-

Die wichtigsten Kaliumminerale	
Sylvin	KCl
Sylvinit	Ein Gemenge aus KCl und NaCl
Carnallit	$KCl \cdot MgCl_2 \cdot 6\,H_2O$
Kainit	$KCl \cdot MgSO_4 \cdot 3\,H_2O$
Hartsalz	Ein Gemisch aus Sylvin KCl, Kieserit $MgSO_4 \cdot H_2O$ und Steinsalz NaCl
Salpeter, Kaliumnitrat	KNO_3
Kalifeldspat, Orthóklas	$K[AlSi_3O_8]$
Leucit	$K[AlSi_2O_6]$
Muskovit, Kaliglimmer	$KAl_2[(OH,F)_2 \mid AlSi_3O_{10}]$
Phlogopit	$KMg_3[(OH,F)_2 \mid AlSi_3O_{10}]$
Glaserit	$K_3Na[SO_4]_3$
Langbeinit	$K_2SO_4 \cdot 2\,MgSO_4$
Schönit	$K_2SO_4 \cdot MgSO_4 \cdot 6\,H_2O$
Leonit	$K_2SO_4 \cdot MgSO_4 \cdot 4\,H_2O$
Syngenit	$K_2SO_4 \cdot CaSO_4 \cdot H_2O$
Polyhalit	$K_2SO_4 \cdot MgSO_4 \cdot 2\,CaSO_4 \cdot 2\,H_2O$

bildeten Na^+-Ionen, erklärt sich die unterschiedliche Anreicherung von Na^+-Ionen im Meerwasser und K^+-Ionen am Land bzw. in den Pflanzen.
Die größten Kalisalzlagerstätten sind die Vorkommen bei Solikamsk am Ural, Rußland; Saskatchewan, Kanada; New Mexico, USA; Elsaß, Frankreich; und in Deutschland v. a. bei Staßfurt, im Raum Braunschweig/Hannover, im Werra/Fulda-Gebiet und in Baden. Sie sind hauptsächlich durch Eintrocknen von Nebenmeeren über Jahrtausende hinweg entstanden. Die norddeutschen Lagerstätten hingegen bildeten sich durch langsames Verdunsten eines Binnenmeeres das sich von Belgien bis zum Ural erstreckte, wobei sich die Salze entsprechend ihrer Konzentration und Löslichkeit abschieden. Die leichter löslichen Kaliumsalze wurden zuletzt abgeschieden und bilden die oberste Schicht, die durch wasserunlöslichen Ton von weiterem Auflösen durch Fluß- oder Regenwasser geschützt war. Da man früher nur an den tiefer befindlichen Natriumsalzen v. a. NaCl interessiert war, wurden die Kalisalze als Abraum sog. *Kali-Abraumsalze*, auf Halde geschüttet. Kalisalze werden meist bergmännisch gewonnen, der größte Teil wird zur Herstellung von Düngemitteln verwendet, daneben stellen sie jedoch auch wichtige Rohstoffe für die chemische Industrie dar. Die Weltproduktion von Kalisalzen (als K_2O) beträgt z. Z. rund 35 Mio t/Jahr. Die Hauptförderländer sind die GUS-Staaten mit ca. 35,5% gefolgt von Kanada 25,2%, Deutschland 22,5%, Frankreich 5,5%, USA 4,8% u. a. In geringen Mengen wird Kalium von verschiedenen Landpflanzen angesammelt, aus denen es früher durch Veraschung in Form von Kaliumcarbonat K_2CO_3 (Pottasche) gewonnen wurde. Kaliumreiche Pflanzen sind Tabak, Gerste v. a. die Malzkeime, Roggen, Linsen, Bohnen und Erbsen getrocknet, Kartoffeln, Kohl, Sauerkraut. Im Tierkörper ist es Bestandteil der Milch, Eier und des Harns. Die Kaliumreserven sind riesieg; sie betragen weltweit schätzungsweise über 10 Mrd. t. Die Häufigkeit des Elements auf der Sonne beträgt ca. $1{,}45 \cdot 10^5$ Atome Kalium pro $1 \cdot 10^{12}$ Atome Wasserstoff, die kosmische Häufigkeit wird auf $3{,}2 \cdot 10^3$ Atome Kalium pro $1 \cdot 10^6$ Atome Silicium geschätzt.

Herstellung

Zur großtechnischen Herstellung von Kalium gibt es verschiedene Verfahren:

- Reduktion von Kaliumchlorid mit metallischen Natrium: Das benötigte Kaliumchlorid wird aus Carnallit durch fraktionierte Destillation gewonnen. Zur Gewinnung des Metalls wird in einer Füllkörperkolonne eine Kaliumchloridschmelze im Gegenstromverfahren mit Natriumdampf bei ca. 900 °C umgesetzt. Das bei der Reduktion

$$KCl + Na \longrightarrow K + NaCl$$

  entstehende Metalldampfgemisch wird in der darüber liegenden Zone fraktioniert. Das im Kondenser verflüssigte Kalium sowie auch die Natriumchloridschmelze, die sich im unteren Teil der Kolonne ansammelt, werden kontinuierlich abgezogen.
- Schmelzflußelektrolyse von wasserfreien Kaliumhydroxid KOH: Zunächst wird eine wäßrige Kaliumchloridlösung elektrolysiert, wobei sich Kaliumhydroxid bildet. Das Metall wird durch Schmelzelektrolyse des wasserfreien Kaliumhydroxids bei 400 °C gewonnen.
- Thermische Umsetzung von Kaliumfluorid mit Calciumcarbid bei 1000 °C:

$$2\,KF + CaC_2 \longrightarrow CaF_2 + 2\,K + 2\,C$$

- Erhitzen von Pottasche mit Holzkohle auf ca. 1100 °C: Dieses Verfahren hat heute kaum noch Bedeutung.

$$K_2CO_3 + 2\,C \longrightarrow 2\,K + 3\,CO$$

Die Reinigung des Rohkaliums erfolgt durch Vakuumdestillation, es wird ein Reinheitsgrad von 99,99% erreicht. Kalium kommt in den Handel in Form von Kugeln oder Stangen und wird in hermetisch abgeschlossenen Zinnbehältern transportiert. Die Weltproduktion an metallischem Kalium beträgt rund 200 t/Jahr. Der Großhandelspreis für 1 kg Kalium liegt bei 45 $ bzw. 65,8 DM. Der Einzelhandelspreis für 1 kg chemisch reines Kalium beträgt etwa 1135 $ bzw. ca. 2040 DM.

Physikalische Eigenschaften

Kalium ist ein an frischer Schnittfläche silberweiß glänzendes, fast wachsweiches Leichtmetall, das sich leicht mit dem Messer schneiden läßt. An der Luft läuft es sofort grau an. Das Metall ist paramagnetisch und kristallisiert in einem kubisch raumzentrierten Gitter. Es hat eine sehr niedrige Schmelz- und Siedetemperatur, die thermische Leitfähigkeit beträgt 23,87% die elektrische 20,90% der des Silbers. Kalium löst sich in Quecksilber und bildet Kaliumamalgam K/Hg, das bei Raumtemperatur flüssig ist. Mit Natrium kann es beliebig gemischt werden, es entstehen Legierungen mit sehr niedrigen Schmelztemperaturen wie z. B. 78% K + 22% Na ($\vartheta_{schm} = -11{,}4$ °C); 70% K + 30% Na ($\vartheta_{schm} = -3{,}5$ °C), 50% K + 50% Na ($\vartheta_{schm} = 11$ °C) u. a. In flüssigem Ammoniak löst sich Kalium mit dunkelblauer Farbe.

Radiochemie

Natürliches Kalium besteht aus einem Gemisch von zwei stabilen Isotopen und einem sehr langlebigen radioaktiven Isotop. Daneben sind weitere 17 künstliche Radioisotope des Kaliums bekannt.

Die Isotope des Kaliums (1995)

Isotop	Natürliche Häufigkeit n (%)	Zerfallsart				Halbwertszeit $T_{1/2}$
		β^+	EC	γ	β^-	
K 35		**x**		x		190 ms
K 36		**x**		x		342 ms
K 37		**x**		x		1,22 s
K 38*		**x**		x		7,6 m
K 38*		**x**				924,6 ms
K 39	**93,2581**					
K 40	**0,0117**	**x**	**x**	x	x	$1{,}28 \cdot 10^9$ a
K 41	**6,7302**					
K 42				x	**x**	12,36 h
K 43				x	**x**	22,2 h
K 44				x	**x**	22,2 m
K 45				x	**x**	17,8 m

(* isomere Atomkerne)

Die Isotope des Kaliums (1995)						
Isotop	Natürliche Häufigkeit n (%)	Zerfallsart				Halbwertszeit $T_{1/2}$
		β^+	EC	γ	β^-	
K 46				x	x	115 s
K 47				x	x	17,5 s
K 48				x	x	6,8 s
K 49				x	x	1,26 s
K 50				x	x	472 ms
K 51				x	x	365 ms
K 52				x	x	105 ms
K 53					x	30 ms
K 54					x	10 ms

Die Halbwertszeiten der K-Isotope sind sehr kurz. Die leichteren Isotope A < 39 zerfallen durch β^+-Strahlung in Ar-Isotope, die schwereren A > 41 verwandeln sich durch β-$^-$-Emission in Ca-Isotope. Das Isotop $^{40}_{19}K$ geht vorwiegend durch β^+-Zerfall in $^{40}_{18}Ar$ sowie durch β^--Strahlung in das Isotop $^{40}_{20}Ca$ über. Aufgrund der großen Häufigkeit des Elements auf der Erde, spielt die Energie, die beim Zerfall des Isotops $^{40}_{19}K$ freigesetzt wird, eine wichtige Rolle im Wärmehaushalt der Erde. Die relativ große Häufigkeit von Luftargon ist ebenfalls auf den $^{40}_{19}K \xrightarrow{\beta^+} {}^{40}_{18}Ar$-Zerfall zurückzuführen. Das Isotop $^{42}_{19}K$ (β^- | 3,532 MeV; γ) dient als radioaktiver Indikator (Tracer) und wird in der Aktivierungsanalyse v. a. in biologischen Proben verwendet. Die beiden stabilen Isotope $^{39}_{19}K$ und $^{41}_{19}K$ der Kernspinzahl 3/2+ und kernmagnetischen Momenten +0,39146 bzw. +0,21487 dienen zum NMR-spektroskopischen Nachweis; NMR-Frequenzen (bei 2,3488 T) $4{,}667 \cdot 10^6\ s^{-1}$ bzw. $2{,}561 \cdot 10^6\ s^{-1}$; Referenz K^+(aq). Die maximal zulässige radiologische Aktivität bezogen auf das Isotop $^{42}_{19}K$ beträgt $7{,}4 \cdot 10^4$ Bq für den menschlichen Körper, 370 Bq/ml in wäßriger Lösung und $7{,}5 \cdot 10^4\ Bq/m^3$ Luft.

Chemische Eigenschaften

Kalium gehört zur Gruppe der „Alkalimetalle". Es befindet sich im PSE in der 1. Gruppe (IA Hauptgruppe) zwischen Natrium Na und Rubidium Ru sowie in der 4. Periode vor Calcium Ca. In seinem chemischen Verhalten ähnelt es sehr stark dem Natrium, ist aber bedeutend reaktionsfreudiger als dieses und eines der stärksten Reduktionsmittel. Das freie, neutrale K-Atom hat im elektronischen Grundzustand folgende Elektronenkonfiguration:

$$1s^2\ 2s^2\ 2p^6\ 3s^2\ 3p^6\ 4s^1$$

Wie alle Alkalimetalle besitzt Kalium ein einsames Elektron auf der letzten Schale (N-Schale). Dieses läßt sich infolge des sehr großen Kernabstandes nicht nur leicht anregen, sondern unter Bildung des farblosen Kations auch leicht ablösen. Schon die Energie des UV-Lichtes reicht zur Abspaltung dieses einen Valenzelektrons aus. Kalium bildet daher in seinen Verbindungen ausschließlich die Oxidationsstufe +I ([Ar]).

Das stark negative Normalpotential

$$\overset{+I}{K^+} \xrightarrow{-2{,}925\ V} \overset{0}{K}$$

weist Kalium als eines der unedelsten und am stärksten elektropositiven Metalle aus. Schon bei Raumtemperatur bildet das Metall an der Luft innerhalb weniger Sekunden graue Oxid- bzw. Hydroxidschichten, so daß es unter Petroleum, Paraffinöl oder in inerter Atmosphäre aufbewahrt werden muß. Mit molekularem Sauerstoff verbrennt Kalium sehr lebhaft mit violetter Flamme zu Kaliumhyperoxid KO_2 bzw. K_2O_4 sowie ein geringer Anteil zu Kaliumperoxid K_2O_2, die sich in feuchter Luft mit H_2O und CO rasch zu Kaliumcarbonat umsetzen.

$$K + O_2 \longrightarrow KO_2 \qquad \Delta H = -282{,}6\ kJ$$
$$2\,K + O_2 \longrightarrow K_2O_2 \qquad \Delta H = -495\ kJ$$

Mit den Halogenen verbindet sich Kalium bereits bei Zimmertemperatur explosionsartig zu K-Halogeniden; z. B. mit Chlor zu K-Chlorid:

$$2\,K + Cl_2 \longrightarrow 2\,KCl \qquad \Delta H = -872{,}32\ kJ$$

Mit Iod erfolgt die Reaktion erst in der Hitze. Mit Wasser reagiert Kalium bei gewöhnlicher Temperatur so heftig, daß sich der dabei entwickelnde Wasserstoff spontan entzündet:

$$2\,K + 2\,H_2O \longrightarrow 2\,KOH + H_2\uparrow \qquad \Delta H = -850\ kJ$$

wobei das Metall unter der Wärmeentwicklung zu einer Kugel zusammenschmilzt. Das Hydroxid ist eine starke, in Wasser sehr leicht lösliche Base. Mit Säuren bildet Kalium bei heftiger Reaktion unter Wasserstofffreisetzung K-Salze z. B.

$$2\,K + 2\,HCl \longrightarrow 2\,KCl + H_2\uparrow$$
$$2\,K + H_2SO_4 \longrightarrow K_2SO_4 + H_2\uparrow$$

Metallisches Kalium reagiert mit molekularem Wasserstoff zu K-Hydrid:

$$2\,K + H_2 \longrightarrow 2\,KH \qquad \Delta H = -115{,}72\ kJ$$

mit Ammoniak zu Kaliumamid und Wasserstoff;

$$2\,K + 2\,NH_3 \longrightarrow 2\,KNH_2 + H_2\uparrow$$

und mit aliphatischen Alkoholen zu Alkoholaten und Wasserstoff, so z. B. mit Ethylalkohol zu Kaliumethylat:

$$2\,K + 2\,C_2H_5OH \longrightarrow 2\,C_2H_5OK + H_2\uparrow$$

Kalium bildet meist farblose, in Wasser lösliche Verbindungen, einige K-Verbindungen sind giftig.

Nachweis

Qualitativ:

- Flammenfärbung: Kaliumsalze färben die nichtleuchtende Bunsenflamme rot-violett. Durch anwesendes Natrium kann die Kaliumfärbung jedoch durch die intensive

Gelbfärbung des Natriums überdeckt werden. Mit einem Cobaltglas kann man das Gelb herausfiltern, so daß die rot-violette Färbung deutlich sichtbar wird.
- Flammenspektroskopie.
- Fällung als Kaliumperchlorat; die Probelösung wird in der Kälte mit 60%iger Perchlorsäure versetzt, dabei bildet sich ein weißer Niederschlag von Kaliumperchlorat $KClO_4$. Auch andere Fällungen wie z. B. von Kaliumhexachloroplatinat $K_2[PtCl_6]$, Kaliumhexanitrocobaltat $K_3[Co(NO_2)_6]$, Kaliumtetraphenylborat $K[B(C_6H_5)_4]$ können herangezogen werden.

Quantitativ:
- Mit Natriumtetraphenylborat, Dipikrylamin u. a.
- Spektralanalyse; wichtige Spektrallinien der neutralen Atome: 344,672 nm, 344,770 nm, 404,414 nm, 404,720 nm, 691,108 nm, 693,877 nm, 766,491 nm, 769,896 nm, u. a.

Verwendung

Kalium hat kaum technische Bedeutung, da es meist durch das billigere und weniger reaktionsfreudige Natrium ersetzt werden kann. Eine wichtige Rolle spielt es in der organischen Synthese und bei der Herstellung von Alkalimetallphotozellen. Flüssige K-Na-Legierungen finden als Kühlmittel in Kernreaktoren Anwendung. Das radioaktive Isotop $^{40}_{19}K$ wird zur absoluten Altersbestimmung von Gesteinen mittels der *Kalium-Argon-* oder *Kalium-Calcium*-Methode verwendet. Einige Kaliumverbindungen finden Anwendung als Therapeutika in der Medizin: *Kalium arsenicum* sog. *arsensaures Kalium* bei nervösen und organischen Beschwerden, Kaliumbromid bzw. Kaliumbromatum bei nervösen Störungen und Asthma, Kaliumiodid bzw. Kaliumiodatum zur Blutdruckregelung. Kaliumsulfat, Kaliumchlorid, Kaliumhydrogencarbonat, Kaliumnitrat bzw. Salpeter sind wichtige Düngemittel für die Landwirtschaft. Kaliumcarbonat ist ein wichtiger Rohstoff für die Glasindustrie und Kaliumhydroxid wird zur Seifenherstellung verwendet.

Physiologie, Toxikologie

Kalium gehört zu den elf wichtigsten Elementen aus denen die Körpersubstanz zu 99% aufgebaut ist. Der menschliche Körper enthält im Mittel 2 g Kalium pro kg Körpergewicht. Kalium kommt in allen Organismen ausschließlich als Kaliumion K^+-Ion vor. Im tierischen und menschlichen Organismus liegen K^+-Ionen vor allem intrazellulär, Na^+-Ionen extrazellulär vor. Die ungleiche Verteilung der Konzentrationen von K^+- und Na^+-Ionen ist v. a. für die Funktion der Nervenzellen von größter Bedeutung. So steigern K^+Ionen die Glykolyse, die Gewebsatmung sowie die Synthese von Proteinen und Acetylcholin. Da Na^+-Ionen hierbei antagonistisch wirken, ist die Einhaltung eines bestimmten Na/K-Gleichgewichts innerhalb der Zelle besonders wichtig. Dies gilt auch für den Erhalt des osmotischen Drucks sowie für die Regulierung des Wasserhaushaltes. Die Wechselwirkung von Natrium und Kalium ist so stark, daß allgemeines Wohlbefinden, Leistungsfähigkeit und Ermüdung vom Na^+/K^+-Verhältnis im Körper bestimmt werden. Als Basenstoff ist Kalium auch wichtig zur Erhaltung des Säure-Basen-Gleichgewichts im Organismus. Es ist ebenso wichtig für die Übertragung der Nervenerregung auf die

Muskeln und die Herztätigkeit. Der tägliche Bedarf liegt zwischen 0,8–4 g und wird hauptsächlich über die Nahrung gedeckt. Kaliummangel äußert sich u. a. durch Appetitlosigkeit, Obstipation, Muskelschwäche, Herzrhythmusstörungen, Kaliumüberschuß führt zu Kribbelgefühl der Haut, Lähmungen und zu schweren Herzrhythmusstörungen, die mitunter einen Herzstillstand erzeugen können. Als toxische Dosis gelten 6 g, als letale Dosis 14 g Kalium. Auch in den pflanzlichen Organismen spielt Kalium eine wichtige Rolle. K^+-Ionen, die von den Pflanzen durch die Wurzeln aus dem Boden viel besser aufgenommen werden als andere Ionen, sind unentbehrlich für die Photosynthese, Atmung und andere Stoffwechselvorgänge, wie auch zur Aufrechterhaltung des osmotischen Drucks. Für die Widerstandsfähigkeit und ein normales Wachstum der Pflanzen ist eine ausreichende Konzentration von K^+-Ionen von größter Bedeutung.
Einige K-Verbindungen sind giftig, so z. B. K-Chlorat $KClO_3$, K-Fluorid KF, K-Oxalat $K_2(C_2O_4) \cdot H_2O$, das *Gelbe Blutlaugensalz*, Kaliumhexacyanoferrat(II) $K_4[Fe(CN)_6] \cdot 3\,H_2O$ und das *Rote Blutlaugensalz*, Kaliumhexacyanoferrat(III) $K_3[Fe(CN)_6]$, K-Permanganat $KMnO_4$. Hochgiftig ist das Kaliumcyanid, Zyankali KCN (R 26/27/28, R 32, S 1/2, S 7, S 28, S 45). Wegen der Gefahr der Selbstentzündung sowie der großen Reaktionsfreudigkeit des Kaliums mit Feuchtigkeit, Wasser und vielen organischen Substanzen, ist im Umgang mit dem Metall äußerste Vorsicht geboten. Bei Arbeiten mit Kalium oder Kaliumlauge ist unbedingt eine Schutzbrille zu tragen. Bei Verätzungen der Haut mit Kalium oder Kalilauge sollten die betreffenden Stellen sofort mit viel Wasser und 1%iger Essigsäure auswaschen werden. Kaliumreste werden in kleinen Mengen in viel Ethanol entsorgt.

Kohlenstoff C

International (Lat.)	Carboneum	Griechisch	Αντρακας (Anthrakas)
Englisch	Carbon	Russisch	Углерод (Uglirot)
Französisch	Carbone	Japanisch	炭素（タンソ） (tanso)
Spanisch	Carbono		
Italienisch	Carbonio		

Atomare und physikalische Eigenschaften

F

Protonenzahl **(Z)**	**6**
Standard-Atomgewicht (bezogen auf $^{12}C = 12$)	12,011(± 1)
Effektive Kernladung	(Slater) 3,25; (Clementi) 3,14; (Froese-Fischer) 2,87
Elektronenkonfiguration	[He] $2s^2\ 2p^2$
Grundzustand, Termsymbol	$^3P_0$
Atomradius (D)	77,2 pm
Kovalenzradius (Einf.-, Doppel-, Dreifachbindung)	77 pm; 67 pm; 60 pm
Van-der-Waals-Radius	170 pm[a)]
Ionenradien (KZ 4)	260^{4-} pm, $15^{4+}_{(4)}$ pm
Molares Volumen (D)	$3{,}42 \cdot 10^{-6}\ m^3 \cdot mol^{-1}$
1.; 2.; 3.; 4.; 5. Ionisierungsenergie	11,257 eV; 24,383 eV; 47,887 eV; 64,492 eV; 392,077 eV
Elektronegativität	(Allred/Rochow) 2,50; (Pauling) 2,55; (absolut) 6,27 eV
Elektronenaffinität $C \rightarrow C^-$	−1,263 eV
Wirkungsquerschnitt für thermische Neutronen ($\sigma_{n,\gamma}$)	$0{,}0035 \cdot 10^{-28}\ m^2$
Dichte (bei 20 °C)	(D) 3514 kg · m^{-3}; (G) 2230 kg · m^{-3} [b)]
Härte	(D) 10; (G) 0,6–1,0
Schmelztemperatur	(D) 3547,10 °C (3820,25 K)[c)]; (G; bei 12,7 MPa) ca. 3750 °C (4023,15 K)[d)]
Sublimationstemperatur / Siedetemperatur	3652 °C (3925,15 K) / ca. 4830 °C (5103,15 K)
Spezifische Schmelzenthalpie	8750 kJ · kg^{-1}
Spezifische Verdampfungsenthalpie	59 166 kJ · kg^{-1}
Spezifische Sublimationsenthalpie (einatomiges Gas)	59 695,3 kJ · kg^{-1}
Spezifische Wärmekapazität (bei 25 °C)	(D) 0,519 kJ · $kg^{-1} \cdot K^{-1}$; (G) 0,711 kJ · $kg^{-1} \cdot K^{-1}$
Spezifischer Heizwert	ca. 32,5–33,2 MJ · kg^{-1}
Thermische Leitfähigkeit (bei 27 °C)	(D) 990–2320 W · $m^{-1} \cdot K^{-1}$; (G) $5{,}7^{\perp}$, $1960^{\parallel}$ W · $m^{-1}K^{-1}$
Thermischer Längenausdehnungskoeffizient	(D) $1{,}19 \cdot 10^{-6} K^{-1}$
Thermospannung [(G) Δt = 100 K / Pt; Cu]	+0,22 mV; −0,53 mV
Überspannung des Wasserstoffs an der Graphitelektrode	−0,14 V
Elektrische Leitfähigkeit (bei 20 °C)	(D) $1 \cdot 10^{-11}$ S · m^{-1}; (G) $0{,}727 \cdot 10^5$ S · m^{-1}
Spezifischer elektrischer Widerstand (bei 20 °C)	(D) $1 \cdot 10^{11}\ \Omega \cdot m$; (G) $1{,}375 \cdot 10^{-5}\ \Omega \cdot m^{-1}$
Temperaturkoeffizient (G; bei 20 °C)	$-1{,}3 \cdot 10^{-3} K^{-1}$
Permittivitätszahl	(D) 5,68
Spezifische magnetische Suszeptibilität	(D) $6{,}17 \cdot 10^{-9}\ m^3 \cdot kg^{-1}$; (G) $6{,}27 \cdot 10^{-9}\ m^3 \cdot kg^{-1}$
Normalpotential C/CO	+0,517 V
Bildungsenthalpie CH_4 (CCl_4; CO_2)	−74,86 kJ · mol^{-1} (−135,53 kJ · mol^{-1}; −393,77 kJ · mol^{-1})

Weitere Angaben: a) 185 pm. b) 2266 kg · m^{-3} (idealisiert). c) (bei 12,5 MPa) (4100 ± 200) °C. d) (bei 9 kPa) (4100 ± 100) °C.; (D) Diamant; (G) Graphit.

Entdeckung

Als Holz-, Knochen-, Blutkohle oder Ruß war Kohlenstoff den Menschen schon in vorgeschichtlicher Zeit bekannt und wurde als Brenn- und Zeichenmaterial verwendet. 1787 erkannte der französische Chemiker Antoine Laurent Lavoisier (1743–1794) den Elementcharakter des Kohlenstoffs und 1796 stellte Smithson Tenannt den Kohlenstoff erstmals künstlich her, indem er Phosphordämpfe über glühenden Kalk leitete und dabei Calciumphosphat und Kohlenstoff erhielt. Den Beweis, daß Diamant und Graphit aus reinem Kohlenstoff bestehen, erbrachten die britischen Chemiker William Allen (1770–1843) und William Haseldine Pepys (1775–1856) um 1807 und Sir H. Davy im Jahre 1814. Der lateinische Name Carboneum von dem sich die meisten europäischen Namen ableiten, stammt von lat. *carbo*, d. h. „Holzkohle"; „Kohlenstoff" wurde vom deutschen Wort „Kohle" abgeleitet. Das chemische Symbol „C" wurde 1814 von J. J. Berzelius vorgeschlagen.

Vorkommen

Kohlenstoff gehört zu den relativ häufigen Elementen auf der Erde. Mit einem berechneten Massenanteil in der Erdhülle von 0,087% steht er nach Chlor und Phosphor an 13. Stelle der Elementhäufigkeit. In der bis 16 km tiefen Erdkruste ist Kohlenstoff mit etwa 480 g/t vertreten, in den Meeren und Ozeanen beträgt sein Anteil 27 g $C^{(+IV)}/m^3$ Meereswasser, bei einer Verweilzeit von ca. 800000 Jahren. Kohlenstoff kommt in der Natur sowohl gediegen in Form von Diamant und Graphit als auch im gebundenem Zustand vor. Diamanten findet man hauptsächlich in alten Vulkanschloten eingebettet in weichen, basischen Gestein *Kimberlit*, benannt nach der südafrikanischen Stadt Kimberley, wo solche Schlote 1870 erstmals entdeckt wurden. Man findet sie auch in angeschwemmten Kieseln und an Meeresstränden an, in die sie durch Verwitterung und Erosion der Schlote gelangten. Hauptvorkommen liegen in Kimberley, Republik Südafrika; Kongo; Yakutien und Sibirien, Rußland; Argyle, Australien; Brasilien u. a.

Graphit ist hauptsächlich organischen Ursprungs, meist das Produkt von Metamorphosen bituminöser oder kohliger Ablagerungen. Es findet sich in natürlichen Graphitlagern in vielen Ländern wie z. B. Sri Lanka; Madagaskar; Sibirien, Rußland; Mexiko; Kanada; USA u. a.

Chemisch gebunden ist Kohlenstoff auf der Erde weit verbreitet.

Im Mineralbereich *Lithosphäre* findet man Kohlenstoff häufig als Endprodukt der Metamorphose urweltlicher pflanzlicher und tierischer Organismen, pflanzlichen Ursprungs als *Kohle*, tierischen Ursprungs als *Erdöl* und *Erdgas*, hauptsächlich jedoch als Mineral in Form von Carbonaten, die oft ganze Gebirgszüge bilden wie z. B.:

Calciumcarbonat als Kalkstein, Marmor oder Kreide	$CaCO_3$
Calcium-magnesium-carbonat, *Dolomit*	$CaCO_3 \cdot MgCO_3$
Magnesiumcarbonat, *Magnesit*	$MgCO_3$
Eisencarbonat, Eisenspat, Spateisenstein, *Siderit*	$FeCo_3$
Manganspat, Mangancarbonat	$MnCO_3$
Zinkspat, Zinkcarbonat	$ZnCO_3$

Im Wasser *Hydrosphäre* kommt Kohlenstoff in Form von gelöstem CO_2 oder als Verwitterungsprodukt in Form gelöster Carbonate vor. Im Pflanzen- und Tierbereich *Biosphäre* bildet Kohlenstoff in Form organischer Verbindungen wie Kohlenhydrate, Eiweiße und Fette sowie bei den Pflanzen Cellulose und Lignin, die wesentliche Grundsubstanz aller Organismen, wobei etwa 99% des gesamten Kohlenstoffs der Biosphäre auf die Pflanzenwelt *Flora* und nur etwa 1% auf die Tierwelt *Fauna* entfallen. In der Luft *Atmosphäre* ist Kohlenstoff in Form von Kohlenstoffdioxid CO_2 zu $335 \cdot 10^{-4}$% als Kohlenstoffmonooxid zu $2 \cdot 10^{-6}$% und als Methan zu $1{,}7 \cdot 10^{-4}$% der gesamten Luftmenge enthalten.

Geschätzte Kohlenstoffreserven auf der Erde

Vorkommen	Menge
▪ *Litosphäre*, gesamt	$2{,}92 \cdot 10^{16}$ t
Carbonate	$1{,}95 \cdot 10^{16}$ t
Elementarer Kohlenstoff im Sedimentgestein	$0{,}97 \cdot 10^{16}$ t
Kohle	$1{,}20 \cdot 10^{8}$ t
Erdöl	$9{,}15 \cdot 10^{8}$ t
Erdgas	$7{,}10 \cdot 10^{8}$ t
▪ *Biosphäre*	$2{,}72 \cdot 10^{11}$ t
▪ *Hydrosphäre*	$2{,}70 \cdot 10^{13}$ t
▪ *Atmosphäre*	$6{,}10 \cdot 10^{11}$ t

Die Häufigkeit des Elements auf der Sonne beträgt rund $4{,}18 \cdot 10^{8}$ Atome Kohlenstoff pro $1 \cdot 10^{12}$ Atome Wasserstoff, die kosmische Häufigkeit wird auf $6 \cdot 10^{6}$ Atome Kohlenstoff pro $1 \cdot 10^{6}$ Atome Silicium geschätzt.

Herstellung

Die technische Herstellung von Kohlenstoff erfolgt z. T. aus natürlichen Vorkommen, durch thermische Zersetzung von Kohle, Erdöl oder Erdgas, oder durch partielle Verbrennung von Kohlenwasserstoffen. Graphit wird bergmännisch abgebaut. Die Reinigung erfolgt durch Flotation des zerkleinerten Minerals. Man erhält Graphit mit einem Reinheitsgrad von 95–97% der durch chemo-thermische Verfahren weiter verbessert werden kann. Künstlicher Graphit wurde erstmals 1842 von R. Bunsen durch Erhitzen aus Steinkohle hergestellt. Industriell wird der technisch besonders wichtige Elektro-Graphit nach einem ursprünglich 1896 von Edward Goodrich Acheson (1856–1931) entwickelten Verfahren aus fein gepulverten Petrolkoks mit Bindemitteln wie Pech, Steinkohleteer bzw. Erdölprodukten durch Formpressen und Erhitzen in elektrischen Widerstandsöfen auf 2800–3000 °C hergestellt. Pyro-Graphit entsteht durch thermische Zersetzung von gasförmigen Kohlenwasserstoffen wie Methan, Propan, Propen bei 850–3000 °C. Die Weltproduktion an Graphit liegt bei rund einer Mio t/Jahr.
Diamanten werden auch bergmännisch abgebaut. Das gesprengte Rohmaterial wird zerkleinert und durch Flotation gereinigt. Das schwere Konzentrat wird dann mit Wasser über gefettete Oberflächen gespült an denen die Diamanten hängen bleiben. Zur Erhöhung der Qualität werden die Diamanten geschliffen. Dies ist jedoch, wegen der außer-

ordentlichen Härte nur mit ihrem eigenen Pulver *Bort* möglich. Die Qualitätsbewertung der Diamanten beruht auf den vier „C“: *colour* (Farbe), *clarity* (Reinheit), *cut* (Schliff), und *carat* (Gewicht). Die Gewichtseinheit ist das Karat; 1 Kt = 200 mg. Der größte Rohdiamant der Erde von 3106 Karat wurde 1905 in der Premier Mine, östlich von Pretoria, Republik Südafrika von Sir Thomas Cullinan gefunden. Aus ihm wurden neun Hauptsteine zu Brillanten geschliffen darunter der *Great Star of Africa*, *Cullinan 1* 530,20 Kt und der *Lesser Star of Africa*, *Cullinan 2* 317,40 Kt, sie gehören heute zum britischen Kronschatz. Zu den größten Rohdiamanten gehören ferner: *Cullinan-Excelsior* 995,2 Kt, *Star of Sierra Leone* 968,9 Kt, *Christ* 889,7 Kt, *Großmogul* 793 Kt u. a.
Die Herstellung von Diamanten, die erstmals 1893 H. Moissan mit mikroskopisch kleinen Diamanten gelungen war, wird seit 1955 industriell betrieben. Künstliche Diamanten erhält man in Hochdruck-Hochtemperatur-Verfahren. Dazu wird Graphit in flüssigen Schwermetallen wie Eisen, Nickel, Tantal bei 1500–1800 °C gelöst und einem Druck von 5,3–10 GPa ausgesetzt. Die Metalle wirken als Katalysatoren.

$$C_{Graphit} \xrightarrow[\text{Katalysatoren}]{\text{ca. 1800 °C, 10 GPa}} C_{Diamant} \qquad \Delta H = -1{,}899 \text{ kJ.}$$

In sehr kurzen Reaktionszeiten von etwa 1 Minute erhält man Diamantkristalle von 0,01–1,2 mm Durchmesser. Auf diese Weise werden heute jährlich über 110 Mio Karat, das sind rund 22 t künstliche Diamanten erzeugt, die hauptsächlich für industrielle Zwecke Verwendung finden. Die Diamant-Reserven der Erde werden auf rund 12,5 Mrd Kt geschätzt. Die Hauptproduzenten sind Australien etwa 33%, Kongo 23%, Botswana 15%, Rußland 14%, Republik Südafrika 11% u. a.

Physikalische Eigenschaften

Kohlenstoff ist ein geruch- und geschmackloser Stoff, der in mehreren Modifikationen existiert, wie z. B.: *Diamant* (kubisch), *Lonsdaleit* (hexagonaler Diamant), α-*Graphit* (hexagonal), β-*Graphit* (rhombisch) *Chaoit* und *Kohlenstoff (VI)* (zwei 1968 bzw. 1972 entdeckte hexagonale Modifikationen) und *Fullerit*. Diamant ist die kubische Modifikation des reinen Kohlenstoffs, meist idiomorph kristallisiert v. a. in Oktaedern, Dodekaedern, Hexaedern und Tetraedern. Im Kristall liegen die Kohlenstoffatome als sp^3-Hybride vor und sind über σ-Bindungen miteinander verbunden (Abb. 44 a). Das kovalente Gitter ist außerordentlich beständig. Daher stellen Diamanten den härtesten der natürlichen Stoffe dar. Sie sind sehr spröde und parallel den Oktaederflächen gut spaltbar. In reinem Zustand sind Diamanten farblose, wasserklare und durchsichtige Kristalle. Durch geringfügige Eisen-, Mangan-, Aluminium-Beimischungen können sie gelblich, grünlich, bläulich, rötlich oder grau bis schwarz (Carbonados) gefärbt sein. Diamanten haben eine hohe Dispersion und Lichtbrechung, Brechungszahl 2,40–2,48. Die thermische Leitfähigkeit beträgt rund 500% der des Silbers, damit besitzt Diamant die beste thermische Leitfähigkeit aller Stoffe. Reine geschliffene Diamanten sind *Brillanten*, sie werden als kostbare Edelsteine geschätzt. Erhitzt man Diamanten unter Luftabschluß auf über 1500 °C so gehen sie unter Wärmeentwicklung in stabilen Graphit über (Abb. 45).
Graphit ist eine undurchsichtige, graue bis schwarze, sehr weiche, kristalline, schuppig spaltbare, sich fettig anfühlende Substanz, die in zwei Kristallformen auftritt: hexagonal zu etwa 70% und rhomboedrisch etwa 30%. Das Kristallgitter besteht aus übereinander

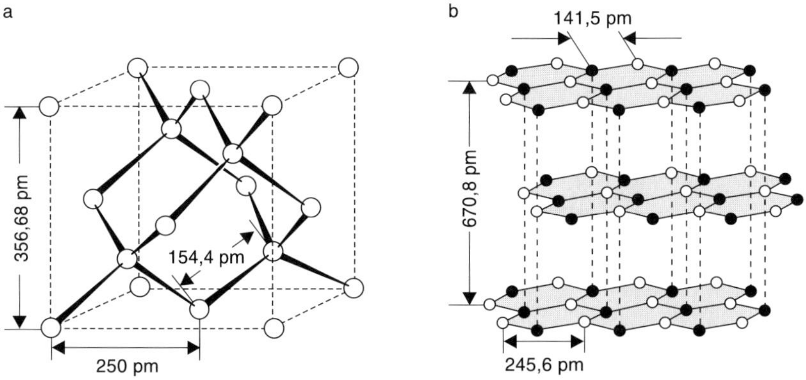

Abb. 44: a) Kristallstruktur des Diamanten, *Diamantstruktur*: Im Diamantgitter ist jedes C-Atom tetraedrisch von vier äquidistanten C-Atomen im Abstand von jeweils 154,5 pm umgeben; die punktierten Linien zeigen die Umrisse der kubischen Elementarzelle die acht C-Atome enthält.
b) Kristallstruktur des Graphits: Die Elementarzelle des α- (oder hexagonalem) Graphits. Innerhalb einer Schicht ist jedes C-Atom triangular im Abstand von 141,5 pm von drei C-Atomen umgeben. Der Abstand zwischen den Schichten beträgt 335,4 pm.

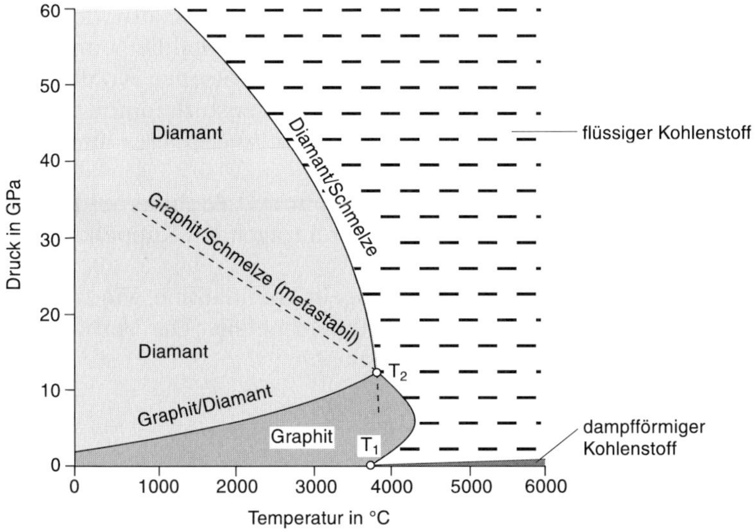

Abb. 45: Zustandsdiagramm des Kohlenstoffs; T_1 – Tripelpunkt Graphit/Dampf/Schmelze (bei *p* 12,7 MPa und ϑ = 3750 °C), T_2 – Tripelpunkt Graphit/Diamant/Schmelze (bei *p* 13 GPa und ϑ = 3800 °C).

liegenden Schichtebenen aus Sechserringen die gegeneinander versetzt sind und sich leicht verschieben lassen (Abb. 44 b). Jedes C-Atom ist im Graphit sp^2-hybridisiert und bildet mit drei seiner vier Außenelektronen drei lokalisierte σ-Bindungen zu seinen Nachbarn aus. Die vierten Außenelektronen bilden in den Sechserringen zusätzlichen π-Bindungen aus die eine Elektronen-Delokalisierung in der gesamten Schicht ermöglichen. Die delokalisierten π-Elektronen bedingen die elektrische Leitfähigkeit, die starke Lichtabsorption und den metallischen Glanz des stark diamagnetischen Graphits.

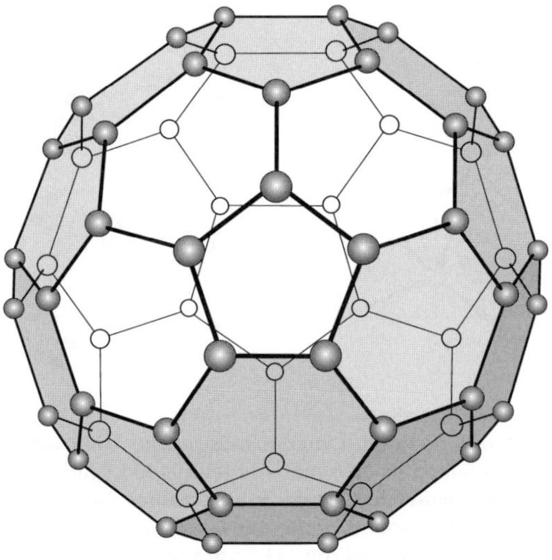

Abb. 46: Struktur eines C_{60}-Fullerens (Buckminsterfulleren).
Die Atome sind in 15 fünf- und 20 sechseckigen Ringen angeordnet und befinden sich fast genau auf der Oberfläche einer Kugel von etwa 0,8 nm Durchmesser.

Auf den Schichtaufbau beruht auch die Weichheit und die Spaltbarkeit.
Die weitere kristalline Modifikation des Kohlenstoffs stellen die beim Verdampfen von Graphit sich bildenden geradzahligen, räumlich geschlossenen Kohlenstoffcluster sog. *Fullerene* dar, die aus 60 bis zu mehreren hundert Kohlenstoffatomen bestehen. Von diesen zeichnet sich die C_{60}-Verbindung, das sog. *Buckminsterfulleren* durch besondere Stabilität aus (Abb. 46).
Fullerene sind nach dem amerikanischen Ingenieur und Architekten Richard Buckminster Fuller (1895–1983) benannt, Erfinder der frei tragenden Kuppelkonstruktionen. Sie wurden 1990 entdeckt.
Einige Fullerene enthalten im Inneren der Kugeln Fremdatome, wie z. B. Helium HeC_{60}, He_2C_{60}, Neon NeC_{60}, Alaklimetalle oder Seltenerdmetalle. Die Verbindung K_3C_{60} zeigt unterhalb –253,85 °C (19,3 K) Supraleitfähigkeit.

Radiochemie

Natürlicher Kohlenstoff setzt sich aus zwei stabilen Isotopen zusammen, weitere 12 Radioisotope des Kohlenstoffs wurden künstlich hergestellt.
Die Standard-Atomgewichte der wichtigsten Isotope sind:

$^{11}_{6}C$: 11,011 430, **$^{12}_{6}C$: 12,000 000** (durch Definition), $^{13}_{6}C$: 13,003 355, $^{14}_{6}C$: 14,003 241.

Die C-Isotope haben sehr unterschiedliche Halbwertszeiten. Die leichteren Isotope A < 12 zerfallen durch β^+-Strahlung in B-Isotope, die schwereren A > 13 verwandeln sich durch β^--Emission in N-Isotope. Das langlebigste Isotop $^{14}_{6}C$ (β^- | 0,15648 MeV) entsteht durch Einwirkung beschleunigter Neutronen auf Stickstoff in einer $^{14}_{7}N$ (n,p) $^{14}_{6}C$-Reaktion oder durch Beschuß von Kohlenstoff mit Deuteronen in einer $^{13}_{6}C$ (d,p) $^{14}_{6}C$-Reaktion, das Isotop $^{11}_{6}C$ (β^+|1,982 MeV) wird in einer $^{11}_{5}B$ (p,n) $^{11}_{6}C$-Reaktion erzeugt; beide

Die Isotope des Kohlenstoffs

Isotop	Natürliche Häufigkeit n (%)	Zerfallsart				Halbwertszeit $T_{1/2}$
		2p	β^+	γ	β^-	
C 8		**x**				n. bek.
C 9			**x**			126,5 ms
C 10			**x**	x		19,3 s
C 11			**x**			20,38 m
C 12	**98,90**					
C 13	**1,10**					
C 14					**x**	5730 a
C 15				x	**x**	2,45 s
C 16					**x**	0,747 s
C 17				x	**x**	193 ms
C 18				x	**x**	92 ms
C 19					**x**	49 ms
C 20					**x**	14 ms
...						
C 22					**x**	n. bek.

finden Anwendung als radioaktive Indikatoren (Tracer), in der Technik und in der Medizin. Das stabile Isotop ${}^{13}_{6}C$ der Kernspinzahl 1/2– und kernmagnetischen Moment +0,70241 dient zum NMR-spektroskopischen Nachweis; NMR-Frequenz (bei 2,3488 T) $25{,}144 \cdot 10^6\ s^{-1}$; Referenz $Si(CH_3)_4$. Die maximal zulässige radiologische Aktivität bezogen auf das Isotop ${}^{14}_{6}C$ beträgt $9{,}6 \cdot 10^6$ Bq für den menschlichen Körper, 370 Bq/l in wäßriger Lösung und $18{,}5 \cdot 10^7\ Bq/m^3$ Luft.
Kohlenstoff wird zur Altersbestimmung organischer Materie älteren Ursprungs herangezogen *(Radiokohlenstoff-Datierung, Radiocarbon-Methode* oder *^{14}C-Datierung)*. Dazu dient das Isotop ${}^{14}_{6}C$ das in der Erdatmosphäre durch Einwirkungen kosmischer Neutronen auf Stickstoff oder Stickstoff-haltige Substanzen ständig neu gebildet wird:

$$ {}^{14}_{7}N + {}^{1}_{0}n \longrightarrow {}^{14}_{6}C + {}^{1}_{1}H $$

Mit Sauerstoff wird es zu CO_2 oxidiert und gelangt über die Photosynthese und den Stoffwechsel in pflanzliche und tierische Materie. Die lebenden Organismen enthalten im Durchschnitt pro 1 Billion (10^{12}) stabilen ^{12}C- und ^{13}C-Atomen ein radioaktives ^{14}C-Atom, dies entspricht einer normalen spezifischen Aktivität von rund 918 Bq/g Kohlenstoff. Beim Absterben von Pflanzen und Tieren beginnt der ${}^{14}_{6}C$-Gehalt mit der Halbwertszeit von 5730 Jahren abzunehmen. Die ^{14}C-Datierung erfolgt durch massenspektroskopische Bestimmung des $^{14}C/^{12}C$-Verhältnisses und ermöglicht Altersbestimmungen für Zeiträume bis zu 100000 Jahren.

Chemische Eigenschaften

Kohlenstoff ist das erste Element der Gruppe der „Tetrele" der sog. *Kohlenstoffgruppe*, der die Elemente

Kohlenstoff C, Silicium Si, Germanium Ge, Zinn Sn und Blei Pb angehören. Es befindet sich im PSE in der 14. Gruppe (IVA Hauptgruppe), der entsprechend das freie, neutrale C-Atom im elektronischen Grundzustand folgende Elektronenkonfiguration besitzt:

$$1s^2\ 2s^2\ 2p^2$$

Angesichts der vier Außenelektronen kann eine Edelgaskonfiguration nur durch Abgabe der vier Valenzelektronen oder durch Aufnahme vier weiterer Elektronen erreicht werden. Da dies aus energetischen Gründen nicht möglich ist, kann Kohlenstoff weder positive C^{4+}- noch negative C^{4-}-Ionen bilden, und somit keine heteropolaren Bindungen eingehen. Aus dem Energieniveau-Schema (Abb. 47 a) ist erkennbar, daß Kohlenstoff im Grundzustand nur zwei bindungsfähige p-Elektronen besitzt. Da Kohlenstoff jedoch erfahrungsgemäß vierbindig ist, muß angenommen werden, daß vor einer Reaktion die Außenelektronen aus dem Grundzustand in einen energiereichen Valenzzustand versetzt werden. Dazu wird zunächst das 2s-Elektronenpaar entkoppelt und das noch freie $2p_z$-Orbital von einem der beiden 2s-Elektronen besetzt. Bei dem so angeregtem C-Atom erfolgt anschließend eine sp^3-Hybridisierung bzw. eine energetische Anpassung der vier Elektronen, so daß das C-Atom über vier energiegleiche Elektronen in vier sp^3-Hybridorbitalen verfügt. Durch die gegenseitige Abstoßung der Hybridorbitale bildet sich ein Tetraeder, in dessen Mittelpunkt der C-Atomkern steht. Im Valenzzustand verfügt jedes C-Atom über vier einfachbesetzte Orbitale und kann vier Einfachbindungen bzw. σ-Bindungen mit anderen Atomen z. B. mit Wasserstoff oder weiteren C-Atomen eingehen.

Beteiligt sich ein p-Elektron nicht an der Hybridisierung, so daß sich eine sp^2-Hybridisierung vollzieht, erhält man drei sp^2-Hybridorbitale, die in der x, y-Ebene liegen und einen Winkel von 120 °C miteinander bilden, trigonale Anordnung. Das unveränderte p_z-Orbital steht dabei senkrecht zu dieser Ebene (Abb. 47 b). Im sp^2-hybridisierten Zustand kann das C-Atom drei σ-Bindungen eingehen. Verbinden sich zwei sp^2-hybridisierte C-Atome miteinander, so überlappt je ein sp^2-Orbital der beiden C-Atome zu einer σ-Bindung. Dabei nähern sich die beiden C-Atome soweit, daß auch die p_z-Orbitale zu einer π-Bindung überlappen, so daß insgesamt eine Doppelbindung, bestehend aus einer σ-Bindung und einer π-Bindung entsteht. Es entstehen planare Moleküle.

Schließlich besteht noch die Möglichkeit einer sp-Hybridisierung, bei der nur ein s- und ein p-Orbital beteiligt sind und zwei p-Orbitale unverändert bleiben. Zwei sp-hybridisierte C-Atome können eine Dreifachbindung, bestehend aus einer σ-Bindung und zwei π-Bindungen bilden.

Die Normalpotentiale des Kohlenstoffs:

+VI		+II		0		−II		−IV
Saure Lösung								
CO_2	−0,106 V	CO	+0,517 V	C	+0,132 V	CH_4		
CO_2	−0,20 V	HCO_2H	+0,034 V	HCHO	+0,232 V	CH_3OH	+0,59 V	CH_4
Basische Lösung								
CO_2	−1,01 V	HCO_2	−1,07 V	HCHO	+0,59 V	CH_3OH	−0,2 V	CH_4

a

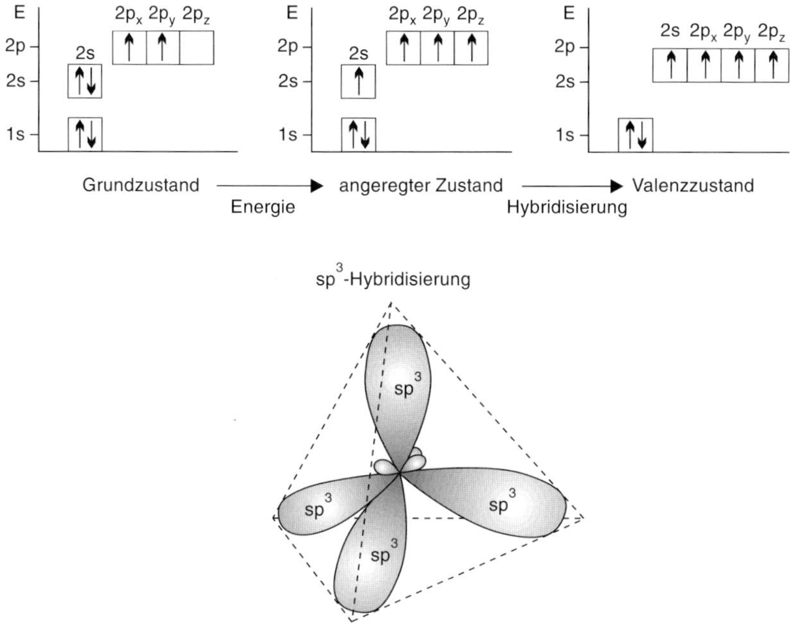

b

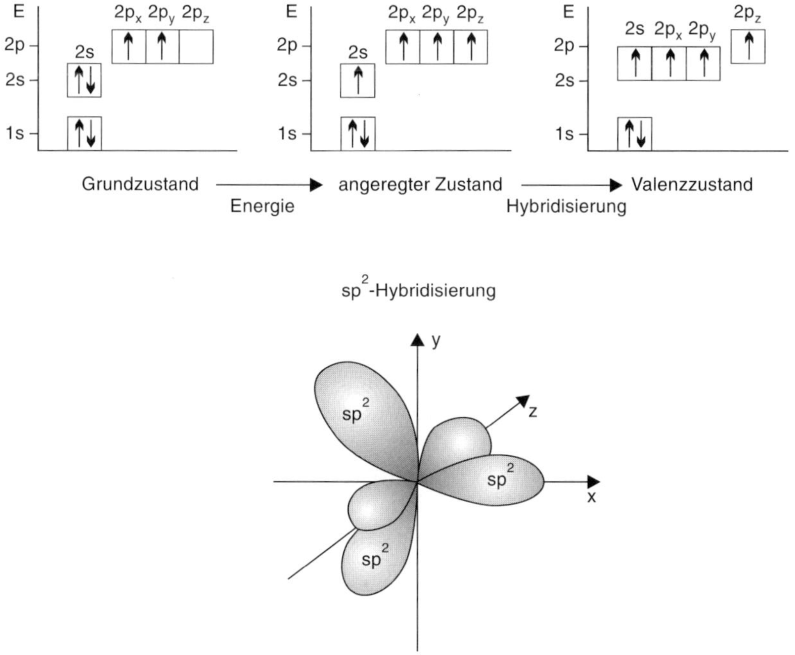

Abb. 47: a) sp^3-Hybridorbitale beim C-Atom; b) sp^2-Hybridorbitale beim C-Atom.

Kohlenstoff ist ein sehr reaktionsträges Element. Bei normaler Temperatur verbindet er sich nur mit Fluor zu Carbontetrafluorid:

$$C + 2\,F_2 \longrightarrow CF_4 \qquad \Delta H = -\,925{,}3\ \text{kJ}$$

Bei höheren Temperaturen reagiert er auch mit zahlreichen anderen Elementen und Verbindungen. Im Lichtbogen vereinigt sich Kohlenstoff mit molekularem Wasserstoff zu Acetylen:

$$2\,C + H_2 \longrightarrow C_2H_2 \qquad \Delta H = +\,226{,}9\ \text{kJ}$$

Mit molekularem Sauerstoff verbindet sich Kohlenstoff zu Kohlenstoffdioxid:

$$C + O_2 \longrightarrow CO_2 \qquad \Delta H = -\,393{,}77\ \text{kJ}$$

bei unvollständiger Verbrennung zu Kohlenstoffmonooxid:

$$2\,C + O_2 \longrightarrow 2\,CO \qquad \Delta H = -\,221{,}2\ \text{kJ}$$

Mit Wasserdampf reagiert er unter Zuführung von Wärme zu Kohlenstoffmonooxid und Wasserstoff sog. *Wassergas*:

$$C + H_2O \rightleftharpoons CO + H_2 \qquad \Delta H = +\,130{,}42\ \text{kJ}$$

Mit Schwefel reagiert Kohlenstoff bei Rotglut zu Carbondisulfid:

$$C + \tfrac{1}{4}\,S_8 \longrightarrow CS_2 \qquad \Delta H = +\,88{,}6\ \text{kJ}$$

mit Stickstoff verbindet er sich im Lichtbogen zu Dicyan:

$$2\,C + N_2 \longrightarrow C_2N_2 \qquad \Delta H = +\,309{,}2\ \text{kJ}$$

und mit Silicium vereinigt er sich bei 2000 °C zu Siliciumcarbid:

$$Si + C \longrightarrow SiC \qquad \Delta H = -\,65{,}3\ \text{kJ}$$

In seinen Verbindungen liegt Kohlenstoff mit wenigen Ausnahmen, wie z. B. bei den salzartigen Carbiden, kovalent gebunden vor.

Einige kovalente Bindungen des Kohlenstoffs (in Klammern sind die Bindungslängen und die Bindungsenthalpien angegeben): C–H (109,5 pm; 412 kJ · mol^{-1}), C–O (143 pm; 357 kJ · mol^{-1}), C=O (122 pm; 746 kJ · mol^{-1}), C≡O (112 pm; 1075 kJ · mol^{-1}), C–N (147 pm; 305 kJ · mol^{-1}), C=N (128 pm; 616 kJ · mol^{-1}), C≡N (115 pm; 892 kJ · mol^{-1}), C–C (154,5 pm; 348 kJ · mol^{-1}), C=C (133 pm; 615 kJ · mol^{-1}), C≡C (120 pm; 839 kJ · mol^{-1}) u. a.

Die Fähigkeit des Kohlenstoffs durch Einfach-, Doppel- oder Dreifachbindungen sich praktisch unbegrenzt mit sich selbst zu Ketten oder Ringen beliebiger Länge und Anordnungen zu verbinden, stellt die Grundlage der organischen Chemie dar, deren Grundverbindungen die aliphatischen (kettenförmige) und zyklischen (ringförmige) Kohlenwasserstoffe sind. Von diesen leiten sich durch Substitution von Wasserstoffatomen durch funktionelle Gruppen zahlreiche organische Verbindungen wie Aldehyde, Alkohole, Ketone, Carbonsäuren, Kohlenhydrate, Fette, Eiweiße u. v. a. ab.

Wichtige anorganische Kohlenstoffverbindungen

Salzartige Carbide:
Methanide, enthalten den Kohlenstoff in Form von C^{4-} z. B. Al_4C_3, Be_2C, sie ergeben bei der Hydrolyse Methan
$M_1^4C + 4\ H^+ \longrightarrow 4\ M^+ + CH_4$,
Acetylenide enthalten den Kohlenstoff in Form von C_2^{2-}
Carbide der allg. Formeln $M_2^I\ C_2$ (M^I = Li, Na, K, Rb, Cs, Cu, Au, Ag), $M^{II}C_2$ (M^{II} = Mg, Ca, Sr, Ba, Zn, Hg), $M_2^{III}\ C_3$ (M^{III} = Al, La, Ce, Pr); sie ergeben bei der Hydrolyse Acetylen $M_2C_2 + 2\ H^+ \longrightarrow 2\ M^+ + C_2H_2$
Allylenide enthalten den Kohlenstoff in Form von C_3^{4-} z. B. $Li_4\ C_3$, $Mg_2\ C_3$.

Kovalente Carbide z. B. Siliciumcarbid SiC, Borcarbide $B_{13}C_2$ u. a.

Carbonate der allgemeinen Formel $M_2^ICO_3$: sie sind die Salze der Kohlensäure, z. B. Kaliumcarbonat K_2CO_3, Calciumcarbonat $CaCO_3$ u. a.

Carbondioxid, Kohlenstoffdioxid CO_2: farb-, geruch- und geschmackloses Gas, etwa eineinhalb mal so schwer wie Luft. Es ist das Anhydrid der selbst nicht frei vorkommenden Kohlensäure. Beim Abkühlen unter −78,5 °C bildet es *Trockeneis*

Carbonmonooxid, Kohlenstoffmonooxid CO: farb- und geruchloses, brennbares, sehr giftiges Gas, etwa so schwer wie Luft. Mit Metallen bildet es Carbonyle

Carbondisulfid, Kohlenstoffdisulfid (Schwefelkohlenstoff) CS_2: farblose, stark lichtbrechende, unangenehm riechende Flüssigkeit

Carbonyle: Verbindungen von Kohlenmonooxid CO und Metallen, z. B. Tetracarbonylnickel $Ni\ (CO)_4$.

Kohlensäure H_2CO_3: nur in wäßrigen Lösungen bekannte zweibasige Säure; ihre Salze heißen Carbonate.

Kohlenwasserstoffe: Verbindungen des Kohlenstoffs mit Wasserstoff.

Nachweis

Quantitativ:

- Oxidation zu Kohlenstoffdioxid und Fällung mit Barytwaser $Ba\ (OH)_2$ als weißes, unlösliches $BaCO_3$.
- Verbrennung in Anwensenheit von CuO zu CO_2 und gravimetrische Bestimmung.
- Gaschromatographie u. a.
- Spektralanalyse; wichtige Spektrallinien der neutralen Atome: 247,856 nm und der einfach positiv geladenen Ionen C: 283,671 nm, 426,726 nm, 723,642 nm.

Verwendung

Kohlenstoff hat eine außerordentlich vielfältige Verwendung. Wegen seiner Hitzebeständigkeit, seiner guten thermische Leitfähigkeit und chemischen Widerstandsfähigkeit wird Kohlenstoff in Form von *Naturgraphit* zur Herstellung feuerfester Produkte wie Gießformen, Schmelztiegel, für Ofenauskleidungen und Schutzanstriche z. B. für Hochöfen, Lichtbogenöfen verwendet. Aufgrund der leichten Spalt- und Verschiebbarkeit der Kohlenstoffschichten dient Graphit zur Herstellung von Bleistiften und Schmiermitteln.

Technisch wichtig ist der *Elektrographit*, der wegen seiner guten elektrischen Leitfähigkeit für Elektroden von Elektrostahlöfen, Carbidöfen, Schmelzflußelektrolyseverfahren aber auch für Kohlebürsten in Elektromotoren, als Lichtbogenkohle, Mikrophongrieß u. a. Verwendung findet. Angesichts des äußerst geringen Wirkungsquerschnitts für thermische Neutronen eignet sich v. a. Elektrographit aber auch Naturgraphit als Moderator und Neutronenreflektor in Kernreaktoren. *Pyrographit* findet Anwendung u. a. für thermische Isolationen in der Raketentechnik, für Raketenmotoren als Hitzeschild für Raumfahrzeuge u. a. sowie zur Beschichtung von Kernbrennstoffteilchen. Daneben dient Pyrographit zur Beschichtung hochohmiger Widerstände. In Form von *Koks* findet Kohlenstoff Verwendung bei der Stahlherstellung (Hochofenprozeß), als *Ruß* zur Herstellung von Tusche und Druckereifarben, sowie in Form von *Aktivkohle* bei der Zukerraffination und zur Adsorption giftiger Gase in Gasmasken. Von großer technischer Bedeutung sind die sogenannten Kohlenstoffasern, *Carbonfasern* die sich bei niedriger Dichte durch sehr hohe Festigkeiten und Bruchdehnungen z. B. *HT-Fasern* (HT; von Englisch: **h**igh **t**enacity), sowie sehr hohem Elastizitätsmodul wie *HM-Fasern* (HM; von engl: **h**igh **m**odulus) auszeichnen. *Diamanten* werden zu über 95% für technische Zwecke wie z. B. zur Herstellung von Bohrerspitzen, Glasschneidegeräten, Achsenlager für Präzisionsinstrumente, Düsen zum Ziehen harter Metalle verwendet. Nur etwa 5% der natürlichen Diamanten dienen zur Herstellung von Schmuck. Kohlenmonooxid ist Ausgangsprodukt vieler großtechnischer Synthesen z. B. Fischer-Tropsch-Synthese zur Herstellung von Kohlenwasserstoffen, Synthese von Methanol und Metall-Carbonylen. Daneben spielt es eine wichtige Rolle bei der Reduktion von Eisenerzen im Hochofen. Kohlenstoffdioxid findet Verwendung als Kühlmittel in der Kältetechnik, als Feuerlöschmittel, Treibgas, Schutzgas „Inertgas", zur Herstellung künstlicher Mineralwässer, Bühnen-Raucherzeugung, Kältemischungen im Labor wie Methanol-Trockeneis sowie als Rohstoff in der chemischen Industrie zur Herstellung von Soda Carbonaten, Harnstoff, aromatischen Carbonsäuren u. a.

Physiologie, Toxikologie

Kohlenstoff gehört neben Sauerstoff, Wasserstoff, Stickstoff u. a. zu den elf Elementen aus denen die Körpersubstanz zu 99% aufgebaut ist. Als wichtiger Bestandteil der DNA, Kohlenhydrate (Saccharide), Fette, Eiweiße, Zellulose, u. a. organischer Substanzen stellt Kohlenstoff die Grundsubstanz der lebenden Materie dar. Der menschliche Körper enthält durchschnittlich 16 kg Kohlenstoff, verteilt v. a. auf Muskeln und Knochen. Der tägliche Bedarf liegt bei 300 g und wird hauptsächlich über die Nahrung gedeckt. Toxizitätswerte sind nicht bekannt, Kohlenstoff gilt allgemein als nicht toxisch. Äußerst toxisch sind jedoch einige Kohlenstoffverbindungen wie Kohlenstoffmonooxid CO und v. a. die Cyanide CN^- (R 26/27/28, R 32, S 1/2, S 7/9, S 13, S 28, S 45). Kohlenstoffmonooxidvergiftungen beruhen auf der Sauerstoffverarmung des Blutes *Hypoxämie* infolge von Komplexbildung des CO mit dem Hämoglobin, wodurch der Sauerstofftransport im Körper gestört wird. Vergiftungssymptome sind Kopfschmerzen, Sehstörungen, Schwindel, Übelkeit, Bewußtlosigkeit. Bei Konzentrationen von 0,1–0,2% CO in der Atemluft kann der Tod bereits nach 30 Minuten eintreten, bei Konzentrationen von über 0,3% tritt der Tod durch Atemlähmung und Herzversagen schon nach wenigen Minuten ein. Als Gegenmaßnahme dient sofortige künstliche Beatmung, Sauerstoffüberdruckbe-

handlung, Frottieren der Glieder und Wärme. Kohlenstoffdioxid CO_2 ist nicht giftig, kann aber die Atmung nicht unterhalten und führt bei höherer Konzentration 5 Vol.-% zu Bewußtlosigkeit bei 8–10 Vol.-% schon nach wenigen Minuten zum Tod durch Erstikken. Da das Gas schwerer als die Luft ist sammelt es sich am Boden an. Vor allen in Weinkellern droht Erstickungsgefahr; Kerzenprobe.
Der Mensch atmet täglich, also in 24 Stunden, rund 1 kg CO_2 aus, das aus dem oxidativen Abbau organischer Substanz stammt.

Krypton Kr

International (Lat.)	Krypton	Italienisch	Cripto
Englisch	Krypton	Griechisch	Κρυπτό (Krypto)
Französisch	Krypton	Russisch	Криптон (Kripton)
Spanisch	Criptón	Japanisch	クリプトン (kuriputon)

Atomare und physikalische Eigenschaften

Protonenzahl **(Z)**	**36**
Standard-Atomgewicht (bezogen auf $^{12}C = 12$)	83,80(±1)
Effektive Kernladung	(Slater) 8,25; (Clementi) 9,77; (Froese-Fischer) 11,79
Elektronenkonfiguration	[Ar] $3d^{10}\ 4s^2\ 4p^6$
Grundzustand, Termsymbol	$^1S_0$
Kovalenzradius (Einfachbindung)	189 pm
Van-der-Waals-Radius	198 pm [a)]
Ionenradius (KZ 4)	$169^{+}_{(4)}$ pm
Molares Volumen (bei –157,20 °C)	$29{,}68 \cdot 10^{-6}\ m^3 \cdot mol^{-1}$
Molares Eigenvolumen (Van-der-Waals-Konst.)	$39{,}9 \cdot 10^{-6}\ m^3 \cdot mol^{-1}$
Molare Binnendruckkonstante (Van-der-Waals-Konst.)	$0{,}234\ N \cdot m^4 \cdot mol^{-2}$
1.; 2.; 3.; 4.; 5.; 6.; 7., 8. Ionisierungsenergie	13,998 eV; 24,359 eV; 36,948 eV; 52,546 eV; 64,672 eV; 78,457 eV; 111,00 eV; 126,44 eV
Elektronegativität	(Allred/Rochow) 3,00; (Pauling) n.bek.; (absolut) 6,80 eV
Elektronenaffinität $Kr \rightarrow Kr^-$ **	0,404 eV
Wirkungsquerschnitt für thermische Neutronen ($\sigma_{n,\gamma}$)	$24 \cdot 10^{-28}\ m^2$
Dichte gasförmig (bei 0 °C, 101,325 kPa)	$3{,}7493\ kg \cdot m^{-3}$
flüssig (bei –153,35 °C)	$2413\ kg \cdot m^{-3}$
fest (bei –157,20 °C)	$2823\ kg \cdot m^{-3}$
Schmelztemperatur	–157,20 °C (115,95 K)
Siedetemperatur	–153,35 °C (119,80 K)
Kritische Temperatur	– 63,75 °C (209,40 K)
Kritischer Druck	5,50 MPa
Kritische Dichte	$908\ kg \cdot m^{-3}$
Spezifische Schmelzenthalpie	$19{,}57\ kJ \cdot kg^{-1}$
Spezifische Verdampfungsenthalpie	$108\ kJ \cdot kg^{-1}$
Spezifische Wärmekapazität (bei 0 °C, 101,325 kPa konst. Druck)	$0{,}252\ kJ \cdot kg^{-1} \cdot K^{-1}$
(bei 0 °C, konst. Vol.)	$0{,}1451\ kJ \cdot kg^{-1} \cdot K^{-1}$
Debye-Temperatur	–201 °C (72,15 K)
Thermische Leitfähigkeit (bei 27 °C)	$0{,}00949\ W \cdot m^{-1} \cdot K^{-1}$
Spezifische magnetische Suszeptibilität (Gas)	$-4{,}32 \cdot 10^{-9}\ m^3 \cdot kg^{-1}$
Löslichkeit in Wasser (bei 20 °C)	$59{,}4 \cdot cm^3$ Kr pro 1 kg H_2O

Weitere Angaben: a) 190 pm. ** extrapolierte (berechnete) Werte

Entdeckung

Krypton wurde im Jahre 1898 von den britischen Chemikern Sir William Ramsay und Morris William Travers (1872–1961) in London, Großbritannien, bei der fraktionierten Destillation von Rohargon, gemeinsam entdeckt, nachdem sie geringfügige Unterschiede zwischen der Dichte von Luftargon und Argon anderer Herkunft festgestellt hatten. Angesichts der Schwierigkeiten, die mit der Entdeckung des Gases verbunden waren, gaben sie dem neuen Element, in Anlehnung an das griechische Wort „κρυπτός" (kryptós), d. h. verborgen, versteckt den Namen „Krypton" mit dem chemischen Symbol „Kr".

Vorkommen

Krypton gehört zu den seltensten Elementen auf der Erde und steht mit einem geschätzten Massenanteil in der Erdhülle von $1{,}9 \cdot 10^{-8}$% nach Neon und Helium an 82. Stelle der Elementhäufigkeit. Die Häufigkeit des Elements in der Erdkruste, bis 16 km Tiefe, beträgt etwa 10 µg/t Gestein, im Meerwasser durchschnittlich 80 µg $Kr^{(0)}$ pro m^3, die Verweilzeit ist nicht bekannt. Der Volumenanteil des Gases in der atmosphärischen Luft beträgt ca. $1{,}14 \cdot 10^{-4}$%, der Massenanteil $2{,}92 \cdot 10^{-4}$%. 1 m^3 Luft enthält demnach rund 1,14 ml Krypton. Die atmosphärische Konzentration des radioaktiven Isotops $^{85}_{36}Kr$ stieg bis Mitte der 70er Jahre an, nimmt aber seither wieder ab. Hauptemissionsquellen dieses Isotops sind die Brut-Reaktoren für $^{239}_{94}Pu$, Kernwaffenexplosionen sowie Wiederaufbearbeitungsanlagen für Kernbrennstoffe, in denen $^{85}_{36}Kr$, das bei der Kernspaltung von $^{235}_{92}U$ entsteht, beim Öffnen der Brennstäbe frei wird. Nach einem in Deutschland entwickelten Verfahren kann man heute das aus den Brennstäben freigesetzte $^{85}_{36}Kr$ durch Tieftemperatur-Rektifikation abtrennen und in Stahlflaschen abfüllen. Die Gesamtvorkommen an Krypton in der Atmosphäre schätzt man auf rund $1{,}7 \cdot 10^{10}$ t. Die Häufigkeit des Elements auf der Sonne ist nicht bekannt, die kosmische Häufigkeit wird auf 51,5 Atome Krypton pro $1 \cdot 10^6$ Atome Silicium geschätzt.

Herstellung

Die technische Gewinnung von Krypton erfolgt nach einem von Georges Claude (1870–1960) entwickelten Verfahren. Dabei wird zunächst nur etwa $^1/_{10}$ der gesamten Luftmenge verflüssigt. Mit der erhaltenen Flüssigkeit werden dann aus den übrigen $^9/_{10}$ der fast bis zum Taupunkt abgekühlten Luft, die relativ hochsiedenden schwereren Edelgase, Krypton und Xenon, ausgewaschen. Die in flüssiger Luft gelösten Gase werden in einer Rektifikationsanlage getrennt und anschließend durch fraktionierte Adsorption und Desorption mit Aktivkohle gereinigt. Krypton wird in grauen Stahlflaschen aufbewahrt. Weltweit werden heute rund 8 t Krypton jährlich hergestellt.

Physikalische Eigenschaften

Krypton ist ein farb-, geruch- und geschmackloses, diamagnetisches, einatomiges Gas. Es ist in Wasser gut löslich, bei 0 °C lösen sich in 1 l Wasser 110 ml Krypton. Im festen Zustand kristallisiert Krypton in flächenzentrierter, kubisch dichtester Kugelpackung.

Radiochemie

Natürliches Krypton setzt sich aus sechs stabilen Isotopen zusammen, daneben sind weitere 22 künstliche Radioisotope des Kryptons bekannt.
Die Kr-Isotope haben allgemein kurze Halbwertszeiten, die leichteren A < 82 zerfallen durch β^+-Strahlung oder Elektronen-Einfang (EC) in die entsprechenden Br-Isotope, die schwereren A > 83 verwandeln sich durch β^--Emission in Rb-Isotope. Einige Kr-Isotope entstehen durch Neutronenbeschuß in einer $^{A}_{36}$Kr (n, γ) $^{A+1}_{36}$Kr Reaktion, die schwereren Isotope A > 85 sind Uranspaltprodukte. Das Isotop $^{85}_{36}$Kr (β^- | 0,687 MeV; γ | 0,514 MeV) dient als radioaktiver Indikator (Tracer), das stabile Isotop $^{83}_{36}$Kr der Kern-

Die Isotope des Kryptons (1995)

Isotop	Natürliche Häufigkeit n (%)	Zerfallsart				Halbwertszeit $T_{1/2}$
		β^+	EC	γ	β^-	
Kr 69		x				n.bek.
Kr 70		x				n.bek.
Kr 71		x				97 ms
Kr 72		x		x		17 s
Kr 73		x		x		26 s
Kr 74		x		x		11,5 m
Kr 75		x		x		4,5 m
Kr 76			x	x		14,6 h
Kr 77		x		x		1,24 h
Kr 78	**0,35**					
Kr 79*		x	x	x		34,9 h
Kr 79 m*				x		50 s
Kr 80	**2,25**					
Kr 81*			x	x		$2,3 \cdot 10^5$ a
Kr 81 m*				x		13,1 s
Kr 82	**11,6**					
Kr 83*	**11,5**					
Kr 83 m*				x		1,83 h
Kr 84	**57,0**					
Kr 85*				x	x	10,76 a
Kr 85 m*				x	x	4,48 h
Kr 86	**17,3**					
Kr 87				x	x	76,3 m
Kr 88				x	x	2,84 h
Kr 89				x	x	3,18 m
Kr 90				x	x	32,3 s
Kr 91				x	x	8,6 s
Kr 92				x	x	1,84 s
Kr 93				x	x	1,29 s
Kr 94				x	x	0,20 s
Kr 95					x	0,78 s
Kr 96					x	n.bek.

(* isomere Atomkerne; m* markiert jeweils einen metastabilen Zustand)

spinzahl 9/2+ und kernmagnetischen Moment −0,970 wird zum NMR-spektroskopischen Nachweis verwendet; NMR-Frequenz (bei 2,3488 T) $3{,}847 \cdot 10^6\ s^{-1}$.

Chemische Eigenschaften

Krypton gehört zur Gruppe der „Edelgase". Es befindet sich im PSE in der 18. Gruppe (VIIIA Hauptgruppe) zwischen den Elementen Argon Ar und Xenon Xe sowie in der 4. Periode neben Brom Br. Krypton ist ein chemisch außerordentlich reaktionsträges Gas, eine Eigenschaft, die wie bei allen Edelgasen auf eine abgeschlossene äußere Elektronenschale zurückzuführen ist. Das freie, neutrale Kr-Atom hat im elektronischen Grundzustand folgende Elektronenkonfiguration:

$$1s^2\ 2s^2\ 2p^6\ 3s^2\ 3p^6\ 3d^{10}\ 4s^2\ 4p^6$$

Im Normalzustand ist Krypton ein einatomiges Gas mit der Oxidationsstufe 0, dennoch konnte durch massenspektroskopische Untersuchungen die Bildung einiger molekularer Ionen wie Kr_2^+, KrH^+, $KrLi^+$, KrC^+, $KrCH_3^+$, KrN_2^+ u. a. nachgewiesen werden. Neben einem violett gefärbten, nur unterhalb −153 °C beständigen freien Radikal KrF beschränkt sich die Kryptonchemie auf eine einzige binäre Kryptonverbindung das Krypton(II)-fluorid KrF_2 und dessen Derivate in denen Krypton die Oxidationsstufe +II aufweist. Es entsteht, wenn man Kr/F_2-Mischungen bei etwa −196 °C und 20 hPa, elektrischen Entladungen (ca. 4000 V), hochenergetischen Elektronenstrahlen oder Röntgenstrahlen aussetzt:

$$Kr + F_2 \longrightarrow KrF_2\ (g) \qquad \Delta H = +60\ kJ$$

KrF_2 bildet eine farblose, bei −78 °C beständige kristalline Substanz, die unterhalb 0 °C schnell sublimiert und sich bei Raumtemperatur rasch zersetzt. Es ist das stärkste bisher bekannte Fluorierungs- und Oxidationsmittel. Mit einigen Lewis-Säuren bildet KrF_2 stabilere Komplexsalze der allg. Formel $[KrF]^+[MF_6]^-$, $[KrF]^+[M_2F_{11}]^-$ und $[Kr_2F_3]^+[MF_6]^-$ (M = As, Sb), sowie die in letzter Zeit nachgewiesenen Verbindungen $[KrF]^+[MoOF_5]^-$ und $[KrF]^+[WOF_5]$. In den Komplexsalzen ist das KrF^+ Kation fähig O_2-Gas zum O_2^+-Kation oder ClF_5 und BrF_5 zu ClF_6^+- und BrF_6^+-Kationen zu oxidieren. Bei einem Druck von 1,45 MPa bilden sich im Beisein von Wasserdampf Clathrate bzw. Einschlußverbindungen der Formel $Kr \cdot 6\ H_2O$ und $Kr \cdot 6\ D_2O$. (s. Argon S. 34). Clathrate des Kryptons werden auch mit Chloroform, Hydrochinon und Phenol gebildet. Das radioaktive Isotop $^{85}_{36}Kr$ kann in Clathratform gespeichert werden.

Nachweis

- Spektralanalyse; wichtige Spektrallinien der neutralen Atome: 587,091 nm, 810,436 nm, 811,290 nm, 829,811 nm, 877,675 nm.

Verwendung

Die wichtigste technische Anwendung findet Krypton in der Glühlampenindustrie als Füllgas von Glühlampen (Kryptonlampen) und Gasentladungsröhren z. B. in Leuchtreklameröhren; blaßblaue Farbe. Wegen der geringeren thermische Leitfähigkeit gestatten

kryptongefüllte Lampen Glühfadentemperaturen von über 2500 °C, also weit höhere Temperaturen als bei Stickstoff- oder Argon-Füllungen, wobei die Lichtausbeute und damit die Wirtschaftlichkeit der Glühlampen wesentlich verbessert werden. Daneben dient Krypton als Füllgas für Geigerzähler, Szintillationszähler und Iodlampen. Das instabile KrF wird zusammen mit anderen angeregten Edelgashalogeniden als Lasermaterial verwendet. KrF_2 und seine Komplexsalze dienen im Laboratorium als Oxidationsmittel.
Wegen seiner intensiven β^--Strahlung wird das Isotop $^{85}_{36}Kr$ in speziellen Lichtquellen eingesetzt, in denen die radioaktive Strahlung, beim Auftreffen auf eine phosphoreszierende Spezialschicht, in sichtbares Licht umgewandelt wird. Es wird ferner als radioaktiver Indikator, Tracer, in der Industrie z. B. bei der Lecksuche, in der Biologie bei Untersuchungen von Hautdurchlässigkeiten sowie in der Medizin zur Ermittlung der Blutgeschwindigkeit in verschiedenen Organen wie z. B. im Gehirn, in der Leber, Nieren u. a. verwendet. Die Wellenlänge λ der orangefarbigen Strahlung des Isotops $^{86}_{36}Kr$ wurde zur Definition der SI-Basiseinheit der Länge herangezogen: 1 Meter (1 m) = 1 650 763,73 λ.

Physiologie, Toxikologie

Krypton hat keine biologische Bedeutung für den menschlichen Organismus. Das Gas ist nicht toxisch, kann aber erstickend wirken. Eingeatmetes $^{85}_{36}Kr$ wird vom Organismus ziemlich rasch ausgeschieden, da es am Stoffwechsel nicht beteiligt ist.

Kupfer Cu

International (Lat.)	Cuprum	Italienisch	Rame
Englisch	Copper	Griechisch	Χαλκός (Chalkos)
Französisch	Cuivre	Russisch	Медь (Mjetj)
Spanisch	Cobre	Japanisch	銅（ドウ）(dou)

Atomare und physikalische Eigenschaften

Protonenzahl **(Z)**	**29**
Standard-Atomgewicht (bezogen auf ^{12}C = 12)	63,546(±3)
Effektive Kernladung	(Slater) 4,20; (Clementi) 5,84; (Froese-Fischer) 8,07
Elektronenkonfiguration	[Ar] $3d^{10}$ $4s^1$
Grundzustand, Termsymbol	$^2S_{1/2}$
Metallatomradius (KZ 12)	127,8 pm
Kovalenzradius (Einfachbindung)	117,3 pm
Ionenradien (KZ 2; 4; 6)	$46^{+}_{(2)}$ pm, $96^{+}_{(4)}$ pm, $57^{2+}_{(4)}$ pm, $72^{2+}_{(6)}$ pm, $54^{3+}_{(6)}$ pm
Molares Volumen	$7{,}09 \cdot 10^{-6}$ m^3 · mol^{-1}
1.; 2.; 3.; 4.; 5. Ionisierungsenergie	7,7254 eV; 20,293 eV; 36,834 eV; 55,199 eV; 79,897 eV
Elektronegativität	(Allred/Rochow) 1,75; (Pauling) 1,90; (absolu) 4,48 eV
Elektronenaffinität Cu → Cu^-	1,228 eV
Wirkungsquerschnitt für thermische Neutronen ($\sigma_{n,\gamma}$)	$3{,}80 \cdot 10^{-28}$ m^2
Dichte (bei 20 °C)	8954 kg · m^{-3} a)
Härte (gewalzt)	(Mohs) 2,5–3 ; (Brinell) $52 \cdot 10^7$ Pa
Elastizitätsmodul (gewalzt)	$11{,}2 \cdot 10^{10}$ Pa
Schmelztemperatur	1083,40 °C (1356,55 K)
Siedetemperatur	2595 °C (2868,15 K) b)
Spezifische Schmelzenthalpie	205 kJ · kg^{-1}
Spezifische Verdampfungsenthalpie	4790 kJ · kg^{-1} c)
Spezifische Sublimationsenthalpie (einatomiges Gas)	5932,7 kJ · kg^{-1} d)
Spezifische Wärmekapazität (bei 25 °C)	0,385 kJ · kg^{-1} · K^{-1}
Thermische Leitfähigkeit (bei 27 °C)	401 W · m^{-1} · K^{-1}
Thermischer Längenausdehnungskoeffizient (bei 25 °C)	$16{,}5 \cdot 10^{-6}$ K^{-1}
Thermospannung (Δt =100 K / Pt; Konstantan)	+0,75 mV; +4,05 mV
Elektrische Leitfähigkeit (bei 20 °C)	$59{,}77 \cdot 10^6$ S · m^{-1}
Spezifischer elektrischer Widerstand (bei 20 °C)	$1{,}673 \cdot 10^{-8}$ Ω · m
Temperaturkoeffizient (bei 20 °C)	$3{,}93 \cdot 10^{-3}$ K^{-1}
Spezifische magnetische Suszeptibilität	$-1{,}081 \cdot 10^{-9}$ m^3 · kg^{-1}
Hall-Koeffizient	$-0{,}536 \cdot 10^{-10}$ m^3 · A^{-1} · s^{-1}
Elektrochemisches Äquivalent Cu^{2+}	$0{,}3294 \cdot 10^{-6}$ kg · A^{-1} · s^{-1}
Normalpotential Cu/Cu^+ (Cu/Cu^{2+})	+0,521 V (+0,337 V)
Hydratationsenthalpie Cu^+ (Cu^{2+})	–582 kJ · mol^{-1} (–2123 kJ · mol^{-1})
Bildungsenthalpie CuCl (CuO)	–137 kJ · mol^{-1} (–157 kJ · mol^{-1})

Weitere Angaben: a) Die Angaben schwanken zwischen 8940 kg · m^{-3} und 8960 kg · m^{-3}. b) 2567 °C und 2570 °C. c) 4831 kJ · kg^{-1}. d) 4790 kJ · kg^{-1}, 4793,4 kJ · kg^{-1}.

Entdeckung

Kupfer war vermutlich das erste Metall mit dem die Menschen bereits vor über 9000 Jahren in Berührung kamen. Mit der Gewinnung von Kupfer aus seinen Erzen etwa im 5. Jahrtsd. v. Chr. begann die Kupferzeit und endete die Steinzeit. Die wichtigsten Kupfervorkommen in der Antike befanden sich auf Zypern, so nannte man das Erz *aes cyprium*, d. h. „Erz aus Zypern“. Daraus entstand *aes cuprum* bzw. *cuprum*. 1556 beschrieb Georg Agricola in seinem Werk „De re metallica“ ausführlich die Metallurgie des Kupfers im 15.–16. Jh. Die größte Kupfergrube seit ca. 1000 n. Chr. war das Bergwerk von Falun, Schweden, wo bis zu 3000 t Rohkupfer pro Jahr gefördert wurden. Ende des 15. Jh. errichtete die Augsburger Familie Fugger das erste Kupfermonopol. Wegen seines Vorkommens auf Zypern widmete man das Kupfer der zyprischen Göttin Aphrodite, bei den Römern der Venus. Die Symbole des Kupfers seit dem 15. Jh.

15. Jh.	16. Jh.	17. Jh.	Bergmann 1783	Dalton 1808	Berzelius 1814
♀	♀	♀	♀	©	Cu

Vorkommen

Kupfer gehört zu den häufigeren Elementen auf der Erde. Mit einem berechneten Massenanteil in der Erdhülle von 0,01% steht das Metall nach Vanadium und Zink an 25. Stelle der Elementhäufigkeit. Am Aufbau der Erdkruste bis 16 km Tiefe ist Kupfer mit ca. 68 g/t Krustengestein beteiligt, in Eisenmeteoriten beträgt sein Anteil 120 g/t. In den Meeren und Ozeanen ist es mit rund $18 \cdot 10^{-5}$ g $Cu^{(+II)}/m^3$ vertreten, bei einer Verweilzeit von 3000 Jahren. Als edles Metall tritt Kupfer auch gediegen, meist in größeren Brocken, jedoch nur in geringen Mengen auf. In gebundenem Zustand kommt es in Form von Sulfiden, Oxiden, Carbonaten, Chloriden, Arseniden meist in Begleitung von Eisen, Nickel, Blei, Silber und Gold vor.
Gediegen kommt Kupfer in kleineren Mengen in den USA; Chile und in Australien vor. Das größte Lager von gediegenem und besonders reinem Kupfer liegt in der Nähe des Lake Superior (Oberer See), Keweenawhalbinsel, USA. Hier wurde der bis heute

Die wichtigsten Kupfererze	
Kupferkies, Chalkopyrit	$CuFeS_2$ (= $Cu_2S \cdot Fe_2S_3$)
Kupferglanz, Chalkosin	Cu_2S
Buntkupfererz, Bornit	Cu_3FeS_3 (= $3\ Cu_2S \cdot Fe_2S_3$)
Cubanit	$CuFe_2S_3$
Bournonit	$2\ PbS \cdot Cu_2S \cdot Sb_2S_3$
Rotkupfererz, Cuprit	Cu_2O
Malachit	$[Cu_2(OH)_2\ (CO_3)]$ (= $CuCO_3 \cdot Cu(OH)_2$)
Kupferlasur, Azurit, Chessylith, (basisches Kupfercarbonat)	$[Cu_3(OH)_2\ (CO_3)_2]$ (= $2\ CuCO_3 \cdot Cu(OH)_2$)
Pseudomalachit	$\{Cu_5[(PO_4)\ (OH)_2]_2\}$
Atacamit, Salzkupfererz	$[CuCl_2 \cdot 3\ Cu(OH)_2]$

größte Brocken Kupfer von 420 t gefunden. Die größten Kupfererzlager befinden sich in Arizona, Montana, Utah, New Mexico, USA; Chile; Peru; Bolivien, Mexiko; Sambia; Kongo; Simbabwe; Ontario, Manitoba, Quebec, Kanada; Ural, Kaukasus, Rußland; Philippinen; Australien; Iran; Spanien; Portugal; Polen; Deutschland u. a. Die früher sehr reichen Mansfelder-Kupferschiefer-Lager sind heute nahezu erschöpft. Der Mansfelder Kupferschiefer ist allerdings kein Erz sondern ein bituminöser Mergel, in dem viele Erze feinverteilt eingelagert sind. Immer größeres Interesse findet z. Z. die Ausbeutung von marinen Manganknollen mit einem durchschnittlichen Kupfergehalt von 0,5% deren Vorkommen man auf eine Billion t ($1 \cdot 10^{12}$ t) schätzt. Spuren von Kupfer findet sich in allen Böden, Tieren und Pflanzen. Der durchschnittliche Kupfergehalt der heute weltweit abgebauten Kupfererze liegt bei 1,5–2%. Die bekannten Kupfer-Reserven schätzt man auf rund 350 Mio. t. Weltweit werden jährlich ca. 8,80 Mio. t Erze gefördert, davon entfallen auf Chile 16,6%, USA 16,5%, GUS-Staaten 11%, Kanada 8,3%, Zambia und Kongo jeweils 5,15%, Polen 5% u. a. Die Häufigkeit des Metalls auf der Sonne beträgt ca. $1{,}15 \cdot 10^4$ Atome Kupfer pro $1 \cdot 10^{12}$ Atome Wasserstoff, die kosmische Häufigkeit wird auf 215 Atome Kupfer pro $1 \cdot 10^6$ Atome Silicium geschätzt.

Herstellung

Die sehr geringen Vorkommen an elementarem Kupfer sind technisch relativ unbedeutend. Der größte Teil des Kupfers wird heute fast ausschließlich aus sulfidischen Kupfererzen gewonnen, deren Kupfergehalt zwischen 1,5–2% liegt. Die Erze werden zunächst durch Flotation bzw. Schwimmaufbereitung auf verhüttungsfähige Konzentrate von 25–30% Cu angereichert. Dazu wird das gemahlene und fein zerteilte Ausgangsmaterial mit viel Wasser und etwas Holzteeröl angerührt, wobei sich das vom Öl benetzte Erz im Ölschaum ansammelt während die Gangart zu Boden sinkt. Das Erzkonzentrat wird anschließend aus dem Ölschaum abgepreßt. Die industrielle Gewinnung von Kupfer erfolgt nach zwei Verfahren:

- *Pyrometallurgisches* oder *trockenes Verfahren*: Die sulfidischen Erzkonzentrate meist Kupferkies $CuFeS_2$ werden zur Beseitigung eines Teils des Schwefels in Kiesröstöfen bzw. Etagenöfen bei 500–900 °C unvollständig vorgeröstet:

  $$2\,CuFeS_2 + O_2 \longrightarrow Cu_2S + 2\,FeS + SO_2 \uparrow \qquad \textit{Röstarbeit}$$
  $$FeS_2 + O_2 \longrightarrow FeS + SO_2 \uparrow$$

  Das erhaltene Röstgut bestehend aus Cu_2S, FeS und Fe_2O_3 wird anschließend mit Koks, Kalk und Quarzsand SiO_2 bei 1400 °C in Schacht-, Flamm- oder Elektroöfen verschmolzen *Schmelzarbeit*, das Eisen(III)-oxid wird dabei in Schlacke überführt:

  $$Fe_2O_3 + C + SiO_2 \longrightarrow Fe_2SiO_4 + CO$$

  Der nach Abtrennung der leichteren, flüssigen Silicatschlacke zurückbleibende schwerere *Kupferstein*, ein Gemisch aus Cu_2S und FeS, mit einem Kupfergehalt von 30–62%, wird zur Entfernung des restlichen Eisens und Schwefels unter Zugabe von Kalk, Koks und Quarzsand im Konverter mit Luft „Verblasen“. Dabei wird das Eisen zusammen mit den Zuschlägen in Schlacke überführt und abgezogen. Der verbliebene eisenfreie Kupferstein wird z. T. zu Kupfer(I)-oxid oxidiert, das sich mit dem restlichen Kupfersulfid zu metallischen Kupfer und Sulfurdioxid umsetzt.

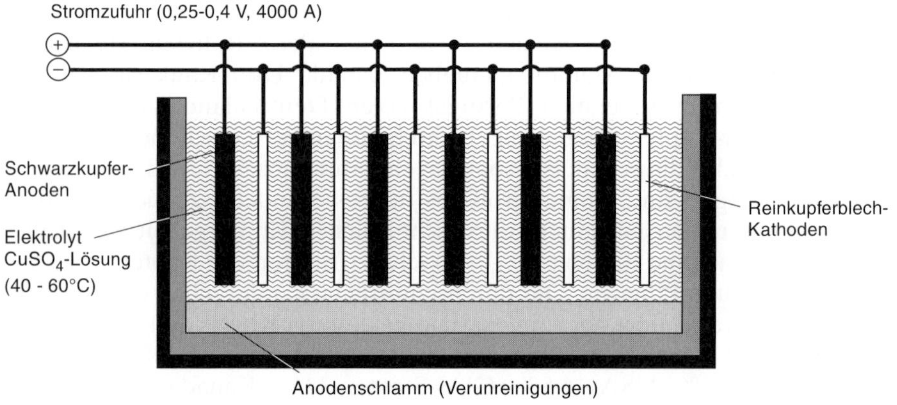

Abb. 48: Schematische Darstellung der elektrolytischen Kupfer-Raffination.

$$2\,Cu_2S + 3\,O_2 \longrightarrow 2\,Cu_2O + 2\,SO_2\uparrow \qquad \Delta H = -768{,}5\ kJ$$
$$2\,Cu_2O + Cu_2S \longrightarrow 6\,Cu + SO_2\uparrow \qquad \Delta H = +116{,}1\ kJ$$

$$3\,Cu_2S + 3\,O_2 \longrightarrow 6\,Cu + 3\,SO_2\uparrow \qquad \Delta H = -652{,}4\ kJ$$

Das beim Rösten Schmelzen und Verblasen anfallende Sulfurdioxid SO_2 wird zur Schwefelsäurefabrikation weitergeleitet. Das erhaltene *Rohkupfer* mit einem Gehalt von 94–98% Cu und zahlreichen metallischen Beimengungen wird zusammen mit schlackenbildenden Zuschlägen in kleinen Flammöfen bei 900 °C einer Raffinationsschmelze unterzogen, wobei sich Pb, Zn, As und Sb verflüchtigen und Fe, Ni und Co z. T. verschlacken. Zurück bleibt das sogenannte *Garkupfer* oder *Schwarzkupfer*, das aus 98,5% Cu besteht und noch alle Edelmetalle enthält. Die Raffination erfolgt durch Elektrolyse wobei das Garkupfer in Form von etwa 3 cm dicken Platten als Anode dient während die Kathode aus dünnen Feinkupferblech besteht. Die Elektrolyse wird bei 40–60 °C, einer Badspannung von ca. 0,25–0,4 V und Stromstärken bis zu 4000 A, in schwefelsaurer $CuSO_4$-Lösung durchgeführt. Das Garkupfer der Anode geht dabei in Lösung während sich aus der $CuSO_4$-Lösung reines *Feinkupfer* bzw. *Kathodenkupfer* an der Kathode absetzt (Abb. 48).
Vorgänge an der:

Anode: $Cu_{roh} \longrightarrow Cu^{2+} + 2\,e^-$
Kathode: $Cu^{2+} + 2\,e^- \longrightarrow Cu_{rein}$

Von den metallischen Beimengungen gehen die unedleren Metalle wie Fe, Ni, Co in Lösung, ohne sich jedoch kathodisch abzuscheiden. Die edleren Metalle Au, Ag, und Pt bilden zusammen mit anderen festen Abfallstoffen den Anodenschlamm, der ein wichtiges Ausgangsmaterial zur Gewinnung von Edelmetallen darstellt. Der Energiebedarf für 1 t Feinkupfer liegt bei etwa 250 kWh.

- *Naßmetallurgisches* oder *nasses Verfahren*: Das Verfahren wird nur bei kupferarmen Erzen und Abfallprodukten wie z. B. Kiesabbränden von der Schwefelsäurefabrikation, angewandt. Das Rohmaterial wird dabei mit verd. Schwefelsäure als Kupfersul-

fat ausgelaugt und als elementares Kupfer mit Eisenschrott aus der Lösung ausgefällt. Das so erhaltene *Zementkupfer* wird verschmolzen und elektrolytisch gereinigt. Elektrolytkupfer hat eine Reinheit von 99,98%.
Die Weltproduktion an Kupfer liegt bei etwa 10,5 Mio. t/Jahr, ca. 40% des hergestellten Kupfers stammen aus dem Recycling von Altkupfer. Hauptproduzenten sind die USA mit ca. 24%, Chile 20,5%, Kanada 12,5%, GUS-Staaten 10,4%, Sambia und Kongo gesamt 17% u. a. In Deutschland werden jährlich knapp 1 Mio. t Kupfer erzeugt davon etwa 380000 t Kupfer aus Altmaterial. Der Kupferpreis liegt heute bei rund 2,90 $/kg bzw. 4,90 DM/kg.

Physikalische Eigenschaften

Kupfer ist ein hellrotes, ziemlich hartes, sehr zähes, schmiedbares und gut dehnbares, diamagnetisches Schwermetall. Es läßt sich leicht zu sehr feinem Draht ziehen und zu dünnen, grün durchscheinenden Folien verarbeiten. Bei entsprechender Zugkraft dehnt es sich vor dem Zerreißen bis etwa 50% seiner Anfangslänge. Kupfer ist neben Gold das einzige farbige Metall. (In extrem reinem Zustand zeigen auch Barium, Caesium, Calcium und Strontium hellgoldgelbe bis goldgelbe Farbe). Kupfer kristallisiert in kubisch dichtester Kugelpackung. Es besitzt nach Silber die beste thermische und elektrische Leitfähigkeit aller Metalle, die thermische Leitfähigkeit beträgt 93,47%, die elektrische 95,04% der des Silbers. Die elektrische Leitfähigkeit nimmt jedoch bereits bei geringen Verunreinigungen durch andere Stoffe stark ab. Durch Bestrahlung mit beschleunigten Neutronen, α-Teilchen, Protonen oder Deuteronen bei niedrigen Temperaturen wird die Härte des Metalls erhöht, die Dichte und elektrische Leitfähigkeit werden vermindert. Beim Erwärmen erlangt das Metall wieder seine ursprünglichen Eigenschaften. Die Austrittsarbeit für Elektronen im Vakuum beträgt 5,65 eV (P). Die Schallgeschwindigkeit in Kupfer liegt bei 3500 $m \cdot s^{-1}$ in Messing bei 3400 $m \cdot s^{-1}$. Das Metall hat eine mittlere Schmelz- und Siedetemperatur, Kupferdampf enthält oberhalb der Siedetemperatur Dimere Cu_2.

Radiochemie

Kupfer kommt in der Natur in zwei stabilen Isotopen vor. Weitere 24 künstliche, radioaktive Isotope des Kupfers sind bekannt.

Die Isotope des Kupfers (1995)

Isotop	Natürliche Häufigkeit n (%)	Zerfallsart				Halbwertszeit $T_{1/2}$
		β^+	EC	γ	β^-	
Cu 55		x				n.bek.
Cu 56		x				n.bek.
Cu 57		x		x		199 ms
Cu 58		x		x		3,20 s
Cu 59		x		x		82 s
Cu 60		x		x		23 m
Cu 61		x		x		3,4 h
Cu 62		x		x		9,74 m
Cu 63	**69,17**					

Die Isotope des Kupfers (1995)

Isotop	Natürliche Häufigkeit n (%)	Zerfallsart				Halbwertszeit $T_{1/2}$
		β^+	EC	γ	β^-	
Cu 64		**x**	**x**	x	**x**	12,70 h
Cu 65	**30,83**					
Cu 66				x	**x**	5,1 m
Cu 67				x	**x**	61,9 h
Cu 68				x	**x**	30 s
Cu 68 m*				**x**	**x**	3,8 m
Cu 69				x	**x**	3,0 m
Cu 70				x	**x**	5 s
Cu 70*				x	**x**	42 s
Cu 71				x	**x**	19,5 s
Cu 72				x	**x**	6,6 s
Cu 73				x	**x**	3,9 s
Cu 74				x	**x**	1,59 s
Cu 75				x	**x**	1,22 s
Cu 76				x	**x**	1,27 s
Cu 76*				x	**x**	641 ms
Cu 77					**x**	469 ms
Cu 78					**x**	342 ms
Cu 79					**x**	188 ms
Cu 80					**x**	n.bek.

(* isomere Atomkerne; m* markiert einen metastabilen Zustand)

Die Cu-Isotope haben allgemein kurze Halbwertszeiten. Die leichteren $A < 63$ zerfallen durch β^+-Strahlung in die entsprechenden Ni-Isotope, die schwereren $A > 65$ verwandeln sich durch β^--Emission in Zn-Isotope. Das langlebigste Isotop $^{67}_{29}Cu$ entsteht in den Reaktionen $^{68}_{30}Zn$ (p, 2p), $^{67}_{29}Cu$ und $^{64}_{28}Ni$ (α, p) $^{67}_{29}Cu$ sowie bei der Spaltung von Bi, Pb und U durch beschleunigte Deuteronen und Protonen. Die Isotope $^{64}_{29}Cu$ und $^{66}_{29}Cu$ entstehen in einer $^{A}_{30}Cu$ (n, γ) $^{A+1}_{29}Cu$-Reaktion, sie werden beide in der Aktivierungsanalyse verwendet. Die Isotope $^{64}_{29}Cu$ (β^- | 0,578 MeV; β^+ | 0,7 MeV; EC; γ | 1,346 MeV) und $^{67}_{29}Cu$ (β^- | 0,58 MeV; γ | 0,185 MeV) werden als radioaktive Indikatoren (Tracer), in der Technik und in der Medizin verwendet, die beiden stabilen Isotope $^{63}_{29}Cu$ und $^{65}_{29}Cu$ der Kernspinzahl 3/2– und kernmagnetischen Momenten +2,2233 bzw. –2,3817 dienen zum NMR-spektroskopischen Nachweis; NMR-Frequenzen (bei 2,3488 T) $26{,}505 \cdot 10^6\ s^{-1}$ bzw. $28{,}394 \cdot 10^6\ s^{-1}$; Referenz $Cu(MeCN)_4^+\ BF_4^-$ in MeCN.

Chemische Eigenschaften

Kupfer ist das erste Element der sog. *Kupfergruppe*, der die Elemente

Kupfer Cu, Silber Ag und Gold Au

angehören. Es befindet sich im PSE in der 11. Gruppe (IB Nebengruppe) über dem Silber sowie in der 4. Periode zwischen Nickel Ni und Zink Zn. Kupfer ist ein Halbedelmetall das an trockener Luft ziemlich beständig und widerstandsfähig ist. Im Laufe der Zeit oxidiert es aber oberflächlich zu rotem Kupfer(I)-oxid Cu_2O, das an dem Metall fest haftet und dem Kupfer die bekannte rote Farbe verleiht. Diese geht allmählich in grauschwarzes Kupfer(II)-oxid CuO über. An feuchter Luft und in Gegenwart von Kohlenstoffdioxid CO_2 oder Sulfurdioxid SO_2 (in Industriegebieten) bildet sich auf dem Kupfer langsam ein Überzug von grünem basischen Carbonat $CuCO_3 \cdot Cu(OH)_2$ bzw. basischen Sulfat $CuSO_4 \cdot Cu(OH)_2$, Patina oder Edelrost genannt, das die Oberfläche des Metalls vor weiterer Oxidation schützt. Entsprechend seiner Stellung im PSE hat das freie, neutrale Cu-Atom im elektronischen Grundzustand die Elektronenkonfiguration:

$$1s^2\ 2s^2\ 2p^6\ 3s^2\ 3p^6\ 3d^{10}\ 4s^1$$

Das Metall bildet in seinen Verbindungen alle Oxidationsstufen von 0 bis +IV, von denen die Stufe +II ($[Ar]3d^9$) aufgrund der hohen Hydratationsenergie in wäßrigen Lösungen die stabilste ist. Die weiteren Stufen kommen meist in festem Zustand oder in Komplexen vor.

Die Chemie des Kupfers ist gekennzeichnet durch das mit 10 Elektronen voll besetzte 3d-Niveau und einem 4s-Elektron auf der letzten Schale. Kupfer ist somit in der letzten Schale isoelektronisch mit Kalium. Das 4s-Elektron ist aber angesichts der viel höheren Protonenzahl des Kupfers erheblich stärker an den Kern gebunden als das 4s-Elektron des Kaliums und kann daher nur schwer abgegeben werden.

Die Normalpotentiale des Kupfers:

+III +II +I 0

Cu^{3+} —(+0,8 V)— Cu

Cu^{2+} —(+0,337 V)— Cu

$Cu^{2+} \xrightarrow{+0,159\ V} Cu^{+} \xrightarrow{+0,521\ V} Cu$

$Cu(NH_3)_4^{2+} \xrightarrow{+0,10\ V} Cu(NH_3)_4^{+} \xrightarrow{-0,1\ V} Cu$

Der edle Charakter des Kupfers wird durch die positiven Normalpotentiale verdeutlicht. Bei gewöhnlicher Temperatur und bei Ausschluß von Luft ist Kupfer in verdünnten nichtoxidierenden Säuren, Salz-, Schwefel-, Phosphor- und Ameisensäure nicht löslich. In Anwesenheit von Luft wird das Metall durch den Luftsauerstoff oxidiert und das entstehende Kupfer(II)-oxid zu den entsprechenden Kupfer(II)-salzen aufgelöst:

$$CuO + 2\ HCl_{verd.} \longrightarrow CuCl_2 + H_2O$$

$$CuO + H_2SO_{4\ verd.} \longrightarrow CuSO_4 + H_2O$$

In oxidierenden Säuren wie z. B. heißer konz. Schwefelsäure wird Kupfer zunächst zu Kupfer(II)-oxid oxidiert und dieses in überschüssiger Säure zu Kupfer(II)-sulfat aufgelöst:

$$Cu + H_2SO_{4\ konz.} \longrightarrow CuO + SO_2 \uparrow + H_2O$$

$$CuO + H_2SO_{4\ Wärme} \longrightarrow CuSO_4 + H_2O$$

Mit konz. Salpetersäure reagiert Kupfer bereits bei Raumtemperatur unter Entwicklung von Stickstoffdioxiddämpfen und Bildung von Kupfer(II)-nitrat

$$Cu + 2\ HNO_{3\ konz.} \longrightarrow CuO + 2\ NO_2 \uparrow + H_2O$$

$$CuO + 2\ HNO_{3\ kalt} \longrightarrow Cu(NO_3)_2 + H_2O$$

In Hydroxiden außer Ammoniumhydroxid ist Kupfer sehr beständig. In wäßriger Ammoniaklösung bzw. Salmiakgeist löst sich Kupfer langsam unter Bildung von tiefblauen Tetraamminkupfer(II)-hydroxid $[Cu(NH_3)_4](OH)_2$ „Schweizers-Reagenz“. Bei Erwärmung läßt sich metallisches Kupfer mit molekularem Sauerstoff oxidieren:

$$4\,Cu + O_2 \longrightarrow 2\,Cu_2O \qquad \Delta H = -338\ kJ$$
$$2\,Cu + O_2 \longrightarrow 2\,CuO \qquad \Delta H = -314\ kJ$$

Die *Fehlingsche Lösung* ist ein Nachweisreagenz für reduzierend wirkende Substanzen v. a. Aldehyde bzw. Aldehydzuckern (Aldosen). Sie besteht aus zwei Lösungen „Fehling I“ (7 g Kupfersulfat in 100 ml Wasser) und „Fehling II“ (34,6 g Kaliumnatriumtartrat, *Seignette-Salz*, und 5,3 g Natriumhydroxid in 100 ml Wasser), die zu gleichen Teilen gemischt und mit der Probe zum Sieden erhitzt werden. Bei Anwesenheit eines reduzierend wirkenden Stoffes z. B. Aldehydzucker fällt rotes Kupfer(I)-oxid aus.

$$\underset{\text{Aldehyd}}{R-COH} + 2\,Cu^{2+} + 4\,OH^- \longrightarrow \underset{\text{Carbonsäure}}{R-COOH} + Cu_2O\downarrow + 2\,H_2O$$

Kupfer bildet meist farbige Verbindungen. Cu(I)-Verbindungen sind relativ unbeständig, sie gehen an der Luft meist in Cu(II)-Verbindungen über. In Wasser löslich sind das Acetat, die Halogenide, das Nitrat, Sulfat. Unlöslich sind das Carbonat, das Hydroxid, die Oxide, Sulfide u. a.

Nachweis

Qualitativ:

- Durch die intensiv grüne Flammenfärbung in Gegenwart von Kupferhalogenid-Ionen „Beilstein-Probe“.
- Bildung des hellblauen Tetraaquaions in wäßrigen Lösungen, das bei Zugabe von Ammoniak in den tiefblauen Tetraamminkupfer(II)-Komplex übergeht:

$$Cu^{2+} + 4\,H_2O \longrightarrow \underset{\text{hellblau}}{[Cu(H_2O)_4]^{2+}} \xrightarrow{+4\,NH_3} \underset{\text{tiefblau}}{[Cu(NH_3)_4]^{2+}} + 4\,H_2O$$

- Fällung als schwarzes Cu(II)-sulfid CuS von Cu^{2+}-Ionen in schwach saurer Lösung.
- Fällung von rotbraunen Kupfer(II)-hexacyanoferrat(II) $Cu_2[Fe(CN)_6]$ mit „Gelben Blutlaugensalz“.

Quantitativ:

- Komplexometrisch mit Calcon.
- Gravimetrisch als CuSCN.
- Kalorimetrisch mit Bathocuproin oder Formazanen.
- Spektralanalyse; wichtige Spektrallinien der neutralen Atome; 216,509 nm, 217,894 nm, 324,754 nm, 327,396 nm, 521,820 nm, und der einfach positiven Ionen Cu^+ 224,261 nm, 224,699 nm, u. a.
- Atomabsorbtionsspektrometrie (AAS) mittels der 324,754 nm Hauptlinie des Atomspektrums.

Verwendung

Wegen der guten elektrischen Leitfähigkeit des Kupfers werden 50–60% der gesamten Kupferproduktion in der Elektroindustrie als Leitungsmaterial in Form von Draht und Stangen, Schienen, Blechen u. a. verwendet. Ebenso findet das Metall wegen seiner Beständigkeit an der Luft Verwendung in der Apparate- und Maschinenbauindustrie, im chemischen Apparatebau, im Bauwesen für Dachbleche, Dachrinnen usw., für Schiffsbeschläge, Statuen, Patronenhülsen, Kleinmünzen u. a. Aufgrund seiner guten thermischen Leitfähigkeit dient Kupfer zur Herstellung von Heizrohren, Kühlschlangen, Wärmeaustauschern, Braukesseln, Lötkolben, Kochgeschirr u. a. Das restliche Kupfer wird fast vollständig zur Herstellung von Legierungen verwendet. Kupferlegierungen sind allgemein sehr korrosionsbeständig.

Wichtige Kupferlegierungen und ihre Verwendung	
Messing:	Sammelbezeichnung für alle Kupfer-Zink-Legierungen. *Rotmessing, Tombak*: 80–90% Cu, 10–20% Zn; es ist gut dehnbar, sehr widerstandsfähig und kann zu feinsten Blättchen *Blattkupfer* ausgehämmert werden; Verwendung für Kunstartikel und Modeschmuck. *Gelbmessing:* 60–80% Cu, 20–40% Zn; ist sehr fest, hart aber gut bearbeitbar, polierfähig; Verwendung für Maschinenteile, Armaturen, Drähte, Küchengeräte u. a. *Weißmessing:* 20% Cu, 80% Zn; sehr spröde und kann daher nur gegossen werden; Verwendung Apparategehäuse. *Rotguß:* 80–90% Cu, 3–8% Zn, 5–10% Sb, 3–5% Pb; es ist gut gießbar; Verwendung für Armaturen, Apparateteile.
Bronze:	Bezeichnung für alle Legierungen, außer Messing, die mehr als 60% Kupfer enthalten. *Glockenbronze:* 75–80% Cu, 20–25% Sn; ist eher fest, zähe, hart, gießbar; Verwendung: Glocken, Kunstgegenstände, Armaturen. *Phosphorbronze:* 92,5% Cu, 7% Sn, 0,5% P; sehr fest und zähe; Verwendung v. a. für Achsenlager. *Siliciumbronze:* 98–99% Cu, 1–2% Si; sehr fest, hart und widerstandsfähig; Verwendung für Schleifkontakte, Oberleitungsdrähte.
Konstantan:	57% Cu, 41% Ni, 1% Fe, 1% Mn; gleichbleibender Widerstand bei Temperaturänderungen; Verwendung für elektrische Widerstände.
Manganin:	82–84% Cu, 12–15% Mn, 2–4% Ni; wie Konstantan jedoch fester und zäher; Verwendung für elektrische Widerstände.
Nickelin:	56% Cu, 31% Ni, 13% Zn; wie Konstantan; Verwendung für elektrische Widerstände, Heizdrähte.
Neusilber:	45–68% Cu, 10–26% Ni, 12–45% Zn; hart, korrosionsfest; Verwendung für chirurgische Instrumente, Eßbestecke, Silberersatz. Versilbertes Neusilber wird Alpaka genannt.
Devardasche Legierung:	50% Cu, 45% Al, 5% Zn; dient im Laboratorium als Reduktionsmittel.
Heusler-Legierungen:	(siehe Mangan S. 378).

Nur ein kleiner Teil des erzeugten Kupfers dient zur Herstellung von Kupferverbindungen wie z. B. $CuSO_4$ das zur Verkupferung in der Galvanotechnik verwendet wird, CuO das zum Färben (schwarz, grün, blau) von Glas und Email, als Katalysator, in optischen Gläsern und als Kunstdünger Verwendung findet, Kupferseide für die Textilindustrie u. a.

Physiologie, Toxikologie

Kupfer gehört zu den lebenswichtigen Spurenelementen, die im Organismus in intrazellulären Enzymen enthalten sind. Der menschliche Körper enthält im Durchschnitt 80–150 mg Cu verteilt v. a. auf die Leber, Muskeln und Knochen. Auch das Blut enthält eine Reihe von meist blau gefärbten Kupferenzymen, also Proteinen, die hauptsächlich Oxidations-Reduktions-Prozesse katalysieren. Der Mensch nimmt über die Nahrung täglich etwa 1,5–6 mg Kupfer auf, jedoch nur 1–2 mg werden resorbiert. Kupfermangel führt zu *mikrozytärer Anämie* und Wachstumsstörungen. Die toxische Dosis liegt über 250 mg, eine letale Dosis ist nicht bekannt. Dennoch kann die Inhalation von Dämpfen und Rauch sogenanntes Metall-Fieber hervorrufen; der MAK-Wert für Cu-Dämpfe und Cu-Rauch beträgt 0,1 mg/m^3 für Cu-Staub 1 mg/m^3. Lösliche Kupfersalze, besonders Kupfersulfat, sind in größeren Mengen starke Emetika (Brechmittel), 10 g Kupfersulfat gelten als tödlich.
Auch in Pflanzen ist Kupfer hauptsächlich Bestandteil der als Katalysator wirkenden Enzymen und außerdem für die Chlorophyllsynthese unentbehrlich. Mit Kupfervitriollösung gespritzte Reben zeigen oft ein kräftiges Grün, während Kupfermangel zu typischen Mangelkrankheiten wie die Heidemoorkrankheit oder Weißseuche führt, die sich meist durch Wachstumsminderung oder mangelhafter Chlorophyllbildung äußert.
Auf Mikroorganismen (Bakterien, Algen, Kleinpilze) wirken Cu^{2+}-Ionen schon in geringen Mengen als starkes Gift. Kupfermünzen sowie Türklinken aus Kupfer oder Messing können daher keine Bakterien übertragen und Schnittblumen halten in einer Kupfervase länger als in einem Glasgefäß.

Lanthan La

International (Lat.)	Lanthanum	Italienisch	Lantanio
Englisch	Lanthanum	Griechisch	Λανθάνιο (Lanthánio)
Französisch	Lanthane		
Spanisch	Lantano	Russisch	Лантан (Lanthan)
		Japanisch	ランタン (rantan)

Atomare und physikalische Eigenschaften

Protonenzahl **(Z)**	**57**
Standard-Atomgewicht (bezogen ^{12}C = 12)	138,9055(±2)
Effektive Kernladung	(Slater) 2,85; (Clementi) 9,31; (Froese-Fischer) 10,43
Elektronenkonfiguration	[Xe] $5d^1$ $6s^2$
Grundzustand, Termsymbol	$^2D_{3/2}$
Metallatomradius (α; KZ 12)	187 pm
Kovalenzradius (Einfachbindung)	169 pm
Ionenradien (KZ 6;8)	$103^{+}_{(6)}$ pm, $116^{3+}_{(8)}$ pm
Molares Volumen	22,60 · 10^{-6} m^3 · mol^{-1}
1.; 2.; 3.; 4.; 5. Ionisierungsenergie	5,5762 eV; 11,058 eV; 19,173 eV; 49,945 eV; 66,331 eV
Elektronegativität	(Allred/Rochow) 1,08; (Pauling) 1,10; (absolu) 3,1 eV
Elektronenaffinität La → La^-	0,518 eV
Wirkungsquerschnitt für thermische Neutronen ($\sigma_{n,\gamma}$)	9,0 · 10^{-28} m^2
Dichte (bei 20 °C)	6162 kg · m^{-3} a)
Härte (Brinell)	40 · 10^7 Pa
Schmelztemperatur	920 °C (1193,15 K)
Siedetemperatur	3469 °C (3742,15 K) b)
Spezfische Schmelzenthalpie	61,2 kJ · kg^{-1} c)
Spezifische Verdampfungsenthalpie	2894 kJ · kg^{-1}
Spezifische Sublimationsenthalpie (einatomiges Gas)	3045,36 kJ · kg^{-1} d)
Spezifische Atomisierungsenthalpie	3131,75 kJ · kg^{-1}
Spezifische Wärmekapazität (bei 25 °C)	0,1952 kJ · kg^{-1} · K^{-1}
Debye-Temperatur	–131 °C (142,15 K)
Thermische Leitfähigkeit (bei 27 °C)	13,4 W · m^{-1} · K^{-1}
Thermischer Längenausdehnungskoeffizient (bei 25 °C)	4,9 · 10^{-6} K^{-1} e)
Elektrische Leitfähigkeit (bei 20 °C)	1,75 · 10^6 S · m^{-1}
Spezifischer elektrischer Widerstand (bei 20 °C)	57,1 · 10^{-8} Ω · m
Supraleitung; Sprungtemperatur	–268,27 °C (4,88 K)
Hall-Koeffizient (La 99,8%)	–0,8 · 10^{-10} m^3 · A^{-1} · s^{-1}
Spezifische magnetische Suszeptibilität	+11 · 10^{-9} m^3 · kg^{-1} f)
Normalpotential La/La^{3+}	–2,522 V
Hydratationsenthalpie La^{3+}	–3238 kJ · mol^{-1}
Bildungsenthalpie LaH_3 ($LaCl_3$; La_2O_3)	–168 kg · mol^{-1} (–1104 kJ · mol^{-1}; –1795 kJ · mol^{-1})

Weitere Angaben: a) 6145 kg · m^{-3} und 6170 kg · m^{-3}. b) 3420 °C, 3454 °C und 3464 °C. c) 72,28 kJ · kg^{-1} und 81,3 kJ · kg^{-1}. d) 3103,4 kJ · kg^{-1}. e) 12,1 · 10^{-6} K^{-1}. f) +8,67 · 10^{-9} m^3 · kg^{-1}.

Entdeckung

Lanthan wurde im Jahre 1839 von dem schwedischen Chemiker Carl Custav Mosander in Stockholm, Schweden, in der Ceriterde entdeckt, die man bis dahin für ein reines Oxid hielt. Weil sich das relativ seltene Element buchstäblich in der Ceriterde versteckt hatte und daher schwer zu finden war, wurde es von seinem Entdecker, in Anlehnung an das griechische Wort „λανθάνειν“ (lanthánein), d. h. „sich verstecken“ bzw. „verborgen sein“ „Lanthanum“ genannt und erhielt das chemische Symbol „La“. Im folgenden Jahr entdeckte Mosander in der Ceriterde eine weitere Erde die sich als ein ständiger Begleiter des Lanthans und Cers erwies. Mosander nannte diese Erde „Didymia“ bzw. „Didymerde“ [von griechisch „δίδιμος“ (didymos), d. h. „Zwilling“]. Das darin vermutete Element wurde entsprechend „Didym“ genannt und erhielt das chemische Symbol „Dy“. Die Didymerde erwies sich später jedoch als ein Gemisch von vier weiteren Erden (s. auch Tab. Entdeckung der Metalle der Seltenen Erden, S. 775).

Vorkommen

Mit einem berechneten Massenanteil in der Erdhülle von $1{,}7 \cdot 10^{-3}\%$ steht Lanthan an 36. Stelle der Elementhäufigkeit und gehört damit zu den selteneren Elementen. In der bis 16 km diken Erdkruste, ist es mit ca. 35 g/t Krustengestein vertreten und ist damit dennoch über viertausend mal häufiger als Gold. Im Meerwasser beträgt sein Anteil durchschnittlich 2,8 μg $La^{(+III)}$ pro m^3, bei einer Verweilzeit von ca. 200 Jahren. Lanthan kommt in der Natur meistens vergesellschaftet mit den anderen Seltenerdmetallen in verschiedenen Mineralen vor. Die Minerale der Seltenerdmetalle bzw. „Lanthanoide“ teilt man in drei große Gruppen ein und zwar Erze, in denen die *Ceriterden* oder die *Yttererden* überwiegen, und *komplexe Erze*, in denen die beiden Erden in etwa gleichem Verhältnis vorhanden sind.

Die *Ceriterden* enthalten bevorzugt die leichteren Seltenerdmetalle von Lanthan bis Gadolin sowie viele andere Metalle wie Thorium, Uran, Eisen, Titan, Zinn u. a.:

Monazit	(Ce, Th, La, Nd u. a. SE) $[(P, Si)O_4]$ (SE = Seltenerdmetalle)
Cerit	$(Ca, Mg)_2$ $(Ce, La$ u. a. $SE)_8$ $[SiO_4]_7$
Bastnäsit	(Ce, La, Dy u. a. SE) $[F \mid CO_3]$
Cheralit	(Ca, Ce, La, Th u. a. SE) $[PO_4]$
Samarskit	$(Y, La, U, Th, Fe$ u. a.$)_4$ $[(Nb, Ta, Ti, Sn, W$ u. a.$)_2O_7]_3$

Die Hauptvorkommen befinden sich in Skandinavien, Indien, Südafrika, Kongo, den GUS-Staaten und in den USA. Leichter zugänglich sind die aus primären Monazitlagerstätten durch Verwitterung entstandenen sekundären Ablagerungen, wie z. B. Monazitsande, die v. a. in Brandungs-, Dünen- und Flußsanden, sogenannten Seifenlegerstätten, hauptsächlich an den Küsten Brasiliens, SW-Indiens, Australiens, Indonesiens von Sri Lanka, USA u. a. zu finden sind. Die charakteristische Zusammensetzung der Monazitsande: Ce_2O_3 21–35%, La_2O_3 12–16%, Pr_2O_3 8–12%, Nd_2O_3 4–5%, Sm_2O_3 2–3%, Y_2O_3 1–4%, ThO_2 4–9%, P_2O_5 26–29%, SiO_2 1–2%.

Die *Yttererden* enthalten überwiegend die schwereren Selenerdmetalle bzw. Terbium bis Lutetium:

Thalenit	$Y_2[Si_2O_7]$
Thortveitit	$Sc_2[Si_2O_7]$ oder $(Sc, Y)_2$ $[Si_2O_7]$

Gadolinit, Ytterbit	$Be_2Fe^{II}Y_2\,[O \mid SiO_4]_2$
Xenotim, Ytterspat	$Y[PO_4]$

Zu den *komplexen Erzen* gehören:

Euxenit, ein Mischkristall der Form (Y, Ce, Er, La, U, Th) $(Nb, Ti, Ta)_2$, $(O, OH)_6$
Allanit, Orthit, Cer-Epidot Ca(Ce, Th) $(Fe^{III}, Mg, Fe^{II})\,Al_2\,[O \mid OH \mid SiO_4 \mid Si_2O_7]$
Betafit, ein radioaktives kompliziert aufgebautes Pyrochlormineral.

Die Hauptvorkommen dieser Minerale befinden sich in Skandinavien, auf der Insel Madagaskar, in Zentralafrika, Rußland, Indonesien, Malaysia, USA u. a. 1949 wurden in den Bergen der Sierra Nevada, USA riesige Vorkommen an Bastnäsit entdeckt, die heute die wichtigste Rohstoffquelle für Lanthan und andere Seltenerdmetalle darstellen. Große Reserven an Seltenerdmetallen befinden sich in den Apatitkonzentraten aus den mächtigen, ca. 10 Mrd. t Apatit enthaltenden Apatitlagern auf der Halbinsel Kola in Rußland. Eine t Konzentrat enthält ca. 10 kg Seltenerdmetalle. Die Lanthanreserven schätzt man weltweit auf etwa 25 Mio. t. Die Häufigkeit des Elements auf der Sonne beträgt ca. 13,5 Atome Lanthan pro $1 \cdot 10^{12}$ Atome Wasserstoff, die kosmische Häufigkeit wird auf 2 Atome Lanthan pro $1 \cdot 10^{6}$ Atome Silicium geschätzt.

Herstellung

Das wichtigste Ausgangsmaterial zur Herstellung von Lanthan und der Lanthanoide ist der Monazitsand. Aus 100 kg Monazitsand erhält man etwa 22 kg Ce, 12 kg La, 10 kg Nd, 3 kg Pr, 1,2 kg Sm, 0,55 kg Gd, 0,54 kg Y, 0,2 kg Dy, 0,18 kg Er, 0,14 kg Tb, 0,12 kg Ho, 0,06 kg Yb, jeweils 0,04 kg Eu und Tm und 0,004 kg Lu und ca. 5,2 kg Th. Die Anreicherung der Erze erfolgt durch Schweretrennung, magnetische oder elektrostatische Abscheidung. Zur Abtrennung von Lanthan und der Lanthanoide von den übrigen Elementen werden die feingemahlenen Erze bei höheren Temperaturen mit konz. Schwefelsäure aufgeschlossen. Die erhaltenen Sulfate werden in Eiswasser gelöst, mit Oxalsäure als Oxalate gefällt und durch Glühen in die Oxide überführt. Die Abtrennung des La(III)-oxids von den anderen Lanthanoid-Oxiden erfolgt durch Ionenaustausch oder durch Kombination von Ionenaustausch und Komplexbildung, wobei die vom Lanthan zum Lutetium wachsende Tendenz der Lanthanoide, anionische Komplexe zu bilden, ausgenutzt wird.

Das La(III)-oxid wird anschließend entweder bei höheren Temperaturen im Chlorstrom in La(III)-chlorid oder durch Reaktion mit Hydrogenfluorid HF in La(III)-fluorid überführt. Lanthan-Metall mit einem Reinheitsgrad bis zu 99% erhält man durch Schmelzelektrolyse aus wasserfreien La(III)-chlorid oder -fluorid, bzw. hochreines Lanthan durch metallothermische Reduktion des Chlorids oder Fluorids mit Calcium oder Magnesium. Die Weltproduktion von Lanthan beträgt rund 8500 t/Jahr.

Unterwirft man ein Gemisch wasserfreier Lanthanoid-Chloride der Schmelzflußelektrolyse, so entsteht „Mischmetall“ bzw. bei vorheriger Abreicherung von Cer „Didymmetall“.

	Ce	Nd	Pr	Gd	La+Yb
Mischmetall	54%	15%	5%	2%	24%
Didymmetall	0,2%	70%	18%	2%	9,8%

Physikalische Eigenschaften

Lanthan ist ein weiches, dehnbares, an frischen Schnittflächen silberweißes Schwermetall, das an der Luft jedoch infolge Oxidbildung rasch blaugrau anläuft.
Drei Modifikationen sind bekannt.

α-La	$\xrightarrow{310\ °C}$	β-La	$\xrightarrow{868\ °C}$	γ-La
hexagonal		kubisch flächenzentriert		kubisch raumzentriert
(ρ = 6162 kg · m^{-3})		(ρ = 6190 kg · m^{-3})		(ρ = 5970 kg · m^{-3})

Das paramagnetische Metall hat eine relativ geringe Schmelz- und Siedetemperatur, die thermische Leitfähigkeit beträgt 3,12%, die elektrische 2,78% der des Silbers. α-La zeigt unterhalb –268,27 °C (4,88 K) bzw. in dünnen Schichten unterhalb 266,45 °C (6,7 K) Supraleitfähigkeit, die kritische Feldstärke beträgt (63 661,98 + 795,77) A · m^{-1}. β-La zeigt bereits ab –267,15 °C (6,00 K) Supraleitfähigkeit, die kritische Feldstärke liegt bei 87 216,91 A · m^{-1}.

Radiochemie

Natürliches Lanthan besteht aus einem stabilen und einem sehr langlebigen radioaktiven Isotop, daneben sind weitere 24 künstliche Radioisotope des Lanthans bekannt.

Die Isotope des Lanthans (1995)

Isotop	Natürliche Häufigkeit n (%)	Zerfallsart				Halbwertszeit $T_{1/2}$
		β^+	EC	γ	β^-	
La 120		**x**		x		2,8 s
La 121		**x**		x		5,3 s
La 122		**x**		x		9 s
La 123		**x**		x		16,3 s
La 124*		**x**				29 s
La 124*		**x**		x		n.bek.
La 125		**x**		x		65 s
La 126		**x**		x		1,0 m
La 127*		**x**		x		3,8 m
La 127*		**x**				5,1 m
La 128		**x**		x		4,9 m
La 129		**x**		x		11,6 m
La 130		**x**		x		8,7 m
La 131		**x**	**x**	x		59 m
La 132*		**x**		x		4,8 h
La 132 m*		**x**		x		24,3 m
La 133		**x**	**x**	x		3,91 h
La 134		**x**		x		6,67 m
La 135		**x**	**x**	x		19,4 h
La 136		**x**	**x**	x		9,9 m

(* isomere Atomkerne; m* markiert einen metastabilen Zustand)

Die Isotope des Lanthans (1995)						
Isotop	Natürliche Häufigkeit n (%)	Zerfallsart				Halbwertszeit $T_{1/2}$
		β^+	EC	γ	β^-	
La 137			x			$6 \cdot 10^4$ a
La 138	**0,0902**		x	x	x	$1{,}35 \cdot 10^{11}$ a
La 139	**99,9098**					
La 140				x	x	40,272 h
La 141				x	x	3,93 h
La 142				x	x	92,5 m
La 143				x	x	14,23 m
La 144				x	x	40,9 s
La 145				x	x	24,8 s

Die Halbwertszeiten der La-Isotope sind allgemein kurz. Die leichteren Isotope $A < 138$ zerfallen durch β^+-Strahlung z. T. auch durch Elektronen-Einfang (EC) in Ba-Isotope, die schweren $A > 138$ verwandeln sich durch β^--Emission in die entsprechenden Ce-Isotope. Die schwereren Isotope sind Spaltprodukte. Das Isotop ${}^{140}_{57}La$ (β^- | 2,25 MeV; γ | 1,596 MeV) entsteht zusammen mit seinem Mutterprodukt ${}^{140}_{56}Ba$ bei der Uranspaltung, wird aber auch durch Neutroneneinfang in einer ${}^{139}_{57}La$ (n, γ) ${}^{140}_{57}La$ Reaktion gebildet. Es wird als radioaktiver Indikator (Tracer) verwendet. Die beiden stabilen Isotope ${}^{138}_{57}La$ und ${}^{139}_{57}La$ der Kernspinzahlen 5+ bzw. 7/2+ und kernmagnetischen Momenten +3,707 bzw. +2,778 dienen zum NMR-spektroskopischen Nachweis; NMR-Frequenzen (bei 2,3488 T) $13{,}193 \cdot 10^6\ s^{-1}$ und $14{,}126 \cdot 10^6\ s^{-1}$; Referenz 0,01 M $LaCl_3$. Die maximal zulässige radiologische Aktivität bezogen auf ${}^{140}_{57}La$ beträgt $18{,}5 \cdot 10^4$ Bq für den menschlichen Körper, $2{,}59 \cdot 10^4$ Bq/ml in wäßriger Lösung und $11{,}1 \cdot 10^3\ Bq/m^3$ Luft.

Chemische Eigenschaften

Lanthan gehört zur Gruppe der „Seltenerdmetalle". Es ist das dritte Element in der sog. Scandiumgruppe und befindet sich im PSE in der 3. Gruppe (IIIB Nebengruppe) unter dem Element Yttrium Y. Mit Lanthan beginnt der Ausbau der fünf 5d-Orbitale (O-Schale). Entsprechend seiner Stellung im PSE hat das freie, neutrale La-Atom im elektronischen Grundzustand folgende Elektronenkonfiguration:

$$1s^2\ 2s^2\ 2p^6\ 3s^2\ 3p^6\ 3d^{10}\ 4s^2\ 4p^6\ 4d^{10}\ 5s^2\ 5p^6\ 5d^1\ 6s^2$$

Wie seine leichteren Homologen Scandium und Yttrium bildet auch Lanthan in seinen Verbindungen ausschließlich die Oxidationsstufe +III ([Xe]), die durch Abgabe der beiden 6sElektronen und des einen 5d-Elektrons erreicht wird. Die auf das Lanthan folgenden 14 Elemente Cer bis Lutetium bilden die Gruppe der „Lanthanoide". Bei diesen Elementen werden die neu hinzukommenden Elektronen in die inneren 4f-Orbitale (N-Schale) aufgenommen, wo sie durch die weiter vom Kern entfernten Schalen stärker abgeschirmt sind. Da die Zahl der äußeren Elektronen, die für die chemischen Eigenschaften der Elemente bestimmend sind, konstant bleibt, zeichnen sich die Lanthanoide durch die weitgehend konstante Oxidationsstufe +III aus, und weisen sehr ähnliche chemische Eigenschaften auf. Eine weitere Ursache für die große Ähnlichkeit der Lanthanoidelemente ist die Abnahme der Ionenradien bei steigender Protonenzahl, eine Erscheinung die man als „Lanthanoidenkontraktion“ bezeichnet.

Die Lanthanoidenkontraktion:

Lanthanoid-Ionen:	(La^{3+})	Ce^{3+}	Pr^{3+}	Nd^{3+}	Pm^{3+}	Sm^{3+}	Eu^{3+}	Gd^{3+}
Ionenradius in pm:	103	101	99	98	97	96	94,7	93,8
Lanthanoid-Ionen:	Tb^{3+}	Dy^{3+}	Ho^{3+}	Er^{3+}	Tm^{3+}	Yb^{3+}	Lu^{3+}	
Ionenradien in pm:	92	91	90,1	89	88	87	86	

Die dreifach geladenen Lanthanoid-Ionen weisen eine schwache Periodizität, vor allen bei den physikalischen Eigenschaften auf, wie Atomvolumen, Dichten, Farben der Ionen u. a.:

La^{3+}	Ce^{3+}	Pr^{3+}	Nd^{3+}	Pm^{3+}	Sm^{3+}	Eu^{3+}	Gd^{3+}
farblos	farblos	gelbgrün	rotviolett	rosa	gelb	blaßrosa	farblos
Gd^{3+}	Yb^{3+}	Tm^{3+}	Er^{3+}	Ho^{3+}	Dy^{3+}	Tb^{3+}	Lu^{3+}
farblos	farblos	grün	tiefrosa	gelb	gelblich-grün	blaßrosa	farblos

Lanthan ist ein sehr reaktionsfähiges Übergangsmetall, das an trockener Luft bereits bei Raumtemperatur oberflächlich oxidiert. Die Oxidschicht schützt das Metall vor weiterer Oxidation. An feuchter Luft bildet es an der Metalloberfläche weißes Lanthanhydroxid. Bei 350–450 °C entzündet es sich an der Luft, in fein zerteilten Zustand ist es pyrophor. Die Normalpotentiale des Lanthans sind:

	+III		0
Saure Lösung	La^{3+}	−2,522 V	La
Basische Lösung	$La(OH)_3$	−2,81 V	La

Aufgrund seines stark negativen Normalpotentials ist Lanthan ein sehr unedles und stark elektropositives Metall und ein starkes Reduktionsmittel. Mit kaltem Wasser reagiert es langsam, mit heißem Wasser und verd. Säuren reagiert es heftig unter Wasserstoffentwicklung; mit Säuren bildet es die entsprechenden Salze z. B.

$$2\,La + 6\,HCl \longrightarrow 2\,LaCl_3 + 3\,H_2\uparrow$$

Bei höheren Temperaturen reagiert Lanthan direkt mit molekularem Sauerstoff unter Bildung von Lanthan(III)-oxid

$$4\,La + 3\,O_2 \longrightarrow 2\,La_2O_3 \qquad \Delta H = -\,3590\ kJ$$

Das Trioxid verbindet sich stürmisch mit Wasser unter Bildung von Lanthan(III)-hydroxid

$$La_2O_3 + 3\,H_2O \longrightarrow 2\,La(OH)_3,$$

das sich in Wasser löst und eine ziemlich starke Base bildet. Mit den „Halogenen“ bildet es La(III)-halogenide:

$$2\,La + 3\,Cl_2 \longrightarrow 2\,LaCl_3 \qquad \Delta H = -\,2208\ kJ$$

mit Stickstoff das Nitrid, mit Kohlenstoff (Koks) bildet es Carbid und mit Wasserstoff das Lanthan(III)-hydrid

$$2\,La + 3\,H_2 \longrightarrow 2\,LaH_3 \qquad \Delta H = -\,336\ kJ$$

Lanthanverbindungen sind meist farblos, die Halogenide LaX_3(X = Cl,Br · I) das Nitrat $La(NO_3)_3$, Sulfat $La_2(SO_4)_3$ u. a. sind in Wasser gut löslich. Das Fluorid LaF_3, das Carbonat $La_2(CO_3)_3 \cdot 8\,H_2O$, Hydroxid $La(OH)_3$, Oxid La_2O_3, Oxalat $La_2(C_2H_4)$. 9 H_2O, Sulfid La_2S_3 u. a. sind schwer bzw. unlöslich in Wasser.

Nachweis

- Durch Flammenspektroskopie, Aktivierungsanalyse u. a.
- Spektralanalyse; wichtige Spektrallinien der einfach positiven Ionen La^+ sind: 333,749 nm, 334,456 nm, 394,911 nm, 407,734 nm, 408,672 nm, 412,323 nm, 418,732 nm, 433,374 nm.
- Atomabsorptionsspektrometrie (AAS) mittels der 550,134 nm Hauptlinie des Atomspektrums.

Verwendung

Lanthan und seine Verbindungen finden nur wenig Verwendung in der Technik. Das Metall dient aufgrund seiner hohen Reaktionsfreudigkeit mit Sauerstoff, Schwefel u. a. nichtmetallischen Verunreinigungen in Stählen als Legierungshilfsmittel. Die intermetallische Legierung $LaNi_5$ besitzt ein hohes Speichervermögen für Wasserstoff, und $LaCo_5$ zeigt Dauermagneteigenschaften. Hochreines Lanthantrioxid La_2O_3 wird in der Glasindustrie zur Herstellung hochwertiger Gläser für Kameralinsen verwendet. Einige Lanthanverbindungen haben katalytische Eigenschaften und finden Anwendung in der chemischen Industrie. La-Pb-Mn Katalysatoren werden zur Abgasverbrennung für Verbrennungsmotoren verwendet, da sie nicht nur CO zu CO_2 oxidieren, sondern gleichzeitig auch die Stickoxide zu Stickstoff reduzieren.

Physiologie, Toxikologie

Lanthan hat keine biologische Bedeutung für den menschlichen Organismus. Eine toxische Dosis ist nicht bekannt, das Element gilt als gering toxisch. Die letale Dosis für Ratten beträgt 720 mg · La^{3+} wird als biologischer Tracer für Ca^{2+} verwendet.

Lawrencium Lr

International (Lat.)	Lawrencium	Griechisch	Λωρένσιο (Lorensio)
Englisch	Lawrencium	Russisch	Лавренций (Lavrjenzij)
Französisch	Lawrencium		
Spanisch	Lawrencio	Japanisch	ローレンシウム (rorensiumu)
Italienisch	Lawrencio		

Atomare und physikalische Eigenschaften	T+
Protonenzahl **(Z)**	**103**
Standard-Atomgewicht (bezogen auf ^{12}C = 12)	262,11 1)
Effektive Kernladung	(Slater) 1,80
Elektronenkonfiguration	[Rn] $5f^{14}$ $7s^2$ $7p^1$ $5f^{14}$ $7s^2$ $7p^1$
Grundzustand, Termsymbol	$^2D_{5/2}$
Ionenradien (KZ 6)	$112^{2+}_{(6)}$ pm, $94^{3+}_{(6)}$ pm, $84^{4+}_{(6)}$ pm
Molares Volumen	n.bek.
1. Ionisierungsenergie *	4,3215 eV
Elektronegativität *	(Allred/Rochow) 1,20; (Pauling) 1,30
Wirkungsquerschnit für thermische Neutronen	n.bek.
Thermische Leitfähigkeit (bei 27 °C) *	10,0 W · m^{-1} · K^{-1}
Normalpotential Lr/Lr^{3+}	–2,062 V

1) Angegeben ist das Atomgewicht des Isotops mit der längsten Halbwertszeit $^{262}_{103}Lr$.
* geschätzte Werte.

Entdeckung

Die ersten Atome des Elements 103 wurden im Jahre 1961 von den amerikanischen Physikern Albert Ghiorso, Torbjorn Sikkeland, Almon E. Larsh und Robert M. Latimer im *Radiation Laboratory* of the University of California, Berkeley, USA entdeckt. Sie entstanden beim Beschuß von etwa 3 Mikrogramm eines Gemisches der Californiumisotope $^{249}_{98}Cf$, $^{250}_{98}Cf$, $^{251}_{98}Cf$ und $^{252}_{98}Cf$ mit beschleunigten Bor-Ionen $^{10}_{5}B$ und $^{11}_{5}B$ der Energie von ca. 70 MeV (6,5 MeV/Nukleon) im Schwerionen-Linearbeschleuniger HILAC. Dabei spielten sich folgende Synthese-Reaktionen ab:

$$^{249-252}_{98}Cf + {}^{10-11}_{5}B \longrightarrow {}^{257}_{103}Lr + x\,{}^{1}_{0}n$$

$$^{249-252}_{98}Cf + {}^{10-11}_{5}B \longrightarrow {}^{258}_{103}Lr + x\,{}^{1}_{0}n$$

Der Nachweis der beiden Isotope erfolgte aufgrund ihrer α-Strahlung mit neu entwickelten Silicium-Oberflächensperrschicht-Detektoren. Für die beiden Isotope wurde eine α-Energie von 8,86 MeV bzw. 8,61 MeV und eine Halbwertszeit von 0,65 und 4,35 Sekunden gemessen.

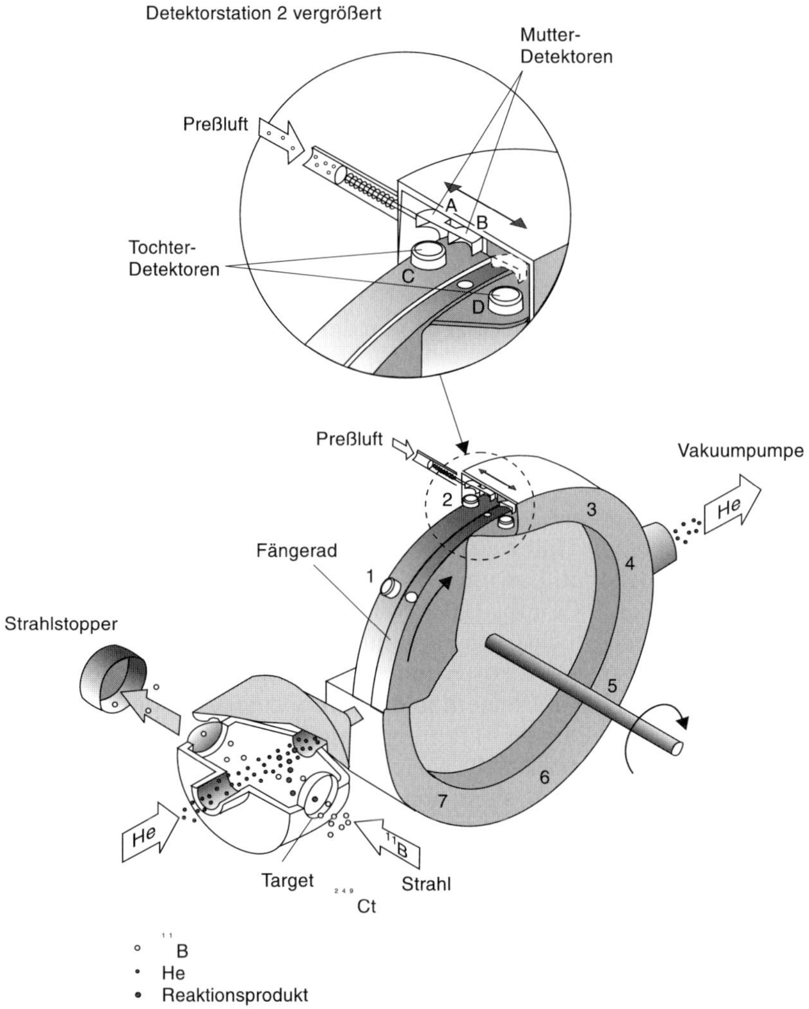

Abb. 49: Schematische Darstellung des „Vertical Wheels". Die Reaktionsprodukte werden durch einen Helium-Gasstrom aus der Rückstoßkammer herausgeblasen, auf dem Fängerrad gesammelt und können mittels sieben Detektoren (1–7) aufgespürt werden.

Im Jahre 1965 erhielten auch die sowjetischen Wissenschaftler E. D. Donets, W. A. Schegolev und V. A. Ermakov in Dubna bei Moskau ein Isotop des Elements 103 beim Beschuß von Americium mit beschleunigten Sauerstoffkernen das gemäß der Reaktion entstanden war:

$$^{243}_{95}\mathrm{Am} + {}^{18}_{8}\mathrm{O} \longrightarrow {}^{256}_{103}\mathrm{Lr} + 5\,{}^{1}_{0}\mathrm{n}$$

Das Isotop wurde über die Tochterisotope

$$^{256}_{103}\mathrm{Lr} \xrightarrow[T_{1/2} = 25{,}9\mathrm{s}]{\alpha} {}^{252}_{101}\mathrm{Md} \xrightarrow[T_{1/2} = 2{,}3\ \mathrm{m}]{\mathrm{EC}} {}^{252}_{100}\mathrm{Fm} \xrightarrow{\alpha}$$

mittels der Technik des sog. *Doppelten Rückstoßes* nachgewiesen.

Mittels neuer Techniken, wie das seit 1968 entwickelte „Vertical Wheel“ (Abb. 49), wurden die Nachweismöglichkeiten neuer Isotope erheblich verbessert. In den letzten Jahren entdeckte eine Gruppe um Kenneth Hulet von Livermore National Labaratory in Reaktionen mit $^{254}_{99}Es$-Targets die bisher neutronenreichsten Lawrencium-Isotope $^{261}_{103}Lr$ und $^{262}_{103}Lr$.
Auf Anregung von A. Ghiorso wurde von amerikanischer Seite für das Element 103, in Würdigung des Gründers des *Radiation Laboratory* in Berkeley und Erfinders des Zyklotrons Ernest Orlando Lawrence (1901–1958) der Name „Lawrencium“ mit dem chemischen Symbol Lw das später in „Lr“ abgeändert wurde, vorgeschlagen. Erst drei Jahrzehnte nach der Entdeckung des Elements 103 wurde im August 1997 der Name Lawrencium mit dem chemischen Symbol „Lr“ von der Generalversammlung der IUPAC in Genf bestätigt und offiziell bestätigt.

Eigenschaften

Angesichts der geringen Mengen des Elements 103 die bisher erzeugt werden konnten, wie auch wegen der kurzen Halbwertszeiten seiner Isotope sind die Eigenschaften des Elements noch wenig bekannt. Lawrencium gehört zur Gruppe der „Actinoide“ und befindet sich im PSE in der 3. Gruppe (IIIB Nebengruppe) unter dem Element Lutetium Lu, sowie in der 7. Periode rechts von Nobelium No. Aufgrund seiner Stellung im PSE kann angenommen werden, daß Lawrencium eine abgeschlossene 5f-Schale mit 14 Elektronen hat und damit das letzte Element in der Gruppe der Actinoide ist. Röntgenspektroskopische Untersuchungen haben allerdings ergeben, daß das freie, neutrale Lr-Atom im elektronischen Grundzustand nicht wie erwartet in den äußeren Schalen isoelektronisch mit Lutetium ist, also eine $7s^2\ 6d^1$ sondern eine $7s^2\ 7p^1$ Konfiguration besitzt:

$$1s^2\ 2s^2\ 2p^6\ 3s^2\ 3p^6\ 3d^{10}\ 4s^2\ 4p^6\ 4d^{10}\ 4f^{14}\ 5s^2\ 5p^6\ 5d^{10}\ 5f^{14}\ 6s^2\ 6p^6\ 7s^2\ 7p^1$$

Lawrencium dürfte in seinen Verbindungen wie die anderen Curide, ausschließlich die Oxidationsstufe +III bilden. Das ermittelte Normalpotential

$$\overset{+III}{Lr^{3+}} \xrightarrow{-2{,}062\ V} \overset{0}{Lr}$$

weist Lawrencium als ein ziemlich unedles stark elektropositives Metall und starkes Reduktionsmittel aus. Untersuchungen an etwa 1500 Atomen ergaben, daß Lawrencium in wäßrigen Lösungen dreiwertige Ionen bildet.

Radiochemie

Bis heute sind zehn Isotope von Lawrencium bekannt, sie wurden alle künstlich hergestellt und sind radioaktiv.
Die meisten Isotope entstehen durch Beschuß von Americium-, Californium-, Curium- und Einsteinium-Targets mit Bor-, Sauerstoff-, Stickstoff oder Neon-Ionen, z. B.:

$$^{249}_{98}Cf + ^{14}_{7}N \longrightarrow ^{257}_{103}Lr + ^{4}_{2}He + 2\,^{1}_{0}n$$
$$^{254}_{99}Es + ^{22}_{10}Ne \longrightarrow ^{261}_{103}Lr + 3\,^{4}_{2}He + 3\,^{1}_{0}n \text{ u. a.}$$

Die Isotope des Lawrenciums (1995)				
Isotop	Zerfallsart			Halbwertszeit $T_{1/2}$
	α	EC	sf	
Lr 253	x			ca. 1,3 s
Lr 254	x	x		13 s
Lr 255	x			21,5 s
Lr 256	x			25,9 s
Lr 257	x			0,65 s
Lr 258	x			3,9 s
Lr 259	x		x	6,3 s
Lr 260	x			3,0 m
Lr 261			x	39 m
Lr 262		x		3,6 h

Die Lr-Isotope haben alle kurze Halbwertszeiten, sie sind überwiegend α-Strahler und zerfallen in die entsprechenden Md-Isotope, $^{256}_{103}Lr$ und $^{257}_{103}Lr$ gehen durch Elektronen-Einfang in No-Isotope über, $^{261}_{103}Lr$ zerfällt durch Spontanspaltung (sf).

Verwendung

Lawrencium dient zur Zeit ausschließlich zu Forschungszwecken.

Physiologie, Toxikologie

Das Element hat keine biologische Bedeutung für den menschlichen Organismus, es würde aber aufgrund seiner Radioaktivität toxisch wirken.

Lithium Li

International (Lat.)	Lithium	Italienisch	Litio
Englisch	Lithium	Griechisch	Λίθιο (Litio)
Französisch	Lithium	Russisch	Литий (Litij)
Spanisch	Litio	Japanisch	リチウム (ritiumu)

Atomare und physikalische Eigenschaften	F C
Protonenzahl **(Z)**	**3**
Standard-Atomgewicht (bezogen auf ^{12}C = 12)	6,941(±3)
Effektive Kernladung	(Slater) 1,30; (Clementi) 1,28; (Froese-Fischer) 1,55
Elektronenkonfiguration	[He] $2s^1$
Grundzustand, Termsymbol	$^2S_{1/2}$
Metallatomradius	152 pm
Kovalenzradius (Einfachbindung)	123 pm
Ionenradius (KZ 4;6)	$59^{+}_{(4)}$ pm, $76^{+}_{(6)}$ pm
Molares Volumen	$13{,}0 \cdot 10^{-6}\ m^3 \cdot mol^{-1}$
1.; 2.; 3. Ioniserungsenergie	5,3921 eV; 75,639 eV; 122,45 eV
Elektronegativität	(Allred/Rochow) 0,97; (Pauling) 0,98; (absolut) 3,01 eV
Elektronenaffinität $Li \rightarrow Li^-$	–0,62 eV
Absorptionsquerschnitt für thermische Neutronen σ_{abs}	$71 \cdot 10^{-28}\ m^2$
Dichte (bei 20 °C)	$534\ kg \cdot m^{-3}$ a)
Härte (Mohs)	0,6
Schmelztemperatur	180,54 °C (453,69 K)
Siedetemperatur	1342 °C (1615,15 K) b)
Spezifische Schmelzenthalpie	$662{,}8\ kJ \cdot kg^{-1}$ c)
Spezifische Verdampfungsenthalpie	$19406{,}4\ kJ \cdot kg^{-1}$ d)
Spezifische Sublamationsenthalpie (einatomiges Gas)	$23339{,}6\ kJ \cdot kg^{-1}$ e)
Spezifische Wärmekapazität (bei 25 °C)	$3{,}482\ kJ \cdot kg^{-1} \cdot K^{-1}$
Thermische Leitfähigkeit (bei 27 °C)	$84{,}7\ W \cdot m^{-1} \cdot K^{-1}$
Thermischer Längenausdehnungskoeffizient (bei 25 °C)	$56 \cdot 10^{-6}\ K^{-1}$
Relative Volumenänderung beim Schmelzen	0,015
Elektrische Leitfähigkeit (bei 20 °C)	$11{,}69 \cdot 10^6\ S \cdot m^{-1}$
Spezifischer elektrischer Widerstand (bei 20 °C)	$8{,}55 \cdot 10^{-8}\ \Omega \cdot m$
Spezifische magnetische Suszeptibilität	$+25{,}6 \cdot 10^{-9}\ m^3 \cdot kg^{-1}$
Hall-Keoffizient	$-1{,}7 \cdot 10^{-10}\ m^3 \cdot A^{-1} \cdot s^{-1}$
Elektrochemisches Äquivalent Li^+	$0{,}0719 \cdot 10^{-6}\ kg \cdot A^{-1} \cdot s^{-1}$
Normalpotential Li/Li^+	–3,045 V
Kernabstand Li-Li in Li_2 (Diss.-Energie)	267 pm ($110{,}6\ kJ \cdot mol^{-1}$)
Hydratat.-Radius (Hydratat.-Zahl)	340 pm (25)
Hydratationsenthalpie Li^+	$-499{,}5\ kJ \cdot mol^{-1}$
Bildungsenthalpie LiH (LiCl ; Li_2O)	$-91{,}23\ kJ \cdot mol^{-1}$ ($-408{,}55\ kJ \cdot mol^{-1}$; $-590{,}80\ kJ \cdot mol^{-1}$)

Weitere Angaben: a) $530\ kg \cdot m^{-3}$. b) 1330 °C. c) $422{,}13\ kJ \cdot kg^{-1}$ und $603\ kJ \cdot kg^{-1}$. d) $20500\ kJ \cdot kg^{-1}$ und $21322{,}58\ kJ \cdot kg^{-1}$. e) $22359{,}9\ kJ \cdot kg^{-1}$.

Entdeckung

Lithium wurde im Jahre 1817 von dem schwedischen Chemiker Johan August Arfvedson (1792–1841) in Stockholm, Schweden, in dem Mineral Petalit entdeckt. 1818 erhielt Sir Humphry Davy in London, Großbritannien erstmals geringe Mengen des Metalls durch Schmelzflußelektrolyse von Lithiumcarbonat. Größere Mengen erhielten Robert Bunsen und Augustus Matthiessen (1831–1870) in Heidelberg durch Schmelzflußelektrolyse von Lithiumchlorid, mit deren Hilfe sie die Eigenschaften des Elements ermitteln konnten. Aufgrund seines mineralischen Vorkommens im Petalitstein, im Gegensatz zu den bis dahin nur in Pflanzenasche aufgefundenen Alkalimetallen Natrium und Kalium bezeichnete Berzelius das Element als „Lithion" [von griech.: „λίθος" (lithos), d. h. „Stein"]. Der Name wurde später in „Lithium" abgeändert und erhielt das chemische Symbol „Li".

Vorkommen

Lithium gehört zu den relativ häufigeren Elementen auf der Erde. Mit einem berechneten Massenanteil in der Erdhülle von 0,006% steht Lithium nach Kupfer und Wolfram an 27. Stelle der Elementhäufigkeit. In der Erdkruste bis 16 km Tiefe ist es mit ca. 18,5 g/t Krustengestein vertreten. In den Meeren und Ozeanen beträgt sein Anteil durchschnittlich 0,18 g Li^+ pro m^3 Meerwasser, bei einer Verweilzeit von ca. 2 Mio. Jahren. Lithium kommt in der Natur nur in gebundener Form vor und findet sich bevorzugt in saurem Eruptivgestein, in grobförmigen Granit-Pegmatiten u. a. Zusammen mit den anderen Alkalimetallen kommt Lithium in rund 150 verschiedenen Mineralen vor.
Die Hauptvorkommen befinden sich in Chile, USA, Kanada, Kongo, Tansania, Brasilien, Argentinien und Australien. In geringen Konzentrationen ist Lithium in fast allen Gesteinen vor allem in Urgesteinen und in Silicaten, in Laven, Magmen sowie in einigen Mineralwässern und Salzlaken vorhanden. Als Spurenelement wird es auch in Pflanzenasche gefunden. Die Lithium-Reserven werden weltweit auf 7,5 Mio. t geschätzt. Die Häufigkeit des Elements auf der Sonne beträgt ca. 10 Atome Lithium pro $1 \cdot 10^{12}$ Atome Wasserstoff, die kosmische Häufigkeit schätzt man auf 100 Atome Lithium pro $1 \cdot 10^6$ Atome Silicium.

Die wichtigsten Lithiumminerale	
Spodumen, Triphan	$LiAl[Si_2O_6]$
Lepidolith, Lithionglimmer	$K(Li, Al)_{2-3}$ $[(F, OH)_2 \mid AlSi_3O_{10}]$
Petalit	$Li[AlSi_4O_{10}]$ (= $Li_2O \cdot Al_2O_3 \cdot 8\ SiO_2$)
Amblygonit	$(LiNa)Al[(F, OH) \mid PO_4]$
Triphylin	$Li(Fe^{II}, Mn^{II})$ $[PO_4]$ (= $Li_2O \cdot 2(Fe, Mn)O \cdot P_2O_5$)
Kryolithionit	$Li_3Na_3[AlF_6]_2$

Herstellung

Technisch wird Lithium durch Schmelzflußelektrolyse eines eutektischen Gemisches von Lithiumchlorid LiCl und Kaliumchlorid KCl hergestellt. Der Aufschluß der silicatischen Li-Minerale Spodumen, Lepidolith und Petalit erfolgt durch Erhitzen mit CaO, bei Amblygonit mit Schwefelsäure. Die erhaltenen Li-Salze werden abgetrennt, gereinigt und in das Chlorid überführt. Die Elektrolyse erfolgt bei einer Badtemperatur von 450–500 °C, einer Badspannung von 6–6,5 V und Stromstärken bis zu 8000 A mit Graphitanoden und Stahlkathoden in der *Dowsn*-Zelle (siehe Natrium). Das Metall kommt in Form von Draht oder Stangen in den Handel und wird in hermetisch abgeschlossenen Kupferbehältern transportiert. Die Weltproduktion von Lithium und seinen Verbindungen schätzt man auf 30 000–35 000 t/Jahr. Wegen der militärischen und kerntechnischen Verwendung des Metalls gibt es keine zuverlässigen Quellen über die hergestellten Mengen.

Physikalische Eigenschaften

Lithium ist ein weiches, an frischer Schnittfläche silberglänzendes Leichtmetall. Bei Raumtemperatur ist es das leichteste aller festen Elemente. An feuchter Luft läuft es unter Bildung des Oxids und Nitrids rasch an und muß daher unter Petroleum oder Paraffinöl aufbewahrt werden.
Das Metall bildet zwei allotrope Modifikationen:

$$\underset{\text{kubisch raumzentriert}}{\alpha\text{-Li}} \xrightarrow{-196\ °C} \underset{\text{kubisch flächenzentriert}}{\beta\text{-Li}}$$

Lithium ist etwas härter als die anderen Alkalimetalle, läßt sich aber dennoch gut schneiden, verformen und zu dünnen Blättchen schlagen. Die thermische Leitfähigkeit beträgt 19,74% die elektrische 18,59% der des Silbers. Lithium ist innerhalb eines sehr großen Temperaturbereichs flüssig (1166 K). Das Metall ist paramagnetisch, die Austrittsarbeit für Elektronen in Vakuum beträgt 2,46 eV. Lithiumdampf ist vorwiegend atomar, besteht aber unmittelbar oberhalb der Siedetemperatur zum Teil aus Li_2-Molekülen. In flüssigen Ammoniak löst sich Lithium mit tiefblauer Farbe.

Radiochemie

Natürliches Lithium besteht aus zwei stabilen Isotopen, weitere fünf radioaktive, künstliche Isotope des Lithiums sind bekannt
Die Halbwertszeiten der radioaktiven Li-Isotope sind relativ kurz, drei sind β^--Strahler und verwandeln sich in die entsprechenden Be-Isotope. Das Isotop $^{3}_{8}$Li entsteht in der $^{7}_{3}$Li (n, γ) $^{8}_{3}$Li Reaktion, $^{9}_{3}$Li hingegen kann durch die Reaktionen $^{9}_{4}$Be (d, 2p) $^{9}_{3}$Li, $^{9}_{4}$Be (n, p) $^{9}_{3}$Li oder $^{7}_{3}$Li (t, p) $^{9}_{3}$Li erzeugt werden. Die 1932 von den englischen Physikern John Douglas Cockcroft (1897–1967) und Ernest Thomas S. Walton (1903) durchgeführte Reaktion

$$^{7}_{3}Li + ^{1}_{1}H \longrightarrow 2\,^{2}_{4}He,$$

Die Isotope des Lithiums (1995)

Isotop	Natürliche Häufigkeit n (%)	Zerfallsart				Halbwertszeit $T_{1/2}$
		p	n	γ	β⁻	
Li 5		x				n.bek.
Li 6	**7,5**					
Li 7	**92,5**					
Li 8					x	840,3 ms
Li 9					x	178,3 ms
Li 10			x			n.bek.
Li 11				x	x	8,5 ms

die bereits bei einer Protonenenergie von 13 keV abläuft, war die erste Kernumwandlung, die durch beschleunigte Protonen hervorgerufen wurde. Die Reaktion $^{7}_{3}Li$ (p, n) $^{7}_{4}Be$ kann nur bei einer Energie der Protonen von über 1,88 MeV stattfinden, sie dient zur Erzeugung schneller Neutronen. Das Isotop $^{6}_{3}Li$ hat den sehr großen Wirkungsquerschnitt für thermische Neutronen von $\sigma = 1000 \cdot 10^{-28}$ m² und wird in Form von Lithiumdeuterid LiD als Fusionsstoff für thermonukleare Prozesse wie z. B. zur Herstellung von Wasserstoffbomben eingesetzt. Durch Zündung einer Spaltbombe entsteht die erforderliche Temperatur für den Ablauf der Fusions-Reaktion:

$$^{6}_{3}Li + ^{1}_{0}n \longrightarrow ^{4}_{2}He + ^{3}_{1}H + 4{,}6\ MeV$$
$$^{3}_{1}H + ^{2}_{1}H \longrightarrow ^{4}_{2}He + ^{1}_{0}n + 17{,}6\ MeV$$

Gesamtprozeß: $$^{6}_{3}Li + ^{2}_{1}H \longrightarrow 2\ ^{4}_{2}He + 22{,}2\ MeV$$

Bei der Fusion eines Lithiumkerns und eines Deuteriumkerns entstehen demnach zwei Heliumkerne, wobei die gewaltige Strahlungsenergie von 22,2 MeV freigesetzt wird. Diese Reaktion läuft auch in der Wasserstoffbombe ab. Die Reaktion $^{6}_{3}Li$ (n, α) $^{3}_{1}H$, wird zur Erzeugung von Tritium sowie zum Nachweis thermischer Neutronen verwendet. Die beiden stabilen Isotope $^{6}_{3}Li$ und $^{7}_{3}Li$ der Kernspinzahlen 1+ bzw. 3/2+ und kernmagnetischen Momenten +0,822056 bzw. +3,25644 dienen zum NMR-spektroskopischen Nachweis; NMR-Frequenz (bei 2,3488 T) $14{,}716 \cdot 10^{6}\ s^{-1}$ bzw. $38{,}863 \cdot 10^{6} s^{-1}$; Referenz LiCl (aq).

Chemische Eigenschaften

Lithium ist das erste Element in der Gruppe der „Alkalimetalle“, der die Elemente

Lithium Li, Natrium Na, Kalium K, Rubidium Rb, Caesium Cs und Francium Fr

angehören. Entsprechend seiner Stellung im PSE in der 1. Gruppe (IA Hauptgruppe) hat das freie, neutrale Li-Atom im elektronischen Grundzustand folgende Elektronenkonfiguration:

$$1s^2\ 2s^1$$

Lithium bildet in seinen Verbindungen, wie alle Alkalimetalle, ausschließlich die Oxidationsstufe +I, die durch Abgabe des einen 2s-Elektrons erreicht wird. Dieses Elektron wird vom Kern nur schwach angezogen und kann daher sehr leicht abgegeben werden. Das Normalpotential

$$\overset{+I}{Li^+} \xrightarrow{-3{,}045\ V} \overset{0}{Li}$$

des Lithiums hat nach dem des Franciums den höchsten negativen Wert aller elektrochemischer Einzelpotentiale und weist Lithium, nach Francium, als das unedelste aller Elemente aus. Es ist ein stark elektropositives Metall und wie alle Alkalimetalle sehr reaktionsfähig. Innerhalb seiner Gruppe ist es jedoch das am wenigsten reaktionsfähige Element. Lithium verbindet sich meist unter starker Wärmeentwicklung mit fast allen Nichtmetallen. Mit molekularem Sauerstoff reagiert es bei 100 °C und verbrennt mit intensiv roter Flamme zu Lithiumoxid:

$$4\,Li + O_2 \longrightarrow 2\,Li_2O \qquad \Delta H = -1181{,}6\ kJ$$

Mit molekularem Wasserstoff bildet es bei Erhitzung Lithiumhydrid LiH. Mit Stickstoff reagiert es langsam schon bei Raumtemperatur, bei Rotglut hingegen sehr lebhaft unter Bildung von Lithiumnitrid Li_3N. Mit Kohlenstoff bildet es Lithiumcarbid Li_2C_2, mit Schwefel Lithiumsulfid Li_2S, mit Phosphor Lithiumphosphit Li_3P, mit den Halogenen verbindet es sich im geschmolzenen Zustand direkt zu Lithiumhalogeniden. Mit Wasser und Säuren reagiert Lithium heftig, zu Lithiumhydroxid bzw. Li-Salzen, jedoch ohne Entzündung des entstehenden Wasserstoffs:

$$2\,Li + 2\,H_2O \longrightarrow 2\,LiOH + H_2 \uparrow$$

Das Hydroxid ist eine starke Base und ist ebenso wie auch die meisten Li-Salze in wäßrigen Lösungen vollständig dissoziiert. In seinem chemischen Verhalten ähnelt Lithium in vieler Hinsicht dem Natrium, ist aber angesichts der allgemein beobachteten Schrägbeziehung zur nächsthöheren Elementgruppe im PSE in manchen Eigenschaften dem Magnesium aus der Gruppe der Erdalkalimetalle ähnlicher als dem in der Alkaligruppe nach ihm folgenden Natrium. Dies ist hauptsächlich auf den sehr kleinen Ionenradius des Li^+-Kations (76 pm) zurückzuführen, der dem Radius des Mg^{2+}-Kations (72 pm) sehr nahekommt. Der kleinen Ionenradius des Li^+-Kations ist der Grund der starken Hydratisierung des Li^+-Ions in Wasser. Die stark polarisierende Wirkung der Hydrathülle hat zur Folge, daß die Ionenbindungen beträchtliche kovalente Anteile erhalten, ein Grund für die Löslichkeit einiger Li-Salze in organischen Lösungsmitteln. Von den meist farblosen bis weißen Verbindungen sind die Halogenide LiX (X = Cl, Br, I), das Acetat $Li(OOC\text{-}CH_3)$, das Nitrat $LiNO_3$, die Oxide Li_2O und Li_2O_2, das Perchlorat $LiClO_4$, Sulfat Li_2SO_4 u. a. in Wasser löslich. Das Borat $Li_2B_4O_7 \cdot 5\,H_2O$, Carbonat Li_2CO_3, Fluorid LIF, Hydrid LiH, Hydroxid LiOH u. a. sind in Wasser schwer bzw. nicht löslich.

Nachweis

Qualitativ:

■ Flammenfärbung; bereits geringe Spuren von Lithium oder seiner Verbindungen färben die Flamme des Bunsenbrenners intensiv rot.

Quantitativ:

- Fällung als weißes Lithiumcarbonat oder Lithiumphosphat.
- Spektralanalyse; wichtige Spektrallinien der neutralen Atome; 323,266 nm, 6100,362 nm, (orange), 670,775 nm, 670,791 (rot) nm und der einfach positiven Ionen Li^+ 548,355 nm, 548,565 nm, (grün) u. a.
- Atomabsorptionsspektrometrie (AAS) mittels der 670,791 nm Hauptlinie des Atomspektrums.

Verwendung

Lithium ist ein wichtiger Legierungsbestandteil. Bereits in kleineren Mengen < 0,1% bildet es sehr harte Legierungen wie z. B. das Bahnmetall (0,04% Li in Pb), das zur Herstellung gehärteter Radlager verwendet wird, hochfeste Al-Legierungen, die wegen ihrer hervorragenden mechanischen Eigenschaften und ihrer geringen Dichte für den Flugzeugbau besonders geeignet sind. Mit Magnesium bildet es besonders zähe Legierungen, niedriger Dichte (z. B. LA 141, 14% Li, 1% Al, 85% Mg), die zum Bau von Panzerplatten sowie in der Raumfahrt Verwendung finden. Wegen des schönen karminroten Lichts wird Lithium in der Feuerwerkstechnik verwendet. Aufgrund seines stark negativen Normalpotentials, eignet sich das Metall besonders gut zur Herstellung von Lithiumbatterien bzw. Lithiumzellen, wie z. B.: die Li/SO_2-Zelle, Li/I-Zelle, LiCl/KCl-Zelle, Li/S-Akkumulator und L/FeS Batteriesysteme, die wegen der besonders hohen spezifischen Energie- und Ladungsdichten sich v. a. als Energiequellen für Herzschrittmacher, Sicherheitseinrichtungen, tragbare Meßgeräte, Uhren und Elektrofahrzeuge besonders gut eignen. Das Metall eignet sich gut zur Desoxidation und zum Entgasen von Kupfer, Nickel, Silber und deren Legierungen sowie zur Herstellung lithiumorganischer Verbindungen wie Methyllithium CH_3Li, Phenyllithium C_6H_5Li, die für organische Synthesen und als Katalysatoren Bedeutung haben. Lithiumstearat wird in Schmierfetten und als Kunststoffstabilisator verwendet. Wegen seiner guten thermischen Leitfähigkeit und des sehr großen Flüssigkeitsbereichs eignet sich Lithium als Kühlmittel für Leistungsreaktoren. Einige Li-Salze wie z. B. Lazetat werden in der Medizin zur Prophylaxe und Behandlung manisch-depressiver Psychosen verwendet.

Die Reaktion:

$$^{6}_{3}Li + ^{2}_{1}H \longrightarrow 2\ ^{4}_{2}He + 22{,}2\ MeV$$

gilt für die Zukunft als aussichtsreichste thermonukleare Reaktion zur Energieerzeugung.

Physiologie, Toxikologie

Lithium gehört zu den Spurenelementen, die keine biologische Bedeutung für den menschlichen Organismus haben. Es wirkt allgemein stimulierend, antidepressiv und teratogen. Die Gesamtmasse des Elements im menschlichen Körper beträgt durchschnittlich ca. 0,67 mg verteilt auf Muskeln, Knochen und Blut. Der Tagesbedarf beträgt 0,1–2 mg Lithium und wird hauptsächlich über die Nahrung gedeckt. Größere Dosen führen zu Übelkeit, Zittern, Sehstörungen, Krampfanfällen, Nierenschäden bis hin zu Koma und Herzstillstand. Die toxische Dosis liegt bei 92–200 mg, eine letale Dosis ist nicht bekannt.

Lutetium Lu

International (Lat.)	Lutetium	Italienisch	Lutezio
Englisch	Lutetium	Griechisch	Λουτήτιο (Loutitio)
Französisch	Lutétium	Russisch	Лютеций (Ljutjezij)
Spanisch	Lutecio	Japanisch	ルテチウム (rutetiumu)

Atomare und physikalische Eigenschaften

Protonenzahl (Z)	71
Standard-Atomgewicht (bezogen auf ^{12}C = 12)	174,967 (±1)
Effektive Kernladung	(Slater) 3,00; (Clementi) 8,80; (Froese-Fischer) 12,68
Elektronenkonfiguration	[Xe] $4f^{14}\,5d^1\,6s^2$
Grundzustand, Termsymbol	$^2D_{3/2}$
Metallatomradius (KZ 6)	171,8 pm[a)]
Kovalenzradius (Einfachbindung)	156 pm
Ionenradien (KZ 6; 9)	$86^{3+}_{(6)}$ pm, $103^{3+}_{(9)}$ pm
Molares Volumen	$17{,}78 \cdot 10^{-6}$ $m^3 \cdot mol^{-1}$
1.;2.;3.; 4. Ionisierungsenergie	5,4256 eV; 13,887 eV; 20,956 eV; 45,187 eV
Elektronegativität	(Allred/Rochow) 1,14; (Pauling) 1,27; (absolut) ≤ 3,0 eV
Elektronenaffinität Lu → Lu^-	0,518 eV
Wirkungsquerschnitt für thermische Neutronen ($\sigma_{n,\gamma}$)	$77 \cdot 10^{-28}$ m^2
Dichte (bei 20 °C)	9842 $kg \cdot m^{-3}$
Schmelztemperatur	1663 °C (1936,15 K)[b)]
Siedetemperatur	3395 °C (3668,15 K)[c)]
Spezifische Schmelzenthalpie	109,73 $kJ \cdot kg^{-1}$ [d)]
Spezifische Verdampfungsenthalpie	2366,16 $kJ \cdot kg^{-1}$ [e)]
Spezifische Sublimationsenthalpie	2446,18 $kJ \cdot kg^{-1}$
Spezifische Wärmekapazität (bei 25 °C)	0,154 $kJ \cdot kg^{-1} \cdot K^{-1}$
Debye-Temperatur	–63 °C (210,15 K)
Thermische Leitfähigkeit (bei 27 °C)	16,4 $W \cdot m^{-1} \cdot K^{-1}$
Thermischer Längenausdehnungskoeffizient (bei 25 °C)	$9{,}9 \cdot 10^{-6}$ K^{-1} [f)]
Elektrische Leitfähigkeit (bei 20 °C)	$1{,}26 \cdot 10^6$ $S \cdot m^{-1}$
Spezifischer elektrischer Widerstand (bei 20 °C)	$79{,}30 \cdot 10^{-8}$ $\Omega \cdot m$ [g)]
Supraleitfähigkeit, Sprungtemperatur	–273,02 °C (0,13 K)
Spezifische magnetische Suszeptibilität	$+1{,}3 \cdot 10^{-9} m^3 \cdot kg^{-1}$
Normalpotential Lu/Lu^{3+}	–2,255 V
Hydratationsenthalpie Lu^{3+}	3760 $kJ \cdot mol^{-1}$
Bildungsenthalpie $LuCl_3$ (Lu_2O_3)	–954,2 $kJ \cdot mol^{-1}$ (–1879 $kJ \cdot mol^{-1}$)

Weitere Angaben: a) 173,4 pm. b) 1652 °C und 1675 °C. c) 3327 °C, 3315 °C u. a. d) 126 $kJ \cdot kg^{-1}$. e) 2446,18 $kJ \cdot kg^{-1}$. f) $8{,}12 \cdot 10^{-6}$ K^{-1}. g) $58{,}2 \cdot 10^{-8}$ $\Omega \cdot m$.

Entdeckung

Lutetium wurde 1905/1907 von dem französischen Chemiker Gheorges Urbain (1872–1938) in Paris, Frankreich, in einer Probe von Ytterbiumoxid bzw. Ytterbiumerde oder *Ytterbia* entdeckt. Er nannte das neue Element *Lutetium* nach „Lutetia“, der alten römischen Bezeichnung von Paris. Fast zeitgleich aber unabhängig voneinander entdeckten der österreichische Chemiker Carl Auer von Welsbach (1858–1929) in Treibach, Österreich, und der amerikanische Chemiker Charles James (1880–1928) in Durham, an der Universität von New Hampshire, USA, das Element. Auer nannte das neue Element *Cassiopeium*. Nachdem zunächst beide Namen verwendet wurden, empfahl die IUPAC 1949 den Namen „Lutetium“ mit dem chemischen Symbol „Lu“ allgemein einzuführen (s. auch Tab. Entdeckung der Metalle der Seltenen Erden, S. 775).

Vorkommen

Lutetium ist das seltenste Element in der Gruppe der Lanthanoide. Mit einem geschätzten Massenanteil von $7 \cdot 10^{-5}$% in der Erdhülle steht es aber noch vor Antimon und Quecksilber an 60. Stelle der Elementhäufigkeit. In der Erdkruste, bis 16 km Tiefe ist es-mit 0,81 g/t Krustengestein vertreten. Meerwasser enthält durchschnittlich etwa 0,15 µg $Lu^{(+III)}$ pro m^3, die Verweilzeit ist nicht bekannt. Lutetium tritt in der Natur stets zusammen mit den anderen Seltenerdmetallen auf und findet sich häufiger in den Mineralen Monazit, Bastnäsit, Samarskit, Gadolinit, Thortveitit, Thalenit, Xenotim u. a. (s. S. 342) die Lutetium Reserven werden weltweit auf ca. 100000 t geschätzt. Die Häufigkeit des Elements auf der Sonne liegt bei etwa 5,8 Atome Lutetium pro $1 \cdot 10^{12}$ Atome Wasserstoff, die kosmische Häufigkeit ist nicht bekannt.

Herstellung

Die Herstellung des reinen Metalls erfolgt durch metallothermische Reduktion des Fluorids mit Calcium oder durch Schmelzflußelektrolyse des Chlorids. Ausgangsmaterial ist aufbereiteter Monazitsand. Die Weltproduktion von Lutetium liegt bei etwa 100 t/Jahr (s. Lanthan S. 341).

Physikalische Eigenschaften

Lutetium ist ein silberweißes, an frischen Schnittflächen glänzendes Schwermetall, das sich jedoch an der Luft rasch mit einer Oxidschicht überzieht. Es kristallisiert in zwei allotropen Modifikationen:

$$\alpha\text{-Lu} \xrightarrow{\text{Wärme}} \beta\text{-Lu}$$

α-Lu	β-Lu
hexagonal	kubisch
dichteste Kugelpackung	raumzentriert

Das paramagnetische Metall hat den kleinsten Atom- und Ionenradius, die größte Dichte sowie die höchste Schmelz- und Siedetemperatur aller Lanthanoide. Die thermische Leitfähigkeit beträgt 3,82% die elektrische 2,00% der des Silbers. In der Nähe des absoluten Nullpunktes bei –273,02 °C (0,13 K) zeigt das Metall Supraleitfähigkeit, die kritische Feldstärke beträgt ca. 27852,12 A · m^{-1}; in der metallischen Hochdruckphase bei Drücken von >12 GPa besteht Supraleitfähigkeit bereits unterhalb –272,45 °C (0,7 K).

Radiochemie

Natürliches Lutetium setzt sich aus einem Gemisch aus einem stabilen und einem sehr langlebigen radioaktiven Isotop zusammen. Daneben sind weitere 33 künstliche Radioisotope des Lutetiums bekannt.

Die Isotope des Lutetiums (1995)

Isotop	Natürliche Häufigkeit n (%)	Zerfallsart						Halbwertszeit $T_{1/2}$
		p	α	$β^+$	EC	γ	$β^-$	
Lu 150		x		x				35 ms
Lu 151		x		x				90 ms
Lu 152		x				x		0,7 s
Lu 153		x				x		0,9 s
Lu 154		x				x		1,12 s
Lu 155*			x		x			140 ms
Lu 155*			x		x			68 ms
Lu 155*			x					2,6 ms
Lu 156*			x		x			0,73 s
Lu 156*			x		x			0,18 s
Lu 157*			x					5,7 s
Lu 157*			x		x	x		4,8 s
Lu 158			x		x	x		10,6 s
Lu 159			x		x	x		12,3 s
Lu 160*					x	x		36,1 s
Lu 160*					x	x		40 s
Lu 161					x	x		1,2 m
Lu 162*					x	x		93 s
Lu 162*					x	x		81 s
Lu 163					x	x		4,1 m
Lu 164				x		x		3,1 m
Lu 165				x	x	x		11,8 m
Lu 166*				x	x	x		2,7 m
Lu 166 m*				x	x	x		1,4 m
Lu 166*				x	x	x		2,1 m
Lu 167				x	x	x		51,5 m
Lu 168*				x	x	x		5,5 m
Lu 168*				x	x	x		6,7 m
Lu 169*				x	x	x		1,42 d
Lu 169 m*						x		2,7 m

(* isomere Atomkerne; m* markiert jeweils einen metastabilen Zustand)

Die Isotope des Lutetiums (1995)								
Isotop	Natürliche Häufigkeit n (%)	Zerfallsart						Halbwertszeit $T_{1/2}$
		p	α	β⁺	EC	γ	β⁻	
Lu 170				**x**	**x**	x		2,0 d
Lu 171*				**x**	**x**	x		8,22 d
Lu 171 m*						**x**		76 s
Lu 172*				**x**	**x**	x		6,7 d
Lu 172 m*						**x**		3,7 m
Lu 173				**x**	**x**	x		1,37 a
Lu 174*				**x**	**x**	x		3,31 a
Lu 174 m*						**x**		142 d
Lu 175	**97,41**							
Lu 176*	**2,59**					x	**x**	$3{,}8 \cdot 10^{10}$ a
Lu 176*					x	x	**x**	3,68 h
Lu 177*						x	**x**	6,71 d
Lu 177 m*						**x**	x	160,1 d
Lu 178*						x	**x**	28,4 m
Lu 178*						x	**x**	22,7 m
Lu 179						x	**x**	4,6 h
Lu 180						x	**x**	5,7 m
Lu 181						x	**x**	3,5 m
Lu 182						x	**x**	2,0 m
Lu 183						x	**x**	58 s
Lu 184						x	**x**	ca. 20 s

(* isomere Atomkerne; m* markiert jeweils einen metastabilen Zustand)

Die Lu-Isotope haben allg. kurze Halbwertszeiten, die leichteren Isotope A < 175 zerfallen z. T. durch α-Strahlung in Tm-Isotope sowie durch β^+-Strahlung oder Elektronen-Einfang (EC) in die entsprechenden Yb-Isotope. Die schwereren Isotope A > 175 verwandeln sich durch β^--Emission in Hf-Isotope. Das Isotop $^{177}_{71}$Lu (β^- | 0,497 MeV; γ | 0,21 MeV) wird als radioaktiver Indikator (Tracer) verwendet und wird wegen seiner weichen β^--Strahlung für die Röntgentherapie empfohlen. Das stabile Isotop $^{175}_{71}$Lu der Kernspinzahl 7/2+ und kernmagnetischen Moment +2,2327 dient zum NMR-spektroskopischen Nachweis; NMR-Frequenz (bei 2,3488 T) $11{,}407 \cdot 10^6$ s^{-1}.
Im Frühjahr 1981 entdeckte Sigurd Hofmann bei der GSI in Darmstadt die Protonen-Radioaktivität am Isotop Lu 151, eine Zerfallsart, bei der extrem neutronenarme Kerne aus dem Grundzustand spontan Protonen emittieren. Bis heute wurde die Grundzustands-Protonenemission auch bei anderen Isotopen wie z. B. bei Lu 150, I 109, Cs 112 und Cs 113, Tm 146 und Tm 147, Ta 156, Re 160 und Bi 185 nachgewiesen.

Chemische Eigenschaften

Lutetium ist das letzte Elemente der Gruppe der „Lanthanoiden" bzw. der „Seltenerdmetalle". Es befindet sich im PSE in der 3. Gruppe (IIIb Nebengruppe) über dem Element Lawrencium Lr sowie in der 6. Periode zwischen den Elementen Ytterbium Yb und Hafnium Hf. Das freie, neutrale Lu-Atom besitzt im elektronischen Grundzustand folgende Elektronenkonfiguration:

$$1s^2\ 2s^2\ 2p^6\ 3s^2\ 3p^6\ 3d^{10}\ 4s^2\ 4p^6\ 4d^{10}\ 4f^{14}\ 5s^2\ 5p^6\ 5d^1\ 6s^2$$

Beim Lu-Atom ist also das 4f-Niveau vollbesetzt und daher besonders stabil. Aus diesem Grunde bildet das Metall ausschließlich die Oxidationsstufe + III ([Xe] $4f^{14}$), die durch Abgabe der beiden 6s-Elektronen und des 5d-Elektrons zustande kommt.
Die Normalpotentiale des Lutetiums sind:

	+III		0
Saure Lösung	Lu^{3+}	−2,255 V	Lu
Basische Lösung	$Lu(OH)_3$	−2,83 V	Lu

Die stark negativen Normalpotentiale weisen Lutetium als ein sehr unedles und stark elektropositives Metall aus, es ist aber das am wenigsten elektropositive Element in der Gruppe der Lanthanoide. Das Metall ist sehr reaktionsfähig, in Pulverform sogar pyrophor. Es löst sich unter Wasserstoffentwicklung rasch in heißem Wasser und in schwachen Säuren. Mit Chlor verbrennt es unter Leuchterscheinung zum Trichlorid. Das Sulfid wird in Wasser rasch zersetzt. Das Lu^{3+}-Ion ist ein farbloses, dreiwertiges Kation. Die meist weißen Halogenide LuX_3 (X = Cl, Br, I) sind in Wasser gut löslich, das Fluorid LuF_3, Hydroxid $LU(OH)_3$ und Oxid Lu_2O_3 sind schwer löslich.

Nachweis

- Flammenspektroskopie, Aktivierungsanalyse u. a.
- Spektralanalyse; wichtige Spektallinien der neutralen Atome; 328,174 nm, 331,211 nm, 335,956 nm, und der einfach positiven Ionen Lu^+ 261,542 nm, 291,139 nm, 350,739 nm, u. a.
- Atomabsorptionsspektrometrie (AAS) mittels der 335,956 nm Hauptlinie des Atomspektrums.

Verwendung

Lutetium hat keine technische Bedeutung. Es ist gelegentlich in Cer-Mischmetallen in geringen Mengen enthalten. Das Isotop $^{176}_{91}Lu$ wird zur kosmischen Altersbestimmung herangezogen.

Physiologie, Toxikologie

Das Element hat keine biologische Bedeutung für den menschlichen Organismus, es ist gering toxisch und wirkt stimulierend.

Magnesium Mg

International (Lat.)	Magnesium	Italienisch	Magnesio
Englisch	Magnesium	Griechisch	Μαγνήσιο (Magnissio)
Französisch	Magnésium	Russisch	Магний (Magnij)
Spanisch	Magnesio	Japanisch	マグネシウム (magunesiumu)

Atomare und physikalische Eigenschaften

F

Protonenzahl **(Z)**	**12**
Standard-Atomgewicht (bezogen auf $^{12}C = 12$)	24,3050 (±6)
Effektive Kernladung	(Slater) 2,85; (Clementi) 3,31; (Froese-Fischer) 4,15
Elektronenkonfiguration	[Ne] $3s^2$
Grundzustand, Termsymbol	$^1S_0$
Metallatomradius (KZ 12)	159,9 pm
Kovalenzradius (Einfachbindung)	136 pm
Ionenradien (KZ 4;6)	$57^{2+}_{(4)}$ pm, $72^{2+}_{(6)}$ pm
Molares Volumen	$13{,}98 \cdot 10^{-6}\ m^3 \cdot mol^{-1}$
1.;2.;3.;4.;5. Ionisierungsenergie	7,6455 eV; 15,035 eV; 80,143 eV; 109,24 eV; 141,26 eV
Elektronegativität	(Allred/Rochow) 1,23; (Pauling) 1,31; (absolut) 3,75 eV
Elektronenaffinität $Mg \rightarrow Mg^-$	0,69 eV
Wirkungsquerschnitt für thermische Neutronen ($\sigma_{n,\gamma}$)	$0{,}063 \cdot 10^{-28}\ m^2$
Dichte (bei 20 °C)	$1738\ kg \cdot m^{-3}$ [a)]
Härte (gegossen)	(Mohs) 2,0 ; (Brinell) $4{,}4 \cdot 10^7$ Pa
Elastizitätsmodul (gegossen)	$15{,}6 \cdot 10^{10}$ Pa
Schmelztemperatur	648,8 °C (921,95 K) [b)]
Siedetemperatur	1107 °C (1380,15 K) [c)]
Spezifische Schmelzenthalpie	$368\ kJ \cdot kg^{-1}$ [d)]
Spezifische Verdampfungsenthalpie	$5242{,}8\ kJ \cdot kg^{-1}$ [e)]
Spezifische Sublimations-/Atomisierungsenthalpie	$6082{,}3\ kJ \cdot kg^{-1}$
Spezifische Wärmekapazität (bei 25 °C)	$1{,}023\ kJ \cdot kg^{-1} \cdot K^{-1}$
Thermische Leitfähigkeit (bei 27 °C)	$156\ W \cdot m^{-1} \cdot K^{-1}$
Thermischer Längenausdehungskoeffizient (bei 25 °C)	$24{,}8 \cdot 10^{-6}\ K^{-1}$ [f)]
Thermospannung (Δt = 100 K / Pt; Cu)	+0,42 mV; −0,33 mV
Elektrische Leitfähigkeit (bei 20 °C)	$22{,}62 \cdot 10^6\ S \cdot m^{-1}$
Spezifischer elektrischer Widerstand (bei 25 °C)	$4{,}42 \cdot 10^{-8}\ \Omega \cdot m$
Temperaturkoeffizient (bei 20 °C)	$4{,}2 \cdot 10^{-3}\ K^{-1}$ [g)]
Spezifische magnetische Suszeptibilität	$+6{,}78 \cdot 10^{-9}\ m^3 \cdot kg^{-1}$
Hall-Koeffizient	$-0{,}83 \cdot 10^{-10}\ m^3 \cdot A^{-1} \cdot s^{-1}$
Elektrochemisches Äquivalent Mg^{2+}	$0{,}1259 \cdot 10^{-6}\ kg \cdot A^{-1} \cdot s^{-1}$
Normalpotential Mg/Mg^{2+}	−2,363 V
Hydratationsenthalpie Mg^{2+}	$-1892\ kJ \cdot mol^{-1}$
Bildungsenthalpie MgH_2 ($MgCl_2$; MgO)	$-74{,}48\ kJ \cdot mol^{-1}$ ($-641{,}53\ kJ \cdot mol^{-1}$; $-602{,}10\ kJ \cdot mol^{-1}$)

Weitere Angaben: a) $1740\ kg \cdot m^{-3}$ und $1746\ kg \cdot m^{-3}$. b) 650 °C. c) 1089,85 °C und 1105 °C. d) $372\ kJ \cdot kg^{-1}$. e) $5296{,}3\ kJ \cdot kg^{-1}$ und $5420\ kJ \cdot kg^{-1}$. f) $26{,}1 \cdot 10^{-6}\ K^{-1}$. g) $3{,}9 \cdot 10^{-3}\ K^{-1}$.

Entdeckung

Magnesium wurde im Jahre 1755 von dem englischen Chemiker Joseph Black (1728–1799) in Edinburgh, Schottland als chemisches Element erkannt. Magnesiumsalze wie z. B. das basische Magnesiumcarbonat wurden damals rein willkürlich als *Magnesia alba* bzw. *Weiße Magnesia* bezeichnet, um diese vom Braunstein der *Magnesia nigra* also *Schwarze Magnesia* zu unterscheiden. Der Name stammt vom Magneteisenstein, den die Griechen im Altertum „μαγνητις λιτος" (magnétis lithos), d. h. „Stein aus Magnesia" nach seinem Fundort, der griechischen Landschaft Magnesia, nannten. Metallisches Magnesium wurde erstmals 1808 von Sir Humphry Davy in London, Großbritannien, durch Elektrolyse von Magnesiumerde $MgO/Mg(OH)_2$ in unreiner Form hergestellt. Davy nannte das neue Metall *Magnium*, da der Name „Magnesium" damals für das Mangan verwendet wurde. Später wurden die Namen vertauscht. Das chemische Symbol „Mg" wurde 1814 von J. J. Berzelius vorgeschlagen. Reines Magnesium erhielten 1828 unabhängig Antoin A. B. Bussy (1794–1882) und Justus von Liebig (1803–1873) durch Reduktion von Magnesiumchlorid mit Kalium.

Vorkommen

Magnesium gehört zu den zehn häufigsten Elementen auf der Erde. Mit einem berechneten Massenanteil in der Erdhülle von 1,94% steht es an 8. Stelle der Elementhäufigkeit. In der Erdkruste, bis 16 km Tiefe ist Magnesium mit ca. 23,5 kg/t Krustengestein

Die wichtigsten gesteinsbildenden Magnesiumminerale	
Olivin	$(Mg, Fe)_2[SiO_4]$
Serpentin	$Mg_6[(OH)_8 \mid Si_4O_{10}]$
Chrysotilasbest, Faserserpentin	$Mg_3[(OH)_4 \mid Si_2O_5]$
Antigorit, Blätterserpentin	$Mg_3[(OH)_4 \mid Al_2Si_2O_{10}]$
Enstatit, Mg-Fe-Pyroxen	$Mg[SiO_3]$ oder $Mg_2[Si_2O_6]$
Meerschaum, Sepiolith	$Mg_4[(OH)_2 \mid Si_6O_{15}] \cdot 2\,H_2O$ oder $Mg_8H_6[(OH)_{10} \mid Si_{12}O_{30}] \cdot 6\,H_2O$
Talk	$Mg_3[(OH)_2 \mid Si_4O_{10}]$ (= $3\,MgO \cdot 4\,SiO_2 \cdot H_2O$)
Hornblenden z. B.:	$Ca_2(Fe, Mg)_5[(OH, F)_2 \mid Si_8O_{22}]$
Dolomit	$CaMg[CO_3]_2$ (= $CaCO_3 \cdot MgCO_3$)
Magnesit, Bitterspat	$MgCO_3$
Epsomit, Bittersalz	$MgSO_4 \cdot 7\,H_2O$
Kieserit	$MgSO_4 \cdot H_2O$
Schönit, Pikromerit	$K_2Mg[SO_4]_2 \cdot 6\,H_2O$ (= $K_2SO_4 \cdot MgSO_4 \cdot 6\,H_2O$)
Langbeinit	$K_2Mg_2[SO_4]_3$ (= $K_2SO_4 \cdot 2\,MgSO_4$)
Polyhalit	$K_2Ca_2Mg[SO_4]_4 \cdot 2\,H_2O$ (= $K_2SO_4 \cdot 2\,CaSO_4 \cdot MgSO_4 \cdot 2\,H_2O$)
Carnallit	$KCl \cdot MgCl_2 \cdot 6\,H_2O$
Kainit, Kainitit	$KMg[Cl \mid SO_4] \cdot 3\,H_2O$ (= $KCl \cdot MgSO_4 \cdot 3\,H_2O$)
Spinell	$MgAl_2O_4$ (= $MgO \cdot Al_2O_3$)

vertreten, in Steinmeteoriten mit 158 kg/t und in Eisenmeteoriten mit 0,3 kg/t. Meerwasser enthält beträchtliche Mengen an Magnesiumsalzen so etwa 0,38% $MgCl_2$, 0,0076% $MgBr_2$ und 0,18% $MgSO_4$. Magnesiumsalze stellen rund 15% des Gesamtsalzgehaltes der Meere dar, dies entspricht einem durchschnittlichen Gehalt von 1,3 kg $Mg^{(+II)}$ pro m^3 Meerwasser. Die Verweilzeit beträgt etwa 10 Mio. Jahre. Infolge seines unedlen Charakters kommt Magnesium in der Natur nur in Form von Verbindungen vor, hauptsächlich in Form unlöslicher Salze die auf der Erde sehr verbreitet sind und oft Lager von großer Mächtigkeit bilden. So bestehen aus dem Magnesiumdoppelsalz Dolomit ganze Gebirgsmassive wie z. B. die *Dolomiten* in Tirol, Norditalien.
In einigen Mineralquellen *Bitterwässern* kommt Magnesium als Bittersalz $MgSO_4 \cdot 7\,H_2O$ vor. In der Biosphäre ist Magnesium in fast allen Tieren, Menschen und Pflanzen enthalten. Die Magnesiumreserven schätzt man weltweit auf über $2 \cdot 10^{10}$ t als Erze und $1 \cdot 10^{24}$ t als $Mg^{(+II)}$ im Meerwasser. Die Häufigkeit des Elements auf der Sonne beträgt ca. $4 \cdot 10^7$ Atome Magnesium pro $1 \cdot 10^{12}$ Atome Wasserstoff, die kosmische Häufigkeit wird auf $4{,}4 \cdot 10^4$ Atome Magnesium pro $1 \cdot 10^6$ Atome Silicium geschätzt.

Herstellung

Großtechnisch wird Magnesium heute nach zwei Verfahren hergestellt.

- *Schmelzflußelektrolyse von wasserfreiem Magnesiumchlorid* $MgCl_2$: Das für die Elektrolyse benötigte Mg-Chlorid wird z. T. nach dem *DOW*-Verfahren aus dem Meerwasser gewonnen, indem man daraus mit Kalkmilch $Ca(OH)_2$ das unlösliche Mg-Hydroxid ausfällt:

$$MgCl_2 + Ca(OH)_2 \longrightarrow Mg(OH)_2 + CaCl_2,$$

das mit Salzsäure in Mg-Chlorid übergeführt wird:

$$Mg(OH)_2 + 2\,HCl \longrightarrow MgCl_2 + 2\,H_2O$$

Nach dem IG-Farben-Verfahren wird das Mg-Hydroxid zunächst durch Kalzinieren in Mg-Oxid übergeführt:

$$Mg(OH)_2 \xrightarrow{\text{Hitze}} MgO + H_2O$$

das dann in Schachtöfen mit Kohle und Chlor in Mg-Chlorid umgesetzt wird:

$$MgO + C + Cl_2 \longrightarrow MgCl_2 + CO \qquad \Delta H = -150{,}2\text{ kJ}$$

Dazu wird Chlor das bei der Elektrolyse anfällt, vewendet.

Ein großer Teil des Mg-Oxids erhält man durch Brennen von Mg-Carbonat in Schachtöfen:

$$MgCO_3 \longrightarrow MgO + CO_2 \uparrow$$

Dem wasserfreien Mg-Chlorid werden K-Chlorid und Ca-Chlorid als Flußmittel zugefügt. Der Elektrolyt hat dann in etwa die Zusammensetzung 20–25% $MgCl_2$, 15–20% $CaCl_2$ und 60% KCl. Die Schmelzelektrolyse (Abb. 50) erfolgt in Eisentrögen, deren Wände mit säure- und temperaturbeständigen Steinen ausgemauert sind, mit Graphitanoden und Stahlkathoden, bei einer Badtemperatur von 700 °C und einer Zersetzungsspannung von 5–7 V.

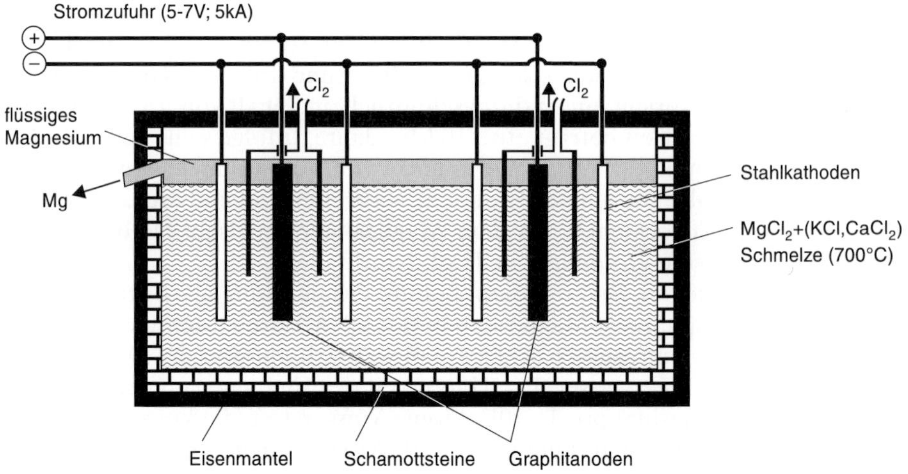

Abb. 50: Schematische Darstellung der $MgCl_2$-Schmelzelektrolyse.

Vorgänge bei der Elektrolyse:
Erzeugung frei beweglicher Ionen durch

Schmelzen:	$MgCl_2 \longrightarrow Mg^{2+} + 2\,Cl^-$
Vorgänge an der Kathode:	$Mg^{2+}\ \ 2\,e^- \longrightarrow Mg$
Vorgänge an der Anode:	$2\,Cl^- \longrightarrow Cl_2 + 2\,e^-$
Gesamtprozeß:	$MgCl_2 \longrightarrow Mg + Cl_2 \quad \Delta H = +\,642\ kJ$

Das flüssige, spezifisch leichtere Magnesium steigt an die Oberfläche der Schmelze und kann von hier entweder kontinuierlich abfließen oder wird abgeschöpft und in Barren gegossen. Der Reinheitsgrad des Metalls beträgt 99,9%. Für 1 kg Magnesium werden etwa 18 kWh Energie benötigt.

- *Thermische Reduktion von* MgO:
  Carbothermisches Verfahren: Die Reduktion von MgO erfolgt mit Koks und Calciumcarbid im elektrischen Ofen bei 2000 °C:

  $$MgO + CaC_2 \longrightarrow Mg + CaO + 2\,C \qquad \Delta H = +492\ kJ$$

  Das als Dampf entweichende Metall kondensiert in einer kalten Wasserstoffatmosphäre zu flüssigen Metall.
  Silicothermisches Verfahren: Eine brikettierte Mischung aus gebranntem Dolomit, Silicium oder Ferrosilicium und Flußspat wird in der sog. Pigdeon-Retorte auf 1150–1200 °C erhitzt:

  $$2\,(CaO \cdot MgO) + Si(Fe) \longrightarrow 2\,Mg + Ca_2SiO_4 + (Fe)$$

  Das Metall entweicht als Dampf, kondensiert und wird anschließend in Barren gegossen.

Der Herstellung folgt stets eine raffinierende Schmelze. Hochreines Magnesium mit einem Reinheitsgrad von 99,999% Mg erhält man durch Vakuumdestillation. Magnesium kommt als Barren, Bänder, Späne oder Pulver in den Handel. Weltweit werden jährlich etwa 360000 t Hütten-Magnesium hergestellt, dazu kommen etwa 80 000 t Alt-Magnesium. Hauptproduzenten sind die USA mit ca. 45,2%, GUS-Staaten 25,8%, Norwegen 15,2% u. a. Der Preis für 1 kg Magnesium (99,84) liegt bei etwa 3,55 $ bzw. 6,40 DM.

Physikalische Eigenschaften

Magnesium ist ein silberweißes, glänzendes, relativ weiches, leicht zu bearbeitendes und verformbares Leichtmetall, das an der Luft jedoch rasch anläuft. Es kristallisiert in hexagonal dichtester Kugelpackung. Das schwach paramagnetische Metall hat eine relativ niedrige Schmelz- und Siedetemperatur und ist ein relativ guter Leiter von Wärme und elektrischem Strom; die thermische Leitfähigkeit beträgt 36,36% die elektrische 35,97% der des Silbers.

Radiochemie

Natürliches Magnesium besteht aus einem Gemisch von drei stabilen Isotopen, weitere 14 Radioisotope des Magnesiums wurden künstlich hergestellt.
Die Halbwertszeiten der Mg-Isotope sind allgemein kurz, die leichteren Isotope A < 24 zerfallen durch β^+-Strahlung in Na-Isotope, die schwereren A > 26 verwandeln sich durch β^--Strahlung in Al-Isotope. Das langlebigste Isotop $^{28}_{12}$Mg (β^- | 0,9 MeV; γ | 1,342 MeV) entsteht durch Beschuß von Magnesium- oder Aluminiumtargets mit beschleunigten HE-Kernen, oder durch Neutronenbestrahlung von Li-Mg-Salzen oder Li-Mg-Legierungen in der Reaktion $^{26}_{12}$Mg ($^{3}_{1}$H, p) $^{28}_{12}$Mg, wobei $^{3}_{1}$H gemäß $^{6}_{3}$Li (n, α) $^{3}_{1}$H er-

Die Isotope des Magnesiums (1995)

Isotop	Natürliche Häufigkeit n (%)	Zerfallsart			Halbwertszeit $T_{1/2}$
		β^+	γ	β^-	
Mg 20		**x**	x		95 ms
Mg 21		**x**	x		122,5 ms
Mg 22		**x**	x		3,86 s
Mg 23		**x**	x		11,3 s
Mg 24	**78,99**				
Mg 25	**10,00**				
Mg 26	**11,01**				
Mg 27			x	**x**	9,46 m
Mg 28			x	**x**	20,9 h
Mg 29			x	**x**	1,30 s
Mg 30			x	**x**	335 ms
Mg 31			x	**x**	230 ms
Mg 32			x	**x**	120 ms
Mg 33				**x**	90 ms
Mg 34				**x**	20 ms
Mg 35				**x**	n.bek.
Mg 36				**x**	n.bek.

zeugt wird. Das Isotop wird als radioaktiver Indikator (Tracer) verwendet. Das stabile Isotop ${}^{25}_{12}Mg$ der Kernspinzahl 5/2+ und kernmagnetischen Moment –0,85545 dient zum NMR-spektroskopischen Nachweis; NMR-Frequenz (bei 2,3488 T) $6{,}1195 \cdot 10^{6}\ s^{-1}$, Referenz $MgCl_2$ (aq).

Chemische Eigenschaften

Magnesium befindet sich im PSE in der 2. Gruppe (IIA Hauptgruppe) zwischen Beryllium Be und Calcium Ca sowie in der 3. Periode zwischen Natrium Na und Aluminium Al. Obwohl Beryllium und Magnesium im deutschen Sprachraum zu den „Erdalkalimetallen" gezählt werden, gehören die beiden Elemente gemäß den IUPAC-Regeln nicht zu dieser Gruppe. Magnesium nimmt eine Mittelstellung zwischen Beryllium und den Erdalkalimetallen Calcium, Strontium, Barium, Radium ein, da das Element in seinen Verbindungen neben dem ionischen Charakter auch Kovalenz aufweist. Das freie, neutrale Mg-Atom hat im elektronischen Grundzustand folgende Elektronenkonfiguration:

$$1s^2\ 2s^2\ 2p^6\ 3s^2$$

Entsprechend dieser Anordnung bildet Magnesium in seinen Verbindungen fast ausschließlich die Oxidationsstufe +II ([Ne]), die durch Abgabe der beiden 3s-Valenzelektronen und Bildung von Mg^{2+}-Kationen erreicht wird. Auch die Existenz eines Mg^{+}-Ions wurde nachgewiesen, entsprechende Verbindungen sind jedoch nicht bekannt.
Die Normalpotentiale des Magnesiums sind:

	+II		+I		0
Saure Lösung	Mg^{2+}	–2,054 V	Mg^{+}	–2,657 V	Mg
	Mg^{2+}		–2,363 V		Mg
Basische Lösung	$Mg(OH)_2$		–2,687 V		Mg

Die stark negativen Normalpotentiale weisen Magnesium als ein sehr unedles, elektropositives Metall und starkes Reduktionsmittel aus. Trotz seiner großen Reaktionsfähigkeit, ist Magnesium jedoch bei Normaltemperatur an der Luft und im Wasser recht beständig, weil es sich mit einer dünnen Schicht von Mg-Oxid bzw. schwer löslichen Mg-Hydroxid überzieht, die das Metall vor weiterer Oxidation schützt. Erhitzt man Magnesium an der Luft, so verbrennt es mit blendend weißem Licht zu einem feinen weißen Rauch bzw. Pulver von Mg-Oxid und Mg-Nitrid:

$$2\,Mg + O_2 \longrightarrow 2\,MgO \qquad \Delta H = -\ 1204{,}2\ kJ$$
$$3\,Mg + N_2 \longrightarrow Mg_3N_2 \qquad \Delta H = -\ 461\ kJ$$

Das Metall brennt auch in CO_2, CO, SO_2, NO u. ä. weiter, indem es diesen Stoffen den Sauerstoff entreißt. Da brennendes Magnesium Temperaturen von 2500 °C erreicht und Wasser zersetzen kann, verwendet man zum Löschen am besten Sand oder Eisenfeilspäne. In siedendem Wasser löst sich Magnesium schnell unter Bildung von Mg-Hydroxid und Wasserstoff:

$$Mg + 2\,H_2O \longrightarrow Mg(OH)_2 + H_2\uparrow$$

Das Metall wird von allen Säuren, sogar von Essigsäure, unter Wasserstoffentwicklung und Bildung von Mg-Salzen $[Mg(H_2O)_6]^{2+}$ leicht angegriffen. In Ammoniumsalzlösungen wird Magnesium schnell aufgelöst da die $Mg(OH)_2$-Schutzschicht in diesen Lösungen zersetzt wird. Alkalilaugen greifen das Metall nicht an. Das Metall reagiert leicht mit zahlreichen Nichtmetallen. Magnesium bildet zahlreiche organische Verbindungen vom Typ MgR, von besonderer Bedeutung sind die *Grignard-Reagenzien* Alkyl- oder Arylmagnesiumhalogenide, die beim auflösen von Magnesium in einer Lösung eines Alkyl- oder Arylhalogenids in trockenem Diethylether entstehen:

$$R{-}X + Mg \longrightarrow RMgX \text{ (R = Alkyl, Aryl; X = Halogen)}$$

$$\text{z. B. } CH_3Cl + Mg \longrightarrow CH_3MgCl$$

Nach W. Schlenk soll in *Grignard-Lösungen* folgendes Gleichgewicht vorliegen:

$$2\,RMgX \rightleftharpoons P_2Mg + MgX_2$$

Mit *Grignard-Reagenzien* ergeben sich folgende Umwandlungen:

Formaldehyd $\longrightarrow$ primäre Alkohole z. B.:
$HCOH + R{-}MgX \longrightarrow R{-}CH{-}OMgX \longrightarrow R{-}CH{-}OH$
Aldehyde $\longrightarrow$ sekundäre Alkohle;
Ketone $\longrightarrow$ tertiäre Alkohole;
Kohlenstoffdioxid $\longrightarrow$ Carbonsäuren;
Nitrile $\longrightarrow$ Ketone;
Nitroverbindungen $\longrightarrow$ Hydroxilamine u. a.

Magnesiumverbindungen sind meist farblos, sofern nicht der Säurerest farbig ist. Das Acetat $Mg(OOC\text{-}CH_3)_2$, die Halogenide MgX_2 (X = Cl, Br, I) das Gluconat $Mg[CH_2OH(CHOH)_4COO]_2$, Nitrat $Mg(NO_3)_2 \cdot 6\,H_2O$, Perchlorat $Mg(ClO_4)_2$, Sulfat $MgSO_4$ u. a. sind in Wasser löslich, das Carbonat $MgCO_3$, Fluorid MgF_2, Hydroxid $Mg(OH)_2$, Oxid MgO, die Phosphate $Mg_3(PO_4)_2$ u. a. sind in Wasser schwer bzw. nicht löslich.

Nachweis

Qualitativ:

- Bildung von Farblacken mit Titangelb (rot), Eriochromschwarz T (rot), Chinalizarin (blau), Magneson II (blau).

Quantitativ:

- Fällung mit NaOH als unlösliches, flockiges $Mg(OH)_2$.
- Fällung als Magnesiumammoniumphosphat $MgNH_4PO_4$ das durch Glühen in Magnesiumdiphosphat $Mg_2P_2O_7$ übergeht.
  $Mg^{2+} + HPO_4^{2-} + NH_4^+ + OH^- + 5\,H_2O \longrightarrow MgNH_4PO_4 \cdot 6\,H_2O$
- Komplexometrische Bestimmung mit EDTA u. a.
- Spektralanalyse; wichtige Spektrallinien der neutralen Atome; 285,213 nm, 383,231 nm, 383,825 nm, 518,361 nm (grün) und der einfach positiven Ionen Mg^+ 279,553 nm, 280,270 nm u. a.
- Atomabsorptionsspektrometrie (AAS) mittels der 285,213 nm Hauptlinie des Atomspektrums.

Verwendung

Reines Magnesium findet in der Technik wegen seiner geringen Härte, seiner geringen Festigkeit und seiner Korrosionsanfälligkeit kaum Anwendung. Aufgrund seiner guten Brennbarkeit unter Aussendung von sehr hellem Licht wird das Metall in Form von Pulver in der Pyrotechnik z. B. als Blitzlicht beim Photographieren, in Feuerwerkskörpern, Leuchtkugeln und in Magnesiumfackeln z. B. bei der Beleuchtung von Flugzeugangriffszielen verwendet. Ferner dient es als Reduktionsmittel bei der Herstellung von Metallen aus ihren Oxiden oder Halogeniden z. B. von Beryllium, Titan, Uran, Zirconium u. a. In der org. Chemie dient Magnesium zur Herstellung von Grignard-Verbindungen. Die Hauptmenge des produzierten Magnesiums dient zur Herstellung von Mg-Legierungen, die sich durch geringe Dichte, mechanische Festigkeit und Korrosionsbeständigkeit auszeichnen und unter geringen Kostenaufwand gut zu verarbeiten sind. Mg-Legierungen eignen sich besonders gut für den Flugzeug- und Kraftfahrzeugbau, Maschinenbau, zum Bau von Transportmitteln, Haushaltmaschinen, Büromaschinen, optischen Geräten in der Elektrotechnik, Elektronik u. v. a.
Magnesium-Legierungen mit einem überwiegenden Anteil an Magnesium sind:
Elektronmetalle oder **DOW-Metalle**.
Elektron; 95,7% Mg, 4% Al, 0,3% Mn,
Magnewin; 90% Mg, 0,5–20% Al, oder 8% Cu, oder 5% Zn
Magnesium-Knet-Legierungen:
MgMn; 97,7–98,5% Mg, 1,4–2,3% Mn
MgAl6; bis 92% Mg, 5,5–6,5% Al, 0,5–1,5% Zn, 0,1–0,5% Mn
MgAl7; bis 90% Mg, 6,5–8% Al, 0,5–2% Zn, 0,1–0,5% Mn
Magnesium-Guß-Legierungen:
G MgAl3Zn; bis 95% Mg, 2,6–3,4% Al, 0,6–1,4% Zn, 0,1–0,5% Mn
G MgAl9; bis 90% Mg, 7,8–8,8% Al, 0,1–0,8% Zn, 0,1–0,5% Mn u. a.
Die NASA entwickelte 1950–60 eine Mg-Legierung aus 84,75% Mg, 14% Li und 1,25% Al, deren Dichte 1350 kg · m^{-3} beträgt. Sie wurde zum Bau der Saturn V-Rakete verwendet. Mg-Legierungen mit geringerem Anteil an Magnesium wie *Magnalium, Hydronalium, Duraluminium* u. a. wurden bereits beim Aluminium beschrieben. Wegen des sehr geringen Wirkungsquerschnittes für thermische Neutronen können sowohl Magnesium als auch seine Legierungen als Überzugsmaterial für Brennstoffelemente in gasgekühlten Niedertemperatur-Reaktoren verwendet werden. Mg-Verbindungen wie z. B. MgO *Magnesia usta* dient in der Medizin als mildes Neutralisationsmittel bei Magenübersäuerung. Das Carbonat wird direkt zu Gläsern, Keramiken und Isolatoren verarbeitet, während das basische Mg-Carbonat *Magnesia alba* in der Medizin als Säurebindendes Antazida, sowie zur Herstellung von Wundstreupuder, Zahnpuder oder -pasta, als Gegenmittel bei Vergiftungen mit Säuren, Arsenik und Metallsalzen, zur Herstellung von Pudern und Putzmitteln sowie als Fülstoff für Papier, Kautschuk und Farben Verwendung findet. Mg-Sulfat-Hydrat *Bittersalz* dient als Abführmittel. Grignard-Verbindungen werden in der Präparativen Chemie für zahlreiche org. Synthesen verwendet.

Physiologie, Toxikologie

Magnesium gehört neben Calcium, Phosphor, Sauerstoff u. a. zu den elf Elementen, aus denen die Körpersubstanz zu 99% aufgebaut ist. Das Element ist essentiell für alle Spezies. Der menschliche Organismus enthält im Durchschnitt rund 20–25 g Mg^{2+}, von dem etwa die Hälfte in Knochen und Zähnen abgelagert sind. Magnesium spielt im menschlichen Körper als Elektrolyt und Aktivator vieler Enzyme, vor allem bei der Biosynthese von RNA und DNA eine wichtige Rolle und ist bei der Erregungsüberleitung an den Muskeln mitbeteiligt. Magnesium ist schlechthin das anti-Streß-Mineral und wirkt entkrampfend für Muskeln und die inneren Organe sowie als Schutz der Blutgefäße, des Herzens und Nervensystems. Der von der WHO empfohlene tägliche Bedarf liegt bei 250–380 mg und wird hauptsächlich durch die Nahrung v. a. Obst, Gemüse, Vollkornprodukte gedeckt.
Magnesiummangel infolge schlechter Ernährung, Darmresorbtionsstörungen oder chronischem Alkoholismus äußert sich durch Migräne, Schlafstörungen, Herzjagen, Blutdruckanstieg, Tremor, Muskelzuckungen, normokalzämische Tetanie, seltener Krämpfe. Ein erhöhter Magnesiumspiegel tritt bei gestörter Ausscheidung auf, infolge akuter oder chronischer Niereninsuffizienz. Bei einer *Hypermagnesiämie* kann es zu einer Lähmung des Zentralnervensystems kommen.
In der Pflanzenphysiologie ist Magnesium als Bestandteil der Chlorophylle (Zentralatom) unentbehrlich und ist als Kofaktor bei vielen Enzymreaktionen beteiligt. Magnesiummangel bei den Pflanzen führt zu verschiedenen Mangel-Symptomen, die sich durch Aufhellung des Blattgrüns und Welken der Pflanzen äußern.

Mangan Mn

International (Lat.)	Manganum	Griechisch	Μαγγάνιο
Englisch	Manganese		(Magganio)
Französisch	Manganése	Russisch	Марганец
Spanisch	Manganeso		(Marganjetz)
Italienisch	Manganese	Japanisch	マンガン (mangan)

Atomare und physikalische Eigenschaften

Protonenzahl **(Z)**	**25**
Standard-Atomgewicht (bezogen auf $^{12}C = 12$)	54,93805(±1)
Elektronenkonfiguration	[Ar] $3d^5\ 4s^2$
Effektive Kernladung	(Slater) 3,60; (Clementi) 5,23; (Froese-Fischer) 7,18
Grundzustand, Termsymbol	$^6S_{5/2}$
Metallatomradius (KZ 12)	127 pm[a)]
Kovalenzradius (Einfachbindung)	118 pm [b)]
Ionenradien (KZ 4; 6)	$83^{2+}_{(6)}$ pm, $70^{3+}_{(6)}$ pm, $54^{4+}_{(6)}$ pm, $33^{5+}_{(4)}$ pm, $26^{6+}_{(4)}$ pm, $46^{7+}_{(6)}$ pm
Molares Volumen	$7,38 \cdot 10^{-6}\ m^3 \cdot mol^{-1}$
1.;2.;3.;4.;5.;6.;7. Ionisierungsenergie	7,4353 eV; 15,639 eV; 33,667 eV; 51,199 eV; 72,445 eV; 95,351 eV; 119,27 eV
Elektronegativität	(Allred/Rochow) 1,60; (Pauling) 1,55; (absolut) 3,72 eV
Elektronenaffinität Mn ⟶ Mn^-	n. bek.
Wirkungsquerschnitt für thermische Neutronen ($\sigma_{n,\gamma}$)	$13,3 \cdot 10^{-28}\ m^2$
Dichte (α; bei 20 °C)	$7440\ kg \cdot m^{-3}$ [c)]
Härte (Mohs)	6
Elastizitätsmodul	$15,7 \cdot 10^{10}$ Pa
Schmelztemperatur	(1244 ± 3) °C [(1517,15 ± 3) K]
Siedetemperatur	2032 °C (2305,15 K)[d)]
Spezifische Schmelz-/ Verdampfungsenthalpie	$266\ kJ \cdot kg^{-1}$ [e)] / $4190\ kJ \cdot kg^{-1}$ [f)]
Spezifische Sublimations-Atomisierungsenthalpie (einatomiges Gas)	$5115,6\ kJ \cdot kg^{-1}$ [g)]
Spezifische Wärmekapazität (bei 25 °C)	$0,4795\ kJ \cdot kg^{-1} \cdot K^{-1}$
Thermische Leitfähigkeit (bei 27 °C)	$7,82\ W \cdot m^{-1} \cdot K^{-1}$
Thermischer Längenausdehnungskoeffizient (bei 25 °C)	$21,7 \cdot 10^{-6}\ K^{-1}$
Thermospannung (Δt = 100 K / Pt; Cu)	+0,7 mV; –0,05 mV
Elektrische Leitfähigkeit (bei 20 °C)	$0,54 \cdot 10^6\ S \cdot m^{-1}$
Spezifischer elektrischer Widerstand (bei 20 °C)	$185,20 \cdot 10^{-8}\ \Omega \cdot m$
Spezifische magnetische Suszeptibilität	(α) $+121 \cdot 10^{-9}\ m^3 \cdot kg^{-1}$; (β) $+110,5 \cdot 10^{-9}\ m^3 \cdot kg^{-1}$
Néel-Temperatur	–170 °C (103,15 K)
Hall-Koeffizient (Mn 99,99%)	$+0,84 \cdot 10^{-10}\ m^3 \cdot A^{-1} \cdot s^{-1}$
Elektrochemisches Äquivalent Mn^{2+}	$0,2847 \cdot 10^{-6}\ kg \cdot A^{-1} \cdot s^{-1}$
Normalpotential Mn/Mn^{2+}	–1,185 V
Hydratationsenthalpie Mn^{2+}	$-1815\ kJ \cdot mol^{-1}$
Bildungsenthalpie Mn_2O_7	$-742,7\ kJ \cdot mol^{-1}$

Weitere Angaben: a) (g) 136,7 pm. b) 117,1 pm. c) 7200–7430 $kg \cdot m^{-3}$. d) 1962 °C und 2060 °C. e) 262,15 $kJ \cdot kg^{-1}$. f) 3999,6 $kJ \cdot kg^{-1}$ und 4023,3 $kJ \cdot kg^{-1}$. g) 5208,45 $kJ \cdot kg^{-1}$.

Entdeckung

Mangan wurde im Jahre 1774 von dem schwedischen Chemiker Johan Gottlieb Gahn (1745–1818) in Stockholm, Schweden, entdeckt und durch Reduktion einer Mischung von Braunstein und Kohle in stark verunreinigter Form isoliert. Er nannte das neue Metall *Magnesium*, da der Braunstein damals ganz willkürlich als *Magnesia nigra* bzw. *Schwarze Magnesia* bezeichnet wurde, im Gegensatz zum basischen Magnesiumcarbonat, das man *Magnesia alba* also *Weiße Magnesia* nannte. Der Name *Magnesia* geht auf die thessalische Landschaft Magnesia zurück, wo im Altertum der sog. „μαγνητις λιτος“ (magnétis lithos), d. h. *Stein aus Magnesia* gefunden wurde. Um Verwechslungen mit dem inzwischen von H. Davy dargestellten *Magnium* bzw. *Magnesium* zu vermeiden, wurde der Name in *Manganesium* und schließlich von M. H. Klaproth in *Manganium* bzw. „Mangan“ abgeändert. Das chemische Symbol „Mn“ wurde 1814 von J. J. Berzelius vorgeschlagen. Technische Bedeutung erlangte Mangan erst ab 1860 nachdem das Schmelzen von Fe-Mn-Legierungen in Hochöfen möglich war.

Vorkommen

Mangan gehört zu den relativ häufigen Elementen auf der Erde. Mit einem berechneten Massenanteil in der Erdhülle von 0,085% steht es an 14. Stelle der Elementhäufigkeit und ist nach Eisen das zweithäufigste Schwermetall. In den obersten 16 km der Erdkruste ist es mit rund 1,06 kg/t Gestein vertreten, in Eisenmeteoriten mit 3 kg/t. Im Meerwasser beträgt sein Anteil durchschnittlich $0{,}9 \cdot 10^{-4}$ g $Mn^{(+II)}$ pro m^3, bei einer Verweilzeit von etwa 50 Jahren. Mangan tritt in der Natur nie elementar auf. In Form seiner Verbindungen ist es jedoch weit verbreitet und oft mit Eisen vergesellschaftet.
Die Hauptvorkommen liegen in der Republik Südafrika, ca. 45% der Gesamtreserven; an der Ostküste des Schwarzen Meeres, Rußland etwa 38%. Die restlichen 17% verteilen sich auf Gabun, Indien, Brasilien u. a. Deutschland ist arm an Manganerzen, das

Die wichtigsten Manganerze	
Braunsteine: Pyrolusit, Weichmanganerz	β-MnO_2; Psilomelan, Romanéchit, Schwarzer Glaskopf $(Ba, H_2O)Mn_5O_{10}$; Manjiroit $(Na, K, H_2O)Mn_8O_{16}$;
Kryptomelan	$K_{0-2}\,(Mn^{IV}, Mn^{III})_8\,(O, OH)_{16}$
Braunit, Hartmanganerz	$3\,Mn_2O_3 \cdot MnSiO_3$
Manganit, Braunmanganerz	[γ-MnO(OH)] $(= Mn_2O_3 \cdot H_2O)$
Hausmannit	$Mn^{II}\,Mn^{III}_2O_4$ $(= MnO \cdot Mn_2O_3)$
Manganosit	MnO
Manganspat, Himbeerspat, Rhodochrosit	$MnCO_3$
Alabandin, Manganblende	MnS
Hauerit, Mangankies	MnS_2
Rhodonit	$(Mn, Fe, Ca)[SiO_3]$ oder $Ca, Mn_4[Si_5O_{15}]$
Bixbyit	$(Mn, Fe^{III})_2O_3$

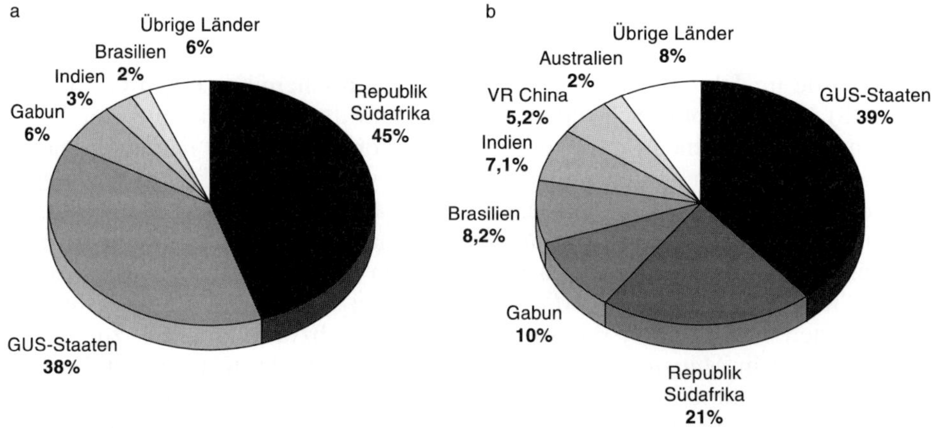

Abb. 51: a) Prozentualer Anteil der Manganerze-Vorräte verschiedener Länder bei einem weltweiten Gesamtvorrat von ca. $3{,}8 \cdot 10^9$ t; b) Prozentualer Anteil der Manganerze-Förderung verschiedener Länder bei einer weltweiten Gesamtförderung von ca. $30 \cdot 10^6$ t/Jahr.

wichtigste deutsche Manganerz ist der Spateisenstein, Siderit ($FeCO_3$) aus dem Siegerland (31–32% Fe, 5–6% Mn). Die bekannten Mangan-Reserven, ohne die Ozeane, liegen weltweit bei etwa 3,8 Mrd. t, davon werden jährlich ca. 30 Mio. t gefördert. Die Hauptförderländer sind die GUS-Staaten mit ca. 39%, Republik Südafrika 21%, Gabun 10%, Brasilien 8,2%, Indien 7,1%, VR China 5,2% u. a. (Abb. 51). Riesige Mengen Mangan finden sich in den „Manganknollen" auf den Böden der Ozeane, die erstmals 1872–76 während der Reise der HMS Challenger bemerkt wurden. Durch Verwitterungsvorgänge werden erhebliche Mengen Kolloidteilchen der Oxide von Mangan, Eisen, Nickel u. a. Metalle ins Meer gespült wo sie agglomerieren und sich zu Knollen verdichten. Die rundlich-schalenförmig aufgebauten Konkretionen von durchschnittlich bis 8 cm Durchmesser enthalten z. T. bis zu 30–40% Mn, 5–15% Fe-, je 1–2% Ni-, Co-, Cu-Metalle. Nach Schätzungen der University of California von 1957 soll die Menge der sich weltweit auf dem Meeresgrund befindlichen Manganknollen weit über 1 Bio. t ($1 \cdot 10^{12}$ t) betragen, von denen aber z. Z. nur 5–10% wirtschaftlich verwertbar sind.

Eisenhaltige Mineralwässer enthalten bis zu 0,5 g $Mn^{(+II)}$ pro Liter. Als bedeutendes Spurenelement ist Mangan in fast allen Böden zerstreut. Von hier wird es in geringen Mengen von den Pflanzen aufgenommen und gelangt mit der Pflanzennahrung auch in den tierischen und menschlichen Organismus. Die Häufigkeit des Elements auf der Sonne beträgt ca. $2{,}63 \cdot 10^5$ Atome Mangan pro $1 \cdot 10^{12}$ Atome Wasserstoff, die kosmische Häufigkeit wird auf $6{,}8 \cdot 10^3$ Atome Mangan pro $1 \cdot 10^6$ Atome Silicium geschätzt.

Herstellung

Nach dem klassischen Verfahren wird Mangan aus Braunstein MnO_2 durch Reduktion mit Silicium hergestellt. Das selbst mit Aluminium sehr heftig reagierende Mangan(IV)-

oxid MnO_2 wird zunächst in reaktionsträgeres Mangan(II, III)-oxid Mn_3O_4 und Mangan(III)-oxid Mn_2O_3 überführt und dann mit Silicium in Mangan umgesetzt:

$$Mn_3O_4 + 2\,Si \longrightarrow 3\,Mn + 2\,SIO_2$$

Reines Mangan wird heute vorwiegend auf elektrolytischen Wegen durch kathodische Abscheidung aus hochreiner Mn(II)-sulfat-Lösung an Stahl- oder Hastelloy-Elektroden erhalten.
Da Mangan wegen seiner Sprödigkeit kaum verwendet wird, ist die Herstellung des reinen Metalls technisch unbedeutend. Von großer technischer Bedeutung sind hingegen die Fe-Mn-Legierungen (s. S. 205), die aus Gemischen von Eisen- und Manganerzen mit Koks im Hochofen oder im elektrischen Schmelzofen hergestellt werden. Die Weltproduktion an Ferromangan mit ca. 80% Mn beträgt rund 5 Mio. t/Jahr. Der Preis für 1 kg reines Mangan (99,9%) liegt bei ca. 2,85 $ bzw. 5,15 DM.

Physikalische Eigenschaften

Mangan ist in reinem Zustand ein silberweißes, paramagnetisches, sehr hartes und sprödes, Schwermetall, das sich in Stahlgefäßen pulverisieren läßt. Es tritt in vier Modifikationen auf:

α-Mn	$\xleftrightarrow{740\ °C}$	β-Mn	$\xleftrightarrow{1075\ °C}$	γ-Mn	$\xleftrightarrow{1140\ °C}$	δ-Mn
kubisch raumzentriert		kubisch primitiv		kubisch flächenzentriert		kubisch raumzentriert

Das Metall hat eine relativ hohe Schmelz- und Siedetemperatur und ist ein schlechter Leiter von Wärme und elektrischem Strom; die thermische Leitfähigkeit beträgt 1,82%, die elektrische 0,86% der des Silbers. Legierungen des Mangans mit anderen nicht ferromagnetischen Metallen wie Kupfer und Aluminium wie z. B. die *Heusler-Legierungen* zeigen gute ferromagnetische Eigenschaften, die auf die intermetallische Phase Cu_2MnAl zurückzuführen sind, in der die Legierung ein raumzentriertes Gitter mit Überstruktur bildet.

Radiochemie

Mangan ist ein anisotopes Element, es kommt in der Natur nur in Form des Isotops $^{55}_{25}Mn$ vor. Weitere 20 künstliche, radioaktive Isotope des Mangans sind bekannt.
Die Mn-Isotope haben allg. kurze Halbwertszeiten. Die leichteren Isotope $A < 55$ zerfallen durch β^+-Strahlung oder Elektronen-Einfang (EC) in Cr-Isotope, die schwereren Isotope $A > 55$ verwandeln sich durch β^--Emission in Fe-Isotope. Die wichtigsten Isotope sind $^{54}_{25}Mn$ (EC | 1,377 MeV; γ | 0,838 MeV), das durch den Beschuß von Chrom- oder Eisen-Targets mit beschleunigten Teilchen trägerfrei erzeugt werden kann und $^{56}_{25}Mn$ (β^- | 3,696 MeV; γ | 2,113 MeV), das durch die Reaktion $^{55}_{25}Mn$ (n, γ) $^{56}_{25}Mn$ entsteht. Beide werden in der Aktivierungsanalyse verwendet und dienen als radioaktive Indikatoren, Tracer. Das stabile Isotop $^{55}_{25}Mn$ der Kernspinzahl 5/2+ und dem kernmagnetischen Moment +3,4687 dient zum NMR-spektroskopischen Nachweis; NMR-Frequenz (bei 2,3488 T) $24{,}664 \cdot 10^6 s^{-1}$; Referenz $KMnO_4$ (aq).

Die Isotope des Mangans (1995)

Isotop	Natürliche Häufigkeit n (%)	Zerfallsart				Halbwertszeit $T_{1/2}$
		β+	EC	γ	β-	
Mn 46		x				41 ms
Mn 47		x				n.bek.
Mn 48		x		x		185 ms
Mn 49		x		x		382 ms
Mn 50*		x		x		283 ms
Mn 50*		x		x		1,75 m
Mn 51		x		x		46,2 m
Mn 52*		x	x	x		5,6 d
Mn 52*		x		x		21 m
Mn 53			x			$3{,}7 \cdot 10^6$ a
Mn 54			x	x		312,2 d
Mn 55	**100**					
Mn 56				x	x	2,58 h
Mn 57				x	x	1,5 m
Mn 58*				x	x	3,0 s
Mn 58*				x	x	65,3 s
Mn 59				x	x	4,6 s
Mn 60*				x	x	51 s
Mn 60 m*				x	x	1,77 s
Mn 61				x	x	0,71 s
Mn 62				x	x	0,88 s
Mn 63				x	x	0,25 s
Mn 64					x	n.bek.
Mn 65					x	n.bek.
Mn 66					x	n.bek.

(* isomere Atomkerne; m* markiert einen metastabilen Zustand)

Chemische Eigenschaften

Mangan ist das erste Element der sog. *Mangangruppe*, der die Elemente

Mangan Mn, Technetium Tc, Rhenium Re und Bohrium Bh

angehören. Es befindet sich im PSE in der 7. Gruppe (VIIB Nebengruppe) über dem Technetium Tc sowie in der 4. Periode zwischen dem Chrom Cr und Eisen Fe. Das freie, neutrale Mn-Atom hat im elektronischen Grundzustand die Elektronenkonfiguration:

$$1s^2\ 2s^2\ 2p^6\ 3s^2\ 3p^6\ 3d^5\ 4s^2$$

aufgrund der Mangan in seinen Verbindungen alle Oxidationsstufen von –III bis +VII bilden kann. Die wichtigste und beständigste ist die Stufe +II ([Ar] $3d^5$), die durch die Abgabe der beiden 4s-Elektronen erreicht wird und durch das halbbesetzte 3d-Niveau energetisch besonders begünstigt ist. Für die höheren Oxidationsstufen müssen auch die inneren 3d-Elektronen der Reihe nach betätigt werden.

Die Normalpotentiale des Mangans sind:

+VII +VI +V +IV +III +II 0

Saure Lösung: (+2,27 V: MnO_4^{2-} → MnO_2; +1,23 V: MnO_2 → Mn^{2+})

$$MnO_4^- \xrightarrow{+0,56\ V} MnO_4^{2-} \xrightarrow{+0,27\ V} MnO_4^{3-} \xrightarrow{+4,27\ V} MnO_2 \xrightarrow{+0,95\ V} Mn^{3+} \xrightarrow{+1,51\ V} Mn^{2+} \xrightarrow{-1,185\ V} Mn$$

Basische Lösung: (+0,62 V: MnO_4^{2-} → MnO_2; +0,05 V: MnO_2 → $Mn(OH)_2$)

$$MnO_4^- \xrightarrow{+0,56\ V} MnO_4^{2-} \xrightarrow{+0,27\ V} MnO_4^{3-} \xrightarrow{+0,96\ V} MnO_2 \xrightarrow{+0,15\ V} Mn_2O_3 \xrightarrow{-0,25\ V} Mn(OH)_2 \xrightarrow{-1,56\ V} Mn$$

Mangan ist ein elektropositives, und angesichts seines negativen Normalpotentials Mn/Mn^{2+} ein ziemlich unedles Metall. Aus Wasser setzt Mangan schon bei Zimmertemperatur langsam Wasserstoff frei. Von verd. Säuren wird es unter Wasserstoffentwicklung und Bildung von Mn(II)-salzen rasch angegriffen, da Mangan, im Gegensatz zu anderen Metallen, keine passivierende Oxidhaut bildet. In konz. Schwefelsäure löst sich das Metall unter Bildung von Sulfurdioxid zu Mn(II)-sulfat und in konz. Salpetersäure unter Bildung Stickstoffdioxid zu Mn(II)-nitrat. Gegenüber Nichtmetallen ist Mangan bei Raumtemperatur nicht sehr reaktionsfreudig, bei erhöhter Temperatur reagiert es jedoch mit vielen Nichtmetallen sehr heftig. Im Chlorstrom verbrennt es zu $MnCl_2$, in Sauestoff bei hohen Temperaturen zu Mn_3O_4 ($MnO \cdot Mn_2O_3$) und mit Stickstoff vereinigt es sich oberhalb 1200 °C zu Mn_3N_2. Auch mit anderen Nichtmetallen wie z. B. Bor, Kohlenstoff, Phosphor, Schwefel, Silicium verbindet es sich direkt. Die Azidität und Oxidationskraft der Oxide wächst mit steigender Oxidationszahl, während ihre Basizität dagegen abnimmt. So ist das Mn(II)-oxid MnO ein typisches Basenanhydrid, das Mn(IV)-oxid MnO_2 amphoter und das Mn(VII)-oxid Mn_2O_7 ein ausgesprochenes Säurenanhydrid. Eine Manganige Säure sowie ein Mangan(IV)-oxid und die entsprechende Mangansäure H_2MnO_4 sind nicht bekannt, man kennt nur die entsprechenden Salze Manganate(IV) und Manganate(VI). Die freie Permangansäure $HMnO_4$ ist hingegen in wässerigen Lösungen eine starke Säure, ihre Salze sind die Permanganate. Manganverbindungen zeichnen sich durch die intensiven Farben der Mn-Ionen aus, diese sind:
Von den zahlreichen Mn-Verbindungen sind das Acetat $Mn(OOC\text{-}CH_3)_2$, die Halogenide MnX_{2-3} (X = Cl, Br, I), das Nitrat $Mn(NO_3)_2)$, die Sulfate $MnSO_4$, $Mn_2(SO_4)_3$ und $Mn(SO_4)_2$ in Wasser löslich, das Carbonat $MnCO_3$, das Fluorid MnF_4, die Oxide MnO, MnO_2, Mn_2O_3, Mn_3O_4, Mn_2O_7, die Phosphate $Mn_2P_2O_7$ u. a. sind in Wasser schwer bzw. unlöslich.

Oxidzahl	Salze	Farbe
+II	Mn^{2+} (aq); Mn(II)-salze	rosa
+III	Mn^{3+} (aq); Mn(III)-salze	rotviolett
+IV	Mn^{4+} (aq); Mn(IV)-salze MnO_3^{2-} (aq) bzw. MnO_4^{4-} (aq); Manganite, Manganate (IV)	braungelb braun
+V	MnO_4^{3-} (aq) bzw. MnO_3^- (aq); Hypomanganate, Manganate (V)	hydratisiert: blau wasserfrei: grün
+VI	MnO_4^{2-} (aq); Manganate, Manganate (VI)	tiefgrün
+VII	MnO_4^- (aq); Permanganate, Manganate (VII)	violett

Nachweis

Qualitativ:

- Bildung von grünen Manganat(VI)-salzen durch Schmelzen von Mn-Verbindungen mit einem Salpeter-Soda-Gemisch.
- Oxidation von Mn^{2+}-Ionen mit Periodat, Blei(IV)-oxid oder Peroxidsulfat in konz. Salpetersäure zu tiefvioletten Permanganat.
  $2\,Mn^{2+} + 5\,PbO_2 + 4\,H^+ \longrightarrow 2\,MnO_4^- + 5\,Pb^{2+} + 2\,H_2O$

Quantitativ:

- Fällung von fleischfarbenem Mn(II)-sulfid aus ammoniakalischen Mn(II)-salzlösungen mit Hydrogensulfid. $Mn^{2+} + S^{2-} \longrightarrow MnS$
- Fällung als Ammoniummangan(II)-phosphat NH_4MnPO_4 und Verglühen zum Mn-Diphosphat $Mn_2P_2O_7$.
- Spektralanalyse; wichtige Spektrallinien der neutralen Atome; 257,610 nm, 279,482 nm, 279,827 nm, 293,930 nm, 294,921 nm, 403,076 nm, 403,307 nm, 403,449 nm (violett) u. a.
- Atomabsorptionsspektrometrie (AAS) mittels der 279,482 nm Hauptlinie des Atomspektrums.

Verwendung

Metallisches Mangan hat technisch kaum Bedeutung. Es dient sowohl in reiner Form als auch in Form von Legierungen mit Eisen z. B. Ferromangan, als Desoxidationsmittel in der Stahlmetallurgie. Die Hauptmenge der geförderten Manganerze (über 90%) werden im Hochofen oder im elektrischen Ofen mit Koks und Eisenerzen unter Zugabe anderer Komponenten direkt zu Manganlegierungen verarbeitet.
Manganstähle mit einem geringen Mangangehalt, wie z. B. perlitische Manganstähle 1–2% Mn zeichnen sich durch besondere Festigkeit und Härte aus und werden für Federn, Achsen usw. verwendet. Austenitische Manganhartstähle enthalten bis 1–25% Mn, 0,1–1,5% C, 0,5% Si (Rest Eisen); sie sind im abgeschrecktem Zustand extrem zäh und fest, schmiedbar, härtbar, verschleißfest und wärmebeständig und werden besonders für Baggerzähne, Brechbacken, Schienen, Weichen, Gewindebohrer u. a. Schneidwerkzeuge verwendet. *Heusler-Legierungen* sind ferromagnetisch, sie sind gut verformbar und korrosionsfest und dienen hauptsächlich zur Herstellung von Dauermagneten.

Die wichtigsten Manganlegierungen	
Ferromangan	30–80% Mn, 20–70% Fe
Spiegeleisen	65–80% Fe, 4,5–5,5% C, 6–30% Mn, 1–2% Si, < 0,3% P, < 0,05% S.
Stahleisen	95–98% Fe, 2–5% Mn
Manganin	82–84% Cu, 12–15% Mn, 2–5% Ni
Heusler-Legierungen	z. B. 45–69% Cu, 10–27% Mn, 9–14% Al
Manganbronzen	12–14% Mn, 86–88% Cu

Mangan(IV)-oxid MnO_2 dient zur Herstellung von Mn-Legierungen, Trockenbatterien und Ziegelpigmenten, als Flußmittel für Schweißdrähte, als Katalysator sowie zur Herstellung von Kaliumpermanganat, das als Holzbeize, Bleich- und Desinfektionsmittel Verwendung findet. Mn(II)-sulfat ist Ausgangsprodukt für Elektrolytmangan, Pigmente, Düngemittel, Fungizide, Viehfutterzusatz z. a.

Physiologie, Toxikologie

Mangan gehört zu den sieben Spurenelementen, die für alle Spezies essentiell sind. Biologische Bedeutung hat Mangan vor allem bei der Stoffwechselregulation, als Aktivator verschiedener Enzyme wie z. B. Glykocyaminase, Imidodipeptidase u. a. bei der Atmungskettenphosphorylierung sowie bei der Biosynthese von Cholesterin. Mangan ist Bestandteil der Enzyme Arginase und Phosphatase, die vor allem in den Nieren und der Leber vorkommen. Der menschliche Körper enthält etwa 20–30 mg Mn^{2+}, das hauptsächlich in Zellkernen und Knochen angereichert ist. Der tägliche Bedarf für den Menschen liegt bei etwa 5 mg und wird hauptsächlich über die Nahrung gedeckt. Die toxische Dosis (für Ratten) beträgt 10–20 mg, eine letale Dosis ist nicht bekannt. Mangan und einige Verbindungen sind bei oraler Zufuhr kaum toxisch, Permanganate hingegen können wegen ihrer starken Oxidationswirkung schwere innere Verletzungen verursachen (R 22, S 2). Die Inhalation von manganhaltigen Stäuben oder Dämpfen können zu schweren Manganvergiftungen führen. Bei der akuten Form treten Atemwegsreizungen bis zu Lungenentzündungen mit Todesfolge auf. Chronische Vergiftungen, die als Berufskrankheiten vor allem bei der Manganherstellung und -verarbeitung infolge mehrjähriger Aufnahme von Manganstaub auftreten, äußern sich in Nieren-, Leber- und Stoffwechselerkrankungen sowie durch bleibende Schäden des Zentralnervensystems *Manganismus*. Für Manganstaub wurde ein MAK-Wert von 5 mg/m^3 festgelegt, für Trinkwasser wurden von der WHO als Grenzwerte 0,5 mg Mn/l empfohlen, in Deutschland gilt als Höchstwert 0,1 mg/l. Mangan spielt eine wichtige Rolle bei der Photosynthese. Manganmangel führt bei den Pflanzen zu Wachstumsstörungen.

Meitnerium Mt

International (Lat.)	Meitnerium	Griechisch	Μειτνεριο (Meitnerio)
Englisch	Meitnerium	Russisch	Мейтнерий (Meitnerij)
Französisch	Meitnerium		
Spanisch	Meitnerio	Japanisch	マイトナーリウム (maitonaariumu)
Italienisch	Meitnerio		

Atomare Eigenschaften	
Protonenzahl **(Z)**	**109**
Nukleonenzahl (Neutronenzahl)	266 (157); 268 (159)
Elektronenkonfiguration	[Rn] $5f^{14}$ $6d^7$ $7s^2$

Entdeckung

Das chemische Element Meitnerium wurde am 29. August 1982 von den deutschen Wissenschaftlern Gottfried Münzenberg, Peter Armbruster, Fritz-Peter Heßberger, Sigurd Hofmann, Klaus Poppensieker, Willibrord Reisdorf, Jürgen H. R. Schneider, Wolfgang F. W. Schneider und Karl-Heinz Schmidt von der *Gesellschaft für Schwerionenforschung*, GSI, in Darmstadt, Deutschland, Christoph-C. Sahm und Detlef Vermeulen vom *Institut für Kernphysik*, TH, Darmstadt in Form des Isotops $^{266}109$ erstmals künstlich hergestellt und über seinen Alpha-Zerfall eindeutig nachgewiesen.

Bei dem durchgeführten Experiment wurden Ionen von Eisen-58 $^{58}_{26}Fe^{13+}$ im Schwerionen-Linearbeschleuniger UNILAC auf etwa 10% der Lichtgeschwindigkeit bzw. auf eine Energie von 299 MeV (5,15 MeV-Nukleon) beschleunigt. Nach 250 Stunden Bestrahlungszeit von Bismut-209 mit Strömen von $2 \cdot 10^{12}$ Teilchen pro Sekunde, gelang es der GSI-Gruppe am 29. August 1982 um 16:10 Uhr am SHIP ein einziges Atom aufzuspüren, anhand dessen Zerfallskette das Element 109 eindeutig identifiziert werden konnte. Es entstand durch *kalte Fusion* von Bismut-209 und Eisen-58 nach Emission eines Neutrons in der Synthese-Reaktion:

$$^{58}_{26}\mathrm{Fe} + ^{209}_{83}\mathrm{Bi} \longrightarrow \{^{267}109\} \longrightarrow ^{266}109 + ^{1}_{0}\mathrm{n}$$

Der Bildungsquerschnitt dieser Reaktion lag bei etwa $2 \cdot 10^{-39}$ m². Nach 3,14 ms verwandelte sich dieser Kern durch α-Zerfall mit einer α-Energie von 11,10 MeV in das Isotop $^{262}107$ dessen α-Zerfall bereits von früher bekannt war (Abb. 52).

$$^{266}109 \xrightarrow[T_{1/2}\,=\,3{,}14\text{ ms}]{-\alpha} {}^{262}107 \xrightarrow[T_{1/2}\,=\,\text{ca. }15\text{ ms}]{-\alpha} {}^{258}105 \longrightarrow$$

Im Februar 1988 wurde in einem neuen Experiment bei der GSI eine weitere Zerfallskette desselben Kerns entdeckt. Zwölf weitere Kerne wurden bei einem Experiment im Februar 1997 nachgewiesen.

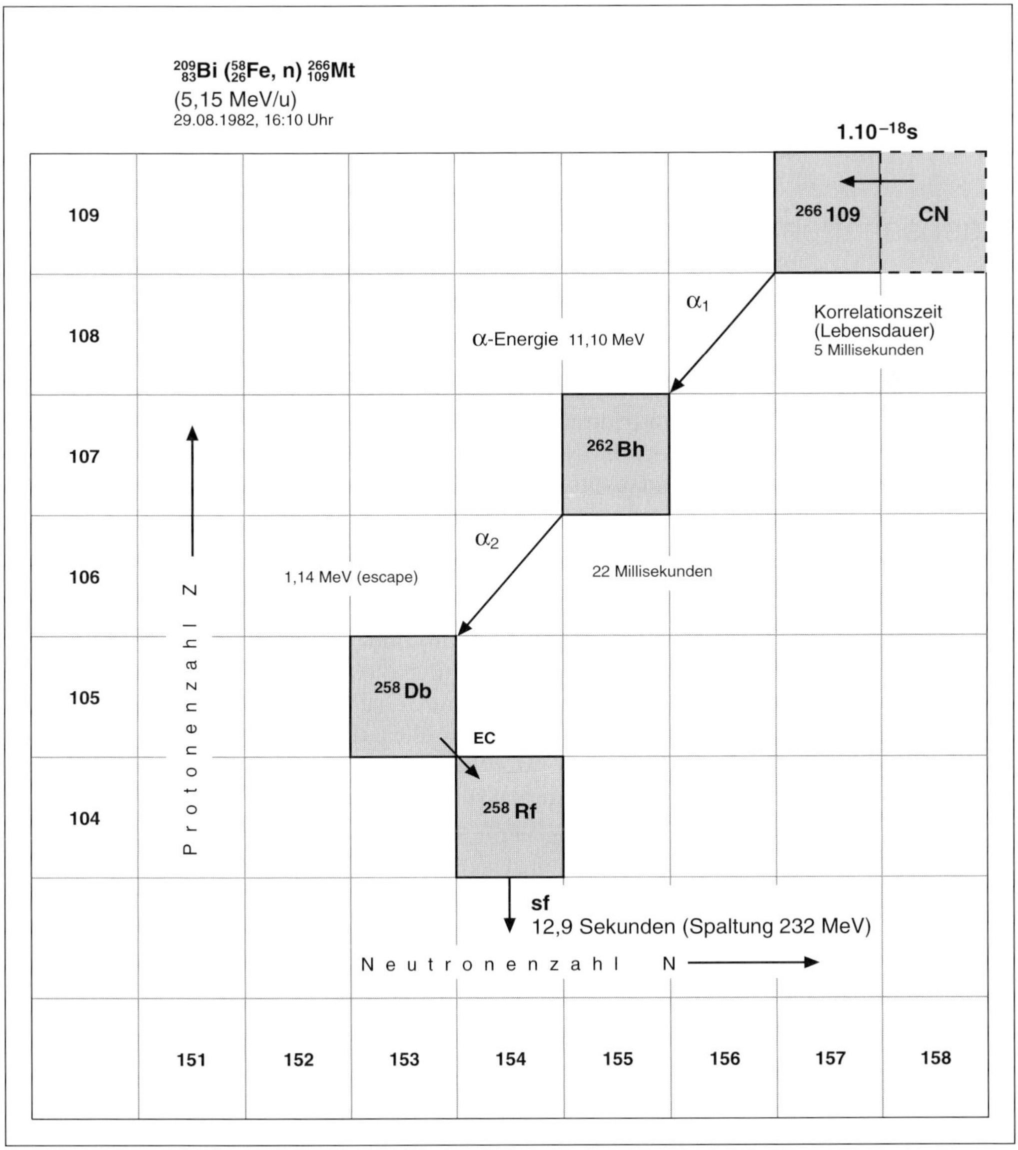

Abb. 52: Nachweis des Elements 109. Die Zerfallskette, die am 29. August 1982 um 16.10 Uhr registriert wurde. Angegeben sind die gemessene α-Zerfallsenergien (links) in MeV sowie die ermittelten Korrelationszeiten (rechts) zwischen den einzelnen Zerfällen. Der Verbundkern (CN) ist gestrichelt umrahmt. Escape bedeutet ein aus dem Detektor herausgeflogenes α-Teilchen.

Zusammenfassend ergibt sich aus den drei Experimenten für das Isotop $^{266}109$ eine Halbwertszeit von 1,7 ms.
Am 7. September 1992 wurde das Element 109 bei der GSI in Anwesenheit von Wissenschaftlern aus den USA, GUS, u. a. zu Ehren der österr.-schwed. Physikerin Lise Meit-

ner (1878–1968) auf den Namen „Meitnerium“ mit dem chemischen Symbol „Mt“ getauft. Dieser Name wurde dann am 31. August 1997 auf der Generalversammlung der IUPAC offiziell eingeführt.
Im Dezember 1994 wurde bei der GSI noch ein zweites Isotop, $^{268}109$, mit einer Halbwertszeit von ca. 70 ms entdeckt.

Eigenschaften

Angesichts der einzelnen Atome des Meitneriums, die bisher hergestellt wurden sowie deren Lebensdauer von nur einigen Millisekunden konnten die Eigenschaften des Elements naturgemäß noch nicht ermittelt werden. Gemäß seiner Protonenzahl gehört Meitnerium zur Gruppe der „Transactinoide“ und befindet sich im PSE in der 9. Gruppe (Nebengruppe VIII), unter dem Iridium Ir, sowie in der 7. Periode zwischen Hassium Hs und dem Element 110. Entsprechend seiner Stellung im PSE hat das freie, neutrale Mt-Atom im elektronischen Grundzustand mit großer Wahrscheinlichkeit folgende Elektronenkonfiguration:

$$1s^2\ 2s^2\ 2p^6\ 3s^2\ 3p^6\ 3d^{10}\ 4s^2\ 4p^6\ 4d^{10}\ 4f^{14}\ 5s^2\ 5p^6\ 5d^{10}\ 5f^{14}\ 6s^2\ 6p^6\ 6d^7\ 7s^2$$

Meitnerium ist ein Übergangsmetall und bildet in seinen Verbindungen vermutlich wie seine leichteren Gruppennachbarn Cobalt Co, Rhodium Rh und Iridium Ir alle Oxidationsstufen von –I bis +VI, von denen voraussichtlich die Stufe +IV die wichtigste ist. Es könnte daher in seinem chemischen Verhalten seinen Gruppennachbarn folgen. Die Auswirkung relativistischer Effekte in der Elektronenhülle auf die chemischen Eigenschaften des Meitneriums sind bisher noch nicht vorauszusehen, sie könnten allerdings Abweichungen der chemischen Eigenschaften von denen seiner Gruppennachbarn bewirken.

Radiochemie

Bis heute sind zwei Isotope des Meitneriums mit Sicherheit nachgewiesen, sie wurden beide künstlich hergestellt und sind radioaktiv.

Die Isotope des Meitneriums (GSI 1998)

Isotop	Halbwertszeit $T_{1/2}$	Zerfallsart	Zerfalls-energie (MeV)	Herstellungs-art	Bildungs-querschnitt
Mt-266 ...	1,7 ms	α	11,74 10,48	$^{209}Bi(^{58}Fe, n)$	ca. $2 \cdot 10^{-39}$ m^2
Mt-268	(70^{+100}_{-30}) ms	α	10,240; 10,097	Tochterisotop von $^{272}111$	– – –

Die Meitnerium-Isotope haben relativ kurze Halbwertszeiten. Sie zerfallen durch α-Emission in die entsprechenden Isotope des Elements Bohrium.

Verwendung

Angesichts der wenigen Atome die bisher hergestellt wurden, sowie der sehr kurzen Halbwertszeiten findet Meitnerium z. Zt. keine Verwendung

Physiologie, Toxikologie

Meitnerium hat keine biologische Bedeutung für den menschlichen Organismus, es würde jedoch aufgrund seiner Radioaktivität toxisch wirken.

Mendelevium Md

International (Lat.)	Mendelevium	Griechisch	Μεντελεγέβιο (Mendelegevio)
Englisch	Mendelevium		
Französisch	Mendélevium	Russisch	Менделевий (Mindiljevij)
Spanisch	Mendelevio		
Italienisch	Mendelevio	Japanisch	メンデレビウム (menderebiumu)

Atomare und physikalische Eigenschaften	T+
Protonenzahl **(Z)**	**101**
Standard-Atomgewicht (bezogen auf $^{12}C = 12$)	258,098570 [1)]
Effektive Kernladung	(Slater) 1,65
Elektronenkonfiguration	[Rn] $5f^{13}\ 7s^2$
Grundzustand, Termsymbol	$^2F_{7/2}$
Ionenradien (KZ 6)	$114^{2+}_{(6)}$ pm, $96^{3+}_{(6)}$ pm, $85^{4+}_{(6)}$ pm
1.Ionisierungsenergie **	5,6245 eV
Elektronegativität *	(Allred/Rochow) 1,20; (Pauling) 1,30
Thermische Leitfähigkeit (bei 27 °C) *	$10{,}0\ W \cdot m^{-1} \cdot K^{-1}$
Normalpotential Md/Md^{3+}	−1,74 V

1) Angegeben ist das Atomgewicht des Isotops mit der längsten Halbwertszeit $^{258}_{101}$Md.
* geschätzt Werte; ** extrapolierte (berechnete) Werte.

Entdeckung

Mendelevium wurde im Jahre 1955 von den amerikanischen Forschern Albert Ghiorso, Bernard G. Harvey, Gregory R. Choppin, Stanley G. Thompson und Glenn T. Seaborg durch Beschuß von Einsteinium-Targets mit energiereichen Helium-Kernen an der University of California, Berkeley, USA, erstmals hergestellt.
Bis Fermium konnten alle Transurane in Kernreaktoren durch Neutronenbestrahlung und anschließenden β^--Zerfall erbrütet werden. Zur Synthese der Transfermium-Elemente mußte man jedoch neue Verfahren anwenden, da Fermiumisotope und die Isotope der Transfermium-Elemente keinen β^--Zerfall mehr zeigen. Am aussichtsreichsten erwies sich dazu die sog. *heiße Fusion*, also die Verschmelzung der Kerne der schwersten „Actinoide" mit hochbeschleunigten, energiereichen Atom-Kernen oder Ionen leichterer Elemente. Dazu mußten die Protonenzahlen von Projektil- und Targetkern so gewählt werden, daß deren Summe gleich der angestrebten Protonenzahl war. Die Zahl der dabei abdampfenden Neutronen, meist vier bis fünf, konnte gewissermaßen durch die Projektilenergie beeinflußt werden, die einerseits groß genug sein mußte, um die zwischen den Kernen wirkenden Coulombkräfte zu überwinden und die Fusionsbarriere zu

überschreiten, andererseits aber nicht zu groß sein durfte, um eine spontane Spaltung der hoch angeregten Kerne so weit wie möglich zu verhindern.
Zwischen 1958 und 1974 gelang es in Berkeley und im damals sowjetischen Kernforschungszentrum in Dubna bei Moskau mit Hilfe von Schwerionen-Beschleunigern durch Fusion von Transuranelementen mit hochbeschleunigten Kernen oder Ionen leichterer Elemente wie Bor, Kohlenstoff, Sauerstoff u. a. die Elemente 101 bis 106 herzustellen.
Die für die Synthese des Elements 101 benötigte winzige Menge des Einsteinium-Isotops $^{253}_{99}Es$ erhielten A. Ghiorso und Mitarbeiter von der *National Reactor Testing Station* in Idaho. Hier wurden bis 1955 im *Materials Testing Reactor* etwa eine Milliarde Atome, dies entspricht etwa einem Billionstel (10^{-12})g des Isotops, erbrütet.
In der Nacht des 18. Februar 1955 beschossen die amerikanischen Forscher in dem umgebauten 60-Zoll-Zyklotron mit beschleunigten He-Kernen $^{4}_{2}He^{2+}$ der Energie 41 MeV (10,25 MeV/Nukleon) mit Strahlintensitäten von über $1 \cdot 10^{14}$ Teilchen pro Sekunde eine dünne Schicht des Targetmaterials $^{253}_{99}Es$ das auf eine etwa 2,5 µm dünne Gold-Trägerfolie, sog. *backing* durch Elektrolyse aufgebracht war. Die Bestrahlung erfolgte in Serien von jeweils drei Stunden wonach man die Trägerfolie in das *Radiation Laboratory* brachte, wo das Element 101 chromatographisch getrennt und nachgewiesen wurde.
Bei der Synthese spielten sich folgende Reaktionen ab:

$$^{253}_{99}Es + ^{4}_{2}He \longrightarrow ^{256}_{101}Md + ^{1}_{0}n$$

Das gebildete Isotop $^{256}_{101}Md$ zerfällt mit einer Halbwertszeit von 76 Minuten sowohl durch α-Strahlung in das Isotop $^{252}_{99}Es$ als auch durch Elektronen-Einfang (EC) in das Isotop $^{256}_{100}Fm$, das nach 2,63 Stunden durch Spontanspaltung zerfällt:

$$^{256}_{101}Md \xrightarrow[T_{1/2} = 76\ \text{min}]{EC} {}^{256}_{100}Fm \xrightarrow[T_{1/2} = 2{,}63\ \text{h}]{} \text{Spontanspaltung (sf)}$$

Bei jedem durchgeführten Experiment entstand jeweils „ein Atom". Insgesamt wurden nach acht Experimenten 17 Atome des Elements 101 isoliert und nachgewiesen.
Die amerikanischen Forscher schlugen in Würdigung der Pionierrolle des russischen Chemikers D. I. Mendelejew für das Element 101 den Namen „Mendelevium" mit dem chemischen Symbol Mv vor das später von der IUPAC in „Md" abgeändert wurde.
Erst vier Jahrzehnte nach der Entdeckung des Elements 101 wurde im August der Name „Mendelevium" mit dem chemischen Symbol „Md" von der Generalversammlung der IUPAC in Genf bestätigt und offiziell eingeführt.
Später durchgeführte Versuche mit größeren Mengen Einsteinium ermöglichten die Herstellung einiger tausend Atome des neuen Elements.

Herstellung

Mendelevium wird heute durch Beschuß von Americium-, Bismut-, Einsteinium-, Plutonium-, Uran-Targets u. a. mit beschleunigten Kohlenstoff-, Stickstoff-, Helium- und Neon-Ionen erzeugt:

$$^{243}_{95}Am + ^{12}_{6}C \longrightarrow ^{250}_{101}Md + 5\,^{1}_{0}n$$
$$^{240}_{94}Pu + ^{15}_{7}N \longrightarrow ^{251}_{101}Md + 4\,^{1}_{0}n$$
$$^{238}_{92}U + ^{22}_{10}Ne \longrightarrow ^{256}_{101}Md + ^{1}_{1}p + 3\,^{1}_{0}n \text{ usw.}$$

Eigenschaften

Angesichts der äußerst geringen verfügbaren Mengen des Elements 101 sowie der kurzen Halbwertszeit seiner Isotope konnten die Eigenschaften des Elements praktisch nur in sehr geringem Umfang ermittelt werden. Mendelevium gehört zur Gruppe der „Actinoide" und befindet sich im PSE in der 3. Gruppe (IIIB Nebengruppe) unter dem Thulium Tm sowie in der 7. Periode zwischen Fermium Fm und Nobelium No. Entsprechend seiner Stellung im PSE kann mit großer Wahrscheinlichkeit angenommen werden, daß das freie, neutrale Md-Atom im elektrischen Grundzustand folgende Elektronenkonfiguration besitzt:

$$1s^2\ 2s^2\ 2p^6\ 3s^2\ 3p^6\ 3d^{10}\ 4s^2\ 4p^6\ 4d^{10}\ 4f^{14}\ 5s^2\ 5p^6\ 5d^{10}\ 5f^{13}\ 6s^2\ 6p^6\ 7s^2$$

Die Normalpotentiale des Mendeleviums:

	+III		+II		0
			−1,74 V (Md^{3+} → Md)		
Saure Lösung	Md^{3+}	−0,15 V	Md^{2+}	+2,53 V	Md

Chemisch ist Mendelevium ein typisches Actinoidenelement und ist in seinem chemischen Verhalten seinem leichteren Homologen Thulium Tm ähnlich. In seinen Verbindungen bildet es hauptsächlich die Oxidationsstufe +III. Mit Zinkstaub, Chrom, Europium oder Vanadium wird es in Lösung zu Md^{2+} reduziert.

Radiochemie

Bis heute sind insgesamt 16 Isotope des Mendeleviums bekannt, sie wurden alle künstlich hergestellt und sind radioaktiv.
Die Md-Isotope haben alle kurze Halbwertszeiten, die schwereren Isotope zerfallen durch α-Strahlung in Einsteinium-Isotope und durch Elektronen-Einfang (EC) in Fermium-Isotope. Die beiden schwersten Isotope zerfallen durch Spontanspaltung (sf).

Die Isotope des Mendeleviums (1995)

Isotop	Zerfallsart				Halbwertszeit $T_{1/2}$
	α	EC	γ	sf	
Md 245*	x				0,35 s
Md 245*				x	0,90 ms
Md 246	x				1 s
Md 247*	x				1,12 s
Md 247*				x	ca. 0,2 s
Md 248	x	x			7 s
Md 249	x	x			24 s
Md 250	x	x			52 s
Md 251	x	x			4,0 m
Md 252		x			2,3 m
Md 253		x			ca. 6 s

Die Isotope des Mendeleviums (1995)					
Isotop	Zerfallsart				Halbwertszeit $T_{1/2}$
	α	EC	γ	sf	
Md 254*		**x**			28 m
Md 254*		**x**			10 m
Md 255	**x**	**x**	x		27 m
Md 256	**x**	**x**	x		76 m
Md 257	**x**	**x**	x		5,52 h
Md 258*	**x**		x		51,5 d
Md 258*		**x**			57 m
Md 259			**x**		95 m
Md 260			**x**		31,8 d

(* isomere Atomkerne)

Nachweis

Radiometrie, über die radiaktive Strahlung seiner Tochter-Isotope.

Verwendung

Das Element dient ausschließlich zu Forschungszwecken.

Physiologie, Toxikologie

Mendelevium hat keine biologische Bedeutung für den menschlichen Organismus, es würde aber wegen seiner radioaktiven Strahlung toxisch wirken.

Molybdän Mo

International (Lat.)	Molybdenum	Griechisch	Μολυβδαίνιο (Molivdaenio)
Englisch	Molybdenum		
Französisch	Molybdéne	Russisch	Молибден (Malibdjän)
Spanisch	Molibdeno		
Italienisch	Molibdeno	Japanisch	モリブデン (moribuden)

Atomare und physikalische Eigenschaften

Protonenzahl **(Z)**	**42**
Standard-Atomgewicht (bezogen auf ^{12}C= 12)	95,94(±1)
Effektive Kernladung	(Slater) 3,45; (Clementi) 6,98; (Froese-Fischer) 9,95
Elektronenkonfiguration	[Kr] $4d^5$ $5s^1$
Grundzustand, Termsymbol	$^7S_3$
Metallatomradius (KZ 12)	139 pm[a)]
Kovalenzradius (Einfachbindung)	129,6 pm
Ionenradien (KZ 6)	$92^{2+}_{(6)}$ pm, $69^{3+}_{(6)}$ pm, $65^{4+}_{(6)}$ pm, $61^{5+}_{(6)}$ pm, $59^{6+}_{(6)}$ pm
Molares Volumen	$9{,}39 \cdot 10^{-6}$ $m^3 \cdot mol^{-1}$
1.;2.;3.;4.;5.;6. Ionisierungsenergie	7,0994 eV; 16,147 eV; 27,164 eV; 46,431 eV; 61,148 eV; 67,989 eV
Elektronegativität	(Allred/Rochow) 1,30; (Pauling) 2,16; (absolut) 3,90 eV
Elektronenaffinität Mo ⟶ Mo^-	0,746 eV
Wirkungsquerschnitt für thermische Neutronen ($\sigma_{n,\gamma}$)	$2{,}50 \cdot 10^{-28}$ m^2
Dichte (bei 20 °C)	10280 $kg \cdot m^{-3}$ [b)]
Härte (gegossen)	(Mohs) 5,5 ; (Brinell) $134 \cdot 10^7$ Pa
Elastizitätsmodul (gegossen)	$32{,}9 \cdot 10^{10}$ Pa
Schmelztemperatur	2617 °C (2890,15 K)[c)]
Siedetemperatur	5560 °C (5833,15 K)[d)]
Spezifische Schmelz-/Verdampfungsenthalpie	291,85 $kJ \cdot kg^{-1}$/5610 $kJ \cdot kg^{-1}$ [e)]
Spezifische Sublimations- Atomisierungsenthalpie (einatomiges Gas)	6921 $kJ \cdot kg^{-1}$ [f)]
Spezifische Wärmekapazität (bei 25 °C)	0,251 $kJ \cdot kg^{-1} \cdot K^{-1}$
Thermische Leitfähigkeit (bei 27 °C)	138 $W \cdot m^{-1} \cdot K^{-1}$
Thermischer Längenausdehnungskoeffizient (bei 25 °C)	$5{,}43 \cdot 10^{-6}$ K^{-1} [g)]
Thermospannung (Δt =100 K / Pt; Cu)	+1,2 mV; –0,45 mV
Elektrische Leitfähigkeit (bei 20 °C)	$19{,}20 \cdot 10^6$ $S \cdot m^{-1}$
Spezifischer elektrischer Widerstand (bei 20 °C)	$5{,}20 \cdot 10^{-8}$ $\Omega \cdot m$[h)]
Temoeraturkoeffizient (bei 20 °C)	$4{,}7 \cdot 10^{-3}$ K^{-1} [i)]
Supraleitung, Sprungtemperatur	–272,234 °C (0,916 K)
Spezifische magnetische Suszeptibilität	$+12 \cdot 10^{-9}$ $m^3 \cdot kg^{-1}$ [j)]
Hall-Koeffizient	$+1{,}80 \cdot 10^{-10}$ $m^3 \cdot A^{-1} \cdot s^{-1}$
Normalpotential Mo/Mo^{3+}	–0,200 V
Bildungsenthalpien $MoCl_3$ (MoO_2)	–387 $kJ \cdot mol^{-1}$ (–745,6 $kJ \cdot mol^{-1}$)

Weitere Angaben: a) 136,3 pm. b) 10200 $kg \cdot m^{-3}$ und 10220 $kg \cdot m^{-3}$. c) 2610 °C und 2620 °C. d) 4612 °C, 4650 °C 4825 °C u. a. e) 6149,68 $kJ \cdot kg^{-1}$ und 6192,4 $kJ \cdot kg^{-1}$. f) 6868,88 $kJ \cdot kg^{-1}$. g) $4{,}8 \cdot 10^{-6}K^{-1}$. h) $5{,}7 \cdot 10^{-8}$ $\Omega \cdot m$. i) $3{,}3 \cdot 10^{-3}$ K^{-1} j) $11{,}65 \cdot 10^{-9}$ $m^3 \cdot kg^{-1}$.

Entdeckung

Im Jahre 1778 entdeckte der schwedische Chemiker Carl Wilhelm Scheele (1742–1786) in Köping, Schweden, daß das Mineral Molybdänglanz, das früher oft mit Bleiglanz oder Graphit verwechselt wurde, durch Erhitzen mit Salpetersäure in weißes Molybdän(III)-oxid überführt werden kann. Scheele nannte das Oxid wegen seiner sauren Eigenschaften *acidum molybdaenae* also Molybdänsäure. 1781 gelang es dem schwedischen Chemiker Peter Jakob Hjelm (1746–1813) durch Reduktion des Trioxids mit Braunstein und Graphit erstmals, mit Carbiden stark verunreinigtes, metallisches Molybdän zu isolieren. Der Name „Molybdän" hat seinen Ursprung im altgriechisch „μόλυβδος" (mólybdos), d. h. „Blei" bzw. vom Mineral Bleiglanz zu griech. „μολύβδαινα" (molybdaena), da man früher Molybdänglanz und Bleiglanz voneinander nicht unterscheiden konnte. Das chemische Symbol „Mo" wurde 1814 von J. J. Berzelius vorgeschlagen. Reines Molybdän wurde erst Anfang des 20. Jh. durch Reduktion von Molybdän(III)-oxid mit Wasserstoff bei hohen Temperaturen hergestellt.

Vorkommen

Molybdän gehört zu den selteneren Elementen auf der Erde. Mit einem berechneten Massenanteil in der Erdhülle von 0,0014% steht es zwischen Gallium und Thorium an 39. Stelle der Elementhäufigkeit. Am Aufbau der Erdkruste, bis 16 km Tiefe ist Molybdän mit rund 1,5 g/t Krustengestein beteiligt, in Eisenmeteoriten mit 17 g/t. In den Meeren und Ozeanen beträgt sein Anteil durchschnittlich 10 mg $Mo^{(+VI)}$ pro m^3 Meerwasser, bei einer Verweilzeit von ca. 600 000 Jahren. Molybdän tritt in der Natur nicht elementar auf. Die Vorkommen sind allgemein von geringer Konzentration, die meisten heute abgebauten Erze enthalten etwa 0,25–0,5% MoS_2.
Die größten Lagerstätten sind die Gruben Climax und Henderson in Colorado, mit ca. 300 Mio. t und Thompson Creek in Idaho, USA; Endako in British Columbia, Kanada; und in Europa die Grube in Knabendistrikt bei Stavanger, Norwegen. In Deutschland gibt es nur kleinere Lager v. a. im Erzgebirge und in Oberbayern. Die Weltreserven als Molybdän Metall werden auf rund 7,8 Mio. t geschätzt, davon entfallen auf die USA ca. 45%, Chile 20,5%, GUS-Staaten 18%, Kanada 7,8%, Peru und Mexiko jeweils 1,8%. Die Häufigkeit des Elements auf der Sonne beträgt ca. 145 Atome Molybdän pro $1 \cdot 10^{12}$ Atome Wasserstoff, die kosmische Häufigkeit ist nicht bekannt, sie ist jedoch sehr gering.

Die wichtigsten Molybdän-Minerale	
Molybdänglanz, Molybdänit	MoS_2
Wulfenit, Gelbbleierz, Molybdänbleispat	$PbMoO_4$
Powellit	$CaMoO_4$
Paterait	$CoMoO_4$
Belonosit	$MgMoO_4$
Molybdänocker, Molybdit	MoO_3
Ferrimolybdit	$[Fe_2(MoO_4)_3 \cdot 8\ H_2O]$

Herstellung

Der stark mit Gangart verunreinigte Molybdänglanz wird zunächst durch Flotation auf etwa 80–90% angereichert und durch Abrösten in Luft bei 700 °C zu Molybdän(VI)-oxid, *Rösterz,* oxidiert.

$$2\,MoS_2 + 7\,O_2 \longrightarrow 2\,MoO_3 + 4\,SO_2 \uparrow$$

Aus diesem wird das Trioxid entweder mit Ammoniaklösung gelaugt und mit Säure aus der Lösung gefällt, oder bei 1100 °C absublimiert und anschließend im heißen Wasserstoffstrom zum Metall reduziert:

$$MoO_3 + 3\,H_2 \longrightarrow Mo + 3\,H_2O$$

Es entsteht stahlgraues, hochreines Molybdänpulver mit einem Reinheitsgrad von 99,9999%, das nach speziellen Schmelzverfahren, z. B. Lichtbogenschmelzen, oder durch Sintern und Pressen zu kompakten Metall bzw. Barren verarbeitet wird. Der Hauptteil des Molybdäns erhält man heute allerdings als Nebenprodukt der Kupfergewinnung. Das für die Stahlveredelung leichter zugängliche Ferromolybdän, eine Eisenlegierung mit 60–75% Mo, erhält man durch Reduktion eines Gemisches von Mo(VI)-oxid und Eisenoxiden auf silico-aluminothermischen Wege oder durch Reduktion mit Koks im Lichtbogenofen. Die Weltproduktion von Molybdän beträgt ca. 110000 t/Jahr. Wichtigster Produzent, Verbraucher und Exporteur sind die USA. Der Preis für 1 kg Ferromolybdän liegt z. Z. bei etwa 13,6 $ bzw. ca. 24 DM.

Physikalische Eigenschaften

Molybdän ist ein zinnweißes, hartes und sprödes, in reinem Zustand gut dehnbares, paramagnetisches Schwermetall. Das Metall zeichnet sich durch große Festigkeit aus, die es auch bei hohen Temperaturen behält. Es ist etwas weicher als Stahl, gut formbar und läßt sich leicht zu Blechen, Drähten, Röhren usw. verarbeiten. Es kristallisiert in kubisch raumzentrierter Gitterstruktur. Das Metall hat eine sehr hohe Schmelz- und Siedetemperatur, die thermische Leitfähigkeit beträgt rund 32,17% die elektrische 30,53% der des Silbers. Unterhalb –272,234 °C (0,916 K) bzw. in dünnen Schichten unterhalb –266,45 °C (6,7 K) zeigt das Metall Supraleitfähigkeit; die kritische Feldstärke beträgt (7639,44 ± 238,73) $A \cdot m^{-1}$. Die Austrittsenergie für Elektronen im Vakuum liegt bei ca. 4,65 eV (P). Molybdän ist mit vielen Metallen wie z. B. mit Eisen, Aluminium, Nickel, Mangan, Chrom, Wolfram, Blei u. a. leicht legierbar.

Radiochemie

Natürliches Molybdän besteht aus einem Gemisch von sechs stabilen Isotopen und einem sehr langlebingen radioaktiven Isotop. Weitere 23 Radioisotope werden künstlich hergestellt.
Die Mo-Isotope haben allgemein kurze Halbwertszeiten, die leichteren Isotope $A < 94$ zerfallen durch β^+-Strahlung, und z. T. durch Elektronen-Einfang in Nb-Isotope, die

Die Isotope des Molybdäns (1995)						
Isotop	Natürliche Häufigkeit n (%)	Zerfallsart				Halbwertszeit $T_{1/2}$
		β^+	EC	γ	β^-	
Mo 84		x				n.bek.
Mo 85		x				5,6 s
Mo 86		x		x		19,6 s
Mo 87		x		x		14,5 s
Mo 88		x		x		8,2 m
Mo 89		x		x		2,15 m
Mo 90		x	x	x		5,7 h
Mo 91*		x		x		15,5 m
Mo 91 m*		x		x		65 s
Mo 92	**14,84**					
Mo 93*			x			3500 a
Mo 93 m*			x	x		6,9 h
Mo 94	**9,25**					
Mo 95	**15,92**					
Mo 96	**16,68**					
Mo 97	**9,55**					
Mo 98	**24,13**					
Mo 99				x	x	66,0 h
Mo 100	**9,63**				x	$1,15 \cdot 10^{19}$ a
Mo 101				x	x	14,6 m
Mo 102				x	x	11,2 m
Mo 103				x	x	67,5 s
Mo 104				x	x	1,0 m
Mo 105				x	x	35,6 s
Mo 106				x	x	8,7 s
Mo 107				x	x	3,5 s
Mo 108				x	x	1,1 s
Mo 109				x	x	530 ms
Mo 110				x	x	0,30 s
Mo 111					x	n.bek.
Mo 112					x	n.bek.
Mo 113					x	n.bek.

(* isomere Atomkerne; m* markiert jeweils einen metastabilen Zustand)

schwereren A > 98 verwandeln sich durch β^--Strahlung in Tc-Isotope. Die schwersten Isotope sind Spaltprodukte. Das wichtigste Isotop $^{99}_{42}Mo$ (β^- | 1,357 MeV; γ | 0,778 MeV) ein Spaltprodukt, das aber auch durch Neutroneneinfang in der Reaktion $^{98}_{42}Mo$ (n, γ) $^{99}_{42}Mo$ entsteht, wird als radioaktiver Indikator, Tracer, verwendet. Die beiden stabilen Isotope $^{95}_{42}Mo$ und $^{97}_{42}Mo$ der Kernspinzahl 5/2+ und kernmagnetischen Momenten −0,9133 bzw. −0,9335 dienen zum NMR-spektroskopischen Nachweis; NMR-Frequenzen (bei 2,3488 T) $6{,}514 \cdot 10^6\ s^{-1}$ bzw. $6{,}652 \cdot 10^6\ s^{-1}$; Referenz MoO_4^{2-} (aq).

Chemische Eigenschaften

Molybdän ist das zweite Element der sog. *Chromgruppe*. Es befindet sich im PSE in der 6. Gruppe (VI B Nebengruppe) unter dem Chrom Cr sowie in der 5. Periode zwischen Niob Nb und Technetium Tc. Entsprechend seiner Stellung hat das freie, neutrale Mo-Atom im elektronischen Grundzustand folgende Elektronenkonfiguration:

$$1s^2\ 2s^2\ 2p^6\ 3s^2\ 3p^6\ 3d^{10}\ 4s^2\ 4p^6\ 4d^5\ 5s^1$$

Wie das leichtere Chrom bildet Molybdän in seinen Verbindungen fast alle Oxidationsstufen von –II bis +VI, wobei jedoch im Unterschied zum Chrom die Stufe +VI ([Kr]) die häufigste und beständigste ist.
Die Normalpotentiale des Molybdäns:

+VI +V +IV +III 0

Saure Lösung

$$H_2MoO_4 \xrightarrow{+0{,}646\ V} MoO_2 \xrightarrow{+0{,}008\ V} Mo^{3+} \xrightarrow{-0{,}200\ V} Mo$$

$MoO_2 \rightarrow Mo$: –0,152 V

Basische Lösung

$$MoO_4^{2-} \xrightarrow{-0{,}780\ V} MoO_2 \xrightarrow{-0{,}980\ V} Mo$$

$MoO_4^{2-} \rightarrow Mo$: –0,913 V

Molybdän ist ein elektropositives und entsprechend seinem negativen Normalpotential ein relativ unedles Metall. An der Luft und von nichtoxidierenden Säuren wird es infolge Passivierung nicht angegriffen. Oxidierende Säuren wie heiße konz. Schwefelsäure, Salpetersäure, Königswasser sowie auch Alkalischmelzen lösen das Metall jedoch rasch auf. Mit den Nichtmetallen reagiert Molybdän erst bei höheren Temperaturen, so z. B. mit molekularem Sauerstoff unter Bildung von Mo(VI)-oxid

$$2\ Mo + 3\ O_2 \longrightarrow 2\ MoO_3 \qquad \Delta H = -1490\ kJ,$$

$$MoO_3 + 2\ NaOH \longrightarrow Na_2MoO_4 + M_2O$$

das sich mit Natriumhydroxid zu Natriummolybdat umsetzt. Mit Fluor, Chlor und Brom reagiert das Metall unter Bildung der entsprechenden Halogenide, mit Bor, Kohlenstoff, Silicium und Stickstoff unter Bildung verschiedener Salze bzw. Komplexe. Seine vielfarbigen und in Wasser meist unlöslichen Verbindungen betonen die Ähnlichkeit mit seinem niederen Homologen Chrom.
Molybdationen bilden in saurer Lösung verschiedene Komplexe:

bei pH > 2

$$6\ MoO_4^{2-} + 6\ H^+ \longrightarrow [Mo_6O_{21}]^{6-} + 3\ H_2O$$

bei pH = 1,25

$$2\ [Mo_6O_{21}]^{6-} + 2\ H^+ \longrightarrow [Mo_{12}O_{41}]^{10-} + H_2O \text{ und}$$

bei pH = 0,9

$$[Mo_{12}O_{41}]^{10-} + 10\ H^+ + (12x-5)\ H_2O \longrightarrow 12\ [MoO_3 \cdot x\ H_2O] \text{ u. a.}$$

Nachweis

Qualitativ:

- Molybdänblau-Reaktion; Bildung einer tiefblauen kolloidalen Lösung durch Reduktion saurer Molybdatlösungen mit Sn(II)-salzen, Zn, H_2S, SO_2 u. a.
- Bildung von gelbem Kalium- oder Ammoniummolybdatophosphat $M_3[PO_4(Mo_3O_9)_4]$ oder Bleimolybdat.
- Spektralphotometrisch mit Hilfe der Zinn(II)-chlorid-Thiocyanat-Methode unter Bildung blutrotgefärbter Isothiocyanatomolybdate(V).

Quantitativ:

- Fällung als Molybdänsäure und Glühen zum Trioxid.
- Röntgenfluoreszenzspektroskopie.
- Spektralanalyse; wichtige Spektrallinien der neutralen Atome; 313,259 nm, 379,825 nm, 386,411 nm, 390,296 nm, und der einfach positiven Ionen Mo^+ 201,511 nm, 202,030 nm, 203,844 nm, 281,615 nm, 284,823 nm, 287,151 nm.
- Atomabsorptionsspektrometrie (AAS) mittels der 313,259 nm Hauptlinie des Atomspektrums.

Verwendung

Reines Molybdän ist aufgrund seiner großen Festigkeit, seiner Korrosions- und Hitzebeständigkeit sowie auch seines hohen Schmelzpunktes ein wichtiger Werkstoff für extreme Beanspruchungen. In der Elektrotechnik dient es zur Herstellung von Widerstandsdraht für Heizwicklungen von Hochtemperatur-Elektroöfen, als Elektrodenwerkstoff für Glasschmelzöfen, als Anodenmaterial für Elektronenröhren u. a. Molybdän-Drähte lassen sich als Stromleiter in Glas dicht einschmelzen und finden daher v. a. bei der Herstellung von Glühlampen Verwendung. In der chemischen Industrie werden aus Molybdän gefertigte Ventile und andere stark korrosionsgefährdete Bauteile verwendet. Über 80% des erzeugten Molybdäns wird in der Stahlindustrie zur Herstellung von Molybdänlegierungen benötigt. Schon ein Zusatz von 0,3% Molybdän erhöht erheblich die Korrosionsbeständigkeit bei vielen Stahlsorten sowie auch die Zähigkeit und Festigkeit von Gußeisen. Ein rostfreier Molybdänstahl enthält z. B. bis zu 98% Fe, 0,4–3,5% Mo, 0,25–0,6% Cu, 0,15–0,5% Mn, 0,2–0,4% Si und bis 0,6% Cr. Molybdän als Legierungsbestandteil in Verbindungen mit anderen hochschmelzenden Legierungselementen wie z. B. Wolfram, Niob, Tantal, Titan, Zirconium dient zur Herstellung hochwarmfester Superlegierungen die u. a. im Triebwerkbau, in der Raketen- und Raumfahrttechnik als Formwerkstoff beim Druck- und Spritzguß u. a. verwendet werden. Wichtige Nichteisen-Legierungen sind Nickel-Molybdän-Legierungen wie z. B. Hastelloy A, B, C, D, G, H (s. Ni.), die sich durch besonders hohe Korrosionsbeständigkeit auszeichnen. Eine Legierung aus 65–70% Mo und 30–35% W dient zur Herstellung von Zinkspritzgußanlagen. Technisch wichtige Mo-Verbindungen sind das Molybdän(III)-oxid Mo_2O_3, das als Katalysator in vielen organischen Synthesen Verwendung findet, Mo(IV)-sulfid MoS_2 das zur Herstellung von Hochleistungsschmierstoffen dient, Mo-Carbid Mo_2C ein besonders harter Stoff, der zur Herstellung von Hartmetallen verwendet wird, Mo-Silicat $MoSi_2$ das zur Herstellung hitzebeständiger Drähte dient u. v. a.

Physiologie, Toxikologie

Molybdän gehört zu den sieben Spurenelementen, die für alle Spezies lebenswichtig sind. Im tierischen Organismus spielt es als Bestandteil verschiedener Enzyme wie z. B. Flavoproteide, Xanthin-Oxidase, Aldehydoxidase u. a. als Atmungskatalysator eine wichtige Rolle. Der menschliche Körper enthält durchschnittlich 5 mg Molybdän, gespeichert vor allem in den Knochen. Der von der WHO empfohlene tägliche Bedarf liegt bei 2 µg Molybdän pro kg Körpergewicht und wird hauptsächlich durch die Nahrung gedeckt. Das Element gilt als bedingt toxisch. Als toxische Dosis gelten 5 mg, als letale Dosis 50 mg (für Ratten). Molybdän wirkt vermutlich teratogen. Bei den Pflanzen ist Molybdän Bestandteil der Enzyme Nitrogenase und Nitratreduktase, die bei der Stickstofffixierung und Nitratassimilation eine wichtige Rolle spielen. Unzureichende Molybdänzufuhr führt bei höheren Pflanzen zu Mangelkrankheiten. Bei richtiger Düngung können Ertragssteigerungen bis zu 500% erreicht werden.

Natrium Na

International (Lat.)	Natrium	Italienisch	Sodio
Englisch	Sodium	Griechisch	Νάτριο (Natrio)
Französisch	Sodium	Russisch	Натрий (Natrij)
Spanisch	Sodio	Japanisch	ナトリウム (natoriumu)

Atomare und physikalische Eigenschaften

F  C 

Protonenzahl **(Z)**	**11**
Standard-Atomgewicht (bezogen auf ^{12}C = 12)	22,989768 (±6)
Effektive Kernladung	(Slater) 2,20; (Clementi) 2,51; (Froese-Fischer) 3,21
Elektronenkonfiguration	[Ne] $3s^1$
Grundzustand, Termsymbol	$^2S_{1/2}$
Metallatomradius / Kovalenzradius (Einfachbindung)	185,8 pm [a)] / 157 pm
Van-der-Waals-Radius	231 pm
Ionenradien (KZ 4;6)	$98^{+}_{(4)}$ pm, $102^{+}_{(6)}$ pm
Molares Volumen	$23,68 \cdot 10^{-6}$ $m^3 \cdot mol^{-1}$
1.;2.;3.;4.;5. Ionisierungsenergie	5,1385 eV; 47,286 eV; 71,637 eV; 98,905 eV; 138,39 eV
Elektronegativität	(Allred/Rochow) 1,01; (Pauling) 0,93; (absolut) 2,85 eV
Elektronenaffinität Na ⟶ Na^-	–0,548 eV
Wirkungsquerschnitt für thermische Neutronen ($\sigma_{n,\gamma}$)	$0,525 \cdot 10^{-28}$ m^2
Dichte (bei 20 °C)	971 $kg \cdot m^{-3}$ [b)]
Härte (Mohs)	0,4
Schmelztemperatur	97,81 °C (370,96 K)
Siedetemperatur	882,90 °C (1156,05 K) [c)]
Spezifische Schmelzenthalpie	114,83 $kJ \cdot kg^{-1}$ [d)]
Spezifische Verdampfungsenthalpie	3873,16 $kJ \cdot kg^{-1}$ [e)]
Spezifische Sublimations-/Atomisierungsenthalpie	4732,7 $kJ \cdot kg^{-1}$ /4741,4 $kJ \cdot kg^{-1}$
Spezifische Wärmekapazität (bei 25 °C)	1,228 $kJ \cdot kg^{-1} \cdot K^{-1}$
Thermische Leitfähigkeit (bei 27 °C)	141 $W \cdot m^{-1} \cdot K^{-1}$
Thermischer Längenausdehnungskoeffizient (bei 25 °C)	$70,6 \cdot 10^{-6}$ K^{-1}
Thermospannung (Δt = 100 K/Pt; Cu)	–0,2 mV; –0,95 mV
Elektrische Leitfähigkeit (bei 20 °C)	$21,50 \cdot 10^{6}$ $S \cdot m^{-1}$
Spezifischer elektrischer Widerstand (bei 20 °C)	$4,65 \cdot 10^{-8}$ $\Omega \cdot m$
Temperaturkoeffizient (bei 20 °C)	$4,4 \cdot 10^{-3}$ K^{-1}
Spazifische magnetische Suszeptibilität	$+8,74 \cdot 10^{-9}$ $m^3 \cdot kg^{-1}$
Hall-Koeffizient	$-2,1 \cdot 10^{-10}$ $m^3 \cdot A^{-1} \cdot s^{-1}$
Elektrochemisches Äquivalent Na^+	$0,2383 \cdot 10^{-6}$ $kg \cdot A^{-1} \cdot s^{-1}$
Normalpotential Na/Na^+	–2,713 V
Hydrat.-Radius (Hydrat.-Zahl)	276 pm (17)
Hydratationsenthalpie Na^+	–390 $kJ \cdot mol^{-1}$
Bildungsenthalpie	NaH (NaCl ; Na_2O) –56,47 $kJ \cdot mol^{-1}$ (–411,28 $kJ \cdot mol^{-1}$; –416,21 $kJ \cdot mol^{-1}$)

Weitere Angaben: a) 153,7 pm. b) 968 $kg \cdot m^{-3}$. c) 881,3 °C. d) 113 $kJ \cdot kg^{-1}$. e) 3900 $kJ \cdot kg^{-1}$ und 4306,4 $kJ \cdot kg^{-1}$.

Entdeckung

Bis ins späte Mittelalter konnte man *Soda* (Natriumcarbonat) und *Pottasche* (Kaliumcarbonat) nicht voneinander unterscheiden. Den Nachweis, daß es sich hierbei um zwei verschiedene Substanzen handelte, wurde erst 1736, von dem französischen Chemiker Duhamel du Monceau (1700–1782) erbracht und 1758 zeigte der deutsche Chemiker Andreas Sigismund Marggraf (1709–1782), daß man die beiden Stoffe an den Flammenfärbungen unterscheiden kann. 1807 erhielt der englische Chemiker Sir H. Davy in London, Großbritannien, erstmals elementares Natrium durch Schmelzelektrolyse von schwach angefeuchteten Ätznatron NaOH in einer Platinschale. Davy nannte das neue Metall *Sodium*, weil es in Soda enthalten ist. Im deutschen Sprachraum wurde von L. W. Gilbert der Name *Natronium* von „natron“, die alchimistische Bezeichnung für Soda und Pottasche, vorgeschlagen, der von J. J. Berzelius in „Natrium“ mit dem chemischen Symbol „Na“ abgeändert wurde.

Vorkommen

Natrium gehört zu den zehn häufigsten Elementen auf der Erde und steht mit einem berechneten Massenanteil in der Erdhülle von 2,64% zwischen Calcium und Kalium an 6. Stelle der Elementhäufigkeit. Natrium ist auf der Erde weit verbreitet. In der Erdkruste bis 16 km Tiefe ist es mit ca. 24,2 kg/t vertreten, dies entspricht etwa den Magnesiumvorkommen und etwa der Hälfte der gesamten Eisenvorkommen. Im Meerwasser ist es in Form von NaCl in gelöster Form durchschnittlich mit 26,8 kg/m^3 enthalten, dies entspricht ca. 10,6 kg Na^+ pro m^3, die Verweilzeit beträgt etwa 100 Mio. Jahre. Wegen seiner großen Reaktionsfähigkeit kommt Natrium in der Natur nie elementar, sondern nur kationisch gebunden in Form seiner Salze, meist in mächtigen Lagern vor.
Die Hauptvorkommen an Steinsalz finden sich in riesigen Lagern v. a. in der Norddeutschen Tiefebene bei Staßfurt; im österreichischen Salzkammergut; in Südpolen; Südspa-

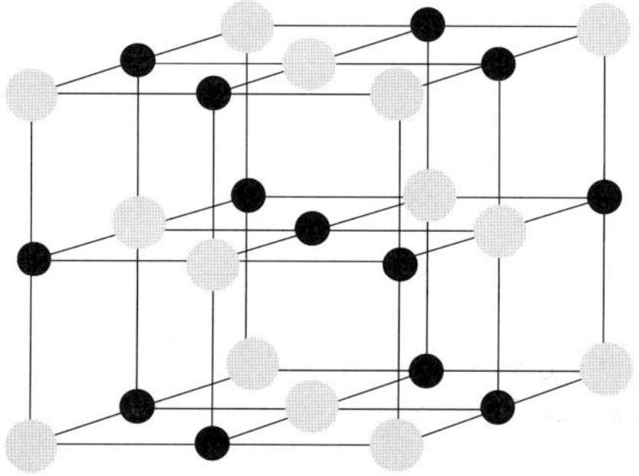

Abb. 53: Kristallgitter des Natriumchlorids; „Natriumchlorid-Struktur“ (NaCl-Typ); Es ist aus zwei ineinander verschachtelten, kubisch flächenzentrierten Gittern zusammengesetzt, die jeweils nur aus Chlorid-Anionen Cl^- und Natrium-Kationen Na^+ bestehen. Jedes Na^+-Kation ist oktaedrisch von sechs Cl^--Anionen und jedes Cl^--Anion oktaedrisch von sechs Na^+-Kationen umgeben. Kubisch flächenzentrierte bzw. dichteste Kugelpackung. Verhältnis der Radien r_{Na^+}/r_{Cl^-} = 0,541. Gittertyp AB 6/6 (kubisch).

Die wichtigsten Natrium-Minerale	
Steinsalz, Halit	$NaCl$
Natron- oder Chilesalpeter	$NaNO_3$
Soda	$Na_2CO_3 \cdot 10\ H_2O$
Thermonatrit	$Na_2CO_3 \cdot H_2O$
Trona	$Na_3H(CO_3)_2 \cdot 2\ H_2O$
Pirssonit	$Na_2Ca(CO_3)_2 \cdot H_2O$
Natrocalcit	$Na_2Ca(CO_3)_2 \cdot 5\ H_2O$
Kryolith	$Na_3[AlF_6]$
Thenardit	Na_2SO_4
Glaubersalz, Natriumsulfat	$Na_2SO_4 \cdot 10\ H_2O$
Glauberit	$Na_2Ca(SO_4)_2$
Astrakanit, Blödit	$Na_2Mg(SO_4)_2 \cdot 4\ H_2O$ ($Na_2SO_4 \cdot MgSO_4 \cdot 4\ H_2O$)
Glaserit	$K_3Na(SO_4)_2$ ($Na_2SO_4 \cdot 3\ K_2SO_4$)
Vanthoffit	$Na_6Mg(SO_4)_4$
Natronfeldspat, Albit	$Na[AlSi_3O_8]$
Nephelin	(Na, K) $[AlSiO_4]$
Tinkal, Borax	$Na_2B_4O_7 \cdot 10\ H_2O$

nien; Kalifornien, USA, Ural-Gebiet, Rußland; Chilesalpeter findet sich hauptsächlich in Chile; Ägypten; Kleinasien; Kolumbien; Kalifornien, USA u. a. und das Carbonat in gewaltigen Mengen vor allem in Ostafrika am Magadi-See mit einem Gehalt von rund 200 Mio. t, in Kalifornien am Mono-Lake und Owens-Lake, die beide über 100 Mio. t des Salzes enthalten. Die Weltproduktion von Steinsalz beträgt rund 168 Mio. t/Jahr und Natriumcarbonat ca. 30 Mio. t. Die Reserven sind fast unbegrenzt. Die Häufigkeit des Elements auf der Sonne beträgt ca. $1{,}90 \cdot 10^6$ Atome Natrium pro $1 \cdot 10^{12}$ Atome Wasserstoff, die kosmische Häufigkeit wird auf $4{,}4 \cdot 10^4$ Atome Natrium pro $1 \cdot 10^6$ Atome Silicium geschätzt.

Herstellung

Großtechnisch wird Natrium heute fast ausschließlich nach dem 1924 patentierten *Downs-Verfahren* durch Schmelzflußelektrolyse eines Gemisches von etwa 30% Na-Chlorid $NaCl$, mit 25% Ca-Chlorid $CaCl_2$ und 45% Ba-Chlorid $BaCl_2$ als Flußmittel, bei einer Badtemperatur von ca. 600 °C hergestellt. Die Elektrolyse erfolgt bei Spannungen von 6–7 V und Stromstärken von über 40 kA in der sog. *Downs-Zelle* mit Graphit-Anoden und Eisen-Kathoden (Abb. 54). Um die Durchmischung und Rückreaktion von Natrium und Chlor zu verhindern, sind die Eisen-Kathoden durch feine Stahlnetze, Diaphragma von der übrigen Zelle getrennt. Über der Anode befindet sich eine Eisenblechglocke, deren Rand zu einer Rinne umgebogen ist. Das sich an der Kathode abscheidende flüssige Natrium steigt an die Oberfläche der Schmelze, sammelt sich unter der Rinne und fließt von hier über ein eisernes Steigrohr kontinuierlich ab. Das an der

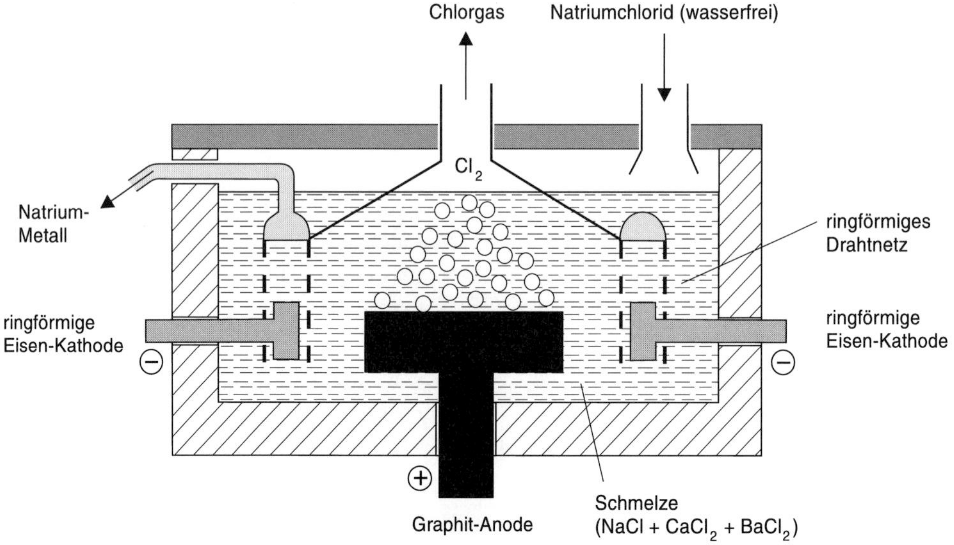

Abb. 54: Schema einer Downs-Zelle (Erläuterungen siehe Text).

Anode gebildete Chlor sammelt sich unter der Glocke und wird von da abgezogen. Es spielen sich folgende Elektrolysevorgänge ab:
Bildung frei beweglicher Ionen durch Schmelzen:

$$2\,NaCl \longrightarrow 2\,Na^+ + 2\,Cl^-$$

An der Kathode: $2\,Na^+ + 2\,e^- \longrightarrow 2\,Na$

An der Anode: $2\,Cl^- \longrightarrow Cl_2 + 2\,e^-$

Gesamtvorgang: $2\,NaCl \longrightarrow 2\,Na + Cl_2 \uparrow \qquad \Delta H = +\,822{,}56$ kJ

Zur Herstellung von einer t Natrium werden etwa 2,6 t Salz benötigt, der Energiebedarf beträgt zwischen 10000–11000 kWh/t Natrium.
Das bereits 1830 eingeführte *Castner-Verfahren* zur Schmelzelektrolyse von Ätznatron hat heute kaum noch technische Bedeutung.
Natrium gelangt in Form von Barren, Kugeln, Drähten unter Paraffinöl oder in Blechdosen unter Inertgas oder luftdicht verpackt in den Handel. Weltweit werden jährlich etwa 250000 t Natrium-Metall produziert. Der Preis für 1 kg Natrium im Einzelhandel beträgt rund 80 $ bzw. ca. 143 DM.

Physikalische Eigenschaften

Natrium ist ein an frischen Schnittflächen silberweißes Leichtmetall, das an der Luft jedoch sofort mattgrau anläuft. Es ist nach Lithium das zweitleichteste Metall. Es ist sehr weich und läßt sich mit dem Messer schneiden oder mit einer eisernen Schraubenpresse durch enge Öffnungen hindurch als Band oder Draht pressen. In völliger Dunkelheit kann ein grünliches Leuchten beobachtet werden, sog. *Chemiluminiszenz*. Festes Natrium tritt in zwei allotropen Modifikationen auf:

$$\underset{\text{hexagonal}}{\alpha\text{-Na}} \xrightarrow{-286{,}15\ °C} \underset{\text{kubisch raumzentriert}}{\beta\text{-Na}}$$

Das paramagnetische Metall hat eine relativ niedrige Schmelz- und Siedetemperatur und ist ein guter Leiter von Wärme und elektrischen Strom. Die thermische Leitfähigkeit beträgt 32,87%, die elektrische 34,18% der des Silbers. Der in der Durchsicht tiefrote Natriumdampf ist überwiegend einatomig, nur etwa 1% besteht aus Na_2-Molekülen. Mit den anderen Alkalimetallen bildet Natrium Legierungen, die ebenso wie Natrium-Amalgam bei Raumtemperatur flüssig sind. In flüssigem Ammoniak und in Aminen löst sich Natrium mit intensiv blauer Farbe. Natrium und seine Salze färben die nichtleuchtende Bunsenflamme gelb, da das Metall bei thermischer Anregung eine intensiv gelbe Doppellinie der Wellenlängen 588,995 nm und 589,592 nm (Na-D-Doppellinie) aussendet.
Die Austrittsarbeit für Elektronen im Vakuum beträgt 2,75 eV (P).
Mit einigen Metallen bildet Natrium Legierungen sehr niedriger Schmelztemperaturen wie z. B.: 92,2% Hg; 2,8% Na; ($\vartheta_{schm.}$ = −48,2 °C); 94,5% Cs; 5,5% Na ($\vartheta_{schm.}$ = −30,1 °C); 78% K; 22% Na ($\vartheta_{schm.}$ = −11,4 °C) u. a.

Radiochemie

Natrium ist ein anisotopes Element, es kommt in der Natur nur in Form eines einzigen stabilen Isotops vor. Weitere 16 künstliche, radioaktive Isotope sind bekannt.

Die Isotope des Natriums (1995)

Isotop	Natürliche Häufigkeit n (%)	Zerfallsart				Halbwertszeit $T_{1/2}$
		p	β^+	γ	β^-	
Na 19		x				n. bek.
Na 20			**x**	x		446 ms
Na 21			**x**	x		22,48 s
Na 22			**x**	x		2,603 a
Na 23	**100**					
Na 24*				x	**x**	14,96 h
Na 24 m*				**x**	x	20 ms
Na 25				x	**x**	59,6 s
Na 26				x	**x**	1,07 s
Na 27				x	**x**	304 ms
Na 28				x	**x**	30,5 ms
Na 29				x	**x**	44,9 ms
Na 30				x	**x**	48 ms

(* isomere Atomkerne; m* markiert einen metastabilen Zustand)

Die Isotope des Natriums (1995)						
Isotop	Natürliche Häufigkeit n (%)	Zerfallsart				Halbwertszeit $T_{1/2}$
		p	β^+	γ	β^-	
Na 31				x	**x**	17,0 ms
Na 32				x	**x**	13,5 ms
Na 33				x	**x**	8,2 ms
Na 34				x	**x**	5,5 ms
Na 35					**x**	1,5 ms

Die meisten Na-Isotope haben kurze Halbwertszeiten, die leichteren Isotope A < 23 zerfallen durch β^+-Strahlung in die entsprechenden Ne-Isotope, die schwereren A > 23 verwandeln sich durch β^--Emission in Mg-Isotope. Das Isotop $^{24}_{11}$Na (β^- | 5,514 MeV; γ | 2,75 MeV) entsteht durch Neutroneneinfang in der $^{23}_{11}$Na (n, γ) $^{24}_{11}$Na-Reaktion; es wird sowohl in der Aktivierungsanalyse als auch in der Gammagraphie verwendet. Zusammen mit $^{22}_{11}$Na (β^+ | 2,842 MeV; γ | 1,275 MeV) findet es Anwendung in der Industrie als radioaktiver Indikator (Tracer) zum Nachweis von Salzablagerungen, zur Untersuchung von Diffusions- und Abschmiervorgängen sowie in der Medizin bei der Untersuchung zellularer und kapillarer Permeabilitäten, des Stoffwechsels sowie des Flüssigkeitskreislaufs im Organismus z. B. bei der Diagnose von Herzkrankheiten. Das stabile Isotop $^{23}_{11}$Na der Kernspinzahl 3/2+ und kernmagnetischen Moment +2,21752 dient zum NMR-spektroskopischen Nachweis; NMR-Frequenz (bei 2,3488 T) $26,451 \cdot 10^{-6}$ s^{-1}; Referenz NaCl (aq).

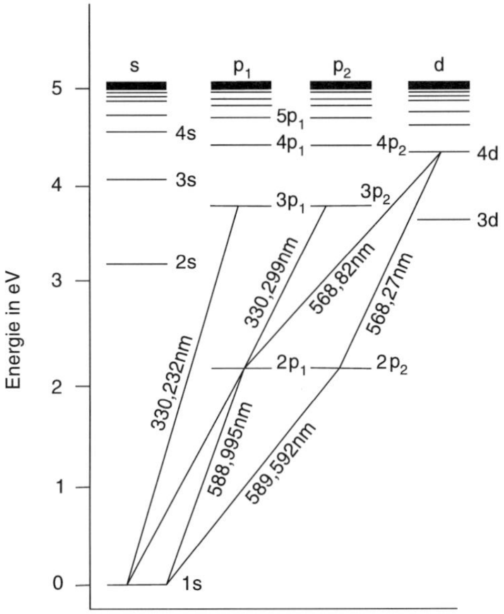

Abb. 55: Termschema und Hauptübergänge des Natriums.

Chemische Eigenschaften

Natrium ist das zweite Element in der Gruppe der „Alkalimetalle". Es befindet sich im PSE in der 1. Gruppe (IA Hauptgruppe) zwischen den Elementen Lithium Li und Kalium K, sowie in der 3. Periode vor dem Magnesium Mg. Natrium ist ein typisches, sehr reaktionsfähiges Metall, das an feuchter Luft innerhalb von wenigen Sekunden unter Bildung einer Natriumhydroxidschicht oberflächlich oxidiert. Kleine Natriumstückchen gehen in kurzer Zeit unter Bindung von Luftfeuchtigkeit, Sauerstoff und Kohlenstoffdioxid in ein graues Gemisch aus Natriumoxid, -hydroxid, -carbonat und -hydrogencarbonat über. Das Metall muß deshalb stets unter Paraffinöl, Petroleum, Inertgas oder im Vakuum aufbewahrt werden. Das freie, neutrale Na-Atom besitzt im elektronischen Grundzustand die Elektronenkonfiguration

$$1s^2\ 2s^2\ 2p^6\ 3s^1$$

und bildet, wie alle „Alkalimetalle", durch Abgabe des einen 3s-Elektrons ausschließlich die Oxidationsstufe +I. Das Na^+-Ion ist ein einwertiges Kation mit Neon-Konfiguration. Das Normalpotential

$$\overset{+I}{Na^+} \xrightarrow{-2{,}713\ V} \overset{0}{Na}$$

weist Natrium als ein sehr unedles, elektropositives Metall und starkes Reduktionsmittel aus. Mit Wasser reagiert es sehr stürmisch und stark exotherm unter Wasserstoffentwicklung und Bildung von Natriumhydroxid:

$$2\ Na + 2\ H_2O \longrightarrow 2\ NaOH + H_2\uparrow \qquad \Delta H = -285{,}6\ kJ$$

Das Metall schmilzt dabei zu kleinen Kügelchen die durch den Wasserstoff, der sich dabei entzündet, auf der Wasseroberfläche herumgetrieben werden. Mit Säuren und Alkoholen reagiert Natrium weniger heftig unter Bildung der entsprechenden Salze bzw. Alkoholate:

$$2\ Na + H_2SO_4 \longrightarrow Na_2SO + H_2\uparrow$$
$$2\ Na + 2\ CH_3OH \longrightarrow 2\ CH_3ONa + H_2\uparrow$$
$$2\ Na + 2\ C_2H_5OH \longrightarrow 2\ C_2H_5ONa + H_2\uparrow$$

Beim Erwärmen an feuchter Luft verbrennt Natrium unter Aussendung von intensiv gelben Licht zu Natriumperoxid:

$$2\ Na + O_2 \longrightarrow Na_2O_2 \qquad \Delta H = -514{,}5\ kJ$$

und in geringen Mengen auch zum Natriumoxid:

$$4\ Na + O_2 \longrightarrow 2\ Na_2O \qquad \Delta H = -832{,}42\ kJ$$

Mit molekularem Chlor reagiert das Metall unter blendend, gelber Lichterscheinung zu Na-Chlorid:

$$2\ Na + Cl_2 + 2\ NaCl \qquad \Delta H = -822{,}56\ kJ$$

Auch mit den anderen „Halogenen" sowie mit Schwefel und Phosphor verbindet sich Natrium direkt. Mit Wasserstoff verbindet sich Natrium unter Kohlenstoffdioxidatmosphäre bei ca. 350 °C direkt zu Natriumhydrid:

$$2\,Na + H_2 \longrightarrow 2\,NaH \qquad \Delta H = -112{,}94\ kJ$$

in flüssigen Ammoniak löst sich das Metall mit intensiv blauer Farbe und bildet eine Na/NH_3-Lösung, die beim Erhitzen unter Wasserstoffentwicklung in Natriumamid übergeht:

$$2\,Na + 2\,NH_3 \longrightarrow 2\,NaNH_2 + H_2\uparrow \qquad \Delta H = -146\ kJ$$

Na-Verbindungen sind meist farblos und mit wenigen Ausnahmen in Wasser leicht löslich.

Nachweis

Qualitativ:

- Flammenfärbung: Sowohl Natrium als auch seine Verbindungen färben die nichtleuchtende Flamme des Bunsenbrenners intensiv gelb.
- Fällung mit *Kahanes-Reagenz* als gelbes Natrium-magnesiumuranylacetat $NaMg(UO_2)_3\ (CH_3COO)_9 \cdot 9\,H_2O$, als farbloses Natrium-hexahydroxoantimonat $Na[Sb(OH)_6]$ mit Hexahydroxoantimonsäure $[Sb(OH)_6]$ oder als Sulfatdoppelsalz mit Bismut.

Quantitativ:

- Fällung als orangefarbenes Natriumdecavanadat $Na_6V_{10}O_{28}$.
- Spektralanalyse; wichtige Spektrallinien der neutralen Atome; 588,995 nm, 589,592 nm, 818,326 nm, 819,482 nm, und der einfach positiven Ionen Na^+ 330,299 nm, 330,232 nm, u. a.
- Atomabsorptionsspektrometrie (AAS) mittels der 588,9953 nm Hauptlinie des Atomspektrums.

Verwendung

Der größte Teil der gesamten Natriumproduktion (ca. 80%) wird auch heute noch für die Herstellung der Antiklopfmittel, Bleitetramethyl und Bleitetraethyl verbraucht. Daneben dient das Metall als Ausgangsmaterial zur Herstellung verschiedener Natriumverbindungen wie Natriumamid, Natriumcyanid, Natriumhydrid, Natriumperoxid u. a. Viele Arzneimittel, Farbstoffe, Seifen, Schuhcreme oder Waschmittel sind Na-Salze organischer Säuren. Flüssiges Natrium wird wegen seiner guten thermischen Leitfähigkeit in großen Mengen als Kühlmittel in Kernreaktoren, schnelle Brüter, sowie als Wärmeüberträger in Kraftwerken, in galvanischen Hochtemperatur-Zellen wie z. B. Na-S-Batterien u. a. eingesetzt. In Form von Draht oder kleinen Stücken dient das Metall im Labor zur Trocknung von Lösungsmitteln z. B. Benzol, Ethern, Kohlenwasserstoffen, sowie Transformatorenöl u. a. In Polyethylenschläuchen stellt es ein Stromkabel von geringem elektrischen Widerstand dar. Natrium dient sowohl im Labor als auch in der chemischen Industrie in anorganischen und organischen Synthesen als Reduktionsmittel, wobei zur Erhöhung der Reaktionsfähigkeit oft Na-Dispersionen benutzt werden. In der Metallurgie wird Natrium zur Gewinnung von Titan u. a. Nichteisenmetallen durch Metallothermie eingesetzt und dient zur Herstellung von Na-Legierungen wie Natrium-Amalgam

z. B. für die Goldwäscherei. Natriumdampflampen sind Gasentladungslampen, die neben Edelgasen festes Natrium enthalten, das bei den Betriebsbedingungen verdampft und ein gelbes, monochromatisches besonders helles Licht erzeugt.

Physiologie, Toxikologie

Natrium gehört zu den elf Elementen aus denen die Körpersubstanz zu 99% aufgebaut ist. Während Natrium im Gegensatz zu Kalium für die meisten Pflanzen nur eine untergeordnete Rolle spielt, ist es in Form des Na^+-Kations ein lebenswichtiger Mineralstoff für Tiere und Menschen. Der menschliche Körper enthält ungefähr gleich große Mengen Na^+- und K^+-Ionen, wobei Na^+-Ionen sich hauptsächlich im extrazellulären Raum und K^+-Ionen vorwiegend im intrazellulären Raum aufhalten. Die Na^+-Ionen sind zusammen mit Cl^--Ionen sowohl für die Einstellung des osmotischen Drucks als auch für die Ausbildung der Membranpotentiale notwendig. Dies wird durch die Kalium-Natrium-Pumpe gewährleistet. Natrium ist daher für die Erregbarkeit von Muskeln und Nerven sowie für die Herzfunktion essentiell.
Natrium-Verluste des Körpers durch Schweiß und den Harn machen sich zunächst durch gesteigerten Durst, dann durch Appetitlosigkeit, Übelkeit und Muskelkrämpfe bemerkbar. Die Symptome lassen sich durch Einnahme von Kochsalz leicht beheben. Zu große Mengen Natrium führen zur Überreizung der Herz-, Muskel- und Nerventätigkeit und können zur Entzündung der Gefäßwände führen. Natrium ist als Basenstoff wichtig zur Erhaltung des Säure-Basen-Gleichgewichts im Körper. Der menschliche Körper enthält etwa 0,7 g Na^+ pro kg Körpergewicht von dem rund ein Drittel in den Knochen angereichert ist während der Rest in Form einer Kochsalzlösung im Blut und den anderen Körperflüssigkeiten vorliegt. Der tägliche Bedarf liegt zwischen 3–8 g Natrium, dies entspricht etwa 8–20 g Kochsalz, NaCl, das hauptsächlich über die Nahrung zugeführt wird. Eine toxische Dosis ist nicht bekannt, Natrium gilt als nicht toxisch. Wegen seiner großen Reaktionsfähigkeit ist aber im Umgang mit Natrium größte Vorsicht geboten. Vor allem muß strengstens auf Ausschluß von Wasser geachtet, die Augen müssen durch eine Schutzbrille und die Hände durch Gummihandschuhe geschützt werden. Natriumrückstände werden in viel Alkohol entsorgt. Natriumhydroxid, Ätznatron NaOH wirkt stark ätzend auf Haut und Schleimhäute. Äußere Verätzungen sind sofort mit viel Wasser und 1%iger Essigsäure zu waschen.

Neodym Nd

International (Lat).	Neodimium	Italienisch	Neodimio
Englisch	Neodymium	Griechisch	Νεοδύμιο (Neodimio)
Französisch	Néodyme	Russisch	Неодим (Niadjim)
Spanisch	Neodimio	Japanisch	ネオジム (neojimu)

Atomare und physikalische Eigenschaften

Protonenzahl **(Z)**	**60**
Standard-Atomgewicht (bezogen auf ^{12}C = 12)	144,24(±3)
Effektive Kernladung	(Slater) 2,85; (Clementi) 9,31; (Froese-Fischer) 10,83
Elektronenkonfiguration	$[Xe]4f^4\,6s^2$
Grundzustand, Termsymbol	$^5I_4$
Metallatomradius (KZ 6)	181,4 pm[a)]
Kovalenzradius (Einfachbindung)	164 pm
Ionenradien (KZ 6; 8; 9)	$129^{2+}_{(8)}$ pm, $98{,}3^{3+}_{(6)}$ pm, $116{,}3^{3+}_{(9)}$ pm
Molares Volumen	$20{,}59 \cdot 10^{-6}$ m^3 · mol^{-1}
1.;2.;3.;4 Ionisierungsenergie	5,4888 eV; 10,727 eV; 22,075 eV; 40,410 eV
Elektronegativität	(Allred/Rochow) 1,07; (Pauling) 1,14; (absolut) ≤ 3,0 eV
Elektronenaffinität Nd ⟶ Nd^-	≤ 0,518 eV
Wirkungsquerschnitt für thermische Neutronen ($\sigma_{n,\gamma}$)	$51 \cdot 10^{-28}$ m^2
Dichte (bei 20 °C)	7004 kg · m^{-3}
Härte (Mohs)*	2–3
Schmelztemperatur	1024 °C (1297,15 K)[b)]
Siedetemperatur	3074 °C (3347,15 K)[c)]
Spezifische Schmelzenthalpie	49,5 kJ · kg^{-1}
Spezifische Verdampfungsenthalpie	1966,86 kJ · kg^{-1} [d)]
Spezifische Sublimationsenthalpie	2246,25 kJ · kg^{-1} [e)]
Spezifische Wärmekapazität (bei 25 °C)	0,190 kJ · kg^{-1} . K^{-1}
Thermische Leitfähigkeit (bei 27 °C)	16,5 W · m^{-1} · K^{-1}
Thermischer Längenausdehnungskoeffizient (bei 25 °C)	$6{,}7 \cdot 10^{-6}$ K^{-1} [f)]
Elektrische Leitfähigkeit (bei 20°C)	$1{,}56 \cdot 10^6$ S · m^{-1}
Spezifischer elektrischer Widerstand (bei 20 °C)	$64{,}30 \cdot 10^{-8}$ Ω · m
Spezifische magnetische Suszeptibilität	$+490{,}2 \cdot 10^{-9}$ m^3 · kg^{-1} [g)]
Néel-Temperatur	–265,65 °C (7,5 K)
Hall-Koeffizient (Nd 99,98%)	$+0{,}971 \cdot 10^{-10}$ m^3 · A^{-1} · s^{-1}
Normalpotential Nd/Nd^{3+}	–2,431 V
Hydratationsenthalpie Nd^{3+}	3442 kJ · mol^{-1}
Bildungsenthalpie $NdCl_3$ (Nd_2O_3)	–1028 kJ · mol^{-1} (–1810 kJ · mol^{-1})

Weitere Angaben: a) 182,1 pm. b) 1010 °C, 1016 °C und 1012 °C. c) 3027 °C, 3068 °C und 3127 °C. d) 2003,6 kJ · kg^{-1} . e) 2274 kJ · kg^{-1}. f) $9{,}6 \cdot 10^{-6}$ K^{-1}. g) $516{,}4 \cdot 10^{-9}$ m^3 · kg^{-1}.
* geschätzte Werte.

Entdeckung

Neodym wurde zusammen mit Praseodym im Jahre 1885 von dem österreichischen Chemiker Carl Auer von Welsbach (1858–1929) in Wien, Österreich, bei der Zerlegung der „Didymerde“ durch fraktionierte Kristallisation der Ammonium-Doppelnitrate erstmals hergestellt und mittels seiner violetten Spektrallinien als Element identifiziert. Auer nannte das neue Element „Neodymium“ [von griech.: δίδυμος (didymos), d. h. doppelt bzw. Zwilling und der Vorsilbe νεός (neós) d. h. neu]. Zusammengefaßt ergibt das „neos didymos“ und bedeutet soviel wie „neuer Zwilling“. Das Element erhielt das chemische Symbol „Nd“ (s. auch Tab. Entdeckung der Metalle der Seltenen Erden, S. 775).

Vorkommen

Neodym gehört zu den weniger häufigen Elementen auf der Erde, zählt aber zu den häufigsten Lanthanoiden. Mit einem berechneten Massenanteil in der Erdhülle von 0,0022% steht es nach Zinn aber vor Blei an 33. Stelle der Elementhäufigkeit. In der Erdkruste bis 16 km Tiefe ist es mit 40 g/t Krustengestein vertreten, im Meerwasser beträgt sein Anteil durchschnittlich 4 μg $Nd^{(+III)}$ pro m^3, bei einer Verweilzeit von etwa 500 Jahren. Neodym kommt in der Natur meist in Begleitung von Praseodym vor allem in Cermineralen und vergesellschaftet mit den anderen Seltenerdmetallen hauptsächlich in den Mineralen Cerit, Monazit, Orthit, Bastnäsit u. a. bis zu 10% vor. Die Neodym-Reserven werden weltweit auf rund 10 Mio. t geschätzt. Die Häufigkeit des Elements auf der Sonne beträgt rund 17 Atome Neodym pro $1 \cdot 10^{12}$ Atome Wasserstoff, die kosmische Häufigkeit ist nicht bekannt sie ist aber sehr gering.

Herstellung

Die Erze werden zunächst durch Flotation, Magnet- und elektrostatische Scheidung angereichert und die Seltenerdmetalle in Halogenide bzw. Chloride oder Fluoride übergeführt. Die Trennung der Halogenide erfolgt durch Ionenaustausch- oder Flüssig-Flüssig-Extraktions-Verfahren mit EDTA u. a. Das reine Metall erhält man durch Schmelzflußelektrolyse oder metallothermisch durch Reduktion der wasserfreien Chloride oder Fluoride mit metallischem Calcium. Die Weltproduktion von Neodym beträgt jährlich etwa 3000 t.

Physikalische Eigenschaften

Neodym ist ein silberglänzendes bis schwach gelbliches Schwermetall, das an der Luft jedoch rasch anläuft. Das Metall bildet zwei allotrope Modifikationen:

$$\underset{\text{hexagonal}}{\alpha\text{-Nd}} \xrightarrow{861{,}85\ ^\circ\text{C}} \underset{\text{kubisch raumzentriert}}{\beta\text{-Nd}}$$

Neodym hat eine mittlere Schmelz- und Siedetemperatur, die thermische Leitfähigkeit beträgt 3,85%, die elektrische 2,48% der des Silbers. Neodym ist paramagnetisch, zeigt jedoch unterhalb –265,65 °C (7,5 K) antiferromagnetische Eigenschaften. Neodym-Eisen-Bor-Verbindungen wie z. B. $Nd_2Fe_{14}B$ sind hervorragende ferromagnetische Werkstoffe von hoher Remanenz bis zu 1,5 T, Koerzitivkräften von über 800 000 A · m^{-1} und Gütezahlen (B · H) von > 280 kJ · m^{-3}.

Radiochemie

Neodym kommt in der Natur als Gemisch aus fünf stabilen und zwei sehr langlebigen radioaktiven Isotopen vor. Zusätzlich sind 23 künstliche Radioisotope des Neodyms bekannt.

Die Isotope des Neodyms (1995)

Isotop	Natürliche Häufigkeit n (%)	Zerfallsart					Halbwertszeit
		α	β^+	EC	γ	β^-	$T_{1/2}$
Nd 127			x		x		1,8 s
...							
Nd 129			x		x		4,9 s
Nd 130			x				28 s
Nd 131			x		x		27 s
Nd 132			x		x		88 s
Nd 133			x		x		70 s
Nd 134			x	x	x		8,5 m
Nd 135*			x		x		12,4 m
Nd 135*			x		x		5,5 m
Nd 136			x	x	x		50,7 m
Nd 137*			x		x		38,0 m
Nd 137 m*					x		1,6 s
Nd 138				x	x		5,1 h
Nd 139*			x	x	x		29,7 m
Nd 139 m*			x	x	x		5,5 h
Nd 140				x			3,37 d
Nd 141*			x	x	x		2,5 h
Nd 141 m*			x		x		62 s
Nd 142	**27,13**						
Nd 143	**12,18**						
Nd 144	**23,80**	x					2,3 · 10^{15} a
Nd 145	**8,30**						
Nd 146	**17,19**						
Nd 147					x	x	10,98 d
Nd 148	**5,76**						
Nd 149					x	x	1,73 h
Nd 150	**5,64**					x	1,7 · 10^{19} a
Nd 151					x	x	12,4 m

(* isomere Atomkerne; m* markiert jeweils einen metastabilen Zustand)

Die Isotope des Neodyms (1995)							
Isotop	Natürliche Häufigkeit n (%)	Zerfallsart					Halbwertszeit
		α	β^+	EC	γ	β^-	$T_{1/2}$
Nd 152					x	**x**	11,4 m
Nd 153					x	**x**	28,9 s
Nd 154					x	**x**	25,9 s
Nd 155					x	**x**	8,9 s
Nd 156					x	**x**	5,5 s
Nd 157						**x**	n.bek.

Die Halbwertszeiten der Nd-Isotope sind allgemein kurz, die leichteren Isotope A < 142 zerfallen durch β^+-Strahlung und z. T. durch Elektronen-Einfang (EC) in die entsprechenden Pr-Isotope, die schwereren Isotope A > 146 verwandeln sich durch β^--Strahlung in Pm-Isotope. Das natürliche Isotop $^{144}_{60}Nd$ ist ein α-Strahler und zerfällt mit einer äußerst langen Halbwertszeit in das Isotop $^{140}_{58}Ce$. Die schwersten Isotope sind allgemein Spaltprodukte. Das Isotop $^{147}_{60}Nd$ (β^- | 0,895 MeV; γ | 0,53 MeV) wird als radioaktiver Indikator (Tracer) in der Industrie und in der Medizin verwendet. Die beiden stabilen Isotope $^{143}_{60}Nr$ und $^{145}_{60}Nd$ der Kernspinzahlen 7/2 bzw. 7/2– und kernmagnetischen Momenten –1,08 bzw. –0,66 dienen zum NMR-spektroskopischen Nachweis; NMR-Frequenzen (bei 2,3488 T) $5{,}437 \cdot 10^6\ s^{-1}$ bzw. $3{,}346 \cdot 10^6\ s^{-1}$.

Chemische Eigenschaften

Neodym ist ein Seltenerdmetall und gehört zur Gruppe der „Lanthanoiden". Es befindet sich im PSE in der 3. Gruppe (IIIB Nebengruppe) über dem Uran U, sowie in der 6. Periode zwischen dem Praseodym Pr und Promethium Pm. Das freie, neutrale Nd-Atom hat im elektronischen Grundzustand folgende Elektronenkonfiguration:

$$1s^2\ 2s^2\ 2p^6\ 3s^2\ 3p^6\ 3d^{10}\ 4s^2\ 4p^6\ 4d^{10}\ 4f^4\ 5s^2\ 5p^6\ 6s^2$$

In seinen Verbindungen bildet Neodym die Oxidationsstufen +II, +III und +IV, von denen die Stufe +III ([Xe] $4f^3$) die wichtigste und stabilste ist. Die Normalpotentiale des Neodyms sind:

	+IV		+III		+II		0
				(–2,431 V: Nd^{3+} → Nd)			
Saure Lösung	Nd^{4+}	+4,9 V	Nd^{3+}	–2,6 V	Nd^{2+}	–2,2 V	Nd
Basische Lösung	$[NdO_2]$	+2,5 V	$Nd(OH)_3$	–2,78 V			Nd

Wie alle Lanthanoide ist Neodym ein ziemlich unedles sehr reaktionsfreudiges Übergangsmetall, das sich an der Luft rasch mit einer schützenden gelblichen Oxidschicht überzieht. In fein verteiltem Zustand ist das Metall pyrophor. Mit kaltem Wasser reagiert es langsam mit heißen schneller, in schwachen Säuren wird es rasch aufgelöst. Im

Chlorstrom verbrennt das erhitzte Metall unter Leuchterscheinung. Neodym wird in leichten Mineralölen aufbewahrt. Die Farben der Nd-Kationen sind:

Nd^{3+} rotviolett, Nd^{4+} blauviolett

Neodym bildet meist rotviolette bzw. blaue Verbindungen, die Chloride $NdCl_2$ und $NdCl_3$, das Nitrat $Nd(NO_3)_3 \cdot 6\,H_2O$, Sulfat $Nd_2(SO_4)_3 \cdot 8\,H_2O$ u. a. sind in Wasser leicht löslich, das Carbonat $Nd_3(CO_3)_2$, das Fluorid NdF_3 Hydroxid $(Nd(OH)_3$, die Oxide NdO und Nd_2O_3, das Phosphat $NdPO_4$, Oxalat $Nd_2(C_2O_4)_3 \cdot 10\,H_2O$ u. a. sind in Wasser schwer bzw. unlöslich.

Nachweis

Qualitativ:
- Fällung der schwerlöslichen Oxalate.
- Flammenspektroskopie,
- Röntgenfluoreszenz,
- Aktivierungsanalyse,
- Spektralanalyse; wichtige Spektrallinien der einfach positiven Ionen Nd^+ 386,334 nm, 395,116 nm, 401,225 nm, 406,108 nm, 410,946 nm, 415,608 nm, 430,358 nm. u. a.
- Atomabsorptionsspektrometrie (AAS) mittels der 495,453 nm Hauptlinie des Atomspektrums.

Verwendung

Neodym wird meist im Gemisch mit anderen Metallen v. a. Cer und Praseodym, in Form von Didymmetall und Mischmetall, als Legierungsbestandteil für Leichtmetall-Legierungen hauptsächlich Mg-Legierungen, zur Verbesserung der mechanischen Eigenschaften sowie auch in Legierungen mit Eisen und Bor der Formel $Nd_2Fe_{14}B$ für Permanentmagnete verwendet.
Didymmetall: Nd 72%, Pr 18%, (La + Yb) 7,8%, Gd 2% und Ce 0,2%.
Mischmetall: Ce 53%, (La + Yb) 24%, Nd 16%, Pr 5%, und Gd 2%.
Daneben dient Neodym zur Herstellung von Feuersteinen, als Aktivator in Bildschirmröhren für Farbfernseher und ist ein wichtiger Bestandteil des Nd-YAG-Lasers (YAG; Akronym aus amerikan./Englisch „**Y**ttrium **a**lumin(i)um **g**arnet“, d. h. „Yttrium-Aluminium-Granat“, ein Mischoxid der Formel $Y_3Al_5O_{12}$).
Neodymverbindungen wie z. B. das hellblaue Nd_2O_3 dienen zum Färben von Glas und Email, violett bis rot, für Porzellan- und Keramikfarben sowie zur Herstellung von Sonnenschutzgläsern, Absorptionsfiltern u. a.

Physiologie, Toxikologie

Neodym hat keine biologische Bedeutung für den menschlichen Organismus. Das Element reizt die Augen ist aber nur gering toxisch. Toxizitätswerte sind nicht bekannt.

Neon Ne

International (Lat.)	Neon	Italienisch	Neon
Englisch	Neon	Griechisch	Νέο (Néo)
Französisch	Néon	Russisch	Неон (Nion)
Spanisch	Néon	Japanisch	ネオン (neon)

Atomare und physikalische Eigenschaften

Protonenzahl **(Z)**	**10**
Standard-Atomgewicht (bezogen auf ^{12}C = 12)	20,1797(±6)
Effektive Kernladung	(Slater) 5,85; (Clementi) 5,76; (Froese-Fischer) 5,18
Elektronenkonfiguration	[He] $2s^2$ $2p^6$
Grundzustand, Termsymbol	$^1S_0$
Van-der-Waals-Radius	160 pm [a)]
Molares Volumen (bei –250 °C)	$13,97 \cdot 10^{-6}$ $m^3 \cdot mol^{-1}$
Molares Eigenvolumen (Van-der-Waals-Konst.)	$17,1 \cdot 10^{-8}$ $m^3 \cdot mol^{-1}$
Molare Binnendruckkonstante (Van-der-Waals-Konst.)	0,21 $Nm^4 \cdot mol^{-1}$
1.;2.;3.;4.;5.;6.;7.;8. Ionisierungsenergie	21,564 eV; 40,962 eV; 63,449 eV; 97,112 eV; 126,21 eV; 157,93 eV; 207,27 eV; 239,09 eV
Elektronegativität	(Allred/Rochow) 4,40; (Pauling) n. bek.; (absolut) 10,6 eV
Elektronenaffinität Ne ⟶ Ne^-	0,30 eV
Wirkungsquerschnitt für thermische Neutronen ($\sigma_{n,\gamma}$)	$0,04 \cdot 10^{-28}$ m^2
Dichte gasförmig (bei 0 °C, 101,325 kPa)	0,89994 $kg \cdot m^{-3}$
flüssig (bei –246,03 °C)	1207,3 $kg \cdot m^{-3}$
fest (bei –248,67 °C)	1444 $kg \cdot m^{-3}$
Schmelztemperatur	–248,61 °C (24,55 K)
Siedetemperatur (bei 101,325 kPa)	–246,06 °C (27,09 K)
Temperatur am Tripelpunkt	–248,59 °C (24,56 K)
Dampfdruck am Tripelpunkt	4,31 kPa
Kritische Temperatur	–228,75 °C (44,4 K)
Kritischer Druck	2,654 MPa
Kritisches Volumen	$41,7 \cdot 10^{-6}$ $m^3 \cdot mol^{-1}$
Kritische Dichte	484 $kg \cdot m^{-3}$
Spezifische Schmelzenthalpie	16,056 $kJ \cdot kg^{-1}$
Spezifische Verdampfungsenthalpie	91,2 $kJ \cdot kg^{-1}$
Spezifische Wärmekapazität	
(bei 0 °C, 101,325 kPa, konst. Druck)	1,03 $kJ \cdot kg^{-1} \cdot K^{-1}$
(bei 0 °C, konst. Vol.)	0,618 $kJ \cdot kg^{-1} \cdot K^{-1}$
Debye-Temperatur	–198 °C (75,15 K)
Thermische Leitfähigkeit (bei 27 °C)	0,0493 $W \cdot m^{-1} \cdot K^{-1}$
Spezifische magnetische Suszeptibilität (Gas)	$-4,2 \cdot 10^{-9}$ $m^3 \cdot kg^{-1}$
Löslichkeit in Wasser (bei 20 °C)	10,5 cm^3 Ne pro 1kg H_2O

Weitere Angaben: a) 150 pm.

Entdeckung

Neon wurde im Jahre 1898 von den britischen Chemikern Sir William Ramsay (1852–1916) und Morris William Travers (1872–1961) in London, Großbritannien, bei der fraktionierten Destillation von Rohargon aufgrund der charakteristischen scharlachroten Spektrallinien gemeinsam entdeckt. Ramsay schlug für das neue Element den Namen „Neon“ [von griech.: νεός (neós), d. h. neu] mit dem chemischen Symbol „Ne“ vor, der international anerkannt wurde.

Vorkommen

Neon gehört zu den äußerst seltenen Elementen auf der Erde und steht mit einem berechneten Massenanteil in der Erdhülle von $5 \cdot 10^{-7}$% zwischen Platin und Helium an 77. Stelle der Elementhäufigkeit. In den obersten 16 km der Erdkruste ist Neon mit $7 \cdot 10^{-5}$ g/t Gestein, im Meerwasser mit $2 \cdot 10^{-4}$ g $Ne^{(0)}$ pro m^3 vertreten, die Verweilzeit ist nicht bekannt. In der Erdatmosphäre beträgt sein Volumenanteil $1{,}61 \cdot 10^{-3}$% und sein Massenanteil $1{,}3 \cdot 10^{-3}$%. Ein m^3 Luft enthält demnach rund 16 ml Neon. Die Gesamtvorräte an Neon in der Atmosphäre schätzt man auf 65 Mrd. t. Im Weltraum ist Neon nach Wasserstoff und Helium das dritthäufigste Element. Die Häufigkeit von Neon auf der Sonne beträgt rund 3,72 Atome Neon pro $1 \cdot 10^{12}$ Atome Wasserstoff, die kosmische Häufigkeit wird auf $8{,}6 \cdot 10^6$ Atome Neon pro $1 \cdot 10^6$ Atome Silicium geschätzt.

Herstellung

Neon erhält man ausschließlich als Nebenprodukt bei der fraktionierten Destillation verflüssigter Luft.

Physikalische Eigenschaften

Neon ist ein farb-, geruch- und geschmackloses, diamagnetisches, einatomiges Gas. Es ist nach Wasserstoff und Helium das leichteste aller Gase. Neon zeigt bei der Glimmentladung eine charakteristische scharlachrote Färbung. Im festen Zustand kristallisiert es in kubisch flächenzentrierter Gitterstruktur.

Radiochemie

Natürliches Neon besteht aus einem Gemisch von drei stabilen Isotopen, weitere 13 künstliche, radioaktive Isotope des Neons sind bekannt.
Die Halbwertszeiten der Ne-Isotope sind allg. kurz, die leichteren Isotope $A < 20$ zerfallen durch β^+-Strahlung in F-Isotope, die schwereren Isotope $A > 22$ verwandeln sich durch β^--Emission in Na-Isotope. Das stabile Isotop $^{21}_{10}Ne$ der Kernspinzahl 3/2+ und

Die Isotope des Neons (1995)						
Isotop	Natürliche Häufigkeit n (%)	Zerfallsart				Halbwertszeit $T_{1/2}$
		2p	β^+	γ	β^-	
Ne 16		x				n.bek.
Ne 17			**x**	x		108,2 ms
Ne 18			**x**	x		1,67 s
Ne 19			**x**	x		17,22 s
Ne 20	**90,48**					
Ne 21	**0,27**					
Ne 22	**9,25**					
Ne 23				x	**x**	37,2 s
Ne 24				x	**x**	3,38 m
Ne 25				x	**x**	602 ms
Ne 26				x	**x**	197 ms
Ne 27					**x**	32 ms
Ne 28					**x**	17 ms
Ne 29					**x**	ca. 200 ms
Ne 30					**x**	n.bek.
...						
Ne 32					**x**	n.bek.

kernmagnetischen Moment –0,661 dient zum NMR-spektroskopischen Nachweis; NMR-Frequenz (bei 2,3488 T) 7,894 · 10^6 s^{-1}. Hochbeschleunigte Ne-Ionen mit Energien von einigen hundert MeV dienen in der Kernchemie zur Erzeugung schwererer Transurane:

$$^{232}_{90}Th + ^{22}_{10}Ne \longrightarrow ^{250}_{100}Fm + 4\,^{1}_{0}n$$
$$^{242}_{94}Pu + ^{22}_{10}Ne \longrightarrow ^{260}_{104}Rf + 4\,^{1}_{0}n$$
$$^{241}_{95}Am + ^{22}_{10}Ne \longrightarrow ^{260}_{105}Db + 3\,^{1}_{0}n$$

Chemische Eigenschaften

Neon ist das zweite Element in der Gruppe der „Edelgase". Es befindet sich im PSE in der 18. Gruppe (VIIIA Hauptgruppe) unter dem Helium He, sowie in der 3. Periode rechts vom Fluor F. Das Ne-Atom hat im Grundzustand folgende Elektronenkonfiguration:

$$1s^2\ 2s^2\ 2p^6$$

Angesichts der abgeschlossenen Außenschale (L-Schale) mit acht Elektronen, ist Neon wie alle Edelgase äußerst reaktionsträge, das Gas geht unter normalen Bedingungen mit anderen Elementen keine chemischen Verbindungen ein. Neon tritt allgemein einatomig auf. Auf massenspektroskopischem Wege wurde die Existenz einiger molekularer Ionen wie Ne_2^+, $NeLi^+$, NeK^+ und NeH^+ nachgewiesen. Neon bildet im Gegensatz zu den anderen Edelgasen keine Clathrate.

Nachweis

Neon wird sowohl qualitativ als auch quantitativ mit Hilfe der Spektralanalyse bestimmt. Die Abtrennung des Gases erfolgt gaschromatographisch. Wichtige Spektrallinien der neutralen Atome sind: 837,761 nm, 865,438 nm, 878,062 nm, 878,375 nm, 885,387 nm.

Verwendung

Wegen seines leuchtend roten Lichts, findet Neon weit verbreitet Verwendung als Füllgas für Glimmlampen und Gasentladungsröhren. Glimmlampen dienen als Kontrolllichter in der Elektrotechnik, während Gasentladungsröhren sogenannte *Neonröhren* oder *Rotlichtröhren* als Lichtreklame, Digital-Leuchtanzeigen u. a. verwendet werden. Bei Zugabe geringer Mengen Quecksilber entsteht durch Überlagerung der Spektren ein warmes kornblumenblaues Licht *Blaulichtröhren*, das bei gelbem Glas durch Filterwirkung grünes Licht ergibt *Grünlichtröhren*. Daneben findet Neon Verwendung in Niederdruck-Natriumdampflampen für Straßenbeleuchtungen, als Kältemittel in der Kryotechnik bzw. Tieftemperaturtechnik und im Gemisch mit Helium als Laser-Material im Helium-Neon-Laser.

Physiologie, Toxikologie

Das Element hat keine biologische Bedeutung für den menschlichen Organismus. Es ist nicht toxisch, kann aber erstickend wirken.

Neptunium Np

International (Lat.)	Neptunium	Griechisch	Ποσειδώνιο (Poseidonio)
Englisch	Neptunium		
Französisch	Neptunium	Russisch	Нептуний (Niptunij)
Spanisch	Neptunio	Japanisch	ネプツニウム (neputuniumu)
Italienisch	Nettunio		

Atomare und physikalische Eigenschaften

T+

Protonenzahl **(Z)**	**93**
Standard Atomgewicht (bezogen aus ^{12}C = 12)	237,048167 [1)]
Effektive Kernladung	(Slater) 1,80
Elektronenkonfiguration	[Rn] $5f^4\ 6d^1\ 7s^2$
Grundzustand, Termsymbol	$^6L_{11/2}$
Metallatomradius (KZ 12)	155 pm [a)]
Ionenradien (KZ 6)	$110^{2+}_{(6)}$ pm, $101^{3+}_{(6)}$ pm, $88^{4+}_{(6)}$ pm, $75^{5+}_{(6)}$ pm, $72^{6+}_{(6)}$ pm, $71^{7+}_{(6)}$ pm
Molares Volumen	$11{,}71 \cdot 10^{-6}\ m^3 \cdot mol^{-1}$
1. Ionisierungsenergie	5,4934 eV
Elektronegativität	(Allred/Rochow) 1,22; (Pauling) 1,36
Wirkungsquerschnitt für thermische Neutronen ($\sigma_{n,\gamma}$; $^{237}_{93}Np$)	$180 \cdot 10^{-28}\ m^2$
Dichte (α, bei 20 °C)	$20450\ kg \cdot m^{-3}$ [b)]
Schmelztemperatur	630 °C (903,15 K) [c)]
Siedetemperatur	3902 °C (4175,15 K) [d)]
Spezifische Schmelzenthalpie	$39{,}91\ kJ \cdot kg^{-1}$
Spezifische Verdampfungsenthalpie	$1420\ kJ \cdot kg^{-1}$
Thermische Leitfähigkeit (bei 27 °C)	$6{,}30\ W \cdot m^{-1} \cdot K^{-1}$
Thermischer Längenausdehnungskoeffizient (bei 25 °C)	$27{,}5 \cdot 10^{-6}\ K^{-1}$
Elektrische Leitfähigkeit (bei 20 °C)	$0{,}82 \cdot 10^6\ S \cdot m^{-1}$
Spezifischer elektrischer Widerstand (bei 20 °C)	$122{,}10 \cdot 10^{-8}\ \Omega \cdot m$
Normalpotential Np/Np^{3+}	–1,79 V

1) Angegeben ist das Atomgewicht des Isotops mit der längsten Halbwertszeit $^{237}_{93}Np$.
Weitere Angaben: a) (α) 130,1 pm. b) $20250\ kg \cdot m^{-3}$, $20480\ kg \cdot m^{-3}$. c) 639 °C und 640 °C. d) 5235 °C.

Entdeckung

Neptunium wurde im Jahre 1940 von den amerikanischen Physikern Edwin Mattison McMillan (1907–1991) und Philip Hauge Abelson (geb. 1913) als erstes Transuran-Element (von lat.: „trans" d.h. „jenseits" bzw. „hinter"; Transurane sind die *Elemente jenseits des Urans*) im Strahlenlabor der Universität von Kalifornien, Berkeley USA, dem heutigen *Lawrence Radiation Laboratory*, entdeckt.
Kurz nach der Entdeckung der Neutronen (s. S. Be 67) beobachtete Enrico Fermi (1901–1954) in Rom, daß in stabilen, neutronenreichen Kernen, die Neutronen eingefangen ha-

ben, ein Neutron in ein Proton und ein Elektron zerfällt, das sofort aus dem Kern ausgestoßen wird. Bei einem solchen Beta-Zerfall (β^--Zerfall) entsteht gemäß der Reaktion

$$(Z, A) + n \longrightarrow (Z, A + 1) \longrightarrow (Z + 1, A) + \beta^-$$

ein Isotop mit einer um eins erhöhten Protonenzahl.
Obwohl Fermi bereits 1934 vorgeschlagen hatte, den Beta-Zerfall zur Synthese neuer Elemente des Urans anzuwenden, war die Entdeckung des Elements 93 dennoch ein purer Zufall.
Im Frühjahr 1939 bemühte sich McMillan in Berkeley die Reichweite der bei der Uranspaltung entstehenden Spaltfragmente zu messen um daraus ihre kinetische Energie zu bestimmen. Dazu tränkte er ein Filterpapier in einer Urandioxid-Lösung, legte ein Päckchen Zigarettenpapier darüber und bestrahlte die Probe mit Neutronen aus dem von E. O. Lawrence entwickelten 60-Zoll-Zyklotron, einem Kreisbeschleuniger, der einen hundertfach höheren Neutronenfluß als die herkömmlichen (Radium-Beryllium) Neutronenquellen lieferte. Da Neutronen selbst nicht beschleunigt werden können, wurden Targetfolien aus Beryllium mit Deuteronen der Energie von ca. 16 MeV/Nukleon bestrahlt, wobei gemäß ${}^{9}_{4}Be({}^{2}_{1}H, {}^{1}_{0}n){}^{10}_{5}B$ schnelle Neutronen emittiert wurden. Bei der anschließenden Untersuchung entdeckte McMillan im Filterpapier neben dem bereits von O. Hahn, F. Straßmann und L. Meitner entdeckten β^--strahlenden Isotop ${}^{239}_{92}U$ der Halbwertszeit von 23,54 Minuten eine zweite starke β^--Aktivität der Halbwertszeit von 2,355 Tagen. Da diese aus dem Uran nicht herausgeschleudert worden war, konnte es sich nicht um ein Spaltfragment handeln, vielmehr vermutete McMillan, daß die β^--Aktivität einem Isotop des Elements 93 zuzuordnen sei. Obwohl E. Segré irrtümlicherweise das neu entdeckte Element für ein Seltenerdmetall hielt, gelang es McMillan und Abelson im Mai 1940 nachzuweisen, daß das unbekannte Element in seinen chemischen Eigenschaften nicht dem Rhenium[1)], sondern dem Uran glich. Wichtig vor allem war, daß es sich in starker Säure mit Bromat-Anionen (BrO_3^-) in höhere Oxidationsstufen überführen ließ und in diesem Zustand mit Fluorid-Ionen nicht mehr ausgefällt werden konnte. Es handelte sich also tatsächlich um ein Isotop des Elements 93, das aus ${}^{238}_{92}U$ durch Neutroneneinfang und anschließenden β^--Zerfall entstanden war:

$${}^{238}_{92}U + {}^{1}_{0}n \longrightarrow {}^{239}_{92}U \xrightarrow[T_{1/2} = 23,54\ m]{\beta^-} {}^{239}_{93}Np \xrightarrow[T_{1/2} = 2,355\ d]{\beta^-}$$

In Analogie zur Reihenfolge der Planeten Uranus, Neptun, Pluto ... erhielt das neue Element den Namen „Neptunium“ mit dem chemischen Symbol „Np“. Neptunium war somit das erste Transuran-Element, das durch Kernumwandlung künstlich hergestellt wurde. Wägbare Mengen, etwa 10 µg des Elements in Form des Oxids des langlebigen Isotops ${}^{237}_{93}Np$, wurden erstmals 1944 von L. B. Magnusson und T. J. Chapelle im *Metallurgical Laboratory* der Universität von Chikago durch Neutronenbeschuß von Uran im Kernreaktor erhalten und aus dem bestralten Uran isoliert.

---

1) Zu der Zeit wurden die Transurane als chemische Homologe der Metalle Rhenium Re, Osmium Os, Iridium Ir, Platin Pt usw. angesehen und daher bezeichnete man diese als *Eka-Rhenium* (Z = 93), *Eka-Osmium* (Z = 94), *Eka-Iridium* (Z = 95) und *Eka-Platin* (Z = 96).

Vorkommen

Neptunium ist ein künstliches Element. Im Verhältnis zum Alter der Erde sind die Neptunium-Isotope zu kurzlebig, um in primärer Form heute noch in der Erdkruste existieren zu können. Dennoch findet man Spuren des Isotops $^{237}_{93}Np$ auch in natürlichen Uranerzen und Pechblendekonzentraten so z. B. in der afrikanischen Pechblende, wo es aus $^{238}_{92}U$ durch Einfang spontan gebildeter Neutronen entsteht. Der geschätzte Massenanteil von Neptunium in der Erdhülle liegt bei rund $4 \cdot 10^{-17}$%, damit steht Neptunium nach Radon an 89. Stelle der Elementhäufigkeit.

Herstellung

Das wichtigste Neptunium-Isotop $^{237}_{93}Np$ entsteht als Nebenprodukt in Kernreaktoren durch Einwirkung schneller Neutronen auf $^{235}_{92}U$ gemäß:

$$^{235}_{92}U + ^{1}_{0}n \longrightarrow ^{236}_{92}U + ^{1}_{0}n \longrightarrow ^{237}_{92}U \xrightarrow[T_{1/2} = 6{,}75\ d]{-\beta^-} ^{237}_{93}Np \longrightarrow$$

Dieses Isotop eignet sich wegen seiner langen Halbwertszeit besonders gut zur Bestimmung der Eigenschaften des Elements. Das Isotop $^{239}_{93}Np$ entsteht ebenfalls im Kernreaktor als Zwischenprodukt bei der Umwandlung von $^{238}_{92}U$ in $^{239}_{94}Pu$. Da die Bildung der intermediären Uranisotope im Kernreaktor erfolgt, spielen sich die Folgereaktionen ebenfalls dort ab. Während das kurzlebige $^{239}_{93}Np$ rasch in das langlebige $^{239}_{94}Pu$ zerfällt, sammelt sich das Isotop $^{237}_{93}Np$ wegen seiner langen Halbwertszeit im Reaktor an. Bei einer Reaktorleistung von 100 MW entstgeht etwa 1 kg Neptunium pro Jahr. In Form des Isotops $^{237}_{93}Np$ ist das Element heute in kg-Mengen verfügbar. Einige Isotope wie z. B. $^{235}_{93}Np$ und $^{238}_{93}Np$ wurden von der Arbeitsgruppe McMillan, G. T. Seaborg u. a. auch durch Beschuß von $^{235}_{92}U$ und $^{238}_{95}U$ mit beschleunigten Deuteronen im 60-Zoll-Zyklotron in Berkeley gemäß folgenden Reaktionen hergestellt:

$$^{235}_{92}U + ^{2}_{1}H \longrightarrow ^{235}_{93}Np + 2\,^{1}_{0}n$$
$$^{238}_{92}U + ^{2}_{1}H \longrightarrow ^{238}_{93}Np + 2\,^{1}_{0}n$$

Die Abtrennung von Neptunium aus dem Reaktionsgemisch erfolgt aufgrund des unterschiedlichen Verhaltens der Transurane in verschiedenen Oxidationszuständen z. B. durch Ausfällung, Ionenaustauscher, Lösungsmittelextraktion, fraktionierende Kristallisation u. a. Das Metall erhält man durch metallothermische Reduktion des Np(III)- oder Np(IV)-Fluorids mit Barium- oder Lithiumdampf bei 1200 °C.

Physikalische Eigenschaften

Reines Neptunium ist ein silberweißes, glänzendes, duktiles, radioaktives Schwermetall, das an der Luft rasch anläuft. Drei Modifikationen sind bekannt:

α-Np		β-Np		γ-Np		
orthorhombisch	$\xrightarrow{278\ °C}$	tetragonal	$\xrightarrow{577\ °C}$	kubisch raumzentriert	$\xrightarrow{630\ °C}$	flüssig
($\rho = 20450\ kg \cdot m^{-3}$)		($\rho = 19360\ kg \cdot m^{-3}$)		($\rho = 18000\ kg \cdot m^{-3}$)		

Das Metall hat eine mittlere Schmelz- und Siedetemperatur, die thermische Leitfähigkeit beträgt 1,47%, die elektrische 1,30% der des Silbers.

Radiochemie

Bis heute sind 20 Neptunium-Isotope bekannt, sie sind alle radioaktiv und wurden künstlich hergestellt.

Die Np-Isotope haben, mit zwei Ausnahmen allgemein kurze Halbwertszeiten. Die leichteren Isotope A < 237 zerfallen hauptsächlich durch Elektronen-Einfang (EC) in U-Isotope und z. T. durch α-Strahlung in Pa-Isotope, die schwereren A > 237 verwandeln sich durch β^--Emission in Pu-Isotope. Vier Np-Isotope sind mittels thermischer Neutronen spaltbar:

$^{234}_{93}Np$ ($\sigma_f = 900 \cdot 10^{-28}$ m^2); $^{236}_{93}Np$ ($\sigma_f = 2600 \cdot 10^{-28}$ m^2), $^{237}_{93}Np$ ($\sigma_f = 0{,}020 \cdot 10^{-28}$ m^2)
$^{238}_{93}Np$ ($\sigma_f = 2100 \cdot 10^{-28}$ m^2) (σ_f = Spaltquerschnitt)

Die Spaltung einiger Np-Isotope kann außer durch Neutronen, bei ausreichender Energie auch durch geladene Teilchen induziert werden. Bei hohen Energien können neben

Die Isotope des Neptuniums (1995)

Isotop	Natürliche Häufigkeit n(%)	Zerfallsart						Halbwertszeit $T_{1/2}$
		α	β^+	EC	γ	sf	β^-	
Np 225		x						n.bek.
Np 226		x						31 ms
Np 227		x						0,51 s
Np 228		x		x				61,4 s
Np 229		x		x				4,0 m
Np 230		x		x				4,6 m
Np 231		x		x	x			48,8 m
Np 232				x	x			14,7 m
Np 233		x		x	x			36,2 m
Np 234			x	x	x			4,4 d
Np 235		x		x	x			396,1 d
Np 236*		x		x	x		x	$1{,}54 \cdot 10^5$ a
Np 236*				x	x		x	22,5 h
Np 237	Spuren	x			x	x		$2{,}144 \cdot 10^6$ a
Np 238					x		x	2,117 d
Np 239					x		x	2,355 d
Np 240*					x		x	65 m
Np 240*					x		x	7,22 m
Np 241					x		x	13,9 m
Np 242*					x		x	2,2 m
Np 242*					x		x	5,5 m
Np 243					x		x	1,85 m
Np 244					x		x	2,29 m

(* isomere Atomkerne)

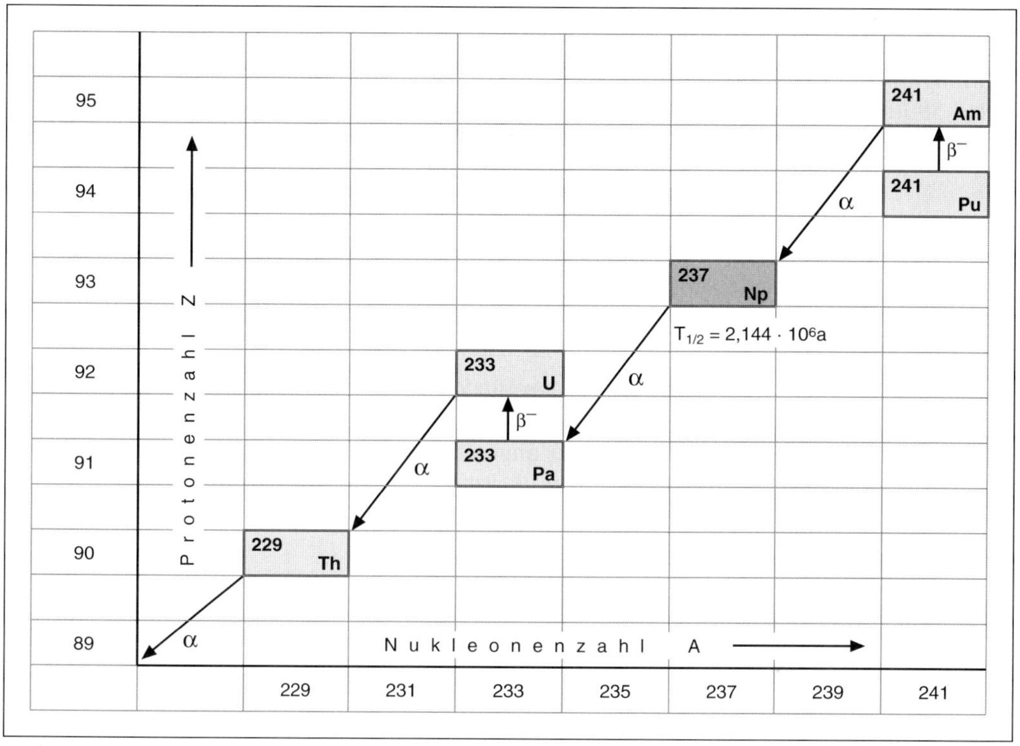

Abb. 56: Entstehung und Zerfall des ^{237}Np (Ausschnitt aus der Neptunium-Zerfallsreihe).

Spallationsreaktionen auch Spaltprozesse ablaufen. Das Neptuniumisotop $^{237}_{93}$Np ist ein Glied der Neptunium-Zerfallsreihe (4n + 1) Reihe (n = natürliche Zahl). Diese Reihe wurde sehr spät entdeckt, da sie in der Natur nicht mehr vorhanden ist. Das Ausgangs-Isotop $^{241}_{94}$Pu mußte erst künstlich hergestellt werden. Im Gegensatz zu den anderen drei natürlichen Zerfallsreihen enthält die Neptunium-Zerfallsreihe kein Radonisotop und endet auch nicht mit Blei, sondern mit dem stabilen Bismutisotop $^{209}_{83}$Bi. Das Isotop $^{237}_{93}$Np (α | 4,957 MeV; γ) der Kernspinzahl 5/2+ und kernmagnetischen Moment +3,14 wird als radioaktiver Indikator (Tracer) verwendet und kann zum NMR-spektroskopischen Nachweis herangezogen werden. NMR-Frequenz (bei 2,3488 T) $11{,}25 \cdot 10^6$ s^{-1}.

Chemische Eigenschaften

Neptunium gehört zur Gruppe der „Actinoide". Es befindet sich im PSE in der 3. Gruppe (IIIB Nebengruppe) unter dem Element Promethium Pm, sowie in der 7. Periode als erstes Transuran rechts vom Uran U. Das freie, neutrale Np-Atom hat im elektronischen Grundzustand folgende Elektronenkonfiguration:

$$1s^2\ 2s^2\ 2p^6\ 3s^2\ 3p^6\ 3d^{10}\ 4s^2\ 4p^6\ 4d^{10}\ 4f^{14}\ 5s^2\ 5p^6\ 5d^{10}\ 5f^4\ 6s^2\ 6p^6\ 6d^1\ 7s^2$$

In seinem chemischen Verhalten zeigt Neptunium große Ähnlichkeit mit dem Uran und kann, wegen der schwachen Bindung der 5f-Elektronen analog dem Uran in seinen Verbindungen alle Oxidationsstufen von +III bis +VII bilden, von denen die Stufe +V ([Rn] $5f^2$) die beständigste ist.
Die Normalpotentiale des Neptuniums:

+VII +VI +V +IV +III 0

Saure Lösung

$$NpO_3^+ \xrightarrow{+2,04\ V} NpO_2^{2+} \xrightarrow{+1,24\ V} NpO_2^+ \xrightarrow{+0,66\ V} Np^{4+} \xrightarrow{+0,1551\ V} Np^{3+} \xrightarrow{-1,79\ V} Np$$

NpO_2^{2+} → Np^{4+}: +0,95 V; Np^{4+} → Np: −1,30 V

Basische Lösung

$$NpO_5^{3-} \xrightarrow{+0,58\ V} NpO_2(OH)_2 \xrightarrow{+0,6\ V} NpO_2OH \xrightarrow{+0,3\ V} NpO_2 \xrightarrow{-2,1\ V} Np(OH)_3 \xrightarrow{-2,23\ V} Np$$

Neptunium ist ein elektropositives und angesichts seiner negativen Normalpotentiale ein sehr unedles Metall und starkes Reduktionsmittel. Bei Erwärmung reagiert es mit Wasser unter Wasserstoffentwicklung und Bildung des Hydroxids:

$$Np + 3\ H_2O \longrightarrow Np(OH)_3 + 1,5\ H_2 \uparrow$$

Das Element bildet mehrere Oxide und Halogenide sowie in den höheren Oxidationszuständen ähnlich dem Uran einige Neptunyl-Verbindungen und Neptunate, deren chemische Eigenschaften wie Hydrolyse, Löslichkeit, Komplexbildung u. a. den entsprechenden Eigenschaften der Uranverbindungen analog sind. Neptuniumverbindungen weisen große Ähnlichkeit mit den Verbindungen der benachbarten Actinoide Uran und Plutonium auf. Synthetisiert wurden z. B. Hydride, Halogenide, Oxide, Sulfide, Carbide, Nitride, Nitrate, Neptunate sowie einige metall-organische Verbindungen.
Die Farben der Neptunium-Kationen sind:

Np^{3+} blau bis purpurrot, Np^{4+} gelb-grün, NpO_2^+ grün, NpO_2^{2+} rosa bis rot,
NpO_5^{3-} dunkelgrün.

Neptunium(III)-Verbindungen sind gegen Wasser stabil, werden jedoch an der Luft leicht zu Neptunium(IV)-derivaten oxidiert. Während Neptunium(IV)-verbindungen Np^{4+} schwächere Reduktionsmittel als die entsprechenden Uran(IV)-verbindungen U^{4+} darstellen, wirken Neptunyl(VI)-verbindungen $[NpO_2]^{2-}$ stärker oxidierend als die isomorphen Uranyl(VI)-verbindungen $[UO_2]^{2-}$.

Nachweis

- Fällung der schwerlöslichen Oxalate.
- Radiometrie; Über die radioaktive Strahlung, Halbwertszeit u. a.
- Spektralanalyse; wichtige Spektrallinien der neutralen Atome sind: 901,618 nm, 1009,199 nm, 1081,745 nm, 1169,515 nm, 1177,664 nm, 1214,819 nm, 1237,742 nm, 1240,798 nm, 1383,433 nm, u. a.

Verwendung

Technische Bedeutung haben nur die beiden Neptuniumisotope $^{235}_{93}Np$ und $^{237}_{93}Np$ als Zwischenprodukte bei der Herstellung des Plutonium-Isotops $^{239}_{94}Pu$, das in Kernreaktoren und zur Herstellung von Kernwaffen benötigt wird. Daneben dient es zur Herstellung schwererer Elemente wie Plutonium und dessen durch Beta-Zerfall entstehenden Folgeprodukte Americium, Curium, Berkelium u. a.

Physiologie, Toxikologie

Neptunium hat keine biologische Bedeutung für den menschlichen Organismus. Wie alle radioaktiven Elemente ist auch Neptunium außerordentlich toxisch. Inkorporiertes Neptunium setzt sich bevorzugt in den Knochen und in den Nebennierenrinden ab, wo es zu Strahlenschäden führt. Toxizitätswerte sind nicht bekannt. Die maximal zulässige radiologische Aktivität bezogen auf das Isotop $^{237}_{93}Np$ beträgt 1480 Bq für den menschlichen Körper, 225 Bq/l in wässriger Lösung und 0,075 Bp/m^3 Luft.

Nickel Ni

International (Lat.)	Niccolum	Italienisch	Nichel, Nichelio
Englisch	Nickel	Griechisch	Νικέλιο (Nikelio)
Französisch	Nickel	Russisch	Никель (Nikelj)
Spanisch	Niquel	Japanisch	ニッケル (nikkeru)

Atomare und physikalische Eigenschaften

Protonenzahl **(Z)**	**28**
Standard-Atomgewicht (bezogen auf ^{12}C = 12)	58,6934 (±1)
Effektive Kernladung	(Slater) 4,05; (Clementi) 5,71; (Froese-Fischer) 7,86
Elektronenkonfiguration	[Ar] $3d^8$ $4s^2$
Grundzustand, Termsymbol	$^3F_4$
Metallatomradius (KZ 12)	124,6 pm
Kovalenzradius (Einfachbindung)	115,4 pm
Ionenradien (KZ 4,6)	$55^{2+}_{(4)}$ pm, $69^{2+}_{(6)}$ pm, $56^{3+}_{(6)}$ pm, $48^{4+}_{(6)}$ pm
Molares Volumen	$6,59 \cdot 10^{-6}$ $m^3 \cdot mol^{-1}$
1.,2.,3.;4.;5. Ionisierungsenergie	7,6355 eV; 18,168 eV; 35,165 eV; 54,930 eV; 75,451 eV
Elektronegativität	(Allred/Rochow) 1,75; (Pauling) 1,91; (absolut) 4,40 eV
Elektronenaffinität Ni ⟶ Ni^-	1,616 eV
Wirkungsquerschnitt für thermische Neutronen ($\sigma_{n,\gamma}$)	$4,50 \cdot 10^{-28}$ m^2
Dichte (bei 20 °C)	8902 $kg \cdot m^{-3}$ a)
Härte (geglüht)	(Mohs) 3,8; (Brinell) $90 \cdot 120 \cdot 10^7$ Pa
Elastizitätsmodul (geglüht)	$20,2 \cdot 10^{10}$ Pa
Schmelztemperatur	1453 °C (1726,15 K) b)
Siedetemperatur	2732 °C (3005,15 K) c)
Spezifische Schmelzenthalpie	299,5 $kJ \cdot kg^{-1}$ d)
Spezifische Verdampfungsenthalpie	6388,4 $kJ \cdot kg^{-1}$ e)
Spezifische Sublimations./ Atomisierungsenthalpie	7326,6 $kJ \cdot kg^{-1}$
Spezifische Wärmekapazität (bei 25 °C)	0,444 $kJ \cdot kg^{-1} \cdot K^{-1}$
Thermische Leitfähigkeit (bei 27 °C)	90,7 $W \cdot m^{-1} \cdot K^{-1}$
Thermischer Längenausdehnungskoeffizient (bei 25 °C)	$13,4 \cdot 10^{-6}$ K^{-1}
Thermospannung (Δt =100 K / Pt; Cu)	–1,5 mV; –2,25 mV
Elektrische Leitfähigkeit (bei 20 °C)	$14,60 \cdot 10^6$ $S \cdot m^{-1}$
Spezifischer elektrischer Widerstand (bei 20 °C)	$6,85 \cdot 10^{-8}$ $\Omega \cdot m$
Temperaturkoeffizient (bei 20 °C)	$6,5 \cdot 10^{-3}$ K^{-1}
Sättigungsmagnetisierung (bei 20 °C)	0,61 T
Curie-Temperatur	358 °C (631,15 K) f)
Elektrochemische Äquivalent Ni^{2+}	$0,3042 \cdot 10^{-6}$ $kg \cdot A^{-1} \cdot s^{-1}$
Normalpotential Ni/Ni^{2+}	–0,257 V
Hydratationsenthalpie Ni^{2+}	–2123 $kJ \cdot mol^{-1}$
Bildungsenthalpie $NiCl_2$ (NiO)	–305,54 $kJ \cdot mol^{-1}$ (–240 $kJ \cdot mol^{-1}$)

Weitere Angaben: a) 8906 $kg \cdot m^{-3}$, 8908 $kg \cdot m^{-3}$ und 8910 $kg \cdot m^{-3}$. b) 1452 °C und 1455 °C. c) 2730 °C und 2920 °C. d) 303 $kJ \cdot kg^{-1}$. e) 6480 $kJ \cdot kg^{-1}$. f) 354 °C, 356 °C, 360 °C.

Entdeckung

Nickel wurde im Jahre 1751 von dem schwedischen Chemiker und Mineralogen Axel Frederik Cronstedt (1722–1765) bei der Untersuchung des Rotnickelkies in Stockholm, Schweden, entdeckt und durch Reduktion des Oxids in unreiner Form hergestellt. Cronstedt nannte das neue Metall „Nickel“, das chemische Symbol „Ni“ wurde 1814 von J. J. Berzelius vorgeschlagen. Der Name des Metalls stammt von sächsischen Bergleuten die, das dem Kupfer sehr ähnliche Erz im Spätmittelalter im Erzgebirge entdeckt hatten. Da sie daraus kein Kupfer gewinnen konnten, nannten sie das Erz verächtlich *Kupfernikel*, das soviel wie *Teufelskupfer* oder *Nikolauskupfer* bedeutet. Mit dem Wort *Nickel* bezeichnete man einen *Kobold, Geist, störrischen Menschen* o. ä. Das reine Metall wurde erstmals 1775 von Torbern Olof Bergmann (1735–1784) hergestellt. Im Jahre 1832 entdeckte der englische Physiker und Chemiker Michael Faraday (1791–1867) in London die galvanische Vernickelung.

Vorkommen

Nickel gehört zu den relativ häufigen Elementen auf der Erde und steht mit einem berechneten Massenanteil in der Erdhülle von 0,015% noch vor Zink und Kupfer an 21. Stelle der Elementhäufigkeit. In der Erdkruste, bis 16 km Tiefe, ist es mit 99 g/t Krustengestein vertreten. Der Nickelgehalt nimmt mit der Tiefe zu, man vermutet, daß der Erdkern zu etwa 90% aus Eisen und 10% Nickel besteht. In Eisenmeteoriten beträgt der Anteil an Nickel bis zu 110 g/t. Meerwasser enthält durchschnittlich 0,4 mg $Ni^{(+II)}$ pro m^3, die Verweilzeit beträgt etwa 80000 Jahre. Die größten Nickelvorräte befinden sich in den ozeanischen Manganknollen, die bis 1% des Metalls enthalten. Außer in Meteoriten tritt Nickel nie gediegen auf, es kommt nur in Form von Verbindungen meist als Sulfid, Silicat und Arsenid, vor.

Die bekannten abbauwürdigen Nickelreserven schätzt man auf 125 Mio. t, davon entfallen auf Kuba etwa 22%, Neukaledonien 14%, Sudbury, Ontario, Kanada 12,5%, Indonesien 12%, Philippinen 10,5% sowie unter 10% Norilsk, Rußland; Buschveld-Komplex, Republik Südafrika, Norwegen, Simbabwe, Australien, Brasilien, Venezuela u. a. Die Häufigkeit des Elements auf der Sonne beträgt ca. $1{,}92 \cdot 10^6$ Atome Nickel pro $1 \cdot 10^{12}$ Atome Wasserstoff, die kosmische Häufigkeit schätzt man auf einige zehntausend Atome Nickel pro $1 \cdot 10^6$ Atome Silicium.

Wichtige Nickel-Minerale	
Pentlandit, Eisennickelkies	$(Fe, Ni)_9S_8$
Garnierit	$(Mg, Ni)_3[(OH)_4 \mid Si_2O_5]_2$
Millerit, Gelbnickelkies, Haarkies, Nickelblende	NiS
Nickelin, Nickelarsenid, Rotnickelkies	$NiAs$
Chloantit, Nickelskutterudit, Weißnickelkies	$(Co, Ni)As_3$
Gersdorffit, Arsennickelkies	$NiAsS$
Breithauptit, Antimonnickel	$NiSb$
Ullmannit, Antimonnickelglanz	$NiSbS$

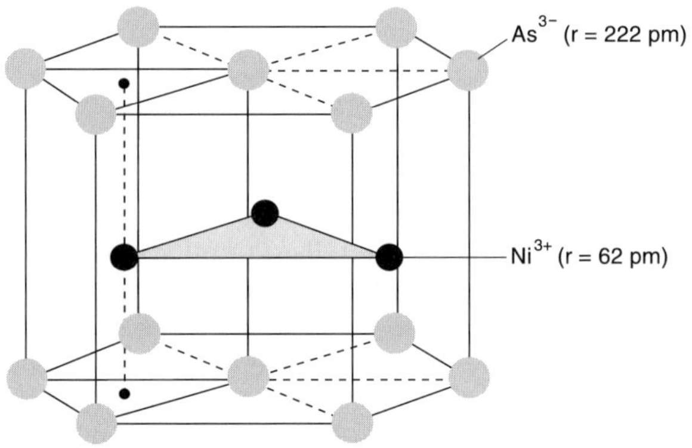

Abb. 57: Kristallgitter des Nickelarsenids; „Nickelarsenid-Struktur" (NiAs-Typ); Schichtgitter, die Arsenid-Anionen As^{3-} bilden eine hexagonal dichteste Packung mit den Nickel-Kationen Ni^{3+} in allen (trigonal-prismatischen) Oktaederlücken. In dem gekennzeichneten Ausschnitt erkennt man die trigonale Struktur. Verhältnis der Radien $r_{Ni^{3+}}/r_{As^{3-}}$ = 0,279. Gittertyp AB 6/6 (hexagonal).

Herstellung

Großtechnisch wird Nickel überwiegend aus sulfidischen Erzen hergestellt. Das wichtigste Erz ist das Pyrrhotin oder Magnetkies, aus dem über 70% der Weltproduktion an Nickel hergestellt werden. Die Roherze enthalten neben FeS, Cu_2S, Fe_2O_3 meist nur etwa 0,5–2% Ni in Form von NiS und werden daher zunächst durch mechanische Aufbereitung auf etwa 5% Ni angereichert, anschließend vorgeröstet und mit kieselsäurehaltigen Zuschlägen und Koks verschmolzen. Das Fe(III)-oxid verschlackt dabei größtenteils zu Fe-Silicat und fließt aus dem Ofen ab. Der gleichzeitig gebildete spezifisch schwerere sog. *Kupfer-Nickel-Rohstein*, der hauptsächlich NiS, Cu_2S, FeS enthält sammelt sich im unteren Teil des Ofens an und wird periodisch abgestochen. Das Fe(II)-sulfid wird in einem Konverter durch eingeblasene Luft oxidiert und mit SiO_2 verschlackt, wobei der sog. *Kupfer-Nickel-Feinstein* zurückbleibt, der größtenteils aus NiS, Cu_2S besteht und etwa 80% Cu + Ni und 20% S enthält. Die Sulfide werden durch Schmelzen mit Na_2S getrennt, wobei sich NiS am Boden sammelt, zu NiO geröstet und mit Koks zu Rohnickel reduziert wird. Die Raffination von Rohnickel erfolgt durch Elektrolyse, man erhält „Elektrolytnickel" mit einem Reinheitsgrad von ca. 99,5%. Wesentlich reineres Nickel erhält man nach dem „Carbonylverfahren" dem sog. *Mond-Prozeß*. Dazu wird der bei 1100 °C „totgeröstete" Feinstein in 10 m hohen Türmen bei 400 °C mit Wassergas reduziert:

$$2\ NiO + (CO + H_2) \longrightarrow 2\ Ni + H_2O + CO_2 \uparrow$$

und der so erhaltene Nickel-Schwamm in sog. „Verflüchtigern" im Gegenstromverfahren bei 50–80 °C mit Kohlenstoffmonooxid in gasförmiges Nickeltetracarbonyl übergeführt:

$$Ni + 4\ CO \longrightarrow Ni(CO)_4 \qquad \Delta H = -162\ kJ$$

Dieses wird anschließend in gußeisernen „Zersetzungskammern", die mit kleinen Nickelkügelchen, von 2–5 mm Durchmesser, gefüllt sind, bei 180–200 °C in Kohlenstoffmonooxid und Nickel zersetzt, wobei sich Nickel mit einer Reinheit bis zu 99,99% auf den Kügelchen absetzt.

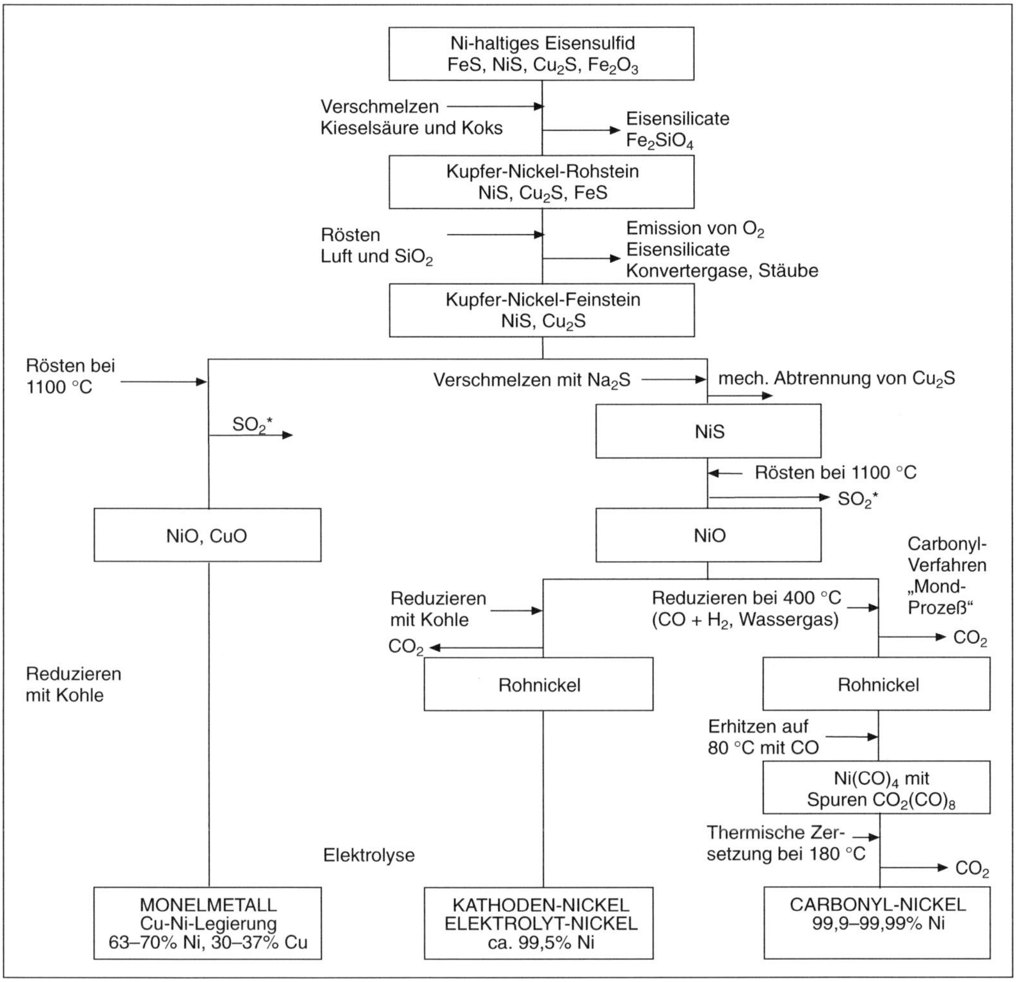

* zur Schwefelsäure-Herstellung

Abb. 58: Fließschema zur Herstellung von Nickel (unter Umweltgesichtspunkten).

Durch direktes Verschmelzen von Kupfer-haltigen sulfidischen Nickelerzen erhält man Cu-Li-Legierungen sog. „Monelmetall“ mit durchschnittlich bis zu 68% Ni und 33% Cu (Abb. 58).
Die Weltproduktion an Nickel beträgt z. Z. etwa 850000 t, Hauptproduzenten sind die GUS-Staaten ca. 25%, Kanada 16%, Japan 15%, Norwegen 6%, Australien und Neukaledonien jeweils etwa 5%. Der Preis für 1 kg Nickel liegt bei etwa 8,5 $ bzw. 15,2 DM.

Physikalische Eigenschaften

Nickel ist ein silberweißes, stark glänzendes, sehr zähes und gut dehnbares Schwermetall, das sich ähnlich wie Eisen gut schmieden, walzen, zu Drähten ausziehen, schweißen und polieren läßt. Es ist schwach ferromagnetisch, oberhalb der Curie-Temperatur ist es paramagnetisch. Das Metall kristallisiert in kubisch dichtester Kugelpackung β-Nickel, sowie in einer unbeständigeren hexagonalen verunreinigten Nickelmodifikation α-Nickel. Es hat eine mittlere Schmelz- und Siedetemperatur entsprechend etwa dem Eisen und Cobalt und ist ein guter Leiter von Wärme und elektrischen Strom. Die thermische Leitfähigkeit beträgt 21,14%, die elektrische 23,22% der des Silbers. Die Austrittsarbeit für Elektronen im Vakuum beträgt 5,15 eV. Die Schallgeschwindigkeit im Metall liegt bei 4974 m · s^{-1}. Feinverteiltes Nickel kann vor allem bei höheren Temperaturen erhebliche Mengen molekularen Wasserstoff absorbieren, der dabei in atomaren Wasserstoff übergeht. Durch heißes Nickelblech kann Wasserstoff leicht diffundieren, eine Eigenschaft die zur Regelung des Gasstromes in Protonen- und Deuteronenbeschleunigern ausgenutzt wird.

Radiochemie

Nickel kommt in der Natur in Form von fünf stabilen Isotopen vor, weitere 24 künstliche Radioisotope des Nickels sind bekannt.

Die Isotope des Nickels (1995)						
Isotop	Natürliche Häufigkeit n (%)	Zerfallsart				Halbwertszeit $T_{1/2}$
		β^+	EC	γ	β^-	
Ni 50		x				n.bek.
Ni 51		x				n.bek.
Ni 52		**x**				38 ms
Ni 53		**x**				45 ms
Ni 54		x				n.bek.
Ni 55		**x**				212 ms
Ni 56			**x**	x		6,075 d
Ni 57		**x**	**x**	x		36,0 h
Ni 58	**68,077**					
Ni 59		**x**	**x**			7,5 · 10^4 a
Ni 60	**26,223**					
Ni 61	**1,140**					
Ni 62	**3,634**					
Ni 63					**x**	100 a
Ni 64	**0,926**					
Ni 65				x	**x**	2,52 h
Ni 66					**x**	54,6 h
Ni 67				x	**x**	21 s
Ni 68					**x**	19 s
Ni 69				x	**x**	11,4 s
Ni 70					x	n.bek.
Ni 71					**x**	1,86 s
Ni 72					**x**	2,06 s
Ni 73					**x**	0,90 s
Ni 74					**x**	1,1 s
Ni 75					x	n.bek.
Ni 76					x	n.bek.
Ni 77					x	n.bek.
Ni 78					x	n.bek.

Die Halbwertszeiten der Ni-Isotope sind sehr unterschiedlich. Die leichteren Isotope A < 60 zerfallen durch β^+-Strahlung oder Elektronen-Einfang (EC) in Co-Isotope, die schwereren A > 62 verwandeln sich durch β^--Emission in die entsprechenden Cu-Isotope. Das Isotop $^{57}_{28}Ni$ entsteht bei der Bestrahlung von Co-Targets mit beschleunigten Protonen, die Isotope $^{59}_{28}Ni$, $^{63}_{28}Ni$ und $^{65}_{28}Ni$ werden in $^{A}_{28}Ni$ (n, γ) $^{A+1}_{28}Ni$ Reaktionen gebildet. Das Isotop $^{63}_{28}Ni$ (β^- | 0,065 MeV; kein γ) wird als radioaktiver Indikator (Tracer) verwendet, das stabile Isotop $^{61}_{28}Ni$ der Kernspinzahl 3/2– und kernmagnetischen Moment –0,75002 dient zum NMR-spektroskopischen Nachweis; NMR-Frequenz (bei 2,3488 T) $8{,}936 \cdot 10^6\ s^{-1}$.

Chemische Eigenschaften

Nickel gehört zur sog. *Eisengruppe*. Es befindet sich im PSE in der 10. Gruppe (VIII Nebengruppe), über dem Palladium Pa sowie in der 4. Periode zwischen Cobalt Co und Kupfer Cu. Entsprechend seiner Stellung im PSE hat das freie, neutrale Ni-Atom im elektronischen Grundzustand folgende Elektronenkonfiguration:

$$1s^2\ 2s^2\ 2p^6\ 3s^2\ 3p^6\ 3d^8\ 4s^2$$

Das Metall bildet in seinen Verbindungen alle Oxidationsstufen von –I bis +VI, von denen die Stufe +II ([Ar] $3d^8$), die durch Abgabe der beiden 4s-Elektronen erreicht wird, die häufigste und beständigste ist.
Die Normalpotentiale des Nickels:

	+VI		+IV		+II		0
Saure Lösung	NiO_4^{2-}	>1,8 V	NiO_2	+1,593 V	Ni^{2+}	–0,257 V	Ni
	NiO_4^{2-} → Ni^{2+}: >1,6 V						
Basische Lösung	NiO_4^{2-}	>0,4 V	NiO_2	+0,490 V	$Ni(OH)_2$	–0,720 V	Ni

Das negative Normalpotential weist Nickel als ein unedles, schwach elektropositives Metall aus. In seinem chemischen Verhalten ist es dem Eisen und Cobalt sehr ähnlich. Reines, kompaktes Nickel ist bei Raumtemperatur sehr widerstandsfähig gegen Luft, Sauerstoff, Wasser und viele organische Stoffe und dient daher u. a. zum Korrosionsschutz von Eisenteilen, die dazu galvanisch vernickelt oder mit Nickelblech verschweißt werden. Von nicht oxidierenden Säuren wird Nickel nur langsam angegriffen. Auch konz. Salpetersäure greift Nickel, infolge Passivierung durch Bildung einer dünnen Oxidschicht nicht an, mit verd. Salpetersäure reagiert es aber rasch unter Wasserstoffentwicklung und Bildung des Nitrats. Gegenüber Alkalihydroxiden ist das Metall bis 400 °C beständig. In reinem Sauerstoff verbrennt Nickel unter Funkensprühen zu Ni(II)-oxid, in der Hitze reagiert es mit den Halogenen, Phosphor, Schwefel, Arsen, Bor, Silicium unter Bildung der entsprechenden Salze. Nickel bildet zahlreiche, meist farbige blaue, grüne und gelbe Verbindungen und Komplexe.
Von den Ni(II)-verbindungen sind die Halogenide NiX_2 (X = Cl, Br, I), das Hydroxid $Ni(OH)_2$, Nitrat $Ni(NO_3)_2 \cdot 6\ H_2O$, Sulfat $NiSO_4 \cdot 6\ H_2O$, u. a. in Wasser löslich, das Carbonat $NiCO_3$, Fluorid NiF_2, Oxid NiO, Sulfid NiS usw. sowie die verschiedenen Komplexe sind in Wasser wenig bzw. nicht löslich.

Nachweis

Quantitativ:

- Mit Tschugaeff-Reagenz; eine alkoholische Lösung von Dimethylglyoxim fällt aus neutraler, schwach saurer oder ammoniakalischer Lösung einen scharlachroten Niederschlag von Nickel(II)-dimethylglyoxim $Ni(C_4H_7N_2O_2)_2$ aus, der auch zur gravimetrischen Nickelbestimmung geeignet ist.

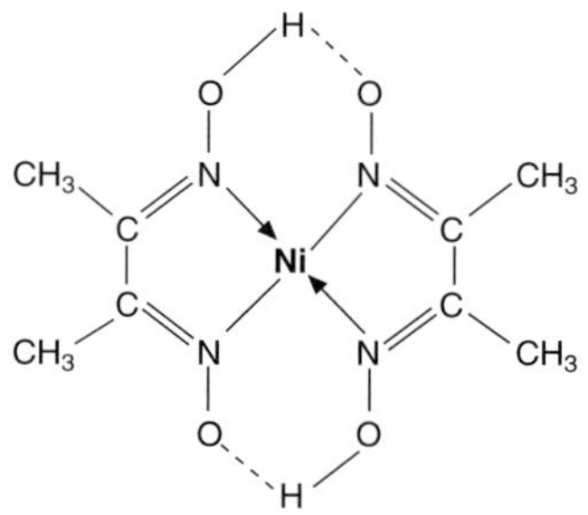

Tschugaeff-Reagenz; Nickel(II)-Dimethylglyoxim bzw. [Bis(2,3-butandion-dioximato)nickel]

- Fällung mit Ammoniumsulfid-Lösung $(NH_4)_2S$ von schwarzen Ni(II)-sulfid, das in kalter verd. Salzsäure unlöslich ist, und von konz. Salpetersäure oder Wasserstoffperoxid zu Sulfat bzw. Schwefel oxidiert wird.
- Fällung mit Ammoniak-Lösung; zunächst fällt ein hellgrüner Niederschlag von Ni(II)-hydroxid aus, der bei weiterer Zugabe langsam in das blaue Hexaamminnikkel(II)-hydroxid $[Ni(NH_3)_6](OH)_2$ übergeht.
- Spektralanalyse; wichtige Spektrallinien der neutralen Atome; 232,003 nm, 341,477 nm, 349,296 nm, 351,505 nm, 352,454 nm, 361,939 nm.
- Atomabsorptionsspektrometrie (AAS) mittels der 232,003 nm Hauptlinie des Atomspektrums.

Verwendung

Der Hauptanteil der Nickelproduktion wird zur Stahlveredelung verwendet, da durch Zusatz nur geringer Mengen Nickel zum Stahl die Korrosionsbeständigkeit, Härte und Zähigkeit, erheblich verbessert werden. Ein weiterer Teil dient zur Elektroplattierung von Metallen, als Anodenmaterial bei der galvanischen Vernickelung v. a. von Eisenoberflächen. Aus Reinnickel werden zahlreiche Gebrauchsgegenstände wie Tiegel, Schalen, Instrumente für Labor und Medizin sowie Apparate- und Geräteteile für die chemische und elektrotechnische Industrie hergestellt. In der Elektrotechnik dient Nikkel zur Herstellung von Nickel-Cadmium-Akkumulatoren, Thermoelementen wie Ni/Cr-Ni u. v. a. Wegen seiner guten Absorptionsfähigkeit von molekularen Wasserstoff, der dabei in atomaren Wasserstoff übergeht, eignet sich feinverteiltes Nickel sehr gut als Hydrierungs- und Dehydrierungskatalysator, sog. *Raney-Katalysatoren* für technische Hydrierungs-Reaktionen wie z. B. zur Fetthärtung.

Nickel ist Bestandteil zahlreicher Legierungen, die aufgrund ihrer chemischen und thermischen Beständigkeit, ihren magnetischen Eigenschaften in vielen Industriezweigen unentbehrlich sind.

Nickel-Molybdän-Legierungen:
Hastaloy B: 60–63% Ni, 26–32% Mo, 3–7% Fe
Hastaloy C: 60–63% Ni, 11–15% Mo, 3–7% Fe, 15–17% Cr
Incoloy: 40% Ni, 21% Cr, 31% Fe, 3–5% Mo

Nickel-Kupfer-Legierungen:
Monelmetall: 63–70% Ni, 30–37% Cu

Nickel-Kupfer-Mangan-Legierungen:
Konstantan, Nickelin, Manganin (s. S. 339)

Hitzebeständige Legierungen:
Inconel: 50–78% Ni, 14–33% Cr, 0–13% Fe
Nichrom: 80–83% Ni, 17–20% Cr (Heizdrähte)
Invar: 65% Fe, 35% Ni (keine thermische Ausdehnung)

Legierungen für die Elektrotechnik:
Nickel-Eisen-Mangan: 45–72% Ni, 11–52% Fe, 0–10% Mn
Muniperm: 76% Ni, 17% Fe, 5% Cu, 2% Cr (Magnete) u. a.

Physiologie, Toxikologie

Nickel gehört zu den 12 Spurenelementen, deren Funktion für den menschlichen Organismus nicht eindeutig geklärt ist. Das Metall spielt vermutlich eine wichtige Rolle beim Stoffwechsel der Kohlenstoffhydrate und wirkt aktivierend auf einige Enzyme und Hormone. Der erwachsene menschliche Organismus enthält etwa 10 mg verteilt hauptsächlich auf Muskeln und Knochen. Der tägliche Bedarf liegt etwa bei 0,3–0,5 mg und wird über die Nahrung gedeckt. Die toxische Dosis beträgt 50 mg (für Ratten), eine letale Dosis ist nicht bekannt. Sowohl Nickel als auch seine Verbindungen und Salze können zu akuten Vergiftungen und chronischen Schäden führen. Als besonders gefährdend gilt die Einatmung des Staubs von Nickel und seinen Verbindungen, die zu allergischen und entzündlichen Reaktionen an Schleimhäuten und Respirationstrakt führen kann. Für atembare Stäube und Rauche gilt ein TRK-Wert von 0,5 mg/m^3. Durch Hautkontakt und Hautresorption bei häufigem Kontakt mit vernickelten Gegenständen, z. B. beim Tragen von Nickelbrillen kann Nickeldermatitis sog. *Nickelkrätze* auftreten. Nickel wirkt nachweislich kanzerogen. Hochgiftig ist die farblose, leicht flüchtige Flüssigkeit Nickeltetracarbonyl $Ni(CO)_4$. Akute Vergiftungen äußern sich durch plötzliche Übelkeit, Schwindel und Kopfschmerzen und können nach einem kurzen beschwerdefreien Zeitraum von etwa drei Tagen über Husten, Fieber und Krämpfen zum Tode durch Atemnot führen.

Niob Nb

International (Lat.)	Niobium	Italienisch	Niobio
Englisch	Niobium	Griechisch	Νιόβιο (Niovio)
Französisch	Niobium	Russisch	Ниобий (Niobij)
Spanisch	Niobio	Japanisch	ニオブ (niobu)

Atomare und physikalische Eigenschaften

Protonenzahl **(Z)**	**41**
Standard-Atomgewicht (bezogen auf $^{12}C = 12$)	92,90638 (±2)
Effektive Kernladung	(Slater) 3,30; (Clementi) 6,70; (Froese-Fischer) 9,60
Elektronenkonfiguration	[Kr] $4d^4\ 5s^1$
Grundzustand, Termsymbol	$^6D_{1/2}$
Metallatomradius (KZ 12)	146 pm [a)]
Kovalenzradius (Einfachbindung)	134 pm
Ionenradien (KZ 6)	$76^{2+}_{(6)}$ pm, $72^{3+}_{(6)}$ pm, $68^{4+}_{(6)}$ pm, $64^{5+}_{(6)}$ pm
Molares Volumen	$10{,}84 \cdot 10^{-6}\ m^3 \cdot mol^{-1}$
1.;2.;3.;4.;5. Ionisierungsenergie	6,8818 eV; 14,323 eV; 25,039 eV; 38,295 eV; 50,546 eV
Elektronegativität	(Allred/Rochow) 1,23; (Pauling) 1,60; (absolut) 4,00 eV
Elektronenaffinität $Nb \longrightarrow Nb^-$	0,893 eV
Wirkungsquerschnitt für thermische Neutronen ($\sigma_{n,\gamma}$)	$1{,}11 \cdot 10^{-28}\ m^2$
Dichte (bei 20 °C)	$8580\ kg \cdot m^{-3}$ [b)]
Härte (geglüht)	(Mohs) 4 ; (Brinell) $73{,}5 \cdot 10^7$ Pa
Elastizitätsmodul (geglüht)	$15{,}6 \cdot 10^{10}$ Pa
Schmelztemperatur	2468 °C (2741,15 K)
Siedetemperatur	4928 °C (5201,15 K) [c)]
Spezifische Schmelzenthalpie	$292{,}78\ kJ \cdot kg^{-1}$ [d)]
Spezifische Verdampfungsenthalpie	$7498{,}4\ kJ \cdot kg^{-1}$ [e)]
Spezifische Sublimationsenthalpie (einatomiges Gas)	$7793{,}3\ kJ \cdot kg^{-1}$
Spezifische Atomisierungsenthalpie	$7814{,}8\ kJ \cdot kg^{-1}$
Spezifische Wärmekapazität (bei 25 °C)	$0{,}265\ kJ \cdot kg^{-1} \cdot K^{-1}$
Debye-Temperatur	2 °C (275,15 K)
Thermische Leitfähigkeit (bei 27 °C)	$53{,}7\ W \cdot m^{-1} \cdot K^{-1}$
Thermischer Längenausdehnungskoeffizient (bei 25 °C)	$7{,}07 \cdot 10^{-6}\ K^{-1}$ [f)]
Temperaturkoeffizient (bei 20 °C)	$2{,}28 \cdot 10^{-3}\ K^{-1}$
Elektrische Leitfähigkeit (bei 20 °C)	$7{,}81 \cdot 10^6\ S \cdot m^{-1}$
Spezifischer elektrischer Widerstand (bei 20 °C)	$12{,}80 \cdot 10^{-8}\ \Omega \cdot m$
Supraleitung, Sprungtemperatur	– 263,69 °C (9,46 K)
Spezifische magnetische Suszeptibilität	$+27{,}6 \cdot 10^{-9}\ m^3 \cdot kg^{-1}$ [g)]
Hall-Koeffizient	$+0{,}88 \cdot 10^{-10}\ m^3 \cdot A^{-1} \cdot s^{-1}$
Normalpotential Nb/Nb^{3+}	–1,099 V
Bildungsenthalpie $NbCl_5$ (Nb_2O_3)	$-798\ kJ \cdot mol^{-1}$ ($-1901\ kJ \cdot mol^{-1}$)

Weitere Angaben: a) 142,9 pm. b) $8570\ kg \cdot m^{-3}$. c) 4758 °C, 5127 °C. d) $288{,}5\ kJ \cdot kg^{-1}$ und $334\ kJ \cdot kg^{-1}$. e) $7321{,}85\ kJ \cdot kg^{-1}$. f) $7{,}3 \cdot 10^{-6}\ K^{-1}$. g) $26{,}5 \cdot 10^{-9}\ m^3 \cdot kg^{-1}$.

Entdeckung

Im Jahre 1801 entdeckte der englische Chemiker Charles Hatchett (1765–1847) in London, Großbritannien, im Mineral Columbit das Oxid eines neuen Elements, das er *Columbium* nannte. 1844 zeigte Heinrich Rose (1795–1864), daß es sich beim Columbium um zwei Elemente handelte, eines war das bereits von Anders Gustaf Ekeberg (1767–1813) entdeckte Tantal, dem anderen bis dahin unbekannten Element gab er wegen seiner engen Verwandtschaft mit Tantal den Namen „Niobium“ mit dem chemischen Symbol „Nb“, nach Niobe der Tochter des Tantalos. Die Trennung der beiden Elemente gelang erst 1866 J. Ch. G. de Marrignac durch fraktionierte Kristallisation der Alkali-Doppelfluoride und im gleichen Jahr erhielt Christian Wilhelm Blomstrand (1826–1897) elementares Niob durch Reduktion des Niob(V)-chlorids mit Wasserstoff. Reines Niob erhielt erstmals 1907 Werner von Bolton (1868–1912) durch Reduktion von Kaliumpentafluoroniobat (V) mit Natrium.

Vorkommen

Niob gehört zu den weniger häufigen Elementen auf der Erde. Mit einem berechneten Massenanteil in der Erdhülle von $1{,}9 \cdot 10^{-3}$% steht es an 34. Stelle der Elementhäufigkeit. Am Aufbau der obersten 16 km der Erdkruste ist das Metall mit rund 20 g/t Gestein vertreten, in Steinmeteoriten mit etwa 0,5 g/t. Im Meerwasser beträgt sein Anteil durchschnittlich $9 \cdot 10^{-7}$ g $Nb^{(+V)}$ pro m^3, die Verweilzeit ist nicht bekannt. Niob kommt in der Natur nie elementar vor. Das Metall tritt in seinen Erzen ausschließlich in geringen Konzentrationen und immer mit Tantal vergesellschaftet, in Form isomorpher Niobate und Tantalate auf.
Die bekannten Niob-Reserven schätzt man auf rund 8 Mio. t, davon entfallen über 80% auf Brasilien, das gleichzeitig auch der bedeutendste Produzent von Nioberzen ist. Weitere wichtige Vorkommen liegen in Kanada, den GUS-Staaten, Kongo, Nigeria, Uganda, Thailand, Malaysia und Australien. Die Häufigkeit des Elements auf der Sonne beträgt ca. 79 Atome Niob pro $1 \cdot 10^{12}$ Atome Wasserstoff, die kosmische Häufigkeit ist nicht bekannt, sie ist aber sehr gering.

Die wichtigsten Niob-Minerale	
Columbit	$(Fe, Mn)(Nb, Ta)_2O_6$; ein Mischkristall aus Niobit, Eisenniobat $(Fe, Mn)(NbO_3)_2$ und Tantalit $(Fe, Mn)(TaO_3)_2$
Fergusonit	$Y(Ta, Nb)O_4$
Yttrotantalit	$(Y, Ce)(Ta, Nb, Ti)_2O_6$
Pyrochlor	$(Na, Ca)_2(Nb, Ta, Ti)_2O_6[O, OH, F]$
Samarskit	$(Y, U, Er\ u.\ a.)_4[(Nb, Ta, Fe\ u.\ a.)_2O_7]_3$
Thoreaulith	$[Sn(Ta, Nb)_2O_7]$

Herstellung

Ausgangsmaterial zur technischen Herstellung von Niob ist der Columbit. Die Abtrennung von Tantal erfolgt durch Flüssig-flüssig-Extraktion aus dem in Schwefelsäure-Flußsäure-Gemisch gelösten Erzkonzentrat mit Methylisobutylketon (MIBK) aus dem nach Absenkung des pH-Wertes mit dem gleichen Lösungsmittel auch Niob extrahiert werden kann. Nach Überführung in Nb(V)-oxid kann das Metall durch Reduktion mit Kohlenstoff bei 2000 °C gewonnen werden, wobei sich vermutlich intermediär Niob-Carbid bildet:

$$Nb_2O_5 + 7\,C \xrightarrow{800\,°C} 2\,NbC + 5\,CO \uparrow$$

$$5\,NbC + Nb_2O_5 \xrightarrow{2000\,°C} 7\,Nb + 5\,CO \uparrow$$

Das dabei entstehende Niob-Pulver wird zu Barren gesintert. Größere Mengen Niob fallen bei der Zinngewinnung v. a. in Malaysia und Nigeria an. Höchstreines Niob erhält man durch Elektronenstrahlschmelzen. Zur Herstellung von Niob aus pyrochlorhaltigen Erzen werden diese zunächst durch Flotation zu Pyrochlorkonzentraten die bis zu 50% Nb(V)-oxid enthalten angereichert und können dann entweder direkt zur Herstellung von Ferroniob verwendet, oder in den Fluorokomplex $K_2[NbOF_5]$ überführt werden aus dem man das Metall durch Schmelzelektrolyse oder Reduktion mit Natrium bei 800 °C erhält. Die Weltproduktion liegt bei jährlich etwa 15 000 t reines Niob-Metall. Die Hauptproduzenten sind Brasilien mit fast 85%, Kanada 11% u. a.

Physikalische Eigenschaften

Niob ist ein hellgrau glänzendes, paramagnetisches, in reinem Zustand ziemlich weiches Schwermetall, das sich gut schmieden, walzen und schweißen läßt. An Härte gleicht es in etwa dem Schmiedeeisen. Das Metall wird aber bereits durch geringe Verunreinigungen an Kohlenstoff, Sauerstoff oder Stickstoff sehr hart und spröde, so daß es nur noch bei Rotglut verarbeitet werden kann. Niob kristallisiert im kubisch raumzentriertem Gitter. Das Metall hat eine sehr hohe Schmelz- und Siedetemperatur, die thermische Leitfähigkeit beträgt 12,52%, die elektrische 12,42% der des Silbers. Unterhalb –263,69 °C (9,46 K) bzw. in dünnen Schichten unterhalb –262,45 °C (10,7 K) zeigt das Metall Supraleitfähigkeit, die kritische Feldstärke beträgt 163 929,6 $A \cdot m^{-1}$. Niob bildet viele intermetallische Verbindungen mit Sprungtemperaturen > 10 K (s. S. 433). Die Austrittsarbeit für Elektronen im Vakuum liegt bei 4,5 eV (T).

Radiochemie

Niob ist ein anisotopes Element. Es tritt in der Natur nur in Form eines einzigen stabilen Isotops auf, weitere 28 künstliche, radioaktive Isotope sind bekannt.
Die Halbwertszeiten der Nb-Isotope sind allg. sehr kurz, die leichteren Isotope $A < 93$ zerfallen durch β^+-Strahlung oder durch Elektronen-Einfang (EC) in Zr-Isotope, die

Die Isotope des Niobs (1995)						
Isotop	Natürliche Häufigkeit n (%)	Zerfallsart				Halbwertszeit $T_{1/2}$
		β^+	EC	γ	β^-	
Nb 82		x				n.bek.
Nb 83		**x**		x		4,1 s
Nb 84		**x**		x		12 s
Nb 85		**x**		x		20,9 s
Nb 86*		**x**		x		56,3 s
Nb 86*		**x**		x		88 s
Nb 87*		**x**		x		2,6 m
Nb 87*		**x**				3,9 m
Nb 88*		**x**		x		14,3 m
Nb 88*		**x**		x		7,8 m
Nb 89*		**x**		x		2,0 h
Nb 89*		**x**		x		66 m
Nb 90*		**x**				14,6 h
Nb 90 m*				**x**		18,8 s
Nb 91*		x	**x**			680 a
Nb 91 m*		x	x	**x**		60,9 d
Nb 92*			**x**	x		$3{,}6 \cdot 10^7 \cdot$ a
Nb 92*		**x**	x	x		10,15 d
Nb 93*	**100**					
Nb 93 m*				**x**		16,13 a
Nb 94*				x	**x**	$2 \cdot 10^4$ a
Nb 94 m*				x	**x**	6,26 m
Nb 95*				x	**x**	34,97 d
Nb 95 m*				x	**x**	86,6 m
Nb 96				x	**x**	23,4 h
Nb 97*				x	**x**	74 m
Nb 97 m*				**x**		53 s
Nb 98*				x	**x**	2,9 s
Nb 98*				x	**x**	51 m
Nb 99*				x	**x**	15 s
Nb 99*				x	**x**	2,6 m
Nb 100*				x	**x**	1,5 s
Nb 100*				x	**x**	3,1 s
Nb 101				x	**x**	7,1 s
Nb 102*				x	**x**	1,3 s
Nb 102*				x	**x**	4,3 s
Nb 103				x	**x**	1,5 s
Nb 104*				x	**x**	4,8 s
Nb 104*				x	**x**	0,8 s
Nb 105				x	**x**	2,95 s
Nb 106				x	**x**	1,0 s
Nb 107					**x**	330 ms
Nb 108					x	n.bek.
Nb 109					x	n.bek.
Nb 110					x	n.bek.

(* isomere Atomkerne; m* markiert jeweils einen metastabilen Zustand).

schwereren A > 93 verwandeln sich durch β^--Emission in die entsprechenden Mo-Isotope. Die Isotope $^{95}_{41}Nb$ und $^{97}_{41}Nb$ bis $^{106}_{41}Nb$ sind Spaltprodukte. Das wichtigste Isotop $^{95}_{41}Nb$ ist ein Tochterisotop des $^{95}_{40}Zr$ ($T_{1/2}$ = 65 d) und entsteht durch Bestrahlung von Zirkonium im Kernreaktor; es findet sich ebenfalls im radioaktiven Niederschlag.
$^{A}_{41}Nb$ (n, γ)$^{4+1}_{41}Nb$ Reaktionen führen allgemein zur Bildung von Kernisomeren. Das Isomer $^{94m}_{41}Nb$ wird in der Aktivierungsanalyse verwendet. Das stabile Isotop $^{93}_{41}Nb$ der Kernspinzahl 9/2+ und kernmagnetischen Moment +6,1705 dient zum NMR-spektroskopischen Nachweis; NMR-Frequenz (bei 2,3488 T) 24,442 · 10^6 s^{-1}; Referenz NbF_6^- (konz. HF). Die maximal zulässige radiologische Aktivität bezogen auf $^{95}_{41}Nb$ beträgt 70,3 · 10^4 Bq für den menschlichen Körper, 3330 Bq/ml in wäßriger Lösung und 2,9 Bq/m^3 Luft.

Chemische Eigenschaften

Niob gehört zur sog. *Vanadiumgruppe.* Es befindet sich im PSE in der 5. Gruppe (VB Nebengruppe) über dem Tantal Ta, sowie in der 5. Periode zwischen Zirconium Zr und Molybdän Mo. Das freie, neutrale Nb-Atom hat im elektronischen Grundzustand folgende Elektronenkonfiguration:

$$1s^2\ 2s^2\ 2p^6\ 3s^2\ 3p^6\ 3d^{10}\ 4s^2\ 4p^6\ 4d^4\ 5d^1$$

Das Übergangsmetall bildet in seinen Verbindungen fast alle Oxidationsstufen von –III bis +V, von denen die Stufe +V ([Kr]) die wichtigste und stabilste ist.
Die Normalpotentiale des Niobs sind:

	+V		+III		0
Saure Lösung	Nb_2O_5	–0,1 V	Nb^{3+}	–1,099 V	Nb
			–0,65 V (Nb_2O_5 → Nb)		

Niob ist ein elektropositives und angesichts seiner negativen Normalpotentiale ein unedles Element. Dennoch ist es chemisch außerordentlich beständig, da es infolge Passivierung durch eine oberflächliche sehr dünne aber dichte Oxidschicht geschützt wird. Bei Raumtemperatur wird das Metall von den meisten Säuren einschließlich Königswasser nicht angegriffen, es löst sich jedoch rasch in einem Gemisch von Fluß- und Salpetersäure sowie in heißer konz. Schwefelsäure. Alkalilaugen greifen Niob unter Bildung von Alkaliniobaten an. Oberhalb 200 °C verliert Niob seine Schutzschicht und wird dann von allen Säuren angegriffen. Niobpulver kann sich spontan entzünden. Bei höheren Temperaturen reagiert Niob mit den meisten Nichtmetallen, nur Fluor greift Niob schon bei Raumtemperatur an. Oberhalb 250 °C verbindet sich Niob mit molekularem Chlor zu Niob(V)-chlorid:

$$2\ Nb + 5\ Cl_2 \longrightarrow 2\ NbCl_5 \qquad \Delta H = -1596\ kJ$$

Ab 400 °C reagiert es mit Stickstoff zu Nitriden, mit Kohlenstoff zu Carbiden und bei Rotglut mit molekularem Sauerstoff zu Niob(V)-oxid:

$$4\ Nb + 5\ O_2 \longrightarrow 2\ Nb_2O_5 \qquad \Delta H = -3802\ kJ$$

Zwischen 350 und 500 °C reagiert Niob mit Wasserstoff unter Bildung des Hydrids. Niob bildet u. a. verschiedene Nb(IV)- und NB(V)-halogenide, drei Oxide NbO, NbO_2 und

Nb_2O_5. Niobate(V) sind Salze der Oxo- und Isopolysäuren des Niobs. Metaniobate der allg. Formel M^INbO_3 und Orthoniobate der allg. Formel $M^I_4Nb_2O_7$, bekannt sind auch $M^I_8Nb_6O_{19}$, $M^I_{14}Nb_{12}O_{37}$ u. a.

Nachweis

- Fällung als Oxidhydrat und Glühen zum Niob(V)-oxid.
- Gravimetrisch mit Benzoylphenylhydroxylamin oder Benzolarsonsäure.
- Photometrisch mit Pyridinazoresorcin,
- Spektralanalyse; wichtige Spraktrallinien der neutralen Atome: 334,371 nm, 358,027 nm, 405,894 nm, 407,973 nm, 410,092 nm, 412,381 nm, 415,248 nm u. a.
- Atomabsorptionsspektrometrie (AAS) mittels der 334,371 nm Hauptlinie des Atomspektrums.

Verwendung

Niob wird hauptsächlich in Form von *Ferroniob,* eine Eisenlegierung mit 28–33,5% Fe, 63–67% Nb, 0,5–2% Ta, 2% Al, 1% Si, und *Ferroniobtantal* mit etwa 5–6% Ta als Legierungskomponente für rostfreie Stähle und Sonderstähle verwendet. Mit Chrom, Nikkel und Cobalt ist es ein wichtiger Bestandteil von Nichteisenmetall-Legierungen. Niobhaltige Hochtemperaturlegierungen mit außergewöhnlicher Verschleiß- und Korrosionsfestigkeit werden zur Herstellung von Gasturbinen sowie im Flugzeug- und Raketenbau verwendet. Wegen seines geringen Wirkungsquerschnitts für thermische Neutronen sowie seiner hohen Beständigkeit gegenüber den in Kernreaktoren als Kühlmittel dienenden flüssigen Metallen wie Kalium, Natrium, Lithium, Blei, Quecksilber u. a. eignet sich tantalfreies Niob besonders gut als Hüllenmaterial für Kernbrennstäbe. Wegen seiner besonders ausgeprägten Gasaffinität wird das Metall in der Hochvakuumtechnik als Getter eingesetzt. Nb-Ti-Legierungen dienen zur Herstellung von Dauermagneten, Nb-W-Legierungen zur Herstellung von Thermoelementen für Temperaturbereiche bis 2000 °C und Nb-Zr-Legierungen $T_c = -261{,}55$ °C (11,6 K) dienen als Wicklungsmaterial für supraleitende Elektromagnete sowie zur Umhüllung von Kernbrennstäben. Einige Nb-Legierungen und -Verbindungen zeigen gute Supraleitereigenschaften wie z. B. Nb_3Al, $T_c = -256{,}05$ (17,1 K); Nb_3Sn, $T_c = -254{,}7$ °C (18,45 K); $Nb_3Al_{0,8}Ge_{0,2}$, $T_c = -252{,}45$ °C (20,7 K); $Nb_{12}Al_3Ge$, $T_c = -252{,}15$ °C (21 K); Nb_3Ge, $T_c = -249{,}95$ °C (23,2 K), NbN > -253 °C (20,15 K) u. a.

Physiologie, Toxikologie

Niob gehört zu den Spurenelementen, deren biologische Funktion für den Menschen nicht bekannt ist. Der erwachsene menschliche Körper enthält durchschnittlich 100 mg Niob, der tägliche Bedarf liegt bei etwa 0,02–0,6 mg. Eingeatmete Niobverbindungen werden bevorzugt in der Leber und in den Knochen angereichert. Eine toxische Dosis ist nicht bekannt, das Element gilt als nicht toxisch.

Nobelium No

International (Lat.)	Nobelium	Italienisch	Nobelio
Englisch	Nobelium	Griechisch	Νομπελιο (Nompelio)
Französisch	Nobélium	Russisch	Нобелий (Nabjelij)
Spanisch	Nobelio	Japanisch	ノーベリウム (noderiumu)

Atomare und physikalische Eigenschaften	T+
Protonenzahl **(Z)**	**102**
Standard-Atomgewicht (bezogen auf $^{12}C = 12$)	259,100931[1)]
Effektive Kernladung	(Slater) 1,65
Elektronenkonfiguration	[Rn] $5f^{14}\ 7s^2$
Ionenradien (KZ 6)	$112^{2+}_{(6)}$ pm, $95^{3+}_{(6)}$ pm, $83^{4+}_{(6)}$ pm
1. Ionisierungsenergie	5,6975 eV
Elektronegativität	(Allred/Rochow) 1,20; (Pauling) 1,30
Thermische Leitfähigkeit (bei 27 °C) *	$10{,}0\ W \cdot m^{-1}K^{-1}$
Normalpotential No/No^{3+}	–1,261 V

1) Angegeben ist das Atomgewicht des Isotops mit der längsten Halbwertszeit $^{259}_{102}No$.
* geschätzte Werte.

Entdeckung

Die Entdeckung des Elements 102 wurde im Jahre 1957 von einer Arbeitsgemeinschaft mehrerer Wissenschaftler vom *Argonne National Laboratory*, Chicago, USA, *Atomic Energy Research Establishment*, Harwell Großbritannien, *Nobel Institute of Physics*, Stockholm, Schweden, bekanntgegeben. Die Wissenschaftler berichteten, daß bei der Bestrahlung eines Curium-Targets das zu 95% aus $^{244}_{96}Cm$ und zu 5% aus $^{246}_{95}Cm$ bestand mit $^{13}_{6}C^{6+}$-Kernen aus dem 225-cm-Zyklotron des Stockholmer Instituts, ein Isotop des Elements 102 beobachtet wurde, das mit einer Halbwertszeit von ca. 10 Minuten und der α-Energie von 8,5 MeV zerfiel. Das unbekannte Isotop war vermutlich in einer der Synthese-Reaktionen

$$^{244}_{96}Cm + {}^{13}_{6}C \longrightarrow {}^{251}_{102}No + 6\ {}^{1}_{0}n$$
$$^{244}_{96}Cm + {}^{13}_{6}C \longrightarrow {}^{253}_{102}No + 4\ {}^{1}_{0}n$$

Das Isotop wurde angeblich in einer Ionenaustauschersäule chromatographisch nachgewiesen. Die beteiligten Wissenschaftler schlugen zu Ehren des schwedischen Erfinders und Ingenieurs Alfred Nobel (1833–1896) dem Gründer der *Nobel-Stiftung* den Namen „Nobelium“ mit dem chemischen Symbol „No“ vor. Diese Entdeckung konnte bei späteren Überprüfungen durch die Arbeitsgruppen in Dubna und Berkeley jedoch nicht be-

stätigt werden. Wie später festgestellt wurde betragen die Halbwertszeiten der beiden Isotope nicht wie angegeben 10 Minuten sondern für $^{251}_{102}$No 0,8 Sekunden und für $^{253}_{102}$No 1,7 Minuten.
Im Jahre 1958 glaubten die amerikanischen Wissenschaftler Albert Ghiorso, Torbjorn Sikkeland, John R. Walton und Glenn T. Seaborg in einem Experiment in Berkeley das Isotop $^{254}_{102}$No identifiziert zu haben, das vermeintlich beim Beschuß von Curium-Targets mit hochbeschleunigten Kohlenstoff-Ionen der Energie von 68 MeV/Nukleon im Schwerionen-Linearbeschleuniger HILAC (**H**eavy **I**on **L**inear **A**ccelerator; wurde 1957 in Betrieb genommen) gemäß der Reaktion:

$$^{246}_{96}\text{Cm} + {}^{12}_{6}\text{C} \longrightarrow {}^{254}_{102}\text{No} + 4\,{}^{1}_{0}\text{n}$$

gebildet wurde und unter Aussendung eines α-Teilchens der Energie 8,3 MeV mit der Halbwertszeit von etwa 3 Sekunden in das Tochterisotop $^{250}_{100}$Fm überging:

$$^{254}_{102}\text{No} \xrightarrow[T_{1/2} = \text{ca. } 3\text{ s}]{-\alpha} {}^{250}_{100}\text{Fm} \xrightarrow[T_{1/2} = 30\text{ m}]{-\alpha} {}^{246}_{98}\text{Cf} \xrightarrow[T_{1/2} = 35{,}7\text{ h}]{-\alpha}$$

Die amerikanischen Forscher konnten angeblich elf Atome des Tochter-Isotops $^{250}_{100}$Fm mittels einer neuen Methode, des sog. *Doppelten Rückstoßes* nachweisen.
Es stellte sich später heraus, daß die Halbwertszeit von ca. 3 Sekunden in Wirklichkeit dem Isotop $^{252}_{102}$No ($T_{1/2}$ = 2,3 s; 8,4 MeV) zugehörte, das in der Reaktion:

$$^{244}_{96}\text{Cm} + {}^{12}_{6}\text{C} \longrightarrow {}^{252}_{102}\text{No} + 4\,{}^{1}_{0}\text{n}$$

erzeugt wurde, da in dem von Ghiorso verwendeten Curium-Target 20mal mehr $^{244}_{96}$Cm als $^{246}_{96}$Cm enthalten war. Wie heute bekannt, hat das Isotop $^{254}_{102}$No eine Halbwertszeit von 55 Sekunden. Es ist demnach fraglich, ob in dem Experiment tatsächlich Tochterisotope des Elements 102 beobachtet worden waren.
Im gleichen Jahr meldete auch die sowjetische Arbeitsgruppe um G. N. Flerov die Entdeckung eines Isotops des Elements 102 der Halbwertszeit 2–40 Sekunden, das durch Beschuß von Plutonium $^{241}_{94}$Pu mit Sauerstoffionen $^{16}_{8}O^{6+}$ wahrscheinlich in der Synthesereaktion

$$^{241}_{94}\text{Pu} + {}^{18}_{6}\text{O} \longrightarrow {}^{A}_{102}\text{No} + \text{X}\,{}^{1}_{0}\text{n}$$

entstanden war, dessen Nukleonenzahl jedoch nicht angegeben werden konnte. 1964 wurde dann aus Dubna die Erzeugung des Isotops $^{256}_{102}$No mitgeteilt, das durch Beschuß von $^{238}_{92}$U mit Ionen des Isotops $^{22}_{10}$Ne entstanden war. Die sowjetischen Forscher schlugen für das Element 102 den Namen „Joliotium" mit dem chemischen Symbol „Jl" vor, zu Ehren des französischen Kernphysikers Frédéric Joliot-Curie.
Erst nach 1968 konnten in Berkeley durch Bestrahlung von $^{249}_{98}$Cf-Targets mit $^{12}_{6}C^{6+}$-Kernen pro Minute fast 3000 Atome des Isotops $^{255}_{102}$No hergestgellt werden.
Knapp 40 Jahre nach der Entdeckung des Elements 102 wurde der Name „Nobelium" mit dem chemischen Symbol „No", Ende August 1997 auf der Hauptversammlung der IUPAC in Genf bestätigt und offiziell eingeführt.

Eigenschaften

Nobelium ist das vorletzte Element in der Gruppe der „Actinoiden“. Es befindet sich im PSE in der 3. Gruppe (IIIB Nebengruppe) zwischen Mendelevium Md und Lawrencium Lr bzw. in der 7. Periode unter dem Ytterbium Yb. Nobelium ist demnach im 5f-Niveau isoelektronisch zu Ytterbium so daß das freie, neutrale No-Atom im elektronischen Grundzustand mit großer Wahrscheinlichkeit folgende Elektronenkonfiguration besitzt:

$$1s^2\ 2s^2\ 2p^6\ 3s^2\ 3p^6\ 3d^{10}\ 4s^2\ 4p^6\ 4d^{10}\ 4f^{14}\ 5s^2\ 5p^6\ 5d^{10}\ 5f^{14}\ 6s^2\ 6p^6\ 7s^2$$

Das Element könnte also in seinen Verbindungen sowohl die Oxidationsstufe +II als auch +III bilden, wobei beim Nobelium jedoch im Gegensatz zu den anderen Actinoiden aber auch zu den homologen Lanthanoiden die Stufe +II ([Rn] $5f^{14}$) die häufigste ist. Es wurden folgende Normalpotentiale ermittelt:

	+IV		+III		+II		0
Saure Lösung	No^{4+}	+6,3 V	No^{3+}	+1,45 V	No^{2+}	−2,6 V	No

No^{3+} → No: −1,261 V

Über die Chemie des Nobeliums ist bisher nur wenig bekannt. Wie aus den Normalpotentialen ersichtlich, bildet das Element ein No^{3+}-Ion das sich leichter als das homologe Ytterbium zum zweiwertigen No^{2+}-Ion reduzieren läßt.

Radiochemie

Bis heute sind 13 Isotope des Nobeliums bekannt, sie sind alle radioaktiv und wurden künstlich hergestellt.

Die Isotope des Nobeliums (1995)					
Isotop	Zerfallsart				Halbwertszeit $T_{1/2}$
	α	EC	γ	sf	
No 250				**x**	0,25 ms
No 251	**x**				0,8 s
No 252	**x**			**x**	2,3 s
No 253	**x**				1,7 m
No 254*	**x**	x		x	55 s
No 254 m*			**x**		0,28 s
No 255	**x**	**x**	x		3,1 m
No 256	**x**			x	2,91 s
No 257	**x**				26 s
No 258				**x**	1,2 ms
No 259	**x**	**x**			58 m
No 260				**x**	106 ms
No 261	x			x	1,1 h ?
No 262				**x**	5 ms

(* isomere Atomkerne, m* markiert einen metastabilen Zustand)

Die No-Isotope haben allgemein kurze Halbwertszeiten, die meisten Isotope zerfallen hauptsächlich durch α-Strahlung in Fm-Isotope sowie durch Spontanspaltung (sf), zwei Isotope gehen durch Elektronen-Einfang (EC) in Md-Isotope über.

Verwendung

Das Element dient z. Z. ausschließlich zu Forschungszwecken.

Physiologie, Toxikologie

Das Element hat keine biologische Bedeutung für den menschlichen Organismus, es würde aber aufgrund seiner Radioaktivität toxisch wirken.

Osmium Os

International (Lat.)	Osmium	Italienisch	Osmio
Englisch	Osmium	Griechisch	'Οσμιο (Osmio)
Französisch	Osmium	Russisch	Осмий (Osmij)
Spanisch	Osmio	Japanisch	オスミウム (osumiumu)

Atomare und physikalische Eigenschaften T

Protonenzahl **(Z)**	**76**
Standard-Atomgewicht (bezogen auf ^{12}C = 12)	190,23(± 1)
Effektive Kernladung	(Slater) 3,75; (Clementi) 10.32; (Froese-Fischer) 14,90
Elektronenkonfiguration	[Xe] $4f^{14}$ $5d^6$ $6s^2$
Grundzustand, Termsymbol	$^5D_4$
Metallatomradius (KZ 12)	135 pm [a)]
Kovalenzradius (Einfachbindung)	126 pm
Ionenradien (KZ 4;6)	$89^{2+}_{(6)}$ pm, $81^{3+}_{(6)}$ pm, $63^{4+}_{(6)}$ pm, $54{,}5^{6+}_{(6)}$ pm, $39^{8+}_{(4)}$ pm
Molares Volumen	$8{,}43 \cdot 10^{-6}$ $m^3 \cdot mol^{-1}$
1.;2.;3.;4.;5.;6.;7.;8. Ionisierungsenergie	8,7065 eV; 16,582 eV; 24,874 eV; 40,420 eV; 53,893 eV; 68,403 eV; 83,951 eV; 98,459 eV
Elektronegativität	(Allred/Rochow) 1,52; (Pauling) 2,20; (absolut) 4,90 eV
Elektronenaffinität Os ⟶ Os^-	1,098 eV
Wirkungsquerschnitt für thermische Neutronen ($\sigma_{n,\gamma}$)	$16{,}0 \cdot 10^{-28}$ m^2
Dichte (bei 20 °C)	22590 kg · m^{-3} [b)]
Härte	(Mohs) 7,5; (Brinell) 348,7 · 10^7 Pa
Elastizitätsmodul	55,5 · 10^{10} Pa
Schmelztemperatur	3054(± 30) °C [(3327,15 ± 30) K] [c)]
Siedetemperatur	5027 °C (5300,15 K) [d)]
Spezifische Schmelz-/Vertdampfungsenthalpie	154 kJ · kg^{-1} [e)]/3299,16 kJ · kg^{-1} [f)]
Spezifische Sublimationsenthalpie (einatomiges Gas)	4158,12 kJ · kg^{-1}
Spezifische Atomisierungsenthalpie	4131,84 kJ · kg^{-1}
Spezifische Wärmekapazität (bei 25 °C)	0,130 kJ · kg^{-1} · K^{-1}
Debye-Temperatur	227 °C (500,15 K)
Thermische Leitfähigkeit (bei 27 °C)	87,6 W · m^{-1} · K^{-1}
Termischer Längenausdehnungskoeffizient (bei 25 °C)	4,3 · 10^{-6} K^{-1} [g)]
Elektrische Leitfähigkeit (bei 20 °C)	12,31 · 10^6 S · m^{-1}
Spezifischer elektrischer Widerstand (bei 20 °C)	8,12 · 10^{-8} Ω · m
Temperaturkoeffizient (bei 20 °C)	4,2 · 10^{-3} K^{-1}
Supraleitung, Sprungtemperatur	–272,495 °C (0,655 K)
Spezifische magnetische Suszeptibilität	+0,654 · 10^{-9} m^3 · kg^{-1}
Normalpotential Os/Os^{2+}	+0,850 V
Hydratationsenthalpie Os^{2+}	–186 kJ · mol^{-1}
Bildungsenthalpie $OsCl_3$ ($OsCl_4$;OsO_4)	–190 kJ · mol^{-1} (–255 kJ · mol^{-1} ; –394 kJ · mol^{-1})

Weitere Angaben: a) 133,8 pm. b) 22480 kg · m^{-3} , 22570 kg · m^{-3} und 22610 kg · m^{-3}. c) 2700 °C. d) 5300 °C und 5500 °C. e) 166,64 kJ · kg^{-1} und 289 kJ · kg^{-1}. f) 3879,5 kJ · kg^{-1}. g) 5,1 · 10^{-6} K^{-1}.

Entdeckung

Osmium wurde zusammen mit Iridium im Jahre 1804 von dem britischen Chemiker Smithson Tennant (1761–1815) in London, Großbritannien, in den in Königswasser unlöslichen Rückständen der Rohplatinerze entdeckt und isoliert. Wegen des intensiven, stechenden Geruchs nach Chlor oder Rettich des Oxids OsO_4 nannte Tenannt das neue Element „Osmium“ [von griech.: ὀσμή (osme), d. h. Geruch]. Das chemische Symbol „Os“ wurde 1814 von J. J. Berzelius vorgeschlagen.

Vorkommen

Osmium gehört zu den sehr seltenen Elementen auf der Erde. Es steht aber mit einem berechneten Massenanteil in der Erdhülle von $1 \cdot 10^{-6}$% noch vor Gold und Platin an 73. Stelle der Elementhäufigkeit. In der bis zu 16 km tiefen Erdkruste ist es mit 5 mg/t Gestein vertreten, in Eisenmeteoriten mit etwa 7,6 g/t. Der Anteil von Osmium im Meerwasser ist nicht bekannt, jedoch sehr gering. Osmium kommt in der Natur nur gediegen vor, meist als Begleiter des Platins und tritt in isomorphen Mischungen mit Iridium und gelegentlich mit Gold in den Mineralen *Syssertskit* oder *Iridosmium* (55–80% Os, 20–45% Ir), *Newjanskit* oder *Osmiridium* (30–50% Os, 50–70% Ir) und *Aurosmirid* (AuOs-Ir-Legierung) auf. Diese Minerale kommen primär in ultrabasischen Gesteinen wie Peridotit und Dunit, hauptsächlich aber sekundär auf Gold- und Platinseifen vor. Wichtige Fundorte sind u. a. Witwatersrand, Republik Südafrika; Ural, Rußland; Nord- und Südamerika, Tasmanien, Borneo und Japan. Die bekannten Weltvorräte an Osmium schätzt man auf 200 t. Die Häufigkeit des Elements auf der Sonne beträgt ca. 5 Atome Osmium pro $1 \cdot 10^{12}$ Atome Wasserstoff, die kosmische Häufigkeit wird auf 1 Atom Osmium pro $1 \cdot 10^{6}$ Atome Silicium geschätzt.

Herstellung

Osmium erhält man hauptsächlich als Nebenprodukt der Nickelraffination, bei der Osmium und die übrigen Platinmetalle sowie Gold und Silber, im Anodenschlamm anfallen. Die Trennung des Osmiums von den weiteren Platinmetallen erfolgt über zahlreiche Zwischenstufen, die auf Fällung- und Kristallisationsprozesse sowie Ionenaustausch- und Extraktionsverfahren beruhen. Das Metall erhält man entweder durch Reduktion des Os(VIII)-oxids mit Formaldehyd, metallothermisch mit Zink, Quecksilber u. a. oder durch thermische Zersetzung einiger Osmiumverbindungen. Die Produktion von Osmium ist sehr gering, weltweit werden weniger als 100 kg/Jahr hergestellt. Der Preis für Osmium ist daher entsprechend hoch, für 1 kg Osmium zahlt man z. Z. etwa 56 200 $ bzw. ca. 98 400 DM, damit ist Osmium rund viermal teurer als Platin oder Gold.

Physikalische Eigenschaften

Osmium ist ein silber-bläulich glänzendes, sprödes, leicht pulverisierbares, sehr hartes und schwer zu bearbeitendes Schwermetall. Es kristallisiert in hexagonal dichtester Ku-

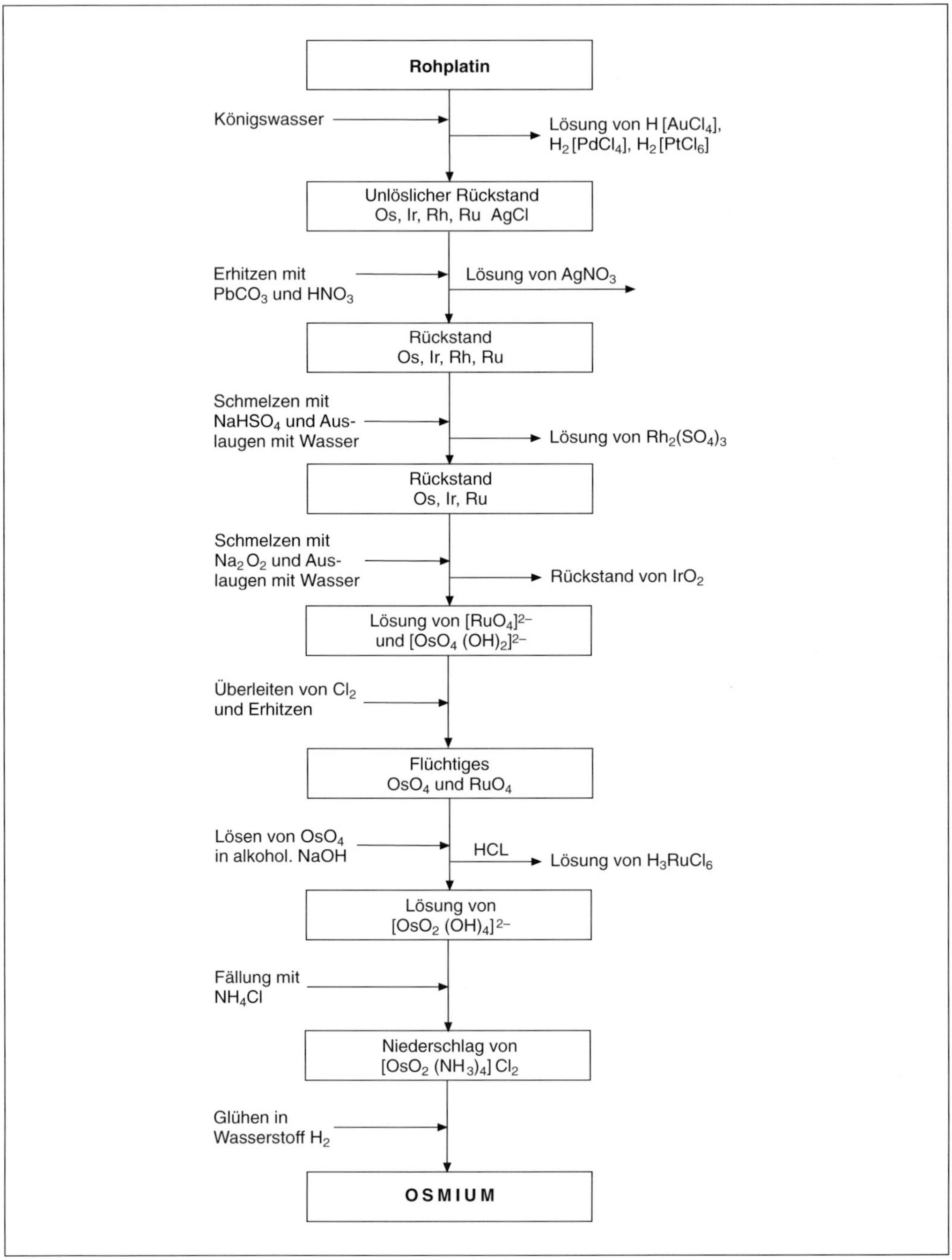

Abb. 59: Fließschema zur Herstellung von Osmium.

gelpackung. Osmium ist das härteste Platinmetall und hat nach Iridium die größte Dichte aller Elemente. Das Metall ist paramagnetisch. Es hat eine sehr hohe Schmelz- und Siedetemperatur, die thermische Leitfähigkeit beträgt 20,42%, die elektrische 19,57% der des Silbers. Unterhalb –272,495 °C (0,655 K) zeigt das Metall Supraleitfähigkeit, die kritische Feldstärke beträgt 5570,42 A · m^{-1}. Die Austrittsarbeit für Elektronen im Vakuum beträgt 4,83 eV (T).

Radiochemie

Natürliches Osmium besteht aus einem Gemisch von sechs stabilen Isotopen und einem sehr langlebigen radioaktiven Isotop. Zusätzlich sind weitere 27 künstliche, radioaktive Isotope bekannt.

Die Isotope des Osmiums (1995)

Isotop	Natürliche Häufigkeit n (%)	Zerfallsart					Halbwertszeit $T_{1/2}$
		α	$β^+$	EC	γ	$β^-$	
Os 162		x					1,9 ms
Os 163		x					n.bek.
Os 164		x					41 ms
Os 165		x		x			73 ms
Os 166		x		x			194 ms
Os 167		x		x			0,65 s
Os 168		x		x			2,1 s
Os 169		x		x	x		3,2 s
Os 170		x	x	x	x		7,1 s
Os 171		x	x	x	x		8,3 s
Os 172		x	x	x	x		19,2 s
Os 173		x	x	x	x		22,4 s
Os 174		x		x	x		45 s
Os 175				x	x		1,4 m
Os 176				x	x		3,6 m
Os 177				x	x		2,8 m
Os 178				x	x		5,0 m
Os 179				x	x		6,3 m
Os 180				x	x		21,7 m
Os 181*				x	x		1,8 h
Os 181*			x	x	x		2,7 m
Os 182				x	x		22,1 h
Os 183*			x	x	x		13 h
Os 183 m*				x	x		9,9 h
Os 184	**0,02**						
Os 185				x	x		94 d
Os 186	**1,58**	x					$2 \cdot 10^{15}$ a
Os 187	**1,6**						
Os 188	**13,3**						
Os 189*	**16,1**						

(* isomere Atomkerne; m* markiert jeweils einen metastabilen Zustand)

Die Isotope des Osmiums (1995)

Isotop	Natürliche Häufigkeit n (%)	Zerfallsart					Halbwertszeit $T_{1/2}$
		α	β⁺	EC	γ	β⁻	
Os 189 m*					**x**		6 h
Os 190*	**26,4**						
Os 190 m*					**x**		9,9 m
Os 191*						x	15,4 d
Os 191 m*					**x**		13,10 h
Os 192*	**41,0**						
Os 192 m*					**x**		6,1 s
Os 193					x	**x**	30,11 h
Os 194					x	**x**	6,0 a
Os 195						**x**	6,5 m
Os 195					x	x	34,9 m

(* isomere Atomkerne; m* markiert jeweils einen metastabilen Zustand)

Die Os-Isotope haben allgemein kurze Halbwertszeiten. Die leichteren A < 186 entstehen durch Bestrahlung von Rhenium mit schnellen Protonen, sie zerfallen durch α-Strahlung in die entsprechenden W-Isotope und z. T. durch Elektronen-Einfang (EC) in Re-Isotope. Die schwereren Isotope A > 186 entstehen in den Reaktionen $^{A}_{77}$Ir (n, p) $^{A}_{76}$Os oder $^{A}_{78}$Pt (n, α) $^{A-3}_{76}$Os, sie verwandeln sich durch β^--Emission in Ir-Isotope. Die Isotope $^{185}_{76}$Os (EC | 1,015 MeV; γ 0,880 MeV) und $^{191}_{76}$Os (β^- | 0,313 MeV) werden als radioaktive Indikatoren, Tracer verwendet. Die beiden stabilen Isotope $^{187}_{76}$Os und $^{189}_{76}$Os der Kernspinzahlen 1/2– bzw. 3/2+ und kernmagnetischen Momenten +0,0646 bzw. +0,6599 dienen zum NMR-spektroskopischen Nachweis; NMR-Frequenz (bei 2,3488 T) $2{,}282 \cdot 10^6\ s^{-1}$ bzw. $7{,}758 \cdot 10^6\ s^{-1}$; Referenz OsO_4.

Chemische Eigenschaften

Osmium gehört zur Gruppe der schweren Platinmetalle und bildet gemeinsam mit Ruthenium Ru die sog. *Osmiumgruppe*. Es befindet sich im PSE in der 8. Gruppe (VIII Nebengruppe) unter dem Ruthenium bzw. in der 6. Periode zwischen Rhenium Re und Iridium Ir. Das freie, neutrale Os-Atom hat im elektronischen Grundzustand folgende Elektronenkonfiguration:

$$1s^2\ 2s^2\ 2p^6\ 3s^2\ 3p^6\ 3d^{10}\ 4s^2\ 4p^6\ 4d^{10}\ 4f^{14}\ 5s^2\ 5p^6\ 5d^6\ 6s^2$$

Als typisches Übergangsmetall bildet Osmium in seinen Verbindungen alle Oxidationsstufen von 0 bis +VIII, von denen die Stufen +III, +IV und +VI die häufigsten und beständigsten sind.

Die Normalpotentiale des Osmiums sind:

+VIII		+VI		+IV		+II		0
OsO_4		+1,005 V		OsO_2	?	Os^{2+}	+0,850 V	Os
$[OsO_4(OH)_2]^{2-}$ rot	+0,71 V	$[OsO_2(OH)_4]^{2-}$ rosa	+1,61 V	OsO_2 braun		+0,687 V		Os

Chemisch ist Osmium wie die anderen Platinmetalle ein recht reaktionsträges Edelmetall. Das feste Metall wird bei Raumtemperatur von Luft nicht angegriffen, bildet aber in fein verteiltem Zustand und bei Rotglut mit molekularem Sauerstoff das stechend riechende, giftige Os(IV)-oxid:

$$Os + 2\,O_2 \longrightarrow OsO_4 \qquad \Delta H = -394\ \text{kJ}$$

Von Wasser und nichtoxidierenden Säuren wird Osmium kaum angegriffen. Durch oxidierende Säuren wie Phosphorsäure, Königswasser, Salpetersäure konz. Schwefelsäure sowie alkalische Oxidationsschmelzen z. B. NaOH + Na_2O oder KClO, erfolgt Zersetzung. In der Hitze reagiert Osmium mit Fluor, Chlor, Phosphor und Schwefel. Die Chemie des Osmiums ist durch die Tendenz zur Bildung meist tetraedrischer und oktaedrischer Verbindungen geprägt. Osmium bildet in den Oxidationsstufen +II bis +VII mehrere, meist farbige Halogenide; bekannt sind mehrere Oxide OsO_2, OsO_3, OsO_4, Osmate der allg. Formel $M^I_2[OsCl_6]$, $M^I[OsF_6]$, $M^I_2[OsO_4(OH)_2]$, $M^I_2[OsO_4(OH)_2]$, $M^I[OsO_3N]$ u. a.

Nachweis

Qualitativ:

- Röntgenfluoreszenzanalyse mit Pyrogallol.

Quantitativ:

- Photometrisch mit Dithizon, Thioharnstoff, 1,5-Diphenylcarbonohydrazid u. a.
- Spektralanalyse; wichtige Spektrallinien der neutralen Atome; 201,015 nm, 201,814 nm, 202,026 nm, 203,444 nm, 204,536 nm, 290,906 nm, 305,866 nm u. a.
- Atomabsorptionsspektrometrie (AAS) mittels der 290,906 nm Hauptlinie des Atomspektrums.

Verwendung

Wegen seiner hohen Herstellungskosten hat Osmium in der Technik nur geringe Anwendungen. Es ist zusammen mit anderen Platinmetallen ein wichtiger Bestandteil sehr harter Legierungen, z. B. für spezielle elektrische Kontakte, in Legierungen mit Iridium für Füllfederspitzen, Gelenke oder Lagerzapfen von Instrumenten, Injektionsnadeln und Dentalinstrumente, und dient gelegentlich als Katalysator bei Oxidations- und Hydroxylierungsreaktionen. Aufgrund seiner sehr hohen Schmelztemperatur wurde Osmium früher zur Herstellung von Glühfäden für Metallfadenlampen verwendet, wurde aber später durch Tantal und schließlich durch Wolfram ersetzt (Fa. **Osram**; Kurzwort aus **Os**mium und Wolf**ram**).

Physiologie, Toxikologie

Osmium hat keine biologische Bedeutung für den menschlichen Organismus. Das Element gilt als sehr toxisch, Toxizitätswerte sind jedoch nicht bekannt. Besonders giftig ist das Os(VIII)-oxid OsO_4; seine Dämpfe haben durchdringenden chlordioxidähnlichen Geruch, sie wirken stark schleimhautreizend und führen zu Kopfschmerzen und Sehstörungen. Ein MAK-Wert von 0,002 mg/m^3 wurde festgelegt.

Palladium Pd

International (Lat.)	Palladium	Italienisch	Palladio
Englisch	Palladium	Griechisch	Παλλάδιο (Palladio)
Französisch	Palladium	Russisch	Палладий (Palladij)
Spanisch	Paladio	Japanisch	パラジウム (parajiumu)

Atomare und physikalische Eigenschaften

Protonenzahl **(Z)**	**46**
Standard-Atomgewicht (bezogen auf $^{12}C = 12$)	106,42(± 1)
Effektive Kernladung	(Slater) 4,05; (Clementi) 7,84; (Froese-Fischer) 11,12
Elektronenkonfiguration	[Kr] $4d^{10}$
Grundzustand, Termsymbol	$^1S_0$
Metallatomradius (KZ 12)	137,6 pm
Kovalenzradius (Einfachbindung)	128,3 pm
Ionenradien (KZ 4;6)	$64^{2+}_{(4)}$ pm, $86^{2+}_{(6)}$ pm, $76^{3+}_{(6)}$ pm, $61{,}5^{4+}_{(6)}$ pm
Molares Volumen	$8{,}85 \cdot 10^{-6}$ m^3 · mol^{-1}
1.;2.;3.;4.;5. Ionisierungsenergie	8,3435 eV; 19,432 eV; 32,927 eV; 48,711 eV; 65,294 eV
Elektronegativität	(Allred/Rochow) 1,35; (Pauling) 2,20; (absolut) 4,45 eV
Elektronenaffinität Pd ⟶ Pd^-	0,556 eV
Wirkungsquerschnitt für thermische Neutronen ($\sigma_{n,\gamma}$)	$7{,}0 \cdot 10^{-28}$ m^2
Dichte (bei 20 °C)	12020 kg · m^{-3} a)
Härte (gegossen)	(Mohs) 5; (Brinell) 31 · 10^7 Pa
Schmelztemperatur	1554 °C (1827,15 K) b)
Siedetemperatur	3140 °C (3413,15 K) c)
Spezifische Schmelzenthalpie	165,4 kJ · kg^{-1} d)
Spezifische Verdampfungsenthalpie	3695,7 kJ · kg^{-1} e)
Spezifische Sublimationsenthalpie	3551,9 kJ · kg^{-1}
Spezifische Wärmekapazität (bei 25 °C)	0,244 kJ · kg^{-1} · K^{-1}
Debye-Temperatur	1°C (274,15 K)
Thermische Leitfähigkeit (bei 27 °C)	71,8 W · m^{-1} · K^{-1}
Thermischer Längenausdehnungskoeffizient (bei 25 °C)	$11{,}6 \cdot 10^{-6}$ K^{-1}
Thermospannung (Δt =100 K / Pt; Cu)	–0,5 mV; –1,25 mV
Elektrische Leitfähigkeit (bei 20 °C)	$9{,}24 \cdot 10^6$ S · m^{-1}
Spezifischer elektrischer Widerstand (bei 20 °C)	$10{,}82 \cdot 10^{-8}$ Ω · m g)
Temperaturkoeffizient (bei 20 °C)	$3{,}3 \cdot 10^{-3}$ K^{-1}
Spezifische magnetische Suszeptibilität	$+67{,}02 \cdot 10^{-9}$ m^3 · kg^{-1} h)
Hall-Koeffizient	$-0{,}845 \cdot 10^{-10}$ m^3 · A^{-1} · s^{-1}
Normalpotential Pd/Pd^{2+}	+0,987 V
Hydratationsenthalpie Pd^{2+}	–211 kJ · mol^{-1}
Bildungsenthalpie $PdCl_2$ (PdO)	–172 kJ · mol^{-1} (–85,4 kJ · mol^{-1})

Weitere Angaben. a) 11990 kg · m^{-3}, 12000 kg · m^{-3} und 12080 kg · m^{-3}. b) 1550 °C, 1552 °C. c) 2940 °C, 2970 °C, 3125 °C u. a. d) 157 kJ · kg^{-1}. e) 3401,6 kJ · kg^{-1} . g) $9{,}93 \cdot 10^{-8}$ Ω · m. h) $66{,}97 \cdot 10^{-9}$ m^3 · kg^{-1}.

Entdeckung

Palladium wurde im Jahre 1803 von dem englischen Arzt und Chemiker William Hyde Wollaston (1766–1828) in London, Großbritannien, entdeckt und aus der Mutterlauge, die nach Fällung des Platins als Ammonium-Hexachloroplatinat(IV) $(NH_4)_2[PtCl_6]$ aus der Lösung von Rohplatin in Königswasser, isoliert. Er nannte das neue Metall „Palladium“ nach dem 1802 entdeckten Planetoiden Pallas, der seinerseits nach der griechischen Göttin „Pallas Athene“ benannt wurde. Das chemische Symbol „Pd“ wurde 1814 von J. J. Berzelius vorgeschlagen.

Vorkommen

Palladium gehört zu den sehr seltenen Elementen auf der Erde. Es steht aber mit einem berechneten Massenanteil in der Erdhülle von $1{,}1 \cdot 10^{-6}$% dennoch vor Gold und Platin an 72. Stelle der Elementhäufigkeit. In den obersten 16 km der Erdkruste ist es durchschnittlich mit 15 mg/t Krustengestein vertreten, in Eisenmeteoriten mit rund 400 mg/t; im Meerwasser beträgt sein Anteil etwa 0,045 µg $Pd^{(+II)}/m^3$, bei einer Verweilzeit von ca. 50000 Jahren. In der Natur kommt Palladium meist vergesellschaftet mit den anderen Platinmetallen in Eisen-, Nickel-, Chrom- und Kupfererzlagern vor, wo es meist durch fließende Gewässer abgelagert und angereichert wurde. Die wichtigsten Palladiumvorkommen sind die Nickelmagnetkieslager in Sudbury, Ontario, Kanada; und Norilsk, Mittelsibirien, Rußland, wo es in den Palladium-haltigen Mineralen Sperrylith $(Pt, Pd)As_2$, Stibiopalladinit Pd_3Sb und Braggit (Pt, Pd, Ni)S zu finden ist. Gediegen findet sich Palladium in fast allen Platinerzen sowie auf einigen Platin- und Goldseifen vor allem im Merensky-Reef, Republik Südafrika. Die Palladium-Reserven werden weltweit auf etwa 25000 t geschätzt. Die Häufigkeit auf der Sonne beträgt ca. 32 Atome Palladium pro $1 \cdot 10^{12}$ Atome Wasserstoff, die kosmische Häufigkeit schätzt man auf 0,675 Atome Palladium pro $1 \cdot 10^6$ Atome Silicium.

Herstellung

Palladium fällt bei der Behandlung von Rohplatin mit Königswasser als Tetrachloropalladium(II)säure, im löslichen Teil des Rohplatins an. Dieses wird in Ammoniumhydroxid gelöst, mit Salzsäure als Amminkomplex gefällt und durch Glühen im Wasserstoffstrom in das reine Metall überführt. Beträchtliche Mengen Palladium fallen als Nebenprodukt der elektrolytischen Raffination des Nickels oder Kupfers im Anodenschlamm an. Die Weltproduktion an Palladium liegt etwa zwischen 45–60 t/Jahr, davon entfallen auf Rußland etwa 60%, auf die Republik Südafrika 30%, auf Kanada 8% und auf die restlichen Länder etwa 1%. Der Preis für 1 kg Palladium liegt z. Z. bei ca. 4785 $ bzw. ca. 8374 DM.

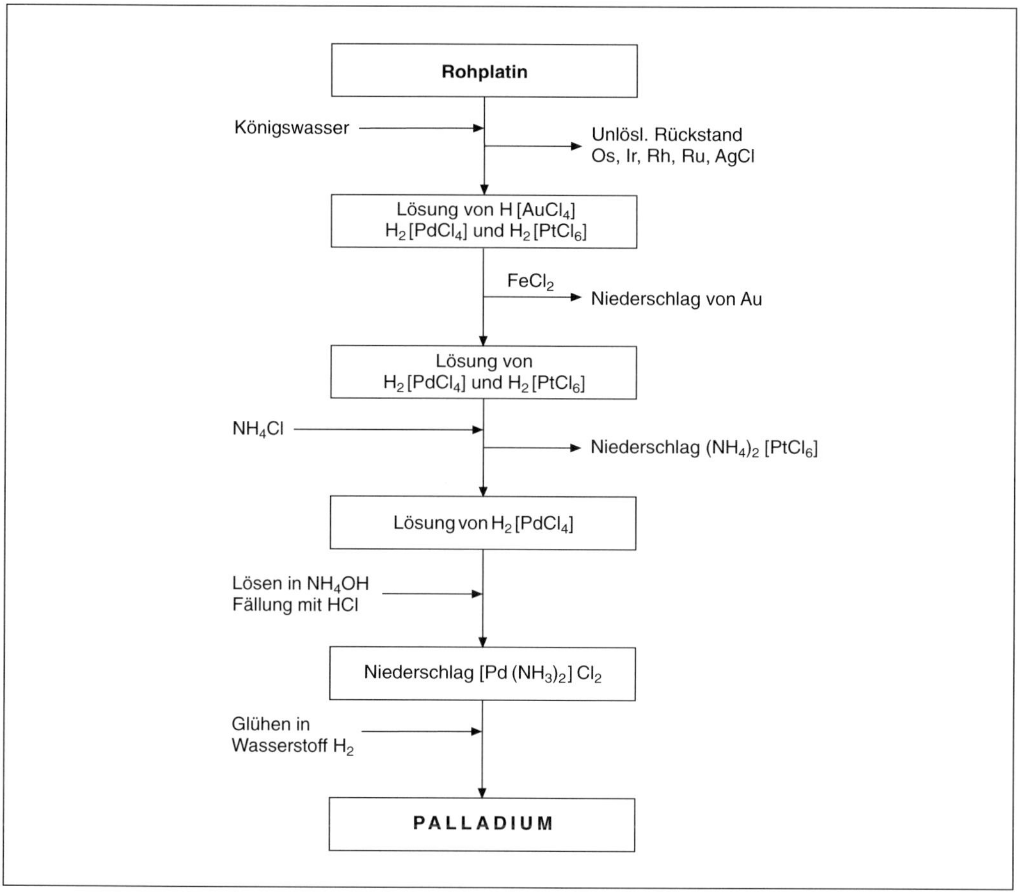

Abb. 60: Fließschema zur Herstellung von Palladium.

Physikalische Eigenschaften

Palladium ist ein silberweißes, glänzendes, paramagnetisches Schwermetall. Es ist etwas härter und zäher als Platin, jedoch extrem duktil und läßt sich gut schmieden und wie Gold, zu dünnen Plättchen und Folien bis zu 0,1 µm Dicke aushämmern. Das Metall kristallisiert in kubisch dichtester Kugelpackung (kubisch flächenzentriert). Es hat eine mittlere Schmelz- und Siedetemperatur, die thermische Leitfähigkeit beträgt 16,74%, die elektrische 14,69% der des Silbers. Die Austrittsarbeit für Elektronen im Vakuum beträgt 5,55 eV (P). Palladium tritt in mehreren physikalischen Formen auf: kompakt, kolloidal, feinverteilt bzw. schwammförmig als *Palladiumschwamm* sowie als feinst verteiltes schwarzes Pulver *Palladiummohr*. Die wichtigste Eigenschaft des Palladiums ist sein großes Absorptionsvermögen für Wasserstoff, wobei wahrscheinlich Hydride (Pd_2H_4) entstehen. Bei Raumtemperatur nimmt Palladium bis zum 380fachen seines Volumens an Wasserstoff auf, Palladiumschwamm kann das 850fache, Palladiummohr das

1200fache, Palladium in kolloidaler Lösung das 3000fache und Palladiummohr in wäßriger Lösung bis zum 12000fachen seines Volumens an Wasserstoff absorbieren. Da die Wasserstoffatome dabei ihre Elektronen an das Elektronengas des Palladiums abgeben, ist der Wasserstoff in dieser Form besonders reaktionsfähig und kann für zahlreiche Reduktionszwecke verwendet werden. Erhitztes Palladium in Form von dünnen Blechen ist für Wasserstoff selektiv durchlässig und kann zu dessen Reinigung benutzt werden, das Material wird dabei jedoch spröde und rissig.

Radiochemie

Natürliches Palladium ist ein Gemisch aus sechs stabilen Isotopen, zusätzlich sind 27 künstliche, radioaktive Isotope bekannt.

Die Isotope des Palladiums (1995)

Isotop	Natürliche Häufigkeit n (%)	Zerfallsart				Halbwertszeit $T_{1/2}$
		β^+	EC	γ	β^-	
Pd 91		x				n.bek.
Pd 92		x				n.bek.
Pd 93		x				n.bek.
Pd 94		**x**	x	x		9,0 s
Pd 95*		x				n.bek.
Pd 95*		**x**		x		14 s
Pd 96		**x**	**x**	x		2,0 m
Pd 97		**x**		x		3,1 m
Pd 98		**x**	**x**	x		17,7 m
Pd 99		**x**		x		21,4 m
Pd 100			**x**	x		3,7 d
Pd 101		**x**	**x**	x		8,47 h
Pd 102	**1,020**					
Pd 103			**x**	x		16,96 d
Pd 104	**11,14**					
Pd 105	**22,33**					
Pd 106	**27,33**					
Pd 107*					**x**	$6,5 \cdot 10^6$ a
Pd 107 m*				**x**		21,3 s
Pd 108	**26,46**					
Pd 109*				x	**x**	13,43 h
Pd 109 m*				**x**		4,69 m
Pd 110	**11,72**					
Pd 111*				x	**x**	23,4 m
Pd 111 m*				**x**	**x**	5,5 h
Pd 112				x	**x**	21,1 h
Pd 113				x	**x**	1,6 m
Pd 114				x	**x**	2,4 m
Pd 115*				x	**x**	25 s
Pd 115 m*				**x**	x	50 s

(* isomere Atomkerne; m* markiert jeweils einen metastabilen Zustand)

Die Isotope des Palladiums (1995)						
Isotop	Natürliche Häufigkeit n (%)	Zerfallsart				Halbwertszeit $T_{1/2}$
		β^+	EC	γ	β^-	
Pd 116				x	x	11,8 s
Pd 117				x	x	4,3 s
Pd 118				x	x	1,9 s
Pd 119				x	x	0,92 s
Pd 120				x	x	0,5 s
Pd 121					x	n.bek.
Pd 122					x	n.bek.
Pd 123					x	n.bek.

Pd-Isotope haben allgemein kurze Halbwertszeiten, die leichteren A < 104 zerfallen durch β^+-Strahlung und z. T. durch Elektronen-Einfang (EC) in Rh-Isotope die schwereren Isotope A > 106 verwandeln sich durch β^--Emission in Ag-Isotope. Die leichten Isotope werden durch Beschuß von Ruthenium mit He-Kernen oder durch Bestrahlung von Rhodium mit Deuteronen oder Protonen erzeugt. Die Isotope $^{107}_{46}$Pd, $^{108}_{46}$Pd und $^{109}_{46}$Pd entstehen durch Neutroneneinfang in $^{A}_{46}$Pd (n, γ) $^{A+1}_{46}$Pd Reaktionen, die Isotope $^{107}_{46}$Pd bis $^{118}_{46}$Pd sind Spaltprodukte. Als radioaktiver Indikator (Tracer) eignet sich das Isotop $^{103}_{46}$Pd (EC | 0,52 MeV; γ) das durch die Reaktion $^{103}_{45}$Rh (p, n) $^{103}_{46}$Pd entsteht sowie das Spaltprodukt $^{109}_{46}$Pd (β^- | 1,116 MeV; γ). Das stabile Isotop $^{105}_{46}$Pd der Kernspinzahl 5/2+ und kernmagnetischen Moment –0,642 dient zum NMR-spektroskopischen Nachweis; NMR-Frequenz (bei 2,3488 T) 4,576 · 10^6 s^{-1}. Die maximal zulässige radiologische Aktivität des Gemisches $^{103}_{46}$Pd + $^{103\,m}_{45}$Rh beträgt 370 Bq/ml in wäßriger Lösung und 29,6 · 10^3 Bq/m^3 Luft.

Chemische Eigenschaften

Palladium gehört zur Gruppe der leichten Platinmetalle und bildet zusammen mit Platin die sog. *Platingruppe*. Es befindet sich im PSE in der 10. Gruppe (VIII Nebengruppe) zwischen Nickel Ni und Platin Pt sowie in der 5. Periode zwischen Rhodium Rh und Silber Ag. Das freie, neutrale Pd-Atom hat im elektronischen Grundzustand die Elektronenkonfiguration:

$$1s^2\ 2s^2\ 2p^6\ 3s^2\ 3p^6\ 3d^{10}\ 4s^2\ 4p^6\ 4d^{10}$$

und bildet dementsprechend die Oxidationsstufen 0, +II, und +IV, von denen die Stufe +II ([Kr] $4d^8$) die häufigste und beständigste ist.
Die Normalpotentiale des Palladiums sind:

	+IV		+II		0
Saure Lösung	PdO_2	+1,263 V	Pd^{2+}	+0,987 V	Pd
Basische Lösung	PdO_2	+1,283 V	$Pd(OH)_2$	–0,190 V	Pd

Angesichts der positiven Normalpotentiale ist Palladium ein Edelmetall, es ist aber das unedelste, reaktionsfähigste und legierungsfreudigste aller Platinmetalle. Salzsäure und Schwefelsäure greifen Palladium kaum an, es löst sich aber als einziges Platinmetall in der Hitze in konz. Salpetersäure. Bei Raumtemperatur löst es sich in Königswasser, Salzsäure/Chlor, Salzsäure/Brom, Hyrogenbromidsäure/Brom und wird von Alkalioxiden und Peroxiden leicht angegriffen. Mit molekularem Chlor vereinigt es sich bei 500 °C direkt zu Pd(II)-chlorid:

$$Pd + Cl_2 \longrightarrow PdCl_2 \qquad \Delta H = -172 \text{ kJ}$$

Mit molekularem Sauerstoff verbindet es sich bei Rotglut unter Bildung von Pd(II)-oxid:

$$2\,Pd + O_2 \longrightarrow 2\,PdO \qquad \Delta H = -170{,}8 \text{ kJ}$$

Mit Schwefel, Phosphor, Selen, Tellur, Arsen, Bismut u. a. Nichtmetallen reagiert es unter Bildung des Sulfids, Phosphids, Selenids usw.
Palladium bildet zahlreiche meist tetraedrische Pd(II)-verbindungen, die den homologen Ni(II)- und Pt(II)-verbindungen sehr ähnlich sind; Pd(IV)-verbindungen sind durchweg oktraedrisch aufgebaut. Fast alle Pd-Verbindungen sind diamagnetisch, sie können leicht zersetzt und zum Metall reduziert werden. Pd-Verbindungen sind meist farbig, und in Wasser nicht löslich. Neben mehreren Halogeniden PdX_2 und PdX_3(X = F, Cl, I) sind zwei Oxide PdO und PdO_2 bekannt. Palladate(II) der allg. Formel $M^I_2[PdCl_4]$ und Palladate(IV) der allg. Formel $M^I_2[PdCl_6]$ sind die Salze der Tetrachloropalladium(II)-säure $H_2[PdCl_4]$ und Hexachloropalladium(IV)-säure $H_2[PdCl_6]$.

Nachweis

Quantitativ:

- Fällung als schwarzes Pd(II)-iodid, gelbes Pd(II)-cyanid oder hellgelbes Palladiumdiacetyldioxim.
- Spektralanalyse; wichtige Spektrallinien der neutralen Atome; 247,642 nm, 340,458 nm, 342,124 nm, 351,694 nm, 355,308 nm, 360,955 nm, 363,470 nm u. a.
- Atomabsorptionsspektrometrie (AAS) mittels der 247,642 nm Hauptlinie des Atomspektrums.

Verwendung

Palladium dient in feinstverteilter Form auf Trägermaterialien wie z. B. Aktivkohle, α-Al_2O_3, γ-Al_2O_3, Kieselsäure, Silicate (Zeolithe) u. a. als Katalysator für Hydrierungsreaktionen im Laboratorium; für technische Zwecke wird das billigere Nickel verwendet. Als Legierungsbestandteil mit Gold, Silber und Platin ist es ein begehrtes Schmuckmetall (Weißgold). In der Technik werden Palladium-Gold-Legierungen zur Herstellung von Spinndüsen für die Textilindustrie, Schreibfedern, sowie als Dentallegierungen verwendet. Pd-Au-, Pd-Ag-Cu-Legierungen dienen als Kontaktmetalle in der Elektrotechnik und Elektronik, als Elektroden in Brennstoffzellen u. a.

Physiologie, Toxikologie

Palladium hat keine biologische Bedeutung für den menschlichen Organismus. Über die Toxizität des Palladiums und seiner Verbindungen ist nur wenig bekannt, das Element gilt als nicht toxisch.

Phosphor P

International (Lat.)	Phosphorus	Italienisch	Fosforo
Englisch	Phosphorus	Griechisch	Φωσφόϱος (Phosphoros)
Französisch	Phosphore		
Spanisch	Fósforo	Russisch	Фосфор (Foßfar)
		Japanisch	リン (rin)

Atomare und physikalische Eigenschaften

T  F+ 

Protonenzahl **(Z)**	**15**
Standard-Atomgewicht (bezogen auf ^{12}C = 12)	30,973762(±4)
Effektive Kernladung	(Slater) 4,80; (Clementi) 4,89; (Froese-Fischer) 5,28
Elektronenkonfiguration	[Ne] $3s^2$ $3p^3$
Grundzustand, Termsymbol	$^4S_{3/2}$
Atomradius (weiß)	110,5 pm [a)]
Kovalenzradius (P^{III}; Einfachbindung)	110 pm
Van-der-Waals-Radius	190 pm
Ionenradien (KZ 4;6)	212^{3-} pm, $44^{3+}_{(6)}$ pm, $17^{5+}_{(4)}$ pm, $38^{5+}_{(6)}$ pm
Molares Volumen (weiß)	$17{,}02 \cdot 10^{-6}$ $m^3 \cdot mol^{-1}$
1.;2.;3.;4.;5. Ionisierungsenergie	10,486 eV; 19,725 eV; 30,180 eV; 51,366 eV; 65,023 eV
Elektronegativität	(Allred/Rochow) 2,06; (Pauling) 2,19; (absolut) 5,62 eV
Elektronenaffinität P ⟶ P^-	−0,747 eV
Wirkungsquerschnitt für thermische Neutronen ($\sigma_{n,\gamma}$)	$0{,}160 \cdot 10^{-28}$ m^2
Dichte (bei 20 °C); weiß: α-P_4	1823,2 $kg \cdot m^{-3}$ [b)]
rot	2200 $kg \cdot m^{-3}$ [c)]
schwarz	2250–2700 $kg \cdot m^{-3}$
Härte (weiß)	(1,5–2)
Schmelztemperatur (weiß)	44,10 °C (317,25 K)
Siedetemperatur (weiß)	280,5 °C (553,65 K)
Spezifische Schmelzenthalpie (weiß)	81,05 $kJ \cdot kg^{-1}$
Spezifische Verdampfungsenthalpie (weiß)	1675,8 $kJ \cdot kg^{-1}$
Spezifische Atomisierungsenthalpie (weiß)	10687,76 $kJ \cdot kg^{-1}$
Spezifische Wärmekapazität (rot, bei 25 °C)	0,6856 $kJ \cdot kg^{-1} \cdot K^{-1}$
Thermische Leitfähigkeit (weiß, bei 27 °C)	0,235 $W \cdot m^{-1} \cdot K^{-1}$
Thermischer Längenausdehnungskoeffizient (weiß)	$124{,}5 \cdot 10^{-6}$ K^{-1} [d)]
Elektrische Leitfähigkeit (weiß, bei 20 °C)	$1 \cdot 10^{-9}$ $S \cdot m^{-1}$
Spezifischer elektrischer Widerstand (weiß, bei 20 °C)	$1 \cdot 10^{9}$ $\Omega \cdot m$
Spezifische magnetische Suszeptibilität	
weiß (rot; schwarz)	$-11 \cdot 10^{-9}$ $m^3 \cdot kg^{-1}$ ($-8{,}43 \cdot 10^{-9}$ $m^3 \cdot kg^{-1}$; $-10{,}78 \cdot 10^{-9}$ $m^3 \cdot kg^{-1}$)
Normalpotential P/H_3PO_3	−0,502 V
Dissoziationsenthalpie ¼ P_4 ⟶ P	314,8 $kJ \cdot mol^{-1}$
Bildungsenthalpie PH_3 (PCl_3; P_2O_3)	5,4 $kJ \cdot mol^{-1}$ (−339 $kJ \cdot mol^{-1}$; −820,6 $kJ \cdot mol^{-1}$)

Weitere Angaben: a) 93 pm (weiß), 115 pm (rot). b) 1820 $kg \cdot m^{-3}$. c) 2350 $kg \cdot m^{-3}$ d) (schwarz) 12,1 K^{-1}.

Entdeckung

Phosphor wurde im Jahre 1669 von dem Hamburger Alchimisten Henning Brand (um 1630– etwa 1710) bei der Suche nach dem „Stein der Weisen“ im Harnrückstand *Oleum urinae* entdeckt. Stoffe die im Dunkeln leuchten wurden von alters her *Phosphor* genannt. Der Name hat seinen Ursprung im griechischen φως (phos) d. h. Licht und φέρω (phero), d. h. ich trage und bedeutet zusammengesetzt so viel wie *Lichtträger*. Als Element erkannt wurde Phosphor aber erst 1743 von A. S. Marggraf, der Phosphor durch Oxidation mit Salpetersäure in Phosphorsäure überführte und von A. L. Lavoisier (1743–1794), der 1772 bei seinen Untersuchungen über die Verbrennung des Phosphors erkannte, daß Phosphorsäure aus Phosphor und Sauerstoff zusammengesetzt ist. Die Entdeckung der Superphosphat-Dünger 1843 durch J. Murray, die Erfindung der Zündhölzer 1844 durch A. Albright u. a. hatte einen rapiden Anstieg der Phosphorproduktion im 19. und 20. Jh. zur Folge.

Vorkommen

Phosphor ist ein relativ häufiges Element und steht mit einem berechneten Massenanteil in der Erdhülle von 0,09% zwischen Chlor und Kohlenstoff an 12. Stelle der Elementhäufigkeit. In der bis 16 km tiefen Erdkruste ist Phosphor mit 1,12 kg/t Krustengestein vertreten, in Steinmeteoriten mit rund 1,6 kg/t. In den Meeren und Ozeanen beträgt der Anteil an Phosphor durchschnittlich 0,08 g $P^{(+V)}$ pro m^3 Meerwasser, bei einer Verweilzeit von ca. 100 000 Jahren. Phosphor kommt in der Natur nie elementar vor, sondern nur in Form von Derivaten der Phosphorsäure, Phosphate, die hauptsächlich in Form von Sedimenten und in magmatischen Gestein vorliegen.
Hauptvorkommen liegen in Afrika, Ägypten, Algerien, Marokko-Westsahara, Syrien, Uganda, Jordanien, Tunesien, in den USA in Florida, North Carolina, Utah Montana, in Südamerika in Peru, Chile, Brasilien, in Rußland auf der Kola-Halbinsel, in China, Israel. In den Kleinlebewesen der Meere ist Phosphor in großen Mengen angereichert. Daneben ist Phosphor in Form von Calciumphosphat bzw. Hydroxylapatit ein wichtiger Bestandteil der Knochen, Zähne und Eiweißstoffe. Weltweit werden z. Z. jährlich etwa 165 Mio. t Phosphat gefördert, die Hauptförderländer sind die USA ca. 28,5%, GUS-

Wichtige Phosphor-Minerale	
Apatit	$Ca_5[(F, Cl, OH, 1/2\ CO_3) \mid (PO_4)_3]$
Hydroxylapatit	$Ca_5[(OH) \mid (PO_4)_3]$
Fluorapatit	$Ca_5[F \mid (PO_4)_3]$
Chlorapatit	$Ca_5[Cl \mid (PO_4)_3]$
Phosphorit	$Ca_5[F, Cl, OH) \mid (PO_4)_3]$
Vivianit, Blaueisenerz	$Fe_3[PO_4]_2 \cdot 8\ H_2O$
Pyromorphit, Braunbleierz	$Pb_5[Cl \mid (PO_4)_3]$
Wavellit	$Al_3[(OH)_3 \mid (PO_4)_2] \cdot 5\ H_2O$
Guano, Monazit u. a	

Staaten 21,5%, Marokko 15%, China 9,4%, Tunesien, Jordanien, Syrien, Israel u. a. < 5%. Die Phosphorreserven schätzt man weltweit auf 5,8 Mrd. t. Die Häufigkeit des Elements auf der Sonne beträgt rund $3{,}2 \cdot 10^5$ Atome Phosphor pro $1 \cdot 10^{12}$ Atome Wasserstoff, die kosmische Häufigkeit wird auf etwa $1 \cdot 10^4$ Atome Phosphor pro $1 \cdot 10^6$ Atome Silicium geschätzt.

Herstellung

Weißer Phosphor (P_4) wird heute ausschließlich im sog. *elektrothermischen* Verfahren in elektrischen Niederschachtöfen von 6–10 m Höhe, 8 m Durchmesser, mit *Söderberg-Elektroden*, aus Apatit, hauptsächlich Fluorapatit durch Reduktion mit Kohle oder Koks hergestellt. Dazu wird das gemahlene Rohphosphat mit Koks bzw. Hüttenkoks und Quarzsand, Kies gemischt und im elektrischen Lichtbogen bei etwa 1350–1450 °C umgesetzt:

$$2\,Ca_5[F\,|\,(PO_4)_3] + 9\,SiO_2 + 15\,C \longrightarrow 3\,P_2 + 9\,CaSiO_3 + 15\,CO + CaF_2$$

Das dabei entstehende CaO wird mit dem Quarzsand SiO_2 in leichtschmelzende Schlacke überführt, während das sich bildende P_2O_5 durch den Kohlenstoff zu P_2 reduziert wird, der gasförmig entweicht. Die heißen Ofengase werden entstaubt und stufenweise auf etwa 50 °C abgekühlt wobei P_2 zu P_4 ($2\,P_2 \longrightarrow P_4$) dimerisiert. Der weiße Phosphor tropft ab und wird unter Wasser gesammelt. Der so erhaltenene Phosphor wird durch weitere Destillation gereinigt und gelangt als 99,9%iger Phosphor in Stangen gegossen in den Handel. Die Weltproduktion an Phosphor (P_4) liegt bei ca. 1,3 Mio. t/Jahr, Hauptproduzenten sind die USA ca. 44% die GUS-Staaten ca. 36% und Deutschland „Höchst AG" etwa 15% der Weltproduktion.

Physikalische Eigenschaften

Elementarer Phosphor tritt in drei kristallinen Modifikationen als *Weißer, Violetter* und *Schwarzer Phosphor* sowie in einer amorphen Form als *Roter Phosphor* auf:
Weißer bzw. *Gelber* oder *Farbloser Phosphor* ist bei gewöhnlicher Temperatur eine wachsartige, weiße bis hellgelbe, milchig-durchscheinende Masse von unangenehmen Geruch. Er besteht aus tetraedrischen P_4-Molekülen. In fester Form bildet er eine kubische Modifikation α-Phosphor ($\rho = 1823{,}2\ kg \cdot m^{-3}$) und geht unterhalb −76,9 °C in eine

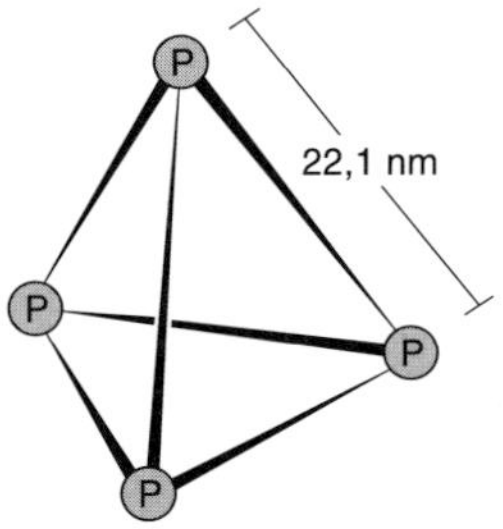

Abb. 61: Struktur des *Weißen Phosphors* (P_4).

hexagonale Modifikatin β-Phosphor (ρ = 1880 kg · m^{-3}) über. In Wasser ist Phosphor praktisch unlöslich, löst sich aber sehr gut in Carbondisulfid CS_2, Dischwefeldichlorid S_2Cl_2, und Phosphortrichlorid PCl_3, weniger gut in Benzol, Ether u. a. *Weißer Phosphor* leitet den elektrischen Strom nicht. Im Dunkeln leuchtet er an der Luft infolge der Umwandlung unter Wärmeentwicklung des oberflächlich gebildeten P_2O_3 in das stabile P_2O_5 wobei ein Teil der bei der Oxidation frei werdenden Energie durch sog. „Chemolumiiniszenz“ als Licht abgegeben wird:

$$4\,P + 3\,O_2 \longrightarrow 2\,P_2O_3$$
$$P_2O_3 + O_2 \longrightarrow P_2O_5 + h\nu\ \text{(Licht)}$$

Oberhalb 50 °C entzündet er sich von selbst und muß daher unter Wasser aufbewahrt werden. Bei 44,1 °C schmilzt der *Weiße Phosphor* zu einer farblosen, stark lichtbrechenden Flüssigkeit, die bei Erhitzen auf 280,5 °C in farblosen Dampf übergeht. Weißer Phosphor enthält in allen Phasen P_4-Moleküle, die erst bei höheren Temperaturen > 800 °C in P_2-Moleküle und > 2000 °C zu P-Atomen dissozieren.
Roter Phosphor ist ein amorphes, dunkelrotes Pulver. Er entsteht bei längerem Erhitzen von *Weißem Phosphor* oberhalb 250 °C und geht bei weiterem Erhitzen oberhalb 450–550 °C in den kristallinen Zustand über. *Roter Phosphor* ist ein Polymerisationsprodukt, das aus unregelmäßig dreidimensional vernetzten P-Atomen besteht. Er ist weniger reaktionsfähig als *Weißer Phosphor* und entzündet sich erst oberhalb 300 °C, bildet aber mit starken Oxidationsmitteln wie z. B. Kaliumchlorat Mischungen, die bereits bei Reibung explodieren.
Violetter Phosphor, Hittorfscher Phosphor, entsteht bei ein- bis zweiwöchigen Erhitzen von *Weißem Phosphor* auf 550–620 °C. Er ist rot, violettstichig und kristallisiert in einem Schichtgitter zu glimmerartig spaltbaren Kristallen, in denen die P-Atome röhrenförmig verknüpft sind. Bei 620 °C sublimiert er unter Bildung von P_4-Dampf bzw. schmilzt bei einem Druck von ca. 5 MPa zu einer Schmelze aus P_4-Molckülen.

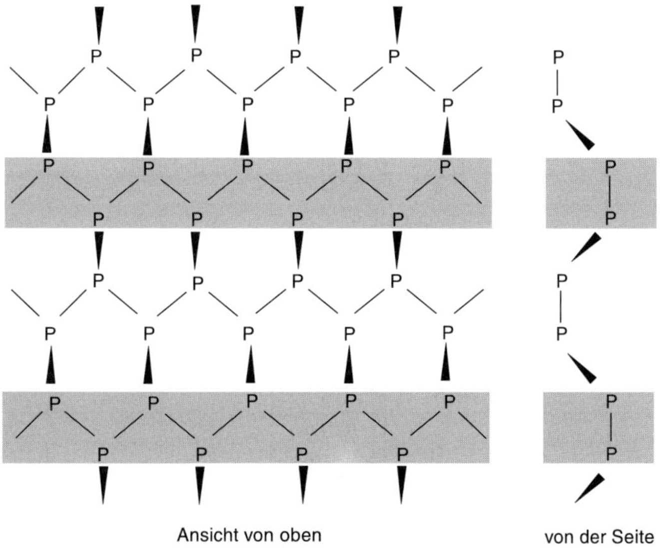

Abb. 62: Gitterstruktur des *Schwarzen Phosphors*.

Schwarzer Phosphor, *Metallischer Phosphor*, entsteht aus *Weißem Phosphor* bei hohen Temperaturen > 200 °C und Drücken von ca. 1,2 GPa, oder durch katalytische Umwandlung durch mehrtägiges Erhitzen auf 380 °C bei Normaldruck in Gegenwart von metallischen Quecksilber und Impfkristallen aus *Schwarzen Phosphor*. Er bildet eisengraue, metallisch glänzende, kleine rhombische Kristalle mit guter thermischer und elektrischer Leitfähigkeit, bzw. Halbleitereigenschaften. Das Kristallgitter besteht aus Doppelschichten mit gewellten Sechserringen.
In der metallischen Hochdruckphase bzw. bei Drücken über 1,7 GPa unterhalb –267,35 °C (5,8 K) zeigt der *Schwarze Phosphor* Supraleitfähigkeit.

Radiochemie

Phosphor ist ein anisotopes Element. Er kommt in der Natur nur in Form eines einzigen stabilen Isotops vor. Daneben sind weitere 20 künstliche Radioisotope des Phosphors bekannt.
Die Halbwertszeiten der P-Isotope sind allgemein kurz, die leichteren Isotope A < 31 zerfallen durch β^+-Strahlung in Si-Isotope, die schwereren Isotope A > 31 verwandeln sich durch β^--Strahlung in die entsprechenden S-Isotope. Die wichtigsten Isotope sind $^{32}_{15}P$ (β^- | 1,710 MeV; kein γ) und $^{33}_{15}P$ (β^- | 0,249 MeV; kein γ), sie entstehen in $^{32}_{16}S$ (n, p) $^{32}_{15}P$ oder $^{35}_{17}Cl$ (n, α) $^{32}_{15}P$ bzw. $^{33}_{16}S$ (n, p) $^{33}_{15}P$ oder $^{32}_{15}P$ (n, γ) $^{33}_{15}P$ Reaktionen. Sie werden beide als radioaktive Indikatoren (Tracer) sowohl in der Industrie als auch in der Medizin verwen-

Die Isotope des Phosphors (1995)

Isotop	Natürliche Häufigkeit n (%)	Zerfallsart			Halbwertszeit $T_{1/2}$
		β^+	γ	β^-	
P 26		**x**			20 ms
P 27		**x**			260 ms
P 28		**x**	x		268 ms
P 29		**x**	x		4,1 s
P 30		**x**	x		2,50 m
P 31	**100**				
P 32				**x**	14,26 d
P 33				**x**	25,34 d
P 34			x	**x**	12,4 s
P 35			x	**x**	47,4 s
P 36			x	**x**	5,6 s
P 37			x	**x**	2,31 s
P 38			x	**x**	0,64 s
P 39				**x**	160 ms
P 40				**x**	260 ms
P 41				**x**	120 ms
P 42				**x**	110 ms
P 43				**x**	33 ms
P 44				x	n.bek.
P 45				x	n.bek.
P 46				x	n.bek.

det. Das stabile Isotop $^{31}_{15}P$ der Kernspinzahl 1/2+ und kernmagnetischen Moment +1,13160 dient zum NMR-spektroskopischen Nachweis; NMR-Frequenz (bei 2,3488 T) 40,481 · 10^6 s^{-1}; Referenz H_3PO_4 (85%).
Die maximal zulässige radiologische Aktivität bezogen auf $^{32}_{15}P$ beträgt 3,7 · 10^5 Bq für den menschlichen Körper, 7,4 Bq/ml Wasser und 3,7 · 10^4 Bq/m^3 Luft.

Chemische Eigenschaften

Phosphor gehört zur Gruppe der „Pentele", der sog. *Stickstoffgruppe*. Er befindet sich im PSE in der 15. Gruppe (VA Hauptgruppe) zwischen Stickstoff N und Arsen As sowie in der 3. Periode zwischen Silicium Si und Schwefel S. Entsprechend seiner Stellung im PSE hat das freie, neutrale P-Atom im elektronischen Grundzustand folgende Elektronenkonfiguration:

$$1s^2\ 2s^2\ 2p^6\ 3s^2\ 3p^3$$

Phosphor bildet in seinen Verbindungen fast alle Oxidationsstufen von –III bis +V, von denen die Stufen –III, +III und +V die häufigsten und wichtigsten sind.
Die Normalpotentiale des Phosphors:

+V +IV +III +I 0 –II –III

Saure Lösung

$$H_3PO_4 \xrightarrow{-0{,}933\ V} H_4P_2O_6 \xrightarrow{+0{,}380\ V} H_3PO_3 \xrightarrow{-0{,}499\ V} H_3PO_2 \xrightarrow{-0{,}365\ V} P \xrightarrow{-0{,}1\ V} P_2H_4 \xrightarrow{-0{,}006\ V} PH_3$$

H_3PO_4 → H_3PO_3: –0,276 V; H_3PO_3 → P: –0,502 V; P → PH_3: –0,063 V

Basische Lösung

$$PO_4^{3-} \xrightarrow{-1{,}12\ V} HPO_3^{2-} \xrightarrow{-1{,}57\ V} H_2PO_2^- \xrightarrow{-2{,}05\ V} P \xrightarrow{-0{,}89\ V} PH_3$$

HPO_3^{2-} → P: –1,73 V

Die technisch wichtigste Phosphor-Modifikation ist der *Weiße Phosphor*. Dieser ist chemisch äußerst reaktionsfähig. In feinverteilter Form entzündet er sich an der Luft bereits bei Raumtemperatur, in kompakter Form erst ab 50 °C und verbrennt mit gelblich-weißer, hell-leuchtender Flamme zu P(V)-oxid.

$$P_4 + 5\ O_2 \longrightarrow P_4O_{10} \qquad \Delta H = -2995\ kJ$$

im Chlorstrom verbrennt Phosphor zu P(III)-chlorid:

$$P_4 + 6\ Cl_2 \longrightarrow 4\ PCl_3 \qquad \Delta H = -1356\ kJ$$

Phosphor ist ein starkes Reduktionsmittel und reagiert mit vielen Stoffen, so z. B. mit Wasser bei 600 °C zu Phosphorsäure und Wasserstoff:

$$P + 16\ H_2O \longrightarrow 4\ H_3PO_4 + 10\ H_2 \uparrow$$

In seinen Verbindungen geht Phosphor neben einigen anionischen Bindungen, in denen zahlreiche Phosphor-Anionen z. B. P^{2-}, P_2^{4-}, P_3^{5-}, $[P^-]_x$, $[P_6^{4-}]$ auftreten, hauptsächlich kovalente Bindungen ein z. B. (in den Klammern sind die Bindungslängen und die Bindungsenthalpien angegeben): P–H (144 pm; 328 kJ · mol^{-1}), P–O (164 pm; 407 kJ · mol^{-1}),

Einige Sauerstoffverbindungen des Phosphors

Oxidations-stufe	Oxide	Säuren	Salze
+I		$H_3PO_2 = H_2PO(OH)$ Phosphinsäure Phosphor(I)-säure (Hypophosphorige Säure)	$H_2PO_2^-$ (aq) Phosphinate Phosphate(I) (Hypophosphite)
+II		$H_4P_2O_4$= (HO)(O)HP-PH(O)(OH) Hypodiphosphonsäure Diphosphor(II)-säure (Hypodiphosphorige Säure)	$H_3P_2O_4^-$ (aq) Hypodiphosphonate Diphosphate(II) (Hypodiphosphite)
+III	P_2O_3 Phosphortrioxid	$H_3PO_3 = HPO(OH)_2$ Phosphonsäure Phosphor(III)-säure (Phosphorige Säure)	$H_2PO_3^-$ (aq) Phosphonate Phosphate(III) (Phosphite)
	P_4O_6 Tetraphosphorhexaoxid	$H_4P_2O_5 = (HO)_2P\text{-}O\text{-}P(OH)_2$ Diphosphonsäure Diphosphor(III)-säure (Diphosphorige Säure)	$H_3P_2HO_5^-$ (aq) Diphosphonate Diphosphate(III) (Diphosphite)
+IV		$H_4P_2O_6$ Hypodiphosphorsäure Diphosphor(IV)-säure	$H_3P_2O_6^-$ (aq) Hypodiphosphate Diphosphate(IV)
+III/+V		$H_4P_2O_6 = (HO)_2P\text{-}O\text{-}PO(OH)_2$ Diphosphor(III,V)-säure	$H_3P_2O_6^-$ (aq) Diphosphate(III,IV)
+V	P_2O_5 Phosphorpentaoxid	H_3PO_4 Orthophosphorsäure Phosphor(V)-säure	$H_2PO_4^-$ (aq) Orthophosphate Phosphate(V)
	P_4O_{10} Tetraphosphordecaoxid	$H_4P_2O_7$ Diphosphorsäure Diphosphor(V)-säure Pyrophosphorsäure	$H_3P_2O_7^-$ (aq) Diphosphate Diphosphate(V) Pyrophosphate
		$(HPO_3)n$ (n = 3, 4, 5 ...) Metaphosphorsäure	$[P_nO_{3n}]^{n-}$ (aq) ringförmige Anionen Metaphosphate
		H_3PO_5 Peroxomonophosphorsäure Peroxomonophosphor(V)-säure	$H_2PO_5^-$ (aq) Peroxomonophosphate Peroxomonophosphate(V)
		$H_4P_2O_8$ Peroxodiphosphorsäure Peroxodiphosphor(V)-säure	$H_3P_2O_8^-$ (aq) Peroxodiphosphate Peroxodiphosphate(V)

P=O (145 pm; 560 kJ · mol^{-1}), P–C (185 pm; 264 kJ · mol^{-1}), P–F (157 pm; 490 kJ · mol^{-1}), P–Cl (204 pm; 319 kJ · mol^{-1}), P–P (222 pm; 209 kJ · mol) u. a. Phosphor bildet u. a. verschiedene Halogenverbindungen der allg. Formel PX_3, PX_5 und P_2X_4 (X = F, Cl. Br, I), fünf monomolekulare Oxide der allg. Formel P_4O_n (n = 6, 7, 8, 9, 10) und hochmolekulare Oxide der allg. Formel $(P_2O_5)_x$, Phosphide der allg. Formel M^{I}_3P, $M^{II}_3P_2$; Phosphane z. B. Monophosphan PH_3, Diphosphan P_2H_4 usw., Phosphorane z. B. $(C_6H_5)_3PCl_2$ u. a.

Nachweis

Qualitativ:

- *Mitscherlich-Probe* in der Gerichtsmedizin (Wasserdampftest des Mageninhalts vergifteter Personen, Chemiluminiszenz des abdestillierten Weißen Phosphors).
- Nachweis als Eisen(III)-phosphat; Phosphat-Ionen bilden in essigsaurer, acetatgepufferter Lösung mit Fe(III)-ionen weißes Fe(III)-phosphat:
  $HPO_4^{2-} + Fe^{3+} \longrightarrow FePO_4 + H^+$

Quantitativ:

- Fällung als schwerlösliches Silberphosphat, Magnesiumammonium-Phosphat, Ammoniummolybdato-Phosphat u. a.
- Spektralanalyse; wichtige Spektrallinien der neutralen Atome; 213,618 nm, 952,573 nm, 956,344 nm, 979,685 nm, 1648,292 nm, u. a.
- Atomabsorptionsspektrometrie (AAS) mittels der 213,618 nm Hauptlinie des Atomspektrums.
- Zum Nachweis der Phosphate in biologischen Proben eignet sich u. a. die ^{31}P-NMR-Spektroskopie

Verwendung

Die Hauptmenge, etwa 90% des hergestellten *Weißen Phosphors* wird zu P(V)-oxid verbrannt, das zu Phosphorsäure und verschiedenen Phosphaten weiterverarbeitet wird. Diese stellen wichtige Ausgangsprodukte zur Herstellung von Düngemitteln und Waschmitteln dar wie z. B. das Pentanatriumtriphosphat. Der restliche Phosphor wird überwiegend zu Phosphorchloriden PCl_3, PCl_5, $POCl_3$ und Phosphorsulfiden P_4S_{10} verarbeitet, die zur Produktion einer Vielzahl von Pflanzenschutzmitteln, Weichmachern, Extraktionsmitteln, Schmieröl-Additives u. v. a. verwendet werden.
Roter Phosphor wird in der Pyrotechnik für Rauch- und Feuerwerkskörper als Flammschutzmittel in Kunststoffen sowie zur Herstellung der Reibflächen von Streichholzschachteln verwendet. Er dient in der Metallurgie, meist in Form von Phosphiden, als wichtiges Desoxidationsmittel und ist Bestandteil einiger Legierungen sog. *Phosphorbronze.*

Phosphordünger	
Superphosphat	$Ca(H_2PO_4)_2 + CaSO_4 \cdot 2\,H_2O$
Doppelsuperphosphat	$Ca(H_2PO_4)_2$
Rhenaniaphosphat (Glühphosphat)	$3\,CaNaPO_4 \cdot Ca_2SiO_4$
Thomasmehl	Ca-Silicate + Ca-Phosphate
Diammoniumphosphat	$(NH_4)_2 \cdot HPO_4$
Leunaphos	$(NH_4)_2SO_4 + (NH_4)_2HPO_4$
Nitrophoska	$(NH_4)_2SO_4 + (NH_4)_2HPO_4 + KNO_3$
Guano	verfestigter Vogeldung
Gülle	flüssige Abprodukte aus industrieller Tierhaltung

Physiologie, Toxikologie

Phosphor ist für alle Spezies lebenswichtig. Er gehört zu den sieben Mineralstoffen, aus denen neben Sauerstoff, Kohlenstoff, Wasserstoff und Stickstoff die Körpersubstanz zu 99% aufgebaut ist. Phosphor ist als Calciumphosphat in den Knochen und Zähnen enthalten und in Form von Phosphorsäureestern wichtiger Bestandteil von Nukleinsäuren (DNA) und Enzymen und ist damit an allen Vorgängen des Energiestoffwechsels und an Stoffwechselreaktionen wie Stärkebildung, Knochenaufbau, Proteinbiosynthese u. a. beteiligt. Der erwachsene menschliche Körper enthält durchschnittlich etwa 750 g Phosphor, von denen etwa 650 g im Knochensystem fest gebunden sind. Der tägliche Bedarf liegt bei etwa 1–1,2 g und wird hauptsächlich über die Nahrung gedeckt. *Weißer Phosphor* ist sehr giftig (R 26/28, R 35, S 5, S 26/28, S 45) MAK-Wert 0,1 mg/m^3, die toxische Dosis liegt bei wenigen Milligramm, die letale Dosis beträgt ca. 60 mg. Vergiftungssymptome sind Erbrechen, Durchfall, Kollaps, Atemlähmung und Koma. Als Gegengift bei akuter Phosphorvergiftung dient u. a. stark verdünnte Kupfersulfatlösung, die den Phosphor als Kupferphosphid bindet und als Brechmittel wirkt; evtl. Magenspülung. Subakute Vergiftungen durch Einatmen von Phosphordämpfen oder durch Hautresorbtion äußern sich durch Übelkeit, Erbrechen, blutige Durchfälle, Nieren- und Leberschäden. Als Erste Hilfe ist das Einatmen von Wasser- oder Alkoholdämpfen empfohlen. Brennender *Weißer Phosphor* verursacht auf der Haut sehr schmerzhafte, tiefe und sehr schwer heilende Wunden. Phosphorbrandwunden sollten sofort mit stark verd. Natriumcarbonat- oder Kupfersulfatlösung gründlich ausgespült werden.

Platin Pt

International (Lat.)	Platinum	Griechisch	Λευκόχρυσος (Lefkochrissos)
Englisch	Platinum		
Französisch	Platine	Russisch	Платина (Platina)
Spanisch	Platino	Japanisch	白金（ハッキン）(hakkin)
Italienisch	Platino		

Atomare und physikalische Eigenschaften

Protonenzahl **(Z)**	**78**
Standard-Atomgewicht (bezogen auf ^{12}C = 12)	195,08(± 3)
Effektive Kernladung	(Slater) 4,05; (Clementi) 10,75; (Froese-Fischer) 15,65
Elektronenkonfiguration	[Xe] $4f^{14}$ $5d^{9}$ $6s^{1}$
Grundzustand, Termsymbol	$^{3}D_{3}$
Metallatomradius (KZ 12)	138,5 pm [a)]
Kovalenzradius (Einfachbindung)	130 pm
Ionenradien (KZ 4;6)	$60^{2+}_{(6)}$ pm, $85^{2+}_{(4)}$ pm, $62{,}5^{4+}_{(6)}$ pm, $57^{5+}_{(6)}$ pm
Molares Volumen	$9{,}10 \cdot 10^{-6}$ $m^{3} \cdot mol^{-1}$
1.;2.;3.;4.;5. Ionisierungsenergie	9,0175 eV; 18,562 eV; 29,019 eV; 40,421 eV; 54,930 eV
Elektronegativität	(Allred/Rochow) 1,44; (Pauling) 2,28; (absolut) 5,60 eV
Elektronenaffinität Pt ⟶ Pt^{-}	2,127 eV
Wirkungsquerschnitt für thermische Neutronen ($\sigma_{n,\gamma}$)	$10{,}0 \cdot 10^{-28}$ m^{2}
Dichte (bei 20 °C)	21450 kg · m^{-3} [b)]
Härte (geglüht)	(Mohs) 4,3 ; (Brinell) $29{,}9 \cdot 10^{7}$ Pa
Elastizitätsmodul (geglüht)	$14{,}7 \cdot 10^{10}$ Pa
Schmelztemperatur	1772 °C (2045,15 K) [c)]
Siedetemperatur	3827 °C (4100,15 K) [d)]
Spezifische Schmelz- /Verdampfungsenthalpie	100,98 kJ · kg^{-1} / 2616,88 kJ · kg^{-1} [e)]
Spezifische Sublimations-/Atomisierungsenthalpie	2793,72 kJ · kg^{-1} [f)]
Spezifische Wärmekapazität (bei 25 °C)	0,133 kJ · $kg^{-1} \cdot K^{-1}$
Thermische Leitfähigkeit (bei 27 °C)	71,6 W · $m^{-1} \cdot K^{-1}$
Thermischer Längenausdehnungskoeffizient (bei 25 °C)	$9{,}0 \cdot 10^{-6}$ K^{-1} [g)]
Thermospannung (Δt =100 K / Cu; Konstantan)	−0,75 mV; +3,3 mV
Elektrische Leitfähigkeit (bei 20 °C)	$9{,}48 \cdot 10^{6}$ S · m^{-1}
Spezifischer elektrischer Widerstand (bei 20 °C)	$10{,}54 \cdot 10^{-8}$ Ω · m [h)]
Temperaturkoeffizient (bei 20 °C)	$3{,}93 \cdot 10^{-3}$ K^{-1}
Spezifische magnetische Suszeptibilität	$+13{,}01 \cdot 10^{-9}$ $m^{3} \cdot kg^{-1}$
Hall-Koeffizient (0–30 °C) Pt 99,9 %	$-0{,}214 \cdot 10^{-10}$ $m^{3} \cdot A^{-1} \cdot s^{-1}$
technisch	$-1{,}27 \cdot 10^{-10}$ $m^{3} \cdot A^{-1} \cdot s^{-1}$
Elektrochemisches Äqivalent Pt^{4+}	$0{,}5057 \cdot 10^{-6}$ kg · $A^{-1} \cdot s^{-1}$
Normalpotential Pt/Pt^{2+}	+1,188 V
Hydratationsenthalpie Pt^{2+}	−2190 kJ · mol^{-1}
Bildungsenthalpie $PtCl_4$ (PtO_2)	−237 kJ · mol^{-1} (−172 kJ · mol^{-1})

Weitere Angaben: a) 137,3 pm. b) 21410 kg · m^{-3}. c) 1769,3 °C. d) 4170 °C. e) 2290 kJ · kg^{-1} und 2404,2 kJ · kg^{-1}. f) 2896,25 kJ · kg^{-1}, 2899,3 kJ · kg^{-1}. g) $8{,}8 \cdot 10^{-6}$ K^{-1}. h) $9{,}85 \cdot 10^{-8}$ Ω · m.

Entdeckung

Unreines Platin wurde vermutlich schon in der Antike von den Ägyptern, mit Sicherheit aber von den Mayavölkern zur Herstellung kleinerer Plastiken verwendet, sie hielten es jedoch für Silber. Die Spanier konnten mit dem in Kolumbien im Seifengold in größeren Mengen vorhandenen Metall nichts anfangen und nannten dieses geringschätzig *platina*, d. h. „Silberchen". Platin wurde erstmals 1557 von dem italienischen Gelehrten Giulio Cesare Scaliger (1484–1558) als ein eigenständiges Metall benannt. Mitte des 18. Jh. untersuchten William Watson (1715–1787) und William Brownrigg (1711–1800) in Cambridge Proben von schwarzen Platinsand und beschrieben das Metall eingehend. Das Metall behielt den Namen „Platin", das chemische Symbol „Pt" wurde 1814 von J. J. Berzelius vorgeschlagen. Pulvermetallurgische Methoden zur Verarbeitung von Platin entwickelten erstmals Anfang des 18. Jh. P. F. Chabeneau in Spanien und W. H. Wollaston in England.

Vorkommen

Platin gehört zu den äußerst seltenen Metallen auf der Erde. Mit einem sehr geringen Massenanteil in der Erdhülle von $5 \cdot 10^{-7}$% steht es nach Gold an 76. Stelle der Elementhäufigkeit. In den obersten 16 km der Erdkruste ist es mit ca. 4 mg/t Gestein vertreten, dies entspricht etwa dem Anteil von Gold, Tellur, Ruthenium u. a. Im Meerwasser beträgt sein Anteil im Durchschnitt 0,2 µg $Pt^{(+II)}/m^3$, die Verweilzeit ist nicht bekannt. Man unterscheidet:

Primäre Lagerstätten, in denen Platin meist vergesellschaftet mit den anderen Platinmetallen Ruthenium, Rhodium, Palladium, Osmium, Iridium bevorzugt als Sulfid in Eisen-, Kupfer-, Nickel- und Chromerzen vorkommt. Die wichtigsten Vorkommen mit ca. 93% der gesamten Weltreserven sind die Kupfer- und Nickelkiese aus dem Merensky Reef im Bushfeld-Komplex, Republik Südafrika, die kupfer- und nickelhaltigen Magnetkiese aus Sudbury, Prov. Ontario in Kanada, die pro t Erz ca. 35 g Pt, 29 g Pd, 3 g Rh, 1,4 g Ru, 0,7 g Ir und 0,03 g Os enthalten, sowie die Vorkommen in Norilsk, Uralgebiet in Rußland und Stilwater in den USA.

Sekundäre Lagerstätten, sog. *Platinseifen*, die durch Verwitterungs- und natürliche Schwemmprozesse aus primären Vorkommen entstanden sind, enthalten die Platinmetalle meist im gediegenen Zustand. Platinseifen der Zusammensetzung 85% Pt, 4% Ir,

Wichtige Platin-Minerale	
Sperrylith	($PtAs_2$)
Geversit	($PtSb_2$)
Cooperit	(PtS)
Braggit	[(Pt, Pd, Ni)S]
Ferroplatin	(Fe, Pt)
Polyxen	(Fe, Pt, Pt-Metalle)
Iridiumplatin	(Ir, Pt)

1% Os, 0,3% Pd, 0,4% Rh, 0,2% Ru, Eisen u. a. findet man vor allem im Uralgebiet in Rußland und in Kolumbien.
Bis etwa 1820 kamen sämtliche Platinmetalle aus Südamerika. Nachdem die großen Vorkommen im Mittelural entdeckt wurden, stieg Rußland zum Hauptlieferanten auf. Seit Anfang des 20. Jh. gelten die Lagerstätten von Bushfeld, Republik Südafrika, Kanada und Rußland als wichtigste Rohstoffquellen. Die Weltvorräte an Platin schätzt man auf ca. 30 000 t. Die Häufigkeit des Elements auf der Sonne beträgt ca. 56 Atome Platin pro $1 \cdot 10^{12}$ Atome Wasserstoff, die kosmische Häufigkeit wird auf 1,6 Atome Platin pro $1 \cdot 10^{6}$ Atome Silicium geschätzt.

Herstellung

Zur technischen Herstellung werden die in den primären und sekundären Lagerstätten vorhandenen Platinmetalle zunächst durch einen Wasch- und Sedimentationsprozeß oder durch Flotation in Form des „Rohplatins" angereichert. Daneben fallen sie als Kon-

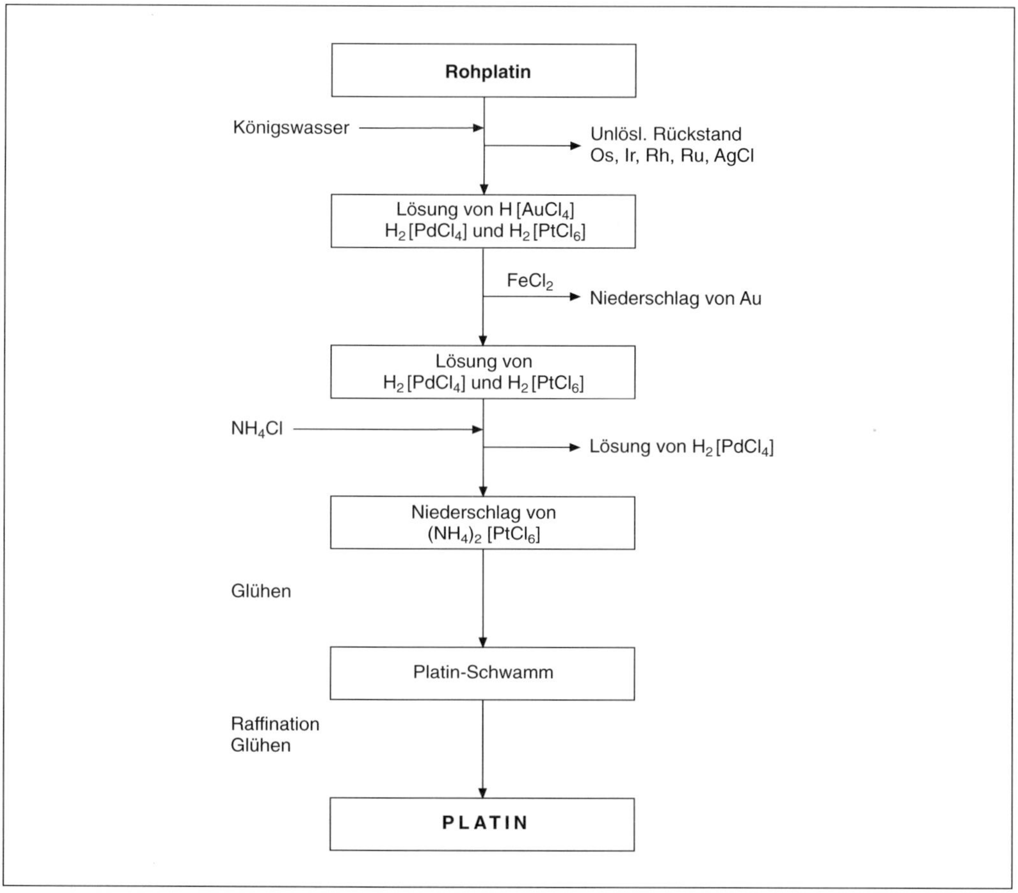

Abb. 63: Fließschema zur Herstellung von Platin.

zentrat im Anodenschlamm bei der elektrolytischen Raffination sulfidischer Kupfer- und Nickelerze an. Rohplatin besteht aus zwei Legierungen „Platin-iridium“ (Pt, Ir, Rh, Pd) und „Osmium-iridium“ (Os, Ir, Rh, Ru) und enthält im Durchschnitt 80% Platin, 10% Eisen und Kupfer, je 1% der übrigen Platinmetalle sowie Silber und Gold. Beim Erhitzen mit Königwasser gehen Platin, Palladium und Gold in Lösung unter Bildung von Tetrachlorogoldsäure $HAuCl_4$, Tetrachloropalladiumsäure H_2PdCl_4 und Hexachloroplatinsäure H_2PtCl_6, während die restlichen Platinmetalle und Silber im Rückstand verbleiben. Nach Abtrennung von Gold wird Platin durch Behandlung mit Ammoniumchlorid in Ammoniumhexachloroplatinat $(NH_4)_2[PtCl_6]$ übergeführt aus dem man durch Glühen und Raffination Reinplatin von 99,9% erhält. Von Bedeutung ist auch die Rückgewinnung der Platinmetalle in den sogenannten Scheideanstalten wie z. B. bei der Fa. Degussa AG in Frankfurt am Main, Deutschland (DEGUSSA: Abkürzung für „Deutsche Gold- und Silber-Scheide-Anstalt). Die Weltproduktion an Platin beträgt jährlich ca. 285 Tonnen. Die Hauptproduzenten sind die Republik Südafrika mit etwa 135 t/Jahr, Rußland ca. 120 t/Jahr, Kanada ca. 15 t/Jahr und Japan 2,5 t/Jahr. Durch Recycling werden zusätzlich ca. 5 t/Jahr gewonnen. Hauptverbraucher von Platin ist Japan mit 1/3 der Weltproduktion. Der Platin-Preis beträgt z. Z. rund 13 870 $ bzw. rund 25 000 DM pro Kilogramm.

Physikalische Eigenschaften

Platin ist ein grauweißes, silbrig glänzendes, ziemlich zähes, relativ weiches und duktiles Schwermetall. Es läßt sich zu feinsten Drähten und Folien verarbeiten und in der Hitze gut schmieden und schweißen. Platin kristallisiert in kubisch dichtester Kugelpackung. Der thermische Längenausdehnungskoeffizient entspricht dem von chemischen Geräteglas, so daß das Metall problemlos in Glas eingeschmolzen werden kann. Platin besitzt nach Osmium und Iridium die drittgrößte Dichte aller Elemente, eine sehr hohe Schmelz- und Siedetemperatur, entsprechend etwa dem Rhodium. Die thermische Leitfähigkeit beträgt 16,69%, die elektrische 16,78% der des Silbers. Die Austrittsarbeit für Elektronen im Vakuum beträgt 5,65 eV (P). Das paramagnetische Metall ist gut legierbar mit Blei, Gold, Silber, Zinn und den übrigen Platinmetallen. Platin besitzt die Fähigkeit, in fein verteilter Form als *Platinschwarz* und *Platinmohr* große Mengen Wasserstoff zu absorbieren, auf Rotglut erhitztes Platinblech ist für Wasserstoff praktisch durchlässig.

Radiochemie

Platin findet sich in der Natur als ein Gemisch aus 5 stabilen Isotopen und einem sehr langlebigen radioaktiven Isotop. Zusätzlich sind 29 künstliche Radioisotope des Platins bekannt.

Die Halbwertszeiten der Pt-Isotope sind relativ kurz, die leichteren Isotope $A < 193$ sind überwiegend α-Strahler und gehen in die entsprechenden Os-Isotope über, z. T. zerfallen sie auch durch β^+-Strahlung oder Elektronen-Einfang in Ir-Isotope. Die schwereren Isotope $A > 194$ verwandeln sich durch β^--Emission in die entsprechenden Au-Isotope. Das wichtigste Isotop $^{197}_{78}Pt$ (β^- | 0,719 MeV, γ) entsteht durch Neutroneneinfang in

Die Isotope des Platins (1995)

Isotop	Natürliche Häufigkeit n (%)	Zerfallsart					Halbwertszeit
		α	β^+	EC	γ	β^-	$T_{1/2}$
Pt 168		x					n.bek.
Pt 169		**x**					ca. 2,5 ms
Pt 170		**x**					ca. 6 ms
Pt 171		**x**					ca. 25 ms
Pt 172		**x**					0,10 s
Pt 173		**x**	**x**				0,33 s
Pt 174		**x**	**x**				0,90 s
Pt 175		**x**	**x**		x		2,52 s
Pt 176		**x**	**x**		x		6,33 s
Pt 177		**x**	x	x	x		9,8 s
Pt 178		**x**	x	x	x		21,1 s
Pt 179		x	**x**	**x**	x		21,2 s
Pt 180		x	**x**	**x**	x		52 s
Pt 181		x	**x**	**x**	x		51 s
Pt 182		x	**x**		x		2,6 m
Pt 183*		x	**x**		x		6,5 m
Pt 183*			**x**		x		43 s
Pt 184		x		**x**	x		17,3 m
Pt 185*		x		**x**	x		1,2 h
Pt 185*		x		**x**	x		33 m
Pt 186		x		**x**	x		2,0 h
Pt 187				**x**	x		2,35 h
Pt 188		x		**x**	x		10,2 d
Pt 189				**x**	x		11 h
Pt 190	**0,01**	**x**					$6{,}5 \cdot 10^{11}$ a
Pt 191				**x**	x		2,8 d
Pt 192	**0,79**						
Pt 193*				**x**			ca. 50 a
Pt 193 m*					**x**		4,33 d
Pt 194	**32,9**						
Pt 195*	**33,8**						
Pt 195 m*					**x**		4,02 d
Pt 196	**25,3**						
Pt 197*					x	**x**	18,3 h
Pt 197 m*					**x**	x	94,4 m
Pt 198	**7,2**						
Pt 199*					x	**x**	30,8 m
Pt 199 m*					**x**		13,6 s
Pt 200					x	**x**	12,5 h
Pt 201					x	**x**	2,5 m
Pt 202						**x**	ca. 43,6 h

(* isomere Atomkerne, m* markiert jeweils einen metastabilen Zustand)

den Reaktionen $^{197}_{79}Au$ (n, p) $^{197}_{78}Pt$ und $^{176}_{78}Pt$ (n, γ) $^{177}_{78}Pt$, es wird zusammen mit dem Kernisomer $^{195m}_{78}Pt$ (IT | 0,2592 MeV; γ) als radioaktiver Indikator, Tracer verwendet. Das stabile Isotop $^{195}_{78}Pt$ der Kernspinzahl 1/2– und kernmagnetischen Moment +0,6095 dient zum NMR-spektroskopischen Nachweis; NMR-Frequenz (bei 2,3488 T) 21,499 · 10^6 s^{-1}; Referenz $[Pt(CN)_6]^{2-}$.

Chemische Eigenschaften

Platin gehört zur Gruppe der schweren „Platinmetalle" und bildet zusammen mit Palladium Pd die sog. *Platingruppe*. Es befindet sich im PSE in der 10. Gruppe, VIII Nebengruppe, unter dem Palladium Pd sowie in der 6. Periode zwischen Iridium Ir und Gold Au. Platin ist das wichtigste Metall der Gruppe der Platinmetalle:

Platinmetalle

	Osmiumgruppe	Iridiumgruppe	Platingruppe
Leichte Platinmetalle (ρ > 12 000 kg · m^{-3})	**Ruthenium** **Ru** Silberweiß, spröde	**Rhodium** **Rh** Silberweiß, dehnbar	**Palladium** **Pd** Silberweiß, dehnbar
Schwere Platinmetalle (ρ > 21 000 kg · m^{-3})	**Osmium** **Os** Graublau, spröde	**Iridium** **Ir** Silberweiß, spröde	**Platin** **Pt** Grauweiß, dehnbar

Das freie, neutrale Pt-Atom hat im elektronischen Grundzustand folgende Elektronenkonfiguration:

$$1s^2\ 2s^2\ 2p^6\ 3s^2\ 3p^6\ 3d^{10}\ 4s^2\ 4p^6\ 4d^{10}\ 4f^{14}\ 5s^2\ 5p^6\ 5d^9\ 6s^1$$

Als typisches Übergangsmetall bildet Platin in seinen Verbindungen fast alle Oxidationsstufen von 0 bis +VI, von denen die Stufen +II ($4f^{14}\ 5d^8$) und +IV ($4f^{14}\ 5d^6$) die wichtigsten und beständigsten sind.
Die Normalpotentiale des Platins

	+VI		+IV		+II		0
Saure Lösung	PtO_3	+2,0 V	PtO_2	+1,045 V	PtO	+0,980 V	Pt
			PtO_2	+0,837 V	Pt^{2+}	+1,188 V	Pt
			$PtCl_6^{2-}$	+0,726 V	$PtCl_4^{2-}$	+0,758 V	Pt

weisen das Element als typischen Vertreter der edlen Metalle und als ein vergleichsweise reaktionsträges Element aus. Platin ist an der Luft gegen Wasser und nichtoxidierende Säuren beständig. Nur bei starkem Erhitzen bildet Platin an der Luft in geringem Umfang PtO_2, das sich langsam verflüchtigt. Mit Salzsäure HCl, Salpetersäure HNO_3 (rauchend), Hydrogenfluoridsäure HF und Perchlorsäure $HClO_4$ reagiert Platin ab 100 °C, mit Schwefelsäure H_2SO_4 ab 300 °C, und mit Natriumhydroxid NaOH, Kaliumhydroxid KOH, Natriumcyanid NaCN ab 400 °C. In Königswasser löst sich Platin bereits bei Zimmertemperatur unter Bildung von Hexachloroplatin(IV)-säure, die aus wäßriger Lösung als Hexahydrat $H_2[PtCl_6] \cdot 6\,H_2O$ in Form gelber Kristalle auskristallisiert:

$$\underset{}{Pt} + \underset{\text{Königswasser}}{[3\,HCl/HNO_3]} \longrightarrow \underset{\text{Hexachloroplatin(IV)-säure}}{H_2[PtCl_6]}$$

Mit molekularem Sauerstoff verbindet sich Platin nicht direkt, dagegen wird es von molekularem Fluor und Brom bereits bei Zimmertemperatur und oberhalb 250 °C von molekularem Chlor angegriffen:

$$Pt + Cl_2 \longrightarrow PtCl_2 \qquad \Delta H = -118\ \text{kJ}$$

Bei höheren Temperaturen reagiert Platin auch mit anderen Elementen wie Silicium, Schwefel, Kohlenstoff, Phosphor, Arsen, Antimon, Bismut, Bor, Selen, sowie Blei, Zinn und anderen Schwermetallen mit denen es Legierungen bildet. Platin absorbiert leicht Wasserstoff und Sauerstoff. Da diese Elemente dabei aktiviert werden, kommt Platin eine bedeutende Rolle als Katalysator für Hydrierungs-, Dehydrierungs- und Oxidationsprozesse zu. Platin bildet in fast allen positiven Oxidationsstufen hauptsächlich farbige Halogenide der allg. Formel PtX_{2-5} (X = F, Cl, Br, I) mehrere Oxide PtO, PtO_2, PtO_3 sowie verschiedene Komplex-Verbindungen.

Nachweis

Qualitativ:

- Mit $SnCl_2$ in salzsaurer Lösung durch gelbe bis orangerote Färbung.

Quantiativ:

- Fällung als gelbes Ammonium-Hexachloroplatinat $(NH_4)_2[PtCl_6]$ und Ausglühen zum Metall.
- Mit organischen Reagenzien wie z. B. Dithizon, Dithiooxamid, Thionalid, 1,2-Phenylendiamin u. a.
- Röntgenfluoreszenzanalyse, Neutronenaktivierungsanalyse, UV-Emissionsspektrometrie u. a.
- Spektralanalyse; wichtige Spektrallinien der neutralen Atome; 204,937 nm, 208,459 nm, 214,432 nm, 265,945 nm, 270,240 nm, 299,767 nm, 306 471 nm u. a.
- Atomabsorptionsspektrometrie (AAS) mittels der 265,945 nm Hauptlinie des Atomspektrums.

Verwendung

Platin ist das wichtigste und häufigste Metall aller Platinmetalle und hat zahlreiche technische Anwendungen. In Form von feinmaschigen Platindrahtnetzen, als *Platinschwamm*, sowie als fein verteiltes schwarzes Pulver *Platinschwarz* bzw. *Platinmohr* oder koloidal verteiltes Platin *Platinsol* auf inerten Trägermaterialen wie Asbest, Aktivkohle, Al_2O_3, SiO_2, $BaSO_4$, $CaCO_3$ u. a. aufgebracht, dient es als Katalysator in der chemischen Industrie. Großtechnische Anwendung finden Platinkatalysatoren bei der Verbrennung von Ammoniak zu Stickstoffmonooxid NO bei der Salpetersäureherstellung, bei der Oxidation von Sulfurdioxid zu Sulfurtrioxid, Schwefelsäureherstellung sowie in der Petrochemie für zahlreiche Hydrierungs-, Dehydrierungs-, Isomerisierungs- und Aromatisierungsprozesse. In der Autoindustrie ist Platin ein wichtiger Bestandteil der Entgiftungskatalysatoren für Autoabgase. Große Mengen Platin werden zur Herstellung von elektrischen Schaltkontakten, Heizleitern, Thermoelementen z. B. Pt/Pt-Rh, Widerstandsthermometern u. a. verwendet. Legierungen vor allem mit Gold und anderen Platinmetallen zur Erhöhung der Härte, sog. *Geräteplatin* mit 99,5% Pt, 0,5% Ru, Rh und Pd, oder 70–95% Pt, 30–5% Ir, Rh und Ru, dienen zur Herstellung korrosionsbeständiger Apparateteile z. B. von Spinndüsen für Glas und Viskosefasern, von medizinischen und chemischen Geräteteilen, sowie wegen der hohen Schmelztemperatur auch zur Herstellung von Elektroden und Laborgeräten wie Schalen, Tiegeln, Drähten, Blechen u. a. Eichmaße wie das *Urmeter* „Mètre des archives“ und *Urkilogramm* die im *Bureau International des Poids et Mesures* in Sèvres aufbewahrt sind bestehen aus einer Legierung aus 90% Pt und 10% Ir. Juwelierplatin das zur Herstellung von Schmuckwaren verwendet wird, ist eine Legierung aus 96% Pt und 4% Cu oder vereinzelt 90% Pt und 10% Pd.

Physiologie, Toxikologie

Platin hat keine biologische Bedeutung für den menschlichen Organismus. Das Metall gilt als nicht toxisch. Hexachloroplatinate können hingegen allergische Reaktionen auslösen, daher wurde ein MAK-Wert von 0,002 mg/m^3 festgelegt.

Plutonium Pu

International (Lat.)	Plutonium	Italienisch	Plutonio
Englisch	Pluronium	Griechisch	Πλουτώνιο (Plutonio)
Französisch	Plutonium	Russisch	Плутоний (Plutonij)
Spanisch	Plutonio	Japanisch	プルトニウム (purutoniumu)

Atomare und physikalische Eigenschaften	T+
Protonenzahl **(Z)**	**94**
Standard-Atomgewicht (bezogen auf ^{12}C = 12)	244,064199 [1)]
Effektive Kernladung	(Slater) 1,65
Elektronenkonfiguration	[Rn] $5f^6$ $7s^2$
Grundzustand, Termsymbol	$^7F_0$
Metallatomradius (KZ 12)	159 pm [a)]
Ionenradien (KZ 6)	$100^{3+}_{(6)}$ pm, $86^{4+}_{(6)}$ pm, $74^{5+}_{(6)}$ pm, $71^{6+}_{(6)}$ pm
Molares Volumen	$12{,}3 \cdot 10^{-6}$ $m^3 \cdot mol^{-1}$
1. Ionisierungsenergie	6,0630 eV
Elektronegativität	(Allred/Rochow) 1,22; (Pauling) 1,28
Wirkungsquerschnitt für thermische Neutronen ($\sigma_{n,\gamma}$; $^{241}_{94}Pu$)	$370 \cdot 10^{-28}$ m^2
Dichte (bei 20 °C)	19840 $kg \cdot m^{-3}$ [b)]
Schmelztemperatur	640,70 °C (913,85 K)
Siedetemperatur	3232 °C (3505,15 K)
Spezifische Schmelzenthalpie	11,48 $kJ \cdot kg^{-1}$
Spezifische Verdampfungsenthalpie	1407,8 $kJ \cdot kg^{-1}$
Spezifische Sublimationsenthalpie (einatomiges Gas)	1442,6 $kJ \cdot kg^{-1}$
Thermische Leitfähigkeit (bei 27 °C)	6,74 $W \cdot m^{-1} \cdot K^{-1}$
Thermischer Längenausdehnungskoeffizient (bei 25 °C)	$55 \cdot 10^{-6}$ K^{-1} [c)]
Elektrische Leitfähigkeit (bei 20 °C)	$0{,}68 \cdot 10^6$ $S \cdot m^{-1}$
Spezifischer elektrischer Widerstand (bei 20 °C)	$146{,}10 \cdot 10^{-8}$ $\Omega \cdot m$
Spezifische magentische Suszeptibilität	$+31{,}7 \cdot 10^{-9}$ $m^3 \cdot kg^{-1}$
Normalpotential Pu/Pu^{3+}	–2,031 V

1) Angegeben ist das Atomgewicht des Isotops mit der längsten Halbwertszeit $^{244}_{94}Pu$. Weitere Angaben: a) 151,3 pm. b) 19737 $kg \cdot m^{-3}$, 19814 $kg \cdot m^{-3}$ und 19860 $kg \cdot m^{-3}$. c) $46{,}7 \cdot 10^{-6}$ K^{-1}.

Entdeckung

Plutonium wurde im Dezember 1940 von der Arbeitsgruppe Glenn T. Seaborg, Edwin M. McMillan, Joseph W. Kennedy und Arthur C. Wahl in Berkeley, USA, als zweites Transuran in Form des Isotops $^{238}_{94}Pu$ erstmals künstlich hergestellt und eindeutig identifiziert.

Nach der Entdeckung des Neptuniumisotops $^{239}_{93}Np$ durch E. M. McMillan und P. H. Abelson Anfang des Jahres 1940, waren die amerikanischen Wissenschaftler sicher, daß beim β^--Zerfall dieses Isotops als Tochtersubstanz auch ein Isotop des Elements 94 entstanden sein mußte, nur konnte dieses noch nicht nachgewiesen werden.
Am 14. Dezember 1940 wurden erstmals Proben des Isotops $^{238}_{92}U$, das in Form des Oxids U_3O_8 in dünner Schicht auf einer Kupferplatte aufgetragen war, mit hochbeschleunigten Deuteronen der Energie 16 MeV (8 MeV/Nukleon) aus dem 60-Zoll-Zyklotron der Universität von Berkeley bestrahlt, wobei sich das kurzlebige Neptuniumisotop $^{238}_{93}Np$ bildete.

Der langsame Anstieg der α-Aktivität der Probe deutete darauf hin, daß in der Synthesereaktion

$$^{238}_{92}U + {}^{2}_{1}H \longrightarrow {}^{238}_{93}Np + 2\,{}^{1}_{0}n$$

$$^{238}_{93}Np \xrightarrow[T_{1/2} = 2{,}117\ d]{\beta^-} {}^{238}94 \xrightarrow[T_{1/2} = 87{,}74\ a]{\alpha} \tag{1}$$

zunächst das Isotop $^{238}_{93}Np$ entstanden war, das sich seinerseits mit der Halbwertszeit von 2,1177 Tagen durch β^--Emission in das Isotop 238 des Elements 94 verwandelte.
Zeitgleich wurde auch das zweite Isotop des Elements 94 bei der Bestrahlung des Isotops $^{238}_{92}U$ mit schnellen Neutronen gemäß der Kernreaktion

$$^{238}_{92}U + {}^{1}_{0}n \longrightarrow {}^{239}_{92}U + \gamma$$

$$^{239}_{92}U \xrightarrow[T_{1/2} = 23{,}5\ m]{\beta^-} {}^{239}_{93}Np \xrightarrow[T_{1/2} = 2{,}355\ d]{\beta^-} {}^{239}94 \xrightarrow[T_{1/2} = 2{,}411 \cdot 10^4\ a]{\alpha} \tag{2}$$

erhalten. Bei dieser Reaktion fangen $^{238}_{92}U$-Kerne jeweils ein Neutron ein, wobei sie unter Aussendung von γ-Strahlen in Kerne des Isotops $^{239}_{92}U$ umgewandelt werden, die durch doppelten β^-Zerfall nacheinander in Kerne der Isotope $^{239}_{93}Np$ und $^{239}94$ übergehen. Durch weitere Neutronenabsorbtion entstehen aus $^{239}94$ die Isotope $^{240}94$ und $^{241}94$. Den eindeutigen Nachweis, daß es sich hierbei um Isotope des Elements 94 handelte erbrachte Arthur C. Wahl, dem es am 23./24. Februar 1941 nach mehreren Redox- und Fällungsreaktionen gelang, das Element 94 zu isolieren. Dabei zeigte sich, daß das neue Element im Gegensatz zum Neptunium nicht mit Bromat-Ionen sondern nur mit Peroxodisulfat-Anionen ($S_2O_8^{2-}$) oxidierbar ist und dann mit Fluorid-Ionen keinen unlöslichen Niederschlag mehr bildet. Dennoch zeigte das Element 94 sowohl Ähnlichkeiten mit Uran und Neptunium als auch mit den Lanthanoiden v. a. mit Samarium. Sehr bald stellte man fest, daß das Isotop $^{239}94$ ähnlich dem $^{235}_{92}U$ mit thermischen Neutronen spaltbar ist. Im Hinblick auf eine mögliche militärische Nutzung mußte die Entdeckung des neuen Elements zunächst geheim gehalten werden und so benutzte man verschiedene Codenamen wie z. B. *copper*, also Kupfer, während man das richtige Kupfer als *honest-to-God copper* bezeichnete. Im März 1942 entschied man sich dann, den Namen „Plutonium" mit dem chemischen Symbol „Pu" offiziell einzuführen. Bei der Wahl des Namens folgte Seaborg der Reihenfolge der Planeten im Sonnensystem Uranus, Neptun, Pluto. Die erste wägbare Menge Plutonium von knapp 4 Mikrogramm $^{239}_{94}Pu$ wurde im August/September 1942 von B. B. Cunningham, M. Cefola und L. B. Werner im *Metalurgical Laboratory* der Universität von Chikago isoliert. Nachdem unter der Leitung von Enrico

Fermi am 2. Dezember 1942 in einer Turnhalle unter der Tribüne von Stagg Field, dem Sportplatz der Universität von Chicago der erste Kernreaktor in Betrieb genommen worden war, begann man in den USA Plutonium in großen Mengen herzustellen.
In den Jahren 1943/44 wurde im Rahmen des *Manhattan Project* unter der Leitung von Julius Robert Oppenheimer (1904–1967) auch die erste Atombombe mit Plutonium fertiggestellt und am 16. Juli 1945 bei Alamorgordo, USA gezündet. Die zweite Plutoniumbombe mit dem Decknamen *Fat Man* wurde drei Tage nach der Zerstörung von Hiroshima am 9. August 1945 über der japanischen Großstadt Nagasaki abgeworfen. Die eiförmige Bombe der Gesamtmasse von 4 t enthielt 8 kg des Isotops $^{239}_{94}Pu$, der Detonationswert betrug 22000 t TNT. Ihr fielen zwischen 25000 bis 75000 Menschen zum Opfer.

Vorkommen

In der Natur kommt Plutonium in verschwindend kleinen Mengen in Form des Isotops $^{239}_{94}Pu$ in einigen Uranmineralen wie z. B. in der kanadischen und kongolesischen Pechblende, im Carnotit, Monazit, Fergusonit u. a. vor, in denen es aus $^{238}_{92}U$ als Folgeprodukt der Absorption spontan gebildeter Neutronen und anschließendem β^--Zerfall der Zwischenprodukte entsteht. Kernspaltspuren von $^{244}_{94}Pu$ wurden in Meteoriten und 1971 im Mineral Bastnäsit nachgewiesen (10^{-14} g in 100 kg Bastnäsit), sie können zur Altersbestimmung der Meteoriten herangezogen werden. Der Massenanteil an Plutonium in der Erdhülle wird auf $2 \cdot 10^{-19}$ % geschätzt, damit steht Plutonium zwischen Neptunium und Promethium an 90. Stelle der Elementhäufigkeit. Natürliches Plutonium wurde erstmals 1951 aus kongolesischen Pechblendekonzentraten isoliert. Eine erhöhte Konzentration an Plutonium wurde in Gabun, West-Afrika in den Oklo-Uranminen gefunden. Man vermutet, daß dort vor etwa zwei Milliarden Jahren eine Kernspaltungs-Kettenreaktion anlief, die über zwei Millionen Jahre andauerte, bekannt als *Oklo-Phänomen*. Schwere, sehr kurzlebige Isotope mit den Nukleonenzahlen 247 bis 255 wurden spurenweise in den Überresten thermonuklearer Explosionen nachgewiesen.
Die Hauptmenge des heute in der Umwelt zu findenden Plutoniums stammt v. a. von Atombombenexplosionen, Kernwaffentests, mit Atombatterien versehenen Satelliten u. a.

Herstellung

In technischem Maßstab wird Plutonium in Form des spaltbaren Isotops $^{239}_{94}Pu$ im *Brutreaktor* oder *Brüter* gemäß (2) aus $^{238}_{92}U$ hergestellt. Dazu wird natürliches Uran verwendet, das zu 99,3% aus dem nichtspaltbaren Isotop $^{238}_{92}U$ als *Brutstoff* und zu 0,7% aus dem spaltbaren Isotop $^{235}_{92}U$ als *Spaltstoff* bzw. *Kernbrennstoff*, besteht. Die benötigten Neutronen entstehen bei der Spaltung des Isotops $^{235}_{92}U$. Da für den Brutprozeß schnelle Neutronen erforderlich sind, bezeichnet man diese Reaktoren als *schnelle Brüter*. Als Kühlmaterial wird flüssiges Natrium verwendet. Ein Leistungsreaktor von 1000 MW erbrütet täglich etwa 0,6 kg Plutonium, in Form eines Gemisches verschiedener Pu-Isotope sowie etwa 40 g anderer Transplutoniumelemente. In der Zeit des kalten Krieges wurden bis zu 20 t Plutonium jährlich hergestellt. Isotopenreines $^{239}_{94}Pu$, das z. B. für Kernwaffen benötigt wird erhält man, indem das Isotop $^{238}_{92}U$ in speziellen Schwerwasserreaktoren einige Wochen mit Neutronen bestrahlt wird. Für Leistungsreaktoren geeignetes Plutonium erhält man heute aus abgebrannten Uranbrennstäben aus Leichtwasserreaktoren. Diese enthalten nach zwei Jahren Betriebs- und ebensolanger Lagerzeit pro t Kernbrennstoff ca. 5,5 kg $^{239}_{94}Pu$, 2,15 kg $^{240}_{94}Pu$, 1,1 kg $^{241}_{94}Pu$, 0,35 kg $^{242}_{94}Pu$, 0,75 kg $^{237}_{93}Np$, 0,17 kg $^{241}_{95}Am$ und 0,11 kg $^{243}_{95}Am$. Die Abtrennung der gebildeten Pu-Isotope von Uran und den anderen Actinoiden erfolgt durch Lösungsmittelextraktion, nach dem sog. *Purex-Verfahren* (Akronym von engl.: **P**lutonium-**u**ranium **r**efining by **ex**traction, zu deutsch Plutonium-Uran-Aufbereitung durch Extraktion). Danach wird das Reaktionsgemisch mit konz. Salpetersäure im Überschuß aufgelöst, die Plutonium- und Uransalze $Pu(NO_3)_4$ und $U(NO_3)_4$ mit Tributylphosphat (TBP), oder Methylisobutylketon in komplexer Form aus der Lösung extrahiert und voneinander getrennt, während die Spaltprodukte in der Abfallösung zurückbleiben. Aus der komplexen Form wird das Plutonium in Plutonium(IV)-fluorid übergeführt. Das metallische Plutonium erhält man heute fast ausschließlich durch Reduktion des PuF_4 mit Calcium, Lithium oder Barium bei 1200 °C. Weltweit wurden bis heute einige tausend t Plutonium synthetisiert. Die Welttagesproduktion liegt z. Z. bei rund 30 kg $^{239}_{94}Pu$ das entspricht knapp 11 t/Jahr).

Physikalische Eigenschaften

Reines Plutonium ist ein silberweißes, glänzendes, paramagnetisches Schwermetall, es ist eines der schwersten natürlich vorkommenden Elemente. Das Metall hat eine relativ geringe Wärmeleitfähigkeit und nach Mangan den größten elektrischen Widerstand aller Metalle; die thermische Leitfähigkeit beträgt 1,57%, die elektrische 1,08% der des Silbers. Plutonium ist das einzige Metall, das in sechs verschiedenen Modifikationen kristallisiert:

$$\alpha\text{-Pu} \xrightarrow{122\ ^\circ C} \beta\text{-Pu} \xrightarrow{200\ ^\circ C} \gamma\text{-Pu} \xrightarrow{319\ ^\circ C} \delta\text{-Pu} \xrightarrow{452\ ^\circ C} \delta'\text{-Pu} \xrightarrow{480\ ^\circ C} \varepsilon\text{-Pu} \xrightarrow{641\ ^\circ C} \text{flüssig}$$

α-Pu	β-Pu	γ-Pu	δ-Pu	δ'-Pu	ε-Pu
monoklin		flächenzentriert		raumzentriert	
16 Atome pro Gitterzelle	34 Atome pro Gitterzelle	orthorhomb	kubisch	tetragonal	kubisch

In der α-Phase dehnt sich Plutonium bei Erwärmung ungewöhnlich stark aus, zeigt aber in der δ-Phase Kontraktion bzw. einen negativen Ausdehnungskoeffizienten. Dieses Phänomen wurde bisher noch nie bei einem Metall beobachtet.

Radiochemie

In der Natur kommt Plutonium in Form der Isotope $^{239}_{94}Pu$ und $^{244}_{94}Pu$ in winzigen Mengen in Uranerzen und in einigen Meteoriten vor. Die bis heute insgesamt 19 bekannten Radioisotope des Plutoniums wurden allerdings ausschließlich künstlich hergestellt. Kernisomere sind nicht bekannt.

Die Pu-Isotope haben allgemein längere Halbwertszeiten. Die leichteren Isotope entstehen durch α-Beschuß von Uran oder durch α-Zerfall von Cm-Isotopen und verwandeln sich fast ausschließlich durch α-Strahlung in die entsprechenden U-Isotope. Die schwe-

Die Isotope des Plutoniums (1995)

Isotop	Natürliche Häufigkeit n (%)	Zerfallsart α	EC	γ	sf	β^-	Halbwertszeit $T_{1/2}$
Pu 228		**x**					n.bek.
Pu 229		**x**					n.bek.
Pu 230		**x**					n.bek.
....							
Pu 232		**x**	**x**	x			34,1 m
Pu 233		x	**x**	x			20,9 m
Pu 234		**x**	**x**	x			8,8 h
Pu 235		x	**x**	x	x		25,3 m
Pu 236		**x**		x	x		2,858 a
Pu 237		x	**x**	x	x		45,2 d
Pu 238		**x**		x	x		87,74 a
Pu 239	Spuren	**x**		x	x		$2{,}411 \cdot 10^4$ a
Pu 240		**x**		x	x		6563 a
Pu 241		x		x	x	**x**	14,35 a
Pu 242		**x**		x	x		$3{,}750 \cdot 10^5$ a
Pu 243				x	x	**x**	4,956 h
Pu 244	Spuren	**x**		x	x		$8{,}00 \cdot 10^7$ a
Pu 245				x	x	**x**	10,5 h
Pu 246				x		**x**	10,85 d
Pu 247						**x**	2,27 d

ren Isotope entstehen allgemein durch β^--Zerfall von Np-Isotopen oder durch Neutroneneinfang gemäß $^{A}_{94}Pu$ (n, γ) $^{A+1}_{94}Pu$. Sie zerfallen durch α-Strahlung in U-Isotope und z. T. durch β^--Emission in Am-Isotope.

$^{241}_{94}Pu$ ist die Muttersubstanz der Neptunium-Zerfallsreihe (4n + 1)-Reihe, die jedoch heute in der Natur nicht mehr vorhanden ist. Alle Pu-Isotope sind aufgrund ihrer Radioaktivität selbsterhitzend, $^{238}_{94}Pu$ sogar bis zur Weißglut. Das Isotop $^{239}_{94}Pu$ der Kernspinzahl 1/2+ und kernmagnetischen Moment +0,203 dient zum NMR-spektroskopischen Nachweis; NMR-Frequenz (bei 2,3488 T) $3{,}63 \cdot 10^6\ s^{-1}$.

Acht Isotope sind mittels thermischer Neutronen spaltbar (σ_f – Spaltquerschnitt; die Wahrscheinlichkeit, daß ein Neutron zu einer Kernspaltung führt):

$^{236}_{94}Pu$ ($\sigma_f = 160 \cdot 10^{-28}\ m^2$), $^{240}_{94}Pu$ ($\sigma_f = 0{,}044 \cdot 10^{-28}\ m^2$),
$^{237}_{94}Pu$ ($\sigma_f = 2300 \cdot 10^{-28}\ m^2$), $^{241}_{94}Pu$ ($\sigma_f = 1010 \cdot 10^{-28}\ m^2$),
$^{238}_{94}Pu$ ($\sigma_f = 17 \cdot 10^{-28}\ m^2$), $^{242}_{94}Pu$ ($\sigma_f = < 0{,}2 \cdot 10^{-28}\ m^2$),
$^{239}_{94}Pu$ ($\sigma_f = 752 \cdot 10^{-28}\ m^2$), $^{243}_{94}Pu$ ($\sigma_f = 200 \cdot 10^{-28}\ m^2$).

Das mit Abstand wichtigste Pu-Isotope ist $^{239}_{94}Pu$. Dieses sendet bei jeder Spaltung durchschnittlich 2,9 Neutronen aus, womit die Voraussetzungen für eine Kettenspaltreaktion und damit für die Verwendung als Kernbrennstoff in Reaktoren oder Atombomben gegeben sind. Die Spaltung von $^{239}_{94}Pu$ gleicht im Wesentlichen der Uranspaltung (s. S. 679), wobei beim Überschreiten einer „kritischen Masse“ eine nukleare Kettenreaktion ausgelöst wird. Die kritische Masse (die für das Zustandekommen einer Kettenreaktion er-

forderliche Mindestmasse spaltbarer Substanz) von reinem $^{239}_{94}Pu$ beträgt 5,4 kg, dies entspricht einer Kugel vom Durchmesser 8,2 cm. Das Oxid PuO_2 hat eine kritische Masse von 12,8 kg, die einem Kugeldurchmesser von 13,4 cm gleichkommt; weitere kritische Massen: $^{237}_{94}Pu$: 7,5 kg, $^{241}_{94}Pu$: 22,8 kg.
In Gegenwart von Atomen kleinerer Massenzahlen ist die kritische Masse bedeutend geringer. Dies gilt besonders für wäßrige Lösungen, da die Wasserstoffatome eine sehr kleine Massenzahl besitzen. So kann z. B. die kritische Masse einer wäßrigen Lösung eines Pu-Salzes des Isotops $^{239}_{94}Pu$ unter folgenden Bedingungen erreicht werden: eine Mindestmasse des $^{239}_{94}Pu$ von 510 g, ein Mindestvolumen der Lösung von 4,5 l und eine Mindestkonzentration von 7,8 g $^{239}_{94}Pu$ pro Liter. Werden sämtliche dieser Mindestbedingungen überschritten, so wird die Lösung überkritisch; löst man z. B. 550 g des Isotops $^{239}_{94}Pu$ in 3 l Wasser so ist die Lösung unterkritisch, weil das Mindestvolumen nicht erreicht ist. Erhöht man nun die Wassermenge auf 4,5 l, so wird die Lösung kritisch, weil man alle drei oben genannten Bedingungen erfüllt sind. Das heißt, daß eine zunächst unterkritische Lösung von $^{239}_{94}Pu$ in Wasser einfach durch weitere Verdünnung kritisch werden und explodieren kann.

Chemische Eigenschaften

Plutonium gehört zur Gruppe der „Actinoide". Es befindet sich im PSE in der 3. Gruppe (IIIB Nebengruppe) unter dem Samarium Sm sowie in der 7. Periode zwischen Neptunium Np und Americium Am. In seinem chemischen Verhalten ähnelt Plutonium dem Uran und den übrigen „Actinoiden" wie auch seinem leichteren Homologen Samarium. Entsprechend seiner Stellung im PSE hat das freie, neutrale Pu-Atom im elektronischen Grundzustand folgende Elektronenkonfiguration:

$$1s^2\ 2s^2\ 2p^6\ 3s^2\ 3p^6\ 3d^{10}\ 4s^2\ 4p^6\ 4d^{10}\ 4f^{14}\ 5s^2\ 5p^6\ 5d^{10}\ 5f^6\ 6s^2\ 6p^6\ 7s^2$$

Plutonium bildet in seinen Verbindungen fast alle Oxidationsstufen von +II bis +VII, wobei die Stufe +IV ([Rn]$5f^4$) die stabilste ist.

Die Normalpotentiale des Plutoniums:

	+VII		+VI		+V		+IV		+III		+II		0
Saure Lösung			PuO_2^{2+}	+1,02 V	PuO_2^{+}	+1,04 V	Pu^{4+}	+1,01 V	Pu^{3+}	−3,5 V	(Pu^{2+})	−1,2 V	Pu
Basische Lösung	PuO_5^{3-}	+0,94 V	$PuO_2(OH)_3^-$	+0,3 V	$PuO_2(OH)$	+0,9 V	PuO_2	−1,4 V	$Pu(OH)_3$	−2,46 V			Pu

Saure Lösung: PuO_2^{2+} → Pu^{4+}: +1,03 V; Pu^{3+} → Pu: −2,031 V; Pu^{4+} → Pu: −1,272 V

Entsprechend seinen negativen Normalpotentialen ist Plutonium ein stark elektropositives, unedles und sehr reaktionsfähiges Metall. An feuchter Luft bildet es auf der Oberfläche rasch eine Oxidschicht. Das Metall löst sich leicht in Salzsäure HCl, Hydrogeniodid HI und Perchlorsäure $HClO_4$, von konz. Schwefelsäure, Salpetersäure, und Eisessig wird es hingegen infolge Passivierung nicht angegriffen. Mit Nichtmetallen, wie Wasserstoff, Sauerstoff, Stickstoff und Kohlenstoff verbindet sich Plutonium bei höheren Temperaturen direkt zu binären Plutoniumverbindungen.

Die Farben der Kationen sind:
Pu^{3+} blau bis violett, Pu^{4+} braun bis orangebraun, PuO_2^{+} rötlich bis purpurrot, PuO_2^{2+} gelb bis orangerosa, PuO_5^{3-} dunkelgrün.
Pu-Kationen sind durch Redox-Reaktionen leicht ineinander überführbar und neigen in den mittleren Oxidationsstufen zu Disproportionierung:

$$3\,Pu^{4+} \rightleftharpoons 2\,Pu^{3+} + Pu^{6+}$$
$$2\,Pu^{4+} \rightleftharpoons Pu^{3+} + Pu^{5+}$$
$$2\,Pu^{5+} \rightleftharpoons Pu^{4+} + Pu^{6+}$$
$$Pu^{4+} + Pu^{5+} \rightleftharpoons Pu^{3+} + Pu^{6+}$$

Das bedeutet, daß in einer Lösung, die zunächst ausschließlich die Oxidationsstufe +IV und +V enthält, letztendlich alle übrigen Oxidationsstufen vorhanden sind. Besonders in den Stufen +IV und +VI ist die Neigung zur Bildung von Komplexen mit anorganischen oder organischen Anionen und Chelaten stark ausgeprägt.
Plutonium bildet zahlreiche, vielfarbige Verbindungen wie Halogenide der allg. Formel PuX_{2-6} (X = F, Cl, Br, I), Hydroxide $Pu(OH)_3$, $Pu(OH)_4$, Oxide PuO, Pu_2O_3, PuO_3, PuO_2, Plutonylverbindungen der allg. Formeln $[PuO_2]^+$ und $[PuO_2]^{2+}$, Plutonate der allg. Formeln $Pu_nO_{3n+1}^{2-}$, $M_5^I PuO_6$; $M_3^I PuO_5$ u. a.

Nachweis

- Radiometrie, Massenspektroskopie, Ionenaustausch-Chromatographie, Photometrie, Redoxtitrationen, Röntgenfluoreszenzanalyse u. a.
- Spektralanalyse; wichtige Spektrallinien der neutralen Atome; 321,508 nm, 324,416 nm, 325,209 nm, 327,525 nm, 329,256 nm, 329,361 nm, 329,691 nm, u. a.
- Für kleineste Plutonium-Mengen (bis 10^7 Atomen) durch Laser-Resonanz-Photoionisation mit anschließender Flugzeit-Massenspektroskopie.

Verwendung

Technische Bedeutung hat vor allem das spaltbare Isotop $^{239}_{94}Pu$ als Energiequelle in Kernreaktoren wo es als Dioxid PuO_2 bzw. PuO/UO_2 eingesetzt wird. Als Kernbrennstoffe der Zukunft gelten jedoch die besser geeigneten Monocarbide, -nitride und -carbonitride, für die es aber z. Z. noch keine wirtschaftlichen Herstellungsverfahren gibt. Das Isotop wird ebenfalls als Energiequelle für Satelliten, Raumstationen sowie auch in Herzschrittmachern eingesetzt. Es ist Ausgangsstoff für die Herstellung schwerer Transurane wie z. B. Americium, Curium u. a. Im militärischen Bereich dient es zur Herstellung von Atombomben.

Physiologie, Toxikologie

Plutonium und seine Verbindungen sind nicht nur gefährliche radioaktive Stoffe, sondern gehören zu den gefährlichsten bekannten Giftstoffen. Inkorporiert lagern sie sich hauptsächlich im Knochenmark und in der Leber an. Ins Blut gelangtes Plutonium bildet mit Transferrin einen Komplex der das Eindringen des Metalls in die Zelle ermöglicht, wo es in den Lysosomen abgelagert wird. Zur Dekorporation werden v. a. Chelatbildner wie Dietylentriaminpentaessigsäure (DTPA) u. a. empfohlen. Die Aufnahme von Plutonium erfolgt vor allem durch Inhalation von Plutoniumstaub, wobei u. U. Lungenkrebs entstehen kann. Die Ablagerungen im Knochen wirken radioaktiv auf den gesamten Organismus. Schon die Einnahme weniger mg Plutonium führt zu tödlichen Strahlenschäden. Die Arbeiten mit Plutonium in Laboratorien werden nur unter Schutzatmosphäre oder im Vakuum durchgeführt. Die maximal erlaubte Konzentration in der Luft beträgt $3 \cdot 10^{-9}$ g/m³. Die maximal zulässige radiologische Aktivität bezogen auf das Isotop $^{239}_{94}Pu$ beträgt 1480 Bq für den menschlichen Körper, 225 Bq/l in wäßriger Lösung und 0,075 Bq/m³ Luft.

Plutoniumverbindungen gelangen unter natürlichen Bedingungen nicht in die Nahrungskette, da sie stets in das unlösliche Dioxid (PuO_2) übergehen, das im Boden komplex gebunden wird. Als Bioindikatoren für geringe Plutoniummengen eignen sich für Fließwasser-Muscheln sowie für den Boden, Flechten und Moose besonders gut, da sie die Fähigkeit besitzen, Plutonium anzureichern.

Polonium Po

International (Lat.)	Polonium	Italienisch	Polonio
Englisch	Polonium	Griechisch	Πολώνιο (Polonio)
Französisch	Polonium	Russisch	Полоний (Palonij)
Spanisch	Polonio	Japanisch	ポロニウム (poroniumu)

Atomare und physikalische Eigenschaften	T+
Protonenzahl **(Z)**	**84**
Standard-Atomgewicht (bezogen auf ^{12}C = 12)	208,982404[1)]
Effektive Kernladung	(Slater) 6,95; (Clementi) 14,22; (Froese-Fischer) 18,31
Elektronenkonfiguration	[Xe] $4f^{14}$ $5d^{10}$ $6s^2$ $6p^4$
Grundzustand, Termsymbol	$^3P_2$
Metallatomradius (KZ 12)	164 pm[a)]
Kovalenzradius (Einfachbindung)	146 pm[b)]
Ionenradien (KZ 6)	$230^{2-}_{(6)}$ pm, $94^{4+}_{(6)}$ pm, $67^{6+}_{(6)}$ pm
Molares Volumen	$22{,}40 \cdot 10^{-6}$ $m^3 \cdot mol^{-1}$
1.;2.;3.;4.;5.;6.;7.;8. Ionisierungsenergie	8,4157 eV; 18,655 eV; 27,983 eV; 38,347 eV; 61,148 eV; 72,549 eV; 112,15 eV; 132,08 eV
Elektronegativität	(Allred/Rochow) 1,76; (Pauling) 2,00; (absolut) 5,16 eV
Elektronenaffinität Po ⟶ Po^-	–1,895 eV
Wirkungsquerschnitt für thermische Neutronen ($\sigma_{n,\gamma}$; $^{210}_{84}Po$)	$< 0{,}03 \cdot 10^{-28}$ m^2
Dichte (α, bei 20 °C)	9196 $kg \cdot m^{-3}$ [c)]
Schmelztemperatur	254 °C (527,15 K)[d)]
Siedetemperatur	962 °C (1235,15 K)
Spezifische Schmelzenthalpie	47,85 $kJ \cdot kg^{-1}$
Spezifische Verdampfungsenthalpie	482,3 $kJ \cdot kg^{-1}$
Spezifische Atomisierungsenthalpie	679,42 $kJ \cdot kg^{-1}$
Thermische Leitfähigkeit (bei 27 °C)	20,1 $W \cdot m^{-1} \cdot K^{-1}$
Thermischer Längenausdehnungskoeffizient (bei 25 °C)	$23{,}0 \cdot 10^{-6}$ K^{-1}
Elektrische Leitfähigkeit (α; bei 20 °C)	$0{,}71 \cdot 10^6$ $S \cdot m^{-1}$
Spezifischer elektrischer Widerstand (α; bei 20 °C)	$140{,}5 \cdot 10^{-8}$ $\Omega \cdot m$[e)]
Normalpotential Po/PoO_2	+0,73 V

1) Angegeben ist das Atomgewicht des Isotops mit der längsten halbwertszeit $^{209}_{84}Po$. Weitere Angaben: a) 167,3 pm. b) 153 pm. c) 9142 $kg \cdot m^{-3}$, 9320 $kg \cdot m^{-3}$ und 9400 $kg \cdot m^{-3}$. d) 246–254 °C. e) (b) $44 \cdot 10^{-8}$ $\Omega \cdot m$.

Entdeckung

Polonium wurde im Jahre 1898 von der polnisch/französischen Physikerin Marie Curie (1867–1934) in Paris, Frankreich bei der Untersuchung von Uranpechblende aus dem böhmischen Bergwerk St. Joachimsthal, aufgrund der intensiven α-Strahlung, entdeckt.

Zu Ehren ihrer Heimat Polen gab sie dem neuen Element den Namen „Polonium“ mit dem chemischen Symbol „Po“. 1910 isolierten Mme. Curie und André Louis Debierne aus rund 2 t Pechblenderückständen, knapp 2 mg einer Substanz die etwa 5% des Isotops $^{210}_{84}Po$ enthielt. 1902 hatte auch W. Marckwald das Element als „Radiotellur“ und Sir Ernest Rutherford (1871–1937) als „Radium F“ entdeckt.

Vorkommen

Polonium gehört zu den äußerst seltenen Elementen auf der Erde. Sein Massenanteil in der Erdhülle wurde auf $2{,}1 \cdot 10^{-14}$% geschätzt, damit steht das Element an 87. Stelle der Elementhäufigkeit. Polonium kommt als Zerfallsprodukt von Uran und Thorium in Spuren in verschiedenen Uran- und Thoriumerzen wie z. B. in der Uranpechblende vor, in der es mit etwa $3 \cdot 10^{-9}$ Masse-% also 0,03 g pro 1000 t enthalten ist. Nach neuesten Schätzungen enthält der äußerste Kilometer der Erdkruste ca. 2500 t Polonium, das ist sehr viel im Vergleich zu Astat ca. 50 mg und Francium 30–50 g, jedoch nur etwa 1/3 der gesamten Actiniummenge von rund 7000 t.

Herstellung

Das Element reichert sich bei der Aufarbeitung der Pechblende hauptsächlich mit dem Bismut an, von dem es durch fraktionierte Fällung mit Dihydrogensulfid H_2S in Form des Sulfids getrennt werden kann, da das Poloniumsulfid schwerer löslich ist als Bariumsulfid. Aus den Salzlösungen erhält man das Metall durch Elektrolyse.
Heute erhält man das benötigte $^{210}_{84}Po$ hauptsächlich durch Bestrahlung von Bismut mit Neutronen im Kernreaktor gemäß:

$$^{209}_{83}Bi + ^{1}_{0}n \longrightarrow ^{210}_{83}Bi \xrightarrow[T_{1/2} = 5{,}013\ d]{\beta^-} ^{210}_{84}Po$$

oder durch Beschuß von Blei-Targets mit beschleunigten He-Kernen:

$$^{208}_{82}Pb + ^{4}_{2}He \longrightarrow ^{210}_{84}Po + 2\ ^{1}_{0}n$$

Physikalische Eigenschaften

Polonium ist ein silberweißes, glänzendes, radioaktives Schwermetall. Es tritt in zwei allotropen Modifikationen auf:

$$\underset{(\rho = 9196\ kg \cdot m^{-3})}{\underset{\text{Gitterstruktur}}{\underset{\text{kubische}}{\alpha\text{-Po}}}} \xrightarrow{36\ °C} \underset{(\rho = 9398\ kg \cdot m^{-3})}{\underset{\text{Gitterstruktur}}{\underset{\text{rhomboedrische}}{\beta\text{-Po}}}}$$

Das Metall hat eine relativ niedrige Schmelz- und Siedetemperatur, die thermische Leitfähigkeit beträgt 4,68%, die elektrische 1,13% der des Silbers. Infolge seiner Radioaktivität regt Polonium im Dunkeln die umgebende Luft zu hellblauem Leuchten an.

Radiochemie

In geringen Spuren finden sich in der Natur sieben isotope Isotope des Poloniums, sechs davon sind äußerst kurzlebige Glieder der radioaktiven Zerfallsreihen:

$^{218}_{84}$Po (RaA), $^{214}_{84}$Po (RaC') und $^{210}_{84}$Po (RaF); *Uran-Radium-Zerfallsreihe*
$^{216}_{84}$Po (ThA), $^{212}_{84}$Po (ThC'); *Thorium-Zerfallsreihe*
$^{215}_{84}$Po (AcA), $^{211}_{84}$Po (AcC'); *Uran-Actinium-Zerfallsreihe*

Das Isotop $^{213}_{84}$Po tritt in der künstlich erzeugten *Neptunium-Zerfallsreihe* auf. Daneben sind weitere 22 künstliche, radioaktive Isotope des Poloniums bekannt.

Die Isotope des Poloniums (1995)

Isotop	Natürliche Häufigkeit n (%)	Zerfallsart					Halbwertszeit
		α	β⁺	EC	γ	β⁻	$T_{1/2}$
Po 190		**x**					ca. 10 ms
Po 191		**x**					15,5 ms
Po 192		**x**					34 ms
Po 193*		**x**					0,45 s
Po 193*		**x**					0,24 s
Po 194		**x**		**x**			0,39 s
Po 195*		**x**		**x**			4,6 s
Po 195*		**x**		**x**			1,9 s
Po 196		**x**		**x**	x		5,8 s
Po 197*		**x**		**x**			56 s
Po 197*		**x**		**x**			26 s
Po 198		**x**		**x**	x		1,76 m
Po 199*		**x**		**x**	x		5,2 m
Po 199*		**x**		**x**	x		4,2 m
Po 200		**x**		**x**	x		11,5 m
Po 201*		x		**x**	x		15,3 m
Po 201 m*		x		x	**x**		8,9 m
Po 202		x		**x**	x		44,7 m
Po 203*		x	**x**	**x**	x		36 m
Po 203 m*					**x**		45 s
Po 204		x		**x**	x		3,53 h
Po 205		x	**x**	**x**	x		1,66 h
Po 206		**x**		**x**	x		8,8 d
Po 207*		x	**x**	**x**	x		5,64 h
Po 207 m*					**x**		2,8 s
Po 208		**x**		x	x		2,898 a

(* isomere Atomkerne; m* markiert jeweils einen metastabilen Zustand)

Die Isotope des Poloniums (1995)							
Isotop	Natürliche Häufigkeit n (%)	Zerfallsart					Halbwertszeit $T_{1/2}$
		α	$β^+$	EC	γ	$β^-$	
Po 209		**x**		x	x		102 a
Po 210	**Spuren**	**x**			x		138,38 d
Po 211*	**Spuren**	**x**			x		0,516 s
Po 211*		**x**			x		25,2 s
Po 212*	**Spuren**	**x**					0,3 µs
Po 212*		**x**			x		45,1 s
Po 212 m*		**x**			**x**		17,1 ns
Po 213		**x**			x		4,2 µs
Po 214	**Spuren**	**x**			x		164 µs
Po 215	**Spuren**	**x**			x	x	1,78 ms
Po 216	**Spuren**	**x**			x		0,15 s
Po 217		**x**			x		<10 s
Po 218	**Spuren**	**x**			x	x	3,05 m

(* isomere Atomkerne; m* markiert jeweils einen metastabilen Zustand)

Die Po-Isotope werden hauptsächlich durch Beschuß von Bismut mit beschleunigten Protonen, Deuteronen oder He-Kernen erzeugt. Sie haben allgemein kurze Halbwertszeiten und zerfallen größtenteils durch α-Strahlung in die entsprechenden Pb-Isotope. Einige zerfallen zusätzlich durch $β^+$-Strahlung oder Elektronen-Einfang (EC) in Bi-Isotope, andere durch $β^-$-Strahlung in At-Isotope. Das Radioisotop $^{210}_{84}Po$ (α | 5,407 MeV; γ | 0,603 MeV) wird als radioaktiver Indikator (Tracer) verwendet. Die maximal zulässige radiologische Aktivität bezogen auf $^{210}_{84}Po$ beträgt ca. 5500 Bq für den menschlichen Körper, 1,480 Bq/ml in wäßriger Lösung und 2 Bq/m³ Luft.

Chemische Eigenschaften

Polonium gehört zur Gruppe der „Chalkogene". Es befindet sich im PSE in der 16. Gruppe (VIA Hauptgrupe) unter dem Tellur Te, sowie in der 6. Periode zwischen Bismut Bi und Astat At. Als letztes Element seiner Gruppe besitzt das freie, neutrale Po-Atom im elektronischen Grundzustand folgende Elektronenkonfiguration:

$$1s^2\ 2s^2\ 2p^6\ 3s^2\ 3p^6\ 3d^{10}\ 4s^2\ 4p^6\ 4d^{10}\ 4f^{14}\ 5s^2\ 5p^6\ 5d^{10}\ 6s^2\ 6p^4$$

Polonium tritt in seinen Verbindungen in den Oxidationsstufen –II, +II, +IV und +VI auf, von denen die Stufe +IV die wichtigste und beständigste ist.
Die Normalpotentiale des Poloniums:

+VI		+IV		+II		0		–II
Saure Lösung								
PoO_3	+1,51 V	PoO_2	+1,1 V	Po^{2+}	+0,37 V	Po	ca. –1,0 V	H_2Po

PoO_2 — +0,73 V — Po

Basische Lösung							
PoO_3	+1,48 V	PoO_3^{2-}	–0,5 V	Po	ca. –1,4 V	Po^{2-}

PoO_3 — +0,16 V — Po

Das Metall ist edler als Silber und wird von diesem aus seinen Lösungen ausgefällt. In seinen chemischen Verhalten ähnelt Polonium dem Tellur und dem Bismut, wobei die metallischen Eigenschaften stärker ausgeprägt sind; auch die basischen Eigenschaften des amphoteren PoO_4 treten stärker hervor. Polonium bildet ähnlich dem Tellur die flüchtige Wasserstoffverbindung Dihydrogen(-II)-polonid H_2Po sowie mehrere Metall-Polonide. Das Metall oxidiert an der Luft und in Sauerstoffatmosphäre zu PoO, löst sich in konz. Säuren z. B. in Salzsäure zu rubinrotem $PoCl_2$ sowie in Salpetersäure, Schwefelsäure u. a. unter Bildung der entsprechenden Salze. Mit Dihydrogensulfid kann es aus den Lösungen als schwarzes Po(II)-sulfid PoS gefällt werden. Polonium bildet sowohl ionische als auch kovalente Bindungen wie z. B. Po-Cl, Po-Po u. a. Neben vielfarbigen Halogeniden der allg. Formel $PoX_{2\text{-}6}$ (X = F, Cl, Br, I) sind zwei Oxide PoO und PoO_2 sowie Polonate(IV) der allg. Formel $[PoO_3]^{2-}$ (aq), $[PoX_5]^{2-}$ und $[PoX_6]^{2-}$ (X = Halogen, Ammoniumion) u. a. bekannt.

Nachweis

- Radiometrie.
- Spektralanalyse; wichtige Spektrallinien der neutralen Atome: 245,008 nm, 255,801 nm, 300,321 nm, 417,052 nm u. a.

Verwendung

Polonium wird als starke α-Strahlungsquelle und Ionisationsquelle v. a. in der Strahlenchemie, in der Radiobiologie, Aktivierungsanalyse, in Ionisations-Gasanalysatoren zur Entladung elektrostatischer Hochspannungsgeräte u. a. verwendet. Daneben dient es als Wärmequelle in Satelliten, zur Herstellung von Radioisotop-Batterien sowie im Gemisch mit Beryllium als Neutronenquelle.

Physiologie, Toxikologie

Polonium hat keine biologische Bedeutung für den menschlichen Organismus. Wegen seiner starken Radioaktivität gilt das Element als äußerst toxisch, besonders gefährdet sind v. a. die Blutzellen sowie Milz, Leber, Nieren und Lungen.

Praseodym Pr

International (Lat.)	Praseodymium	Griechisch	Πρασινοδύμιο (Prassinodimio)
Englisch	Praseodymium		
Französisch	Praséodyme	Russisch	Празеодим (Praseadim)
Spanisch	Praseodimio		
Italienisch	Prasepdimio	Japanisch	プラセオジム (puraseojimu)

Atomare und physikalische Eigenschaften	
Protonenzahl **(Z)**	**59**
Standard-Atomgewicht (bezogen auf $^{12}C = 12$)	140,90765(± 3)
Effektive Kernladung	(Slater) 2,85; (Clementi) 7,75; (Froese-Fischer) 10,70
Elektronenkonfiguration	[Xe] $4f^3\ 6s^2$
Grundzustand, Termsymbol	$^4I_{9/2}$
Metallatomradius (α; KZ 6)	182,4 pm
Kovalenzradius (Einfachbindung)	165 pm
Ionenradien (KZ 6,12)	$99^{3+}_{(6)}$ pm, $106^{3+}_{(12)}$ pm, $85^{4+}_{(6)}$ pm, $92^{4+}_{(12)}$ pm
Molares Volumen	$20,80 \cdot 10^{-6}\ m^3 \cdot mol^{-1}$
1.;2.;3.;4.;5. Ionisierungsenergie	5,4215 eV; 10,551 eV; 21,619 eV; 38,979 eV; 57,448 eV
Elektronegativität	(Allred/Rochow) 1,07; (Pauling) 1,13; (absolut) ≤ 3,0 eV
Elektronenaffinität Pr ⟶ Pr^-	ca. 0,518 eV
Wirkungsquerschnitt für thermische Neutronen ($\sigma_{n,\gamma}$)	$11,5 \cdot 10^{-28}\ m^2$
Dichte (bei 20 °C)	$6475\ kg \cdot m^{-3}$ a)
Schmelztemperatur	931 °C (1204,15 K)
Siedetemperatur	3250 °C (3523,15 K) b)
Spezifische Schmelzenthalpie	$80,20\ kJ \cdot kg^{-1}$ c)
Spezifische Verdampfungsenthalpie	$2356,3\ kJ \cdot kg^{-1}$
Spezifische Sublimationsenthalpie (einatomiges Gas)	$2526,6\ kJ \cdot kg^{-1}$
Spezifische Wärmekapazität (bei 25 °C)	$0,193\ kJ \cdot kg^{-1} \cdot K^{-1}$
Thermische Leitfähigkeit (bei 27 °C)	$12,5\ W \cdot m^{-1} \cdot K^{-1}$
Thermischer Längenausdehnungskoeffizient (bei 25 °C)	$6,79 \cdot 10^{-6}\ K^{-1}$
Elektrische Leitfähigkeit (bei 20 °C)	$1,47 \cdot 10^6\ S \cdot m^{-1}$
Spezifischer elektrischer Widerstand (bei 20 °C)	$68,03 \cdot 10^{-8}\ \Omega \cdot m$
Spezifische magnetische Suszeptibilität	$+447 \cdot 10^{-9}\ m^3 \cdot kg^{-1}$ d)
Hall-Koeffizient (Pr 99,9 %)	$+0,709 \cdot 10^{-10}\ m^3 \cdot A^{-1} \cdot s^{-1}$
Normalpotential Pr/Pr^{3+}	−2,462 V
Hydratationsenthalpie Pr^{3+}	$+3413\ kJ \cdot mol^{-1}$ e)
Bildungsenthalpie $PrCl_3$ (Pr_2O_3)	$-1055\ kJ \cdot mol^{-1}$ ($-1825\ kJ \cdot mol^{-1}$)

Weitere Angaben: a) $6773\ kg \cdot m^{-3}$. b) 3017 °C, 3130 °C. c) $48,9\ kJ \cdot kg^{-1}$. d) $+492,9 \cdot 10^{-9}\ m^3 \cdot kg^{-1}$. e) $3306\ kJ \cdot mol^{-1}$.

Entdeckung

Praseodym wurde zusammen mit Neodym im Jahre 1885 von dem österreichischen Chemiker Carl Auer von Welsbach in Wien, Österreich, bei der Zerlegung der „Didymerde" durch fraktionierte Kristallisation des Ammonium-Doppelnitrats entdeckt und erstmals hergestellt. Wegen der grünen Farbe seiner Salze nannte er das neue Element „Praseodym" [von griech.: πράσινος (prásinos), d. h. „lauchgrün" und δίδυμος (didymos) d. h. „doppelt" oder „Zwilling"]. Zusammengefaßt bedeutet der Name soviel wie „lauchgrüner Zwilling". Das Element erhielt das chemische Symbol „Pr" (s. auch Tab. Entdeckung der Metalle der Seltenen Erden, S. 775).

Vorkommen

Praseodym gehört zu den weniger häufigen Elementen auf der Erde. In der Erdhülle beträgt sein berechneter Massenanteil ca. $5{,}2 \cdot 10^{-4}\%$, damit steht es nach Arsen und Beryllium an 49. Stelle der Elementhäufigkeit. In den obersten 16 km der Erdkruste ist es mit 9,5 g/t Krustengestein vertreten, in den Meeren und Ozeanen mit durchschnittlich 0,75 µg $Pr^{(+III)}$ pro m^3 Meerwasser, die Verweilzeit ist nicht bekannt.
Praseodym tritt in der Natur stets als Begleiter des Cers u. a. Seltenerdmetalle in den Ceriterden so z. B. im Cerit, Bastnäsit, Monazit und Monazitsande, Allanit bzw. Orthit u. a. auf (s. S. 342). Hauptvorkommen von Monazit sind v. a. die Küstensande Australiens, Brasiliens, und Indiens, von Bastnäsit Madagaskar, USA u. a. Die bekannten Praseodym-Reserven werden auf rund 4 Mio. t geschätzt. Die Häufigkeit des Elements auf der Sonne beträgt ca. 4,6 Atome Praseodym pro $1 \cdot 10^{12}$ Atome Wasserstoff, die kosmische Häufigkeit ist nicht bekannt jedoch sehr gering.

Herstellung

Nach Anreicherung der Erze durch Flotation, Magnet- oder elektrostatischer Abscheidung werden die Seltenerdmetalle in Halogenide überführt und mittels fraktionierender Kristallisation, Ionenaustausch und Flüssig-flüssig-Extraktion mit EDTA voneinander getrennt. Die Darstellung des Metalls erfolgt durch Schmelzflußelektrolyse oder durch metallothermische Reduktion der Halogenide, hauptsächlich Fluoride, mit metallischem Calcium.
Aus 50 kg Monazitsand erhält man neben anderen etwa 1,5 kg Praseodym. Die Weltproduktion von Praseodym beträgt jährlich rund 1000 t.

Physikalische Eigenschaften

Praseodym ist ein silberweißes, glänzendes, weiches, verformbares, paramagnetisches Schwermetall, das an der Luft jedoch unter Bildung von Oxidhydraten leicht gelblich anläuft. Es existiert in zwei allotropen Modifikationen:

$$\begin{array}{ccc} \alpha\text{-Pr} & \xrightarrow{798\ ^\circ\text{C}} & \beta\text{-Pr} \\ \text{hexagonal} & & \text{kubisch} \\ \text{dichteste Packung} & & \text{raumzentriert} \\ (\rho = 6475\ \text{kg} \cdot \text{m}^{-3}) & & (\rho = 6640\ \text{kg} \cdot \text{m}^{-3}) \end{array}$$

Die thermische Leitfähigkeit beträgt 2,91 %, die elektrische 2,34 % der des Silbers. Intermetallische Verbindungen wie z. B. die Praseodym-Eisen-Bor-Verbindung $Pr_2Fe_{14}B$, oder $PrCo_3$ u. a. besitzen außergewöhnliche ferromagnetische Eigenschaften mit hohen Flußdichten (bis zu 5 T), Koerzitivkräften (über 800 000 $A \cdot m^{-1}$) und Gütezahlen bis zu 450 $kJ \cdot m^{-3}$.

Radiochemie

Praseodym ist ein anisotopes Element, es tritt in der Natur nur in Form des Isotops $^{141}_{59}Pr$ auf. Daneben sind 33 künstliche Radioisotope des Praseodyms bekannt.

Die Isotope des Praseodyms (1995)

Isotop	Natürliche Häufigkeit n (%)	Zerfallsart				Halbwertszeit $T_{1/2}$
		β^+	EC	γ	β^-	
Pr 124		**x**		x		1,2 s
Pr 125		**x**		x		3,3 s
Pr 126		**x**		x		3,1 s
Pr 127		**x**		x		4,2 s
Pr 128		**x**		x		3,1 s
Pr 129		**x**		x		32 s
Pr 130		**x**		x		40 s
Pr 131*		**x**		x		97 s
Pr 131 m*		x		**x**		5,7 s
Pr 132*		**x**		x		1,6 m
Pr 132*		**x**		x		n.bek.
Pr 133		**x**		x		6,5 m
Pr 134*		**x**		x		18 m
Pr 134*		**x**		x		ca. 11 m
Pr 135		**x**	**x**	x		25 m
Pr 136		**x**		x		13,1 m
Pr 137		**x**	**x**	x		76,6 m
Pr 138*		**x**		x		1,44 m
Pr 138*		**x**	**x**	x		2,02 h
Pr 139		**x**	**x**	x		4,5 h
Pr 140		**x**		x		3,4 m
Pr 141	**100**					
Pr 142*			x	x	**x**	19,13 h
Pr 142 m*				**x**		14,6 m
Pr 143				x	**x**	13,57 d
Pr 144*				x	**x**	17,3 m
Pr 144 m*				x	**x**	7,2 m
Pr 145				x	**x**	5,98 h
Pr 146				x	**x**	24,0 m
Pr 147				x	**x**	13,6 m
Pr 148*				x	**x**	2,27 m
Pr 148*				x	**x**	2,0 m

(* isomere Atomkerne; m* markiert jeweils einen metastabilen Zustand)

Die Isotope des Praseodyms (1995)						
Isotop	Natürliche Häufigkeit n (%)	Zerfallsart				Halbwertszeit $T_{1/2}$
		β^+	EC	γ	β^-	
Pr 149				x	**x**	2,25 m
Pr 150*				x	**x**	6,1 s
Pr 150*				x	**x**	ca. 6 s
Pr 151				x	**x**	18,9 s
Pr 152				x	**x**	3,8 s
Pr 153				x	**x**	4,3 s
Pr 154				x	**x**	2,3 s
Pr 155					x	n.bek.
Pr 156					x	n.bek.
Pr 157					x	n.bek.

(* isomere Atomkerne)

Die Pr-Isotope haben relativ kurze Halbwertszeiten, die leichteren Isotope A < 143 zerfallen durch β^+-Strahlung und Elektronen-Einfang (EC) in Ce-Isotope, die schwereren A > 141 verwandeln sich durch β^--Emission in Nd-Isotope. Die schwersten Isotope sind Spaltprodukte. Die Isotope $^{142}_{59}Pr$ (β^- | 2,160 MeV; γ | 1,57 MeV) und $^{143}_{59}Pr$ (β^- | 0,934 MeV; γ | 0,75 MeV) werden als radioaktive Indikatoren (Tracer) verwendet, das stabile Isotop $^{141}_{59}Pr$ der Kernspinzahl 5/2+ und kernmagnetischen Moment +4,3 dient zum NMR-spektroskopischen Nachweis; NMR-Frequenz (bei 2,3488 T) 29,291 · 10^6 s^{-1}. Die maximale radiologische Aktivität für $^{143}_{59}Pr$ beträgt 22,2 · 10^4 Bq für den menschlichen Körper, 29,6 · 10^2 Bq/ml in wäßriger Lösung und 7,4 · 10^3 Bq/m^3 Luft.

Chemische Eigenschaften

Praseodym ist ein Seltenerdmetall und gehört zur Gruppe der „Lanthanoide“. Es befindet sich im PSE in der 3. Gruppe (IIIB Nebengruppe), über dem Protactinium Pa sowie in der 6. Periode zwischen Cer Ce und Neodym Nd. Entsprechend seiner Stellung im PSE hat das freie, neutrale Pr-Atom im elektronischen Grundzustand folgende Elektronenkonfiguration:

$$1s^2\ 2s^2\ 2p^6\ 3s^2\ 3p^6\ 3d^{10}\ 4s^2\ 4p^6\ 4d^{10}\ 4f^3\ 5s^2\ 5p^6\ 6s^2$$

Praseodym bildet in seinen Verbindungen die Oxidationsstufen +III und +IV, wobei wie bei allen Lanthanoiden die Stufe +III ([Xe]$4f^2$) die wichtigste ist.
Die Normalpotentiale des Praseodyms:

	+IV		+III		0
Saure Lösung	Pr^{4+}	+3,2 V	Pr^{3+}	−2,462 V	Pr
Basische Lösung	PrO_2	+0,8 V	$Pr(OH)_3$	−2,79 V	Pr

Praseodym ist ein ziemlich unedles, sehr reaktionsfähiges Metall. Es entzündet sich an der Luft zwischen 300 und 450 °C und verbrennt zum Trioxid. Mit Wasser und verdünnten Mineralsäuren reagiert es unter Entwicklung von Wasserstoff. Mit Chlor verbrennt das erhitzte Metall unter Leuchterscheinung zu Chloriden.
Das Metall bildet folgende Kationen:

Pr^{3+} gelbgrün, Pr^{4+} farblos.

Praseodymverbindungen sind meist grün bis blaugrün gefärbt, bekannt sind mehrere Halogenide der allg. Formeln PrX_{3-4} (X = F, Cl), das Hydroxid $Pr(OH)_3$, die Oxide Pr_2O_3 und PrO_2, verschiedene Fluorokomplexe der allg. Formeln $[PrF_5]^-$, $[PrF_6]^{2-}$ u. a.

Nachweis

- Flammenspektroskopie, Röntgenfluoreszenzanalyse, Aktivierungsanalyse
- Spektralanalyse; wichtige Spektrallinien der einfach positiven Ionen Pr^+; 406,282 nm, 410,072 nm, 417,939 nm, 422,293 nm, 422,535 nm, u. a.
- Atomabsorptionsspektrometrie (AAS) mittels der 495,136 nm Hauptlinie des Atomspektrums.

Verwendung

Reines Praseodymmetall besitzt keine technischen Anwendungen. In Form von Legierungen wie $PrCo_5$, Pr_2Co_{17} und Verbindungen z. B. $Pr_2Fe_{14}B$ u. a. zeigt es jedoch hervorragende magnetische Eigenschaften und eignet sich daher zur Herstellung von Dauermagneten. Praseodymverbindungen wie z. B. Pr_2O_3 werden zum Färben von Glas und Email, *Grünfärbung* und im Gemisch mit Neodymverbindungen *Blaufärbung*, zur Verbesserung der UV-Absorption von Augenschutzglas beim Schweißen sowie zur Herstellung gelber und grüner Unterglasurfarben für die Porzellan- und Keramikmalerei verwendet. Daneben dienen sie in Verbindung mit Cer, Lanthan und Neodym als Katalysatoren.

Physiologie, Toxikologie

Praseodym hat keine biologische Bedeutung für den menschlichen Organismus. Das Element gilt nur als gering toxisch und wirkt stimulierend. Praseodymverbindungen sollen hepatotonische Wirkung haben. Toxizitätswerte für den Menschen sind nicht bekannt.

Promethium Pm

International (Lat.)	Promethium	Griechisch	Προμήθειο (Promithio)
Englisch	Promethium		
Französisch	Prométhium	Russisch	Прометий (Pramjetij)
Spanisch	Promecio	Japanisch	プロメチウム (purometiumu)
Italienisch	Prometio, Prometeo		

Atomare und physikalische Eigenschaften	T+
Protonenzahl **(Z)**	**61**
Standard-Atomgewicht (bezogen auf ^{12}C = 12)	144,912743 1)
Effektive Kernladung	(Slater) 2,85; (Clementi) 9,40; (Froese-Fischer) 10,94
Elektronenkonfiguration	[Xe] $4f^5\,6s^2$
Grundzustand, Termsymbol	$^6H_{5/2}$
Metallatomradius (KZ 6)	183,4 pm a)
Kovalenzradius (Einfachbindung)	161 pm
Ionenradien (KZ 6;9)	$97^{3+}_{(6)}$ pm, $114^{3+}_{(9)}$ pm
Molares Volumen	$20{,}10 \cdot 10^{-6}\ m^3 \cdot mol^{-1}$
1.;2.;3.;4. Ionisierungsenergie	5,5541 eV; 10,903 eV; 22,283 eV; 41,145 eV
Elektronegativität	(Allred/Rochow) 1,07; (Pauling) 1,20; (absolut) $\leq$ 3,0 eV
Elektronenaffinität $Pm \longrightarrow Pm^-$	0,518 eV
Wirkungsquerschnitt für thermische Neutronen ($\sigma_{n,\gamma}$; $^{146}_{61}Pm$)	$8400 \cdot 10^{-28}\ m^2$
Dichte (bei 20 °C)	$7220\ kg \cdot m^{-3}$
Schmelztemperatur	1168 °C (1441,15 K) b)
Siedetemperatur	2730 °C (3003,15 K) c)
Spezifische Schmelzenthalpie	$86{,}9\ kJ \cdot kg^{-1}$
Spezifische Sublimationsenthalpie (einatomiges Gas)	$2075{,}8\ kJ \cdot kg^{-1}$
Thermische Leitfähigkeit (bei 27 °C)	$15{,}1\ W \cdot m^{-1} \cdot K^{-1}$ d)
Thermischer Längenausdehnungskoeffizient	$11 \cdot 10^{-6}\ K^{-1}$
Elektrische Leitfähigkeit (bei 20 °C)	$1{,}33 \cdot 10^6\ S \cdot m^{-1}$
Spezifischer elektrischer Widerstand (bei 20 °C)	$75{,}0 \cdot 10^{-8}\ \Omega \cdot m$
Normalpotential Pm/Pm^{3+}	−2,423 V
Hydratationsenthalpie Pm^{3+}	$+3478\ kJ \cdot mol^{-1}$ e)
Bildungsenthalpie $PmCl_3$ (Pm_2O_3)	$-1055\ kJ \cdot mol^{-1}$ ($-1813\ kJ \cdot mol^{-1}$)

1) Angegeben ist das Atomgewicht des Isotops mit der längsten Halbwertszeit $^{145}_{61}Pm$. Weitere Angaben: a) 181 pm. b) 1042 °C. c) ca. 3000 °C. d) $17{,}9\ W \cdot m^{-1} \cdot K^{-1}$. e) $3387\ kJ \cdot mol^{-1}$.

Entdeckung

Bereits 1902 wies der tschechische Chemiker Bohuslav Brauner (1855–1935) darauf hin, daß in der Reihe der Lanthanoide, zwischen Neodym und Samarium wahrscheinlich ein Element fehlte, da die Differenz der Atommassen der beiden Elemente ungewöhnlich groß war. 1926 vermeinten die amerikanischen Forscher Harris und Hopkins das Element 61 im Röntgenspektrum konz. Neodym- und Samarium-Erze entdeckt zu haben und nannten es *Illinium*. Auch die Italiener Rolla und Fernandes glaubten das Element gefunden zu haben, sie nannten es *Florentium*. 1941 teilten die amerikanischen Forscher Law, Pool, Quill u. a. von der Ohio State University mit, einige Isotope des Elements 61 durch Beschuß von Neodym- und Samarium-Proben mit Deuteronen und He-Kernen im Zyklotron erhalten zu haben und nannten das Element *Cyclonium*. Tatsächlich gelang es erst 1945/46 der amerikanischen Forschergruppe um Jacob A. Marinsky (geb. 1918), Lawrence E. Glendenin (geb. 1918) und Charles D. Coryell (1912–1971) von den *Clinton Laboratories* in Oak Ridge, Tennessee, USA in Uranspaltprodukten aus Kernreaktoren die beiden Isotope $^{147}_{61}$Pm ($T_{1/2}$ = 2,62 a; β^-) und $^{149}_{61}$Pm ($T_{1/2}$ = 53,1 h; β^-) nachzuweisen und zu isolieren. Das Element erhielt zunächst den Namen *Prometheum* (nach Prometheus, der den Göttern das Feuer stahl und es den Menschen brachte) der 1950 von der IUPAC in „Promethium", mit dem chemischen Symbol „Pm" abgeändert wurde (s. auch Tab. Entdeckung der Metalle der Seltenen Erden, S. 775).

Vorkommen

Promethium gehört zu den seltensten Elementen auf der Erde und steht mit einem geschätzten Massenanteil in der Erdhülle von $1{,}5 \cdot 10^{-19}$% neben Plutonium und Technetium an 91. Stelle der Elementhäufigkeit. In der Erdkruste findet es sich in kleinsten Spuren in Form des Isotops $^{147}_{61}$Pm in uranhaltigen Mineralen als Produkt der natürlichen Kernspaltung von $^{235}_{92}$U wie z. B. in der afrikanischen Uranpechblende sowie in den Erzen der natürlichen Kernreaktoren von Oklo sog. *Oklo-Phänomen*. 1965 wurden in Lanthanoidenkonzentraten eines Apatits extrem geringe Spuren von $^{147}_{61}$Pm nachgewiesen, dessen Bildung wahrscheinlich auf die Einwirkung kosmischer Neutronen also der Höhenstrahlung auf Neodym oder Samarium zurückzuführen ist.

Herstellung

Angesichts der winzigen Spuren von natürlichen Promethium ist eine Herstellung aus Uranmineralen nicht möglich. Das Element erhält man heute in kg-Mengen hauptsächlich aus dem bei der Aufarbeitung von Brennelement-Spaltprodukten anfallendem Oxid. Nach Umwandlung des Oxids in das Chlorid erhält man metallisches Promethium durch Reduktion des Chlorids mit Calcium. Daneben kann Promethium auch durch Neutronenbestrahlung von Neodym oder Samarium hergestellt werden. Das Element ist heute in vielen Laboratorien in wägbaren Mengen verfügbar.

Physikalische Eigenschaften

Promethium ist ein silberweiß, glänzendes, radioaktives Schwermetall das in hexagonalem Gitter kristallisiert. Es hat eine mittlere Schmelz- und Siedetemperatur, die thermische Leitfähigkeit beträgt 3,52%, die elektrische 2,11% der des Silbers.

Radiochemie

Das Element kommt in der Natur fast ausschließlich in Form des Isotops $^{147}_{61}Pm$ vor, daneben sind weitere 27 künstliche Isotope bekannt.

Die Isotope des Promethiums (1995)

Isotop	Natürliche Häufigkeit n (%)	Zerfallsart					Halbwertszeit
		α	β⁺	EC	γ	β⁻	$T_{1/2}$
Pm 130			**x**				2,2 s
....							
Pm 132			**x**		x		6,3 s
Pm 133			**x**		x		12 s
Pm 134*			**x**		x		22,6 s
Pm 134*			**x**		x		ca. 5 s
Pm 135			**x**		x		40 s
Pm 135*			**x**		x		49 s
Pm 136			**x**		x		107 s
Pm 136			**x**		x		ca. 100 s
Pm 137			**x**	x	**x**		2,4 m
Pm 138			**x**		x		3,24 m
Pm 139			**x**		x		4,15 s
Pm 140*			**x**		x		9,2 s
Pm 140*			**x**		x		5,95 m
Pm 141			**x**		x		20,9 m
Pm 142			**x**		x		40,5 s
Pm 143				**x**	x		265 d
Pm 144				**x**	x		1,0 a
Pm 145		x		**x**	x		17,7 a
Pm 146				**x**	x	**x**	5,53 a
Pm 147	**Spuren**				x	**x**	2,62 a
Pm 148*					x	**x**	5,37 d
Pm 148*					x	**x**	41,3 d
Pm 149					x	**x**	53,1 h
Pm 150					x	**x**	2,7 h
Pm 151					x	**x**	28,4 h
Pm 152*					x	**x**	4,2 m
Pm 152*					x	**x**	7,5 m
Pm 152*					x	**x**	15 m
Pm 153					x	**x**	5,3 m
Pm 154*					x	**x**	1,7 m
Pm 154*					x	**x**	2,7 m
Pm 155					x	**x**	41,5 s
Pm 156					x	**x**	26,7 s
Pm 157					x	**x**	10,6 s
Pm 158					x	**x**	4,8 s

(* isomere Atomkerne)

Einige Pm-Isotope werden durch Beschuß von Nd-Isotopen mit beschleunigten Protonen erzeugt, die schwersten Isotope entstehen in ${}^{A}_{62}Sm$ (n, ${}^{1}_{1}H$) ${}^{A}_{61}Pm$-Reaktionen, die Isotope ${}^{143}_{61}Pm$ und ${}^{144}_{61}Pm$ werden durch Beschuß von ${}^{141}_{59}Pr$ mit He-Kernen erzeugt. Einige Isotope wie z. B. ${}^{145}_{61}Pm$, ${}^{147}_{61}Pm$, ${}^{149}_{61}Pm$ u. a. sind Uranspaltprodukte, sie entstehen in beträchtlichen Mengen in Kernreaktoren etwa 1 mg/Tag pro 100 kW Reaktorleistung. Das stabilste Isotop ${}^{145}_{61}Pm$ entsteht durch Elektronen-Einfang aus ${}^{145}_{62}Sm$. Die Halbwertszeiten der Pm-Isotope sind allgemein sehr kurz. Die leichteren Isotope A < 147 zerfallen durch β^+-Strahlung und Elektronen-Einfang (EC) in die entsprechenden Nd-Isotope, die schwereren verwandeln sich durch β^--Emission in Sm-Isotope. Die Isotope ${}^{147}_{61}Pm$ (β^- | 0,224 MeV; γ) und ${}^{149}_{61}Pm$ (β^- | 1,073 MeV; γ | 0,286 MeV) dienen als radioaktive Indikatoren (Tracer). Das Isotop ${}^{247}_{61}Pm$ der Kernspinzahl 7/2+ und kernmagnetischen Moment +2,7 dient zum NMR-spektroskopischen Nachweis; NMR-Frequenz (bei 2,3488 T) $13{,}51 \cdot 10^6\ s^{-1}$.

Chemische Eigenschaften

Promethium gehört zur Gruppe der „Seltenerdmetalle“ bzw. „Lanthanoide“. Es befindet sich im PSE in der 3. Gruppe (IIIB Nebengruppe) über dem Neptunium Np, sowie in der 6. Periode zwischen Neodym Nd und Samarium Sm. Röntgenspektrenuntersuchungen haben für das Pm-Atom im Grundzustand folgende Elektronenkonfiguration ergeben:

$$1s^2\ 2s^2\ 2p^6\ 3s^2\ 3p^6\ 3d^{10}\ 4s^2\ 4p^6\ 4d^{10}\ 4f^5\ 5s^2\ 5p^6\ 6s^2$$

Promethium bildet in seinen Verbindungen ausschließlich die Oxidationsstufe +III ([Xe] $4f^4$), die durch Abgabe der beiden 6s-Elektronen und eines 4f-Elektrons entsteht. Die Normalpotentiale des Promethiums:

	+III		0
Saure Lösung	Pm^{3+}	$\xrightarrow{-2{,}423\ V}$	Pm
Basische Lösung	$Pm(OH)_3$	$\xrightarrow{-2{,}76\ V}$	Pm

Entsprechend seinen Normalpotentialen ist Promethium ein ziemlich unedles Metall. Insgesamt ist es ein typisches Lanthanoid, das in seinen physikalischen und chemischen Eigenschaften große Ähnlichkeit mit den seiner Gruppennachbarn Neodym und Samarium zeigt.

Das Pr^{3+}-Kation ist violettrosa.

Promethium bildet eine ganze Reihe meist intensiv gefärbter Verbindungen wie das Oxid [drei Modifikationen A-Pm_2O_3 (blauviolett), B-Pm_2O_3 (violettrosa), C-Pm_2O_3 (rot)], das Hydroxid $Pm(OH)_3$ (violettrosa), die Halogenide Fluorid PmF_3 (rosa), Chlorid $PmCl_3$ (blauviolett), Bromid $PmBr_3$ (rot) und Iodid PmI_3 (hellgelb), das Nitrat $Pm(NO_3)_3$, das Phosphat $PmPO_4$ (dunkelrot), das Oxalat $Pm_2(C_2O_4)$ (violettrosa) u. a.

Nachweis

- Röntgenfluoreszenz, Aktivierungsanalyse.
- Spektralanalyse; wichtige Spektrallinien der einfach positiven Ionen Pm^+ 389,215 nm, 391,026 nm, 391,910 nm, 395,774 nm, 399,896 nm, 441,796 nm u. a.

Verwendung

Die langlebigen Isotope $^{145}_{61}Pm$, $^{146}_{61}Pm$ und $^{147}_{61}Pm$ dienen v. a. zur Herstellung von Radioisotop-Batterien z. B. für Herzschrittmacher, als Wärmequelle, als Indikatoren für Dikenmessungen, als Zusatz zu Leuchtstoffen, in der Raumfahrt für Satelliten-Steuerdüsen u. v. a.

Physiologie, Toxikologie

Promethium hat keine biologische Bedeutung für den menschlichen Organismus. Das Element würde aber wegen seiner starken Radioaktivität toxisch und kanzerogen wirken.

Protactinium Pa

International (Lat.)	Protactinium	Griechisch	Πρωτακτίνιο (Protaktinio)
Englisch	Protactinium		
Französisch	Protactinium	Russisch	Протактиний (Prataktinij)
Spanisch	Protactinio		
Italienisch	Protoattinio	Japanisch	プロトアクチニウム (purotoakutiniumu)

Atomare und physikalische Eigenschaften	T+
Protonenzahl **(Z)**	**91**
Standard-Atomgewicht (bezogen auf ^{12}C= 12)	231,035880[1)]
Effektive Kernladung	(Slater) 1,80
Elektronenkonfiguration	[Rn] $5f^2$ $6d^1$ $7s^2$
Grundzustand, Termsymbol	$^4K_{11/2}$
Metallatomradius (KZ 12)	163 pm[a)]
Ionenradien (KZ 6)	$104^{3+}_{(6)}$ pm, $90^{4+}_{(6)}$ pm, $78^{5+}_{(6)}$ pm
Molares Volumen	$15{,}0 \cdot 10^{-6}$ $m^3 \cdot mol^{-1}$
1. Ionisierungsenergie	5,3345 eV
Elektronegativität	(Allred/Rochow) 1,14; (Pauling) 1,50
Elektronenaffinität Pa ⟶ Pa^-	n. bek.
Wirkungsquerschnitt für thermische Neutronen ($\sigma_{n,\gamma}$; $^{232}_{91}Pa$)	$460 \cdot 10^{-28}$ m^2
Dichte (bei 20 °C) *	15370 $kg \cdot m^{-3}$
Schmelztemperatur	1845 °C (2118,15 K)[b)]
Siedetemperatur	4027 °C (4300,15 K)[c)]
Spezifische Schmelzenthalpie	72,3 $kJ \cdot kg^{-1}$
Spezifische Verdampfungsenthalpie	2082,25 $kJ \cdot kg^{-1}$
Thermische Leitfähigkeit (bei 27 °C) *	47,0 $W \cdot m^{-1} \cdot K^{-1}$
Thermischer Längenausdehnungskoeffizient (bei 25 °C)	$7{,}3 \cdot 10^{-6}$ K^{-1}
Elektrische Leitfähigkeit (bei 0 °C)	$5{,}65 \cdot 10^6$ $S \cdot m^{-1}$
Spezifischer elektrischer Widerstand (bei 0 °C)	$17{,}70 \cdot 10^{-8}$ $\Omega \cdot m$
Supraleitfähigkeit; Sprungtemperatur	–271,75 °C (1,4 K)
Normalpotential Pa/Pa^{4+}	–1,491 V

1) Angegeben ist das Atomgewicht des Isotops mit der längsten Halbwertszeit $^{231}_{91}Pa$. Weitere Angaben: a) 156,1 pm, 160,6 pm. b) 1552 °C, 1568 °C. c) 4227 °C. * geschätzte Werte.

Entdeckung

Im Jahre 1913 entdeckten Kasimir Fajans (1887–1975) und O. H. Göhring in Karlsruhe, Deutschland, bei der Untersuchung des radioaktiven Zerfalls des Uranisotops $^{238}_{92}U$ das erste Isotop des Elements 91 in Form des $^{234}_{91}Pa$, das als Glied der *Uran-Radium-Zerfallsreihe* aus dem Isotop $^{234}_{90}Th$ (UX_1) entsteht:

$$^{238}_{92}U \xrightarrow[T_{1/2} = 4{,}468 \cdot 10^9\ a]{\alpha} {}^{234}_{90}Th \xrightarrow[T_{1/2} = 24{,}10\ d]{\beta^-} {}^{234}_{91}Pa \xrightarrow[T_{1/2} = 6{,}70\ h]{\beta^-} {}^{234}_{92}U \longrightarrow$$

In Anlehnung an seine kurze Halbwertszeit nannten sie es „Brevium“ (von lat. *brevis*, d. h. „kurz“). Vier Jahre später 1917/18 gelang es den deutschen Forschern Lise Meitner (1878–1968) und Otto Hahn (1879–1968) in Berlin, Deutschland und unabhängig den britischen Chemikern Frederick Soddy (1877–1956) und John Arnold Cranston (1891–1965) u. a. in Glasgow, Großbritannien, in Pechblendenrückständen das langlebige Isotop $^{231}_{91}Pa$ nachzuweisen, das innerhalb der *Uran-Actinium-Zerfallsreihe* durch den β^--Zerfall von $^{231}_{90}Th$ entsteht:

$$^{235}_{92}U \xrightarrow[T_{1/2} = 7{,}038 \cdot 10^8\ a]{\alpha} {}^{231}_{90}Th \xrightarrow[T_{1/2} = 25{,}5\ h]{\beta^-} {}^{231}_{91}Pa \xrightarrow[T_{1/2} = 3{,}276 \cdot 10^4\ a]{\alpha} {}^{227}_{89}Ac \longrightarrow$$

Da daraus Actinium hervorgeht gaben Meitner und Hahn dem neuen Element den Namen *Protoaktinium* mit dem chemischen Symbol „Pa“ [von griech.: πρῶτος (prótos), d. h. „erster“ bzw. „Vorläufer“], der 1949 von der IUPAC in „Protactinium“ abgeändert wurde. Erst 1927 gelang es Grosse etwa 2 mg Pa_2O_5 herzustellen, metallisches Protactinium wurde Anfang der 30er Jahre erhalten. 1960 isolierte A. G. Maddock und Mitarbeitern von der UKAEA (Akronym von Englisch *„**U**nited **K**ingdom **A**tomic **E**nergy **A**uthority“*) in London, Großbritannien, aus 60 t Rückständen der Uranaufarbeitung etwa 120 g Protactinium.

Vorkommen

Protactinium gehört zu den äußerst seltenen Elementen auf der Erde. Der geschätzte Massenanteil des Elements in der Erdhülle beträgt rund $9 \cdot 10^{-11}$%, damit steht es nach Radium an 85. Stelle der Elementhäufigkeit. Als radioaktives Zerfallsprodukt des Urans findet sich Protactinium v. a. in Form des Isotops $^{231}_{91}Pa$ in geringen Mengen in Uranmineralen. So z. B. besteht bei der St. Joachimsthaler Pechblende ein Pa:U-Verhältnis von $1{,}5–3{,}1 \cdot 10^{-7}$: 1, das einem Anteil von 150–310 mg Protactinium pro t reinem Uran entspricht. In den Meeren und Ozeanen wird der Anteil an Protactinium auf durchschnittlich auf $2 \cdot 10^{-11}$ g $Pa^{(+IV)}/m^3$ geschätzt, die Verweilzeit ist nicht bekannt.

Herstellung

Die Trennung und Reinigung des Protactiniums von den Erzen oder deren Rückständen erfolgt nach verschiedenen jedoch sehr aufwendigen Verfahren, wie z. B. durch Bildung des schwach löslichen Pa(V)-oxids Pa_2O_5 oder des unlöslichen Pa(IV)-Fluorids PaF_4 und Trennung mittels Ionenaustausch an Harzen, Lösungsmittelextraktion *(Tramex-Verfahren)* mit Tributylphosphat, Diisopropylketon oder mit Hilfe von Trägern. Das Metall erhält man am besten durch Reduktion von PaF_4 mit Barium oder Lithium bei ca. 1500 °C bzw. hochreines Protactinium durch thermische Zersetzung des PaI_5 an einem heißen Wolframdraht, sog. *Aufwachsverfahren*. Das Metall, das nur in mg-Mengen verfügbar ist, ist entsprechend teuer.

Physikalische Eigenschaften

Protactinium ist ein silberglänzendes, duktiles, radioaktives Schwermetall, das an der Luft unter Oxidbildung rasch anläuft. Das Metall hat eine relativ hohe Schmelz- und Siedetemperatur, die thermische Leitfähigkeit beträgt 10,95%, die elektrische 8,98% der des Silbers. Unterhalb –271,75 °C (1,4 K) zeigt das Metall Supraleitfähigkeit.

Radiochemie

Protactinium kommt in der Natur in Form von zwei Isotopen vor, weitere 24 radioaktive Isotope wurden künstlich hergestellt.
Die Pa-Isotope haben alle kurze Halbwertszeiten. Die leichteren Isotope A < 230 zerfallen überwiegend durch α-Strahlung in die entsprechenden Ac-Isotope, z. T. auch durch

Die Isotope des Protactiniums (1995)

Isotop	Natürliche Häufigkeit n (%)	Zerfallsart				Halbwertszeit $T_{1/2}$
		α	EC	γ	β⁻	
Pa 213		**x**				5,3 ms
Pa 214		**x**				17 ms
Pa 215		**x**				14 ms
Pa 216		**x**				0,2 s
Pa 217*		**x**				4,9 ms
Pa 217*		**x**				1,6 ms
Pa 218		**x**				0,12 ms
Pa 219		**x**				53 ns
Pa 220		**x**				0,78 μs
Pa 221		**x**				5,9 μs
Pa 222		**x**				4,3 ms
Pa 223		**x**				6,5 ms
Pa 224		**x**				0,95 s
Pa 225		**x**				1,8 s
Pa 226		**x**	**x**			1,8 m
Pa 227		**x**	**x**	x		38,3 m
Pa 228		x	**x**	x		22 h
Pa 229		x	**x**	x		1,50 d
Pa 230		x	**x**	x	**x**	17,4 d
Pa 231	**Spuren**	**x**		x		$3,276 \cdot 10^4$ a
Pa 232			x	x	**x**	1,31 d
Pa 233				x	**x**	27,0 d
Pa 234*	**Spuren**			x	**x**	6,70 h
Pa 234*				x	**x**	1,17 m
Pa 235				x	**x**	24,2 m
Pa 236				x	**x**	9,1 m
Pa 237				x	**x**	8,7 m
Pa 238				x	**x**	2,3 m

(* isomere Atomkerne)

Elektronen-Einfang (EC) in Th-Isotope. Die schwereren A > 229 verwandeln sich durch β^--Strahlung in U-Isotope. Die künstlichen Isotope wurden hauptsächlich durch Beschuß von Thorium und Uran mit beschleunigten Deuteronen oder Neutronen hergestellt. So entsteht z. B. das neben $^{232}_{91}Pa$ (β^- | 1,34 MeV; γ | 0,97 MeV) als radioaktiver Indikator (Tracer) verwendete Isotop $^{233}_{91}Pa$ (β^- | 0,572 MeV; γ | 0,341 MeV) in der Reaktion $^{232}_{90}Th\,(^{2}_{1}H, n)\,^{233}_{91}Pa$, oder als Zwischenglied bei der Bestrahlung von $^{232}_{90}Th$ im Hochtemperatur-Reaktor mit Neutronen gemäß

$$^{232}_{90}Th\,(n, \gamma)\,^{233}_{90}Th \xrightarrow[T_{1/2} = 22,3\ m]{\beta^-} {}^{233}_{91}Pa \xrightarrow[T_{1/2} = 27\ d]{\beta^-} {}^{233}_{92}U \longrightarrow$$

und geht durch β^--Zerfall in das wichtige, spaltbare Isotop $^{233}_{92}U$ ($T_{1/2} = 1{,}592 \cdot 10^5$ a) über. Das Isotop $^{231}_{91}Pa$ ist mittels schneller Neutronen (0,45 MeV) oder anderer beschleunigter Teilchen spaltbar, $^{230}_{91}Pa$ und $^{232}_{91}Pa$ können mittels thermischer Neutronen gespalten werden.

$$^{230}_{91}Pa\ (\sigma_f = 1500 \cdot 10^{-28}\ m^2),\ ^{232}_{91}Pa\ (\sigma_f = 700 \cdot 10^{-28}\ m^2) \quad (\sigma_f = \text{Spaltquerschnitt})$$

Die berechnete kritische Masse der beiden Isotope liegt bei über 730 kg, dies entspricht etwa einer Kugel von ca. 36,5 cm Durchmesser.

Chemische Eigenschaften

Protactinium gehört zur Gruppe der „Actinoide". Es befindet sich im PSE in der 3. Gruppe (IIIB Nebengruppe) unter dem Praseodym Pr sowie in der 7. Periode zwischen Thorium Th und Uran U. Das freie, neutrale Pa-Atom besitzt im elektronischen Grundzustand mit größter Wahrscheinlichkeit die Elektronenkonfiguration

$$1s^2\ 2s^2\ 2p^6\ 3s^2\ 3p^6\ 3d^{10}\ 4s^2\ 4p^6\ 4d^{10}\ 4f^{14}\ 5s^2\ 5p^6\ 5d^{10}\ 5f^2\ 6s^2\ 6p^6\ 6d^1\ 7s^2$$

aufgrund der es in seinen Verbindungen die Oxidationsstufen +III, +IV und +V bildet, von denen die Stufe +V, die durch Abgabe jeweils der beiden 7s- und 5d-Elektronen sowie des einen 6d-Elektrons und Bildung einer stabilen Rn-Schale erreicht wird, die wichtigste und stabilste ist. Aus diesem Grunde ähnelt Protactinium in seinem chemischen Verhalten mehr den Elementen der Vanadiumgruppe, die ebenfalls die stabile Oxidationsstufe +V aufweisen, als den Actinoiden.
Die Normalpotentiale des Protactiniums:

	+V		+IV		+III		0
			(−1,19 V: $PaO(OH)^{2+}$ → Pa)				
Saure Lösung	$PaO(OH)^{2+}$	−0,05 V	Pa^{4+}	−1,4 V	Pa^{3+}	−1,95 V	Pa
				(−1,491 V: Pa^{4+} → Pa)			

Protactinium ist ein elektropositives und ziemlich unedles Metall. Die Farben der Kationen sind Pa^{3+} tiefblauschwarz, Pa^{4+} farblos, PaO_2^+ farblos. Bekannt sind mehrere vielfarbige Halogenide der allg. Formeln PaX_3 und PaX_4 (X = F, Cl, Br, I), drei Oxide PaO (farblos), PaO_2 und Pa_2O_5 weiß, das Hydrid PaH sowie mehrere Komplexe.

Nachweis

- Radiometrisch; über die radioaktive Strahlung.
- Spektralanalyse; wichtige Spektrallinien der neutralen Atome; 363,652 nm, 398,223 nm, 694,572 nm, 711,489 nm, 736,825 nm, 749,315 nm, 760,820 nm, u. a.

Verwendung

Das Element hat keine wirtschaftliche Nutzung, es wird hauptsächlich zu Forschungszwecken verwendet.

Physiologie, Toxikologie

Protactinium hat keine biologische Bedeutung für den menschlichen Organismus. Wegen seiner Radioaktivität würde das Element stark toxisch und kanzerogen wirken.

Quecksilber Hg

International (Lat.)	Hydrargyrum, Mercurium	Italienisch	Mercurio
Englisch	Mercury	Griechisch	Υδϱάϱγυϱος (Idrarjirios)
Französisch	Mercure	Russisch	Ртуть (Rtutj)
Spanisch	Mercurio	Japanisch	水銀（スイギン）(suigin)

Atomare und physikalische Eigenschaften	Xn T
Protonenzahl **(Z)**	**80**
Standard Atomgewicht (bezogen auf ^{12}C = 12)	200,59 (±3)
Effektive Kernladung	(Slater) 4,35; (Clementi) 11,15; (Froese-Fischer) 16,22
Elektronenkonfiguration	[Xe] $4f^{14}$ $5d^{10}$ $6s^2$
Grundzustand, Termsymbol	$^1S_0$
Metallatomradius (KZ 12)	151 pm [a)]
Kovalenzradius (Einfachbindung)	144 pm
Ionenradien (KZ 4)	$119^{+}_{(4)}$ pm, $127^{+}_{(6)}$ pm, $96^{2+}_{(4)}$ pm, $112^{2+}_{(6)}$ pm
Molares Volumen	$14{,}81 \cdot 10^{-6}$ $m^3 \cdot mol^{-1}$
1.;2.;3.;4.;5. Ionisierungsenergie	10,437 eV; 18,756 eV; 34,202 eV; 45,602 eV; 61,148 eV
Elektronegativität	(Allred/Rochow) 1,44; (Pauling) 2,00; (absolut) 4,91 eV
Elektronenaffinität Hg ⟶ Hg^-	0,186 eV
Wirkungsquerschnitt für thermische Neutronen ($\sigma_{n,\gamma}$)	$370 \cdot 10^{-28}$ m^2
Dichte (bei 20 °C; flüssig)	13546 $kg \cdot m^{-3}$ [b)]
Schmelztemperatur	–38,89 °C (234,26 K) [c)]
Siedetemperatur	356,58 °C (629,73 K) [d)]
Spezifische Schmelz-/Verdampfungsenthalpie	11,46 $kJ \cdot kg^{-1}$ [e)] / 294,86 $kJ \cdot kg^{-1}$
Spezifische Sublimationsenthalpie (einatomiges Gas)	305,88 $kJ \cdot kg^{-1}$ [f)]
Spezifische Atomisierungsenthalpie	316,55 $kJ \cdot kg^{-1}$
Spezifische Wärmekapazität (bei 20 °C ; ab 27 °C)	0,1403 $kJ \cdot kg^{-1} \cdot K^{-1}$; 0,1038 $kJ \cdot kg^{-1} \cdot K^{-1}$
Thermische Leitfähigkeit (bei 27 °C)	8,34 $W \cdot m^{-1} \cdot K^{-1}$
Thermischer Längenausdehnungskoeffizient (bei 25 °C)	$18{,}1 \cdot 10^{-6}$ K^{-1} [g)]
Thermospannung (Δt =100 K / Pt; Cu)	0 mV; –0,75 mV
Elektrische Leitfähigkeit (bei 20 °C)	$1{,}043 \cdot 10^6$ $S \cdot m^{-1}$
Spezifischer elektrischer Widerstand (bei 20 °C)	$95{,}80 \cdot 10^{-8}$ $\Omega \cdot m$ [h)]
Temperaturkoeffizient (bei 20 °C)	$0{,}89 \cdot 10^{-3}$ K^{-1}
Supraleitung, Sprungtemperatur	–268,996 °C (4,154 K)
Spezifische magnetische Suszeptibilität (flüssig)	$-2{,}095 \cdot 10^{-9}$ $m^3 \cdot kg^{-1}$
Hall-Koeffizient	$<0{,}02 \cdot 10^{-10}$ $m^3 \cdot A^{-1} \cdot s^{-1}$
Elektrochemisches Äquivalent Hg^+	$2{,}0789 \cdot 10^{-6}$ $kg \cdot A^{-1} \cdot s^{-1}$
Normalpotential Hg / Hg^{2+}	+0,8535 V
Hydratationsenthalpie Hg^{2+}	–1846 $kJ \cdot mol^{-1}$
Bildungsenthalpie $HgCl_2$ (HgO)	–224,4 $kJ \cdot mol^{-1}$ (–90,9 $kJ \cdot mol^{-1}$)

Weitere Angaben: a) 150,3 pm, 160 pm. b) 13534 $kg \cdot m^{-3}$, 13550 $kg \cdot m^{-3}$, 13,5956 $kg \cdot m^{-3}$. c) 38,87 °C. d) 356,6 °C, 357 °C und 357,3 °C. e) 11,62 $kJ \cdot kg^{-1}$, 11,8 $kJ \cdot kg^{-1}$. f) 285 $kJ \cdot kg^{-1}$. g) $60 \cdot 10^{-6}$ K^{-1}. h) (fest bei –39 °C) $28{,}005 \cdot 10^{-8}$ $\Omega \cdot m$.

Entdeckung

Quecksilber gehört zu den sieben Metallen des Altertums, es war den Menschen vermutlich bereits um 4000 v. Chr. bekannt. Aristoteles und Theophrast erwähnten das Metall im 4. bis 3. Jh. v. Chr. unter dem Namen ὕδράργυρος (hydrargyros), der aus ὕδωρ (hydor) d. h. „Wasser" und ἄργυρός (argyros) d. h. „Silber" zusammengesetzt war und soviel wie *Wassersilber* oder *flüssiges Silber* bedeutete. Im Mittelalter galt das Quecksilber als die *Mutter* oder *Seele der Metalle* und man glaubte, daß es sich leicht in Gold umwandeln ließe. Paracelsus verwendete im 16. Jh. Quecksilberpräparate für medizinische Zwecke v. a. zur Behandlung von Syphilis. Der deutsche Name geht auf das althochdeutsche „quecksilabar" zurück, was soviel wie „lebendiges Silber" heißt. Die Symbole des Quecksilbers ab dem 15. Jh.:

15. Jh. | 16. Jh. | 17. Jh. | Bergmann (1783) | Dalton (1808) | Berzelius (1814)

Hg

Vorkommen

Quecksilber ist in der Erdhülle mit einem Massenanteil von etwa $4 \cdot 10^{-5}$% vertreten. Es steht zwischen Antimon und Cadmium an 62. Stelle der Elementhäufigkeit und gehört damit zu den selteneren Elementen auf der Erde. In den oberen 16 km der Erdkruste beträgt der Anteil an Quecksilber ca. 0,08 g/t, in Steinmeteoriten etwa 0,01 g/t. Meerwasser enthält durchschnittlich $3,8 \cdot 10^{-7}$ g $Hg^{(+II)}$ pro m^3, die Verweilzeit ist nicht bekannt. In Spurenmengen ist das Metall auf der Erde weit verbreitet, abbauwürdige Vorkommen findet man hingegen nur selten. Elementar kommt Quecksilber nur selten, in Form fein verteilter, im Gestein eingeschlossener Tröpfchen vor, hauptsächlich tritt es in Form von Verbindungen auf. Das bei weitem wichtigste Quecksilbermineral ist der Zinnober oder Cinnabarit HgS der in reinem Zustand bis zu 86,5% Quecksilber enthält. Weitere, jedoch wirtschaftlich bedeutungslose Minerale sind:
Livingstonit $Hg[Sb_4S_7]$ (= $HgS \cdot 2\ Sb_2S_3$), Quecksilberhornerz, Kalomel Hg_2Cl_2, Coccinit, Iodhydrargyrit Hg_2I_2, Tiemannit HgSe, Coloradoit HgTe u. a. Die wichtigsten Quecksilberlagerstätten mit einem Gehalt von 3,5% in tieferen Lagen bis zu 14% Quecksilber sind die Vorkommen Almaden in Südspanien. Andere Vorkommen mit einem Quecksilbergehalt unter 1% befinden sich in Italien (Monte Amiata, Toskana), in den GUS-Staaten, Algerien, USA (Kalifornien), Mexiko, Brasilien, Peru, Tschechien, Rumänien, Türkei u. a. Deutschland verfügt nur über kleinere Lagerstätten bei Kreuznach in der Rheinpfalz. Als abbauwürdig gelten Vorkommen bis zu einem Mindestgehalt von 0,5% HgS.
Mehrere tausend Tonnen des Metalls werden weltweit jährlich von Vulkanen ausgestoßen, über 100 000 t entweichen gasförmig aus der Erdkruste und etwa 3000 t aus den Flüssen und Meeren. Neben den natürlichen Emissionen gelangen zusätzlich bis zu 20 000 t aus der Erz- und Mineral-Aufbereitung, etwa 15 000 t Quecksilber aus der Zement-, Keramik- und Phosphatindustrie, sowie ca. 6000 t aus der Verbrennung fossiler Brennstoffe wie Kohle und Erdöl in die Atmosphäre. Von hier wird das Quecksilber mit dem Regen niedergeschlagen und gelangt so in die Böden und Gewässer. Die abbauwürdigen Quecksilberreserven schätzt man weltweit auf etwa 600 000 t. Die Häufigkeit des

Elements auf der Sonne beträgt ca. 120 Atome Quecksilber pro $1 \cdot 10^{12}$ Atome Wasserstoff, die kosmische Häufigkeit wird auf 0,015 Atome Quecksilber pro $1 \cdot 10^{6}$ Atome Silicium geschätzt.

Herstellung

Quecksilber wird fast ausschließlich aus Zinnober also dem Quecksilbersulfid gewonnen. Dazu werden die angereicherten zinnoberhaltigen grobstückigen Erze in Schachtöfen, bzw. die feineren Erzsorten in Schüttröstöfen bei 400–700 °C im Luftstrom erhitzt, wobei das Quecksilber zusammen mit dem gebildeten Sulfurdioxid gasförmig entweicht:

$$HgS + O_2 \longrightarrow Hg \uparrow + SO_2 \uparrow \qquad \Delta H = 189{,}7\ kJ$$

Die Umsetzung kann auch mit gebranntem Kalk

$$4\ HgS + 4\ CaO \longrightarrow 4\ Hg \uparrow + 3\ CaS + CaSO_4$$

oder mit Eisen-Feilspänen erfolgen:

$$HgS + Fe \longrightarrow FeS + Hg \uparrow$$

Die abziehenden Quecksilberdämpfe werden in mehrstufigen wassergekühlten Röhren aus glasiertem Steinzeug oder säurefesten Legierungen kondensiert und das flüssige Metall in eisernen Behältern gesammelt. Ein geringerer Teil der Quecksilberdämpfe kondensiert zusammen mit Staub, Ruß, Teer u. a. Verunreinigungen zu einem schlammartigen Gemisch, dem sog. *Stupp,* aus dem das metallische Quecksilber mit eisernen Pressen herausgepreßt wird. Das technisch gewonnene Quecksilber hat einen Reinheitsgrad von 99,99%. Hochreines Quecksilber bis 99,9995% erhält man durch Waschen mit verdünn-

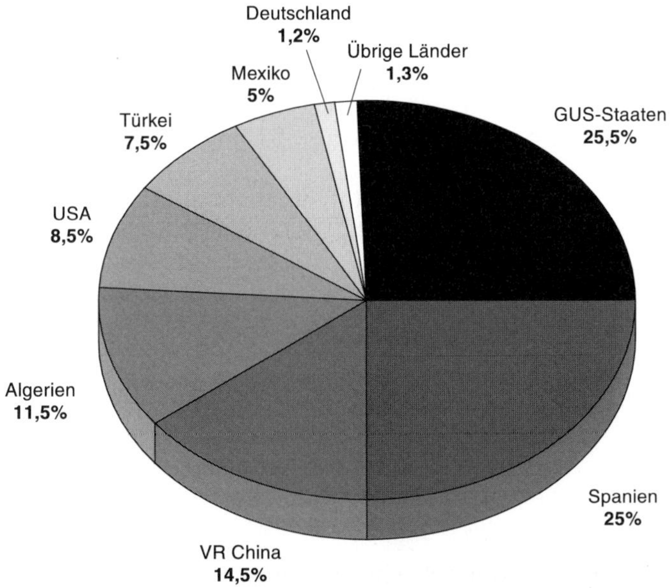

Abb. 64: Die Hauptproduzenten von Quecksilber bei einer Gesamtweltproduktion von ca. 6400 t/Jahr.

ter Salpetersäure oder Vakuumdestillation. Quecksilber kommt in eisernen Flaschen in den Handel, eine Flasche bzw. ein *flask* ist gleich 34,5 kg. Die Weltproduktion von Quecksilber liegt bei etwa 6400 t/Jahr, die Hauptproduktionsländer sind die GUS-Staaten mit ca. 25,5% der Weltproduktion, Spanien 25%, VR China 14,5%, Algerien 11,5%, USA 8,5%, Türkei 7,5% u. a. In Deutschland werden jährlich rund 100 t Quecksilber gewonnen, davon etwa 70% durch Recycling. Die Hauptmenge des in Deutschland benötigten Quecksilbers von etwa 250 t wird aus Spanien und Italien importiert.
Der Preis für 1 kg Quecksilber beträgt z. Z. etwa 86,5 $ bzw. ca. 151 DM.

Physikalische Eigenschaften

Quecksilber ist ein silberweißes, stark glänzendes, schweres, diamagnetisches, flüssiges metallisches Element. Es ist das einzige bei gewöhnlicher Temperatur flüssige Metall und neben Brom das einzige flüssige Element. Quecksilber besitzt einen großen thermischen Längenausdehnungskoeffizienten und dehnt sich beim Erwärmen zwischen 0 und 100 °C proportional zur Temperaturänderung aus. Wegen seiner großen Oberflächenspannung benetzt es andere Substanzen nicht, bildet leicht Tröpfchen und zeigt v. a. in engen Rohren konvexen Meniskus und ausgeprägte Kapillardepression. Flüssiges Quecksilber weist schon bei gewöhnlicher Temperatur einen erheblichen Dampfdruck auf; 0,17 Pa bei 20 °C, 0,391 Pa bei 30 °C, 0,81 Pa bei 40 °C usw., mit Quecksilber gesättigte Luft enthält bei 20 °C 13,6 mg Hg/m^3, bei 30 °C 29,6 mg Hg/m^3, bei 40 °C 62,6 mg Hg/m^3 usw. Quecksilberdampf ist einatomig. Durch elektrische Entladungen kann Quecksilberdampf zur Emission UV-reicher Strahlung angeregt werden. Unterhalb der Schmelztemperatur kristallisiert Quecksilber in einer rhomboedrischen Gitterstruktur *α-Quecksilber*, die bei hohen Drükken in eine tetragonale Struktur *β-Quecksilber* übergeht. In festem Zustand ist das Metall sehr weich und gut dehnbar. Quecksilber ist ein weniger guter Leiter von Wärme und elektrischen Strom, die thermische Leitfähigkeit beträgt 1,94%, die elektrische 1,66% der des Silbers. Unterhalb –268,996 °C (4,154 K) zeigt α-Quecksilber Supraleitfähigkeit, die kritische Feldstärke beträgt (32 706,34 ± 159) A · m^{-1}.
Der Widerstand einer Quecksilbersäule von 1 mm^2 Querschnittsfläche und 106,300 cm Länge (entsprechend 14,4521 g Hg) wurde als SI-Einheit des elektrischen Widerstandes **Ohm** (Ω) festgelegt.
An Quecksilberkathoden besitzt Wasserstoff eine sehr große Überspannung, so daß sich aus wäßriger Lösung an Quecksilber auch Alkali- und Erdalkalimetalle abscheiden lassen.
Viele Metalle wie z. B. die Alkalimetalle, Aluminium, Blei, Cadmium, Gold, Kupfer, Silber, Thallium, Zinn und Zink lösen sich in Quecksilber und bilden je nach Zusammensetzung flüssige, teigige oder feste Legierungen, sogenannte *Amalgame*. Andere Metalle wie Cobalt, Eisen, Mangan, Nickel und Platin sind in Quecksilber nicht löslich. Deshalb kann Quecksilber in Eisenflaschen aufbewahrt werden.

Radiochemie

Natürliches Quecksilber besteht aus einem Gemisch von sieben stabilen Isotopen, zusätzlich sind 27 weitere künstliche, radioaktive Isotope bekannt.

Die Isotope des Quecksilbers (1995)

Isotop	Natürliche Häufigkeit n (%)	Zerfallsart					Halbwertszeit
		α	β^+	EC	γ	β^-	$T_{1/2}$
Hg 175		**x**					ca. 20 ms
Hg 176		**x**					34 ms
Hg 177		**x**		**x**			0,17 s
Hg 178		**x**		**x**			0,26 s
Hg 179		**x**		**x**			1,09 s
Hg 180		**x**		**x**	x		2,56 s
Hg 181		**x**		**x**	x		3,6 s
Hg 182		**x**		**x**	x		10,8 s
Hg 183		**x**	x	x	x		8,8 s
Hg 184		x	**x**	**x**	x		30,6 s
Hg 185*		**x**	x	x	x		49 s
Hg 185 m*		x	x	x	**x**		21 s
Hg 186		x	**x**	**x**	x		1,4 m
Hg 187*		x		**x**	x		2,2 m
Hg 187*		x		**x**	x		2,4 m
Hg 188		x		**x**	x		3,25 m
Hg 189*			**x**	**x**	x		7,7 m
Hg 189*			**x**	**x**	x		8,7 m
Hg 190				**x**	**x**		20,0 m
Hg 191*				**x**	x		ca. 50 m
Hg 191*			**x**	**x**	x		50,8 m
Hg 192				**x**	x		4,9 h
Hg 193*				**x**	x		3,5 h
Hg 193 m*			x	x	**x**		11,1 h
Hg 194				**x**			520 a
Hg 195*				**x**	x		9,5 h
Hg 195 m*				x	**x**		40 h
Hg 196	**0,15**						
Hg 197*				**x**	x		64,1 h
Hg 197 m*				x	**x**		22,8 h
Hg 198	**9,97**						
Hg 199*	**16,87**						
Hg 199 m*					**x**		42,6 m
Hg 200	**23,10**						
Hg 201	**13,18**						
Hg 202	**29,86**						
Hg 203					x	**x**	46,59 d
Hg 204	**6,87**						
Hg 205					x	**x**	5,2 m
Hg 206					x	**x**	8,15 m
Hg 207					x	**x**	2,9 m
Hg 208					x	**x**	ca. 42 m

(* isomere Atomkerne; m* markiert jeweils einen metastabilen Zustand)

Die Hg-Isotope haben allgemein kurze Halbwertszeiten, die leichteren Isotope A < 198 zerfallen zum Teil durch α-Strahlung in Pt-Isotope und durch β^+-Strahlung und Elektronen-Einfang (EC) in Au-Isotope, die schwereren A > 202 zerfallen durch β^--Strahlung in Tl-Isotope.
Die meisten Hg-Isotope wurden durch Spallationsreaktionen beim Protonenbeschuß von Gold erzeugt. $^{197}_{80}Hg$, $^{197m}_{80}Hg$, $^{203}_{80}Hg$ und $^{205}_{80}Hg$ entstehen durch $^{A}_{80}Hg$ (n, γ) $^{A+1}_{80}Hg$-Reaktionen. Die Isotope $^{197}_{80}Hg$ (EC | 0,602 MeV; γ | 0,2 MeV) und $^{203}_{80}Hg$ (β^- | 0,495 MeV; γ | 0,279 MeV) werden als radioaktive Indikatoren, Tracer, in der Technik und in der Medizin verwendet, $^{205}_{80}Hg$ findet Anwendung in der Aktivierungsanalyse. Die beiden stabilen Isotope $^{199}_{80}Hg$ und $^{201}_{80}Hg$ der Kernspinzahlen 1/2– bzw. 3/2– und kernmagnetischen Momenten +0,5059 bzw. –0,5602 dienen zum NMR-spektroskopischen Nachweis; NMR-Frequenz (bei 2,3488 T) 17,827 · 10^6 s^{-1} bzw. 6,599 · 10^6 s^{-1}; Referenz $Hg(CH_3)_2$. Die γ-Strahlung des Isotops $^{203}_{80}Hg$ wird in der γ-Spektrometrie zu Eichzwecken verwendet.

Chemische Eigenschaften

Quecksilber gehört zur sog. *Zinkgruppe*. Es befindet sich im PSE in der 12. Gruppe (IIB Nebengruppe) unter dem Cadmium Cd sowie in der 6. Periode zwischen Gold Au und Thallium Tl. Entsprechend seiner Stellung im PSE hat das freie, neutrale Hg-Atom im elektronischen Grundzustand folgende Elektronenstruktur:

$$1s^2\ 2s^2\ 2p^6\ 3s^2\ 3p^6\ 3d^{10}\ 4s^2\ 4p^6\ 4d^{10}\ 4f^{14}\ 5s^2\ 5p^6\ 5d^{10}\ 6s^2$$

Quecksilber besitzt demnach eine vollbesetzte, stabile 5d-Energiestufe und nur die beiden 6s-Elektronen als Valenzelektronen. Aus diesem Grunde kann das Metall in seinen Verbindungen nur die beiden Oxidationsstufen +I und +II bilden. Allerdings betätigt das Hg-Atom in der Oxidationsstufe +I beide Valenzelektronen, wobei eins für eine kovalente Bindung mit einem zweiten Hg-Atom verwendet wird, was zur Bildung eines zweiatomigen Kations führt: $[Hg - Hg]^{2+} \triangleq Hg_2^{2+}$
Die Verbindungen des einwertigen Quecksilbers sind demnach bimolekular z. B. Hg_2Cl_2, die des zweiwertigen monomolekular z. B. $HgCl_2$.
Die Normalpotentiale des Quecksilbers:

	+II		+I		0
			+0,8535 V (Hg²⁺ → Hg)		
Saure Lösung	Hg^{2+}	–0,911 V	Hg_2^{2+}	+0,796 V	Hg
Basische Lösung	HgO		+0,0977 V		Hg

Angesichts seiner positiven Normalpotentiale unterscheidet sich Quecksilber erheblich von seinem leichteren Homologen Zink und Cadmium und ist chemisch ein dem Silber ähnliches Edelmetall, was v. a. auf seine hohe Protonenzahl zurückzuführen ist. Reines Quecksilber ist bei gewöhnlicher Temperatur an Luft beständig, das unreine Metall überzieht sich langsam mit einer dünnen, dunkelgrauen Oxidhaut. Oberhalb 300 °C verbindet es sich mit molekularem Sauerstoff zu Quecksilber(II)-oxid, das aber bei steigender Temperatur wieder in die Elemente zerfällt:

$$2\,Hg + O_2 \underset{> 400\,°C}{\overset{> 300\,°C}{\rightleftharpoons}} 2\,HgO \qquad \Delta H = -181{,}8\ kJ$$

Quecksilber ist gegen Wasser, Salzlösungen, luftfreier Salzsäure und verd. Schwefelsäure beständig, löst sich jedoch in oxidierenden Säuren wie Salpetersäure und Königswasser sowie in konz. heißer Schwefelsäure. Mit den Halogenen und Schwefel verbindet sich Quecksilber leicht zu Halogeniden bzw. zum Sulfid:

$$Hg + Cl_2 \longrightarrow HgCl_2 \qquad \Delta H = -224{,}4\ kJ$$
$$Hg + S \longrightarrow HgS \qquad \Delta H = -58\ kJ$$

Die Kationen Hg^{2+} und Hg_2^{2+} sind farblos und diamagnetisch. Die meist farblosen, bis weißen Quecksilberverbindungen sind überwiegend sehr giftig. Das Acetat $Hg(COO–CH_3)_2$, das Cyanid $Hg(CN)_2$, die Nitrate $Hg_2(NO_3)_2 \cdot 2\,H_2O$ und $Hg(NO_3)_2\,{}^1\!/\!_2\,H_2O$, die Hg(II)-halogenide $HgCl_2$, HgF_2 sind in Wasser gut löslich, die Hg(I)-halogenide HgX (X = F, Cl. Br, I), die Oxide Hg_2O und HgO die Hg(I)- und Hg(II)-sulfide bzw. -sulfate u. a. sind in Wasser schwer bzw. nicht löslich.

Nachweis

- Erhitzen von Hg-Verbindungen zusammen mit Soda im Glührohr. An den kälteren Stellen des Rohres scheidet sich ein grauer Hg-Spiegel ab, der beim Verreiben mit Iod in gelbes bez. rotes Hg(II)-iodid übergeht. Abscheidung eines silberglänzenden Hg-Spiegels aus Hg(I)- oder Hg(II)-lösungen auf reinen Kupferflächen.
- Fällung als weißes schwer lösliches Hg(I)-chlorid aus einer Hg(I)-lösung mit verd. Salzsäure, das sich bei Übergießen mit Ammoniak tief schwarz färbt.
- Fällung von Hg^{2+}-Ionen aus salzsaurer Lösung mit Schwefelwasserstoff als rotes Hg(II)sulfid.
- Komplexometrisch mit EDTA, 2-Aminobenzoesäure, Thionalid, Dithizon, Diphenylcarbazon, 4-Methoxy-2-(thiazolyl-2-azo)-phenol, Natriumdiethyldithiocarbamat u. a.
- Spektralanalyse; wichtige Spektrallinien der neutralen Atome; 253,652 nm, 365,015 nm, 404,656 nm, 435,833 nm, 1013,975 nm.
- Atomabsorptionsspektrometrie (AAS) mittels der 253,562 Hauptlinie des Atomspektrums.
- Emissionsspektroskopie, Neutronenaktivierungsanalyse, Gaschromatographie, Massenspektroskopie u. a.

Verwendung

Die Hauptmenge des gewonnenen Quecksilbers wird in der chemischen Industrie als Kathodenmaterial bei der Alkalichlorid-Elektrolyse und zur Herstellung von Batterien verwendet. Daneben dient Quecksilber zur Herstellung fungizider und antiseptischer Quecksilberverbindungen, von Schutzfarben, quecksilberorganischer Verbindungen, Pharmaprodukten, von Amalgamen für die Zahnmedizin z. B.:

HgAg24Sn24CuZn: Hg 50%, Ag 24%, Sn 24%, Cu 1%, Zn 1%.
HgAg34Sn13CuZn: Hg 50%, Ag 34%, Sn 13%, Cu 1,5%, Zn 1,5%

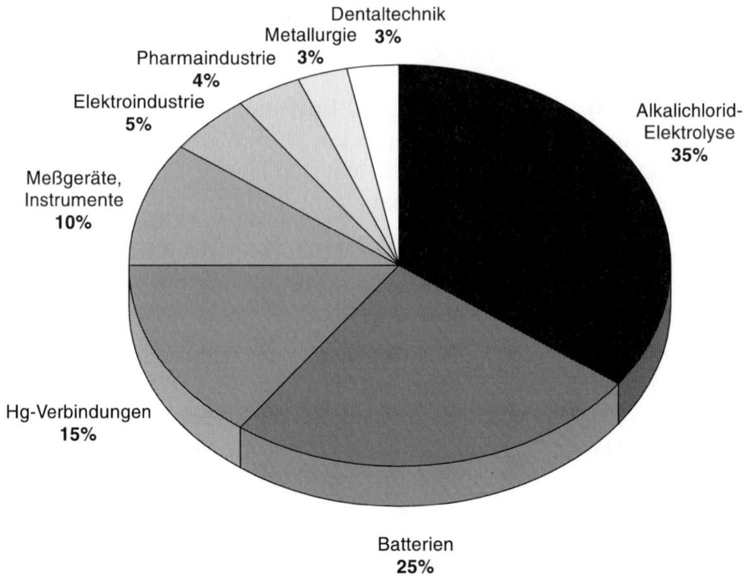

Abb. 65: Verbrauch von Quecksilber in Deutschland (rund 250 t/Jahr).

sowie von Amalgamen zur Trennung von Metallgemischen in der Metallurgie. In geringerem Maße findet Quecksilber Verwendung zur Herstellung von Thermometern, Barometern, Manometern, Thermostaten, Blutdruckmessern, elektrischen Relais, Diffusionspumpen, Gasanalyseapparaten, Gleichrichtern, Tropfelektroden, Quecksilberdampflampen bzw. Hochdrucklampen bis 10 MPa für die Straßenbeleuchtung und Niederdrucklampen bis 1 kPa als UV-Strahlungsquellen sog. *Quarzlampen*. Daneben ist es wichtig für den Bau von Standardelementen wie das *Weston-Element* (Hg-Cd-Zellen, Elektrolyt Cadmiumsulfatlösung; U = 1,01865 V bei 20 °C) und das *Quecksilberoxidelement* (Zn-HgO-Zelle, Elektrolyt Kalilauge; U = 1,35 V). Quecksilberverbindungen spielen eine wichtige Rolle als Holzschutzmittel, Schädlingsbekämpfungsmittel, Konservierungsmittel in der Papierindustrie, Saatbeizmittel, Katalysatoren in der organischen Synthese u. v. a.
Wegen der Giftigkeit der Quecksilberverbindungen sind quecksilberhaltige Pflanzenschutzmittel, Pestizide seit 1980 in Deutschland verboten.

Physiologie, Toxikologie

Quecksilber hat keine biologische Bedeutung für den menschlichen Organismus. Im Gegensatz zum flüssigen Metall sind Hg-Dämpfe ebenso wie zahlreiche Hg-Verbindungen extrem toxisch und wirken teratogen (R 22, R 23, R 26/27/28, R 33, S 1/2, S 7, S 13, S 28, S 44, S 45). Im menschlichen Körper sind nur wenige Mikrogramm des Elements hauptsächlich in Muskeln und Knochen zu finden. Über das Trinkwasser und die Nahrung, besonders Muscheln und Fische, werden dem Körper täglich bis zu 0,008 mg Hg zugeführt.

Die toxische Dosis beträgt 0,4 mg die letale Dosis zwischen 150–300 mg, ein MAK-Wert von 0,1 mg/m^3 wurde festgelegt. Quecksilbervergiftungen kommen durch Einatmen von Dämpfen des schon bei gewöhnlicher Temperatur flüchtigen Quecksilbers, Hg-haltigen Staub oder durch orale Aufnahme löslicher Hg-Verbindungen zustande, wobei das Quecksilber v. a. in der Leber, Niere, Milz und im Gehirn gespeichert wird. Die Giftwirkung beruht auf einer Zell- und Protoplasmaschädigung, die auf die Blockierung schwefelhaltiger Enzyme zurückzuführen ist. Akute Vergiftungen äußern sich durch Metallgeschmack im Mund, Kopfschmerzen, Tremor, Schwindel, Reizbarkeit, Seh-, Hör- und Sprachstörungen, vermehrter Speichelsekretion, Schleimhautverätzungen, schwere Magen- und Darmkoliken, Übelkeit, blutiger Brechdurchfall, Niereninuffizienz, Blutdruckabfall, Kollaps. Als erste Hilfe sollten Milch mit Eiereiweiß sowie Brechmittel verabreicht und Magenspülungen mit Tierkohlezusatz durchgeführt werden. Behandlung mit BAL u. a. Chelatbildnern. Chronische Vergiftungen, die meist als gewerbliche Vergiftungen auftreten, gehören zu den anzeigepflichtigen Berufskrankheiten. Sie treten bereits bei einer täglichen Aufnahme von nur 0,3 mg Hg auf und äußern sich zunächst durch Mattigkeit, Kopf- und Gliederschmerzen, Entzündung der Mundschleimhaut mit Zahnausfall, Ausbildung eines dunklen Quecksilbersaums am Zahnfleischrand, Erregbarkeit und Angst, Muskelzucken (Tremor mercuralis) sowie im späteren Verlauf Störungen des Zentralnervensystems mit Todesfolge (*Minamata-Krankheit*, nach der japanischen Stadt Minamata, wo 1953–1960 über 1200 Menschen durch Verzehr quecksilberhaltiger Fische schwer erkrankt sind, wobei 55 Todesfälle auftraten.)
Quecksilber und seine Verbindungen dürfen nicht in die Umwelt gelangen. Verschüttetes Quecksilber muß sofort mittels einer Quecksilberzange, durch Bestreuen mit Iodkohle oder durch Amalgamieren mit Zink- oder Kupferstaub beseitigt werden. Hg-haltige Geräte (Thermometer usw.), Leuchtstoffröhren, Batterien u. a. müssen durch gezielte Müllbeseitigung entsorgt und der Wiederverwendung zugeführt werden.
Die englische Redewendung *mad as a hatter* d. h. „verrückt wie ein Hutmacher" geht wahrscheinlich auf Vergiftungen mit Hg-Salzen zurück, die bei der Herstellung von Filz, aus dem die Hüte gefertigt werden, verwendet wurden.

Radium Ra

International (Lat.)	Radium
Englisch	Radium
Französisch	Radium
Spanisch	Radio
Italienisch	Radio
Griechisch	Ράδιο (Rádio)
Russisch	Радий (Radij)
Japanisch	ラジウム (rajiumu)

Atomare und physikalische Eigenschaften	T+
Protonenzahl **(Z)**	**88**
Standard-Atomgewicht (bezogen auf $^{12}C = 12$)	226,025402 [1)]
Effektive Kernladung	(Slater) 1,65
Elektronenkonfiguration	[Rn] $7s^2$
Grundzustand, Termsymbol	$^1S_0$
Metallatomradius	223 pm
Ionenradien (KZ 6;8;12)	$148^{2+}_{(6)}$ pm, $152^{2+}_{(8)}$ pm, $170^{2+}_{(12)}$ pm
Molares Volumen	$45{,}20 \cdot 10^{-6}\ m^3 \cdot mol^{-1}$
1.;2.;3.;4.;5. Ionisierungsenergie	5,2784 eV; 10,146 eV; 34,202 eV; 45,602 eV; 59,075 eV
Elektronegativität	(Allred/Rochow) 0,97; (Pauling) 0,89; (absolut) n. bek.
Elektronenaffinität Ra ⟶ Ra^- *	0,4 eV
Wirkungsquerschnitt für thermische Neutronen ($\sigma_{n,\gamma}$; $^{226}_{88}Ra$)	$13 \cdot 10^{-28}\ m^2$
Dichte (bei 20 °C)	$5500\ kg \cdot m^{-3}$ [a)]
Schmelztemperatur	700 °C (973,15 K)
Siedetemperatur	1140 °C (1413,15 K) [b)]
Spezifische Schmelzenthalpie	$31{,}65\ kJ \cdot kg^{-1}$ [c)]
Spezifische Verdampfungsenthalpie	$605{,}3\ kJ \cdot kg^{-1}$ [d)]
Spezifische Sublimations-/Atomisierungsenthalpie	$703{,}5\ kJ \cdot kg^{-1}$
Thermische Leitfähigkeit (bei 27 °C) *	$18{,}5\ W \cdot m^{-1} \cdot K^{-1}$
Thermischer Längenausdehnungskoeffizient (bei 25 °C)	$20{,}25 \cdot 10^{-6}\ K^{-1}$
Elektrische Leitfähigkeit (bei 0 °C)	$1{,}00 \cdot 10^6\ S \cdot m^{-1}$
Spezifischer elektrischer Widerstand (bei 0 °C)	$100 \cdot 10^{-8}\ \Omega \cdot m$
Normalpotential Ra/Ra^{2+}	–2,916 V
Hydratationsenthalpie Ra^{2+}	$-1231\ kJ \cdot mol^{-1}$
Bildungsenthalpie $RaCl_2$ (RaO)	$-859{,}1\ kJ \cdot mol^{-1}$ ($-523\ kJ \cdot mol^{-1}$)

1) Angegeben ist das Atomgewicht des Isotops mit der längsten Halbwertszeit $^{226}_{88}Ra$. Weitere Angaben: a) 5000 kg · m. b) 1530 °C und 1700 °C. c) $37{,}6\ kJ \cdot kg^{-1}$. d) $499{,}5\ kJ \cdot kg^{-1}$. * geschätzte Werte

Entdeckung

Radium wurde im Jahre 1898 von den französischen Physikern und Chemikern, dem Ehepaar Marie Curie (1867–1934) und Pierre Curie (1859–1906) in Paris, Frankreich, bei der Untersuchung der St. Joachimsthaler Pechblende aufgrund seiner intensiven α-Strahlung entdeckt und auf spektroskopischen Wege nachgewiesen. Nach mühsamer Aufarbeitung mehrerer t Pechblende-Rückständen gelang es ihnen etwa 100 mg Radiumbromid $RaBr_2$ zu isolieren. Das Element erhielt in Anlehnung an seine Radioaktivität den Namen „Radium“ mit dem chemischen Symbol „Ra“ (von lat. *radius*, d. h. „Strahl“). Reines Radium-Metall wurde 1910 von M. Curie und dem französischen Chemiker André Louis Debierne durch Elektrolyse einer Radiumchlorid-Lösung, unter Verwendung einer Quecksilberkathode über ein Amalgam, erstmals rein hergestellt. Noch im gleichen Jahr gelang Otto Hönigschmid (1878–1945) in Wien die Bestimmung des Atomgewichts des Elements. Bis 1914 wurden aus der St. Joachimsthaler Pechblende etwa 10 g Radium hergestellt. In den USA wurden bis 1936 rund 36 g Radium aus Carnotit gewonnen. Nach der Entdeckung der Pechblendevorkommen im damaligen Belgisch-Kongo und in Kanada erhöhte sich die Radium-Produktion und erreichten Mitte der 50er Jahre weltweit etwa 250 g/Jahr.

Vorkommen

Radium ist ein äußerst seltenes Element auf der Erde und steht mit einem geschätzten Massenanteil in der Erdhülle von $9{,}5 \cdot 10^{-11}$% zwischen Xenon und Protactinium an 84. Stelle der Elementhäufigkeit. Als Zwischenprodukt der natürlichen Zerfallsreihen tritt Radium in geringen Spuren in allen Uran- und Thoriumerzen auf. Das ermittelte Ra/U-Verhältnis liegt bei etwa 0,34 mg/kg bzw. für $MsTh_1$/Th bei 0,47 μg/kg, woraus sich für Radium in den obersten 16 km der Erdkruste eine Häufigkeit von rund $7 \cdot 10^{-8}$ g/t errechnen läßt. Da Uranerze normalerweise nur wenige hundert mg Uran/t enthalten, folgt, daß für die Gewinnung von 1 mg Radium rund 10 t Erz verarbeitet werden müssen. Das Radiumreichste Mineral ist die Pechblende bzw. Uranpecherz UO_2, gefolgt vom Carnotit $K_2[UO_2 \mid VO_4]_2 \cdot 3\ H_2O$, ein Uranglimmer. Die weitverstreuten Vorkommen von Uran- und Thoriumerzen haben eine beträchtliche Verbreitung natürlicher Radiumisotope sowohl in der Lithosphäre als auch in der Hydrosphäre und Biosphäre zur Folge. In den Flüssen und Meeren beträgt der Anteil an Radium durchschnittlich rund $2 \cdot 10^{-11}$ g $Ra^{(+II}$ pro m^3 Wasser, in Pflanzen rund $1 \cdot 10^{-11}$ g/kg Trockensubstanz und $1 \cdot 10^{-12}$ g/kg in Tieren. Die Hauptvorkommen von Radium-haltigen Mineralen liegen am großen Bärensee in Kanada; in Katanga, Kongo; in Colorado und Utah, USA; sowie in St. Joachimsthal/Jáchymov in Tschechien u. a.

Herstellung

Technisch wird Radium fast ausschließlich aus Pechblende hergestellt, in der etwa 0,14–0,35 g Ra pro Tonne Erz enthalten sind. Durch Zugabe von Bariumsalzen werden Radium und Barium als schwerlösliche Sulfate gefällt, in Bromide oder Chloride umgewandelt und durch fraktionierte Kristallisation getrennt. Das reine Metall erhält man durch Schmelzflußelektrolyse der Halogenide, wobei sich das Radium an einer Quecksilberkathode unter Bildung von Amalgam abscheidet, aus dem es durch Abdestillieren des Quecksilbers bei 500–700 °C in Wasserstoffatmosphäre isoliert wird. Das Metall kann auch aluminothermisch, bzw. durch Reduktion des Oxids mit Aluminium hergestellt werden.

Radium fällt heute hauptsächlich als Nebenprodukt der Uranerzeugung an. Die Weltproduktion an Radiumverbindungen liegt gegenwärtig bei etwa 150 g/Jahr. Der Bestand an verfügbaren Radiummetall beträgt weltweit etwa 5 kg.

Physikalische Eigenschaften

Radium ist ein hell-bläulichweiß, glänzendes, weiches, radioaktives Schwermetall, das sich an der Luft infolge Bildung einer Nitrid-Schicht rasch schwarz färbt. Es kristallisiert in kubisch raumzentriertem Gitter. Das Metall besitzt eine relativ geringe Schmelz- und Siedetemperatur, die thermische Leitfähigkeit beträgt 4,31% die elektrische 1,59% der des Silbers. Infolge der starken Strahlung leuchten Radium und Radiumpräparate im Dunkeln, in größeren Mengen auch bei Tageslicht.

Radiochemie

Radium kommt in der Natur als Gemisch aus vier Radioisotopen vor, die als kurzlebige Zwischenprodukte der radioaktiven Zerfallsreihen entstehen.

$^{223}_{88}Ra$, AcX;	*Uran-Actinium-Zerfallsreihe,*
$^{224}_{88}Ra$; ThX;	*Thorium-Zerfallsreihe*
$^{228}_{88}Ra$, $MsTh_1$;	*Thorium-Zerfallsreihe*
$^{226}_{88}Ra$	*Uran-Radium-Zerfallsreihe*

$^{225}_{88}Ra$ tritt in der künstlich erzeugten *Neptunium-Zerfallsreihe* auf.

Weitere 27 radioaktive Isotope wurden künstlich durch Beschuß von Thorium, Uran oder Blei mit beschleunigten Ionen, Deuteronen, α-Teilchen oder $^{12}_{6}C^{6+}$ hergestellt.
Die Ra-Isotope haben mit wenigen Ausnahmen kurze Halbwertszeiten. Die meisten Isotope zerfallen durch α-Strahlung in die entsprechenden Rn-Isotope, sechs zerfallen zusätzlich durch Elektronen-Einfang (EC) in Fr-Isotope, neun sind β^--Strahler und zerfallen in Ac-Isotope. Das langlebigste Isotop $^{226}_{88}Ra$ (α | 4,784 MeV; γ | 0,168 MeV) ist durch Beschuß mit schnellen Neutronen der Energie 23 MeV, Protonen oder Deuteronen spaltbar, es wird als radioaktiver Indikator (Tracer) hauptsächlich in der Medizin verwendet. Die maximale radiologische Aktivität bezogen auf das Radioisotop $^{226}_{88}Ra$ beträgt 3700 Bq für den menschlichen Körper, $14{,}8 \cdot 10^{-4}$ Bq/ml in wäßriger Lösung und 0,30 Bq/m^3 Luft.

Die alte Einheit der Aktivität einer radioaktiven Substanz **Curie (Ci)** ist historisch entstanden und entspricht der Anzahl der Zerfälle von 1 g $^{226}_{88}Ra$ bzw. $3{,}7 \cdot 10^{10}$ Zerfällen pro Sekunde. 1 Curie (Ci) = $3{,}7 \cdot 10^{10}\ s^{-1}$.

Die SI-Einheit der Aktivität ist das **Becquerel (Bq)** und entspricht einem Zerfall pro Sekunde.

$$\mathbf{1\ Bq = 1\ s^{-1}}$$

1 Ci = $3{,}7 \cdot 10^{10}$ Bq oder 1 Bq = $2{,}7 \cdot 10^{-11}$ Ci

Die Isotope des Radiums (1995)						
Isotop	Natürliche Häufigkeit n (%)	Zerfallsart				Halbwertszeit $T_{1/2}$
		α	EC	γ	$β^-$	
Ra 204		**x**				45 ms
Ra 205		**x**				0,22 ms
Ra 206		**x**				0,24 s
Ra 207*		**x**	**x**			1,3 s
Ra 207 m*		**x**		**x**		55 ms
Ra 208		**x**	x			1,3 s
Ra 209		**x**				4,6 s
Ra 210		**x**				3,7 s
Ra 211		**x**	**x**			13 s
Ra 212		**x**	**x**			13 s
Ra 213*		**x**	**x**	x		2,74 m
Ra 213 m*		x		**x**		2,1 ms
Ra 214		**x**	x			2,46 s
Ra 215		**x**				1,6 ms
Ra 216*		**x**				0,18 µs
Ra 216 m*		x		**x**		2,0 ns
Ra 217		**x**				1,6 ns
Ra 218		**x**				25,6 µs
Ra 219		**x**		x		10 ms
Ra 220		**x**		x		23 ms
Ra 221		**x**		x		28 s
Ra 222		**x**		x		38 s
Ra 223	**Spuren**	**x**		x		11,43 d
Ra 224	**Spuren**	**x**		x		3,66 d
Ra 225				x	**x**	14,8 d
Ra 226	**Spuren**	**x**		x		1600 a
Ra 227				x	**x**	42,2 m
Ra 228	**Spuren**			x	**x**	5,75 a
Ra 229				x	**x**	4,0 m
Ra 230				x	**x**	93 m
Ra 231				x	**x**	103 s
Ra 232				x	**x**	4,2 m
Ra 233					x	30 s
Ra 234					x	30 s

(* isomere Atomkerne; m* markiert jeweils einen metastabilen Zustand)

Einige nichtidentifizierte Isotope der Uran-Radium-Zerfallreihe wurden früher als Radium bezeichnet:

Radium A	(RaA)	für $^{218}_{84}Po$
Radium B	(RaB)	für $^{214}_{82}Pb$
Radium B'	(RaB')	für $^{218}_{85}At$
Radium C	(RaC)	für $^{214}_{83}Bi$
Radium C'	(RaC')	für $^{214}_{84}Po$

Radium C''	(RaC'')	für $^{210}_{81}Tl$
Radium D	(RaD)	für $^{210}_{82}Pb$
Radium E	(RaE)	für $^{210}_{83}Bi$
Radium E''	(RaE'')	für $^{206}_{81}Tl$
Radium F	(RaF)	für $^{210}_{84}Po$
Radium G	(RaG)	für $^{206}_{82}Pb$

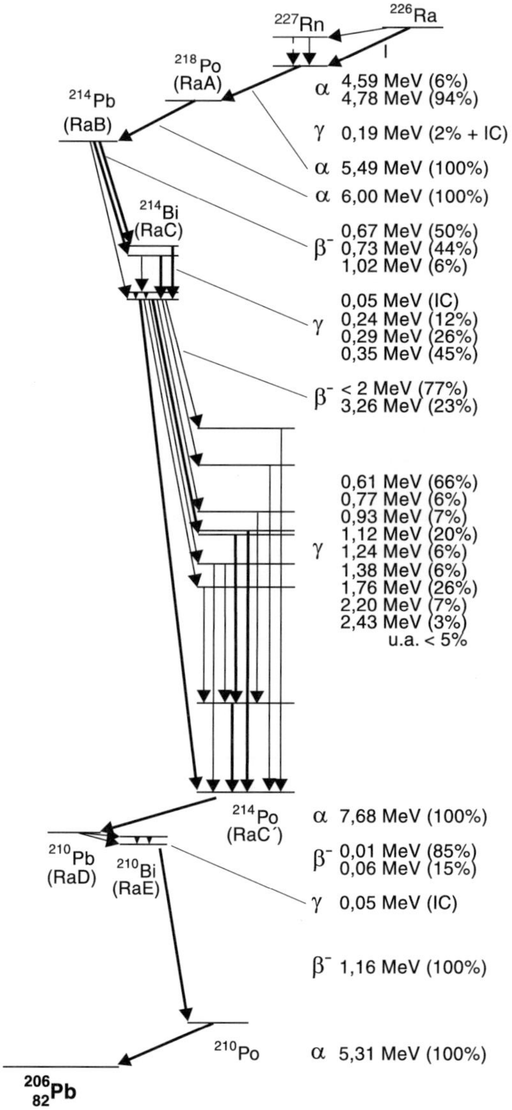

Abb. 66: Zerfallsschema des Isotops $^{226}_{88}Ra$.

Chemische Eigenschaften

Radium ist das letzte Element in der Gruppe der „Erdalkalimetalle". Es befindet sich im PSE in der 2. Gruppe (IIA Hauptgruppe) unter dem Barium Ba, sowie in der 7. Periode zwischen Francium Fr und Actinium Ac. Das freie, neutrale Ra-Atom besitzt im elektronischen Grundzustand folgende Elektronenkonfiguration:

$$1s^2\ 2s^2\ 2p^6\ 3s^2\ 3p^6\ 3d^{10}\ 4s^2\ 4p^6\ 4d^{10}\ 4f^{14}\ 5s^2\ 5p^6\ 5d^{10}\ 6s^2\ 6p^6\ 7s^2$$

Wie die leichteren Homologen seiner Gruppe bildet auch Radium in seinen Verbindungen ausschließlich die Oxidationsstufe +II, die durch Abgabe der beiden 7s-Elektronen erreicht wird. Die Normalpotentiale

+II		0
Ra^{2+}	$\xrightarrow{-2{,}916\ V}$	Ra
RaO	$\xrightarrow{-1{,}319\ V}$	Ra

weisen Radium als ein elektropositives sehr unedles Metall aus. Radium ähnelt in seinen chemischen Eigenschaften weitgehend dem Barium, ist aber noch reaktionsfreudiger als dieses. Es ist das am stärksten basische Element seiner Gruppe. Mit Wasser und Säuren reagiert es sehr heftig unter Wasserstoffentwicklung. Die flüchtigen Radiumverbindungen zeigen eine intensive karminrote Flammenfärbung. Die Löslichkeit seiner meist farblosen Verbindungen ist denen seiner leichteren Homologe sehr ähnlich. So sind das Chlorid, Bromid, Nitrat und Acetat in Wasser gut löslich, das Carbonat, Hydroxid, Oxid, Sulfat, Oxalat dagegen schwer bis unlöslich.

Nachweis

- Sowohl quantitativ als auch qualitativ über die emittierte α-Strahlung.
- Spektralanalyse; über die blaue 482,591 nm Spektrallinie des neutralen Atoms sowie 364,955 nm, 381,442 nm, 434,046 nm, 468,228 nm Hauptlinien des Spektrums der einfach positiven Ionen Ra^+.

Verwendung

Radium hat heute keine technische Bedeutung mehr. In der ersten Hälfte des 20. Jh. diente es v. a. zur Erforschung der Radioaktivität. Daneben wurde v. a. das Isotop $^{226}_{88}Ra$ in der Radiumtherapie zur Behandlung krebsartiger Geschwülste eingesetzt, das in Form von Radiumnadeln in unmittelbaren Kontakt mit dem Tumorgewebe gebracht wurde. Die medizinische Bedeutung ist jedoch mit der Herstellung leichter zugänglicher, künstlicher Radionuklide stark zurückgegangen. Stark verdünnte Radiumsalzlösungen wurden früher zur Behandlung von Gicht, Gelenk- und Muskelrheumatismus als Trinkkuren verordnet. Radium diente früher auch zur Herstellung von Leuchtstoffen für Leuchtzifferblätter und Kompassen, sowie für biologische Versuche.

Physiologie, Toxikologie

Radium hat keine biologische Bedeutung für den menschlichen Organismus, es ist aber aufgrund seiner Radioaktivität hochgiftig und stark kanzerogen. Es lagert sich wie Calcium und Strontium v. a. in den Knochen ab. Die biologische Halbwertszeit bezogen auf Knochen beträgt rund 45 Jahre, auf den gesamten Körper durchschnittlich ca. 3 Jahre.

Radon Rn

International (Lat.)	Radon	Italienisch	Radon, Emanazione
Englisch	Radon	Griechisch	Ραδόνιο (Radonio)
Französisch	Radon	Russisch	Радон (Radon)
Spanisch	Radón	Japanisch	ラドン (radon)

Atomare und physikalische Eigenschaften

 T 

Protonenzahl **(Z)**	**86**
Standard-Atomgewicht (bezogen auf $^{12}C = 12$)	222,017570 [1)]
Effektive Kernladung	(Slater) 8,25; (Clementi) 16,08; (Froese-Fischer) 20,84
Elektronenkonfiguration	[Xe] $4f^{14}$ $5d^{10}$ $6s^2$ $6p^6$
Grundzustand, Termsymbol	$^1S_0$
Molares Volumen (bei –62 °C)	$50{,}5 \cdot 10^{-6}$ m³ · mol⁻¹
1.;2.;3.;4.;5.;6.;7.;8 Ionisierungsenergie	10,747 eV; 21,4 eV; 29,4 eV; 43,8 eV; 55,05 eV; 67,12 eV; 96,995 eV; 110,98 eV
Elektronegativität	(Allred/Rochow) 2,40; (Pauling) n. bek.; (absolut) 5,10 eV
Elektronenaffinität Rn ⟶ Rn^- **	0,425 eV
Wirkungsquerschnitt für thermische Neutronen ($\sigma_{n,\gamma}$; $^{222}_{86}Rn$)	$0{,}74 \cdot 10^{-28}$ m²
Dichte; gasförmig (bei 0 °C, 101,325 kPa)	9,73 kg · m⁻³ [a)]
flüssig (bei –61,8 °C)	4400 kg · m⁻³
fest (bei –71,1 °C)	ca. 4000 kg · m⁻³
Schmelztemperatur	–71,1 °C (202,05 K)
Siedetemperatur	–61,8 °C (211,35 K) [b)]
Kritische Temperatur	104,5 °C (377,65 K)
Kritischer Druck	62,8 MPa
Kritische Dichte	1200 kg · m⁻³
Spezifische Schmelzenthalpie *	12,16 kJ · kg⁻¹
Spezifische Verdampfungsenthalpie *	81,53 kJ · kg⁻¹
Thermische Leitfähigkeit (bei 27 °C) *	0,00364 W · m⁻¹ · K⁻¹
Löslichkeit in Wasser (bei 20 °C)	230 cm³ Rn pro 1 kg H_2O

1) Angegeben ist das Atomgewicht des Isotops mit der längsten Halbwertszeit $^{222}_{86}Rn$.
Weitere Angaben: a) 9,23 kg · m⁻³. b) 61,8 °C. * geschätzte Werte, ** extrapolierte (berechnete) Werte.

Entdeckung

Kurz nach der Entdeckung des Radiums beobachteten die Eheleute Marie und Pierre Curie, daß aus der Umgebung von Radiumpräparaten eine intensive α-Strahlung ausgesandt wurde. Sie nannten diese Erscheinung *induzierte Radioaktivität.* 1899/1900 vermutete Ernst Dorn (1848–1916) in Halle, Deutschland, daß beim radioaktiven Zerfall des Radiums ein Gas bzw. *Emanation* ($^{222}_{86}Rn$) ausgesandt wird, das sich in der unmittelbaren

Umgebung niederschlägt. Zur gleichen Zeit entdeckten Sir Ernest Rutherford und Frederick Soddy in London ein ähnliches Gas beim Thorium ($^{220}_{86}Rn$; Thoron, Tn) sowie 1903 Friedrich Oskar Giesel in Braunschweig und 1905 A. L. Debierne in Paris, beim Actinium ($^{219}_{86}Rn$; Actinon, An). 1910 fand William Ramsay, daß es sich um ein neues Edelgas handelte, und schlug für dieses den Namen *Niton* mit dem chemischen Symbol Nt vor. 1934 wurde entsprechend der allgemeinen Nomenklatur der Edelgase der endgültige Namen „Radon“ (**Rad**ium + **on** = Radon) mit dem chemischen Symbol „Rn“ festgelegt.

Vorkommen

Radon gehört zu den seltensten Elementen auf der Erde. Sein Massenanteil in der Erdhülle wird auf $6{,}2 \cdot 10^{-16}\%$ geschätzt, womit das Element zwischen Polonium und Neptunium an 88. Stelle der Elementhäufigkeit steht. Radon findet sich in geringen Spuren in allen radioaktiven Mineralen, in denen es durch α-Zerfall aus Radium oder durch β^--Emission aus Astat entsteht. In äußerst geringen Spuren findet es sich in Gasen die u. a. in Höhlen mit radioaktiven Gewässern oder Quellwässern in der Nähe radioaktiver Lagerstätten vorkommen. Der mittlere Anteil von Radon im Meerwasser wird auf rund $1 \cdot 10^{-14}$ g $Rn^{(0)}/m^3$, die durchschnittliche Radon-Konzentration in der Atmosphäre auf $5{,}5 \cdot 10^{-18}\%$ geschätzt. Erhebliche Mengen Radon können bei Vulkanausbrüchen freigesetzt werden, wie im Fall der Eruption des Mount St. Helens im Mai 1980 bei dem eine Aktivität von etwa 10^{17} Bq frei wurde.

Herstellung

Radon erhält man am besten, indem man eine Radiumsalzlösung mehrere Wochen in einem verschlossenen Gefäß stehen läßt. Das durch den radioaktiven Zerfall gebildete gasförmige Radon wird anschließend abgepumpt.

Physikalische Eigenschaften

Radon ist ein farb-, geruch- und geschmackloses, einatomiges, radioaktives Gas. Es ist das schwerste aller Gase. Es ist in Wasser und organischen Lösungsmitteln gut löslich, z. B. bei 20 °C lösen sich in 1 l Wasser etwa 230 ml Radon. Das Gas wird von verschiedenen Oberflächen stark adsorbiert. Radon leuchtet im Dunkeln. In fester und flüssiger Form phosphoresziert Radon stahlblau und mit abnehmender Temperatur gelblich bis orangerot.

Radiochemie

Natürliches Radon besteht aus drei radioaktiven isotopen Isotopen, die als kurzlebige Zwischenprodukte der radioaktiven Zerfallsreihen von Actinium, Thorium und Uran entstehen und durch α-Zerfall in Polonium übergehen:

$^{219}_{86}Rn$; Actinium-Emanation oder „Actinon“, „An“; *Uran-Actinium-Zerfallsreihe*
$^{220}_{86}Rn$; Thorium-Emanation oder „Thoron“, „Tn“; *Thorium-Zerfallsreihe*
$^{222}_{86}Rn$; Radium-Emanation oder „Radon“, „Rn“; *Uran-Radium-Zerfallsreihe*

Durch verschiedene Kernreaktionen wurden weitere 29 künstliche, kurzlebige, radioaktive Rn-Isotope erzeugt.

Die Isotope des Radons (1995)

Isotop	Natürliche Häufigkeit n (%)	Zerfallsart					Halbwertszeit
		α	β^+	EC	γ	β^-	$T_{1/2}$
Rn 197*		x					51 ms
Rn 197*		x					18 ms
Rn 198		x			x		64 ms
Rn 199*		x		x			0,62 s
Rn 199*		x		x			0,32 s
Rn 200		x		x			1,06 s
Rn 201*		x		x			7,0 s
Rn 201*		x		x			3,8 s
Rn 202		x		x	x		9,85 s
Rn 203*		x		x			45 s
Rn 203*		x					28 s
Rn 204		x		x			1,24 m
Rn 205		x		x	x		2,83 m
Rn 206		x		x	x		5,67 s
Rn 207		x	x	x	x		9,3 m
Rn 208		x		x	x		24,4 m
Rn 209		x	x	x	x		28,5 m
Rn 210		x		x	x		2,4 h
Rn 211		x		x	x		14,6 h
Rn 212		x			x		24 m
Rn 213		x			x		25 ms
Rn 214*		x					0,27 µs
Rn 214 m*		x			x		0,7 ns
Rn 214 m*		x			x		6,5 ns
Rn 215		x					2,3 µs
Rn 216		x					45 µs
Rn 217		x					0,54 ms
Rn 218		x			x		35 ms
Rn 219	**Spuren**	x			x		3,96 s
Rn 220	**Spuren**	x			x		55,6 s
Rn 221		x			x	x	25 m
Rn 222	**Spuren**	x			x		3,825 d
Rn 223					x	x	23,2 m
Rn 224					x	x	1,78 h
Rn 225					x	x	4,5 m
Rn 226						x	7,4 m
Rn 227					x	x	22,5 s
Rn 228					x	x	65 s

(* isomere Atomkerne; m* markiert jeweils einen metastabilen Zustand)

Alle Rn-Isotope haben kurze Halbwertszeiten. Die leichteren Isotope A < 220 zerfallen durch α-Strahlung in die entsprechenden Po-Isotope einige auch durch β^+-Strahlung und Elektronen-Einfang (EC) in At-Isotope. Nur sieben Rn-Isotope sind β^--Strahler und verwandeln sich in Fr-Isotope. Das stabilste Isotop $^{222}_{86}Rn$ (α | 5,590 MeV; γ | 0,510 MeV) wird als radioaktiver Indikator (Tracer) in der Medizin verwendet. Die maximale radiologische Aktivität bezogen auf $^{222}_{86}Rn$ beträgt 370 Bq für den menschlichen Körper, 148 Bq/l in wäßriger Lösung und 3700 Bq/m³ Luft.

Chemische Eigenschaften

Radon ist das letzte Element der Gruppe der „Edelgase". Es befindet sich im PSE in der 18. Gruppe (VIIIA Hauptgruppe) unter dem Xenon Xe, sowie in der 6. Periode hinter Astat At. Das freie, neutrale Rn-Atom hat im elektronischen Grundzustand folgende Elektronenkonfiguration:

$$1s^2\ 2s^2\ 2p^6\ 3s^2\ 3p^6\ 3d^{10}\ 4s^2\ 4p^6\ 4d^{10}\ 4f^{14}\ 5s^2\ 5p^6\ 5d^{10}\ 6s^2\ 6p^6$$

Angesichts der abgeschlossene äußeren Elektronenschale (K-Schale) ist Radon wie alle Edelgase ein chemisch sehr reaktionsträges Element, das jedoch unter bestimmten Bedingungen mit Fluor reagiert. So bildet es z. B. bei 400 °C ein sehr stabiles Fluorid RnF_2. Der Nachweis von Radonverbindungen ist allerdings, wie auch bei Xenonverbindungen, sehr schwierig, da die beim α-Zerfall des Radons freiwerdende Energie, die Analyse erheblich erschwert. Obwohl Radon von allen Edelgasen die niedrigste Ionisierungsenergie besitzt, konnten aufgrund der kurzen Halbwertszeiten seiner Isotope bisher nur einige wenige Verbindungen nachgewiesen werden.
Von Radon sind einige Fluorverbindungen wie z. B. das Radon(II)-fluorid RnF_2, sowie Fluorokomplexe der Form $RnF^+[SbF_6]^-$bekannt. Wie die anderen Edelgase bildet auch Radon Clathrate sogenannte Einschlußverbindungen, wie z. B. ein Hydrat der Form $Rn \cdot 6\,H_2O$ und wahrscheinlich auch ähnliche Verbindungen mit Phenol $Rn \cdot 2\,C_6H_5OH$, p-Chlorphenol $Rn \cdot 3\,C_6H_4ClOH$ u. a.

Nachweis

- Nach gaschromatographischer Abtrennung des Radons aus Gasgemischen erfolgt der Nachweis über Strahlung und die Halbwertszeit der Isotope.
- Spektralanalyse; wichtige Sprektrallinien der neutralen Atome; 434,960 nm, 705,542 nm, 726,811 nm, 745,000 nm, 780,982 nm, 809,951 nm, 827,096 nm, 860,008 nm.

Verwendung

Radon findet zur Zeit nur wenig Verwendung, wie z. B. zur Messung der Durchgangszeiten von Gasen in Hochöfen, zur Prüfung unterirdischer Gasleitungen auf undichte Stellen, zu Füllstandskontrollen, Dickenmessungen und in der Radiochemie zur Bestimmung von Radium bzw. als Thoron zur Bestimmung von Thorium, u. a. Im Gemisch mit

Leichtmetallen vor allem mit Beryllium stellt Radon eine gute Neutronenquelle dar. Große Bedeutung hat Radon in der Medizin bei der Krebsbehandlung, der sog. *Curietherapie*. Da die meisten Krebszellen, wie alle jugendlichen Gewebe strahlenanfälliger als die normalen Körperzellen sind, werden nur diese von der Strahlung zerstört. Radonhaltige Quellwässer eignen sich als Heilmittel bei Rheuma, Gicht, Ischias u. a. Die sogenannte *Emanationstherapie* ist eine Bade-, Trink- oder Inhalationsbehandlung mit radioaktiven Gasen, meist mit Radon, die aus einer in Quellen oder Heilschlamm enthaltenden radioaktiven Muttersubstanz austreten wie z. B. in Bad Gastein, Karlsbad, Ischia (Italien) u. a.

Physiologie, Toxikologie

Radon ist ein stark radioaktives Gas. Es ist wie alle radioaktiven Stoffe hochgiftig und krebserregend. Daher sollten Dauerbelastungen durch Radon enthaltende Gase (z. B. bei Arbeiten in Bergwerken, Aufbereitungsanlagen, Laboratorien u. a.) vermieden werden, da einerseits das lösliche Radon von den Körperflüssigkeiten gut aufgenommen wird, andererseits die Radonnuklide in den Zerfallsreihen zu stark strahlenden Zerfallsprodukten wie Polonium-, Blei- und Bismutisotopen umgewandelt werden, die zu Strahlenschäden führen.

Rhenium Re

International (Lat.)	Rhenium	Italienisch	Renio
Englisch	Rhenum	Griechisch	Ρήνιο (Rinio)
Französisch	Rhénium	Russisch	Рений (Rjänij)
Spanisch	Renio	Japanisch	レニウム (reniumu)

Atomare und physikalische Eigenschaften	
Protonenzahl **(Z)**	**75**
Standard-Atomgewicht (bezogen auf ^{12}C = 12)	186,207 (±1)
Effektive Kernladung	(Slater) 3,60; (Clementi) 10,12; (Froese-Fischer) 14,62
Elektronenkonfiguration	[Xe] $4f^{14}\ 5d^5\ 6s^2$
Grundzustand, Termsymbol	$^6S_{5/2}$
Metallatomradius (KZ 12)	137,2 pm
Kovalenzradius (Einfachbindung)	128,3 pm
Ionenradien (KZ 6; 12)	$63^{4+}_{(6)}$ pm, $72^{4+}_{(12)}$ pm, $58^{5+}_{(6)}$ pm, $55^{6+}_{(6)}$ pm, $53^{7+}_{(6)}$ pm
Molares Volumen	$8,86 \cdot 10^{-6}\ m^3 \cdot mol^{-1}$
1.;2.;3.;4.;5.;6.;7 Ionisierungsenergie	7,8767 eV; 16,058 eV; 26,014 eV; 37,725 eV; 50,784 eV; 64,894 eV; 78,035 eV
Elektronegativität	(Allred/Rochow) 1,46; (Pauling) 1,90; (absolut) 4,02 eV
Elektronenaffinität Re ⟶ Re^-	0,145 eV
Wirkungsquerschnitt für thermische Neutronen ($\sigma_{n,\gamma}$)	$90 \cdot 10^{-28}\ m^2$
Dichte (bei 20 °C)	$21\,040\ kg \cdot m^{-3}$ a)
Härte (Mohs)	7–8
Schmelztemperatur	3180 °C (3453,15 K) b)
Siedetemperatur	5630 °C (5903,15 K) c)
Spezifische Schmelzenthalpie	$182,6\ kJ \cdot kg^{-1}$ d)
Spezifische Verdampfungsenthalpie	$3780,9\ kJ \cdot kg^{-1}$ e)
Spezifische Sublimationsenthalpie (einatomiges Gas)	$4136,95\ kJ \cdot kg^{-1}$
Spezifische Atomisierungsenthalpie	$4183,67\ kJ \cdot kg^{-1}$
Spezifische Wärmekapazität (bei 20 °C)	$0,137\ kJ \cdot kg^{-1} \cdot K^{-1}$
Debye-Temperatur	157 °C (430,15 K)
Thermische Leitfähigkeit (bei 27 °C)	$47,9\ W \cdot m^{-1} \cdot K^{-1}$
Termischer Längenausdehnungskoeffizient (bei 25 °C)	$6,63 \cdot 10^{-6}\ K^{-1}$ f)
Elektrische Leitfähigkeit (bei 20 °C)	$5,17 \cdot 10^6\ S \cdot m^{-1}$
Spezifischer elektrischer Widerstand (bei 20 °C)	$19,32 \cdot 10^{-8}\ \Omega \cdot m$
Temperaturkoeffizient (bei 20 °C)	$3,1 \cdot 10^{-3}\ K^{-1}$
Supraleitung; Sprungtemperatur	–271,453 °C (1,697 K)
Spezifische magnetische Suszeptibilität	$+4,56 \cdot 10^{-9}\ m^3 \cdot kg^{-1}$
Hall-Koeffizient	$+3,15 \cdot 10^{-10}\ m^3 \cdot A^{-1} \cdot s^{-1}$
Normalpotential Re/ReO_2	+0,259 V
Bildungsenthalpie ReO_3 (Re_2O_7)	$-605,4\ kJ \cdot mol^{-1}$ ($-1241\ kJ \cdot mol^{-1}$)

Weitere Angaben: a) $20\,530\ kg \cdot m^{-3}$, $(21\,000 \ldots 21\,040)\ kg \cdot m^{-3}$. b) 3186 °C. c) 5650 °C, 5870 °C, 5900 °C, d) $178\ kJ \cdot kg^{-1}$. e) $3797\ kJ \cdot kg^{-1}$. f) $6,2 \cdot 10^{-6}\ K^{-1}$.

Entdeckung

Rhenium wurde im Jahre 1925 von den deutschen Chemikern, den Eheleuten Ida Eva Noddack-Tacke (1896–1978) und Walter Karl Friedrich Noddack (1893–1960) unter Mitarbeit von O. Berg im physikalischen Laboratorium der Firma Siemens & Halske AG in Berlin, Deutschland, in den Mineralen Columbit und Tantalit röntgenspektroskopisch nachgewiesen. Das Element 75 erhielt den Namen „Rhenium“ mit dem chemischen Symbol „Re“ von „Rhenus“, der lat. Bezeichnung des „Rheins“. 1926 isolierten die Eheleute Noddack erstmals 2 mg reines Rheniummetall und 1928 gelang ihnen aus 660 kg norwegischen Molybdänglanz MoS_2 1 g nahezu reines Rhenium herzustellen. Das erste industrielle Verfahren zur Herstellung von Rhenium aus den Hüttenrückständen des Mansfelder Kupferschiefers, entwickelte W. Feit 1929, wodurch der Preis für 1 g Rhenium von 50 000 Mark in zwei Jahren auf 8 Mark fiel.

Vorkommen

Rhenium ist ein sehr seltenes Element und steht mit einem berechneten Massenanteil in der Erdhülle von $1 \cdot 10^{-7}$% zwischen Helium und Rhodium an 79. Stelle der Elementhäufigkeit. In der Erdkruste bis 16 km Tiefe ist es mit etwa 0,7 mg/t Gestein vertreten, in Eisenmeteoriten mit ca. 85 mg/t. Im Meerwasser beträgt sein Anteil durchschnittlich 4 µg $Re^{(+III)}/m^3$, die Verweilzeit ist nicht bekannt. Rhenium tritt nie elementar auf. Reine Rheniumminerale sind nicht bekannt, das Metall findet sich jedoch in sehr geringen Konzentrationen weit verbreitet in vielen Mineralen wie z. B. im Columbit, Gadolinit, Alvit, in einigen Mangan-, Platin- und Uranerzen sowie im Mansfelder Kupferschiefer. Relativ reich an Rhenium ist Molybdänglanz MoS_2 in dem das Metall durch isomorphen Einbau bis zu 0,20 kg/t angereichert sein kann. Die bekannten, abbauwürdigen Rhenium-Reserven liegen weltweit bei etwa 100 000 t. Die größten Vorkommen mit etwa 85% der Weltreserven, liegen entlang des westlichen Küstenstreifens des amerikanischen Kontinents. Die Häufigkeit des Elements auf der Sonne beträgt ca. 1,5 Atome Rhenium pro $1 \cdot 10^{12}$ Atome Wasserstoff, die kosmische Häufigkeit wird auf 0,135 Atome Rhenium pro $1 \cdot 10^6$ Atome Silicium geschätzt.

Herstellung

Rhenium erhält man heute hauptsächlich als Nebenprodukt der Molybdängewinnung. Es gelangt beim Abrösten von Molybdänglanz als Re_2O_7 in den Flugstaub, aus dem es ausgewaschen und mit Wasserstoff zu metallischen Rhenium reduziert wird. Nach einem anderen Verfahren wird das Hepta-Oxid in Halogenide oder Halogenkomplexe wie $(NH_4)_2[ReCl_6]$ überführt, aus denen das Metall durch thermische Zersetzung oder elektrolytisch gewonnen wird. Häufig wird Rhenium durch Reduktion von Kaliumperrhenat mit Wasserstoff hergestellt:

$$2\,KReO_4 + 7\,H_2 \longrightarrow 2\,Re + 2\,KOH + 6\,H_2O$$

Große Bedeutung kommt dem Recycling aus inaktiven sog. *Rheniformkatalysatoren* der Petrochemie zu. Die Weltproduktion von Rhenium liegt bei etwa 25 t/Jahr, die Hauptproduzenten sind USA, Kanada, Deutschlend, Rußland, VR China u. a. Bis Ende dieses Jahrtausends rechnet man mit einem jährlichen Bedarf von etwa 300 t Rhenium.

Physikalische Eigenschaften

Rhenium ist in reinem Zustand ein helles, silbergraues, glänzendes, sehr hartes, nur bei Rotglut walzbares Schwermetall von sehr hoher Dichte. Es kristallisiert in hexagonal dichtester Kugelpackung. Das Metall ist paramagnetisch und hat nach Kohlenstoff bzw. Graphit oder Diamant und Wolfram die höchste Schmelztemperatur bzw. nach Wolfram die höchste Siedetemperatur aller Elemente. Die thermische Leitfähigkeit beträgt 11,16%, die elektrische 8,22% der des Silbers. Unterhalb –271,453 °C (1,697 K) ist das Metall supraleitend, die kritische Feldstärke beträgt (15 915,50 ± 398) A · m^{-1}. Die Austrittsarbeit für Elektronen im Vakuum beträgt ca. 5,2 eV (T, F).

Radiochemie

Natürliches Rhenium besteht aus einem stabilen und einem sehr langlebigen radioaktiven Isotop, daneben sind weitere 31 künstliche Radioisotope bekannt.

Die Isotope des Rheniums (1995)

Isotop	Natürliche Häufigkeit n (%)	Zerfallsart						Halbwertszeit $T_{1/2}$
		p	α	β^+	EC	γ	β^-	
Re 160		x	x					0,79 ms
Re 161			x					10 ms
Re 162			x		x			0,10 s
Re 163			x		x			0,26 s
Re 164			x		x			0,88 s
Re 165			x		x			2,4 s
Re 166			x	x	x	x		2,1 s
Re 167*			x		x	x		6,2 s
Re 167*			x					3,4 s
Re 168			x	x	x	x		4,4 s
Re 169*			x					16,3 s
Re 169*			x	x	x	x		8,1 s
Re 170				x		x		9,2 s
Re 171				x		x		15,2 s
Re 172*				x		x		15 s
Re 172*				x		x		55 s
Re 173				x		x		2,0 m
Re 174				x		x		2,4 m
Re 175				x		x		5,9 m
Re 176				x	x	x		5,3 m
Re 177					x	x		14 m
Re 178				x	x	x		13,2 m

(* isomere Atomkerne)

Die Isotope des Rheniums (1995)

Isotop	Natürliche Häufigkeit n (%)	Zerfallsart						Halbwertszeit $T_{1/2}$
		p	α	β^+	EC	γ	β^-	
Re 179				x	x	x		19,7 m
Re 180				x	x	x		2,43 m
Re 181					x	x		20 h
Re 182*					x	x		64 h
Re 182*				x	x	x		13 h
Re 183					x	x		71 d
Re 184*					x	x		38 d
Re 184 m*					x	x		169 d
Re 185	**37,40**							
Re 186*					x	x	x	89,25 h
Re 186 m*						x		$2 \cdot 10^5$ a
Re 187	**62,60**						x	$5 \cdot 10^{10}$ a
Re 188*						x	x	16,98 h
Re 188 m*						x		18,6 m
Re 189						x	x	24,3 h
Re 190*						x	x	3,1 m
Re 190*						x	x	3,0 h
Re 191							x	9,8 m
Re 192						x	x	16 s

(* isomere Atomkerne; m* markiert jeweils einen metastabilen Zustand)

Die Re-Isotope werden allgemein durch Bestrahlung von Iridium, Osmium, oder Rhenium mit Neutronen in Kernreaktoren, durch Beschuß von Wolfram oder Rhenium mit hochbeschleunigten Protonen bzw. durch Beschuß von Wolfram oder Thorium mit He-Kernen oder Deuteronen erzeugt. Ihre Halbwertszeiten sind allgemein kurz, die leichteren Isotope $A < 187$ zerfallen durch α-Strahlung in Ta-Isotope oder gehen durch Elektronen-Einfang bzw. β^+-Strahlung in W-Isotope über. Die schwereren Isotope $A > 187$ verwandeln sich durch β^--Emission in die entsprechenden Os-Isotope. Die Isotope $^{183}_{75}$Re (EC; $\gamma | 0{,}250$ MeV), $^{186}_{75}$Re ($\beta^- | 1{,}071$ MeV; EC; γ) und $^{188}_{75}$Re ($\beta^- | 2{,}10$ MeV; $\gamma | 0{,}633$ MeV) werden als radioaktive Indikatoren (Tracer) verwendet. $^{183}_{75}$Re entsteht in der Reaktion $^{183}_{74}W(^2_1H, 2n)\,^{183}_{75}Re$ während $^{186}_{75}$Re in den Reaktionen $^{186}_{74}W(^1_1H, n)$ bzw. $^{185}_{75}Re\,(n, \gamma)\,^{186}_{75}Re$ erzeugt wird. Die natürlichen Isotope $^{185}_{75}$Re und $^{187}_{75}$Re der Kernspinzahl 5/2+ und kernmagnetischen Momenten +3,172 bzw. +3,2197 dienen zum NMR-spektroskopischen Nachweis; NMR-Frequenz (bei 2,3488 T) $22{,}513 \cdot 10^6\ s^{-1}$ bzw. $22{,}744 \cdot 10^6\ s^{-1}$; Referenz $NaReO_4$ (aq). Die maximal zulässige radiologische Aktivität bezogen auf $^{183}_{75}$Re beträgt $136{,}9 \cdot 10^4$ Bq für den menschlichen Körper, $33{,}5 \cdot 10^2$ Bq/ml in wäßriger Lösung und $33{,}4 \cdot 10^4\ Bq/m^3$ Luft.

Chemische Eigenschaften

Rhenium ist das letzte Element der sog. *Mangangruppe*. Es befindet sich im PSE in der 7. Gruppe (VIIB Nebengruppe) unter dem Technetium Tc, sowie in der 6. Periode zwischen Wolfram W und Osmium Os. Entsprechend seiner Stellung im PSE hat das freie, neutrale Re-Atom im elektronischen Grundzustand folgende Elektronenkonfiguration:

$$1s^2\ 2s^2\ 2p^6\ 3s^2\ 3p^6\ 3d^{10}\ 4s^2\ 4p^6\ 4d^{10}\ 4f^{14}\ 5s^2\ 5p^6\ 5d^5\ 6s^2$$

Als typisches Übergangsmetall bildet Rhenium in seinen Verbindungen fast alle Oxidationsstufen von –III bis +VII. Die niederen Oxidationsstufen sind relativ instabil, die höheren dagegen bedeutend beständiger, die wichtigsten sind die Stufen +IV ([Xe] $4f^{14}\,5d^3$) und +VII ([Xe] $4f^{14}$).
Die Normalpotentiale des Rheniums:

+VII +VI +IV +III 0 –I

Saure Lösung

$$ReO_4^- \xrightarrow{+0{,}768\ V} ReO_3 \xrightarrow{+0{,}63\ V} ReO_2 \xrightarrow{+0{,}259\ V} Re \xrightarrow{+0{,}11\ V} Re^-$$

$$ReO_4^- \xrightarrow{+0{,}368\ V} Re$$

Basische Lösung

$$ReO_4^- \xrightarrow{-0{,}890\ V} ReO_3 \xrightarrow{-0{,}446\ V} ReO_2 \cdot 2\,H_2O \xrightarrow{-1{,}25\ V} Re_2O_3 \xrightarrow{+0{,}333\ V} Re$$

$$ReO_4^- \xrightarrow{-0{,}594\ V} ReO_2 \cdot 2\,H_2O \qquad ReO_2 \cdot 2\,H_2O \xrightarrow{-0{,}564\ V} Re$$

Rhenium ist chemisch dem Mangan sehr ähnlich, es ist jedoch viel edler als dieses und wird oft als Edelmetall eingestuft. An der Luft verändert es sich nicht und ist gegen Wasser und nichtoxidierende Säuren sehr beständig. Rhenium löst sich leicht in Salpetersäure und konz. Schwefelsäure, von oxidierenden Alkalischmelzen z. B. Kaliumhydroxid wird es in grüne Rhenate(VI), $M^I_2ReO_4$ übergeführt.
Beim Erhitzen im Luftstrom bildet sich oberhalb 1000 °C das hellgelbe Re(VII)-oxid, im molekularen Sauerstoff verbrennt es bereits ab 400 °C zu Re_2O_7:

$$4\,Re + 7O_2 \longrightarrow 2\,Re_2O_7 \qquad \Delta H = -2482\ kJ$$

Re(VII)-oxid löst sich leicht in Wasser unter Bildung der farblosen Perrheniumsäure:

$$Re_2O_7 + H_2O \longrightarrow 2\,HReO_4$$

Feuchtes Rheniumpulver wird bereits bei Zimmertemperatur langsam zur Perrheniumsäure oxidiert. Durch Neutralisation der Perrheniumsäure mit Hydroxiden bilden sich Perrhenate:

$$HReO_4 + NaOH \longrightarrow NaReO_4 + H_2O$$

Oberhalb 400 °C reagiert Rhenium mit Fluor zu ReF_6 und mit Chlor zu $ReCl_5$. Rheniumverbindungen sind meist farbig. Bekannt sind verschiedene Halogenide der allg. Formel ReX_{2-7} (X = F, Cl, Br, I), mehrere Oxide $Re_2O_3 \cdot 3\,H_2O$, ReO_2, Re_2O_5, ReO_3, Re_2O_7, die Perrheniumnsäure $HReO_4$ oder $Re_2O_7 \cdot (H_2O)_2$, verschiedene Rhenate wie Rhenate(IV), Rhenite $M^I_2ReO_3$, Rhenate(VI), Rhenate $M^I_2ReO_4$ und Rhenate(VII), Perrhenate $M^I\,ReO_4$, die Salze der Perrheniumsäure u. a.

Nachweis

- Flammenfärbung; Rhenium färbt die Flamme des Bunsenbrenners fahlgrün.
- Fällung als Re(VII)-sulfid aus stark saurer Lösung das mit Sauerstoff in das flüchtige Re_2O_7 überführt wird. Durch Lösen in Wasser erhält man Perrheniumsäure, die charakteristisch kristallisierende, blaßgelbe Salze bildet.
- Mit $SnCl_2$ und NH_4SCN, Nitron, Diphenylcarbazid, Dimethylglyoxim u. a. Oxime.
- Spektralanalyse; wichtige Spektrallinien der neutralen Atome sind: 200,353 nm, 204,908 nm, 345,188 nm, 346,046 nm, 346,473 nm, 488,917 nm, u. a.
- Atomabsorptionsspektrometrie (AAS) mittels der 346,046 nm Hauptlinie des Atomspektrums.

Verwendung

Reines Rhenium wird zur Herstellung hochwertiger Spiegel von großer chemischer Beständigkeit und hohem Reflexionsvermögen verwendet. Wegen seiner hohen Schmelztemperatur und seines relativ hohen spezifsichen Widerstandes eignet sich das Metall vor allem zur Herstellung von Thermoelementen, Heizwendeln, verschleißfesten Elektrokontakten sowie als Lampenglühdraht und Glühkathoden in Elektronenröhren und Röntgenröhren. Ferner dient Rhenium als Material für Elektroden, Elektronikbauteilen, für Füllfederspitzen sowie für galvanische Überzüge für Schmuckwaren. Rheniumzusätze zu Platin-, Molybdän-, Wolfram- u. a. Legierungen verbessern die mechanischen Eigenschaften, erhöhen die Korrosions- und Temperaturbeständigkeit und eignen sich daher v. a. als Werkstoffe zum Bau von Turbinen sowie für die Raketen- und Raumfahrttechnik. Rhenium-Platin-Legierungen werden als sog. Bimetall-Reformierkatalysatoren für Hydrierungs-, Hydrocracking- und Reforming-Prozesse in der Erdölindustrie, sog. *Rheniforming*, zur Herstellung von Benzin und BTX-Aromaten (**BTX**-Abkürzung für die Aromaten **B**enzol, **T**oluol und **X**ylol) eingesetzt. Metallisches Rhenium und Re-Mo-Legierungen werden in der Supraleittechnik verwendet.
Zur Altersbestimmung von Meteoriten sowie Molybdän- oder Osmium-haltiger Minerale wird die Rhenium-Osmium-Methode herangezogen, die auf den β^--Zerfall des $^{187}_{75}Re$ in das stabile Os-Isotop $^{187}_{76}Os$ beruht.

Physiologie, Toxikologie

Rhenium hat keine biologische Bedeutung für den menschlichen Organismus. Das Element wird als gering toxisch eingestuft, Toxizitätswerte sind nicht bekannt. Die toxikologischen Eigenschaften der Rheniumverbindungen sind noch nicht ausreichend untersucht.

Rhodium Rh

International (Lat.)	Rhodium	Italienisch	Rodio
Englisch	Rhodium	Griechisch	Ρόδιο (Rodio)
Französisch	Rhodium	Russisch	Родий (Rodij)
Spanisch	Rodio	Japanisch	ロジウム (rojiumu)

Atomare und physikalische Eigenschaften

Protonenzahl **(Z)**	**45**
Standard-Atomgewicht (bezogen auf $^{12}C = 12$)	102,90550 (±3)
Effektive Kernladung	(Slater) 3,90; (Clementi) 7,64; (Froese-Fischer) 10,85
Elektronenkonfiguration	[Kr] $4d^8\ 5s^1$
Grundzustand, Termsymbol	$^4F_{9/2}$
Metallatomradius (KZ 12)	134,5 pm
Kovalenzradius (Einfachbindung)	125 pm
Ionenradien (KZ 6;12)	$86^{2+}_{(12)}$ pm, $68^{3+}_{(6)}$ pm, $75^{3+}_{(12)}$ pm; $62^{4+}_{(6)}$ pm, $55{,}5^{5+}_{(6)}$ pm
Molares Volumen	$8{,}29 \cdot 10^{-6}\ m^3 \cdot mol^{-1}$
1.;2.;3.;4.;5. Ionisieruingsenergie	7,4622 eV; 18,075 eV; 31,061 eV; 45,602 eV; 67,367 eV
Elektronegativität	(Allred/Rochow) 1,45; (Pauling) 2,28; (absolut) 4,30 eV
Elektronenaffinität $Rh \longrightarrow Rh^-$	1,136 eV
Wirkungsquerschnitt für thermische Neutronen ($\sigma_{n,\gamma}$)	$145 \cdot 10^{-28}\ m^2$
Dichte (bei 20 °C)	$12410\ kg \cdot m^{-3}$ a)
Härte (geglüht)	(Mohs) 6; (Brinell) $54 \cdot 10^7$ Pa
Elastizitätsmodul (geglüht)	$27{,}5 \cdot 10^{10}$ Pa
Schmelztemperatur	1966 °C (2239,15 K) b)
Siedetemperatur	3730 °C (4003,15 K) c)
Spezifische Schmelzenthalpie	$209{,}9\ kJ \cdot kg^{-1}$ d)
Spezifische Verdampfungsenthalpie	$4814{,}4\ kJ \cdot kg^{-1}$
Spezifische Sublimationsenthalpie (einatomiges Gas)	$5403{,}3\ kJ \cdot kg^{-1}$
Spezifische Wärmekapazität (bei 25 °C)	$0{,}243\ kJ \cdot kg^{-1} \cdot K^{-1}$
Debye-Temperatur	207 °C (480,15 K)
Thermische Leitfähigkeit (bei 27 °C)	$150\ W \cdot m^{-1} \cdot K^{-1}$
Thermischer Längenausdehnungskoeffizient	$8{,}40 \cdot 10^{-6}\ K^{-1}$ e)
Thermospannung (Δt =100 K/ Pt; Cu)	+0,65 mV; –0,10 mV
Elektrische Leitfähigkeit (bei 20 °C)	$22{,}17 \cdot 10^6\ S \cdot m^{-1}$
Spezifischer elektrischer Widerstand (bei 20 °C)	$4{,}51 \cdot 10^{-8}\ \Omega \cdot m$
Temperaturkoeffizient (bei 20 °C)	$4{,}57 \cdot 10^{-3}\ K^{-1}$
Spezifische magnetische Suszeptibilität	$+13{,}6 \cdot 10^{-9}\ m^3 \cdot kg^{-1}$
Hall-Koeffizient (Rh 99,5 %)	$+0{,}505 \cdot 10^{-10}\ m^3 \cdot A^{-1} \cdot s^{-1}$
Normalpotential Rh/Rh^{3+}	+0,758 V
Hydratationsenthalpie Rh^{2+}	$-203\ kJ \cdot mol^{-1}$
Bildungsenthalpie $RhCl_3$ (RhO)	$-2994\ kJ \cdot mol^{-1}$ ($-90{,}9\ kJ \cdot mol^{-1}$)

Weitere Angaben: a) $12\,390\ kg \cdot m^{-3}$, $12\,400\ kg \cdot m^{-3}$. b) 1960 °C und 1970 °C. c) 3670 °C und 3760 °C. d) $218\ kJ \cdot kg^{-1}$. e) $8{,}2 \cdot 10^{-6}\ K^{-1}$.

Entdeckung

Rhodium wurde im Jahre 1803 von dem englischen Forscher und Chemiker William Hyde Wollaston (1766–1828) in London, Großbritannien, in den in Königswasser unlöslichen Rückständen des Rohplatins entdeckt. Nach Abtrennung der restlichen Platinmetalle erhielt er nach Behandlung des Rückstandes mit Alkohol tiefrote Kristalle des Ammonium-Hexachlororhodat(III) $(NH_4)_3[RhCl_6]$ aus dem er durch Glühen im Wasserstoffstrom das neue Metall isolierte. Wegen der rosenroten Farbe vieler Rhodiumverbindungen erhielt das Metall den Namen „Rhodium" [von griech.: ϱόδον (rhódon) d. h. „Rose" oder ϱοδοεις (rhodeis) d. h. „rosenrot"]. Das chemische Symbol „Rh" wurde 1814 von J. J. Berzelius vorgeschlagen.

Vorkommen

Rhodium ist das seltenste Element aller Platinmetalle und steht mit einem geschätzten Massenanteil von $1 \cdot 10^{-7}$% in der Erdhülle zwischen Rhenium und Iridium an 80. Stelle der Elementhäufigkeit. In der bis 16 km tiefen Erdkruste ist es nur mit etwa 0,1 mg/t vertreten, während sein Anteil in Eisenmeteoriten mit 4,1 g/t bedeutend größer ist. Der Anteil von Rhodium im Meerwasser ist nicht bekannt er ist aber sehr gering. Rhodium kommt in der Natur nur gediegen und stets vergesellschaftet mit den anderen Platinmetallen vor. Rhodiumminerale sind nicht bekannt. Elementares Rhodium findet man in geringeren Mengen von 0,50–4,50% als Begleitsubstanz in einigen Platinerzen, in Iridosmium meist bis zu 4,60% und in mexikanischem Gold in seltenen Fällen sogar bis zu 42%. Hauptvorkommen sind die Kupfer- und Nickelerze in der Republik Südafrika, in Sudbury, Ontario, Kanada; Sibirien, Rußland u. a. Die Rhodium-Reserven werden weltweit auf etwa 5000 t geschätzt. Die Häufigkeit des Elements auf der Sonne beträgt ca. 25 Atome Rhodium pro $1 \cdot 10^{12}$ Atome Wasserstoff, die kosmische Häufigkeit schätzt man auf 0,21 Atome Rhodium pro $1 \cdot 10^6$ Atome Silicium.

Herstellung

Nach Behandlung des Rohplatins mit Königswasser, verbleibt Rhodium zusammen mit Osmium, Iridium, Ruthenium und Silber im unlöslichen Rückstand. Zur Abtrennung des Rhodiums von den anderen Metallen wird dieses über zahlreiche Zwischenstufen in Hexachlororhodium(III)-säure überführt die mit Natriumnitrid und Ammoniumchlorid beim Auslaugen mit Salzsäure in das schwer lösliche Komplexsalz Ammonium-hexachlororhodat(III) $(NH_4)_3[RhCl_6]$ übergeht, aus dem das Metall durch Glühen im Wasserstoffstrom gewonnen wird (Abb. 67). Die Weltproduktion an Rhodium ist sehr gering, durchschnittlich werden weltweit jährlich etwa 5–6 t Rhodium produziert. Der Preis für 1 kg Rhodium liegt z. Z. bei rund 10 000 $ bzw. ca. 17 550 DM.

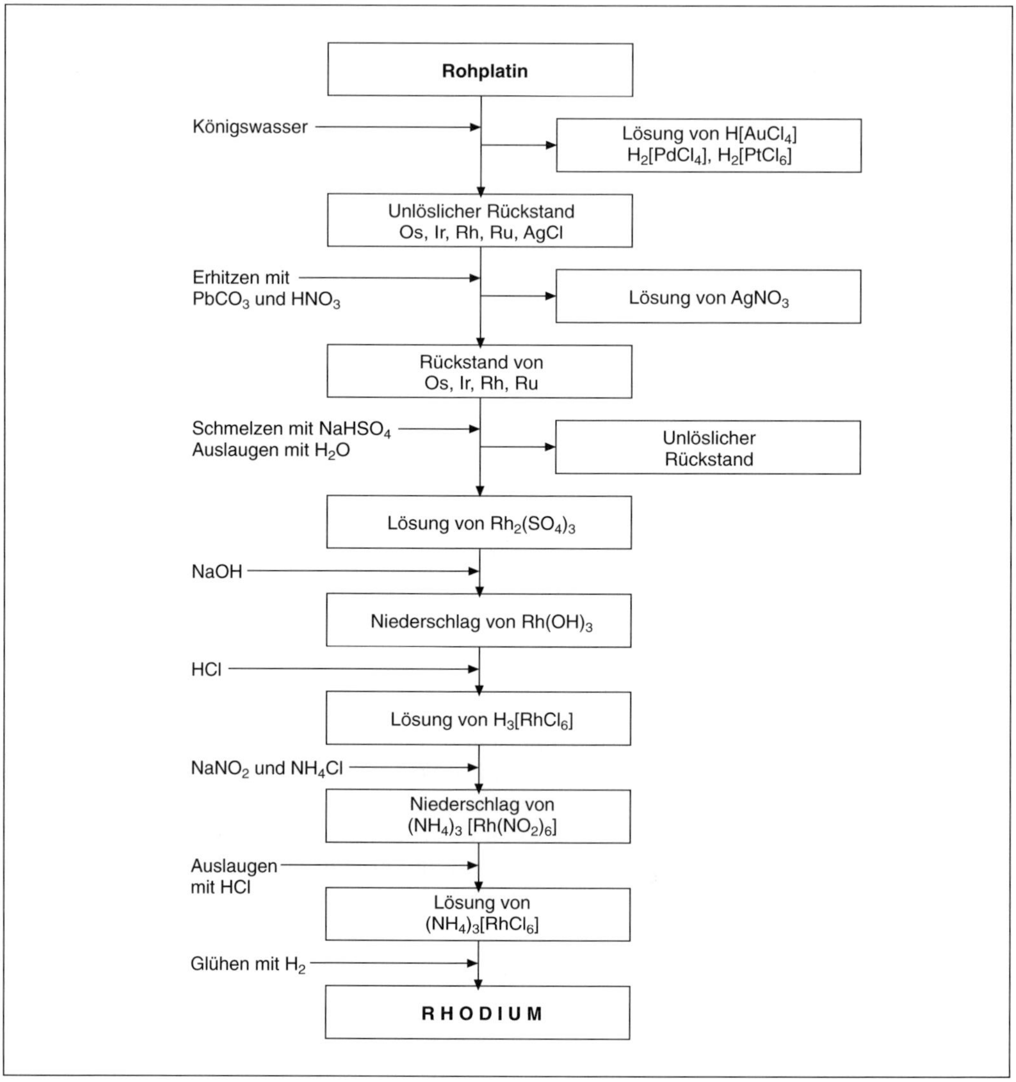

Abb. 67: Fließschema zur Herstellung von Rhodium.

Physikalische Eigenschaften

Rhodium ist ein silberweißes, glänzendes, zähes, dehnbares und gut hämmerbares Schwermetall. Es ist härter als Nickel, Vanadium oder Cobalt aber weicher als Iridium und Osmium. Das Metall existiert in zwei allotropen Modifikationen, bei niedrigen Temperaturen bildet es ein kubisch raumzentriertes Gitter α-Rhodium, bei höheren Temperaturen kristallisiert es in kubisch flächenzentrierter Gitterstruktur (dichteste Kugelpakkung) β-Rhodium. Rhodium hat sehr gutes Reflexionsvermögen. Das Metall ist paramagnetisch, besitzt eine relativ hohe Schmelz- und Siedetemperatur, es ist im Lichtbogen destillierbar. Die thermische Leitfähigkeit beträgt 34,96%, die elektrische 35,25% der des Silbers. Die Austrittsarbeit für Elektronen im Vakuum beträgt 4,98 eV (P).

Radiochemie

Rhodium ist ein anisotopes Element, es kommt in der Natur nur in Form eines einzigen stabilen Isotops vor. Daneben sind 32 künstliche, radioaktive Isotope bekannt.

Die Isotope des Rhodiums (1995)

Isotop	Natürliche Häufigkeit n (%)	Zerfallsart					Halbwertszeit
		p	β^+	EC	γ	β^-	$T_{1/2}$
Rh 89		x					n.bek.
Rh 90			x				n.bek.
Rh 91			x				n.bek.
Rh 92			x				n.bek.
Rh 93			x				n.bek.
Rh 94*			x		x		25,8 s
Rh 94*			x		x		70,6 s
Rh 95*			x		x		5,0 m
Rh 95 m*			x		x		1,96 m
Rh 96*			x		x		9,9 m
Rh 96 m*			x		x		1,5 m
Rh 97*			x		x		31 m
Rh 97*			x	x	x		44 m
Rh 98*			x		x		8,7 m
Rh 98*			x		x		3,5 m
Rh 99*			x	x	x		16 d
Rh 99*			x	x	x		4,7 h
Rh 100*			x	x	x		20,8 h
Rh 100 m*			x		x		4,7 m
Rh 101*				x	x		3,3 a
Rh 101 m*				x	x		4,4 d
Rh 102*			x	x	x	x	207 d
Rh 102*				x	x		2,9 a
Rh 103*	**100**						
Rh 103 m*					x		56,1 m
Rh 104*				x	x	x	42 s
Rh 104 m*					x	x	4,4 m
Rh 105*					x	x	35,4 h
Rh 105 m*					x		45 s
Rh 106*					x	x	30 s
Rh 106*					x	x	2,2 h
Rh 107					x	x	21,7 m
Rh 108*					x	x	16,8 s
Rh 108*					x	x	5,9 m

(* isomere Atomkerne; m* markiert jeweils einen metastabilen Zustand)

Die Isotope des Rhodiums (1995)								
Isotop	Natürliche Häufigkeit n (%)	Zerfallsart					Halbwertszeit
		p	β^+	EC	γ	β^-	$T_{1/2}$
Rh 109					x	**x**	80 s
Rh 110*					x	**x**	3,3 s
Rh 110*					x	**x**	27,7 s
Rh 111					x	**x**	11 s
Rh 112*					x	**x**	2,1 s
Rh 112*					x	**x**	6,0 s
Rh 113					x	**x**	2,80 s
Rh 114					x	**x**	1,85 s
Rh 115					x	**x**	0,99 s
Rh 116*					x	**x**	0,9 s
Rh 116*					x	**x**	0,68 s
Rh 117					x	**x**	0,44 s
Rh 118						x	n.bek.
Rh 119						x	n.bek.
Rh 120						x	n.bek.
Rh 121						x	n.bek.

(* isomere Atomkerne)

Die Radioisotope des Rhodiums haben allgemein kurze Halbwertszeiten. Die leichteren Isotope A < 103 zerfallen durch β^+-Strahlung oder Elektronen-Einfang (EC) in die entsprechenden Ru-Isotope, die schwereren A > 103 zerfallen durch β^--Strahlung in Pd-Isotope. Die meisten Rh-Isotope werden durch Bestrahlung von Ru-Isotopen mit beschleunigten He-Kernen, Protonen oder Deuteronen erzeugt. Die schwereren Isotope A > 104 sind Spaltprodukte. Rh-Isotope sind in beträchtlichen Mengen in verbrauchten Uranbrennelementen enthalten, ihre Gewinnung ist aber z. Z. noch viel zu kostspielig. Das Isotop $^{105}_{45}Rh$ (β^-|0,57 MeV; γ|0,320 MeV) wird als radioaktiver Indikator (Tracer) verwendet, das stabile Isotop $^{103}_{45}Rh$ der Kernspinzahl 1/2– und kernmagnetischen Moment –0,0884 dient zum NMR-spektroskopischen Nachweis; NMR-Frequenz (bei 2,3488 T) $3{,}172 \cdot 10^6\ s^{-1}$; Referenz mer-$[RhCl_3(SMe_2)_3]$. Die maximal zulässige radiologische Aktivität bezogen auf das Radioisotop $^{105}_{45}Rh$ beträgt 740 Bq/ml in wäßriger Lösung bzw. $1 \cdot 10^4\ Bq/m^3$ Luft.

Chemische Eigenschaften

Rhodium gehört zur Gruppe der leichten Platinmetalle und bildet zusammen mit Iridium die sog. *Iridiumgruppe*. Es befindet sich im PSE in der 9. Gruppe (VIII Nebengruppe), zwischen Cobalt Co und Iridium Ir, sowie in der 5. Periode zwischen Ruthenium Ru und Palladium Pd. Entsprechend seiner Stellung im PSe hat das freie, neutrale Rh-Atom im elektronischen Grundzustand folgende Elektronenkonfiguration:

$$1s^2\ 2s^2\ 2p^6\ 3s^2\ 3p^6\ 3d^{10}\ 4s^2\ 4p^6\ 4d^8\ 5s^1$$

Als typisches Übergangsmetall bildet Rhodium in seinen Verbindungen fast alle Oxidationsstufen von –I bis +V, von denen die Stufen +I und +III die wichtigsten und beständigsten sind.
Die Normalpotentiale des Rhodiums sind:

	+VI		+IV		+III		+II		0
Saure Lösung	RhO_4^{2-}	+2,01 V	RhO_2	+1,41 V	Rh^{3+}	+1,2 V	Rh^{2+}	+0,6 V	Rh
					Rh^{3+} → Rh: +0,758 V				

Entsprechend seiner positiven Normalpotentiale ist Rhodium ein Edelmetall und ist wie alle Platinmetalle chemisch sehr beständig. Rhodium wird in kompakter Form von keiner Säure, auch nicht von Königswasser angegriffen, es ist aber aufschließbar mit $K_2S_2O_7$ sowie in Cyanid-, Alkali- und Sodaschmelzen. In feinstverteilter Form *Rhodiummohr* löst es sich in Salzsäure/Cl, Schwefelsäure oder Königswasser. Bei Rotglut oberhalb 600 °C reagiert es mit molekularem Sauerstoff zu Rh(III)-oxid

$$4\,Rh + 3\,O_2 \longrightarrow 2\,Rh_2O_3 \qquad \Delta H = -594\ kJ$$

und mit molekularem Chlor zu Rh(III)-chlorid:

$$2\,Rh + 3\,Cl_2 \longrightarrow 2\,RhCl_3 \qquad \Delta H = -5988\ kJ$$

Geschmolzenes Rhodium löst Sauerstoff und gibt diesen beim Erstarren unter „Spratzen" wieder ab. Rhodiumverbindungen sind vielfarbig meist rot bis dunkelrot und schwarz, sie sind in Wasser allgemein nicht löslich. Bekannt sind zahlreiche Halogenide der allg. Formeln RhX_{2-6} (X = F, Cl), Oxide RhO, Rh_2O_3, RhO_4, das Nitrat $Rh(NO_3)_3$ sowie zahlreiche Komplexe wie z. B. oktaedrische Rh(III)-komplexe, quadratisch-planare Rh(I)-komplexe, Fluorokomplexe u. v. a.

Nachweis

- Fällung der schwerlöslischen Rhodiumamminkomplexe (Rhodiake), wie z. B. $[RhCl(NH_3)_5]Cl_2$, oder Ammoniumkomplexe, wie z. B. $(NH_4)_3[RhCl_6]$.
- Über die charakteristischen Reaktionen mit verschiedenen Reagenzien wie PAN, Natrium-N, N-diethyldithiocarbamat, Thionalid u. a.
- Spektralanalyse; wichtige Spektrallinien der neutralen Atome sind: 343,489 nm, 350,252 nm, 352,802 nm, 365,799 nm, 369,236 nm, 370,091 nm u. a.
- Atomabsorptionsspektrometrie (AAS) mittels der 343,489 nm Hauptlinie des Atomspektrums.

Verwendung

In der Technik wird Rhodium vor allem in Form von Platin-Rhodium-Legierungen (90% Pt, 10% Rh) zur Herstellung von Katalysatornetzen für die Ammoniakoxidation bei der Salpetersäureherstellung verwendet. Daneben findet das Metall Anwendung in der Photographie, bei der Herstellung von Autoabgaskatalysatoren, von Pt/Rh-Pt Thermoelementen (Pt/Rh-Pluspol, Pt-Minuspol) u. a. Wegen seines hohen Reflexionsvermögens, seiner chemischen Beständigkeit und seiner Härte wird Rhodium für galvanotechnische Beschichtungen *Rhodinieren* hochwertiger Spiegel z. B. Reflektoren für Spiegelteleskope, Ohren- und Augenspiegel, für elektrische Kontakte sowie für dekorative Zwecke zur Beschichtung von Schmuck, Uhrengehäusen, Brillen u. a. verwendet. Weißgold wird meistens rhodiniert.

Physiologie, Toxikologie

Rhodium hat keine biologische Bedeutung für den menschlichen Organismus, es wirkt vermutlich kanzerogen. Das Element gilt als gering toxisch, Toxizitätswerte sind nicht bekannt. Für Rhodiumverbindungen wurde ein MAK von 0,001 mg/m^3, bezogen auf Rhodium-Metall, festgelegt.

Rubidium Rb

International (Lat.)	Rubidium	Italienisch	Rubidio
Englisch	Rubidium	Griechisch	Ρουβίδιο (Rouvidio)
Französisch	Rubidium	Russisch	Рубидий (Rubidij)
Spanisch	Rubidio	Japanisch	ルビジウム (rubijiumu)

Atomare und physikalische Eigenschaften F+ C

Protonenzahl **(Z)**	**37**
Standard-Atomgewicht (bezogen auf ^{12}C = 12)	85,4678 (±3)
Effektive Kernladung	(Slater) 2,20; (Clementi) 4,98; (Froese-Fischer) 6,66
Elektronenkonfiguration	[Kr] $5s^1$
Grundzustand, Termsymbol	$^2S_{1/2}$
Metallatomradius/Kovalenzradius (Einfachbindung)	247,5 pm [a)] / 216 pm
Van-der-Waals-Radius	244 pm
Ionenradien (KZ 6;8)	$152^{+}_{(6)}$ pm, $161{,}5^{+}_{(8)}$ pm
Molares Volumen	$55{,}79 \cdot 10^{-6}$ $m^3 \cdot mol^{-1}$
1.;2.;3.;4.;5. Ionisierungsenergie	4,1762 eV; 27,278 eV; 40,420 eV; 52,670 eV; 70,994 eV
Elektronegativität	(Allred/Rochow) 0,89; (Pauling) 0,82; (absolut) 2,34 eV
Elektronenaffinität Rb ⟶ Rb^-	–0,486 eV
Wirkungsquerschnitt für thermische Neutronen ($\sigma_{n,\gamma}$)	$0{,}40 \cdot 10^{-28}$ m^2
Dichte (bei 20 °C)	1530 kg · m^{-3} [b)]
Härte (Mohs)	0,3
Schmelztemperatur	38,89 °C (312,04 K)
Siedetemperatur	688 °C (961,15 K)
Spezifische Schmelzenthalpie	25,74 kJ · kg^{-1}
Spezifische Verdampfungsenthalpie	809,64 kJ · kg^{-1} [c)]
Spezifische Sublimationsenthalpie (einatomiges Gas)	1029,6 kJ · kg^{-1}
Spezifische Atomisierungsenthalpie	982,8 kJ · kg^{-1}
Spezifische Wärmekapazität (bei 25 °C)	0,363 kJ · $kg^{-1} \cdot K^{-1}$
Debye-Temperatur	–217 °C (56,15 K)
Thermische Leitfähigkeit (bei 27 °C)	58,2 W · $m^{-1} \cdot K^{-1}$
Thermischer Längenausdehnungskoeffizient (bei 25 °C)	$90 \cdot 10^{-6}$ K^{-1}
Elektrische Leitfähigkeit (bei 20 °C)	$8{,}00 \cdot 10^6$ S · m^{-1}
Spezifischer elektrischer Widerstand (bei 20 °C)	$12{,}50 \cdot 10^{-8}$ Ω · m
Spezifische magnetische Suszeptibilität	$+2{,}495 \cdot 10^{-9}$ $m^3 \cdot kg^{-1}$
Hall-Koeffizient	$-4{,}2 \cdot 10^{-10}$ $m^3 \cdot A^{-1} \cdot s^{-1}$
Elektrochemisches Äquivalent Rb^+	$0{,}8858 \cdot 10^{-6}$ kg · $A^{-1} \cdot s^{-1}$
Normalpotential Rb/Rb^+	–2,925 V
Hydratat.-Radius (Hydratat.–Zahl)	228 pm (10)
Hydratationsenthalpie Rb^+	–281 kJ · mol^{-1}
Bildungsenthalpie RbH (RbCl; Rb_2O)	–54,34 kJ · mol^{-1} (–430,86 kJ · mol^{-1}; –330,3 kJ · mol^{-1})

Weitere Angaben: a) 148 pm. b) 1520 kg · m^{-3}. c) 880 kJ · kg^{-1} und 889 kJ · kg^{-1}.

Entdeckung

Rubidium wurde im Jahre 1861 von dem deutschen Chemiker Robert Wilhelm Bunsen (1811–1899) und dem deutschen Physiker Gustav Robert Kirchhoff (1824–1887), bei der spektralanalytischen Untersuchung von Proben des Minerals Lepidolith an der Universität in Heidelberg, Deutschland, entdeckt. Bei der Aufarbeitung von 44200 l der Sole des Maxbrunnens in Bad Dürkheim konnte Bunsen neben etwa 7,5 g CsCl auch ca. 9 g RbCl isolieren. Wegen der charakteristischen dunkelroten Farbe seiner Spektrallinien erhielt das neue Element den Namen „Rubidium" mit dem chemischen Symbol „Rb" (von lat.: *rubidus* d. h. „dunkelrot"). Elementares Rubidium erhielt Bunsen erstmals 1863 durch Schmelzflußelektrolyse des Chlorids.

Vorkommen

Rubidium gehört zu den weniger häufigen Elementen auf der Erde. Mit einem berechneten Massenanteil von $2{,}9 \cdot 10^{-3}$% in der Erdhülle steht es zwischen Zinn und Yttrium an 31. Stelle der Elementhäufigkeit. In der bis 16 km tiefen Erdkruste ist es mit ca. 90 g/t Krustengestein vertreten, dies entspricht etwa der Häufigkeit von Nickel. Im Meerwasser beträgt sein Anteil 0,12 g Rb^+/m^3, bei einer Verweilzeit von ca. 800000 Jahren. Rubidium kommt in der Natur nur in gebundener Form, in geringen Konzentrationen, immer zusammen mit Caesium und den anderen Alkalimetallen vor. Den höchsten Gehalt an Rubidiumverbindungen bis zu ca. 1% besitzen Minerale vulkanischen Ursprungs wie z. B. der in Manitoba, Kanada vorkommende Lepidolith, der sogar bis 3,5% Rb_2O enthält, sowie Pollucit, Carnallit u. a., die jedoch unter 0,01% Rubidium enthalten. In Spuren kommt Rubidium auch in einigen Mineralwässern wie z. B. in Bad Dürkheim, Baden-Baden, Wildbad im Schwarzwald, Bad Kissingen, Bad Kreuznach, Bad Nauheim u. a. vor. Obwohl Rubidium häufiger vorkommt als so bekannte Metalle wie Zink, Kupfer u. a. ist es viel schwieriger zu gewinnen, da es sehr weit verbreitet ist und kaum in größeren Mengen angereichert, vorkommt. Durch Düngemittel gelangen neben Kaliumsalzen auch beträchtliche Mengen Rubidium-Salze in den Boden, wo sie von den Pflanzen aufgenommen werden. Rubidiumreich sind vor allem Zuckerrüben, Tabak, Kreuzblütler und Pilze. Die Rubidium-Reserven sind nicht bekannt. Die Häufigkeit des Elements auf der Sonne beträgt etwa 400 Atome Rubidium pro $1 \cdot 10^{12}$ Atome Wasserstoff, die kosmische Häufigkeit wird auf 6,5 Atome Rubidium pro $1 \cdot 10^6$ Atome Silicium geschätzt.

Herstellung

Rubidium wird hauptsächlich aus dem Mineral Lepidolith hergestellt aus dem man bei der Verarbeitung ein Gemisch aus Cs_2CO_3, K_2CO_3 und Rb_2CO_3 dem sog. *Alkarb* erhält. Aus dem Gemisch wird das Rubidium durch fraktionierte Kristallisation abgetrennt. Rubidiummetall erhält man durch metallothermische Reduktion des Chlorids oder Carbonats mit Calcium im Vakuum oder mit Magnesium im Wasserstoffstrom:

$$2\,RbCl + Ca \text{ bzw. } (Mg) \longrightarrow 2\,Rb + CaCl_2 \text{ bzw. } (MgCl_2)$$

oder, ähnlich dem Natrium, durch Schmelzflußelektrolyse von Rb-Hydroxid. Vorteilhaft ist die Herstellung von Rubidium durch Reduktion des Dichromats mit Zirconpulver im Hochvakuum bei ca. 500 °C:

$$2\ Rb_2Cr_2O_7 + Zr \longrightarrow 4\ Rb + Zr(Cr_2O_7)_2$$

wobei das reine Metall abdestilliert und sich in den kühleren Wänden des Gefäßes absetzt.
Hochreines Rubidium erhält man durch thermische Zersetzung des Azids:

$$RbN_3 \longrightarrow Rb + {}^1/_2N_2$$

Die Weltproduktion von Rubidium beträgt z. Z. etwa 1500 kg/Jahr. Der Großhandelspreis für 1 kg Rubidium beträgt etwa 680 $ bzw. ca. 1150 DM.

Physikalische Eigenschaften

Rubidium ist ein wachsweiches Leichtmetall, das sich leicht mit dem Messer schneiden läßt. An frischen Schnittflächen ist es silberweiß-glänzend, es läuft jedoch an der Luft sehr rasch mattgrau an. Das Metall kristallisiert im kubisch raumzentriertem Gitter. Es besitzt eine sehr niedrige Schmelz- und Siedetemperatur, die thermische Leitfähigkeit beträgt 13,56%, die elektrische 12,72% der des Silbers. Rubidium bildet feste Lösungen mit Kalium und Caesium. Mit bis in die Nähe des absoluten Nullpunktes gekühlten Rb-Atomen wurde 1995 ein neuer makroskopischer Quantenzustand erzielt, eine sog. *Bose-Einstein-Kondensation*, in dem alle Teilchen im Grundzustand vorliegen, bzw. alle die gleiche niedrigst mögliche Energie besitzen. Die Austrittsarbeit für Elektronen im Vakuum beträgt 2,16 eV (P).

Radiochemie

Natürliches Rubidium besteht aus einem stabilen und einem sehr langlebigen, radioaktiven Isotop, zusätzlich wurden 27 Radioisotope künstlich hergestellt.
Die Halbwertszeiten der Rb-Isotope sind sehr kurz. Die leichteren Isotope A < 84 zerfallen durch β^+-Strahlung oder Elektronen-Einfang (EC) in Kr-Isotope, die schwereren Isotope A > 84 sind überwiegend Spaltprodukte, sie zerfallen durch β^--Strahlung in die entsprechenden Sr-Isotope. Die Isotope ${}^{83}_{37}Rb$ (EC | 0,86 MeV; γ | 0,55 MeV) und ${}^{86}_{37}Rb$ (β^- | 1,774 MeV; γ | 1,08 MeV) dienen als radioaktive Indikatoren (Tracer) v. a. in der Biologie zur Untersuchung der Permeabilität von Kapillaren, sowie in der Hydrologie zur Bestimmung von Wasserläufen, die Isotope ${}^{86}_{37}Rb$ und ${}^{88}_{37}Rb$ werden in der Aktivierungsanalyse verwendet. Die beiden natürlichen Isotope ${}^{85}_{37}Rb$ und ${}^{87}_{37}Rb$ der Kernspinzahlen 5/2– bzw. 3/2– und kernmagnetischen Momenten +1,35302 bzw. +2,7512 dienen zum NMR-spektroskopischen Nachweis; NMR-Frequenz (bei 2,3488 T) $9{,}655 \cdot 10^6\ s^{-1}$ und $32{,}721 \cdot 10^6\ s^{-1}$, Referenz RbCl (aq). Die sog. *Rubidium-Strontium-Methode* ist ein Verfahren zur Altersbestimmung Rubidium-haltiger Gesteine und Minerale, die auf der Messung des β^--Zerfalls des Isotops ${}^{87}_{37}Rb$ in das stabile Isotop ${}^{87}_{38}Sr$ beruht. Als Bezugsisotop dient dabei ${}^{86}_{37}Sr$ dessen Gehalt in einer abgeschlossenen Probe konstant bleibt.

Die Isotope des Rubidiums (1995)						
Isotop	Natürliche Häufigkeit n (%)	Zerfallsart				Halbwertszeit $T_{1/2}$
		β^+	EC	γ	β^-	
Rb 74		**x**				65 ms
Rb 75		**x**		x		19 s
Rb 76		**x**		x		36,8 s
Rb 77		**x**		x		3,9 m
Rb 78*		**x**		x		17,7 m
Rb 78 m*		**x**		**x**		5,7 m
Rb 79		**x**		x		23,0 m
Rb 80		**x**		x		30 s
Rb 81*		**x**	**x**	x		4,58 h
Rb 81 m*		x		**x**		30,3 m
Rb 82*		**x**		x		1,27 m
Rb 82*		**x**	**x**	x		6,3 h
Rb 83			**x**	x		86,2 d
Rb 84*		**x**	**x**	x	x	32,8 d
Rb 84 m*				**x**		20,5 m
Rb 85	**72,165**					
Rb 86*			x	x	**x**	18,7 d
Rb 86 m*				**x**		1,02 m
Rb 87	**27,835**				**x**	$4{,}8 \cdot 10^{10}$ a
Rb 88				x	**x**	17,8 m
Rb 89				x	**x**	15,2 m
Rb 90*				x	**x**	2,6 m
Rb 90*				x	**x**	4,3 m
Rb 91				x	**x**	58 s
Rb 92				x	**x**	4,5 s
Rb 93				x	**x**	5,8 s
Rb 94				x	**x**	2,69 s
Rb 95				x	**x**	377 ms
Rb 96				x	**x**	199 ms
Rb 97				x	**x**	170 ms
Rb 98*				x	**x**	114 ms
Rb 98*				x	**x**	96 ms
Rb 99				x	**x**	50,3 ms
Rb 100				x	**x**	51 ms
Rb 101				x	**x**	32 ms
Rb 102				x	**x**	37 ms

(* isomere Atomkerne; m* markiert jeweils einen metastabilen Zustand)

Chemische Eigenschaften

Rubidium gehört zur Gruppe der „Akalimetalle". Es befindet sich im PSE in der 1. Gruppe (IA Hauptgruppe) zwischen Kalium K und Caesium Cs, sowie in der 5. Periode vor Strontium Sr. Wie alle Alkalimetalle ist Rubidium sehr reaktionsfähig, es läuft an der

Luft unter Oxid- und Hydroxidbildung sofort an. Schon nach wenigen Sekunden entzündet es sich und verbrennt mit violettroter Flammenfärbung. Das Metall muß daher unter Petroleum oder Schutzgas aufbewahrt werden. Das freie, neutrale Rb-Atom hat im elektronischen Grundzustand folgende Elektronenkonfiguration:

$$1s^2\ 2s^2\ 2p^6\ 3s^2\ 3p^6\ 3d^{10}\ 4s^2\ 4p^6\ 5s^1$$

Das einzige Valenzelektron ist aufgrund des großen Atomradius des Elements sehr schwach gebunden und kann leicht abgegeben werden. Rubidium bildet daher in seinen Verbindungen, wie alle „Alkalimetalle", ausschließlich die Oxidationsstufe +I ([Kr]), die durch Abgabe des einen 5s-Elektrons erreicht wird.
Das Normalpotential

$$\overset{+I}{Rb^+} \xrightarrow{-2{,}925\ V} \overset{0}{Rb}$$

weist Rubidium als eines der unedelsten, am stärksten elektropositiven Elemente und sehr starkes Reduktionsmittel aus. Das Rb^+-Ion ist ein farbloses einwertiges Kation. In seinem chemischen Verhalten ist Rubidium dem Kalium sehr ähnlich, es ist aber reaktionsfähiger als dieses. Es reagiert praktisch mit allen Nichtmetallen. In Sauerstoff entzündet sich das Metall spontan und verbrennt mit rötlichvioletter Flamme zu Rb-Hyperoxid RbO_2. Mit Chlor vereinigt es sich heftig unter Leuchterscheinung. Mit Wasser reagiert es explosionsartig zu Rb-Hydroxid und Wasserstoff, der sich dabei entzündet

$$2\ Rb + 2\ H_2O \longrightarrow 2\ RbOH + H_2 \uparrow$$

Das Hydroxid ist eine sehr starke, in Wasser gut lösliche Base. Mit Alkohol bildet das Metall Rubidiumalkoxide RbOR und H_2(R-Alkyl). Geschmolzenes Rubidium ist außerordentlich aggressiv, es greift sogar Glas und Porzellan an. Rubidiumsalze sind meist farblos und wasserlöslich. Bekannt sind mehrere Oxide wie das Rb-Hyperoxid RbO_2, Rb-Oxid Rb_2O Rb-Peroxid Rb_2O_2 sowie das Rb-Ozonid RbO_3.
Schwer lösliche Rubidiumsalze sind: Rubidiumperchlorat $RbClO_4$, Rubidiumhexachlorplatinat $Rb_2[PtCl_6]$, Rubidiumhydrogentartrat $RbHC_4H_4O_6$, Rubidiumtetraphenylborat $Rb[B(C_6H_5)_4]$ u. a.

Nachweis

- Mittels der rotvioletten Flammenfärbung.
- Fällung als Perchlorat, Hexachloroplatinat, Tetraphenylborat u. a.
- Spektralanalyse über die violette 424,440 nm, und die beiden charakteristischen roten 780,027 nm und 794,7600 nm Spektrallinien.
- Atomabsorptionsspektrometrie (AAS) mittels der 780,0227 nm Hauptlinie des Atomspektrums.

Verwendung

Wegen seiner hohen Herstellungskosten findet Rubidium in der Technik nur sehr geringe Anwendung. Metallisches Rubidium wird v. a. als Getter-Metall in Vakuumröhren und Hochleistungslampen, als Kathodenbelag in Photozellen (Alkalizellen) sowie zur Herstellung von Rubidiumverbindungen verwendet. Der größte Teil des gewonnenen Metalls dient zu Forschungszwecken. Rubidiumhalogenide wie z. B. RbCl, RbBr und RbI werden in der Medizin als Schmerz- und Beruhigungsmittel sowie zur Behandlung von Epilepsie eingesetzt.

Physiologie, Toxikologie

Rubidium hat keine biologische Bedeutung für den menschlichen Organismus. In seinem physiologischen Verhalten ähnelt es sehr stark dem Kalium, es gilt als sehr gering toxisch und wirkt stimulierend. Eine toxische und letale Dosis ist nicht bekannt. Der erwachsene menschliche Körper enthält ca. 9,8 mg/kg Körpergewicht verteilt vor allem auf Muskeln und Blut. Der tägliche Bedarf an Rubidium liegt bei 1,5–6 mg.

Ruthenium Ru

International (Lat.)	Ruthenium	Italienisch	Rutenio
Englisch	Ruthenium	Griechisch	Ρουθήνιο (Routinio)
Französisch	Ruthénium	Russisch	Рутений (Rutjänij)
Spanisch	Rutenio	Japanisch	ルテニウム (ruteniumu)

Atomare und physikalische Eigenschaften

Protonenzahl **(Z)**	**44**
Standard-Atomgewicht (bezogen auf $^{12}C = 12$)	101,07 (± 2)
Effektive Kernladung	(Slater) 3,75; (Clementi) 7,45; (Froese-Fischer) 10,57
Elektronenkonfiguration	[Kr] $4d^7\ 5s^1$
Grundzustand, Termsymbol	$^5F_5$
Metallatomradius (KZ 12)	134 pm[a)]
Kovalenzradius (Einfachbindung)	124 pm[b)]
Ionenradien (KZ 4; 6; 12)	$68^{3+}_{(6)}$ pm, $62,5^{4+}_{(6)}$ pm, $56,6^{5+}_{(6)}$ pm, $38^{7+}_{(4)}$ pm, $36^{8+}_{(4)}$ pm
Molares Volumen	$8,14 \cdot 10^{-6}\ m^3 \cdot mol^{-1}$
1.;2.;3.;4.;5.;6.;7.;8. Ionisierungsenergie	7,3689 eV; 16,758 eV; 28,470 eV; 46,638 eV; 63,221 eV; 80,840 eV; 99,496 eV; 119,18 eV
Elektronegativität	(Allred/Rochow) 1,42; (Pauling) 2,20; (absolut) 4,50 eV
Elektronenaffinität Ru ⟶ Ru^-	1,046 eV
Wirkungsquerschnitt für thermische Neutronen ($\sigma_{n,\gamma}$)	$2,60 \cdot 10^{-28}\ m^2$
Dichte (bei 20 °C)	$12370\ kg \cdot m^{-3}$ [c)]
Härte (geglüht)	(Mohs) 6,5 ; (Brinell) $179,5 \cdot 10^7$ Pa
Elastizitätsmodul	$42,2 \cdot 10^{10}$ Pa
Schmelztemperatur	2310 °C (2583,15 K) [d)]
Siedetemperatur	3900 °C (4173,15 K) [e)]
Spezifische Schmelz-/Verdampfungsenthalpie	$234,4\ kJ \cdot kg^{-1}$ [f)] / $5616,2\ kJ \cdot kg^{-1}$
Spezifische Sublimationsenthalpie (einatomiges Gas)	$6330,4\ kJ \cdot kg^{-1}$
Spezifischen Wärmekapazität (bei 25 °C)	$0,238\ kJ \cdot kg^{-1} \cdot K^{-1}$
Thermische Leitfähigkeit (bei 27 °C)	$117\ W \cdot m^{-1} \cdot K^{-1}$
Thermischer Längenausdehnungskoeffizient (bei 25 °C)	$9,1 \cdot 10^{-6}\ K^{-1}$ [g)]
Elektrische Leitfähigkeit (bei 20 °C)	$13,12 \cdot 10^6\ S \cdot m^{-1}$
Spezifischer elektrischer Widerstand (bei 20 °C)	$7,62 \cdot 10^{-8}\ \Omega \cdot m$ [h)]
Temperaturkoeffizient (bei 20 °C)	$3,59 \cdot 10^{-3}\ K^{-1}$
Spezifische magnetische Suszeptibilität	$+5,37 \cdot 10^{-9}\ m^3 \cdot kg^{-1}$
Supraleitung, Sprungtemperatur	–272,657 °C (0,493 K)
Hall-Koeffizient	$+2,2 \cdot 10^{-10}\ m^3 \cdot A^{-1} \cdot s^{-1}$
Normalpotential Ru/Ru^{2+}	+ 0,455 V
Hydratationsenthalpie Ru^{2+}	$-188\ kJ \cdot mol^{-1}$
Bildungsenthalpie $RuCl_3$ (RuO_2; RuO_4)	$-205\ kJ \cdot mol^{-1}$ ($-305\ kJ \cdot mol^{-1}$; -223 kJ–mol^{-1})

Weitere Angeben: a) 132,5 pm. b) 125 pm. c) $12\,300\ kg \cdot m^{-3}$, $12\,410\ kg \cdot m^{-3}$ und $12\,450\ kg \cdot m^{-3}$. d) (2282±20) °C und 2450 °C. e) 4050 °C , 4150 °C. f) $193\ kJ \cdot kg^{-1}$ und $247,3\ kJ \cdot kg^{-1}$. g) $6,4 \cdot 10^{-6}\ K^{-1}$. h) $6,71 \cdot 10^{-8}\ \Omega \cdot m$.

Entdeckung

Ruthenium wurde im Jahre 1844 von dem deutsch/russischen Chemiker Karl Ernst Claus (1796–1864) in Kazan, Rußland, in Rückständen der Platingewinnung entdeckt. Es gelang ihm auch das Metall in Form des Chlorids $RuCl_4$ abzutrennen, das beim Umsatz mit Ammoniumchlorid NH_4Cl das rote Ammonium-Hexachlororuthenat(IV) $(NH_4)_2[RuCl_6]$ bildete, aus dem er durch thermische Zersetzung etwa 6 g des Metalls in reiner Form isolierte. Er nannte das neue Element „Ruthenium" nach dem alten Namen Rußlands bzw. der Ukraine „Ruthenia" und schlug für dieses das chemische Symbol „Ru" vor.

Vorkommen

Ruthenium gehört zu den sehr seltenen Elementen auf der Erde. Es steht mit einem berechneten Massenanteil in der Erdhülle von $2 \cdot 10^{-6}$% zwischen Iod und Palladium bzw. noch vor Gold und Platin an 71. Stelle der Elementhäufigkeit. In der bis 16 km tiefen Erdkruste ist es mit etwa 1,1 mg/t Gestein vertreten, in Eisenmeteoriten mit ca. 10 mg/t. Der Anteil von Ruthenium im Meerwasser ist nicht bekannt, er ist aber sehr gering. Ruthenium tritt meist als Begleiter des Platins und der anderen Platinmetalle in sehr geringen Mengen auf. Daneben findet man das Metall auch in dem sehr seltenen Mineral Laurit RuS_2, ein Homologen des Pyrits. Die bekannten Reserven an Ruthenium schätzt man auf rund 5000 t. Die Hauptvorkommen befinden sich im Ural-Gebiet, Rußland; Republik Südafrika; Oregon, USA; Borneo u. a. Die Häufigkeit des Elements auf der Sonne beträgt etwa 67,5 Atome Ruthenium pro $1 \cdot 10^{12}$ Atome Wasserstoff, die kosmische Häufigkeit wird auf 1,5 Atome Ruthenium pro $1 \cdot 10^6$ Atome Silicium geschätzt.

Herstellung

Ruthenium fällt zusammen mit Osmium, Iridium und Rhodium in den in Königswasser unlöslichen Rückständen des Rohplatins an. Nach Abtrennung des Silbers und der übrigen Platinmetalle wird das Ruthenium über mehrere Zwischenstufen in Ammonium-Hexachlororuthenat(III) übergeführt woraus das Ruthenium durch Glühen im Wasserstoffstrom gewonnen wird (Abb. 68). Daneben erhält man das Metall auch als Nebenprodukt aus dem Anodenschlamm der elektrolytischen Nickelraffination.
Die Weltproduktion an Ruthenium liegt bei jährlich rund 150 kg.

Physikalische Eigenschaften

Ruthenium ist ein silberweißes, glänzendes, oder mattgraues, sehr hartes und sprödes, paramagnetisches Schwermetall. Es kristallisiert in hexagonal dichtester Packung. Das Metall hat eine sehr hohe Schmelz- und Siedetemperatur. Die thermische Leitfähigkeit beträgt 27,27% die elektrische 20,86% der des Silbers. Unterhalb –272,657 °C bzw. 0,493 K ist das Metall supraleitend, die kritische Feldstärke beträgt $(5490{,}85 \pm 159)\ A \cdot m^{-1}$. Die Austrittsarbeit der Elektronen im Vakuum beträgt 4,71 eV (P).

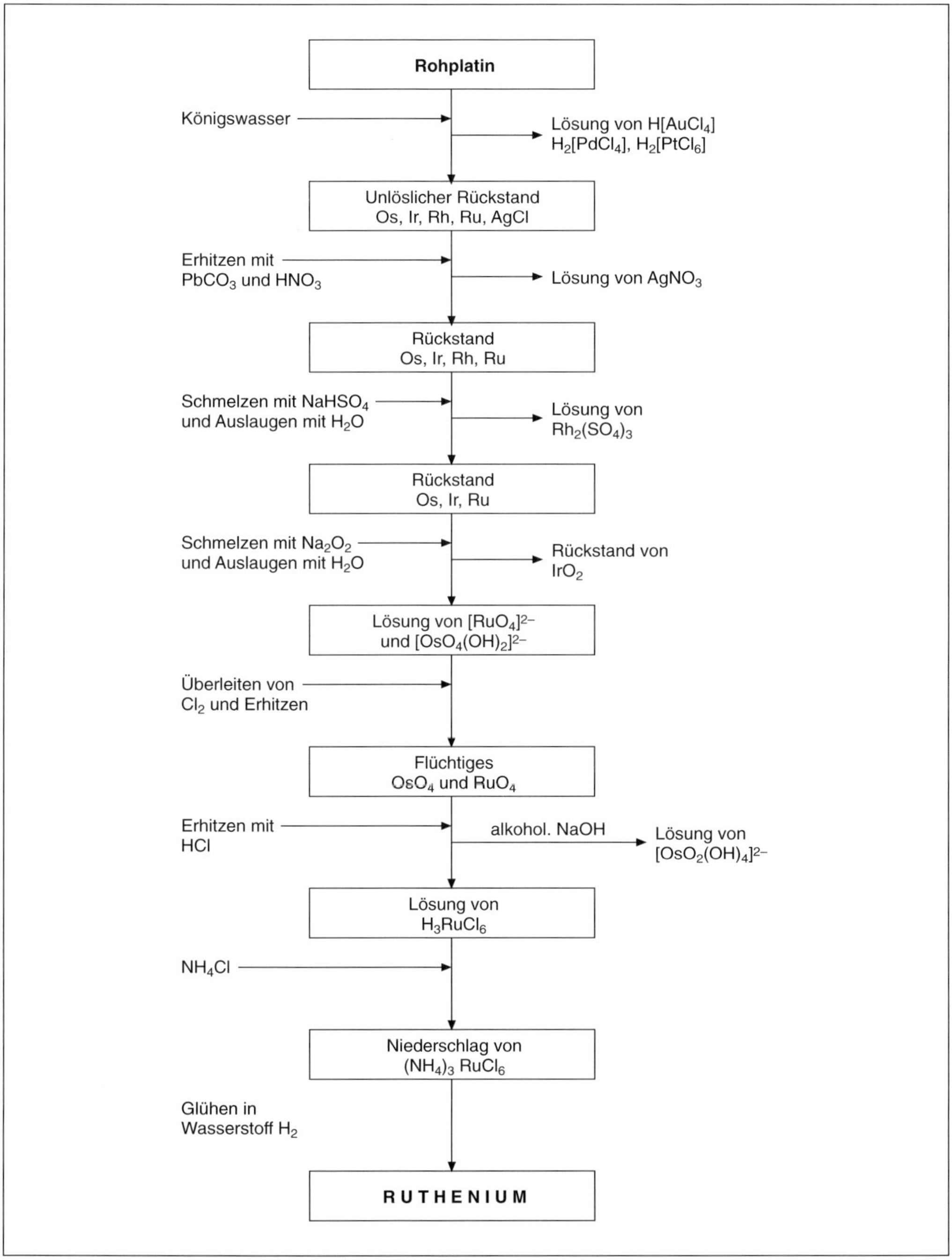

Abb. 68: Fließschema zur Herstellung von Ruthenium.

Radiochemie

Natürliches Ruthenium besteht aus sieben stabilen Isotopen, daneben sind 25 künstliche radioaktive Isotope bekannt.
Die Ru-Isotope haben allgemein kurze Halbwertszeiten. Die leichteren Isotope A < 98 zerfallen durch β^+-Strahlung oder durch Elektronen-Einfang (EC) in die entsprechenden Tc-Isotope, die schwereren A > 102 sind Uranspaltprodukte, sie gehen durch

Die Isotope des Rutheniums (1995)

Isotop	Natürliche Häufigkeit n (%)	Zerfallsart				Halbwertszeit $T_{1/2}$
		β^+	EC	γ	β^-	
Ru 87		x				n.bek.
Ru 88		x				n.bek.
Ru 89		x				n.bek.
Ru 90		**x**		x		11 s
Ru 91*		**x**		x		9 s
Ru 91*		**x**				7,6 s
Ru 92		**x**		x		3,65 m
Ru 93*		**x**		x		59,7 s
Ru 93 m*		**x**		**x**		10,8 s
Ru 94			**x**	x		51,8 m
Ru 95		**x**	**x**	x		1,65 h
Ru 96	**5,52**					
Ru 97			**x**	x		2,9 d
Ru 98	**1,88**					
Ru 99	**12,7**					
Ru 100	**12,6**					
Ru 101	**17,0**					
Ru 102	**31,6**					
Ru 103				x	**x**	39,35 d
Ru 104	**18,7**					
Ru 105				x	**x**	4,44 h
Ru 106					**x**	373,6 d
Ru 107				x	**x**	3,8 m
Ru 108				x	**x**	4,5 m
Ru 109				x	**x**	34,5 s
Ru 110				x	**x**	11,6 s
Ru 111				x	**x**	2,12 s
Ru 112				x	**x**	1,75 s
Ru 113				x	**x**	0,80 s
Ru 114				x	**x**	0,57 s
Ru 115				x	**x**	0,74 s
Ru 116					x	n.bek.
Ru 117					x	n.bek.
Ru 118					x	n.bek.

(* isomere Atomkerne; m* markiert einen metastabilen Zustand)

β^--Emission in Rh-Isotope über. Die Radioisotope $^{97}_{44}Ru$ (EC | 1,12 MeV; γ | 0,3 MeV), $^{103}_{44}Ru$ (β^- | 0,768 MeV; γ | 0,6 MeV) und $^{106}_{44}Ru$ (β^- | 0,040 MeV) werden als radioaktive Indikatoren (Tracer) verwendet, $^{106}_{44}Ru$ dient in der Medizin zu therapeutischen Zwecken. Die stabilen Isotope $^{99}_{44}Ru$ und $^{101}_{44}Ru$ der Kernspinzahl 5/2+ und kernmagnetischen Momenten –6,413 bzw. 0,7188 dienen zum NMR-spektroskopischen Nachweis; NMR-Frequenzen (bei 2,3488 T) $3{,}389 \cdot 10^6\ s^{-1}$ bzw. $4{,}914 \cdot 10^6\ s^{-1}$; Referenz RuO_4. Die maximale zulässige radiologische Aktivität bezogen auf das Gemisch ($^{106}_{44}Ru$ + $^{106}_{45}Rh$) beträgt $14{,}8 \cdot 10^4$ Bq für den menschlichen Körper, 3,7 Bq/l in wäßriger Lösung und 1110 Bq/m^3 Luft.

Chemische Eigenschaften:

Ruthenium gehört zur Gruppe der leichten Platinmetalle und bildet zusammen mit Osmium die sog. *Osmiumgruppe*. Es befindet sich im PSE in der 8. Gruppe (VIII Nebengruppe) zwischen Eisen Fe und Osmium Os sowie in der 5. Periode zwischen Technetium Tc und Rhodium Rh. Entsprechend seiner Stellung im PSE hat das freie, neutrale Ru-Atom im elektronischen Grundzustand folgende Elektronenkonfiguration:

$$1s^2\ 2s^2\ 2p^6\ 3s^2\ 3p^6\ 3d^{10}\ 4s^2\ 4p^6\ 4d^7\ 5s^1$$

Als typisches Übergangsmetall bildet Ruthenium in seinen Verbindungen fast alle Oxidationsstufen von –II bis +VIII, von denen die Stufen +III ([Kr] $4d^5$) und +IV ([Kr] $4d^4$) die wichtigsten und beständigsten sind.
Die Normalpotentiale des Rutheniums:

+VIII +VII +VI +IV +III +II 0

$$RuO_4 \xrightarrow{+0{,}99\ V} RuO_4^- \xrightarrow{+0{,}593\ V} RuO_4^{2-} \xrightarrow{+2{,}0\ V} RuO_2 \xrightarrow{+0{,}86\ V} Ru^{3+} \xrightarrow{+0{,}249\ V} Ru^{2+} \xrightarrow{+0{,}455\ V} Ru$$

$RuO_4 \to RuO_2$: +1,04 V; $RuO_2 \to Ru$: +0,68 V

Wegen seiner positiven Normalpotentiale, ist Ruthenium ein Edelmeetall und wie alle Platinmetalle sehr reaktionsträge. In Abwesenheit von Luftsauerstoff wird es von keiner Säure, auch nicht von Königswasser, angegriffen; dagegen reagiert Ruthenium in Gegenwart von Sauerstoff bereits mit Salzsäure. Beim Erhitzen in Luft auf etwa 800 °C schwärzt sich das Metall infolge Oxidbildung. Bei Rotglut reagiert es mit molekularem Sauerstoff zum blauschwarzen Ruthenium(IV)-oxid:

$$Ru + O_2 \longrightarrow RuO_2 \qquad \Delta H = -305\ kJ$$

und zum giftigen Ruthenium(VIII)-oxid:

$$RuO_2 + O_2 \longrightarrow RuO_4 \qquad \Delta H = -223\ kJ$$

Mit molekularem Chlor verbindet es sich direkt zu Ruthenium(III)-chlorid:

$$2\ Ru + 3\ Cl_2 \longrightarrow 2\ RuCl_3 \qquad \Delta H = -410\ kJ$$

In oxidierenden Alkalischmelzen des Typs MOH/M_2O_2 oder MOH/MNO_3 löst sich Ruthenium unter Bildung von Ruthenaten(VI) der allg. Formel $M_2[RuO_4]$ z. B. mit Kalium-

hydroxid-Kaliumnitrat-Schmelze unter Bildung von Kaliumruthenat(VI) $K_2[RuO_4]$. Peroxide und Alkalihydroxide oxidieren Ruthenium an der Luft zu Ruthenaten.
Die Chemie des Rutheniums ist hauptsächlich durch die Tendenz zur Bildung zahlreicher Komplexe mit allen möglichen Liganden geprägt.
Die meist vielfarbigen und wasserunlöslichen Rutheniumverbindungen besitzen nur wenig Bedeutung.

Nachweis

Qualitativ:
- Durch Bildung von RuO_4 und Absorbtion in konz. Salzsäure. Die dabei erhaltene rotbraune Lösung färbt sich bei Zinkzugabe dunkelblau.

Quantitativ:
- Mit Reagenzien wie Dithiooxamid, 1,3-Diphenylthioharnstoff u. a.
- Spektralanalyse; wichtige Spektrallinien der neutralen Atome sind: 349,894 nm, 372,693 nm, 372,803 nm, 379,890 nm, 379,935 nm, 419,990 nm.
- Atomabsorptionsspektrometrie (AAS) mittels der 372,803 nm, Hauptlinie des Atomspektrums.

Verwendung

Ruthenium wird hauptsächlich als härtender Bestandteil von Platin- und Palladium-Legierungen und zur Verbesserung der Korrosionsbeständigkeit von Titan-Legierungen verwendet, bereits bei Zugabe von 0,1% Ruthenium wird die Korrosionsbeständigkeit des Titans um das hundertfache erhöht. Daneben dient Ruthenium zur Herstellung von Präzisions-Schichtwiderständen und Temperaturmeßgeräten. In Form des Dioxids wird es als Katalysator für Oxidations- und Reduktionsreaktionen in der chemischen Industrie eingesetzt.

Physiologie, Toxikologie

Ruthenium hat keine biologische Bedeutung für den menschlichen Organismus. Das Element gilt als nicht toxisch. Sehr giftig ist das Rutheniumtetraoxid RuO_4.

Rutherfordium Rf

International (Lat.)	Rutherfordium	Griechisch	Ρυσεϱφοϱδιο (Raserfordio)
Englisch	Rutherfordium		
Französisch	Rutherfordium	Russisch	Русерфордий (raserfordiij)
Spanisch	Rutherfordio		
Italienisch	Rutherfordio	Japanisch	ラザフォージウム (razafoujiumu)

Atomare und physikalische Eigenschaften	
Protonenzahl **(Z)**	**104**
Standard-Atomgewicht (bezogen auf ^{12}C = 12)	261,1087
($^{257}_{104}Rf$)	257,102950
($^{259}_{104}Rf$)	259,105530
($^{261}_{104}Rf$)	261,108690
Elektronenkonfiguration **	[Rn] $5f^{14}$ $6d^2$ $7s^2$
Termsymbol **	$^3F_2$
Metallatomradius (KZ 12) **	160 pm
Ionenradius (KZ 6) **	78 pm
Elektronegativität **	(Allred/Rochow) 1,20
Dichte (bei 20 °C) **	18100 kg · m^{-3}
Schmelztemperatur **	2100 °C (2373,15 K)
Siedetemperatur **	5500 °C (5773,15 K)
Normalpotential Rf / RfO^{2+} **	< –1,7 V

** extrapolierte (berechnete) Werte.

Entdeckung

Im Jahre 1964 meldeten die sowjetischen Wissenschaftler unter der Leitung von Georgij Nikolajewitsch Flerov (Fljorow) (1913–1990) vom *Laboratory for Nuclear Reactions* des *Joint Institute for Nuclear Research*, JINR, in Dubna bei Moskau die Entdeckung des Elements 104 in Form des Isotops $^{260}104$.
In der ersten Versuchsreihe wurde in dem 1961 in Betrieb genommenen Schwerionen-Zyklotron mit 310 cm Poldurchmesser, dem U-300, ein Plutonium-Target der Dicke 0,35 µm, das auf eine dünne Trägerfolie aus Aluminium aufgedampft worden war, mit neutronenreichen hochbeschleunigten Neon-Kernen der Energie 115 MeV (5,22 MeV/Nukleon) beschossen. Das Target befand sich vor einem mit konstanter Geschwindigkeit bewegten Nickelband (siehe Abb. 30), auf dem sich die aus dem Target herausgestoßenen Reaktionsprodukte sammelten und zu den Detektoren transportiert wurden. Nach mehreren hundert Stunden Bestrahlungszeit wurden auf den Phosphatglasplatten der

Detektoren die ersten Spuren des neuen Elements entdeckt, das angeblich in der Synthesereaktion

$$^{242}_{94}Pu + ^{22}_{10}Ne \longrightarrow \{^{264}104\} \longrightarrow {}^{260}104 + 4\ ^{1}_{0}n$$

durch Vermschmelzung sog. *heiße Fusion* von ^{242}Pu und ^{22}Ne entstanden war und mit einer durchschnittlichen Halbwertszeit von 0,3 s durch Spontanspaltung zerfiel. Um diese Ergebnisse zu bekräftigen versuchten Ivo Zvara und Mitarbeiter im Jahre 1966 in einer neuen Reihe von Experimenten die Reaktionsprodukte mittels der Gaschromatographie zu trennen und nachzuweisen, wobei die unterschiedliche Flüchtigkeit der Chloride genutzt wurde. Während die Chloride der Actinoiden schwer flüchtig sind, vermuteten Zvara und Mitarbeiter folgerichtig, daß das Element 104 analog dem Hafnium und Zirconium ebenfalls ein leichtflüchtiges Tetrachlorid bildet. Nach fünfwöchigen Experimenten, in deren Verlauf etwa ein Atom pro fünf Stunden Bestrahlungszeit entstand, konnten die sowjetischen Wissenschaftler in den Detektoren 24 Spaltspuren nachweisen, die auf das Element 104 hinwiesen und die Halbwertszeit von 0,3 s bestätigten. Flerov und Zvara beanspruchten daher die Priorität der Entdeckung des Elements 104 und schlugen zu Ehren des kurz vorher verstorbenen sowjetischen Wissenschaftlers und Kernphysikers Igor Wassiljewitsch Kurtschatov (1903–1090) für das neue Element den Namen *Kurtschatovium* mit dem chemischen Symbol „Ku“ vor.
In den Jahren 1968/69 gelang es den amerikanischen Forschern Albert Ghiorso (geb. 1915), Matti Nurmia, James Harris, Kari Eskola und Pirrko Eskola in Berkeley, USA mit Hilfe des Schwerionen-Linearbeschleunigers HILAC durch Beschuß von Californium-Targets mit hochbeschleunigten Kohlenstoffionen der Energie 73 MeV (6,08 bzw. 5,61 MeV/Nukleon), sowie durch Beschuß von Curium-Targets mit hochenergetischen

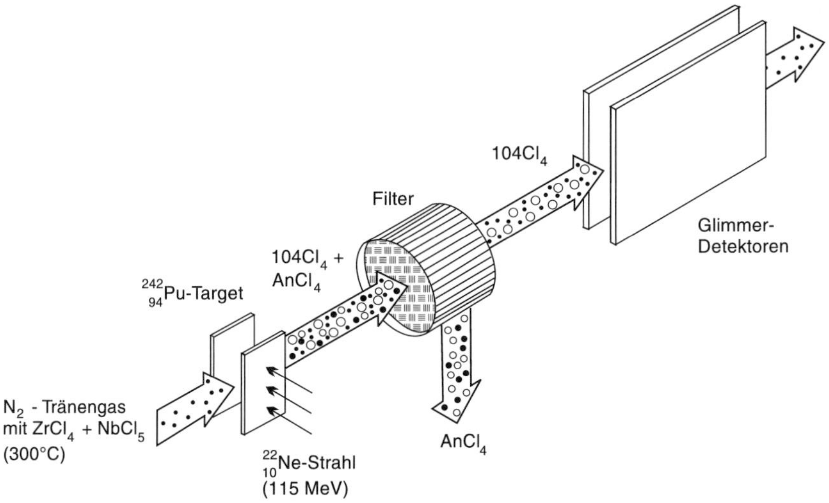

Abb. 69: Nachweis des Elements 104 mit Hilfe der Gaschromatographie. Die Reaktionsprodukte werden mittels eines 300 °C heißen Stickstoffstroms als Trägergas, dem zur Chlorierung $ZrCl_4$ und $NbCl_5$ beigemischt wurde, vom Target zum Filter transportiert, in dem die schwerflüchtigen Chloride der Actinoiden abgetrennt werden. Die Spaltfragmente der Reaktionsprodukte in Form des 104 Cl_4 werden in den Glimmer-Detektoren registriert.

Sauerstoffionen der Energie von ca. 100 MeV (5,55 MeV/Nukleon) drei Isotope des Elements 104 herzustellen:

$$^{249}_{98}Cf + ^{12}_{6}C \longrightarrow \{^{261}104\} \longrightarrow {}^{257}104 + 4\,^{1}_{0}n$$
$$^{249}_{98}Cf + ^{13}_{6}C \longrightarrow \{^{262}104\} \longrightarrow {}^{259}104 + 3\,^{1}_{0}n$$
$$^{248}_{96}Cm + ^{18}_{8}O \longrightarrow \{^{266}104\} \longrightarrow {}^{261}104 + 5\,^{1}_{0}n$$

Die erhaltenen Isotope verwandelten sich innerhalb weniger Sekunden durch α-Zerfall unter Bildung von Nobelium-Tochterisotopen anhand deren Strahlung und Halbwertszeit sie identifiziert werden konnten.

$$^{257}104 \xrightarrow[T_{1/2} = 4{,}7\text{ s}]{\alpha} {}^{253}_{102}No \xrightarrow[T_{1/2} = 1{,}7\text{ m}]{\alpha} {}^{249}_{100}Fm \longrightarrow$$

$$^{259}104 \xrightarrow[T_{1/2} = 3{,}1\text{ s}]{\alpha} {}^{255}_{102}No \xrightarrow[T_{1/2} = 3{,}1\text{ m}]{\alpha} {}^{251}_{100}Fm \longrightarrow$$

$$^{261}104 \xrightarrow[T_{1/2} = 65\text{ s}]{\alpha} {}^{257}_{102}No \xrightarrow[T_{1/2} = 26\text{ s}]{\alpha} {}^{253}_{100}Fm \longrightarrow$$

Die Ergebnisse aus Berkeley wurden 1974 von C. E. Bemis und Mitarbeitern vom *National Laboratory* in Oak Ridge mit Hilfe der charakteristischen Röntgenstrahlung der Tochterkerne, die beim α-Zerfall beobachtet werden kann, eindeutig bestätigt. Dagegen konnte in Berkeley und später auch in Dubna weder die 0,3 s- noch die nachträglich von den Sowjets angegebene 0,80 ms-Aktivität des Isotops $^{260}104$ bestätigt werden. Die von Berkeley festgestellte und von Dubna später bestätigte Halbwertszeit dieses Isotops beträgt tatsächlich 21 ms.
Aus diesem Grunde sahen sich die amerikanischen Wissenschaftler als die eigentlichen Entdecker des Elements 104 und schlugen für dieses zu Ehren des britischen Atomphysikers Ernest Rutherford den Namen „Rutherfordium“ mit dem chemischen Symbol „Rf“ vor. Nachdem die IUPAC zur vollständigen Verwirrung noch den Namen *Dubnium* (Db) ins Gespräch brachte, entschied die Hauptversammlung der IUPAC im August 1997 in Genf den Namen „Rutherfordium“ mit dem chemischen Symbol „Rf“ offiziell einzuführen.

Eigenschaften

Die physikalischen und chemischen Eigenschaften des Rutherfordiums konnten angesichts der kurzen Halbwertszeiten, seiner starken Radioaktivität und der geringen Mengen in denen das Element zur Verfügung stand, naturgemäß noch nicht genau erforscht werden.
Rutherfordium ist das erste Element in der Gruppe der sog. *Transactionide*. Es befindet sich im PSE in der 4. Gruppe (IVB Nebengruppe) unter dem Hafnium Hf, sowie in der 7. Periode zwischen Lawrencium Lr und dem Dubnium Db. Es ist also ein Übergangsmetall, bei dem das letzte Elektron der 104 Elektronen im zweiten 6d-Orbital eingeordnet ist. Entsprechend seiner Stellung im PSE besitzt das freie, neutrale Rf-Atom im elektronischen Grundzustand mit großer Wahrscheinlichkeit folgende Elektronenkonfiguration:

$$1s^2\ 2s^2\ 2p^6\ 3s^2\ 3p^6\ 3d^{10}\ 4s^2\ 4p^6\ 4d^{10}\ 4f^{14}\ 5s^2\ 5p^6\ 5d^{10}\ 5f^{14}\ 6s^2\ 6p^6\ 6d^2\ 7s^2$$

Rutherfordium dürfte aufgrund dieser Elektronenanordnung in seinen Verbindungen die Oxidationsstufe +IV bilden. In seinem chemischen Verhalten müßte das Element seinen niederen Homologen Hafnium Hf und Zirconium Zr ähnlich sein. Es bildet tatsächlich wie diese ein festes, sublimierbares bzw. flüchtiges Tetrachlroid $RfCl_4$. Allerdings nehmen mit wachsender Protonenzahl, besonders bei den Elektronen in Kernnähe relativistische Effekte zu, die sich angesichts der stärkeren Anziehung des Kerns durch eine höhere Geschwindigkeit und dem damit verbundenen relativistischen Massenzuwachs äußern. Dies hat zur Folge, daß die positive Kernladung durch die kernnahen Elektronen stärker abgeschirmt wird und die Bahnen der d- und f-Elektronen sich aufweiten. Dies kann gegenüber den anderen Gruppennachbarn zu einer Umordnung der Energieniveaus und damit zu abweichenden chemischen Eigenschaften führen.

Radiochemie

Bis heute sind zehn Isotope des Rutherfordiums bekannt, sie wurden alle künstlich hergestellt und sind radioaktiv.

Die Isotope des Rutherfordiums (GSI 1998)

Isotop	Zerfallsart			Halbwertszeit $T_{1/2}$
	α	sf	EC	
Rf 253		x		48 µs
Rf 254		x		22,3 µs
Rf 255	**x**	**x**		1,4 s
Rf 256	x	**x**		6,2 ms
Rf 257	**x**	x	x	4,7 s
Rf 258		x		13 ms
Rf 259	**x**	x		3,1 s
Rf 260		x		20 ms
Rf 261	**x**			65 s
Rf 262		x		1,2 s

sf – Spontanspaltung

Die Isotope des Rutherfordiums haben allgemein sehr kurze Halbwertszeiten, sie zerfallen ausschließlich durch Spontanspaltung und z. T. durch α-Emission.

Verwendung

Rutherfordium dient z. Z. ausschließlich zu Forschungszwecken.

Physiologie, Toxikologie

Das Element hat keine biologische Bedeutung für den menschlichen Organismus, es würde aber wegen seiner Radioaktivität toxisch wirken.

Samarium Sm

International (Lat.)	Samarium	Italienisch	Samario
Englisch	Samarium	Griechisch	Σαμάριο (Samario)
Französisch	Samarium	Russisch	Самарий (Samarij)
Spanisch	Samario	Japanisch	サマリウム (samariumu)

Atomare und physikalische Eigenschaften

Protonenzahl **(Z)**	**62**
Standard-Atomgewicht (bezogen auf $^{12}C = 12$)	150,36 (±3)
Effektive Kernladung	(Slater) 2,85; (Clementi) 8,01; (Froese-Fischer) 11,06
Elektronenkonfiguration	[Xe] $4f^6\ 6s^2$
Grundzustand, Termsymbol	$^7F_0$
Metallatomradius (KZ 6)	180,4 pm [a)]
Kovalenzradius (Einfachbindung)	166 pm [b)]
Ionenradien (KZ 6;7;9)	$122^{2+}_{(7)}$ pm, $132^{2+}_{(9)}$ pm, $95{,}8^{3+}_{(6)}$ pm, $113^{3+}_{(9)}$ pm
Molares Volumen	$20{,}00 \cdot 10^{-6}\ m^3 \cdot mol^{-1}$
1.;2.;3.;4. Ionisierungsenergie	5,6308 eV; 11,068 eV; 23,423 eV; 41,353 eV
Elektronegativität	(Allred/Rochow) 1,07; (Pauling) 1,17; (absolut) ≤ 3,10 eV
Elektronenaffinität Sm ⟶ Sm^-	ca. 0,518 eV
Wirkungsquerschnitt für thermische Neutronen ($\sigma_{n,\gamma}$)	$5600 \cdot 10^{-28}\ m^2$
Dichte (bei 20 °C)	$7536\ kg \cdot m^{-3}$ [c)]
Schmelztemperatur	(1074 ±2) °C [(1347,15 ±2) K]
Siedetemperatur	1794 °C (2067,15 K) [d)]
Spezifische Schmelzenthalpie	$72{,}5\ kJ \cdot kg^{-1}$ [e)]
Spezifische Verdampfungsenthalpie	$1274{,}3\ kJ \cdot kg^{-1}$ [f)]
Spezifische Sublimationsenthalpie (einatomiges Gas)	$1376{,}7\ kJ \cdot kg^{-1}$
Spezifische Wärmekapazität (bei 25 °C)	$0{,}197\ kJ \cdot kg^{-1} \cdot K^{-1}$
Thermische Leitfähigkeit (bei 27 °C)	$13{,}3\ W \cdot m^{-1} \cdot K^{-1}$
Thermischer Längenausdehnungskoeffizient (bei 25 °C)	$10{,}4 \cdot 10^{-6}\ K^{-1}$ [g)]
Elektrische Leitfähigkeit (bei 20 °C)	$1{,}06 \cdot 10^6\ S \cdot m^{-1}$
Spezifischer elektrischer Widerstand (bei 20 °C)	$94{,}10 \cdot 10^{-8}\ \Omega \cdot m$
Spezifische magnetische Suszeptibilität	$+152 \cdot 10^{-9}\ m^3 \cdot kg^{-1}$ [h)]
Néel-Temperatur	–258,15 °C (15 K)
Hall-Koeffizient	$-0{,}21 \cdot 10^{-10}\ m^3 \cdot A^{-1} \cdot s^{-1}$
Normalpotential Sm/Sm^{3+}	–2,414 V
Hydratationsenthalpie Sm^{3+}	$3408\ kJ \cdot mol^{-1}$ [i)]
Bildungsenthalpie $SmCl_3$ (Sm_2O_3)	$-1046\ kJ \cdot mol^{-1}$ ($-1817\ kJ \cdot mol^{-1}$)

Weitere Angaben: a) 180,2 pm. b) 162 pm. c) $7520\ kg \cdot m^{-3}$ und $7540\ kg \cdot m^{-3}$. d) 1900 °C. e) $57{,}3\ kJ \cdot kg^{-1}$ und $59{,}2\ kJ \cdot kg^{-1}$. f) $1097{,}36\ kJ \cdot kg^{-1}$. g) $12{,}7 \cdot 10^{-6}\ K^{-1}$. h) $155{,}4 \cdot 10^{-9}\ m^3 \cdot kg^{-1}$. i) $3515\ kJ \cdot mol^{-1}$.

Entdeckung

Samarium wurde erstmals im Jahre 1879 von dem französischen Chemiker Paul-Émile Lecoq de Boisbaudran (1838–1912) in Paris, Frankreich, in einer Didymerde, die aus dem Mineral Samarskit stammte, spektralanalytisch nachgewiesen. Er nannte das neue Element „Samarium“ nach dem Mineral Samarskit, in dem es entdeckt wurde, und schlug für dieses das chemische Symbol „Sm“ vor. Das Metall wurde erstmals 1880 von Per Theodor Cleve (1840–1905) 1880 in Uppsala, Schweden in unreiner Form und 1901 von Eugène-Anatole Demarçay (1852–1903) in Paris durch fraktionierte Kristallisation in reiner Form hergestellt (s. auch Tab. Entdeckung der Metalle der Seltenen Erden, S. 775).

Vorkommen

Samarium ist ein weniger häufiges Element. In der Erdhülle beträgt sein berechneter Massenanteil $6 \cdot 10^{-4}$%, damit steht es zwischen Brom und Gadolinium an 44. Stelle der Elementhäufigkeit. In den obersten 16 km der Erdkruste ist es mit 7,5 g/t Krustengestein vertreten. In den Meeren und Ozeanen beträgt sein Anteil rund 0,8 µg $Sm^{(+III)}/m^3$ Meerwasser. Samarium kommt in der Natur meist vergesellschaftet mit den anderen Lanthanoiden, als Bestandteil der Ceriterden v. a. im Monazit, Bastnäsit, Samarskit, Euxenit sowie in anderen kompliziert zusammengesetzten Cer-Silicaten wie Allanit u. a. vor. Die Samarium-Reserven werden weltweit auf ca. 100 000 t geschätzt. Wichtige Vorkommen liegen in Skandinavien, Indien, Rußland, USA u. a. Sekundäre Lagerstätten vor allem von Monazitküstensanden befinden sich in Australien, Brasilien, Indien, Sri Lanka, Indonesien u. a. Die Häufigkeit des Elements auf der Sonne beträgt ca. 5,2 Atome Samarium pro $1 \cdot 10^{12}$ Atome Wasserstoff, die kosmische Häufigkeit ist nicht bekannt sie ist jedoch sehr gering.

Herstellung

Die Herstellung von Samarium erfolgt nach Anreicherung der Erze und Trennung der Lanthanoide, vorwiegend durch metallothermische Reduktion des Oxids Sm_2O_3 mit Calcium oder Lanthan, wobei ein Reinheitsgrad von 99,80–99,95% erzielt werden kann. Weltweit werden jährlich etwa 150 t Samarium hergestellt.

Physikalische Eigenschaften

Samarium ist ein silbergraues, an frischen Schnittflächen glänzendes, hartes Schwermetall, das an der Luft rasch anläuft. Es tritt in zwei Modifikationen auf:

$$\underset{\text{rhomboedrisch}}{\alpha\text{-Sm}} \xrightarrow{917\ °C} \underset{\substack{\text{kubisch} \\ \text{raumzentriert}}}{\beta\text{-Sm}}$$

Das paramagnetische Metall verliert oberhalb 790 °C seine magnetischen Eigenschaften, unterhalb –258,15 °C (15 K) ist Samarium antiferromagnetisch. Die thermische Leitfähigkeit beträgt 3,10% die elektrische 1,68% der des Silbers. Intermetallische Verbindungen des Samariums mit Cobalt wie $SmCo_5$ und v. a. Sm_2Co_{17} sind Werkstoffe mit hervorragenden magnetischen Eigenschaften. Die Austrittsarbeit für Elektronen im Vakuum beträgt 2,7 eV (P).

Radiochemie

Natürliches Samarium besteht aus einem Gemisch von fünf stabilen und zwei sehr langlebigen radioaktiven Isotopen. 23 Radioisotope werden künstlich hergestellt.

Die Isotope des Samariums (1995)

Isotop	Natürliche Häufigkeit n (%)	Zerfallsart					Halbwertszeit
		α	β^+	EC	γ	β^-	$T_{1/2}$
Sm 131			x		x		1,2 s
Sm 132			x				4,0 s
Sm 133			x		x		3,2 s
Sm 134			x		x		10 s
Sm 135*			x		x		10,3 s
Sm 135*			x		x		2,4 s
Sm 136			x		x		47 s
Sm 137			x		x		45 s
Sm 138			x		x		3,1 m
Sm 139*			x		x		2,57 m
Sm 139 m*			x		x		10,7 s
Sm 140			x	x	x		14,8 m
Sm 141*			x		x		10,2 m
Sm 141*			x	x	x		22,6 m
Sm 142			x	x	x		72,4 m
Sm 143*			x	x	x		8,83 m
Sm 143 m*			x		x		65 s
Sm 144	**3,1**						
Sm 145				x	x		340 d
Sm 146		x					$1,03 \cdot 10^8$ a
Sm 147	**15,0**	x					$1,06 \cdot 10^{11}$ a
Sm 148	**11,3**	x					$7 \cdot 10^{15}$ a
Sm 149	**13,8**						
Sm 150	**7,4**						
Sm 151					x	x	93 a
Sm 152	**26,7**						
Sm 153					x	x	46,27 h
Sm 154	**22,7**						
Sm 155					x	x	22,4 m
Sm 156					x	x	9,4 h
Sm 157					x	x	8,11 m
Sm 158					x	x	5,51 m
Sm 159					x	x	11,4 s
Sm 160						x	9,6 s

(* isomere Atomkerne; m* markiert jeweils einen metastabilen Zustand)

Die Sm-Isotope haben allgemein kurze Halbwertszeiten. Die leichteren Isotope A < 145 zerfallen hauptsächlich durch β^+-Strahlung oder Elektronen-Einfang (EC) in die entsprechenden Pm-Isotope, die schwereren A < 150 verwandeln sich durch β^--Emission in Eu-Isotope. Die drei langlebigsten Isotope A = 146–148 zerfallen durch α-Strahlung in Nd-Isotope. Die Isotope $^{147}_{62}Sm$, $^{153}_{62}Sm$, $^{155}_{62}Sm$ und $^{156}_{62}Sm$ sind Spaltprodukte. $^{151}_{62}Sm$ (β^- | 0,105 MeV; γ) entsteht in einer $^{150}_{62}Sm$ (n, γ) $^{151}_{62}Sm$ bzw. in einer $^{151}_{63}Eu$ (n, $^{1}_{1}H$) $^{151}_{62}Sm$ Reaktion, es wird zusammen mit $^{153}_{62}Sm$ (β^- | 0,810 MeV; γ) als radioaktiver Indikator (Tracer) eingesetzt. Die stabilen Isotope $^{147}_{62}Sm$ und $^{149}_{62}Sm$ der Kernspinzahl 7/2– und kernmagnetischen Momenten –0,813 und –0,670 dienen zum NMR-spektroskopischen Nachweis; NMR-Frequenzen (bei 2,3488 T) $4{,}128 \cdot 10^6\ s^{-1}$ bzw. $3{,}289 \cdot 10^6\ s^{-1}$. Das Isotop $^{147}_{62}Sm$ dient zur Altersbestimmung von Gesteinen nach der sog. *Samarium-Neodym-Methode*. Diese beruht auf dem α-Zerfall von $^{147}_{62}Sm$ in das stabile Isotop $^{143}_{60}Nd$, als Bezugsnuklid dient $^{144}_{60}Nd$ dessen Gehalt in einer geschlossenen Probe konstant ist.
Der äußerst große Wirkungsquerschnitt für thermische Neutronen des Samariums von $\sigma = 5600 \cdot 10^{-28}\ m^2$ ist v. a. auf die beiden Isotope $^{149}_{62}Sm$ $\sigma = 40100 \cdot 10^{-28}\ m^2$ und $^{151}_{62}Sm$ $\sigma = 15200 \cdot 10^{-28}\ m^2$ zurückzuführen.

Chemische Eigenschaften

Samarium gehört zur Gruppe der „Lanthanoide“ bzw. der „Seltenerdmetalle“. Es befindet sich im PSE in der 3. Gruppe (IIIB Nebengruppe) über dem Plutonium Pu sowie in der 6. Periode zwischen Promethium Pm und Europium Eu. Wie bei den anderen Lanthanoiden erfolgt auch beim Samarium der Ausbau des 4f-Niveaus. Das freie, neutrale Sm-Atom hat daher im elektronischen Grundzustand folgende Elektronenkonfiguration:

$$1s^2\ 2s^2\ 2p^6\ 3s^2\ 3p^6\ 3d^{10}\ 4s^2\ 4p^6\ 4d^{10}\ 4f^6\ 5s^2\ 5p^6\ 6s^2$$

Samarium bildet in seinen Verbindungen, ähnlich seinem Periodennachbarn Europium die Oxidationsstufen +II und +III von denen die Stufe +III ([Xe] $4f^5$) die wichtigste und beständigste ist.
Die Normalpotentiale des Samariums sind:

	+III		+II		0
			–2,414 V		
Saure Lösung	Sm^{3+}	–1,55 V	Sm^{2+}	–2,67 V	Sm
Basische Lösung	$Sm(OH)_3$		–2,80 V		Sm

Samarium ist ein elektropositives und angesichts der stark negativen Normalpotentiale ein unedles Metall und starkes Reduktionsmittel. Es ist sehr reaktionsfähig und in fein zerteiltem Zustand pyrophor. An der Luft überzieht es sich mit einer dünnen Schutzschicht von Hydroxiden und Carbonaten, die das Metall vor weiteren Angriffen schützt. Mit kaltem Wasser reagiert es langsam mit heißem wesentlich rascher. In verd. Mineralsäuren löst es sich leicht unter Wasserstoffentwicklung. Mit Chlor reagiert es beim Erhitzen unter Leuchterscheinung.

Die Farben der Sm-Kationen sind: Sm^{2+} blutrot; Sm^{3+} tiefgelb. Samarium bildet zwei in Wasser lösliche Chloride $SmCl_2$ und $SmCl_3$ und ein Nitrat $Sm(NO_3)_3 \cdot 6\,H_2O$, die Fluoride SmF_2 und SmF_3, die Oxide SmO und Sm_2O_3, das Sulfid SmS, das Hydroxid $Sm(OH)_3$, das Oxalat $Sm_2(C_2O_4)_3 \cdot 10\,H_2O$ u. a. sind in Wasser nicht löslich.

Nachweis

- Flammenspektroskopie, Röntgenfluoreszenz, Aktivierungsanalyse u. a.
- Spektralanalyse; wichtige Spektrallinien der einfach positiven Ionen Sm^+ sind: 356,827 nm, 359,260 nm, 363,429 nm, 373,912 nm, 388,529 nm, u. a.
- Atomabsorptionsspektrometrie (AAS) mittels der 429,674 nm Hauptlinie des Atomspektrums.

Verwendung

Samarium wird hauptsächlich zur Herstellung hochwertiger Legierungen v. a. mit Cobalt, der Typen $SmCo_5$ und Sm_2Co_{17} für Dauermagnete von hoher magnetischer Anisotropie und Koerzitivfeldstärke verwendet. Daneben dient es zum Dotieren von Calciumchlorid u. a. Kristalle für die Laser- und Masertechnik sowie wegen seines großen Wirkungsquerschnitts für thermische Neutronen als Neutronenabsorber in Kernreaktoren. Es ist ferner Bestandteil der Cer-Mischmetalle. Samarium(III)-oxid eignet sich als Katalysator bei der Dehydrierung und Dehydratisierung von Ethanol, andere Samariumverbindungen werden in optischen Gläsern zur Verbesserung der IR-Absorption sowie zur Aktivierung von Leuchtstoffen verwendet.

Physiologie, Toxikologie

Samarium hat keine biologische Bedeutung für den menschlichen Organismus. Das Element ist nur gering toxisch und wirkt stimulierend. Toxizitätswerte sind nicht bekannt.

Sauerstoff O

International (Lat.)	Oxygenium	Italienisch	Ossigeno
Englisch	Oxygen	Griechisch	Οξυγόνο (Oxygono)
Französisch	Oxygéne	Russisch	Кислород (Kißlarot)
Spanisch	Oxigeno	Japanisch	酸素（サンソ）(sanso)

Atomare und physikalische Eigenschaften

Protonenzahl **(Z)**	**8**
Standard-Atomgewicht (bezogen auf $^{12}C = 12$)	15,9994 (±3)
Effektive Kernladung	(Slater) 4,55; (Clementi) 4,45; (Froese-Fischer) 4,04
Elektronenkonfiguration	[He] $2s^2\ 2p^4$
Grundzustand, Termsymbol	$^3P_2$
Atomradius/Kovalenzradius (Einfachbindung)	60,5 pm/66 pm
Van-der-Waals-Radius	140 pm
Ionenradien (KZ 4)	$22{,}5^+$ pm, $138^{2-}_{(4)}$ pm
Molares Volumen (bei – 219,15 °C)	$8{,}00 \cdot 10^{-6}\ m^3 \cdot mol^{-1}$
Molares Eigenvolumen (Van-der-Waals-Konst.)	$31{,}8 \cdot 10^{-6}\ m^3 \cdot mol^{-1}$
Molare Binnendruckkonstante (Van-der-Waals-Konst.)	$0{,}138\ Nm^4 \cdot mol^{-2}$
1.;2.;3.;4.;5.;6. Ionisierungsenergie	13,618 eV; 35,116 eV; 54,934 eV; 77,412 eV; 113,896 eV; 138,116 eV
Elektronegativität	(Allred/Rochow) 3,50; (Pauling) 3,44; (absolut) 7,54 eV
Elektronenaffinität $O \longrightarrow O^-$	–1,465 eV
Wirkungsquerschnitt für thermische Neutronen ($\sigma_{n,\gamma}$)	$0{,}00028 \cdot 10^{-28}\ m^2$
Dichte gasförmig (bei 0 °C, 101,325 kPa)	$1{,}42895\ kg \cdot m^{-3}$
Schmelztemperatur	–218,80 °C (54,35 K) [a]
Siedetemperatur (bei 101,325 kPa)	–182,962 °C (90,188 K)
Temperatur/Dampfdruck am Tripelpunkt	–218,80 °C (54,35 K)/0,15 kPa
Kritische Temperatur/Kritischer Druck	–118,4 °C (154,75 K)/5,043 MPa [b]
Kritisches Volumen/Kritische Dichte	$73{,}4 \cdot 10^{-6}\ m^3 \cdot mol^{-1}/430\ kg \cdot m^{-3}$ [c]
Spezifische Schmelz-/Verdampfungsenthalpie	$27{,}75\ kJ \cdot kg^{-1}$ [d]/$426{,}25\ kJ \cdot kg^{-1}$ [e]
Spezifische Wärmekapazität	
(bei 0 °C, 101,325 kPa, konst. Druck)	$0{,}919\ kJ \cdot kg^{-1} \cdot K^{-1}$
(bei 0 °C, konst. Vol.)	$0{,}649\ kJ \cdot kg^{-1} \cdot K^{-1}$
Spezifische Gaskonstante	$0{,}25969\ kJ \cdot kg^{-1} \cdot K^{-1}$
Thermische Leitfähigkeit (bei 27 °C)	$0{,}02674\ W \cdot m{-}1 \cdot K^{-1}$
Permittivitätszahl (bei 0 °C; 101,325 kPa)	1,000486
Spezifische magnetische Suszeptibilität (O_2)	$+2707 \cdot 10^{-9}\ m^3 \cdot kg^{-1}$ [f]
Elektrochemisches Äquivalent O^{2-}	$0{,}0829 \cdot 10^{-6}\ kg \cdot A^{-1} \cdot s^{-1}$
Normalpotential H_2O/O_2	+ 1,229 V
Dissoziationsenthalpie O_2 (Gas) $\longrightarrow$ 2O	$493{,}4\ kJ \cdot mol^{-1}$ [g]
Löslichkeit in Wasser (bei 20 °C)	31,1 ml O_2 pro 1 kg H_2O

Weitere Angaben: a) 218,35 °. b) 5,06 MPa. c) $410\ kg \cdot m^{-3}$. d) $13{,}87\ kJ \cdot kg^{-1}$. e) $213\ kJ \cdot kg^{-1}$. f) (O_3) $3{,}51 \cdot 10^{-9}\ m^3 \cdot kg^{-1}$. g) $498{,}673\ kJ \cdot mol^{-1}$ ($31167\ kJ \cdot kg^{-1}$).

Entdeckung

Sauerstoff wurde im Jahre 1771/72 von dem deutsch/schwedischen Chemiker Carl Wilhelm Scheele in Uppsala, Schweden, entdeckt und durch Erhitzen von Braunstein MnO_2 mit konz. Schwefelsäure erstmals künstlich hergestellt. Er nannte das Gas *Feuerluft* bzw. *Vitriolluft*. Unabhängig davon entdeckte 1774 der englische Theologe und Hobbychemiker Joseph Priestley (1733–1804) in Leeds, Großbritannien, das Gas, das er durch Erhitzen von Quecksilberoxid HgO herstellte. Er nannte es *dephlogistisierte Luft*. Der Name *Oxygéne* wurde 1779 von Antoine Laurent Lavoisier [von griech.: ὀξύς (oxys) d. h. „sauer" bzw. und γεννάω (gennáo) oder γεννάν (gennán) d. h. „herstellen", „erzeugen" und bedeutet zusammengefaßt soviel wie *Säurebildner*]. Lavoisier hatte als erster den Elementcharakter des Gases erkannt, er war jedoch in der fälschlichen Annahme, daß Sauerstoff wesentlicher Bestandteil aller Säuren ist. Der deutsche Name „Sauerstoff" wurde auf ähnliche Weise zusammengesetzt. Das chemische Symbol „O" wurde 1814 von J. J. Berzelius vorgeschlagen.

Vorkommen

Mit einem berechneten Massenanteil in der Erdhülle von 49,40% ist Sauerstoff das häufigste aller chemischen Elemente auf der Erde. Elementarer Sauerstoff tritt in der Natur in zwei verschiedenen Formen auf, als gewöhnlicher *Sauerstoff*, sog. *Disauerstoff* O_2 in Form zweiatomiger Moleküle und als *Trisauerstoff* O_3 in Form dreiatomiger Moleküle dem sog. *Ozon*. In freiem Zustand findet man Sauerstoff in riesigen Mengen in der atmosphärischen Luft, in der er mit einem Massenanteil von 23,15% und einem Volumenanteil von 20,95% vertreten ist. Beträchtlich ist auch der Anteil an gelösten Sauerstoff in den irdischen Meeren, Flüssen und Seen. Der gesamte atmosphärische und der in Gewässern gelöste Sauerstoff ist ausschließlich biologischen Ursprungs und wurde erst in den letzten drei Milliarden Jahren aus Wasser und Kohlenstoffdioxid durch die Photosynthese der grünen Pflanzen gebildet:

$$H_2O + CO_2 + h\nu \xrightarrow[\text{Enzyme}]{\text{Chlorophyll}} O_2 + \{CH_2O\}(\text{Kohlenhydrate usw.}) \qquad \Delta H = -472\ \text{kJ}$$

1941 brachten S. Ruben und M. D. Kane durch Tracer-Untersuchungen mit $^{18}_{8}O$ den Nachweis, daß in der oben dargestellten Reaktionsgleichung, die beiden O-Atome in O_2 vom Wasser, während die O-Atome in den Kohlenhydraten vom CO_2 geliefert werden. Das bedeutet, daß der gesamte freie irdische Sauerstoff ursprünglich vom Wasser stammt.

In gebundener Form liegt Sauerstoff in reinem Wasser mit 88,81 Masse-%, im Meerwasser mit etwa 85,8 Masse-% vor. In der festen Erdkruste bis 16 km Tiefe ist Sauerstoff in Form von Oxiden wie Quarz SiO_2, Magnetit Fe_3O_4 und Salzen sauerstoffhaltiger Säuren wie Kalkstein $CaCO_3$, Dolomit $CaCO_3 \cdot MgCO_3$, Kalifeldspat $K[AlSi_3O_8]$ u. a. mit 46,6 Masse-% vertreten, während er in magmatischen Gesteinen aufgrund seines großen Atomradius etwa 90% des Gesamtvolumens einnimmt (Abb. 70). In der Erdkruste ist rund tausendmal mehr Sauerstoff gebunden als in allen irdischen Gewässern zusammen. Die heute von der Pflanzenwelt jährlich produzierte Menge Sauerstoff wird auf rund 300 Milliarden Tonnen also $3 \cdot 10^{11}$ Tonnen geschätzt.

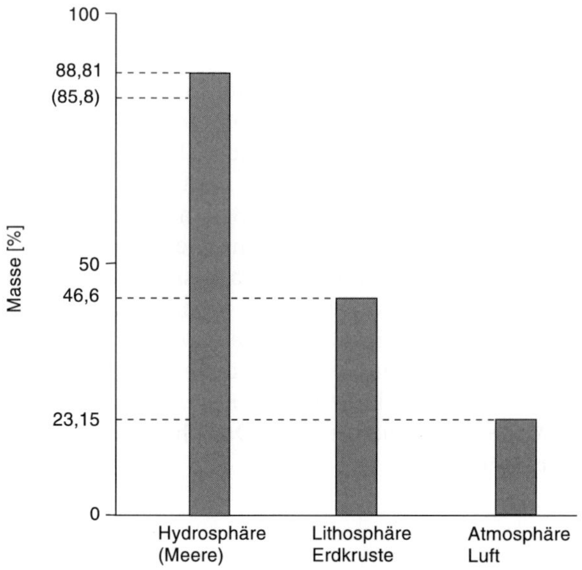

Abb. 70: Vorkommen von Sauerstoff in Masse-% in der Hydrosphäre, Lithosphäre und Atmosphäre.

Sauerstoff ist auch auf der Oberfläche des Mondes mit einem Massenanteil von 44,6% das bei weitem häufigste Element. Die Häufigkeit des Elements auf der Sonne beträgt rund $6{,}92 \cdot 10^8$ Atome Sauerstoff pro $1 \cdot 10^{12}$ Atome Wasserstoff, die kosmische Häufigkeit wird auf $3 \cdot 10^7$ Atome Sauerstoff pro $1 \cdot 10^6$ Atome Silicium geschätzt.

Herstellung

Das einzige technische Verfahren der Sauerstoffherstellung, das bis Ende des vorigen Jahrhunderts angewandt wurde, geht auf A. Brin und die *L. W. Brin's Oxygen Company* in England 1881 zurück. Bei diesem heute nicht mehr praktizierten Verfahren wurde Bariumoxid BaO bei 500 °C in Bariumperoxid BaO_2 umgewandelt, das oberhalb 700 °C reinen Sauerstoff abgibt.

$$2\,BaO + O_2 \underset{700\,°C}{\overset{500\,°C}{\rightleftharpoons}} 2\,BaO_2$$

Im Laboratorium erhält man kleine Mengen Sauerstoff durch elektrolytische Wasserzersetzung im *Hofmannschen Zersetzungsapparat* (Abb. 71) gemäß:

Dissoziation: $2\,H_2O + H_2SO_4 \longrightarrow 2\,H_3O^+ + SO_4^{2-}$

Elektrolyse:

Vorgänge an der Kathode: $4\,H_3O^+ + 4\,e^- \longrightarrow 2\,H_2\uparrow + 4\,H_2O$

Vorgänge an der Anode: $6\,H_2O \longrightarrow 4\,H_3O^+ + O_2\uparrow + 4\,e^-$

$$2\,H_2O \longrightarrow 2\,H_2\uparrow + O_2\uparrow \qquad \Delta H = +\,484\ \text{kJ}$$

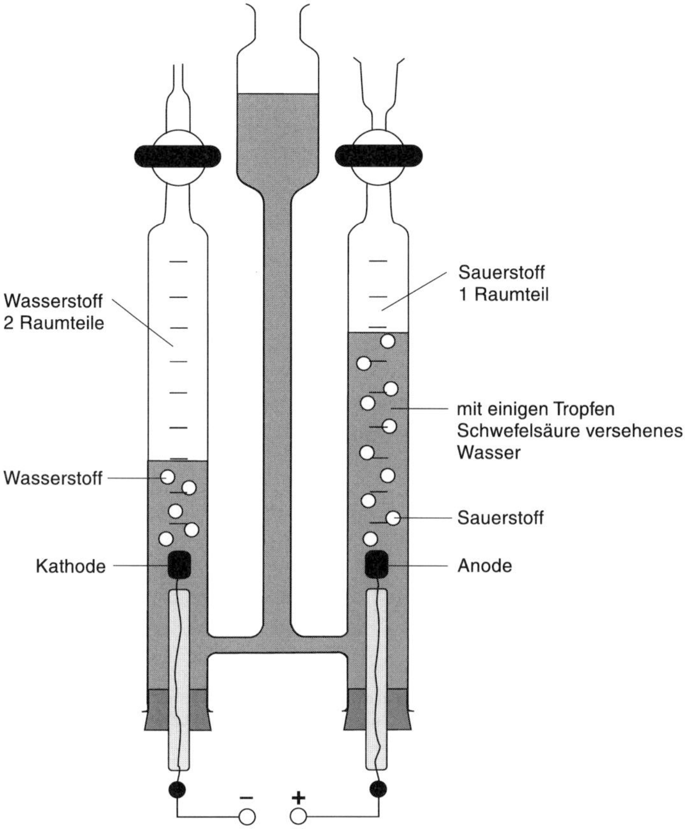

Abb. 71: Aufbau des Hofmannschen Zersetzungsapparates zur Herstellung kleiner Mengen an Sauerstoff durch elektrolytische Wasserzersetzung [nach dem deutschen Chemiker August W. von Hofmann (1818–1892)].

oder durch thermische und katalytische Zersetzung chemischer Verbindungen mit hohem Sauerstoffgehalt wie z. B. Peroxiden, Permanganaten, Chloraten u. a. z. B.:

$$2\ KClO_3 \xrightarrow{500\ °C} 2\ KCl + 3\ O_2 \uparrow$$
$$2\ KMnO_4 \xrightarrow{235\ °C} K_2MnO_4 + MnO_2 + O_2 \uparrow$$

Fast 99% des industriellen Sauerstoffbedarfs wird heute durch fraktionierte Destillation verflüssigter Luft hergestellt.

Nach dem *Linde-Verfahren* (Abb. 72) unterscheidet man zwei Phasen: die Luftverflüssigung und die Trennung des flüssigen Luftgemisches in seine Hauptbestandteile durch fraktionierte Destillation.

Zur Verflüssigung muß die Luft zunächst auf sehr tiefe Temperaturen abgekühlt werden. Dazu nutzt man den *Joule-Thomson-Effekt* gemäß dem, komprimierte reelle Gase bei

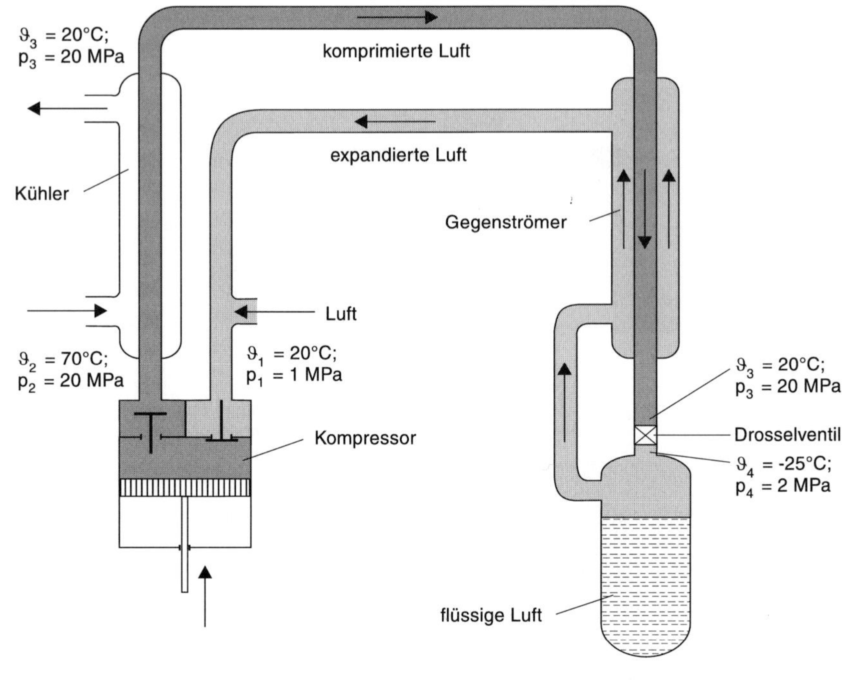

Abb. 72: Schematische Darstellung eines Apparates zur Luftverflüssigung nach Linde (Erläuterung siehe Text) [nach dem deutschen Ingenieur Carl P. G. von Linde (1842–1934)].

der Expansion bei je 0,4 MPa Druckabfall um 1 K abkühlen. Die atmosphärische Luft wird zunächst in einem Kompressor auf 20 MPa verdichtet und erwärmt sich dabei von 20 °C um etwa 50 K auf 70 °C. Die Kompressorwärme wird anschließend im Wasserkühler abgeführt, wobei die Lufttemperatur wieder auf 20 °C absinkt. Die so vorgekühlte und verdichtete Luft wird durch den Gegenstrom-Wärmeaustauscher geleitet und anschließend auf 2 MPa entspannt, indem man sie über ein Drosselventil in ein Gefäß mit normalem Druck ausströmen läßt. Beim Entspannen gibt die Luft die gleiche Wärmemenge ab, die ihr beim Verdichten im Kompressor zugeführt wurde. Dabei sinkt auch die Temperatur um den gleichen Wert bzw. um 45 K also von 20 °C auf –25 °C. Die auf diese Weise abgekühlte Luft strömt nun durch den Außenmantel des Wärmeaustauschers, kühlt die nachströmende verdichtete Luft vor, und gelangt wieder in den Kompressor. Die Vorgänge wiederholen sich nun bis eine Temperatur unterhalb der Siedetemperatur der Luft etwa –200 °C erreicht wird und Luftverflüssigung eintritt.
Die Fraktionierung bzw. Rektifikation der verflüssigten Luft in ihrer Hauptbestandteile N_2 und O_2, erfolgt durch Verdampfen, wobei die Siedetemperatur jeweils von der Zusammensetzung der Flüssigkeit abhängt. So siedet z. B. eine flüssige Mischung aus 60% O_2 und 40% N_2 bei –190,6 °C. Da Sauerstoff eine höhere Siedetemperatur (–182,962 °C) als Stickstoff (–195,82 °C) besitzt, verflüchtigt sich zuerst der Stickstoff, so daß die Flüssigkeit sauerstoffreicher wird. Durch wiederholte Fraktionierung verbleibt schließlich im Destillationsrückstand reiner Sauerstoff zurück, während sich im Destillat reiner Stickstoff befindet.

Die meisten modernen technischen Großanlagen arbeiten heute nach dem von G. Claude 1902 in Frankreich entwickelten Verfahren, bei dem der Entspannungsprozeß adiabatisch also ohne Wärmeaustausch in Expansionsmaschinen erfolgt. Dieses Verfahren ist wesentlich wirtschaftlicher und energiesparender, da durch Entspannung der verdichteten Luft mechanische Arbeit gewonnen wird.
Großtechnische Luftzerlegungsanlagen können bei Dauerbetrieb stündlich bis zu 35 000 m^3 Sauerstoff erzeugen. Sauerstoff kommt in *blauen* Druckflaschen mit Rechtsgewinde unter einem Druck von 15–20 MPa oder verflüssigt (bei ca. –150 °C) in isolierten Behältern oder Tanks in den Handel. Größere Mengen werden in Spezialkesselwagen oder durch Pipelines geliefert. Weltweit werden jährlich über 100 Mio. t Sauerstoff hergestellt, davon über 20 Mio. t in den USA.

Physikalische Eigenschaften

Sauerstoff ist bei gewöhnlicher Temperatur und bei normalem Luftdruck ein farb-, geruch-, und geschmackloses Gas. Bei Raumtemperatur ist er schwerer als Luft. In Wasser und in Ethanol ist Sauerstoff nur schwach löslich. Die Löslichkeit in Wasser beträgt in Gegenwart von Luft bei 20 °C 0,91 Vol.-% und in Gegenwart von Sauerstoff maximal 3,11 Vol.-%. Besser löslich ist Sauerstoff in organischen Lösungsmitteln und in einigen geschmolzenen Metallen. Bei starker Abkühlung, unter –182,97 °C bildet Sauerstoff eine bläulich gefärbte Flüssigkeit, die bei weiterer Abkühlung zu hellblauen, kubischen Kristallen erstarrt. Im festen Zustand tritt Sauerstoff in drei temperaturabhängigen Modifikationen auf:

α-O_2	$\xrightarrow{-249{,}26\ °C}$	β-O_2	$\xrightarrow{-229{,}35\ °C}$	γ-O_2	$\xrightarrow{-218{,}8\ °C}$	O_2	$\xrightarrow{-182{,}962\ °C}$	O_2
0–23,89 K		23,89–43,80 K		43,80–54,35 K		54,35–90,188 K		> 90,188 K
orthorhombisch		rhomboedrisch		kubisch		flüssig		gasförmig
(ρ = 1530 kg · m^{-3})		(ρ = 1495 kg · m^{-3})		(ρ = 1334 kg · m^{-3})		(ρ = 1321,5 kg · m^{-3})		(ρ = 1,42895 kg · m^{-3})

Obwohl der Atomabstand und die Dissoziationsenergie beim O_2-Molekül auf eine Doppelbindung hinweisen, liegt unter normalen Bedingungen eine Einfachbindung vor, in der beide O-Atome je ein ungepaartes Elektron mit parallelem Spin tragen sog. *antibindende* π-Elektronen. Dies entspricht einem Biradikal mit Triplett-Grundzustand sog.

Überspannung des Sauerstoffs an verschiedenen Elektroden	
Metall	Überspannung
Nickel	+ 0,12 V
Cobalt	+ 0,13 V
Platin (platiniert)	+ 0,24 V
Eisen	+ 0,24 V
Kupfer	+ 0,25 V
Blei	+ 0,30 V
Silber	+ 0,40 V
Cadmium	+ 0,42 V
Palladium	+ 0,42 V
Platin	+ 0,44 V
Gold	+ 0,52 V

Triplett-Sauerstoff $^3O_2$, der ziemlich reaktionsträge ist und paramagnetische Eigenschaften zeigt. Bei Energiezufuhr geht das O_2-Molekül in den angeregten, äußerst kurzlebigen aber sehr reaktionsfähigen, diamagnetischen Singulett-Grundzustand, sog. *Singulett-Sauerstoff* $^1O_2$ über, in dem die π-Elektronen antiparallele Spins aufweisen und gepaart vorliegen.

Radiochemie

Natürlicher Sauerstoff besteht aus einem Gemisch aus drei stabilen Isotopen, daneben sind zehn weitere künstliche, radioaktive Isotope des Sauerstoffs bekannt.
Alle O-Isotope haben kurze Halbwertszeiten. Die leichteren Isotope A < 16 zerfallen durch β^+-Strahlung in die entsprechenden N-Isotope, die schwereren A > 18 zerfallen durch β^--Strahlung in F-Isotope. Im Jahre 1919 gelang Sir E. Rutherford die erste künstliche Kernumwandlung durch Beschuß von Stickstoff mit Alphastrahlen wobei er Sauerstoff in Form des Isotop $^{17}_{8}O$ erhielt.

$$^{14}_{7}N + ^{4}_{2}He \longrightarrow ^{18}_{9}F \longrightarrow ^{17}_{8}O + ^{1}_{1}H$$

Das langlebigste Isotop $^{15}_{8}O$ entsteht in der $^{16}_{8}O$ (γ, n) $^{15}_{8}O$ Reaktion oder durch Bestrahlung von Stickstoff mit beschleunigten Teilchen. Das stabile Isotop $^{18}_{8}O$ findet Verwendung als Indikator bei der Untersuchung von Reaktionsabläufen, Stoffwechselprozessen, Isotopen-Austauschreaktionen u. a. Das Isotop $^{17}_{8}O$ der Kernspinzahl 5/2+ und kernmagnetischen Moment –1,8930 wird zu NMR-spektroskopischen Studien herangezogen; NMR Frequenz (bei 2,3488 T) $13{,}557 \cdot 10^6\ s^{-1}$; Referenz H_2O.
$^{16}_{8}O^{6+}$ und $^{18}_{8}O^{6+}$-Kationen dienen als Einschußteilchen (Projektile) bei der Herstellung schwerster Elemente wie z. B.:

$$^{243}_{95}Am + ^{16}_{8}O \longrightarrow ^{255}_{103}Lr + 4\ ^{1}_{0}n$$
$$^{238}_{92}U + ^{16}_{8}O \longrightarrow ^{250}_{100}Fm + 4\ ^{1}_{0}n$$
$$^{248}_{96}Cm + ^{18}_{8}O \longrightarrow ^{261}_{104}Rf + 5\ ^{1}_{0}n \text{ u. a.}$$

Die Isotope des Sauerstoffs (1995)

Isotop	Natürliche Häufigkeit n (%)	Zerfallsart				Halbwertszeit $T_{1/2}$
		2p	β^+	γ	β^-	
O 12		x				n.bek.
O 13			x			8,58 ms
O 14			x	x		70,59 s
O 15			x			2,03 m
O 16	**99,762**					
O 17	**0,038**					
O 18	**0,200**					
O 19				x	x	27,1 s
O 20				x	x	13,5 s
O 21				x	x	3,4 s
O 22				x	x	2,25 s
O 23					x	82 ms
O 24					x	61 ms

Chemische Eigenschaften

Sauerstoff ist das erste Element der Gruppe der „Chalkogene“, der die Elemente:

Sauerstoff O, Schwefel S, Selen Se, Tellur Te und Polonium Po

angehören. Es befindet sich im PSE in der 16. Gruppe (VIA Hauptgruppe) über dem Schwefel S, sowie in der 2. Periode zwischen Stickstoff N und Fluor F. Entsprechend seiner Stellung im PSE hat das freie, neutrale O-Atom im elektronischen Grundzustand folgende Elektronenkonfiguration:

$$1s^2\ 2s^2\ 2p^4$$

Wie alle Elemente seiner Gruppe besitzt Sauerstoff sechs Elektronen auf dem äußeren Niveau und benötigt daher zur Erreichung eines Oktetts bzw. einer stabilen der Neonkonfiguration zwei Elektronen. Gemäß der Anordnung der Außenelektronen

$2s^2$	$2p_x^2$	$2p_y^1$	$2p_z^1$
↑ ↓	↑ ↓	↑	↑

sind nur die beiden Elektronen in den p_y- und p_z-Orbitalen bindungsfähig. Treffen zwei O-Atome zusammen, so bilden sich durch Überlappung dieser Orbitale Elektronenpaarbindungen eine sog. σ-Bindung und wegen des kleinen Radius der O-Atome zusätzlich eine zweite sog. π-Bindung. Sauerstoff bildet daher in seiner beständigen Form zweiatomige Moleküle in denen die O-Atome durch zwei Kovalenzbindungen sehr fest aneinander gebunden sind. Sauerstoff hat die höchste Dissoziationsenthalpie aller Gase, so daß die O_2-Moleküle erst bei relativ hohen Temperaturen in O-Atome zerfallen. Aus diesem Grunde ist Sauerstoff bei gewöhnlicher Temperatur ziemlich reaktionsträge, reagiert jedoch bei höheren Temperaturen teilweise sehr heftig mit fast allen Elementen außer Helium, Neon, Argon und Krypton.
Die Normalpotentiale des Sauerstoffs sind:

0 –I –II

Saure Lösung

$$O_2 \xrightarrow{+0{,}695\ V} H_2O_2 \xrightarrow{+1{,}763\ V} H_2O \qquad (O_2 \xrightarrow{+1{,}229\ V} H_2O) \qquad O_3 \xrightarrow{+1{,}246\ V} O_2$$

Basische Lösung

$$O_2 \xrightarrow{-0{,}0649\ V} HO_2^- \xrightarrow{+0{,}867\ V} OH^- \qquad (O_2 \xrightarrow{+0{,}401\ V} OH^-) \qquad O_3 \xrightarrow{+2{,}075\ V} O_2$$

Sauerstoff ist nach Fluor das elektronegativste Element, es kann nur gegenüber Fluor elektropositiv auftreten. In seinen Verbindungen tritt Sauerstoff fast ausschließlich in der Oxidationsstufe –II wie z. B. in H_2O, H_3O^+, OH^-, Oxiden u. a. auf. Daneben bildet es aber auch die Stufe –I in Peroxiden H_2O_2, Na_2O_2, usw. und die Stufe 0 in O_2 und O_3. In der Oxidationsstufe +I tritt Sauerstoff in O_2F_2, in den *Bartlett-Komplexen* O_2PtF_6, O_2SbF_6, O_2BF_4 und in der Stufe +II in OF_2 auf. Mit Metallen geht Sauerstoff allgemein Ionenbindungen ein, wobei folgende Anionen: Oxid-Anion O^{2-}(farblos), Hyperoxid-

Anion O_2^- (gelb), Peroxid-Anion O_2^{2-} (farblos) und Ozonid-Anion O_3^- (orangerot), seltener die Kationen: Dioxygen-Monokation (Dioxygenyl) O_2^+ (farblos), Trioxygen-Monokation (Trioxygenyl) O_3^+ (farblos) auftreten. Mit den Nichtmetallen bildet Sauerstoff kovalente Bindungen wie (die Bindungslängen und die Bindungsenthalpien siehe bei den Elementen) z. B.: Al–O, Sb–O, As–O, Be–O, Bi–O, Pb–O, B–O, Br–O, Cl-O, F–O, Ge–O, In–O, I–O, C–O, C=O, C≡O, P–O, P=O, N–O, N=O, N=O, S–O, S=O, Se–O, Si–O, Te–O u. a.
Sauerstoff ist Bestandteil zahlreicher anorganischer Verbindungen wie Oxide Na_2O, Al_2O_3, CO_2, SO_2, N_2O_5; Säuren H_2SO_4; Basen $Ca(OH)_2$; Salze $AgNO_3$ und organischer Verbindungen wie Alkohole R–OH; Aldehyde R–COO, Ketone R_1–CO–R_2, Säuren R–CO–COOH u. a.
Ozon, genauer *Trisauerstoff* O_3 ist eine energiereiche Modifikation des Sauerstoffs mit drei Sauerstoffatomen im Molekül. Bei gewöhnlicher Temperatur ist Ozon ein bläuliches, giftiges Gas von charakteristischem intensiven Geruch, das auch in sehr geringen Konzentrationen (0,001 ppm) noch wahrnehmbar ist. Das Gas kondensiert bei –111,9 °C (161,15 K) zu einer tiefblauen Flüssigkeit, die bei –192,5 °C (80,65 K) zu schwarzvioletten Kristallen erstarrt. Die Löslichkeit in Wasser ist gering (bei 0 °C lösen sich in 100 ml Wasser 49,4 ml Ozon). Besser löst sich Ozon in Hydrogenhalogeniden. Das O_3-Molekül ist im Unterschied zum paramagnetischen O_2-Molekül diamagnetisch und, wie die isoelektronischen Spezies ONCl und ONO^-, symmetrisch gewinkelt. Aus Mikrowellenmessungen ergab sich folgende Molekülgeometrie:

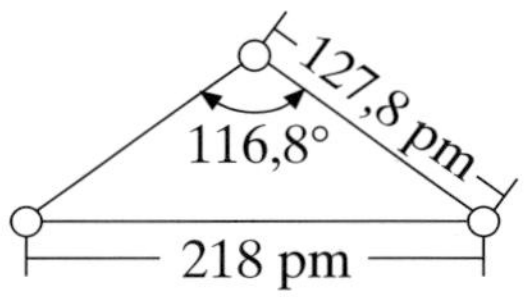

Ozon wird allgemein durch Einwirkung von atomarem Sauerstoff auf molekularen Sauerstoff erzeugt. Es entsteht überall dort, wo durch Energiezufuhr wie z. B. durch energiereiche UV-Strahlung oder elektrische Entladungen, Sauerstoffatome aus Sauerstoffmolekülen freigesetzt werden.
Die Bildungsreaktion ist insgesamt endotherm.

$$\tfrac{1}{2}\,O_2 \xrightarrow{\text{Photonenaufnahme}} O \qquad \Delta H = 249{,}2\ \text{kJ}$$
$$O + O_2 \xrightleftharpoons{\text{Wärmeabgabe}} O_3 \qquad \Delta H = -106{,}5\ \text{kJ}$$
$$1\tfrac{1}{2}\,O_2 \rightleftharpoons O_3 \qquad \Delta H = 142{,}7\ \text{kJ}$$

Als stark endotherme Verbindung zerfällt Ozon langsam in Disauerstoff:

$$O_3 \longrightarrow 1\tfrac{1}{2}\,O_2 \qquad \Delta H = -142{,}7\ \text{kJ}$$

Der Zerfall wird durch Erwärmung, Bestrahlung oder durch verschiedene Katalysatoren beschleunigt. Durch das Auftreten von atomarem Sauerstoff beim Zerfall, ist Ozon eines der stärksten Oxidationsmittel. So vermag Ozon viele Metalle, sogar Silber, zu oxidieren und reagiert unter Zerstörung mit vielen organischen Verbindungen wie z. B. mit Gummi, Kautschuk u. a. Reines Ozon, sowie auch dessen Lösungen, können sich schon bei tieferen Temperaturen explosionsartig zersetzen. So läßt sich Sauerstoff mit 9%

Ozon durch elektrische Funken, bei 30% schon durch leichten Stoß zur Explosion bringen. Leicht brennbare Substanzen wie Benzin, Ether, Alkohole u. a. entflammen in Ozon oder ozonreicher Luft.
Zur Herstellung von Ozon oder ozonhaltiger Luft verwendet man vorteilhaft die *Siemensche Ozonisatorröhre*. Diese besteht im Prinzip aus zwei konzentrischen, wassergekühlten, metallbeschichteten Glasröhren, durch die bei 25 °C und etwa 0,1 MPa ein trokkener Sauerstoff- oder Luftstrom geleitet wird. Beim Anlegen einer niederfrequenten Spannung (50–500 s^{-1}; 10–20 kV) treten *stille* oder *dunkle* Entladungen auf, unter deren Einfluß die Sauerstoffmoleküle gespalten werden. Das aus dem Ozonizator ausströmende Gasgemisch enthält maximal 15% Ozon, das durch fraktionierende Verflüssigung abgetrennt wird.
In der Natur entsteht Ozon bei elektrischen Entladungen z. B. bei Gewittern, vor allem aber durch die energiereiche Sonnenstrahlung besonders durch Absorption der kurzwelligen UV-Strahlung $\lambda < 242$ nm. Erhöhte Ozon-Konzentrationen treten vor allem in Gebieten mit starker Abgasentwicklung auf, wo Ozon unter Einwirkung des Sonnenlichts aus Stickstoff- und Schwefeloxiden entsteht. In diesen Gebieten kann Ozon zu gesundheitlichen Schäden führen. Die atmosphärische Luft enthält auf Meereshöhe eine durchschnittliche stationäre Konzentration von 0,005 ppm Ozon, die sich hauptsächlich durch Konvektionsströmung aus höheren Luftschichten ergibt. Mit zunehmender Höhe steigt die Ozonkonzentration, wegen des größeren Anteils an UV-Strahlung im Sonnenlicht und erreicht in der Stratosphäre in einer Höhe von etwa 20–50 km, der sog. *Ozonosphäre* oder *Ozonschicht* ihre höchste Konzentration von rund 7 ppm. Durch Absorption langwelliger UV-Strahlung $\lambda < 310$ nm, zerfällt das Ozon der Erdatmosphäre und gibt die durch Strahlung aufgenommene Energie in Form von Wärme wieder ab. Die freigesetzten Sauerstoffatome lagern sich sofort an Sauerstoffmoleküle, so daß ein sogenanntes dynamisches Gleichgewicht zwischen Auf- und Abbau von Ozon besteht. Auf diesem Wege wird energiereiche Sonnenstrahlung $\lambda < 310$ nm herausgefiltert und in Wärme umgewandelt.
Die Ozonschicht ist für das Leben auf der Erde von größter Bedeutung, weil sie einerseits den größten Teil der krebserregenden UV-Strahlung zurückhält, andererseits die Strahlungsenergie in Wärme umsetzt und damit eine wichtige Rolle im Wärmehaushalt der Atmosphäre spielt. So nimmt die Temperatur in 5–10 km Höhe bis auf –57 °C ab, steigt dann aber bis auf 50 km Höhe wieder auf 20–30 °C an. Die über der Antarktis stark zerstörte Ozonschicht der Erdatmosphäre bezeichnet man als *Ozonloch*. Verantwortlich dafür sind die früher als umweltfreundlich geltenden Fluorchlorkohlenwasserstoffe (FCKW), die weit verbreitet als Treibgase in Spraydosen oder als Kühlmittel in Kühlschränken und Kältemaschinen verwendet wurden, in der Größenordnung von bis zu 700 000 t/Jahr. Man hat festgestellt, daß diese und andere Gase in der Atmosphäre hochsteigen und innerhalb von 5–10 Jahren in die Stratosphäre gelangen. Erst hier werden sie durch die UV-Strahlung zerlegt, wobei Chloratome freigesetzt werden, die auf katalytischem Wege die Ozonschicht zerstören.

Nachweis

Qualitativ:

- In höheren Konzentrationen (> 28%) kann man Sauerstoff durch die „Glimmspanmethode“ (Aufflammen eines glimmenden Holzspans) nachweisen.

Quantitativ:

- Gasvolumetrisch durch Absorption in alkalischer Pyrogallollösung in sehr kleinen Mengen mit Hilfe der Gaschromatographie.
- Bei der kontinuierlichen Messung wird der Stauferstoff aufgrund des Paramagnetismus des O_2-Moleküls bestimmt.
- Spektralanalyse; wichtige Spektrallinien der neutralen Atome sind: 777,194 nm, 777,417 nm und 777,543 nm, 844,625 nm, 844,636 nm, 844,676 nm u. a.

Verwendung

Der überwiegende Teil des industriell hergestellten Sauerstoffs dient in der Technik hauptsächlich zur Erzeugung hoher Temperaturen für Verbrennungsprozesse. Die Verwendung von reinem Sauerstoff anstatt der kostenlosen Luft, hat den Vorteil einer besseren Wärmeausnutzung, weil der Stickstoffballast nicht miterwärmt werden muß, zudem können höhere Temperaturen erreicht werden. Mit Acetylen wird Sauerstoff in Gebläsebrennern z. B. beim autogenen Schweißen verwendet, oder mit Wasserstoff (sog. Knallgasflamme) zum Schmelzen von Quarz und hochschmelzender Metalle, sowie mit Hilfe der *Sauerstofflanze* zum schnellen Durchbrennen von Metallplatten, Beton- oder Stahlbetonwänden und anderer Mauerwerke. Große Menge werden in der Sauestoffmetallurgie z. B. beim Hochofenprozeß zum Schmelzen und Frischen von Eisen, bei der Stahlgewinnung im Siemens-Martin-Ofen u. a. verwendet. In der chemischen Industrie dient Sauerstoff zur industriellen Synthese bei der Olefinoxidation, so z. B. bei der Herstellung von Etylenoxid aus Ethylen, bei der Oxychlorierung von Alkenen zu Chloralkanen, bei der Schwefel- und Salpetersäureherstellung zur Umwandlung von H_2S in SO_2, von SO_2 in SO_3, von NO und NO_2 in N_2O_5 u. a. Ebenso dient Sauestoff zur Synthesegaserzeugung, zur Kohleveredelung, beim thermischen Crackverfahren, zur Erzeugung von Wasserstoff durch partielle Oxidation von Schwerölen, von Acetylen aus Kohlenwasserstoffen u. v. a. Flüssiger Sauerstoff ist ein wichtiges Oxidationsmittel für Raketentreibstoffe und für spezielle Sprengsätze. Ferner dient Sauerstoff oder mit Sauerstoff angereicherte Luft als Atemgas in der Medizin z. B. zur *Sauerstofftherapie,* sowie in der Luft- und Raumfahrt und in der Tauchtechnik.
Ozon wird in letzter Zeit als Desinfektionsmittel bei der biologischen Wasseraufbereitung verwendet, da es auf strikt anaerobe Bakterienarten tödlich wirkt, daneben dient es zum Bleichen von Papier, Fasern, Zellstoffen aber auch von Fetten, Ölen, Wachsen u. a.

Physiologie, Toxikologie

Sauerstoff gehört neben Kohlenstoff, Wasserstoff und Stickstoff sowie den Mineralstoffen Calcium, Kalium, Natrium, Phosphor, Chlor, Schwefel und Magnesium zu den elf Elementen aus denen die Körpersubstanz zu 99% aufgebaut ist. Er ist essentiell für die Atmung fast aller Lebewesen. Sauerstoff ist ein wichtiger Bestandteil der Erbsubstanz. Der menschliche Körper enthält durchschnittlich rund 43 kg Sauerstoff in gebundener Form v. a. in Eiweißen, Fetten und Kohlenhydraten. Der vom Menschen benötigte Sauerstoffbedarf wird zum Teil durch die Atmung etwa 250–300 ml (0,352–0,428 mg) pro Minute bzw. ca. 600 g/Tag und zusätzlich über die Nahrung, hauptsächlich als Wasser mit etwa 225 g/Tag gedeckt. Im Organismus übernimmt das zweiwertige Eisen im Hämoglobin den Sauerstofftransport von der Lunge und vom Verdauungstrakt zu den Zellen. Dort wird der Sauerstoff von Enzymen aufgenommen, die die lebenswichtigen Verbrennungsvorgänge unterhalten. In der Ruhephase atmet der Mensch ca. 8 Liter Sauerstoff in der Minute, bei Anstrengung ein Vielfaches davon ein. Aus 1 l Atemluft übernimmt der Körper etwa 30–45 ml Sauerstoff. Die Einatmungsluft enthält in der Regel 21 Vol.-% O_2 und 0,03 Vol.-% CO_2. Die Alveolarluft, die bei der Atmung abgegeben wird, enthält etwa 14 Vol.-% O_2 und 5,6 Vol.-% CO_2. Weniger als 7 Vol.-% Sauerstoff in der Atemluft führt zu blau-roter Färbung von Haut und Schleimhaut der sog. *Blausucht* oder Zyanose und schließlich zur Bewußtlosigkeit. Unter 3 Vol.-% tritt der Erstickungstod ein. Allerdings wirken auch erhöhte Sauerstoffkonzentrationen, über 60 Vol.-%, über längere Zeit eingeatmet, toxisch. Auch die Zufuhr von reinem Sauerstoff unter Druck, ruft schon nach kurzer Zeit Kreislaufstörungen hervor. Ozon ist eines der giftigsten bis heute bekannten Gase. Bereits 1 ppm in der Atemluft führt zu Gesundheitsschäden wie Schleimhautreizungen und Störungen des zentralen Nervensystems. Als Vergiftungssymptome treten Reizwirkungen in den Augen und im Atemtrakt wie Augenbindehautentzündungen oder Luftföhrenentzündungen bis hin zum Lungenödem auf. Der MAK-Wert wurde auf 0,1 ppm bzw. 0,2 mg Ozon/m^3 festgelegt.

Scandium Sc

International (Lat.)	Scandium	Italienisch	Scandio
Englisch	Scandium	Griechisch	Σκάνδιο (Scandio)
Französisch	Scandium	Russisch	Скандий (Skandij)
Spanisch	Escandio	Japanisch	スカンジウム (sukanjiumu)

Atomare und physikalische Eigenschaften	
Protonenzahl **(Z)**	**21**
Standard-Atomgewicht (bezogen auf $^{12}C = 12$)	44,955910 (±9)
Effektive Kernladung	(Slater) 3,00; (Clementi) 4,63; (Froese-Fischer) 6,06
Elektronenkonfiguration	[Ar] $3d^1\ 4s^2$
Grundzustand, Termsymbol	$^2D_{3/2}$
Metallatomradius (KZ 12)	162 pm [a)]
Kovalenzradius (Einfachbindung)	144 pm
Ionenradien (KZ 6;8)	$74{,}5^{3+}_{(6)}$ pm, $87^{3+}_{(8)}$ pm
Molares Volumen	$15{,}04 \cdot 10^{-6}\ m^3 \cdot mol^{-1}$
1.;2.;3.;4.;5 Ionisierungsenergie	6,5398 eV; 12,799 eV; 24,760 eV; 73,471 eV; 91,660 eV
Elektronegativität	(Allred/Rochow) 1,20; (Pauling) 1,36; (absolut) 3,34 eV
Elektronenaffinität $Sc \longrightarrow Sc^-$	0,187 eV
Wirkungsquerschnitt für thermische Neutronen ($\sigma_{n,\gamma}$)	$27{,}2 \cdot 10^{-28}\ m^2$
Dichte (bei 20 °C)	$2989\ kg \cdot m^{-3}$ [b)]
Härte (Mohs) *	2,5
Schmelztemperatur	1541 °C (1814,15 K) [c)]
Siedetemperatur	2836 °C (3109,15 K) [d)]
Spezifische Schmelzenthalpie	$353{,}7\ kJ \cdot kg^{-1}$ [e)]
Spezifische Verdampfungsenthalpie	$7401{,}8\ kJ \cdot kg^{-1}$ [f)]
Spezifische Sublimationsenthalpie (einatomiges Gas)	$8364{,}85\ kJ \cdot kg^{-1}$
Spezifische Atomisierungsenthalpie	$7641{,}8\ kJ \cdot kg^{-1}$
Spezifische Wärmekapazität (bei 25 °C)	$0{,}586\ kJ \cdot kg^{-1} \cdot K^{-1}$
Debye-Temperatur	87 °C (360,15 K)
Thermische Leitfähigkeit (bei 27 °C)	$15{,}8\ W \cdot m^{-1} \cdot K^{-1}$ [g)]
Thermischer Längenausdehnungskoeffizient (bei 25 °C)	$10{,}2 \cdot 10^{-6}\ K^{-1}$
Elektrische Leitfähigkeit (bei 20 °C)	$1{,}64 \cdot 10^6\ S \cdot m^{-1}$
Spezifischer elektrischer Widerstand (bei 20 °C)	$61{,}10 \cdot 10^{-8}\ \Omega \cdot m$ [h)]
Spezifische magnetische Suzeptibilität	$+88 \cdot 10^{-9}\ m^3 \cdot kg^{-1}$
Normalpotential Sc/Sc^{3+}	−2,077 V
Hydratationsenthalpie Sc^{3+}	$-3916\ kJ \cdot mol^{-1}$
Bildungsenthalpie $ScCl_3$ (Sc_2O_3)	$-925{,}7\ kJ \cdot mol^{-1}$ ($-1910{,}1\ kJ \cdot mol^{-1}$)

Weitere Angaben: a) 160,6 pm. b) $2985\ kg \cdot m^{-3}$ und $2990\ kg \cdot m^{-3}$. c) 1539 °C. d) 2748 °C. e) $314\ kJ \cdot kg^{-1}$. f) $6785\ kJ \cdot kg^{-1}$. g) $63\ W \cdot m^{-1}.\ K^{-1}$. h) $(50 \cdots 61) \cdot 10^{-8}\ \Omega \cdot m$. * geschätzte Werte.

Entdeckung

Scandium wurde im Jahre 1879 von dem schwedischen Chemiker Lars Frederik Nilson (1840–1899) in Uppsala, Schweden, in den Mineralen Gadolinit und Euxenit in Form des Oxids bzw. einer Erde entdeckt. Nilson nannte die neue Erde „Scandia“ nach seiner Heimat Skandinavien. Das darin vermutete Element erhielt entsprechend den Namen „Scandium“ mit dem chemischen Symbol „Sc“. Bereits 1871 hatte D. I. Mendelejew das Element als Eka-Bor und einige seiner Eigenschaften vorausgesagt. Metallisches Scandium wurde erst 1937 in geringen Mengen durch Elektrolyse einer Schmelze aus Kalium-, Lithium- und Scandiumchlorid hergestellt. Größere Mengen des Metalls, etwa 500 g, mit einem Reinheitsgrad von ca. 99,1% konnten erst 1960 hergestellt werden.

Vorkommen

Scandium gehört zu den selteneren Elementen. Der berechnete Massenanteil an Scandium in der Erdhülle liegt bei rund $5{,}1 \cdot 10^{-4}$%, damit steht es nach Beryllium und Praseodym an 50. Stelle der Elementhäufigkeit. In der bis 16 km tiefen Erdkruste ist es mit etwa 20 g/t Krustengestein vertreten und ist damit achtmal häufiger als Uran (2,4 g/t), rund 250mal häufiger als Silber oder Quecksilber und fast 5000mal häufiger als Gold. In den Meeren und Ozeanen beträgt sein Anteil rund $5{,}5 \cdot 10^{-7}$ g $Sc^{(+III)}/m^3$ Meerwasser, bei einer Verweilzeit von ca. 5000 Jahren. In den typischen Mineralen der Seltenen Erden kommt Scandium nur in sehr geringen Mengen als Begleiter der anderen Seltenerdmetalle vor, in kleineren Mengen ist es auch in Wolfram-, Zinn, und Uranerzen enthalten. Das einzige scandiumreiche Mineral ist das Scandium-Yttrium-Silicat Thortveitit $(Y, Sc)_2 [Si_2O_7]$ das in Norwegen (bis zu 45% Sc_2O_3) und auf Madagaskar (bis zu 25% Sc_2O_3) vorkommt.
Die Scandium-Reserven sind nicht bekannt. Die Häufigkeit des Elements auf der Sonne beträgt ca. 1100 Atome Scandium pro $1 \cdot 10^{12}$ Atome Wasserstoff, die kosmische Häufigkeit wird auf 28 Atome Scandium pro $1 \cdot 10^6$ Atome Silicium geschätzt.

Sehr seltene Scandium-Minerale	
Kolbeckit, Sterrettit, Eggonit	$ScPO_4 \cdot 2\,H_2O$
Bazzit	$(Sc, Fe)_2Be_3Si_6O_{18}$ mit ca. 15% Sc_2O_3
Davidit; ein australisches Eisentitanat der Zusammensetzung:	$(U, Ce, Ca, Fe)_2\,(Ti, Fe, Cr, V)_5O_{12}$ mit 0,02% Sc_2O_3

Herstellung

Scandium wird zunächst in Form des Chlorids durch Ionenaustauschverfahren von seinen Begleitelementen getrennt und durch Schmelzelektrolyse einer eutektischen Mischung von Sc(III)-chlorid $ScCl_3$, Lithiumchlorid LiCl und Kaliumchlorid KCl an einer Zinkkathode abgeschieden. Daneben erhält man das Metall durch Reduktion von Sc(III)-fluorid ScF_3 mit Calcium in Gegenwart von Zink und Lithiumfluorid bei 1100 °C

in einem Tantaltiegel in Heliumatmosphäre oder durch Reduktion des Oxids mit Calcium im Vakuuminduktionsofen. Das überschüssige Zink oder Calcium wird anschließend abdestilliert. Die Reinigung des Metalls erfolgt durch Hochvakuumdestillation bei 1700 °C in einer Apparatur aus Tantal, man erhält Scandium mit einer Reinheit von 99,99%.
In größeren Mengen fällt Scandium heute als Nebenprodukt in den Rückständen der Uranaufbereitung an, aus denen es heute größtenteils hergestellt wird. Die Weltproduktion an Scandium ist mit ca. 150 bis 300 kg/Jahr allerdings sehr gering. Der Preis für 1 kg Scandium liegt daher entsprechend hoch für hochreines Scandium zwischen 50 000 und 65 000 $ bzw. ca. 87 500 bis 113 500 DM.

Physikalische Eigenschaften

Scandium ist ein silberweißes, relativ weiches und duktiles Leichtmetall, das sich in der Kälte leicht zu dünnen Folien walzen läßt. Es tritt in zwei Modifikationen auf:

$$\alpha\text{-Sc} \xrightarrow{> 950\ °C} \beta\text{-Sc}$$

α-Sc: hexagonal dichteste Kugelpackung — β-Sc: kubisch raumzentriert

Das Metall ist wärmebeständig und leicht paramagnetisch. Die thermische Leitfähigkeit beträgt 3,68%, die elektrische 2,61% der des Silbers. Die Austrittsarbeit für Elektronen im Vakuum beträgt 3,5 eV (P).

Radiochemie

Scandium ist ein anisotopes Element. Es tritt in der Natur nur in Form des stabilen Isotops $^{45}_{21}Sc$ auf. Auf künstlichem Wege wurden weitere 15 radioaktive Isotope hergestellt.

Die Isotope des Scandiums (1995)

Isotop	Natürliche Häufigkeit n (%)	Zerfallsart				Halbwertszeit $T_{1/2}$
		β⁺	EC	γ	β⁻	
Sc 40		**x**		x		183 ms
Sc 41		**x**		x		596 ms
Sc 42*		**x**		x		61 s
Sc 42*		**x**		x		0,68 s
Sc 43		**x**		x		3,89 h
Sc 44*		**x**		x		3,92 h
Sc 44 m*			x	**x**		2,44 d
Sc 45	**100**					
Sc 46*				x	**x**	83,82 d
Sc 46 m*				**x**		18,7 s
Sc 47				x	**x**	3,35 d
Sc 48				x	**x**	43,67 h

(* isomere Atomkerne; m* markiert jeweils einen metastabilen Zustand)

Die Isotope des Scandiums (1995)						
Isotop	Natürliche Häufigkeit n (%)	Zerfallsart				Halbwertszeit $T_{1/2}$
		β^+	EC	γ	β^-	
Sc 49				x	**x**	57,2 m
Sc 50				x	**x**	1,7 m
Sc 51				x	**x**	12,4 s
Sc 52				x	**x**	8,2 s
Sc 53					x	n.bek.
Sc 54					x	n.bek.
Sc 55					x	n.bek.

Alle Sc-Isotope haben kurze Halbwertszeiten. Die leichteren Isotope A < 45 zerfallen durch β^+-Strahlung oder Elektronen-Einfang (EC) in die entsprechenden Ca-Isotope, die schwereren A > 45 zerfallen durch β^--Strahlung in die entsprechenden Ti-Isotope. Das langlebigste Isotop $^{46}_{21}$Sc entsteht durch Neutroneneinfang in der Reaktion $^{45}_{21}$Sc (n, γ) $^{46}_{21}$Sc oder durch Beschuß von Titan mit Deuteronen gemäß $^{48}_{22}$Ti ($^{2}_{1}$H, α) $^{46}_{21}$Sc. Die Isotope $^{44}_{21}$Sc (β^- | 3,655 MeV; γ | 1,15 MeV), $^{46}_{21}$Sc (β^- | 2,367 MeV; γ | 1,12 MeV) und $^{47}_{21}$Sc (β^- | 0,602 MeV; γ | 0,16 MeV) werden als radioaktive Indikatoren (Tracer) verwendet. Das stabile Isotop $^{45}_{21}$Sc der Kernspinzahl 7/2– und kernmagnetischen Moment +4,756 dient zum NMR-spektroskopischen Nachweis; NMR-Frequenz (bei 2,3488 T) $24{,}290 \cdot 10^6\ s^{-1}$; Referenz $Sc(ClO_4)_3$ (aq).

Chemische Eigenschaften

Scandium ist das erste Element der sog. *Scandiumgruppe*, der die Elemente

Scandium Sc, Yttrium Y, Lanthan La und Actinium Ac

angehören. Es befindet sich im PSE in der 3. Gruppe (IIIB Nebengruppe) über dem Yttrium Y sowie in der 4. Periode zwischen Calcium Ca und Titan Ti. Scandium ist das erste Übergangsmetall und gleichzeitig das erste Seltenerdmetall. Übergangsmetalle sind alle d- und f-Elemente; Seltenerdmetalle sind die Elemente der 3. Gruppe (IIIB Nebengruppe), im Periodensystem der Elemente bzw. die Elemente Scandium, Yttrium, Lanthan und die „Lanthanoide" (Elemente 58 bis 71).
Mit Scandium beginnt der Ausbau des 3d-Niveaus, das freie, neutrale Sc-Atom besitzt daher im elektronischen Grundzustand folgende Elektronenkonfiguration:

$$1s^2\ 2s^2\ 2p^6\ 3s^2\ 3p^6\ 3d^1\ 4s^2$$

In seinen Verbindungen bildet das Metall fast ausschließlich die Oxidationsstufe +III ([Ar]), die durch Abgabe der beiden 4s-Elektronen sowie des einen 3d-Elektrons erreicht wird. In seinen chemischen Eigenschaften unterscheidet sich Scandium sowohl von Aluminium als auch von Yttrium und den leichteren Lanthanoiden. Da der Ionenradius des Scandiums in seiner Größe den Ionenradien der schwereren Lanthanoiden annähernd gleicht, teilt das Metall eher die Eigenschaften dieser Elemente.
Das Normalpotential zur Bildung des Sc^{3+}-Kations

$$\begin{matrix} +III & & 0 \\ Sc^{3+} & \xrightarrow{-2{,}077\ V} & Sc \end{matrix}$$

weist das Element als ein sehr unedles und stark elektropositives Metall und starkes Reduktionsmittel aus. Bei Raumtemperatur ist Scandium an trockener Luft beständig, erhält aber allmählich einen gelblich-goldenen bis blaßrosanen Farbton. An feuchter Luft läuft es unter Bildung einer Scandiumhydroxidschicht rasch an, in pulverisierter Form ist es pyrophor. Von Wasser und nichtoxidierenden Säuren wird es unter Wasserstoffentwicklung angegriffen. Mit den Säuren bildet es Salze wie z. B.:

$$2\,Sc + 6\,HCl \longrightarrow 2\,ScCl_3 + 3\,H_2$$

Bei erhöhter Temperatur wird es von Sauerstoff zu Sc(III)-oxid

$$2\,Sc + 1\tfrac{1}{2}\;O_2 \longrightarrow Sc_2O_3 \qquad \Delta H = -1910{,}1\text{ kJ}$$

von Chlor zu Sc(III)-chlorid

$$2\,Sc + 3\,Cl_2 \longrightarrow 2\,ScCl_3 \qquad \Delta H = -1851{,}4\text{ kJ}$$

oxidiert.

Mit anderen Nichtmetallen wie Wasserstoff, Stickstoff, Kohlenstoff und Bor bildet es bei höheren Temperaturen nichtstöchiometrische Einlagerungsverbindungen wie ScH_2, ScN, ScC, ScB. Alkalien fällen aus Sc-Salzen das gallertartige weiße Sc(III)-hydroxid aus, das jedoch zum Unterschied von $Al(OH)_3$ nicht amphoter ist und von Säuren unter Bildung der entsprechenden Salze neutralisiert wird:

$$Sc^{3+} + 3\,OH^- \longrightarrow Sc(OH)_3\downarrow$$
$$Sc(OH)_3 + 3\,HCl \longrightarrow ScCl_3 + 3\,H_2O$$

Von den meist farblosen Scandiumverbindungen sind das Chlorid $ScCl_3$, Nitrat $Sc(NO_3)_3 \cdot 4\,H_2O$, Sulfat $Sc_2(SO_4)_3$ in Wasser löslich, das Fluorid ScF_3 (Abb. 73), Hydroxid $Sc(OH)_3$, Oxid Sc_2O_3, Oxalat $Sc_2(C_2O_4)_3 \cdot 5\,H_2O$, die Scandate der allg. Formel $[ScO_2]^-$ $[ScO_3]^{3-}$ oder $[Sc(OH)_6]^{3-}$ u. a. sind in Wasser nicht löslich.

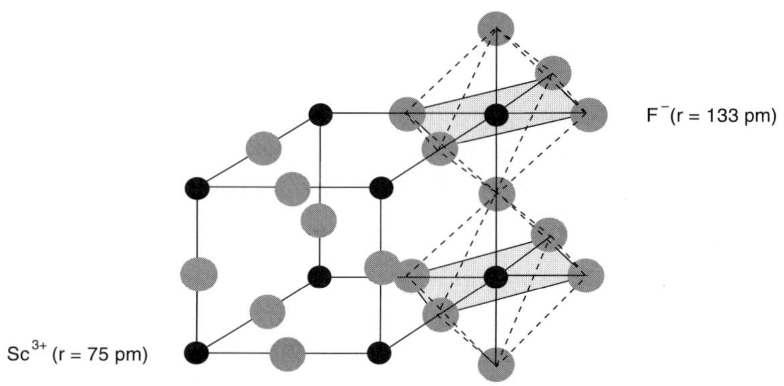

Abb. 73: Das Kristallgitter des Scandiumfluorids; „Scandiumfluorid-Struktur" (ScF_3-Typ); Es hat eine kubische Grundstruktur. Jedes Scandium-Kation Sc^{3+} ist oktaedrisch von sechs Fluorid-Anionen F^- und jedes F^--Anion von zwei Sc^{3+}-Kationen koordiniert. Verhältnis der Radien $r_{Sc^{3+}}/r_{F^-} = 0{,}564$. Gittertyp AB 6/2.

Nachweis

- Mit verschiedenen Reagenzien wie Oxin, Morin, Alizarinsulfonsäure, PAN, PAR u. a.
- Spektralanalyse; wichtige Spektrallinien der neutralen Atome sind: 361,364 nm, 390,749 nm, 391,181 nm, 402,040 nm, 402,369 nm u. a.
- Atomabsorptionsspektrometrie (AAS) mittels der 391,181 nm Hauptlinie des Atomspektrums.

Verwendung

Scandium besitzt keine besondere technische Bedeutung. Das Metall wurde als Legierungsbestandteil für Titan-, Nickel- und andere Legierungen sowie hinsichtlich seiner Katalysatoreigenschaften und seiner Anwendungen in der Elektrokeramik geprüft. Wegen seiner kleinen Dichte und hohen Schmelztemperatur könnte sich Scandium als Werkstoff für die Raumfahrttechnik eignen. Die radioaktiven Isotope ${}^{44}_{21}Sc$, ${}^{46}_{21}Sc$ und ${}^{47}_{21}Sc$ werden als Tracer zur Beobachtung von Seesand-Strömungen, in Erdöllagerstätten, bei der Ölraffination u. a. verwendet.

Physiologie, Toxikologie

Scandium hat für den menschlichen Organismus keine biologische Bedeutung, das Element gilt als sehr gering toxisch. Der tägliche Bedarf wird auf 0,00005 mg Scandium geschätzt.

Schwefel S

International (Lat.)	Sulfur	Italienisch	Zolfo
Englisch	(GB/USA) Sulphur/Sulfur	Griechisch	θείο (Thio)
		Russisch	Сера (Sjära)
Französisch	Soufre	Japanisch	塩素（エンソ） (iou)
Spanisch	Azufre		

Atomare und physikalische Eigenschaften	
Protonenzahl **(Z)**	**16**
Standard-Atomgewicht (bezogen auf $^{12}C = 12$)	32,066 (±6)
Effektive Kernladung	(Slater) 5,45; (Clementi) 5,48; (Froese-Fischer) 6,04
Elektronenkonfiguration	[Ne] $3s^2$ $3p^4$
Grundzustand, Termsymbol	$^3P_2$
Atomradius (S_8) / Kovalenzradius (Einfachbindung)	103,5 pm / 104 pm
Van-der-Waals-Radius	185 pm [a)]
Ionenradien (KZ 6)	$184^{2-}_{(6)}$ pm, $37^{4+}_{(6)}$ pm, $29^{6+}_{(6)}$ pm
Molares Volumen	$15{,}49 \cdot 10^{-6}$ $m^3 \cdot mol^{-1}$
1.;2.;3.;4.;5.;6.;7.;8 Ionisierungsenergie	10,360 eV; 23,329 eV; 34,834 eV; 47,302 eV; 72,684 eV; 88,049 eV; 280,93 eV; 328,23 eV
Elektronegativität	(Allred/Rochow) 2,44; (Pauling) 2,58; (absolut) 6,22 eV
Elektronenaffinität $S \longrightarrow S^-$ ($S \longrightarrow S^{2-}$)	−2,075 eV (−4,29 eV)
Wirkungsquerschnitt für thermische Neutronen ($\sigma_{n,\gamma}$)	$0{,}54 \cdot 10^{-28}$ m^2
Dichte (bei 20 °C)	(α) 2070 $kg \cdot m^{-3}$; (β) 1958 $kg \cdot m^{-3}$
Härte (Mohs)	(α) ca. 2
Schmelztemperatur: (α)	112,8 °C (385,95 K)
(β)	119,6 °C (392,15 K)
(γ)	106,85 °C (380,0 K)
Siedetemperatur (β)	444,67 °C (717,82 K)
Spezifische Schmelzenthalpie	38,32 $kJ \cdot kg^{-1}$ [b)]
Spezifische Verdampfungsenthalpie	299,68 $kJ \cdot kg^{-1}$ [c)]
Spezifische Atomisierungsenthalpie	8691,6 $kJ \cdot kg^{-1}$
Spezifische Wärmekapazität (bei 25 °C)	0,736 $kJ \cdot kg^{-1} \cdot K^{-1}$
Thermische Leitfähigkeit (α; bei 27 °C)	0,269 $W \cdot m^{-1} \cdot K^{-1}$
Thermischer Längenausdehnungskoeffizient (bei 25 °C)	$74{,}33 \cdot 10^{-6}$ K^{-1}
Elektrische Leitfähigkeit (bei 20 °C)	$0{,}5 \cdot 10^{-15}$ $S \cdot m^{-1}$
Spezifischer elektrischer Widerstand (bei 20 °C)	$2 \cdot 10^{15}$ $\Omega \cdot m$
Permittivitätszahl (bei 0 °C; 101,325 kPa)	3,6…4,3
Spezifische magnetische Suszeptibilität (α)	$-6{,}09 \cdot 10^{-9}$ $m^3 \cdot kg^{-1}$
(β)	$-5{,}83 \cdot 10^{-9}$ $m^3 \cdot kg^{-1}$
Elektrochemisches Äquivalent S^{2+}	$0{,}1661 \cdot 10^{-6}$ $kg \cdot A^{-1} \cdot s^{-1}$
Normalpotential H_2S/S_2	+0,142 V
Dissoziationsenthalpie S_2 (Gas) $\longrightarrow$ 2S	+429,52 $kJ \cdot mol^{-1}$

Weitere Angaben: a) 180 pm. b) 42 $kJ \cdot kg^{-1}$. c) 290 $kJ \cdot kg^{-1}$.

Entdeckung

Schwefel war sowohl im gediegenen Zustand als auch in Form von Verbindungen bereits in der Antike bekannt. Plinius D. Ä. beschrieb im 1. Jh. n. Chr. Schwefellagerstätten auf Sizilien und die Verwendung des Schwefels für medizinische Behandlungen. Bei den Alchimisten galt der Schwefel als das *Prinzip der Brennbarkeit* und als *Vater der Metalle*. Bereits 1777 vermutete Antoine Laurent Lavoisier (1743–1794), daß Schwefel ein Element sei, den Beweis erbrachten aber erst 1809 Joseph Louis Gay-Lussac (1778–1850) und Louis Jacques Thénard (1777–1857). Der Name „Sulfur" stammt von Sanskrit *sulvere*, das griechische „thio" von θεῖον (thion), das sowohl *Schwefel* als auch *Gottheit* bedeutet. Der deutsche Name „Schwefel" geht wahrscheinlich auf sanskrit *swep* oder *sweblan* zurück, d. h. „schlafen" oder „erschlagen" und bezieht sich vermutlich auf die Giftigkeit des Schwefeldioxids. Das chemische Symbol „S" wurde 1814 von J. J. Berzelius vorgeschlagen.

Vorkommen

Schwefel gehört zu den relativ häufigen Elementen auf der Erde. Mit einem berechneten Massenanteil in der Erdhülle von 0,048%, steht Schwefel zwischen Mangan und Stickstoff an 15. Stelle der Elementhäufigkeit. In der bis 16 km tiefen Erdkruste ist Schwefel mit ca. 340 g/t Krustengestein vertreten, in Steinmeteoriten mit 370 g/t. In den Meeren

Wichtige Schwefel-Mineralien	
Sulfide:	
Kiese (hell, metallisch glänzend)	
Eisenkies, Schwefelkies, Pyrit, Katzengold	$CuFeS_2$
Kupferkies, Chalkopyrit	Cu_3FeS_4 oder 2 $Cu_2S \cdot CuFeS_2$
Buntkupferkies, Bornit	FeS_2
Glanze (dunkel, metallisch glänzend)	
Bleiglanz, Galenit	PbS
Kupferglanz, Chalkosin	Cu_2S
Silberglanz, Argentit	Ag_2S
Grauspießglanz, Antimonit, Stibnit	Sb_2S_3
Realgar, Rauschrot	As_2S_2
Blenden (dunkel, oft auch hell, durchscheinend)	
Zinkblende, Sphalerit	ZnS auch $(Zn,Fe)S$
Sulfate	
Calciumsulfat, Anhydrit	$CaSO_4$
Gips	$CaSO_4 \cdot 2\,H_2O$
Magnesiumsulfat, Kieserit	$MgSO_4 \cdot H_2O$
Bittersalz	$MgSO_4 \cdot 7\,H_2O$
Bariumsulfat, Schwerspat	$BaSO_4$
Strontiumsulfat, Cölestin	$SrSO_4$
Natriumsulfat, Glaubersalz	$Na_2SO_4 \cdot 10\,H_2O$. u. a.

und Ozeanen beträgt sein durchschnittlicher Anteil 870 g $S^{(+VI)}$ pro m^3 Meerwasser bei einer Verweilzeit von etwa 8 Mio. Jahren. In der Natur kommt Schwefel sowohl gediegen (in mächtigen Lagern) als auch gebunden in Form von Sulfiden und Sulfaten in sedimentären Lagerstätten und vulkanischen Ablagerungen vor.
Größere Mengen Schwefel sind in den fossilen Brennstoffen enthalten z. B. in Kohlen 1–2%, Erdöl bis 3%. Erdgase und Schwefelquellen enthalten Schwefel in Form von Dihydrogensulfid H_2S. Daneben ist Schwefel sowohl in pflanzlichen als auch in tierischen Organismen in Form von Aminosäuren, Coenzymen sowie im Vitamin B (Thiamin) enthalten. Die Schwefel-Reserven werden weltweit auf 3,5 Milliarden t geschätzt, verteilt auf Erdöl, Erdgas (als H_2S) ca. 28%, Metallsulfiderze z. B. Pyrit (als FeS_2) ca 50% und Elementarschwefel etwa 22%. Große Lagerstätten befinden sich in den GUS-Staaten, Irak, Kanada, USA, China, Polen, Saudi Arabien, Mexico u. a. Die Häufigkeit des Elements auf der Sonne beträgt ca. $1{,}6 \cdot 10^7$ Atome Schwefel pro $1 \cdot 10^{12}$ Atome Wasserstoff, die kosmische Häufigkeit wird auf $5{,}8 \cdot 10^5$ Atome Schwefel pro $1 \cdot 10^6$ Atome Silicium geschätzt.

Herstellung

Fast die Hälfte des heute produzierten Schwefels ist gediegener Schwefel, der Rest wird entweder durch Oxidation von Dihydrogensulfid H_2S oder durch Reduktion von Schwefeldioxid SO_2 hergestellt.
Aus den unterirdischen Lagerstätten von Sizilien wird das schwefelhaltige Gestein, das 15 bis 40% gediegenen Schwefel enthält, bergmännisch abgebaut. Aus diesem wird der Schwefel durch Erhitzen ausgeschmolzen und anschließend durch Destillation gereinigt. Aus den tiefer, etwa 150 bis 800 m unter der Erdoberfläche gelegenen Lagerstätten v. a. in den USA entlang des Golfs von Mexiko, in den Staaten Texas und Louisiana, aber auch in Polen u. a. ist ein bergmännischer Abbau nicht möglich. Aus diesen Lagerstätten wird der Schwefel nach einem zwischen 1891 bis 1894 in den USA von Hermann Frasch (1851–1914) entwickelten Verfahren, dem sog. *Frasch-Verfahren* (Abb. 74) durch Ausschmelzen mit überhitztem Wasser gewonnen. Dazu wird ein etwa 150 cm weites Eisenrohr, das zwei koaxial angeordnete Innenrohre aus Titan von 75–100 bzw. 25 cm enthält, in ein Bohrloch eingeführt. Durch das Außenrohr wird von oben überhitztes Wasser (oder Sole) von ca. 170 °C und einem Druck von 2,5 MPa eingedrückt, das den Schwefel unterirdisch schmilzt. Der flüssige Schwefel wird anschließend mit heißer Preßluft von 4 MPa durch die mittlere Rohrleitung zutage gefördert und entweder als Flüssig-Schwefel durch Pipelines direkt zu den Verbrauchern weitergeleitet oder man läßt ihn in großen Kästen zu riesigen Schwefelklötzen erstarren. Der so erhaltene Schwefel hat gewöhnlich einen Reinheitsgrad von 99,5–99,9%. Eine Bohrung erlaubt die Schwefelausbeutung auf einer Fläche von etwa 2000 m^2, die Bohrlöcher befinden sich daher in einem Abstand von etwa 50 bis 100 m voneinander entfernt; ein Bohrloch fördert bis zu 300 t Schwefel pro Tag. Für 1 t Schwefel werden rund 10–15 t überhitztes Wasser benötigt. In den letzten Jahren hat besonders die Gewinnung von sog. *Rekuperationsschwefel* aus Dihyhydrogensulfid H_2S das in Erd-, Kokerei- oder Raffineriegasen enthalten ist, an Bedeutung gewonnen. Die Abtrennung von H_2S aus diesen Gasen hat dabei nicht nur wirtschaftliche Bedeutung, sondern ist v. a. aus Gründen des Umweltschutzes erforderlich. Nach dem *Claus-Verfahren* erfolgt die Umsetzung von Dihydrogensulfid in Schwefel in

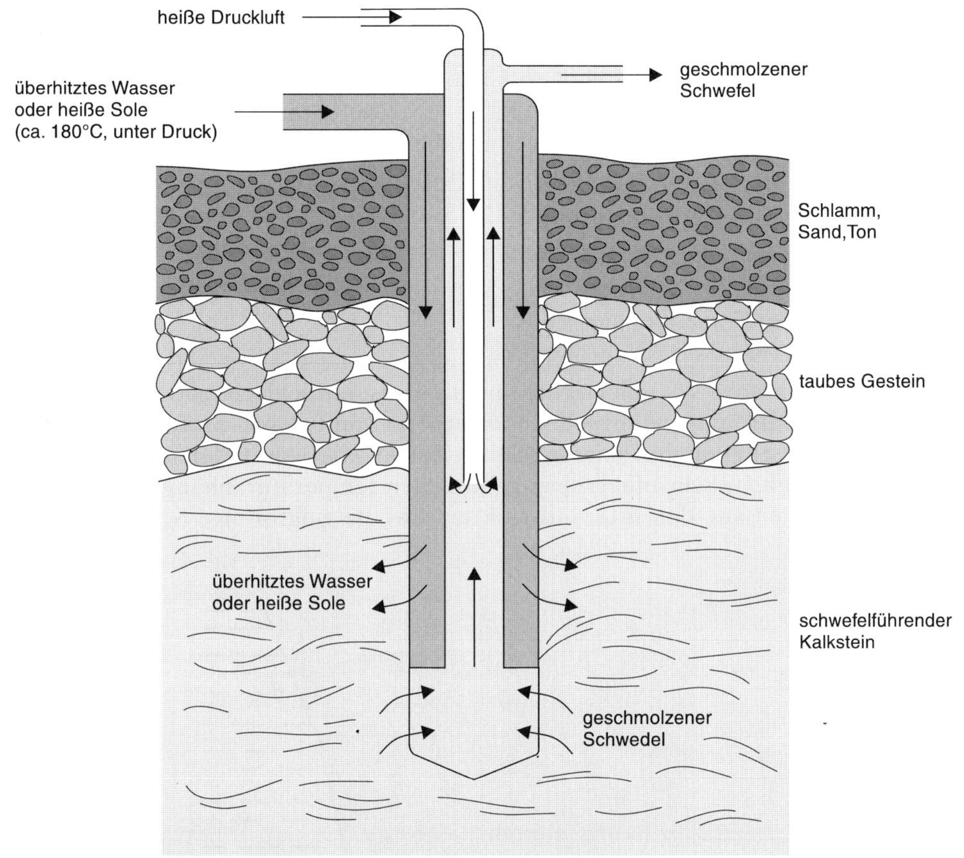

Abb. 74: Schwefelgewinnung nach dem *Frasch-Verfahren* (schematische Darstellung) [nach dem deutsch/ amerik. Chemiker Hermann Frasch (1851–1914)].

zwei Stufen. Dabei wird zunächst nur etwa ein Drittel des H_2S mit der nötigen Menge Sauestoff oder Luft in der Brennkammer, ohne Katalysator, zu Schwefeldioxid SO_2 verbrannt. Das SO_2 wird dann zusammen mit den verbliebenen zwei Drittel H_2S im Kontaktofen in Gegenwart eines Bauxitkatalysators bei etwa 300 °C umgesetzt. Der freigesetzte flüssige Schwefel tropft durch die Katalysatorschichten, sammelt sich am Boden des Kontaktofens und wird von hier in den Sammelbehälter abgeleitet:

$$H_2S + 1\tfrac{1}{2}\,O_2 \longrightarrow SO_2 + H_2O \qquad \Delta H = -518{,}5\ \text{kJ}$$
$$SO_2 + 2\,H_2S \longrightarrow 3\,S + 2\,H_2O \qquad \Delta H = -145{,}5\ \text{kJ}$$

Gesamtvorgang: $3\,H_2S + 1\tfrac{1}{2}\,O_2 \longrightarrow 3\,S + 3\,H_2O \qquad \Delta H = -664\ \text{kJ}$

Aus sulfidischen Erzen wird der Schwefel nach dem *Outokumpu-Verfahren* (Bergbausiedlung in Finnland) durch Behandeln von Pyrit unter Luftabschluß in reduzierender Atmosphäre gewonnen, oder durch Rösten in SO_2 überführt, das anschließend mit Koks oder Kohlenstoffoxid reduziert wird. Die Weltproduktion an Schwefel liegt bei ca. 60 Mio. t/Jahr, davon ca. 40,5% aus Erdöl und Erdgas, 19,2% nach dem Frasch-Verfahren, 17,4 aus Röstgasen, 16,5% aus Pyriten, 5,2% durch Tagebau, 1,2% andere Quellen. Die Haupterzeugerländer sind die USA mit etwa 22,3%, GUS-Staaten 15,8%, Kanada 14,1%, Polen 8,4%, Japan 5,4%, Mexiko 5,1%, Frankreich 3,75%, Deutschland 2% u. a. In Deutschland werden jährlich rund 1,2 Mio. t Schwefel erzeugt davon etwa 80% aus der Erdgasreinigung und ca. 18% aus der Erdölentschwefelung stammen. Schwefel gelangt in den Handel in Form von Rollen- oder Stangenschwefel, sublimierter Schwefel, als feinpulvrige *Schwefelblumen* oder *Schwefelblüte* sowie in letzter Zeit verstärkt als Flüssigschwefel.

Physikalische Eigenschaften

Schwefel ist ein geruchloses, gelbes Nichtmetall. Er ist ein schlechter Leiter von Wärme und elektrischen Strom, gewinnt jedoch unter dem Einfluß von Stoßwellen kurzzeitig metallische Eigenschaften und zeigt in diesem Zustand bei sehr tiefen Temperaturen sogar Supraleitfähigkeit. Schwefel tritt in zahlreichen temperaturabhängigen enantiotropen Modifikationen auf, deren Grundstruktur gewellte ringförmige S_8-Molekülen darstellen.

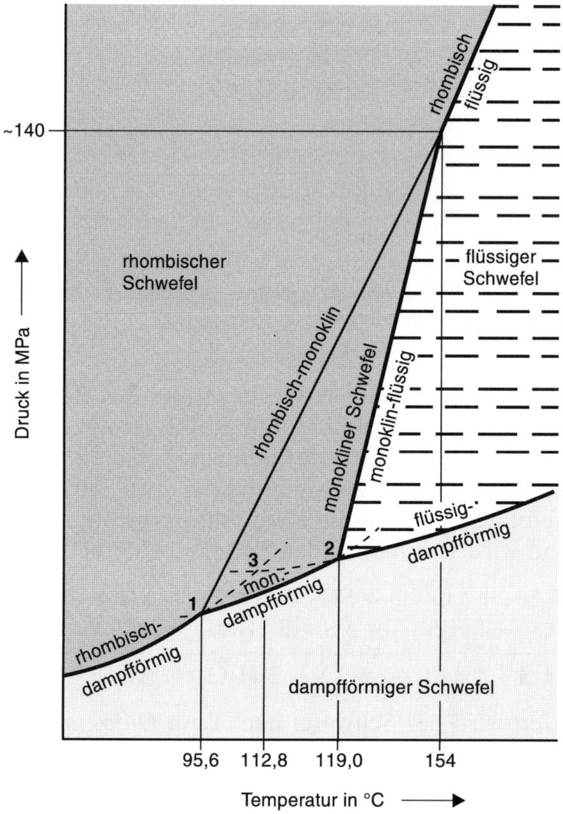

Abb. 75: Zustandsdiagramm des Schwefels (nicht maßstäblich und stark vereinfacht).

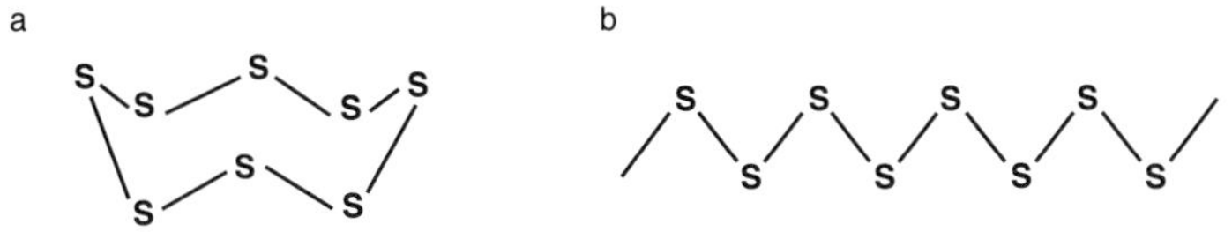

Abb. 76: Modell des Schwefelmoleküls; a) S_8-Ringmolekül beständig unterhalb 159 °C; b) Kettenförmiges Schwefelmolekül; oberhalb 159 °C entstehen aus den Ringen unterschiedlich lange Ketten.

$$[\alpha\text{-S} \xrightleftharpoons{95{,}6\,^\circ\mathrm{C}} \beta\text{-S}] \xrightleftharpoons{119{,}6\,^\circ\mathrm{C}} [\lambda\text{-S} \rightleftharpoons \pi\text{-S} \rightleftharpoons \mu\text{-S}] \xrightleftharpoons{444{,}6\,^\circ\mathrm{C}} [S_8 \rightleftharpoons S_7 \rightleftharpoons \ldots S]$$

fester Schwefel, zitronengelb (rhombisch | monoklin) — flüssiger Schwefel, gelb rotbraun — gasförmiger Schwefel, gelb bis dunkelrotbraun

α-Schwefel, rhombischer Schwefel ist die einzige bei gewöhnlicher Temperatur thermodynamisch stabile Modifikation. Er besteht aus ringförmigen, gewellten S_8-Molekülen (Kronenform), und bildet zitronengelbe, spröde, rhombische Kristalle. Er ist in Wasser unlöslich, leicht löslich aber in Carbondisulfid und Iodoform. Bei Erwärmung auf 95,6 °C geht rhombischer Schwefel unter Volumenvergrößerung langsam in β-Schwefel über.

β-Schwefel, monokliner Schwefel bildet hellgelbe, monokline, nadelförmige, ebenfalls aus ringförmigen S_8-Molekülen aufgebaute Kristalle. Er ist leicht löslich in Carbondisulfid und sublimiert im Hochvakuum. In der α- und β-Modifikation ist Schwefel diamagnetisch. Bei 119,6 °C schmilzt der monokline Schwefel und geht in λ-Schwefel über.

λ-Schwefel, hellgelbe, leicht bewegliche Flüssigkeit, in der noch S_8-Ringmoleküle vorliegen. Bei steigender Temperatur spalten sich die Ringe zu Ketten auf, und die Flüssigkeit geht etwa ab 159 °C in dunkelbraunen, harzartigen Schwefel über, dessen Zähigkeit auf die Bildung niedermolekularer S_n-Ringe (n = 6–26 außer 8) *π-Schwefel* und hochmolekularer, kettenförmiger z. T. zu Ringen geschlossener Schwefelketten *μ-Schwefel* zurückzuführen ist. Beim Abschrecken des flüssigen Schwefels z. B. durch Eingießen in kaltes Wasser, bildet sich als unterkühlte Schmelze *plastischer Schwefel*, eine gelbbraune, zähe, elastische Masse, die aus einem Gemisch von λ- und μ-Schwefel besteht und an der Luft binnen weniger Minuten in α-Schwefel übergeht.

Bei weiterem Erwärmen zerbrechen die hochmolekularen S_8-Moleküle, so daß bei etwa 400 °C die Flüssigkeit wieder dünnflüssig wird und schließlich bei 444,6 °C siedet.

– Schwefeldampf besteht zunächst aus S_8-Ringmolekülen die bei steigender Temperatur stufenweise in immer kleinere Bruchstücke zerfallen S_7 – S_5 *gelb – orangerot*, S_4 *rot*, S_3 *blau*, S_2 *violett*. Oberhalb 2000 °C besteht der Dampf fast nur noch aus S-Atomen. Durch rasches Abkühlen von Schwefeldampf erhält man Schwefel als feinverteiltes, hellgelbes Pulver sog. *sublimierter Schwefel, Schwefelblüte* oder *Schwefelblume.*

Radiochemie

Schwefel besitzt vier natürliche, stabile Isotope, daneben sind weitere 18 künstliche Radioisotope des Schwefels bekannt.

Die natürliche Isotopenzusammensetzung ist großen Schwankungen ausgesetzt die auf Isotopenaustauschreaktionen zurückzuführen sind. So können die Schwankungen des

Die Isotope des Schwefels (1995)					
Isotop	Natürliche Häufigkeit n (%)	Zerfallsart			Halbwertszeit $T_{1/2}$
		β^+	γ	β^-	
S 27		x			21 ms
S 28		x			125 ms
S 29		x	x		187 ms
S 30		x	x		1,18 s
S 31		x	x		2,58 s
S 32	**95,02**				
S 33	**0,75**				
S 34	**4,21**				
S 35				x	87,5 d
S 36	**0,02**				
S 37			x	x	5,0 m
S 38			x	x	2,83 h
S 39			x	x	11,5 s
S 40				x	8,8 s
S 41				x	n.bek.
S 42				x	560 ms
S 43				x	230 ms
S 44				x	123 ms
S 45				x	82 ms
S 46				x	n.bek.
S 47				x	n.bek.
S 48				x	n.bek.

$^{32}_{13}S / ^{34}_{16}S$-Verhältnisses bis zu 8% betragen. Die S-Isotope haben allgemein kurze Halbwertszeiten, die leichteren Isotope A < 32 zerfallen durch β^+-Strahlung in P-Isotope, die schwereren A > 34 verwandeln sich durch β^--Emission in die entsprechenden Cl-Isotope. Das Isotop $^{35}_{16}S$ (β^- | 0,1674 MeV; kein γ) entsteht in Kernreaktoren durch Neutroneneinfang von Schwefel in einer $^{34}_{16}S$ (n, γ) $^{35}_{16}S$-Reaktion, allgemein wird es jedoch trägerfrei in der Reaktion $^{35}_{17}Cl$ (n, $^{1}_{1}H$) $^{35}_{16}S$ erzeugt. Es dient als radioaktiver Indikator (Tracer). Das stabile Isotop $^{33}_{16}S$ der Kernspinzahl 3/2+ und kernmagnetischen Moment +0,64382 könnte in der NMR-Spektroskopie von Nutzen sein; NMR-Frequenz (bei 2,3488 T) $7{,}670 \cdot 10^6\ s^{-1}$; Referenz CS_2.
Die maximale zulässige radiologische Aktivität bezogen auf das Isotop $^{35}_{16}S$ beträgt $37 \cdot 10^6$ Bq für den menschlichen Körper, 185 Bq/ml in wäßriger Lösung und $3{,}7 \cdot 10^4\ Bq/m^3$ Luft.

Chemische Eigenschaften

Schwefel gehört zur Gruppe der „Chalkogene". Er befindet sich im PSE in der 16. Gruppe (VIA Hauptgruppe) zwischen dem gasförmigen Sauerstoff O und dem festen Selen Se, sowie in der 3. Periode zwischen dem festen Phosphor P und dem gasförmigen Chlor Cl. Daß Schwefel bei gewöhnlicher Temperatur fest ist, und nicht flüssig wie zu erwarten wäre, beruht auf der Bildung von S_8-Ringmolekülen die durch stärkere zwischenmolekulare Kräfte zusammengehalten werden. Entsprechend seiner Stellung im PSE hat das freie, neutrale S-Atom im elektronischen Grundzustand folgende Elektronenkonfiguration:

$$1s^2\ 2s^2\ 2p^6\ 3s^2\ 3p^4$$

Das S-Atom besitzt also sechs Elektronen im äußersten Niveau. Demnach müssen zum Erreichen eines Oktetts, bzw. der Argonschale zwei Elektronen aufgenommen werden, andererseits stehen auch zwei bindungsfähige p-Elektronen zur Verfügung. In seinen Verbindungen mit elektropositiven Elementen bildet Schwefel daher allgemein die Oxidationsstufe –II, wobei er als ionischer oder kovalent gebundener Partner vorliegt. Da Schwefel angesichts seiner hohen Ionisierungsenergie keine positiven Ionen bzw. Kationen bildet, geht er mit elektronegativen Partnern nur kovalente Bindungen ein, wobei er alle positiven Oxidationsstufen von +I bis +VI bilden kann. Kovalente Bindungen des Schwefels (in Klammern sind die Bindungslängen und die Bindungsenthalpien angegeben): S–H (133,5 pm; 347 kJ · mol^{-1}), S–O (160 pm; 265 kJ · mol^{-1}), S=O (144 pm; ca. 525 kJ · mol^{-1}), S–C (181 pm; 272 kJ · mol^{-1}), S=C (155 pm; 476 kJ · mol^{-1}), S–F (156 pm; 328 kJ · mol^{-1}), S–N (173 pm), S–S (208 pm; 226 kJ · mol^{-1}), S=S (188 pm), S=S (174 pm) u. a. Die Chemie des Schwefels unterscheidet sich von der des homologen Sauerstoffs allgemein dadurch, daß Schwefel kaum p_π-p_π-Doppelbindungen bildet. So entspricht der Molekülformel O=O bzw. O_2 des Sauerstoffs etwa die Molekülformel S_8 des Schwefels. Da Schwefel aber, im Gegensatz zu Sauerstoff auch über d-Orbitale verfügen kann, besteht die Möglichkeit zur Bildung von p_π-d_π-Doppelbindungen. Die Normalpotentiale des Schwefels sind:

+VI	+V	+IV	+III	+II	0	–II

Saure Lösung

$$SO_4^{2-} \xrightarrow{-0{,}07\ V} S_2O_6^{2-} \xrightarrow{+0{,}57\ V} H_2SO_3 \xrightarrow{-0{,}07\ V} HS_2O_4^{-} \xrightarrow{+0{,}87\ V} S_2O_3^{2-} \xrightarrow{+0{,}60\ V} S \xrightarrow{+0{,}142\ V} H_2S$$

SO_4^{2-} → H_2SO_3: +0,16 V; H_2SO_3 → $S_2O_3^{2-}$: +0,40 V; H_2SO_3 → S: +0,50 V

Basische Lösung

$$SO_4^{2-} \xrightarrow{-0{,}94\ V} SO_3^{2-} \xrightarrow{-0{,}58\ V} S_2O_3^{2-} \xrightarrow{-0{,}74\ V} S \xrightarrow{-0{,}45\ V} S^{2-}$$

Von Wasser und nichtoxidierenden Säuren wie Salzsäure wird Schwefel nicht angegriffen, dagegen aber von oxidierenden Säuren wie Salpetersäure und wäßrigen Alkalien. Schwefel verbindet sich direkt mit fast allen Metallen und Nichtmetallen außer Gold, Platin, Iridium, Stickstoff, Tellur, Iod und den Edelgasen. Bei Zimmertemperatur ist Schwefel ziemlich reaktionsträge. Bei etwa 250 °C entzündet er sich an der Luft und verbrennt mit schwacher blauer Flamme zu Sulfurdioxid SO_2 und geringen Mengen Sulfurtrioxid SO_3:

$$\tfrac{1}{8}\ S_8 + O_2 \longrightarrow SO_2 \qquad \Delta H = -297{,}1\ kJ$$

Mit Fluor verbindet sich Schwefel in der Kälte, mit Chlor und Brom bei Erwärmung:

$$\tfrac{1}{8}\ S_8 + Cl_2 \longrightarrow SCl_2 \qquad \Delta H = -49{,}5\ kJ$$

Mit Wasserstoff und Paraffin reagiert Schwefel bei 600 °C zu Dihydrogensulfid:

$$\tfrac{1}{8}\ So_8 + H_2 \longrightarrow H_2S \qquad \Delta H = -20{,}7\ kJ$$

Wichtige Sauerstoffverbindungen des Schwefels

Oxidationsstufe	Oxide	Säuren	Salze
+I	S_2O Dischwefelmonooxid Disulfurmonooxid Dischwefel(I)-oxid	$H_2S_2O_2$ Thioschweflige Säure Dischwefel(I)-säure	Thiosulfite (n. bek.)
+II	SO Schwefelmonooxid Sulfurmonooxid Schwefel(II)-oxid	H_2SO_2 Sulfoxylsäure Schwefel(II)-säure	SO_2^{2-} (aq) Sulfoxylate Sulfate(II)
	S_2O_2 Dischwefeldioxid Disulfurdioxid Dischwefel(II)-oxid	$H_2S_2O_3$ Thioschwefelsäure Dischwefel(II)-säure	$S_2O_3^{2-}$ (aq) Thiosulfate Disulfate(II)
+III		$H_2S_2O_4$ Dithionige Säure Dischwefel(III)-säure	$S_2O_4^{2-}$ (aq) Dithionite Disulfate(III)
+IV	SO_2 Schwefeldioxid Sulfurdioxid Schwefel(IV)-oxid	H_2SO_3 Schweflige Säure Schwefel(IV)-säure	SO_3^{2-} (aq) Sulfite Sulfate(IV)
		$H_2S_2O_5$ Dischweflige Säure Dischwefel(IV)-säure	$S_2O_5^{2-}$ (aq) Disulfite Disulfate(IV)
+V		$H_2S_2O_6$ Dithionsäure Dischwefel(V)-säure	$S_2O_6^{2-}$ (aq) Dithionate Disulfate(V)
+VI	SO_3 Schwefeltrioxid Sulfurtrioxid Schwefel(VI)-oxid	H_2SO_4 Schwefelsäure Schwefel(VI)-säure	SO_4^{2-} (aq) Sulfate Sulfate(VI)
	S_3O_9 Trischwefelnonaoxid Trisulfurnonaoxid	$H_2S_2O_7$ Dischwefelsäure Dischwefel(VI)-säure	$S_2O_7^{2-}$ (aq) Disulfate Disulfate(VI)
	SO_4 Schwefeltetraoxid	$H_2S_2O_8$ Peroxodischwefelsäure Peroxodischwefel(VI)-säure	$S_2O_8^{2-}$ (aq) Peroxdisulfate Peroxodisulfate(VI)
		H_2SO_5 Peroxomonoschwefelsäure	SO_5^{2-} (aq) Peroxomonosulfate
	$(SO_{3-4})_n$ Polyschwefelperoxide	$H_2S_nO_6$ (n = 3, 4, 5 usw.) Polythionsäuren	

Mit Metallen bildet Schwefel beim Erhitzen, meist unter starker Wärmeentwicklung und Aufleuchten, Metallsulfide der allgemeinen Formel $M^{II}S$. z. B. mit Eisen:

$$Fe + {}^1/_8\, S_8 \longrightarrow \alpha\text{-}FeS \qquad \Delta H = -95{,}5 \text{ kJ}$$

mit Kupfer:

$$Cu + {}^1/_8\ S_8 \longrightarrow CuS \qquad \Delta H = -53{,}5\ kJ$$

mit metallischem Zink:

$$Zn + {}^1/_8\ S_8 \longrightarrow ZnS \qquad \Delta H = -201{,}5\ kJ$$

Trockener und geschmolzener Schwefel greift Stahl nicht an, da sich rasch eine dünne Schutzschicht von Eisensulfid bildet.
In Ammoniumsulfidlösung löst sich Schwefel zu gelben bis roten Polysulfiden, beim Erhitzen mit Sulfitlösungen entstehen Thiosulfate und mit Cyanidlösungen Rhodanide. Ebenso bildet Schwefel zahlreiche schwefelorganische Verbindungen.
Die Farben der Schwefel-Kationen:

Nonadecaschwefel-Dikation S_{19}^{2+}	Octaschwefel-Dikation S_8^{2+}	Tetraschwefel-Dikation S_4^{2+}
rot	blau	blaßgelb

Die Farben der Schwefel-Anionen bzw. Dianionen:

Sulfid	Disulfid	Trisulfid	Tetrasulfid
S^{2-}	S_2^-	S_3^-	S_4^-
farblos	gelbgrün	blau	rot

Mit den Halogenen bildet Schwefel vielfarbige Halogenide der allg. Formeln S_nX_2, S_2X_2, SX_2, S_2X_4, S_2X_{10}, SX_6 u. a. (X = F, Cl, Br, I), mit Wasserstoff bildet er Dihydrogensulfid bzw. Monosulfan HS, Polysulfane der allg. Formel H_2S_n, mit Metallen Sulfide und Polysulfide. Bekannt sind mehrere Oxide z. B. niedermolekulare Oxide der allg. Formeln SO_m (m = 1, 2, 3, 4), S_nO (n = 2,5–10), S_nO_2 (n = 2,7) sowie hochmolekulare Oxide der allg. Formeln $(S_nO)_x$ und $(SO_{3-4})_n$ u. a.

Nachweis

- Freien Schwefel erkennt man leicht an seiner gelben Farbe, sowie an der charakteristischen blauen Flamme und dem stechenden Geruch von SO_2.
- *Heparprobe:* Schwefelverbindungen werden durch Schmelzen mit Natriumcarbonat und Reduktion in Natriumsulfid umgesetzt, das auf einem Silberblech einen schwarzen Fleck aus Silbersulfid bildet.
- Röntgenfluoreszenz, Protonen-Aktivierungsanalyse u. a.
- Spektralanalyse; wichtige Spektrallinien der einfach positiven Ionen S^+: 545,38 nm, 547,36 nm, 550,97 nm, 560,61 nm, 565,99 nm und der neutralen Atome 792,41 nm, 964 99 nm.

Verwendung

Schwefel gehört neben Luft, Wasser, Sand, Salz, Kalk, Kohle, Erdöl und Erdgas zu den wichtigsten Basisrohstoffen der chemischen Industrie. Die Hauptmenge der gesamten Schwefelproduktion dient zur Herstellung von Schwefelsäure hauptsächlich für die Düngemittelindustrie, sowie zahlreicher Schwefelverbindungen wie Carbondisulfid, Sulfiten, Hydrogensulfiten, Thiosulfaten, Polysulfiden u. a. Nur rund 10% werden in reiner Form verwendet und dienen zur Vulkanisation von Kautschuk und Hartgummi, zur Herstellung von Kunststoffen, Streichhölzern, von Schwarzpulver und Feuerwerkskörpern, von Schwefelfarbstoffen und Pflanzenschutzmitteln, zum Ausschwefeln von Fässern und Konservengläsern, als Bleichmittel für Wolle, Seide, Gelatine. In der Medizin wird feinverteilter Netz-Schwefel, kolloidaler Schwefel, oder Ultra-Schwefel zur Herstellung von Salben und verschiedener Schwefelpräparate, zur Behandlung von Hautkrankheiten wie Akne, Ekzem, Krätze (Scabies), Schuppenflechte, Seborrhö, Furunkulose sowie für Schwefelbäder gegen Rheumatismus, Gicht, Neuritiden, Mykosen u. a. eingesetzt. Im Wein-, Obst- und Gartenbau wird kolloidaler Schwefel v. a. zur Bekämpfung von Spinnmilben und Mehltau eingesetzt. Das Isotop $^{35}_{16}S$ findet Anwendung als radioaktiver Indikator, Tracer in der physikalischen und analytischen Chemie, in der Biologie zur Untersuchung des Eiweißmetabolismus in der Technik zur Untersuchung von Entschwefelungs- und Vulkanisierungsvorgängen.

Physiologie, Toxikologie

Schwefel ist essentiell für alle Lebewesen. Er gehört neben Sauerstoff, Wasserstoff, Stickstoff usw. zu den elf Mineralstoffen aus denen die Körpersubstanz zu 90% aufgebaut ist. Schwefel ist organisch gebunden in einigen aliphatischen Aminosäuren wie L-Cystein (Cys), L-Cystin (Cys-Cys) und L-Methionin (Met) sowie in den entsprechenden Eiweißstoffen, aber auch in Form von Coenzymen und Vitaminen wie Thiamnin (Vitamin B_1) und Biotin (Vitamin H) u. a. enthalten. Im Körper befindet sich Schwefel v. a. in Haaren und Nägeln, beim tierischen Organismus in Federn und Hufen (bis zu 4%), in Muskeln (ca. 1,2%), sowie in nicht an Eiweiß gebundener Form in der Galle, im Harn, in Knorpeln. Bei der Verwesung wird der Schwefel in Form von Dihydrogensulfid und Thiolen freigesetzt. Der menschliche Körper enthält durchschnittlich etwa 170 g Schwefel, der tägliche Bedarf liegt bei 850–950 mg und wird hauptsächlich über die Nahrung gedeckt.

Schwefel ist nicht toxisch und hat als solcher keine physiologische Wirkung. In Berührung mit der lebenden Substanz reagiert er jedoch mit Eiweißstoffen (Proteinen) unter Bildung von Dihydrogensulfid H_2S, dessen akute Toxizität der der Blausäure gleichkommt. Auf diese Weise wirkt Schwefel in Form von Schwefelpudern und Schwefelsalben desinfizierend v. a. bei Pilzkrankheiten, Krätze. Angesichts ihrer olfaktorischen Eigenschaften fallen viele organische Schwefelverbindungen oft unangenehm auf, beispielsweise beim Stinktier, bei Bauchwinden, faulen Eiern, verwestem Fleisch.

Stark toxisch sind Schwefel(IV)-oxid SO_2 MAK-Wert 5 mg/m^3, Dihydrogensulfid H_2S MAK-Wert 15 mg/m^3, Carbondisulfid CS_2 MAK-Wert 30 mg/m^3 u. a.

Seaborgium Sg

International (Lat.)	Seaborgium	Italienisch	Seaborgio
Englisch	Seaborgium	Griechisch	Σεβοϱγιο (Seborgio)
Französisch	Seaborgium	Russisch	Сиборгий (siborgiij)
Spanisch	Seaborgio	Japanisch	シーボルニウム (siiboruniumu)

Atomare Eigenschaften	
Protonenzahl **(Z)**	**106**
Standard-Atomgewicht (bezogen aus $^{12}C = 12$)*	263,1182
Nukleonenzahlen (Neutronenzahlen)	258 (152); 259 (153); 260 (154); 261 (155); 263 (157); 265 (159); 266 (160)
Elektronenkonfiguration	[Rn] $5f^{14}\ 6d^4\ 7s^2$

* extrapolierter (berechneter) Wert

Entdeckung

Die Experimente die zur Entdeckung des Elements 106 führten, begannen Anfang der 70er Jahre fast zeitgleich in Berkeley, Kalifornien, USA und in Dubna bei Moskau in der ehemaligen Sowjetunion. Bereits 1974 berichteten Albert Ghiorso, Joachim M. Nitschke, Jose R. Alonso, Carol T. Alonso, Matti Nurmia, Glenn T. Seaborg vom *Lawrence Berkeley Laboratory* und E. Kenneth Hulet und Ronald W. Lougheed vom benachbarten *Lawrence Livermore Laboratory* über die Herstellung des ersten Atoms des Elements 106 durch Beschuß von Californium-Targets mit hochbeschleunigten Sauerstoffkernen gemäß der Synthesereaktion

$$^{249}_{98}Cf + ^{18}_{8}O \longrightarrow {}^{263}106 + 4\,^{1}_{0}n$$

Der Nachweis erfolgte mittels der Methode der α–α-Mutter-Tochter Korrelation mit dem *Vertical Wheel* (Abb. 49; S. 349). Bei diesem Experiment konnten 73 α-Zerfälle des Isotops $^{263}106$ mit einer α-Energie von (9,06 ± 0,04) MeV und einer Halbwertszeit von (0,9 ± 0,2) s beobachtet werden. Die Zerfälle verliefen gemäß der Reaktion:

$$^{263}106 \xrightarrow[T_{1/2} = 0{,}92\ s]{-\alpha} {}^{259}104 \xrightarrow[T_{1/2} = 3{,}15]{-\alpha} {}^{255}_{102}No \xrightarrow[T_{1/2} = 3{,}1\ m]{-\alpha} {}^{251}_{100}Fm \longrightarrow$$

Zur gleichen Zeit meldete auch die sowjetische Arbeitsgruppe um Yuri Ts. Oganessian aus Dubna, bei Moskau, die Entdeckung eines Isotops des Elements 106 an, das angeblich beim Beschuß von Blei-Targets des Isotops $^{207}_{82}Pb$ mit beschleunigten Chrom-Ionen $^{54}_{24}Cr$ gemäß der Kern-Reaktion:

$$^{207}_{82}Pb + ^{54}_{24}Cr \longrightarrow {}^{259}106 + 2\,^{1}_{0}n$$

entstanden und innerhalb von 4–10 Millisekunden spontan zerfallen war. Knapp zehn Jahre später stellten Alexander Demin und Mitarbeiter in neuen Experimenten jedoch fest, daß die Isotope $^{259}106$, $^{260}106$ und $^{261}106$ α-Emitter sind und damit die in Dubna festgestellten Spaltvorgänge nicht von Element 106 stammen konnten, sondern mit großer Wahrscheinlichkeit einem Isotop des Elements 104 angehörten. Dies wurde später auch von der GSI in Darmstadt am SHIP durch direkte Messung der α-Zerfälle bestätigt.
Im März 1994 schlugen die amerikanischen Forscher um A. Ghiorso in Würdigung des Pioniers der Synthese neuer Transuranelemente des Kernchemikers Glenn Theodore Seaborg (geb. 1912) für das neue Element 106 den Namen *Seaborgium* mit dem chemischen Symbol Sg vor. Diesen Vorschlag wollte die IUPAC jedoch nicht annehmen, da Seaborg noch lebte und schlug ihrerseits im November 1994 zu Ehren des großen britischen Atomphysikers E. Rutherford den Namen *Rutherfordium* mit dem chemischen Symbol Rf vor. Schließlich wurde im August 1997 auf der Hauptversammlung der IUPAC in Genf für das Element 106 dann doch der Name Seaborgium mit dem chemischen Symbol Sg offiziell festgelegt. Damit wurde erstmals ein chemisches Element nach einem noch lebenden Wissenschaftler benannt.

Eigenschaften

Die Eigenschaften des Seaborgiums sind angesichts der bis heute nur wenigen erzeugten Atome praktisch kaum bekannt. Aufgrund seiner Protonenzahl gehört das Element zur Gruppe der sog. *Transactinoide* und befindet sich im PSE in der 6. Gruppe (VIB Nebengruppe) unter dem Wolfram W sowie in der 7. Periode zwischen Dubnium Db und Bohrium Bh. Entsprechend seiner Stellung im PSE dürfte das freie, neutrale Sg-Atom im elektronischen Grundzustand mit großer Wahrscheinlichkeit folgende Elektronenkonfiguration besitzen:

$$1s^2\ 2s^2\ 2p^6\ 3s^2\ 3p^6\ 3d^{10}\ 4s^2\ 4p^6\ 4d^{10}\ 4f^{14}\ 5s^2\ 5p^6\ 5d^{10}\ 5f^{14}\ 6s^2\ 6p^6\ 6d^4\ 7s^2$$

Als Element der 6. Gruppe ist anzunehmen, daß Seaborgium in seinem chemischen Verhalten seinen leichteren Gruppennachbarn Wolfram W und Molybdän folgt. Experimente mit Rutherfordium und Dubnium haben allerdings gezeigt, daß aufgrund relativistischer Effekte, die sich besonders bei den Transactinoiden auswirken, abweichende Eigenschaften auftreten. In den Jahren 1995/1997 wurden bei der *Gesellschaft für Schwerionenforschung,* GSI in Darmstadt von einem internationalen Team dem u. a. M. Schädel, J. V. Kratz, H. W. Gäggeler angehörten in mehreren Experimenten die Eigenschaften des Seaborgiums untersucht. Die dazu benötigten langlebigsten Isotope des Seaborgiums $^{265}_{106}Sg$ ($T_{1/2} = 7{,}1$ s) und $^{266}_{106}Sg$ ($T_{1/2} = 34$ s) wurden im UNILAC durch Bestrahlung eines $^{248}_{96}Cm$-Targets mit $^{22}_{10}Ne$-Ionen der Energie 5,55 MeV/Nukleon erzeugt. Im ersten gaschromatographischen Experiment, OLGA-Experiment *(On-Line Gaschemistry Apparatus)* wurden die Fusionsprodukte hinter dem Cm-Target mit einem Heliumgas-Strom mit kleinen Kohlenstoff-Partikeln eingefangen und zu einem Ofen in zehn Meter Entfernung transportiert. Hier verbrannten die Kohlenstoffpartikel bei einer Temperatur von 1000 °C, wobei Seaborgium in einem Gasgemisch aus Chlor, Thionylchlorid und Sauerstoff, das bei ca. 300 °C flüchtige Seaborgium-Dioxid-Dichlorid SgO_2Cl_2 bildet. Diesen Typ von Verbindungen bilden auch die leichteren Homologen des Seaborgiums Wolfram WO_2Cl_2 und Molybdän MoO_2Cl_2. Bemerkenswert ist, daß diese Ergebnisse im

Oktober 1995 mit vier!! und im November 1996 mit drei!! Atomen Seaborgium erzielt wurden. In einem weiteren Experiment mit der flüssigkeitschromatografischen Trennapparatur ARCA *(Automated Rapid Chemistry Apparatus)* wurden in der Kationenaustauschersäule mit einer wäßrigen Lösung von Salpetersäure und Flußsäure zusammen mit den sechswertigen Molybdän- und Wolframionen auch die Seaborgiumionen eluiert. Aus beiden Experimenten geht also hervor, daß Seaborgium sich in seinen chemischen Eigenschaften wie Molybdän und Wolfram verhält und demnach wie diese in die 6. Gruppe des PSE gehört. Es dürfte wie diese in seinen Verbindungen mehrere Oxidationsstufen bilden, von denen wahrscheinlich die Stufe +VI die beständigste ist.

Radiochemie

Bis heute sind sieben Isotope des Seaborgiums bekannt. Sie wurden alle künstlich hergestellt und sind radioaktiv.

Die Isotope des Seaborgiums (GSI, 1998)

Isotop	Zerfallsart			Halbwertszeit $T_{1/2}$
	α	EC	sf	
Sg 258			x	2,9 ms
Sg 259	x			0,48 s
Sg 260	x		x	3,6 ms
Sg 261	x	x		0,23 s
...				
Sg 263*	x			0,9 s
Sg 263*	x			0,3 s
...				
Sg 265	x			7,4 s
Sg 266	x			21 s

sf – Spontanspaltung (* isomere Isotope)

Die Sg-Isotope haben relativ kurze Halbwertszeiten, sie gehen fast ausschließlich durch α-Emission in Rutherfordium über. Zwei zerfallen durch Spontanspaltung (sf), eins verwandelt sich zu einem geringen Anteil durch Elektronen-Einfang (EC) in Dubnium.

Verwendung

Das Element dient z. Z. ausschließlich zu Forschungszwecken.

Physiologie, Toxikologie

Seaborgium hat keine biologische Bedeutung für den menschlichen Organismus, es würde aber aufgrund seiner Radioaktivität toxisch wirken.

Selen Se

International (Lat.)	Selenium	Italienisch	Selenio
Englisch	Selenium	Griechisch	Σελήνιο (Selinio)
Französisch	Sélénium	Russisch	Селен (Siljän)
Spanisch	Selenio	Japanisch	セレン (seren)

Atomare und physikalische Eigenschaften	T
Protonenzahl **(Z)**	**34**
Standard-Atomgewicht (bezogen auf $^{12}C = 12$)	78,96 (±3)
Effektive Kernladung	(Slater) 6,95; (Clementi) 8,29; (Froese-Fischer) 9,96
Elektronenkonfiguration	[Ar] $3d^{10}\ 4s^2\ 4p^4$
Grundzustand, Termsymbol	$^3P_2$
Atomradius (KZ 12)/Kovalenzradius (Einfachbindung)	140 pm [a)] / 117 pm [b)]
Van-der-Waals-Radius	200 pm [c)]
Ionenradien (KZ 6)	$198^{2-}_{(6)}$ pm, $50^{4+}_{(6)}$ pm, $42^{6+}_{(6)}$ pm
Molares Volumen	$16{,}48 \cdot 10^{-6}\ m^3 \cdot mol^{-1}$
1.;2.;3.;4.;5.;6.;7. Ionisierungsenergie	9,7516 eV; 21,184 eV; 30,823 eV;42,949 eV; 68,301 eV; 81,702 eV; 155,42 eV
Elektronegativität	(Allred/Rochow) 2,48; (Pauling) 2,55; (absolut) 5,89 eV
Elektronenaffinität Se ⟶ Se^-	– 2,02 eV
Wirkungsquerschnitt für thermische Neutronen ($\sigma_{n,\gamma}$)	$11{,}7 \cdot 10^{-28}\ m^2$
Dichte (grau; bei 20 °C)	$4790\ kg \cdot m^{-3}$ [d)]
Härte (Mohs) (grau)	2,0
Schmelztemperatur (grau)	217 °C (490,15 K) [e)]
Siedetemperatur	685 °C (958,15 K)
Spezifische Schmelzenthalpie	$64{,}58\ kJ \cdot kg^{-1}$ [f)]
Spezifische Verdampfungsenthalpie	$333{,}4\ kJ \cdot kg^{-1}$ [g)]
Spezifische Atomisierungsenthalpie	$2874{,}8\ kJ \cdot kg^{-1}$ [h)]
Spezifische Wärmekapazität (bei 25 °C)	$0{,}321\ kJ \cdot kg^{-1} \cdot K^{-1}$
Debye-Temperatur	183 °C (90,15 K)
Thermische Leitfähigkeit (bei 27 °C)	$2{,}04\ W \cdot m^{-1} \cdot K^{-1}$
Thermischer Längenausdehnungskoeffizient (bei 25 °C)	$36{,}9 \cdot 10^{-6}\ K^{-1}$
Elektrische Leitfähigkeit (bei 20 °C)	$100\ S \cdot m^{-1}$
Spezifischer elektrischer Widerstand (bei 20 °C)	$0{,}01\ \Omega \cdot m$ [i)]
Bänder-Energielücke	1,845 eV (178 $kJ \cdot mol^{-1}$)
Spezifische magnetische Suszeptibilität	$-4{,}0 \cdot 10^{-9}\ m^3 \cdot kg^{-1}$
Normalpotential Se/H_2SeO_3	+0,742 V
Dissoziationsenergie Se_2 (Gas) ⟶ 2 Se	$308\ kJ \cdot mol^{-1}$

Weitere Angaben: a) 116 pm, 215,2 pm (grau). b) 119 pm. c) 180 pm. d) $4810\ kg \cdot m^{-3}$ und $4820\ kg \cdot m^{-3}$. e) 221 °C. f) $68{,}6\ kJ \cdot kg^{-1}$. g) $351\ kJ \cdot kg^{-1}$. h) $2617{,}8\ kJ \cdot kg^{-1}$. i) abhängig von Reinheit, Temperatur und Lichtstärke z. B. bei 400 °C $1{,}3 \cdot 10^7\ \Omega \cdot m$.

Entdeckung

Selen wurde im Jahre 1817 von dem schwedischen Chemiker Jöns Jakob Berzelius (1779–1848) in Stockholm, Schweden im Bleikammerschlamm der schwedischen Schwefelsäurefabrik von Gripsholm entdeckt. Berzelius war die ungewöhnlich rot bis hellbraune Farbe des Schlamms aufgefallen, den er einer gründlichen Untersuchung unterzog. Nach der Aufbereitung mit Königswasser erhielt er einen Stoff, der bei der Lötrohrprobe mit blauer Flamme brannte und einen starken Geruch nach Rettich verbreitete. Aus diesem Stoff erhielt er nach weiterer Aufarbeitung das neue Element in Form einer metallisch glänzenden Substanz. In Anlehnung an das bereits vorher entdeckte chemisch verwandte Tellur, das nach dem Planeten Erde benannt wurde, schlug Berzelius für das neue Element den Namen „Selenium“ [von griech.: σελήνη (seléne) d. h. „Mond“] mit dem chemischen Symbol „Se“ vor.

Vorkommen

Mit einem Massenanteil in der Erdhülle von $8 \cdot 10^{-5}$% steht Selen an 59. Stelle der Elementhäufigkeit und gehört damit zu den vergleichsweise selteneren Elementen auf der Erde. In den obersten 16 km der festen Erdkruste ist es mit rund 50 mg/t Krustengestein vertreten und ist damit etwa ebenso häufig als Quecksilber oder Silber mit jeweils 80 mg/t. Im Meerwasser beträgt der Anteil an Selen ca. 12 µg $Se^{(IV+)}/m^3$ bei einer Verweilzeit von rund 3000 Jahren. In der Natur kommt Selen nur sehr selten, in Form reiner Selenidminerale vor. Daneben finden sich Selenide spurenweise, meist vergesellschaftet mit Tellur, als isomorphe Beimengungen in vielen sulfidischen Schwermetallerzen wie Pyrit, Eisenkies FeS_2, Kupferkies $CuFeS_2$, Zinkblende ZnS u. a. und fällt daher als Nebenprodukt bei der Verarbeitung dieser Erze an. So wird es z. B. im Anodenschlamm der elektrolytischen Kupferraffination in Form von Cu- und Ag-Seleniden bis zu 8–9%, in den Flugstäuben aus der Abröstung sulfidischer Erze in Form von SeO_2 und als elementares Selen im Bleikammerschlamm der Schwefelsäureherstellung bis zu 3% angereichert. Selenminerale liegen gelegentlich auch in oxidierter Form als $CuSeO_3 \cdot 2\,H_2O$ und $PbSeO_3 \cdot 2\,H_2O$ oder auch als Selen(IV)-oxid SeO_2 vor. In gediegener Form findet man Selen in der Natur nur spurenweise, meist zusammen mit Schwefel. Selen wird in einigen Pflanzen wie z. B. im Getreide, Gräsern u. a. angereichert und tritt als Spurenelement in pflanzlichen und tierischen Geweben auf. Die Selenreserven auf der Erde und die kosmische Häufigkeit sind nicht bekannt.

Die bekanntesten Selen-Minerale	
Berzelianit, Kupferselenid	Cu_2Se
Tiemannit, Quecksilberselenid	HgSe
Naumannit, Silberselenid	Ag_2Se
Clausthalit, Bleiselenid	PbSe.

Herstellung

Im technischen Maßstab erhält man Selen hauptsächlich aus dem Anodenschlamm der elektrolytischen Kupferraffination oder aus dem Flugstaub der Röstanlagen sulfidischer Erze. Die im Anodenschlamm enthaltenen wasserunlöslichen Selenide werden entweder mit Soda-Salpeter-Gemischen geschmolzen oder durch Rösten bei 500 °C unter Zusatz von Soda zu wasserlöslichem Natriumselenid oxidiert

$$Cu_2Se + Na_2CO_3 + 2\ O_2 \longrightarrow 2\ CuO + Na_2SeO_3 + CO_2 \uparrow \text{ oder}$$
$$Ag_2Se + Na_2CO_3 + O_2 \longrightarrow 2\ Ag + Na_2SeO_3 + CO_2 \uparrow$$

Die Trennung von Selen und Tellur, das ebenfalls im Anodenschlamm anwesend ist, erfolgt durch Neutralisation der alkalisch reagierenden Produktlösung mit Schwefelsäure, wobei das unlösliche Tellurdioxid ausfällt. Die in der Lösung verbleibende Selenige Säure, wird durch Einleiten von Sulfurdioxid SO_2 zu elementaren Selen reduziert wird.

$$H_2SeO_3 + 2\ SO_2 + H_2O \longrightarrow Se + 2\ H_2SO_4$$

Das Selen erhält man dabei in der Kälte als roten amorphen bzw. in der Hitze als schwarzen glasartigen Niederschlag der anschließend durch Vakuumdestillation gereinigt wird. Das in den elektrostatisch zurückbehaltenen Flugstäuben enthaltene SeO_2 wird ebenfalls in Selenige Säure überführt und anschließend mit Sulfurdioxid zu Selen reduziert. Hochreines Selen erhält man durch thermische Zersetzung von Dihydrogenselenid H_2Se bei 1000 °C. Weltweit werden jährlich rund 1800 t Selen produziert. Die Haupterzeugerländer sind Japan mit ca. 32%, Kanada 22% und die USA mit etwa 16%.

Physikalische Eigenschaften

Selen kommt ähnlich wie der homologe Schwefel in mehreren Modifikationen vor:
Rotes Selen: Bekannt sind zwei amorphe und drei kristalline Formen α-, β- und γ-Selen. Die amorphen Formen entstehen beim raschen Abkühlen von Se-Dampf, in Form eines lockeren, amorphen, roten Pulvers ($\rho = 4260\ kg \cdot m^{-3}$), sowie durch plötzliches Abschrecken von geschmolzenem Selen, in Form einer spröden, dunkelbraunen bis schwarz-grauen Masse dem sog. *schwarzen, glasigen Selen* ($\rho = 4320\ kg \cdot m^{-3}$), das beim Zerreiben in rotes Pulver übergeht. Beim Erhitzen beginnt *glasiges Selen* ab 50 °C zu erweichen, oberhalb 60 °C wird es elastisch und bei höherer Temperatur plastisch. Die kristallinen Formen entstehen beim Auskristallisieren aus einer Lösung des roten, amorphen Selens in Carbondisulfid CS_2, in Form dunkelroter, monokliner Kristalle ($\rho = 4400$–$4480\ kg \cdot m^{-3}$). *Rotes Selen* ist eine unbeständige, nichtmetallische Modifikation, die aus Se_8-Ringmolekülen und höhermolekularen Ketten besteht. Es ist ein elektrischer Nichtleiter und löslich in CS_2.
Graues, metallisches Selen ($\rho = 4790\ kg \cdot m^{-3}$) ist die thermodynamisch stabilste Form. Es entsteht durch Erhitzen der anderen Modifikationen auf 100 °C und ist aus langen, parallelen helixartig gewundenen Se-Ketten aufgebaut. Das hexagonal kristallisierende metallische Selen zeigt die Eigenschaften eines Halbleiters, einen ausprägten inneren Photoeffekt, d. h. daß die elektrische Leitfähigkeit bei Belichtung stark zunimmt, sowie einen beachtlichen thermoelektrischen Effekt. Die Austrittsarbeit für Elektronen im Va-

kuum beträgt 5,9 eV (P). In der metallischen Hochdruckphase > 13 GPa zeigt Selen unterhalb –266,25 °C (6,9 K) Supraleitfähigkeit.
Alle Modifikationen gehen beim Erhitzen in die stabile metallische Modifikation über. Die Schmelze ist braun bis schwarz, bei steigender Temperatur wird sie rasch dünnflüssiger da sich die Se-Ketten langsam in Se_8-Ringe umwandeln. Der Dampf ist gelblichbraun. In der Dampfphase spalten sich die Moleküle in immer kleinere Molekülaggregate (Se-Ringe) oberhalb von 900 °C liegen auch Se_2-Moleküle und oberhalb 2000 °C zunehmend Se-Atome vor.

Radiochemie

Selen kommt in der Natur als Gemisch aus fünf stabilen Isotopen und einem sehr langlebigen radioaktiven Isotop vor, weitere 21 Radioisotope des Selens wurden künstlich hergestellt.
Die Se-Isotope haben, mit wenigen Ausnahmen kurze Halbwertszeiten. Die leichteren Isotope A < 74 zerfallen teils durch β^+-Strahlung, teils durch Elektronen-Einfang in die entsprechenden As-Isotope, die schwereren A > 78 zerfallen durch β^--Strahlung in Br-Isotope. Die Isotope $^{77m}_{34}Se$ bis $^{87}_{34}Se$ sind Spaltprodukte, andere Isotope entstehen durch $^{A}_{34}Se$ (n, γ) $^{A+1}_{34}Se$-Reaktionen. Die beiden Kernisomere $^{81}_{34}Se$ und $^{81m}_{34}Se$ sowie das Isotop $^{75}_{34}Se$ werden in der Aktivierungsanalyse eingesetzt. Das Isotop $^{75}_{34}Se$ (β^- | 0,864 MeV; γ | 0,4 MeV) dient in der Medizin als radioaktiver Indikator (Tracer), das stabile Isotop $^{77}_{34}Se$ der Kernspinzahl 1/2– und kernmagnetischen Moment +0,535506 wird in der NMR-Spektroskopie eingesetzt; NMR-Frequenz (bei 2,3488 T) 19,092 · 10^6 s^{-1}; Referenz $Se(CH_3)_2$.

Die Isotope des Selens (1995)

Isotop	Natürliche Häufigkeit n (%)	Zerfallsart				Halbwertszeit $T_{1/2}$
		β^+	EC	γ	β^-	
Se 65		x				n.bek.
Se 66		x				n.bek.
Se 67		x		x		107 s
Se 68		x		x		35,5 s
Se 69		x		x		27,4 s
Se 70		x		x		41,1 m
Se 71		x		x		4,74 m
Se 72			x	x		8,5 d
Se 73*		x		x		7,1 h
Se 73 m*		x		x		39 m
Se 74	**0,89**					
Se 75			x	x		119,64 d
Se 76	**9,36**					
Se 77*	**7,63**					
Se 77 m*				x		17,5 s
Se 78	**23,78**					

(* isomere Atomkerne; m* markiert jeweils einen metastabilen Zustand)

Die Isotope des Selens (1995)						
Isotop	Natürliche Häufigkeit n (%)	Zerfallsart				Halbwertszeit $T_{1/2}$
		β^+	EC	γ	β^-	
Se 79*				x	**x**	$6{,}5 \cdot 10^4$ a
Se 79 m*				**x**		3,9 m
Se 80	**49,61**					
Se 81*				x	**x**	18 m
Se 81 m*				**x**	x	57,3 m
Se 82	**8,73**				**x**	$1{,}08 \cdot 10^{20}$ a
Se 83*				x	**x**	22,4 m
Se 83*				x	**x**	69 s
Se 84				x	**x**	3,1 m
Se 85				x	**x**	33 s
Se 86				x	**x**	14,1 s
Se 87				x	**x**	5,8 s
Se 88				x	**x**	1,5 s
Se 89					**x**	0,4 s
Se 90					**x**	n.bek.
Se 91					**x**	0,27 s

(* isomere Atomkerne; m* markiert jeweils einen metastabilen Zustand)

Chemische Eigenschaften

Selen gehört zur Gruppe der „Chalkogene“. Es befindet sich im PSE in der 16. Gruppe (VIA Hauptgruppe) zwischen Schwefel S und Tellur Te bzw. in der 4. Periode zwischen Arsen As und Brom Br. In seinen chemischen Eigenschaften ist es seinen Homologen Schwefel und Tellur sehr ähnlich. Das freie, neutrale Se-Atom hat im elektronischen Grundzustand die Elektronenkonfiguration:

$$1s^2\ 2s^2\ 2p^6\ 3s^2\ 3p^6\ 3d^{10}\ 4s^2\ 4p^4$$

aufgrund der es in seinen Verbindungen die Oxidationsstufen –II, +I, +II, +IV und +VI bildet, von denen die Stufe +IV die stabilste ist. Die Chemie des Selens ist wie die Chemie des Schwefels durch die Bildung achtatomiger Ringe bestimmt. Diese können wie beim Schwefel aufreißen und sich zu langen Ketten zusammenschließen.

$$nSe_8 \rightleftharpoons Se_{8n}$$

Im Gegensatz zum Schwefel sind beim metallischen Selen zwischen den parallel verlaufenden spiralförmigen Ketten Übergänge von p-Elektronen möglich, die die Ursache für den schwach metallischen Charakter und die geringe elektrische Leitfähigkeit sind.
Einige kovalente Bindungen des Selens (in den Klammern sind die Bindungslängen und die Bindungsenthalpien angegeben) z. B. Se–H (145 pm; 305 kJ · mol^{-1}), Se–O (162 pm; 344 kJ · mol^{-1}), Se–C (198 pm; 245 kJ · mol^{-1}), Se–Cl (220 pm; 246 kJ · mol^{-1}), Se–Se (Se_8) (232 pm; 330 kJ · mol^{-1}) u. a.

Die Normalpotentiale des Selens:

	+VI		+IV		0		−II
Saure Lösung	SeO_4^{2-}	$\xrightarrow{+1,15\ V}$	H_2SeO_3	$\xrightarrow{+0,742\ V}$	Se	$\xrightarrow{-0,399\ V}$	H_2Se
Basische Lösung	SeO_4^{2-}	$\xrightarrow{+0,05\ V}$	SeO_3^{2-}	$\xrightarrow{-0,366\ V}$	Se	$\xrightarrow{-0,924\ V}$	Se^{2-}

Selen wird von Wasser nicht angegriffen, es löst sich aber in konz. Salpetersäure und in alkalischen Lösungen. Beim Erhitzen in der Luft verbrennt Selen zu Selen(IV)-oxid SeO_2 dem Anhydrid der Selenigen Säure H_2SeO_3. Oberhalb 400 °C verbindet es sich mit Wasserstoff zu Dihydrogenselenid H_2Se:

$$Se + H_2 \longrightarrow H_2Se \qquad \Delta H = +85{,}7\ kJ$$

Mit den „Halogenen" verbindet sich Selen zu Halogeniden, mit Fluor zu Se(IV)-fluorid SeF_4 und Se(VI)-fluorid SeF_6, mit Chlor zu Se(I)-chlorid Se_2Cl_2 und Se(IV)-chlorid $SeCl_4$. Mit vielen Metallen bildet es Metallselenide. Die Farben der Se-Kationen sind:

Decaselen-Dikation Se_{10}^{2+}	Octaselen-Dikation Se_8^{2+}	Tetraselen-Dikation Se_4^{2+}
grünbraun	grün	gelb

Selen bildet verschiedene Halogenide der allg. Formeln Se_2X_2 und SeX_2, SeX_4, SeX_6 (X = F, Cl, Br.I), Dihydrogenselenid H_2Se, mehrere Selenide der allg. Formeln M^I_2Se und Polyselenide $M^I_2Se_n$, Oxide wie Se(IV)-oxid SeO_2, Se(VI)-oxid SeO_3, Säuren wie die Se(IV)-säuren bzw. Selenige Säure H_2SeO_3, ihre Salze heißen Selenite der allg. Formel $M^I_2SeO_3$ und die Se(VI)-säure oder Selensäure H_2SeO_4, ihre Salze heißen Selenate der allg. Formel $M^I_2SeO_4$ u. a. Eine Mischung aus H_2SeO_4 + HCl kann ähnlich wie Königswasser Gold und Platin auflösen.

Nachweis

- Überführung mit Salpetersäure HNO_3 in Selenige Säure H_2SeO_3 und Ausfällen als rotes Selen mit Hilfe von Selendioxid SeO_2.
- Reduktion von Selenit oder Selenat mit Hydrazinhydrat und gravimetrische Bestimmung des gefällten Selens.
- Neutronenaktivierungsanalyse u. a.
- Spektralanalyse; wichtige Spektrallinien der neutralen Atome sind: 196,026 nm, 241,351 nm, 1032,726 nm, 1038,636 nm, 2144,256 nm u. a.
- Atomabsorptionsspektrometrie (AAS) mittels der 196,026 nm Hauptlinie des Atomspektrums.

Verwendung

Graues Selen findet wegen seiner Halbleitereigenschaften v. a. Verwendung zur Herstellung von Gleichrichtern, Photozellen, Solarzellen, photoelektrischen Belichtungsmessern u. a. elektronischen Bauteilen. Es dient in der Elektrophotographie sog. *Xerographie* zur Herstellung der photoleitenden Schichten von Photokopiergeräten.

Selen und Selenverbindungen dienen in der Glas- und Keramikindustrie v. a. in geringen Konzentrationen von 0,01 g bis 0,15 g/t Glas zum Entfärben sowie in höheren Konzentrationen von 1 bis 2 kg/t zum Färben von Glas und Keramikprodukten. Selen dotierte Gläser sind leuchtend rosa bis rot gefärbt und eignen sich v. a. für Signalanlagen und Warnlichter. In großem Umfang wird Cadmiumsulfoselenid als licht- und hitzebeständiger roter Pigmentstoff für Rubingläser, Kunststoffe, Farben, Tinten und Emaillen verwendet. Ferroselen dient in kleineren Mengen als Legierungsbestandteil für verschiedene Stahlsorten und Kupferlegierungen. Einige selenhaltige Präparate werden in der Medizin gegen Hauterkrankungen und gegen Schuppen eingestzt. Selenverbindungen sind darüber hinaus wesentlicher Bestandteil von Nervenkampfgasen.

Physiologie, Toxikologie

Selen ist ein essentielles Spurenelement für viele Spezies wie auch für den Menschen. Es ist Bestandteil des Enzyms Glutathionperoxidase, das im Schutzsystem der Zellen eine wichtige Rolle spielt. Daneben übernimmt Selen wichtige Funktionen im Schilddrüsenstoffwechsel. Der erwachsene menschliche Körper enthält durchschnittlich bis 0,12 mg Selen pro kg Körpergewicht, das v. a. in den Muskeln und den Knochen sowie in der Leber, Nieren, Milz und im Herzen gespeichert ist. Der tägliche Bedarf liegt bei 0,006 bis 0,20 mg und wird hauptsächlich über die Nahrung aufgenommen. Selenmangel führt zu Wachstumsstörungen an Muskeln und Knochen, wird aber auch mit Rheumatismus und dem Grauen Star in Verbindung gebracht. Bekannt sind die *Keshan-Krankheit*, eine endemisch auftretende Herzmuskelschädigung, und die *Kaschin-Beck-Krankheit*, eine ebenfalls endemisch auftretende Osteoarthropathie mit starker Verformung der Gelenke, die v. a. in einigen Gegenden Chinas mit selenarmen Böden bei der Landbevölkerung auftreten. Selen und seine Verbindungen wirken stark toxisch, kanzerogen und teratogen. Bei längerer Einwirkung von Selen auf den menschlichen Organismus, in Form von Staub oder Dämpfen, können Vergiftungserscheinungen auftreten, die sich durch Entzündungen der Atmungs- und Verdauungsorgane der Haut sowie Blutdruckabfall und Störungen des Zentralnervensystems äußern. Daneben tritt typischer Knoblauchgeruch von Atemluft und Schweiß auf. Die toxische Dosis liegt bei 5 mg, eine letale Dosis ist nicht bekannt. Ein MAK-Wert von 0,1 mg/m^3 wurde festgelegt.

Silber Ag

International (Lat.)	Argentum	Italienisch	Argento
Englisch	Silver	Griechisch	Άργυρος (Argiros)
Französisch	Argent	Russisch	Серебро (Siribro)
Spanisch	Plata	Japanisch	銀 (ギン) (gin)

Atomare und physikalische Eigenschaften

Protonenzahl **(Z)**	**47**
Standard-Atomgewicht (bezogen auf $^{12}C = 12$)	107,8682 (±2)
Effektive Kernladung	(Slater) 4,20; (Clementi) 8,03; (Froese-Fischer) 11,35
Elektronenkonfiguration	[Kr] $4d^{10}\,5s^1$
Grundzustand, Termsymbol	$^2S_{1/2}$
Metallatomradius (KZ 12)	144,5 pm
Kovalenzradius (Einfachbindung)	134 pm
Ionenradien (KZ 2;4;6)	$67^{+}_{(2)}$ pm, $115^{+}_{(6)}$ pm, $79^{2+}_{(4)}$ pm, $94^{2+}_{(6)}$ pm, $75^{3+}_{(6)}$ pm
Molares Volumen	$10{,}27 \cdot 10^{-6}$ m³ · mol⁻¹
1.;2.,3.;4.;5. Ionisierungsenergie	7,5762 eV; 21,484 eV; 34,834 eV; 51,820 eV; 69,440 eV
Elektronegativität	(Allred/Rochow) 1,42; (Pauling) 1,93; (absolut) 4,45 eV
Elektronenaffinität Ag ⟶ Ag^-	1,307 eV
Wirkungsquerschnitt für thermische Neutronen ($\sigma_{n,\gamma}$)	$63 \cdot 10^{-28}$ m²
Dichte (bei 20 °C)	10500 kg · m^{-3} a)
Härte	(Mohs) 2,7 (Brinell) $20{,}6 \cdot 10^7$ Pa
Schmelztemperatur	961,93 °C (1235,08 K)
Siedetemperatur	2163 °C (2436,15 K) b)
Spezifische Schmelzenthalpie	104,76 kJ · kg^{-1}
Spezifische Verdampfungsenthalpie	2364,93 kJ · kg^{-1}
Spezifische Sublimationsenthalpie (einatomiges Gas)	2632,85 kJ · kg^{-1}
Spezifische Wärmekapazität (bei 25 °C)	0,235 kJ · kg^{-1} · K^{-1}
Debye-Temperatur	–48,15 °C (225 K)
Thermische Leitfähigkeit (bei 27 °C)	429 W · m^{-1} · K^{-1}
Thermischer Längenausdehnungskoeffizient (bei 25 °C)	$19{,}2 \cdot 10^{-6}$ K^{-1} c)
Temperaturkoeffizient	$(3{,}8\ldots4) \cdot 10^{-3}$ K^{-1}
Thermospannung (Δt = 100 K / Pt; Cu)	+0,73 mV; –0,02 mV
Elektrische Leitfähigkeit (bei 20 °C)	$62{,}89 \cdot 10^6$ S · m^{-1}
Spezifischer elektrischer Widerstand (bei 20 °C)	$1{,}590 \cdot 10^{-8}$ Ω · m
Spezifischer elektrischer Widerstand (bei 961,93 °C)	$3{,}06 \cdot 10^{-8}$ Ω · m
Spezifische magnetische Suszeptibilität	$-2{,}27 \cdot 10^{-9}$ m³ · kg^{-1}
Hall-Koeffizient	(Ag 99,9 %) $-0{,}909 \cdot 10^{-10}$ m³ · A^{-1} · s^{-1}; (technisch) $-0{,}897 \cdot 10^{-10}$ m³ · A^{-1} · s^{-1}
Elektrochemisches Äquivalent Ag^+	$1{,}1179 \cdot 10^{-6}$ kg · A^{-1} · s^{-1}
Normalpotential Ag/Ag^+	+0,7991 V
Hydratationsenthalpie Ag^+	–486 kJ · mol^{-1}
Bildungsenthalpie AgCl (Ag_2O)	–127,15 kJ · mol^{-1} (–31,3 kJ · mol^{-1})

Weitere Angaben: a) 10490 kg · m^{-3}. b) 2212 °C und 2155 °C. c) $18{,}9 \cdot 10^{-6}$ K^{-1}.

Entdeckung

Silber war vermutlich nach Kupfer und Gold das dritte Gebrauchsmetall, das die Menschen verwendet haben. Älteste Funde stammen aus dem 4. Jahrtsd. v. Chr. aus dem Südirak. Die Sumerer nannten das Silber *Ku-babba*, die Ägypter *hat*, was soviel wie „weißer Glanz" bedeutet. Bedeutende Vorkommen in der Antike waren die Lagerstätten in Südspanien, Kleinasien und Griechenland. In Europa wurden im Mittelalter reiche Lagerstätten in Sachsen, Ungarn, Tirol, Böhmen und im St. Joachimsthal im heutigen Tschechien entdeckt. Nach der Entdeckung Amerikas brachten die Spanier riesige Silberschätze aus Peru und Mexiko nach Europa.
Die Griechen nannten das Silber *argyros* d. h. „glänzend" von dem die Römer *argentum* ableiteten. Der deutsche Name „Silber" und das englische „silver" gehen wahrscheinlich auf das althochdeutsche *silabar* zurück, das seinerseits seinen Ursprung im assyrischen *sirapiim* hat, das soviel wie „weißes Metall" bedeutet. Das chemische Symbol „Ag" wurde 1814 von J. J. Berzelius vorgeschlagen. Die Alchimisten weihten das Silber der Mondgöttin „Luna". Die Symbole des Silbers ab dem 15. Jh.

15. Jh.	16. Jh.	17. Jh.	Bergmann (1783)	Dalton (1808)	Berzelius (1814)
☽	☽	☽	☽	Ⓢ	Ag

Vorkommen

Silber ist ein ziemlich seltenes Element. Mit einem berechneten Massenanteil in der Erdhülle von $1{,}2 \cdot 10^{-5}\%$ steht es an 67. Stelle der Elementhäufigkeit. Am Aufbau der bis zu 16 km tiefen Erdkruste ist Silber mit ca. 0,08 g/t Gestein beteiligt, damit ist es dennoch rund zwanzig mal häufiger als Gold oder Platin. In Steinmeteoriten beträgt sein Anteil etwa 0,3 g/t. Im Meerwasser ist es mit durchschnittlich 1,2 µg $Ag^{(+I)}/m^3$ vertreten, bei ei-

Die wichtigsten Silbererze	
Argentit, Silberglanz	Ag_2S
Stromeyerit, Kupfersilberglanz	$CuAgS$ (= $Cu_2S \cdot Ag_2S$)
Fahlerz	$(Cu, Ag)_3 (Sb, As)S_3$ [= $3 (Cu, Ag)_2S \cdot (Sb, As)_2S_3$]
Pyrargyrit, dunkles Rotgültigerz, Antimonsilberblende	Ag_3SbS_3 (= $3 Ag_2S \cdot Sb_2S_3$)
Proustit, lichtes Rotgültigerz, Arsensilberblende	Ag_3AsS_3 (= $3 Ag_2S \cdot As_2S_3$)
Margyrit, Silberantimonglanz	$AgSbS_2$ (= $Ag_2S \cdot Sb_2S_3$)
Chlorargyrit, Hornsilber	$AgCl$
Bromargyrit, Bromsilber	$AgBr$ u. a.
Silberhaltige Erze	
Bleiglanz	der 0,01–0,3% z. T. bis zu 1% Silber in Form von Silbersulfid Ag_2S enthält
Kupferkies	$CuFeS_2$
Kupferglanz	Cu_2S u. a.

ner Verweilzeit von ca. 5000 Jahren. Als Edelmetall kommt Silber gelegentlich auch gediegen meist in Form von Körnern, Klumpen, Blättchen, u. a. vor. Abbauwürdige Lagerstätten von gediegenem Silber müssen mindestens 500 g Silber/t enthalten. In gebundenem Zustand findet man das Metall in Form von Silbererzen und Silberhaltigen Erzen. Die Hauptvorkommen liegen in Nevada, USA; Kanada, Mexiko, Peru, Bolivien, Rußland, Australien u. a. Die bekannten Silberreserven betragen weltweit etwa 1 Mio. t. Die Häufigkeit des Elements auf der Sonne liegt bei ca. 7 Atome Silber pro $1 \cdot 10^{12}$ Atome Wasserstoff, die kosmische Häufigkeit ist nicht bekannt, jedoch sehr gering.

Herstellung

Die technischen Verfahren zur Herstellung von Silber unterscheiden sich nach den jeweils verwendeten Rohstoffen. Über 50% des Rohsilbers erhält man heute als Nebenprodukt bei der Gewinnung von Nichteisenmetallen wie Kupfer, Blei, Zink und nur etwa 20–25% werden aus Silbererzen gewonnen, der Rest stammt aus dem Recycling.
Die Herstellung von Silber aus seinen Erzen erfolgt vorwiegend durch die sog. *Cyanidlaugerei*; die zu feinem Schlamm gemahlenen Erze werden unter Drucklüftung mit 0,1- bis 0,2%iger Natriumcyanidlösung NaCN ausgelaugt, wobei sowohl das metallische Silber als auch die vorhandenen Silberverbindungen wie Ag_2S und AgCl komplex in Lösung gehen. Aus dem erhaltenen Natriumdicyanoargentat(I) $Na[Ag(CN)_2]$ in der klaren Lösung wird das Silber mit Zink- oder Aluminiumstaub ausgefällt.

$$2\,Na[Ag(CN)_2] + Zn \longrightarrow Na_2[Zn(CN)_4] + 2\,Ag$$

Das ausgefällte Silber wird durch Filterpressen als sog. *Preßkuchen* abgetrennt und zusammengeschmolzen. Man erhält etwa 95%iges Rohsilber. Bei der Bleiherstellung aus Bleiglanz der gewöhnlich 0,01–0,03%, seltener bis zu 1% Silber enthält, fällt das Silber im Werkblei an (s. S. 81 u. 83). Die Anreicherung des Silbers erfolgt nach dem 1850 eingeführten *Parkes-Verfahren* sog. *Parkesieren.* Dazu werden dem geschmolzenem Werkblei etwa 1–2% Zink zugegeben. Beim Abkühlen unter 400 °C trennen sich Zink und Blei aufgrund der Dichteunterschiede in zwei Schichten. Da Silber im geschmolzenen Zink leicht löslich ist, wird es zusammen mit dem auf dem Blei schwimmenden Zinkschaum abgetrennt, aus dem sich beim Erstarren Zink-Silber-Mischkristalle ausscheiden. Nach Ausseigerung des anhängenden Bleis sog. *Armblei* wird Zink abdestilliert, man erhält 8–10% Silberenthaltenes *Reichblei.* Zur Isolierung des Rohsilbers aus dem *Reichblei* wird dieses der Treibarbeit unterworfen. Über das in einem Flammofen sog. *Treibherd* befindliche geschmolzene Metall wird ein Luftstrom geleitet, durch den das Blei zu Bleioxid PbO sog. *Bleiglätte* oxidiert und durch seitliche Rinnen abgezogen wird. Man erhält Rohsilber sog. *Blicksilber* mit einem Reinheitsgrad von etwa 95%. Die Reinigung des Rohsilbers erfolgt durch Elektrolyse *(Möbius-Prozeß).* Als Elektrolyt dient salpetersaure Silbernitratlösung, die Anoden bestehen aus 1 cm dicken Rohsilberplatten und die Kathoden aus dünnem Feinsilberblech. Man erhält Elektrolytsilber mit einem Reinheitsgrad von 99,95–99,98%. Silber kommt in den Handel in Form von Pulvern, Granalien, Drähten, Netzen, Blechen sowie als Silberbarren und Silberwolle in folgenden handelsübliche Qualitäten: *Silber, good delivery* 99,9%, *Feinsilber* 99,97–99,99%, *Feinsilber chemisch rein* 99,995%, *Feinsilber hochrein* 99,999%. Die Weltjahresproduktion an Silber beträgt rund 14 500 t, davon etwa 40% sekundäres Silber, also Altmetall.

Die Hauptproduzenten sind Mexiko ca. 2450 t, USA 1750 t, Peru 1650 t, GUS-Staaten 1520 t, Kanada 1380 t, Australien 1150 t, Polen 810 t, Spanien 320 t, Schweden 250 t und Deutschland etwa 95 t.
Der Preis für 1 kg Feinsilber beträgt z. Z. rund 176 $ bzw. ca. 300 DM.

Physikalische Eigenschaften

Silber ist ein weißglänzendes, weiches und sehr dehnbares Schwermetall mit kubisch flächenzentrierter Kristallstruktur. Es ist nach Gold das dehnbarste Metall und läßt sich leicht zu feinsten blaugrün durchscheinenden Folien sog. *Blatt-Silber* von 0,002 mm, aushämmern oder walzen sowie zu dünnen Drähten, *Filigrandraht* ausziehen, von denen 1 km nur etwa 0,5 g wiegt. Das diamagnetische Metall besitzt die höchste thermische und elektrische Leitfähigkeit, der spezifische Widerstand nimmt jedoch bei Beschuß mit Deuteronen oder anderen beschleunigten Teilchen zu. Die Austrittsarbeit für Elektronen im Vakuum liegt bei 4,26–4,74 eV (P). Die Schallgeschwindigkeit in Silber beträgt 3650 m · s^{-1}. Im geschmolzenem Zustand löst das Metall leicht bis zum zwanzigfachen seines Volumens Sauerstoff auf, der beim Erstarren unter Aufplatzen der Oberfläche („Spratzen") wieder freigesetzt wird. Silber ist mit den meisten Metallen außer Eisen und Cobalt legierbar, wobei sich intermetallische Verbindungen bilden. Mit Gold und Palladium bildet es Mischkristalle.

Radiochemie

Silber kommt in der Natur in Form zweier stabiler Isotope vor. Daneben sind weitere 32 künstliche Radioisotope des Silbers bekannt.

Die Isotope des Silbers (1995)

Isotop	Natürliche Häufigkeit n (%)	Zerfallsart				Halbwertszeit $T_{1/2}$
		β^+	EC	γ	β^-	
Ag 94		x				0,42 s
Ag 95		x		x		0,2 s
Ag 96		x				5,1 s
Ag 97		x		x		19 s
Ag 98		x		x		46,7 s
Ag 99*		x		x		2,1 m
Ag 99 m*				x		10,5 s
Ag 100*		x		x		2,3 m
Ag 100*		x		x		2,0 m
Ag 101*		x		x		11,1 m
Ag 101 m*				x		3,1 s
Ag 102*		x		x		13 m
Ag 102 m*		x		x		8 m
Ag 103*		x	x	x		1,1 h
Ag 103 m*				x		5,7 s
Ag 104*		x	x	x		69,2 m

(* isomere Atomkerne; m* markiert jeweils einen metastabilen Zustand)

Die Isotope des Silbers (1995)

Isotop	Natürliche Häufigkeit n (%)	Zerfallsart				Halbwertszeit $T_{1/2}$
		β^+	EC	γ	β^-	
Ag 104 m*		x		x		33,5 m
Ag 105*		x	x	x		41,29 d
Ag 105 m*			x	x		7,2 m
Ag 106*		x		x		24 m
Ag 106*			x	x		8,3 d
Ag 107*	**51,839**					
Ag 107 m*				x		44,3 s
Ag 108*		x	x	x	x	2,4 m
Ag 108 m*			x	x		418 a
Ag 109*	**48,161**					
Ag 109 m*				x		39,6 s
Ag 110*			x	x	x	24,6 s
Ag 110 m*				x	x	249,9 d
Ag 111*				x	x	7,45 d
Ag 111 m*				x	x	65 s
Ag 112				x	x	3,12 h
Ag 113*				x	x	5,17 h
Ag 113 m*				x	x	1,1 m
Ag 114				x	x	4,5 s
Ag 115*				x	x	20,0 s
Ag 115 m*				x	x	18,0 s
Ag 116*				x	x	2,7 m
Ag 116 m*				x	x	8,2 s
Ag 117*				x	x	73 s
Ag 117 m*				x	x	5,3 s
Ag 118*				x	x	3,7 s
Ag 118 m*				x	x	2,8 s
Ag 119*				x	x	2,1 s
Ag 119*					x	6,0 s
Ag 120*				x	x	1,17 s
Ag 120 m*				x	x	0,32 s
Ag 121				x	x	0,78 s
Ag 122				x	x	0,52 s
Ag 123				x	x	0,30 s
Ag 124				x	x	0,17 s
Ag 125					x	166 ms
Ag 126					x	107 ms
Ag 127					x	109 ms

(* isomere Atomkerne; m* markiert jeweils einen metastabilen Zustand)

Die Halbwertszeiten der Ag-Isotope sind allgemein sehr kurz. Die leichteren Isotope A < 110 zerfallen z. T. durch β^+-Strahlung und Elektronen-Einfang (EC) in Pd-Isotope, die schwereren A > 110 verwandeln sich durch β^--Emission in die entsprechenden Cd-Isotope. Die Isotope ${}^{112}_{47}Ag$ bis ${}^{117}_{47}Ag$ sind Uranspaltprodukte, ${}^{105}_{47}Ag$ und ${}^{106}_{47}Ag$ werden durch

Beschuß von Palladium mit energiereichen Deuteronen hergestellt. Das Isotop $^{111}_{47}Ag$ entsteht durch Neutronenbestrahlung von Palladium im Kernreaktor, gemäß:

$$^{110}_{46}Pd + ^{1}_{0}n \xrightarrow{\gamma} ^{111\,m}_{46}Pd \xrightarrow[T_{1/2} = 5,5\ h]{\gamma} ^{111}_{46}Pd \xrightarrow[T_{1/2} = 23,4\ m]{\beta^-} ^{111}_{47}Ag$$

Die Isotope $^{110\,m}_{47}Ag$ (β^- | 0,5 MeV; IT 1%; γ) und $^{111}_{47}Ag$ (β^- | 1,037 MeV; γ | 0,34 MeV) finden Verwendung als radioaktive Indikatoren (Tracer), die Isotope $^{108}_{47}Ag$ und $^{110\,m}_{47}Ag$ und $^{110\,m}_{47}Ag$ werden in der Aktivierungsanalyse von Silber verwendet. Die beiden stabilen Isotope $^{107}_{47}Ag$ und $^{109}_{47}Ag$ der Kernspinzahl 1/2– und kernmagnetischen Momenten –0,1135 bzw. –0,1305 dienen zum NMR-spektroskopischen Nachweis; NMR-Frequenz (bei 2,3488 T) 4,046 · $10^6\ s^{-1}$ bzw. 4,652 · $10^6\ s^{-1}$; Referenz: Ag^+ (aq).

Chemische Eigenschaften

Silber gehört zur sog. *Kupfergruppe*. Es befindet sich im PSE in der 11. Gruppe (IB Nebengruppe) zwischen Kupfer Cu und Gold Au, sowie in der 5. Periode zwischen Palladium Pd und Cadmium Cd. Das freie, neutrale Ag-Atom hat im elektronischen Grundzustand die Elektronenkonfiguration:

$$1s^2\ 2s^2\ 2p^6\ 3s^2\ 3p^6\ 3d^{10}\ 4s^2\ 4p^6\ 4d^{10}\ 5s^1$$

aus der die Tendenz zur Ausbildung der wichtigsten Oxidationsstufe +I, die durch Abgabe des einzigen 5s-Elektrons erreicht wird, erkennbar ist. Die sehr selten auftretenden Oxidationszahlen +II und +III sind nicht von Bedeutung.
Die Normalpotentiale des Silber sind:

	+III		+II		+I		0
Saure Lösung	Ag_2O_3	+1,360 V	Ag^{2+}	+1,980 V	Ag^+	+0,7991 V	Ag
	Ag_2O_3	+1,569 V	AgO	+1,398 V	Ag_2O	+1,173 V	Ag
Basische Lösung	Ag_2O_3	+0,793 V	AgO	+0,604 V	Ag_2O	+0,342 V	Ag

Entsprechend seinen positiven Normalpotentialen ist Silber ein edles Metall und als solches chemisch weniger aktiv als das homologe Kupfer, jedoch wesentlich reaktionsfreudiger als Gold. Metallisches Silber ist an sauberer Luft beständig, überzieht sich aber in Anwesenheit geringer Spuren von Dihydrogensulfid in der Luft mit einer dunklen bis schwarzen Sulfidhaut Ag_2S, *Anlaufen des Silbers*:

$$4\ Ag + 2\ H_2S + O_2 \longrightarrow 2\ Ag_2S + 2\ H_2O$$

Während nichtoxidierende Säuren wie Salzsäure Silber nicht angreifen, ist das Metall in Salpetersäure und heißer konz. Schwefelsäure leicht löslich:

$$3\ Ag + 4\ HNO_3 \longrightarrow 3\ AgNO_3 + NO \uparrow + 2\ H_2O$$
$$2\ Ag + 2\ H_2SO_4 \longrightarrow Ag_2SO_4 + SO_2 \uparrow + 2\ H_2O$$

Unter Luftzutritt löst sich Silber in Alkalicyanidlösungen unter Bildung des Komplexions Dicyanoargentat $[Ag(CN)_2]^-$. Mit Sauerstoff reagiert Silber erst bei hohem Sauerstoffdruck von ca. 1,5 MPa und Erwärmung auf 300 °C:

$$2\,Ag + {}^1/_2\,O_2 \longrightarrow Ag_2O \qquad \Delta H = -31{,}3\ kJ$$

Trockenes Chlor bildet bei gewöhnlicher Temperatur eine Schutzschicht von Silberchlorid AgCl, feuchtes Chlor hingegen reagiert ab 80 °C sehr heftig mit dem Metall. Gegenüber Ätzalkalien ist Silber besonders widerstandsfähig. Das Ag^+-Kation ist diamagnetisch und bildet farblose Lösungen. Silberverbindungen sind allgemein lichtempfindlich und werden daher in braunen Flaschen, dunkel aufbewahrt. In Wasser löslich sind das Acetat $Ag(COO{-}CH_3)$, das Fluorid AgF, Nitrat $AgNO_3$ u. a. das Bromid AgBr, Carbonat Ag_2CO_3, Chlorid AgCl, Cyanid AgCN, Iodid AgI, die Oxide Ag_2O, AgO und Ag_2O_3, das Phosphat Ag_3PO_4, Sulfid Ag_2S u. a. sind in Wasser schwer löslich oder unlöslich.

Nachweis

Qualitativ:

- Strichprobe; als Probierstein zur Erkennung von Gold- und Silberlegierungen wird schwarzer Kieselschiefer verwendet.
- Fällung mit Salzsäure als Silberchlorid das in Wasser schwer, in Ammoniak leicht löslich ist.
- Mit verschiedenen Reagenzien wie 1,2,3-Benzotriazol, Dithizon, Chromotropsäure, 8-Hydroxychinolin u. a.

Quantitativ:

- Titration mit Natriumchlorid-Lösung oder mit Ammoniumthiocyanat-Lösung.
- Spektralanalyse; wichtige Spektrallinien der neutralen Atome sind: 328,068 nm, 338,289 nm, 520,908 nm, 546,550 nm, 827,352 nm u. a.
- Atomabsorptionsspektrometrie (AAS) mittels der 328,068 Hauptlinie des Atomspektrums.
- Neutronenaktivierungsanalyse, Massenspektroskopie u. a.

Verwendung

Silber ist das meistgeförderte und meist gebrauchte Edelmetall. Die breite Verwendung des Metalls beruht auf seinem schönen silber-weißen Glanz, seiner chemischen Beständigkeit sowie der guten thermischen und elektrischen Leitfähigkeit. Silber wird in großen Mengen in der Elektrotechnik zur Herstellung von elektrischen Kontakten, elektronischen Bauteilen für die Hochfrequenztechnik, von Elektroden, Anoden für galvanische Bäder, zum Versilbern und Plattieren, im chemischen Apparatebau sowie zur Herstellung von Silberwaren verwendet. Da Silber sehr weich ist wird es zur Erhöhung der Härte in der Regel mit Kupfer, Zink, Nickel, Silicium u. a. Metallen bzw. Nichtmetallen legiert. Die meisten Gebrauchsgegenstände bestehen hauptsächlich aus Silber-Kupfer-Legierungen. Der Feingehalt von Silber wird in Prozent angegeben, z. B. entspricht 80% Silber einem Feingehalt von 800. Der Mindestfeingehalt von „echtem“ Silber *(Sterlingsilber)* beträgt allgemein 925 (92,5%). In Deutschland müssen Silberwaren einen Min-

destanteil an Silber aufweisen, z. B.: *Juweliersilber* zur Herstellung von Schmuckwaren und Tafelbestecken 80% Silber, 20% Kupfer, *Münzsilber* 30–75% Silber, 5–50% Kupfer, 20% Zink usw.
Silber wird ferner zur Herstellung von Spiegeln, Thermogefäßen, von Silber-Cadmium- bzw. Silber-Zink-Batterien, von Katalysatoren in der chemischen Industrie verwendet. In der Zahnheilkunde dient Silber in Form von Amalgam für Zahnfüllungen und zur Herstellung von *Dentallegierungen* z. B. 60–70% Ag, 20–30% Pd, 10% Ni, Cu, Co u. a. Silberverbindungen v. a. Silberbromid werden für photografische Filme und Papiere verwendet. Wegen seiner bakteriziden Wirkung dient Silber zur Entkeimung von Trinkwasser, in der Medizin für Arzneimittel, als Pigment für Dragées, in der Kosmetik für verschiedene Salben u. a.

Physiologie, Toxikologie

Silber hat keine biologische Bedeutung für den menschlichen Organismus, es wirkt vermutlich kanzerogen. Es wurde ein MAK-Wert von 0,01 mg/m^3 festgelegt. Die Gesamtmasse des Elements für eine Durchschnittsperson liegt bei wenigen μ-Gramm, die toxische Dosis beträgt etwa 60 mg, die letale Dosis 1,5–6,2 g. Beim Einnehmen von $AgNO_3$ oder anderen Silberpräparaten über längere Zeiträume kann eine Schwärzung der Haut sog. *Argyrose* oder *Arygrie* auftreten, weil das Silbersalz langsam vom Darm ins Blut aufgenommen wird und in den Blutgefäßen, den inneren Organen wie Leber und Nieren, v. a. aber an belichteten Hautstellen in schwarzes Silbersulfid übergeht. Dabei treten keine Vergiftungssymptome auf, die Schwärzung läßt sich jedoch nicht mehr entfernen. Lösliche Silbersalze wirken ätzend auf die Haut. Silber wirkt stark antiseptisch, v. a. Ag^+-Ionen besitzen stark bakterizide und fungizide Wirkung.

Silicium Si

International (Lat.)	Silicium	Italienisch	Silicio
Englisch	Silicon	Griechisch	Πυρίτιο (Pyritio)
Französisch	Silicium	Russisch	Кремний (Krämnij)
Spanisch	Silicio	Japanisch	ケイ素（ケイソ）(keiso)

Atomare und physikalische Eigenschaften

Protonenzahl **(Z)**	**14**
Standard-Atomgewicht (bezogen auf ^{12}C = 12)	28,0855 (±3)
Effektive Kernladung	(Slater) 4,15; (Clementi) 4,29; (Froese-Fischer) 4,48
Elektronenkonfiguration	[Ne] $3s^2\ 3p^2$
Grundzustand, Termsymbol	$^3P_0$
Atomradius/Kovalenzradius (Si^{IV};Einfachbindung)	117,6 pm/117 pm
Van-der-Waals-Radius	200 pm
Ionenradien (KZ 4;6)	$271^{4-}_{(4)}$ pm, $26^{4+}_{(4)}$ pm; $40^{4+}_{(6)}$ pm
Molares Volumen	$12{,}06 \cdot 10^{-6}\ m^3 \cdot mol^{-1}$
1.;2.;3.;4.;5.;6. Ionisierungsenergie	8,1514 eV; 16,345 eV; 33,492 eV; 45,141 eV; 166,77 eV; 205,05 eV
Elektronegativität	(Allred/Rochow) 1,74; (Pauling) 1,90; (absolut) 4,77 eV
Elektronenaffinität Si ⟶ Si^-	−1,3846 eV
Wirkungsquerschnitt für thermische Neutronen ($\sigma_{n,\gamma}$)	$0{,}17 \cdot 10^{-28}\ m^2$
Dichte (bei 20 °C)	$2330\ kg \cdot m^{-3}$ a)
Härte (Mohs)	7,0
Schmelztemperatur	1412 °C (1685,15 K) b)
Siedetemperatur	2355 °C (2628,15 K) c)
Spezifische Schmelzenthalpie	$1409{,}25\ kJ \cdot kg^{-1}$ d)
Spezifische Verdampfungsenthalpie	$13640 \cdot 57\ kJ \cdot kg^{-1}$
Spezifische Sublimationsenthalpie (einatomiges Gas)	$16156{,}58\ kJ \cdot kg^{-1}$
Spezifische Atomisierungsenthalpie	$16227{,}75\ kJ \cdot kg^{-1}$
Spezifische Wärmekapazität (bei 25 °C)	$0{,}703\ kJ \cdot kg^{-1} \cdot K^{-1}$
Thermische Leitfähigkeit (bei 27 °C)	$148\ W \cdot m^{-1} \cdot K^{-1}$
Thermischer Längenausdehnungskoeffizient (bei 25 °C)	$4{,}2 \cdot 10^{-6}\ K^{-1}$
Thermospannung (Δt =100 K / Pt;Cu)	+44,8 mV; 44 mV
Elektrische Leitfähigkeit (bei 20 °C)	$1 \cdot 10^{-8}\ S \cdot m^{-1}$ e)
Spezifischer elektrischer Widerstand (bei 20 °C)	$1 \cdot 10^{8}\ \Omega \cdot m$
Dielektrizitätskonstante	11,8
Bänder-Energielücke	1,107 eV (106,8 $kJ \cdot mol^{-1}$)
Spezifische magnetische Suszeptibilität	$-1{,}8 \cdot 10^{-9}\ m^3 \cdot kg^{-1}$ f)
Normalpotential SiH_4/Si	−0,143 V
Bildungsenthalpie SiH_4 ($SiCl_4$; SiO_2)	+34,3 $kJ \cdot mol^{-1}$ (−687,5 $kJ \cdot mol^{-1}$; −911,6 $kJ \cdot mol^{-1}$)

Weitere Angaben: a) $2328\ kg \cdot m^{-3}$, $2336\ kg \cdot m^{-3}$. b) 1410 °C und 1420 °C. c) 2477 °C, 3280 °C. d) $1800{,}7\ kJ \cdot kg^{-1}$. e) Abhängig von Reinheitsgrad und von der Temperatur (sehr rein bei 25 °C) $2{,}5 \cdot 10^{-4} 5 \cdot m^{-1}$. f) $-1{,}74 \cdot 10^{-9} m^3 \cdot kg^{-1}$.

Entdeckung

Silicium wurde erstmals im Jahre 1823 von dem schwedischen Chemiker Jöns Jakob Berzelius (1779–1848) in Stockholm, Schweden, durch Reduktion von Siliciumtatrefluorid SiF_4 mit geschmolzenem Kalium isoliert. Da Silicium beim Verbrennen in Kieselerde SiO_2 übergeht, schlug Berzelius für das neue Element den Namen *Silex* mit dem chemischen Symbol „Si“ vor. Der Name „Silicium“ wurde erst später eingeführt. Reines Silicium in kristalliner Form erhielt erstmals 1854 Sainte-Claire Deville (1818–1881) durch Schmelzflußelektrolyse von Silicium-haltigen Natrium-Aluminiumchlorid. Anfang des 20. Jh. begann die Entwicklung der Silanchemie und ab Mitte des 20. Jh. erfolgte die atemberaubende Entwicklung der Siloxane, Siliconpolymere und Siliconharze. Der 1831 von Thomas Thomson vorgeschlagene englische Name „Silicon“ mit der Endung „on“ soll auf die Ähnlichkeit mit Kohlenstoff „Carb**on**“ und Bor „Bor**on**“ hinweisen.

Vorkommen

Mit einem berechneten Massenanteil in der Erdhülle von 25,80% ist Silicium nach Sauerstoff das häufigste Element auf der Erde und zugleich das wichtigste Element des Mineralreichs. In der bis 16 km tiefen Erdkruste ist Silicium mit rund 277 kg/t Gestein vertreten, in Eisenmeteoriten jedoch nur mit etwa 4 g/t. In den Meeren und Ozeanen beträgt sein Anteil durchschnittlich 3 µg $Si^{(+IV)}/m^3$ Meerwasser, bei einer Verweilzeit von ca. 30 000 Jahren. Silicium tritt in der Natur nie elementar auf, es kommt gebunden fast ausschließlich in anorganischen Mineralien in den meisten Gesteinen und deren Verwitterungsprodukten, in Form von Quarz und zahlreichen Silicaten vor. Rund 90% der obersten 16 km dicken Erdkruste bestehen aus Siliciummineralen. Einige natürliche Siliciumminerale sind: Siliciumdioxid SiO_2, in seiner häufigsten Erscheinungsform als *Quarz*, der in verschiedenen natürlichen kristallisierten und amorphen, meist durch Verunreinigungen gefärbte Abarten vorkommt: In kristalliner Form ist Quarz Hauptbestandteil zahlreicher Gesteine wie Granit, Gneis, Quarzsand, Sandstein u. a.
In amorpher Form kommt Quarz wasserfrei als *Kieselglas* und wasserhaltig als *Opal, Kieselgur* (aus vorzeitlichen Aufgußtierchen, sog. *Infusorien* und Kieselalgen, sog. *Diatomeen*) u. a. vor.
Silicate: Insel-, Gruppen- und Ringsilicate: Granate der allgemeinen Formel $M^{II}_3\,M^{III}_2[SiO_4]_3$ z. B. Granat $Ca_3Al_2[SiO_4]_3$; Phenaktit $Be_2[SiO_4]$; Olivin, $(Mg, Fe)_2[SiO_4]$; Serpentin, Schlangenstein $Mg_6[(OH)_8 \mid Si_4O_{10}]$; Asbest: ein faserartiges Silicatmineral das hauptsächlich aus Serpentin besteht, u. a.

Quarzkristalle		
Transparente Abarten	**Nichttransparente Abarten**	**Feinkristalline Abarten**
Bergkristall, farblos wasserklar **Amethyst**, violett **Citrin**, hellgelb **Rosenquarz**, rosa **Rauchquarz**, braun	**Gemeiner Quarz, Milchquarz** weiß, trüb **Saphirquarz, Blauquarz** tiefblau **Morion**, braun bis schwarz **Eisenkiesel**, braun bis rot	**Chalcedon** in versch. Formen **Carneol**, gelb bis tiefrot **Chrysopas**, lauchgrün **Jaspis**, braun bis rotbraun geschichtete Minerale wie **Achat, Onyx** u. a.

Feldspäte: Kalifeldspat, Orthoklás $K[AlSi_3O_8]$; Kalkfeldspat, Anorthit $Ca[Al_2Si_2O_8]$; Natronfeldspat, Albit $Na(AlSi_3O_8]$ u. a.
Tone: Verwitterungsprodukte des Feldspats Kaolin; Porzellantonerde besteht hauptsächlich aus Kaolinit $Al_2[(OH)_4 \mid Si_2O_5]$ (= $Al_2O_3 \cdot 2\,SiO_2 \cdot 2\,H_2O$); Talk, Speckstein $Mg_3[(OH)_2 \mid Si_4O_{10}]$ u. a.
Glimmer: Alumosilicate der allgemeinen chemischen Zusammensetzung $M^IM^{II}_3[(OH, F)_2 \mid AlSi_3O_{10}]$ oder $M^IM^{III}_2[(OH, F)_2 \mid AlSi_3O_{10}]$; farblose bis schwarze durchsichtige, leicht in Blättchen spaltbare Silicatminerale; Kaliglimmer, Muskovit $KAl_2[(OH, F)_2 \mid AlSi_3O_{10}]$; Magnesiaglimmer, Biotit $K(Mg, Fe^{II})_3[(OH, F)_2 \mid AlSi_3O_{10}]$; Lithionglimmer, Lepidolith $(K, Li)Al_2[(OH, F)_2 \mid AlSi_3O_{10}]$ u. a.
Die Silicium-Reserven auf der Erde sind praktisch unbegrenzt. Die Häufigkeit des Elements auf der Sonne beträgt ca. $4{,}5 \cdot 10^7$ Atome Silicium pro $1 \cdot 10^{12}$ Atome Wasserstoff. Die kosmische Häufigkeit der übrigen Elemente wird auf $1 \cdot 10^6$ Atome Silicium bezogen.

Herstellung

Großtechnisch wird Silicium durch Reduktion von Quarz mit Kohlenstoff bzw. hochreinem Koks, Anthrazit u. a. im elektrischen Lichtbogenofen, bei Temperaturen von etwa 2000 °C hergestellt:

$$SiO_2 + 2\,C \longrightarrow Si + 2\,CO \qquad \Delta H = +690{,}5\ \text{kJ}$$

Das dabei gebildete amorphe *Roh-Silicium* enthält neben 96–98% Si noch zahlreiche Verunreinigungen v. a. Aluminium und Eisen sowie geringere Mengen von Calcium, Chrom, Magnesium, Mangan u. a.
Zur Reinigung wird zunächst das feingemahlene *Roh-Silicium* bei 300–350 °C im Wirbelschichtreaktor mit Hydrogenchlorid in Trichlorsilan umgesetzt:

$$Si + 3\,HCl \longrightarrow SiHCl_3 + H_2 \uparrow$$

Das Trichlorsilan wird durch Destillation bei etwa 35 °C von den Verunreinigungen abgetrennt und anschließend in Wasserstoffatmosphäre an dünnen, glühenden Stäben von etwa 2 m Länge aus *Reinst-Silicium* zersetzt

$$SiHCl_3 + H_2 \longrightarrow Si + 3\,HCl$$

wobei sich an den Stäben polykristallines Silicium abscheidet und bis zu 2 m lange und 20 cm dicke Säulen bildet. Die für die Mikroelektronik benötigten Einkristalle erhält man durch *Schmelzziehverfahren, Zonenschmelzverfahren* u. a. Man erhält ultrareines Silicium in Neun-Neuner-Qualität bzw. 99,9999999%ig, bei dem auf eine Mrd. Si-Atome höchstens ein Fremdatom kommt.
Zur Herstellung des technisch wichtigen Ferrosiliciums werden der Beschickung zusätzlich Eisenschrott oder -späne beigefügt. In diesem Fall können auch Söderberg-Elektroden verwendet werden. Man erhält verschiedene Legierungen wie: FeSi 90 (90% Si, 10% Fe), FeSi 75 (75% Si, 25% Fe) oder FeSi 45 (45% Si, 55% Fe).
Die Weltjahresproduktion von Ferrosilicium beträgt rund 3,5 Mio. t Silicium industrieller Qualität ca. 500 000 t sowie hochreines Silicium, elektronischer Qualität etwa 6000 t, Tendenz steigend.

Der Weltmarktpreis des Siliciums hängt von dessen Reinheitsgrad ab: 97–99,5% reines Silicium kostet zwischen 2–35 DM/kg, Solarzellen-Reinheit rund 65–70 DM/kg bzw. ultrareines Silicium bis zu 500 DM/kg.

Physikalische Eigenschaften

Reines Silicium erhält man je nach Herstellungsverfahren als amorphes, mikrokristallines, braunes Pulver oder als dunkelgraue, metallisch glänzende, sehr harte und spröde Kristalle. Es handelt sich dabei jedoch nicht um verschiedene Modifikationen, sondern beide Formen haben die gleiche kubische Kristallstruktur bzw. Diamantstruktur und unterscheiden sich lediglich in der Kristallgröße sowie im Gehalt an Verunreinigungen. In dünnen Schichten ist das Kristall durchsichtig. Ähnlich wie Bismut, Gallium oder Wasser verringert auch Silicium sein Volumen beim Schmelzen etwa um 10% und dehnt sich beim Erstarren aus. Silicium hat den kleinsten Längenausdehnungskoeffizienten und die größte Schmelzenthalpie aller Elemente. Die thermische Leitfähigkeit ist sehr gut, sie beträgt 34,50% der des Silbers. Silicium ist diamagnetisch und zeigt in reinem Zustand Halbleitereigenschaften, d. h. daß seine elektrische Leitfähigkeit mit steigender Temperatur zunimmt. Um spezielle Halbleitereigenschaften zu erhalten, kann die elektrische Leitfähigkeit auch durch geringe Verunreinigungen gezielt erhöht werden, z. B. durch Dotieren mit Fremdatomen wie Aluminium und Antimon. Geschmolzenes Silicium hat weitgehend metallische Eigenschaften und leitet den elektrischen Strom besser als das feste Silicium. In der metallischen Hochdruckphase bei Drücken über 12 GPa zeigt Silicium unterhalb –266,05 °C (7,1 K) Supraleitfähigkeit. Die Austrittsenergie für Elektronen im Vakuum beträgt für Si(n) 4,85 eV (CPD) bzw. für Si(p) 4,91 eV (CPD).

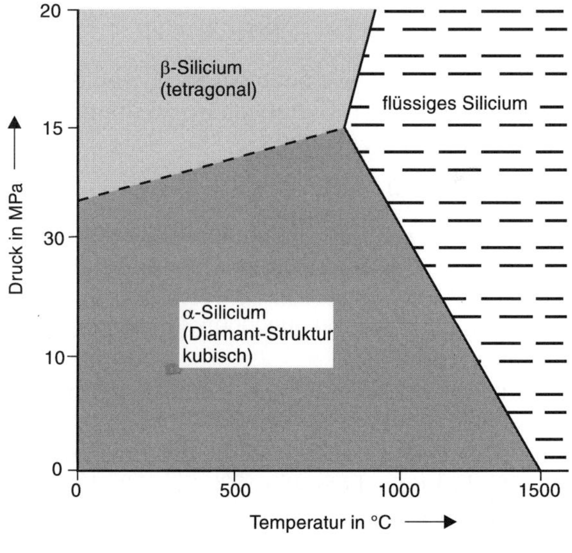

Abb. 77: Zustandsdiagramm des Siliciums.

Radiochemie

Natürliches Silicium besteht aus einem Gemisch aus drei stabilen Isotopen, zusätzlich sind 18 künstliche Radioisotope des Siliciums bekannt. Die Radioisotope des Siliciums haben relativ kurze Halbwertszeiten. Die leichteren Isotope A < 28 zerfallen durch β^+-Strahlung in Aluminium, die schwereren A > 30 verwandeln sich durch β^--Emission in die entsprechenden P-Isotope. Das Isotop $^{31}_{14}Si$ wird in einer $^{A}_{14}Si$ (n, γ) $^{A+1}_{14}Si$-Reaktion erzeugt, es wird in der Aktivierungsanalyse verwendet. Das Radioisotop $^{32}_{14}Si$ (β^- | 0,2 MeV) dient als Indikator (Tracer) während das stabile Isotop $^{29}_{14}Si$ der Kernspinzahl 1/2+ und kernmagnetischen Moment –0,5553 zunehmend in der NMR-Spektroskopie eingesetzt wird; NMR-Frequenz (bei 2,3488 T) 19,865 · 10^6 s^{-1}; Referenz $Si(CH_3)_4$.

Die Isotope des Siliciums (1995)					
Isotop	Natürliche Häufigkeit n (%)	Zerfallsart			Halbwertszeit $T_{1/2}$
		β^+	γ	β^-	
Si 22		**x**			6 ms
Si 23		x			n.bek.
Si 24		**x**			103 ms
Si 25		**x**	x		218 ms
Si 26		**x**	x		2,21 s
Si 27		**x**	x		4,16 s
Si 28	**92,23**				
Si 29	**4,67**				
Si 30	**3,10**				
Si 31			x	**x**	2,61 h
Si 32				**x**	172 a
Si 33			x	**x**	6,18 s
Si 34			x	**x**	2,77 s
Si 35			x	**x**	0,78 s
Si 36			x	**x**	0,45 s
Si 37				x	n.bek.
Si 38				x	n.bek.
Si 39				x	n.bek.
Si 40				x	n.bek.
Si 41				x	n.bek.
Si 42				x	n.bek.

Chemische Eigenschaften

Silicium gehört zur Gruppe der „Tetrele“ bzw. der sog. *Kohlenstoffgruppe*. Es befindet sich im PSE in der 14. Gruppe (IVA Hauptgruppe) unter dem Kohlenstoff C sowie in der 3. Periode zwischen Aluminium Al und Phosphor P. Entsprechend seiner Stellung im PSE hat das freie, neutrale Si-Atom im elektronischen Grundzustand folgende Elektronenkonfiguration

$$1s^2\ 2s^2\ 2p^6\ 3s^2\ 3p^2$$

Angesichts der vier Außenelektronen zeigt Silicium, ähnlich wie Kohlenstoff, in seinen Verbindungen die Tendenz zur Bildung von vier kovalenten Bindungen, in der das Si-Atom sp^3-hybridisiert und somit tetraedrisch koordiniert ist. Neben der wichtigsten Oxidationsstufe +IV bildet Silicium auch die Stufen +II und –IV, die jedoch weniger Bedeutung haben. Einige kovalente Bindungen des Siliciums (in den Klammern sind die Bindungslängen und die Bindungsenthalpien angegeben): Si–H (148 pm; 326 kJ · mol^{-1}), Si–O (151 pm; 452 kJ · mol^{-1}), Si–C (187 pm; 301 kJ · mol^{-1}), Si–F (155 pm; 582 kJ · mol^{-1}), Si–Cl (202 pm; 391 kJ · mol^{-1}), Si–Si (235,2 pm; 226 kJ · mol^{-1}).
Die Normalpotentiale des Siliciums:

$$\begin{array}{ccccccc} +IV & & +II & & 0 & & -IV \\ SiO_2 & \xrightarrow{-0{,}967\ V} & SiO & \xrightarrow{-0{,}808\ V} & Si & \xrightarrow{-0{,}143\ V} & SiH_4 \end{array}$$

Obwohl die negativen Normalpotentiale Silicium als ziemlich unedel ausweisen, ist das Element wegen Bildung einer festhaftenden, passivierenden SiO_2-Schicht nicht sehr reaktionsfähig. Kompaktes Silicium ist unlöslich in Wasser und wird auch von Säuren, außer von salpetersäurehaltiger Flußsäure, nicht angegriffen. Mit heißen Alkalilaugen reagiert es aber unter Wasserstoffentwicklung zu Silicaten:

$$Si + 2\,KOH + H_2O \longrightarrow K_2SiO_3 + 2\,H_2 \uparrow$$

Pulverisiertes, amorphes Silicium ist wegen seiner größeren Oberfläche bedeutend reaktionsfreudiger.
Mit den „Halogenen" verbindet sich Silicium bereits bei Raumtemperatur, v. a. mit Fluor reagiert es besonders heftig und verbindet sich unter Feuererscheinung zu Si(IV)-fluorid:

$$Si + 2\,F_2 \longrightarrow SiF_4 \qquad \Delta H = -1620\ kJ$$

An der Luft verbrennt Silicium erst oberhalb 1000 °C zu Si(IV)-oxid:

$$Si + O_2 \longrightarrow SiO_2 \qquad \Delta H = -911{,}6\ kJ$$

Bei sehr hohen Temperaturen reagiert Silicium mit Stickstoff zu Siliciumnitrid Si_3N_4, mit Kohlenstoff zu Siliciumcarbid SiC, mit Schwefel zu Siliciumdisulfid SiS_2. Mit den Halogenen bildet Silicium Si(IV)-halogenide der allg. Formeln SiX_4, Si_2X_6, Si_3X_8, $[SiX]_n$ u. a. (X = F, Cl, Br, I). Das in Wasser unlösl. Si(IV)-oxid SiO_2 existiert bei Normaldruck in mehreren Modifikationen α- und β-Quarz; α- und β-Tridymit sowie α- und β-Cristobalit (Abb. 78).
Silicium bildet mehrere **Säuren:**
Orthokieselsäuren der allg. Formeln $H_{2n+2}Si_nO_{3n+1}$ bzw. $(H_2SiO_3) \cdot H_2O$

Monokieselsäure $H_4SiO_4 = Si(OH)_4$

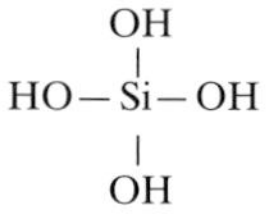

Orthokieselsäure H_4SiO_4

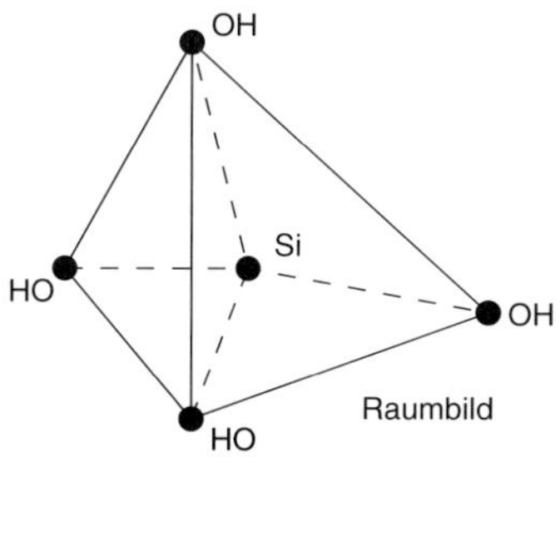

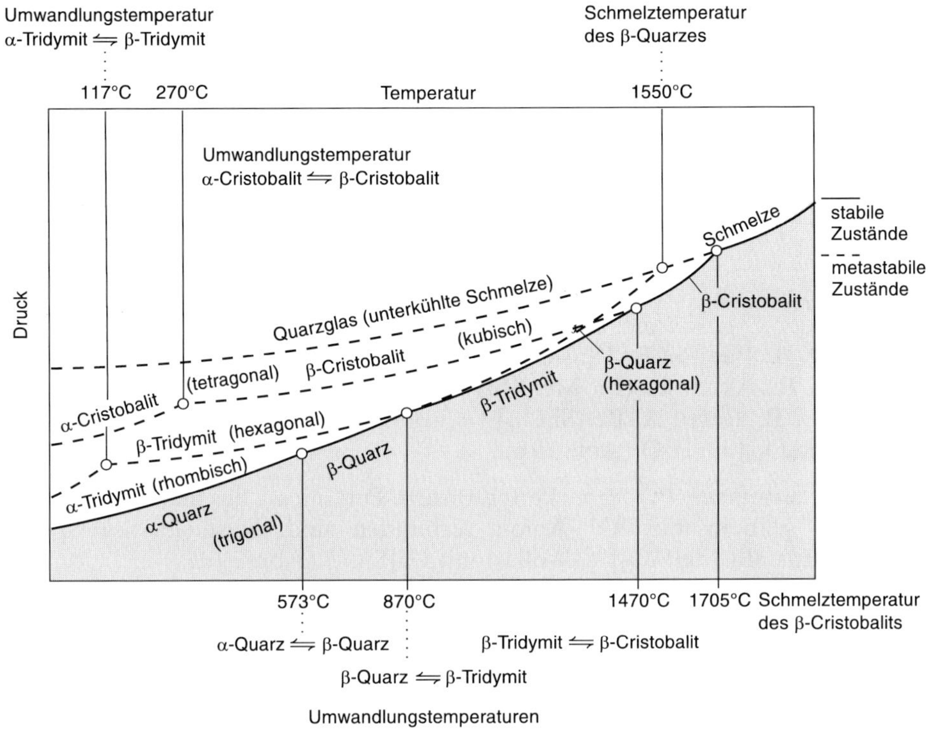

Abb. 78: Zustandsdiagramm des Siliciumdioxids.

Dikieselsäure $H_6Si_2O_7$

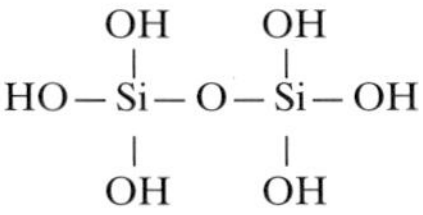

Trikieselsäure $H_8Si_3O_{10}$

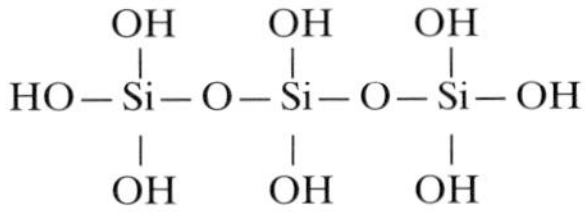

Polykieselsäure

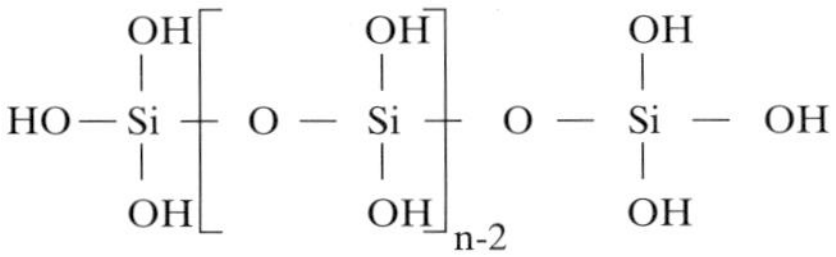

Metakieselsäuren der allg. Formel $[H_2SiO_3]_n$ (n = 3,4,6) ringförmig.

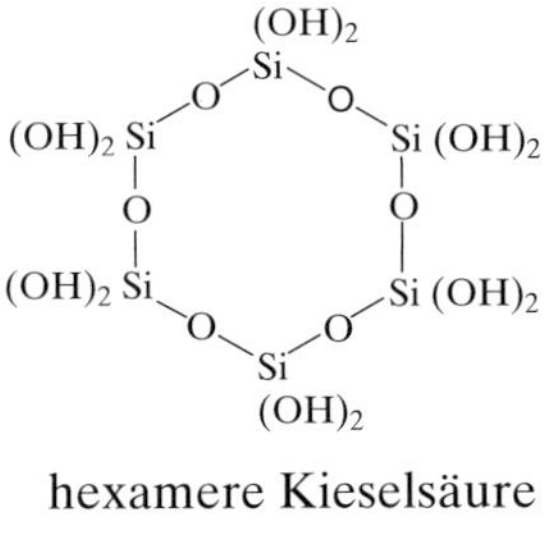

hexamere Kieselsäure

Silicate sind Salze oder Ester der Kieselsäuren. Grundbausteine aller Silicate sind die tetraederförmigen $[SiO_4]^{4-}$-Anionen, die sich wie die $Si(OH)_4$-Tetraeder der Kieselsäuren zu Gruppen, Ringen, Ketten, Bändern und Raumnetzen vereinigen können. Die Tetraeder sind dabei immer nur über gemeinsame Ecken bzw. über ein gemeinsames O-Atom miteinander verknüpft und werden durch dazwischen gelagerte Metallkationen, hauptsächlich Mg^{2+}, Ca^{2+}-, Al^{3+}- und Fe^{3+}-Kationen, zusammengehalten.
Inselsilicate oder *Nesosilicate:* z. B. Forsterit $Mg_2[SiO_4]$, Phenaktit $Be_2[SiO_4]$, gemeiner Olivin (Mg, Fe)$_2$ $[SiO_4]$, Granate der allg. Formel $M^{II}_3M^{III}_2[SiO_4]_3$ (Abb. 79 a).
Gruppensilicate oder *Sorosilicate*; zwei Tetraeder z. B. Thortveitit $Sc_2[Si_2O_7]$; Hemimorphit, Kieselgalmei $Zn_4[(OH)_2 \mid Si_2O_7]$ (Abb. 79 b).
Ringsilicate oder *Cyclosilicate*; mehrere Tetraeder bilden:
Dreierringe, z. B.: Benitoit $BaTi[Si_3O_9]$, α-Wollastonit $Ca_3[Si_3O_9]$
Viererringe, z. B.: Axinit Ca_2(Fe, Mg, Mn) $Al_2[OH, BO_3 \mid Si_4O_{12}]$
Sechserringe, z. B.: Beryll $Al_2Be_3[Si_6O_{18}]$ (= 3 BeO · Al_2O_3 · 6 SiO_2)
Dioptas $Cu_6[Si_6O_{18}] \cdot 6\ H_2O$ (Abb. 79 c).

Inosilicate: Kettensilicate, Pyroxene; kettenförmige Polysilicate aus mehreren Tetraedern die über ein gemeinsames O^{2-}-Anion verbunden sind, beispielsweise Spodumen $LiAl[SiO_3]_2$, Enstatit $Mg[SiO_3]$, β-Wollastonit $Ca[SiO_3]$ (Abb. 79 d).
Bandsilicate, Amphibole, bandförmige Polysilicate, die durch Vereinigung zweier Ketten entstehen, z. B. Tremolit $Ca_2Mg_5[(OH)_2 \mid Si_4O_{11}]$ (Abb. 79 e).
Schichtsilicate, Phyllosilicate: Die SiO_4-Tetraeder liegen ringförmig angeordnet in Schichten vor, die durch dazwischen gelagerte Metallkationen zusammengehalten werden. Beispiele: Serpentin $Mg_3[(OH)_4 \mid Si_2O_5]$, Talk $Mg_3[(OH)_2 \mid Si_2O_5]_2$, Kaolinit $Al_2[(OH)_4 \mid Si_2O_5]$ (Abb. 79 f.).
Gerüstsilicate, Tectosilicate; jeder SiO-Tetraeder ist über alle seine O^{2-}-Anionen mit den Nachbartetraedern, dreidimensional vernetzt (Abb. 79 g). Dazu gehören:
Feldspäte, z. B. Kalifeldspat, Orthoklas $K[AlSi_3O_8]$, Natronfeldspat, Albit $Na[AlSi_3O_8]$, Kalkfeldspat, Anorthit $Ca[Al_2Si_2O_8]$ u. a. Zeolithe, z. B.:
Natrolith $Na_2[Al_2Si_3O_{10}] \cdot 2\ H_2O$, Chabasit ($Na_2$, Ca) $[Al_2Si_4O_{12}] \cdot 6\ H_2O$ u. a.
Silane, Wasserstoffverbindungen des Siliciums:
- acyclische Silane der allg. Formel Si_nH_{2n+2}, z. B.: Monosilan SiH_4, Disilan Si_2H_6, Hexasilan Si_6H_{14}, Pentadecasilan $Si_{15}H_{32}$ u. a. Polisilane gehen bei $n \longrightarrow \infty$ in kettenförmige Polysilene $(SiH_2)_n$ oder in blattförmige Polysiline $(SiH)_n$ über.
- cyclische Silane der allg. Formel Si_nH_{2n}, z. B.: Cyclopentasilan Si_5H_{10}

Silicone, Polyorganosiloxane; synthetische, polymere Verbindungen, in denen Siliciumatome über Sauerstoffatome verknüpft und die übrigen Valenzen der Si-Atome durch organische Reste, meist Akylgruppen abgesättigt sind. Ausgangsprodukte zur Darstellung der Silicone sind hauptsächlich Silanole R_3SiOH, Silandiole $R_2Si(OH)_2$, und Silantriole $RSi(OH)_3$ deren Kondensation zu Disiloxanen $R_3Si\text{-}O\text{-}SiR_3$, Polysiloxanen $\text{-}SiR_2\text{-}O\text{-}SiR_2\text{-}O\text{-}SiR_2\text{-}O\text{-}$ bzw. zur Bildung von Schichtstrukturen führt. Je nach der Größe und Struktur ihrer Moleküle bilden sie leichtflüssige, ölige, fettartige, harzige oder katuschukartige Substanzen (Siliconöle, Silicongummi, Siliconharze) die in der Technik große Bedeutung haben.

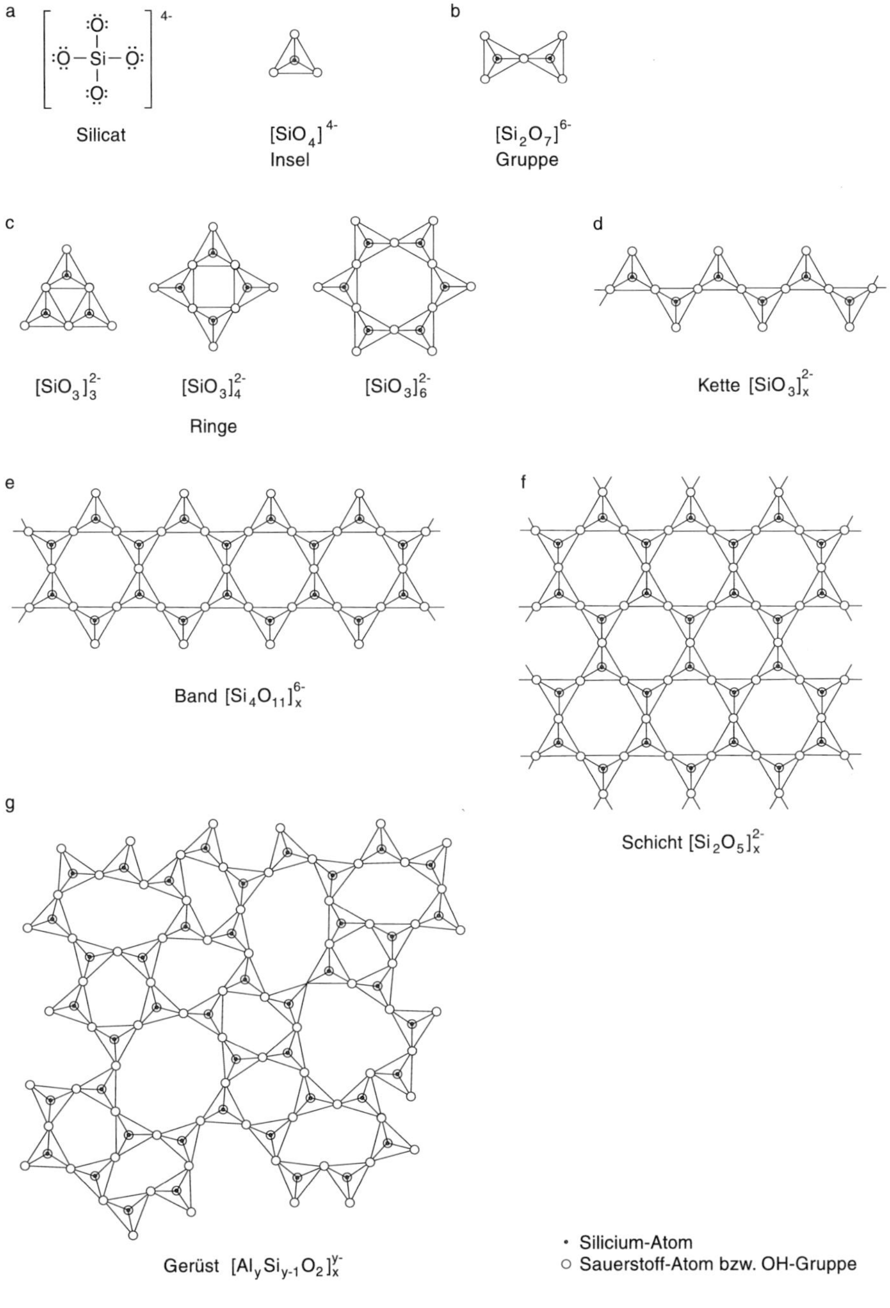

Abb. 79: Darstellung der $[SiO_4]^{4-}$-Anionen, die Grundbausteine aller Silicate, die sich zu Gruppen, Ringen, Ketten, Bändern und Raumnetzen vereinigen können. Beispiele: a) Insel- oder Nesosilicate; b) Gruppen- oder Sorosilicate; c) Ringsilicate; d) Kettensilicate, Pyroxene; e) Bandsilicate, Amphibole; f) Schichtsilicate, Phyllosilicate; g) Gerüstsilicate, Tectosilicate.

Nachweis

Qualitativ:

- Wassertropfenprobe; die Analysensubstanz wird in einem Blei- oder Platintiegel mit etwas Ammoniumfluorid und einigen Tropfen konz. Schwefelsäure erwärmt, wobei gasförmiges Si(IV)-fluorid SiF_4 entsteht. Hält man einen mit Wasser angefeuchteten schwarzen Glasstab oder ein schwarzes angefeuchtetes Filterpapier in das Gas, so überzieht sich dieser mit einer weißen Kruste unlöslicher Kieselsäure:
  $SiF_4 + 4\,H_2O \longrightarrow H_2SiO_4 + 4\,HF$

Quantitativ:

- Spektralanalyse; wichtige Spektrallinien der neutralen Atome; 250,690 nm, 251,433 nm, 251,612 nm, 251,921 nm, 2523,412 nm, 252,852 nm, 288,157 nm, und der einfach positiven Ionen Si^+: 504,103 nm, 505,598 nm, 566,956 nm, 634,710 nm, 637,136 nm u. a.
- Atomabsorptionsspektrometrie (AAS) mittels der 251,611 nm Hauptlinie des Atomspektrums.

Verwendung

Technisches Silicium wird vorwiegend in der Metallurgie als Desoxidationsmittel verwendet. Darüber hinaus ist es ein wichtiger Legierungsbestandteil v. a. von Gußlegierungen verschiedener Metalle wie Aluminium, Eisen, Kupfer und Titan, die zur Herstellung von Werkzeugen, Federstählen, Magneten u. a. dienen. In der chemischen Industrie dient es als Ausgangsmaterial zur Herstellung von Siliciumverbindungen wie Silicon u. a. Hochreines Silicium ist das wichtigste Material der gesamten Halbleitertechnik und Mikroelektronik und wird v. a. dotiert mit Aluminium, Arsen, Antimon zur Herstellung integrierter Schaltkreise, sog. IC-s (von Englisch: „**I**ntegrated **c**ircuit"), besonders für VLSI- und ULSI-Bausteine (von Englisch: „**V**ery (bzw. **U**ltra) **l**arge **s**cale **i**ntegration", d. h. „sehr (bzw. ultra) großer Integrationsgrad" und bedeutet 10 000 bis 50 000 Grundfunktionen bzw. 100 000 bis 1 000 000 Bauelemente pro Chip) und für die Photovoltaik verwendet. In geringem Maße wird es auch zur Herstellung optischer Prismen und Linsen für IR-Strahlung herangezogen. Wie Silicium werden auch Ferrosilicium oder Calciumsilicium in großen Mengen als Desoxidationsmittel bei der Stahlveredelung eingesetzt.
Siliciumverbindungen v. a. SiO_2 werden in großen Mengen zur Herstellung künstlicher Silicate wie Glas und Email, Wasserglas, Silicatkeramik, Tongut wie Ziegelsteine, feuerfeste Baustoffe, Sanitärkeramik, Blumentöpfe, Ofenkacheln usw., Sintergut wie Fliesen, Kanalisationsrohre, chemische Gefäße, Porzellan für Geschirr, Isoliermaterial, z. B.: Zement verwendet. Siliciumcarbid SiC dient als Carborundum oder Silit als Schleifmittel, als Werkstoff für hochbeanspruchte Teile im Apparatebau und als Material für elektrische Heizstäbe.

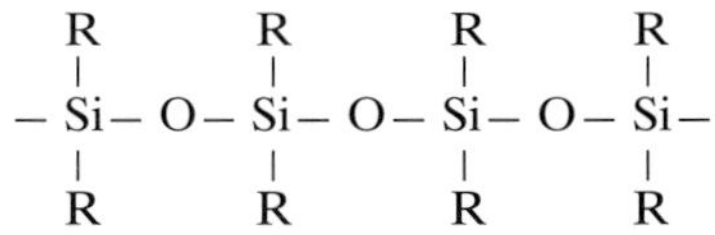

Teil eines Silicon-Makromoleküls

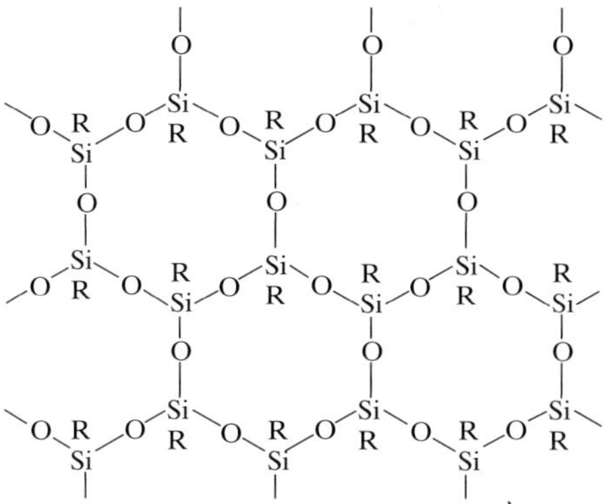

Schichtstruktur der allgemeinen Zusammensetzung $R_2Si_2O_3$.

Physiologie, Toxikologie

Silicium ist essentiell für einige Spezies, vermutlich auch für den Menschen. Als Spurenelement ist es im Organismus v. a. in Lipoiden als Serumlipide z. B. freie Fettsäuren, Lipoproteine und Strukturlipide der Zellmembran gebunden, es wird vermutlich für die Ausbildung von Knochen und Bindegewebe benötigt. Der menschliche Körper enthält durchschnittlich 1,5 g Silicium in Form von Silicaten, SiO_2 und Kieselsäureestern. Der tägliche Bedarf liegt bei etwa 20–120 mg Silicium, der hauptsächlich über die pflanzliche Nahrung gedeckt wird. Siliciummangel kann zu Hauterkrankungen wie Juckreiz, chronische Ekzeme sowie zu Wachstumsstörungen führen. Silicium ist nicht giftig, einige Silicate wirken kanzerogen, während einige Silicium-Halogen-Verbindungen äußerst toxisch sind.

Stickstoff N

International (Lat.)	Nitrogenium	Italienisch	Azoto
Englisch	Nitrogen	Griechisch	Ασωτο (Asoto)
Französisch	Azote	Russisch	Азот (Asot)
Spanisch	Nitrógeno	Japanisch	窒素（チッソ）(tisso)

Atomare und physikalische Eigenschaften

Protonenzahl **(Z)**	**7**
Standard-Atomgewicht (bezogen auf 12C = 12)	14,00674 (±7)
Effektive Kernladung	(Slater) 3,90; (Clementi) 3,83; (Froese-Fischer) 3,46
Elektronenkonfiguration	[He] $2s^2\,2p^3$
Grundzustand, Termsymbol	$^4S_{3/2}$
Atomradius / Kovalenzradius (N^{III};Einfachbindung)	71 pm[a)]/ 70 pm
Van-der-Waals-Radius	154 pm [b)]
Ionenradien (KZ 4;6)	$146^{3-}_{(4)}$ pm, $171^{3-}_{(6)}$ pm; $16^{3+}_{(6)}$ pm, $13^{5+}_{(6)}$ pm
Molares Volumen (bei –252,15 °C)	$13{,}65 \cdot 10^{-6}\ m^3 \cdot mol^{-1}$
Molares Eigenvolumen (Van-der-Waals-Konst.)	$39{,}2 \cdot 10^{-6}\ m^3 \cdot mol^{-1}$
Molare Binnendruckkonstante (Van-der-Waals-Konst.)	$0{,}141\ Nm^4 \cdot mol^{-2}$
1.;2.;3.;4.;5.;6.;7. Ionisierungsenergie	14,534 eV; 29,601 eV; 47,448 eV; 77,472 eV; 97,888 eV; 552,057 eV; 667,029 eV
Elektronegativität	(Allred / Rochow) 3,07; (Pauling) 3,04; (absolut) 7,30 eV
Elektronenaffinität $N \longrightarrow N^-$	+0,32 eV
Aborbtionsquerschnitt für thermische Neutronen (σ_{abs})	$1{,}9 \cdot 10^{-28}\ m^2$
Dichte gasförmig (bei 0 °C; 101,325 kPa)	$1{,}2506\ kg \cdot m^{-3}$ [c)]
Schmelztemperatur	–209,86 °C (63,29 K)
Siedetemperatur (bei 101,325 kPa)	–195,82 °C (77,33 K)
Temperatur am Tripelpunkt (bei 101,325 kPa)	–209,99 °C (63,16 K)
Dampfdruck am Tripelpunkt	1,253 kPa
Kritische Temperatur / kritischer Druck	–147,1 °C (126,05 K) / 3,391 MPa
Kritisches Volumen / kritische Dichte	$89 \cdot 10^{-6}\ m^3 \cdot mol^{-1}$ / $311\ kg \cdot m^{-3}$
Spezifische Schmelz- / Verdampfungsenthalpie	$51{,}48\ kJ \cdot kg^{-1}$ [d)] / $398{,}35\ kJ \cdot kg^{-1}$ [e)]
Spezifische Wärmekapazität	
(bei 0 °C, 101,325 kPa, konst. Druck)	$1{,}0383\ kJ \cdot kg^{-1} \cdot K^{-1}$
(bei 0 °C, konst. Vol.)	$0{,}741\ kJ \cdot kg^{-1} \cdot K^{-1}$
Spezifische Gaskonstante	$0{,}29661\ kJ \cdot kg^{-1} \cdot K^{-1}$
Thermische Leitfähigkeit (bei 27 °C):	$0{,}02598\ W \cdot m^{-1} \cdot K^{-1}$
Spezifische magnetische Suszeptibilität (Gas)	$-5{,}4 \cdot 10^{-9}\ m^3 \cdot kg^{-1}$
Normalpotential NH_4^+ / N_2	+ 0,272 V
Kernabstand N-N im N_2 (Gas)	109,76(± 0,01) pm
Dissoziationsenthalpie $\frac{1}{2} N_2 \longrightarrow N$	$473{,}02\ kJ \cdot mol^{-1}$
Bildungsenthalpie NH_3 (NCl_3; N_2O_3)	$-46{,}14\ kJ \cdot mol^{-1}$ ($229\ kJ \cdot mol^{-1}$; $83{,}77\ kJ \cdot mol^{-1}$)
Löslichkeit in Wasser (bei 20 °C)	$12{,}8\ cm^3$ N_2 pro 1 kg H_2O

Weitere Angaben: a) 54,9 pm. b) 150 pm. c) $1{,}17\ kg \cdot m^{-3}$. d) $25{,}74\ kJ \cdot mol^{-1}$. e) $198\ kJ \cdot mol^{-1}$.

Entdeckung

Stickstoff wurde im Jahre 1772 von dem schottischen Chemiker Daniel Rutherford (1749–1819) in Edinburgh, Schottland, entdeckt. Obwohl bereits ein Jahr davor Henry Cavendish (1731–1810) die *mephistische Luft* und Carl Wilhelm Scheele die *verdorbene Luft* entdeckt hatten, war Rutherford der erste der den Unterschied zwischen der *mephistischen Luft* dem Stickstoff und der *fixen Luft* dem Kohlenstoffdioxid, erkannt hatte. Antoine Laurent Lavoisier der den Elementcharakter des Gases erkannte, nannte dieses *Radical nitrique* und später *Azote* [von griech.: ασωτικός (asotikós) d. h. „leblos"]. Die deutsche Bezeichnung „Stickstoff" bezieht sich ebenfalls auf die erstikende Wirkung des Elements. Der Name „Nitrogenium" wurde aus dem griechischen νιτϱος (nitros), d. h. „Salpeter" und γεννάω (gennáo), d. h. „bilden" zusammengesetzt und bedeutet soviel wie „Salpeterbildner". Das chemische Symbol „N" von Nitrogenium wurde 1814 von J. J. Berzelius vorgeschlagen.

Vorkommen

Stickstoff ist ein relativ häufiges Element auf der Erde und steht mit einem berechneten Massenanteil in der Erdhülle von 0,03% zwischen Schwefel und Fluor an 16. Stelle der Elementhäufigkeit. Im freien Zustand kommt Stickstoff als wesentlicher Bestandteil der atmosphärischen Luft mit 75,51 Masse % und 78,09 Vol.-% vor und ist damit das weitaus häufigste Element der Erdatmosphäre. Am Aufbau der festen Erdkruste bis 16 km Tiefe ist Stickstoff v. a. in Form von Nitraten mit 25 g/t beteiligt, der Stickstoffanteil der Meere und Ozeane beträgt durchschnittlich 0,40 g $N^{(+V)}/m^3$ Meerwasser, bei einer Verweilzeit von rund 6000 Jahren. Stickstoffhaltige Mineralien sind relativ selten, die einzigen größeren Fundstätten sind die in Nordchile bereits im 16 Jh. entdeckten Salzvorkommen, sog. *Caliche*, mit hohem Anteil an Natronsalpeter oder Chilesalpeter, ein Natriumnitrat $NaNO_3$. Weit weniger bedeutende Salze sind Kaliumsalpeter, Kaliumnitrat KNO_3; Kalksalpeter, Calciumnitrat $Ca(NO_3)_2$); Ammonsalpeter, Ammoniumnitrat NH_4NO_3 u. a. In der belebten Natur ist chemisch gebundener Stickstoff Bestandteil biochemisch wichtiger Substanzen, besonders der Eiweißstoffe, Nukleinsäuren u. a. organischer Verbindungen und ist daher in allen Organismen verbreitet. Aus diesen gelangt er durch biologischen Abbau in die Erde. Große Vorkommen von Ammoniak NH_3 neben Methan CH_4 und Wasserdampf H_2O in der Atmosphäre verschiedener Planeten lassen die Schlußfolgerung zu, daß diese Substanzen auch bei der Entstehung der Biosphäre unserer Erde eine große Rolle gespielt haben dürften.

Die Stickstoffreserven auf der Erde sind nahezu unbegrenzt, über 99% der gesamten Stickstoffmenge, das sind rund $4 \cdot 10^{15}$ t sind in der atmosphärischen Luft enthalten. Die Häufigkeit des Elements auf der Sonne beträgt ca. $8{,}71 \cdot 10^7$ Atome Stickstoff pro $1 \cdot 10^{12}$ Atome Wasserstoff, die kosmische Häufigkeit wird auf $3 \cdot 10^6$ Atome Stickstoff pro $1 \cdot 10^6$ Atome Silicium geschätzt.

Herstellung

Großtechnisch wird Stickstoff heute fast ausschließlich durch Fraktionierung verflüssigter Luft hergestellt (s. S. 555 und Tab. auf S. 34). Das so erhaltene Stickstoffgas ist noch durch geringe Mengen von Edelgasen und Sauerstoff verunreinigt. Die noch verbliebenen Sauerstoffspuren werden entfernt, indem man das Stickstoffgas über Kupfer von etwa 180 °C strömen läßt. Nach einem älteren Verfahren erhält man Stickstoff durch vollständige Verbrennung von Kohle mit überschüssiger Luft gemäß:

$$\underbrace{4\,N_2 + O_2}_{\text{Luft}} + C \longrightarrow 4\,N_2\uparrow + CO_2\uparrow$$

Aus dem erhaltenen Gemisch wird das Kohlenstoffdioxid CO_2 mit Kaliumcarbonatlösung

$$K_2CO_3 + CO_2 + H_2O \longrightarrow 2\,KHCO_3$$

oder mit Wasser unter Druck ausgewaschen, wobei der Stickstoff zurückbleibt. Bei unvollständiger Verbrennung durch begrenzte Luftzufuhr erhält man das sog. „Generatorgas“

$$\underbrace{4\,N_2 + O_2}_{\text{Luft}} + 2\,C \longrightarrow \underbrace{4N_2\uparrow + 2\,CO\uparrow}_{\text{Generatorgas}}$$

Den Stickstoff erhält man indem das Kohlenstoffmonooxid CO zu Kohlenstoffdioxid CO_2 verbrannt und anschließend ausgewaschen wird.
In beiden Fällen erhält man technischen Stickstoff sog. *Industriegas*, das in grünen Stahlflaschen bzw. Stahlbomben mit Rechtsgewinde unter einem Druck von 15 bis 20 MPa in den Handel gelangt.
Reiner Stickstoff wird beim Erhitzen von konz. Ammoniumnitridlösung freigesetzt

$$[NH_4]NO_2 \xrightarrow{70\,°C} N_2\uparrow + 2\,H_2O$$

Hochreinen Stickstoff erhält man durch thermische Zersetzung von Natriumazid

$$2\,NaN_3 \xrightarrow{300\,°C} 2\,Na + 3\,N_2\uparrow$$

oder Bariumazid

$$3\,Ba(N_3)_2 \xrightarrow{250\,°C} Ba_3N_2 + 8\,N_2\uparrow$$

Weltweit werden jährlich rund 45 Mio. t Stickstoff hergestellt, der Preis hängt vom jeweiligen Reinheitsgrad ab und liegt zwischen 2–200 DM/t.

Physikalische Eigenschaften

Stickstoff ist bei gewöhnlicher Temperatur und unter normalem Luftdruck ein farb-, geruch- und geschmackloses, diamagnetisches, zweiatomiges Gas. Bei Abkühlung auf –195,82 °C kondensiert das Gas zu einer farblosen Flüssigkeit, die bei weiterer Abkühlung auf –209,86 °C zu einer schneeweißen kristallinen Masse erstarrt. Zwei allotrope Modifikationen sind bekannt:

$$\underset{\text{kubisch dichteste Kugelpackung}}{\alpha\text{-N}} \xleftarrow{-238{,}15\ ^\circ\text{C}} \underset{\text{hexagonal dichteste Kugelpackung}}{\beta\text{-N}}$$

Stickstoff ist in Wasser weniger löslich als Sauerstoff bei gleichem Druck. In einem Liter Wasser lösen sich, unabhängig vom Gasdruck, bei 0 °C nur 23,2 ml Stickstoff N_2 gegenüber 49,1 ml Sauerstoff O_2. Die im Wasser gelöste Luft enthält daher bedeutend mehr Sauerstoff als die atmosphärische Luft, eine sehr wichtige Voraussetzung für die Atmung der Fische im Wasser.

Radiochemie

Natürlicher Stickstoff ist ein Gemisch aus zwei stabilen Isotopen, weitere 11 Radioisotope des Stickstoffs wurden künstlich hergestellt.

Die Isotope des Stickstoffs (1995)

Isotop	Natürliche Häufigkeit n (%)	Zerfallsart				Halbwertszeit $T_{1/2}$
		p	β^+	γ	β^-	
N 11		x				n.bek.
N 12			**x**	x		11,0 ms
N 13			**x**			9,96 m
N 14	**99,634**					
N 15	**0,366**					
N 16*				x	**x**	7,13 s
N 16 m*				**x**	x	5,3 µs
N 17				x	**x**	4,17 s
N 18				x	**x**	0,63 s
N 19				x	**x**	329 ms
N 20				x	**x**	142 ms
N 21					**x**	95 ms
N 22					**x**	24 ms
N 23					x	n.bek.

(* isomere Atomkerne; m* markiert einen metastabilen Zustand)

Die Radioisotope des Stickstoffs haben relativ kurze Halbwertszeiten. Die zwei leichtesten Isotope zerfallen durch β^+-Strahlung in Kohlenstoff, die schwereren Isotope $A > 15$ zerfallen durch β^--Strahlung in die entsprechenden O-Isotope. Der β^--Zerfall des Isotops $^{17}_{7}N$ führt zu dem Isotop $^{17}_{8}O$ das durch Abgabe eines thermischen Neutrons in $^{16}_{8}O$ übergeht:

$$^{17}_{7}N \xrightarrow[T_{1/2} = 4{,}17\ s]{\beta^-} \{^{17}_{8}O\} \longrightarrow {}^{16}_{8}O + {}^{1}_{0}n$$

Das langlebigste Isotop $^{13}_{7}N$ entsteht bei Bestrahlung von $^{14}_{7}N$ mit schnellen Neutronen gemäß $^{14}_{7}N$ (n, 2n) $^{13}_{7}N$, durch Beschuß leichterer Kerne mit beschleunigten He-Kernen oder Deuteronen in den Reaktionen $^{10}_{5}B$ ($^{4}_{2}He$, n) $^{13}_{7}N$ bzw. $^{12}_{6}C$ ($^{2}_{1}H$, n) $^{13}_{7}N$ oder in der Kernphotoreaktion $^{14}_{7}N$ (γ, n) $^{13}_{7}N$; es wird in der Aktivierungsanalyse von Stickstoff und Kohlenstoff verwendet. Im Jahre 1919 gelang E. Rutherford die erste künstliche Kernumwandlung durch Beschuß von Stickstoff $^{14}_{7}N$ mit He-Kernen gemäß:

$$^{14}_{7}N + {}^{4}_{2}He \longrightarrow {}^{18}_{9}F \xrightarrow[T_{1/2} = 109{,}7\ m]{} {}^{17}_{8}O + {}^{1}_{1}H$$

Durch Neutronenbestrahlung von Stickstoff im Kernreaktor entsteht in den Reaktionen $^{14}_{7}N$ (n, $^{1}_{1}H$) $^{14}_{6}C$ das wichtigste radioaktive Kohlenstoffisotop sowie gemäß $^{14}_{7}N$ (n, $3^{4}_{2}He$) $^{3}_{1}H$ das Wasserstoffisotop Tritium; diese Reaktionen spielen sich unter Einwirkung schneller kosmischer Neutronen auch in der Atmosphäre ab. Die beiden stabilen Isotope $^{14}_{7}N$ und $^{15}_{7}N$ der Kernspinzahlen 1+ bzw. 1/2– und kernmagnetischen Momenten +0,40376 und –0,28319 werden in der NMR-Spektroskopie eingesetzt; NMR-Frequenzen (bei 2,3488 T) $7{,}224 \cdot 10^6\ s^{-1}$ bzw. $10{,}133 \cdot 10^6\ s^{-1}$; Referenz $MeNO_2$ oder NO_3^-. Hochbeschleunigte Stickstoffionen $^{14}_{7}N^{6+}$ dienen als Einschußteilchen (Projektile) bei der Erzeugung schwererer Transurane z. B.

$$^{238}_{92}U + {}^{14}_{7}N \longrightarrow {}^{246}_{99}Es + 6\,{}^{1}_{0}n$$
$$^{249}_{98}Cf + {}^{14}_{7}N \longrightarrow {}^{260}_{105}Db + 4\,{}^{1}_{0}n \text{ u. a.}$$

Chemische Eigenschaften

Stickstoff ist das erste Element der Gruppe der „Pentele“, der sog. *Stickstoffgruppe*, der die Elemente

Stickstoff N, Phosphor P, Arsen As, Antimon Sb und Bismut Bi

angehören. Das Element befindet sich im PSE in der 15 Gruppe (VA Hauptgruppe) über dem Phosphor P, sowie in der 2. Periode zwischen Kohlenstoff C und Sauerstoff O. Bei gewöhnlicher Temperatur ist Stickstoff ein sehr reaktionsträges Gas, das weder selbst brennt noch die Verbrennung unterhält. Die Trägheit beruht darauf, daß Stickstoff unter Normalbedingungen stets in Form zweiatomiger Moleküle N_2 vorliegt, in denen die beiden N-Atome durch eine sehr stabile Dreifachbindung $N \equiv N$ außerordentlich fest aneinander gebunden sind. Diese Bindungen sind so stabil, daß die N-Moleküle nur bei sehr hohen Temperaturen oder durch elektrische Entladungen in reaktionsfähigen atomaren Stickstoff zerfallen.

$$N \equiv N \longrightarrow 2\ N \qquad \Delta H = +946{,}04\ kJ$$

Stickstoffgas ist somit die beständigste Stickstoffverbindung. Das freie, neutrale N-Atom hat im elektronischen Grundzustand die Elektronenkonfiguration

$$1s^2\ 2s^2\ 2p^3$$

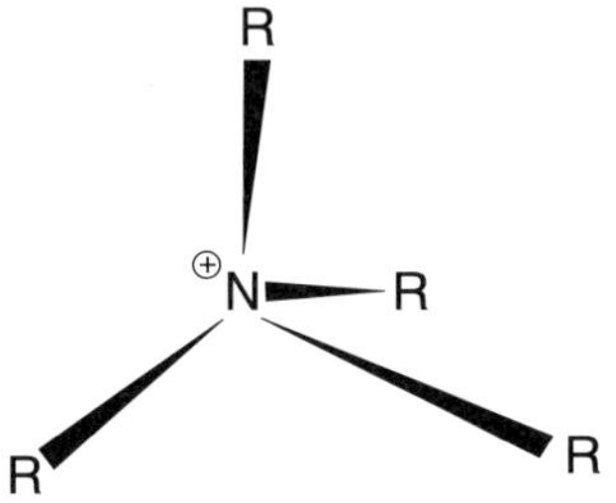

Abb. 80: Tetraedrische Koordination des Stickstoffs in Ammoniumverbindungen.

aufgrund der Stickstoff in seinen Verbindungen alle Oxidationsstufen von –III bis +V bilden kann. Gemäß der Besetzung der letzten Schale ist die Chemie des Stickstoffs von der Tendenz geprägt, durch Aufnahme von drei weiteren Elektronen die Elektronenhülle des Neonatoms zu erreichen. Dieses Verhalten zeigt das Element z. B. als N^{3-}-Ion, das in einigen Nitriden vorliegt. In den meisten seiner Verbindungen erreicht das N-Atom die Vervollständigung des Oktetts durch Ausbildung von drei kovalenten Bindungen über die jeweils mit einem einsamen Elektron besetzten drei p-Orbitale, wobei sowohl Einzel- als auch Doppel- und Dreifachbindungen möglich sind. Die beiden s-Elektronen bilden dabei ein an der Bindung nicht beteiligtes Elektronenpaar. Das N-Atom kann auch vier Bindungen eingehen, besitzt dann aber eine positive Ladung weil dafür eines der beiden s-Elektronen abgegeben werden muß. Die verbleibenden vier einfach besetzten Orbitale richten sich zu vier energetisch gleichwertigen sp^3-Hybridorbitalen aus, wobei eine tetraedrische Koordination entsteht wie das beim Ammoniumion NH_4^+ bzw. den Ammoniumverbindungen der Fall ist (Abb. 80).
Die Normalpotentiale des Stickstoff sind:

+V +IV +III +II 0 –I –III

Saure Lösung

$$NO_3^- \xrightarrow{+0{,}803\ V} N_2O_4 \xrightarrow{+1{,}07\ V} HNO_2 \xrightarrow{+0{,}85\ V} H_2N_2O_2 \xrightarrow{+2{,}65\ V} N_2 \xrightarrow{-1{,}87\ V} NH_3OH^+ \xrightarrow{+1{,}35\ V} NH_4^+$$

NO_3^- → HNO_2: +0,94 V; HNO_2 → N_2: +1,45 V; N_2 → NH_4^+: +0,272 V

Basische Lösung

$$NO_3^- \xrightarrow{-0{,}85\ V} N_2O_4 \xrightarrow{+0{,}87\ V} NO_2^- \xrightarrow{-0{,}18\ V} N_2O_2^{2-} \xrightarrow{-0{,}30\ V} N_2 \xrightarrow{-3{,}04\ V} NH_2OH \xrightarrow{-0{,}42\ V} NH_4OH$$

NO_3^- → NO_2^-: +0,01 V; NO_2^- → N_2: +0,41 V; N_2 → NH_4OH: -0,74 V

Bereits bei Raumtemperatur reagiert Stickstoff mit Lithium zu Lithiumnitrid

$$6\,Li + N_2 \longrightarrow 2\,Li_3N \qquad \Delta H = -395\ kJ$$

und mit Calcium zu Calciumnitrid

$$3\,Ca + N_2 \longrightarrow Ca_3N_2$$

Bei höheren Temperaturen geht Stickstoff mit zahlreichen Metallen und Nichtmetallen Verbindungen ein.

Wichtige Sauerstoffverbindungen des Stickstoffs			
Oxidationsstufe	**Oxide**	**Säuren**	**Salze**
–I		H_3NO od. NH_2OH Hydroxylamin	NH_2O^- (aq) Hydroxylamine
+I	N_2O Distickstoffmonooxid Distickstoff(I)-oxid	HNO ($H_2N_2O_2$) Hyposalpetrige Säure Stickstoff(I)-säure	$N_2O_2^{2-}$ (aq) Hyponitrite Nitrate(I)
+II	NO Stickstoffmonooxid Stickstoff(II)-oxid N_2O_2 Distickstoffdioxid Distickstoff(II)-oxid	H_2NO_2 Nitroxylsäure $H_2N_2O_3$ Oxohyposalpetrige Säure Distickstoff(II)-säure	NO_2^{2-} (aq) $N_2O_3^{2-}$ (aq) Oxohyponitrite Dinitrate(II)
+III	N_2O_3 Distickstofftrioxid Distickstoff(III)-oxid	HNO_2 Salpetrige Säure Stickstoff(III)-säure	NO_2^- (aq) Nitrite Nitrate(III)
+IV	NO_2 Stickstoffdioxid Stickstoff(IV)-oxid N_2O_4 Distickstofftetraoxid Distickstoff(IV)-oxid		
+V	N_2O_5 Distickstoffpentaoxid Distickstoff(V)-oxid NO_3 Stickstofftrioxid Stickstoff(V)-oxid N_2O_6 Distickstoffhexaoxid Peroxodistickstoff(V)-oxid	HNO_3 Salpetersäure Stickstoff(V)-säure HNO_4 Peroxosalpetersäure Peroxostickstoff(V)-säure	NO_3^- (aq) Nitrate Nitrate(V) NO_4^- (aq) Peroxonitrate Peroxonitrate(V)

Mit Wasserstoff verbindet sich Stickstoff bei hohem Druck und im Beisein eines Katalysators zu Ammoniak, Monoazan:

$$N_2 + 3\,H_2 \xrightarrow[20\ \text{MPa}]{500\ ^\circ\text{C}} 2\,NH_3 \qquad \Delta H = -92{,}28\ \text{kJ}$$

mit Silicium zu Siliciumnitrid

$$2\,N_2 + 3\,Si \xrightarrow{1300\ ^\circ\text{C}} Si_3N_4 \qquad \Delta H = -744\ \text{kJ}$$

mit Sauerstoff erst bei sehr hohen Temperaturen zum Stickstoffmonooxid

$$N_2 + O_2 \xrightarrow{3000\ ^\circ\text{C}} 2\,NO \qquad \Delta H = -180{,}8\ \text{kJ}$$

mit Calciumcarbid zu Calciumcyanamid und Kohlenstoff

$$CaC_2 + N_2 \longrightarrow CaCN_2 + C$$

Stickstoff bildet mit fast allen Elementen zahlreiche Verbindungen, z. B. mit Halogenen mehrere Halogenide der allg. Formeln wie NX_3, N_2X_4, N_2X_2, N_3X oder NHX_3 u. a. (X = F, Cl, Br, I), mit Sauerstoff Oxide, Säuren, Salze und ist ferner Bestandteil einer Reihe organischer Verbindungen.

Nachweis

Qualitativ.
- *Lassaignesche-Probe,* Vorprobe zum Nachweis von Stickstoff in organischen Verbindungen; durch Erhitzen der Probe mit Natrium und Umwandlung des Stickstoffs in Cyanid und Hexacyanoferrat (II) das mit Eisen(III)-Ionen als unlösliches Berliner Blau $Fe^{III}_4[Fe^{II}(CN)_6]_3$ nachgewiesen wird.

Qualitativ.
- Gasanalyse.
- *Kjeldahl-Methode,* zur Bestimmung des Stickstoffgehalts organischer Stoffe. Die Methode eignet sich für Serienanalyse in der Stickstoffindustrie.
- Spektralanalyse; wichtige Spektrallinien der einfach positiven Ionen N^+ sind: 399,500 nm, 463,054 nm, 500,515 nm, 567,956 nm, u. a. Spektrallinien der neutralen Atome: 746,831 nm, 1246,962 nm u. a.

Verwendung

Stickstoff wird großtechnisch in erster Linie als Rohstoff zur Synthese zahlreicher Stickstoffverbindungen wie Ammoniak, Salpetersäure, Aminen, Nitriden, Cyaniden u. a. verwendet. Etwa 85% der gesamten Stickstoffproduktion dient zur Herstellung von Düngemitteln.

Wichtige Stickstoffdünger sind:

Ammoniak, flüssiger	NH_3
Ammoniumsulfat	$(NH_4)_2SO_4$
Harnstoff	$CO(NH_2)_2$
Kalkammonsalpeter	NH_4NO_3 und $CaCO_3$
Kalkstickstoff	$CaCN_2$ u. a.

Wegen seiner Reaktionsträgheit findet Stickstoff v. a. Verwendung als inertes Schutzgas in der Elektro- und Metallindustrie, bei der Aufbewahrung brennbarer Flüssigkeiten, als Treibmittel in Sprays, als Gasfüllung in Glühlampen, zum Verdünnen leichtentzündlicher Gase. Flüssiger Stickstoff dient als Kältemittel in der Lebensmittel- und Pharmaindustrie, in der Medizin zum Schockgefrieren sowie zur Gefriertrocknung bei der Konservierung von Blut, Gewebe, Seren, Impfstoffen, Antibiotika, Bakterienkulturen u. a. oder zum schnellen begrenzten Gefrieren von Gewebeteilen v. a. bei Augen- und Gehirnoperationen.

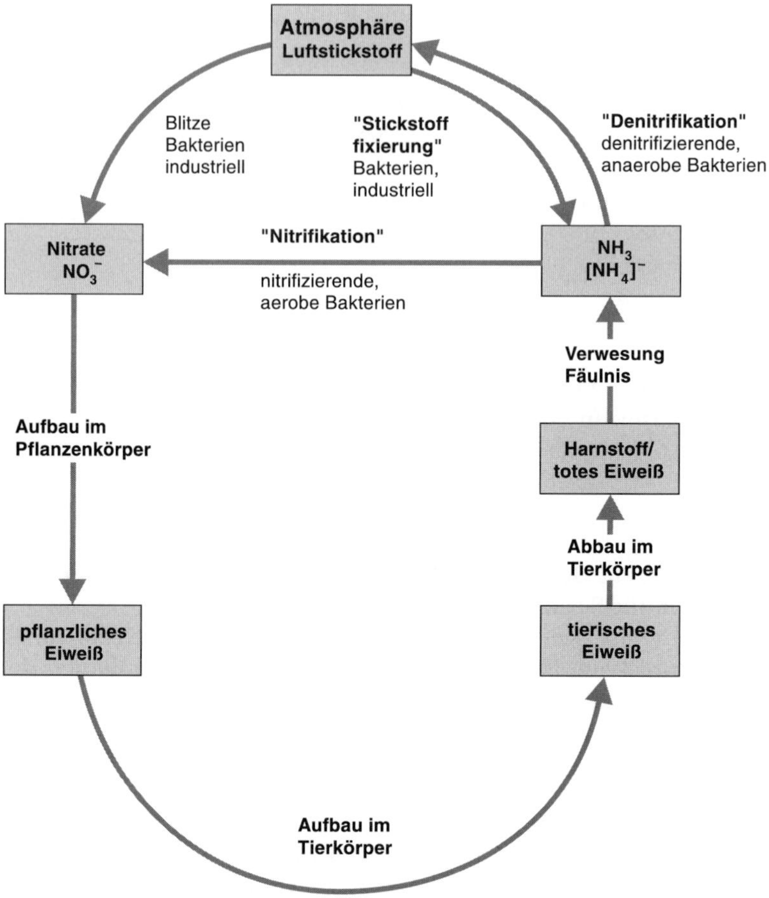

Abb. 81: Kreislauf des Stickstoffs in der Natur.

Physiologie, Toxikologie

Stickstoff ist als Bestandteil der Eiweiße (Proteine und Proteide), der Nukleinsäuren DNA und RNA sowie zahlreicher Coenzyme essentiell für alle Organismen.
Im Stickstoffkreislauf der Natur stellt der Luftstickstoff ein unbegrenztes Reservoir dar. Er kann jedoch von pflanzlichen und tierischen Organismen nur in Form von Stickstoffverbindungen aufgenommen werden. Die Reduktion von atmosphärischen Stickstoff N_2 zu Ammonium NH_4^+ mittels des Enzymkomplexes Nitrogenase, die sog. „Stickstoffixierung", erfolgt durch Mikroorganismen, die teils frei in einigen Böden und Gewässern vorkommen (Azobacter u. a.) und anderen, die in Symbiose mit bestimmten Pflanzen leben. Zu diesen gehören v. a. die Knöllchenbakterien, die in den Wurzelknöllchen von Schmetterlingsblütlern wie Leguminosen (Lupinen, Wicken, einige Kleesorten) oder Hülsenfrüchtlern (Erbsen, Bohnen u. a.) vorkommen. Auch durch elektrische Entladungen in der Atmosphäre entstehen stickstoffhaltige Verbindungen, hauptsächlich Stick-

oxide, die mit den Niederschlägen in den Boden gelangen, wo sie in wasserlösliche Nitrate umgesetzt werden. Die meisten Pflanzen entnehmen den Stickstoff, den sie zum Aufbau von Eiweiß benötigen, aus dem Boden, in Form von Nitraten und Ammoniumsalzen. Tiere und Menschen nehmen ihn in Form von pflanzlichen oder tierischen Eiweiß auf. Beim Abbau von Eiweiß im tierischen oder menschlichen Organismus wird der größte Teil des Stickstoffs in Form von Harnstoff $CO(NH_2)_2$ mit dem Harn ausgeschieden und zusammen mit den in den Pflanzen- und Tierleichen enthaltenen organischen Stickstoffverbindungen durch Verwesung mittels Bakterien oder Pilzen unter aeroben Bedingungen bzw. bei Sauerstoffmangel durch Fäulnisbakterien zersetzt. Dabei entsteht Ammoniak, das teils von anaeroben Bakterien in elementaren Stickstoff überführt wird („Denitrifikation") und in die Atmosphäre entweicht, teils in Ammoniumverbindungen und durch aerobe Bakterien in Nitrate umgewandelt wird („Nitrifikation") und somit den Pflanzen wieder zur Verfügung steht. Stickstoffarmen Ackerböden wird der Stickstoff zusätzlich in Form verschiedener Düngemittel zugeführt. Der menschliche Körper enthält etwa 3% des eigenen Körpergewichts, das sind durchschnittlich 2,1 kg gebundener Stickstoff, verteilt vor allem auf die Muskeln und Knochen. Der Bedarf pro Tag ist nicht bekannt, er ist aber sehr hoch. Stickstoff ist nicht toxisch. Die erstickende Wirkung des Stickstoffs ist auf einen Sauerstoffmangel zurückzuführen. Einige Stickstoffverbindungen v. a. Cyanverbindungen wie Cyanwasserstoff, Blausäure HCN; Kaliumcyanid, Zyankali KCN; einige Stickstoffoxide (sog. Stickoxide) sind sehr giftig.

Strontium Sr

International (Lat.)	Strontium	Italienisch	Stronzio
Englisch	Strontium	Griechisch	Στρόντιο (Strontio)
Französisch	Strontium	Russisch	Стронций (Stronzij)
Spanisch	Estroncio	Japanisch	ストロンチウム (sutorontiumu)

Atomare und physikalische Eigenschaften	
Protonenzahl **(Z)**	**38**
Standard-Atomgewicht (bezogen auf ^{12}C = 12)	87,62 (±1)
Effektive Kernladung	(Slater) 2,85; (Clementi) 6,07; (Froese-Fischer) 8,09
Elektronenkonfiguration	[Kr] $5s^2$
Grundzustand, Termsymbol	$^1S_0$
Metallatomradius (α)	215,1 pm
Kovalenzradius (Einfachbindung)	191 pm
Ionenradien (KZ 6;8)	$118^{2+}_{(6)}$ pm, $127^{2+}_{(8)}$ pm
Molares Volumen	$34{,}50 \cdot 10^{-6}$ m^3 · mol^{-1}
1.;2.;3.;4.;5 Ionisierungsenergie	5,6952 eV; 11,029 eV; 43,633 eV; 57,003 eV; 71,616 eV
Elektronegativität	(Allred/Rochow) 0,99; (Pauling) 0,95; (absolut) 2,0 eV
Elektronenaffinität Sr ⟶ Sr^-	1,513 eV
Wirkungsquerschnitt für thermische Neutronen ($\sigma_{n,\gamma}$)	$1{,}20 \cdot 10^{-28}$ m^2
Dichte (bei 20 °C)	2670 kg · m^{-3} a)
Härte (Mohs)	1,5
Schmelztemperatur	769 °C (1042,15 K) b)
Siedetemperatur	1384 °C (1657,15 K) c)
Spezifische Schmelzenthalpie	93,58 kJ · kg^{-1} d)
Spezifische Verdampfungsenthalpie	1803 kJ · kg^{-1} e)
Spezifische Sublimations- /Atomisierungsenthalpie	1883 kJ · kg^{-1}
Spezifische Wärmekapazität (bei 25 °C)	0,301 kJ · kg^{-1} · K^{-1}
Debye-Temperatur	–126 °C (147,15 K)
Thermische Leitfähigkeit (bei 27 °C)	35,3 W · m^{-1} · K^{-1}
Thermischer Längenausdehnungskoeffizient	$22{,}5 \cdot 10^{-6}$ K^{-1}
Elektrische Leitfähigkeit (bei 20 °C)	$4{,}329 \cdot 10^6$ S · m^{-1}
Spezifischer elektrischer Widerstand (bei 20 °C)	$23{,}10 \cdot 10^{-8}$ Ω · m
Spezifische magnetische Suszeptibilität	$+13{,}18 \cdot 10^{-28}$ m^3 · kg^{-1}
Elektrochemisches Äquivalent Sr^{2+}	$0{,}4541 \cdot 10^{-6}$ kg · A^{-1} · s^{-1}
Normalpotential Sr/Sr^{2+}	–2,891 V
Hydratationsenthalpie Sr^{2+}	–1415 kJ · mol^{-1}
Bildungsenthalpie SrH_2 ($SrCl_2$; SrO)	–180 kJ · mol^{-1} (–829,4 kJ · mol^{-1}; –592,4 kJ · mol^{-1})

Weitere Angaben: a) 2540 kg · m^{-3} und 2630 kg · m^{-3}. b) 771 °C. c) 1381 °C. d) 104,5 kJ · kg^{-1}. e) 1585,4 kJ · kg^{-1}.

Entdeckung

Strontium wurde im Jahre 1790 von dem irischen Arzt Adair Crawford (1748–1795) in Edinburgh, Schottland, in dem 1787 in der Nähe der Ortschaft Strontian gefundenen Mineral Strontianit, in Form einer neuen Erde, als Element erkannt. 1808 gelang es Humphry Davy in London, Großbritannien, das Metall in unreiner Form durch Elektrolyse herzustellen. Reines metallisches Strontium erhielten erstmals 1855 R. W. Bunsen und A. Matthiessen in Heidelberg durch Elektrolyse einer Schmelze von Strontium- und Ammoniumchlorid mit Eisenkathoden. Das Element erhielt seinen Namen von M. H. Klaproth nach dem Mineral Strontianit, das chemische Symbol „Sr“ wurde 1814 von J. J. Berzelius vorgeschlagen.

Vorkommen

Strontium gehört zu den häufigeren Elementen auf der Erde. Mit einem berechneten Massenanteil in der Erdhülle von 0,014% steht es zwischen Nickel und Vanadium an 22. Stelle der Elementhäufigkeit. Am Aufbau der bis 16 km tiefen Erdkruste ist es mit ca. 384 g/t beteiligt, in den Meeren und Ozeanen beträgt sein Anteil etwa 7,6 g $Sr^{(+II)}/m^3$ Meerwasser, bei einer Verweilzeit von ca. 6 Mio. Jahren. Strontium tritt in der Natur nie elementar auf. Die wichtigsten Strontium-Minerale sind Coelestin, $SrSO_4$ und Strontianit $SrCO_3$. Größere Coelestin-Vorkommen liegen in Mexiko, Marokko, Spanien, Algerien, Tunesien, Türkei, Iran u. a. Der Abbau von Strontium-Mineralen erfolgt vorwiegend in Kanada, Mexiko, Spanien und Großbritannien. Die Weltproduktion an Strontium-Mineralen beträgt rund 140 000 t/Jahr. Die weltweit vorhandenen Reserven sind nicht bekannt. Die Häufigkeit des Elements auf der Sonne beträgt etwa 790 Atome Strontium pro $1 \cdot 10^{12}$ Atome Wasserstoff, die kosmische Häufigkeit wird auf 19 Atome Strontium pro $1 \cdot 10^6$ Atome Silicium geschätzt.

Herstellung

Technisch wird Strontium entweder durch Schmelzflußelektrolyse von Strontiumchlorid $SrCl_2$ im Gemisch mit Kaliumchlorid KCl, zur Senkung der Schmelztemperatur, oder aluminothermisch aus Strontiumoxid SrO durch Reduktion mit Aluminiumgrieß hergestellt:

$$3\,SrO + 2\,Al \longrightarrow Al_2O_3 + 3\,Sr$$

Die Reinigung erfolgt durch Vakuumdestillation.
Die Weltproduktion an metallischen Strontium beträgt etwa 50 000 t/Jahr.

Physikalische Eigenschaften

Strontium ist ein an frischen Schnittflächen silberweißes, weiches, leicht formbares Leichtmetall, das an der Luft rasch gelbgrau anläuft.

Das Metall ist paramagnetisch, es hat eine relativ niedrige Schmelz- und Siedetemperatur, die thermische Leitfähigkeit beträgt 8,23%, die elektrische 6,88% der des Silbers. Strontium bildet drei Modifikationen:

$$\underset{\text{kubisch dichteste Kugelpackung}}{\alpha\text{-Sr}} \xrightarrow{232\ °C} \underset{\text{hexagonal dichteste Kugelpackung}}{\beta\text{-Sr}} \xrightarrow{540\ °C} \underset{\text{kubisch raumzentrierte Gitterstruktur}}{\gamma\text{-Sr}}$$

Die Austrittsarbeit für Elektronen im Vakuum beträgt 2,59 eV (T).

Radiochemie

Strontium kommt in der Natur als Gemisch von vier stabilen Isotopen vor, weitere 26 künstliche, radioaktive Isotope des Elements sind bekannt.
Die Isotope $^{85}_{38}$Sr, $^{89}_{38}$Sr sowie der isomere Übergang $^{87\,m}_{38}$Sr entstehen in $^{A}_{38}$Sr (n, γ) $^{A+1}_{38}$Sr-Reaktionen, $^{85}_{38}$Sr wird auch durch Bestrahlung von Radium mit beschleunigten Protonen oder Deuteronen erzeugt. $^{87}_{38}$Sr geht aus dem β^--Zerfall von $^{87}_{37}$Rb hervor. Die schwereren Isotope A > 88 entstehen als Nebenprodukt bei der Uranspaltung in Kernreaktoren.
Die leichteren Isotope A < 88 zerfallen hauptsächlich durch Elektronen-Einfang (EC) oder β^+-Strahlung in die entsprechenden Rb-Isotope, die schwereren Isotope A > 88 zerfallen durch β^--Strahlung in Y-Isotope. Die Isotope $^{82}_{38}$Sr (EC | 0,21 MeV), $^{85}_{38}$Sr (EC | 1,08 MeV; γ | 0,514 MeV) und $^{90}_{38}$Sr (β^- | 1,492 MeV) werden als radioaktive Indikatoren (Tracer) in der Technik und in der Medizin verwendet, das stabile Isotop $^{87}_{38}$Sr der Kernspinzahl 9/2+ und kernmagnetischen Moment –1,093 wird zum NMR-spektroskopischen Nachweis verwendet; NMR-Frequenz (bei 2,3488 T) $4{,}333 \cdot 10^6\ s^{-1}$; Referenz Sr^{2+} (aq).

Die Isotope des Strontiums (1995)

Isotop	Natürliche Häufigkeit n (%)	Zerfallsart				Halbwertszeit $T_{1/2}$
		β^+	EC	γ	β^-	
Sr 73		x				n.bek.
Sr 74		x				n.bek.
Sr 75		x				n.bek.
Sr 76		x		x		8,9 s
Sr 77		**x**		x		9 s
Sr 78		**x**		x		2,65 m
Sr 79		**x**		x		2,3 m
Sr 80			**x**	x		1,8 h
Sr 81		**x**		x		22,2 m
Sr 82			**x**			25,34 d
Sr 83*		**x**	**x**	x		32,4 h
Sr 83 m*				**x**		5,0 s
Sr 84	**0,56**					
Sr 85*			**x**	x		64,9 d
Sr 85 m*		x	x	**x**		67,7 m
Sr 86	**9,86**					

(* isomere Atomkerne; m* markiert jeweils einen metastabilen Zustand)

Die Isotope des Strontiums (1995)						
Isotop	Natürliche Häufigkeit n (%)	Zerfallsart				Halbwertszeit $T_{1/2}$
		β^+	EC	γ	β^-	
Sr 87*	**7,00**					
Sr 87 m*				x	**x**	2,81 d
Sr 88	**82,58**					
Sr 89				x	**x**	50,5 d
Sr 90					**x**	28,64 a
Sr 91				x	**x**	9,5 h
Sr 92				x	**x**	2,17 h
Sr 93				x	**x**	7,45 m
Sr 94				x	**x**	74 s
Sr 95				x	**x**	24,4 s
Sr 96				x	**x**	1,0 s
Sr 97				x	**x**	429 ms
Sr 98				x	**x**	653 ms
Sr 99				x	**x**	269 ms
Sr 100				x	**x**	202 ms
Sr 101				x	**x**	118 ms
Sr 102				x	**x**	69 ms

(* isomere Atomkerne; m* markiert einen metastabilen Zustand)

Chemische Eigenschaften

Strontium gehört zur Gruppe der „Erdalkalimetalle“. Es befindet sich im PSE in der 2. Gruppe (IIA Hauptgruppe) unter dem Calcium Ca, sowie in der 5. Periode zwischen Rubidium Rb und Yttrium Y. In seinem chemischen Verhalten ähnelt es stark dem Calcium, ist aber noch reaktionsfreudiger als dieses. Das freie, neutrale Sr-Atom hat im elektronischen Grundzustand folgende Elektronenkonfiguration:

$$1s^2\ 2s^2\ 2p^6\ 3s^2\ 3p^6\ 3d^{10}\ 4s^2\ 4p^6\ 5s^2$$

Da die beiden 5s-Valenzelektronen vom Kern nur schwach angezogen werden, kann Strontium diese leicht abgeben und so eine stabile Kryptonkonfiguration erreichen. Strontium bildet daher in seinen Verbindungen fast ausschließlich die Oxidationsstufe +II ([Kr]). Die negativen Normalpotentiale des Strontiums

	+II		0
Saure Lösung	Sr^{2+}	−2,891 V	Sr
	SrO (hyd.)	−2,047 V	

weisen das Element als eines der elektropositivsten, sehr unedlen Metalle und starkes Reduktionsmittel aus. An der Luft bildet Strontium einen gelblichgrauen Überzug aus Strontiumoxid SrO, der bei Feuchtigkeit in Strontiumhydroxid übergeht. Das Metall entzündet sich bereits durch Reibung mit einem harten Gegenstand, in Pulverform entzündet es sich an der Luft spontan und verbrennt zu Strontiumoxid und Strontiumnitrid.

Mit Wasser und verdünnten Mineralsäuren reagiert das Metall heftig unter Bildung von Strontiumhydroxid bzw. unter Bildung von Salzen:

$$Sr + 2\,H_2O \longrightarrow Sr(OH)_2 + H_2 \uparrow$$
$$Sr + 2\,HCl \longrightarrow SrCl_2 + H_2 \uparrow$$

Von rauchender Salpetersäure und konz. Schwefelsäure wird Strontium infolge Passivierung nicht angegriffen. Mit Wasserstoff reagiert Strontium schon bei gewöhnlicher Temperatur zum Hydrid. Bei erhöhter Temperatur reagiert es direkt mit den Halogenen, mit Schwefel, Stickstoff, Phosphor und Kohlenstoff unter Bildung der entsprechenden Salze. Von den meist weißen oder farblosen Sr-Verbindungen sind die Halogenide SrX_2 (X = Cl, Br, I), das Hydroxid $Sr(OH)_2$, Nitrat $Sr(NO_3)_2$ usw. in Wasser gut löslich, das Carbonat $SrCO_3$, Chromat $SrCrO_4$, Fluorid SrF_2, Oxid SrO, Sulfat $SrSO_4$, Titanat $SrTiO_3$ u. a. sind in Wasser schwer oder gar nicht löslich.
Wegen seiner Reaktionsfreudigkeit wird Strontium in Toluol, Petroleum, Paraffinöl oder unter Schutzgas aufbewahrt.

Nachweis

Qualitativ:
- Flammenfärbung: Strontium und Strontiumsalze färben die Flamme des Bunsenbrenners intensiv rot.

Quantitativ:
- Fällungsreaktionen, gravimetrische Bestimmung: Fällung als Sr-Carbonat aus ammoniakalischen Lösungen:

$$Sr^{2+} + CO_3^{2-} \longrightarrow SrCO_3$$

- Fällung als Sr-Sulfat aus einer Calciumsulfatlösung:

$$Sr^{2+} + SO_4^{2-} \longrightarrow SrSO_4.$$

- Fällung als gelbes Sr-Chromat aus schwach ammoniakalischen oder neutralen Lösungen:

$$Sr^{2+} + CrO_4^{2-} \longrightarrow SrCrO_4$$

- Spektralanalyse; wichtige Spektrallinien der einfach positiven Ionen Sr^+ sind 346,446 nm, 407,771 nm, 421,552 nm, (violett) und der neutralen Atome 460,733 nm, 496,226 nm, (blau) 548,084 nm (gelb) sowie 605,002 nm und 640,874 nm (orangerot).
- Komplexometrisch; Titration mit EDTA.
- Atomabsorbtionsspektrometrie (AAS) mittels der 460,733 nm Hauptlinie des Atomspektrums.

Verwendung

Strontium hat nur sehr geringe technische Bedeutung. Es wird als Getter in der Vakuumtechnik und in Elektronenröhren, als Zusatz zu speziellen Aluminiumlegierungen, zum Härten von Akkumulator-Bleiplatten sowie als Desoxidationsmittel in der Metallurgie verwendet. Strontiumbromid findet in der Medizin v. a. als Nervenberuhigungsmittel und Röntgenkontrastmittel Anwendung. Bis zu 12% Strontiumoxid werden zur Strahlenminderung dem Frontglas von Fernsehbildschirmen zugegeben. Viele Strontiumverbindungen wie das Chlorid, Nitrat, Carbonat, Sulfat u. a. werden in der Pyrotechnik zur Erzeugung von Rotfeuer für Leuchtkugeln, Signalraketen, Warnfeuer u. a. verwendet. Sr-Carbonat wird zur Glasherstellung benötigt. Strontiumferrit $SrO(Fe_2O_3)_6$ dient zur Herstellung sehr leichter und v. a. preiswerter Dauermagnete für Mikromotoren, Lautsprechern u. a. Strontiumtitanat wird zur Herstellung magnetischer und elektronischer Bauteile benötigt. Bedeutung haben die radioaktiven Sr-Isotope wie z. B. $^{90}_{38}Sr$, ein energiereicher Betastrahler, der als Strahlenquelle in der Technik zur Dickenmessung, zur Messung von Flüssigkeitsspiegeln sowie in der Steuer- und Regelungstechnik Anwendung findet. Das Isotop wird in sog. *Strontiumbatterien*, zur direkten Umwandlung der Energie der Betastrahlung in elektrische Energie verwendet. Diese Batterien mit einer Lebenszeit bis zu 25 Jahren sind wichtige Stromquellen, sie werden heute in Schweizer Uhren sowie in tragbaren Rundfunkgeräten, Funktelefonen u. a. eingesetzt. Daneben findet das Isotop $^{90}_{38}Sr$ Anwendung in der Strahlentherapie v. a. in der Augenheilkunde. Zusammen mit $^{89}_{38}Sr$ wird $^{90}_{38}Sr$ als radioaktiver Indikator in der physikalischen Chemie und in der Biologie bei Stoffwechseluntersuchungen, Permeabilitätsmessungen von Kapillaren u. a. verwendet. Das Isotop $^{87}_{38}Sr$ wird zur geologischen Altersbestimmung verschiedener Minerale herangezogen.

Physiologie, Toxikologie

Strontium gehört zu den Spurenelementen, die keine biologische Bedeutung für den menschlichen Organismus haben. Das Metall gilt als nicht toxisch. Die Gesamtmasse des Elements im erwachsenen menschlichen Körper beträgt etwa 300 mg Sr^{2+}, das wegen seiner Ähnlichkeit mit Calcium hauptsächlich in der Knochensubstanz enthalten ist. Der tägliche Bedarf wird auf 1–5 mg geschätzt. Das bei Kernwaffenexplosionen entstehende bzw. in Kernkraftwerken anfallende Isotop $^{90}_{38}Sr$ stellt ein gefährliches Folgeprodukt dar, da es im menschlichen Körper leicht anstelle von Calcium in den Knochen eingelagert wird, wo es als starker β^--Strahler der Halbwertszeit $T_{1/2}$ = 28,64 a, zur Zerstörung des Knochenmarks und damit zu Leukämie führen kann.

Tantal Ta

International (Lat.)	Tantalum	Italienisch	Tantalio
Englisch	Tantalum	Griechisch	Ταντάλιο (Tantalio)
Französisch	Tantale	Russisch	Тантал (Tantal)
Spanisch	Tántalo, Tantalio	Japanisch	タンタル (tantaru)

Atomare und physikalische Eigenschaften

Protonenzahl **(Z)**	**73**
Standard-Atomgewicht (bezogen auf ^{12}C = 12)	180,9479 (±1)
Effektive Kernladung	(Slater) 3,30; (Clementi) 9,53; (Froese-Fischer) 13,78
Elektronenkonfiguration	[Xe] $4f^{14}$ $5d^3$ $6s^2$
Grundzustand, Termsymbol	$^4F_{3/2}$
Metallatomradius (KZ 12)	146 pm [a)]
Kovalenzradius (Einfachbindung)	134 pm
Ionenradien (KZ 6;8)	$72^{3+}_{(6)}$ pm, $68^{4+}_{(6)}$ pm, $64^{5+}_{(6)}$ pm, $74^{5+}_{(8)}$ pm
Molares Volumen	$10{,}87 \cdot 10^{-6}$ $m^3 \cdot mol^{-1}$
1.;2.,3.;4.;5. Ionisierungsenergie	7,8871 eV; 15,546 eV; 21,765 eV; 33,165 eV; 44,566 eV
Elektronegativität	(Allred/Rochow) 1,33; (Pauling) 1,50; (absolut) 4,11 eV
Elektronenaffinität Ta ⟶ Ta^-	0,145 eV
Wirkungsquerschnitt für thermische Neutronen ($\sigma_{n,\gamma}$)	$20 \cdot 10^{-28}$ m^2
Dichte (bei 20 °C)	16654 kg · m^{-3} [b)]
Härte (geglüht)	(Mohs) 6,5; (Brinell) (44,2...122,4) · 10^7 Pa
Elastizitätsmodul (geglüht)	$18{,}5 \cdot 10^{10}$ Pa
Schmelztemperatur	2996 °C (3269,15 K) [c)]
Siedetemperatur	(5425 ± 100) °C [(5698,15 ± 100) K] [d)]
Spezifische Schmelzenthalpie	173,53 kJ · kg^{-1} [e)]
Spezifische Verdampfungsenthalpie	4161,92 kJ · kg^{-1} [f)]
Spezifische Sublimationsenthalpie (einatomiges Gas)	4321,64 kJ · kg^{-1}
Spezifische Wärmekapazität (bei 25 °C)	0,145 kJ · $kg^{-1} \cdot K^{-1}$
Debye-Temperatur	−33 °C (240,15 K)
Thermische Leitfähigkeit (bei 27 °C)	57,5 W · $m^{-1} \cdot K^{-1}$
Thermischer Längenausdehnungskoeffizient (bei 25 °C)	$6{,}4 \cdot 10^{-6}$ K^{-1}
Thermospannung (Δt =100 K / Pt; Cu)	+0,41 mV; −0,34 mV
Elektrische Leitfähigkeit (bei 20 °C)	$8{,}03 \cdot 10^6$ S · m^{-1}
Spezifischer elektrischer Widerstand (bei 20 °C)	$12{,}45 \cdot 10^{-8}$ Ω · m
Temperaturkoeffizient (bei 20 °C)	$3{,}3 \cdot 10^{-3}$ K^{-1}
Supraleitung, Sprungtemperatur	−268,68 °C (4,47 K)
Spezifische magnetische Suszeptibilität	$+10{,}7 \cdot 10^{-9}$ $m^3 \cdot kg^{-1}$
Hall-Koeffizient (Ta 99,8 %)	$+0{,}971 \cdot 10^{-10}$ $m^3 \cdot A^{-1} \cdot s^{-1}$
Normalpotential Ta_2O_5/Ta	−0,812 V
Bildungsenthalpie Ta_2O_5 (TaF_5; $TaCl_6$)	−2047 kJ · mol^{-1} (−1905 kJ · mol^{-1}; −860 kJ · mol^{-1})

Weitere Angaben: a) 143 pm. b) 16600 kg · m^{-3}, 16680 kg · m^{-3}, 16690 kg · m^{-3}. c) 2980 °C, 3020 °C. d) 5500 °C, 5534 °C. e) 136,5 kJ · kg^{-1}, 199 kJ · kg^{-1}. f) 4190 kJ · kg^{-1}.

Entdeckung

Tantal wurde in Form des Oxids im Jahre 1802 von dem schwedischen Chemiker Anders Gustaf Ekeberg (1767–1813) in Uppsala, Schweden, entdeckt und isoliert. Ekeberg nannte das neue Element nach dem griechischen Sagenkönig Tantalos, Sohn des Zeus. Das chemische Symbol „Ta" wurde 1814 von J. J. Berzelius vorgeschlagen. Reines metallisches Tantal erhielt fast hundert Jahre später Werner von Bolton (1868–1912) durch Reduktion des Kaliumheptafluorotantalats mit Natrium.

Vorkommen

Tantal ist ein relativ seltenes Element und steht mit einem berechneten Massenanteil in der Erdhülle von $8 \cdot 10^{-4}$% zwischen Thorium und Caesium an 41. Stelle der Elementhäufigkeit. Sein Anteil in den obersten 16 km der Erdkruste beträgt rund 2,1 g/t Krustengestein, in Eisenmeteoriten ca. 0,06 g/t. In den Meeren und Ozeanen ist Tantal mit etwa 2 µg $Ta^{(+V)}/m^3$ Meerwasser vertreten, die Verweilzeit ist nicht bekannt. Tantal tritt in der Natur nie elementar auf. In Verbindungen ist das Element in geringen Konzentrationen weit verbreitet und kommt stets zusammen mit Niob in Form isomorpher Niobate und Tantalate vor.

Die wichtigsten Tantal-Minerale	
Columbit (rhomb.) oder Tapiolith (hexag.)	(Fe, Mn) $(Nb, Ta)_2O_6$ eine Mischung aus Niobit (Fe, Mn)Nb_2O_6 und Tantalit (Fe, Mn)Ta_2O_6
Fergusonit	Y(Ta, Nb)O_4
Yttrotantalit	(Y, U, Fe, Zr) (Ta, Nb, Ti)$_2O_3$
Samarskit	(Y, U, Er, Fe, u. a.)$_4$ [(Nb, Ta, Fe u. a.)$_2O_7$]
Thoreaulith	[Sn (Ta, Nb)$_2O_7$]
Pyrochlor	(Na, Ca)$_2$ (Nb, Ti, Ta)$_2O_6$ (OH, F, O)
Mikrolith	(Na, Ca)$_2$ (Ta, Nb, Ti)$_2$ O_6(O, OH, F) (Ta $\geq$ Nb)
Weitere wichtige Tantalvorkommen sind die südostasiatischen Tantal-haltigen Zinnschlacken v. a. aus Thailand und Malaysia	

Die Hauptvorkommen an Tantalmineralen liegen in Australien, Brasilien, Uganda, Nigeria, Kongo, Kanada, GUS-Staaten, Malaysia, Thailand, USA u. a. Die Weltreserven an Tantal sind nicht bekannt. Die Produktion an Tantalerzkonzentraten beträgt weltweit etwa 900 t/Jahr, die Hauptproduzenten sind Brasilien, Australien, Nigeria, Kongo, Thailand u. a. Die Häufigkeit des Elements auf der Sonne ist nicht bekannt, die kosmische Häufigkeit wird auf 0,045 Atome Tantal pro $1 \cdot 10^6$ Atome Silicium geschätzt.

Herstellung

Nach Anreicherung der Erze durch Flotation erfolgt der Aufschluß auf naßchemischen Weg mit konzentrierter Fluß- und Schwefelsäure, mit Hilfe von Salzschmelzen oder durch Chlorierung. Die Abtrennung des Tantals vom Niob erfolgte früher meist nach dem *Marignac-Verfahren* durch fraktionierte Destillation der Kaliumdoppelfluoride $K_2[NbOF_5]$ und $K_2[TaF_7]$, heute erfolgt die Trennung jedoch allgemein durch Lösungsmittelextraktion mit Tribenzylamin, Cyclohexanon u. a. oder durch Destillation der Pentachloride. Das freie Metall erhält man entweder durch Reduktion des Kaliumheptafluorotantalats $K_2[TaF_7]$ mit Natrium bei 800 °C, durch Schmelzelektrolyse oder durch Reduktion des Pentaoxids mit Kohle bei ca. 2200 °C.

$$Ta_2O_5 + 5\,C \longrightarrow 2\,Ta + 5\,CO$$

Man erhält Tantalpulver, das anschließend durch Sintern im Hochvakuum, durch Schmelzen im Hochvakuum-Lichtbogenofen vor allem aber durch *Elektronenstrahl-Zonenschmelzen* gereinigt und anschließend zu Barren gepreßt wird. Die Weltproduktion an Tantal liegt bei ca. 1300 t/Jahr, davon etwa 700 t aus Erzkonzentraten, 250 t aus Tantal-haltigen Zinnschlacken, der Rest hauptsächlich aus Recyclingmaterial. Die wichtigsten Produktionsländer sind Australien und Brasilien mit jeweils 30%, Kanada ca. 20%, sowie Malaysia, Nigeria, Thailand, Kongo u. a.

Physikalische Eigenschaften

Tantal ist ein hellgraues, glänzendes, ziemlich hartes, sehr zähes, elastisches, in reiner Form gut dehn- und walzbares Schwermetall. In seinen mechanischen Eigenschaften ähnelt es den mittleren Stahlsorten. Es kristallisiert in kubisch-raumzentrierter Gitterstruktur. Durch Aufnahme von H_2 oder N_2 wird das Metall hart, spröde und brüchig. Tantal ist paramagnetisch und gehört zu den Metallen mit der höchsten Schmelz- und Siedetemperatur, die thermische Leitfähigkeit beträgt 13,40%, die elektrische 12,77% der des Silbers. Unterhalb –268,68 °C (4,47 K) bzw. in dünnen Schichten unterhalb –268,35 °C (4,8 K) ist das Metall supraleitend, die kritische Feldstärke beträgt (65 969,72 ± 477,5) $A \cdot m^{-1}$.
Die Austrittsarbeit für Elektronen im Vakuum beträgt (4,25–4,80) eV (T).

Radiochemie

Natürliches Tantal besteht aus einem stabilen Isotop und Spuren eines aus zwei Kernisomeren bestehenden kurzlebigen radioaktiven Isotops, das vermutlich bei der Einwirkung von Sekundärneutronen aus der kosmischen Strahlung in einer ${}^{A}_{73}Ta\ (n, \gamma)\ {}^{A+1}_{73}Ta$-Reaktion gebildet wird. Zusätzlich sind weitere 29 Radioisotope des Tantals bekannt. Ta-Isotope haben relativ kurze Halbwertszeiten. Die leichteren Isotope $A < 180$ gehen z. T. durch α-Zerfall in Lutetium, oder durch Elektronen-Einfang (EC) und β^+-Zerfall in Hafnium über. Die schwereren Isotope $A > 181$ zerfallen durch β^--Emission in die entsprechenden W-Isotope. Als radioaktiver Indikator (Tracer) eignet sich nur das Isotop ${}^{182}_{73}Ta$ (β^- | 1,811 MeV; γ | 1,22 MeV) das in der Reaktion ${}^{181}_{73}Ta\ (n, \gamma)\ {}^{182}_{73}Ta$ erzeugt wird. Das stabile Isotop ${}^{181}_{73}Ta$ der Kernspinzahl 7/2+ und kernmagnetischen Moment +2,370 dient zum NMR-spektroskopischen Nachweis; NMR-Frequenz (bei 2,3488 T) $11{,}970 \cdot 10^6\ s^{-1}$; Referenz TaF_6^- (aq).

Die Isotope des Tantals (1995)

Isotop	Natürliche Häufigkeit n (%)	Zerfallsart						Halbwertszeit $T_{1/2}$
		p	α	β^+	EC	γ	β^-	
Ta 156*		x						165 ms
Ta 156*				x		x		320 ms
Ta 157			x					5,3 ms
Ta 158			x		x			36,8 ms
Ta 159			x		x			0,57 s
Ta 160			x		x			1,5 s
Ta 161			x		x			2,7 s
Ta 162			x		x	x		3,60 s
Ta 163			x		x	x		11,0 s
Ta 164					x	x		14,2 s
Ta 165					x	x		31,0 s
Ta 166				x		x		32 s
Ta 167					x	x		1,4 m
Ta 168				x		x		2,0 m
Ta 169				x	x	x		5,0 m
Ta 170				x		x		6,76 m
Ta 171				x		x		23,3 m
Ta 172				x	x	x		37,0 m
Ta 173				x	x	x		3,14 h
Ta 174				x	x	x		1,04 h
Ta 175					x	x		10,5 h
Ta 176				x	x	x		8,1 h
Ta 177				x	x	x		56,6 h
Ta 178*					x	x		2,45 h
Ta 178*				x	x	x		9,25 m
Ta 179					x			665 d
Ta 180*	**0,012**				x	x	x	8,15 h
Ta 180 m*						x		>10^{15} a
Ta 181	**99,988**							
Ta 182*						x	x	114,43 d
Ta 182 m*						x		16 m
Ta 183						x	x	5,0 d
Ta 184						x	x	8,7 h
Ta 185						x	x	49 m
Ta 186						x	x	10,5 m

(* isomere Atomkerne; m* markiert jeweils einen metastabilen Zustand)

Chemische Eigenschaften

Tantal gehört zur sog. *Vanadiumgruppe*, es befindet sich im PSE in der 5. Gruppe (VB Nebengruppe) unterhalb des Niobs Nb sowie in der 6. Periode zwischen Hafnium Hf und Wolfram W. Tantal ist in seinem chemischen Verhalten seinem Homologen Niob sehr ähnlich. Dies ist v. a. auf die infolge der Lanthanoidenkontraktion fast gleichen

Atom- und Ionenradien zurückzuführen. Das freie, neutrale Ta-Atom hat im elektronischen Grundzustand die Elektronenkonfiguration:

$$1s^2\ 2s^2\ 2p^6\ 3s^2\ 3p^6\ 3d^{10}\ 4s^2\ 4p^6\ 4d^{10}\ 4f^{14}\ 5s^2\ 5p^6\ 5d^3\ 6s^2$$

Ähnlich dem Niob bildet auch Tantal in seinen Verbindungen fast alle Oxidationsstufen von –III bis +V aus, von denen die Stufe +V ([Xe] $4f^{14}$), die durch Abgabe der beiden 6s- und der drei 5d-Elektronen erreicht wird, die häufigste und beständigste ist. Tantal ist ein elektropositives und angesichts seines negativen Normalpotentials

$$\overset{+V}{Ta_2O_5} \xrightarrow{-0{,}812\ V} \overset{0}{Ta}$$

ein ziemlich unedles Metall. An der Luft überzieht es sich sofort mit einer dichten, schützenden Oxidschicht. Tantal ist daher gegen die meisten Säuren und Laugen, auch gegen Königswasser, außerordentlich widerstandsfähig. Es wird nur von Flußsäure, heißer konz. Schwefelsäure und schmelzenden Alkalien angegriffen. Mit Fluor reagiert es bereits bei Zimmertemperatur, mit Chlor, Brom, Schwefel erst oberhalb 150 °C. Von Sauerstoff wird Tantal beim Erhitzen zum Ta(V)-oxid oxidiert, Tantalpulver verbrennt beim Entzünden mit lebhafter heller Flamme. Das Metall vermag bereits bei Zimmertemperatur Wasserstoff aufzunehmen, beim Erhitzen über 300 °C nimmt Tantal Sauerstoff auf und wird allmählich spröde und brüchig.
Ta(V)-Verbindungen sind weitaus am beständigsten, bekannt sind das Chlorid $TaCl_5$ und das Fluorid TaF_5, das Oxid Ta_2O_5, das Ta(V)-oxid-Hydrat, die sog. *Tantalsäure* $Ta_2O_5 \cdot xH_2O$ und deren Salze, die sog. *Tantalate* Metatantalate M^ITaO_3, Orthotantalate $M^I_4Ta_2O_7$ und Isopolytantalate $M^I_8Ta_6O_{19}$ sowie verschiedene Komplexe wie z. B. Alkalifluorotantalate(V) $M[TaF_6]$, $M_2[TaF_7]$, $M_3[TaF_8]$ u. a.

Nachweis

Quantitativ:

- Fällung als Tantal(V)-oxid-Hydrat oder als Tantal-Kupferron-Komplex und Glühen zu Tantal(V)-oxid, gravimetrische Bestimmung.
- Spektralanalyse; wichtige Spektrallinien der neutralen Atome sind: 243,270 nm, 263,558 nm, 264,747 nm, 265,327 nm, 271,467 nm, 285,098 nm, 301,254 nm, 331,116 nm, 364,206 nm u. a.
- Atomabsorptionsspektrometrie (AAS) mittels der 271,467 nm Hauptlinie des Atomspektrums.

Verwendung

Wegen seiner chemischen Widerstandsfähigkeit und Festigkeit findet Tantal Anwendung im chemischen Apparatebau, zur Auskleidung chemischer Reaktoren, Wärmeaustauschern, Pumpenteilen u. a., zur Herstellung von Laborgeräten wie Schalen, Spateln, Siebe u. a. sowie als Düsenmaterial in der Kunstseideindustrie. In der Elektroindustrie wird es zur Herstellung von Kathoden in Röntgen- und Elektronenröhren, Tantalgleichrichtern und -kondensatoren, Isotopenbatterien z. B. für Herzschrittmacher sowie als Getter in Elektronenröhren verwendet. Es dient ferner in der Medizin als Werkstoff für Gelenkimplantate, Knochennägel, Knochenersatzteile, Kieferschrauben, Pinzettenspitzen, Klammern, Nadeln, Kanülen, Bohrer für Zahnärzte und chirurgische Instrumente. Tantallegierungen dienen als Carbidbildner v. a. zur Herstellung von rostfreien, Hochtemperaturstählen, die mit verschiedenen Zusätzen wie Chrom, Nickel, Wolfram, Hafnium, Zirconium, Niob u. a. weitgehend in der Raumfahrt- und Raketentechnik eingesetzt werden. Tantalcarbid TaC ist ein wichtiges Hartmetall und dient zur Herstellung von Schneidewerkzeugen. Tantalpentaoxid wird zur Herstellung von Spezialgläsern, Glaskeramik, elektrotechnischer Bauteile sowie als Katalysator für organische Synthesen verwendet.

Physiologie, Toxikologie

Tantal hat keine biologische Bedeutung für den Menschen. Der menschliche Körper enthält äußerst geringe Spuren des Elements, der tägliche Bedarf liegt bei 1 µg. Eine toxische Dosis ist nicht bekannt, die letale Dosis für Ratten beträgt 300 mg. Es wurde ein MAK-Wert von 5 mg/m^3 festgelegt. Tantal und seine Verbindungen sind nicht toxisch.

Technetium Tc

International (Lat.)	Technetium	Italienisch	Tecnezio
Englisch	Technetium	Griechisch	Τεχνήτιο (Technitio)
Französisch	Technétium	Russisch	Технеций (Tichnjezij)
Spanisch	Tecnecio	Japanisch	テクネチウム (tekunetiumu)

Atomare und physikalische Eigenschaften	T+
Protonenzahl **(Z)**	**43**
Standard-Atomgewicht (bezogen auf ^{12}C = 12)	98,9062 (± 2)
Effektive Kernladung	(Slater) 3,60; (Clementi) 7,23; (Froese-Fischer) 10,28
Elektronenkonfiguration	[Kr] $4d^6\ 5s^1$
Grundzustand, Termsymbol	$^6S_{5/2}$
Metallatomradius (KZ 12)	136 pm [a)]
Kovalenzradius (Einfachbindung)	127 pm
Ionenradien (KZ 4;6)	$95^{2+}_{(6)}$ pm, $64{,}5^{4+}_{(6)}$ pm, $60^{5+}_{(6)}$ pm, $56^{7+}_{(6)}$ pm
Molares Volumen *	$8{,}6 \cdot 10^{-6}\ m^3 \cdot mol^{-1}$
1.;2.;3.;4.;5.;6.;7. Ionisierungsenergie	7,2756 eV; 15,256 eV; 29,538 eV; 42,493 eV; 59,076 eV; 75,658 eV; 94,314 eV
Elektronegativität	(Allred/Rochow) 1,36; (Pauling) 1,90; (absolut) 3,91 eV
Elektronenaffinität Tc ⟶ Tc^-	0,995 eV
Wirkungsquerschnitt für thermische Neutronen $(\sigma_{n,\gamma})$; $^{99}_{43}Tc$)	$20 \cdot 10^{-28}\ m^2$
Dichte (bei 20 °C)*	$11500\ kg \cdot m^{-3}$
Härte (Mohs)*	5,5
Schmelztemperatur	2172 °C (2445,15 K) [b)]
Siedetemperatur	4877 °C (5150,15 K) [c)]
Spezifische Schmelzenthalpie	$204{,}64\ kJ \cdot kg^{-1}$
Spezifische Verdampfungsenthalpie	$5917{,}3\ kJ \cdot kg^{-1}$
Spezifische Sublimationsenthalpie	$6855{,}4\ kJ \cdot kg^{-1}$
Spezifische Atomisierungsenthalpie:	$6612{,}7\ kJ \cdot kg^{-1}$
Thermische Leitfähigkeit (bei 27 °C)	$50{,}6\ W \cdot m^{-1} \cdot K^{-1}$
Thermischer Längenausdehnungskoeffizient (bei 25 °C)	$8{,}06 \cdot 10^{-6}\ K^{-1}$
Elektrische Leitfähigkeit (bei 100 °C)	$4{,}42 \cdot 10^6\ S \cdot m^{-1}$
Spezifischer elektrischer Widerstand (bei 100 °C)	$22{,}62 \cdot 10^{-8}\ \Omega \cdot m$
Supraleitfähigkeit; Sprungtemperatur	–265,34 °C (7,81 K)
Spezifische magnetische Suszeptibilität	$+31 \cdot 10^{-9}\ m^3 \cdot kg^{-1}$
Normalpotential TcO_2/Tc	+0,272 V
Bildungsenthalpie Tc_2O_7	$-1114\ kJ \cdot mol^{-1}$

Weitere Angaben: a) 135,2 pm, 135,8 pm. b) 2200 °C und 2250 °C. c) 4567 °C, 4700 °C. * geschätzte Werte.

Entdeckung

Das Element 43 wurde bereits 1871 von D. I. Mendelejew als Eka-Mangan mit seinen chemischen Eigenschaften vorausgesagt. Die angeblichen Entdeckungen des Elements, 1877 als *Davyum*, 1896 als *Lucium*, 1908 als *Nipponium* und 1925 als *Masurium* konnten nicht bestätigt werden. Tatsächlich wurde Technetium erst im Jahre 1937 von dem italienisch/amerikanischen Physiker Emilio Gino Segrè (1905–1989) und dem italienischen Mineralogen C. Perrier, in Palermo, Italien, als erstes künstliches Element, in einer im 60-Zoll-Zyklotron der Universität von Kalifornien in Berkeley mit Deuteronen bestrahlten Molybdänprobe entdeckt. Dieses war eindeutig im Zyklotron gemäß der Reaktion

$$^{98}_{42}\text{Mo} + ^{2}_{1}\text{H} \longrightarrow \text{Element 43} + ^{1}_{0}\text{n}$$

entstanden. Der Name „Technetium" und das chemische Symbol „Tc" des Elements wurden von griech.: τεχνητός (technetos) d. h. „künstlich" abgeleitet. 1940 entdeckten Segrè und C. S. Wu einige Isotope des Elements in den Spaltprodukten des Urans. Nachdem Technetium 1944 nur in µg-Mengen vorlag, isolierten G. W. Parker, J. Reed und C. W. Bruch 1946 g-Mengen des Elements 1961 standen bereits kg-Mengen Technetium zur Verfügung.

Vorkommen

In der Natur gibt es keine stabilen Technetium-Isotope. Einige radioaktive Isotope des Elements entstehen in der Erdkruste in winzigen Mengen als radioaktive Spaltprodukte beim Spontanzerfall des Uranisotops $^{238}_{92}$U. Spuren des stabileren Isotops $^{99}_{43}$Tc ($T_{1/2} = 2{,}14 \cdot 10^5$ a) wurden erstmals 1961 in Pechblenden aus Katanga nachgewiesen. Es ist anzunehmen, daß das Element auch in der Mine bei Oklo in Gabun gebildet wurde *Oklo-Phänomen*. Natürliches Technetium entsteht ferner in Molybdän-Erzen durch Kernumwandlung von Molybdän bei der Einwirkung von Neutronen, die als Sekundärteilchen der kosmischen Strahlung auftreten. Die natürlichen Vorkommen auf der Erde werden auf $1{,}2 \cdot 10^{-19}$ Masse-% geschätzt, damit steht Technetium zwischen Promethium und Francium an 92. Stelle der Elementhäufigkeit. Einige Tc-Linien wurden auch auf der Sonne und in einigen Sternen entdeckt.

Herstellung

Künstliches Technetium erhält man heute in Form des Isotops $^{99}_{43}$Tc in kg-Mengen in Kernreaktoren, wo es als Spaltprodukt bei der Kernspaltung von $^{235}_{92}$U mit thermischen Neutronen gemäß der Reaktionsgleichung:

$$^{235}_{92}\text{U} + ^{1}_{0}\text{n} \longrightarrow ^{236}_{92}\text{U} \xrightarrow[T_{1/2}\,=\,120\text{ ns}]{\text{sf}} ^{99}_{43}\text{Tc} + ^{132}_{49}\text{In} + 5\,^{1}_{0}\text{n}$$

entsteht. Die Spaltungsausbeute liegt über 6%. In den *Oak Ridge National Laboratory*, USA, wurden auf diese Weise in den vergangenen Jahren 500 g Technetium pro Monat erhalten. Die Abtrennung aus den Spaltprodukten erfolgt heute durch Ionenaustausch an anionischen Harzen oder mittels organischer Lösungsmittel wie z. B. Dimethylpyridin u. a. Das Metall erhält man durch Reduktion von Ammoniumpertechnetat NH_4TcO_4, Kaliumpertechnetat $KTcO_4$ oder Technetium(VII)-sulfid Tc_2S_7 im Wasserstoffstrom bei höheren Temperaturen. Weitere Tc-Isotope werden durch Beschuß von Molybdän mit Protonen, Deuteronen, Neutronen oder He-Kernen hergestellt z. B.:

$$^{96}_{42}Mo + ^{2}_{1}H \longrightarrow ^{97}_{43}Tc + ^{1}_{0}n$$

$$^{98}_{42}Mo + ^{1}_{0}n \longrightarrow ^{99}_{42}Mo \xrightarrow[T_{1/2} = 66,0\ h]{\beta^-} {}^{99\,m}_{43}Tc \xrightarrow[T_{1/2} = 6,0\ h]{\gamma} {}^{99}_{43}Tc$$

Physikalische Eigenschaften

Technetium ist ein silberglänzendes, dem Rhenium ähnliches, Schwermetall. Es kristallisiert in hexagonal dichtester Kugelpackung. Man erhält es gewöhnlich als graues schwammiges Metall oder als graues Pulver. Technetium hat eine sehr hohe Schmelz- und Siedetemperatur, die thermische Leitfähigkeit beträgt 11,79%, die elektrische 7,03% der des Silbers. Technetium ist paramagnetisch und weist unterhalb –265,34 °C (7,81 K) Supraleitfähigkeit auf.

Radiochemie

Technetium besitzt keine stabilen Isotope. Bis heute sind 30 Radioisotope des Technetiums bekannt, sie wurden alle künstlich hergestellt.

Die Isotope des Technetiums (1995)

Isotop	Natürliche Häufigkeit n (%)	Zerfallsart				Halbwertszeit $T_{1/2}$
		β^+	EC	γ	β^-	
Tc 86		x				n.bek.
Tc 87		x				n.bek.
Tc 88		x		x		n.bek.
Tc 89*		x		x		12,8 s
Tc 89*		x		x		12,9 s
Tc 90*		x		x		8,7 s
Tc 90*		x		x		49,2 s
Tc 91*		x		x		3,14 m
Tc 91*		x		x		3,3 m
Tc 92		x		x		4,4 m
Tc 93*		x	x	x		2,7 m
Tc 93 m*			x	x		43,5 m
Tc 94*		x	x	x		4,9 h
Tc 94*		x		x		53 m
Tc 95*			x	x		20 h
Tc 95*		x	x	x		60 d

(* isomere Atomkerne; m* markiert einen metastabilen Zustand)

Die Isotope des Technetiums (1995)						
Isotop	Natürliche Häufigkeit n (%)	Zerfallsart				Halbwertszeit $T_{1/2}$
		β^+	EC	γ	β^-	
Tc 96*			**x**	x		4,3 d
Tc 96 m*			x	**x**		52 m
Tc 97*			**x**			$4 \cdot 0.10^6$ a
Tc 97 m*				**x**		92,2 d
Tc 98				x	**x**	$4{,}2 \cdot 10^6$ a
Tc 99*	**Spuren**			x	**x**	$2{,}1 \cdot 10^5$ a
Tc 99* m				**x**	x	6,0 h
Tc 100			x	x	**x**	15,8 s
Tc 101				x	**x**	14,2 m
Tc 102*				x	**x**	5,3 s
Tc 102*				x	**x**	4,3 m
Tc 103				x	**x**	54,2 s
Tc 104				x	**x**	18,2 m
Tc 105				x	**x**	7,6 m
Tc 106				x	**x**	36 s
Tc 107				x	**x**	21,2 s
Tc 108				x	**x**	5,17 s
Tc 109				x	**x**	0,86 s
Tc 110				x	**x**	0,92 s
Tc 111				x	**x**	0,30 s
Tc 112				x	**x**	0,28 s
Tc 113					**x**	130 ms
Tc 114					x	n.bek.
Tc 115					x	n.bek.

(* isomere Atomkerne; m* markiert jeweils einen metastabilen Zustand)

Die Tc-Isotope haben allgemein kurze Halbwertszeiten. Die leichteren Isotope A < 98 zerfallen durch β^+-Strahlung und Elektronen-Einfang (EC) in die entsprechenden Mo-Isotope, die schwereren Isotope A > 97 sind überwiegend Spaltprodukte, sie verwandeln sich durch β^--Emision in Ru-Isotope. Das Isomer $^{99\,m}_{43}$Tc (IT | 0,142 MeV; γ | 0,32 MeV) zeigt eine ungewöhnliche und äußerst selten auftretende Abhängigkeit der Zerfallsgeschwindigkeit von der chemischen Zusammensetzung der Probe, es wird als radioaktiver Indikator (Tracer) v. a. in der Medizin verwendet. Das langlebige Isotop $^{99}_{43}$Tc der Kernspinzahl 9/2+ und dem kernmagnetischen Moment +5,6847 hat eine gewisse Bedeutung in der NMR-Spektroskopie; NMR-Frequenz (bei 2,3488 T) $22{,}508 \cdot 10^6\ s^{-1}$, Referenz TcO_4^- (aq).

Chemische Eigenschaften

Technetium gehört zur sog. *Mangangruppe*, es befindet sich im PSE in der 7. Gruppe (VIIB Nebengruppe), unter dem Mangan Mn, sowie in der 5. Periode zwischen Molybdän Mo und Ruthenium Ru. Das freie, neutrale Tc-Atom hat im elektronischen Grundzustand die Elektronenkonfiguration:

$$1s^2\ 2s^2\ 2p^6\ 3s^2\ 3p^6\ 3d^{10}\ 4s^2\ 4p^6\ 4d^6\ 5s^1$$

und bildet in seinen Verbindungen fast alle Oxidationsstufen von –I bis +VII, von denen die Stufen + IV und + VII die wichtigsten und stabilsten sind.
Die Normalpotentiale des Technetiums:

+VII		+VI		+V		+IV		0

Saure Lösung

$$TcO_4^- \xrightarrow{-0{,}569\ V} TcO_4^{2-} \xrightarrow{+1{,}39\ V} TcO_2 \xrightarrow{+0{,}272\ V} Tc$$

$$TcO_3^- \xrightarrow{-0{,}709\ V} TcO_3^{2-}$$

$$TcO_3 \xrightarrow{+0{,}83\ V} Tc$$

In seinem chemischen Verhalten ähnelt Technetium mehr seinem schwereren Homologen Rhenium als dem Mangan. Das Metall läuft an feuchter Luft infolge Oxidation langsam an. Von Salzsäure wird es nicht angegriffen, es löst sich aber in verd. oder konz. Salpetersäure, in konz. Schwefelsäure und in Königswasser. Von Chlor wird es kaum angegriffen, im Sauerstoffstrom verbrennt es oberhalb 400 °C zu hellgelbem Tc(VII)-oxid

$$4\ Tc + 7\ O_2 \longrightarrow 2\ Tc_2O_7 \qquad \Delta H = -2228\ kJ$$

das mit Wasser die tiefrote Pertechnetiumsäure $HTcO_4$ bildet.
Technetiumverbindungen sind überwiegend farbig. Bekannt sind mehrere Halogenide und Oxidhalogenide der allg. Formel TcX_{4-6} bzw. $TcOX_{4-6}$ (X = F, Cl, Br), Oxide TcO_2, TcO_3, Tc_2O_7, die Pertechnetiumsäure $HTcO_4$, ihre Salze heißen Pertechnate der allg. Formel M^ITcO_4 u. a. sowie verschiedene komplexe Verbindungen.

Nachweis

- Fällung als dunkelbraunes Tc(VII)-sulfid Tc_2S_7 aus stark salzsaurer Lösung mit Dihydrogensulfid H_2S.
- Radiometrie.
- Spektralanalyse; wichtige Spektrallinien der neutralen Atome sind: 403,163 nm, 409,567 nm, 426,227 nm, 429,706 nm, 485,359 nm u. a.

Verwendung

Technetium findet in geringerem Umfang Anwendung als Katalysator bei chemischen Prozessen wie z. B. bei der Alkoholdehydrierung, zur Herstrellung von Hochtemperatur-Thermoelementen sowie in der Supraleitungstechnik; Sprungtemperatur –265,34 °C bzw. 7,81 K. In Form des Pertechnetat-Ions TcO_4^- ist es bereits in geringen Spuren ein starker Korrosionsinhibitor für Eisen und Stahl. Das Beta-strahlende Isotop $^{99}_{43}Tc$ wird zur Eichung von Beta-Detektoren sowie in der Medizin in der Szintigraphie und anderen medizinischen Untersuchung verwendet. Das Isomer $^{99m}_{43}Tc$ wird wegen seiner kurzen Halbwertszeit in der Schilddrüsendiagnostik eingesetzt.

Physiologie, Toxikologie

Das Element hat keine biologische Bedeutung für den menschlichen Organismus, es würde aber wegen seiner Radioaktivität toxisch wirken. Die biologische Halbwertszeit, bezogen auf einzelne Organe z. B. Nieren, Leber, beträgt ca. 30 Tage, für den gesamten Körper etwa 1 Tag.

Tellur Te

International (Lat.)	Tellurium	Italienisch	Tellurio
Englisch	Tellurium	Griechisch	Τελλούϱιο (Tellurio)
Französisch	Tellure	Russisch	Теллур (Tellur)
Spanisch	Telurio	Japanisch	テルル (teruru)

Atomare und physikalische Eigenschaften T

Protonenzahl **(Z)**	**52**
Standard-Atomgewicht (bezogen auf $^{12}C = 12$)	127,60 (±3)
Effektive Kernladung	(Slater) 6,95; (Clementi) 10,81; (Froese-Fischer) 13,51
Elektronenkonfiguration	[Kr] $4d^{10}\ 5s^2\ 5p^4$
Grundzustand, Termsymbol	$^3P_2$
Atomradius (KZ 12)/Kovalenzradius (Einfachbindung)	143,2 pm [a)]/137 pm [b)]
Van-der-Waals-Radius	220 pm
Ionenradien (KZ 6)	$221^{2-}_{(6)}$ pm, $97^{4+}_{(6)}$ pm, $56^{6+}_{(6)}$ pm
Molares Volumen	$20,45 \cdot 10^{-6}\ m^3 \cdot mol^{-1}$
1.;2.;3.;4.;5.;6.;7. Ionisierungsenergie	9,0085 eV; 18,603 eV; 27,962 eV; 37,412 eV; 58,744 eV; 70,704 eV; 136,81 eV
Elektronegativität	(Allred/Rochow) 2,01; (Pauling) 2,10; (absolut) 5,49 eV
Elektronenaffinität Te ⟶ Te^-	–1,97 eV
Wirkungsquerschnitt für thermische Neutronen ($\sigma_{n,\gamma}$)	$4,70 \cdot 10^{-28}\ m^2$
Dichte (bei 20 °C)	$6250\ kg \cdot m^{-3}$ [c)]
Härte (Mohs)	2,3
Schmelztemperatur	449,5 °C (722,65 K) [d)]
Siedetemperatur	990 °C (1263,10 K) [e)]
Spezifische Schmelzenthalpie	$105,8\ kJ \cdot kg^{-1}$
Spezifische Verdampfungsenthalpie	$396,78\ kJ \cdot kg^{-1}$
Spezifische Atomisierungsenthalpie	$1543,88\ kJ \cdot kg^{-1}$
Spezifische Wärmekapazität (bei 20 °C)	$0,215\ kJ \cdot kg^{-1} \cdot K^{-1}$
Debye-Temperatur	–120 °C (153,15 K)
Thermische Leitfähigkeit (bei 27 °C)	$2,35\ W \cdot m^{-1} \cdot K^{-1}$
Thermischer Längenausdehnungskoeffizient (bei 25 °C)	$16,75 \cdot 10^{-6}\ K^{-1}$
Thermospannung (Δt =100 K / Pt;Cu)	50 mV; 49 mV
Elektrische Leitfähigkeit (bei 25 °C)	$229,35\ S \cdot m^{-1}$
Spezifischer elektrischer Widerstand (bei 25 °C)	$4,36 \cdot 10^{-3}\ \Omega \cdot m$
Spezifischer elektrischer Widerstand (bei 450 °C)	$8,72 \cdot 10^{-3}\ \Omega \cdot m$
Bänder-Energielücke	0,334 eV (32,2 $kJ \cdot mol^{-1}$)
Spezifische magnetische Suszeptibilität	$-3,9 \cdot 10^{-9}\ m^3 \cdot kg^{-1}$
Normalpotential H_2Te/Te	–0,718 V
Dissoziationsenergie Te_2 (Gas) ⟶ 2Te	$225\ kJ \cdot mol^{-1}$

Weitere Angaben: a) 160 pm. b) (KZ 2) 142 pm. c) $6240\ kg \cdot m^{-3}$. d) 452 °C. e) 1390 °C.

Entdeckung

Tellur wurde im Jahre 1782 von dem siebenbürgisch/deutschen Bergdirektor Franz Josef Müller von Reichenstein (1740–1825) in Hermannstadt, Siebenbürgen in den Mineralen Nagyagit und Sylvanit entdeckt, jedoch erst 1798 von Martin Heinrich Klaproth in Berlin als Element erkannt und isoliert. Klaproth nannte das neue Element „Tellur" (von lat.: *tellus* bzw. *telluris*, d. h. „Planet Erde"), weil das Metall aus der *Mutter Erde* isoliert wurde. Eine ausführliche Beschreibung des Tellurs wurde später von J. J. Berzelius geliefert, der 1814 für das Element das chemische Symbol „Te" vorschlug.

Vorkommen

Tellur ist ein sehr seltenes Element auf der Erde und steht mit einem berechneten Massenanteil in der Erdhülle von $1 \cdot 10^{-6}$% zwischen Osmium und Gold an 74. Stelle der Elementhäufigkeit. Sein Massenanteil in der Erdkruste, bis 16 km Tiefe beträgt ca. 5 mg/t Gestein, das entspricht etwa der Häufigkeit von Gold (4mg/t) und Platin (2 mg/t). Im Meerwasser ist Tellur mit 14,3 µg $Te^{(+IV, +VI)}/m^3$ vertreten, die Verweilzeit ist nicht bekannt. Gediegen kommt Tellur in der Natur nur selten in größeren Mengen vor, jedoch immer in Begleitung von Gold, Silber sowie auch seiner Homologen Schwefel und Selen. Gebunden findet man Tellur als Dioxid und in Form von Schwermetalltelluriden in Verbindung mit den Sulfiden der chalkophilen Metalle z. B. Cu, Ag, Au; Zn, Cd, Hg; Fe, Co, Ni; Pb, As, Bi. Diese Metalle liegen oft in oxidierter Form vor z. B. $PbTeO_3$, $Fe_2(TeO_3)_3 \cdot 2\,H_2O$, $FeTeO_4$, Hg_2TeO_4, $Bi_2TeO_4(OH)_4$ u. a.
Die wichtigsten Tellurvorkommen befinden sich in Kalifornien und Colorado, USA; in Siebenbürgen, Rumänien; Kanada, Peru u. a. Die Tellurreserven auf der Erde sind nicht bekannt.

Die wichtigsten Tellur-Minerale	
Tellurit, Tellurocker	TeO_2
Tellurbismutit	Bi_2Te_3
Tetradymit	Bi_2Te_3S
Altait	PbTe
Coloradoit	HgTe
Hessit	Ag_2Te
Calaverit, Krennerit	$AuTe_2$
Nagyagit, Blättererz	$AuTe_2 \cdot 6\,Pb(S, Te, Fe, Sb)$
Sylvanit, Schrifterz, Schrifttellur oder Weißgolderz	$AuAgTe_4$ u. a.

Herstellung

Tellur wird hauptsächlich aus dem bei der elektrolytischen Kupferraffination anfallendem Anodenschlamm gewonnen, in dem es neben wasserunlöslichen Selensalzen in Form von Cu_2Te, Ag_2Te und Au_2Te enthalten ist. Zur Gewinnung von Tellur wird der Anodenschlamm mit Salpeter $NaNO_3$ oder Sauerstoff in Anwesenheit von Soda Na_2CO_3 bei ca. 500 °C zu wasserlöslichen Natriumtellurit Na_2TeO_3 oxidiert. Das alkalisch reagierende Oxidationsprodukt wird mit Schwefelsäure neutralisiert, wobei unlösliches Te(IV)-oxid TeO_2 ausfällt. Dieses wird nach Lösen in Lauge elektrolytisch oder nach Lösen in starken Säuren wie H_2SO_4 oder HCl chemisch mit Sulfurdioxid SO_2 zu elementaren Tellur reduziert.
Tellur kommt in den Handel in Form von Tabletten, Barren, Stangen, Pulver, als Ferrotellur und Tellurkupfer. Hochreines Tellur hat einen Reinheitsgrad von 99,999%.
Die Weltproduktion von Tellur beträgt, ohne GUS-Staaten, rund 250 t/Jahr, wobei auf die USA ca. 45%, Japan 30%, Kanada, Chile und Peru jeweils etwa 10% entfallen.

Physikalische Eigenschaften

Tellur tritt im Gegensatz zu Schwefel und Selen nur in zwei Modifikationen auf. Eine braunschwarze, *amorphe* Form des Tellur, die bei Raumtemperatur langsam, in der Schmelze jedoch sofort in die kristalline *metallische* Modifikation übergeht. Metallisches Tellur ist ein silberweißes, sehr sprödes aber nicht hartes, leicht pulverisierbares chemisches Element. Die Kristallstruktur ist hexagonal und besteht aus helixartig, also spiralförmig gewinkelten, um parallele Achsen des Gitters angeordnete langgestreckte Ketten mit kovalent zweibindigen Tellur (Te–Te). Das Halbmetall hat eine sehr geringe elektrische Leitfähigkeit, die beim Belichten etwas ansteigt, jedoch weit weniger als bei Selen. Tellur ist wie das homologe Selen ein Halbleiter und zeigt diamagnetische Eigenschaften. Im Dampfzustand ist Tellur goldgelb und besteht bs 2000 °C hauptsächlich aus Te_2-Molekülen. Bei Abkühlung an mit flüssiger Luft gekühlten Flächen gehen die Dämpfe in amorphes Tellur über. In der metallischen Hochdruckphase bei Drücken über 7,0 GPa zeigt Tellur unterhalb –268,85 °C bzw. 4,3 K Supraleitfähigkeit. Die Austrittsarbeit für Elektronen im Vakuum beträgt 4,95 eV (P).

Radiochemie

Natürliches Tellur ist ein Gemisch aus sechs stabilen und zwei sehr langlebigen radioaktiven Isotopen. Daneben sind weitere 27 künstliche Radioisotope des Tellurs bekannt. Die Halbwertszeiten der Te-Isotope sind allgemein kurz. Die leichteren Isotope $A < 124$ gehen durch α-Zerfall in Zinn bzw. durch Elektronen-Einfang (EC) oder β^+-Strahlung in die entsprechenden Sb-Isotope über. Die schwereren Isotope ab $A = 125$ sind überwiegend Spaltprodukte, sie zerfallen durch β^-Strahlung in Iod. Die Isotope ${}^{125m}_{52}Te$ (IT | 0,145 MeV; γ) und ${}^{127}_{52}Te$ (β^- | 0,697 MeV; γ | 0,418 MeV) dienen als radioaktive Indikatoren (Tracer). Die beiden Isotope ${}^{123}_{52}Te$ und ${}^{125}_{52}Te$ der Kernspinzahl 1/2+ und kernmagnetischen Momenten –0,7359 bzw. –0,8871 haben in der NMR-Spektroskopie eine gewisse

Die Isotope des Tellurs (1995)

Isotop	Zerfallsart						Halbwertszeit $T_{1/2}$
	n (%)	α	β⁺	EC	γ	β⁻	
Te 106		**x**					0,06 ms
Te 107		**x**	**x**				3,1 ms
Te 108		**x**	**x**				2,1 s
Te 109		x	x				4,1 s
Te 110		x	**x**		x		18,6 s
Te 111			**x**		x		19,3 s
Te 112			**x**		x		2,0 m
Te 113			**x**		x		1,6 m
Te 114			**x**	**x**	x		15,2 m
Te 115*			**x**		x		5,7 m
Te 115*			**x**	**x**	x		6,7 m
Te 116			**x**	**x**	x		2,5 h
Te 117			**x**	**x**	x		1,1 h
Te 118				**x**			6,0 d
Te 119*			**x**	**x**	x		16 h
Te 119*				**x**	x		4,7 d
Te 120	**0,096**						
Te 121*				**x**	x		16,8 d
Te 121m*			x	x	**x**		154 d
Te 122	**2,603**						
Te 123	**0,908**				**x**		$1{,}24 \cdot 10^{13}$ a
Te 123m*					**x**		119,7 d
Te 124	**4,816**						
Te 125*	**7,139**						
Te 125m*					**x**		57,4 d
Te 126	**18,95**						
Te 127*					x	**x**	9,35 h
Te 127m*					**x**	x	109 d
Te 128	**31,69**				x		$7{,}2 \cdot 10^{24}$ a
Te 129*					x	**x**	69,6 m
Te 129m*					**x**	**x**	33,6 d
Te 130	**33,80**					**x**	$2{,}7 \cdot 10^{21}$ a
Te 131*					x	**x**	25,0 m
Te 131m*					**x**	**x**	30 h
Te 132					x	**x**	76,3 h
Te 133*					x	**x**	12,5 m
Te 133m*					**x**	**x**	55,4 m
Te 134					x	**x**	41,8 m
Te 135					x	**x**	18,6 s
Te 136					x	**x**	17,5 s
Te 137					x	**x**	2,5 s
Te 138						**x**	1,4 s
Te 139						**x**	n. bek.
Te 140						**x**	n. bek.

(* isomere Atomkerne; m* markiert jeweils einen metastabilen Zustand)

Bedeutung; NMR-Frequenzen (bei 2,3488 T) 26,207 · 10^6 s^{-1} bzw. 31,596 · 10^6 s^{-1}; Referenz $Te(CH_3)_2$.

Chemische Eigenschaften

Tellur ist das vierte Element in der Gruppe der „Chalkogene". Es befindet sich im PSE in der 16. Gruppe (VIA Hauptgruppe) unter dem Selen Se, sowie in der 5. Periode zwischen Antimon Sb und Iod I. In seinem chemischen Verhalten gleicht Tellur weitgehend seinem leichteren Homologen Selen, es zeigt jedoch einen stärker ausgeprägten metallischen Charakter. So zeigen sich bei Tellur bereits kationische also basische Eigenschaften, die allerdings bei dem in der Gruppe unter ihm befindlichen Polonium Po viel stärker ausgeprägt sind. Das freie, neutrale Te-Atom hat im elektronischen Grundzustand die Elektronenkonfiguration:

$$1s^2\ 2s^2\ 2p^6\ 3s^2\ 3p^6\ 3d^{10}\ 4s^2\ 4p^6\ 4d^{10}\ 5s^2\ 5p^4$$

Aufgrund dieser Elektronenanordnung bildet Tellur in seinen Verbindungen fast alle Oxidationsstufen von –II bis +VI, wobei sich die schon vom Schwefel zum Selen beobachtete Tendenz der Stabilität der Derivate in der Stufe +IV, fortsetzt. Tellurate sind daher starke Reduktionsmittel. Die Normalpotentiale des Tellurs sind:

+VI +IV 0 –I –II

Saure Lösung

$$H_2TeO_4 \xrightarrow{+0{,}93\ V} Te^{4+} \xrightarrow{+0{,}57\ V} Te \xrightarrow{-0{,}74\ V} Te_2^{2-} \xrightarrow{-0{,}64\ V} H_2Te$$

$H_2TeO_4 \xrightarrow{+1{,}00\ V} TeO_2$; $TeO_2 \xrightarrow{+0{,}53\ V} Te$; $Te \xrightarrow{-0{,}718\ V} H_2Te$

Basische Lösung

$$TeO_4^{2-} \xrightarrow{+0{,}07\ V} TeO_3^{2-} \xrightarrow{-0{,}42\ V} Te \xrightarrow{-1{,}14\ V} Te^{2-}$$

Tellur ist gegen Wasser, nichtoxidierende Säuren, Ammoniaklösung und Carbonsulfid beständig. Von oxidierenden Säuren wie Salpetersäure, konz. Schwefelsäure und Alkalilaugen wird es jedoch bei Luftzutritt unter Oxidation in Lösung gebracht. Das Metall ist weit stärker elektropositiv als seine leichteren Homologe Selen und Schwefel. Dies bewirkt den amphoteren Charakter des TeO_2, die Instabilität von H_2Te und den salzartigen Charakter der Chloride. Beim Erhitzen an der Luft verbrennt Tellur mit blaugrüner Flamme zu Te(IV)-oxid:

$$Te + O_2 \longrightarrow TeO_2 \qquad \Delta H = -325{,}5\ kJ$$

Unter Einwirkung elektrischer Entladungen verbindet es sich direkt mit molekularem Wasserstoff zu Dihydrogentellurid:

$$Te + H_2 \longrightarrow H_2Te \qquad \Delta H = +154{,}4\ kJ$$

mit den Halogenen zu Tellurhalogeniden der Zusammensetzung TeX_2, TeX_4 und TeX_6 (X = F, Cl, Br, I). Starke Oxidationsmittel, wie z. B. Chlorsäure $HClO_3$ oder Natriumperoxid Na_2O_2 überführen Tellur in Tellursäure H_6TeO_6 bzw. in Tellurate $M_6^I TeO_6$. Die Farben der Tellurkationen sind: Te_4^{2+} rot und Te_6^{2+} orangegelb.

Tellur-Anionen Te^{2-} liegen in den Alkalimetalltelluriden M^I_2Te vor. Neben kationischen Bindungen bildet Tellur zahlreiche kovalente Bindungen z. B. (in den Klammern sind die Bindungslängen und die Bindungsenthalpien angegeben): Te–H (ca. 170 pm; 240 kJ · mol^{-1}), Te–O (200 pm; 268 kJ · mol^{-1}), Te–F (185 pm; 335 kJ · mol^{-1}), Te–Cl (231 pm; 251 kJ · mol^{-1}), Te–C (205 pm), Te–Te (286 pm; 235 kJ · mol^{-1}) u. a.
Tellur bildet drei Oxide TeO, TeO_2 und TeO_3, zwei Säuren, die Tellurige Säure H_2TeO_3 die im freien Zustand nicht bekannt ist, ihre Salze der allg. Formel $M^I_2TeO_3$ heißen Tellurite oder Tellurate(IV) mit den Anionen TeO_3^{2-}, $Te_2O_5^{2-}$, $Te_4O_9^{2-}$, $Te_6O_{13}^{2-}$ u. a. und die Orthotellursäure oder Tellursäure H_6TeO_6, ihre Salze der allg. Formel $M^I_6TeO_6$ heißen Tellurate oder Tellurate(VI) sie bilden die Anionen TeO_5^{4-}, $Te_4O_{13}^{2-}$, $(TeO_4)_n^{2n-}$ u. a.

Nachweis

- Flammenfärbung; Tellurverbindungen färben die Flamme des Bunsenbrenners grün.
- Fällung des intensiv roten Tellursulfits $TeSO_3$ durch Behandlung mit konz. Schwefelsäure.
- Iodometrie (Oxidationswirkung des Te^{4+}) bzw. bei niedrigen Tellurkonzentrationen photometrische Verfahren z. B. mit Natriumdiethyldithiocarbamat oder mit Thioharnstoff mit denen Tellur gelbe Verbindungen bildet.
- Spektralanalyse; wichtige Spektrallinien der neutralen Atome sind: 200,202 nm, 214,281 nm, 238,325 nm, 238,576 nm, 972,274 nm, 1005,141 nm, 1108,956 nm, 1148,732 nm, u. a.
- Atomabsorptionsspektrometrie (AAS) mittels der 214,281 nm Hauptlinie des Atomspektrums.

Verwendung

Über 90% des Tellurs wird als Legierungsbestandteil zur Erhöhung der Temperaturbeständigkeit, der Härte und Zähigkeit sowie der Korrosionsfestigkeit von Stahl, Gußeisen, und Nichteisenmetallen wie Kupfer, Blei u. a. verwendet. Hochreines Tellur findet Verwendung in Trockengleichrichtern, γ-Strahlen- und Infrarotdetektoren, in sog. Gas-Metall-Lasern und in der Halbleitertechnik. Besondere Bedeutung gewinnt dabei Cadmiumtellurid für die Umwandlung von Sonnenenergie sowie Bismut- und Bleitellurid auf dem Gebiet der Supraleitungstechnik und der Thermoelektrizität. Einige Tellurverbindungen finden als Färbemittel für Glas und Keramik, als Härter in der Kautschukindustrie sowie als Katalysatoren Verwendung.

Physiologie, Toxikologie

Tellur und seine Verbindungen sind giftig und wirken teratogen. Nach peroraler Aufnahme von elementaren Tellur oder anorganischen Tellurverbindungen, wie auch bei der Inhalation von Stäuben, Dämpfen oder Gasen, können sich Magen- und Darmbeschwerden, Blutdruckabfall, Kopfschmerzen, Schwindel u. a. einstellen. Zusätzlich tritt ein oft monatelang anhaltender typischer Knoblauchgeruch der Atemluft, Schweiß und

Urin auf. Als Gegenmaßnahme wird das Auslösen von Erbrechen und Magenspülung empfohlen. Lösliche Verbindungen können auch durch die Haut resorbiert werden. Chronische Schäden sind allerdings nicht bekannt. Als toxische Dosis gilt bereits die Menge von 0,25 mg als letale Dosis 2 g. Der MAK-Wert wurde auf 0,1 mg/m^3 festgelegt.

Terbium Tb

International (Lat.)	Terbium	Italienisch	Terbio
Englisch	Terbium	Griechisch	Τέρβιο (Tervio)
Französisch	Terbium	Russisch	Тербий (Tjerbij)
Spanisch	Terbio	Japanisch	テルビウム (terubiumu)

Atomare und physikalische Eigenschaften Xn

Protonenzahl **(Z)**	**65**
Standard-Atomgewicht (bezogen auf ^{12}C = 12)	158,92534 (±3)
Effektive Kernladung	(Slater) 2,85; (Clementi) 8,30; (Froese-Fischer) 11,39
Elektronenkonfiguration	[Xe] $4f^9$ $6s^2$
Grundzustand, Termsymbol	$^6H_{15/2}$
Metallatomradius (KZ 6)	177,3 pm [a)]
Kovalenzradius (Einfachbindung)	159 pm
Ionenradien (KZ 6;9)	$92{,}3^{3+}_{(6)}$ pm, $110^{3+}_{(9)}$ pm, $76{,}5^{4+}_{(6)}$ pm
Molares Volumen	$19{,}31 \cdot 10^{-6}$ $m^3 \cdot mol^{-1}$
1.;2.;3.;4. Ionisierungsenergie	5,8524 eV; 11,525 eV; 21,909 eV; 39,788 eV
Elektronegativität	(Allred/Rochow) 1,10; (Pauling) 1,20; (absolut) ≤ 3,20 eV
Elektronenaffinität Tb ⟶ Tb^-	ca. 0,518 eV
Wirkungsquerschnitt für thermische Neutronen ($\sigma_{n,\gamma}$)	$23{,}1 \cdot 10^{-28}$ m^2
Dichte (bei 20 °C)	8253 $kg \cdot m^{-3}$ [b)]
Härte (Mohs)*	<1,0
Schmelztemperatur	1356 °C (1629,15 K) [c)]
Siedetemperatur	3230 °C (3503,15 K) [d)]
Spezifische Schmelzenthalpie	102,56 $kJ \cdot kg^{-1}$ [e)]
Spezifische Verdampfungsenthalpie	2460,35 $kJ \cdot kg^{-1}$ [f)]
Spezifische Sublimationsenthalpie (einatomiges Gas)	2447,78 $kJ \cdot kg^{-1}$ [g)]
Spezifische Wärmekapazität (bei 25 °C)	0,182 $kJ \cdot kg^{-1} \cdot K^{-1}$
Thermische Leitfähigkeit (bei 27 °C)	11,1 $W \cdot m^{-1} \cdot K^{-1}$
Thermischer Längenausdehnungskoeffizient (bei 25 °C)	$10{,}3 \cdot 10^{-6}$ K^{-1} [h)]
Elektrische Leitfähigkeit (bei 20 °C)	$0{,}875 \cdot 10^6$ $S \cdot m^{-1}$
Spezifischer elektrischer Widerstand (bei 20 °C)	$114{,}20 \cdot 10^{-8}$ $\Omega \cdot m$
Curie-Temperatur	–53 °C (220,15 K)
Néel-Temperatur	–44 °C (229,15 K)
Spezifische magnetische Suszeptibilität	$+11500 \cdot 10^{-9}$ $m^3 \cdot kg^{-1}$ [i)]
Normalpotential Tb/Tb^{3+}	–2,391 V
Hydratationsenthalpie Tb^{3+}	+3605 $kJ \cdot mol^{-1}$
Bildungsenthalpie $TbCl_3$ (Tb_2O_3)	–1012 $kJ \cdot mol^{-1}$ (–1866 $kJ \cdot mol^{-1}$)

Weitere Angaben: a) 176,3 pm, 178,2 pm. b) 8229 $kg \cdot m^{-3}$. c) 1360 °C. d) 2480 °C, 2800 °C, 3123 °C. e) 67,9 $kJ \cdot kg^{-1}$. f) 1843,7 $kJ \cdot kg^{-1}$. g) 1894 $kJ \cdot kg^{-1}$. h) $7{,}0 \cdot 10^{-6}$ K^{-1}. i) $13435{,}7 \cdot 10^{-9}$ $m^3 \cdot kg^{-1}$.
* geschätzte Werte

Entdeckung

Terbium wurde zusammen mit Erbium im Jahre 1843 von dem schwedischen Chemiker Carl Gustav Mosander in Stockholm, Schweden, bei der fraktionierten Fällung von Yttererden entdeckt. Der Name des Elements entstand durch Zerlegung der schwedischen Ortsbezeichnung Ytterby in drei Fragmente „Ytt“, „Erb“ und „Terb“ mit der lat. Endung „ium“; Terb + ium = „Terbium“. Das chemische Symbol „Tb“ wurde von dem Namen des Elements abgeleitet. Die Existenz des Elements wurde 1864 von dem Schweizer Chemiker und Mineralogen Marc Abraham Delafontaine (1838–1911) bestätigt. 1906 gelang es Georges Urbain, das Element mittels der Spektralanalyse nachzuweisen und dessen Atommasse mit 159,2 ziemlich genau zu bestimmen.

Vorkommen

Terbium gehört zu den seltenen Elementen auf der Erde. Mit einem berechneten Massenanteil in der Erdhülle von $8{,}5 \cdot 10^{-5}\%$ steht es zwischen Holmium und Selen an 58. Stelle der Elementhäufigkeit. In der Erdkruste, bis 16 km Tiefe ist es mit von 1,2 g/t Krustengestein vertreten und ist damit weit häufiger als Silber (0,08 g/t) oder Gold (4,1 µg/t). Im Meerwasser ist es durchschnittlich mit 0,15 µg $Tb^{(+III)}/m^3$ enthalten. Terbium kommt in der Natur stets vergesellschaftet mit anderen Seltenerdmetallen hauptsächlich als Begleiter des Yttriums im Xenotim, aber auch mit den anderen Lanthanoiden in den Mineralien Gadolinit, Euxenit, Monazitsand u. a. vor, (s. S. 342). Die Terbium-Reserven werden weltweit auf 100 000 t geschätzt. Die Häufigkeit des Elements auf der Sonne sowie die kosmische Häufigkeit sind nicht bekannt.

Herstellung

Im technischen Maßstab wird Terbium aus Monazitsand hergestellt, in dem es bis zu 0,03% bzw. 300 g/t enthalten ist. Nach Anreicherung und Abtrennung von den übrigen Seltenerdmetallen durch Ionenaustausch erhält man metallisches Terbium durch metallothermische Reduktion des Trichlorids oder des Trifluorids mit Calcium oder Magnesium. Weltweit werden heute ca. 100 t/Jahr produziert.

Physikalische Eigenschaften

Terbium ist ein silbergraues, gut dehnbares und schmiedbares, sehr weiches Schwermetall, das sich mit dem Messer schneiden läßt. Das Metall tritt in zwei allotropen Modifikationen auf:

$$\underset{\text{hexagonal dichteste Kugelpackung}}{\alpha\text{-Tb}} \xrightarrow{1315\ ^\circ\text{C}} \underset{\text{kubisch raumzentriert}}{\beta\text{-Tb}}$$

Die thermische Leitfähigkeit beträgt 2,58%, die elektrische 1,39% der des Silbers. Bei Normaltemperatur gehört Terbium zu den am stärksten paramagnetischen Stoffen. Unterhalb –44 °C (229,15 K) zeigt Terbium antiferromagnetische Eigenschaften und unterhalb –53 °C (220,15 K) ist das Metall ferromagnetisch. Die Austrittsarbeit für Elektronen im Vakuum beträgt 3,0 eV (P).

Radiochemie

Terbium ist ein anisotopes Element, es tritt in der Natur nur in Form eines einzigen stabilen Isotops auf. Weitere 25 radioaktive Isotope wurden künstlich hergestellt.

Die Isotope des Terbiums

Isotop	Natürliche Häufigkeit n (%)	Zerfallsart					Halbwertszeit
		α	β^+	EC	γ	β^-	$T_{1/2}$
Tb 140			x		x		2,4 s
Tb 141			x		x		3,5 s
Tb 142			x		x		597 ms
Tb 143*			x		x		<17 s
Tb 143*			x		x		12 s
Tb 144*			x		x		ca. 1 s
Tb 144 m*			x		x		4,25 s
Tb 145			x		x		30 s
Tb 146*			x		x		23 s
Tb 146*			x		x		8 s
Tb 147*			x	x	x		1,65 h
Tb 147*			x	x	x		1,83 m
Tb 148*			x		x		60 m
Tb 148*			x	x	x		2,2 m
Tb 149*		x	x	x	x		4,1 h
Tb 149*		x	x	x	x		4,2 m
Tb 150*		x	x	x	x		3,67 h
Tb 150*			x		x		5,8 m
Tb 151*		x	x	x	x		17,6 h
Tb 151 m*				x	x		25 s
Tb 152			x	x	x		17,5 h
Tb 152 m*			x	x	x		4,2 m
Tb 153			x	x	x		2,34 d
Tb 154*			x	x	x		21 h
Tb 154 m*				x	x		9,0 h
Tb 154*				x	x		23 h
Tb 155				x	x		5,32 d
Tb 156*				x	x		5,4 d
Tb 156 m*			x	x	x		5,4 h
Tb 156 m*					x		24 h
Tb 157				x	x		99 a
Tb 158*				x	x	x	180 a

(* isomere Atomkerne; m* markiert jeweils einen metastabilen Zustand)

Die Isotope des Terbiums							
Isotop	Natürliche Häufigkeit n (%)	Zerfallsart					Halbwertszeit
		α	β^+	EC	γ	β^-	$T_{1/2}$
Tb 158 m*					x		10,5 s
Tb 159	**100**						
Tb 160					x	**x**	72,3 d
Tb 161					x	**x**	6,90 d
Tb 162					x	**x**	7,76 m
Tb 163					x	**x**	19,5 m
Tb 164					x	**x**	3,0 m
Tb 165					x	**x**	2,11 m

(* isomere Atomkerne; m* markiert jeweils einen metastabilen Zustand)

Die leichteren Tb-Isotope wurden überwiegend durch Beschuß von Praseodym mit beschleunigten $^{12}_{6}C^{6+}$-Ionen oder durch Bestrahlung von Europium mit He-Kernen erzeugt. Die schwersten Tb-Isotope sind Spaltprodukte des $^{235}_{92}U$ mit thermischen Neutronen. Terbium ist das schwerste Element dessen Isotope durch Uranspaltung erzeugt werden können.

Die Halbwertszeiten der Tb-Isotope sind allgemein kurz. Die leichteren Isotope A < 159 zerfallen durch β^+-Strahlung oder durch Elektronen-Einfang (EC) in die entsprechenden Gd-Isotope, einige sind α-Strahler und zerfallen in Eu-Isotope. Die schwereren Isotope A > 159 verwandeln sich durch β^--Emission in Dy-Isotope. Die β^--aktiven Tb-Isotope v. a. $^{160}_{65}Tb$ (β^- | 1,834 MeV; γ | 0,966 MeV) eignen sich als radioaktive Indikatoren (Tracer). Das stabile Isotop $^{159}_{65}Tb$, Kernspinzahl 3/2+ und dem kernmagnetischen Moment +1,95 dient zum NMR-spektroskopischen Nachweis; NMR-Frequenz (bei 2,3488 T) $22{,}678 \cdot 10^6\ s^{-1}$.

Chemische Eigenschaften

Terbium gehört zur Gruppe der „Lanthanoide“ bzw. der „Seltenerdmetalle“. Es ist ein Übergangselement und befindet sich im PSE in der 3. Gruppe (IIIB Nebengruppe) über dem Berkelium Bk sowie in der 6. Periode zwischen den Gadolinium Gd und Dysprosium Dy. Das freie, neutrale Tb-Atom hat im elektronischen Grundzustand folgende Elektronenkonfiguration:

$$1s^2\ 2s^2\ 2p^6\ 3s^2\ 3p^6\ 3d^{10}\ 4s^2\ 4p^6\ 4d^{10}\ 4f^9\ 5s^2\ 5p^6\ 6s^2$$

Wie seine Homologen aus der Reihe der Seltenerdmetalle bildet das Metall in seinen Verbindungen die Oxidationsstufe +III und +IV, von denen die Stufe +III ([Xe] $4f^8$), die durch Abgabe der beiden 6s-Elektronen und eines 4f-Elektrons erreicht wird, die wichtigste und beständigste ist.

Die Normalpotentiale des Terbiums:

	+IV		+III		0
Saure Lösung	Tb^{4+}	+3,1 V	Tb^{3+}	−2,391 V	Tb
Basische Lösung	TbO_2	+0,9 V	$Tb(OH)_3$	−2,82 V	Tb

Das Normalpotential zur Bildung der Tb^{3+}-Ionen weist auf ein stark elektropositives sehr unedles Metall und starkes Reduktionsmittel hin. Terbium ist an der Luft relativ beständig, läuft aber an frischen Schnittflächen rasch an, in pulverisierter Form ist es pyrophor. Es reagiert mit Wasser und verdünnten Säuren, unter Wasserstoffentwicklung mit Säuren bildet es Salze. Die Farben der Terbiumionen sind:
Tb^{3+} blaßrosa, Tb^{4+} farblos.
Von den meist farblosen bis weißen Tb(III)-Verbindungen sind die Halogenide TbX_3 (X = Cl, Br, I) das Tb(III)-nitrat-Hexahydrat $Tb(NO_3)_3 \cdot 6\,H_2O$ in Wasser löslich, das Fluorid TbF_3, das Hydroxid $Tb(OH)_3$, Oxalat $Tb(C_2O_4)_3 \cdot 10\,H_2O$ die Oxide Tb_2O_3, Tb_4O_7, Mischoxid $Tb_2O_3 \cdot 2\,TbO_2$ und TbO_2 sind in Wasser wenig oder gar nicht löslich.

Nachweis

- Flammenspektralphotometrie (FSP), Röntgenfluoreszenzanalyse (RFA), Aktivierungsanalyse u. a.
- Spektralanalyse; wichtige Spektrallinien der einfach positiven Ionen Tb^+ sind: 332,440 nm, 350,917 nm, 356,852 nm, 367,635 nm, 370,286 nm, 384,873 nm, 387,417 nm u. a.
- Atomabsorptionsspektrometrie (AAS) mittels der 432,643 nm Hauptlinie des Atomspektrums.

Verwendung

Wegen seiner ferromagnetischen Eigenschaften, wobei Terbium bei tieferen Temperaturen bei entsprechenden Feldstärken sogar höhere Magnetisierung als Eisen aufweist, eignet sich das Metall besonders zur Herstellung von Polschuhen für magnetische Linsen. Daneben wird Terbium den Neodym-Eisen-Bormagneten zur Verbesserung der magnetischen Eigenschaften zulegiert. Die intermetallische Terbiumverbindung $(Tb_{0,3}Dy_{0,7})Fe_2$ zeigt eine besonders starke Magnetostriktion, darunter versteht man die Volumenänderung ferromagnetischer Stoffe unter dem Einfluß eines Magnetfeldes. Andererseits kann man durch mechanische Einwirkungen magnetische Impulse erzeugen. Die Magnetostriktion findet Anwendung bei der Unterwasser-Echoortung mittels Schallwellen. Die Verbindung Natriumterbiumcarbonat emmitiert ein kohärentes grüngelbes Licht der Wellenlänge 546 nm und eignet sich als Lasermaterial. Von großer Bedeutung sind die katalytischen Eigenschaften des Terbiums wie auch seine Eigenschaften als Aktivator für Leuchtstoffe. Terbium dient ferner als Kristallstabilisator für Hochtemperatur-Brennstoffzellen.

Physiologie, Toxikologie

Terbium hat keine biologische Bedeutung für den menschlichen Organismus. Das Element gilt als gering toxisch.

Thallium Tl

International (Lat.)	Thallium	Italienisch	Tallio
Englisch	Thallium	Griechisch	θάλλιο (Thallio)
Französisch	Thallium	Russisch	Таллий (Tallij)
Spanisch	Talio	Japanisch	タリウム (tariumu)

Atomare und physikalische Eigenschaften

T 

Protonenzahl **(Z)**	**81**
Standard-Atomgewicht (bezogen auf $^{12}C = 12$)	204,3833 (±2)
Effektive Kernladung	(Slater) 5,00; (Clementi) 12,25; (Froese-Fischer) 13,50
Elektronenkonfiguration	[Xe] $4f^{14}\ 5d^{10}\ 6s^2\ 6p^1$
Grundzustand, Termsymbol	$^2P_{1/2}$
Metallatomradius (α)	170 pm
Kovalenzradius (Einfachbindung)	155 pm
Ionenradien (KZ 6)	$150^{+}_{(6)}$ pm, $88{,}5^{3+}_{(6)}$ pm
Molares Volumen	$17{,}24 \cdot 10^{-6}\ m^3 \cdot mol^{-1}$
1.;2.;3.;4.;5. Ionisierungsenergie	6,1075 eV; 20,427 eV; 29,828 eV; 50,784 eV; 63,221 eV
Elektronegativität	(Allred/Rochow) 1,44; (Pauling) 1,62 ($T^{(+I)}$), 2,04 ($Tl^{(+III)}$); (absolut) 3,20 eV
Elektronenaffinität $Tl \longrightarrow Tl^-$	ca. –0,207 eV
Wirkungsquerschnitt für thermische Neutronen ($\sigma_{n,\gamma}$)	$3{,}30 \cdot 10^{-28}\ m^2$
Dichte (bei 20 °C)	$11850\ kg \cdot m^{-3}$ a)
Härte	(Mohs) 1,3; (Brinell) $102{,}8 \cdot 10^7$ Pa
Schmelztemperatur	303,10 °C (576,25 K)
Siedetemperatur	1457 °C (1730,15 K)
Spezifische Schmelzenthalpie	$21{,}4\ kJ \cdot kg^{-1}$
Spezifische Verdampfungsenthalpie	$739{,}14\ kJ \cdot kg^{-1}$ b)
Spezifische Sublimationsenthalpie (einatomiges Gas)	$1373{,}4\ kJ \cdot kg^{-1}$
Spezifische Atomisierungsenthalpie	$890{,}5\ kJ \cdot kg^{-1}$
Spezifische Wärmekapazität (bei 25 °C)	$0{,}129\ kJ \cdot kg^{-1} \cdot K^{-1}$
Thermische Leitfähigkeit (bei 27 °C)	$46{,}1\ W \cdot m^{-1} \cdot K^{-1}$
Thermischer Längenausdehnungskoeffizient (bei 25 °C)	$28 \cdot 10^{-6}\ K^{-1}$ c)
Elektrische Leitfähigkeit (bei 20 °C)	$5{,}52 \cdot 10^6\ S \cdot m^{-1}$
Spezifischer elektrischer Widerstand (bei 20 °C)	$18{,}10 \cdot 10^{-8}\ \Omega \cdot m$
Temperaturkoeffizient (bei 20 °C)	$5{,}2 \cdot 10^{-3}\ K^{-1}$
Supraleitung, Sprungtemperatur	–270,76 °C (2,39 K)
Hall-Koeffizient	$+0{,}24 \cdot 10^{-10}\ m^3 \cdot A^{-1}\ s^{-1}$
Elektrochemisches Äquivalent Tl^+	$2{,}118 \cdot 10^{-3}\ kg \cdot A^{-1} \cdot s^{-1}$
Spezifische magnetische Suszeptibilität	$-3{,}13 \cdot 10^{-9}\ m^3 \cdot kg^{-1}$
Normalpotential Tl/Tl^{3+}	+0,721 V
Hydratationsenthalpie Tl^{3+}	$-4140\ kJ \cdot mol^{-1}$
Bildungsenthalpie $TlCl_3$	$-315\ kJ \cdot mol^{-1}$

Weitere Angaben. a) $11860\ kg \cdot m^{-3}$. b) $794{,}6\ kJ \cdot kg^{-1}$, $812{,}7\ kJ \cdot kg^{-1}$. c) $29{,}9 \cdot 10^{-6}\ K^{-1}$.

Entdeckung

Thallium wurde im Jahre 1861 von dem britischen Physiker und Chemiker Sir William Crookes (1832–1919) in London, Großbritannien im Bleikammerschlamm der Schwefelsäurefabrik von Tilkerode im Harz, mit Hilfe der Spektralanalyse entdeckt. Unabhängig entdeckte auch der französische Chemiker Claude Auguste Lamy (1820–1878) 1862 in Paris das Element im Bleikammerschlamm der Schwefelsäurefabrik von Loos, aus dem er gleichzeitig etwa 14 g des Metalls isolierte und einige seiner Eigenschaften bestimmte. Wegen seiner charakteristischen grünen Spektrallinie, aufgrund der es entdeckt wurde, gab Crookes dem neuen Element den Namen „Thallium" mit dem chemischen Symbol „Tl" [von griech.: θαλλός (thallós), d. h. „junger grüner Zweig"].

Vorkommen

Thallium gehört zu den seltenen Elementen auf der Erde. Sein berechneter Massenanteil in der Erdhülle beträgt $2{,}9 \cdot 10^{-5}$%, damit steht Thallium zwischen Cadmium und Bismut an 64. Stelle der Elementhäufigkeit. Am Aufbau der obersten 16 km der Erdkruste ist es mit 0,7 g/t beteiligt, im Meerwasser beträgt sein Anteil durchschnittlich $1{,}4 \cdot 10^{-5}$ g $Tl^{(+I)}/m^3$, bei einer Verweilzeit von rund 10 000 Jahren. Thallium ist in der Natur zwar sehr verbreitet, kommt aber stets nur in geringen Konzentrationen v. a. als Begleiter von Zink, Kupfer, Eisen und Blei in sulfidischen Erzen, Zinkblenden und Kalisalzen vor. Thallium tritt nie elementar auf. Eigenständige Thalliumminerale sind sehr selten und haben für die Gewinnung von Thallium keine Bedeutung. Die Thallium-Reserven auf der Erde sind nicht bekannt, wichtige Vorkommen befinden sich in Wyoming, USA; Schweden, Rußland u. a. Die Häufigkeit des Elements auf der Sonne beträgt ca. 8 Atome Thallium pro $1 \cdot 10^{12}$ Atome Wasserstoff, die kosmische Häufigkeit wird auf 0,1 Atome Thallium pro $1 \cdot 10^{6}$ Atome Silicium geschätzt.

Die bekanntesten Thallium-Minerale	
Lorandit	$TlAsS_2$ (= $Tl_2S \cdot As_2S_3$) mit ca. 58% Thallium
Crookesit	$(Cu, Tl, Ag)_2Se$ mit bis zu 18% Thallium
Vrbait	$Tl_4Hg_3As_8Sb_2S_{20}$
Hutchinsonit	$(Tl, Ag)_2S \cdot As_2S_3 + PbS$.

Herstellung

Im industriellen Maßstab erhält man Thallium hauptsächlich aus den bei der Abröstung sulfidischer Erze in Schwefelsäurefabriken anfallenden Flugstäuben und Bleikammerschlamm. Nach Aufschluß mit verd. Schwefelsäure und Fällung als Chlorid TlCl, Iodid TlI oder Sulfid Tl_2S erhält man das Metall durch Reduktion mit Zink oder durch Elektrolyse der Salzlösungen. Das Rohthallium wird zu Anoden vergossen und durch erneute Elektrolyse zu 99,99%igem Thallium raffiniert. Die Weltproduktion von Thallium beträgt etwa 30 t/Jahr. Die Hauptproduzenten sind die USA, GUS-Staaten, Belgien und Deutschland.

Physikalische Eigenschaften

Thallium ist ein weiches, dehnbares, an frischen Schnittflächen bläulich-weißglänzendes, dem Blei ähnliches Schwermetall, das an der Luft jedoch rasch mattgrau anläuft. Das Metall bildet zwei allotrope Modifikationen:

$$\underset{\text{Kugelpackung}}{\underset{\text{hexagonal dichteste}}{\alpha\text{-Tl}}} \xrightarrow{232\ ^\circ\text{C}} \underset{\text{Kugelpackung}}{\underset{\text{kubisch dichteste}}{\beta\text{-Tl}}}$$

Thallium hat ähnlich dem Blei eine sehr niedrige Schmelz- und Siedetemperatur, verflüchtigt sich jedoch merklich schon oberhalb 170 °C. Die thermische Leitfähigkeit beträgt 10,75%, die elektrische 8,77% der des Silbers. Unterhalb –270,76 °C (2,39 K) bzw. in dünnen Schichten unterhalb –270,55 °C (2,6 K) zeigt das Metall Supraleitfähigkeit. Die kritische Feldstärke beträgt (14164 ± 159) A · m^{-1}. Die Austrittsarbeit für Elektronen im Vakuum beträgt 384 eV (CPD).

Radiochemie

Natürliches Thallium besteht aus einem Gemisch aus zwei stabilen Isotopen, daneben sind 31 künstliche Radioisotope des Thalliums bekannt.

Die Isotope des Thalliums (1995)

Isotop	Natürliche Häufigkeit n (%)	Zerfallsart					Halbwertszeit
		α	β^+	EC	γ	β^-	$T_{1/2}$
Tl 179		**x**					0,16 s
Tl 179		**x**					1,4 ms
Tl 180			**x**				ca. 1 s
Tl 181		**x**					3,4 s
Tl 182		x	**x**		x		3,1 s
Tl 183*		**x**					6,9 s
Tl 183 m*		x			**x**		60 ms
Tl 184		x	**x**	**x**	x		11 s
Tl 185*			**x**				19,5 s
Tl 185 m*		x			**x**		1,8 s
Tl 186*		x	**x**	**x**	x		26,1 s
Tl 186 m*					**x**		2,9 s
Tl 187*				**x**	x		45 s
Tl 187 m*		x		x	**x**		16 s
Tl 188			**x**	**x**	x		1,2 m
Tl 189*				**x**	x		2,3 m
Tl 189*			**x**	**x**	x		1,4 m
Tl 190*			**x**	**x**	x		2,6 m

(* isomere Atomkerne; m* markiert jeweils einen metastabilen Zustand)

Die Isotope des Thalliums (1995)

Isotop	Natürliche Häufigkeit n (%)	Zerfallsart					Halbwertszeit $T_{1/2}$
		α	β^+	EC	γ	β^-	
Tl 190*			x	x	x		3,7 m
Tl 191*			x	x	x		5,4 m
Tl 191 m*					x		n.bek.
Tl 192*			x	x	x		9,6 m
Tl 192*			x	x	x		10,8 m
Tl 193*			x	x	x		22,6 m
Tl 193 m*				x	x		2,1 m
Tl 194*			x	x	x		33 m
Tl 194*				x	x		32,8 m
Tl 195*			x	x	x		1,13 h
Tl 195 m*					x		3,6 s
Tl 196*			x	x	x		1,8 h
Tl 196*				x	x		1,4 h
Tl 197			x	x	x		2,84 h
Tl 198*			x	x	x		5,3 h
Tl 198 m*				x	x		1,87 h
Tl 199				x	x		7,42 h
Tl 200			x	x	x		26,1 h
Tl 201				x	x		73,1 h
Tl 202				x	x		12,23 d
Tl 203	**29,524**						
Tl 204				x		x	3,78 a
Tl 205	**70,476**						
Tl 206*					x	x	4,20 m
Tl 206 m*					x		3,7 m
Tl 207*					x	x	4,77 m
Tl 207 m*					x		1,33 s
Tl 208					x	x	3,053 m
Tl 209					x	x	2,16 m
Tl 210					x	x	1,30 m

(* isomere Atomkerne; m* markiert jeweils einen metastabilen Zustand)

Die meisten Tl-Isotope haben kurze Halbwertszeiten. Die leichteren Isotope A < 205 zerfallen z. T. durch α-Strahlung in Gold, hauptsächlich jedoch durch Elektronen-Einfang (EC) und β^+-Strahlung in die entsprechenden Hg-Isotope. Die schwersten Isotope A > 205 verwandeln sich durch β^--Emission in Blei. Sie gehören alle zu den vier radioaktiven Zerfallsreihen:

${}^{208}_{81}$Tl (ThC″)	*Thorium-Zerfallsreihe* (4n)
${}^{209}_{81}$Tl	*Neptunium-Zerfallsreihe* (4n + 1)
${}^{210}_{81}$Tl (RaC″) und ${}^{206}_{81}$Tl (RaE″)	*Uran-Radium-Zerfallsreihe* (4n + 2)
${}^{207}_{81}$Tl (AcC″)	*Uran-Actinium-Zerfallsreihe* (4n + 3)

Die Isotope ${}^{204}_{81}$Tl (β^- | 0,763 Me; EC | 0,345 MeV) und ${}^{206}_{81}$Tl (β^- | 1,5 Me; γ | 0,803 MeV) werden in einer ${}^{A}_{81}$Tl (n, γ) ${}^{A+1}_{81}$Tl-Reaktion erzeugt; ersteres wird als radioaktiver Indikator (Tracer), letzteres in der Aktivierungsanalyse verwendet. Die beiden stabilen Isotope $^{203}_{81}Tl$ und $^{205}_{81}Tl$ der Kernspinzahl 1/2+ und kernmagnetischen Momenten +1,6222 bzw. +1,6382 dienen zum NMR-spektroskopischen Nachweis; NMR-Frequenzen 57,149 · 10^6 s^{-1}, bzw. 57,708 · 10^6 s^{-1}; Referenz $TlNO_3$ (aq).

Chemische Eigenschaften

Thallium ist das letzte Element in der Gruppe der „Triele". Es befindet sich im PSE in der 13. Gruppe (IIIA Hauptgruppe) unter dem Indium In, sowie in der 6. Periode zwischen Quecksilber Hg und Blei Pb. In seinem chemischen Verhalten ähnelt Thallium sehr stark seinem Periodennachbarn Blei. Entsprechend seiner Stellung im PSE hat das freie, neutrale Tl-Atom hat im elektronischen Grundzustand folgende Elektronenkonfiguration:

$$1s^2\ 2s^2\ 2p^6\ 3s^2\ 3p^6\ 3d^{10}\ 4s^2\ 4p^6\ 4d^{10}\ 4f^{14}\ 5s^2\ 5p^6\ 5d^{10}\ 6s^2\ 6p^1$$

Wie auch seine leichteren Homologen besitzt das Metall drei Valenzelektronen und bildet in seinen Verbindungen die Oxidationsstufen +I und +III, von denen die Stufe +I ([Xe] $4f^{14}$ $5d^{10}$ $6s^2$), die durch Abgabe des einen 6p-Elektrons zustande kommt, die häufigste und stabilste ist. In diesem Zustand hat Thallium große Ähnlichkeit mit den Alkalimetallen und mit Silber.
Die Normalpotentiale des Thalliums sind:

	+III		+I		0
			+0,721 V		
Saure Lösung	Tl^{3+}	+1,25 V	Tl^+	−0,3363 V	Tl

Das unedle Metall überzieht sich an der Luft ziemlich schnell mit einer grauen Oxidschicht. Von Wasser wird es in Gegenwart von Luft unter Hydroxidbildung angegriffen, in Alkohol löst es sich unter Bildung eines gelblichen, schweren Öls von Thalliumalkoholat. In verd. Salpetersäure und konz. Schwefelsäure löst sich Thallium leicht, dagegen wird es von Salzsäure und verd. Schwefelsäure wegen der Schwerlöslichkeit des Tl(I)-chlorids bzw. des -Sulfats kaum angegriffen. Mit den Halogenen verbindet sich Thallium bereits bei Raumtemperatur, mit Schwefel, Selen und Tellur reagiert es erst bei Erwärmung.
Die Halogenide der allg. Formeln TlX_{1-3} (X = F, Cl, Br, I), die Oxide Tl_2O, Tl_2O_3, die Sulfate Tl_2SO_4 und $Tl_2(SO_4)_3$, das Sulfid Tl_2S_3 sind in Wasser kaum löslich, das Carbonat Tl_2CO_3, die Nitrate $TlNO_3$ und $Tl(NO_3)_3$ die Hydroxide Tl(OH) und $Tl(OH)_3$ sowie die meisten organischen Tl-Verbindungen sind in Wasser leicht löslich. Thalliumverbindungen sind sehr giftig.

Nachweis

- Thallium färbt die nichtleuchtende Gasflamme hellgrün.
- Mit Reagenzien wie z. B. Rhodamin B, Dithizon, Oxin, EDTA u. a.

- Spektralanalyse; wichtige Spektrallinien der neutralen Atome sind: 276,787 nm, 291,832 nm, 351,924 nm, 352,943 nm, 377,572 nm, 535,046 nm (grün) u. a.
- Atomabsorptionspektrometrie (AAS) mittels der 276,787 nm Hauptlinie des Atomspektrums.

Verwendung

Wegen der hohen Toxizität von Thallium und seiner Verbindungen findet das Metall in der Technik nur begrenzt Verwendung. Als Legierungsbestandteil verbessert Thallium die Festigkeit und Korrosionsbeständigkeit von Lagermetallen aus Blei und Bleilegierungen, Pb-Sn-Tl-Legierungen dienen zur Herstellung von Anoden für die Kupferelektrolyse, Ag-Tl-Legierungen zur Herstellung elektrischer Kontakte usw. Da Thallium die Schmelztemperatur von Quecksilber von –38,84 °C bis auf –60 °C erniedrigt, eignen sich Tl-Amalgame zur Füllung von Kältethermometern. Thallium(I)-sulfid findet Anwendung in Photozellen und IR-Detektoren, Thallium(I)-iodid ist durchlässig für IR-Strahlung und dient zur Herstellung von Prismen und Linsen für IR-Geräte. Thallium(I)-sulfat wurde früher als Schädlingsbekämpfungsmittel und Rattengift eingesetzt. Das radioaktive Isotop $^{204}_{81}Tl$ (β^-, 3,78 a) wird in der Technik zu Dickenmessungen und zur Werkstoffprüfung verwendet.

Physiologie, Toxikologie

Thallium hat keine biologische Bedeutung für den menschlichen Organismus. Das Metall und seine Verbindungen wirken stark toxisch und teratogen (R 26/28, R 33, S 2, S 13, S 28, S 45). Der MAK-Wert berechnet auf Thallium wurde auf 0,1 mg/m^3 festgelegt. Eine toxische Dosis ist nicht bekannt, die letale Dosis liegt bei etwa 0,8–1 g. Bereits wenige mg Thallium können zu schweren akuten Vergiftungen führen, die sich durch Übelkeit und Brechreiz, Bauchkrämpfe, Durchfall, Neuralgien, Nierenschäden, Haarausfall äußern, bei größeren Mengen zum Koma führen. Einnahmen geringerer Mengen über einen längeren Zeitraum rufen chronische Vergiftungen hervor, die sich zunächst durch Appetitlosigkeit und Abmagerung äußern, später zu Haarausfall, Muskelschwäche, Sehstörungen, Grauem Star, Nervenschwund, Neuralgien und Psychosen führen. Als Erste Hilfe im akuten Fall bei peroraler Aufnahme wird die Verabreichung von warmer Kochsalzlösung zum Erbrechen, Magenspülung mit 1%iger Natriumiodid- oder 3%iger Natriumthiosulfatlösung, Aktivkohle, Berliner Blau (Antidotum Thallii „Heyl“) empfohlen.

Thorium Th

International (Lat.)	Thorium	Italienisch	Toria
Englisch	Thorium	Griechisch	θόϱιο (Torio)
Französisch	Tjorium	Russisch	Торий (Torij)
Spanisch	Torio	Japanisch	トリウム (toriumu)

Atomare und physikalische Eigenschaften	T+
Protonenzahl **(Z)**	**90**
Standard-Atomgewicht (bezogen auf $^{12}C = 12$)	232,0381(+ 1)
Effektive Kernladung	(Slater) 1,95
Elektronenkonfiguration	[Rn] $6d^2\ 7s^2$
Grundzustand, Termsymbol	$^3F_2$
Metallatomradius (KZ 12)	179,8 pm
Kovalenzradius (Einfachbindung)	165 pm
Ionenradien (KZ 6;8)	$94^{4+}_{(6)}$ pm, $105^{4+}_{(8)}$ pm
Molares Volumen	$19{,}80 \cdot 10^{-6}\ m^3 \cdot mol^{-1}$
1.;2.;3.;4. Ionisierungsenergie	6,9837 eV; 11,505 eV; 20,502 eV; 28,812 eV
Elektronegativität	(Allred/Rochow) 1,11; (Pauling) 1,30; (absolut) n.bek.
Wirkungsquerschnitt für thermische Neutronen ($\sigma_{n,\gamma}$)	$7{,}40 \cdot 10^{-28}\ m^2$
Dichte (bei 20 °C)	$11724\ kg \cdot m^{-3}$ a)
Härte*	(Mohs) 2,5 – 3,0
Schmelztemperatur	1750 °C (2023,15 K) b)
Siedetemperatur*	4788 °C (5061,15 K) c)
Spezifische Schmelzenthalpie	$69{,}45\ kJ \cdot kg^{-1}$ d)
Spezifische Verdampfungsenthalpie	$2344{,}46\ kJ \cdot kg^{-1}$ e)
Spezifische Sublimationsenthalpie (einatomiges Gas)	$2478{,}45\ kJ \cdot kg^{-1}$
Spezifische Wärmekapazität (bei 25 °C)	$0{,}143\ kJ \cdot kg^{-1} \cdot K^{-1}$
Debye-Temperatur	–110 °C (163,7 K)
Thermische Leitfähigkeit (bei 27 °C)	$54{,}0\ W \cdot m^{-1} \cdot K^{-1}$
Thermischer Längenausdehnungskoeffizient (bei 25 °C)	$12{,}5 \cdot 10^{-6}\ K^{-1}$ f)
Elektrische Leitfähigkeit (bei 20 °C)	$6{,}49 \cdot 10^6\ S \cdot m^{-1}$
Spezifischer elektrischer Widerstand (bei 20 °C)	$15{,}40 \cdot 10^{-8}\ \Omega \cdot m$
Temperaturkoeffizient (bei 20 °C)	$3{,}35 \cdot 10^{-3}\ K^{-1}$
Supraleitfähigkeit; Sprungtemperatur	–271,78 °C (1,37 K)
Spezifische magnetische Suszeptibilität	$+7{,}2 \cdot 10^{-9}\ m^3 \cdot kg^{-1}$
Normalpotential Th/Th^{4+}	–1,83 V

Weitere Angaben. a) $11780\ kg \cdot m^{-3}$. b) 1755 °C. c) 4850 °C, 4200 °C. d) $83\ kJ \cdot kg^{-1}$. e) $2214{,}22\ kJ \cdot kg^{-1}$. f) $11{,}0 \cdot 10^{-6}\ K^{-1}$.

* geschätzte Werte.

Entdeckung

Thorium wurde im Jahre 1828 von dem schwedischen Chemiker Jöns Jakob Berzelius (1779–1848) in Stockholm, Schweden, im Mineral Thorit in Form des Oxids entdeckt und durch Reduktion des Fluorokomplexes mit Kalium in unreiner Form isoliert. Berzelius benannte das neue Element, ohne jede Beziehung, nach dem germanischen Donnergott Donar, bzw. altnordisch „Thor", und schlug für dieses das chemische Symbol „Th" vor. Reines Thorium erhielt erst Lars Frederik Nilson 1882. Im Jahre 1898 entdeckten Gerhard D. Schmidt in Erlangen und Marie Curie in Paris unabhängig voneinander die Radioaktivität des Thoriums, die zur Entdeckung einer Reihe von Zerfallsprodukten des Elements führte. So entdeckten Rutherford und Soddy 1902 das Thorium X ($^{224}_{88}Ra$), Otto Hahn 1905 das *Radiothorium* ($^{228}_{90}Th$), 1907 das *Mesothorium 1* ($^{228}_{88}Ra$) und das *Mesothorium 2* ($^{228}_{89}Ac$) u. a.

Vorkommen

Thorium ist ein weniger häufiges Element, es kommt aber von allen Actinoiden auf der Erde am häufigsten vor. Der berechnete Massenanteil des Elements in der Erdhülle liegt bei $1{,}1 \cdot 10^{-3}$%, damit steht Thorium zwischen Molybdän und Tantal an 40. Stelle der Elementhäufigkeit. Am Aufbau der Erdkruste bis 16 km Tiefe ist es mit ca. 8,1 g/t beteiligt, und ist damit etwa dreimal häufiger als Uran (2,4 g/t); in Steinmeteoriten beträgt sein Anteil etwa 0,4 g/t. Im Meerwasser ist Thorium nur in geringen Mengen vorhanden, sein Anteil liegt bei durchschnittlich 9,4 µg $Th^{(+IV)}/m^3$ bei einer Verweilzeit von rund 50 Jahren. Thorium ist auf der Erde ziemlich weit verbreitet und tritt nur selten angereichert in größeren Mengen auf. Es kommt in zahlreichen Mineralen meist vergesellschaftet mit Uran, Blei oder Seltenerdmetallen vor. Die Hauptvorkommen liegen in Australien, Brasilien, Indien, Türkei, USA, Malaysia, Kanada, Norwegen u. a. Die als sicher angesehenen Thorium-Reserven betragen weltweit rund 3,5 Mio. t. Die Häufigkeit des Elements auf der Sonne liegt bei etwa 2 Atome Thorium pro $1 \cdot 10^{12}$ Atome Wasserstoff, die kosmische Häufigkeit wird auf 0,02 Atome Thorium pro $1 \cdot 10^6$ Atome Silicium geschätzt.

Die wichtigsten Thorium-Minerale	
Monazitsand	(Ce, La, Nd, Th) $[(P, Si)O_4]$ mit etwa 4–12% Thorium
Thorianit	$(Th, U)O_2$
Thorit	$Th[SiO_4]$ (bis zu 20% U_3O_8)
Thucholith	enthält überwiegend ThO_2 und UO_2

Herstellung

Das wichtigste Ausgangsmaterial zur Herstellung von Thorium ist der Monazitsand. Dieser wird zunächst mit konz. Schwefelsäure oder Natronlauge aufgeschlossen und anschließend durch Extraktionsprozesse mit Tributylphosphat, Methylisobutylketon oder

Thiocyanaten in Th-Konzentrate überführt. Zur Abtrennung von restlichen Seltenerdmetallen, wie auch zur Wiederaufbereitung von Kernbrennstoffen werden die Konzentrate bzw. die Kernbrennstoffrückstände nach dem *Thorex-Verfahren* in Salpetersäure gelöst. (Thorex von engl.: „**Th**orium **r**ecovery by **ex**traction", d. h. „Thoriumaufbereitung durch Extraktion"). Das so erhaltene Th(IV)-nitrat $Th(NO_3)_4$ wird durch Flüssig-Flüssig-Extraktion isoliert und anschließend in Th(IV)-oxid oder in Tetrahalogenide überführt. Thoriummetall erhält man metallothermisch durch Reduktion des Oxids ThO_2 oder der Halogenide $ThCl_4$ oder ThF_4 mit Calcium, Magnesium, Natrium oder Kalium. Besonders reines Thorium erhält man durch Schmelzflußelektrolyse von $KThF_5$ oder $ThCl_4$ in einer NaCl/KCl Schmelze, hochreines Thorium durch thermische Zersetzung von ThI_4 an heißen Glühdrähten nach dem Aufwachsverfahren. Die Weltproduktion von Thorium beträgt heute etwa 35 000 t/Jahr. Hauptproduzenten sind die USA, Rußland, China, Frankreich u. a.

Physikalische Eigenschaften

Thorium ist ein radioaktives, ziemlich weiches und dehnbares, silberweiß glänzendes Schwermetall, das an der Luft rasch grauschwarz anläuft.
Zwei Modifikationen sind bekannt:

$$\underset{\text{flächenzentriert}}{\underset{\text{kubisch}}{\alpha\text{-Th}}} \xrightarrow{1345\ °C} \underset{\text{raumzentriert}}{\underset{\text{kubisch}}{\beta\text{-Th}}}$$

Das Metall hat eine mittlere Schmelz- und eine relativ hohe Siedetemperatur, die thermische Leitfähigkeit beträgt 12,58%, die elektrische etwa 10,32% der des Silbers. Thorium ist paramagnetisch und zeigt unterhalb –271,78 °C (1,37 K) Supraleitfähigkeit. Die Austrittsarbeit für Elektronen im Vakuum beträgt 3,4 eV (T).

Radiochemie

Thorium kommt in der Natur fast ausschließlich in Form eines sehr langlebigen radioaktiven Isotops vor, weitere Th-Isotope treten in geringeren Spuren als Produkte der natürlichen Zerfallsreihen auf. Insgesamt sind bis heute 28 Radioisotope des Thoriums bekannt, die meisten wurden künstlich hergestellt.
Die Th-Isotope sind überwiegend α-Strahler, sie zerfallen mit relativ kurzen Halbwertszeiten in die entsprechenden Ra-Isotope, nur einige schwerere Isotope verwandeln sich durch β^--Emission in Pa-Isotope. $^{232}_{90}Th$ ist das Ausgangsisotop der Thorium-Zerfallsreihe (4n-Reihe) deren Endisotop $^{208}_{82}Pb$ ist. Weitere Th-Isotope finden sich auch in den anderen drei Zerfallsreihen. Drei Isotope sind durch thermische Neutronen spaltbar $^{227}_{90}Th$ ($\sigma_f = 200 \cdot 10^{-28}\ m^2$), $^{229}_{90}Th$ ($\sigma_f = 30 \cdot 10^{-28}\ m^2$) und $^{233}_{90}Th$ ($\sigma_f = 15 \cdot 10^{-28}\ m^2$), das natürliche Isotop $^{232}_{90}Th$ kann mit epithermischen Neutronen gespalten werden. Natürliches Thorium läßt sich durch Beschuß mit schnellen Neutronen in spaltbares $^{233}_{92}U$ überführen. Der

Die Isotope des Thoriums (1995)							
Isotop	Natürliche Häufigkeit n (%)	Zerfallsart					Halbwertszeit $T_{1/2}$
		α	EC	γ	sf	β⁻	
Th 210		**x**					9 ms
Th 211		**x**					37 ms
Th 212		**x**					30 ms
Th 213		**x**					0,14 s
Th 214		**x**					0,10 s
Th 215		**x**					1,2 s
Th 216*		**x**					28 ms
Th 216 m*		x		**x**			0,18 ms
Th 217		**x**					252 μs
Th 218		**x**					0,1 μs
Th 219		**x**					1,05 μs
Th 220		**x**					9,7 μs
Th 221		**x**					1,68 ms
Th 222		**x**					2,2 ms
Th 223		**x**		**x**			0,66 s
Th 224		**x**		x			1,04 s
Th 225		**x**	**x**	x			8,72 m
Th 226		**x**		x			31 m
Th 227	**Spuren**	**x**		x			18,72 d
Th 228	**Spuren**	**x**		x			1,913 a
Th 229	**Spuren**	**x**		x			7880 a
Th 230	**Spuren**	**x**		x			$7{,}54 \cdot 10^{4}$ a
Th 231	**Spuren**			x		**x**	25,5 h
Th 232	**ca. 100**	**x**		x	x		$1{,}41 \cdot 10^{10}$ a
Th 233				x	x	**x**	22,3 m
Th 234	**Spuren**			x		**x**	24,10 d
Th 235				x		**x**	7,1 m
Th 236				x		**x**	37,5 m
Th 237						**x**	5,0 m

(* isomere Atomkerne; m* markiert einen metastabilen Zustand)

Brutvorgang der in dem sog. „Schnellen Brüter" abläuft kann durch folgende Reaktionsgleichung dargestellt werden:

$$^{232}_{90}\mathrm{Th} + {}^{1}_{0}\mathrm{n} \xrightarrow{\gamma} {}^{233}_{90}\mathrm{Th} \xrightarrow[\mathrm{T}_{1/2} = 22{,}3\ \mathrm{m}]{\beta^-} {}^{233}_{91}\mathrm{Pa} \xrightarrow[\mathrm{T}_{1/2} = 27{,}0\ \mathrm{d}]{\beta^-} {}^{233}_{92}\mathrm{U}$$

Durch Beschuß von Thorium mit beschleunigten, schweren Ionen erhält man verschiedene Transurane. Aufgrund ihrer Zugehörigkeit zur Thorium-Zerfallsreihe wurden früher einige nichtidentifizierte Isotope anderer Elemente als Thorium bezeichnet:

Thorium A (ThA) für $^{216}_{84}\mathrm{Po}$
Thorium B (ThB) für $^{212}_{82}\mathrm{Pb}$
Thorium C (ThC) für $^{212}_{83}\mathrm{Bi}$
Thorium C' (ThC') für $^{212}_{84}\mathrm{Po}$

Thorium C'' (ThC'')	für	${}^{208}_{81}Tl$
Thorium D (ThD)	für	${}^{208}_{82}Pb$
Thorium X (ThX)	für	${}^{224}_{88}Ra$
Mesothorium 1 ($MsTh_1$)	für	${}^{228}_{88}Ra$
Mesothorium 2 ($MsTh_2$)	für	${}^{228}_{89}Ac$

Das natürliche Isotop ${}^{232}_{90}Th$ (α | 4,081 MeV; γ) wird als radioaktiver Indikator (Tracer) verwendet, das Isotop ${}^{229}_{90}Th$ der Kernspinzahl 5/2+ und kernmagnetischen Moment +0,46 dient zum NMR-spektroskopischen Nachweis; NMR-Frequenz (bei 2,3488 T) $1{,}5 \cdot 10^6\ s^{-1}$.
Die maximal zulässige radiologische Aktivität für natürliches Thorium beträgt 740 Bq für den menschlichen Körper, 0,37 Bq/ml in wäßriger Lösung und $7{,}4 \cdot 10^3$ Bq/m^3 Luft.

Chemische Eigenschaften

Thorium ist das erste chemische Element aus der Gruppe der „Actinoiden". Es befindet sich im PSE in der 3. Gruppe (IIIB Nebengruppe) unter dem Cer Ce, sowie in der 7. Periode zwischen dem Actinium Ac und Protactinium Pa. In seinem chemischen Verhalten ähnelt Thorium dem Hafnium und Zirconium es ist jedoch etwas basischer als Hafnium. Das freie, neutrale Th-Atom besitzt im elektronischen Grundzustand die Elektronenkonfiguration:

$$1s^2\ 2s^2\ 2p^6\ 3s^2\ 3p^6\ 3d^{10}\ 4s^2\ 4p^6\ 4d^{10}\ 4f^{14}\ 5s^2\ 5p^6\ 5d^{10}\ 6s^2\ 6p^6\ 6d^2\ 7s^2$$

Das Metall bildet in seinen Verbindungen die Oxidationsstufen +II, +III und +IV, von denen die Stufe +IV ([Rn]), die durch Abgabe der beiden 7s- und 6d-Elektronen erreicht wird die beständigste ist.
Die Normalpotentiale des Thoriums sind:

Saure Lösung

$$\overset{+IV}{Th^{4+}} \xrightarrow{-3{,}8\ V} \overset{+III}{(Th^{3+})} \xrightarrow{-4{,}9\ V} \overset{+II}{(Th^{2+})} \xrightarrow{+0{,}7\ V} \overset{0}{Th}$$

$$Th^{4+} \xrightarrow{-1{,}83\ V} Th$$

Basische Lösung

$$ThO_2 \xrightarrow{-2{,}56\ V} Th$$

Entsprechend seinem negativen Normalpotential ist Thorium ein stark elektropositives, ziemlich unedles Metall und starkes Reduktionsmittel. An der Luft läuft es rasch an, in feinverteiltem Zustand entzündet es sich spontan. Mit Wasser, verd. Säuren und Alkalihydroxiden reagiert Thorium nur langsam, konz. Salpetersäure macht das Metall völlig passiv. Von siedendem Wasser sowie von rauchender Salzsäure und Königswasser wird Thorium dagegen unter Wasserstoffentwicklung rasch angegriffen. Im Sauerstoffstrom verbrennt Thorium oberhalb 250 °C zu Th(IV)-oxid:

$$Th + O_2 \longrightarrow ThO_2 \qquad \Delta H = -1231\ kJ$$

mit Stickstoff verbindet es sich bei 800 °C zu Th(IV)-nitrid Th_3N_4. Die Farben der Kationen sind: Th^{3+} tiefblau, Th^{4+} farblos. In wäßriger Lösung bildet Thorium nur die Stufe +IV bzw. das Kation Th^{4+}.

Die Halogenide ThX_{2-4} (X = Cl, Br, I) das Nitrat $Th(NO_3)_4$, das Sulfat $Th(SO_4)_2$ und Perchlorat $Th(ClO_3)_4$ sind in Wasser leicht löslich, das Carbid ThC_2, Fluorid ThF_4, Hydroxid $Th(OH)_4$, Oxalat $Th(C_2O_4)_2 \cdot 6\,H_2O$ die Oxide ThO, ThO_2 u. a. sind in Wasser schwer löslich bzw. unlöslich.

Nachweis

- Angereichertes Thorium läßt sich mit verschiedenen Reagenzien wie Arsenazo, Thorin, Pikrolonsäure, Benzolarsonsäure u. a. bestimmen.
- Spektralanalyse; wichtige Spektrallinien der einfach positiven Ionen Th^+ sind: 339,204 nm, 346,992 nm, 374,119 nm, 401,914 nm, 438,186 nm.

Verwendung

Thorium wird v. a. in der Kerntechnik in Form des Dioxids oder Dicarbids (ThO_2 bzw. ThC_2) als Kernbrennstoff im Thorium-Hochtemperaturreaktor THTR sowie gemeinsam mit Uran in Form von $(Th, U)O_2$ oder $(Th, U)C_2$ als Brutstoff im Thorium-Uran-Brutprozeß eingesetzt. In Verbindung mit Beryllium dient Thorium als Neutronenquelle. Ferner findet es Anwendung als Getter in der Hochvakuumtechnik sowie als Legierungsbestandteil von Speziallegierungen. Th-Fe-Legierungen dienen zum Bau von Stahltriebwerken und in der Raketentechnik, Pt-Th-Legierungen stellen gute Katalysatoren für die Ammoniakverbrennung dar, Cu-Th-Legierungen dienen als Schweißelektroden und Cu-Th-Ag-Legierungen werden zur Herstellung elektrischer Kontakte verwendet. Das Dioxid wird als Zusatz für besonders wärmebeständige Legierungen wie z. B. TD-Nickel, das in Gasturbinen bis zu 1200 °C eingesetzt werden kann, verwendet. Daneben dient es zur Herstellung von Spezialgläsern und hochtemperaturfesten und chemisch widerstandsfähigen keramischen Material das für Schmelztiegel für die Feinmetallurgie und chemische Laboratorien benötigt wird.

Physiologie, Toxikologie

Thorium hat keine biologische Bedeutung für den menschlichen Organismus. Das Element ist nicht akut toxisch, kann aber wegen seiner Radioaktivität kanzerogen wirken. Thoriumverbindungen sind relativ gering toxisch, beim Einatmen können sie Atembeschwerden und Erbrechen auslösen.

Thulium Tm

International (Lat.)	Thulium	Italienisch	Tulio
Englisch	Thulium	Griechisch	θούλιο (Thoulio)
Französisch	Thulium	Russisch	Тулий (Tulij)
Spanisch	Tulio	Japanisch	ツリウム (turiumu)

Atomare und physikalische Eigenschaften

Protonenzahl **(Z)**	**69**
Standard-Atomgewicht (bezogen auf $^{12}C = 12$)	168,93421 (± 1)
Effektive Kernladung	(Slater) 2, 85; (Clementi) 8,58; (Froese-Fischer) 11,80
Elektronenkonfiguration	[Xe] $4f^{13}$ $6s^2$
Grundzustand, Termsymbol	$^2F_{7/2}$
Metallatomradius (KZ 6)	175,9 pm [a)]
Kovalenzradius (Einfachbindung)	156 pm
Ionenradien (KZ 6;9)	$88^{3+}_{(6)}$ pm, $104^{3+}_{(9)}$ pm; $94^{4+}_{(6)}$ pm
Molares Volumen	$18{,}12 \cdot 10^{-6}$ $m^3 \cdot mol^{-1}$
1.;2.;3.;4. Ionisierungsenergie	6,1843 eV; 12,053 eV; 23,682 eV; 42,691 eV
Elektronegativität	(Allred/Rochow) 1,11; (Pauling) 1,25; (absolut) ≤ 3,40 eV
Elektronenaffinität Tm ⟶ Tm^-	0,518 eV
Wirkungsquerschnitt für thermische Neutronen ($\sigma_{n,\gamma}$)	$105 \cdot 10^{-28}$ m^2
Dichte (bei 20 °C)	9321 $kg \cdot m^{-3}$ [b)]
Härte	(Mohs) 1,0
Schmelztemperatur	1545 °C (1818,15 K)
Siedetemperatur	1947 °C (2220,15 K) [c)]
Spezifische Schmelzenthalpie	108,92 $kJ \cdot kg^{-1}$ [d)]
Spezifische Verdampfungsenthalpie	1462,14 $kJ \cdot kg^{-1}$
Spezifische Sublimationsenthalpie (einatomiges Gas)	1373,35 $kJ \cdot kg^{-1}$
Spezifische Wärmekapazität (bei 25 °C)	0,160 $kJ \cdot kg^{-1} \cdot K^{-1}$
Thermische Leitfähigkeit (bei 27 °C)	16,8 $W \cdot m^{-1} \cdot K^{-1}$
Thermischer Längenausdehnungskoeffizient (bei 25 °C)	$13{,}3 \cdot 10^{-6}$ K^{-1}
Elektrische Leitfähigkeit (bei 20 °C)	$1{,}479 \cdot 10^6$ $S \cdot m^{-1}$
Spezifischer elektrischer Widerstand (bei 20 °C)	$67{,}60 \cdot 10^{-8}$ $\Omega \cdot m$
Spezifische magnetische Suszeptibilität	$+1836{,}5 \cdot 10^{-9}$ $m^3 \cdot kg^{-1}$
Curie-Temperatur	–251,15 °C (22 K)
Hall-Koeffizient	$-1{,}5 \cdot 10^{-10}$ $m^3 \cdot A^{-1} \cdot s^{-1}$
Normalpotential Tm/Tm^{3+}	–2,322 V
Hydratationsenthalpie Tm^{3+}	3717 $kJ \cdot mol^{-1}$
Bildungsenthalpie $TmCl_3$ (Tm_2O_3)	–960,9 $kJ \cdot mol^{-1}$ (–1890 $kJ \cdot mol^{-1}$)

Weitere Angaben: a) 174,6 pm, 172,4 pm. b) 9330 $kg \cdot m^{-3}$. c) 1727 °C, 1950 °C. d) 99 $kJ \cdot kg^{-1}$.

Entdeckung

Thulium wurde im Jahre 1879 von dem schwedischen Chemiker Per Theodor Cleve (1840–1905) in Uppsala, Schweden, bei der Untersuchung der Erbinerde, der sog. *Erbia* in Form einer Erde, also eines Oxids entdeckt. Trotz erheblicher Anstrengungen mehrerer Chemiker wie L. de Boisbaudran, A. von Welsbach u. a. konnte reines Thuliumoxid erst 1911 isoliert werden. Cleve nannte die neue Erde *Thulia* nach dem nordländischen Sagenland *Thule*, dem alten Namen von Skandinavien. Das darin enthaltene Element erhielt entsprechend den Namen „Thulium" mit dem chemischen Symbol „Tu", das später in „Tm" abgeändert wurde. Metallisches Thulium wurde erstmals 1950 dargestellt (s. auch Tab. Entdeckung der Metalle der Seltenen Erden, S. 775).

Vorkommen

Thulium ist das seltenste Element in der Gruppe der Seltenerdmetalle bzw. der Lanthanoide. Mit einem Massenanteil in der Erdhülle von $1{,}9 \cdot 10^{-5}\%$ steht es zwischen Bismut und Silber an 66. Stelle der Elementhäufigkeit. In der Erdkruste, bis 16 km Tiefe, ist es mit rund 0,48 g/t Gestein vertreten und ist demnach weit häufiger als Silber (0,08 g/t), Quecksilber (0,08 g/t) oder Gold (4,1 mg/t). In den Meeren und Ozeanen beträgt sein Anteil durchschnittlich 0,18 µg $Tm^{(+III)}/m^3$ Meerwasser, die Verweilzeit ist nicht bekannt. Thulium kommt in der Natur stets vergesellschaftet mit den anderen Seltenerdmetallen, vor allem mit Yttrium und den schwereren Lanthanoiden vor. Im Gadolinit ist es mit ca. 0,25% verhältnismäßig stark angereichert, im Monazitsand, Bastnäsit, Xenotim u. a. ist es hingegen nur in geringeren Mengen vorhanden. Die Thulium-Reserven werden weltweit auf rund 100 000 t geschätzt. Größere Vorkommen an Monazitsand sind v. a. die Küstensande in Australien, Brasilien, Indien u. a. Gadolinit, Bastnäsit und Xenotim finden sich hauptsächlich in Indonesien, Malaysia, Madagaskar, Burundi, USA, u. a. Die Häufigkeit des Elements auf der Sonne beträgt ca. 1,8 Atome Thulium pro $1 \cdot 10^{12}$ Atome Wasserstoff, die kosmische Häufigkeit ist nicht bekannt.

Herstellung

Technisch wird Thulium aus Monazitsand gewonnen, in dem es mit einem Anteil von ca. 0,007% (70 g/t) enthalten ist. Nach Anreicherung wird es durch Ionenaustausch von den anderen Seltenerdmetallen abgetrennt. Das Metall erhält man durch metallothermische Reduktion des Trifluorids mit Calcium, Magnesium oder Kalium.

Physikalische Eigenschaften

Thulium ist ein silberweißes, dehnbares, sehr weiches Schwermetall, das sich mit dem Messer schneiden läßt. Es kristallisiert in hexagonal dichtester Kugelpackung. Das Metall ist an trockener Luft relativ beständig, muß aber vor Feuchtigkeit geschützt werden. Die thermische Leitfähigkeit beträgt 3,92%, die elektrische 2,35% der des Silbers. Thulium ist stark paramagnetisch, zeigt aber unterhalb –251,15 °C (22 K) ferromagnetische Eigenschaften.

Radiochemie

Thulium ist ein anisotopes Element, es kommt in der Natur nur in Form eines einzigen stabilen Isotops vor. Künstlich wurden 31 radioaktive Isotope des Thuliums erzeugt, von denen mehrere Kerinsomere (* bzw. *m) besitzen.

Die Isotope des Thuliums (1995)

Isotop	Natürliche Häufigkeit n (%)	Zerfallsart						Halbwertszeit $T_{1/2}$
		p	α	β⁺	EC	γ	β⁻	
Tm 146*		**x**						72 ms
Tm 146*		**x**		**x**				235 ms
Tm 147*		**x**						0,36 ms
Tm 147*		**x**		**x**		x		0,56 s
Tm 148				**x**		x		0,7 s
Tm 149				**x**		x		0,9 s
Tm 150				**x**		x		2,2 s
Tm 151*				**x**		x		4,2 s
Tm 151*				**x**		x		5,2
Tm 152*				**x**		x		8,0 s
Tm 152*				**x**		x		5,2 s
Tm 153*			**x**	**x**		x		1,48 s
Tm 153*			**x**	**x**		x		2,5 s
Tm 154*			**x**		**x**	x		8,1 s
Tm 154*			**x**	x	x	x		3,3 s
Tm 155*			x	**x**		x		21,6 s
Tm 155*			x	**x**		x		45 s
Tm 156			x	**x**	**x**	x		83,8 s
Tm 157				**x**	**x**	x		3,5 m
Tm 158				**x**		x		4,0 m
Tm 158				**x**		x		20 s
Tm 159				**x**	**x**	x		9,0 m
Tm 160*				**x**	**x**	x		9,2 m
Tm 160 m*					**x**	**x**		75 s
Tm 161				**x**	**x**	x		37 m
Tm 162*				**x**	**x**	x		21,6 m
Tm 162 m*					**x**	**x**		24,3 m
Tm 163				**x**	**x**	x		1,81 h
Tm 164*				**x**	**x**	x		2,0 m
Tm 164 m*					**x**	**x**		5,1 m
Tm 165				**x**	**x**	x		30,06 h
Tm 166				**x**	**x**	x		7,70 h
Tm 167					**x**	x		9,25 d
Tm 168				**x**	**x**	x		93,1 d
Tm 169	**100**							
Tm 170					x	x	**x**	128,6 d

(* isomere Atomkerne; m* markiert jeweils einen metastabilen Zustand)

Die Isotope des Thuliums (1995)								
Isotop	Natürliche Häufigkeit n (%)	Zerfallsart						Halbwertszeit $T_{1/2}$
		p	α	β^+	EC	γ	β^-	
Tm 171						x	**x**	1,92 a
Tm 172						x	**x**	63,6 h
Tm 173						x	**x**	8,2 h
Tm 174						x	**x**	5,4 m
Tm 175						x	**x**	15,2 m
Tm 176						x	**x**	1,9 m
Tm 177						x	**x**	85 s

Tm-Isotope haben allgemein kurze Halbwertszeiten. Die leichteren A < 169 zerfallen durch β^+-Strahlung oder Elektronen-Einfang (EC) in die entsprechenden Er-Isotope und durch α-Strahlung in Ho-Isotope. Die schwereren Isotope A > 169 verwandeln sich durch β^--Emission in Yb-Isotope. Die wichtigsten Isotope sind $^{170}_{69}Tm$ (β^- | 0,968 MeV; EC | 0,314 MeV; γ), das in der Reaktion $^{169}_{69}Tm$ (n, γ) $^{170}_{69}Tm$ oder $^{170}_{68}Er$ ($^{2}_{1}H$, 2n) $^{170}_{69}Tm$ gebildet wird und $^{171}_{69}Tm$ (β^- | 0,104 MeV; γ), das beim β^--Zerfall von $^{171}_{68}Er$ entsteht. Beide Isotope werden als radioaktive Indikatoren (Tracer) vewendet. Das stabile Isotop $^{169}_{69}Tm$ der Kernspinzahl 1/2+ und kernmagnetischen Moment –0,2316 wird in der NMR-Spektroskopie verwendet; NMR-Frequenz (bei 2,3488 T) $8{,}271 \cdot 10^6\ s^{-1}$.

Chemische Eigenschaften

Thulium gehört zur Gruppe der „Seltenerdmetalle“ bzw. „Lanthanoide“. Es befindet sich im PSE in der 3. Gruppe (IIIB Nebengruppe) über dem Mendelevium Md sowie in der 6. Periode zwischen Erbium Er und Ytterbium Yb. Das freie, neutrale Tm-Atom hat im elektronischen Grundzustand folgende Elektronenkonfiguration:

$$1s^2\ 2s^2\ 2p^6\ 3s^2\ 3p^6\ 3d^{10}\ 4s^2\ 4p^6\ 4d^{10}\ 4f^{13}\ 5s^2\ 5p^6\ 6s^2$$

Thulium ist ein Übergangsmetall und bildet in seinen Verbindungen die Oxidationsstufen +II und +III, von denen die Stufe +III, die durch Abgabe der beiden 6s-Elektronen sowie eines 4f-Elektrons erreicht wird, die wichtigste und beständigste ist. Die Normalpotentiale des Thuliums sind:

	+III		+II		0
Saure Lösung	Tm^{3+}	–2,3 V	Tm^{2+}	–2,31 V	Tm
	Tm^{3+}	–2,322 V			Tm
Basische Lösung	$Tm(OH)_3$	–2,83 V			Tm

Thulium ist angesichts seines relativ hohen negativen Normalpotentials ein stark elektropositives, sehr unedles Metall und ein starkes Reduktionsmittel. An feuchter Luft läuft das Metall unter Oxid- bzw. Hydroxidbildung rasch an, in fein zerteilter Form ist es pyrophor. Das Metall reagiert mit Wasser und verdünnten Säuren unter Wasserstoffentwicklung. Mit Wasser bildet es das Hydroxid

$$Tm + 3\,H_2O \longrightarrow Tm(OH)_3 + 1^1/_2\,H_2$$

mit Säuren die entsprechenden Salze

$$Tm + 3\,HCl \longrightarrow TmCl_3 + 1^1/_2\,H_2$$

Im erhitzten Zustand verbrennt das Metall in Sauerstoff und Chlor. Tm(II)-Verbindungen erhält man durch Umsetzung entsprechender Tm(III)-Verbindungen, wie z. B. Tm(II)-halogenide durch Reduktion von Tm(III)-halogeniden mit Wasserstoff oder Thulium bei höheren Temperaturen.
Die Farben der Kationen sind: Tm^{2+} violettrot, Tm^{3+} blaßgrün. Von den vielfarbigen Thuliumverbindungen sind die Halogenide $TmX_{2;3}$ (X = Cl, Br, I), das Nitrat $Tm(NO_3)_3$ u. a. im Wasser löslich, die Fluoride TmF_2 und TmF_3, das Oxid Tm_2O_3, Oxalat $Tm_2(C_2O_4)_3 \cdot 6\,H_2O$ u. a. sind in Wasser nicht löslich.

Nachweis

- Flammenspektroskopie, Röntgenfluoreszenz, Aktivierungsanalyse, Massenspektrometrie u. a.
- Spektralanalyse; wichtige Spektrallinien der neutralen Atome sind: 371,791 nm, 409,419 nm, 410,584 nm, 418,762 nm, u. a.
- Atomabsorptionsspektrometrie (AAS) mittels der 371,791 nm Hauptlinie des Atomspektrums.

Verwendung

Thulium hat bisher kaum praktische Anwendungen gefunden. Es wurden Anwendungsmöglichkeiten zur Verwendung des Metalls als Aktivator in Leuchtstoffen für Farbfernseh-Bildschirme sowie in der Elektronik untersucht. Die Isotope $^{170}_{69}Tm$ und $^{171}_{69}Tm$ dienen in der Technik hauptsächlich als γ-Strahlunsquellen für Werkstoffprüfungen, Dickenmessungen sowie in tragbaren Durchleuchtungsgeräten.

Physiologie, Toxikologie

Das Element hat keine biologische Bedeutung für den menschlichen Organismus. Es gilt als gering toxisch und wirkt stimulierend.

Titan Ti

International (Lat.)	Titanium	Italienisch	Titanio
Englisch	Titanium	Griechisch	Τιτάνιο (Titanio)
Französisch	Titane	Russisch	Титан (Titan)
Spanisch	Titanio	Japanisch	チタン (titan)

Atomare und physikalische Eigenschaften

Protonenzahl **(Z)**	**22**
Standard-Atomgewicht (bezogen auf $^{12}C = 12$)	47,88(± 3)
Effektive Kernladung	(Slater) 3,15; (Clementi) 4,82; (Froese-Fischer) 6,37
Elektronenkonfiguration	[Ar] $3d^2\ 4s^2$
Grundzustand, Termsymbol	$^3F_2$
Metallatomradius	144,8 pm [a)]
Kovalenzradius (Einfachbindung)	132,4 pm
Ionenradien (KZ 4;6)	$42^{4+}_{(4)}$ pm, $86^{2+}_{(6)}$ pm, $68^{3+}_{(6)}$ pm, $60{,}5^{4+}_{(6)}$ pm
Molares Volumen	$10{,}55 \cdot 10^{-6}\ m^3 \cdot mol^{-1}$
1.,2.;3.;4.;5. Ionisierungsenergie	6,8192 eV; 13,577 eV; 27,485 eV; 43,270 eV; 99,216 eV
Elektronegativität	(Allred/Rochow) 1,32; (Pauling) 1,54; (absolut) 3,45 eV
Elektronenaffinität $Ti \longrightarrow Ti^-$	0,0787 eV
Wirkungsquerschnitt für thermische Neutronen ($\sigma_{n,\gamma}$)	$6{,}10 \cdot 10^{-28}\ m^2$
Dichte (bei 20 °C)	$4540\ kg \cdot m^{-3}$ [b)]
Härte (geglüht)	(Mohs) 3,0–4,0 ; (Brinell) $102{,}8 \cdot 10^7$ Pa
Elastizitätsmodul	$11{,}6 \cdot 10^{10}$ Pa
Schmelztemperatur	1668 °C (1941,15 K) [c)]
Siedetemperatur	3262 °C (3535,15 K) [d)]
Spezifische Schmelzenthalpie	$436{,}51\ kJ \cdot kg^{-1}$ [e)]
Spezifische Verdampfungsenthalpie	$8876{,}36\ kJ \cdot kg^{-1}$ [f)]
Spezifische Sublimationsenthalpie (einatomiges Gas)	$9820{,}38\ kJ \cdot kg^{-1}$
Spezifische Atomisierungsenthalpie	$9899{,}75\ kJ \cdot kg^{-1}$
Spezifische Wärmekapazität (bei 25 °C)	$0{,}523\ kJ \cdot kg^{-1} \cdot K^{-1}$
Thermische Leitfähigkeit (bei 27 °C)	$21{,}9\ W \cdot m^{-1} \cdot K^{-1}$
Thermischer Längenausehnungskoeffizient (bei 25 °C)	$8{,}35 \cdot 10^{-6}\ K^{-1}$ [g)]
Elektrische Leitfähigkeit (bei 20 °C)	$2{,}37 \cdot 10^6\ S \cdot m^{-1}$
Spezifischer elektrischer Widerstand (bei 20 °C)	$42{,}12 \cdot 10^{-8}\ \Omega \cdot m$
Temperaturkoeffizient (bei 20 °C)	$5{,}5 \cdot 10^{-3}\ K^{-1}$
Supraleitung, Sprungtemperatur	–272,76 °C (0,39 K)
Hall-Koeffizient	Ti (99,91%) $-0{,}26 \cdot 10^{-10}\ m^3 \cdot A^{-1} \cdot s^{-1}$; Ti (99,87%) $+0{,}10 \cdot 10^{-10}\ m^3 \cdot A^{-1} \cdot s^{-1}$;
Spezifische magnetische Suszeptibilität	$+4{,}01 \cdot 10^{-9}\ m^3 \cdot kg^{-1}$
Normalpotential Ti / TiO^{2+}	–0,862 V
Bildungsenthalpie $TiCl_4$ (TiO_2)	$-804{,}7\ kJ \cdot mol^{-1}$ ($-945{,}4\ kJ \cdot mol^{-1}$)

Weitere Angaben: a) 147 pm. b) $4500\ kg \cdot m^{-3}$, $4506\ kg \cdot m^{-3}$ und $4510\ kg \cdot m^{-3}$. c) (1610 ± 10) °C, 1660 °C, 1677 °C. d) 3287 °C. e) $392{,}65\ kJ \cdot kg^{-1}$, $324\ kJ \cdot kg^{-1}$. f) $8990\ kJ \cdot kg^{-1}$. g) $8{,}6 \cdot 10^{-6}\ K^{-1}$.

Entdeckung

Titan wurde in Form des Dioxids im Jahre 1791 von dem britischen Geistlichen und Amateurchemiker William Gregor (1761–1817) in Creed, Cornwall, Großbritannien, in einem schwarzen Eisensand aus dem Fluß Helford im Menaccan-Tal entdeckt. Unabhängig davon entdeckte 1795 auch M. H. Klaproth das Dioxid bei der Untersuchung des Minerals Rutil. Das in dem Dioxid vorhandene Metall benannte Klaproth ohne nähere Beziehung nach den „Titanen", den Ursöhnen der Erde, nach der griechischen Mythologie. Das Metall in unreiner Form erhielt erstmals 1825 J. J. Berzelius durch Reduktion des Dioxids mit Natrium. Die Herstellung von reinem Titan gelang 1910 M. A. Hunter in den USA durch Reduktion von $TiCl_4$ mit Natrium, und 1924 erhielten die Niederländer Anton Edward van Arkel (1893–1976) und Jan Hendrik de Boer (1899–1971) hochreines Titan nach dem *Aufwachsverfahren*, dem sog. *Van-Arkel-de-Boer-Verfahren*. Die erste technische Herstellung erfolgte 1938 durch W. Kroll *(Kroll-Prozeß)*.

Vorkommen

Titan gehört zu den relativ häufigen Elementen auf der Erde und steht mit einem Massenanteil in der Erdhülle von 0,41% zwischen Wasserstoff und Chlor an 10. Stelle der Elementhäufigkeit. Am Aufbau der obersten 16 km der Erdkruste ist Titan mit 6,32 kg/t Krustengestein beteiligt, in Steinmeteoriten mit 0,9 kg/t. In den Meeren und Ozeanen beträgt sein Anteil durchschnittlich $4{,}8 \cdot 10^{-4}$ g $Ti^{(+IV)}/m^3$ Meerwasser, die Verweilzeit ist nicht bekannt. Das Metall tritt nie elementar auf. In der Natur ist Titan sehr verbreitet und findet sich in zahlreichen Gesteinen und Mineralen, überwiegend jedoch nur in geringen Konzentrationen, und häufig vergesellschaftet mit Eisenerzen. Bedeutende Primär- und Sekundärlager von Ilmenit liegen in Kanada, USA, Brasilien, Rußland, Skandinavien, Australien und Republik Südafrika. Die Hauptvorkommen an Rutil in Form von Küstensanden und Seifen befinden sich in Südafrika, Australien und USA und geringere Mengen in Deutschland (Ndsachs., Wesermündung). Riesige Lagerstätten an Ti-Carbonaten und Anatas wurden in Brasilien entdeckt. Daneben findet sich Titan in den Mineralen der Seltenerdmetalle, fast in jedem Ackerboden bis zu 0,5% sowie in der Flugasche von Kohlekraftwerken. Weltweit werden Titanerze mit einem TiO_2-Gehalt von ca. 5 Mio. t/Jahr gefördert, die Hauptförderländer sind Australien mit ca. 9,5%, Kanada 11,3%, Norwegen 9,6%, GUS-Staaten 5,2%, Malaysia 5% u. a. Die bekannten Titan-Reserven werden weltweit auf rund 450 Mio. t geschätzt. Die Häufigkeit von Titan auf der Sonne beträgt etwa $1{,}12 \cdot 10^5$ Atome Titan pro $1 \cdot 10^{12}$ Atome Wasserstoff, die kosmische Häufigkeit ist nicht bekannt.

Die wichtigsten Titan-Minerale	
Ilmenit, Titaneisenerz	$FeTiO_3$
Titanit	$CaTi[O \mid SiO_4]$
Perowskit	$CaTiO_3$
Titandioxid	TiO_2, das in drei verschiedenen Modifikationen vorkommt: Rutil und Anatas tetragonal sowie Brookit rhombisch.

Herstellung

Die industrielle Herstellung von Titan erfolgt heute fast ausschließlich nach dem Kroll-Verfahren *(Kroll-Prozeß)* durch Reduktion des Tetrachlorids mit Magnesium. Die wichtigsten technischen Rohstoffe sind der Ilmenit $FeTiO_3$ und rutilhaltige Sande. Der Ilmenit, der meist in Verbindung mit Fe_3O_4 vorkommt, enthält durchschnittlich 45–60% TiO_2 und 40–45% FeO und Fe_2O_3. Zur Anreicherung des TiO_2-Gehalts wird das durch Flotation von der Gangart gereinigte Erz im elektrischen Lichtbogenofen bei hohen Temperaturen mit Koks reduziert. Das flüssige Eisen sammelt sich am Boden und wird abgestochen. Die sich dabei bildende Titanschlacke, die bis zu 85% TiO_2 enthält, wird gemahlen, mit Koks gemischt und mit Chlor bei 900 °C in $TiCl_4$ übergeführt:

$$TiO_2 + 2\,C + 2\,Cl_2 \longrightarrow TiCl_4 + 2\,CO \uparrow \qquad \Delta H = -80{,}5\ kJ$$

Das so erhaltene Ti(IV)-chlorid wird gereinigt und anschließend bei 950–1150 °C unter Helium- oder Argonatmosphäre mit Magnesium zum Metall reduziert:

$$TiCl_4 + 2\,Mg \longrightarrow Ti + 2\,MgCl_2 \qquad \Delta H = -480\ kJ$$

Es entsteht Titanschwamm, der aus ca. 55–65% Ti, 25% $MgCl_2$und 10–20% Mg besteht. Das $MgCl_2$ und Mg werden anschließend aus dem gemahlenen Titanschwamm mit verdünnter Salzsäure herausgelöst oder durch Vakuumdestillation entfernt. Die Reduktion kann auch mit Natrium oder Natriumhydrid erfolgen:

$$TiCl_4 + 4\,Na \longrightarrow Ti + 4\,NaCl$$
$$TiCl_4 + 4\,NaH \longrightarrow Ti + 4\,NaCl + 2\,H_2 \uparrow$$

Hochreines Titan erhält man durch *Zonenschmelzverfahren* oder nach dem *Aufwachsverfahren* durch thermische Zersetzung des Tetraiodids an dünnen, auf 1300 °C elektrisch erhitzten Glühfäden aus Wolfram. Das Titan scheidet sich dabei an den Wolfram fäden ab und bildet einen langen Stab aus hochreinem Titan. Angesichts der hohen Herstellungskosten von Titan, spielt die Rückgewinnung des Metalls aus Titanschrott heute eine wichtige Rolle. Titan gelangt als Pulver, Schwamm, oder als kompaktes Metall in Blöcken Stangen, Blechen, Drähten oder Rohren sowie in Form verschiedener Legierungen in den Handel. Die Weltproduktion beträgt jährlich rund 5 Mio. t Titandioxid, 120 000 Titanmetall und 500 000 t Ferrotitan. Die Hauptproduzenten von Titanmetall sind die GUS-Staaten mit ca. 50% der Weltproduktion, USA 25% und Japan 18%.

Physikalische Eigenschaften

Reines Titan ist ein silberweißes, gut dehnbares und schmiedbares Leichtmetall das sich schon bei Raumtemperatur leicht zu Blechen walzen läßt. Technisches Titan ist jedoch infolge von geringen Verunreinigungen sehr spröde und hart und läßt sich nur bei Rotglut schmieden. Das Metall zeichnet sich durch hohe mechanische Festigkeit bei geringer Dichte, hohe Schmelztemperatur, geringe thermische Ausdehnung sowie Korrosionsbeständigkeit aus und ist daher ein wichtiger Werkstoff für die Industrie und ein wichtiger Legierungsbestandteil. Oberhalb 426 °C läßt die Festigkeit des Metalls schnell nach, daher ist Titan als Werkstoff für höhere Temperaturen nicht geeignet. Bei höheren

Temperaturen nimmt Titan leicht O_2, N_2 sowie größere Mengen H_2 auf, das Metall wird dabei sehr hart und spröde. Die Schallgeschwindigkeit im Metall beträgt 6070 m · s^{-1}. Das Metall tritt in zwei Modifikationen auf:

$$\underset{\text{hexagonal dichteste Kugelpackung}}{\alpha\text{-Ti}} \xrightarrow{882\ °C} \underset{\text{kubisch raumzentriert}}{\beta\text{-Ti}}$$

Die thermische Leitfähigkeit beträgt 5,11%, die elektrische 3,77% der des Silbers. Titan zeigt paramagnetische Eigenschaften, unterhalb –272,76 °C (0,39 K) bzw. in dünnen Schichten unterhalb –271,85 °C (1,3 K) besteht Supraleitfähigkeit, die kritische Feldstärke beträgt 4456,34 A · m^{-1}. Die Austrittsarbeit für Elektronen im Vakuum beträgt 4,33 eV (P).

Radiochemie

Natürliches Titan besteht aus fünf stabilen Isotopen, daneben sind weitere 15 künstliche radioaktive Isotope des Titans bekannt.
Ti-Isotope haben allgemein kurze Halbwertszeiten. Die leichteren A < 46 zerfallen durch β^+-Strahlung und Elektronen-Einfang (EC) in die entsprechenden Sc-Isotope, die

Die Isotope des Titans (1995)

Isotop	Natürliche Häufigkeit n (%)	Zerfallsart				Halbwertszeit $T_{1/2}$
		β^+	EC	γ	β^-	
Ti 39		x				26 ms
Ti 40		x				56 ms
Ti 41		x				80 ms
Ti 42		x		x		0,20 s
Ti 43		x		x		509 ms
Ti 44			x	x		47,3 a
Ti 45		x		x		3,08 h
Ti 46	**8,0**					
Ti 47	**7,3**					
Ti 48	**73,8**					
Ti 49	**5,5**					
Ti 50	**5,4**					
Ti 51				x	x	5,8 m
Ti 52				x	x	1,7 m
Ti 53				x	x	32,7 s
Ti 54					x	n.bek.
Ti 55					x	n.bek.
Ti 56					x	n.bek.
Ti 57					x	n.bek.
Ti 58					x	n.bek.

schwereren A < 50 verwandeln sich durch β^--Emission in V-Isotope. Das Isotop $^{44}_{22}Ti$ (EC 0,265 MeV; γ) wird als radioaktiver Indikator, Tracer, verwendet, die beiden stabilen Isotope $^{47}_{22}Ti$ und $^{49}_{22}Ti$ der Kernspinzahlen 5/2– bzw. 7/2– und kernmagnetischen Momenten –0,7885 bzw. –1,0417 dienen zum NMR-spektroskopischen Nachweis; NMR-Frequenzen (bei 2,3488 T) 5,637 · 10^6 s^{-1} bzw. 5,638 · 10^6 s^{-1}; Referenz TiF_6^{2-} (konz. HF). Das Isotop $^{22}_{51}Ti$ entsteht durch Neutroneneinfang in einer $^{50}_{22}Ti$ (n, γ) $^{51}_{22}Ti$-Reaktion, es wird in der Aktivierungsanalyse verwendet.

Chemische Eigenschaften

Titan ist das erste Element der sog. *Titangruppe*. Es befindet sich im PSE in der 4. Gruppe (IVB Nebengruppe) über dem Zirconium Zr, sowie in der 4. Periode zwischen Scandium Sc und Vanadium V. Entsprechend seiner Stellung im PSE hat das freie, neutrale Ti-Atom im elektronischen Grundzustand die Elektronenkonfiguration:

$$1s^2\ 2s^2\ 2p^6\ 3s^2\ 3p^6\ 3d^2\ 4s^2$$

Als typisches Übergangsmetall bildet Titan in seinen Verbindungen alle Oxidationsstufen von –I bis +IV, von denen die Stufe +IV ([Ar]) die beständigste ist. Ti(VI)-Verbindungen sind alle kovalent aufgebaut, sie zeigen ein starkes Hydrolysebestreben und neigen zur Bildung anionischer Komplexe. Ti^{4+}-Ionen gibt es nicht. Die violetten Ti(III)-salze ergeben in wäßriger Lösung starke Reduktionsmittel, sie gehen sehr leicht in Ti(IV)-Verbindungen über. Die Normalpotentiale des Titans sind:

	+IV		+III		+II		0
	(–0,862 V: TiO^{2+} → Ti)						
			(–1,21 V: Ti^{3+} → Ti)				
Saure Lösung	TiO^{2+}	+0,1 V	Ti^{3+}	–0,37 V	Ti^{2+}	–1,632 V	Ti
	TiO_2	–0,56 V	Ti_2O_3	–1,23 V	TiO	–1,31 V	
Basische Lösung	TiO_2	–1,38 V	Ti_2O_3	–1,95 V	TiO	–2,13 V	Ti

Titan ist ein elektropositives und entsprechend seinem negativen Normalpotential ein unedles Metall. Dennoch ist es infolge Bildung einer dünnen aber festen Oxidhaut bei Raumtemperatur an der Luft und gegenüber Wasser beständig. Auch von Mineralsäuren und sogar von Königswasser wird es in der Kälte nicht angegriffen. Auch gegen Alkalilaugen, Alkohol, Ameisensäure, Ammoniak, Weinsäure, Citronensäure, vielen Chloriden u. a. Salzen ist es beständig. Dagegen wird es von heißen Säuren und von Flußsäure leicht angegriffen. Feinverteiltes Titan verbrennt in Sauerstoff oder Stickstoffatmosphäre zu Ti(IV)-oxid bzw. zu Ti(III)-nitrid. Das kompakte Metall verbrennt bei Rotglut im Sauerstoffstrom zu Ti(IV)-oxid:

$$Ti + O_2 \longrightarrow TiO_2 \qquad \Delta H = -945{,}4\ kJ$$

Bei höheren Temperaturen verbindet sich Titan leicht mit den meisten Nichtmetallen, mit Wasserstoff zu TiH_2, mit Chlor zu $TiCl_4$, mit Kohlenstoff zu TiC, mit Stickstoff zu TiN, mit Schwefel zu TiS_2, mit Silicium zu TiSi, mit Bor zu TiB u. a. Wichtige Verbindun-

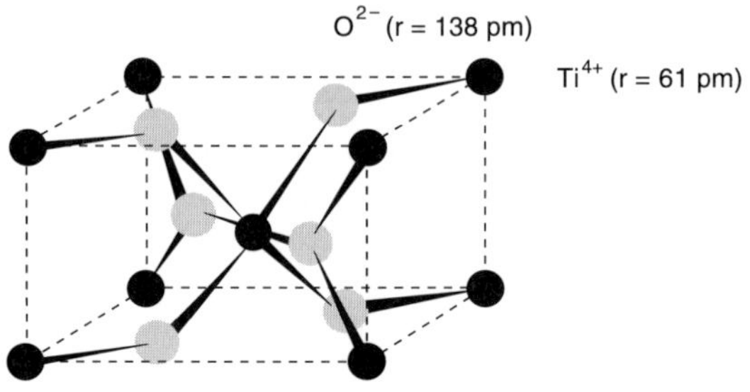

Abb. 82: Das Kristallgitter des Rutils; „Titandioxid-Struktur" (Rutil-Typ); Eine kubische Gitterstruktur in der die Titan-Kationen Ti^{4+} oktaedrisch von sechs Oxid-Anionen O^{2-} und die O^{2-}-Anionen trigonal-planar von drei Ti^{4+}-Kationen koordiniert sind. Verhältnis der Radien $r_{Ti^{4+}}/r_{O^{2-}}$ = 0,442. Gittertyp AB 6/3.

gen sind die Halogenide TiF_{2-4}, $TiCl_{2-4}$, $TiBr_2$ und TiI_2, die Oxide TiO, Ti_2O_3 und TiO_2 (Abb. 82), das Carbid TiC, Borid TiB, Hydrid TiH_2, Nitrid TiN, Sulfat $Ti_2(SO_4)_3$ u. a. Die Titanate(IV) sind Salze oder Ester der hypothetischen Titansäuren H_4TiO_4 und H_2TiO_3 der allg. Formeln $M^I_4TiO_4$, $M^I_2TiO_3$, $M^I_2Ti_2O_5$, $M^I_2Ti_3O_7$, $M^{II}TiO_3$ u. a. Daneben bildet Titan zahlreiche intermetallische Verbindungen und verschiedene Komplexe.

Nachweis

Qualitativ:

- Titan färbt die Phosphorsalzperle in der Reduktionsflamme violett.
- Bildung von intensiv orangegelben Titanperoxosulfat $TiO_2(SO_4)$ durch Umsetzung von Titanoxidsulfat $TiO(SO_4)$ mit Wasserstoffperioxid H_2O_2:

$$TiO(SO_4) + H_2O_2 \longrightarrow TiO_2(SO_4) + H_2O$$

Quantitativ:

- Mit Reagenzien wie Kupferon, Tiron, Sulfosalicylsäure, Morin, 8-Chinolinol u. a.
- Spektralanalyse; wichtige Spektrallinien der einfach positiven Ionen Ti^+: 323,452 nm, 334,941 nm, 336,121 nm, 337,280 nm, und der neutralen Atome: 363,546 nm, 364,268 nm, 365,350 nm, 399,864 nm u. a.
- Atomabsorptionsspektrometrie (AAS) mittels der 365,350 nm Hauptlinie des Atomspektrums.

Verwendung

Titan ist ein wertvoller Werkstoff zur Herstellung technischer Gegenstände von hoher Festigkeit und geringem Gewicht wie z. B. für Überschall-Flugzeuge, für den Schiffs- und U-Bootbau, Triebwerke in der Raketentechnik, für die Reaktortechnik usw. Titanlegierungen wie Titanstahl, Ti-Hartmetalle werden v. a. zum Anlagenbau für die chemische Industrie, Nahrungsmittel-, Textil-, und Papierindustrie, für Meerwasserentsalzungsanlagen u. a. verwendet. Titanstähle, mit weniger als 0,8% Titan, sind besonders fest und elastisch und daher sehr widerstandsfähig gegen Schläge und Stöße und eignen sich zur Herstellung von Eisenbahnrädern, Turbinen, Schiffsschrauben u. a. In der Medizin werden Nadeln, Prothesen, Knochennägel und -schrauben aus Titan verwendet. Das Metall dient ferner zur Herstellung von dünnen Brillengläsern mit hoher Brechkraft und in der Schmuckindustrie zur Herstellung von Armbändern für Uhren, Modeschmuck usw. Fast 95% des erzeugten Titans werden als Titandioxid für die Pigmentindustrie, Titanweiß, benötigt.

Physiologie, Toxikologie

Titan gehört zu den Spurenelementen, die keine biologische Bedeutung für den menschlichen Organismus haben. Im Körper wirkt es stimulierend und vermutlich kanzerogen. Der tägliche Bedarf von etwa 0,8 mg wird ausschließlich über die Nahrung gedeckt. Titan ist ausgesprochen ungiftig.

Uran U

International (Lat.)	Uranium	Italienisch	Uranio
Englisch	Uranium	Griechisch	Ουράνιο (Uranio)
Französisch	Uranium	Russisch	Уран (Uran)
Spanisch	Uranio	Japanisch	ウラン (uran)

Atomare und physikalische Eigenschaften	
Protonenzahl **(Z)**	**92**
Standard Atomgewicht (bezogen auf ^{12}C = 12)	238,0289 (±1)
Effektive Kernladung	(Slater) 1,80
Elektronenkonfiguration	[Rn] $5f^3\ 6d^1\ 7s^2$
Grundzustand, Termsymbol	$^5L_6$
Metallatomradius (KZ 12 α)	138,5 pm [a)]
Ionenradien (KZ 6)	$102{,}5^{3+}_{(6)}$ pm, $89^{4+}_{(6)}$ pm, $76^{5+}_{(6)}$ pm, $73^{6+}_{(6)}$ pm
Molares Volumen	$12{,}56 \cdot 10^{-6} m^3 \cdot mol^{-1}$
1.;2.;.....7.;8.;9.;10. Ionisierungsenergie	6,0527 eV; 14,717 eV;.....104 eV, 121 eV, 137 eV 126 eV
Elektronegativität	(Allred/Rochow) 1,22; (Pauling) 1,38; (absolut) n. bek.
Elektronenaffinität U ⟶ U^-	n. bek.
Wirkungsquerschnitt für thermische Neutronen ($\sigma_{n,\gamma}$)	$3{,}40 \cdot 10^{-28} m^2$
Dichte (bei 20 °C)	$19100\ kg \cdot m^{-3}$ [b)]
Härte *	(Mohs) 2,5 – 3,0
Elastizitätsmodul	$16{,}6 \cdot 10^{10}$ Pa
Schmelztemperatur	1132,30 °C (1405,45 K)
Siedetemperatur	3818 °C (4091,15 K) [c)]
Spezifische Schmelzenthalpie	$65{,}12\ kJ \cdot kg^{-1}$ [d)]
Spezifische Verdampfungsenthalpie	$1775{,}41\ kJ \cdot kg^{-1}$ [e)]
Spezifische Sublimationsenthalpie (einatomiges Gas)	$2024{,}95\ kJ \cdot kg^{-1}$
Spezifische Wärmekapazität (bei 25 °C)	$0{,}116\ kJ \cdot kg^{-1} \cdot K^{-1}$
Debye-Temperatur	–66 °C (207,15 K)
Thermische Leitfähigkeit (bei 27 °C)	$27{,}6\ W \cdot m^{-1} \cdot K^{-1}$
Thermischer Längenausdehnungskoeffizient (bei 25 °C)	$12{,}6 \cdot 10^{-6} K^{-1}$
Elektrische Leitfähigkeit (bei 20 °C)	$3{,}24 \cdot 10^6\ S \cdot m^{-1}$
Spezifischer elektrischer Widerstand (bei 20 °C)	$30{,}86 \cdot 10^{-8}\ \Omega \cdot m$
Temperaturkoeffizient (bei 20 °C)	$3{,}4 \cdot 10^{-3} K^{-1}$
Supraleitung, Sprungtemperatur	–271,9 °C (1,25 K)
Spezifische magnetische Suszeptibilität	$+21{,}6 \cdot 10^{-9}\ m^3 \cdot kg^{-1}$
Hall-Koeffizient	$+0{,}34 \cdot 10^{-10}\ m^3 \cdot A^{-1} \cdot s^{-1}$
Normalpotential U/U^{3+}	–1,660 V

Weitere Angaben: a) 156 pm. b) $18700\ kg \cdot m^{-3}$, $18970\ kg \cdot m^{-3}$, $19050\ kg \cdot m^{-3}$. c) 3745 °C und 3930 °C. d) $36{,}6\ kJ \cdot kg^{-1}$, $52{,}94\ kJ \cdot kg^{-1}$. e) 1751,88 kJ · kg. * geschätzte Werte.

Entdeckung

Uran wurde im Jahre 1789 von dem deutschen Chemiker Martin Heinrich Klaproth (1743–1817) in Berlin, Deutschland, in Form des Dioxids UO_2 in der Uranpechblende entdeckt. Klaproth schlug für das neue Element den Namen „Uranit“ später „Uranium“ vor, nach dem 1781 von F. W. Herschel entdeckten Planeten Uranus, [von griech.: οὐρανός (ouranos) d. h. „Himmel“], den man damals für den entferntesten Planeten hielt, so wie Uran, das Element mit dem größten Atomgewicht war. Das chemische Symbol „U“ wurde 1814 von J. J. Berzelius vorgeschlagen. Metallisches Uran, allerdings in unreiner Form erhielt erstmals 1841 Eugéne-Melchior Péligot (1811–1890) in Paris, 1856 gelang ihm auch die Herstellung von reinem Uran durch Reduktion von U(IV)-chlorid mit Natrium im Vakuum. 1896 entdeckte Antoine Henri Becquerel (1852–1908) in Paris die natürliche Radioaktivität des Urans und 1938 gelang Otto Hahn (1879–1968) und Friedrich Straßmann (1902–1980) beim Beschuß von Uran mit thermischen Neutronen die Spaltung des Urankerns.

Vier Jahre später, genau am 2. Dezember 1942 wurde unter der Leitung von Enrico Fermi der erste Atomreaktor in einer Turnhalle unter der Tribüne von Stagg Field auf dem Sportplatz der Universität von Chicago in Betrieb genommen. Dazu wurden über 50 t Urandioxid UO (mit natürlichem Anreicherungsgrad) und fast 400 t Graphit als Moderator schichtweise übereinandergestapelt (daher der Name *Atommeiler*). Die Kernreaktion wurde mit Cadmiumstäben geregelt. Zusätzlich standen auf einer Tribüne Mitarbeiter mit Eimern voll Cadmiumlösung um diese über den „pile“ (den Haufen) zu gießen, falls die Kernreaktion außer Kontrolle geraten sollte. Während des Zweiten Weltkrieges, etwa Anfang 1943, begannen in den USA im Rahmen des *Manhattan Project* unter der wissenschaftlichen Leitung von J. R. Oppenheimer, Direktor der Forschungslaboratorien in Los Alamos, New Mexico mit den Arbeiten zum Bau der ersten Atombomben. Am 16. Juli 1945 wurde auf dem Versuchsgelände bei Almogordo, New Mexico die erste Atombombe gezündet. Die zweite Bombe mit dem Decknamen *Little Boy* wurde am 6. August 1945 in 6000 m Höhe über der japanischen Großstadt Hiroshima abgeworfen. Die Bombe mit einer Länge von 3,2 m, einem Durchmesser von 0,73 m und einer Gesamtmasse von 4,5 t enthielt einen ballgroßen, 60 kg schweren Kern aus Uran-235, mit einem Detonationswert von 13,5 Mio. t TNT. Unter der unmittelbaren Wirkung und den späteren Folgen der Bombe starben bis heute über 200 000 Menschen.

Vorkommen

Uran gehört zu den weniger häufigen Elementen auf der Erde. Mit einem geschätzten Massenanteil in der Erdhülle von $3{,}2 \cdot 10^{-4}\%$ steht es zwischen Argon und Ytterbium an 54. Stelle der Elementhäufigkeit. In der Erdkruste bis 16 km Tiefe ist Uran mit rund 2,4 g/t vertreten, es ist damit viel häufiger als so bekannte Metalle wie Quecksilber und Silber (je 0,08 g/t) oder Gold (4,1 mg/t), in Steinmeteoriten beträgt sein Anteil etwa 0,4 g/t. Uranminerale haben allgemein einen sehr niedrigen Urangehalt, Uran-reichere Minerale ($> 1\%$) sind sehr selten, dagegen sind Uran-arme Minerale ($< 0{,}5\%$) sehr häufig und weit verstreut. Uran findet man meist in Form von Oxiden, Silicaten u. a. in einer großen Anzahl von Gesteinen, Mineralen sowie im Erdreich, im Erdöl bis zu 100 g/t und

Die wichtigsten Uran-Minerale	
Uranpecherz, Uranpechblende (bis zu 90% UO_2) mit seinen verschiedenen Formen	
Bröggerit	(bis 80% UO_2)
Cleveit und Nivenit	(bis 65% UO_2) u. a.
Uraninit	U_3O_8 (= $UO_2 \cdot 2UO_3$, 65 bis 75% UO_2)
Uranglimmer;	
Torbernit	$Cu[UO_2 \mid PO_4]_2 \cdot 8\,H_2O$
Autunit, Kalkuranit	$Ca[UO_2 \mid PO_4]_2 \cdot 8–12\,H_2O$
Saléeit	$Mg[UO_2 \mid PO_4]_2 \cdot 10–12\,H_2O$
Zeunerit	$Cu[UO_2] \mid AsO_4]_2 \cdot 8–12\,H_2O$
Carnotit	$K_2[UO_2 \mid VO_4]_2 \cdot 3\,H_2O$ u. a.

in verschiedenen Gewässern. Im Meerwasser liegt Uran ausschließlich in gelöster Form als Uransalz in einer Konzentration von etwa 3 mg $U^{(+VI)}/m^3$ vor. Spurenweise findet sich Uran auch in vielen lebenden pflanzlichen und tierischen Organismen sowohl zu Wasser als auch zu Lande. Die meisten Uranminerale sind komplex aufgebaut und enthalten die Uranyl-Einheit UO_2^{2+}.
Die größten und wichtigsten Uranvorkommen befinden sich in Australien; Republik Südafrika; Niger; Ontario, Kanada; Colorado, USA; Katanga, Kongo; Brasilien; Frankreich, Namibia u. a. In Deutschland gibt es nur geringe Vorkommen u. a. im Schwarzwald (Menzenschwand, Wittichen), in der Pfalz, Thüringen, Sachsen, u. a. Die bekannten Uran-Reserven werden weltweit auf über 15 Mio. t, die Uranvorräte der Weltmeere auf 4,5 Mrd. t geschätzt. Im Kosmos gehört Uran zu den seltensten langlebigen radioaktiven Elementen. Die Häufigkeit des Elements auf der Sonne liegt bei etwa 4 Atome Uran pro $1 \cdot 10^{12}$ Atome Wasserstoff, die kosmische Häufigkeit schätzt man auf 0,006 Atome Uran pro $1 \cdot 10^6$ Atome Silicium.

Herstellung

Die technischen Verfahren zur Uranherstellung aus seinen Mineralien hängt von der Art der Erze und deren Uran-Gehalt ab. Die allgemein uranarmen Roherze (< 0,04% U) werden zunächst zerkleinert, durch Flotation, Magnetscheidung o. a. Verfahren angereichert und durch saure oder alkalische Laugung mit verd. Schwefelsäure oder Sodalösung in Uranylsulfat UO_2SO_4 oder in den Uranyltriscarbonato-Komplex $Na_4[UO_2(CO_3)_3]$ übergeführt. Aus den Lösungen wird das Uran durch Ionenaustauschverfahren durch Lösungsmittel-Extraktion mit organischen Lösungsmitteln wie Tributylphosphat (TBP), Trialkylaminen sog. *AMEX-Verfahren* o. a. abgetrennt und mit Lauge oder Ammoniak als Ammonium- oder Magnesiumdiuranat ausgefällt, abfiltriert und zu einem gelben Filterkuchen dem sog. *yellow cake* mit einem Urananteil von 70–80% getrocknet. Zur Feinreinigung wird das Konzentrat mit Salpetersäure in Uranylnitrat $UO_2(NO_3)_2$ überführt, das durch Extraktion mit Tributylphosphat (TBP) abgetrennt wird. Das Uranylnitrat wird durch Eindampfen und Glühen bei etwa 1000 °C in U(IV, VI)-oxid U_3O_8 überführt, mit Wasserstoff zum U(IV)-oxid UO_2 reduziert und mit HF-Dampf zu U(IV)-Fluorid UF_4 umgesetzt aus dem man durch Reduktion mit Calcium, Magnesium oder Natrium metallisches Uran erhält. Die Herstellung von reinem Uran erfolgt durch metallothermische Reduktion des UO_2 mit Calcium, Aluminium, Magnesium oder Calciumhydrid bzw. des Tetrafluorids UF_4 mit Calcium oder Magnesium, durch Schmelzflußelektrolyse des Dioxids im Gemisch mit BaF_2 und LiF, oder durch Elektrolyse von U(IV)-chlorid oder U(IV)-fluorid. 1980 wurden in der westlichen Welt etwa 45 000 t U/Jahr produziert. Seither ist die Produktion auf rund 35 000 t/Jahr zurückgegangen. Die Hauptproduzenten der westlichen Welt sind heute Kanada mit jährlich etwa 11 500 t, die USA 5500 t, Australien 3700 t, Frankreich 3500 t, Namibia 3100 t, Niger 3000 t, Rep. Südafrika 2950 t u. a.

Physikalische Eigenschaften

Uran ist in reinem Zustand ein an frischen Flächen silberglänzendes, verhältnismäßig weiches Schwermetall das an der Luft rasch gelblich anläuft und schließlich braunschwarz wird. Uran kristallisiert in drei Modifikationen

$$\underset{\text{ortho-rombisch}}{\alpha\text{-U}} \xrightarrow{667\ ^\circ\text{C}} \underset{\text{tetragonal}}{\beta\text{-U}} \xrightarrow{775\ ^\circ\text{C}} \underset{\text{kubisch raumzentriert}}{\gamma\text{-U}}$$

Die α- und β-Modifikation zeigen eine ausgeprägte Anisotropie. Das Metall hat eine relativ niedrige Schmelztemperatur entsprechend der des Kupfers, jedoch eine ziemlich hohe Siedetemperatur vergleichbar mit der des Platins. Die thermische Leitfähigkeit beträgt 6,43%, die elektrische 5,15% der des Silbers. Uran ist paramagnetisch, unterhalb –271,9 °C (1,25 K) zeigt das Metall Supraleitfähigkeit. Die Austrittsarbeit für Elektronen im Vakuum beträgt (3,63–3,90) eV (P & CPD).

Radiochemie

Natürliches Uran besteht aus drei sehr langlebigen, radioaktiven Isotopen weitere 19 Radioisotope des Urans werden künstlich hergestellt.
Die Radioisotope des Urans haben sehr unterschiedliche Halbwertszeiten. Die leichteren Isotope $A < 238$ zerfallen durch α-Strahlung in die entsprechenden Th-Isotope, drei zerfallen durch Elektronen-Einfang (EC) in Pa-Isotope. Die schwereren $A > 238$ zerfallen durch β^--Emission in Np-Isotope. Die Isotope ${}^{235}_{92}U$ und ${}^{238}_{92}U$ stellen die Muttersubstanzen zweier natürlicher radioaktiver Zerfallsreihen dar, deren Endprodukte stabile Bleinuklide sind: ${}^{235}_{92}U$ (AcU) *Uran-Actinium-Zerfallsreihe* (4n + 3) mit dem Endprodukt ${}^{207}_{82}Pb$ (AcD) und ${}^{238}_{92}U$ (UI) *Uran-Radium-Zerfallsreihe* (4n + 2) mit dem Endprodukt ${}^{206}_{82}Pb$ (RaG). Aus dem Häufigkeitsverhältnis ${}^{235}_{92}U/{}^{207}_{82}Pb$ oder ${}^{238}_{92}U/{}^{206}_{82}Pb$ kann das Alter eines Minerals bestimmt werden. ${}^{238}_{92}U$ hat den besonders großen Wirkungsquerschnitt von $\sigma_{abs} = 10\,000 \cdot 10^{-28}\ m^2$ für epithermische und mittelschnelle Neutronen im Energiebereich 10 eV bis 1 keV, der vor allem Einfangvorgänge umfaßt. Wird ein Neutron von einem Urankern ${}^{238}_{92}U$ eingefangen, so entsteht das Isotop ${}^{239}_{92}U$, das unter Aussendung zweier Elektronen (β^--Strahlung) über das Neptuniumisotop ${}^{239}_{93}Np$ in das Plutoniumisotop ${}^{239}_{94}Pu$ übergeht.

Die Isotope des Urans (1995)							
Isotop	Natürliche Häufigkeit n (%)	Zerfallsart					Halbwertszeit $T_{1/2}$
		α	EC	γ	sf	β^-	
U 218		**x**					1,5 ms
U 219		**x**					ca. 42 μs
....							
....							
U 222		**x**					1 μs
U 223		**x**					18 μs
U 224		**x**					0,7 ms
U 225		**x**					95 ms
U 226		**x**					0,2 s
U 227		**x**		x			1,1 m
U 228		**x**	x	x			9,1 m
U 229		**x**	**x**	x			58 m
U 230		**x**		x			20,8 d
U 231		x	**x**	x			4,2 d
U 232		**x**		x			68,9 a
U 233		**x**		x			$1{,}592 \cdot 10^5$ a
U 234	**0,0055**	**x**		x	x		$2{,}455 \cdot 10^5$ a
U 235*	**0,7200**	**x**		x	x		$7{,}038 \cdot 10^8$ a
U 235 m*				**x**			26 m
U 236*		**x**		x	x		$2{,}342 \cdot 10^7$ a
U 236 m*				**x**	**x**		120 ns
U 237				x		**x**	6,75 d
U 238*	**99,2745**	**x**			x		$4{,}468 \cdot 10^9$ a
U 238 m*				**x**	**x**		270 ns
U 239				x		**x**	23,5 m
U 240				x		**x**	14,1 h
....							
U 242				x		**x**	16,8 m

(* isomere Atomkerne; m* markiert jeweils einen metastabilen Zustand)

$$^{238}_{92}\text{U} + ^{1}_{0}\text{n} \longrightarrow ^{239}_{92}\text{U} \xrightarrow[T_{1/2} = 23\text{ m}]{\beta^-} ^{239}_{93}\text{Np} \xrightarrow[T_{1/2} = 2{,}355\text{ d}]{\beta^-} ^{239}_{94}\text{Pu} \xrightarrow[T_{1/2} = 2{,}411 \cdot 10^4\text{ a}]{\alpha}$$

Spaltbar mit thermischen Neutronen im Energiebereich < 0,1 eV sind die Isotope:

$^{230}_{92}\text{U}$ ($\sigma_f = 25 \cdot 10^{-28}$ m²)
$^{231}_{92}\text{U}$ ($\sigma_f = 250 \cdot 10^{-28}$ m²)
$^{232}_{92}\text{U}$ ($\sigma_f = 74 \cdot 10^{-28}$ m²)
$^{233}_{92}\text{U}$ ($\sigma_f = 530 \cdot 10^{-28}$ m²)
$^{235}_{92}\text{U}$ ($\sigma_f = 585 \cdot 10^{-28}$ m²) (σ_f = Spaltquerschnitt).

Die Kernspaltung von $^{235}_{92}U$ durch thermische Neutronen bildet die Grundlage der Energiegewinnung in Kernreaktoren. Dabei können verschiedene Spaltprodukte entstehen:

$$^{235}_{92}U + ^{1}_{0}n \longrightarrow ^{236}_{92}U \xrightarrow{sf} ^{144}_{56}Ba + ^{89}_{36}Kr + 3\,^{1}_{0}n + 198\,MeV$$

oder

$$^{235}_{92}U + ^{1}_{0}n \longrightarrow ^{236}_{92}U \xrightarrow{sf} ^{140}_{55}Cs + ^{94}_{37}Rb + 2\,^{1}_{0}n + 198\,MeV$$

Die bei der Kernspaltung freigesetzte Energie läßt sich aus den Massendefekten berechnen. Demnach wird bei der Spaltung eines Kerns $^{235}_{92}U$ die Energie W = 198 MeV frei, umgerechnet auf 1 kg $^{235}_{92}U$ erhält man:
$W = 5{,}07 \cdot 10^{26}$ MeV $= 81{,}2 \cdot 10^{9}$ kJ $= 22{,}5 \cdot 10^{6}$ kWh.
Das heißt, daß bei der vollständigen Spaltung von 1 kg des Isotops $^{235}_{92}U$ eine Energie von 22,5 Mio kWh freigesetzt wird.
Die bei der Spaltung eines Urankerns freiwerdenden Neutronen werden abgebremst und können weitere Kerne spalten. Die Spaltung eines einzelnen Kerns $^{235}_{92}U$ verursacht eine rasch anwachsende Zahl von weiteren Spaltungen und führt so zu einer ungesteuerten, atomaren Kettenreaktion. Auf diese Weise kann in Bruchteilen einer Sekunde fast die gesamte Uranmenge unter Abgabe sehr großer Energiemengen gespalten werden. Dieser Fall liegt bei der Atombombe vor. Die erforderliche Mindestmasse für das Zustandekommen einer Kettenreaktion, die sogenannte *kritische Masse*, beträgt rund 50 kg reines $^{235}_{92}U$, das entspricht einer Kugel mit einem Radius von ca. 8,5 cm. In Kernreaktoren findet eine gesteuerte Kettenreaktion statt. Als Kernbrennstoff kann natürliches oder angereichertes Uran mit ca. 3% $^{235}_{92}U$ verwendet werden. In den sog. *Leichtwasserreaktoren* wird als Moderator, zur Abbremsung der Neutronen gewöhnliches *leichtes* Wasser verwendet, das gleichzeitig auch als Kühlmittel dient.
Das langlebige Isotop $^{235}_{92}U$ der Kernspinzahl 7/2– und kernmagnetischen Moment –0,35 dient zum NMR-spektroskopischen Nachweis. NMR-Frequenz (bei 2,3488 T) $1{,}790 \cdot 10^{6}\ s^{-1}$, Referenz UF_6.
Die maximal zulässige radiologische Aktivität für natürliches Uran beträgt $11{,}1 \cdot 10^{-7}$ Bq für den menschlichen Körper, 1480 Bq/ml in wäßriger Lösung und $3{,}7 \cdot 10^{6}\ Bq/m^3$ Luft.

Chemische Eigenschaften

Uran gehört zur Gruppe der „Actinoide“. Es befindet sich im PSE in der 3. Gruppe (III B Nebengruppe) unter dem Neodym Nd, sowie in der 7. Periode zwischen Protactinium Pa und Neptunium Np. Das freie, neutrale U-Atom hat im elektronischen Grundzustand folgende Elektronenkonfiguration:

$$1s^2\ 2s^2\ 2p^6\ 3s^2\ 3p^6\ 3d^{10}\ 4s^2\ 4p^6\ 4d^{10}\ 4f^{14}\ 5s^2\ 5p^6\ 5d^{10}\ 5f^3\ 6s^2\ 6p^6\ 6d^1\ 7s^2$$

Uran kann aufgrund dieser Elektronenanordnung in seinen Verbindungen die Oxidationsstufen +III, +IV, +V und +VI bilden, von denen die Stufen +IV und +VI die wichtigsten und stabilsten sind.

Die Normalpotentiale des Urans:

+VI		+V		+IV		+III		+II		0
Saure Lösung										
		−0,27 V (UO$_2^{2+}$ → U^{4+})						−1,660 V (U^{3+} → U)		
UO_2^{2+}	+0,16 V	UO_2^+	−0,38 V	U^{4+}	−0,52 V	U^{3+}	−4,7 V	(U^{2+})	−0,1 V	U
Basische Lösung										
$UO_2(OH)_2$	−0,3 V			UO_2	−2,6 V	$U(OH)_3$	−2,10 V			U

Uran ist ein elektropositives, ziemlich unedles Metall. An der Luft ist es bei gewöhnlicher Temperatur beständig, überzieht sich aber schnell mit einer dunkelbraunen bis schwarzen Oxidschicht. In fein pulverisierter Form ist es sehr aktiv und pyrophor. Das kompakte Metall entzündet sich beim Glühen auf etwa 700 °C und verbrennt zu einem U(IV, VI)-mischoxid:

$$3\,U + 4\,O_2 \longrightarrow U_3O_8\ (= UO_2 \cdot 2\,UO_3)$$

In heißem Wasser wird Uran unter Wasserstoffentwicklung langsam, in verd. Salz- und Salpetersäure schnell gelöst:

$$U + 2\,H_2O \longrightarrow UO_2 + 2\,H_2 \uparrow$$
$$U + 4\,HCl \longrightarrow UCl_4 + 2\,H_2 \uparrow$$

Gegen Alkalien ist Uran dagegen sehr beständig. Mit Sauerstoff reagiert das Metall bereits bei etwa 150 °C zum U(IV)-oxid:

$$U + O_2 \longrightarrow UO_2 \qquad \Delta H = -1084\ \text{kJ}$$

Mit den „Halogenen" verbindet sich Uran zu Halogeniden, z. B. mit Fluor bei 250 °C zu U(VI)-fluorid:

$$U + 3\,F_2 \longrightarrow UF_6 \qquad \Delta H = -\ 2137\ \text{kJ}$$

mit Stickstoff reagiert es ab 1000 °C zu einem braunen Nitrid U_3N_4 mit Wasserstoff bildet es bei 300 °C ein schwarzes Hydrid UH_3.
Uran scheint 5f- oder 6d-Charakter zu haben und steht in seinen chemischen Eigenschaften den ihm nachfolgenden Elementen Neptunium, Plutonium und Americium am nächsten. U(VI) ist basischer als sein Homolog Wolfram bildet aber Uranate, Diuranate und Peruranate sowie durch Hydrolyse von UO_2^{2+} -Ionen mehrkernige Komplexe $U_3O_8^{2+}$, $U_3O_8OH^-$ u. a. Die Farben der U-Kationen in wäßrigen Lösungen sind:

+VI		+V		+IV		+III
UO_2^{2+}	⟷	UO_2^+	⟷	U^{4+}	⟷	U^{3+}
gelb		n. bek.		smaragdgrün		weinrot

Das amphotere U(VI)-oxid bildet mit Basen die gelben bis grünen Uranate der allg. Formel $M_2^IUO_4$ und mit Säuren gelbe bis grüne Uransalze mit dem Uranyl-Kation UO_{2+}^{2}. Daneben bildet es das amphotere Uranylhydroxid oder Uran(VI)-säure die sowohl mit Säuren als auch mit Basen reagiert:

$$UO_4^{2-} + 2\,H^+ \rightleftarrows UO_2\,(OH)_2 \rightleftarrows UO_2^{2+} + 2\,OH^-$$

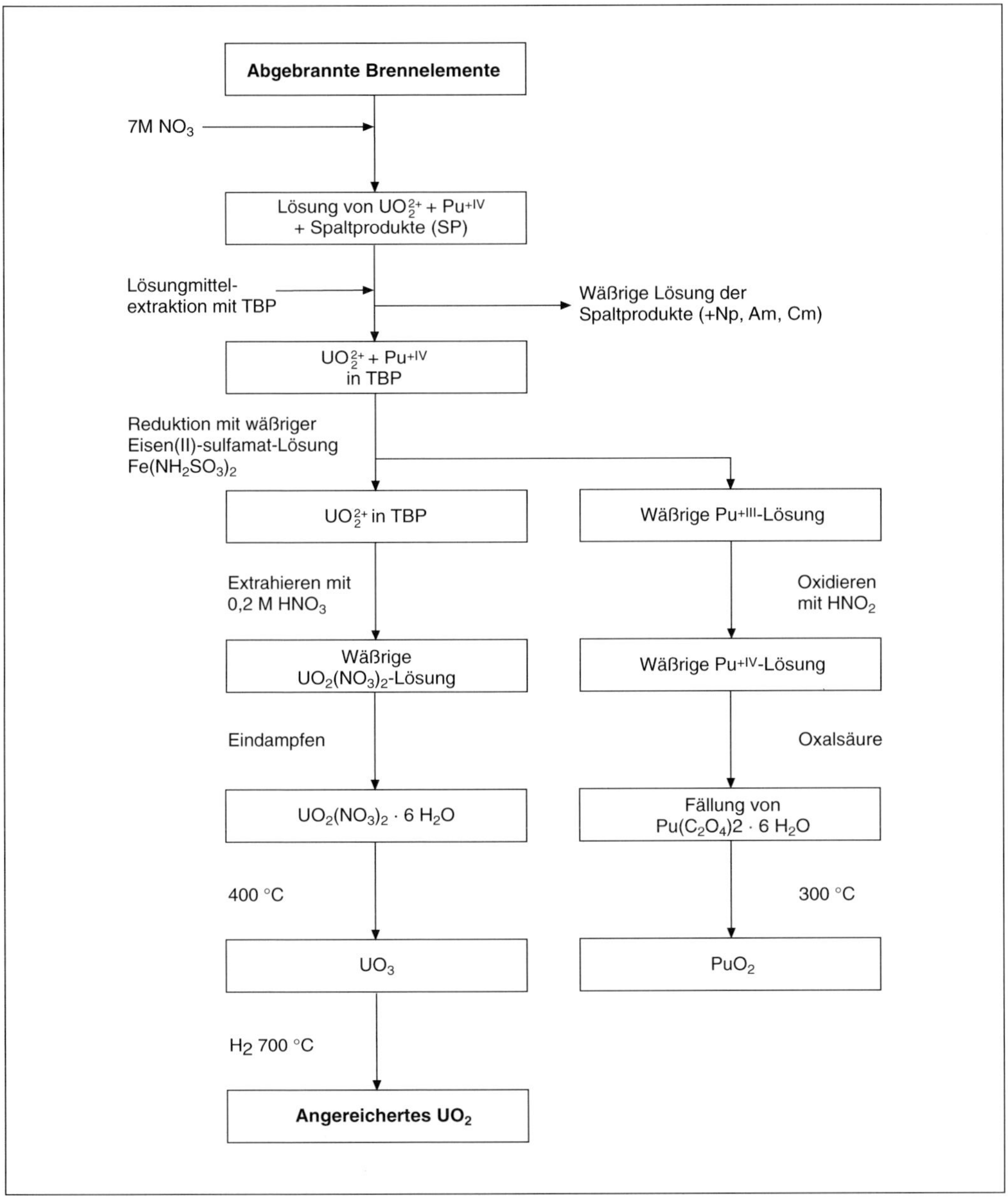

Abb. 83: Fließschema zur Wiederaufbereitung von Kernbrennstoff.

Von den zahlreichen Uranverbindungen sind die Fluoride UF_{3-6}, Oxide UO, U_2O_3, UO_2, U_2O_5, U_3O_8, UO_3, das Hydrid UH_3 u. a. in Wasser nicht löslich, die Chloride UCl_{3-6} sowie die meisten Uranylsalze wie das Uranylacetat $UO_2(OOC{-}CH_3)_2 \cdot 2\,H_2O$, Uranylnitrat $UO_2(NO_3)_2 \cdot 6\,H_2O$, Uranylsulfat $UO_2(SO_4) \cdot 3\,H_2O$ u. a. sind allgemein in Wasser gut löslich.

Nachweis

- Mit verschiedenen Reagenzien wie Kupferon, Arsenazo III, Thorin, Thioglykolsäure, PAN u. a.
- Fällung von braunem Uranyl-Hexacyanoferrat(II) $(UO_2)_2[Fe(CN)_6]$ mit Kaliumhexacyanoferrat(II).
- Neutronenaktivierungsanalyse, Kernspaltspuren-Methode, Radiometrie, Potentiometrie u. a.
- Spektralanalyse; wichtige Spektrallinien der neutralen Atome: 356,659 nm, 358,488 nm und der einfach positiven Ionen U^+: 367,007 nm, 385,958 nm, 389,036 nm, 409,013 nm u. a.
- Atomabsorptionspektrometrie (AAS) mittels der 356,659 nm Hauptlinie des Atomspektrums.

Verwendung

Uran wird in der Technik überwiegend in Form des Metalls und des Dioxids als Kernbrennstoff in Kernkraftwerken verwendet. In den heute gängigen Leichtwasserreaktoren, Druck- oder Siedewasserreaktoren wird ausschließlich angereichertes Uran verwendet, das gegenüber dem natürlichen Uran mit einem Gehalt von 0,7% $^{235}_{92}U$, bis zu 3% $^{235}_{92}U$ enthält. Schwerwasserreaktoren hingegen können auch mit natürlichem Uran arbeiten. In den Reaktoren der 2. Generation wie der sog. Kugelhaufen-Hochtemperaturreaktor oder der Schnelle Brüter ist der Anreicherungsgrad mit $^{235}_{92}U$ erheblich höher. Militärische Kernreaktoren arbeiten fast ausschließlich mit Uranmetall als Kernbrennstoff. Das abgetrennte Uranisotop $^{235}_{92}U$ dient zur Herstellung von Kernwaffen. Sogenanntes „abgereichertes Uran“, das bei der Anreicherung von $^{235}_{92}U$ zurückbleibt wird wegen seiner hohen Dichte als Werkstoff in der Luftfahrtindustrie, als Strahlenschutzmaterial, als Zusatz zu verschiedenen Stahlsorten z. B. Ferrouran und Katalysatoren, sowie in geringerem Maße in Photozellen, Röntgenröhren u. a. verwendet. Uransalze, die früher in der Glasfärberei und in der Porzellanmalerei verwendet wurden, sind heute in Deutschland verboten.

Physiologie, Toxikologie

Uran hat keine biologische Bedeutung für den menschlichen Organismus, das Element ist jedoch aufgrund seiner starken Radioaktivität sehr gefährlich. Die Gesamtmasse an Uran im erwachsenen menschl. Körper beträgt etwa 1 μg. Eine toxische Dosis ist nicht bekannt, die letale Dosis für Ratten beträgt ca. 36 mg. Uranverbindungen sind sehr giftig. Vor allem die löslichen Uranylverbindungen und Chloride sind starke Gifte, während die unlöslichen Oxide, Fluoride u. ä. weniger giftig sind. Bei Aufnahme verursachen sie innere Blutungen sowie Lungen-, Nieren- und Leberschäden. Der MAK-Wert in der Luft für lösliche Verbindungen wurde auf 0,05 mg/m³, für unlösliche Verbindungen auf 0,25 mg/m³ festgelegt.

Vanadium V (Va)

International (Lat.)	Vanadium	Italienisch	Vanadio
Englisch	Vanadium	Griechisch	Βανάδιο (Vanadio)
Französisch	Vanadium	Russisch	Ванадий (Wanadij)
Spanisch	Vanadio	Japanisch	バナジウム (vanajiumu)

Atomare und physikalische Eigenschaften	
Protonenzahl **(Z)**	**23**
Standard-Atomgewicht (bezogen auf ^{12}C = 12)	50,9415(± 1)
Effektive Kernladung	(Slater) 3,30; (Clementi) 4,98; (Froese-Fischer) 6,65
Elektronenkonfiguration	[Ar] $3d^3$ $4s^2$
Grundzustand, Termsymbol	$^4F_{3/2}$
Metallatomradius (KZ 12)	134 pm [a)]
Kovalenzradius (Einfachbindung)	122 pm
Ionenradien (KZ 6)	$79^{2+}_{(6)}$ pm, $64^{3+}_{(6)}$ pm, $59^{4+}_{(6)}$ pm, $54^{5+}_{(6)}$ pm
Molares Volumen	$8,34 \cdot 10^{-6}$ $m^3 \cdot mol^{-1}$
1.;2.;3.;4.;5.;6.;7.;8. Ionisierungsenergie	6,7367 eV; 14,654 eV; 29,309 eV; 46,711 eV; 65,232 eV; 128,12 eV;150,17 eV; 173,72 eV
Elektronegativität	(Allred/Rochow) 1,45; (Pauling) 1,63; (absolut) 3,60 eV
Elektronenaffinität V ⟶ V^-	0,525 eV
Wirkungsquerschnitt für thermische Neutronen ($\sigma_{n,\gamma}$)	$5,04 \cdot 10^{-28}$ m^2
Dichte (bei 20 °C)	6110 kg · m^{-3} [b)]
Härte (geglüht)	(Mohs) 5,0 ; (Brinell) 74,2 · 10^7 Pa
Elastizitätsmodul (geglüht)	14,8 · 10^{10} Pa
Schmelztemperatur	(1890+10) °C [(2163,15 ± 10) K] [c)]
Siedetemperatur	3378 °C (3651,15 K) [d)]
Spezifische Schmelzenthalpie	345,5 kJ · kg^{-1} [e)]
Spezifische Verdampfungsenthalpie	9010,6 kJ · kg^{-1} [f)]
Spezifische Sublimationsenthalpie (einatomiges Gas)	10011,78 kJ · kg^{-1}
Spezifische Atomisierungsenthalpie	10109,93 kJ · kg^{-1}
Spezifische Wärmekapazität (bei 25 °C)	0,489 kJ · $kg^{-1} \cdot K^{-1}$
Debye-Temperatur	107 °C (380,15 K)
Thermische Leitfähigkeit (bei 27 °C)	30,7 W · $m^{-1} \cdot K^{-1}$
Thermischer Längenausdehnungskoeffizient (bei 25 °C)	$8,35 \cdot 10^{-6}$ K^{-1}
Elektrische Leitfähigkeit (bei 20 °C)	$4,02 \cdot 10^6$ S · m^{-1}
Spezifischer elektrischer Widerstand (bei 20 °C)	$24,85 \cdot 10^{-8}$ Ω · m
Supraleitung, Sprungtemperatur	–267,75 °C (5,40 K)
Spezifische magnetische Suszeptibilität	$+62,8 \cdot 10^{-9}$ $m^3 \cdot kg^{-1}$
Hall-Koeffizient	$+0,82 \cdot 10^{-10}$ $m^3 \cdot A^{-1} \cdot s^{-1}$
Normalpotential V/V^{3+}	–0,876 V
Bildungsenthgalpie V_2O_5 (VF_5)	–1552 kJ · mol^{-1} (–1481 kJ · mol^{-1})

Weitere Angaben: a) 131,1 pm, 132,1 pm. b) 5800 kg · m^{-3}, 5960 kg · m^{-3}. c) 1915 °C, 1919 °C, 1929 °C. d) 3350 °C und 3450 °C. e) 452 kJ · kg^{-1}. f) 8998 kJ · kg^{-1}.

Entdeckung

Vanadium wurde erstmals im Jahre 1801 von dem mexikanischen Mineralogen Andrés Manuel del Rio (1765–1849) in Mexico City, Mexiko, in einem Bleierz entdeckt. Er nannte das neue Element *Panchrom*, später *Erythronium*. Irrtümlicherweise hielt der französische Chemiker H. V. Collet-Descotils (1773–1815) Erythronium für unreines Chrom. 1831 wurde das Element von dem schwedischen Chemiker Niels Gabriel Sefström (1787–1845) in Falun, Schweden, wiederentdeckt, er nannte es *Vanadin* von Vanadis einem Beinamen der nordischen Göttin Freya. Später wurde der Name latinisiert und erhielt das chemische Symbol „V". Um Verwechslungen mit römischen Zahlen zu vermeiden, kann in bestimmten Fällen für Vanadium auch das chemische Symbol Va angegeben werden. In Deutschland blieb der Name „Vanadin" bis 1975 gültig. Elementares Vanadium, allerdings in unreiner Form, wurde 1867 von Sir Henry Roscoe (1833–1915) in Manchester isoliert. Reines, 99,8%iges Vanadium erhielten 1927 die Amerikaner J. W. Marden und N. M. Rich durch Reduktion von Vanadium(V)-oxid mit Calcium.

Vorkommen

Vanadium gehört zu den relativ häufigen Elementen auf der Erde und steht mit einem berechneten Massenanteil in der Erdhülle von 0,014% noch vor Zink und Kupfer an 23. Stelle der Elementhäufigkeit. In den obersten 16 km der Erdkruste ist es mit ca. 160 g/t Gestein vertreten, in Steinmeteoriten hingegen mit nur 90 g/t. In den Meeren und Ozeanen beträgt sein Anteil durchschnittlich 1,7 mg $V^{(+V)}/m^3$ Meerwasser, bei einer Verweilzeit von ca. 50 000 Jahren. Vanadium tritt in der Natur nicht elementar auf. In sehr geringen Mengen findet sich das Metall in zahlreichen Eisen-, Kupfer-, Zink- und Titanerzen, sowie in vielen sekundären Erzen, Tonen, Basalten und Ackerböden. Daneben ist es in bestimmten Erdölsorten aus Venezuela und Kanada sowie in verschiedenen Kohlen und Asphaltiten enthalten und kommt daher in großen Mengen in Flugaschen aus der Verbrennung fossiler Brennstoffe vor. So emmitieren z. B. die deutschen Kohlekraftwerke jährlich ca. 75 t Vanadium. Als Spurenelement findet sich Vanadium in Nitritbakterien, einigen Hohltieren z. B. Coelenterata, sowie auch in einigen Seewürmern bei denen sich in den Blutzellen bis zu 1,45% Vanadium anreichert. In der Trokensubstanz der Pflanzen ist Vanadium mit durchschnittlich 1 g/t enthalten.
Die abbauwürdigen Vanadium-Reserven werden weltweit auf etwa 63 Mio. t, die sicheren Vorkommen in den Minen auf rund 17 Mio. t geschätzt. Die Hauptvorkommen lie-

Die wirtschaftlich wichtigsten Vanadium-Minerale	
Patronit	VS_4
Vanadinit	$Pb_5[Cl \mid (VO_4)_3]$; isomorph mit dem Apatit
Apatit	$Ca_5[Cl \mid (PO_4)_3]$
Roscoelith, Vanadiumglimmer	$KV_2[OH)_2 \mid AlSi_3O_{10}]$
Carnotit, Uranerz	$K_2[UO_2] \mid VO_4]_2 \cdot 3\,H_2O$
Descloizit	$Pb\,(Zn, Cu)[OH \mid VO_4]$ u. a.

gen in der Republik Südafrika ca. 46,5%, GUS-Staaten ca. 26%, USA ca. 13,5% und V. R. China ca. 10%, kleinere Vorkommen befinden sich in Australien, Skandinavien u. a. Weltweit werden Erze mit einem Vanadium-Gehalt von rund 33 500 t gefördert, davon fast die Hälfte in Südafrika. Die größten Vanadium-Mengen, etwa 65%, fallen jedoch als Sekundärprodukt in der Schlacke der Eisen- und Stahlherstellung sowie bei der Verhüttung Vanadiumhaltiger Titan- und Uranerze an. Die Häufigkeit des Elements auf der Sonne beträgt ca. $1{,}15 \cdot 10^4$ Atome Vanadium pro $1 \cdot 10^{12}$ Atome Wasserstoff, die kosmische Häufigkeit wird auf 220 Atome Vanadium pro $1 \cdot 10^6$ Atome Silicium geschätzt.

Herstellung

Ausgangsmaterial für die technische Herstellung von Vanadium ist das V(V)-oxid V_2O_5 das man durch Rösten und Laugen der Vanadiumerze oder Vanadiumhaltiger Schlacken erhält. Die Herstellung des Metalls erfolgt durch aluminothermische Reduktion des V(V)-oxids. Man erhält intermediar eine V-Al-Legierung, aus der das Aluminium bei 1700 °C abdestilliert wird. Heute wird die Reduktion von V_2O_5 mit dem billigeren Calcium bei 950 °C vorgezogen:

$$V_2O_5 + 5\,Ca \xrightarrow{950\ °C} 2\,V + 5\,CaO$$

Die Reindarstellung des Metalls erfolgt vorzugsweise durch elektrolytische Raffination. Hochreines Vanadium erhält man nach dem *Van-Arkel-de-Boer-Verfahren* bzw. dem *Aufwachsverfahren* durch Zersetzung von Vanadiumiodid bei ca. 900–1000 °C auf einem glühenden Wolframdraht (s. S. 205). Großtechnisch von Bedeutung ist die Herstellung von Ferrovanadium mit etwa 40–80% V durch Reduktion eines Gemisches von Vanadium- und Eisenoxiden mit Kohle im Elektroofen.
Die Weltproduktion an metallischen Vanadium, Legierungen und Konzentraten beträgt z. Z. rund 35 000 t/Jahr, bezogen auf reines Vanadium. Die Hauptproduzenten sind die Republik Südafrika, China, GUS-Staaten, USA. Der größte Teil der amerikanischen Vanadiumproduktion stammt aus der Erdölraffination, als Nebenprodukt aus der Urangewinnung und aus dem Recycling.

Physikalische Eigenschaften

Vanadium ist ein stahlgraues, in kaltem Zustand gut schmied-, walz- und ziehbares Schwermetall. Das gewöhnlich etwas verunreinigte Metall ist jedoch sehr hart und spröde. Es kristallisiert im kubisch raumzentrierten Gitter. Vanadium ist bei Normaltemperatur paramagnetisch, es hat eine mittlere Schmelz- und Siedetemperatur, die thermische Leitfähigkeit beträgt 7,16% die elektrische 6,39% der des Silbers. Unterhalb –267,75 °C (5,40 K) bzw. in dünnen Schichten –267,14 °C (6,01 K) wird das Metall supraleitend, die kritische Feldstärke beträgt $112\,045{,}1\ A \cdot m^{-1}$. Die Austrittsarbeit für Elektronen im Vakuum beträgt 4,3 eV (P).

Radiochemie

Natürliches Vanadium besteht größtenteils aus einem stabilen und in geringeren Mengen aus einem sehr langlebigen radioaktiven Isotop, weitere 17 Radioisotope des Vanadiums wurden künstlich hergestellt.

Die Isotope des Vanadiums (1995)

Isotop	Natürliche Häufigkeit n (%)	Zerfallsart				Halbwertszeit $T_{1/2}$
		β^+	EC	γ	β^-	
V 43		x				<800 ms
V 44*		x		x		104 ms
V 44*		x		x		150 ms
V 45		x		x		547 ms
V 46		x		x		422,6 ms
V 47		x		x		32,6 m
V 48		x	x	x		15,97 d
V 49			x			330 d
V 50	**0,25**		x	x	x	$1{,}4 \cdot 10^{17}$ a
V 51	**99,75**					
V 52				x	x	3,75 m
V 53				x	x	1,6 m
V 54				x	x	49,8 s
V 55				x	x	6,5 s
V 56					x	n.bek.
V 57					x	n.bek.
V 58					x	n.bek.
V 59					x	n.bek.
V 60					x	n.bek.
V 61					x	n.bek.

(* isomere Atomkerne)

Die V-Isotope haben allgemein kurze Halbwertszeiten. Die leichteren Isotope $A < 51$ zerfallen durch β^+-Strahlung bzw. Elektronen-Einfang (EC) in die entsprechenden Ti-Isotope, die schwereren $A > 51$ zerfallen durch β^--Emission in Chrom. Die Isotope $^{48}_{23}V$ (β^+ | 0,715 MeV; γ | 1,312 MeV) und $^{49}_{23}V$ (EC | 0,602 MeV; kein γ) werden durch Beschuß von Titan, Chrom oder Kupfer mit beschleunigten Protonen oder Deuteronen hergestellt sie dienen als radioaktive Indikatoren, Tracer in der Industrie, das Isotop $^{52}_{23}V$ entsteht in der Reaktion $^{51}_{23}V$ (n, γ) $^{52}_{23}V$, es wird in der Aktivierungsanalyse verwendet. Die beiden natürlichen Isotope $^{50}_{23}V$ und $^{51}_{23}V$ der Kernspinzahlen 6+ bzw. 7/2– und kernmagnetischen Momenten +3,34745 bzw. +5,1574 dienen zum NMR-spektroskopischen Nachweis; NMR-Frequenzen (bei 2,3488 T) $9{,}970 \cdot 10^6\ s^{-1}$ bzw. $26{,}289 \cdot 10^6\ s^{-1}$, Referenz $VOCl_3$.

Chemische Eigenschaften

Vanadium ist das erste Element der sog. *Vanadiumgruppe*, der die Elemente Vanadium V, Niob Nb, Tantal Ta und Dubnium Db angehören. Es befindet sich im PSE in der 5. Gruppe (VB Nebengruppe) über dem Niob Nb, bzw. in der 4. Periode zwischen Titan Ti und Chrom Cr. Das freie, neutrale V-Atom hat im elektronischen Grundzustand die Elektronenkonfiguration:

$$1s^2\ 2s^2\ 2p^6\ 3s^2\ 3p^6\ 3d^3\ 4s^2$$

Als typisches Übergangsmetall bildet Vanadium in seinen Verbindungen fast alle Oxidationsstufen von –III bis +V. Die wichtigsten und beständigsten sind die Stufen +III, +IV und +V. Die Normalpotentiale des Vanadiums sind:

+V +IV +III +II 0

Saure Lösung

VO_2^+ → VO^{2+}: +0,999 V; VO^{2+} → V^{3+}: +0,337 V; V^{3+} → V^{2+}: –0,225 V; V^{2+} → V: –1,13 V

VO_2^+ → V^{3+}: +0,668 V; V^{3+} → V: –0,876 V

Basische Lösung

VO_4^{3-} → $HV_2O_5^-$: +2,19 V; $HV_2O_5^-$ → V_2O_3: +0,542 V; V_2O_3 → VO: –0,486 V; VO → V: –0,820 V

VO_4^{3-} → V_2O_3: +1,336 V; VO_4^{3-} → V: +0,120 V

Vanadium ist ein elektropositives und angesichts der negativen Normalpotentiale ein unedles Metall. Bei Raumtemperatur ist es an der Luft beständig, weil es sofort einen Oxidfilm bildet, der die Oberfläche lange Zeit blank hält. Oberhalb 300 °C wird das Metall jedoch merklich oxidiert. Fein verteiltes Vanadium-Pulver ist pyrophor. In kompaktem Zustand ist Vanadium stabil gegen Meerwasser und Alkalilaugen. Trotz seines unedles Charakters wird das Metall bei Raumtemperatur infolge Passivierung von nichtoxidierenden Säuren, außer Flußsäure, nicht angegriffen. Dagegen löst es sich in oxidierenden Säuren wie z. B. in heißer Salpetersäure, konz. Schwefelsäure und Königswasser. Bei erhöhter Temperatur reagiert Vanadium mit den meisten Nichtmetallen. Mit molekularem Sauerstoff verbindet es sich oberhalb 600 °C zu V(V)-oxid:

$$4\,V + 5\,O_2 \longrightarrow 2\,V_2O_5 \qquad \Delta H = -1552\ kJ$$

mit molekularem Chlor zu V(IV)-chlorid:

$$V + 2\,Cl_2 \longrightarrow VCl_4 \qquad \Delta H = -569\ kJ$$

bei Weißglut bildet es mit Kohlenstoff weißes V(II)-carbid und V(IV)-carbid:

$$2\,V + C \longrightarrow V_2C$$
$$V + C \longrightarrow VC$$

Mit Stickstoff bildet es graues V(III)-nitrid:

$$2\,V + N_2 \longrightarrow 2\,VN$$

und mit Silicium V(IV)-silicid

$$V + 2\,Si \longrightarrow VSi_2$$

Mit Metallen wie z. B. Eisen, Nickel, Cobalt, Kupfer, Aluminium, Zinn oder Platin bildet Vanadium leicht Legierungen. Vanadium-Ionen zeigen in wäßrigen Lösungen charakteristische Farben:

VO_2^+ farblos, VO^{2+} blau, V^{3+} grün, V^{2+} violett

Vanadium bildet mehrere in Wasser nicht lösliche Oxide wie VO, V_2O_3, VO_2, V_2O_5, und Fluoride VF_{2-5}. In Wasser löslich sind die Chloride VCl_{2-4}, die Oxidchloride $VOCl_{2-5}$, Vanadate(V), die Salze der Orthovanadiumsäure H_3VO_4 und Polyvanadiumsäuren der allg. Formel $H_{n+2}V_nO_{3n+1}$ z. B. die Monaovanadate $M_2^IHVO_4$, Divanadate $M_3^IHV_2O_7$, Metavanadate $M_4^IV_4O_{12}$, Decavanadate $M_6^IV_{10}O_{28}$, $M_5^IHV_{10}O_{28}$, $M_4^IH_2V_{10}O_{28}$ u. a.

Nachweis

- Mit organischen Reagenzien wie z. B. Kupferon, Oxin, Kakothelin, PAN, 1,10-Phenanthrolin, N-Benzoyl-N-Phenylhydroxylamin u. a.
- Spektralanalyse; wichtige Spektrallinien der einfach positiven Ionen V^+: 309,311 nm, 310,230 nm, 311,071 nm, 311,838 nm, und der neutralen Atome: 318,341 nm, 318,398 nm, 318,540 nm, 411,178 nm, 437,924 nm, 438,472 nm, 440,851 nm u. a.
- Atomabsorptionsspektrometrie (AAS) mittels der 318,540 nm Hauptlinie des Atomspektrums.

Verwendung

Die größte Bedeutung hat Vanadium in Form von Ferrovanadium als Legierungsbestandteil von Stählen wie z. B. Baustähle $< 0{,}2\%$ V, Werkzeugstähle bis 0,5% V und Schnelldrehstähle bis 5% V die durch große Härte, Zähigkeit und Stoßfestigkeit gekennzeichnet sind. Ferner ist es ein wichtiger Bestandteil für Hochtemperatur-Legierungen sowie in Form von FeVCo für Magnetstähle. Vanadium-Legierungen finden in der Reaktorindustrie zunehmend Verwendung für Brennstabhüllen. Einige anorganische Vanadiumverbindungen finden Anwendung als Katalysatoren wie z. B. V_2O_5 bei der Oxidation von Schwefeldioxid zu Schwefeltrioxid in der Schwefelsäureherstellung, V_2O_3 als Hydrierkatalysator usw. Etwa 4% des gewonnenen Vanadiums werden zu Vanadiumverbindungen weiterverarbeitet. Größere Bedeutung kommt Vanadium in der Supraleittechnik zu. Die Vanadium-Verbindung V_3Si zeigt bereits unterhalb –256,05 °C (17,1 K) Supraleitfähigkeit.

Physiologie, Toxikologie

Vanadium gehört zu den Elementen deren biologische Bedeutung für den Menschen fraglich ist, es wirkt angeblich stimulierend. Für einige Pflanzen und niedere Tiere ist es jedoch ein essentielles Spurenelement. So findet es sich z. B. als Hämovanadin im Blut der Manteltiere und wird von Nitritbakterien zur Sauerstoffübertragung benötigt. Der menschliche Organismus enthält durchschnittlich unter 1 mg Vanadium, das hauptsächlich in Leber, Nieren, Milz, Hoden und Schilddrüsen abgelagert ist. Der tägliche Bedarf liegt bei 0,04 mg und wird hauptsächlich über die Nahrung gedeckt. Die toxische Dosis beträgt 0,25 mg die letale Dosis 2–4 mg. Dauernde Einwirkung vor allem durch Inhalation von Vanadium-haltigen Stäuben und Vanadium-Verbindungen führt zu chronischen Vergiftungen, die sich in akuter Form durch Augenbrennen, Heiserkeit und Entzündung der Atemschleimhäute, Übelkeit ggf. auch Bewußtlosigkeit sowie in chronischer Form durch Bronchitis, Lungenentzündung, Lähmung der Atemwege u. ä. äußern. Der sogenannte *Vanadismus* ist eine anerkannte Berufskrankheit. Der MAK-Wert wurde auf 0,05 mg/m^3 festgelegt.

Wasserstoff H

International (Lat.)	Hydrogenium	Griechisch	Υδρογόνο (Ydrogóno)
Englisch	Hydrogen		
Französisch	Hydrogène	Russisch	Водород (Wodorod)
Spanisch	Hydrógeno	Japanisch	水素（スイソ）(suiso)
Italienisch	Idrogeno		

Atomare und physikalische Eigenschaften

F+  E 

Protonenzahl **(Z)**	**1**
Standard-Atomgewicht (bezogen auf $^{12}C = 12$)	1,00794 (±7)
Effektive Kernladung	(Slater) 1,00; (Clementi) 1,00; (Froese-Fischer) 1,00
Elektronenkonfiguration	$1s^1$
Grundzustend, Termsymbol	$^2S_{1/2}$
Atomradius/Kovalenzradius (Einfachbindung)	37,5 pm [a]/30 pm
Van-der-Waals-Radius	100 pm[b]
Ionenradien	$210^{-}_{(1)}$ pm, H^+ $1 \cdot 10^{-5}$ pm
Molares Volumen (bei –262,15 °C)	$13{,}26 \cdot 10^{-6}$ m³ · mol⁻¹
Molares Eigenvolumen (Van-der-Waals-Konst.)	$26{,}6 \cdot 10^{-6}\ m^3 \cdot mol^{-1}$
Molare Binnendruckkonstante (Van-der-Waals-Konst.)	$0{,}0245\ N \cdot m^4 \cdot mol^{-2}$
1. Ionisierungsenergie	13,598 eV
Elektronegativität	(Allred/Rochow) 2,18; (Pauling) 2,20; (absolut) 7,18 eV
Elektronenaffinität $H \longrightarrow H^-$	–0,756 eV
Wirkungsquerschnitt für thermische Neutronen ($\sigma_{n,\gamma}$)	$0{,}332 \cdot 10^{-28}\ m^2$
Dichte gasförmig (bei 0 °C, 101,325 kPa)	$0{,}08988\ kg \cdot m^{-3}$
Schmelztemperatur	–259,14 °C (14,01 K)
Siedetemperatur	–252,76 °C (20,39 K)
Temperatur/Dampfdruck am Tripelpunkt	–259,19 °C (13,96 K) / 7,04 kPa
Kritische Temperatur/kritischer Druck	–239,96 °C (33,19 K)/1,310 MPa [c]
Kritisches Volumen/kritische Dichte	$65{,}0 \cdot 10^{-6}\ m^3 \cdot mol^{-1}$/ $31{,}36\ kg \cdot m^{-3}$
Spezifische Schmelz- /Verdampfungsenthalpie	$119\ kJ \cdot kg^{-1}$ / $896{,}82\ kJ \cdot kg^{-1}$
Spezifische Atomisierungsenthalpie	$216{,}26\ kJ \cdot kg^{-1}$
Spezifische Wärmekapazität	
(bei 0 °C, 101,325 kPa, konst. Druck)	$14{,}05\ kJ \cdot kg^{-1} \cdot K^{-1}$
(bei 0 °C, konst. Vol.)	$9{,}934\ kJ \cdot kg^{-1} \cdot K^{-1}$
Spezifische Gaskonstante	$4{,}122\ kJ \cdot kg^{-1} \cdot K^{-1}$
Thermische Leitfähigkeit (bei 27 °C)	$0{,}1815\ W \cdot m^{-1} \cdot K^{-1}$
Spezifische magnetische Suszeptibilität (Gas)	$-25{,}0 \cdot 10^{-9}\ m^3 \cdot kg^{-1}$ [d]
Elektrochemisches Äquivalent H^+	$0{,}01045 \cdot 10^{-6}\ kg \cdot A^{-1} \cdot s^{-1}$
Normalpotential H_2/H_3O^+	+ 0,00 V
Kernabstand H–H im H_2 (Gas)	74,166 pm
Dissoziationsenthalpie (bei 25 °C) $H_2 \longrightarrow 2H$	$435{,}88\ kJ \cdot mol^{-1}$
Nullpunktsenergie (bei 0 K)	$25{,}9\ kJ \cdot mol^{-1}$
Löslichkeit in Wasser (bei 20 °C)	2,15 cm³ H_2 pro 1 kg H_2O

Weitere Angaben: a) 38 pm. b) 120 pm, 154 pm. c) 1,29 MPa, 1,315 MPa. d) $-49{,}59 \cdot 10^{-9}\ m^3 \cdot kg^{-1}$.

Entdeckung

Wasserstoff wurde im Jahre 1766 von dem englischen Gelehrten Henry Cavendish (1731–1810) in London, Großbritannien, bei der Auflösung von Metallen in Säuren entdeckt und als Element erkannt. Er hielt aber Wasserstoff für reines *Phlogiston*. 1781 erkannte Cavendish, daß bei der Verbrennung von Wasserstoff und Sauerstoff Wasser entsteht und demnach Wasser kein chemisches Element ist. Im Jahre 1783 stellte A. L. Lavoisier durch Synthese von Wasserstoff und Sauerstoff erstmals etwa 45 g künstliches Wasser her. Lavoisier schlug für das Gas den Namen *hydrogène* vor [von griech.: ὕδωρ (hydor), d. h. „Wasser“ und γεννάω (gennáo), d. h. „erzeugen“]. Das chemische Symbol „H“ wurde 1814 von J. J. Berzelius vorgeschlagen. 1924 entdeckte R. Mecke den Ortho- und Para-Wasserstoff, 1932 folgte die Entdeckung des Deuteriums durch H. C. Urey, F. G. Brickwedde und G. M. Murphy sowie 1934 die Entdeckung des Tritiums durch M. L. E. Oliphant, P. Harteck und E. Rutherford, die das Isotop $^{3}_{1}H$ durch Beschuß von $^{2}_{1}H_3PO_4$ und $(N\,^{2}_{1}H_4)_2SO_4$ mit Deuterium gemäß $^{2}_{1}H + ^{2}_{1}H \longrightarrow ^{3}_{1}H + ^{1}_{1}H$ erhielten.

Vorkommen

Wasserstoff gehört zu den häufigsten Elementen auf der Erde und ist das bei weitem häufigste Element im Universum. Mit einem Massenanteil in der Erdhülle von 0,88% steht Wasserstoff zwischen Magnesium und Titan an 9. Stelle der Elementhäufigkeit. Bezüglich der Anzahl der Atome stellt Wasserstoff jedoch mit 15,5 Atom-% nach Sauerstoff (55,1 Atom-%) und Silicium (16,3 Atom-%) das dritthäufigste Element auf der Erde dar. In gebundener Form ist Wasserstoff v. a. als Bestandteil des Wassers, aber auch zahlreicher organischer und anorganischer Verbindungen wie Eiweiße, Kohlenhydrate, Kohlenwasserstoffe, Hydride, Hydrate, Hydroxide, Säuren einiger Minerale, Erdöl und Erdgas auf der Erde weitverbreitet. In der Erdkruste, bis 16 km Tiefe, beträgt der Wasserstoffanteil rund 1,52 kg/t, in den Flüssen, Seen, Meeren und Ozeanen als Bestandteil des Wassers etwa 108,5 kg $H^{(+I)}/m^3$ Wasser. In elementarer Form findet sich Wasserstoff in höheren Konzentrationen nur in einigen Vulkangasen. In den unteren Schichten der Erdatmosphäre kommt Wasserstoff nur in Spuren, etwa $5 \cdot 10^{-5}$ Vol.-% vor. Mit steigender Höhe nimmt der prozentuelle Wasserstoffgehalt jedoch stark zu. Zwischen 2000 bis 20 000 km Höhe der sog. Exosphäre ist die Erde nur noch von einer dünnen Wasserstoffhülle umgeben. Die Wasserstoff-Reserven auf der Erde sind fast unbegrenzt.
Neben den großen Planeten unseres Sonnensystems Jupiter und Saturn bestehen auch die Fixsterne und Galaxien sowie die interstellare Materie überwiegend aus Wasserstoff. Auf unserer Sonne beträgt der Wasserstoffanteil rund 80 Atom-% bzw. über 50 Masse-%. Im Universum hingegen wird der Anteil des Elements auf etwa 75 Masse-% bzw. auf 90 Atom-% geschätzt. Die kosmische Häufigkeit schätzt man auf rund $3 \cdot 10^{10}$ Atome Wasserstoff pro $1 \cdot 10^{6}$ Atome Silicium.

Herstellung

Im großtechnischen Maßstab wird Wasserstoff heute überwiegend durch katalytische Reduktion von Wasserdampf mit dem Kohlenstoff organischen Rohmaterials wie Kohle, Erdgas und verschiedener Erdölprodukte, sowie durch Elektrolyse hergestellt.

Dampfspaltung, Steamreforming: Die gasförmigen Kohlenwasserstoffe, meist methanreiches Erdgas, werden in einem sogenannten Primärreformer an Nickel-haltigen Katalysatoren bei Temperaturen von 750–850 °C mit Wasserdampf umgesetzt:

$$CH_4 + H_2O\ (g) \longrightarrow CO \uparrow + 3\,H_2 \uparrow \qquad \Delta H = +206{,}2\ kJ$$

Zurückgebliebene Erdgasreste werden anschließend in einem Sekundärreformer unter Luftzusatz durch partielle Oxidation in Wasserstoff übergeführt:

$$2\,CH_4 + Luft\ (4\,N_2/O_2) \longrightarrow 2\,CO \uparrow + 4\,N_2 \uparrow + 4\,H_2 \uparrow$$

Wassergaserzeugung, Kohlevergasung: Wasserdampf wird in Schachtöfen über glühenden Koks von etwa 1200 °C geleitet; dabei entsteht ein Gemisch aus Kohlenmonooxid und Wasserstoff sog. *Wassergas.*

$$C + H_2O \longrightarrow \underbrace{CO \uparrow + H_2 \uparrow}_{Wassergas} \qquad \Delta H = +131{,}5\ kJ$$

Partielle Oxidation: Für dieses Verfahren werden hauptsächlich Rückstände der Erdöldestillation herangezogen. Die Oxidation der Kohlenwasserstoffe erfolgt unter Zufuhr geringer Luftmengen bei 1200–1400 °C.

$$2\,C_nH_{2n+2} + Luft\ n(4\,N_2/O_2) \longrightarrow 2n\,CO \uparrow + 4n\,N_2 \uparrow + 2(n+1)\,H_2 \uparrow$$

Zur Abtrennung des Wasserstoffs aus dem erhaltenem Gasgemisch wird das CO entweder mittels ammoniakalischen Kupfer(I)-chloridlösung herausgewaschen, oder mit Wasserdampf bei 350–500 °C in Anwesenheit von Eisenoxidkatalysator konvertiert:

$$CO + H_2O \longrightarrow CO_2 \uparrow + H_2 \uparrow \qquad \Delta H = -41{,}2\ kJ$$

Das dabei gebildete CO_2 ist im Gegensatz zum CO im Wasser löslich und wird durch sog. Druckwasserwäsche bei einem Druck von etwa 2,5 MPa mit Wasser aus dem Gasgemisch herausgewaschen oder auf chemischem Wege, durch Aminwäschen oder Natronlaugenwäschen entfernt.

Man erhält Wasserstoff mit einem Reinheitsgrad von 97–99,5 Vol.-%.

Elektrolyse: Zur elektrolytischen Zersetzung des Wassers verwendet man als Elektrolyt eine 15%-ige KOH-Lösung. Die Elektrolyse erfolgt in Wannen an Nickelanoden und Eisenkathoden. Gewöhnlich werden 250 bis 300 Zellen bzw. Elektrodenpaare hintereinandergeschaltet, die Zellenspannung beträgt 2,5 V; Gesamtspannung pro Elektrolysewanne 650 bis 750 V Gleichspannung. An der Kathode entsteht Wasserstoff, an der Anode Sauerstoff:

$$2\,H_2O\ (fl) \longrightarrow 2\,H_2 \uparrow + O_2 \uparrow \qquad \Delta H = +572\ kJ$$

Um die Vermischung von Wasserstoff und Sauerstoff und damit die Bildung von Knallgas zu verhindern, werden die Anodenräume von den Kathodenräumen mit Diaphragmen aus porösen Asbestgewebe voneinander getrennt. Man erhält reinsten Wasserstoff sog. *Elektrolytwasserstoff* mit einem Reinheitsgrad von über 99,5 Vol.-%.

Wegen des großen Energieaufwands, etwa 5 kWh/m³ H_2, werden Wasserelektrolysen hauptsächlich nur in solchen Ländern durchgeführt, die über billige Stromquellen verfügen wie z. B. in Skandinavien, Ägypten. In großen Mengen fällt Wasserstoff bei vielen technischen Prozessen als Nebenprodukt an, so z. B. bei der Alkali-Chlorid-Elektrolyse.

$$2\,NaCl + 2\,H_2O \longrightarrow 2\,NaOH + Cl_2 \uparrow + H_2 \uparrow$$

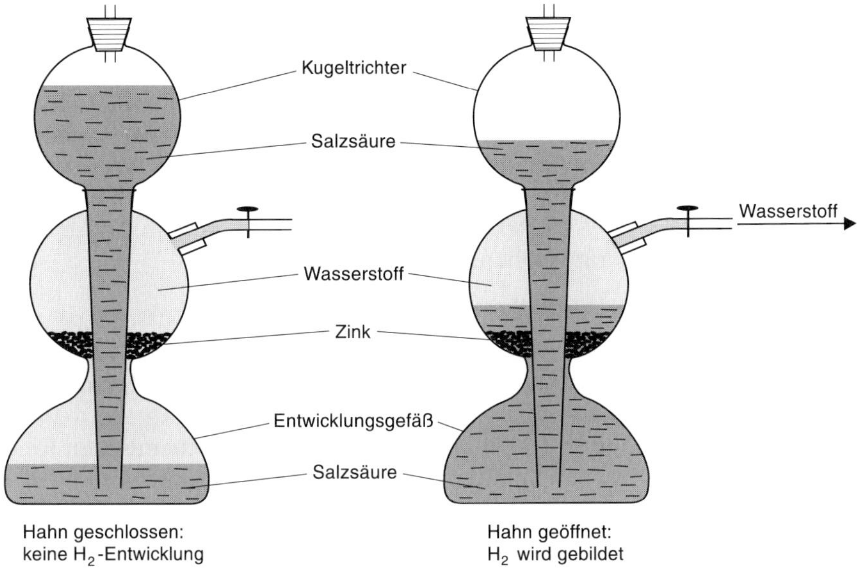

Abb. 84: Kippscher Apparat zur Erzeugung von Wasserstoff [nach dem niederl. Apotheker Petrus Jacobus Kipp (1808–1891)].

Im Laboratorium erhält man Wasserstoff durch Einwirkung von Salzsäure auf Zink im *Kippschen-Apparat* (Abb. 84) gemäß:

$$Zn + 2\,HCl \longrightarrow ZnCl_2 + H_2 \uparrow$$

oder durch Elektrolyse von angesäuertem Wasser im *Hofmannschen-Zersetzungsapparat* (siehe Abb. 71). Technischer Wasserstoff gelangt in den Handel in roten Stahlflaschen bei einem Druck von 15–20 MPa. Die Entnahme erfolgt über Druckminderventile deren Überwurfmutter mit Linksgewinde versehen sind. Für Großabnehmer wird Wasserstoff bei einem Druck von 2,5 MPa über Fernleitungen (Pipelines), in Deutschland etwa 220 km, in Frankreich 350 km, geliefert. Die Weltproduktion an Wasserstoff beträgt rund 350 Mrd. m^3/Jahr.

Physikalische Eigenschaften

Wasserstoff ist ein farb-, geruch- und geschmackloses Gas. Er ist rund 14,4mal leichter als Luft und damit das leichteste Element überhaupt. Angesichts seiner geringen Dichte besitzt Wasserstoff das größte Diffusionsvermögen aller Elemente. Das Gas diffundiert leicht durch poröse Trennwände und selbst durch Metalle v. a. Platinmetalle, sowie durch Quarz. In Wasser und anderen Lösungsmitteln ist Wasserstoff nur wenig löslich, leicht dagegen in einigen Metallen. Besonders die Platinmetalle und einige Legierungen können große Mengen atomaren Wasserstoff aufnehmen und in ihr Atomgitter einbauen, wobei die Elektronen der H-Atome die Elektronenhülle der Metalle ergänzen. So kann z. B. Palladiumschwamm bis zum 12 000fachen seines Volumens an Wasserstoff aufnehmen, eine Eigenschaft, die zur Wasserstoffspeicherung genutzt wird. Wasserstoff hat nach Helium die tiefste Schmelz- und Siedetemperatur. Bei –252,76 °C kondensiert das Gas zu einer farblosen, durchsichtigen, leicht beweglichen Flüssigkeit, die bei –259,14 °C zu einem farblosen Festkörper mit hexagonal dichtester Gitterstruktur erstarrt. Im Normalzustand liegt Wasserstoff in Form zweiatomiger Moleküle H_2 vor, in denen die beiden Wasserstoffatome homöopolar gebunden sind. Bezüglich der Orientierung der Kernspins der beiden Wasserstoffatome tritt molekularer Wasserstoff in zwei Kernspinisomeren auf, die bei parallelen Spinrichtungen als *Ortho-Wasserstoff* (o-H_2) und bei antiparallelen als *Para-Wasserstoff* (p-H_2) bezeichnet werden. Diese beiden Formen stehen in einem temperaturabhängigen Gleichgewicht

$$\text{o-H}_2 \rightleftharpoons \text{p-H}_2 \qquad \Delta H = 0.08\ \text{kJ},$$

das bei gewöhnlicher Temperatur aus etwa 75% o-H_2 und 25% p-H_2 besteht und sich bei tiefen Temperaturen zum p-H_2 hin verschiebt. Beim absoluten Nullpunkt liegt reiner p-H_2 vor.

Atomarer Wasserstoff kommt in der Natur nicht vor. Er wird in chemischen Reaktionen freigesetzt oder entsteht bei der Spaltung des Wasserstoffmoleküls unter Energieaufwand also Wärme, elektrischen Entladungen u. a.

$$\text{H}_2 \longrightarrow 2\ \text{H} \qquad \Delta H = +436{,}25\ \text{kJ}$$

Der sog. *naszierende Wasserstoff* oder Wasserstoff im *status nascendi* besteht nur für etwa 0,5–1 s und ist während dieser Zeit sehr reaktionsfähig. Die Darstellung von atomaren Wasserstoff erfolgt im Labor nach dem *Woodschen-Verfahren* durch elektrische Entladungen bei vermindertem Druck (Abb. 85).

Die Überspannung des Wasserstoffs an verschiedenen Elektroden

Metall	Überspannung
Platin (platiniert)	0 V
Palladium	0 V
Gold	–0,02 V
Platin	–0,08 V
Silber	–0,10 V
Nickel	–0,14 V
Graphit	–0,14 V
Eisen	–0,17 V
Kupfer	–0,19 V
Cadmium	–0,39 V
Blei	–0,40 V
Zink	–0,48 V
Quecksilber	–0,57 V

Radiochemie

In der Natur tritt Wasserstoff in Form zweier Isotope, überwiegend als *leichter Wasserstoff* und in geringen Mengen als *schwerer Wasserstoff* auf. Zusätzlich sind weitere drei künstliche Radioisotope des Wasserstoffs bekannt.

Die Isotope des Wasserstoffs (1995)					
Isotop	Standard-Atomgewicht (bezogen auf ^{12}C = 12)	Natürliche Häufigkeit n(%)	Bezeichnung und Zusammensetzung des Atomkerns	Zerfallsart (-energie)	Halbwertszeit $T_{1/2}$
„leichter Wasserstoff“ „Protium“ $^{1}_{1}H$	1,007825	99,985	Proton 1p	stabil	
„schwerer Wasserstoff“ '„Deuterium“ $^{1}_{1}H = ^{2}_{1}D$	2,014083	0,015	Deuteron 1p, 1n	stabil	
„überschwerer Wasserstoff“ „Tritium“ $^{1}_{1}H = ^{3}_{1}T$	3,016026	---	Triton 1p, 2n	β^- (0,02 MeV)	12,323 a
$^{4}_{1}H$	n.bek.	---	1p, 3n	β^-	<1 s
$^{5}_{1}H$	n.bek.	---	1p, 4n	β^-	0,1 s

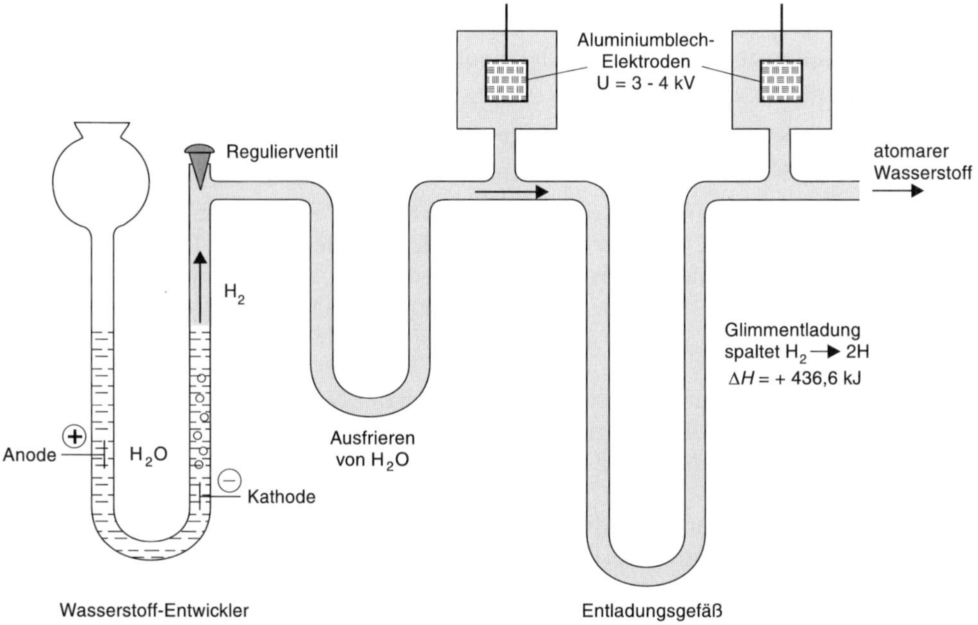

Abb. 85: Wood-Apparat zur Erzeugung von atomarem Wasserstoff [nach dem amerik. Physiker Robert W. Wood (1868–1955)].

Deuterium ist in geringen Mengen sowohl im natürlichen Wasserstoff als Wasserstoffdeuterid $^{1}_{1}H\ ^{2}_{1}H$, als auch im natürlichen Wasser in Form von *schwerem Wasser* $^{2}_{1}H_2O$ enthalten. Die Herstellung erfolgt hauptsächlich durch Elektrolyse von schwerem Wasser

$$2\ ^{2}_{1}H_2O\ (fl) \longrightarrow 2\ ^{2}_{1}H_2 \uparrow + O_2 \uparrow \qquad \Delta H = +589{,}6\ kJ$$

das durch elektrolytische Anreicherung aus natürlichem Wasser gewonnen wird.
Tritium kommt in Spuren in den oberen Schichten der Atmosphäre vor, wo es unter dem Einfluß kosmischer Strahlung entsteht:

$$^{14}_{7}N + ^{1}_{0}n \longrightarrow ^{3}_{1}H + ^{12}_{6}C$$

$$^{14}_{7}N + ^{1}_{1}H \longrightarrow ^{3}_{1}H + ^{12}_{7}N$$

$$^{2}_{1}H + ^{2}_{1}H \longrightarrow ^{3}_{1}H + ^{1}_{1}H$$

Künstlich wird Tritium durch Neutronenbestrahlung von angereichertem Lithium im Kernreaktor hergestellt:

$$^{6}_{3}Li + ^{1}_{0}n \longrightarrow ^{4}_{2}He + ^{3}_{1}H \qquad \Delta H = -4{,}6\ MeV$$

Die beiden Isotope $^{4}_{1}H$ und $^{5}_{1}H$ wurden angeblich durch Einwirkung energiereicher Photonen von etwa 1 GeV auf Helium $^{4}_{1}He$ bzw. durch γ-Bestrahlung von Lithium hergestellt.
Die maximal zulässige radiologische Aktivität für Tritium wurde auf $3{,}7 \cdot 10^5$ Bq für den menschlichen Körper, $7{,}4 \cdot 10^3$ Bq/ml Wasser und $7{,}4 \cdot 10^5$ Bq/m^3 Luft festgelegt.
Der Wirkungsquerschnitt für thermische Neutronen für Wasserstoff ist sehr klein, er beträgt für

Protium	$\sigma = 0{,}332 \cdot 10^{-28}$ m^2 und für
Deuterium	$\sigma = 0{,}00052 \cdot 10^{-28}$ m^2

Das Radioisotop $^{3}_{1}H$ (β^- | 0,01861 MeV, kein γ) wird als radioaktiver Indikator (Tracer) v. a. für medizinische Zwecke verwendet, die beiden stabilen Isotope $^{1}_{1}H$ und $^{2}_{1}H$ wie auch das radioaktive Tritium der Kernspinzahlen 1/2; 1 und 1/2 und kernmagnetischen Momenten +2,79284; +0,85743 bzw. +2,97896 werden in der NMR-Spektroskopie eingesetzt; NMR-Frequenzen (bei 2,3488 T) $100{,}000 \cdot 10^6\ s^{-1}$; $15{,}351 \cdot 10^6\ s^{-1}$ und $106{,}663 \cdot 10^6\ s^{-1}$; Referenz $Si(CH_3)_4$.
Kernverschmelzungen oder Kernfusionen finden in der Natur auf der Sonne und auf den Fixsternen statt. Allgemein laufen zwei Vorgänge nebeneinander ab: Der *Proton-Proton-Prozeß* oder *p-p-Zyklus* und der *Kohlenstoff-Stickstoff-Prozeß* oder der *C-N-Zyklus* (s. S. 276).
Von technischer Bedeutung sind die thermonuklearen Reaktionen bei denen die bei der Kernverschmelzung freigesetzte Energie in thermische und schließlich in elektrische Energie umgesetzt wird. Sie stellen eine praktisch unbegrenzte Energiequelle dar. Bei einem zukünftigen Deuterium-Lithium-Fusionsreaktor könnten folgende Verschmelzungs-Reaktionen parallel zueinander ablaufen:

$^{2}_{1}H$-$^{2}_{1}H$-Reaktionen	$^{2}_{1}H + ^{2}_{1}H \longrightarrow ^{3}_{1}H + ^{1}_{1}H$	$\Delta H = -\ 4{,}03$ MeV
	$^{2}_{1}H + ^{2}_{1}H \longrightarrow ^{3}_{2}He + ^{1}_{0}n$	$\Delta H = -\ 3{,}27$ MeV
$^{2}_{1}H$-$^{3}_{1}H$-Reaktion	$^{2}_{1}H + ^{3}_{1}H \longrightarrow ^{4}_{2}He + ^{1}_{0}n$	$\Delta H = -17{,}60$ MeV

$^{2}_{1}H$-$^{3}_{2}He$-Reaktion	$^{2}_{1}H + ^{3}_{2}He \longrightarrow ^{4}_{2}He + ^{1}_{1}H$	$\Delta H = -18{,}30$ MeV
$^{6}_{3}Li$-n-Reaktion	$2\,(^{6}_{3}Li + ^{1}_{0}n \longrightarrow ^{4}_{2}He + ^{3}_{1}H)$	$\Delta H = -\ 9{,}2$ MeV
	Gesamtbilanz:	$-52{,}4$ MeV

Bei der Verschmelzung von sechs Deuteronen wird also eine Energie von 52,4 MeV freigesetzt, dies entspricht einer Energiefreisetzung von 8,73 MeV pro Deuteron. Daraus folgt, daß bei der Verschmelzung von 1 kg Deuterium die gigantische Energie von rund 116,8 Mio. Kilowattstunden freigesetzt wird. Diese Energie übertrifft bei weitem alle bis heute bekannten Energiequellen. Thermonukleare Kernverschmelzungsreaktionen finden auch bei Kernfusions-Waffen wie z. B. bei der Wasserstoffbombe Anwendung.

Chemische Eigenschaften

Wasserstoff ist das erste Element im PSE. Es befindet sich in der 1. Gruppe (IA Hauptgruppe) über dem Lithium Li sowie in der 1. Periode vor dem Helium He. Als das leichteste chemische Element besitzt Wasserstoff den einfachsten Atomaufbau, bestehend aus einem Proton als Kern und einem Elektron in der Atomhülle. Die Elektronenkonfiguration des H-Atoms $1s^1$ entspricht sowohl der Elektronenbesetzung eines Alkalimetalls mit einem Elektron als Valenzelektron als auch der eines Halogenatoms, dem nur ein Elektron zur Ausbildung der Edelgaskonfiguration fehlt. In chemischen Reaktionen kann das H-Atom sein Valenzelektron abgeben,

$$H \longrightarrow H^+ + e^-$$

wobei es zur Bildung eines Kations also des Protons kommt oder durch Aufnahme eines weiteren Elektrons

$$H + e^- \longrightarrow H^-$$

das Anion bzw. das Hydrid-Ion bilden.
Das Proton, das aufgrund seiner hohen Ladungsdichte frei nicht existieren kann, lagert sich an ein Wassermolekül unter Bildung eines sog. Oxonium-Ions:

$$H_2O + H^+ \longrightarrow H_3O^+$$

Die Normalpotentiale des Wasserstoffs sind:

	+I		0		−I
Saure Lösung	H_3O^+	0,00 V	H_2	−2,25 V	H^-
Basische Lösung	H_2O	+0,828 V	H_2	−2,25 V	H^-

Molekularer Wasserstoff ist bei gewöhnlicher Temperatur chemisch relativ träge. Nur mit Fluor reagiert er schon bei tieferen Temperaturen explosionsartig unter Bildung von Hydrogenfluorid HF. An der Luft verbrennt Wasserstoff mit schwach blauer, fast unsichtbarer Flamme zu Wasser

$$2\,H_2 + O_2 \longrightarrow 2\,H_2O \qquad \Delta H = -572{,}4\ \text{kJ}$$

in Chlorgas zu Hydrogenchlorid

$$H_2 + Cl_2 \longrightarrow 2\,HCl \qquad \Delta H = -184{,}62\ \text{kJ}$$

Gemische des Wasserstoffs mit Luft oder Sauerstoff *Knallgas* sowie mit Chlorgas *Chlorknallgas* sind hochexplosiv. Mit den übrigen Elementen reagiert Wasserstoff meist erst bei höheren Temperaturen und Drücken oder in Anwesenheit von Katalysatoren; mit Schwefel zu Dihydrogensulfid H_2S, mit Stickstoff zu Ammoniak NH_3, mit Kohlenstoff zu Methan CH_4, mit Alkali- und Erdalkalimetallen zu Hydriden usw. Wasserstoff bildet mit allen Nichtmetallen gasförmige homöopolare Verbindungen, Hydrid-Ionen existieren nur in salzartig aufgebauten Hydriden. Kovalente Bindungen des Wasserstoffs (in den Klammern sind die Bindungslängen und die Bindungsenthalpien angegeben): H–F (91,7 pm; 566 kJ · mol^{-1}), H–Cl (127,4 pm; 431 kJ · mol^{-1}), H–Br (141,5 pm; 366 kJ · mol^{-1}), H–I (160,9 pm; 299 kJ · mol^{-1}), H–H (74,16 pm; 453,6 kJ · mol^{-1}), ^2D–^2D (74,16 pm; 447,4 kJ · mol^{-1}), H–O (95,7 pm; 463 kJ · mol^{-1}), H–S (133,4 pm; 367 kJ · mol^{-1}), C–H (109,1 pm; 413 kJ · mol^{-1}) u. a.
Wasserstoff ist Bestandteil aller Säuren sowie zahlreicher organischer Verbindungen wie Kohlenwasserstoffe, Alkohole, Aldehyde, Carbonsäuren, Fette, Kohlenhydrate, Eiweißstoffe. Bei den Säuren wird der saure Charakter durch die Konzentration der Oxonium-Ionen bzw. dem *pH-Wert* bestimmt.
Unter dem *pH-Wert* versteht man den negativen dekadischen Logarithmus der Oxonium-Ionenkonzentration einer Lösung $pH = -\log c_{H_3O^+}$.
Zu den wichtigsten anorganischen Wasserstoffverbindungen zählen die Hydride:

- Salzartige, elektrovalente Hydride; sie werden nur von stark elektropositiven Metallen bzw. von Alkali- und Erdalkalimetallen gebildet. Es sind typische Salze, die in Ionengittern kristallisieren, wobei der Wasserstoff das Anion und das Metall das Kation bildet. Ihre Namen werden aus dem Namen des Metalls und der Endung „hydrid“ zusammengesetzt, z. B.: Natriumhydrid NaH, Kaliumhydrid KH, Bariumhydrid BaH_2 usw. Im Wasser werden sie unter Bildung des Hydroxids und Wasserstoff zersetzt z. B.:
$$CaH_2 + 2\,H_2O \longrightarrow Ca(OH)_2 + 2\,H_2 \uparrow$$
- Flüchtige, kovalente Hydride; sie werden von den Elementen der 13. bis 17. Gruppe gebildet. Hydride mit polarer Atombindung dissoziieren in Wasser unter Bildung des Oxonium-Ions:
$$HCl + H_2O \longrightarrow H_3O^+ + Cl^-$$

Bei der Namensbildung der Wasserstoffverbindungen wird der elektropositive Partner zuerst genannt z. B. Aluminiumtrihydrid AlH_3, Bismuttrithydrid BiH_3, bzw. Hydrogenchlorid HCl, Dihydrogensulfid H_2S usw. Gebräuchlich ab der 3. Gruppe ist auch die Verwendung der Endsilbe „an“, die an den Wortstamm des Elements angefügt wird wie z. B. Alan AlH_3, Bismutan BiH_3, Selan H_2Se u. a.

- Metallartige Hydride entstehen durch Aufnahme von atomarem Wasserstoff in das Metallgitter und werden hauptsächlich von den Elementen der 3. bis 12. Gruppe, also den Übergangsmetallen gebildet, z. B.: Kupferhydrid CuH_2, Platinhydrid PtH_2, Zinkhydrid ZnH_2 usw.

Nachweis

Qualitativ:
- Verbrennung, Knallgasprobe.

Quantitativ:
- Gasanalyse, Elementaranalyse, Aktivierungsanalyse, Gaschromatographie, u. a.
- Spektralanalyse; wichtige Spektrallinien der neutralen Atome sind: 434,047 nm, 486,133 nm, 656,272 nm, 656,285 nm, u. a.

Verwendung

Wasserstoff wird in der chemischen Industrie für zahlreiche Synthesen und Umsetzungen wie z. B. zur Synthese von Ammoniak nach dem *Haber-Bosch-Verfahren*, zur Synthese von Blausäure, Salzsäure, Methanol, Cyclohexan, Anilin, zur Hydrierung von Erdölcrackprodukten, zur Fetthärtung u. a. verwendet. Daneben dient Wasserstoff in der Metallverarbeitung zum autogenen Schweißen und Schneiden, in der Metallurgie als Reduktionsmittel zur Gewinnung verschiedener Metalle, wie z. B. Cobalt, Germanium, Molybdän und Wolfram, als Brennstoff in Brennstoffzellen, als Treibstoff für Verbrennungsmotoren, als Gas in der Wasserstoffelektrode u. a. Flüssiger Wasserstoff findet Anwendung als Kühlmittel in der Tieftemperaturtechnik, als Raketentreibstoff in der Raumfahrt, in Blasenkammern sog. *Glaser*-Kammer zur Sichtbarmachung von Teilchenbahnen in der Kern- und Hochenergiephysik sowie als Rohstoff in thermonuklearen Reaktionen. Wasser ist essentiell für alle Spezies, Menschen, Tiere und Pflanzen, daneben ist es unentbehrlich in Haushalt und in der Industrie. Wasser H_2O und das analoge Deuteriumoxid ${}^2_1H_2O$ *(schweres Wasser)* dienen als Moderatorsubstanz in Leichtwasser- bzw. Schwerwasser-Kernreaktoren. Tritium wird in großem Maße für geologische Studien wie z. B. zur Altersbestimmung verschiedener Wasserproben, zur Bestimmung unterirdischer Wasserläufe, zur Untersuchung von Diffusionsvorgängen und in zunehmenden Maße als Tracer für Wasserstoff bei der Untersuchung von Reaktionsmechanismen verwendet.

Physiologie, Toxikologie

Wasserstoff gehört zu den elf Elementen aus denen sich die Körpersubstanz zu 99% aufbaut und ist damit für alle Lebewesen biologisch außerordentlich wichtig. Im Stoffwechsel werden Nährstoffe v. a. Monosaccharide, Fette, Aminosäuren in energieliefernden, durch Enzyme wie Dehydrogenasen, Oxidasen u. a. katalysierten Reaktionen durch stufenweise Oxidation des an C-Ketten gebundenen Wasserstoffs in Kohlenstoffdioxid, Wasser und Energie umgesetzt. Der Anteil des in organischen Verbindungen und Wasser gebundenen Wasserstoffs im menschlichen Organismus liegt bei etwa 10% der Körpermasse. So enthält eine Durchschnittsperson von 70 kg eine Gesamtmasse von 7 kg Wasserstoff, verteilt auf die Muskeln rund 93 g/kg, Knochen 55 g/kg und Blut als wesentlicher Bestandteil des Wassers. Der tägliche Bedarf an Wasserstoff wird hauptsächlich mit dem Trinkwasser gedeckt. Gewöhnlicher Wasserstoff ist nicht toxisch, dagegen sind jedoch Deuterium und *schweres Wasser* starke Gifte.

Wolfram W

International (Lat.)	Wolframium, Tungstenium	Griechisch	Βολφάμιο ή Τουγκστένιο (Wolframio und Tougstenio)
Englisch	Wolfram, Tungsten		
Französisch	Wolfram, Tungstène		
Spanisch	Volframio, Tungsteno	Russisch	Вольфрам (Waljfram)
Italienisch	Wolframio, Tungsteno	Japanisch	タングステン (tangusuten)

Atomare und physikalische Eigenschaften

Protonenzahl **(Z)**	**74**
Standard-Atomgewicht (bezogen auf $^{12}C = 12$)	183,84 (±3)
Effektive Kernladung	(Slater) 4,35; (Clementi) 9,85; (Froese-Fischer) 14,22
Elektronenkonfiguration	[Xe] $4f^{14}\ 5d^4\ 6s^2$
Grundzustand, Termsymbol	$^5D_0$
Metallatomradius (KZ 12)	139 pm[a)]
Kovalenzradius (Einfachbindung)	130 pm
Ionenradien (KZ 6)	$66^{4+}_{(6)}$ pm, $62^{5+}_{(6)}$ pm, $60^{6+}_{(6)}$ pm
Molares Volumen	$9{,}53 \cdot 10^{-6}\ m^3 \cdot mol^{-1}$
1.;2.;3.;4.;5.;6. Ionisierungsenergie	7,9804 eV; 17,619 eV; 23,837 eV; 35,238 eV; 47,475 eV; 61,148 eV
Elektronegativität	(Allred/Rochow) 1,40; (Pauling) 2,36; (absolut) 4,40 eV
Elektronenaffinität W ⟶ W^-	0,814 eV
Wirkungsquerschnitt für thermische Neutronen ($\sigma_{n,\gamma}$)	$18 \cdot 10^{-28}\ m^2$
Dichte (bei 20 °C)	19250 $kg \cdot m^{-3}$ [b)]
Härte (geglüht)	(Mohs) 4,5–8 ; (Brinell) (196…245) · 10^7 Pa
Elastizitätsmodul (geglüht)	(34,2…40) · 10^{10} Pa
Schmelztemperatur	3410(± 20) °C [(3683,15 ± 20) K] [c)]
Siedetemperatur	5657 °C (5930,15 K) [d)]
Spezifische Schmelzenthalpie	$191{,}47\ kJ \cdot kg^{-1}$
Spezifische Verdampfungsenthalpie	$4346{,}71\ kJ \cdot kg^{-1}$ [e)]
Spezifische Sublimationsenthalpie (einatomiges Gas)	$4617{,}9\ kJ \cdot kg^{-1}$
Spezifische Wärmekapazität (bei 25 °C)	$0{,}142\ kJ \cdot kg^{-1} \cdot K^{-1}$
Thermische Leitfähigkeit (bei 27 °C)	$174\ W \cdot m^{-1} \cdot K^{-1}$
Thermischer Längenausdehnungskoeffizient (bei 25 °C)	$4{,}59 \cdot 10^{-6}\ K^{-1}$
Thermospannung (Δt =100 K / Pt; Cu)	+0,8 mV; +0,05 mV
Elektrische Leitfähigkeit (bei 20 °C)	$17{,}69 \cdot 10^6\ S \cdot m^{-1}$
Spezifischer elektrischen Widerstand (bei 20 °C)	$5{,}65 \cdot 10^{-8}\ \Omega \cdot m$
Temperaturkoeffizient (bei 20 °C)	$4{,}5 \cdot 10^{-3}\ K^{-1}$
Supraleitfähigkeit, Sprungtemperatur	–273,135 °C (0,015 K)
Spezifische magnetische Suszeptibilität	$+4{,}03 \cdot 10^{-9}\ m^3 \cdot kg^{-1}$
Hall-Koeffizient	$+1{,}18 \cdot 10^{-10}\ m^3 \cdot A^{-1} \cdot s^{-1}$
Normalpotential W/W^{3+}	–0,112 V
Bildungsenthalpie WCl_6 (WO_3)	$-603{,}2\ kJ \cdot mol^{-1}$ ($-843\ kJ \cdot mol^{-1}$)

Weitere Angaben: a) 137 pm. b) 19260 $kg \cdot m^{-3}$, 19300 $kg \cdot m^{-3}$ und 19350 $kg \cdot m^{-3}$. c) 3380 °C, 3400 °C und 3407 °C. d) 5500 °C, 5660 °C, 5700 °C und 5930 °C. e) 4482,16 $kJ \cdot kg^{-1}$.

Entdeckung

Wolfram wurde im Jahre 1781 von dem schwedischen Chemiker Carl Wilhelm Scheele (1742–1786) in Köping, Schweden, in dem 1752 von A. F. Cronstedt gefundenen Mineral „Tungstein", von *tung sten*, d. h. „schwerer Stein", in Form der Wolframsäure entdeckt und isoliert. 1783 erhielten die spanischen Brüder Fausto de Elhúyar (1755–1833) und Juan Jose de Elhúyar (1754–1796) aus dem Mineral Wolframit die gleiche Säure und reduzierten diese durch Erhitzen mit Tierkohle zum Metall. J. J. Berzelius schlug für das neue Metall den Namen „Wolframium" mit dem chemischen Symbol „W" vor. Der Name Wolfram stammt von sächsischen Bergleuten aus dem Erzgebirge, die schon im Mittelalter beobachtet hatten, daß Wolframerze bei der Reduktion des Zinnsteins das Zinn verschlacken und bezeichneten das „Zinn fressende" Metall als *Geifer von Wölfen* bzw. „Wolf-Rahm". Im anglo-französischen Sprachraum wurde der Name Tungsten eingeführt.

Vorkommen

Wolfram kommt auf der Erde weniger häufig vor und steht mit einem berechneten Massenanteil in der Erdhülle von $6{,}4 \cdot 10^{-3}$% zwischen Kupfer und Lithium an 26. Stelle der Elementhäufigkeit. Das Metall ist am Aufbau der obersten 16 km der Erdkruste mit ca. 1,2 g/t beteiligt, in Steinmeteoriten mit etwa 0,1 g/t. In den Meeren und Ozeanen beträgt sein Anteil durchschnittlich $9{,}2 \cdot 10^{-5}$ g $W^{(+VI)}/m^3$ Meerwasser, die Verweilzeit ist nicht bekannt. In der Natur tritt Wolfram nie elementar, sondern meist als Wolframat auf. Fast 75% der gesamten Weltvorräte befinden sich in China, weitere größere Vorkommen liegen in Kanada, USA, GUS-Staaten, Australien, Südkorea, Türkei, Bolivien, Burma und Uganda. Die größten europäischen Vorkommen befinden sich in Portugal, Frankreich, Österreich, Tschechien, sowie in geringeren Mengen in Deutschland im Erzgebirge, Baden-Württemberg u. a.
Die bekannten Wolfram-Reserven werden weltweit auf 1,6 Mio. t geschätzt. Die Häufigkeit des Elements auf der Sonne beträgt ca. 50 Atome Wolfram pro $1 \cdot 10^{12}$ Atome Wasserstoff, die kosmische Häufigkeit schätzt man auf 0,5 Atome Wolfram pro $1 \cdot 10^{6}$ Atome Silicium.

Die wirtschaftlich bedeutendsten Wolfram-Minerale	
Wolframit	$(Mn, Fe^{II})WO_4$, eine isomorphe Mischung aus Ferberit $FeWO_4$ und Hübnerit $MnWO_4$
Scheelit, Tungstein, Scheelspat	$CaWO_4$
Scheelbleierz, Stolzit	$PbWO_4$
Wolframocker, Tungstit	$WO_3 \cdot xH_2O$
Mpororoite	$(Al, Fe)_2(WO_3)_2 \cdot 6\,H_2O$

Herstellung

Die Wolframerze, hauptsächlich Wolframit oder Scheelit, deren WO_3-Gehalt meist unter 2,5% liegt werden zunächst durch Flotation oder elektromagnetische Aufbereitung bis auf 70% angereichert. Der Aufschluß des Konzentrats erfolgt entweder durch Schmelzen mit Soda im Flammofen bei ca. 800 °C und anschließende Laugung des gebildeten Na-Wolframats mit Wasser oder durch Drucklaugung der Konzentrate mit verdünnter Natronlauge. Das Na-Wolframat wird durch Zusatz von Ca-Chlorid in Ca-Wolframat, also künstlichen Scheelit, umgewandelt der zusammen mit natürlichem Scheelit mit Salzsäure in Wolframsäure $WO_3 \cdot xH_2O$ und anschließend durch Glühen in W(VI)-oxid WO_3 übergeführt wird. Das reine Metall erhält durch Reduktion von WO_3 mit molekularem Wasserstoff bei 1200 °C gemäß:

$$WO_3 + 3\,H_2 \longrightarrow W + 3\,H_2O$$

Es entsteht grauschwarzes Wolframpulver, das anschließend gepreßt und in einer Wasserstoffatmosphäre elektrisch zu Barren gesintert wird. Zur Herstellung von Wolframglühfäden wird das Wolframpulver unter Zusatz von Thoriumhydroxid und organischen Bindemitteln zu Fäden gepreßt und im *Zonenschmelzverfahren* bei 2500 °C zu meterlangen, äußerst biegsamen Einkristallfäden mit einem Durchmesser von ca. 0,01–0,02 mm gezogen. Zur Stahlveredelung wird das viel leichter erhältliche Ferrowolfram, eine Eisenlegierung mit 60–80% Wolfram herangezogen, das durch Reduktion von Wolframerz und Eisenerz mit Koks im elektrischen Ofen hergestellt wird. Die Hauptproduzenten von Wolfram sind die VR China mit über 50%, Kanada, USA, die GUS-Staaten, Korea, Bolivien, Peru u. a. Die Weltproduktion von Wolfram beträgt rund 48 000 t/Jahr.

Physikalische Eigenschaften

Reines Wolfram ist ein silberweißes, glänzendes, außerordentlich festes Schwermetall das im kubisch raumzentrierten Gitter kristallisiert. In reinstem Zustand ist Wolfram ein duktiles und leicht verformbares Metall, bereits geringe Mengen Kohlenstoff oder Sauerstoff machen es jedoch hart und spröde. Wolfram hat den kleinsten Ausdehnungskoeffizienten, die höchste Schmelztemperatur und höchste Siedetemperatur aller Metalle. Das schwach paramagnetische Metall ist ein sehr guter Leiter von Wärme und elektrischen Strom, die thermische Leitfähigkeit beträgt 40,56%, die elektrische 28,12% der des Silbers. Unterhalb –273,135 °C (0,015 K) bzw. in dünnen Schichten unterhalb –269,05 °C (4,1 K) zeigt das Metall Supraleitfähigkeit, die kritische Feldstärke beträgt (91,51 ± 2,40) $A \cdot m^{-1}$. Die Austrittsenergie für Elektronen im Vakuum beträgt (4,18–5,25) eV (F, CPD, T)

Radiochemie

Wolfram kommt in der Natur in Form eines Gemisches aus fünf stabilen Isotopen vor. Zusätzlich sind 28 künstliche, radioaktive Isotope des Wolframs bekannt.

Die Isotope der Nukleonenzahlen 170 bis 180 entstehen durch Beschuß von Tantal mit hochbeschleunigten Protonen in einer $^{181}_{73}Ta(^{1}_{1}H,\ xn)^{A+1-xn}_{74}W$-Reaktion, die schwereren

Die Isotope des Wolframs (1995)

Isotop	Natürliche Häufigkeit n (%)	Zerfallsart					Halbwertszeit
		α	β^+	EC	γ	β^-	$T_{1/2}$
W 158*		x					0,9 s
W 158*		x					<1 ms
W 159		x					7,3 ms
W 160		x	x				81 ms
W 161		x	x				0,41 s
W 162		x	x				1,39 s
W 163		x	x				2,5 s
W 164		x	x				6,0 s
W 165		x	x				6,8 s
W 166		x	x	x	x		18,8 s
W 167		x	x		x		19,9 s
W 168		x	x	x	x		53 s
W 169			x		x		76 s
W 170			x		x		2,4 m
W 171			x	x	x		2,38 m
W 172			x	x	x		6,7 m
W 173			x	x	x		7,6 m
W 174				x	x		31 m
W 175				x	x		35,2 m
W 176				x	x		2,5 h
W 177			x	x	x		2,25 h
W 178				x			22 d
W 179*				x	x		38 m
W 179 m*					x		6,7 m
W 180	**0,13**						
W 181				x	x		121,2 d
W 182	**26,30**						
W 183*	**14,30**						
W 183 m*					x		5,3 s
W 184	**30,67**						
W 185*					x	x	75,1 d
W 185 m*					x		1,67 m
W 186	**28,60**						
W 187					x	x	23,72 h
W 188					x	x	69 d
W 189					x	x	11 m
W 190					x	x	30 m

(* isomere Atomkerne; m* markiert jeweils einen metastabilen Zustand)

Isotope werden durch Neutronenbeschuß von Wolfram erzeugt, $^{181}_{74}$W und $^{185}_{74}$W finden sich im radioaktiven Niederschlag von Kernexplosionen. Die leichteren Isotope $A < 180$ zerfallen durch α-Zerfall in Hafnium bzw. durch Elektronen-Einfang (EC) in die entsprechenden Ta-Isotope. Die schwereren Isotope $A > 184$ verwandeln sich durch β^--Emission in Re-Isotope. Natürliches Wolfram kann mit Hilfe hochbeschleunigter Deuteronen der Energie von ca. 300 MeV gespalten werden.

Die Isotope $^{185}_{74}W$ (β^- | 0,433 MeV; γ | 0,125 MeV) und $^{187}_{74}W$ (β^- | 1,312 MeV; γ | 0,686 MeV) werden als radioaktive Indikatoren (Tracer) verwendet, das stabile Isotop $^{183}_{74}W$ der Kernspinzahl 1/2– und kernmagnetischen Moment +0,11778 dient zum NMR-spektroskopischen Nachweis; NMR-Frequenz (bei 2,3488 T) $4{,}161 \cdot 10^6\ s^{-1}$; Referenz WF_6.

Chemische Eigenschaften

Wolfram gehört zur sog. *Chromgruppe*. Es befindet sich im PSE in der 6. Gruppe (VIB Nebengruppe) unter dem Molybdän Mo sowie in der 6. Periode zwischen Tantal Ta und Rhenium Re. Entsprechend seiner Stellung im PSE hat das freie, neutrale W-Atom im elektronischen Grundzustand folgende Elektronenkonfiguration:

$$1s^2\ 2s^2\ 2p^6\ 3s^2\ 3p^6\ 3d^{10}\ 4s^2\ 4p^6\ 4d^{10}\ 4f^{14}\ 5s^2\ 5p^6\ 5d^4\ 6s^2$$

Als typisches Übergangsmetall bildet Wolfram in seinen Verbindungen fast alle Oxidationsstufen von –IV bis +VI, von denen die Stufe +VI ([Xe] $4f^{14}$) die wichtigste und beständigste ist. Die Normalpotentiale des Wolframs:

+VI +V +IV +III 0

Saure Lösung

WO_3 —(–0,029 V)— V_2O_5 —(–0,031 V)— WO_2 … W^{3+} —(–0,112 V)— W

WO_2 —(–0,119 V)— W

W^{4+} —(–0,05 V)— W

Basische Lösung

WO_4^{2-} —(–1,259 V)— WO_2 —(–0,982 V)— W

WO_4^{2-} —(–1,074 V)— W

Wolfram ist ein elektropositives und angesichts seiner negativen Normalpotentiale ein ziemlich unedles Metall. In seinem chemischen Verhalten, zeigt Wolfram, aufgrund der durch die Lanthanoidenkontraktion bedingten gleichen Atom- und Ionenradien, große Ähnlichkeit mit seinem leichteren Homologen Molybdän. Wolfram ist bei Raumtemperatur gegenüber Luft und Wasser beständig. Feinstverteiltes Wolframpulver hingegen ist pyrophor. Von Säuren, auch von Königswasser und Flußsäure, wird Wolfram infolge Passivierung, nur langsam angegriffen, dagegen löst es sich sehr rasch in einem Gemisch aus Flußsäure und Salpetersäure. Beim Schmelzen mit Alkalihydroxiden löst sich das Metall zu Wolframaten. Mit Fluor reagiert Wolfram bereits bei Zimmertemperatur zu W-Hexafluorid WF_6, während es sich mit den anderen „Halogenen“ erst bei höheren Temperaturen zu W-Hexachlorid WCl_6, W-Pentabromid WBr_5 bzw. zu W-Triiodid vereinigt. Mit molekularem Sauerstoff verbindet sich Wolfram bei Rotglut zu W(VI)-oxid:

$$2\ W + 3\ O_2 \longrightarrow 2\ WO_3 \qquad \Delta H = -1686\ kJ$$

Mit Bor, Kohlenstoff, Silicium und Stickstoff bildet Wolfram sehr harte und hochschmelzende Einlagerungsverbindungen bzw. Boride, Carbide, Silicide, Nitride. Wolfram bildet zahlreiche, in Wasser meist unlösliche, vielfarbige Verbindungen. Es bildet mehrere Oxide wie WO_2, W_2O_5, WO_3 sowie das Wolframblauoxid, ein Gemisch der Suboxide $W_{18}O_{49}$ und $W_{20}O_{58}$.

Bekannt ist ferner die Wolframsäure H_2WO_4 oder $WO_3 \cdot H_2O$ und ihre Salze, die Wolframate der allg. Formeln: Monowolframate $M^I_2WO_4$, Diwolframate $M^I_2W_2O_7$, Isopolywolframate, Hexawolframate $M^I_6W_6O_{21}$ und Dodecawolframate $M^I_{10}W_{12}O_{41}$ sowie die wasserlöslichen Metawolframate $M^I_6H_2W_{12}O_{40}$ u. a.

Nachweis

Qualitativ:

- Mittels der Phosphorsalzperle durch Überführung in Wolframate und Fällung der Wolframsäure mit Salpetersäure.
- Bildung von leuchtend blauen Wolfram(IV, V, VI)-mischoxiden, Wolframblau durch Reduktion der Wolframate mit Salzsäure, Aluminium, Zink oder Zn(II)-Chlorid.

Quantitativ:

- Gravimetrisch als WO_3 mit Oxin, oder kalorimetrisch mit Cupron, Rhodamin B u. a.
- Spektralanalyse; wichtige Spektrallinien der einfach positiven Ionen W^+: 202,998 nm, 207,911 nm, 239,709 nm, und der neutralen Atome: 255,135 nm, 400,875 nm, 407,436 nm, 400,875 nm, 429,461 nm, 430,211 nm u. a.

Verwendung

Die Hauptmenge des Metalls wird in Form von Ferrowolfram zur Herstellung von Wolframstählen verwendet. Angesichts der hohen Härte und Hitzebeständigkeit, die Wolfram auch auf seine Legierungen überträgt, eignen sich Wolframstähle mit 70–98% Fe, 1,5–18% W, 2,5% Cr, bis 0,8% C als Schnellarbeitsstähle, die gegenüber Werkzeugstählen höhere Zerspannungsleistungen ermöglichen sowie für Schneidwerkzeuge wie Spiralbohrer, Gewindebohrer, Matritzen u. a. Wegen der hohen Schmelztemperatur ist das Metall in der Technik überall dort von Bedeutung, wo bei hohen Temperaturen hohe Festigkeit benötigt wird. So findet Wolfram Verwendung zur Herstellung von Glühdrähten in Glühlampen und Elektronenröhren, von Heizleitern in Hochtemperaturöfen von Thermoelementen und Anoden in Röntgenröhren sowie für Raketenspitzen, Raketendüsen und Hitzeschilde in der Raumfahrttechnik. Mit Beimengungen von Kupfer und Silber dient Wolfram zur Herstellung hochbeanspruchter elektrischer Kontakte. Wegen seiner hohen Dichte eignet sich das Metall für Schwungmassen in Armbanduhren, Trimmgewichten, Strahlenschutzvorrichtungen u. a. Wolframate und Wolframoxid dienen zur Herstellung von Katalysatoren.
Wolframcarbide W_2C und WC werden vor allem als Härteträger für Hartmetalle eingesetzt. WC dient als Legierungszusatz zur Herstellung von Schneidwerkzeugen, Schlagbohrerplatten und Ziehdüsen, sowie als Anodenmaterial für Brennstoffzellen. WIDIA ist ein extrem harter (**wie** **Dia**mant) Sinterstoff aus WC + 10% Co und dient als Diamantersatz in Schneidwerkzeugen. W(VI)-oxid, Wolframocker ist Ausgangssubstanz für die Metallgewinnung und dient als gelbes Pigment in der Keramikindustrie. W(IV)-sulfid ist ein temperaturbeständiges Schmiermittel.

Physiologie, Toxikologie

Wolfram gehört zu den Elementen, deren biologische Bedeutung für den menschlichen Organismus noch unklar ist. Die Gesamtmasse der Elemente im menschlichen Körper ist nicht bekannt, sie ist aber sehr gering. Der tägliche Bedarf liegt bei 1–15 μg und wird über die Nahrungsaufnahme aufgenommen. Eine toxische Dosis ist nicht bekannt, die letale Dosis, für Ratten, liegt bei über 30 mg. Das Element gilt als ausgesprochen untoxisch.

Xenon Xe

International (Lat.)	Xenon	Italienisch	Xeno
Englisch	Xenon	Griechisch	Ξένο (Xeno)
Französisch	Xénon	Russisch	Ксенон (Kßinon)
Spanisch	Xenón	Japanisch	キセノン (kisenon)

Atomare und physikalische Eigenschaften

Protonenzahl **(Z)**	**54**
Standard-Atomgewicht (bezogen auf ^{12}C = 12)	131,29 (±2)
Effektive Kernladung	(Slater) 8,25; (Clementi) 12,42; (Froese-Fischer) 15,61
Elektronenkonfiguration	[Kr] $4d^{10}\,5s^2\,5p^6$
Grundzustand, Termsymbol	$^1S_0$
Atomradius/Kovalenzradius	218 pm/209 pm
Van-der-Waals-Radius	216 pm a)
Ionenradius	190^+ pm
Molares Volumen (bei –12,15 °C)	$37{,}09 \cdot 10^{-6}\ m^3 \cdot mol^{-1}$
Molares Eigenvolumen (Van-der-Waals-Konst.)	$51 \cdot 10^{-6}\ m^3 \cdot mol^{-1}$
Molare Binnendruckkonstante (Van-der-Waals-Konst.)	$0{,}415\ Nm^4 \cdot mol^{-2}$
1.;2.;3.;4.;5.;6.;7.;8. Ionisierungsenrgie	12,130 eV; 21,205 eV; 32,097 eV; 45,566 eV; 57,003 eV; 89,403 eV; 102,15 eV; 126,08 eV
Elektronegativität	(Allred/Rochow) 2,65; (Pauling) 2,58; (absolut) 5,85 eV
Elektronenaffinität Xe ⟶ Xe^- **	+0,425 eV
Wirkungsquerschnitt für thermische Neutronen ($\sigma_{n,\gamma}$)	$24 \cdot 10^{-28}\ m^2$
Dichte; gasförmig (bei 0 °C, 101,325 kPa)	$5{,}8971\ kg \cdot m^{-3}$
flüssig (bei –108,10 °C)	$2939\ kg \cdot m^{-3}$
fest (bei –111,80 °C)	$3540\ kg \cdot m^{-3}$
Schmelztemperatur	–111,80 °C (161,30 K)
Siedetemperatur	–108,10 °C (165,05 K)
Kritische Temperatur	16,60 °C (289,75 K)
Kritischer Druck	5,840 MPa b)
Kritisches Volumen	$118 \cdot 10^{-6}\ m^3 \cdot mol^{-1}$
Kritische Dichte	$1099\ kg \cdot m^{-3}$
Spezifische Schmelzenthalpie	$23{,}61\ kJ \cdot kg^{-1}$
Spezifische Verdampfungsenthalpie	$96{,}35\ kJ \cdot kg^{-1}$
Spezifische Wärmekapaität	
(bei 0 °C, 101,325 kPa, konst. Druck)	$0{,}16\ kJ \cdot kg^{-1} \cdot K^{-1}$
(bei 0 °C, konst. Vol.)	$0{,}097\ kJ \cdot kg^{-1} \cdot K^{-1}$
Debye-Temperatur	–209 °C (64,15 K)
Thermische Leitfähigkeit (bei 27 °C)	$0{,}00569\ W \cdot m^{-1} \cdot K^{-1}$
Spezifische magnetische Suszeptibilität (Gas)	$-4{,}20 \cdot 10^{-9}\ m^3 \cdot kg^{-1}$
Normalpotential Xe/XeO_3	+2,124 V
Löslichkeit in Wasser (bei 25 °C)	108,1 cm^3 Xe pro 1 kg H_2O

Weitere Angaben: a) 210 pm. b) 5,880 MPa.
** extrapolierte, berechnete Werte.

Entdeckung

Xenon wurde im Jahre 1898 von Sir William Ramsay (1852–1916) und Morris William Travers (1872–1961) in London, Großbritannien, bei der Aufarbeitung von fast 100 t flüssiger Luft isoliert und mittels der Spektralanalyse als neues Element nachgewiesen. Weil es das seltenste aller Edelgase ist, schlug Ramsay für das neue Gas den Namen „Xenon“ mit dem chemischen Symbol „Xe“ vor, [von griech.: ξένος (xenos) d. h. „Gast“ oder „Fremder“]. Zwei Jahre vor Ramsay hatte auch der französische Chemiker Ferdinand-Frédéric Moissan (1852–1907) die charakteristischen Spektrallinien des Xenons in einem Gas, das aus Ceriterde abgetrennt wurde, entdeckt, die Entdeckung wurde aber erst später bekannt gegeben. Im Juni 1962 gelang dem amerikanischen Chemiker Neil Bartlett (geb. 1932) erstmals die Synthese einer Edelgasverbindung, indem er als Folge der Reaktion von Platinhexafluorid PtF_6 mit Xenon das Xenonhexafluoroplatinat(V) $Xe[PtF_6]$ erhielt. Nur einen Monat später gelang dem deutschen Chemiker Rudolf Reinhold Hoppe (geb. 1929) die Herstellung der ersten binären Edelgasverbindung in Form von Xenon(II)-fluorid XeF_2.

Vorkommen

Xenon gehört zu den seltensten Elementen auf der Erde. Mit einem berechneten Massenanteil in der Erdhülle von $2{,}4 \cdot 10^{-9}$% steht es nach Krypton an 83. Stelle der Elementhäufigkeit. In der Erdkruste bis 16 km Tiefe ist es mit ca. $2 \cdot 10^{-6}$ g/t vertreten. In den Meeren und Ozeanen beträgt sein Anteil durchschnittlich $1{,}5 \cdot 10^{-4}$ g $Xe^{(0)}/m^3$, die Verweilzeit ist nicht bekannt. An der Zusammensetzung der atmosphärischen Luft ist Xenon mit einem Massenanteil von $3{,}6 \cdot 10^{-5}$% und einem Volumenanteil von $8{,}7 \cdot 10^{-6}$% beteiligt. Ein m^3 Luft enthält demnach 0,087 ml Xenon. Xenon-Isotope finden sich spurenweise auch in uranhaltigen Mineralen und in Meteoriten, wo sie durch natürliche Uranspaltung entstehen. Die Gesamtvorkommen in der Atmosphäre werden auf $2 \cdot 10^9$ t geschätzt. Die Häufigkeit des Elements auf der Sonne ist nicht bekannt, die kosmische Häufigkeit wird auf 4 Atome Xenon pro $1 \cdot 10^6$ Atome Silicium geschätzt.

Herstellung

Im technischen Maßstab erhält man Xenon heute fast ausschließlich als Nebenprodukt der Sauerstoffherstellung durch fraktionierte Destillation verflüssigter Luft. Dabei bedient man sich eines Verfahrens von Georges Claude, nach dem das relativ hoch siedende Xenon zusammen mit Krypton mit flüssiger Luft aus einer größeren Menge vorgekühlter Luft ausgewaschen wird. Die in flüssiger Luft gelösten Edelgase werden in einer Rektifikationsanlage getrennt und anschließend durch fraktionierte Adsorbtion und Desorbtion gereinigt (s. Krypton). Weltweit werden z. Z. etwa 8550 kg also ca. 1450 m^3 Xenon jährlich hergestellt.

Physikalische Eigenschaften

Xenon ist wie alle Edelgase ein farb-, geruch- und geschmackloses, diamagnetisches, einatomiges Gas. Es ist in Wasser nur wenig löslich. Bei Glimmentladungen sendet Xenon ein violettes Licht aus. Unterhalb der Siedetemperatur kondensiert das Gas zu einer farblosen Flüssigkeit und erstarrt bei der Schmelztemperatur zu einer farblosen kristallinen Masse mit kubisch dichtester Gitterstruktur. Das feste Xenon weist bei –241,15 °C (32 K) und einem Druck von 33 GPa metallische Eigenschaften auf, die v. a. durch sehr hohe elektrische Leitfähigkeit gekennzeichnet sind.

Radiochemie

Natürliches Xenon besteht aus einem Gemisch von neun stabilen Isotopen, daneben sind weitere 24 künstliche Radioisotope des Xenons bekannt.

Die Isotope des Xenons (1995)

Isotop	Natürliche Häufigkeit n (%)	Zerfallsart					Halbwertszeit
		α	β^+	EC	γ	β^-	$T_{1/2}$
Xe 110		x	x				n.bek.
Xe 111		x	x				0,9 s
Xe 112		x	x				2,7 s
Xe 113		x	x		x		2,8 s
Xe 114			x		x		10 s
Xe 115			x	x	x		18 s
Xe 116			x		x		57 s
Xe 117			x		x		61 s
Xc 118			x	x	x		3,8 m
Xe 119			x	x	x		5,8 m
Xe 120			x	x	x		40 m
Xe 121			x		x		38,8 m
Xe 122				x	x		20,1 h
Xe 123			x	x	x		2,08 h
Xe 124	**0,10**						
Xe 125			x	x	x		16,9 h
Xe 125 m*					x		57 s
Xe 126	**0,09**						
Xe 127				x	x		36,4 d
Xe 127 m*					x		70 s
Xe 128	**1,91**						
Xe 129	**26,4**						
Xe 129 m*					x		8,89 d
Xe 130	**4,1**						
Xe 131	**21,2**						
Xe 131 m*					x		11,9 d
Xe 132	**26,9**						
Xe 133					x	x	5,25 d

(* isomere Atomkerne; m* markiert jeweils einen metastabilen Zustand)

Die Isotope des Xenons (1995)

Isotop	Natürliche Häufigkeit n (%)	Zerfallsart					Halbwertszeit $T_{1/2}$
		α	β^+	EC	γ	β^-	
Xe 133 m*					**x**		2,19 d
Xe 134	**10,4**						
Xe 135*					x	**x**	9,10 h
Xe 135 m*					**x**	x	15,3 m
Xe 136	**8,9**						
Xe 137					x	**x**	3,83 m
Xe 138					x	**x**	14,1 m
Xe 139					x	**x**	39,7 s
Xe 140					x	**x**	13,6 s
Xe 141					x	**x**	1,72 s
Xe 142					x	**x**	1,24 s

(* isomere Atomkerne; m* markiert jeweils einen metastabilen Zustand)

Die Halbwertszeiten der Xe-Isotope sind allgemein sehr kurz, die leichteren Isotope A < 128 zerfallen z. T. durch α-Strahlung in Tellur sowie durch β^+-Strahlung und Elektronen-Einfang (EC) in die entsprechenden I-Isotope. Die schwereren Isotope verwandeln sich durch β^--Emission in Cs-Isotope. Die Isotope $^{127}_{54}Xe$ (EC | 0,66 MeV; γ | 0,203 MeV) und $^{133}_{54}Xe$ (β^- | 0,427 MeV; γ) werden hauptsächlich in der Medizin als radioaktive Indikatoren (Tracer) verwendet. Die beiden stabilen Isotope $^{129}_{54}Xe$ und $^{131}_{54}Xe$ der Kernspinzahlen 1/2+ bzw. 3/2+ und kernmagnetischen Momenten –0,7768 bzw. –0,8867 werden in der NMR-Spektroskopie eingesetzt; NMR-Frequenz (bei 2,3488 T) $27{,}660 \cdot 10^6\ s^{-1}$ bzw. $8{,}199 \cdot 10^6\ s^{-1}$; Referenz $XeOF_4$. Die schwersten Xe-Isotope ab A > 130 sind hauptsächlich Spaltprodukte von Uran u. a. Kernbrennstoffen und werden in Kernreaktoren erzeugt. Das Spaltprodukt $^{135}_{54}Xe$ hat einen extrem großen Wirkungsquerschnitt für schnelle Neutronen von $\sigma = 2{,}65 \cdot 10^6 \cdot 10^{-28}\ m^2$. Bei Ansammlungen größerer Mengen dieses Isotops im Reaktor sinkt die Reaktorleistung, man spricht von „Xenonvergiftung".

Chemische Eigenschaften

Xenon gehört zur Gruppe der „Edelgase". Es befindet sich im PSE in der 18. Gruppe (VIIIA Hauptgruppe) zwischen Krypton Kr und Radon Rn, sowie in der 5. Periode neben dem Iod I. Im Gegensatz zu den anderen Edelgasen ist Xenon ein chemisch relativ aktives Element. Das freie, neutrale Xe-Atom hat im elektronischen Grundzustand folgende Elektronenkonfiguration:

$$1s^2\ 2s^2\ 2p^6\ 3s^2\ 3p^6\ 3d^{10}\ 4s^2\ 4p^6\ 4d^{10}\ 5s^2\ 5p^6$$

Wie alle Edelgase besitzt Xenon eine abgeschlossene äußere Elektronenschale und müßte demnach ein chemisch träges Gas sein. Dennoch konnte schon früher die Existenz mehrerer molekulerer Ionen im Massenspektrometer nachgewiesen werden wie z. B. Xe_2^{2+}, XeN_2^+, XeH^+, $XeCO^+$, $XeCH_3^+$, XeK^+ $XeLi^+$ u. a. In seinen Verbindungen geht Xenon meist kovalente Bindungen ein wie z. B. (in den Klammern sind die Bindungslängen uhnd die Bindungsenthalpien angegeben): Xe–O (176 pm; 84 kJ · mol^{-1}), Xe–F (194 pm; 134 kJ · mol^{-1}) und tritt hauptsächlich in den Oxidationsstufen +II, +IV, +VI und +VIII auf. Thermodynamisch stabile Verbindungen bildet es nur mit Fluor. Die Normalpotentiale des Xenons sind:

+VIII +VI +II +I 0

Saure Lösung

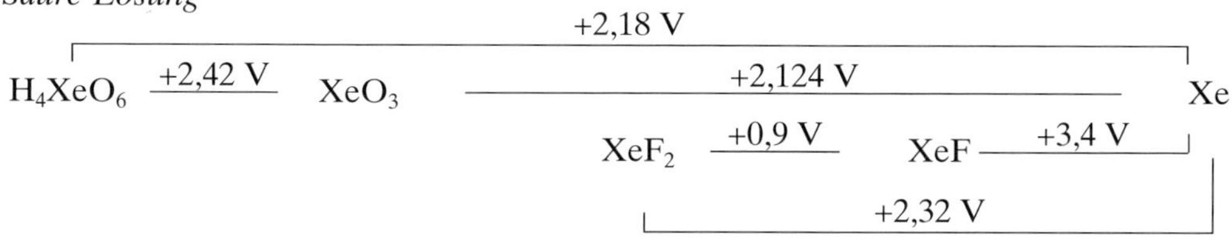

Basische Lösung

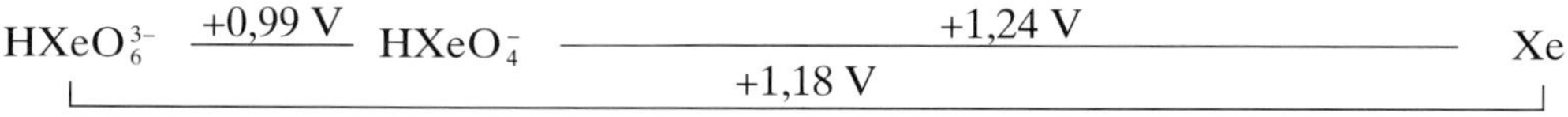

Die relativ hohen positiven Normalpotentiale bekräftigen die chemische Trägheit des Xenons. Bei Wärmeeinwirkung bis ca. 400 °C, elektrischen Entladungen, γ-Strahlung oder Lichteinwirkung verbindet sich Xenon direkt mit Fluor und bildet die Fluoride XeF_2, XeF_4, XeF_6. Die zugeführte Energie dient einerseits der Spaltung des Fluormoleküls F_2 andererseits zur Bildung von Hybridorbitalen. Mit Chlor bildet es die Chloride $XeCl_2$, $XeCl_4$, mit Brom Bromide $XeBr_2$, mit Sauerstoff Oxide XeO_3, XeO_4. Daneben sind folgende Fluoridoxide bekannt $XeOF_2$, XeO_2F_2, $XeOF_4$, XeO_3F_2 und XeO_2F_4. Die Hydrolyse von XeO_3 führt zur Bildung, der nur in Form von Salzen bzw. Xenate(VI) der allg. Formel M^IHXeO_4 bekannten Xenonsäure H_2XeO_4 bzw. $XeO_3 \cdot H_2O$ sowie in Gegenwart von Ozon zu der ebenfalls nur in Form der Perxenate $M^I_4XeO_6$ bekannten Perxenonsäure H_4XeO_6. In stark alkalischen Lösungen disproportionieren die Xenate(VI) zu Xenon und Perxenaten(VIII).

$$2\,HXeO_4^- \xrightarrow[-2\,H_2O]{+2\,OH^-} 2\,XeO_4^{2-} \longrightarrow XeO_6^{4-} + Xe + O_2$$

Perxenat(VIII)

Nachweis

- Mößbauer-Spektroskopie mittels angeregtem $^{129}_{54}Xe$.
- Spektralanalyse; wichtige Spektrallinien der neutralen Atome: 823,164 nm, 828,012 nm, 881,941 nm, 3106,923 nm, 3507,025 nm u. a.

Verwendung

Xenon dient v. a. als inertes Schutzgas in kerntechnischen Geräten und Anlagen. Daneben findet es Anwendung als Füllgas in Bauteilen für Radar-Anlagen, in Xenon-Blitzröhren, im Xenon-Laser, und in Niederdruckentladungslampen (violettes Licht). In der

Beleuchtungsindustrie dient es als Füllgas in Natriumdampfhochdrucklampen, mit Farbtemperaturen von ca. 6000 K, die ein sehr helles, weißes, dem Tageslicht ähnliches Licht ausstrahlen und hauptsächlich in Leuchturmscheinwerfern und Stadion- und Bühnenbeleuchtungen eingesetzt werden. Als Füllgas für Glühlampen ist Xenon z. Z. noch zu teuer. Ein Gemisch aus 80% Xenon und 20% Sauerstoff wird in der Medizin als Narkotikum verwendet. Das Radionuklid $^{133}_{54}Xe$ findet Anwendung in der Nuklearmedizin bei Durchblutungsuntersuchungen innerer Organe wie Gehirn, Nieren usw., der Muskeln, der Haut u. a.

Physiologie, Toxikologie

Xenon hat keine biologische Bedeutung für den menschlichen Organismus. Das Gas ist nicht toxisch. Gemische von Xenon mit Sauerstoff wirken narkotisierend.

Ytterbium Yb

International (Lat.)	Ytterbium	Italienisch	Itterbio
Englisch	Ytterbium	Griechisch	Υττέρβιο (Yttérvio)
Französisch	Ytterbium	Russisch	Иттербий (Ittjerbij)
Spanisch	Iterbio	Japanisch	イッテルビウム (itterubiumu)

Atomare und physikalische Eigenschaften

Protonenzahl **(Z)**	**70**
Standard-Atomgewicht (bezogen auf $^{12}C = 12$)	173,04 (± 3)
Effektive Kernladung	(Slater) 2,85; (Clementi) 8,59; (Froese-Fischer) 11,90
Elektronenkonfiguration	[Xe] $4f^{14}$ $6s^2$
Grundzustand, Termsymbol	$^1S_0$
Metallatomradius (KZ 6)	193,3 pm [a)]
Kovalenzradius (Y^{III}; Einfachbindung)	170 pm [b)]
Ionenradien (KZ 6;9)	$113^{2+}_{(6)}$ pm, $86{,}8^{3+}_{(6)}$ pm, $104^{3+}_{(9)}$ pm
Molares Volumen	$24{,}84 \cdot 10^{-6}$ $m^3 \cdot mol^{-1}$
1.;2.;3.;4. Ionisierungsenergie	6,2537 eV; 12,188 eV; 25,229 eV; 43,736 eV
Elektronegativität	(Allred/Rochow) 1,06; (Pauling) 1,10; (absolut) ≦ 3,50 eV
Elektronenaffinität Yb ⟶ Yb^-	≦ 0,518 eV
Wirkungsquerschnitt für thermische Neutronen ($\sigma_{n,\gamma}$)	$45 \cdot 10^{-28}$ m^2
Dichte (bei 20 °C)	6965 kg · m^{-3} [c)]
Schmelztemperatur	819 °C (1092,15 K) [d)]
Siedetemperatur	1196 °C (1469,15 K) [e)]
Spezifische Schmelzenthalpie	53,16 kJ · kg^{-1} [f)]
Spezifische Verdampfungsenthalpie	918,86 kJ · kg^{-1}
Spezifische Sublimationsenthalpie (einatomiges Gas)	878,41 kJ · kg^{-1}
Spezifische Wärmekapazität (bei 25 °C)	0,155 kJ · $kg^{-1} \cdot K^{-1}$
Debye-Temperatur	–153 °C (120,15 K)
Thermische Leitfähigkeit (bei 27 °C)	38,5 W · $m^{-1} \cdot K^{-1}$ [g)]
Thermischer Längenausdehnungskoeffizient (bei 25 °C)	$26{,}3 \cdot 10^{-6}$ K^{-1} [h)]
Elektrische Leitfähigkeit (bei 20 °C)	$3{,}98 \cdot 10^{-6}$ $S \cdot m^{-1}$
Spezifischer elektrischer Widerstand (bei 20 °C)	$25{,}12 \cdot 10^{-8}$ $\Omega \cdot m$
Spezifische magnetische Suszeptibilität	$+18{,}1 \cdot 10^{-9}$ $m^3 \cdot kg^{-1}$
Hall-Koeffizient	$+3{,}7 \cdot 10^{-10} \cdot m^3 \cdot A^{-1} \cdot s^{-1}$
Normalpotential Yb/Yb^{3+}	–2,267 V
Hydratationsenthalpie Yb^{3+}	3739 kJ · mol^{-1}
Bildungsenthalpie $YbCl_3$ (Yb_2O_3)	–957,5 kJ · mol^{-1} (–1816 kJ · mol^{-1})

Weitere Angaben: a) 194 pm. b) 174 pm. c) 6973 kg · m^{-3}. d) 816 °C, 824 °C. e) 1430 °C. f) 44,3 kJ · kg^{-1}. g) 34,9 W · $m^{-1} \cdot K^{-1}$. h) $25 \cdot 10^{-6}$ K^{-1}.

Entdeckung

Ytterbium, wurde im Jahre 1878 von dem Schweizer Chemiker Jean Charles Galissard de Marignac (1817–1894) in Genf, Schweiz, bei der Untersuchung der Terbinerde, der sog. *Terbia*, in Form einer weiteren Erde entdeckt, die er nach der Ortschaft Ytterby, dem Fundort der Yttererden *Ytterbia* nannte. Das darin enthaltene Metall erhielt entsprechend den Namen „Ytterbium" mit dem chemischen Symbol „Yb". Metallisches Ytterbium erhielten 1907 unabhängig voneinander der französische Chemiker Georges Urbain (1872–1938) der das Metall *Neo-Ytterbium* und der Österreichische Chemiker C. Auer von Welsbach (1858–1929) der es *Aldebaranium* nannte. Das Element behielt schließlich den Namen Ytterbium.

Vorkommen

Ytterbium gehört wie fast alle Lanthanoide zu den selteneren Elementen. Mit einem berechneten Massenanteil in der Erdhülle von $2{,}5 \cdot 10^{-4}\%$ steht es zwischen Uran und Erbium an 55. Stelle der Elementhäufigkeit. In der Erdkruste bis 16 km Tiefe ist Ytterbium mit 3,3 g/t Krustengestein vertreten und ist damit viel häufiger als so bekannte Metalle wie Silber (0,08 g/t), Quecksilber (0,08 g/t) oder gar Gold (4,1 mg/t). Im Meerwasser beträgt sein Anteil durchschnittlich 0,95 µg $Yb^{(+III)}/m^3$, bei einer Verweilzeit von rund 400 Jahren. Ytterbium ist Hauptbestandteil der Yttererden und findet sich vor allem im Xenotim, Gadolinit, Euxenit, Samarskit, Betafit u. a. Die Reserven an Ytterbium werden weltweit auf ca. 100 000 t geschätzt. Die Häufigkeit des Elements auf der Sonne beträgt etwa 8 Atome Ytterbium pro $1 \cdot 10^{12}$ Atome Wasserstoff, die kosmische Häufigkeit ist nicht bekannt.

Herstellung

Nach Anreicherung und aufwendigen Trennungsarbeiten von seinen Begleitelementen mittels Ionenaustausch, wird Ytterbium durch metallothermische Reduktion des Oxids Yb_2O_3 mit Cer oder Lanthan und anschließender Vakuumdestillation gewonnen. Die Trennung von den übrigen Seltenerdmetallen erfolgt durch Amalgamieren oder durch Elektrolyse an Amalgamelektroden. Die Weltproduktion von Ytterbium liegt bei etwa 100 t/Jahr.

Physikalische Eigenschaften

Ytterbium ist ein silberglänzendes, weiches dehnbares, an trockener Luft relativ beständiges Schwermetall. Es tritt in zwei Modifikationen auf:

$$\underset{\text{flächenzentriert}}{\underset{\text{kubisch}}{\alpha\text{-Yb}}} \xrightarrow{798\ °\text{C}} \underset{\text{raumzentriert}}{\underset{\text{kubisch}}{\beta\text{-Yb}}}$$

Das Metall ist paramagnetisch, die thermische Leitfähigkeit beträgt 8,97%, die elektrische 6,33% der des Silbers. Bei hohem Druck weist die bei Raumtemperatur beständige α-Modifikation Halbleitereigenschaften auf.

Radiochemie

Natürliches Ytterbium besteht aus einem Gemisch aus sieben stabilen Isotopen, weitere 23 künstliche Radioisotope des Ytterbiums sind bekannt.

Die Isotope des Ytterbiums (1995)

Isotop	Natürliche Häufigkeit n (%)	Zerfallsart					Halbwertszeit
		α	β^+	EC	γ	β^-	$T_{1/2}$
Yb 151			x		x		1,6 s
Yb 152			x		x		3,1 s
Yb 153			x		x		4,2 s
Yb 154		x		x	x		0,42 s
Yb 155		x	x		x		1,75 s
Yb 156		x		x	x		26,1 s
Yb 157		x	x	x	x		38,6 s
Yb 158		x		x	x		1,55 m
Yb 159			x	x	x		1,72 m
Yb 160			x	x	x		4,8 m
Yb 161			x	x	x		4,2 m
Yb 162			x	x	x		18,9 m
Yb 163			x	x	x		11,1 m
Yb 164				x	x		75,8 m
Yb 165			x	x	x		9,9 m
Yb 166				x	x		56,7 h
Yb 167			x	x	x		17,7 m
Yb 168	**0,13**						
Yb 169*				x	x		32,0 d
Yb 169 m*					x		46 s
Yb 170	**3,05**						
Yb 171	**14,30**						
Yb 172	**21,90**						
Yb 173	**16,12**						
Yb 174	**31,80**						
Yb 175					x	x	4,2 d
Yb 176*	**12,70**						
Yb 176 m*					x		12 s
Yb 177*					x	x	1,9 h
Yb 177 m*					x		6,5 s
Yb 178					x	x	74 m
Yb 179					x	x	7,9 m
Yb 180					x	x	2,4 m

(* isomere Atomkerne; m* markiert jeweils einen metastabilen Zustand)

Die leichteren Yb-Isotope zerfallen durch β^+-Strahlung oder Elektronen-Einfang (EC) in Thulium, fünf sind α-Strahler und zerfallen in Er-Isotope, die schwereren $A > 174$ verwandeln sich durch β^--Emission in die entsprechenden Lu-Isotope. Die Isotope $^{169}_{70}\mathrm{Yb}$ (EC | 0,908 MeV; γ) und $^{175}_{70}\mathrm{Yb}$ (β^- | 0,467 MeV; γ | 0,396 MeV) entstehen in $^{169}_{69}\mathrm{Tm}(^{1}_{1}\mathrm{H}, n)$ $^{169}_{70}\mathrm{Yb}$ bzw. in $^{175}_{71}\mathrm{Lu}\ (n, ^{1}_{1}\mathrm{H})$ $^{175}_{70}\mathrm{Yb}$ oder $^{174}_{70}\mathrm{Yb}\ (n, \gamma)$ $^{175}_{70}\mathrm{Yb}$-Reaktionen, sie werden als radioaktive Indikatoren (Tracer) verwendet. Die beiden stabilen Isotope $^{171}_{70}\mathrm{Yb}$ und $^{173}_{70}\mathrm{Yb}$ der Kernspinzahlen 1/2– bzw. 5/2– und kernmagnetischen Momenten +0,4919 bzw. –0,6776 dienen zum NMR-spektroskopischen Nachweis, NMR-Frequenzen $17{,}613 \cdot 10^6\ s^{-1}$ bzw. $4{,}852 \cdot 10^6\ s^{-1}$.

Chemische Eigenschaften

Ytterbium gehört zur Gruppe der „Seltenerdmetalle" bzw. „Lanthanoide". Es befindet sich im PSE in der 3. Gruppe (IIIB Nebengruppe) über dem Nobelium No sowie in der 6. Periode zwischen Lutetium Lu und Thulium Tm. Das freie, neutrale Yb-Atom hat im elektronischen Grundzustand folgende Elektronenkonfiguration:

$$1s^2\ 2s^2\ 2p^6\ 3s^2\ 3p^6\ 3d^{10}\ 4s^2\ 4p^6\ 4d^{10}\ 4f^{14}\ 5s^2\ 5p^6\ 6s^2$$

Ähnlich dem Thulium bildet auch Ytterbium die Oxidationsstufen +III und +II, von denen die Stufe +III die durch Abgabe der beiden 6s-Elektronen und eines 4f-Elektrons erreicht wird, die wichtigste und beständigste ist.
Die Normalpotentiale des Ytterbiums:

	+III		+II		0
Saure Lösung	Yb^{3+}	–1,06 V	Yb^{2+}	–2,81 V	Yb
			(Yb³⁺ → Yb: –2,267 V)		
Basische Lösung	$Yb(OH)_3$		–2,75 V		Yb

Gemäß seinen negativen Normalpotentialen ist Ytterbium ein stark elektropositives, sehr unedles Metall und ein starkes Reduktionsmittel. Es wird von feuchter Luft angegriffen, in fein zerteilter Form ist es an der Luft pyrophor. Ytterbium reagiert mit Wasser langsam, mit verd. Säuren rasch unter Wasserstoffentwicklung; mit Wasser bildet es das Hydroxid

$$Yb + 3\ HO_2 \longrightarrow Y(OH)_3 + 1^1/_2\ H_2 \uparrow$$

mit Säuren bildet es Salze:

$$Yb + 3\ HCl \longrightarrow YbCl_3 + 1^1/_2\ H_2 \uparrow$$

Bei höheren Temperaturen verbrennt Ytterbium in Chlor unter Leuchterscheinung. Die Farben der Ytterbium-Kationen sind: Yb^{2+} gelblich-grün, Yb^{3+} fast farblos. Von den meist grünen Verbindungen sind die Chloride $YbCl_2$ und $YbCl_3 \cdot 6\ H_2O$, das Nitrat $Yb(NO_3)_3$ in Wasser löslich, die Fluoride YbF_2 und YBF_3, das Hydroxid $Yb(OH)_3$, die Oxide YbO_2 und Yb_2O_3, das Oxalat $Yb(C_2O_4)_3 \cdot 10\ H_2O$ u. a. sind in Wasser nicht löslich.

Nachweis

- Flammenspektroskopie, Röntgenfluoreszenz, Aktivierungsanalyse, Massenspektroskopie u. a.
- Spektralanalyse; wichtige Spektrallinien der einfach positiven Ionen Yb^+ 289,138 nm, 328,937 nm, 369,420 nm und der neutralen Atome 346,437 nm, 398,799 nm, 555,647 nm u. a.
- Atomabsorptionsspektrometrie (AAS) mittels der 398,799 nm Hauptlinie des Atomspektrums.

Verwendung

Für Ytterbium gibt es z. Z. noch keine wesentlichen technischen Verwendungen. Das Metall dient gelegentlich als Legierungsbestandteil für rostfreie Stähle sowie zur Herstellung spezieller Katalysatoren und Halbleitern. Daneben wurde Ytterbium auf seine Eignung als Aktivator für Leuchstoffe, zur Umwandlung von IR-Strahlung in sichtbares Licht untersucht. Das Isotop $^{169}_{70}Yb$ dient als γ-Strahlunsquelle in der Nuklearmedizin. Die Intermetallische Verbindung $Yb_2Co_{13}Fe_3Mn$ zeigt die besten Dauermagneteigenschaften aller bisher bekannten Materiale, sie kann aber wegen der hohen Herstellungskosten z. Z. noch nicht im industriellen Maßstab hergestellt und genutzt werden.

Physiologie, Toxikologie

Ytterbium hat keine biologische Bedeutung für den menschlichen Organismus. Das Element ist nur gering toxisch und wirkt stimulierend. Toxizitätswerte sind nicht bekannt.

Yttrium Y

International (Lat.)	Yttrium	Italienisch	Ittrio
Englisch	Yttrium	Griechisch	Υττϱιο (Ittrio)
Französisch	Yttrium	Russisch	Иттрий (Ittrij)
Spanisch	Itrio	Japanisch	イットリウム (ittoriumu)

Atomare und physikalische Eigenschaften	T
Protonenzahl **(Z)**	**39**
Standard-Atomgewicht (bezogen auf $^{12}C = 12$)	88,90585(± 3)
Effektive Kernladung	(Slater) 3,00; (Clementi) 6,26; (Froese-Fischer) 8,72
Elektronenkonfiguration	[Kr] $4d^1\ 5s^2$
Grundzustand, Termsymbol	$^2D_{3/2}$
Metallatomradius (KZ 12)	180 pm [a)]
Kovalenzradius (Einfachbindung)	162 pm
Ionenradien (KZ 6;12)	$90^{3+}_{(6)}$ pm; $106^{3+}_{(12)}$ pm
Molares Volumen	$19{,}89 \cdot 10^{-6}\ m^3 \cdot mol^{-1}$
1.;2.;3.;4.;5. Ionisierungsenergie	6,3843 eV; 12,240 eV; 20,521 eV; 61,801 eV; 77,006 eV
Elektronegativität	(Allred/Rochow) 1,11; (Pauling) 1,22; (absolut) 3,19 eV
Elektronenaffinität $Y \longrightarrow Y^-$	0,306 eV
Wirkungsquerschnitt für thermische Neutronen ($\sigma_{n,\gamma}$)	$1{,}25 \cdot 10^{-28}\ m^2$
Dichte (bei 20 °C)	$4472\ kg \cdot m^{-3}$ [b)]
Schmelztemperatur	1522 °C (1795,15 K) [c)]
Siedetemperatur	3338 °C (3611,15 K) [d)]
Spezifische Schmelzenthalpie	$129{,}36\ kJ \cdot kg^{-1}$ [e)]
Spezifische Verdampfungsenthalpie	$4424\ kJ \cdot kg^{-1}$ [f)]
Spezifische Sublimationsenthalpie (einatomiges Gas)	$4780{,}65\ kJ \cdot kg^{-1}$ [g)]
Spezifische Atomisierungsenthalpie	$4049{,}49\ kJ \cdot kg^{-1}$
Spezifische Wärmekapazität (bei 25 °C)	$0{,}298\ kJ \cdot kg^{-1} \cdot K^{-1}$
Debye-Temperatur	7 °C (280,15 K)
Thermische Leitfähigkeit (bei 27 °C)	$17{,}2\ W \cdot m^{-1} \cdot K^{-1}$
Thermischer Längenausdehnungskoeffizient (bei 25 °C)	$10{,}6 \cdot 10^{-6}\ K^{-1}$
Elektrische Leitfähigkeit (bei 20 °C)	$1{,}54 \cdot 10^6\ S \cdot m^{-1}$
Spezifischer elektrischer Widerstand (bei 20 °C)	$59{,}60 \cdot 10^{-8}\ \Omega \cdot m$ [h)]
Spezifische magnetische Suszeptibilität	$+27{,}0 \cdot 10^{-9}\ m^3 \cdot kg^{-1}$
Hall-Koeffizient (Y 99,2 %)	$-0{,}770 \cdot 10^{-10}\ m^3 \cdot A^{-1} \cdot s^{-1}$
Normalpotential Y/Y^{3+}	−2,372 V
Hydratationsenthalpie Y^{3+}	$-3576\ kJ \cdot mol^{-1}$
Bildungsenthalpie YH_3 (YCl_3; Y_2O_3)	$-198\ kJ \cdot mol^{-1}$ ($-1001\ kJ \cdot mol^{-1}$; $-1907\ kJ \cdot mol^{-1}$)

Weitere Angaben: a) 177,6 pm. b) $4469\ kg \cdot m^{-3}$, $4500\ kg \cdot m^{-3}$. c) 1530 °C und 1552 °C. d) 2930 °C. 3264 °C. e) 128 $kJ \cdot kg^{-1}$ und $193{,}47\ kJ \cdot kg^{-1}$. f) $4128{,}23\ kJ \cdot kg^{-1}$. g) $4421\ kJ \cdot kg^{-1}$ h) $57{,}10 \cdot 10^{-8}\ \Omega \cdot m$, $64{,}9 \cdot 10^{-8}\ \Omega \cdot m$.

Entdeckung

Yttrium wurde im Jahre 1794 von dem finnischen Chemiker Johan Gadolin (1760–1852) in Åbo, Finnland, bei der Untersuchung des Minerals Ytterbit, in Form einer neuen Erde bzw. eines Oxids entdeckt. Gadolin nannte die neue Erde *Ytterbia* bzw. „Yttererde", das darin vermutete Metall erhielt entsprechend den Namen „Yttrium". Tatsächlich handelte es sich jedoch bei der Ytterbia um eine Mischung mehrerer Oxide aus denen Carl Gustav Mosander 1843 das Yttrium von den anderen Oxiden abtrennte, nachdem bereits 1824 Friedrich Wöhler das Metall, allerdings in stark verunreinigter Form durch Reduktion des Trichlorids mit Kalium hergestellt hatte. Das reine Metall erhielten erstmals 1935 die Chemiker West und Hopkins. Der Name des Metalls stammt von der schwedischen Ortschaft Ytterby, bei Stockholm, dem Fundort des Minerals Ytterbit, heute Gadolinit. Das chemische Symbol „Y" wurde 1814 von J. J. Berzelius vorgeschlagen (s. auch Tab. Entdeckung der Metalle der Seltenen Erden, S. 775).

Vorkommen

Yttrium kommt in der Natur relativ häufig vor. Mit einem berechneten Massenanteil in der Erdhülle von $2{,}6 \cdot 10^{-3}$% steht es zwischen Rubidium und Neodym an 32. Stelle der Elementhäufigkeit. Am Aufbau der Erdkruste bis 16 km Tiefe ist Yttrium mit 31,5 g/t Gestein vertreten und ist damit viel häufiger als Blei (14 g/t), Quecksilber (0,08 g/t) oder Gold (4,1 mg/t). Im Meerwasser beträgt sein Anteil 9 µg $Y^{(+III)}/m^3$, die Verweilzeit ist nicht bekannt. Yttrium ist Hauptbestandteil der Yttererden und findet sich vorwiegend in den Mineralen Gadolinit, Thalenit, Xenotim, Euxenit, Samarskit, Betafit u. a. (s. Lanthan). Die Häufigkeit des Elements auf der Sonne beträgt ca. 125 Atome Yttrium pro $1 \cdot 10^{12}$ Atome Wasserstoff, die kosmische Häufigkeit ist nicht bekannt sie ist jedoch sehr gering.

Herstellung

Ausgangsmaterial zur Herstellung von metallischen Yttrium ist das Trifluorid YF_3 das im technischen Maßstab aus Xenotimsand und anderen Yttrium-haltigen Erzen gewonnen wird. Die Erze werden zunächst mit Schwefelsäure aufgeschlossen, das Yttriumsulfat durch Extraktion, Ionenaustausch und Komplexbildung von seinen Begleitelementen getrennt, als Oxalat gefällt, zum Oxid verglüht und schließlich mit Hydrogenfluorid in Y(III)-fluorid überführt. Das Metall erhält man durch metallothermische Reduktion des Trifluorids mit Calcium und Magnesium, wobei eine Yttrium/Calcium/Magnesium-Legierung entsteht aus der die Erdalkalimetalle im Hochvakuum bei 1000 bis 1200 °C abdestiliert werden. Aus dem verbleibenden Yttriumschwamm erhält man das kompakte Metall durch Schmelzen im Lichtbogenofen. Die Weltproduktion von Y_2O_3 liegt bei etwa 600 t/Jahr, die Produktion von Yttrium beträgt weltweit etwa 5 t/Jahr.

Physikalische Eigenschaften

Yttrium ist ein weiches, silberweißes, gut formbares Leichtmetall, das sich leicht zu Blechen walzen und zu Rohren ziehen läßt. Das Metall ist an der Luft beständig, da es durch eine Oxidhaut passiviert wird. Yttrium bildet zwei allotrope Modifikationen:

$$\alpha\text{-Y} \xrightarrow{1496\ ^\circ\text{C}} \beta\text{-Y}$$

hexagonal dichteste Kugelpackung — kubisch raumzentrierte Kugelpackung

Das Metall ist paramagnetisch, die thermische Leitfähigkeit beträgt 4,00% die elektrische 2,45% der des Silbers. In der metallischen Hochdruckphase bei Drücken > 12 GPa zeigt Yttrium unterhalb –270,45 °C (2,7 K) Supraleitfähigkeit. Intermetallische Barium-Yttrium-Cuprate gehören zu den sog. Hochtemperatur-Supraleitern mit Sprungtemperaturen von –173,5 °C (99,65 K). Die Austrittsarbeit für Elektronen im Vakuum beträgt 3,1 eV (P).

Radiochemie

Yttrium ist ein anisotopes Element, es kommt in der Natur nur in Form eines einzigen stabilen Isotops vor. Zusätzlich sind weitere 27 radioaktive Isotope des Yttriums bekannt.

Die Isotope des Yttriums (1995)

Isotop	Natürliche Häufigkeit n (%)	Zerfallsart				Halbwertszeit $T_{1/2}$
		β^+	EC	γ	β^-	
Y 78		x				n.bek.
Y 79		x		x		14,8 s
Y 80		x		x		33,8 s
Y 81		x		x		72 s
Y 82		x		x		9,5 s
Y 83*		x		x		7,1 m
Y 83*		x		x		2,85 m
Y 84*		x		x		40 m
Y 84*		x		x		4,6 s
Y 85*		x		x		2,7 h
Y 85*		x		x		4,9 h
Y 86*		x	x	x		14,74 h
Y 86 m*		x		x		48 m
Y 87*		x	x	x		80,3 h
Y 87 m*		x	x	x		13 h
Y 88*		x	x	x		106,6 d
Y 89*	**100**					
Y 89 m*				x		16,0 s

(* isomere Atomkerne; m* markiert jeweils einen metastabilen Zustand)

Die Isotope des Yttriums (1995)						
Isotop	Natürliche Häufigkeit n (%)	Zerfallsart				Halbwertszeit $T_{1/2}$
		β^+	EC	γ	β^-	
Y 90*				x	x	64,1 h
Y 90 m*				x	x	3,19 h
Y 91*				x	x	58,5 d
Y 91 m*				x		49,7 m
Y 92				x	x	3,54 h
Y 93				x	x	10,1 h
Y 94				x	x	18,7 m
Y 95				x	x	10,3 m
Y 96*				x	x	5,34 s
Y 96*				x	x	9,6 s
Y 97*				x	x	3,75 s
Y 97*				x	x	1,2 s
Y 98*				x	x	2,0 s
Y 98*				x	x	0,55 s
Y 99				x	x	1,47 s
Y 100*				x	x	0,73 s
Y 100*				x	x	0,94 s
Y 101				x	x	448 ms
Y 102				x	x	0,30 s
Y 102				x	x	0,36 s
Y 103					x	n.bek.
Y 104					x	n.bek.
Y 105					x	n.bek.

(* isomere Atomkerne; m* markiert jeweils einen metastabilen Zustand)

Die leichteren Y-Isotope zerfallen durch β^+-Strahlung oder Elektronen-Einfang (EC) in die entsprechenden Sr-Isotope, die schwereren zerfallen durch β^--Strahlung in Zirconium. Die schwersten Isotope ab A > 90 sind überwiegend Uranspaltprodukte. Die Isotope ${}^{88}_{39}Y$ (EC | 3,623 MeV; β^-; γ | 1,836 MeV), ${}^{90}_{39}Y$ (β^- | 2,283 MeV; γ | 2,186 MeV) und ${}^{91}_{39}Y$ (β^- | 1,5 MeV; γ) werden als radioaktive Indikatoren (Tracer) verwendet, ${}^{88}_{39}Y$ entsteht in den Reaktionen ${}^{88}_{38}Sr$ (${}^{1}_{1}H$, n) ${}^{88}_{39}Y$ oder ${}^{89}_{39}Y$ (n, 2 n) ${}^{88}_{39}Y$, ${}^{90}_{39}Y$ und ${}^{91}_{39}Y$ gehen aus dem Beta-Zerfall von ${}^{90}_{38}Sr$ bzw. ${}^{91}_{38}Sr$ hervor. Das stabile Isotop ${}^{89}_{39}Y$ der Kernspinzahl 1/2– und kernmagnetischen Moment –0,1373 dient zum NMR-spektroskopischen Nachweis; NMR-Frequenz (bei 2,3488 T) $4{,}899 \cdot 10^6\ s^{-1}$; Referenz $Y(NO_3)_3$ (aq). Die maximal zulässige radiologische Aktivität für das Gemisch (${}^{90}_{38}Sr + {}^{90}_{39}Y$) beträgt $3{,}7 \cdot 10^4$ Bq für den menschlichen Körper, 29,6 Bq/l in wäßriger Lösung und 7,4 Bq/m³ Luft.

Chemische Eigenschaften

Yttrium ist das zweite Element der *Scandiumgruppe*. Es befindet sich im PSE in der 3. Gruppe (IIIB Nebengruppe) unter dem Scandium Sc sowie in der 5. Periode zwischen Strontium Sr und Zirconium Zr. Mit Yttrium beginnt des Ausbau der 4d-Niveaus; das freie, neutrale Y-Atom besitzt daher im elektronischen Grundzustand die Elektronenkonfiguration

$$1s^2\ 2s^2\ 2p^6\ 3s^2\ 3p^6\ 3d^{10}\ 4s^2\ 4p^6\ 4d^1\ 5s^2$$

aufgrund der das Metall, wie auch seine Homologen Scandium und Lanthan, in seinen Verbindungen ausschließlich die Oxidationsstufe +III bildet ([Kr]), die durch Abgabe der beiden 5s-Elektronen und des einzigen 4d-Elektrons erreicht wird.
Die Normalpotentiale des Yttriums:

	+III		0
Saure Lösung	Y^{3+}	$\xrightarrow{-2{,}372\ V}$	Y
Basische Lösung	$Y(OH)_3$	$\xrightarrow{-2{,}85\ V}$	Y

Das stark negative Normalpotential zur Bildung der Y^{3+}-Ionen weist Yttrium als ein sehr unedles, stark elektropositives Metall und starkes Reduktionsmittel aus. In seinen chemischen Verhalten ähnelt Yttrium seinen Gruppennachbarn. Es wird an feuchter Luft oxidiert, oberhalb 500 °C entzündet es sich und verbrennt mit rötlicher Flamme. Mit Wasser reagiert es nur langsam und löst sich unter Salzbildung sowohl in Mineralsäuren als auch in organischen Säuren. Bei erhöhter Temperatur reagiert Yttrium mit molekularem Sauerstoff unter Bildung von Y(III)-oxid

$$2\ Y + 1^1/_2\ O_2 \longrightarrow Y_2O_3 \qquad \Delta H = -1907\ kJ$$

mit Chlor bildet es Y(III)-chlorid

$$2\ Y + 3\ Cl_2 \longrightarrow 2\ YCl_3 \qquad \Delta H = -1001\ kJ$$

Das Y^{3+}-Ion ist ein farbloses Kation. Von den meist farblosen Yttriumverbindungen sind das Chlorid YCl_3, das Nitrat $Y(NO_3)_3 \cdot 4\ H_2O$ und das Sulfat $Y_2(SO_4)_3$ in Wasser löslich, das Carbonat $Y_2(CO_3)_3$, Fluorid YF_3, Hydroxid $Y(OH)_3$, Oxid Y_2O_3, Oxalat $Y_2(C_2O_4)_3 \cdot 9\ H_2O$ u. a. sind in Wasser nicht löslich.

Nachweis

- Fällung als Oxalat in schwach saurer Lösung.
- Röntgenspektroskopisch.
- Spektralanalyse; wichtige Spektrallinien der einfach positiven Ionen Y^+ 319,562 nm, 321,668 nm, 360,073 nm, 371,028 nm, 377,433 nm, 437,494 nm, und der neutralen Atome 371,030 nm, 407,738 nm, 410,238 nm u. a.
- Atomabsorptionspektrometrie (AAS) mittels der 410,238 nm Hauptlinie des Atomspektrums.

Verwendung

Das Metall findet Anwendung als Legierungsbestandteil zur Verbesserung der Oxidationsbeständigkeit von Heizleiterlegierungen und Chrom-Nickel-Stahl. Yttrium-Cobalt-Verbindungen des Typs YCo_5 und Y_2Co_{17} zeigen hervorragende ferromagnetische Eigenschaften und dienen zur Herstellung von Dauermagneten. In der Reaktortechnik wird Yttrium zur Herstellung von Rohren für Brennstäbe und von Kontrollstäben verwendet. Yttriumvanadat YVO_4 dient, meistens mit Europium aktiviert, als Farbkörper *Rotphosphor* für rote Fluoreszenz in den Bildschirmröhren von Farbfernsehern und in Leuchtstoffröhren. Anstelle des Vanadats verwendet man heute jedoch zunehmend $Y_{2-x}Eu_xO_2S$. Yttriumverbindungen des Typs YIG (Akronym von amerik./engl. „**Y**ttrium **i**ron **g**arnet", d. h. Yttrium-Eisen-Granat) z. B. $Y_3Fe_5O_{12}$ finden Anwendung in der Hochfrequenztechnik bzw. in der Elektronikindustrie zur Herstellung von Speicherelementen und Modulatoren. Verbindungen des Typs YAG (Akronym von amerik./engl. „**Y**ttrium **a**lumin(i)um **g**arnet", d. h. Yttrium-Aluminium-Granat) wie z. B. $Y_3Al_5O_{12}$ dienen als Lasermaterial für sog. YAG-Laser und mit Neodym dotiert, mit Nd^{3+}-Konzentrationen von 0,5 bis 3,5% für Neodym-YAG-Laser die zu den wichtigsten industriellen Lasern gehören. YAG ist sehr hart, Härte nach Mohs 8,5, und wird oft als künstlicher Diamant zur Herstellung von Schmuck verwendet. Keramische Werkstoffe aus Barium, Yttrium, und Kupferoxid z. B. Barium-Yttrium-Cuprate der allg. Formeln $Ba_xY_{2-x}CuO_4$ oder Ba_2YCu_3O zeigen bereits bei Temperaturen von −173,5 °C (99,65 K) Supraleitfähigkeit, sie dienen zur Herstellung sog. Hochtemperatur-Supraleiter. Die Isotope $^{87}_{39}Y$ und $^{90}_{37}Y$ finden als Gammastrahler bzw. Betastrahler in der Strahlentherapie Verwendung.

Physiologie, Toxikologie

Yttrium hat keine biologische Bedeutung für den menschlichen Organismus. Das Element gilt als toxisch und ist vermutlich kanzerogen. Es wurde ein MAK-Wert von 5 mg/m³ festgelegt.

Zink Zn

International (Lat.)	Zincum	Griechisch	Ψευδάργυρος (Psevdarjiros)
Englisch	Zinc		
Französisch	Zinc	Russisch	Цинк (Zink)
Spanisch	Zinc	Japanisch	亜鉛（アエン）(aen)
Italienisch	Zinco		

Atomare und physikalische Eigenschaften	F
Protonenzahl **(Z)**	**30**
Standard-Atomgewicht (bezogen auf ^{12}C = 12)	65,39(± 2)
Effektive Kernladung	(Slater) 4,35; (Clementi) 5,97; (Froese-Fischer) 8,28
Elektronenkonfiguration	[Ar] $3d^{10}$ $4s^2$
Grundzuszand, Termsymbol	$^1S_0$
Metallatomradius (KZ 12) /Kovalenzradius (Einfachbindung)	134 pm [a)] / 124,9 pm
Ionenradien (KZ 4; 6; 12)	$60^{2+}_{(4)}$ pm, $74^{2+}_{(6)}$ pm, $83^{2+}_{(12)}$ pm
Molares Volumen	$9{,}17 \cdot 10^{-6}$ $m^3 \cdot mol^{-1}$
1.;2.;3.;4.;5. Ionisierungsenergie	9,3941 eV; 17,964 eV; 39,722 eV; 59,386 eV; 82,602 eV
Elektronegativität	(Allred/Rochow) 1,66; (Pauling) 1,65; (absolut) 4,45 eV
Elektronenaffinität Zn ⟶ Zn^-	0,0933 eV
Wirkungsqurschnitt für thermische Neutronen ($\sigma_{n,\gamma}$)	$1{,}10 \cdot 10^{-28}$ m^2
Dichte (bei 20 °C)	7133 $kg \cdot m^{-3}$ [b)]
Härte (gegossen)	(Mohs) 2,5 ; (Brinell) (4,8…5,2) · 10^7 Pa
Elastizitätsmodul (gegossen)	(4,06…5,86) · 10^{10} Pa
Schmelztemperatur	419,58 °C (692,73 K)
Siedetemperatur	907 °C (1180,15 K)
Spezifische Schmelzenthalpie	102,01 $kJ \cdot kg^{-1}$ [c)]
Spezifische Verdampfungsenthalpie	1763,26 $kJ \cdot kg^{-1}$ [d)]
Spezifische Sublimationsenthalpie (einatomiges Gas)	1977,36 $kJ \cdot kg^{-1}$
Spezifische Wärmekapazität (bei 25 °C)	0,388 $kJ \cdot kg^{-1} \cdot K^{-1}$
Thermische Leitfähigkeit (bei 27 °C)	116 $W \cdot m^{-1} \cdot K^{-1}$
Thermischer Längenausdehnungskoeffizient (bei 25 °C)	$25 \cdot 10^{-6}$ K^{-1} [e)]
Thermospannung (Δt =100 K / Pt; Cu)	+0,7 mV; −0,05 mV
Elektrische Leitfähigkeit (bei 20 °C)	$16{,}90 \cdot 10^6$ $S \cdot m^{-1}$
Spezifischer elektrischer Widerstand (bei 20 °C)	$5{,}916 \cdot 10^{-8}$ $\Omega \cdot m$ [f)]
Temperaturkoeffizient (bei 20 °C)	(3,9…4,1) · 10^{-3} K^{-1}
Supraleitfähigkeit; Sprungtemperatur	−272,325 °C (0,825 K)
Spezifische magnetische Suszeptibilität	$-2{,}18 \cdot 10^{-9}$ $m^3 \cdot kg^{-1}$
Hall-Koeffizient (technisch)	$+1{,}04 \cdot 10^{-10}$ $m^3 \cdot A^{-1} \cdot s^{-1}$
Elektrochemisches Äquivalent Zn^{2+}	$0{,}3388 \cdot 10^{-6}$ $kg \cdot A^{-1} \cdot s^{-1}$
Normalpotential Zn/Zn^{2+}	−0,7626 V
Hydratationsenthalpie Zn^{2+}	−2015 $kJ \cdot mol^{-1}$
Bildungsenthalpie $ZnCl_2$ (ZnO)	−415,3 $kJ \cdot mol^{-1}$ (−349,5 $kJ \cdot mol^{-1}$)

Weitere Angaben: a) 133,5 pm. b) 7133 $kg \cdot m^{-3}$, 7140 $kg \cdot m^{-3}$, 7144 $kg \cdot m^{-3}$. c) 111,45 $kJ \cdot kg^{-1}$. d) 1735 $kJ \cdot kg^{-1}$. e) $30{,}2 \cdot 10^{-6}$ K^{-1}. f) $6{,}1 \cdot 10^{-8}$ $\Omega \cdot m$.

Entdeckung

Zink war in China, Indien und Persien bereits im Mittelalter bekannt. In Europa wird Zink erstmals 1530 von Georgius Agricola (1494–1555), Theophrastus Paracelsus (1493–1541) und Andreas Libavius (1550–1616) unter dem Namen *Conterfey* bzw. *Konterfei* genannt. Der Name „Zink" wurde erstmals von dem Goslaer Hüttenmeister Georg Engelhard von Löhneyss (1552–1625) erwähnt und geht vermutlich auf das Zinkmineral Galmei zurück, das häufig *Zinken* bzw. zackenartige Formen aufweist. Das chemische Symbol Zn wurde 1814 von J. J. Berzelius vorgeschlagen. Eine genauere Beschreibung des Zinks aus dem Jahre 1721 stammt von dem Arzt Johann Friedrich Henckel (1678–1744). 1746 entwickelte A. S. Marggraf das erste technische Verfahren zur Zinkherstellung.

Vorkommen

Zink ist ein relativ häufiges Metall auf der Erde. In der Erdhülle ist es mit einem berechneten Massenanteil von 0,012% vertreten und steht damit zwischen Vanadium und Kupfer an 24. Stelle der Elementhäufigkeit. In der Erdkruste bis 16 km Tiefe beträgt der Anteil an Zink etwa 76 g/t Krustengestein, in Eisenmeteoriten bis 120 g/t. In den Meeren und Ozeanen ist Zink mit durchschnittlich 0,25 mg $Zn^{(+II)}/m^3$ Meerwasser vertreten, bei einer Verweilzeit von rund 5000 Jahren. Zink kommt in der Natur nie elementar vor. In Form sulfidischer, carbonatischer und silicatischer Zinkerze ist das Metall jedoch weit verbreitet. In seinen Erzen ist Zink meist mit Blei, Cadmium, Kupfer und Eisen vergesellschaftet.
Die Hauptvorkommen liegen in Kanada, USA, Australien, GUS-Staaten, Peru, Mexiko, Japan, Republik Südafrika, Kongo, Polen, Schweden, Griechenland, Großbritannien sowie in geringeren Mengen in Deutschland im Sauerland, Harz und Bergischen Land. Das rote Meer enthält in hydrothermalen Schlammablagerungen Zinkerze mit einem Zn-Gehalt bis 10%. In Spuren ist Zink in den meisten Böden sowie in Pflanzen und Tieren enthalten. Die Zink-Reserven in den z. Z. bestehenden Mienen liegen weltweit bei etwa 500 Mio. t, in Deutschland knapp 1,5 Mio. t. Die insgesamt verfügbaren Reserven schätzt man auf rund 1,8 Mrd. t Zink. Die Häufigkeit des Elements auf der Sonne beträgt ca. $2{,}8 \cdot 10^4$ Atome Zink pro $1 \cdot 10^{12}$ Atome Wasserstoff, die kosmische Häufigkeit wird auf 486 Atome Zink pro $1 \cdot 10^6$ Atome Silicium geschätzt.

Wichtige Zink-Erze	
Zinkblende, Sphalerit	ZnS (Abb. 86) oder (Zn, Fe)S (kubisch) und Wurtzit (hexagonal) (Abb. 87)
Smithsonit, Zinkspat, Carbonat-Galmei, *edler Galmei*	$ZnCO_3$
Hydrozinkit, Zinkblüte	$Zn_5[(OH)_3 \vert CO_3]_2$
Hemimorphit, Kieselzinkerz, *Kieselgalmei*	$Zn_4[(OH)_2 \vert Si_2O_7] \cdot H_2O$
Willemit	$Zn_2[SiO_4]$
Zinkit, Rotzinkerz	ZnO oder (Zn, Mn)O
Zinkeisenstein, Franklinit	(Zn, Mn) Fe_2O_4 u. a.

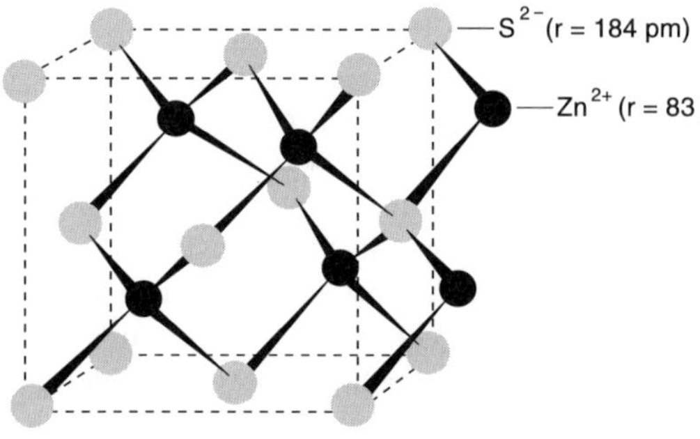

Abb. 86: Kristallstruktur der Zinkblende (kubisch); „Zinkblende-Struktur" (ZnS-Typ); Die Gitterbausteine bilden ein Tetraeder, wobei jede zweite Tetraederlücke der kubisch dichtesten (flächenzentrierten) Kugelpakung von Sulfid-Anionen S^{2-}, durch Zink-Kationen Zn^{2+} besetzt wird. Verhältnis der Radien $r_{Zn^{2+}}/r_{S^{2-}}$ = 0,45. Gittertyp AB 4/4.

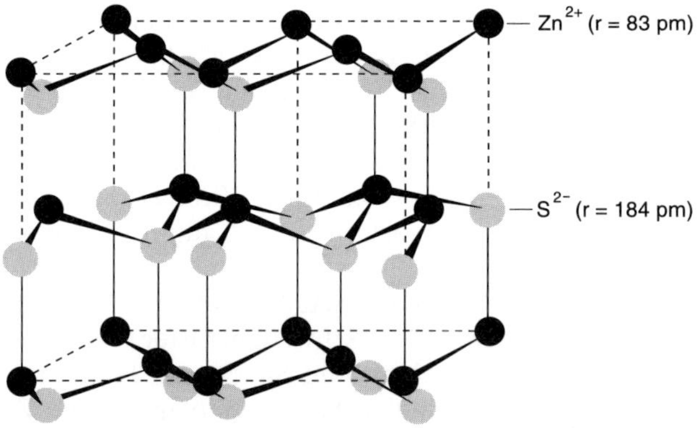

Abb. 87: Kristallgitter der Zinkblende (hexagonal); „Wurtzit-Struktur" (Wurtzit-Typ); Die Gitterbausteine bilden ebenfalls ein Tetraeder, wobei jede zweite Lücke der hexagonal dichtesten Kugelpackung von Sulfid-Anionen S^{2-}, durch Zink-Kationen Zn^{2+} besetzt wird. Verhältnis der Radien $r_{Zn^{2+}}/r_{S^{2-}}$ = 0,45. Gittertyp AB 4/4.

Herstellung

Das für die Zink-Herstellung wichtigste Mineral ist die Zinkblende ZnS, die in den genutzten Erzen neben Blei-, Cadmium-, Kupfer- und Eisensulfid sowie Ganggestein meist in Mengen von 5–22% enthalten ist. In geringerem Maße werden auch Zinkspat $ZnCO_3$ sowie Zink-haltige Schlacken herangezogen. Die fein gemahlenen Erze werden zunächst durch selektive Flotation bis auf etwa 50–60% Zinksulfid bzw. -carbonat angereichert. Das Sulfid wird anschließend mittels unterschiedlicher Röstverfahren (wie Schwebe-, Wirbelschicht- oder Sinterröstung) das Carbonat durch Brennen in Zinkoxid überführt:

$$2\,ZnS + 3\,O_2 \longrightarrow 2\,ZnO + 2\,SO_2\uparrow \qquad \Delta H = -698{,}9\ \text{kJ}$$
$$ZnCO_3 \longrightarrow ZnO + CO_2\uparrow \qquad \Delta H = +72{,}1\ \text{kJ}$$

Das sich im Flugstaub dabei anreichernde Cadmiumoxid CdO dient als Ausgangsprodukt für die Gewinnung von Cadmium, während das als Nebenprodukt entstehende SO_2 der Schwefelsäurefabrikation zugeführt wird. Aus dem Zinkoxid bzw. Röstblende oder gebrannter Zinkspat, kann das Zink nach zwei verschiedenen Verfahren gewonnen werden:

Trockenes Verfahren oder *thermisches Reduktionsverfahren*, bei dem das Zinkoxid in geschlossenen Destilliergefäßen, sog. *Muffeln*, mit Koks bzw. CO bei etwa 1100–1350 °C zu elementarem Zink reduziert wird. Das bei dieser Temperatur gasförmige Zinkmetall wird von den Röstgasen mitgeführt und kondensiert außerhalb der Muffeln in luftgekühlten Vorlagen aus Schamotte zu flüssigem Zink. Bei der Kondensation des Dampfes geht jedoch ein Teil des Metalls wieder in das Oxid über, das erneut der Reduktion zugeführt wird.

$$Zn + CO_2 \rightleftharpoons ZnO + CO$$

Imperial-Smelting-Verfahren. Nach diesem Verfahren, das in den 50er Jahren in Bristol entwickelt wurde (Abb. 88) können aus Zink- und Blei-haltigen Erzen beide Metalle gleichzeitig gewonnen werden. Man erhält Rohzink oder Hüttenzink mit einem Zinkgehalt von 97–99%, das noch kleinere Mengen Blei sowie geringere Anteile Cadmium, Kupfer, Eisen, Arsen u. a. enthält. Die Reinigung erfolgt durch Umschmelzen und fraktionierte Destillation im Vakuum. Durch wiederholte Destillation erhält man Feinzink mit einem Reinheitsgrad bis zu 99,99%, während das flüchtige Cadmium sich zusammen mit Zinkresten als Cadmiumstaub mit etwa 40% Cd niederschlägt und anschließend auf Cadmium verarbeitet wird.

Nasses Verfahren oder *Elektrolyseverfahren.* Fast 80% des produzierten Zinks erhält man heute durch Elektrolyse von reiner Zinksulfatlösung, die man durch Behandlung der gerösteten Konzentrate mit Schwefelsäure erhält. Bei einer Betriebsspannung von

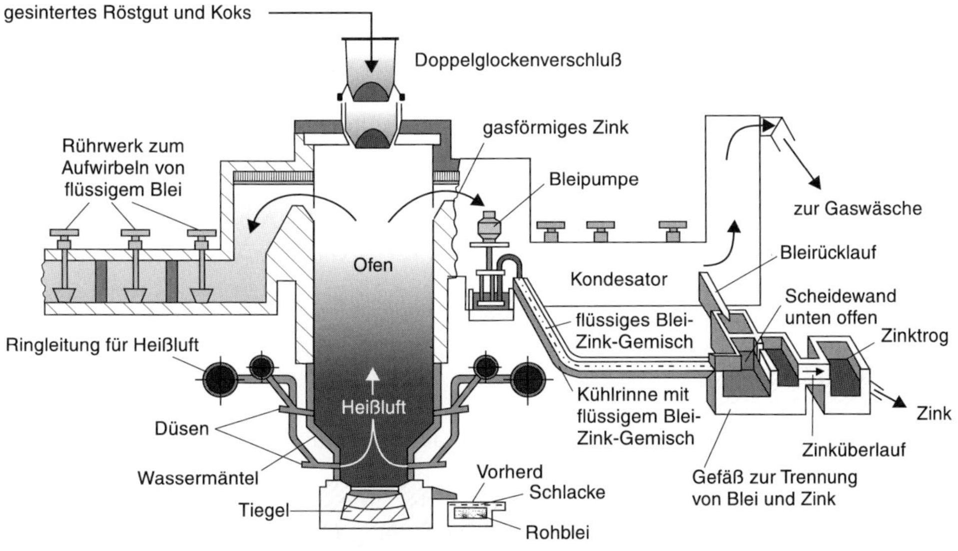

Abb. 88: Zinkgewinnung nach dem Imperial-Smelting-Prozeß.

3,3–3,5 V scheidet sich das Zink auf dünnen Aluminiumkathoden ab von denen es alle 24 Stunden mechanisch abgetrennt wird. Der Sauerstoff entweicht an der Anode.

$$ZnSO_4 + H_2O \longrightarrow Zn + H_2SO_4 + {}^1\!/_2\, O_2$$

Die elektrolytische Abscheidung von Zinkmetall aus wäßriger Lösung wird durch die relativ hohe Überspannung des Wasserstoffs an der Zink-Kathode ermöglicht. Man erhält 99,99% reines *Elektrolytzink* bzw. *Feinzink*, das in Induktionsöfen zu Blöcken umgeschmolzen wird. Zur Herstellung von 1 t Zink benötigt man rund 3500 kWh elektrische Energie. Bei Verwendung von Quecksilberkathoden bei der Elektrolyse erhält man durch Amalgambildung bis zu 99,999%iges *Feinstzink*.
Immer größere Bedeutung kommt heute der Zinkherstellung durch Entzinkung von Eisenschrott zu. Zink kommt meist in 25 kg schweren Blöcken oder in Form von Platten, Blechen, Stäben, als Pulver oder Granulat in den Handel. Nach DIN 1706 werden folgende Reinheitsgrade festgelegt: *Umschmelzzink* > 96% Zn, *Hüttenzink* 97,5–99,5% Zn sowie mehrere Sorten *Feinzink* 99,9–99,995% Zn. Die Weltproduktion von Zink liegt bei etwa 7,5 Mio. t. Die Hauptproduktionsländer sind Kanada mit ca. 1,2 Mio. t, Australien rund 1 Mio. t gefolgt von den GUS-Staaten, Peru, VR China, Japan, Mexiko, USA u. a. In Deutschland werden ca. 400 000 t Zink/Jahr erzeugt, davon stammen etwa 30–35% aus eigenen Vorkommen einschließlich Schrottentzinkung, der Rest wird v. a. aus Kanada, Schweden und Peru eingeführt. Der Zink-Preis liegt z. Z. bei etwa 1,05 $/kg bzw. 1,84 DM/kg.

Physikalische Eigenschaften

Zink ist ein bläulich-weißes, an frischen Schnittflächen stark glänzendes Schwermetall. Bei Raumtemperatur ist Zink ziemlich spröde, zwischen 120 und 150 °C wird es jedoch weich und dehnbar, daß es leicht zu dünnen Blechen ausgewalzt und zu Drähten gezogen werden kann. Oberhalb von 220 °C wird es wieder so spröde und brüchig, daß es leicht pulverisiert. Zink kristalliert in hexagonal dichtester Kugelpackung mit hexagonal gestrecktem Gitter. Das diamagnetische Metall hat eine relativ niedrige Schmelz- und Siedetemperatur, die thermische Leitfähigkeit beträgt 27,04%, die elektrische 26,87% der des Silbers. Unterhalb –272,325 °C (0,825 K) bzw. in dünnen Schichten bereits unterhalb –268,85 °C (4,5 K) ist das Metall supraleitend, die kritische Feldstärke beträgt (4297,18 ± 24) $A \cdot m^{-1}$.
Die Schallgeschwindingkeit in Zink liegt bei 2680 $m \cdot s^{-1}$, die Austrittsarbeit für Elektronen im Vakuum beträgt 4,33 eV (P) bzw. 4,9 eV (CPD). Die Zinkverbindungen ZnS, ZnSe, ZnTe sind gute Halbleiter.

Radiochemie

Natürliches Zink besteht aus einem Gemisch aus fünf stabilden Isotopen, 19 Radioisotope des Zinks wurden künstlich hergestellt.
Die Zink-Isotope haben relativ kurze Halbwertszeiten, die leichteren Isotope A < 66 zerfallen durch β^+-Strahlung und Elektronen-Einfang (EC) in Kupfer, die schwereren verwandeln sich durch β^--Emission in die entsprechenden Ga-Isotope. Die Isotope

Die Isotope des Zinks (1995)

Isotop	Natürliche Häufigkeit n (%)	Zerfallsart				Halbwertszeit $T_{1/2}$
		β^+	EC	γ	β^-	
Zn 57		**x**		x		40 ms
Zn 58		x				n.bek.
Zn 59		**x**		x		182 ms
Zn 60		**x**		x		2,4 m
Zn 61		**x**		x		1,5 m
Zn 62		**x**	**x**	x		9,13 h
Zn 63		**x**		x		38,1 m
Zn 64	**48,6**					
Zn 65		**x**	**x**	x		244,3 d
Zn 66	**27,9**					
Zn 67	**4,1**					
Zn 68	**18,8**					
Zn 69*				x	**x**	56 m
Zn 69 m*				**x**	x	13,8 h
Zn 70	**0,6**					
Zn 71*				x	**x**	2,4 m
Zn 71*				x	**x**	3,9 h
Zn 72				x	**x**	46,5 h
Zn 73*				x	**x**	23,5 s
Zn 73 m*				**x**	x	5,8 s
Zn 74				x	**x**	96 s
Zn 75				x	**x**	10,2 s
Zn 76				x	**x**	5,6 s
Zn 77*				x	**x**	2,08 s
Zn 77 m*				**x**		1,05 s
Zn 78				x	**x**	1,47 s
Zn 79				x	**x**	995 ms
Zn 80				x	**x**	537 ms
Zn 81					**x**	0,29 s

(* isomere Atomkerne; m* markiert jeweils einen metastabilen Zustand)

$^{65}_{30}$Zn (β^- | 1,352 MeV; EC; γ | 1,115 MeV) und $^{69\,m}_{30}$Zn (IT | 0,439 MeV; γ | 0,574 MeV) werden durch $^{A}_{30}$Zn (n, γ) $^{A+1}_{30}$Zn-Reaktionen erzeugt, sie finden Anwendung als radioaktive Indikatoren (Tracer) zur Untersuchung von Schmierungs- und Reibungsvorgängen, bei Diffusionsmessungen sowie in der Biologie zur Bestimmung der Absorption von Elementen aus dem Erdreich durch verschiedene Pflanzen. Das stabile Isotop $^{67}_{30}$Zn der Kernspinzahl 5/2– und kernmagnetischen Moment +0,87515 dient zum NMR-spektroskopischen Nachweis; NMR-Frequenz (bei 2,3488 T) $6{,}254 \cdot 10^6\ s^{-1}$; Referenz $Zn(ClO_4)_2$ (aq). Die maximal zulässige radiologische Aktivität bezogen auf $^{65}_{30}$Zn beträgt $340{,}5 \cdot 10^4$ Bq für den menschlichen Körper, 370 Bq/ml in wäßriger Lösung und $14{,}8 \cdot 10^3\ Bq/m^3$ Luft.

Chemische Eigenschaften

Zink ist das erste Element der sog. *Zinkgruppe*, der die Elemente

Zink Zn, Cadmium Cd und Quecksilber Hg

angehören. Die Elemente dieser Gruppe nehmen eine Sonderstellung unter den Übergangsmetallen ein, da gemäß der Formel 2 n^2 alle Elektronenbahnen vollständig besetzt sind. Der Aufbau der Elektronenhülle gleicht dem der Erdalkalimetalle. Angesichts der höheren Protonenzahl haben die Elemente der Zinkgruppe jedoch einen weniger elektropositiven Charakter als die Erdalkalimetalle. Zink befindet sich im PSE in der 12. Gruppe (II B Nebengruppe) über dem Cadmium Cd, sowie in der 4. Periode zwischen Kupfer Cu und Gallium Ga. Entsprechend der Stellung im PSE hat das freie, neutrale Zn-Atom im elektronischen Grundzustand folgende Elektronenkonfiguration:

$$1s^2\ 2s^2\ 2p^6\ 3s^2\ 3p^6\ 3d^{10}\ 4s^2$$

Zink besitzt also wie seine höheren Homologen Cadmium und Quecksilber ein vollbesetztes 3d-Niveau und verfügt nur über die beiden 4s-Elektronen als Valenzelektronen. Das Metall bildet daher in seinen Verbindungen fast ausschließlich die Oxidationsstufe +II ([Ar] $3d^{10}$), die durch Abgabe der beiden Valenzelektronen erreicht wird.
Die Normalpotentiale des Zinks sind:

	+II		0
Saure Lösung	Zn^{2+}	$\xrightarrow{-0{,}7626\ V}$	Zn
Basische Lösung	$Zn(OH)_4^{2-}$	$\xrightarrow{-1{,}285\ V}$	Zn
	$Zn(OH)_2$	$\xrightarrow{-1{,}246\ V}$	Zn

Zink ist ein unedles, schwach elektropositives und amphoteres Metall. An feuchter, CO_2-haltiger Luft bildet Zink oberflächlich eine leicht graue, fast farblose, schwer wasserlösliche Schutzschicht des Typs $Zn_5(OH_6(CO_3)_2$ bzw. in Industrieatmosphäre $2(ZnSO_4 \cdot Zn(OH))_2$, die das Metall vor weiterer Korrosion schützt. Die Schutzschicht haftet sehr gut auf dem Metall, da ihr Ausdehnungskoeffizient mit dem des Metalls übereinstimmt. Oberhalb 500 °C entzündet sich Zink und verbrennt mit grünlich-blauer Flamme zu einem weißen Rauch von Zinkoxid oder ggf. zu *lana philosophica*, *philosophische Wolle* weiße oder gelbliche Fäden aus Zinkoxid, die beim Verbrennen von metallischem Zink entstehen und sich z. T. in der Luft ausbreiten.
In Form von Zinkpulver oder Zinkwolle entzündet es sich schon bei Raumtemperatur und verbrennt zu Zn(II)-oxid:

$$2\ Zn + O_2 \longrightarrow 2\ ZnO \qquad \Delta H = -699\ kJ$$

Wegen seiner Schutzschicht ist Zink gegen kaltes Wasser relativ beständig, heißes Wasser oder Dampf greifen Zink jedoch unter Wasserstoffentwicklung heftig an:

$$Zn + H_2O \longrightarrow ZnO + H_2 \uparrow$$

In pulverisierter Form reagiert Zink mit Wasser schon bei Zimmertemperatur. Von nichtoxidierenden Säuren, wie z. B. Salzsäure, verd. Schwefel- und Salpetersäure sowie von heißen Laugen, wird Zink unter Freisetzung von Wasserstoff und Bildung von Salzen bzw. Zinkaten gelöst:

$$Zn + 2\,HCl \longrightarrow ZnCl_2 + H_2 \uparrow$$
$$Zn + 2\,NaOH + 2\,H_2O \longrightarrow Na_2[Zn(OH)_4] + H_2 \uparrow$$

Mit konz. Schwefel- und Salpetersäure bildet das Metall zunächst Zinkoxid, das anschließend zum Sulfat bzw. zum Nitrat umgesetzt wird:

$$Zn + H_2SO_4 \longrightarrow ZnO + SO_2 \uparrow + H_2O$$
$$ZnO + H_2SO_4 \longrightarrow ZnSO_4 + H_2O$$
$$Zn + 2\,HNO_3 \longrightarrow ZnO + 2\,NO_2 \uparrow + H_2O$$
$$ZnO + 2\,HNO_3 \longrightarrow Zn(NO_3)_2 + H_2O$$

Das Metall reagiert ferner mit wäßrigen Lösungen von Ammoniumchlorid, Kalium- und Natriumchlorid, Kaliumsulfat, Kupfersalzen, Magnesiumsulfat, organischen Säuren, auch mit Bier, Essig, Wein, Obst u. a. Es ist aber widerstandsfähig gegen Aceton, Alkohol, Benzin, Mineralölen, trockenem Ammoniak u. a. Mit den Halogenen reagiert Zink, allerdings nur bei höheren Temperaturen zu Zinkhalogeniden. Neben ionischen Bindungen geht Zink in einigen Verbindungen wie z. B. mit Sauerstoff, Schwefel, Selen, Tellur sowie in organischen Verbindungen auch kovalente Bindungen ein. Von den meist farblosen bis weißen Verbindungen sind das Acetat $Zn(OOC\text{-}CH_3)_2$, Chlorid $ZnCl_2$, Bromid $ZnBr_2$, Nitrat $Zn(NO_3)_2 \cdot 6\,H_2O$, Sulfat $ZnSO_4 \cdot 7\,H_2O$ in Wasser gut löslich, das Carbonat $ZnCO_3$, Chromat $ZnCrO_4$, Cyanid $Zn(CN)_2$, Fluorid ZnF_2, Hydroxid $Zn(OH)_2$, Oxid ZnO, Phosphat $Zn_3(PO_4)_2$, u. a. sind in Wasser wenig oder gar nicht löslich.

Nachweis

Qualitativ:

- Lötrohrprobe; beim Erhitzen einer zinkhaltigen Verbindung mit Soda entsteht auf der Kohle in der Hitze ein gelber, in der Kälte ein weißer Beschlag von Zinkoxid, der sich beim Anfeuchten mit Cobaltnitratlösung und erneutem Erhitzen unter Bildung von Zinkcobaltat $ZnCo_2O_4$ grün färbt (Rinmanns-Grün).

Quantitativ:

- Fällung von Zn^{2+}-Ionen als schwerlösliches Zinkanthranilat aus schwach saurer Lösung mit dem leicht löslichen Natriumsalz der Anthranilsäure (2-Aminobenzoesäure).

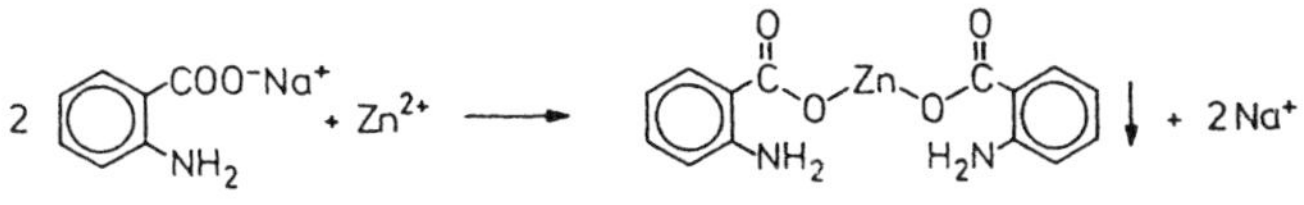

- Fällung als ZnS aus ammoniakalischer Lösung durch NH_4HS.
- Gravimetrisch oder photometrisch mittels verschiedener Reagenzien wie Chinaldinsäure, Zincon, Oxin, Xylenolorange, Na-Diethyldithiocarbamat, Komplexometrische Titration mit EDTA.
- Spektralanalyse; wichtige Spektrallinien der neutralen Atome: 213,856 nm, 328,233 nm, 330,259 nm, 334,502 nm, 636,234 nm und der einfach positiven Ionen Zn^+ 250,199 nm, 255,796 nm, 491,162 nm u. a.
- Atomabsorptionsspektrometrie (AAS) mittels der 213,856 nm Hauptlinie des Atomspektrums.

Verwendung

Die Hauptmenge des erzeugten Zinks dient zum Korrosionsschutz vor allem zum Verzinken von Eisenblech sog. *Weißblech* für Dachrinnen, Eimer und Wannen, von Eisendrähten, Eisenrohren usw. Zinküberzüge werden hauptsächlich im *Schmelztauchverfahren* sog. *Feuerverzinkung*, im *Metallspritzverfahren*, durch *Diffusion* bzw. *Sherardisieren* sowie durch *Galvanisieren* mit Zinkanoden aus Feinzink aufgebracht. Größere Mengen Zinkblech dienen zur Herstellung von Trockenelementen wie z. B. die Kohle-ZinkZelle *Leclanché-Element* und die Zink-Mangan-Zelle sowie in chemischen Laboratorien zur Herstellung von Wasserstoff im Kippschen-Apparat. Feiner Zinkstaub *Zinkgrau* wird als Rostschutzpigment sowie als Reduktionsmittel in der chemischen Industrie verwendet. In der Metallurgie setzt man Zink zur Abtrennung von Silber aus Silber-haltigem Werkblei beim sog. *Parkes-Verfahren* ein, in der Cyanidlaugerei dient Zink zum Ausfällen von Gold und Silber. Breite Anwendung finden Zinklegierungen wie Messing eine Cu-Zn-Legierung und Neusilber oder Alpacca eine Cu-Ni-Zn-Legierung (s. Kupfer). Zinkoxid findet Verwendung als lichtbeständiges Weißpigment *Zinkweiß*, als Füllstoff für Kautschukwaren sowie als Zusatz für Sonnenschutzsalben. Einige Zinksalze dienen in der Augenheilkunde, Dermatologie und Urologie als Adstringenzien.

Physiologie, Toxikologie

Zink gehört zu den sieben Spurenelementen die für Menschen, Tiere, Pflanzen und Mikroorganismen lebenswichtig sind. Im menschlichen Organismus ist Zink für die Energieaufnahme und die Funktion von mehr als 200 Enzymen wie der Carboanhydrase, der Carboxipeptidasen, Dehydrogenasen, Alkalische Phosphatasen u. a. die v. a. den Eiweiß-, Kohlehydrat-, Fett- und Alkoholstoffwechsel steuern. Zink ist unentbehrlich bei der Synthese, der Speicherung und der Sekretion des Insulins, das seinerseits die Glukoseaufnahme in den Muskeln reguliert. Das Spurenelement fördert nicht nur die Regeneration von Geweben sondern schützt die Zellen und Gewebe vor Schädigungen, indem es dafür sorgt, daß die freien Radikale, die die Zellmembranen und damit die einzelnen Zellen erheblich schädigen können, rasch abgebaut werden und damit das Zellsystem intakt bleibt. Daneben steuert Zink den Erhalt unseres Immunsystems. Bei den Pflanzen ist Zink an der Chlorophyllsynthese beteiligt. Der menschliche Organismus enthält durchschnittlich 2–4 g Zink in Form von Zn^{2+}, das im wesentlichen in den Zellen lokalisiert ist. Besonders stark angereichert ist Zink in den Inselzellen der Bauchspeicheldrüse, in der Prostata, Leber, Gehirn sowie in der Netzhaut des Auges. Der tägliche Bedarf von 15–40 mg Zink wird hauptsächlich über die Nahrung wie Fisch, Fleisch, Milch und Getreideprodukten gedeckt. Zinkmangel tritt v. a. bei körperlicher Belastung wie Sport u. ä. auf und ruft beim Menschen allgemein Müdigkeit, Konzentrationsstörungen, Abgeschlagenheit und Appetitlosigkeit hervor, bei Kindern kann es zur Schwächung des Immunsystems führen. Größere Zn-Mengen, die z. B. durch Aufbewahren von sauren Speisen in Zinkgefäßen in die Nahrung gelangen, führen zu akuten Vergiftungen mit Übelkeit und schmerzhaften Entzündungen der Verdauungsorgane. Erste Hilfe erfolgt durch Magenspülung sowie Verabreichung von Brechmitteln, Milch, Eiweißlösung, Kohle usw. Eine toxische Dosis wurde auf 150–600 mg festgelegt, die letale Dosis liegt bei 6 g Zn^{2+}. Das Metall gilt nur als gering toxisch.
Für Zinkoxid wurde ein MAK-Wert von 5 mg/m^3 festgelegt.

Zinn Sn

International (Lat.)	Stannum	Griechisch	Κασσίτερος (Kassiteros)
Englisch	Tin		
Französisch	Étain	Russisch	Олово (Olawo)
Spanisch	Estanio	Japanisch	スズ (suzu)
Italienisch	Stagno		

Atomare und physikalische Eigenschaften

Protonenzahl **(Z)**	**50**
Standard-Atomgewicht (bezogen auf $^{12}C = 12$)	118,710 (±7)
Effektive Kernladung	(Slater) 5,65; (Clementi) 9,10; (Froese-Fischer) 11,11
Elektronenkonfiguration	[Kr] $4d^{10}\ 5s^2\ 5p^2$
Grundzustand, Termsymbol	$^3P_0$
Metallatomradius /Kovalenzradius (Einfachbindung)	140,5 pm/140 pm
Ionenradien (KZ 4;6)	$294^{4-}_{(6)}$ pm, $118^{2+}_{(6)}$ pm; $55^{4+}_{(4)}$ pm, $69^{4+}_{(6)}$ pm
Molares Volumen (β-Sn)	$16,24 \cdot 10^{-6}\ m^3 \cdot mol^{-1}$
1.;2.;3.;4.;5. Ionisierungsenergie	7,3442 eV; 14,632 eV; 30,502 eV; 40,734 eV; 72,279 eV
Elektronegativität	(Allred/Rochow) 1,72; (Pauling) 1,94; (absolut) 4,30 eV
Elektronenaffinität Sn ⟶ Sn^-	–1,12 eV
Wirkungsquerschnitt für thermische Neutronen ($\sigma_{n,\gamma}$)	$0,61 \cdot 10^{-28}\ m^2$
Dichte (bei 20 °C)	(α) 5769 kg · m^{-3}; (β) 7290 kg · m^{-3} a)
Härte (gegossen)	(Mohs) 1,8 ; (Brinell) (29,4...44,1) · 10^7 Pa
Elastizitätsmodul (gegossen)	$12,7 \cdot 10^{10}$ Pa
Schmelztemperatur	231,9681 °C (505,1131 K) b)
Siedetemperatur	2270 °C (2543,15 K) c)
Spezifische Schmelzenthalpie	60,65 kJ · kg^{-1} d)
Spezifische Verdampfungsenthalpie	2446,29 kJ · kg^{-1} e)
Spezifische Sublimationsenthalpie (einatomiges Gas)	2533,06 kJ · kg^{-1}
Spezifische Atomisierungsenthalpie	2544,01 kJ · kg^{-1}
Spezifische Wärmekapazität (bei 25 °C)	0,2285 kJ · $kg^{-1} \cdot K^{-1}$
Thermische Leitfähigkeit (bei 27 °C)	66,6 W · $m^{-1} \cdot K^{-1}$
Thermischer Längenausdehnungskoeffizient (β; bei 25 °C)	$21,2 \cdot 10^{-6}\ K^{-1}$ f)
Thermospannung (Δt = 100 K / Pt; Cu)	+0,42 mV; –0,33 mV
Elektrische Leitfähigkeit (β; bei 20 °C)	$9,09 \cdot 10^6\ S \cdot m^{-1}$
Spezifischer elektrischer Widerstand (β; bei 20 °C)	$11,00 \cdot 10^{-8}\ \Omega \cdot m$
Temperaturkoeffizient (bei 20 °C)	$4,6 \cdot 10^{-3}\ K^{-1}$
Supraleitung, Sprungtemperatur	–269,429 °C (3,721 K)
Spezifische magnetische Suszeptibilität	(α) $-4,0 \cdot 10^{-9}\ m^3 \cdot kg^{-1}$; (β) $+0,33 \cdot 10^{-9}\ m^3 \cdot kg^{-1}$
Hall-Koeffizient	$-0,022 \cdot 10^{-10}\ m^3 \cdot A^{-1} \cdot s^{-1}$
Elektrochemisches Äquivalent Sn^{2+}	$0,6151 \cdot 10^{-6}\ kg \cdot A^{-1} \cdot s^{-1}$
Normalpotential Sn/Sn^{2+}	–0,137 V
Bildungsenthalpie SnH_4 ($SnCl_4$; SnO_2)	162,8 kJ · mol^{-1} (–511,6 kJ · mol^{-1}; –581,1 kJ · mol^{-1})

Weitere Angaben: a) (α) 5750 kg · m^{-3}; (β) 7265 kg · m^{-3}, 7285 kg · m^{-3} und 7310 kg · m^{-3}. b) 232 °C. c) 2623 °C, 2687 °C. d) 59,55 kJ · kg^{-1}. e) 2493,47 kJ · kg^{-1}. f) (α) $5,3 \cdot 10^{-6}\ K^{-1}$.

Entdeckung

Zinn ist eins der sieben Metalle die bereits in der Antike, allerdings nur in Form von Bronze bekannt waren. Als Bronzezeit gilt die Zeit zwischen dem 3. und 1. Jahrtsd. v. Chr. Reines Zinn kannte man in Ost-Asien um 1800 v. Chr., in Griechenland ab dem 7. Jh. v. Chr. Plinius D.Ä. (24–79) beschrieb eine Blei-Zinn-Legierung, die zum Löten verwendet wurde. Anfang des 12. Jh. wurden in Böhmen und Sachsen die ersten Zinngruben eröffnet, im 13. Jh. in Graupen, Erzgebirge und Cornwall, England und 1436 in Altenberg bei Dresden. Zinn hielt man für eine Abart von Blei und bezeichnete es als *Plumbum album* also „weißes Blei" im Gegensatz zum *Plumbum negrum* dem „schwarzen Blei". Die europäischen Namen „Zinn", *Tin, Etain* stammen vom altgermanischen *zein*, d. h. „Stab" oder „Platte" über althochdeutsch „zin" und altnordisch „tin". Das chemische Symbol „Sn" wurde 1814 von J. J. Berzelius vorgeschlagen.

Vorkommen

Zinn ist ein weniger häufiges Element auf der Erde und steht mit einem berechneten Massenanteil von $3{,}5 \cdot 10^{-3}$% zwischen Cobalt und Rubidium an 30. Stelle der Elementhäufigkeit. In der bis 16 km tiefen Erdkruste, ist Zinn mit rund 4,1 g/t Gestein vertreten, in Eisenmeteoriten mit ca. 0,77 g/t. In den Meeren und Ozeanen beträgt sein Anteil nur etwa 5,5 µg $Sn^{(+IV)}/m^3$ Meerwasser, die Verweilzeit ist nicht bekannt. Zinn kommt in der Natur sehr selten in gediegenem Zustand vor. Das bei weitem wichtigste Zinnerz ist der rötlichbraune Zinnstein oder Kassiterit SnO_2, mit einem Gehalt von 0,2 bis 5% Zinn. Der Zinnstein kommt sowohl auf primären Lagerstätten als sogenannter *Bergzinn*, als auch auf sekundären in Form von *Zinnseifen* vor. Die Hauptvorkommen liegen in Malaysia, Indonesien, Bolivien, Thailand, Nigeria, Kongo, VR China u. a. Daneben kommt es als Zinnkies oder Stannit (Stannin) Cu_2FeSnS_4 (= $Cu_2S \cdot FeS \cdot SnS_2$) vor, der jedoch von untergeordneter Bedeutung ist. Als abbauwürdig gelten Erze mit einem Zinngehalt ab 0,1–0,3%. Weltweit werden jährlich rund 245 000 t Zinnerze, bezogen auf Zinngehalt, gefördert. Die bekannten Zinn-Reserven liegen weltweit über 4,5 Mio. t. Die Häufigkeit des Elements auf der Sonne beträgt etwa 100 Atome Zinn pro $1 \cdot 10^{12}$ Atome Wasserstoff, die kosmische Häufigkeit ist nicht bekannt.

Herstellung

Die relativ zinnarmen Erze werden nach Zerkleinerung durch Schwimmaufbereitungsverfahren, Magnet- und elektrostatische Scheidung bis auf 45–75% angereichert. Die SnO_2-Konzentrate werden durch Rösten von Verunreinigungen wie Arsen und Schwefel befreit und anschließend zusammen mit Zuschlägen wie Kalk, Sand u. a. in Schacht-, Flamm- oder Elektroöfen bei etwa 1100 °C geschmolzen und mit Koks reduziert:

$$SnO_2 + 2\,C \longrightarrow Sn + 2\,CO \uparrow \qquad \Delta H = +360\text{ kJ} \quad \textit{Erzarbeit}$$
$$SnO_2 + 2\,CO \longrightarrow Sn + 2\,CO_2 \uparrow$$

Man erhält Rohzinn mit einem Reinheitsgrad von etwa 97–99%, das noch Beimengungen, hauptsächlich Eisen, daneben Kupfer, Antimon u. a. enthält. Die Reinigung des

Rohzinns, vor allem von Eisen, erfolgt durch Seigerung. Dazu wird das Rohzinn auf geneigten Ebenen geringfügig über seine Schmelztemperatur erhitzt, wobei das flüssige Zinn abläuft, während das schwer schmelzbare Eisen und die anderen Beimengungen in der Schlacke zurückbleiben. Die restlichen Verunreinigungen werden entweder durch Elektrolyse oder durch *Polen* bzw. oxidierendes Schmelzen entfernt. Beim *Polen* leitet man in die Metallschmelze Luft oder Wasserdampf, wobei die Verunreinigungen oxidieren und als sogenannte *Zinnkrätze* oder *Poldreck* abgeschieden werden. Das erhaltene *Reinzinn* hat einen Reinheitsgrad von 99,6–99,9%. Große Bedeutung hat auch die Herstellung von Zinn aus Flugstäuben aus der Blei-Verhüttung sowie die Rückgewinnung bzw. Recycling aus Zinn-haltigen Altmetallen, Weißblechabfällen u. a. Dazu werden diese im Beisein von Nitraten in Natronlauge gelöst, wobei Natriumstannat entsteht, aus dem das Zinn durch Elektrolyse gewonnen wird. Die Weltproduktion an Zinn beträgt heute einschließlich Recycling rund 265 000 t/Jahr, die Hauptproduktionsländer sind Malaysia mit etwa 52 000 t, Brasilien 45 000 t, Indonesien 30 000 t, die VR China 29 500 t, GUS-Staaten 18 000 t, Thailand 15 000 t, Großbritannien 12 000 t u. a. Der Einzelhandelspreis für 1 kg chemisch reines Zinn beträgt ca.190 $ bzw. 332,5 DM, der Großhandelspreis liegt z. Z. bei etwa 6,5 $ bzw. 11,5 DM.

Physikalische Eigenschaften

Gewöhnliches Zinn ist ein silberweißes, stark glänzendes, sehr weiches und dehnbares Schwermetall, das man mit dem Messer ritzen kann. Bei gewöhnlicher Temperatur läßt sich das Metall leicht zu 0,02–0,09 mm dünnen Folien *Stanniol* auswalzen, auf über 100 °C erwärmt, kann man es zu Draht ausziehen. Beim Verbiegen einer Zinnstange vernimmt man ein knirschendes Geräusch *(Zinngeschrei)*, das durch die gegenseitige Reibung der Kristallite hervorgerufen wird. Zinn tritt in drei Modifikationen auf:

α-Zinn	$\xrightarrow{13,25\ °C}$	β-Zinn	$\xrightarrow{162\ °C}$	γ-Zinn
graues Zinn		weißes Zinn		sprödes Zinn
kubisch		tetragonal		rhombisch
Diamant-Struktur		metallisch		metallisch
($\rho = 5769\ kg \cdot m^{-3}$)		($\rho = 7290\ kg \cdot m^{-3}$)		

α-*Zinn;* unterhalb 13,2 °C zerfällt gewöhnliches Zinn langsam in ein graues Pulver, eine diamagnetische, nichtmetallische Form mit Halbleitereigenschaften, mit diamantähnlicher, kovalenter Gitterstruktur. Den Zerfall des Zinns bei niedrigen Temperaturen nennt man *Zinnpest.* Diese Erscheinung ist häufig an alten Orgelpfeifen in kalten Kirchen zu beobachten. Die Zinnpest kann durch Zugabe geeigneter Legierungskomponenten wie Antimon, Arsen, Wismut, Blei, Germanium oder Indium, die als Inhibitoren wirken, stark verlangsamt werden. Dagegen kann man durch Zusätze von Aluminium, Cobalt, Magnesium, Mangan oder Zink den Zerfall beschleunigen. Wegen der Zinnpest sind nur wenige Zinngegenstände des Mittelalters erhalten geblieben.

β-*Zinn;* zwischen 13,2 und 162 °C besteht die gewöhnliche, paramagnetische, metallische Form mit tetragonalen Kristallen. Wird β-Zinn mit Salzsäure geätzt, so erscheinen an der Oberfläche eisblumenartige Zeichnungen, die man als *moiriertes Zinn* bezeichnet.

γ-*Zinn;* oberhalb 162 °C geht Zinn in eine sehr spröde Form mit rhombischen Kristallen über, die beim Erwärmen über 200 °C leicht pulverisiert werden kann.

Zinn hat eine für Metalle sehr niedrige Schmelztemperatur und relativ hohe Siedetemperatur, das Metall hat daher einen sehr großen Flüssigkeitsbereich $\Delta\vartheta$ = 2038 K. Die thermische Leitfähigkeit beträgt 15,52%, die elektrische 14,46% der des Silbers. Unterhalb –269,429 °C (3,721 K) bzw. in dünnen Schichten unterhalb –267,05 °C (6,1 K) besteht Supraleitfähigkeit. Die kritische Feldstärke beträgt (4297,18 ± 23,8) A · m^{-1}. Die intermetallische Verbindung Nb_3Sn hat die sehr hohe Sprungtemperatur von –255,15 °C (18 K). Die Schallgeschwindigkeit in Zinn beträgt 2490 m · s^{-1}.

Radiochemie

Natürliches Zinn besteht aus einem Gemisch von zehn stabilen Isotopen, daneben sind weitere 28 künstliche, radioaktive Isotope des Zinns bekannt.

Die Isotope des Zinns (1995)

Isotop	Natürliche Häufigkeit n (%)	Zerfallsart				Halbwertszeit $T_{1/2}$
		β^+	EC	γ	β^-	
Sn 100		**x**				0,66 s
Sn 101		**x**				3 s
Sn 102		**x**				3,4 s
Sn 103		**x**				7 s
Sn 104		**x**		x		20,8 s
Sn 105		**x**		x		34 s
Sn 106		**x**	**x**	x		2,1 m
Sn 107		**x**		x		2,9 m
Sn 108		**x**	**x**	x		10,3 m
Sn 109		**x**	**x**	x		18,0 m
Sn 110			**x**	x		4,11 h
Sn 111		**x**	**x**	x		35,3 m
Sn 112	**0,97**					
Sn 113*			**x**	x		115,1 d
Sn 113 m*			**x**	**x**		21,4 m
Sn 114	**0,65**					
Sn 115	**0,34**					
Sn 116	**14,53**					
Sn 117 *	**7,68**					
Sn 117 m*				**x**		13,6 d
Sn 118	**24,23**					
Sn 119*	**8,59**					
Sn 119 m*				**x**		293 d
Sn 120	**32,59**					
Sn 121*					**x**	27,0 h
Sn 121 m*				**x**	x	ca. 50 a
Sn 122	**4,63**					
Sn 123*				x	**x**	129,2 d
Sn 123*				x	**x**	40,1 m
Sn 124	**5,79**					

(* isomere Atomkerne; m* markiert jeweils einen metastabilen Zustand)

Die Isotope des Zinns (1995)

Isotop	Natürliche Häufigkeit n (%)	Zerfallsart				Halbwertszeit $T_{1/2}$
		β^+	EC	γ	β^-	
Sn 125*				x	**x**	9,64 d
Sn 125*				x	**x**	9,5 m
Sn 126				x	**x**	ca. 10^5 a
Sn 127*				x	**x**	2,1 h
Sn 127*				x	**x**	4,1 m
Sn 128*				x	**x**	59,1 m
Sn 128 m*				**x**		6,5 s
Sn 129*				x	**x**	2,2 m
Sn 129*				x	**x**	6,9 m
Sn 130*				x	**x**	3,7 m
Sn 130*				x	**x**	1,7 m
Sn 131*				x	**x**	39 s
Sn 131*				x	**x**	50 s
Sn 132				x	**x**	39,7 s
Sn 133				x	**x**	1,44 s
Sn 134				x	**x**	1,05 s
Sn 135					**x**	n.bek.
Sn 136					**x**	n.bek.
Sn 137					**x**	n.bek.

(* isomere Atomkerne; m* markiert einen metastabilen Zustand)

Zinn hat eine *magische* Protonenzahl und besitzt daher die meisten stabilen Isotope aller Elemente. Die radioaktiven Isotope haben relativ kurze Halbwertszeiten, die leichteren Isotope zerfallen durch β^+-Strahlung oder Elektronen-Einfang (EC) in die entsprechenden In-Isotope, die schwereren A > 120 verwandeln sich durch β^--Emission in Sb-Isotope. Die schwersten Isotope sind Uranspaltprodukte. Die wichtigsten Isotope $^{113}_{50}$Sn (EC | 1,02 MeV; γ | 0,255 MeV) und $^{121}_{50}$Sn (β^- | 0,388 MeV; kein γ) werden durch $^{A}_{50}$Sn (n, γ) $^{A+1}_{50}$Sn-Reaktionen erzeugt und dienen als radioaktive Indikatoren (Tracer). Die stabilen Isotope $^{115}_{50}$Sn, $^{117}_{50}$Sn und $^{119}_{50}$Sn der Kernspinzahl 1/2+ und den kernmagnetischen Momenten –0,918, –1,00 und –1,046 werden in der NMR-Spektroskopie eingesetzt; NMR-Frequenzen (bei 2,3488 T) $32{,}699 \cdot 10^6\ s^{-1}$, $35{,}625 \cdot 10^6\ s^{-1}$ und $37{,}272 \cdot 10^6\ s^{-1}$; Referenz $Sn(CH_3)_4$. Das Isotop $^{119}_{50}$Sn ist besonders wichtig in der Mößbauer-Spektroskopie.

Chemische Eigenschaften

Zinn ist das vorletzte Element in der Gruppe der „Tetrele“. Es befindet sich im PSE in der 14. Gruppe (IVA Hauptgruppe) über dem Blei Pb, sowie in der 5. Periode zwischen Indium In und Antimon Sb. Entsprechend seiner Stellung im PSE hat das freie, neutrale Sn-Atom im elektronischen Grundzustand folgende Elektronenkonfiguration:

$$1s^2\ 2s^2\ 2p^6\ 3s^2\ 3p^6\ 3d^{10}\ 4s^2\ 4p^6\ 4d^{10}\ 5s^2\ 5p^2$$

Zinn besitzt also vier Valenzelektronen, die es nur paarweise abgeben kann. Das Metall bildet daher in seinen Verbindungen die Oxidationsstufen +II und +IV, seltener –IV. Durch Abgabe der zwei 5p-Elektronen erreicht Zinn den relativ stabilen Zwischenzustand $5s^2$, werden zusätzlich die beiden 5s-Elektronen abgegeben stellt sich bei Zinn die Edelgaskonfiguration des Kryptons $4s^2\ 4p^6$ ein. Wegen des kleinen Ionenradius und der großen Ladungszahl wirkt das Sn^{4+}-Kation stark deformierend auf Anionen, so daß durch Überlappungen der Orbitale kovalente Bindungen entstehen. Einige kovalente Bindungen des Zinns (in den Klammern sind die Bindungslängen und die Bindungsenthalpien angegeben): Sn–H (170,2 pm; ca. 312 kJ · mol^{-1}), $Sn^{(+II)}$–O (195 pm; 557 kJ · mol^{-1}), Sn–C (217 pm; 225 kJ · mol^{-1}), $Sn^{(+IV)}$–F (188 pm; 322 kJ · mol^{-1}), $Sn^{(+IV)}$–Cl (232 pm; 315 kJ · mol^{-1}), Sn–Sn (α; 281 pm; 195 kJ · mol^{-1}) u. a. Sn^{4+}-Verbindungen sind daher wesentlich stabiler als Sn^{2+}-Verbindungen, bei denen der Anteil der kovalenten Bindungen geringer ist.
Die Normalpotentiale des Zinns:

	+IV		+II		0		–IV
Saure Lösung	Sn^{4+}	+0,15 V	Sn^{2+}	–0,137 V	Sn	–1,071 V	SnH_4
	SnO_2	–0,088 V	SnO	–0,104 V (→ Sn)			

Zinn ist wesentlich reaktiver und elektropositiver als Germanium, reagiert aber in wässrigen Lösungen deutlich amphoter. Bei gewöhnlicher Temperatur ist Zinn gegen Luft und Wasser beständig, da es sich mit einer durchsichtigen, sehr dünnen, aber dichten Oxidschicht bedeckt, die das Metall vor atmosphärischen Einflüssen schützt. Mit Wasserdampf reagiert es aber zu SnO und H_2. Erst beim Erhitzen auf 1500–1600 °C verbrennt, v. a. das pulverförmige Zinn an der Luft mit blendendweißem Licht zu Sn(IV)-oxid, sog. *Zinnasche.*

$$Sn + O_2 \longrightarrow SnO_2 \qquad \Delta H = -581{,}1\ kJ$$

Das amphotere Element ist gegen organische und schwache anorganische Säuren sowie Laugen recht beständig ist, dagegen wird es aber von starken Säuren und Laugen unter Wasserstoffentwicklung rasch aufgelöst. So bildt es z. B. mit Salzsäure Sn(IV)- bzw. Sn(II)-chlorid:

$$\alpha\text{-}Sn + 4\ HCl \longrightarrow SnCl_4 + 2\ H_2 \uparrow$$
$$\beta\text{-}Sn + 2\ HCl \longrightarrow SnCl_2 + H_2 \uparrow$$

während beim Erhitzen mit Alkalilaugen Hexahydroxostannate entstehen:

$$Sn^{4+} + 4\ H_2O + 2\ OH^- \longrightarrow [Sn(OH)_6]^{2-} + 2\ H_2 \uparrow$$

Mit konz. Salpetersäure reagiert Zinn lebhaft unter Entwicklung von Stickstoffdioxid zu einem weißen, unlöslichen Pulver von hochmolekularer β-Zinnsäure. Mit freien Halogenen bildet Zinn Tetrahalogenide, z. B. mit molekularem Chlor das Sn(IV)-chlorid:

$$Sn + 2\ Cl_2 \longrightarrow SnCl_4 \qquad \Delta H = -511{,}6\ kJ$$

Mit heißem Schwefel und Selen reagiert Zinn heftig zu Sn^{2+}- und Sn^{4+}-Verbindungen. Mit Tellur bildet es SnTe. Zinn bildet mit den meisten Metallen intermetallische Verbindungen, Metallstannide der allg. Formel M_mSn_n, in denen Zinn in anionischer Form auftritt. Zinn bildet mit Sauerstoff zwei in Wasser unlösliche Oxide SnO und SnO_2 und ein

Hydroxid $Sn(OH)_2$. Mehrere hypothetische Säuren wie die Zinnsäure $H_2[Sn(OH)_6]$, Orthozinnsäure H_4SnO_4, Orthodizinnsäure $H_6Sn_2O_7$, Metazinnsäure $[H_2SnO_3]_4$, Metadizinnsäure $[H_2Sn_2O_5]_4$ sind bekannt. Stannate(II) oder Hydroxostannate(II) früher Stannite sind Salze der allg. Formeln $M^I[Sn(OH)_3]$ bzw. $M^{II}[Sn(OH)_4]$ denen $[Sn(OH)_3]^-$- bzw. $[Sn(OH)_4]^{2-}$-Anionen des +2-wertigen Zinns zugrunde liegen, wie z. B. Natriumhydroxostannat(II) $Na[Sn(OH)_3]$ u. a. Stannate(IV) oder Hexahydroxostannate(IV) sind die Salze der hypotetischen, im freien Zustand nicht erhältlichen Zinnsäure, der allg. Formeln $M^I_2[Sn(OH)_6]$ bzw. $M^{II}[Sn(OH)_6]$ denen das Anion $[Sn(OH)_6]^{2-}$ des +4-wertigen Zinns zugrunde liegt, z. B. Natriumhexahydroxostannat $Na_2[Sn(OH)_6]$. Wasserfreie Stannate sind die Metastannate der allg. Formel $M^I_2SnO_3$ wie z. B. Lithiummetastannat Li_2SnO_3 und die Orthostannate der allg. Formel $M^{II}_2SnO_4$ wie z. B. Magnesiumorthostannat Mg_2SnO_4.
Daneben bildet Zinn zahlreiche Zinn-organische-Verbindungen bzw. Organozinnverbindungen OZW der allg. Formeln $R_{(n+1)}SnX_{(3-n)}$; (R = Alkyl- bzw. Aryl-Gruppen, X = „Halogene“, Hydroxy- oder Acyloxy-Gruppen) z. B.
Tributylzinnacetat $(C_4H_9)_3$ $SnOOC\text{-}CH_3$ u. a. Organische Derivate können in einigen Fällen Ketten von 5 Zinnatomen enthalten z. B. $Sn_5(CH_3)_{12}$.

Nachweis

Qualitativ:

- Lötrohranalyse; Zinn-Verbindungen werden leicht zum Metall reduziert.
- Flammleuchtprobe; in die mit Salzsäure übergossene Probe mit beigefügten Zinngranalien wird ein mit kaltem Wasser gefülltes Reagenzglas getaucht und in die nichtleuchtende Flamme des Bunsenbrenners gehalten. Die an der Glaswand haftenden Sn^{2+}-Ionen ergeben in der Flamme einen blau leuchtenden Saum, der durch brennendes Zinntetrahydrid (Stannan) hervorgerufen wird.
- Fällung mit H_2S aus schwach sauerer Zinn(II)-salzlösung als braunes Sn(II)-sulfid SnS, sowie aus Zinn(IV)-salzlösung als gelbes von Sn(IV)-sulfid SnS_2.
- Mit Reagenzien wie Morin, Dimethylglyoxim, Kakothelin, Toluol-3,4-Dithiol u. a.

Quantitativ:

- Mit Thionalid, Kupferon, Benzoylphenylhydroxylamin u. a.
- Photometrisch mit Diphenylcarbazon, Morin, Phenylfluoron, 3,4-Toluoldithiol u. a.
- Spektralanalyse; wichtige Spektrallinien der neutralen Atome; 224,605 nm, 235,484 nm, 242,949 nm, 283,999 nm, 286,334 nm, 303,412 nm, 317,502 nm, 326,233 nm u. a.
- Atomabsorptionsspektrometrie (AAS) mittels der 224,605 nm Hauptlinie des Atomspektrums.

Verwendung

Fast die Hälfte des erzeugten Zinns wird zum Verzinnen von Eisenblech sog. *Weißblech* verwendet, das in großen Mengen zur Herstellung von Konservendosen für die Lebensmittelindustrie benötigt wird. Daneben werden größere Mengen Zinn zur Herstellung von *Weichloten* z. B. *Schnellote* 40–90% Sn, 10–60% Pb oder *Lötzinn* 64% Sn, 36% Pb

verwendet, die wegen ihrer niedrigen Schmelztemperatur zum Löten, d. h. zum metallischen Verbinden verschiedener Metallteile dienen. Zinn ist Legierungsbestandteil von Weißguß-Lagermetallen 75–90% Sn, 7–20% Sb und bis 5% Cu, die wegen ihrer hervorragenden Gleiteigenschaften zur Herstellung von Achsenlagern für Maschinenwellen u. ä. dienen, sowie von
Britannia-Metall bzw. *Queens-Metall*
„A": 88,5% Sn, 7% Sb, 3,5% Cu, 1% Zn;
„B": 50,5% Sn, 16,5% Sb, 16,5% Pb, 16,5% Zn; und
„C": 87% Sn, 8,5% Sb, 3,5% Cu
das zur Herstellung von Gebrauchsgegenständen wie Tischgeschirr, Dekorgegenstände wie Zinnteller, Zinnfiguren, Zinnsoldaten u. ä. verwendet wird. In hochreiner Form dient das Metall in geringen Mengen, zur Herstellung von Halbleitern und Kondensatoren in der Elektronikindustrie sowie als Anodenmetall. Zinnorganische Verbindungen finden in der Kunststoffindustrie als Stabilisatoren, in der Landwirtschaft als Fungizide, in der Farbstoffindustrie als Antifoulingmittel sowie in der Medizin als Desinfektionsmittel Verwendung. Bei Verpackungsfolien und Lametta aus Stanniol, wird das Zinn heute durch das wesentlich billigere Aluminium, sog. *Alufolie*, ersetzt, bei Verpackungstuben durch Aluminium oder Kunststoffe.

Physiologie, Toxikologie

Zinn gehört zu den Spurenelementen, die für den Menschen essentiell sind. Der menschliche Körper enthält durchschnittlich 20 mg Zinn in Form des Sn^{4+}-Ions verteilt v. a. auf die Knochen 1,5 ppm, Muskeln bis 2,4 ppm und Blut 0,4 ppm. Der tägliche Bedarf beträgt etwa 0,5–3,2 mg und wird hauptsächlich über die Nahrung gedeckt. Da das Sn^{4+}-Ion nur sehr schwer durch die Darmwände ins Blut gelangen kann, rufen auch größere Mengen von Sn-Salzen nur vorübergehendes Unwohlsein hervor. Als ADI gilt 2 mg/kg Körpergewicht, d. h. also für eine Durchschnittsperson von 70 kg etwa 140 mg täglich. Die toxische Dosis liegt bei etwa 2 g, eine letale Dosis ist nicht bekannt. Zinn gilt allgemein als nicht toxisch. Lediglich das gasförmige Stannan SnH sowie einige zinnorganische Verbindungen sind sehr giftig. Der MAK-Wert für anorg. Sn-Verbindungen (bezogen auf Sn^{4+}) wurde auf 2 mg/m^3 festgelegt, für zinnorganische Verbindungen auf 0,1 mg/m^3. Zinnmangel im Körper kann zu Appetitlosigkeit, Haarausfall und Akne führen.

Zirconium Zr

International (Lat.)	Zirconium	Italienisch	Zirconio
Englisch	Zriconium	Griechisch	Ζιρκόνιο (Zirconio)
Französisch	Zirconium	Russisch	Цирконий (Zirkonij)
Spanisch	Circonio	Japanisch	ジルコニウム (jirukoniumu)

Atomare und physikalische Eigenschaften	F+
Protonenzahl **(Z)**	**40**
Standard-Atomgewicht (bezogen auf $^{12}C = 12$)	91,224 (±2)
Effektive Kernladung	(Slater) 3,15; (Clementi) 6,45; (Froese-Fischer) 9,20
Elektronenkonfiguration	[Kr] $4d^2\ 5s^2$
Grundzustand, Termsymbol	$^3F_2$
Metallatomradius	159 pm [a)]
Kovalenzradius (Einfachbindung)	145 pm
Ionenradien (KZ 4;6;12)	$109^{2+}_{(6)}$ pm, $59^{4+}_{(4)}$ pm, $72^{4+}_{(6)}$ pm, $87^{4+}_{(12)}$ pm
Molares Volumen	$14{,}02 \cdot 10^{-6}\ m^3 \cdot mol^{-1}$
1.;2.;3.;4.;5. Ionisierungsenergie	6,8403 eV; 13,131 eV; 22,987 eV; 34,336 eV; 81,462 eV
Elektronegativität	(Allred/Rochow) 1,22; (Pauling) 1,34; (absolut) 3,64 eV
Elektronenaffinität $Zr \longrightarrow Zr^-$	0,426 eV
Wirkungsquerschnitt für thermische Neutronen ($\sigma_{n,\gamma}$)	$0{,}18 \cdot 10^{-28}\ m^2$
Dichte (bei 20 °C)	$6508\ kg \cdot m^{-3}$ [b)]
Härte	(Mohs) 7–8 ; (Brinell) $33{,}4 \cdot 10^7$ Pa
Elastizitätsmodul	$7{,}4 \cdot 10^{10}$ Pa
Schmelztemperatur	1852 °C (2125,15 K)[c)]
Siedetemperatur	4377 °C (4650,15 K)[d)]
Spezifische Schmelzenthalpie	$252{,}13\ kJ \cdot kg^{-1}$ [e)]
Spezifische Verdampfungsenthalpie	$6375{,}5\ kJ \cdot kg^{-1}$ [f)]
Spezifische Sublimationsenthalpie (einatomiges Gas)	$6708{,}76\ kJ \cdot kg^{-1}$
Spezifische Atomisierungsenthalpie	$6653{,}95\ kJ \cdot kg^{-1}$
Spezifische Wärmekapazität (bei 25 °C)	$0{,}278\ kJ \cdot kg^{-1} \cdot K^{-1}$
Thermische Leitfähigkeit (bei 27 °C)	$22{,}7\ W \cdot m^{-1} \cdot K^{-1}$
Thermischer Längenausdehnungskoeffizient (bei 25 °C)	$5{,}78 \cdot 10^{-6}\ K^{-1}$
Elektrische Leitfähigkeit (bei 20 °C)	$2{,}37 \cdot 10^6\ S \cdot m^{-1}$
Spezifischer elektrischer Widerstand (bei 20 °C)	$42{,}12 \cdot 10^{-8}\ \Omega \cdot m$ [g)]
Supraleitung, Sprungtemperatur	–272,54 °C (0,61 K)
Spezifische magnetische Suszeptibilität	$-16{,}79 \cdot 10^{-9}\ m^3 \cdot kg^{-1}$
Hall-Koeffizient (rein)	$+2{,}15 \cdot 10^{-10}\ m^3 \cdot A^{-1} \cdot s^{-1}$
(Zr 97,3% + Hf 2,7 %)	$+1{,}385 \cdot 10^{-10}\ m^3 \cdot A^{-1} \cdot s^{-1}$
Normalpotential Zr/Zr^{4+}	– 1,553 V
Bildungsenthalpie $ZrCl_4$ (ZrO_2)	$-981{,}2\ kJ \cdot mol^{-1}$ ($-1101{,}5\ kJ \cdot mol^{-1}$)

Weitere Angaben: a) 160 pm. b) $6490\ kg \cdot m^{-3}$, $6510\ kg \cdot m^{-3}$ und $6520\ kg \cdot m^{-3}$. c) 1857 °C und 2128 °C. d) 3578 °C und 4200 °C. e) $210{,}5\ kJ \cdot kg^{-1}$ und $219\ kJ \cdot kg^{-1}$. f) $6215{,}5\ kJ \cdot kg^{-1}$, $6382\ kJ \cdot kg^{-1}$. g) $40{,}0 \cdot 10^{-8}\ \Omega \cdot m$.

Entdeckung

Zirconium wurde im Jahre 1789 von dem deutschen Chemiker Martin Heinrich Klaproth (1743–1817) an der Universität von Berlin, Deutschland bei der Untersuchung einer Probe des ceylonesischen Minerals Zirkon entdeckt und als stark verunreinigtes Dioxid isoliert. Klaproth nannte das Dioxid „Zirkonerde" und das der Erde zugehörige Metall entsprechend *Zirkonium*, das später in „Zirconium" abgeändert wurde. Das chemische Symbol „Zr" wurde 1814 von J. J. Berzelius vorgeschlagen. Die Herstellung von metallischen Zirconium allerdings in stark verunreinigter Form gelang J. J. Berzelius im Jahre 1824 durch Reduktion von Kaliumhexafluorozirconat $K_2[ZrF_6]$ mit Kalium. Wesentlich reineres Zirconium erhielten D. Lely jun. und Hamburger 1914 in Holland durch Erhitzen von Zirconium(IV)-chlorid $ZrCl_4$ mit Natrium und 1925 erhielten A. E. van Arkel und J. H. de Boer mittels des von ihnen entwickelten *Aufwachsverfahrens* erstmals hochreines Zirconium.

Vorkommen

Zirconium gehört zu den relativ häufigen Elementen auf der Erde. Mit einem berechneten Massenanteil in der Erdhülle von $2{,}1 \cdot 10^{-2}\%$ steht es zwischen Barium und Chrom an 19. Stelle der Elementhäufigkeit. In der Erdkruste bis 16 km Tiefe ist Zirconium mit rund 162 g/t Gestein vertreten, in Steinmeteoriten mit etwa 1 kg/t. Meerwasser enthält durchschnittlich 9 µg $Zr^{(+IV)}/m^3$, die Verweilzeit ist nicht bekannt. Obwohl das Metall wesentlich häufiger als Chrom, Nickel, Zink, Kupfer, Blei oder die Edelmetalle ist, wurde es erst relativ spät entdeckt, weil es auf der Erde jeweils nur in geringen Konzentrationen meist in Eruptivgesteinen und deren Verwitterungsprodukten vorkommt. Zirconium tritt in der Natur nicht elementar auf. Zirkon findet sich vorwiegend in sekundären Lagerstätten in Zirkonsanden (-seifen) an den Küsten Australiens, Südafrikas Prov. Natal, der USA v. a. Florida, Brasiliens, Indiens sowie auf Sri Lanka, Madagaskar, daneben in den GUS-Staaten, Skandinavien auf Grönland u. a. Zirkonsand fällt häufig als Nebenprodukt beim Abbau von Titanerzen an.

Weltweit werden heute fast 1 Mio. t Zirkonerze, berechnet als Zircon gefördert, die Hauptförderländer sind Australien mit ca. 60%, Republik Südafrika 16%, USA und GUS-Staaten mit jeweils etwa 10% der Weltförderung. Die Weltreserven an Zirconium werden auf über eine Mrd. t geschätzt. Die Häufigkeit des Elements auf der Sonne beträgt etwa 560 Atome Zirconium pro $1 \cdot 10^{12}$ Atome Wasserstoff, die kosmische Häufigkeit schätzt man auf 54 Atome Zirconium pro $1 \cdot 10^6$ Atome Silicium.

Die wichtigsten Zirconium-Minerale	
Zirkon, Alvit	$Zr[SiO_4]$; enthält 0,5–4% Hf, bis 4% CaO, ca. 0,5% Fe_2O_3
Zirkonerde, Baddeleyit, Brasilit	ZrO_2
Zirkit, ein Mischgestein aus Zirkon und Baddeleyit	
Zirkelit, ein Calciumeisencarbonat	
Eudialyt	$Na_3(Ca, Fe)_3\ Zr[(OH, Cl) \mid (Si_3O_9)_2]$ u. a.

Herstellung

Die industrielle Herstellung von Zirconium erfolgt fast ausschließlich aus Zirkonsanden. Dazu werden diese in einer Natriumhydroxidschmelze aufgeschlossen und in Zr(IV)-oxid ZrO_2 übergeführt, das mit Kohle im Lichtbogenofen in Zirconiumcarbonitrid, ein Gemisch aus Zirconiumnitrid und Zirconiumcarbid, umgewandelt und anschließend durch Chlorierung in Zr(IV)-chlorid übergeführt wird. Die Reduktion des Chlorids erfolgt analog dem Titan nach dem *Kroll-Verfahren* in inerter Heliumatmosphäre mit Magnesium bei ca. 800 °C gemäß

$$ZrCl_4 + 2\,Mg \longrightarrow Zr + 2\,MgCl_2$$

Man erhält Zirconiumschwamm der nach Abdestillation von Magnesiumchlorid und nichtumgesetzten Magnesium im Vakuum, im Elektroofen umgeschmolzen wird, wobei das Rohmaterial als sich selbst verbrauchende Elektrode dient. Das Metall wird als Schwamm oder in Barren gehandelt. Hochreines Zirconium erhält man mit Hilfe des *Aufwachsverfahrens*. Auch das Reinstmetall enthält noch bis zu 2% Hafnium dessen Abtrennung sich als besonders schwierig erweist, für die technische Verwendung des Metalls aber keine Bedeutung hat. Nur das technisch wichtige *reactor grade Zirconium* (zu deutsch: Zirconium-Reaktor-Qualität), das als Hüllmaterial für Brennelemente von Kernreaktoren verwendet wird, muß wegen des großen Wirkungsquerschnitts des Hafniums, frei von Hafnium sein. Die Abtrennung erfolgt heute mittels Ionenaustauschverfahren, fraktionierte Destillation der $POCl_3$-Komplexe des $ZrCl_4$ und $HfCl_4$, sowie auch mittels der Flüssig-Flüssig-Extraktion mit Tributylphosphat oder 4-Methyl-2-Pentanon u. a.

Die Weltproduktion von Zirconium-Metall beträgt rund 7000 t/Jahr.

Physikalische Eigenschaften

Chemisch reines Zirconium ist ein stahlgraues, hochglänzendes, dehnbares und relativ weiches Schwermetall, das sich leicht zu Blechen walzen und zu Drähten bis zu 0,03 mm Durchmesser ziehen läßt. Durch Verunreinigungen wird die Härte des Metalls erhöht, so kann z. B. schon ein Sauerstoffgehalt von 0,3% die Härte fast verdreifachen. Zirconium tritt in zwei allotropen Modifikationen auf:

$$\underset{\text{hexagonal dichteste Kugelpackung}}{\alpha\text{-Zr}} \xrightarrow{862\ °C} \underset{\text{kubisch raumzentriert}}{\beta\text{-Zr}}$$

Das paramagnetische Metall hat eine ziemlich hohe Schmelz- und Siedetemperatur, die thermische Leitfähigkeit beträgt 5,29%, die elektrische 3,77% der des Silbers. Pulverförmiges Zirconium kann bereits bei Raumtemperatur bis zu 35 Atom-% Wasserstoff bzw. bis zu 10 Atom-% Sauerstoff oder Stickstoff in sein Kristallgitter einbauen.

Unterhalb –272,54 °C (0,61 K) ist das Metall supraleitend, die kritische Feldstärke beträgt 3740,15 $A \cdot m^{-1}$. Die Austrittsarbeit für Elektronen im Vakuum beträgt 4,05 eV (P).

Radiochemie

Natürliches Zirconium ist ein Gemisch aus vier stabilen Isotopen und einem sehr langlebigen radioaktiven Isotop. Zusätzlich sind 23 künstliche Radioisotope des Zirconiums bekannt.
Einige Isotope sind Uranspaltprodukte, andere entstehen durch Neutronenbestrahlung in einer ${}^{A}_{40}Zr$ (n, γ) ${}^{A+1}_{40}Zr$-Reaktion. Die leichteren Isotope zerfallen durch β^+-Strahlung oder Elektronen-Einfang (EC) in Y-Isotope, die schwereren verwandeln sich durch β^--Emission in die entsprechenden Nb-Isotope. Die Radioisotope ${}^{95}_{40}Zr$ (β^- | 1,122 MeV; γ | 0,724 MeV) und ${}^{97}_{40}Zr$ (β^- | 2,658 MeV; γ | 1,148 MeV) werden als radioaktive Indikato-

Die Isotope des Zirconiums (1995)

Isotop	Natürliche Häufigkeit n (%)	Zerfallsart				Halbwertszeit $T_{1/2}$
		β^+	EC	γ	β^-	
Zr 80		x				n.bek.
Zr 81		**x**		x		5,9 s
Zr 82		**x**		x		32 s
Zr 83		**x**		x		44 s
Zr 84		**x**		x		25,9 m
Zr 85*		**x**		x		7,9 m
Zr 85 m*		**x**		**x**		10,9 s
Zr 86			**x**	x		16,5 h
Zr 87*		**x**		x		1,6 h
Zr 87 m*				**x**		14,0 s
Zr 88			**x**	x		83,4 d
Zr 89*		**x**	**x**	x		78,4 h
Zr 89 m*		x	x	**x**		4,16 m
Zr 90	**51,45**					
Zr 91	**11,22**					
Zr 92	**17,15**					
Zr 93					**x**	$1{,}5 \cdot 10^6$ a
Zr 94	**17,38**					
Zr 95				x	**x**	64,0 d
Zr 96	**2,80**			x	**x**	$3{,}9 \cdot 10^{19}$ a
Zr 97				x	**x**	16,8 h
Zr 98					**x**	30,7 s
Zr 99				x	**x**	2,1 s
Zr 100				x	**x**	7,1 s
Zr 101				x	**x**	2,1 s
Zr 102				x	**x**	2,9 s
Zr 103				x	**x**	1,3 s
Zr 104				x	**x**	1,2 s
Zr 105				x	**x**	ca. 1 s
Zr 106					x	n.bek.
Zr 107					x	n.bek.

(* isomere Atomkerne; m* markiert jeweils einen metastabilen Zustand)

ren (Tracer) verwendet, das stabile Isotop $^{91}_{40}Zr$ der Kernspinzahl 5/2+ und kernmagnetischen Moment –1,303 dient zum NMR-spektroskopischen Nachweis, NMR-Frequenz (bei 2,3488 T) $9{,}330 \cdot 10^6\ s^{-1}$. Angesichts seines sehr kleinen Wirkungsquerschnitts besitzt Zirconium eine sehr große Transparenz für thermische Neutronen und ist ein sehr wertvoller Werkstoff in der Reaktortechnik.

Chemische Eigenschaften

Zirconium ist das zweite Element der sog. *Titangruppe*. Es befindet sich im PSE in der 4. Gruppe (IVB Nebengruppe) unter dem Titan Ti sowie in der 5. Periode zwischen Yttrium Y und Niob Nb. Entsprechend seiner Stellung im PSE hat das freie, neutrale Zr-Atom im elektronischen Grundzustand folgende Elektronenkonfiguration:

$$1s^2\ 2s^2\ 2p^6\ 3s^2\ 3p^6\ 3d^{10}\ 4s^2\ 4p^6\ 4d^2\ 5s^2$$

Gemäß dieser Anordnung bildet Zirconium in seinen Verbindungen fast alle Oxidationsstufen von –II bis +IV, wobei die Stufe +IV ([Kr]) die häufigste und beständigste ist. Die Oxidationsstufen +II und +III liegen v. a. in den festen Halogeniden vor. Zirconium ist ein elektropositives und entsprechend seinem Normalpotential

$$\overset{+IV}{Zr^{4+}} \xrightarrow{-1{,}553\ V} \overset{0}{Zr}$$

ein ziemlich unedles Metall. In kompakter Form wird Zirconium auch bei höheren Temperaturen von Luft und Wasser nicht angegriffen. In Form von Pulver oder Schwamm entzündet es sich jedoch an der Luft bereits durch Reibung, Schlag, elektrische Entladungen oder durch Erwärmung über 100 °C und verbrennt unter Bildung der Zirconiumoxide ZrO, ZrO_2, Zirconiumnitrid ZrN und Zirconiumnitridoxid Zr_2N_2O. Beim Verbrennen in einer Sauerstoffatmosphäre liefert pulverförmiges Zirconium die für Metallflammen höchste Temperatur von ca. 4650 °C. Brennendes Zirconium kann nicht mit Wasser, Kohlenstoffdioxid oder Tetrachlorkohlenstoff gelöscht werden, es wird zweckmäßig mit trockenem Sand abgedeckt. Wegen Entzündungsgefahr wird Zirconiumschwamm unter Argon bzw. das Pulver unter Methanol aufbewahrt. Massives Zirconium ist bei Raumtemperatur infolge Passivierung gegen konz. Säuren wie z. B. Salzsäure, Schwefelsäure, Salpetersäure, Phosphorsäure und Laugen sehr widerstandsfähig, wird aber von Flußsäure und Königswasser bereits bei Zimmertemperatur, von heißer konz. Schwefelsäure, geschmolzenen Ätzalkalien sowie bei Rotglut von Salzsäure rasch angegriffen. Geschmolzenes Zirconium reagiert sowohl mit dem Stickstoff, als auch mit dem Sauerstoff aus der Luft. Das Metall verbindet sich in direkter Synthese mit molekularem Sauerstoff zu Zr(IV)-oxid:

$$Zr + O_2 \longrightarrow ZrO_2 \qquad \Delta H = -1101{,}5\ kJ$$

mit molekularem Chlor zu Zr(IV)-chlorid:

$$Zr + 2\ Cl_2 \longrightarrow ZrCl_4 \qquad \Delta H = -981{,}2\ kJ$$

sowie mit molekularem Stickstoff zu Zirconiumnitrid:

$$2\ Zr + N_2 \longrightarrow 2\ ZrN \qquad \Delta H = -730\ kJ$$

Zirconium bildet ein einziges stabiles Oxid ZrO_2, mehrere Chloride $ZrCl_{1-4}$ die sich in Wasser zersetzen, ein in Wasser lösliches Sulfat $Zr(SO_4)_2$, verschiedene Zirconiumoxidverbindungen wie $ZrOX_2$ und ZrO(OH)X (X = einwertiger Rest) z. B. Zirconiumdiacetatoxid bzw. frühere Bezeichnung Zirconylacetat $ZrO(OOC\text{-}CH_3)_2$, Zirconiumdichloridoxid, frühere Bezeichnung Zirconylchlorid $ZrOCl_2 \cdot 8\,H_2O$ u. a. Zirconate(IV) sind Ester $Zr(RO)_4$ und Salze der hypotetischen Ortho- und Metazirconiumsäuren H_4ZrO_4 bzw. H_2ZrO_3 der allg. Formeln $M^I_4ZrO_4$ bzw. $M^I_2ZrO_3$ z. B. Natriumorthozirconat Na_4ZrO_4 und Natriummetazirconat Na_2ZrO_3 u. a.
Komplexe Verbindungen sind Hexachlorozirconate $M^I_2[ZrCl_6]$, Hexafluorozirconate $M^I_2[ZrF_6]$, Octofluorozirconate $M^{II}_2[ZrF_8]$ u. a.

Nachweis

- Fällung als $Zr(OH)_4$ mit Ammoniak und Glühen zum ZrO_2.
- Überführung in Zirconiumoxiddichlorid $ZrOCl_2 \cdot 8\,H_2O$ das in charakteristischen dünnen Nadeln kristallisiert.
- Mit organischen Reagenzien wie z. B. Alizarin S, Kupferron, Oxin, PAN, Nitrosonaphtol, Arsenazo III, Morin, Xylenolorange u. a.
- Spektralanalyse; wichtige Spektrallinien oder einfach positiven Ionen Zr^+ 339,198 nm, 343,823 nm und der neutralen Atome 354,768 nm, 360,119 nm, 389,032 nm u. a.
- Atomabsorptionsspektrometrie (AAS) über die 360,119 nm Hauptlinie des Atomspektrums.

Verwendung

Wegen seiner Korrosionsbeständigkeit ist Zirconium ein wichtiger Konstruktionswerkstoff für den chemischen Anlagenbau vor allem für hochbeanspruchte Teile wie Ventile, Pumpen, Spinndüsen, Rührer, Wärmeaustauscher u. a. In der Elektrotechnik findet Zirconium Verwendung für hochbeanspruchte Teile in Elektronen- und Röntgenröhren wie z. B. zur Herstellung von Glühkathoden und Gittern sowie auch als Getter wobei seine große Aufnahmefähigkeit für Gase wie Stickstoff und Sauerstoff ausgenutzt wird. In der Metallurgie wird Zirconium in Form von Ferrosiliciumzirkonium bei der Stahlherstellung zur Bindung von Sauerstoff, Stickstoff und Schwefel eingesetzt. Wegen seiner guten Brenneigenschaften und der Aussendung von sehr hellem Licht findet das Metall in der Pyrotechnik Anwendung zur Herstellung von Leuchtkugeln und Leuchtfackeln sowie zur Herstellung von rauchlosem Blitzlichtpulver für die Photographie. In Form von Legierungen dient das Metall zur Herstellung von chirurgischen Instrumenten, Klammern, Schrauben. Hafniumfreies Zirconium dient wegen seines sehr kleinen Wirkungsquerschnitts für thermische Neutronen als Hüll- und Strukturmaterial für Kernbrennstoffe in wassergekühlten Reaktoren. Bevorzugt werden dabei Zr-Legierungen mit Chrom, Eisen, Nickel, Zinn wie z. B. *Zircaloy; Zircaloy 2:* bis 98% Zr, 1,2–1,7% Sn, 0,08–0,38% Fe, 0,03–0,08% Ni, 0,05–0,15% Cr. *Zircaloy 4:* bis 98% Zr, 1,2–1,7% Sn, 0,18–0,24% Fe, 0,05–0,13% Cr. *Zircaloy 2* wird bevorzugt in Siedewasserreaktoren während *Zircaloy 4* in Druckwasserreaktoren eingesetzt wird.

Zirconiumverbindungen wie z. B. ZrO_2, $ZrSiO_4$, $Zr(SO_4)_2$ dienen zum Imprägnieren von Textilien, als feuerfeste Materialien für Schmelztiegel und Brennraumauskleidungen, als Schleifmaterial, als Füllstoffe für Plaste, sowie zur Herstellung von Pigmenten und Druckfarben, von Keramik, Email, Gläsern u. a.

Physiologie, Toxikologie

Zirconium hat keine biologische Bedeutung für den menschlichen Organismus. Das Metall gilt als nicht toxisch. Der erwachsene menschliche Körper enthält im Durchschnitt ca. 1 mg Zr das hauptsächlich an Plasmaproteine gebunden und in den Knochen gespeichert ist. Der tägliche Bedarf wird auf 0,05 mg geschätzt. Für Zr-Verbindungen wurde ein MAK-Wert von 5 mg/m^3 festgelegt. Toxizitätswerte sind nicht bekannt. Die Verwendung von Zr-Verbindungen für Körperpflegemittel ist in Deutschland verboten.

Element 110

(noch unbenannt, vorläufige Bezeichnung: Ununnilium; chemisches Symbol Uun)

Bis zur endgültigen Festlegung des Namens kann der Name des Elements entsprechend den Nomenklatur-Regeln der IUPAC zusammengesetzt werden (s. Seite 768)

Atomare Eigenschaften	
Protonenzahl **(Z)**	**110**
Nukleonenzahl (Neutronenzahl)	267 (157); 269 (159); 271 (161); 273 (163)
Elektronenkonfiguration	[Rn] $5f^{14}\ 6d^{9}\ 7s^{1}$

Entdeckung

Das chemische Element 110 wurde am 9. November 1994 bei der *Gesellschaft für Schwerionenforschung* (GSI) in Darmstadt, Deutschland, von einer internationalen Forschergruppe, bestehend aus den Forschern und Wissenschaftlern Sigurd Hofmann, Viktor Ninov, Fritz-Peter Heßberger, Peter Armbruster, Helmut Folger, Gottfried Münzenberg, Hans-Joachim Schött von der *Gesellschaft für Schwerionenforschung* GSI, Darmstadt, Andre G. Popeko, Alexander V. Yeremin und Andre N. Andreyev vom *Flerov Laboratory of Nuclear Reactions, JINR*, Dubna, Rußland, Stefan Saro und Rudo Janik vom *Department of Nuclear Physics, Comenius University*, Bratislava, Slowakei und Matti E. Leino vom *Department of Physics, University of Jyväskylä*, Finnland, erstmals künstlich hergestellt und durch seine α-Zerfallskette eindeutig identifiziert.

Zehn Jahre nach der Entdeckung der Elemente Bohrium, Hassium und Meitnerium gelang den Forschern bei der GSI in Darmstadt im Rahmen eines Experiments auch die Synthese und der Nachweis des Elements 110 in Form des Isotops $^{269}110$. Die Entdekkung dieses bis dahin schwersten Elements, nach dem weltweit in den größten Kernforschungszentren der Welt intensiv gesucht wurde, war erst nach umfangreichen Verbesserungen der Experimentiereinrichtungen möglich. Dazu erhielt der UNILAC einen modernen Injektor mit einer *Elektron-Zyklotron-Resonanz-Ionenquelle* (EZR), die sich v. a. durch einen geringeren Materialverbrauch auszeichnet. Dies ist deshalb wichtig da zur Synthese schwererer Elemente neutronenreiche Metallisotope, wie z. B. $^{58}_{26}Fe$ oder $^{62}_{28}Ni$ und $^{64}_{28}Ni$ benötigt werden, deren natürliche Häufigkeit bei etwa 0,28% im natürlichen Eisen bzw. 3,6% und 0,9% im natürlichen Nickel liegt. Wesentliche Verbesserungen der Trenn- und Detektortechnik wurden von einem Team unter Leitung von Dr. S. Hofmann durchgeführt. So wurde die Nachweisempfindlichkeit des Geschwindigkeitsfilters SHIP optimiert, das Array aus sieben ortsempfindlichen Halbleiterzählern wurde durch einen einzigen großen Silicium-Streifenzähler mit 16 Streifen ersetzt, vor dem sechs weitere Silicium-Zähler angebracht wurden um entweichende α-Teilchen (escape

alpha's) aufzufangen. Zusätzlich wurden zwei Flugzeitdetektoren angebracht um Fusionsprodukte von Streuteilchen unterscheiden zu können (s. Abb. 12 SHIP).
Die Jagd nach dem Element 110 begann am 8. November 1994. Für die Kernreaktion hatte man sich für Ionen von Nickel $^{62}_{28}Ni^{9+}$ entschieden die im Schwerionen-Linearbeschleuniger UNILAC auf eine Energie von 311 MeV (5,02 MeV/Nukleon) beschleunigt und in Strömen von ca. $3 \cdot 10^{12}$ Ionen pro Sekunde auf dünne Folien aus Blei-208 geschossen wurden. Obwohl sich im statistischen Mittel ein Erfolg erst nach einer Woche Bestrahlungszeit einstellen konnte, wurde bereits am nächsten Tag also am 9. November 1994 um 16:39 Uhr am SHIP das erste Atom des Elements 110 in Form des Isotops $^{269}110$ registriert, das bei der Korrelationsanalyse über seine α-Zerfallskette eindeutig identifiziert wurde.
Das Isotop entstand durch *kalte Fusion* also durch Verschmelzung von Kernen von Blei-208 und Nickel-62 nach Emission eines Neutrons innerhalb 10^{-18} s, bei einem Bildungsquerschnitt von $3{,}5 \cdot 10^{-40}$ m², gemäß der Synthese-Reaktion.

$$^{62}_{28}Ni + ^{208}_{82}Pb \longrightarrow \{^{270}110\} \longrightarrow ^{269}110 + ^{1}_{0}n$$

In einem zweiwöchigen Experiment konnten mit derselben Projektil-Target-Kombination insgesamt vier Atome des neuen Isotops mit Sicherheit nachgewiesen werden (11. Nov. 1994, 11:17 Uhr; 12. Nov. 1994, 19:22 Uhr; 17. Nov. 1994, 11:50 Uhr). In einem

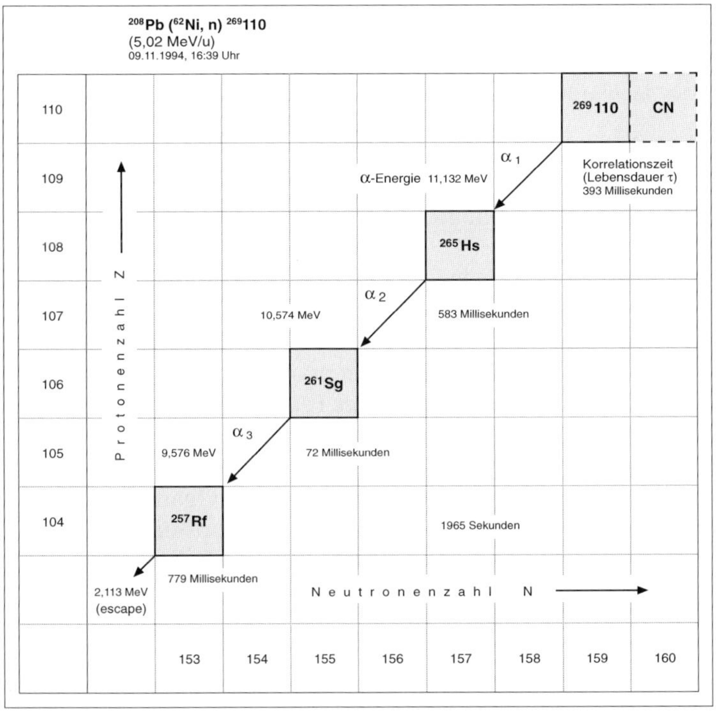

Abb. 89: Nachweis des Elements 110. Die α-Zerfallskette anhand der am 9. November 1994 um 16.39 Uhr das chemische Element 110 entdeckt und eindeutig identifiziert wurde. Angegeben sind die gemessenen α-Zerfallsenergien (links) in MeV sowie die ermittelten Korrelationszeiten (rechts) zwischen den einzelnen Zerfällen. Der Verbundkern (CN für *compound nucleus*) ist gestrichelt umrahmt. Escape bedeutet ein aus dem Detektor herausgeflogenes α-Teilchen.

```
_$1$DIA220:[KC2.NASE.GOOSY.CVC]R169_110_CHAIN.LIS;16                        23-NOV-1994 13:14

--------------------------------------------------------------------------------------------
E=5.015 A.MeV        File name   : t1f002.lmd                          Created      : 08-Nov-94
--------------------------------------------------------------------------------------------

Statistics:
------------------------------------------------------------------------
Number of CVC-proc. events :    5120611
Number of processed buffers:      26934
Number of processed events :    4901818
Total number of Coulombs   :   11282868
Total measuring time       :   55705.60  sec. (15.5 h.)
Total number of Ruth       :  16203 / -- downscaled: 1:200
Nproj.                     :  6.573E+16
av. beam current           :   182 pnA
Nproj. x Ntarg.            :  8.4173E+34 cm^-2

--------------------------------------------------------------------------------------------
E=5.015 A.MeV        File name   : t1f003.lmd                          Created      : 09-Nov-94 14:53:22
--------------------------------------------------------------------------------------------
ER      time:   1:46:45.021   ev:   147032 tmp:    823 Em(kev):    595 pos: 10421 TOF:  2471
269-110 time:   1:46:45.021   ev:   147033 tmp:   1216 Ed(kev):  11132 pos: 10427 dt(ms):  0.393 dx(ch):   6
265-108 time:   1:46:45.021   ev:   147034 tmp:   1799 Ed(kev):  10574 pos: 10428 dt(ms):  0.583 dx(ch):   7
ESC-106 time:   1:46:45.094   ev:   147040 tmp:  14218 E2(keV):    869 pos: 10385 dt (s):  0.072 dx(ch): -43
        PATTERN:        00000000000000000001000000000000  Esum:   9576 EHB(ch): 349
ESC-104 time:   1:46:46.873   ev:   147062 tmp:  13648 E2(keV):   2113 pos: 10424 dt (s):  0.779 dx(ch):  40
        PATTERN:        00000000000000000000000000000000  Esum:      0 EHB(ch):   0

--------------------------------------------------------------------------------------------
raw - data of the first observed decay of el-110
--------------------------------------------------------------------------------------------
```

Abb. 90: Auszug aus dem Protokoll der Entdeckung des Elements 110 (freundlicherweise von Dr. S. Hofmann zur Verfügung gestellt).

nachfolgenden Experiment bei dem Ionen von Nickel-64 als Projektile dienten, wurde am 23. November 1994 auch ein zweites Isotop des Elements 110 mit der Massenzahl 271 gemäß

$$^{64}_{28}\mathrm{Ni} + ^{208}_{82}\mathrm{Pb} \longrightarrow \{^{272}110\} \longrightarrow {}^{271}110 + ^{1}_{0}\mathrm{n}$$

erzeugt. Insgesamt konnten bis heute bei der GSI neun Atome dieses Isotops nachgewiesen werden.

Ein erster Versuch zur Synthese des Elements 110 wurde bereits 1991 von A. Ghiorso und Mitarbeiter im *Lawrence Berkeley Laboratory* in Berkeley durchgeführt. Es war das letzte Experiment am Super HILAC, der kurz darauf außer Betrieb gesetzt wurde. Bei der Bestrahlung von $^{209}_{83}\mathrm{Bi}$ mit $^{59}_{27}\mathrm{Co}$ wurde am magnetischen Spektrometer SASSYL ein α-Zerfall registriert, der auf das Isotop 267 des Elements 110 schließen ließ. Die Zerfallskette war jedoch unvollständig. (Veröffentlicht in den *Physical Review* C vom Mai 1995 unter dem Titel *Evidence for the possible synthesis of element 110*).

Im August 1996 veröffentlichten Yu. A. Lazarev, Yu. Ts. Oganessian u. a. in den *Physical Reviev* C einen Bericht über die Entdeckung eines Isotops des Elements 110 in Dubna, das zwischen dem 10. und 30. Dezember 1994 bei der Bestrahlung von $^{244}_{94}\mathrm{Pu}$ mit $^{34}_{16}\mathrm{S}$ in der Reaktion

$$^{34}_{16}\mathrm{S} + ^{244}_{94}\mathrm{Pu} \longrightarrow \{^{278}110\} \longrightarrow {}^{273}110 + 5\,^{1}_{0}\mathrm{n}$$

entstanden war und durch seine Zerfallskette am gasgefüllten Separator nachgewiesen wurde. Das gleiche Isotop wurde im Februar 1996 auch bei GSI als Tochterisotop von $^{277}112$ nachgewiesen.

Eigenschaften

Entsprechend seiner Protonenzahl gehört das Element 110 zur Gruppe der „Transactinoide". Es befindet sich im PSE in der 10. Gruppe (VIII Nebengruppe), unter dem Platin Pt, sowie in der 7. Periode zwischen Meitnerium Mt und dem Element 111. Gemäß seiner Stellung im PSE dürfte das freie, neutrale Atom des Elements 110 im elektronischen Grundzustand mit großer Wahrscheinlichkeit folgende Elektronenkonfiguration besitzen:

$$1s^2\ 2s^2\ 2p^6\ 3s^2\ 3p^6\ 3d^{10}\ 4s^2\ 4p^6\ 4d^{10}\ 4f^{14}\ 5s^2\ 5p^6\ 5d^{10}\ 5f^{14}\ 6s^2\ 6p^6\ 6d^9\ 7s^1$$

Das Element 110 ist ein Übergangsmetall und ist in seinem chemischen Verhalten vermutlich seinen leichteren Gruppennachbarn Nickel Ni, Palladium Pd und Platin Pt ähnlich. Das Element dürfte in seinen Verbindungen die Oxidationsstufen +IV, +II und 0 bilden von denen die Stufe +II ([Rn] $5f^{14}\ 6d^8$) die beständigste ist. Angesichts relativistischer Effekte in der Elektronenhülle könnten sich allerdings Abweichungen der chemischen Eigenschaften des Elements gegenüber denen seiner Gruppennachbarn ergeben.

Radiochemie

Bis heute sind vier Isotope des Elements 110 bekannt, sie wurden alle künstlich hergestellt und sind radioaktiv.

Die Isotope des Elements 110 (GSI 1998)

Isotop	Halbwertszeit $T_{1/2}$	Zerfalls-art	Zerfallsenergie (MeV)	Herstellungsart	Bildungs-querschnitt
110–267[1)]	3μ s	α	11,6	$^{209}Bi(^{59}Co, n)$	$1{,}10^{-40}m^2$
110-269	170 μs	α	11,112	$^{208}Pb(^{62}Ni, n)$	$(3{,}5^{+2,7}_{-1,8}) \cdot 10^{-40}\ m^2$
...					
110-271 m*	56 ms	α	10,71	$^{208}Pb(^{64}Ni, n)$	$15 \cdot 10^{-40}\ m^2$
110-271	1,1 ms	α	10,68; 10,74	$^{208}Pb(^{64}Ni, n)$	$15 \cdot 10^{-40}\ m^2$
...					
110-273 m*	118 ms	α	9,73	Tochterisotop von $^{277}112$	–
110-273	76 μs	α	11,08	Tochterisotop von $^{277}112$	–

1) Angaben nach A. Ghiorso, die Entdeckung dieses Isotops wurde nicht bestätigt
(* isomere Atomkerne; m* markiert einen metastabilen Zustand)

Die Isotope des Elements 110 haben relativ kurze Halbwertszeiten, sie zerfallen ausschließlich durch α-Emission in die entsprechenden Isotope des Elements Hassium gemäß:

$$^{A}110 \longrightarrow {}^{A-4}Hs + \alpha$$

Verwendung

Angesichts der wenigen Atome des Elements 110 die bis heute hergestellt wurden, dient das Element 110 ausschließlich zu Forschungszwecken.

Physiologie, Toxikologie

Das Element 110 hat keine biologische Bedeutung für den menschlichen Organismus, es würde aber aufgrund seiner Radioaktivität toxisch wirken.

Element 111

(noch unbenannt, vorläufige Bezeichnung: Unununium; chemisches Symbol Uuu)

Bis zur endgültigen Namensfestlegung kann der Name und das chemische Symbol des Elements entsprechend den Nomenklaturregeln der IUPAC zusammengesetzt werden (s. Seite 768).

Atomare Eigenschaften	
Protonenzahl **(Z)**	**111**
Nukleonenzahl (Neutronenzahl)	272 (161)
Elektronenkonfiguration	[Rn] $5f^{14}$ $6d^{10}$ $7s^1$

Entdeckung

Das erste Atom des chemischen Elements 111 wurde am 8. Dezember 1994 bei der *Gesellschaft für Schwerionenforschung* (GSI), in Darmstadt, Deutschland, von einer internationalen Forschergruppe bestehend aus den Forschern und Wissenschaftlern Sigurd Hofmann, Viktor Ninov, Fritz-Peter Heßberger, Peter Armbruster, Helmut Folger, Gottfried Münzenberg, Hans-Joachim Schött von der GSI, Darmstadt, Andre G. Popeko, Alexander V. Yeremin, Andre N. Andreyev vom *Flerov Laboratory of Nuclear Reactions*, JINR, Dubna, Rußland, Stefan Saro und Rudo Janik vom *Department of Nuclear Physics, Comenius University*, Bratislava, Slowakei und Matti E. Leino vom *Department of Physics, University of Jyväskylä*, Finnland erstmals künstlich hergestellt und anhand seiner α-Zerfallskette eindeutig identifiziert.
Anfang Dezember 1994, also nur einem Monat nach der Entdeckung des Elements 110 wurde bei der GSI in Darmstadt ein weiteres Experiment durchgeführt, mit dem Ziel auch das Element 111 zu synthetisieren. Dazu wurden Nickel-Ionen $^{64}_{28}Ni^{9+}$ aus der *Elektron-Zyklotron-Resonanz-Ionenquelle* (EZR) im Schwerionen-Linearbeschleuniger UNILAC bis auf etwa 10% der Lichtgeschwindigkeit bzw. auf eine Energie von 318,1 und 320 MeV (4,97 bzw. 5,0 MeV/Nukleon) beschleunigt. Mit Ionenströmen von durchschnittlich $3 \cdot 10^{12}$ Teilchen pro Sekunde wurden Targets aus isotopenreinem Bismut-209 das in dünnen Schichten von ca. 450 μg/cm² auf Graphitfolien der Dicke von 40 μg/cm² aufgedampft war, mehrere Tage bestrahlt.
Am 8. Dezember 1994 um 5:49 Uhr wurde am SHIP erstmals ein α-Strahler registriert, der unter Aussendung eines α-Teilchens der Energie 0,533 MeV innerhalb von 3,6 ms in eine bekannte Zerfallskette überging. Der Kern entstand nach 140 Stunden Bestrahlungszeit, bei einer Projektilenergie von 318,1 MeV (4,97 MeV/Nukleon) und einem Bil-

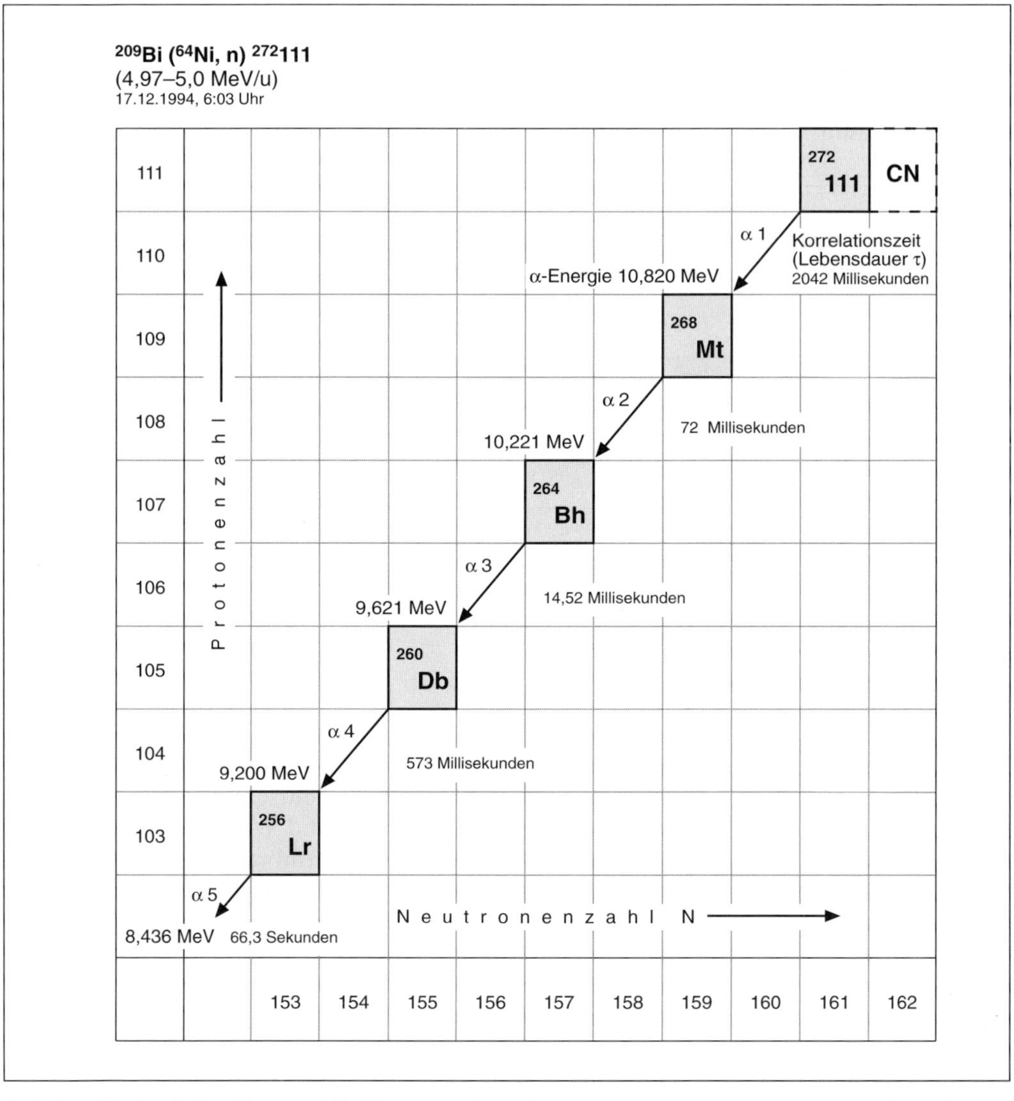

Abb. 91: Nachweis des Elements 111. Die erste vollständige α-Zerfallskette des Elements 111, die am 17. Dezember 1994 nachts um 6.03 Uhr registriert wurde und alle Zerfälle bis zum Element Lawrencium enthielt. Angegeben sind die gemessenen α-Zerfallsenergien (links) in MeV sowie die ermittelten Korrelationszeiten (rechts) zwischen den einzelnen Zerfällen. Der Verbundkern (CN für *compound nucleus*) ist gestrichelt umrahmt. Escape bedeutet ein aus dem Detektor herausgeflogenes α-Teilchen.

dungsquerschnitt von ca. $1{,}7 \cdot 10^{-40}$ m² durch Verschmelzung von Bismut-209 und Nickel-64 nach Emission eines Neutrons innerhalb von 10^{-18} s in der Kernreaktion:

$$^{64}_{28}Ni + ^{209}_{83}Bi \longrightarrow \{^{273}111\} \longrightarrow {}^{272}111 + {}^{1}_{0}n$$

Bei weiterer Bestrahlung wurde mit der gleichen Projektil-Target-Kombination bei einer erhöhten Projektilenergie von 320 MeV (5,0 MeV/Nukleon) am SHIP nach 142 Stunden

am 13. Dezember 1994 um 6.20 Uhr ein zweiter α-Strahler registriert der nach Aussendung eines α-Teilchens der Energie 4,612 MeV innerhalb von 696 μs in das Isotop $^{268}109$ überging (Abb. 91). Diese beiden ersten Zerfallsketten waren unvollständig und endeten jeweils bei Element 105. Erst nach weiteren 96 Stunden Bestrahlungszeit also neun Tage nach der ersten wurde am 17. Dezember 1994 um 6.03 Uhr am SHIP endlich eine vollständige α-Zerfallskette gemessen, die von Element 111 bis zum Lawrencium verlief und alle fünf α-Zerfälle und deren Energie enthielt. Das nachgewiesene Isotop des Elements 111 der Nukleonenzahl 272 verwandelte sich unter Emission eines α-Teilchens der Energie 10,820 MeV in 2042 μs in das Isotop $^{268}109$.
Der Bildungsquerschnitt der Reaktion lag bei etwa $3{,}5 \cdot 10^{-40}$ m². Insgesamt wurden demnach bei der GSI drei Atome!! des Elements 111 nachgewiesen.

Eigenschaften

Angesichts der drei bisher nachgewiesenen Atome sind die Eigenschaften des Elements 111 praktisch unbekannt. Aufgrund seiner Protonenzahl gehört das Element zur Gruppe der „Transactinoide" und befindet sich im PSE in der 11. Gruppe (IB Nebengruppe) unter dem Gold Au, sowie in der 7. Periode rechts des Elements 110. Das freie, neutrale Atom des Elements 111 dürfte im elektronischen Grundzustand mit großer Wahrscheinlichkeit folgende Elektronenkonfiguration haben:

$$1s^2\ 2s^2\ 2p^6\ 3s^2\ 3p^6\ 3d^{10}\ 4s^2\ 4p^6\ 4d^{10}\ 4f^{14}\ 5s^2\ 5p^6\ 5d^{10}\ 5f^{14}\ 6s^2\ 6p^6\ 6d^{10}\ 7s$$

Das Element 111 ist ein Übergangsmetall und könnte in seinem chemischen Verhalten vermutlich seinen leichteren Gruppennachbarn Kupfer Cu, Silber Ag und Gold Au ähnlich sein und in seinen Verbindungen die Oxidationsstufe +III ([Rn] $5f^{14}\ 6d^8$) bilden. Relativistische Effekte in der Elektronenhülle könnten allerdings Abweichungen der chemischen Eigenschaften des Elements 111 von denen seiner Gruppennachbarn bewirken.

Radiochemie

Bis heute wurde nur ein Isotop des Elements 111 mit Sicherheit nachgewiesen, ein α-Strahler der mit der Halbwertszeit von ca. 1,5 ms in das Isotop $^{268}_{109}Mt$ zerfällt.

$$^{272}111 \longrightarrow {}^{268}_{109}Mt + \alpha$$

Die Isotope des Elements 111 (GSI 1997)					
Isotop	Halbwertszeit $T_{1/2}$	Zerfalls-art	Zerfallsenergie (MeV)	Herstellungsart	Bildungs-querschnitt
111–272	$(1{,}5^{+2{,}0}_{-0{,}5})$ ms	α	10,820	$^{209}Bi(^{64}Ni, n)$	
				(318,1 MeV)	$(1{,}7^{+3{,}3}_{-1{,}4}) \cdot 10^{-40}$ m²
				(320,0 MeV)	$(3{,}5^{+4{,}6}_{-2{,}3}) \cdot 10^{-40}$ m²

Verwendung

Die Herstellung des Elements 111 dient z. Z. ausschließlich zu Forschungszwecken.

Physiologie, Toxikologie

Das Element 111 hat keine biologische Bedeutung für den menschlichen Organismus, es würde aber aufgrund seiner Radioaktivität toxisch wirken.

Element 112

(Noch unbenannt. Vorläufige Bezeichnung Ununbium; chemisches Symbol Uub)

Bis zur endgültigen Namensfestlegung kann der Name und das chemische Symbol des Elements entsprechend den Nomenklaturregeln der IUPAC zusammengesetzt werden (s. Seite 768)

Atomare Eigenschaften	
Protonenzahl **(Z)**	**112**
Nukleonenzahl (Neutronenzahl)	277 (165)
Elektronenkonfiguration	[Rn] $5f^{14}\ 6d^{10}\ 7s^2$

Entdeckung

Am 1. Febraur 1996 entdeckte eine internationale Forschungsgruppe, bestehend aus den Forschern und Wissenschaftlern Sigurd Hofmann, Viktor Ninov, Fritz-Peter Heßberger, Peter Armbruster, Helmut Folger, Gottfried Münzenberg und Hans-Joachim Schött von der *Gesellschaft für Schwerionenforschung*, (GSI) Darmstadt, Deutschland, Andre G. Popeko, Alexander V. Yeremin vom *Flerov Laboratory of Nuclear Reactions*, JINR, Dubna, Rußland, Stefan Saro und Rudo Janik vom *Department of Nuclear Physics, Comenius University*, Bratislava, Slowakei und Matti E. Leino vom *Department of Physics, University of Jyväskylä*, Finland das erste Atom des bisher schwersten Elements 112 in Form des Isotops $^{277}112$. Die Suche nach dem Element 112 begann bei der GSI in Darmstadt am 26. Januar 1996 mit einem neuen Experiment. Als Target diente das auf 99,0% angereicherte Blei-Isotop $^{208}_{82}Pb$, das in dünnen Schichten von 450 µg/cm² auf Graphitfolien der Dicke 50 µg/cm² aufgedampft worden war. Acht Targets befanden sich auf einem Targetrad, das mit 1125 Umdrehungen pro Minute durch den Ionenstrahl gedreht wurde. Die von der *Elektron-Zyklotron-Resonanz-Ionenquelle* (EZR) in den UNILAC injektierten Zink-Ionen $^{70}_{30}Zn^{10+}$ wurden auf eine kinetische Energie von 344 MeV (4,912 MeV/Nukleon) beschleunigt und trafen mit einer Strahlenintensität von (2,8–3,1) · 10^{12} Ionen pro Sekunde auf die Blei-Targets.
Am 1. Februar 1996 um 11:52 Uhr wurde am SHIP ein α-Strahler registriert, der unter Aussendung eines α-Teilchens der Energie 11,65 MeV innerhalb von 400 µs in eine bekannte Zerfallskette überging, die bis zum Isotop $^{257}_{102}No$ verfolgt werden konnte (Abb. 92). Der beobachtete Kern entstand nach etwa 150 Stunden Bestrahlungszeit, bei einem Bildungsquerschnitt von ca. 1 · 10^{-40} m² durch Verschmelzung eines Zinkatoms mit einem Bleiatom nach Emission eines Neutrons innerhalb von 10^{-18} s der Synthese-Reaktion:

$$^{70}_{30}Zn + ^{208}_{82}Pb \longrightarrow \{^{278}112\} \longrightarrow {}^{277}112 + ^{1}_{0}n$$

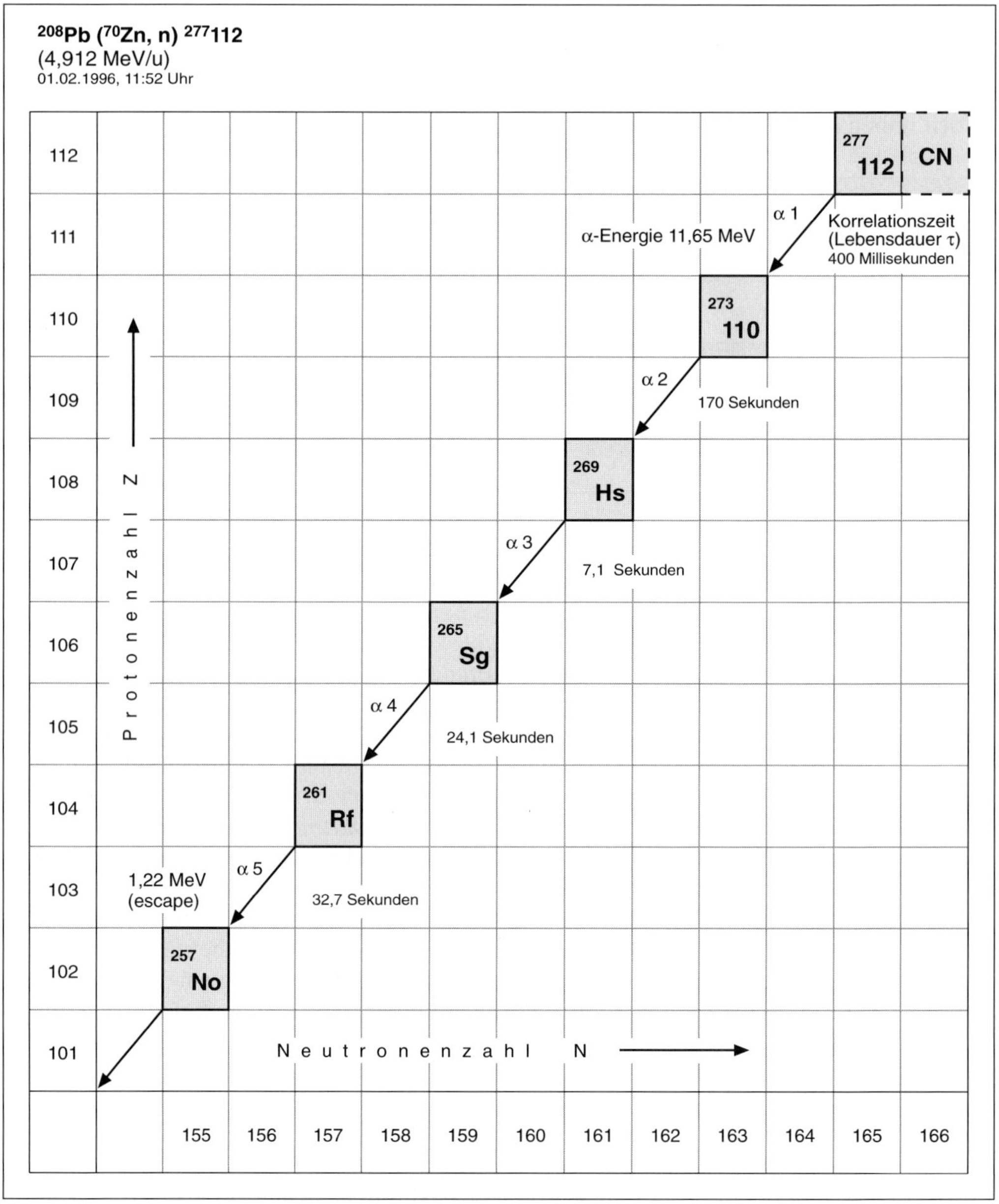

Abb. 92: Entdeckung des Elements 112. Die Zerfallskette, die am 1. Februar 1996 um 11.52 Uhr aufgezeichnet wurde, anhand der das chemische Element 112 eindeutig identifiziert werden konnte. Angegeben sind die gemessenen α-Zerfallsenergien (links) in MeV sowie die ermittelten Korrelationszeiten (rechts) zwischen den einzelnen Zerfällen. Der Verbundkern (CN für *compound nucleus*) ist gestrichelt umrahmt. Escape bedeutet ein aus dem Detektor herausgeflogenes α-Teilchen.

Ein zweites Ereignis fand am 9. Februar um 22:37 Uhr statt. Dabei wurde ein weiterer α-Strahler registriert, der durch Aussendung eines α-Teilchens der Energie 11,45 MeV innerhalb von 280 μs in eine zweite Zerfallskette überging, die beim Element Fermium endete. Anhand der beiden Zerfallsketten konnten zwei Atome des Elements 112 eindeutig nachgewiesen werden (Abb. 92).

Eigenschaften

Die Eigenschaften des Elements 112 von dem bisher bloß zwei Atome synthetisiert wurden, konnten naturgemäß bis heute noch nicht erforscht werden. Entsprechend seiner Protonenzahl gehört das neue Element zur Gruppe der „Transactinoide“ und befindet sich im PSE in der 12. Gruppe (IIB Nebengruppe), unter dem Quecksilber, sowie in der 7. Periode neben Element 111. Das Element 112 ist das letzte Übergangsmetall in der 7. Periode und müßte analog seinen leichteren Gruppennachbarn Zink Zn, Cadmium Cd und Quecksilber Hg ein mit zehn Elektronen vollbesetztes 6d-Niveau sowie zwei 7s-Elektronen aufweisen. Das freie, neutrale Atom des Elements 112 dürfte demnach im elektronischen Grundzustand mit großer Wahrscheinlichkeit folgende Elektronenkonfiguration haben:

$$1s^2\ 2s^2\ 2p^6\ 3s^2\ 3p^6\ 3d^{10}\ 4s^2\ 4p^6\ 4d^{10}\ 4f^{14}\ 5s^2\ 5p^6\ 5d^{10}\ 5f^{14}\ 6s^2\ 6p^6\ 6d^{10}\ 7s^2$$

In seinem chemischen Verhalten müßte das Element 112 seinen Gruppennachbarn ähnlich sein und wie diese eine stabile Oxidationsstufe +II ([Rn] $5f^{14}\ 6d^{10}$) bilden. Allerdings könnten durch relativistische Effekte in der Elektronenhülle, die besonders bei den Transactinoiden sehr stark zum Ausdruck kommen, die chemischen Eigenschaften des Elements erheblich von denen seiner Gruppennachbarn abweichen.

Radiochemie

Bis heute ist nur das Isotop $^{277}112$ bekannt, ein α-Strahler, der mit der Halbwertszeit von ca. 240 μs in das Isotop $^{273}110$ zerfällt.

$$^{277}112 \longrightarrow {}^{273}110 + \alpha$$

Die Isotope des Elements 112 (GSI 1997)					
Isotop	Halbwertszeit $T_{1/2}$	Zerfalls-art	Zerfallsenergie (MeV)	Herstellungsart	Bildungs-querschnitt
112–277	(240^{+430}_{-90}) μs	α	11,65 11,45	$^{208}Pb(^{70}Zn, n)$	$(1{,}0^{+1,3}_{-0,7}) \cdot 10^{-40}$ m²

Verwendung

Die Herstellung des Elements 112 dient z. Z. ausschließlich zu Forschungszwecken.

Physiologie, Toxikologie

Das Element 112 hat keine biologische Bedeutung für den menschlichen Organismus, es würde aber wegen seiner Radioaktivität toxisch wirken.

Die Grenzen des Periodensystems der Elemente

Die bis heute erzielten Erfolge bei der Synthese neuer Elemente berechtigen uns zu der Frage, welches das schwerste und letzte Element im Periodensystem sein könnte. Entscheidend für die Zahl der möglichen Elemente ist v. a. die Stabilität der Atomkerne, die durch das Verhältnis der kurzreichweitigen, im Bereich des Kerns wirksamen *Kernkräfte*, die Protonen und Neutronen zusammenhält und der langreichweitigen, zwischen Protonen wirksamen elektrischen *Coulombschen Abstoßungskräfte* bestimmt wird. Während die elektrische Abstoßung quadratisch zur Anzahl der Protonen ansteigt wachsen die Kernkräfte weniger als linear mit der Anzahl der Nukleonen an. Überwiegen die Abstoßungskräfte, so wird der Kern deformiert und zerfällt schließlich in zwei Bruchstücke. Die sog. *Spaltbarriere* wird mit zunehmender Protonenzahl immer kleiner. Die Stabilität der Atomkerne versuchte man mittels verschiedener Kernmodelle zu erklären. Das von dem amerikanischen Physiker russ. Herkunft George Antony Gamov (1904–1968) entworfene und von dem dänischen Physiker Niels H. D. Bohr (1885–1962) u. a. weiter entwickelte *Tröpfchenmodell* beschreibt die Atomkerne als kleine inkompressible Tropfen einer aus Protonen und Neutronen bestehenden Kernflüssigkeit, deren Zusammenhalt von der *Volumenenergie* bzw. der *potentiellen Energie der Kernflüssigkeit*, der *Oberflächenenergie* und der *Kernladung* abhängt, zu denen als nukleare Parameter noch das *Verhältnis Neutron/Proton*, und die *Paarungsenergie* Proton-Proton und Proton-Neutron hinzukommt. Unter Berücksichtigung des Tröpfchenmodells sollte nach Bohr die Zahl der Elemente um die Zahl 100 begrenzt sein.
Die Erkenntnis, daß Atomkerne bestimmter Protonen- bzw. Neutronenzahlen, der sog. *magischen Zahlen* Z, N = 2; 8; 20; 28; 50 und 82 eine besonders große Stabilität aufweisen, führte Ende der vierziger Jahre zu der Idee, daß ähnlich den Elektronen in der Hülle auch die Nukleonen im Kern quantenmechanischer Ordnung unterliegen. Nach dem von Hans Jensen (1907–1973), Maria Goeppert-Mayer (1906–1972) u. a. entwickelten Schalenmodell können die Protonen und Neutronen in den Atomkernen nur ganz bestimmte Quantenzustände einnehmen, die in Analogie zur Atomhülle durch vier Quantenzahlen charakterisiert sind. Mit Hilfe des Schalenmodells konnte die Stabilität der sog. *magischen Kerne* durch abgeschlossene Protonen- oder Neutronenschalen, wie z. B. die Elemente der Protonenzahlen 2 (Helium), 8 (Sauerstoff), 20 (Calcium), 28 (Nickel), 50 (Zinn) und 82 (Blei) oder der *doppelt magischen Kerne* durch doppelten Schalenabschluß, also durch abgeschlossene Protonen- und Neutronenschalen wie z. B. ^{40}Ca (Z = 20, N = 20), ^{48}Ca (Z = 20, N = 28) oder ^{208}Pb (Z = 82, N = 126) interpretiert werden. Bei höheren Schalenabschlüssen liegen die nächsten Protonenschalen bei Z =114; 164 und 182, die Neutronenschale bei N = 126; 184; 196; 236; 272; 318. Der Gedanke, überschwere Elemente durch Schalenkorrekturen zu stabilisieren, wurde bereits Ende der sechziger Jahre von Wladyslaw J. Swiatecki und William D. Myers aus Berkeley ent-

Abb. 93: Allegorische Darstellung des Kontinents der bekannten Isotope. Weit draußen im „Meer der Instabilität“ befindet sich eine „Insel der Stabilität“ auf der eine Badenixe die Segelschiffe anlockt, die gegen Sturm und Seeungeheuer ankämpfen müssen. Die von Prof. Dr. G. N. Flerov 1974 erstellte Zeichnung symbolisiert die Schwierigkeiten, die „Insel der Stabilität“ durch verschiedene Kernreaktionen zu erreichen. Die unterschiedlichen Projektile, bei möglichen Experimenten sind durch chemische Symbole in den Fähnchen der Segelschiffe dargestellt. (Von Prof. Dr. Yu. Ts. Oganessian freundlicherweise zur Verfügung gestellt, Dubna 1996).

wickelt. 1966 sagten sie eine *Insel* schalenstabilisierter kugelförmiger Kerne mit 126 Protonen und 184 Neutronen voraus.

Während bis dahin der Schalenbegriff nur für sphärische Kerne definiert werden konnte, gelang es Vilen M. Strutinski diesen Begriff auch auf nicht kugelförmige Systeme auszudehnen. Neuere Berechnungen sagen eine weitere *Insel der Stabilität* im *Meer der Instabilität* bei Element 114 bzw. dem Isotop $^{298}114$ (Z = 114, N = 184) voraus. Nach heutigen Berechnungen erstreckt sich eine Region von mehr als 300 schalenstabilisierten Kernen zwischen Z = 107 bis 124 und N = 154 bis 185. Das stabilste Isotop dieser Region soll das Isotop $^{294}110$ (Z = 110, N = 184) mit einer vorausgesagten Halbwertszeit von zehntausend Jahren bis zu mehreren Milliarden Jahren sein, für das Isotop $^{290}112$ wird eine Halbwertszeit von mehreren Tagen angenommen.

Die schwersten natürlichen Elemente Uran und Thorium finden wir auf der Erde nur Dank Ihrer langen Halbwertszeit, die mit dem Alter unseres Sonnensystems vergleichbar ist. Angesichts der berechneten langen Halbwertszeiten einiger superschwerer Elemente wurde angenommen, daß diese Elemente, falls sie jemals entstanden sein sollten, eventuell auf der Erde oder auf einigen Sternen noch vorhanden sein könnten. Doch weder die Suche auf der Erde noch im Mondgestein konnten diese Vermutungen bestätigen.

Der amerikanische Wissenschaftler und Nobelpreisträger Glenn T. Seaborg entwickelte in den 70er Jahren ein Periodensystem der möglichen Elemente bis zum Element 168 bei denen er ein achtes und ein neuntes Energieniveau bzw. Periode voraussetzte. Ab Element 122, den sog. *Superactinoiden* kommen zusätzlich die Energiestufen 5g, 6f, 7d, 8s, 8p, 9s und 9p hinzu (siehe Tabelle Dirac-Fock).

1 H																	2 He
3 Li	4 Be											5 B	6 C	7 N	8 O	9 F	10 Ne
11 Na	12 Mg											13 Al	14 Si	15 P	16 S	17 Cl	18 Ar
19 K	20 Ca	21 Sc	22 Ti	23 V	24 Cr	25 Mn	26 Fe	27 Co	28 Ni	29 Cu	30 Zn	31 Ga	32 Ge	33 As	34 Se	35 Br	36 Kr
37 Rb	38 Sr	39 Y	40 Zr	41 Nb	42 Mo	43 Tc	44 Ru	45 Rh	46 Pd	47 Ag	48 Cd	49 In	50 Sn	51 Sb	52 Te	53 I	54 Xe
55 Cs	56 Ba	57 La	72 Hf	73 Ta	74 W	75 Re	76 Os	77 Ir	78 Pt	79 Au	80 Hg	81 Tl	82 Pb	83 Bi	84 Po	85 At	86 Rn
87 Fr	88 Ra	89 Ac	104 Rf	105 Ha	106	107	108	109	110	111	112	(113)	(114)	(115)	(116)	(117)	(118)
(119)	(120)	(121)	(154)	(155)	(156)	(157)	(158)	(159)	(160)	(161)	(162)	(163)	(164)	(165)	(166)	(167)	(167)

Lanthanoide	58 Ce	59 Pr	60 Nd	61 Pm	62 Sm	63 Eu	64 Gd	65 Tb	66 Dy	67 Ho	68 Er	69 Tm	70 Yb	71 Lu
Actinoide	90 Th	91 Pa	92 U	93 Np	94 Pu	95 Am	96 Cm	97 Bk	98 Cf	99 Es	100 Fm	101 Md	102 No	103 Lr
Superactinoide	(122)	(123)	(124)	(125)	(126)									(153)

Abb. 94: Modernes Periodensystem der Elemente. Die noch nicht entdeckten Elemente sind in Klammern angegeben. (Nach G. T. Seaborg: „The Elements beyond Uranium“. NY 1990).

Wahrscheinliche Elektronenkonfiguration der freien, neutralen Atome der Elemente 113 bis 168 im elektronischen Grundzustand nach Dirac-Fock

[Rn]+ 5f +

Protonenzahl Z	Hauptschale / Hauptquantenzahl n / Energiestufen / Element	O 5 g	P 6 d	f	Q 7 s	$p_{1/2}$	$p_{3/2}$	d	R 8 s	$p_{1/2}$	S 9 s	$p_{1/2}$
113	Uut Ununtrium		10		2	1						
114	Uuq Ununquadium		10		2	2						
115	Uup Ununpentium		10		2	2	1					
116	Uuh Ununhexium		10		2	2	2					
117	Uus Ununseptium		10		2	2	3					
118	Uno Ununoctium		10		2	2	4					
119	Uue Ununennium		10		2	2	4		1			
120	Ubn Unbinilium		10		2	2	4		2			

Wahrscheinliche Elektronenkonfiguration der freien, neutralen Atome der Elemente 113 bis 168 im elektronischen Grundzustand nach Dirac-Fock

[Rn]+ 5f +

Protonenzahl Z	Hauptschale / Hauptquantenzahl n / Energiestufen / Element		O 5 g	P 6 d	f	Q 7 s	$p_{1/2}$	$p_{3/2}$	d	R 8 s	$p_{1/2}$	S 9 s	$p_{1/2}$
121	Ubu	Unbiunium		10		2	2	4		2	1		
122	Ubb	Unbibium		10		2	2	4	1	2	1		
123	Ubt	Unbitrium		10	1	2	2	4	1	2	1		
124	Ubq	Unbiquadium		10	3	2	2	4		2	1		
125	Ubp	Unbipentium	1	10	3	2	2	4		2	1		
126	Ubh	Unbihexium	2	10	2	2	2	4	1	2	1		
127	Ubs	Unbiseptium	3	10	2	2	2	4		2	2		
128	Ubo	Unbioctium	4	10	2	2	2	4		2	2		
129	Ube	Unbiennium	5	10	2	2	2	4		2	2		
130	Utn	Untrinilium	6	10	2	2	2	4		2	2		
131	Utu	Untriunium	7	10	2	2	2	4		2	2		
132	Utb	Untribium	8	10	2	2	2	4		2	2		
133	Utt	Untritrium	8	10	3	2	2	4		2	2		
134	Utq	Untriquadium	8	10	4	2	2	4		2	2		
135	Utp	Untripentium	9	10	4	2	2	4		2	2		
136	Uth	Untrihexium	10	10	4	2	2	4		2	2		
137	Uts	Untriseptium	11	10	3	2	2	4	1	2	2		
138	Uto	Untrioctium	12	10	3	2	2	4	1	2	2		
139	Ute	Untriennium	13	10	2	2	2	4	2	2	2		
140	Uqn	Unquadnilium	14	10	3	2	2	4	1	2	2		
141	Uqu	Unquadunium	15	10	2	2	2	4	2	2	2		
142	Uqb	Unquadbium	16	10	2	2	2	4	2	2	2		
143	Uqt	Unquadtrium	17	10	2	2	2	4	2	2	2		
144	Uqq	Unquadquadium	18	10	1	2	2	4	3	2	2		
145	Uqp	Unquadpentium	18	10	3	2	2	4	2	2	2		
146	Uqh	Unquadhexium	18	10	4	2	2	4	2	2	2		
147	Uqs	Unquadseptium	18	10	5	2	2	4	2	2	2		
148	Uqo	Unquadoctium	18	10	6	2	2	4	2	2	2		
149	Uqe	Unquadennium	18	10	6	2	2	4	3	2	2		
150	Upn	Unpentnilium	18	10	6	2	2	4	4	2	2		
151	Upu	Unpentunium	18	10	8	2	2	4	3	2	2		
152	Upb	Unpentbium	18	10	9	2	2	4	3	2	2		
153	Upt	Unpenttrium	18	10	11	2	2	4	2	2	2		
154	Upq	Unpentquadium	18	10	12	2	2	4	2	2	2		
155	Upp	Unpenpentium	18	10	13	2	2	4	2	2	2		
156	Uph	Unpenthexium	18	10	14	2	2	4	2	2	2		
157	Ups	Unpentseptium	18	10	14	2	2	4	3	2	2		
158	Upo	Unpentoctium	18	10	14	2	2	4	4	2	2		
159	Upe	Unpentennium	18	10	14	2	2	4	6	2	2	1	
160	Uhn	Unhexnilium	18	10	14	2	2	4	5	2	2	1	

Wahrscheinliche Elektronenkonfiguration der freien, neutralen Atome der Elemente 113 bis 168 im elektronischen Grundzustand nach Dirac-Fock												
[Rn]+ 5f +												
Protonenzahl	Hauptschale	O	P		Q				R		S	
	Hauptquantenzahl n	5	6		7				8		9	
	Energiestufen	g	d	f	s	$p_{1/2}$	$p_{3/2}$	d	s	$p_{1/2}$	s	$p_{1/2}$
Z	Element											
161	Uhu Unhexunium	18	10	14	2	2	4	6	2	2	1	
162	Uhb Unhexbium	18	10	14	2	2	4	8	2	2		
163	Uht Unhextrium	18	10	14	2	2	4	9	2	2		
164	Uhq Unhexquadium	18	10	14	2	2	4	10	2	2		
165	Uhp Unhexpentium	18	10	14	2	2	4	10	2	2	1	
166	Uhh Unhexhexium	18	10	14	2	2	4	10	2	2	2	
167	Uhs Unhexseptium	18	10	14	2	2	4	10	2	2	2	1
168	Uho Unhexoctium	18	10	14	2	2	4	10	2	2	2	2

In den letzten fünfzig Jahren wurden zwanzig neue schwere Elemente künstlich hergestellt. Es zeigte sich aber bald, daß der zugängliche Bereich für die Synthese superschwerer Elemente nicht nur von der Grundzustandsstabilität sondern v. a. von den technischen Möglichkeiten für ihre Herstellung bestimmt wird. Die mit steigender Protonenzahl immer höheren Teilchenenergien, kürzeren Halbwertszeiten und geringeren Bildungsquerschnitte erfordern leistungsfähige Beschleunigeranlagen, immer empfindlichere Nachweismethoden und immer längere Bestrahlungszeiten.

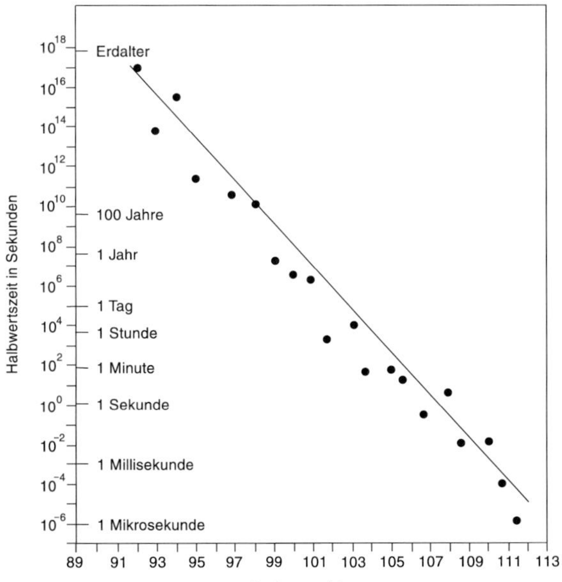

Abb. 95: Die Halbwertszeiten der jeweils langlebigsten Isotope der synthetisierten Transurane und Transactinoide. Die schwersten Elemente zerfallen innerhalb weniger Milli- bzw. Mikrosekunden, für ihren Nachweis sind äußerst empfindliche Meßmethoden erforderlich.

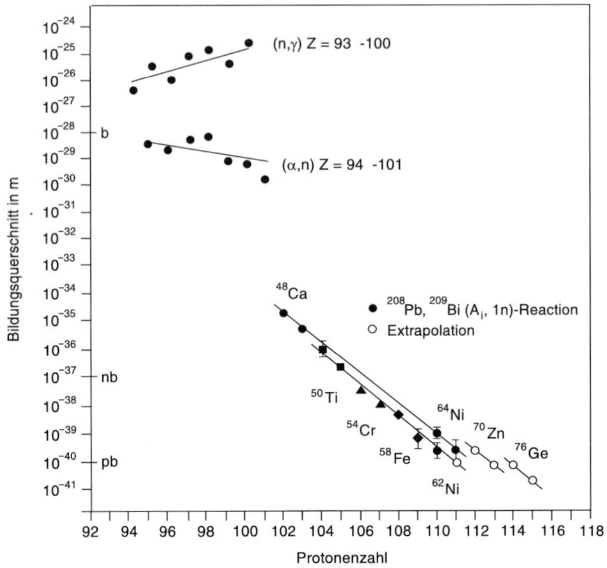

Abb. 96: Die Bildungsquerschnitte der Synthese von Transuranen und Transactinoiden. Die Elemente Neptunium (Z = 93) bis Fermium (Z = 100) werden in Kernreaktoren erbrütet oder durch Beschuß mit α-Teilchen (He-Kernen) im Zyklotron hergestellt. Die Elemente ab Mendelevium werden durch Fusionsreaktionen erzeugt. Jenseits von Fermium nehmen die Bildungsquerschnitte stark ab.

Der derzeit weltweit einzige Beschleuniger der imstande ist Ionen bis einschließlich Uran für Synthesereaktionen entsprechend zu beschleunigen, ist der Schwerionen-linear-Beschleuniger UNILAC der *Gesellschaft für Schwerionenforschung*, GSI in Darmstadt. Daneben besitzt die GSI ein einmaliges Nachweis- und Detektorsystem zum Nachweis schwerer Isotope. Nach den sensationellen Erfolgen der letzten Jahre unter der wissenschaftlichen Leitung von Prof. Dr. P. Armbruster begannen bei GSI nach längeren Tests zur Bestimmung der optimalen Anregungsenergien am 5. März 1998 die Experimente zur Synthese des Elements 113. Obwohl für diese Experimente Bestrahlungszeiten von mehreren Monaten vorgesehen waren, hatte man kaum mehr als 1 Atom (!!) des Elements erwartet. Als Targetmaterial wurde isotopenreines Bismut –209 verwendet, als Projektilmaterial hatte man sich für Zink –70 entschieden. Leiter der internationalen Forschungsgruppe bei der GSI war Dr. Sigurd Hofmann, der schon die Experimente, die zur Entdeckung der Elemente 110, 111 und 112 führten, erfolgreich durchgeführt hatte.

Das Experiment dauerte insgesamt 46 Tage wobei das Bismut-Target in zwei Serien vom 5. bis 31. März und vom 15. April bis 6. Mai mit Ionen des Isotops ^{70}Zn der Energie von 4,97 MeV/Nukleon bzw. 5,00 MeV/Nukleon bei einer mittleren Strahlenintensität von $1,9 \cdot 10^{12}$ Teilchen pro Sekunde bei einem Grenzquerschnitt von $0,57 \cdot 10^{-40} m^2$ bestrahlt wurde. Doch weder dieses Experiment noch die in Dubna unter der Leitung von Prof. Dr. Yu Ts. Oganessian am U-400 durchgeführten Versuche durch heiße Fusion bzw. durch Beschluß von Uran und verschiedener Transurane wie ^{244}Pu und ^{248}Cm mit ^{48}Ca, Isotope der Elemente 112, 113 und 114 herzustellen, brachten die erwünschten Erfolge.

Das obere Ende des Periodensystems ist noch nicht erreicht. Das Periodensystem wird allerdings dann seine Grenzen finden, wenn die Ladungen innerhalb der Atomkerne so stark sind, daß die Kerne nicht mehr zusammengehalten werden, oder so stark, daß angesichts relativistischer Effekte die Elektronenhüllen instabil werden und nicht mehr unterscheidbar sind. Dann wäre die chemische Identität der Elemente nicht mehr gegeben und der Begriff des Elements hätte seinen Sinn verloren.

Die Nomenklatur der Transactinoide

Bis zur endgültigen Namensfestlegung können die Namen der Transactinoide gemäß den Vorschlägen der IUPAC von 1977 aus der Protonenzahl des neu entdeckten Elements abgeleitet werden. Dazu werden für jede einzelne Ziffer aus der Protonenzahl die unten genannten Wortstämme sowie die Endung „ium" verwendet:

0	1	2	3	4	5	6	7	8	9
nil	un	bi	tri	quad	pent	hex	sept	oct	enn

Beispiel: Element 110						
Protonenzahl:	1	1	0			
Name:	Un	un	nil	+ ium	⟶	„Ununnilium"
Symbol:	U	u	n		⟶	„Uun"

Weitere Beispiele (die Bindestriche gehören nicht zum Namen):

Protonenzahl	Name	Symbol
111	Un-un-un-ium	Uuu
112	Un-un-bi-um	Uub
113	Un-un-tri-um	Uut
120	Un-bi-nil-ium	Ubn
130	Un-tri-nil-ium	Utn usw.

Auszug aus der Nuklidkarte Transactinoide (Mai 1998)

(Von Prof. Dr. G. Münzenberg und Dr. S. Hofmann freundlicherweise zur Verfügung gestellt)

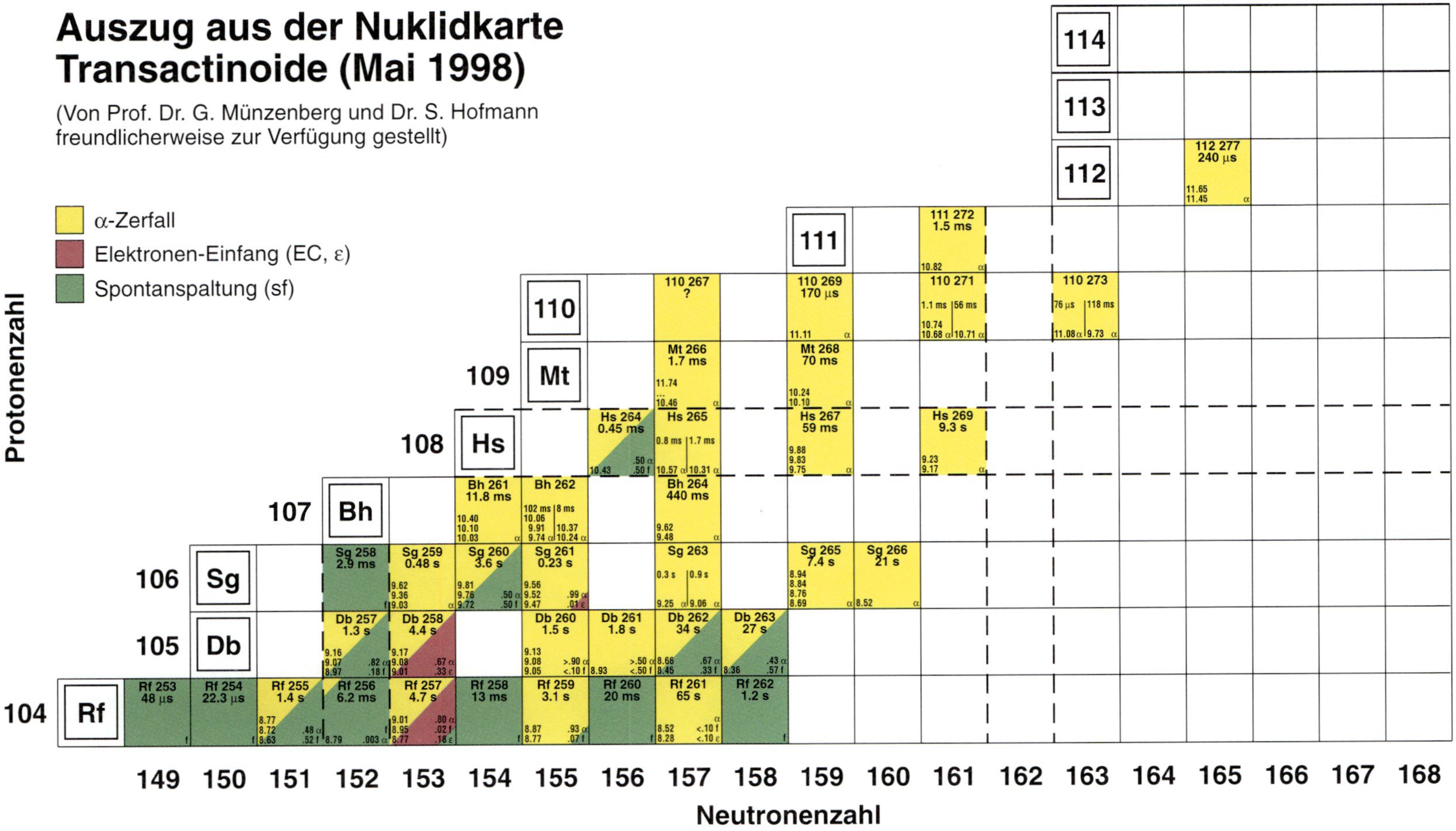

Anhang

Die Entdeckung der chemischen Elemente

Jahr der Entdeckung	Element	Entdeckung	
		Entdecker	Ort der Entdeckung
Altertum			
prähistorisch	Kohlenstoff	---	---
prähistorisch	Schwefel	---	---
ca. 9000 v. Chr.	Kupfer	---	---
ca. 7000 v. Chr.	Blei	---	---
ca. 5000 v. Chr.	Gold	---	---
ca. 4000 v. Chr.	Silber Quecksilber Antimon	--- --- ---	--- --- ---
ca. 2000 v. Chr. ca. 1400 v. Chr.	Zinn Eisen	--- ---	--- ---
Neuzeit			
13. Jahrhundert			
ca. 1250	Arsen	Albertus Magnus	Deutschland
16. Jahrhundert			
1527	Bismut	Th. Paracelsus	Schweiz
1530	Zink	Georgius Agricola	Deutschland
1557	Platin	J. C. Scaliger	Italien
17. Jahrhundert			
1669	Phosphor	H. Brand	Hamburg/Deutschland
18. Jahrhundert			
1735	Cobalt	G. Brandt	Stockholm/Schweden
1751	Nickel	A. F. Cronstedt	Stockholm/Schweden
1755	Magnesium	J. Black	Edinburgh/Großbritannien
1764	Fluor	A. S. Marggraf H. F.-F. Moissan (1886)	Berlin/Deutschland Paris/Frankreich
1766	Wasserstoff	H. Cavendish	London/Großbritannien
1771/72	Sauerstoff	C. W. Scheele J. Priestley (1774)	Uppsala/Schweden Leeds/Großbritannien
1772	Stickstoff	D. Rutherford C. W. Scheele H. Cavendish	Edinburgh/Großbritannien Uppsala/Schweden London/Großbritannien
1772/73	Barium	C. W. Scheele	Uppsala/Schweden
1774	Chlor	C. W. Scheele H. Davy (1810)	Uppsala/Schweden London/Großbritannien
1774	Mangan	J. G. Gahn	Stockholm/Schweden
1778	Molybdän	C. W. Scheele	Köping/Schweden

Jahr der Entdeckung	Element	Entdeckung	
		Entdecker	Ort der Entdeckung
1781	Wolfram	C. W. Scheele	Köping/Schweden
1782	Tellur	Müller v. Reichenstein	Siebenbürgen
1789	Uran	M. H. Klaproth	Berlin/Deutschland
1789	Zirconium	M. H. Klaproth	Berlin/Deutschland
1790	Strontium	A. Crawford	Edinburgh/Großbritannien
1791	Titan	W. Gregor M. H. Klaproth (1795)	Creed/Cornwall/Großbrit. Berlin/Deutschland
1793	Strontium	A. Crawford	Edinburgh/Großbritannien
1794	Yttrium	J. Gadolin	Åbo/Finnland
1797	Beryllium	L. N. Vauquelin	Paris/Frankreich
1797	Chrom	L. N. Vauquelin M. H. Klaproth	Paris/Frankreich Berlin/Deutschland
19. Jahrhundert			
1801	Niob	Ch. Hatchett H. Rose (1844)	London/Großbritannien Berlin/Deutschland
1802	Tantal	A. G. Ekeberg	Uppsala/Schweden
1803	Palladium	W. H. Wollaston	London/Großbritannien
1803	Rhodium	W. H. Wollaston	London/Großbritannien
1803	Cer	M. H. Klaproth J. J. Berzelius W. Hisinger	Berlin/Deutschland Stockholm/Schweden Stockholm/Schweden
1804	Osmium	S. Tennant	London/Großbritannien
1804	Iridium	S. Tennant	London/Großbritannien
1807	Kalium	H. Davy	London/Großbritannien
1807	Natrium	H. Davy	London/Großbritannien
1808	Calcium	H. Davy	London/Großbritannien
1808	Bor	J. L. Gay-Lussac, L. J. Thenard H. Davy	Paris/Frankreich Paris/Frankreich London/Großbritannien
1811	Iod	B. Courtois	Paris/Frankreich
1817	Lithium	J. A. Arfvedson	Stockholm/Schweden
1817	Cadmium	C. S. Hermann F. Strohmeyer	Schönebeck/Deutschland Göttingen/Deutschland
1817	Selen	J. J. Berzelius	Stockholm/Schweden
1823	Silicium	J. J. Berzelius	Stockholm/Schweden
1825	Aluminium	H. C. Oersted	Kopenhagen/Dänemark
1826	Brom	A. J. Balard C. J. Löwig (1825)	Montpellier/Frankreich Heidelberg/Deutschland
1828	Thorium	J. J. Berzelius	Stockholm/Schweden
1831	Vanadium	N. G. Sefström A. M. Del Rio (1801)	Falun/Schweden Mexico City/Mexiko
1839	Lanthan	C. G. Mosander	Stockholm/Schweden
1843	Terbium	C. G. Mosander	Stockholm/Schweden
1843	Erbium	C. G. Mosander	Stockholm/Schweden
1844	Ruthenium	K. E. Claus	Kazan/Rußland
1860	Caesium	R. W. Bunsen G. R. Kirchhoff	Heidelberg/Deutschland Heidelberg/Deutschland

Jahr der Entdeckung	Element	Entdeckung	
		Entdecker	Ort der Entdeckung
1861	Rubidium	R. W. Bunsen G. R. Kirchhoff	Heidelberg/Deutschland Heidelberg/Deutschland
1861	Thallium	W. Crookes C. A. Lamy (1862)	London/Großbritannien Paris/Frankreich
1863	Indium	F. Reich, H. T. Richter	Freiberg/Deutschland
1868	Helium (Sonne)	P. J. C. Janssen	Guntur/Indien
1875	Gallium	P. E. Lecoq de Boisbaudran	Paris/Frankreich
1878	Ytterbium	J. C. G. de Marignac	Genf/Schweiz
1878	Holmium	J. L. Soret M. A. Delafontaine	Genf/Schweiz Genf/Schweiz
1879	Thulium	P. T. Cleve	Uppsala/Schweden
1879	Scandium	L. F. Nilson	Uppsala/Schweden
1879	Samarium	P. E. Lecoq de Boisbaudran	Paris/Frankreich
1880	Gadolinium	J. C. G. de Marignac	Genf/Schweiz
1885	Praseodym	C. Auer v. Welsbach	Wien/Österreich
1885	Neodym	C. Auer v. Welsbach	Wien/Österreich
1886	Germanium	C. A. Winkler	Freiberg/Deutschland
1886	Dysprosium	P. E. Lecoq de Boisbaudran	Paris/Frankreich
1894	Argon	W. Ramsay J. W. Rayleigh	London/Großbritannien
1895	Helium (Erde)	W. Ramsay	London/Großbritannien
1898	Krypton	W. Ramsay M. W. Travers	London/Großbritannien London/Großbritannien
1898	Neon	W. Ramsay M. W. Travers	London/Großbritannien London/Großbritannien
1898	Xenon	W. Ramsay M. W. Travers	London/Großbritannien London/Großbritannien
1898	Polonium	M. Curie	Paris/Frankreich
1898	Radium	M. Curie, P. Curie	Paris/Frankreich
1899	Actinium	A. L. Debierne F. O. Giesel (1902)	Paris/Frankreich Braunschweig/Deutschland
20. Jahrhundert			
1899/1900	Radon	F. E. Dorn E. Rutherford, F. Soddy u. a.	Halle/Deutschland London/Großbritannien
1901	Europium	E. A. Demarcay	Paris/Frankreich
1905/1907	Lutetium	G. Urbain C. Auer v. Welsbach C. James	Paris/Frankreich Treibach/Österreich New Hampshire/Großbritannien
1913	Protactinium	K. Fajans, O. H. Göhring O. Hahn, L. Meitner (1917) F. Soddy, J. Cranston, A. Fleck	Karlsruhe/Deutschland Berlin/Deutschland Glasgow/Großbritannien
1923	Hafnium	D. Coster, G. v. Hevesy	Kopenhagen/Dänemark
1925	Rhenium	W. Noddack, I. Noddack-Tacke, O. Berg	Berlin/Deutschland
1937	Technetium	C. Perrier, E. Segré	Palermo/Italien
1939	Francium	M. Perey	Paris/Frankreich
1940	Neptunium	E. M. McMillan, P. H. Abelson	Berkeley/USA

Jahr der Entdeckung	Element	Entdeckung	
		Entdecker	Ort der Entdeckung
1940	Astat	E. Segrè, D. R. Corson, K. R. Mackenzie	Berkeley/USA
1940	Plutonium	G. T. Seaborg, E. M. McMillan, J. C. Kennedy, A. C. Wahl	Berkeley/USA
1944	Curium	G. T. Seaborg, R. A. James, L. O. Morgan, A. Ghiorso	Chicago/USA
1945	Americium	G. T. Seaborg, R. A. James, L. O. Morgan, A. Ghiorso	Chicago/USA
1945/46	Promethium	J. A. Marinsky, L. E. Glendenin, C. D. Coryell u. a.	Oak Ridge/USA
1949	Berkelium	S. G. Thompson, A. Ghiorso, G. T. Seaborg	Berkeley/USA
1950	Californium	S. G. Thompson, K. Street jr., A. Ghiorso, G. T. Seaborg	Berkeley/USA
1952/53	Einsteinium	A. Ghiorso, S. G. Thompson, G. H. Higgins, G. T. Seaborg u. a.	Berkeley/USA
1952/53	Fermium	A. Ghiorso, S. G. Thompson, G. H. Higgins, G. T. Seaborg u. a.	Berkeley/USA
1955	Mendelevium	A. Ghiorso, B. G. Harvey, G. R. Choppin, S. G. Thompson, G. T. Seaborg u. a.	Berkeley/USA
1958	Nobelium	A. Ghiorso, T. Sikkeland, J. R. Walton, G. T. Seaborg G. N. Flerov u. Mitarb. (1964)	Berkeley/USA Dubna/Rußland
1961	Lawrencium	A. Ghiorso, T. Sikkeland, A. E. Larsh, R. M. Latimer	Berkeley/USA
1968/69	Rutherfordium	A. Ghiorso u. Mitarb.	Berkeley/USA
1969	Dubnium	G. N. Flerov, Yu. Oganessian	Dubna/Rußland
1974	Seaborgium	A. Ghiorso u. Mitarb. G. N. Flerov u. Mitarb.	Berkeley/USA Dubna/Rußland
1981	Bohrium	P. Armbruster, G. Münzenberg und Mitarb. (GSI)	Darmstadt/Deutschland
1982	Meitnerium	P. Armbruster, G. Münzenberg und Mitarb. (GSI)	Darmstadt/Deutschland
1984	Hassium	P. Armbruster, G. Münzenberg und Mitarb. (GSI)	Darmstadt/Deutschland
1994	Element 110 (Uun)	Intern. Forschergruppe bei GSI, S. Hofmann, P. Armbruster und Kollegen	Darmstadt/Deutschland
1994	Element 111 (Uuu)	Intern. Forschergruppe bei GSI, S. Hofmann, P. Armbruster und Kollegen	Darmstadt/Deutschland
1996	Element 112 (Uub)	Intern. Forschergruppe bei GSI, S. Hofmann, P. Armbruster und Kollegen	Darmstadt/Deutschland

Die Entdeckung der Metalle der Seltenen Erden

(Metalloxide und Oxidgemische wurden bis Anfang des 20. Jh. als Erden bezeichnet).

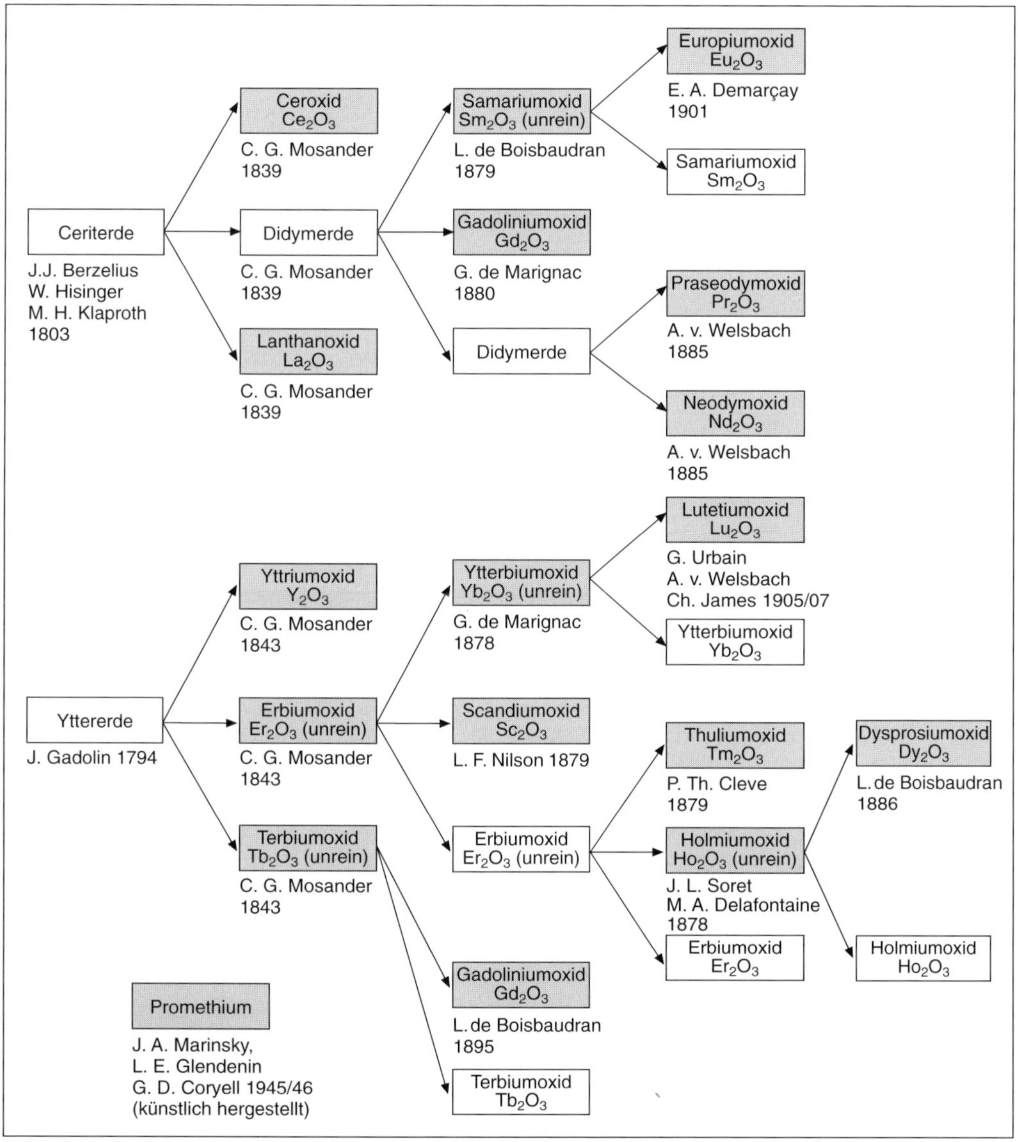

Die Häufigkeit der chemischen Elemente

Der durchschnittliche Massenanteil der Elemente in der Erdhülle bestehend aus der Lufthülle *Atmosphäre,* der Weltmeere *Hydrosphäre,* der Tier- und Pflanzenwelt *Biosphäre* und des äußeren Gesteinsmantels der Erde, der *Lithosphäre* sowie in der bis 16 km (ca. 10 Meilen) tiefen Erdkruste in ppm (= g/t).

Stelle in der Element-häufigkeit	Element			Massenanteil	
	Protonen-zahl	Name	Symbol	Erdhülle in Masse-%	Erdkruste in ppm bzw. g/t
1	8	Sauerstoff	O	49,40	466000
2	14	Silicium	Si	25,80	277000
3	13	Aluminium	Al	7,57	81300
4	26	Eisen	Fe	4,7	51000
5	20	Calcium	Ca	3,39	46600
6	11	Natrium	Na	2,64	24200
7	19	Kalium	K	2,41	22500
8	12	Magnesium	Mg	1,94	23500
9	1	Wasserstoff	H	0,88	1520
10	22	Titan	Ti	0,41	6320
11	17	Chlor	Cl	0,19	130
12	15	Phosphor	P	0,09	1120
13	6	Kohlenstoff	C	0,087	480
14	25	Mangan	Mn	0,085	1060
15	16	Schwefel	S	0,048	340
16	7	Stickstoff	N	0,03	25
17	9	Fluor	F	0,028	650
18	56	Barium	Ba	0,026	390
19	40	Zirconium	Zr	0,021	162
20	24	Chrom	Cr	0,019	122
21	28	Nickel	Ni	0,015	99
22	38	Strontium	Sr	0,014	384
23	23	Vanadium	V	0,014	160
24	30	Zink	Zn	0,012	76
25	29	Kupfer	Cu	0,01	68
26	74	Wolfram	W	0,0064	1,2
27	3	Lithium	Li	0,006	18,5
28	58	Cer	Ce	0,0043	68
29	27	Cobalt	Co	0,0037	29
30	50	Zinn	Sn	0,0035	4,1
31	37	Rubidium	Rb	0,0029	90
32	39	Yttrium	Y	0,0026	31,5

Stelle in der Element-häufigkeit	Element			Massenanteil	
	Protonen-zahl	Name	Symbol	Erdhülle in Masse-%	Erdkruste in ppm bzw. g/t
33	60	Neodym	Nd	0,0022	40
34	41	Niob	Nb	0,0019	20
35	82	Blei	Pb	0,0018	14
36	57	Lanthan	La	0,0017	35
37	5	Bor	B	0,0016	9,5
38	31	Gallium	Ga	0,0014	18
39	42	Molybdän	Mo	0,0014	1,5
40	90	Thorium	Th	0,0011	8,1
41	73	Tantal	Ta	0,0008	2,1
42	55	Caesium	Cs	0,00065	5
43	35	Brom	Br	0,0006	2,5–10
44	62	Samarium	Sm	0,0006	7,5
45	64	Gadolinium	Gd	0,00059	6,4
46	32	Germanium	Ge	0,00056	1,6
47	33	Arsen	As	0,00055	1,8
48	4	Beryllium	Be	0,00053	4
49	59	Praseodym	Pr	0,00052	9,5
50	21	Scandium	Sc	0,00051	20
51	66	Dysprosium	Dy	0,00043	6,2
52	72	Hafnium	Hf	0,00042	5,3
53	18	Argon	Ar	0,00036	1,5
54	92	Uran	U	0,00032	2,4
55	70	Ytterbium	Yb	0,00025	3,3
56	68	Erbium	Er	0,00023	3,5
57	67	Holmium	Ho	0,00011	1,4
58	65	Terbium	Tb	0,000085	1,2
59	34	Selen	Se	0,00008	0,05
60	71	Lutetium	Lu	0,00007	0,81
61	51	Antimon	Sb	0,000065	0,21
62	80	Quecksilber	Hg	0,00004	0,08
63	48	Cadmium	Cd	0,00003	0,15–0,3
64	81	Thallium	Tl	0,000029	0,7
65	83	Bismut	Bi	0,00002	0,048
66	69	Thulium	Tm	0,000019	0,48
67	47	Silber	Ag	0,000012	0,08
68	49	Indium	In	0,00001	0,15
69	63	Europium	Eu	0,0000099	2,1
70	53	Iod	I	0,000006	0,3
71	44	Ruthenium	Ru	0,000002	0,0011
72	46	Palladium	Pd	0,0000011	0,015
73	76	Osmium	Os	0,000001	0,005
74	52	Tellur	Te	0,000001	0,005
75	79	Gold	Au	0,0000005	0,0041
76	78	Platin	Pt	0,0000005	0,004
77	10	Neon	Ne	0,0000005	0,00007
78	2	Helium	He	0,0000004	0,008

Stelle in der Element-häufigkeit	Element			Massenanteil	
	Protonen-zahl	Name	Symbol	Erdhülle in Masse-%	Erdkruste in ppm bzw. g/t
79	75	Rhenium	Re	0,0000001	0,0007
80	45	Rhodium	Rh	0,0000001	0,0001
81	77	Iridium	Ir	0,0000001	0,001
82	36	Krypton	Kr	$1{,}9 \cdot 10^{-8}$	$1 \cdot 10^{-5}$
83	54	Xenon	Xe	$2{,}4 \cdot 10^{-9}$	$2 \cdot 10^{-6}$
84	88	Radium	Ra	$9{,}5 \cdot 10^{-11}$	$7 \cdot 10^{-8}$
85	91	Protactinium	Pa	$9 \cdot 10^{-11}$	Spuren
86	89	Actinium	Ac	$6{,}1 \cdot 10^{-14}$	Spuren
87	84	Polonium	Po	$2{,}1 \cdot 10^{-14}$	Spuren
88	86	Radon	Rn	$6{,}2 \cdot 10^{-16}$	Spuren
89	93	Neptunium	$^{237}_{93}Np$	$4 \cdot 10^{-17}$	Spuren
90	94	Plutonium	$^{239}_{94}Pu$	$2 \cdot 10^{-19}$	Spuren
91	61	Promethium	$^{147}_{61}Pm$	$1{,}5 \cdot 10^{-19}$	Spuren
92	43	Technetium	Tc	$1{,}2 \cdot 10^{-19}$	Spuren
93	87	Francium	$^{221}_{87}Fr + ^{223}_{87}Fr$	$1{,}3 \cdot 10^{-21}$	Spuren
94	85	Astat	At	$3 \cdot 10^{-24}$	Spuren

Die weiteren Elemente kommen in der Natur nicht vor.

Das Standard-Atomgewicht bzw. die *Relative Atommasse* RAM der chemischen Elemente in alphabetischer Reihenfolge (bezogen auf $^{12}C = 12{,}000000$).

Element (Isotop)			Standard-Atomgewicht *Relative Atommasse*
Name	Symbol	Protonenzahl (Ordnungszahl)	
Actinium	($^{227}_{89}$Ac)	89	227,027750
Aluminium	Al	13	26,981539 (± 5)
Americium	($^{243}_{95}$Am)	95	243,061375
Antimon	Sb	51	121,757 (± 3)
Argon	Ar	18	39,948 (± 1)
Arsen	As	33	74,92159 (± 2)
Astat	($^{210}_{85}$At)	85	209,987126
Barium	Ba	56	137,327 (± 7)
Berkelium	($^{247}_{97}$Bk)	97	247,070300
Beryllium	Be	4	9,012182 (± 3)
Bismut	Bi	83	208,98037 (± 3)
Blei	Pb	82	207,2 (± 1)
Bohrium	($^{264}_{107}$Bh)	107	264
Bor	B	5	10,811 (± 5)
Brom	Br	35	79,904 (± 1)
Cadmium	Cd	48	112,411 (± 8)
Caesium	Cs	55	132,90543 (± 5)
Calcium	Ca	20	40,078 (± 4)
Californium	($^{251}_{98}$Cf)	98	251,079580
Cer	Ce	58	140,115 (± 4)
Chlor	Cl	17	35,4527 (± 9)
Chrom	Cr	24	51,9961 (± 6)
Cobalt	Co	27	58,93320 (± 1)
Curium	($^{247}_{96}$Cm)	96	247,070347
Dubnium	Db	105	262,1138
Dysprosium	Dy	66	162,50 (± 3)
Einsteinium	($^{252}_{99}$Es)	99	252,082944
Eisen	Fe	26	55,847 (± 3)
Erbium	Er	68	167,26 (± 3)
Europium	Eu	63	151,965 (± 9)
Fermium	($^{257}_{100}$Fm)	100	257,075099
Fluor	F	9	18,9984032 (± 9)

Element (Isotop)			Standard-Atomgewicht *Relative Atommasse*
Name	Symbol	Protonenzahl (Ordnungszahl)	
Francium	($^{223}_{87}$Fr)	87	223,019733
Gadolinium	Gd	64	157,25 (± 3)
Gallium	Ga	31	69,723 (± 1)
Germanium	Ge	32	72,61 (± 2)
Gold	Au	79	196,96654 (± 3)
Hafnium	Hf	72	178,49 (± 2)
Hassium	($^{269}_{108}$Hs)	108	269
Helium	He	2	4,002602 (± 2)
Holmium	Ho	67	164,93032 (± 3)
Indium	In	49	114,818 (± 1)
Iod	I	53	126,90447 (± 3)
Iridium	Ir	77	192,22 (± 3)
Kalium	K	19	39,0983 (± 1)
Kohlenstoff	C	6	12,011 (± 1)
Krypton	Kr	36	83,80 (± 1)
Kupfer	Cu	29	63,546 (± 3)
Lanthan	La	57	138,9055 (± 2)
Lawrencium	($^{262}_{103}$Lr)	103	262,11
Lithium	Li	3	6,941 (± 3)
Lutetium	Lu	71	174,967 (± 1)
Magnesium	Mg	12	24,3050 (± 6)
Mangan	Mn	25	54,93805 (± 1)
Meitnerium	($^{268}_{109}$Mt)	109	268
Mendelevium	($^{258}_{101}$Md)	101	258,098570
Molybdän	Mo	42	95,94 (± 1)
Natrium	Na	11	22,989768 (± 6)
Neodym	Nd	60	144,24 (± 3)
Neon	Ne	10	20,1797 (± 6)
Neptunium	($^{237}_{93}$Np)	93	237,048167
Nickel	Ni	28	58,6934 (± 1)
Niob	Nb	41	92,90638 (± 2)
Nobelium	($^{259}_{102}$No)	102	259,100931
Osmium	Os	76	190,23 (± 1)
Palladium	Pd	46	106,42 (± 1)
Phosphor	P	15	30,973762 (± 4)
Platin	Pt	78	195,08 (± 3)
Plutonium	($^{244}_{94}$Pu)	94	244,064199
Polonium	($^{209}_{84}$Po)	84	208,982404
Praseodym	Pr	59	140,90765 (± 3)
Promethium	($^{145}_{61}$Pm)	61	144,912743
Protactinium	($^{231}_{91}$Pa)	91	231,035880
Quecksilber	Hg	80	200,59 (± 3)
Radium	($^{226}_{88}$Ra)	88	226,025402
Radon	($^{222}_{86}$Rn)	86	222,017570

Element (Isotop)			Standard-Atomgewicht *Relative Atommasse*
Name	Symbol	Protonenzahl (Ordnungszahl)	
Rhenium	Re	75	186,207 (± 1)
Rhodium	Rh	45	102,90550 (± 3)
Rubidium	Rb	37	85,4678 (± 3)
Ruthenium	Ru	44	101,07 (± 2)
Rutherfordium	Rf	104	261,1087
Samarium	Sm	62	150,36 (± 3)
Sauerstoff	O	8	15,9994 (± 3)
Scandium	Sc	21	44,955910 (± 9)
Schwefel	S	16	32,066 (± 6)
Seaborgium	Sg	106	263,1182
Selen	Se	34	78,96 (± 3)
Silber	Ag	47	107,8682 (± 2)
Silicium	Si	14	28,0855 (± 3)
Stickstoff	N	7	14,00674 (± 7)
Strontium	Sr	38	87,62 (± 1)
Tantal	Ta	73	180,9479 (± 1)
Technetium	Tc	43	98,9062 (± 2)
Tellur	Te	52	127,60 (± 3)
Terbium	Tb	65	158,92534 (± 3)
Thallium	Tl	81	204,3833 (± 2)
Thorium	Th	90	232,0381 (± 1)
Thulium	Tm	69	168,93421 (± 1)
Titan	Ti	22	47,88 (± 3)
Uran	U	92	238,0289 (± 1)
Vanadium	V	23	50,9415 (± 1)
Wasserstoff	H	1	1,00794 (± 7)
Wolfram	W	74	183,84 (± 3)
Xenon	Xe	54	131,29 (± 2)
Ytterbium	Yb	70	173,04 (± 3)
Yttrium	Y	39	88,90585 (± 3)
Zink	Zn	30	65,39 (± 2)
Zinn	Sn	50	118,710 (± 7)
Zirconium	Zr	40	91,224 (± 2)
Element 110	Uun	110	273
Element 111	Uuu	111	272
Element 112	Uub	112	277

In den Klammern sind die Standardabweichungen in Einheiten der letzten Ziffer angegeben. Bei radioaktiven Elementen ist das Standard-Atomgewicht des Isotops mit der längsten Halbwertszeit angegeben.

Die Elektronenkonfigurationen der freien, neutralen Atome im elektronischen Grundzustand der Elemente 1 bis 112

Energieniveau (Hauptschale)	K-Schale	L-Niveau		M-Niveau			N-Niveau				O-Niveau				P-Niveau			Q-Schale
Hauptquantenzahl	1	2		3			4				5				6			7
Energiestufen (Orbitale)	1s	2s	2p	3s	3p	3d	4s	4p	4d	4f	5s	5p	5d	5f	6s	6p	6d	7s
1 H Wasserstoff	1																	
2 He Helium	2																	
Heliumkonfiguration [He]	**$1s^2$**																	
3 Li Lithium	2	1																
4 Be Beryllium	2	2																
5 B Bor	2	2	1															
6 C Kohlenstoff	2	2	2															
7 N Stickstoff	2	2	3															
8 O Sauerstoff	2	2	4															
9 F Fluor	2	2	5															
10 Ne Neon	2	2	6															
Neonkonfiguration [Ne]]	**$1s^2$**	**$2s^2$**	**$2p^6$**															
11 Na Natrium	2	2	6	1														
12 Mg Magnesium	2	2	6	2														
13 Al Aluminium	2	2	6	2	1													
14 Si Silicium	2	2	6	2	2													
15 P Phosphor	2	2	6	2	3													
16 S Schwefel	2	2	6	2	4													
17 Cl Chlor	2	2	6	2	5													
18 Ar Argon	2	2	6	2	6													
Argonkonfiguration [Ar]]	**$1s^2$**	**$2s^2$**	**$2p^6$**	**$3s^2$**	**$3p^6$**													
19 K Kalium	2	2	6	2	6		1											
20 Ca Calcium	2	2	6	2	6		2											
21 Sc Scandium	2	2	6	2	6	1	2											
22 Ti Titan	2	2	6	2	6	2	2											
23 V Vanadium	2	2	6	2	6	3	2											
24 Cr Chrom	2	2	6	2	6	(5)	(1)											
25 Mn Mangan	2	2	6	2	6	5	2											
26 Fe Eisen	2	2	6	2	6	6	2											
27 Co Cobalt	2	2	6	2	6	7	2											
28 Ni Nickel	2	2	6	2	6	8	2											
29 Cu Kupfer	2	2	6	2	6	(10)	(1)											
30 Zn Zink	2	2	6	2	6	10	2											
31 Ga Gallium	2	2	6	2	6	10	2	1										
32 Ge Germanium	2	2	6	2	6	10	2	2										
33 As Arsen	2	2	6	2	6	10	2	3										
34 Se Selen	2	2	6	2	6	10	2	4										
35 Br Brom	2	2	6	2	6	10	2	5										
36 Kr Krypton	2	2	6	2	6	10	2	6										

Energieniveau (Hauptschale)	K-Schale	L-Niveau		M-Niveau			N-Niveau				O-Niveau				P-Niveau			Q-Schale
Hauptquantenzahl	1	2		3			4				5				6			7
Energiestufen (Orbitale)	1s	2s	2p	3s	3p	3d	4s	4p	4d	4f	5s	5p	5d	5f	6s	6p	6d	7s
Kryptonkonfiguration [Kr]	**1s²**	**2s²**	**2p⁶**	**3s²**	**3p⁶**	**3d¹⁰**	**4s²**	**4p⁶**										
37 Rb Rubidium	22	2	6	2	6	10	2	6			1							
38 Sr Strontium	2	2	6	2	6	10	2	6			2							
39 Y Yttrium	2	2	6	2	6	10	2	6	1		2							
40 Zr Zirconium	2	2	6	2	6	10	2	6	2		2							
41 Nb Niob	2	2	6	2	6	10	2	6	(4)		(1)							
42 Mo Molybdän	2	2	6	2	6	10	2	6	(5)		(1)							
43 Tc Technetium	2	2	6	2	6	10	2	6	(6)		(1)							
44 Ru Ruthenium	2	2	6	2	6	10	2	6	(7)		(1)							
45 Rh Rhodium	2	2	6	2	6	10	2	6	(8)		(1)							
46 Pd Palladium	2	2	6	2	6	10	2	6	(10)		(0)							
47 Ag Silber	2	2	6	2	6	19	2	6	(10)		(1)							
48 Cd Cadmium	2	2	6	2	6	10	2	6	10		2							
49 In Indium	2	2	6	2	6	10	2	6	10		2	1						
50 Sn Zinn	2	2	6	2	6	10	2	6	10		2	2						
51 Sb Antimon	2	2	6	2	6	10	2	6	10		2	3						
52 Te Tellur	2	2	6	2	6	10	2	6	10		2	4						
53 I Iod	2	2	6	2	6	10	2	6	10		2	5						
54 Xe Xenon	2	2	6	2	6	10	2	6	10		2	6						
Xenonkonfiguration [Xe]]	**1s²**	**2s²**	**2p⁶**	**3s²**	**3p⁶**	**3d¹⁰**	**4s²**	**4p⁶**	**4d¹⁰**		**5s²**	**5p⁶**						
55 Cs Caesium	2	2	6	2	6	10	2	6	10		2	6			1			
56 Ba Barium	2	2	6	2	6	10	2	6	10		2	6			2			
57 La Lanthan	2	2	6	2	6	10	2	6	10	(0)	2	6	(1)		2			
58 Ce Cer	2	2	6	2	6	10	2	6	10	2	2	6			2			
59 Pr Praseodym	2	2	6	2	6	10	2	6	10	3	2	6			2			
60 Nd Neodym	2	2	6	2	6	10	2	6	10	4	2	6			2			
61 Pm Promethium	2	2	6	2	6	10	2	6	10	5	2	6			2			
62 Sm Samarium	2	2	6	2	6	10	2	6	10	6	2	6			2			
63 Eu Europium	2	2	6	2	6	10	2	6	10	7	2	6			2			
64 Gd Gadolinium	2	2	6	2	6	10	2	6	10	(7)	2	6	(1)		2			
65 Tb Terbium	2	2	6	2	6	10	2	6	10	9	2	6			2			
66 Dy Dysprosium	2	2	6	2	6	10	2	6	10	10	2	6			2			
67 Ho Holmium	2	2	6	2	6	10	2	6	10	11	2	6			2			
68 Er Erbium	2	2	6	2	6	10	2	6	10	12	2	6			2			
69 Tm Thulium	2	2	6	2	6	10	2	6	10	13	2	6			2			
70 Yb Ytterbium	2	2	6	2	6	10	2	6	10	14	2	6			2			
71 Lu Lutetium	2	2	6	2	6	10	2	6	10	14	2	6	1		2			
72 Hf Hafnium	2	2	6	2	6	10	2	6	10	14	2	6	2		2			
73 Ta Tantal	2	2	6	2	6	10	2	6	10	14	2	6	3		2			
74 W Wolfram	2	2	6	2	6	10	2	6	10	14	2	6	4		2			
75 Re Rhenium	2	2	6	2	6	10	2	6	10	14	2	6	5		2			
76 Os Osmium	2	2	6	2	6	10	2	6	10	14	2	6	6		2			
77 Ir Iridium	2	2	6	2	6	10	2	6	10	14	2	6	7		2			
78 Pt Platin	2	2	6	2	6	10	2	6	10	14	2	6	9		(1)			
79 Au Gold	2	2	6	2	6	10	2	6	10	14	2	6	10		(1)			
80 Hg Quecksilber	2	2	6	2	6	10	2	6	10	14	2	6	10		2			
81 Tl Thallium	2	2	6	2	6	10	2	6	10	14	2	6	10		2	1		
82 Pb Blei	2	2	6	2	6	10	2	6	10	14	2	6	10		2	2		
83 Bi Bismut	2	2	6	2	6	10	2	6	10	14	2	6	10		2	3		
84 Po Polonium	2	2	6	2	6	10	2	6	10	14	2	6	10		2	4		

Energieniveau (Hauptschale)	K-Schale	L-Niveau		M-Niveau			N-Niveau				O-Niveau				P-Niveau			Q-Schale
Hauptquantenzahl	1	2		3			4				5				6			7
Energiestufen (Orbitale)	1s	2s	2p	3s	3p	3d	4s	4p	4d	4f	5s	5p	5d	5f	6s	6p	6d	7s
85 At Astat	2	2	6	2	6	10	2	6	10	14	2	6	10		2	5		
86 Rn Radon	2	2	6	2	6	10	2	6	10	14	2	6	10		2	6		
Radonkonfiguration [Rn]]	**$1s^2$**	**$2s^2$**	**$2p^6$**	**$3s^2$**	**$3p^4$**	**$3d^{10}$**	**$4s^2$**	**$4p^6$**	**$4d^{10}$**	**$4f^{14}$**	**$5s^2$**	**$5p^6$**	**$5d^{10}$**		**$6s^2$**	**$6p^6$**		
87 Fr Francium	2	2	6	2	6	10	2	6	10	14	2	6	10		2	6		1
88 Ra Radium	2	2	6	2	6	10	2	6	10	14	2	6	10		2	6		2
89 Ac Actinium	2	2	6	2	6	10	2	6	10	14	2	6	10		2	6	1	2
90 Th Thorium	2	2	6	2	6	10	2	6	10	14	2	6	10		2	6	2	2
91 Pa Protactinium	2	2	6	2	6	10	2	6	10	14	2	6	10	(2)	2	6	(1)	2
92 U Uran	2	2	6	2	6	10	2	6	10	14	2	6	10	(3)	2	6	(1)	2
93 Np Neptunium	2	2	6	2	6	10	2	6	10	14	2	6	10	(4)	2	6	(1)	2
94 Pu Plutonium	2	2	6	2	6	10	2	6	10	14	2	6	10	(6)	2	6		2
95 Am Americium	2	2	6	2	6	10	2	6	10	14	2	6	10	(7)	2	6		2
96 Cm Curium	2	2	6	2	6	10	2	6	10	14	2	6	10	7	2	6	(1)	2
97 Bk Berkelium	2	2	6	2	6	10	2	6	10	14	2	6	10	(9)	2	6		2
98 Cf Californium	2	2	6	2	6	10	2	6	10	14	2	6	10	(10)	2	6		2
99 Es Einsteinium	2	2	6	2	6	10	2	6	10	14	2	6	10	(11)	2	6		2
100 Fm Fermium	2	2	6	2	6	10	2	6	10	14	2	6	10	(12)	2	6		2
101 Md Mendelevium	2	2	6	2	6	10	2	6	10	14	2	6	10	(13)	2	6		2
102 No Nobelium	2	2	6	2	6	10	2	6	10	14	2	6	10	(14)	2	6		2
103 Lr Lawrencium*	2	2	6	2	6	10	2	6	10	14	2	6	10	14	2	6	1	2
104 Rf Rutherfordium	2	2	6	2	6	10	2	6	10	14	2	6	10	14	2	6	2	2
105 Db Dubnium	2	2	6	2	6	10	2	6	10	14	2	6	10	14	2	6	3	2
106 Sg Seaborgium	2	2	6	2	6	10	2	6	10	14	2	6	10	14	2	6	4	2
107 Bh Bohrium	2	2	6	2	6	10	2	6	10	14	2	6	10	14	2	6	5	2
108 Hs Hassium	2	2	6	2	6	10	2	6	10	14	2	6	10	14	2	6	6	2
109 Mt Meitnerium	2	2	6	2	6	10	2	6	10	14	2	6	10	14	2	6	7	2
110 Uun Ununnilium	2	2	6	2	6	10	2	6	10	14	2	6	10	14	2	6	10	1
111 Uuu Unununium	2	2	6	2	6	10	2	6	10	14	2	6	10	14	2	6	10	1
112 Uub Ununbium	2	2	6	2	6	10	2	6	10	14	2	6	10	14	2	6	10	2

* Siehe Eigenschaften Seite 350.

Die 1. bis 3. Ionisierungsenergie der chemischen Elemente

Element			Ionisierungsenergie EI / e V		
Protonenzahl	**Name**	**Symbol**	**1.**	**2..**	**3.**
2	Helium	He	24,587	54,416	–
10	Neon	Ne	21,564	40,962	63,449
9	Fluor	F	17,422	34,968	62,707
18	Argon	Ar	15,759	27,629	40,741
7	Stickstoff	N	14,534	29,601	47,447
36	Krypton	Kr	13,998	24,359	36,948
8	Sauerstoff	O	13,618	35,116	54,934
1	Wasserstoff	H	13,598	–	–
17	Chlor	Cl	12,967	23,806	39,653
54	Xenon	Xe	12,130	21,205	32,097
35	Brom	Br	11,814	21,806	36,274
6	Kohlenstoff	C	11,257	24,383	47,887
86	Radon	Rn	10,747	21,4	29,4
15	Phosphor	P	10,486	19,725	30,180
53	Iod	I	10,451	19,131	33,165
80	Quecksilber	Hg	10,437	18,756	34,202
16	Schwefel	S	10,360	23,329	34,834
33	Arsen	As	9,8148	18,635	28,356
34	Selen	Se	9,7516	21,184	30,823
85	Astat	At	9,6382	16,582	30,056
30	Zink	Zn	9,3941	17,964	39,722
4	Beryllium	Be	9,3215	18,211	153,89
79	Gold	Au	9,2254	20,521	30,056
77	Iridium	Ir	9,1205	17,411	26,946
78	Platin	Pt	9,0175	18,562	29,019
52	Tellur	Te	9,0085	18,603	27,962
48	Cadmium	Cd	8,9919	16,904	37,476
76	Osmium	Os	8,7065	16,582	24,874
51	Antimon	Sb	8,6406	16,753	25,319
84	Polonium	Po	8,4157	18,655	27,983
46	Palladium	Pd	8,3435	19,432	32,927
5	Bor	B	8,2976	25,154	37,933
14	Silicium	Si	8,1514	16,345	33,492
74	Wolfram	W	7,9804	17,619	23,837
32	Germanium	Ge	7,8985	15,934	34,222
73	Tantal	Ta	7,8871	15,546	21,765

Element			Ionisierungsenergie EI / e V		
Protonenzahl	**Name**	**Symbol**	**1.**	**2..**	**3.**
75	Rhenium	Re	7,8767	16,058	26,014
27	Cobalt	Co	7,8765	17,059	33,497
26	Eisen	Fe	7,8695	16,178	30,651
29	Kupfer	Cu	7,7254	20,293	36,834
12	Magnesium	Mg	7,6455	15,035	80,143
28	Nickel	Ni	7,6355	18,168	35,165
47	Silber	Ag	7,5762	21,484	34,834
45	Rhodium	Rh	7,4622	18,075	31,061
25	Mangan	Mn	7,4353	15,639	33,667
82	Blei	Pb	7,4155	15,032	31,937
44	Ruthenium	Ru	7,3689	16,758	28,470
50	Zinn	Sn	7,3442	14,632	30,502
83	Bismut	Bi	7,2885	19,305	25,558
43	Technetium	Tc	7,2756	15,256	29,538
42	Molybdän	Mo	7,0994	16,147	27,164
72	Hafnium	Hf	7,0035	14,924	23,319
90	Thorium	Th	6,9837	11,505	20,502
89	Actinium	Ac	6,8912	11,526	16,931
41	Niob	Nb	6,8818	14,323	25,039
40	Zirconium	Zr	6,8403	13,131	22,987
22	Titan	Ti	6,8192	13,577	27,485
24	Chrom	Cr	6,7647	16,499	30,957
23	Vanadium	V	6,7367	14,654	29,309
21	Scandium	Sc	6,5398	12,799	24,760
100	Fermium*	Fm	6,4983	n.bek.	n.bek.
99	Einsteinium*	Es	6,4154	n.bek.	n.bek.
39	Yttrium	Y	6,3843	12,240	20,521
98	Californium*	Cf	6,3014	n.bek.	n.bek.
70	Ytterbium	Yb	6,2537	12,188	25,229
69	Thulium	Tm	6,1843	12,053	23,682
64	Gadolinium	Gd	6,1425	12,105	20,624
20	Calcium	Ca	6,1131	11,871	50,908
81	Thallium	Ta	6,1075	20,427	29,828
68	Erbium	Er	6,1014	11,929	22,739
94	Plutonium*	Pu	6,0630	n.bek.	n.bek.
92	Uran	U	6,0527	14,717	n.bek.
96	Curium*	Cm	6,0215	n.bek.	n.bek.
67	Holmium	Ho	6,0185	11,804	22,842
31	Gallium	Ga	5,9988	20,511	30,709
95	Americium*	Am	5,9925	n.bek.	n.bek.
13	Aluminium	Al	5,9843	18,823	28,445
66	Dysprosium	Dy	5,9272	11,670	22,801
65	Terbium	Tb	5,8524	11,525	21,909
49	Indium	In	5,7863	18,869	28,024
102	Nobelium	No	5,6975	n.bek.	n.bek.
38	Strontium	Sr	5,6952	11,029	43,633

Element			Ionisierungsenergie EI / e V		
Protonenzahl	**Name**	**Symbol**	**1.**	**2..**	**3.**
63	Europium	Eu	5,6661	11,245	24,915
62	Samarium	Sm	5,6308	11,068	23,423
101	Mendelevium	Md	5,6245	n.bek.	n.bek.
57	Lanthan	La	5,5762	11,058	19,173
61	Promethium	Pm	5,5541	10,903	22,283
93	Neptunium*	Np	5,4934	n.bek.	n.bek.
97	Berkelium*	Bk	5,4932	n.bek.	n.bek.
60	Neodym	Nd	5,4888	10,727	22,075
58	Cer	Ce	5,4661	10,851	20,262
71	Lutetium	Lu	5,4256	13,887	20,956
59	Praseodym	Pr	5,4215	10,551	21,619
3	Lithium	Li	5,3921	75,639	122,451
91	Protactinium	Pa	5,3345	n.bek.	n.bek.
88	Radium	Ra	5,2784	10,146	34,202
56	Barium	Ba	5,2121	10,004	37,311
11	Natrium	Na	5,1385	47,286	71,637
19	Kalium	K	4,3395	31,625	45,716
103	Lawrencium*	Lr	4,3215	n.bek.	n.bek.
37	Rubidium	Rb	4,1762	27,278	40,420
87	Francium	Fr	3,9822	22,515	33,512
55	Caesium	Cs	3,8935	25,081	35,238

Ab Element Rutherfordium (104) sind die Ionisierungsenergien nicht bekannt.
* geschätzte Werte

Die Elektronegativität der chemischen Elemente

Element			Elektronegativität EN nach		
Protonenzahl	**Name**	**Symbol**	**Allred/ Rochow**	**Pauling**	**absolut in e V**
2	Helium	He	> 4,50	n.bek.	12,3
10	Neon	Ne	4,40	n.bek.	10,6
9	Fluor	F	4,10	4,00 (3,98)	10,41
18	Argon	Ar	3,50	n.bek.	7,70
8	Sauerstoff	O	3,50	3,44	7,54
7	Stickstoff	N	3,07	3,04	7,30
36	Krypton	Kr	3,00	n.bek.	6,80
17	Chlor	Cl	2,83	3,16	8,30
35	Brom	Br	2,74	2,96	7,59
54	Xenon	Xe	2,65	2,58	5,85
6	Kohlenstoff	C	2,50	2,55	6,27
34	Selen	Se	2,48	2,55	5,89
16	Schwefel	S	2,44	2,58	6,22
86	Radon	Rn	2,40	n.bek.	5,10
53	Iod	I	2,21	2,66	6,76
33	Arsen	As	2,20	2,18	5,30
1	Wasserstoff	H	2,18	2,20	7,18
15	Phosphor	P	2,06	2,19	5,62
32	Germanium	Ge	2,02	2,01	4,60
52	Tellur	Te	2,01	2,10	5,49
5	Bor	B	2,01	2,04	4,29
85	Astat	At	1,96	2,20	6,20
51	Antimon	Sb	1,82	2,05	4,85
31	Gallium	Ga	1,82	1,81	3,20
84	Polonium	Po	1,76	2,00	5,16
28	Nickel	Ni	1,75	1,91	4,40
29	Kupfer	Cu	1,75	1,90	4,48
14	Silicium	Si	1,74	1,90	4,77
50	Zinn	Sn	1,72	1,94	4,30
27	Cobalt	Co	1,70	1,88	4,30
83	Bismut	Bi	1,67	2,02	4,69
30	Zink	Zn	1,66	1,65	4,45
26	Eisen	Fe	1,64	1,83	4,06
25	Mangan	Mn	1,60	1,55	3,72
24	Chrom	Cr	1,56	1,66	3,72
82	Blei	Pb	1,55	2,33	3,90
77	Iridium	Ir	1,55	2,20	5,40
76	Osmium	Os	1,52	2,20	4,90
49	Indium	In	1,49	1,78	3,10
13	Aluminium	Al	1,47	1,61	3,23

Element			Elektronegativität EN nach		
Protonen-zahl	Name	Symbol	Allred/ Rochow	Pauling	absolut in e V
4	Beryllium	Be	1,47	1,57	4,90
48	Cadmium	Cd	1,46	1,69	4,33
75	Rhenium	Re	1,46	1,90	4,02
23	Vanadium	V	1,45	1,63	3,60
45	Rhodium	Rh	1,45	2,28	4,30
80	Quecksilber	Hg	1,44	2,00	4,91
78	Platin	Pt	1,44	2,28	5,60
81	Thallium	Tl	1,44	1,62 (2,04)	3,20
47	Silber	Ag	1,42	1,93	4,45
79	Gold	Au	1,42	2,54	5,77
44	Ruthenium	Ru	1,42	2,20	4,50
74	Wolfram	W	1,40	2,36	4,40
43	Technetium	Tc	1,36	1,90	3,91
46	Palladium	Pd	1,35	2,20	4,45
73	Tantal	Ta	1,33	1,50	4,11
22	Titan	Ti	1,32	1,54	3,45
42	Molybdän	Mo	1,30	2,16	3,90
12	Magnesium	Mg	1,23	1,31	3,75
41	Niob	Nb	1,23	1,60	4,00
72	Hafnium	Hf	1,23	1,30	3,80
40	Zirconium	Zr	1,22	1,34	3,64
92	Uran	U	1,22	1,38	n.bek.
93	Neptunium	Np	1,22	1,36	n.bek.
94	Plutonium	Pu	1,22	1,28	n.bek.
21	Scandium	Sc	1,20	1,36	3,34
95	Americium*	Am	1,20	1,30	n.bek.
96	Curium*	Cm	1,20	1,30	n.bek.
97	Berkelium*	Bk	1,20	1,30	n.bek.
98	Californium*	Cf	1,20	1,30	n.bek.
99	Einsteinium*	Es	1,20	1,30	≤3,5
100	Fermium*	Fm	1,20	1,30	n.bek.
101	Mendelevium*	Md	1,20	1,30	n.bek.
102	Nobelium*	No	1,20	1,30	n.bek.
103	Lawrencium*	Lr	1,20	1,30	n.bek.
104	Rutherfordium **	Rf	1,20	n.bek..	n.bek.
71	Lutetium	Lu	1,14	1,27	≤3,0
91	Protactinium	Pa	1,14	1,50	n.bek.
39	Yttrium	Y	1,11	1,22	3,19
64	Gadolinium	Gd	1,11	1,20	≤3,30
68	Erbium	Er	1,11	1,24	≤3,30
69	Thulium	Tm	1,11	1,25	≤3,40
90	Thorium	Th	1,11	1,30	n.bek.
65	Terbium	Tb	1,10	1,20	≤3,20
66	Dysprosium	Dy	1,10	1,22	n.bek.
67	Holmium	Ho	1,10	1,23	≤3,30
57	Lanthan	La	1,08	1,10	3,1

Element			Elektronegativität EN nach		
Protonen-zahl	**Name**	**Symbol**	**Allred/ Rochow**	**Pauling**	**absolut in e V**
59	Praseodym	Pr	1,07	1,13	≤3,0
60	Neodym	Nd	1,07	1,14	≤3,0
61	Promethium	Pm	1,07	1,20	≤3,0
62	Samarium	Sm	1,07	1,17	≤3,10
58	Cer	Ce	1,06	1,12	≤3,0
70	Ytterbium	Yb	1,06	1,10	≤3,50
20	Calcium	Ca	1,04	1,00	2,2
11	Natrium	Na	1,01	0,93	2,85
63	Europium	Eu	1,01	1,20	≤3,1
89	Actinium	Ac	1,00	1,10	n.bek.
38	Strontium	Sr	0,99	0,95	2,0
56	Barium	Ba	0,97	0,89	2,40
88	Radium	Ra	0,97	0,89	n.bek.
3	Lithium	Li	0,97	0,98	3,01
19	Kalium	K	0,91	0,82	2,42
37	Rubidium	Rb	0,89	0,82	2,34
55	Caesium	Cs	0,86	0,79	2,18
87	Francium	Fr	0,86	0,70	n.bek.

Ab Element 105 ist die Elektronegativität nicht bekannt.
* geschätzte Werte, ** extrapolierte (berechnete) Werte

Der Wirkungsquerschnitt σ (n, γ) bzw. Absorptionsquerschnitt σ_{abs} für thermische Neutronen (< 0,095 eV; < $4{,}4 \cdot 10^3$ m · s^{-1}) der chemischen Elemente ggf. einzelner Isotope in barn b; (1 b = 10^{-28} m^2).

Element			Wirkungsquerschnitt σ in b bzw. (· $10^{-28}m^2$)	
Protonenzahl	Name	Symbol		
54	Xenon	$^{135}_{54}$Xe	2650000	(schnelle Neutronen)
64	Gadolinium	$^{157}_{64}$Gd	254000	
64	Gadolinium	$^{155}_{64}$Gd	61000	
64	Gadolinium	Gd	48800	
62	Samarium	$^{149}_{62}$Sm	40100	
49	Indium	$^{115}_{49}$In	30000	(epitherm. Neutronen 1,5 eV)
48	Cadmium	$^{113}_{48}$Cd	20600	
62	Samarium	$^{151}_{62}$Sm	15200	
61	Promethium	$^{146}_{61}$Pm	8400	
100	Fermium	$^{257}_{100}$Fm (σ_{abs})	6100	
62	Samarium	Sm	5600	
63	Europium	Eu	4570	
98	Californium	$^{251}_{98}$Cf	2900	
48	Cadmium	Cd (σ_{abs})	2520	
66	Dysprosium	Dy	940	
89	Actinium	$^{227}_{89}$Ac	880	
5	Bor	B (σ_{abs})	760	
97	Berkelium	$^{249}_{97}$Bk	700	
94	Plutonium	$^{238}_{94}$Pu	510	
91	Protactinium	$^{232}_{91}$Pa	460	
77	Iridium	Ir	420	
80	Quecksilber	Hg	370	
94	Plutonium	$^{241}_{94}$Pu	370	
96	Curium	$^{245}_{96}$Cm	350	
94	Plutonium	$^{239}_{94}$Pu	270	
49	Indium	In	197	
99	Einsteinium	$^{253}_{99}$Es	180	
93	Neptunium	$^{237}_{93}$Np	180	
68	Erbium	Er	170	
45	Rhodium	Rh	145	

Element			Wirkungsquerschnitt σ in b bzw. (· $10^{-28}m^2$)
Protonenzahl	Name	Symbol	
72	Hafnium	Hf	106
69	Thulium	Tm	105
79	Gold	Au	98,7
75	Rhenium	Re	90
71	Lutetium	Lu	77
95	Americium	$^{243}_{95}$Am	75
3	Lithium	Li (σ_{abs})	71
67	Holmium	Ho	64
47	Silber	Ag	63
60	Neodym	Nd	51
70	Ytterbium	Yb	45
27	Cobalt	Co	37,19
17	Chlor	Cl	33,6
55	Caesium	Cs	29,0
21	Scandium	Cs	27,2
54	Xenon	Xe	24
36	Krypton	Kr	24
65	Terbium	Tb	23,1
43	Technetium	$^{99}_{43}$Tc	20
73	Tantal	Ta	20
74	Wolfram	W	18
76	Osmium	Os	16,0
25	Mangan	Mn	13,3
34	Selen	Se	11,7
88	Radium	$^{226}_{88}$Ra	13
59	Praseodym	Pr	11,5
78	Platin	Pt	10,0
57	Lanthan	La	9,0
90	Thorium	Th	7,40
46	Palladium	Pd	7,0
35	Brom	Br	6,80
53	Iod	I	6,15
22	Titan	Ti	6,10
23	Vanadium	V	5,04
51	Antimon	Sb	5,10
52	Tellur	Te	4,70
28	Nickel	Ni	4,50
33	Arsen	As	4,30
29	Kupfer	Cu	3,80
81	Thallium	Tl	3,30
92	Uran	U	3,40
6	Kohlenstoff	C	3,40
24	Chrom	Cr	3,10
31	Gallium	Ga	2,90
44	Ruthenium	Ru	2,60
26	Eisen	Fe	2,56
42	Molybdän	Mo	2,50

Element			Wirkungsquerschnitt σ in b bzw. (· $10^{-28}m^2$)
Protonenzahl	**Name**	**Symbol**	
32	Germanium	Ge	2,20
19	Kalium	K	2,10
7	Stickstoff	N (σ_{abs})	1,90
94	Plutonium	$^{244}_{94}Pu$	1,70
56	Barium	Ba	1,30
39	Yttrium	Y	1,25
38	Strontium	Sr	1,20
41	Niob	Nb	1,11
30	Zink	Zn	1,10
86	Radon	$^{222}_{86}Rn$	0,74
18	Argon	Ar	0,66
50	Zinn	Sn	0,61
58	Cer	Ce	0,64
11	Natrium	Na	0,525
16	Schwefel	S	0,54
20	Calcium	Ca	0,43
36	Krypton	Kr	0,404
44	Rubidium	Rb	0,40
1	Wasserstoff	H	0,332
13	Aluminium	Al	0,230
40	Zirconium	Zr	0,18
82	Blei	Pb	0,171
14	Silicium	Si	0,17
15	Phosphor	Ph	0,160
12	Magnesium	Mg	0,063
10	Neon	Ne	0,04
83	Bismut	Bi	0,034
84	Polonium	$^{210}_{84}Po$	< 0,03
9	Fluor	F	0,0095
4	Beryllium	Be	0,0092
2	Helium	He (σ_{abs})	< 0,05
6	Kohlenstoff	C	0,0035
5	Bor	B	0,0092
8	Sauerstoff	O	0,00028

Ab Element 100 sind keine Wirkungsquerschnitte bekannt.

Die Dichte der chemischen Elemente im festen bzw. flüssigen Zustand bei 20 °C (293,15 K); Gase bei 0 °C (273,15 K) und 1013,25 hPa (andere Temperaturen sind in Klammern angegeben)

Element			Dichte ρ in $kg \cdot m^{-3}$		
Proto-nen-zahl	**Name**	**Sym-bol**	**fest (bei 20 °C)**	**flüssig bei ($\vartheta_{schm.}$)**	**gasförmig bei ($\vartheta_{verd.}$)**
Feste und flüssige Elemente					
77	Iridium	Ir	22 650	20 006	
76	Osmium	Os	22 590	20 100	
78	Platin	Pt	21 450		
75	Rhenium	Re	21 040	18 910	
93	Neptunium (α)	Np	20 450		
94	Plutonium (α)	Pu	19 840	16 625	
79	Gold	Au	19 320	17 280	
74	Wolfram	W	19 250	17 710	
92	Uran	U	19 100	17 910	
104	Rutherfordium **	Rf	18 100		
73	Tantal	Ta	16 654	15 010	
91	Protactinium*	Pa	15 370		
98	Californium (hex.)*	Cf	15 100		
97	Berkelium*	Bk	14 790		
95	Americium*	Am	13 670		
100	Fermium**	Fm	13 600		
80	Quecksilber	Hg		(20 °C) 13 546	
96	Curium*	Cm	13 510		
99	Einsteinium**	Es	13 500		
72	Hafnium	Hf	13 310	12 008	
45	Rhodium	Rh	12 410	10 660	
44	Ruthenium	Ru	12 370	10 900	
46	Palladium	Pd	12 020	10 380	
81	Thallium	Tl	11 850	11 290	
90	Thorium	Th	11 724		
43	Technetium*	Tc	11 500		
82	Blei	Pb	11 342	10 678	
47	Silber	Ag	10 500	9 345	
42	Molybdän	Mo	10 280	9 330	

Element			Dichte ρ in kg · m^{-3}		
Protonenzahl	**Name**	**Symbol**	**fest (bei 20 °C)**	**flüssig bei ($\vartheta_{schm.}$)**	**gasförmig bei ($\vartheta_{verd.}$)**
89	Actinium	Ac	10070		
71	Lutetium	Lu	9842		
83	Bismut	Bi	9790	10050	
69	Thulium	Tm	9321		
84	Polonium (α)	Po	9196		
68	Erbium	Er	9062		
29	Kupfer	Cu	8954	7942	
28	Nickel	Ni	8902	7780	
27	Cobalt	Co	8890	7674	
67	Holmium	Ho	8795		
85	Astat	At	8750		
48	Cadmium	Cd	8650	7998	
41	Niob	Nb	8580	7830	
66	Dysprosium	Dy	8559		
65	Terbium	Tb	8253		
64	Gadolinium	Gd	7895		
26	Eisen	Fe	7874	7035	
62	Samarium	Sm	7536		
25	Mangan	Mn	7440	6432	
49	Indium	In	7310	7034	
50	Zinn (β)	Sn	7290	6975	
61	Promethium	Pm	7220		
24	Chrom	Cr	7190	6460	
30	Zink	Zn	7133	6578	
60	Neodym	Nd	7004		
70	Ytterbium	Yb	6965		
58	Cer (β)	Ce	6773		
51	Antimon (α)	Sb	6684	6484	
40	Zirconium	Zr	6508	5800	
59	Praseodym	Pr	6475		
52	Tellur	Te	6250	5796	
57	Lanthan	La	6162		
23	Vanadium	V	6110	5552	
31	Gallium	Ga	5904	6095	
33	Arsen (α)	As	5727		
88	Radium	Ra	5500		
32	Germanium	Ge	5323	5490	
63	Europium	Eu	5243		
53	Iod	I	4940	3960	
34	Selen (grau)	Se	4790	3986	
22	Titan (α)	Ti	4540	4112	
39	Yttrium	Y	4472		
35	Brom	Br	(–150 °C) 4050	(20 °C) 3122,6	7,59
56	Barium	Ba	3620	3325	
6	Kohlenstoff (D)	C	3514		

Element			**Dichte** ρ in kg · m^{-3}		
Protonenzahl	**Name**	**Symbol**	**fest (bei 20 °C)**	**flüssig bei ($\vartheta_{schm.}$)**	**gasförmig bei ($\vartheta_{verd.}$)**
21	Scandium	Sc	2989		
13	Aluminium	Al	2702	2392	
38	Strontium	Sr	2670	2376	
87	Francium*	Fr	2500		
5	Bor (β, rhomb.)	B	2350		
14	Silicium	Si	2330	2525	
6	Kohlenstoff (G)	C	2230		
16	Schwefel	S	(α) 2070 (β) 1958	1820	
55	Caesium	Cs	1878	1843	
4	Beryllium	Be	1847,7		
15	Phosphor (P_4)	P	1823,2		
12	Magnesium	Mg	1738	1586	
20	Calcium	Ca	1540	1364	
37	Rubidium	Rb	1530	1475	
11	Natrium	Na	971	928	
19	Kalium	K	862	828	
3	Lithium	Li	534	516	

Element			**Dichte ρ in kg · m^{-3}**		
Protonenzahl	**Name**	**Symbol**	**gasförmig (bei 0 °C; 1013,25 kPa)**	**flüssig (beim $\vartheta_{verd.}$)**	**fest (beim $\vartheta_{schm.}$)**
Gase					
86	Radon	Rn	9,73	4400	ca. 4000
54	Xenon	Xe	5,8971	2939	3540
36	Krypton	Kr	3,7493	2413	2823
17	Chlor	Cl	3,214	1507	(−160,15 °C) 2030
18	Argon	Ar	1,78403	1380	(−233,15 °C) 1656
9	Fluor	F	1,696	1513	n. bek.
8	Sauerstoff	O	1,42895	1140	2000
7	Stickstoff	N	1,2506	880	(−252,15 °C) 1026
10	Neon	Ne	0,89994	1207,3	1444
2	Helium	He	0,17847	124,8	n. bek.
1	Wasserstoff	H	0,089888	70,8	(−262,15 °C) 76,0

*geschätzte Werte; **extrapolierte (berechnete) Werte

Die Härte der chemischen Elemente nach Mohs und Brinell

Element			Härte	
Protonenzahl	**Name**	**Symbol**	**Mohs H_M**	**Brinell H_B / (· 10^7 Pa))**
6	Diamant	C	10	
5	Bor (β; rhomb.)	B	ca. 10	
	Hartmetall**		(9,0–10)	160,5
24	Chrom	Cr	9,0	68,8
75	Rhenium	Re	(7–8)	
40	Zirconium	Zr	(7–8)	33,4
76	Osmium	Os	7,5	348,7
77	Iridium	Ir	7,0	212
14	Silicium	Si	7,0	
44	Ruthenium	Ru	6,5	179,5
74	Wolfram	W	(4,5–8)	(196 . . . 245)
4	Beryllium	Be	(6–7)	
73	Tantal	Ta	6,5	(44,2 . . . 122,4)
32	Germanium	Ge	6,0	
25	Mangan	Mn	6,0	
45	Rhodium	Rh	6,0	54
	Eisen (Stahl**)	(Fe + C)	(5,0–8,5)	(11 . . . 41)
27	Cobalt	Co	5,5	129,1
43	Technetium*	Tc	5,5	
42	Molybdän	Mo	5,5	134
23	Vanadium	V	5,0	74,2
46	Palladium	Pd	5,0	31
26	Eisen	Fe	4,5	
78	Platin	Pt	4,3	29,9
41	Niob	Nb	4,0	73,5
28	Nickel	Ni	3,8	(90 . . . 120)
22	Titan	Ti	(3,0–4,0)	102,8
33	Arsen (α)	As	(3,0–4,0)	
51	Antimon (grau)	Sb	(3–3,5)	
13	Aluminium	Al	2,75	18,4
47	Silber	Ag	2,7	20,6
90	Thorium*	Th	(2,5–3,0)	
92	Uran*	U	(2,5–3,0)	
29	Kupfer	Cu	(2,5–3,0)	52
57	Lanthan	La		40
79	· Gold	Au	(2,5–3,0)	18,9
72	Hafnium	Hf	(2,0–3,0)	
60	Neodym*	Nd	(2,0–3,0)	

Element			Härte	
Protonenzahl	**Name**	**Symbol**	**Mohs H_M**	**Brinell H_B / (· 10^7 Pa))**
30	Zink	Zn	2,5	(4,8 . . . 5,2)
83	Bismut	Bi	2,5	7
21	Scandium	Sc	2,5	
52	Tellur	Te	2,3	
12	Magnesium	Mg	2,0	4,4
48	Cadmium	Cd	2,0	19,6
34	Selen	Se	2,0	
16	Schwefel (α)	S	2,0	
15	Phosphor (weiß)	P	(1,5–2,0)	
50	Zinn	Sn	1,8	(29,4 . . . 44,1)
38	Strontium	Sr	1,5	
63	Europium	Eu	1,5	
20	Calcium	Ca	1,5	41,6
31	Gallium	Ga	1,5	
58	Cer	Ce	1,5	
64	Gadolinium	Gd	1,5	
81	Thallium	Tl	1,3	102,8
56	Barium	Ba	1,2	
82	Blei	Pb	1,2	(3,75 . . . 4,2)
49	Indium	In	1,2	0,98
65	Terbium*	Tb	< 1,0	
69	Thulium*	Tm	1,0	
6	Graphit	C	(0,6–1,0)	
3	Lithium	Li	0,6	
19	Kalium	K	0,5	
11	Natrium	Na	0,4	
37	Rubidium	Rb	0,3	
55	Caesium	Cs	0,2	

* geschätze Werte; ** keine Elemente, nur zum Vergleich angegeben.

Die Schallgeschwindigkeit in chemischen Elementen

Element			Schallgeschwindigkeit (bei 18 °C) c in $m \cdot s^{-1}$		
Protonen-zahl	**Name**	**Sym-bol**		**weitere Angaben**	**berechnete Werte**
6	Kohlenstoff	C	18350		
5	Bor	B	16200		
4	Beryllium	Be	13010		12462
42	Molybdän	Mo	6192		5670
22	Titan	Ti	6070	4140	5066
3	Lithium	Li	6000		3026
44	Ruthenium	Ru	5970		5964
24	Chrom	Cr	5942		6242
32	Germanium	Ge	5410		
13	Aluminium	Al	5200	5100	5070
74	Wolfram	W	5174		4552
25	Mangan	Mn	5150		4878
26	Eisen	Fe	5000		5164
	(Stahl)**		(5950)		
21	Scandium	Sc	–		4990
28	Nickel	Ni	4974		4860
76	Osmium	Os	4938		4956
77	Iridium	Ir	4900		4828
27	Cobalt	Co	4720		4811
75	Rhenium	Re	4710		4690
45	Rhodium	Rh	4700		4700
12	Magnesium	Mg	4604		5070
23	Vanadium	V	4560		4612
20	Calcium	Ca	3814		4142
40	Zirconium	Zr	3810		3282
47	Silber	Ag	3650	2650	2810
29	Kupfer	Cu	3500	3540	3677
41	Niob	Nb	3480		3498
51	Antimon	Sb	3420		3150
73	Tantal	Ta	3400		3325
34	Selen	Se	3352		1460
39	Yttrium	Y	3305		3770
11	Natrium	Na	3204		3210
92	Uran	U	3155		3137
46	Palladium	Pd	3070		3160
72	Hafnium	Hf	3010		2425

Element			Schallgeschwindigkeit (bei 18 °C) c in $m \cdot s^{-1}$		
Protonen-zahl	**Name**	**Sym-bol**		**weitere Angaben**	**berechnete Werte**
69	Thulium	Tm	–		2818
68	Erbium	Er	2832		2776
67	Holmium	Ho	2750		2714
66	Dysprosium	Dy	2710		2680
31	Gallium	Ga	2745		–
76	Platin	Pt	2682		2710
30	Zink	Zn	2680	3700	3332
64	Gadolinium	Gd	2678		2633
65	Terbium	Tb	2620		2608
52	Tellur	Te	2610		2616
90	Thorium	Th	2492		2598
50	Zinn	Sn	2490		2612
57	Lanthan	La	2475		2440
60	Neodym	Nd	2330		2450
48	Cadmium	Cd	2310		2402
59	Praseodym	Pr	2280		2350
94	Plutonium	Pu	2260		2200
14	Silicium	Si	2206		4460
62	Samarium	Sm	2130		2570
58	Cer	Ce	2100		2240
19	Kalium	K	2010		–
63	Europium	Eu	–		1863
83	Bismut	Bi	1792		1807
79	Gold	Au	1740		2010
56	Barium	Ba	1622		1872
70	Ytterbium	Yb	1590		1850
80	Quecksilber	Hg	1460		–
37	Rubidium	Rb	1300		1240
1	Wasserstoff*	H	1284	(1300)	
49	Indium	In	1218		1198
82	Blei	Pb	1200		1192
36	Krypton*	Kr	1120		
54	Xenon*	Xe	1090		
2	Helium*	He	965	(1020)	
10	Neon*	Ne	435	(453)	
81	Thallium	Tl	818		820
7	Stickstoff*	N	334	(348)	
18	Argon*	Ar	319	(321)	
8	Sauerstoff	O	316	(324)	
17	Chlor*	Cl	206		

* Gase bei 0 °C (in Klammer bei 20 °C); ** Kein Element

Die Schmelztemperatur der chemischen Elemente in Grad Celsius (°C) und Kelvin (K).

Element			Schmelztemperatur $\vartheta_{schm.}$	
Protonenzahl	**Name**	**Symbol**	**°C**	**K**
6	Kohlenstoff (Graphit bei 12,7 MPa)	C	3750	4023,15
6	Kohlenstoff (D)	C	3547,10	3820,25
74	Wolfram	W	(3410 ± 20)	(3683,15 ± 20)
75	Rhenium	Re	3180	3453,15
76	Osmium	Os	(3054 ± 30)	(3327,15 ± 30)
73	Tantal	Ta	2996	3269,15
42	Molybdän	Mo	2617	2890,15
41	Niob	Nb	2468	2741,15
77	Iridium	Ir	2410	2683,15
44	Ruthenium	Ru	2310	2583,15
72	Hafnium	Hf	(2227 ± 20)	(2500,15 ± 20)
5	Bor (β, rhomb.)	B	2180	2453,15
43	Technetium	Tc	2172	2445,15
104	Rutherfordium**	Rf	2100	2373,15
45	Rhodium	Rh	1966	2239,15
24	Chrom	Cr	1890	2163,15
23	Vanadium	V	(1890 ± 10)	(2163,15 ±10)
40	Zirconium	Zr	1852	2125,15
91	Protactinium	Pa	1845	2118,15
78	Platin	Pt	1772	2045,15
90	Thorium	Th	1750	2023,15
71	Lutetium	Lu	1663	1936,15
22	Titan	Ti	1668	1941,15
46	Palladium	Pd	1554	1827,15
69	Thulium	Tm	1545	1818,15
21	Scandium	Sc	1541	1814,15
26	Eisen	Fe	1535	1808,15
39	Yttrium	Y	1522	1795,15
68	Erbium	Er	1497	1770,15
27	Cobalt	Co	1495	1768,15
67	Holmium	Ho	1474	1747,15
28	Nickel	Ni	1453	1726,15
14	Silicium	Si	1412	1685,15
66	Dysprosium	Dy	1407	1680,15
65	Terbium	Tb	1356	1629,15
96	Curium	Cm	(1340 ± 40)	(1613,15 ± 40)

Element			Schmelztemperatur $\vartheta_{schm.}$	
Protonenzahl	Name	Symbol	°C	K
64	Gadolinium	Gd	1312	1585,15
4	Beryllium	Be	(1278 ± 5)	(1551,15 ± 5)
25	Mangan	Mn	(1244 ± 3)	(1517,15 ± 3)
61	Promethium	Pm	1168	1441,15
92	Uran	U	1132,30	1405,45
29	Kupfer	Cu	1083,40	1356,55
62	Samarium	Sm	(1074 ± 2)	(1347,15 ± 2)
79	Gold	Au	1064,43	1337,58
89	Actinium	Ac	(1050 ± 50)	(1323,15 ± 50)
60	Neodym	Nd	1024	1297,15
95	Americium**	Am	994	1267,15
97	Berkelium	Bk	986	1259,15
47	Silber	Ag	961,93	1235,08
98	Californium**	Cf	950	1223,15
32	Germanium	Ge	937,40	1210,55
59	Praseodym	Pr	931	1204,15
57	Lanthan	La	920	1193,15
100	Fermium**	Fm	900	1173,15
99	Einsteinium**	Es	(860 ± 30)	(1133,15 ± 30)
20	Calcium	Ca	(839 ± 2)	(1112,15 ± 2)
63	Europium	Eu	826	1099,15
70	Ytterbium	Yb	819	1092,15
33	Arsen (α; bei 2,75 MPa)	As	817	1090,15
58	Cer	Ce	798	1071,15
38	Strontium	Sr	769	1042,15
56	Barium	Ba	725	998,15
88	Radium	Ra	700	973,15
13	Aluminium	Al	660,37	933,52
12	Magnesium	Mg	648,80	921,95
94	Plutonium	Pu	640,70	913,85
51	Antimon (α)	Sb	630,50	903,65
93	Neptunium	Np	630	903,15
52	Tellur	Te	449,50	722,65
30	Zink	Zn	419,58	692,73
82	Blei	Pb	327,502	600,652
48	Cadmium	Cd	320,9	594,05
81	Thallium	Tl	303,10	576,25
85	Astat*	At	302	575,15
83	Bismut	Bi	271,3	544,45
84	Polonium	Po	254	527,15
50	Zinn (β)	Sn	231,9681	505,1131
34	Selen (grau)	Se	217	490,15
3	Lithium	Li	180,54	453,69
49	Indium	In	156,61	429,76
53	Iod	I	113,60	386,75
16	Schwefel (α)	S	112,8	385,95

Element			Schmelztemperatur $\vartheta_{schm.}$	
Protonenzahl	Name	Symbol	°C	K
11	Natrium	Na	97,81	370,96
19	Kalium	K	63,25	336,40
15	Phosphor (P_4)	P	44,10	317,25
37	Rubidium	Rb	38,89	312,04
87	Francium**	Fr	27	300,15
31	Gallium	Ga	29,78	302,93
55	Caesium	Cs	28,40	301,55
35	Brom	Br	–7,25	265,90
80	Quecksilber	Hg	–38,89	234,26
86	Radon	Rn	–71,1	202,05
17	Chlor	Cl	–100,98	172,17
54	Xenon	Xe	–111,80	161,30
36	Krypton	Kr	–157,20	115,95
18	Argon	Ar	–189,37	83,78
7	Stickstoff	N	–209,86	63,29
8	Sauerstoff	O	–218,80	54,35
9	Fluor	F	–219,62	53,53
10	Neon	Ne	–248,61	24,55
1	Wasserstoff	H	–259,14	14,01
4	Helium (bei 3 MPa)	He	–271,4	1,75
Ab Element 101 ist die Schmelztemperatur nicht bekannt.				

*geschätzte Werte; **extrapolierte (berechnete) Werte

Die Siedetemperatur der chemischen Elemente in Grad Celsius (°C) und Kelvin (K); (bei 1030,25 hPa)

Element			Siedetemperatur $\vartheta_{verd.}$	
Protonenzahl	Name	Symbol	°C	K
74	Wolfram	W	5657	5930,15
75	Rhenium	Re	5630	5903,15
42	Molybdän	Mo	5560	5833,15
104	Rutherfordium**	Rf	5500	5773,15
73	Tantal	Ta	(5425 ± 100)	(5698,15 ± 100)
76	Osmium	Os	5027	5300,15
41	Niob	Nb	4928	5201,15
43	Technetium	Tc	4877	5150,15
6	Kohlenstoff	C	4830	5103,15
90	Thorium	Th	4788	5061,15
72	Hafnium	Hf	4602	4875,15
40	Zirconium	Zr	4377	4650,15
77	Iridium	Ir	4130	4403,15
91	Protactinium*	Pa	4027	4300,15
93	Neptunium	Np	3902	4175,15
44	Ruthenium	Ru	3900	4173,15
78	Platin	Pt	3827	4100,15
92	Uran	U	3818	4091,15
45	Rhodium	Rh	3730	4003,15
6	Kohlenstoff (D)	C	subl. 3652	3925,15
5	Bor	B	3650	3923,15
57	Lanthan	La	3469	3742,15
58	Cer	Ce	3443	3716,15
71	Lutetium	Lu	3395	3668,15
23	Vanadium	V	3378	3651,15
6	Kohlenstoff (G)	C	subl. 3370	3643,15
39	Yttrium	Y	3338	3611,15
64	Gadolinium	Gd	3273	3546,15
22	Titan	Ti	3262	3535,15
59	Praseodym	Pr	3250	3523,15
94	Plutonium	Pu	3232	3505,15
65	Terbium	Tb	3230	3503,15
89	Actinium**	Ac	(3200 ± 300)	(3473,15 ± 300)
46	Palladium	Pd	3140	3413,15
96	Curium*	Cm	3110	3383,15
60	Neodym	Nd	3074	3347,15

Element			Siedetemperatur $\vartheta_{verd.}$	
Protonenzahl	**Name**	**Symbol**	**°C**	**K**
4	Beryllium	Be	2970	3243,15
97	Berkelium	Bk	2950	3223,15
27	Cobalt	Co	2870	3143,15
68	Erbium	Er	2863	3136,15
21	Scandium	Sc	2836	3109,15
32	Germanium	Ge	2830	3103,15
79	Gold	Au	2808	3081,15
26	Eisen	Fe	2750	3023,15
28	Nickel	Ni	2732	3005,15
61	Promethium*	Pm	2730	3003,15
67	Holmium	Ho	2700	2973,15
24	Chrom	Cr	2640	2913,15
95	Americium	Am	2607	2880,15
29	Kupfer	Cu	2595	2868,15
66	Dysprosium	Dy	2562	2835,15
13	Aluminium	Al	2467	2740,15
31	Gallium	Ga	2403	2676,15
14	Silicium	Si	2355	2628,15
50	Zinn	Sn	2270	2543,15
47	Silber	Ag	2163	2436,15
49	Indium	In	2080	2353,15
25	Mangan	Mn	2032	2305,15
69	Thulium	Tm	1947	2220,15
62	Samarium	Sm	1794	2067,15
82	Blei	Pb	1740	2013,15
56	Barium	Ba	1696	1969,15
51	Antimon	Sb	1635	1908,15
83	Bismut	Bi	(1560 ± 5)	(1833,15 ± 5)
20	Calcium	Ca	1484	1757,15
81	Thallium	Tl	1457	1730,15
63	Europium	Eu	1439	1712,15
38	Strontium	Sr	1384	1657,15
3	Lithium	Li	1342	1615,15
70	Ytterbium	Yb	1196	1469,15
88	Radium	Ra	1140	1413,15
12	Magnesium	Mg	1107	1380,15
52	Tellur	Te	990	1263,15
84	Polonium	Po	962	1235,15
30	Zink	Zn	907	1180,15
11	Natrium	Na	882,90	1156,05
19	Kalium	K	760	1033,10
48	Cadmium	Cd	765	1038,15
37	Rubidium	Rb	688	961,15
34	Selen (grau)	Se	685	958,15
55	Caesium	Cs	678,45	951,60
87	Francium*	Fr	677	950,15

Element			**Siedetemperatur $\vartheta_{verd.}$**	
Protonenzahl	**Name**	**Symbol**	**°C**	**K**
33	Arsen	As	subl. 615	888,15
16	Schwefel	S	(β) 444,67	717,824
85	Astat*	At	370	643,15
80	Quecksilber	Hg	356,58	629,73
15	Phosphor (α, P_4)	P	280,5	553,65
53	Iod	I	184,35	457,50
35	Brom	Br	58,78	331,93
17	Chlor	Cl	−34,06	239,09
86	Radon	Rn	−61,8	211,35
54	Xenon	Xe	−108,10	165,05
36	Krypton	Kr	−153,35	119,80
8	Sauerstoff	O	−182,962	90,188
18	Argon	Ar	−185,86	87,29
9	Fluor	F	−188,14	85,01
7	Stickstoff	N	−195,82	77,33
10	Neon	Ne	−246,06	27,09
1	Wasserstoff	H	−252,76	20,39
2	Helium	He	−268,935	4,215
Ab Element 98 ist die Siedetemperatur nicht bekannt				

*) geschätzte Werte, **) extrapolierte (berechnete) Werte

Die thermische Leitfähigkeit der chemischen Elemente bei 27 °C (300,15 K)

Element			Thermische Leitfähigkeit λ in $W \cdot m^{-1} \cdot K^{-1}$	Leitfähigkeit bezogen auf Silber in %
Protonenzahl	**Name**	**Symbol**		
6	Kohlenstoff	C (Diamant)	990–2320	
47	Silber	Ag	429	100
29	Kupfer	Cu	401	93,47
79	Gold	Au	317	73,89
13	Aluminium	Al	237	55,24
20	Calcium	Ca	201	46,85
4	Beryllium	Be	200	46,62
74	Wolfram	W	174	40,56
12	Magnesium	Mg	156	36,36
45	Rhodium	Rh	150	34,96
14	Silicium	Si	148	34,50
77	Iridium	Ir	147	34,26
11	Natrium	Na	141	32,87
42	Molybdän	Mo	138	32,17
44	Ruthenium	Ru	117	27,27
30	Zink	Zn	116	27,04
19	Kalium	K	102,4	23,87
27	Cobalt	Co	100	23,31
48	Cadmium	Cd	96,8	22,56
24	Chrom	Cr	93,7	21,84
28	Nickel	Ni	90,7	21,14
76	Osmium	Os	87,6	20,42
3	Lithium	Li	84,7	19,74
49	Indium	In	81,6	19,02
26	Eisen	Fe	80,2	18,69
46	Palladium	Pd	71,8	16,74
78	Platin	Pt	71,6	16,69
50	Zinn	Sn	66,6	15,52
32	Germanium	Ge	59,9	13,96
37	Rubidium	Rb	58,2	13,56
73	Tantal	Ta	57,5	13,40
90	Thorium	Th	54,0	12,58
41	Niob	Nb	53,7	12,52
43	Technetium	Tc	50,6	11,79
33	Arsen (α)	As	50,0	11,65
75	Rhenium	Re	47,9	11,16
91	Protactinium*	Pa	47,0	10,95
81	Thallium	Tl	46,1	10,75

Element			Thermische Leitfähigkeit λ in $W \cdot m^{-1} \cdot K^{-1}$	Leitfähigkeit bezogen auf Silber in %
Protonenzahl	Name	Symbol		
31	Gallium	Ga	40,6	9,46
70	Ytterbium	Yb	38,5	8,97
55	Caesium	Cs	35,9	8,37
82	Blei	Pb	35,3	8,23
38	Strontium	Sr	35,3	8,23
23	Vanadium	V	30,7	7,16
92	Uran	U	27,6	6,43
5	Bor	B	27,1	6,32
51	Antimon	Sb	24,3	5,66
72	Hafnium	Hf	23,0	5,36
40	Zirconium	Zr	22,7	5,29
22	Titan	Ti	21,9	5,11
84	Polonium	Po	20,1	4,68
88	Radium*	Ra	18,5	4,31
56	Barium	Ba	18,4	4,29
39	Yttrium	Y	17,2	4,00
69	Thulium	Tm	16,8	3,92
60	Neodym	Nd	16,5	3,85
71	Lutetium	Lu	16,4	3,82
67	Holmium	Ho	16,2	3,77
21	Scandium	Sc	15,8	3,68
61	Promethium*	Pm	15,1	3,52
87	Francium*	Fr	15,0	3,50
68	Erbium	Er	14,5	3,38
63	Europium	Eu	14,0	3,26
57	Lanthan	La	13,4	3,12
62	Samarium	Sm	13,3	3,10
59	Praseodym	Pr	12,5	2,91
89	Actinium	Ac	12,0	2,80
58	Cer	Ce	11,3	2,63
65	Terbium	Tb	11,1	2,58
66	Dysprosium	Dy	10,7	2,49
64	Gadolinium	Gd	10,6	2,47
95	Americium*	Am	10,0	2,33
96	Curium*	Cm	10,0	2,33
97	Berkelium*	Bk	10,0	2,33
98	Californium	Cf	10,0	2,33
99	Einsteinium*	Es	10,0	2,33
100	Fermium*	Fm	10,0	2,33
101	Mendelevium*	Md	10,0	2,33
102	Nobelium*	No	10,0	2,33
103	Lawrencium*	Lr	10,0	2,33
80	Quecksilber	Hg	8,34	1,94
83	Bismut	Bi	7,87	1,84
25	Mangan	Mn	7,82	1,82
94	Plutonium	Pu	6,74	1,57

Element			Thermische Leitfähigkeit λ in $W \cdot m^{-1} \cdot K^{-1}$	Leitfähigkeit bezogen auf Silber in %
Protonenzahl	**Name**	**Symbol**		
93	Neptunium	Np	6,30	1,47
52	Tellur	Te	2,35	0,55
34	Selen	Se	2,04	0,47
85	Astat	At	1,70	0,40
53	Iod	I	0,449	
16	Schwefel (α)	S	0,269	
8	Sauerstoff	O	0,2674	
15	Phosphor (P_4)	P	0,235	
1	Wasserstoff	H	0,1815	
2	Helium	He	0,152	
35	Brom	Br	0,122	
10	Neon	Ne	0,0493	
7	Stickstoff	N	0,02598	
9	Fluor	F (0 °C)	0,0248	
18	Argon	Ar (0 °C)	0,0165	
36	Krypton	Kr	0,00949	
17	Chlor	Cl	0,0089	
54	Xenon	Xe	0,00569	
86	Radon	Rn	0,00364	
Ab Rutherfordium (104) ist die thermische Leitfähigkeit nicht bekannt.				

* geschätzte Werte

Die elektrische Leitfähigkeit und der spezifische elektrische Widerstand der chemischen Elemente bei 20 °C (293,15 K; abweichende Temperaturen sind in Klammern angegeben).

Element			Elektrische Leitfähigkeit $\varkappa$ in $\cdot$ m^{-1} $\cdot$ m^{-1}	Spezifischer elektrischer Widerstand ρ in $\cdot$ $10^{-8}\Omega \cdot m$	Leitfähigkeit bezogen auf Silber in %	Supraleitfähigkeit Sprungtemperatur T_c / K
Protonenzahl	**Name**	**Symbol**				
47	Silber	Ag	62,89	1,590	100	
29	Kupfer	Cu	59,77	1,673	95,04	
79	Gold	Au	42,55	2,350	67,66	
13	Aluminium	Al	37,66	2,6548	59,88	1,175
20	Calcium	Ca	29,15	3,43	46,35	
4	Beryllium	Be	23,81	4,20	37,86	0,026
11	Natrium	Na	21,50	4,65	34,18	
12	Magnesium	Mg	22,62	4,42	35,97	
45	Rhodium	Rh	22,17	4,51	35,25	
42	Molybdän	Mo	19,20	5,20	30,53	0,915
77	Iridium	Ir	18,83	5,31	29,94	0,1125
74	Wolfram	W	17,69	5,65	28,12	0,015
30	Zink	Zn	16,90	5,916	26,87	0,825
27	Cobalt	Co	16,02	6,24	25,47	
28	Nickel	Ni	14,60	6,85	23,22	
48	Cadmium	Cd	13,30	7,50	21,14	0,517
19	Kalium	K	13,14	7,61	20,9	
44	Ruthenium	Ru	13,12	7,62	20,86	0,493
76	Osmium	Os	12,31	8,12	19,57	0,655
49	Indium	In	11,94	8,37	18,98	3,408
3	Lithium	Li	11,69	8,55	18,59	
26	Eisen	Fe	10,29	9,71	16,36	
78	Platin	Pt	9,48	10,54	16,78	
46	Palladium	Pd	9,24	10,82	14,69	
50	Zinn (β)	Sn	9,09	11,00	14,46	3,721
73	Tantal	Ta	8,03	12,45	12,77	4,47
37	Rubidium	Rb	8,00	12,50	12,72	
41	Niob	Nb	7,81	12,80	12,42	9,46
24	Chrom	Cr	7,84	12,75	12,47	
90	Thorium	Th	6,49	15,40	10,32	1,37
91	Protactinium	Pa	5,65	17,70	8,98	1,40
81	Thallium	Tl	5,52	18,10	8,77	2,39

Element			**Elektrische Leitfähigkeit** $\varkappa$ **in · m^{-1} · m^{-1}**	**Spezifischer elektrischer Widerstand** ρ **in · $10^{-8}\Omega$ · m**	**Leitfähigkeit bezogen auf Silber in %**	**Supraleitfähigkeit Sprungtemperatur T_c / K**
Protonenzahl	**Name**	**Symbol**				
75	Rhenium	Re	5,17	19,32	8,22	1,697
55	Caesium	Cs	5,00	20,00	7,95	
82	Blei	Pb	4,84	20,648	7,69	7,196
43	Technetium	Tc (100 °C)	4,42	22,62	7,03	7,81
38	Strontium	Sr	4,329	23,10	6,88	
23	Vanadium	V	4,02	24,85	6,39	5,40
70	Ytterbium	Yb	3,98	25,12	6,33	
31	Gallium	Ga	3,68	27,12	5,85	1,083
92	Uran	U	3,24	30,86	5,15	1,25
33	Arsen (α)	As	2,98	33,55	4,74	
72	Hafnium	Hf	2,85	35,10	4,53	0,128
51	Antimon (α)	Sb	2,39	41,80	3,80	
40	Zirconium	Zr	2,37	42,12	3,77	0,61
22	Titan	Ti	2,37	42,12	3,77	0,39
56	Barium	Ba	2,00	50,00	3,18	5,2 (> 14,46 Pa)
57	Lanthan	La	1,75	57,10	2,78	4,88
39	Yttrium	Y	1,54	59,60	2,45	
21	Scandium	Sc	1,64	61,10	2,61	
60	Neodym	Nd	1,56	64,30	2,48	
69	Thulium	Tm	1,479	67,60	2,35	
95	Americium	Am	1,47	68,03	2,34	0,79
59	Praseodym	Pr	1,47	68,03	2,34	
58	Cer	Ce	1,36	73,50	2,16	
61	Promethium*	Pm	1,33	75,0	2,11	
71	Lutetium	Lu	1,26	79,30	2,00	0,13
68	Erbium	Er	1,15	86,96	1,83	
67	Holmium	Ho	1,15	86,96	1,83	
63	Europium	Eu	1,11	90,06	1,76	
66	Dysprosium	Dy	1,08	92,60	1,72	
62	Samarium	Sm	1,06	94,10	1,68	
80	Quecksilber	Hg	1,043	95,80	1,66	4,154
88	Radium (0 °C)	Ra	1,00	100	1,59	
65	Terbium	Tb	0,875	114,20	1,39	
83	Bismut	Bi	0,856	116,80	1,36	
93	Neptunium	Np	0,82	122,10	1,30	
64	Gadolinium	Gd	0,74	134,20	1,18	1,083; 7,85 u.a.
84	Polonium	Po	0,71	140,50	1,13	
94	Plutonium	Pu	0,68	146,10	1,08	
25	Mangan	Mn	0,54	185,20	0,86	

Element			Elektrische Leitfähigkeit $\varkappa$ in $\cdot$ m^{-1} $\cdot$ m^{-1}	Spezifischer elektrischer Widerstand ρ in $\cdot$ $10^{-8}\Omega \cdot m$	Leitfähigkeit bezogen auf Silber in %	Supraleitfähigkeit Sprungtemperatur T_c / K
Protonenzahl	Name	Symbol				
6	Kohlenstoff (G)	C	$0{,}727 \cdot 10^{5}$	$1{,}375 \cdot 10^{-5}$		
52	Tellur	Te	229,35	$4{,}36 \cdot 10^{-3}$		
34	Selen	Se	100	0,01		
32	Germanium	Ge	2,1645	0,462	0,00034	
5	Bor	B	$0{,}55 \cdot 10^{-4}$	$1{,}8 \cdot 10^{4}$		
53	Iod	I	$0{,}73 \cdot 10^{-7}$	$1{,}37 \cdot 10^{7}$		
15	Phosphor (P_4)	P	$1 \cdot 10^{-9}$	$1 \cdot 10^{9}$		
14	Silicium	Si	$1 \cdot 10^{-8}$	$1 \cdot 10^{8}$		
6	Kohlenstoff (D)	C	$1 \cdot 10^{-11}$	$1 \cdot 10^{11}$		
16	Schwefel	S	$0{,}5 \cdot 10^{-15}$	$2 \cdot 10^{15}$		
Ab Element 95 ist die elektrische Leitfähigkeit nicht bekannt.						

* geschätzte Werte

Das Normalpotential bzw. das *elektrochemische Standardpotential* E_0 der chemischen Elemente. Die Spannungsreihe der Metalle

Element		Saure Lösung						Basische Lösung				
Protonenzahl	Name	Redoxreaktion						Redoxreaktion				
		Red.	⇌	Ox.	+	ne⁻	E^0 / V	Red.	⇌	Ox.	+ ne⁻	E^0 / V
87	Francium*	Fr	⇌	Fr^+	+	e^-	– 3,092					
3	Lithium	Li	⇌	Li^+	+	e^-	– 3,045					
37	Rubidium	Rb	⇌	Rb^+	+	e^-	– 2,925					
19	Kalium	K	⇌	K^+	+	e^-	– 2,925					
55	Caesium	Cs	⇌	Cs^+	+	e^-	– 2,923					
88	Radium	Ra	⇌	Ra^{2+}	+	$2e^-$	– 2,916					
56	Barium	Ba	⇌	Ba^{2+}	+	$2e^-$	– 2,912					
38	Strontium	Sr	⇌	Sr^{2+}	+	$2e^-$	– 2,891					
20	Calcium	Ca	⇌	Ca^{2+}	+	$2e^-$	– 2,866	$Ca + 2OH^-$	⇌	$Ca(OH)_2$	$+ 2e^-$	– 3,02
11	Natrium	Na	⇌	Na^+	+	e^-	– 2,713					
57	Lanthan	La	⇌	La^{3+}	+	$3e^-$	– 2,522	$La + 3OH^-$	⇌	$La(OH)_3$	$+ 3e^-$	– 2,81
58	Cer	Ce	⇌	Ce^{3+}	+	$3e^-$	– 2,483	$Ce + 3OH^-$	⇌	$Ce(OH)_3$	$+ 3e^-$	– 2,78
59	Praseodym	Pr	⇌	Pr^{3+}	+	$3e^-$	– 2,462	$Pr + 3OH^-$	⇌	$Pr(OH)_3$	$+ 3e^-$	– 2,79
60	Neodym	Nd	⇌	Nd^{3+}	+	$3e^-$	– 2,431	$Nd + 3OH^-$	⇌	$Nd(OH)_3$	$+ 3e^-$	– 2,78
61	Promethium	Pm	⇌	Pm^{3+}	+	$3e^-$	– 2,423	$Pm + 3OH^-$	⇌	$Pm(OH)_3$	$+ 3e^-$	– 2,76
62	Samarium	Sm	⇌	Sm^{3+}	+	$3e^-$	– 2,414	$Sm + 3OH^-$	⇌	$Sm(OH)_3$	$+ 3e^-$	– 2,80
63	Europium	Eu	⇌	Eu^{3+}	+	$3e^-$	– 2,407	$Eu + 3OH^-$	⇌	$Eu(OH)_3$	$+ 3e^-$	– 2,51
64	Gadolinium	Gd	⇌	Gd^{3+}	+	$3e^-$	– 2,397	$Gd + 3OH^-$	⇌	$Gd(OH)_3$	$+ 3e^-$	– 2,82
65	Terbium	Tb	⇌	Tb^{3+}	+	$3e^-$	– 2,391	$Tb + 3OH^-$	⇌	$Tb(OH)_3$	$+ 3e^-$	– 2,82
39	Yttrium	Y	⇌	Y^{3+}	+	$3e^-$	– 2,372	$Y + 3OH^-$	⇌	$Y(OH)_3$	$+ 3e^-$	– 2,85
12	Magnesium	Mg	⇌	Mg^{2+}	+	$2e^-$	– 2,363	$Mg + 2OH^-$	⇌	$Mg(OH)_2$	$+ 2e^-$	– 2,687
66	Dysprosium	Dy	⇌	Dy^{3+}	+	$3e^-$	– 2,353	$Dy + 3OH^-$	⇌	$Dy(OH)_3$	$+ 3e^-$	– 2,80
67	Holmium	Ho	⇌	Ho^{3+}	+	$3e^-$	– 2,33	$Ho + 3OH^-$	⇌	$Ho(OH)_3$	$+ 3e^-$	– 2,85
69	Thulium	Tm	⇌	Tm^{3+}	+	$3e^-$	– 2,322	$Tm + 3OH^-$	⇌	$Tm(OH)_3$	$+ 3e^-$	– 2,83
68	Erbium	Er	⇌	Er^{3+}	+	$3e^-$	– 2,296	$Er + 3OH^-$	⇌	$Er(OH)_3$	$+ 3e^-$	– 2,84
70	Ytterbium	Yb	⇌	Yb^{3+}	+	$3e^-$	– 2,267	$Yb + 3OH^-$	⇌	$Yb(OH)_3$	$+ 3e^-$	– 2,75
71	Lutetium	Lu	⇌	Lu^{3+}	+	$3e^-$	– 2,255	$Lu + 3OH^-$	⇌	$Lu(OH)_3$	$+ 3e^-$	– 2,83
89	Actinium	Ac	⇌	Ac^{3+}	+	$3e^-$	– 2,130	$Ac + 3OH^-$	⇌	$Ac(OH)_3$	$+ 3e^-$	– 2,60
21	Scandium	Sc	⇌	Sc^{3+}	+	$3e^-$	– 2,077					
95	Americium	Am	⇌	Am^{3+}	+	$3e^-$	– 2,070	$Am + 3OH^-$	⇌	$Am(OH)_3$	$+ 3e^-$	– 2,53
100	Fermium	Fm	⇌	Fm^{3+}	+	$3e^-$	– 2,070					
103	Lawrencium	Lr	⇌	Lr^{3+}	+	$3e^-$	– 2,062					
96	Curium	Cm	⇌	Cm^{3+}	+	$3e^-$	– 2,06	$Cm + 3OH^-$	⇌	$Cm(OH)_3$	$+ 3e^-$	– 2,53
94	Plutonium	Pu	⇌	Pu^{3+}	+	$3e^-$	– 2,031	$Pu + 3OH^-$	⇌	$Pu(OH)_3$	$+ 3e^-$	– 2,46
99	Einsteinium	Es	⇌	Es^{3+}	+	$3e^-$	– 1,980					
4	Beryllium	Be	⇌	Be^{2+}	+	$2e^-$	– 1,971					
97	Berkelium	Bk	⇌	Bk^{3+}	+	$3e^-$	– 1,960					
98	Californium	Cf	⇌	Cf^{3+}	+	$3e^-$	– 1,910					

Element		Saure Lösung		Basische Lösung	
Protonenzahl	Name	Redoxreaktion: Red. $\rightleftharpoons$ Ox. + ne^-	E^0 / V	Redoxreaktion: Red. $\rightleftharpoons$ Ox. + ne^-	E^0 / V
90	Thorium	$Th \rightleftharpoons Th^{4+} + 4e^-$	– 1,83	$Th + 4OH^- \rightleftharpoons ThO_2 + 2H_2O + 4e^-$	– 2,56
93	Neptunium	$Np \rightleftharpoons Np^{3+} + 3e^-$	– 1,79		
101	Mendelevium	$Md \rightleftharpoons Md^{3+} + 3e^-$	– 1,74		
104	Rutherfordium **	$Rf + H_2O \rightleftharpoons RfO^{2+} + 2H^+ + 4e^-$	<– 1,70		
13	Aluminium	$Al \rightleftharpoons Al^{3+} + 3e^-$	– 1,676	$Al + 4OH^- \rightleftharpoons Al(OH)_4^- + 3e^-$	– 2,310
92	Uran	$U \rightleftharpoons U^{3+} + 3e^-$	– 1,660	$U + 3OH^- \rightleftharpoons U(OH)_3 + 3e^-$	– 2,10
40	Zirconium	$Zr \rightleftharpoons Zr^{4+} + 4e^-$	– 1,553		
72	Hafnium	$Hf \rightleftharpoons Hf^{4+} + 4e^-$	–1,505		
91	Protactinium	$Pa \rightleftharpoons Pa^{4+} + 4e^-$	– 1,491		
102	Nobelium	$No \rightleftharpoons No^{3+} + 3e^-$	– 1,261		
25	Mangan	$Mn \rightleftharpoons Mn^{2+} + 2e^-$	– 1,185	$Mn + 2OH^- \rightleftharpoons Mn(OH)_2 + 2e^-$	– 1,56
41	Niob	$Nb \rightleftharpoons Nb^{3+} + 3e^-$	– 1,099		
5	Bor			$B + 3OH^- \rightleftharpoons B(OH)_3 + 3e^-$	– 0,8698
23	Vanadium	$V \rightleftharpoons V^{3+} + 3e^-$	– 0,876	$V + 2OH^- \rightleftharpoons VO + H_2O + 2e^-$	– 0,820
22	Titan	$Ti + H_2O \rightleftharpoons TiO^{2+} + 2H^+ + 4e^-$	– 0,862	$Ti + 2OH^- \rightleftharpoons TiO + H_2O + 2e^-$	– 2,130
73	Tantal	$2\,Ta + 5\,H_2O \rightleftharpoons Ta_2O_5 + 10\,H^+ + 10e^-$	– 0,812		
30	Zink	$Zn \rightleftharpoons Zn^{2+} + 2e^-$	– 0,7626	$Zn + 4OH^- \rightleftharpoons Zn(OH)_4^{2-} + 2e^-$	– 1,285
24	Chrom	$Cr \rightleftharpoons Cr^{3+} + 3e^-$	– 0,744	$Cr + 4OH^- \rightleftharpoons Cr(OH)_4^- + 3e^-$	– 1,33
31	Gallium	$Ga \rightleftharpoons Ga^{3+} + 3e^-$	– 0,529		
26	Eisen	$Fe \rightleftharpoons Fe^{2+} + 2e^-$	– 0,4402	$Fe + 2OH^- \rightleftharpoons Fe(OH)_2 + 2e^-$	– 0,877
48	Cadmium	$Cd \rightleftharpoons Cd^{2+} + 2e^-$	– 0,4025	$Cd + 2OH^- \rightleftharpoons Cd(OH)_2 + 2e^-$	– 0,824
49	Indium	$In \rightleftharpoons In^{3+} + 3e^-$	– 0,3382		
27	Cobalt	$Co \rightleftharpoons Co^{2+} + 2e^-$	– 0,277	$Co + 2OH^- \rightleftharpoons Co(OH)_2 + 2e^-$	– 0,734
28	Nickel	$Ni \rightleftharpoons Ni^{2+} + 2e^-$	– 0,257	$Ni + 2OH^- \rightleftharpoons Ni(OH)_2 + 2e^-$	–0,720
42	Molybdän	$Mo \rightleftharpoons Mo^{3+} + 3e^-$	– 0,200	$Mo + 4OH^- \rightleftharpoons MoO_2 + 2H_2O + 4e^-$	– 0,980
50	Zinn	$Sn \rightleftharpoons Sn^{2+} + 2e^-$	– 0,137	$Sn + 3OH^- \rightleftharpoons Sn(OH)_3 + 3e^-$	– 0,909
82	Blei	$Pb \rightleftharpoons Pb^{2+} + 2e^-$	– 0,1262	$Pb + 3OH^- \rightleftharpoons Pb(OH)_3 + 2e^-$	– 0,540
74	Wolfram	$W \rightleftharpoons W^{3+} + 3e^-$	– 0,112	$W + 4OH^- \rightleftharpoons WO_2 + 2H_2O + 4e^-$	– 0,982
1	**Wasserstoff**	$\mathbf{H_2 + 2\,H_2O \rightleftharpoons 2\,H_3O^+ + 2e^-}$		$\mathbf{E^0 = 0{,}000\ V}$	
75	Rhenium	$Re + 2\,H_2O \rightleftharpoons ReO_2 + 4\,H^+ + 4e^-$	+ 0,259		
438	Technetium	$Tc + 2\,H_2O \rightleftharpoons TcO_2 + 4\,H^+ + 4e^-$	+ 0,272		
29	Kupfer	$Cu \rightleftharpoons Cu^{2+} + 2e^-$	+ 0,337	$Cu + 2OH^- \rightleftharpoons CH(OH)_2 + 2e^-$	– 0,22
44	Ruthenium	$Ru \rightleftharpoons Ru^{2+} + 2e^-$	+ 0,455		
29	Kupfer	$Cu \rightleftharpoons Cu^+ + e^-$	+ 0,521		
81	Thallium	$Tl \rightleftharpoons Tl^{3+} + 3e^-$	+ 0,721		
45	Rhodium	$Rh \rightleftharpoons Rh^{3+} + 3e^-$	+ 0,758		
47	Silber	$Ag \rightleftharpoons Ag^+ + e^-$	+ 0,7991	$2Ag + 2OH^- \rightleftharpoons Ag_2O + H_2O + 2e^-$	+ 0,342
76	Osmium	$Os \rightleftharpoons Os^{2+} + 2e^-$	+ 0,850		
80	Quecksilber	$Hg \rightleftharpoons Hg^{2+} + 2e^-$	+ 0,8535	$Hg + 2OH^- \rightleftharpoons HgO + H_2O + 2e^-$	+ 0,0977
46	Palladium	$Pd \rightleftharpoons Pd^{2+} + 2e^-$	+ 0,987	$Pd + 2OH^- \rightleftharpoons Pd(OH)_2 + 2e^-$	– 0,190
78	Platin	$Pt \rightleftharpoons Pt^{2+} + 2e^-$	+ 1,118	$Pt + 2OH^- \rightleftharpoons Pt(OH)_2 + 2e^-$	+ 0,150
77	Iridium	$Ir \rightleftharpoons Ir^{3+} + 3e^-$	+ 1,156		
79	Gold	$Au \rightleftharpoons Au^{3+} + 3e^-$	+ 1,498	$Au + 4OH^- \rightleftharpoons H_2AuO_3^- + H_2O + 3e^-$	+ 0,70

* geschätzte Werte, **extrapolierte Werte.

Die Spannungsreihe der Halbmetalle und Nichtmetalle

Element		Saure Lösung		Basische Lösung	
Protonenzahl	Name	Redoxreaktion (Red. ⇌ Ox. + ne⁻)	E^0 / V	Redoxreaktion (Red. ⇌ Ox. + ne⁻)	E^0 / V
52	Tellur	$H_2Te \rightleftharpoons Te + 2H^+ + 2e^-$	– 0,718	$Te^{2-} \rightleftharpoons Te + 2e^-$	– 1,14
51	Antimon	$SbH_3 \rightleftharpoons Sb + 3H^+ + 3e^-$	– 0,510		
15	Phosphor	$P + 3H_2O \rightleftharpoons H_3PO_3 + 3H^+ + 3e^-$	– 0,502		
34	Selen	$H_2Se \rightleftharpoons Se + 2H^+ + 2e^-$	– 0,399		
32	Germanium	$GeH_4 \rightleftharpoons Ge + 4H^+ + 4e^-$	– 0,295		
32	Germanium	$Ge \rightleftharpoons Ge^{2+} + 2e^-$	– 0,247		
1	Wasserstoff	$2H^- \rightleftharpoons H_2 + 2e^-$	– 2,250	$2H^- \rightleftharpoons H_2 + 2e^-$	– 2,250
14	Silicium	$SiH_4 \rightleftharpoons Si + 4H + 4e^-$	– 0,143		
15	Phosphor	$PH_3 \rightleftharpoons P + 3H^+ + 3e^-$	– 0,063		
1	Deuterium	$D_2 \rightleftharpoons 2D^+ + 2e^-$	– 0,0034		
1	**Wasserstoff**	**$H_2 + 2H_2O \rightleftharpoons 2H_3O^+ + 2e^-$**	**E^0 = 0,000 VVVV**		
6	Kohlenstoff	$CH_4 \rightleftharpoons C + 4H^+ + 4e^-$	+ 0,132		
16	Schwefel	$H_2S \rightleftharpoons S + 2H^+ + 2e^-$	+ 0,142	$S^{2-} \rightleftharpoons S + 2e^-$	– 0,45
51	Antimon	$Sb + H_2O \rightleftharpoons SbO^+ + 2H^+ + 3e^-$	+ 0,212	$Sb + 4OH^- \rightleftharpoons Sb(OH)_4^- + 3e^-$	– 0,639
33	Arsen	$As + 3H_2O \rightleftharpoons H_3AsO_3 + 3H^+ + 3e^-$	+ 0,2476	$As + 4OH^- \rightleftharpoons AsO_2^- + 2H_2O + 3e^-$	– 0,675
85	Astat	$2At^- \rightleftharpoons At_2 + 2e^-$	+ 0,25		
7	Stickstoff	$\frac{1}{2} N_2 + 2H_2 \rightleftharpoons NH_4^+$	+ 0,272		
83	Bismut	$Bi \rightleftharpoons Bi^{3+} + 3e^-$	+ 0,317		
16	Schwefel	$S + 2H_2O \rightleftharpoons SO_2 + 4H^+ + 4e^-$	+ 0,451		
6	Kohlenstoff	$C + H_2O \rightleftharpoons CO + 2H^+ + 4e^-$	+ 0,517	$HCHO + OH^- \rightleftharpoons HCO_2^- + 2H^+ + e^-$	– 1,07
53	Iod	$2I^- \rightleftharpoons I_2 + 2e^-$	+ 0,536	$\frac{1}{2} I_2 + 2OH^- \rightleftharpoons IO^- + H_2O + e^-$	+ 0,42
84	Polonium	$Po + 2H_2O \rightleftharpoons PoO_2 + 4H^+ + 4e^-$	+ 0,73	$Po + 6OH^- \rightleftharpoons PoO_3^{2-} + 3H_2O + 4e^-$	– 0,5
34	Selen	$Se + 3H_2O \rightleftharpoons H_2SeO_3 + 4H^+ + 4e^-$	+ 0,742	$Se + 6OH^- \rightleftharpoons SeO_3^{2-} + 3H_2O + 4e^-$	– 0,366
35	Brom	$2Br^- \rightleftharpoons Br_2 + 2e^-$	+ 1,0652		
8	Sauerstoff	$2H_2O \rightleftharpoons O_2 + 4H^+ + 4e^-$	+ 1,229	$4OH^- \rightleftharpoons 2H_2O + O_2 + 4e^-$	+ 0,401
17	Chlor	$2Cl^- \rightleftharpoons Cl_2 + 2e^-$	+ 1,3595	$\frac{1}{2}Cl_2 + 2OH^- \rightleftharpoons ClO^- + H_2O + e^-$	+ 0,421
35	Brom	$Br_2 + 2H_2O \rightleftharpoons 2HBrO + 2H^+ + 2e^-$	+ 1,604	$\frac{1}{2}Br_2 + 2OH^- \rightleftharpoons BrO^- + H_2O + e^-$	+ 0,455
17	Chlor	$Cl_2 + 2H_2O \rightleftharpoons 2HClO + 2H^+ + 2e^-$	+ 1,630		
54	Xenon	$Xe + 3H_2O \rightleftharpoons XeO_3 + 6H^+ + 6e^-$	+ 2,124		
9	Fluor	$2F^- \rightleftharpoons F_2 + 2e$	+ 2,868		
1	Wasserstoff			$H_2 + 2OH^- \longrightarrow 2H_2O + 2e^-$	+ 0,828

Die radioaktiven Zerfallsreihen

Thorium-Zerfallsreihe (4n) Reihe					
Element	Symbol	Halbwertszeit $T_{1/2}$	Max. Teilchen- bzw. Strahlungsenergie in MeV		
			α	β	γ
Thorium	$^{232}_{90}$Th	$1{,}405 \cdot 10^{10}$ a	4,013	–	0,059
Radium	$^{228}_{88}$Ra ($MsTh_1$)	5,75 a	–	0,04	0,016
Actinium	$^{228}_{89}$Ac ($MsTh_2$)	6,13 h	4,27	2,1	0,969
Thorium	$^{228}_{90}$Th (RaTh)	1,913 a	5,423	–	0,084
Radium	$^{224}_{88}$Ra (ThX)	3,66 d	5,685	–	0,646
Radon	$^{220}_{86}$Rn (Tn)	55,6 s	6,288	–	0,55
Polonium	$^{216}_{84}$Po (ThA)	0,15 s	6,778	–	0,805
Blei	$^{212}_{82}$(ThB)	10,64 h	–	0,6	0,300
Astat	$^{216}_{85}$At (ThB')	0,3 ms	7,800	–	0,115
Bismut	$^{212}_{83}$Bi (ThC)	60,60 min	6,090	2,3	0,727
Polonium	$^{212}_{84}$Po (ThC')	0,3 µs	8,784	–	–
Thallium	$^{208}_{81}$Tl (ThC'')	3,053 min	–	2,4	0,615
Blei	$^{208}_{82}$Pb (ThD)	stabil			

Das Thoriumisotop $^{232}_{90}$Th entsteht seinerseits durch α-Zerfall aus dem Uranisotop $^{236}_{92}$U ($T_{1/2} = 2{,}342 \cdot 10^7$ a)

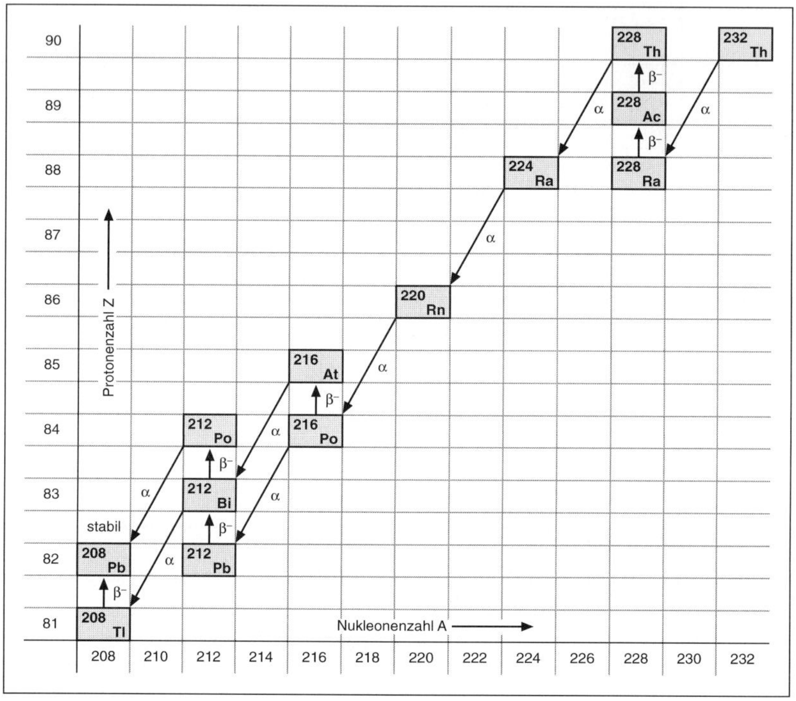

Uran-Radium-Zerfallsreihe (4n+2) Reihe

Element	Symbol	Halbwertszeit $T_{1/2}$	Max. Teilchen- bzw. Strahlungsenergie in MeV		
			α	β–	γ
Uran	$^{238}_{92}$U (UI)	$4{,}468 \cdot 10^9$ a	4,197	–	0,05
Thorium	$^{234}_{90}$Th (UX_1)	24,10 d	–	0,2	0,092
Protactinium	$^{234}_{91}$Pa (UX_2) (UZ)	1,17 min 6,70 h	– –	2,3 0,5	0,10 0,88
Uran	$^{234}_{92}$U (UII)	$2{,}446 \cdot 10^5$ a	4,775	–	0,12
Thorium	$^{230}_{90}$Th (Io)	$7{,}54 \cdot 10^4$ a	4,688	–	0,14
Radium	$^{226}_{88}$Ra	1600 a	4,784	–	0,262
Radon	$^{222}_{86}$Rn	3,825 d	5,489	–	0,51
Polonium	$^{218}_{84}$Po (RaA)	3,05 min	6,002	β	γ
Astat	$^{218}_{85}$At (RaB')	2 s	6,69	β	–
Blei	$^{214}_{82}$Pb (RaB)	26,8 min	–	0,7	0,352
Bismut	$^{214}_{83}$Bi (RaC)	19,9 min	5,51	3,3	1,76
Polonium	$^{214}_{84}$Po (RaC')	164 µs	7,686	–	0,8
Thallium	$^{210}_{81}$Tl (RaC'')	1,30 min	–	2,3	0,8
Blei	$^{210}_{82}$Pb (RaD)	22,3 a	–	0,02	0,0047
Bismut	$^{210}_{83}$Bi (RaE)	5,013 d 3,0 · 10 a	– 4,946	1,2 –	0,305 0,305
Polonium	$^{210}_{84}$Po (RaF)	138,38 d	5,304	–	0,803
Thallium	$^{206}_{81}$Tl (RaE'')	4,20 min	–	1,5	0,803
Blei	$^{206}_{82}$Pb (RaG)	stabil	–	–	–

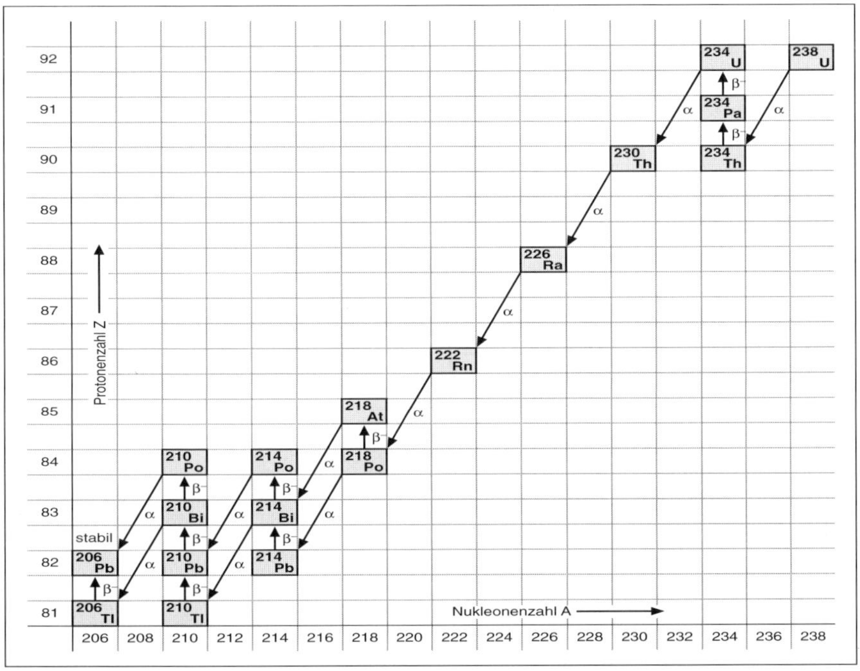

Uran-Actinium-Zerfallsreihe (4n+3) Reihe					
Element	Symbol	Halbwertszeit $T_{1/2}$	Max. Teilchen- bzw. Strahlungsenergie in MeV		
			α	β–	γ
Uran	$^{235}_{92}$U (AcU)	$7{,}038 \cdot 10^8$ a	4,45	–	0,136
Thorium	$^{231}_{90}$Th (UY)	25,5 h	–	0,4	0,084
Protactinium	$^{231}_{91}$Pa	$3{,}276 \cdot 10^4$ a	5,014	–	0,303
Actinium	$^{227}_{89}$Ac	13,5 a (α) 21,77 a (β^-)	4,95 –	– 0,045	 0,100
Thorium	$^{227}_{90}$Th (RdAc)	18,72 d	6,038	–	0,256
Francium	$^{223}_{87}$Fr (AcK)	21,8 min	5,34	1,15	0,235
Radium	$^{223}_{88}$Ra (AcX)	11,43 d	5,716	–	0,338
Astat	$^{219}_{85}$At	0,9 min	6,27	β	–
Radon	$^{219}_{86}$Rn (An)	3,96 s	6,819	–	0,402
Bismut	$^{215}_{83}$Bi	7,4 min	–	β	–
Polonium	$^{215}_{84}$Po (AcA)	1,78 ms	7,386	β	0,439
Astat	$^{215}_{85}$At	0,1 ms	8,026	–	0,405
Blei	$^{211}_{82}$Pb (AcB)	36,1 min	–	1,4	0,832
Bismut	$^{211}_{83}$Bi (AcC)	2,17 min	6,278	β	0,351
Polonium	$^{211}_{84}$Po (AcC')	25,2 s	7,27	–	1,064
Thallium	$^{207}_{81}$Tl (AcC'')	4,77 min	–	1,45	0,898
Blei	$^{207}_{82}$Pb (AcD)	stabil	–	–	–

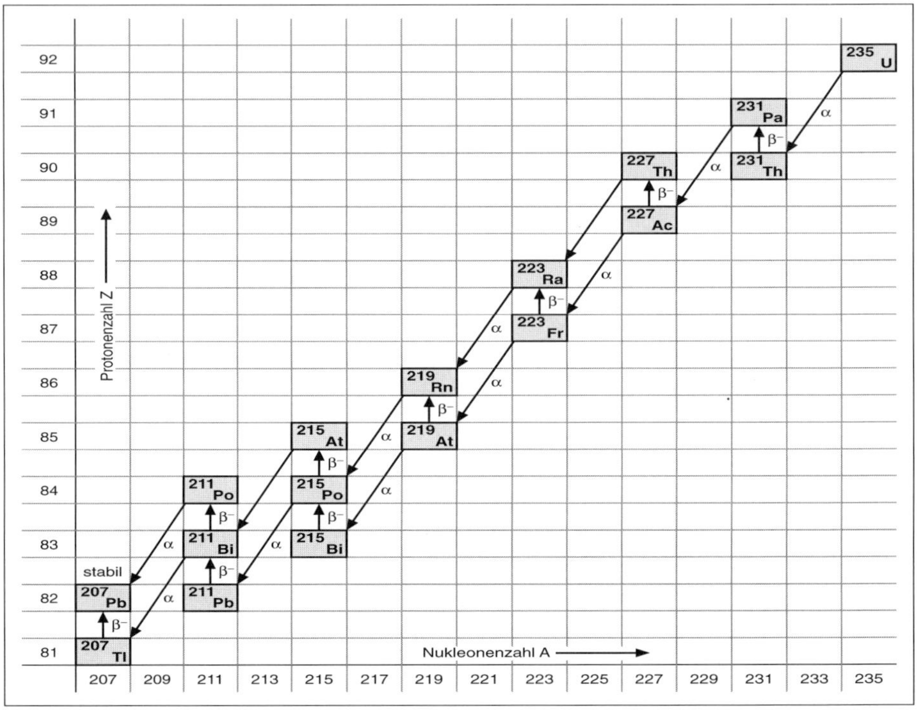

Neptunium-Zerfallsreihe (4n+1) Reihe

Diese Reihe existiert in der Natur nicht mehr, sie wird aber durch die Herstellung von $^{241}_{94}Pu$ künstlich erzeugt

Element	Symbol	Halbwertszeit $T_{1/2}$	Max. Teilchen- bzw. Strahlungsenergie in MeV		
			α	β⁻	γ
Plutonium	$^{241}_{94}Pu$	14,4 a	4,896	0,02	0,149
Americium	$^{241}_{95}Am$	432,6 a	5,486	–	0,06
Neptunium	$^{237}_{93}Np$	$2{,}14 \cdot 10^6$ a	4,788	–	0,087
Protactinium	$^{233}_{91}Pa$	27,0 d	–	0,6	0,341
Uran	$^{233}_{92}U$	$1{,}592 \cdot 10^5$ a	4,824	–	0,097
Thorium	$^{229}_{90}Th$	7340 a	4,845	–	0,194
Radium	$^{225}_{88}Ra$	14,8 d	–	0,4	0,04
Actinium	$^{225}_{89}Ac$	10,0 d	5,830	–	0,188
Francium	$^{221}_{87}Fr$	4,9 min	6,341	–	0,409
Astat	$^{217}_{85}At$	32,3 ms	7,069	–	0,595
Bismut	$^{213}_{83}Bi$	45,59 min	5,87	1,4	0,440
Polonium	$^{213}_{84}Po$	4,2 µs	8,376	–	x
Thallium	$^{209}_{81}Tl$	2,20 min	–	1,8	1,566
Blei	$^{209}_{82}Pb$	3,253 h	–	0,62	–
Bismut	$^{209}_{83}Bi$	stabil			

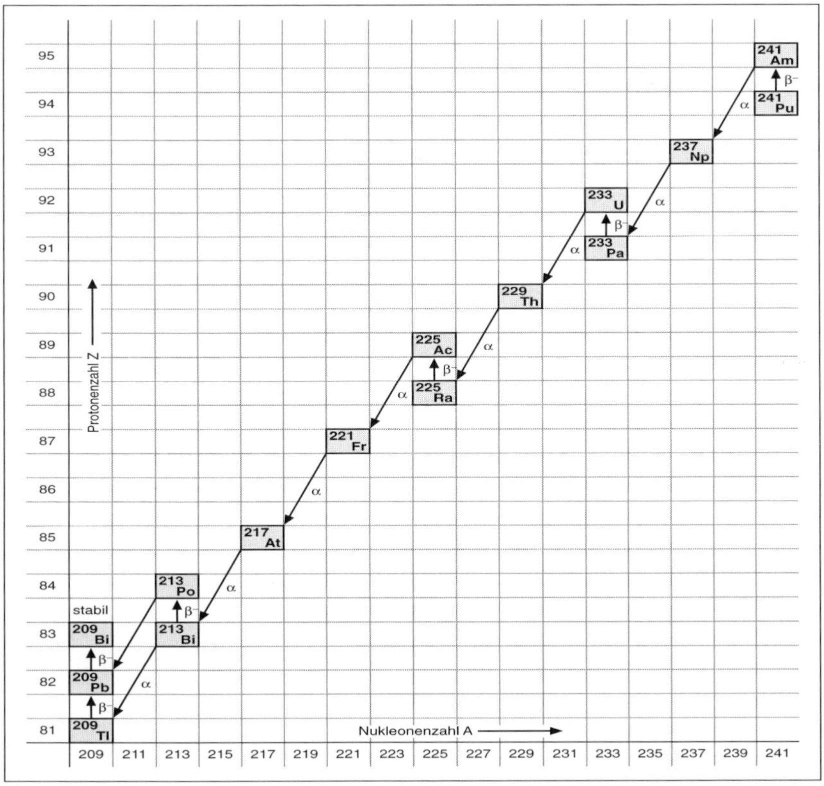

Verzeichnis der nuklearmedizinisch genutzten Radioisotope

Protonenzahl	Element	Radioisotop	Halbwertszeit $T_{1/2}$	Energie der Strahlung E / MeV				
				α	EC	$β^+$	$β^-$	γ
1	Wasserstoff	$^{3}_{1}H$	12,232 a	–	–	–	0,01861	–
6	Kohlenstoff	$^{11}_{6}C$	20,38 m	–	–	1,0	–	–
7	Stickstoff	$^{13}_{7}N$	9,96 m	–	–	1,24	–	–
8	Sauerstoff	$^{15}_{8}O$	2,03 m	–	–	1,68	–	–
9	Fluor	$^{18}_{9}F$	109,70 m	–	–	0,655	–	–
11	Natrium	$^{24}_{11}Na$	14,96 h	–	–	–	5,514	2,754
15	Phosphor	$^{32}_{15}P$	14,26 d	–	–	–	1,710	–
19	Kalium	$^{42}_{19}K$	12,36 h	–	–	–	3,532	1,525
24	Chrom	$^{51}_{24}Cr$	27,70 d	–	0,751	–	–	0,32
25	Mangan	$^{52m}_{25}Mn$	21,0 m	–	–	2,66	–	1,434
26	Eisen	$^{55}_{26}Fe$	2,73 a	–	0,2314	–	–	–
		$^{59}_{26}Fe$	44,503 d	–	1,565	–	–	1,26
27	Cobalt	$^{57}_{27}Co$	271,79 d	–	0,836	–	–	0,136
		$^{58}_{27}Co$	70,66 d	–	–	1,30	–	0,190
		$^{60}_{27}Co$	5,272 a	–	–	–	2,824	1,33
29	Kupfer	$^{62}_{29}Cu$	9,74 m	–	–	2,92	–	1,173
		$^{64}_{29}Cu$	12,70 h	–	–	0,675	0,6	1,35
31	Gallium	$^{67}_{31}Ga$	78,30 h	–	1,001	–	–	–
		$^{68}_{31}Ga$	68,63 m	–	–	1,88	–	1,077
34	Selen	$^{75}_{34}Se$	119,64 d	–	0,864	–	–	0,265
35	Brom	$^{76}_{35}Br$	16,0 h	–	–	1,7	–	1,857
		$^{77}_{35}Br$	57,0 h	–	x	x	–	0,52
36	Krypton	$^{77}_{36}Kr$	1,24 h	–	–	1,9	–	0,150
		$^{81}_{36}Kr$	13,1 s	–	–	–	–	0,19
37	Rubidium	$^{81}_{37}Rb$	4,58 h	–	x	1,1	–	0,446
		$^{82}_{37}Rb$	1,27 m	–	–	3,3	–	0,776
38	Strontium	$^{85}_{38}Sr$	64,9 d	–	1,08	–	–	–
		$^{90}_{38}Sr$	28,64 a	–	–	–	0,546	–
43	Technetium	$^{99m}_{43}Tc$	6,0 h	–	–	–	–	0,142
44	Ruthenium	$^{104}_{44}Ru$	373,6 d	–	–	–	0,039	–
49	Indium	$^{111}_{49}In$	2,81 d	–	x	–	–	0,245
		$^{113m}_{49}In$	99,48 m	–	–	–	–	0,392
53	Iod	$^{112}_{53}I$	3,6 m	–	–	3,1	–	0,564
		$^{123}_{53}I$	13,2 h	–	1,23	–	–	–
		$^{125}_{53}I$	59,41 d	–	0,178	–	–	0,035

Protonenzahl	**Element**	**Radioisotop**	**Halbwertszeit $T_{1/2}$**	**Energie der Strahlung E / MeV**				
				α	EC	$β^+$	$β^-$	γ
		$^{131}_{53}I$	8,02 d	–	–	–	0,871	0,637
54	Xenon	$^{133}_{54}Xe$	5,25 d	–	–	–	0,427	0,081
55	Caesium	$^{137}_{55}Cs$	30,17 a	–	–	–	1,17	x
70	Ytterbium	$^{169}_{70}Yb$	32,0 d	–	0,908	–	–	0,63
77	Iridium	$^{192}_{77}Ir$	73,83 d	–	–	–	0,754	0,317
79	Gold	$^{195}_{79}Au$	186,1 d	–	0,23	–	–	0,26
		$^{198}_{79}Au$	2,6943 d	–	–	–	1,372	0,412
80	Quecksilber	$^{197}_{80}Hg$	64,1 h	–	0,600	–	–	0,077
		$^{203}_{80}Hg$	46,59 d	–	–	–	0,23	0,279
81	Thallium	$^{201}_{81}Tl$	73,1 h	–	x	–	–	0,167
86	Radon	$^{222}_{86}Rn$	3,825 d	5,489	–	–	–	0,510
88	Radium	$^{226}_{88}Ra$	1600 a	4,7843	–	–	–	0,186
95	Americium	$^{241}_{95}Am$	432,2 a	5,486	–	–	–	x
98	Californium	$^{252}_{98}Cf$	2,645 a	6,118	–	–	–	x

Wichtige Naturkonstanten (empfohlene Werte)

Wichtige Naturkonstanten bzw. *Fundamentalkonstanten*	
Physikalische Größe / Konstante	**Naturkonstante Fundamentalkonstante**
Lichtgeschwindigkeit im Vakuum	$c_0 = 2{,}99\,792\,458 \cdot 10^8\ \text{m} \cdot \text{s}^{-1}$
Gravitationskonstante	$G = 6{,}67259(85) \cdot 10^{-11}\ \text{m}^3 \cdot \text{kg}^{-1} \cdot \text{s}^{-2}$
Fallbeschleunigung (Normwert)	$g = 9{,}80665\ \text{m} \cdot \text{s}^{-2}$
Absoluter Nullpunkt	$T_0 = 0\ \text{K}$ oder $\vartheta_0 = -273{,}15\ °\text{C}$
Avogadro-Konstante[1]	$N_A = 6{,}0221367(36) \cdot 10^{23}\ \text{mol}^{-1}$
Avogadro-Zahl	$Z_A = 6{,}0221367(36) \cdot 10^{23}$
Lohschmidt-Konstante[2]	$n_0 = N_A/\text{Vm} = N_L = 2{,}68675 \cdot 10^{25}\ \text{m}^{-3}$
Lohschmidt-Zahl	$Z_L = 2{,}68675 \cdot 10^{25}$
Universelle Gaskonstante	$R = k \cdot N_A = 8{,}314510(70)\ \text{J} \cdot \text{K}^{-1} \cdot \text{mol}^{-1}$
Molares Normalvolumen (ideales Gas bei 0 °C und 1013,25 hPa)	$V_{\text{molar},0} = 0{,}02241383(70)\ \text{m}^3 \cdot \text{mol}^{-1}$
Elektrische Feldkonstante	$\varepsilon_0 = 8{,}854187871 \cdot 10^{-12}\ \text{A} \cdot \text{s} \cdot \text{V}^{-1} \cdot \text{m}^{-1}$
Magnetische Feldkonstante	$\mu_0 = 4\pi \cdot 10^{-7}\ \text{V} \cdot \text{s} \cdot \text{A}^{-1} \cdot \text{m}^{-1}$
Elementarladung	$e = \pm 1{,}60217733(49) \cdot 10^{-19}\ \text{A} \cdot \text{s}$
Faraday-Konstante[3]	$F = N_A \cdot e = 96\,485{,}309(29)\ \text{A} \cdot \text{s} \cdot \text{mol}^{-1}$
Plancksches Wirkungsquantum[4]	$h = 6{,}6260755(40) \cdot 10^{-34}\ \text{J} \cdot \text{s}$
Planck-Konstante	$\hbar = h \cdot (2\pi)^{-1} = 1{,}05457266(63) \cdot 10^{-34}\ \text{J} \cdot \text{s}$
Boltzmann-Konstante[5]	$k_B = R/N_A = 1{,}380658(12) \cdot 10^{-23}\ \text{J} \cdot \text{K}^{-1}$
Rydberg-Konstante[6]	$R_\infty = 1{,}0973731534(13) \cdot 10^7 \text{m}^{-1}$
Atomare Masseneinheit, Atommassenkonstante	$m_u = \text{u} = 1{,}6605402(10) \cdot 10^{-27}\ \text{kg}$
Ruheenergie	$m_u \cdot c^2 = 931{,}49432(28)\ \text{MeV}$
Elektronvolt	$\text{eV} = 1{,}60217733(49) \cdot 10^{-19}\ \text{J}$
Ruhemasse des Elektrons	$m_e = 9{,}1093897(54) \cdot 10^{-31}\ \text{kg}$ $5{,}48579903(13) \cdot 10^{-4}\ \text{u}$
des Protons	$m_p = 1{,}6726231(10) \cdot 10^{-27}\ \text{kg}$ $1{,}007276470(12)\ \text{u}$
des Neutrons	$m_n = 1{,}6749286(10) \cdot 10^{-27}\ \text{kg}$ $1{,}008664904(14)\ \text{u}$
des Wasserstoffatoms	$m_H = 1{,}6735596(50) \cdot 10^{-27}\ \text{kg}$
des Deuterons	$m_D = 3{,}3434(50) \cdot 10^{-27}\ \text{kg}$
des Alphateilchens	$m_\alpha = 6{,}6442(50) \cdot 10^{-27}\ \text{kg}$
Massenverhältnis Proton / Elektron	$m_p / m_e = 1836{,}1527(35)$
Spezifische Ladung des Elektrons	$e / m_e = -1{,}758819 \cdot 10^{11}\ \text{A} \cdot \text{s} \cdot \text{kg}^{-1}$
des Protons	$e / m_p = 9{,}57883 \cdot 10^7\ \text{A} \cdot \text{s} \cdot \text{kg}^{-1}$
Ruheenergie des Elektrons	$m_e \cdot c^2 = 0{,}51099906(15)\ \text{MeV}$
des Protons	$m_p \cdot c^2 = 938{,}27231(28)\ \text{MeV}$
des Neutrons	$m_n \cdot c^2 = 939{,}56563(28)\ \text{MeV}$

Wichtige Naturkonstanten bzw. *Fundamentalkonstanten*

1) Nach dem italienischen Physiker Lorenzo R. A. C. Avogadro (1776–1856)
2) Nach dem österreichischen Physiker Joseph Lohschmidt (1821–1895)
3) Nach dem englischen Physiker und Chemiker Michael Faraday (1791–1867)
4) Nach dem deutschen Physiker Max. K. E. Planck (1858–1947)
5) Nach dem österreichischen Physiker Ludwig Boltzmann (1844–1906)
6) Nach dem schwedischen Physiker Johannes R. Rydberg (1854–1919)

Klassifikation von Neutronen

Bezeichnung	**Energieintervall**	**Geschwindigkeit in m · s^{-1}**
Relativistische Neutronenen	> 50 MeV	$70 \cdot 10^7$
Schnelle Neutronenen	100 keV bis 50 MeV	$4{,}4 \cdot 10^6$ bis $70 \cdot 10^7$
Mittelschnelle Neutronenen	1 keV bis 100 keV	$4{,}4 \cdot 10^5$ bis $4{,}4 \cdot 10^6$
Langsame Neutronen		
epithermische Neutronen	0,5 bis 1 keVV	$0{,}7 \cdot 10^4$ bis $4{,}4 \cdot 10^5$
thermische Neutronenen	$5 \cdot 10^{-3}$ bis 0,5 eV	$2{,}2 \cdot 10^3$ bis $0{,}7 \cdot 10^4$
Kalte Neutronenen	$1 \cdot 10^{-5}$ bis $5 \cdot 10^{-3}$	44 bis $2{,}2 \cdot 10^3$
Ultrakalte Neutronenen	$< 1 \cdot 10^{-5}$	< 44

Der radioaktive Zerfall von Atomkernen

Zerfallsart	**Zerfallsgleichung**
Alpha-Zerfall; α-Zerfall	$(Z, A) \rightarrow [(Z-2), (A-4)] + {}^4_2He$
Beta-Zerfall; β^--Zerfall (Negatronen-Zerfall)	$(Z, A) \rightarrow [(Z+1), (A)] + e^-$
Positronen-Zerfall; β^+-Zerfall	$(Z, A) \rightarrow [(Z-1), (A)] + e^+$
Elektronen-Einfang (EC, ε)	$(Z, A) \rightarrow [(Z-1), (A)] - e^-$
Neutronen-Zerfall; n-Zerfall	$(Z, A) \rightarrow [(Z), (A-1)] + {}^1_0n$
Protonen-Zerfall; p-Zerfall	$(Z, A) \rightarrow [(Z-1), (A-1)] + {}^1_1H$
Spontan-Spaltung (sf)	$(Z, A) \rightarrow [(Z_1, A_1) + (Z_2, A_2)]$

(Die beim radioaktiven Zerfall emittierten Photonenstrahlen, Neutrinos u.a. sind nicht berücksichtigt)

Definitionen der gesetzlichen SI-Basiseinheiten

SI = *System International d'Unités* (Internationales Einheitensystem seit 1960). Das SI-System wurde vom IUPAC-Konsil in Cortina d'Ampezzo am 7. 7. 1969 angenommen (Basisgrößen und Basiseinheiten werden auch Grundgrößen oder Grundeinheiten genannt).

1 Meter – 1 m – ist die Länge des Weges, den das Licht im Vakuum im 1/299 792 458ten Teil einer Sekunde zurücklegt.

1 Kilogramm – 1 kg – ist die Masse des Internationalen Kilogrammprototyps (ein Platin-Iridium-Zylinder, der im BIPM in Sèvres bei Paris aufbewahrt wird).

1 Sekunde – 1 s – ist die Zeitdauer von 9 192 631 770 Schwingungsperioden derjenigen elektromagnetischen Strahlung (eine Infrarotstrahlung der Frequenz 9 192 631 770 Hz), die dem Übergang zwischen den beiden Hyperfeinstrukturniveaus des Grundzustandniveaus eines ^{133}Cs-Atoms entspricht.

1 Kelvin – 1 K – ist der 1/273,16te Teil der thermodynamischen Temperatur des Trippelpunktes des Wassers.

1 Ampere – 1 A – ist der konstante elektrische Strom, der, beim Fließen durch zwei unendlich ausgedehnte Leiter mit vernachlässigbarem Querschnitt, die sich im Vakuum in einem Meter Abstand voneinander befinden, zwischen diesen Leitern eine Kraft von $2 \cdot 10^{-7}$ N pro 1 Meter Leiterlänge hervorrufen würde.

1 Candela – 1 cd – ist die Lichtstärke in einer gegebenen Richtung einer monochromatischen Strahlungsquelle der Frequenz $540 \cdot 10^{12}$ s^{-1} und einer Strahlstärke in diese Richtung von 1/683 Watt pro Steradiant.

1 Mol – 1 mol – ist die Menge einer Substanz, die so viel elementare Bestandteile enthält, wie Atome in 0,012 kg des Isotops ^{12}C enthalten sind (diese Teilchenzahl ist gleich der Avogadro-Zahl).

Physikalische Größen, Formelzeichen, SI-Einheiten, Kurzzeichen nach DIN 58 122 (eine Zusammenfassung aus DIN 1301 Teil 1 und 2 DIN 1304 und DIN 1313)

Größe, Verknüpfung	Formelzeichen	SI-Einheit		Definition der	
		Name	Kurzzeichen (Symbol)	SI-Einheit	Dimension
Länge, Strecke	l, s, r	**Meter**	**m**	**Basiseinheit**	**m**
Wellenlänge	λ	Meter	m	–	m
Masse	m	**Kilogramm**	**kg**	**Basiseinheit**	**kg**
Absolute Atommasse	m_a	Atomare Masseneinheit	m_u	$u = 1{,}6605402(10) \cdot 10^{-27}$ kg	
Nukleonenzahl (Massenzahl)	A	–	–	–	–
Relative Atommasse (Standard-Atomgewicht)	A_r	–	–	–	–
Absolute Molekülmasse	m_M	Atomare Masseneinheit	m_u	–	
Relative Molekülmasse (Molekulargewicht)	M_r	–	–	–	–
Dichte $\rho = m / V$	ρ	Kilogramm durch Kubikmeter	$kg \cdot m^{-3}$	–	$kg \cdot m^{-3}$
Kraft $F = m \cdot a$	F	Newton	N	$1 N = 1 kg \cdot 1 m \cdot 1 s^{-2}$	$kg \cdot m \cdot s^{-2}$
Arbeit und Energie $W = F \cdot s$; $W = U \cdot I \cdot t$	W, A E, W	Joule $1 J = 1 V \cdot 1 A \cdot 1 s$	J	$1 J = 1 N \cdot 1 m = 1 W \cdot 1 s$	$kg \cdot m^2 \cdot s^{-2}$
Potentielle Energie	E_p, W_p				
Kinetische Energie	E_k, W_k				
Innere Energie	$U, (E)$				
Enthalpie	H	Joule	J		$kg \cdot m^2 \cdot s^{-2}$
Leistung $P = W / t$; $P = U \cdot I$	P	Watt	W	$1 W = 1 J / 1 s = 1 A \cdot 1 V$	$kg \cdot m^2 \cdot s^{-3}$
Druck $p = F / A$	p	Pascal	Pa	$1 Pa = 1 N \cdot 1 m^{-2}$	$kg \cdot m^{-1} \cdot s^{-2}$

Größe, Verknüpfung	Formelzeichen	SI-Einheit		Definition der	
		Name	Kurzzeichen (Symbol)	SI-Einheit	Dimension
Zeit, Dauer	t	**Sekunde**	**s**	**Basiseinheit**	**s**
Zerfallskonstante $\lambda = -\Delta N \cdot N^{-1} \cdot t^{-1}$	λ	durch Sekunde	1 / s	–	s^{-1}
Mittlere Lebensdauer $\tau = \lambda^{-1}$	τ	Sekunde	s	–	s
Halbwertszeit $T_{1/2} = \tau \cdot \ln 2$	$T_{1/2}$	Sekunde	s	–	s
Frequenz $f = n \cdot t^{-1}$	f, ν	durch Sekunde (Hertz)	s^{-1} Hz	– 1 Hz = 1 s^{-1}	
Geschwindigkeit $v = s / t$	v	Meter durch Sekunde	m / s		$m \cdot s^{-1}$
Lichtgeschwindigkeit im Vakuum	c_0			$c_0 = 2{,}99\,792\,458 \cdot 10^8$ $m \cdot s^{-1}$	
Beschleunigung $a = v / t$	a	Meter durch Sekundequadratt	m / s^2		$m \cdot s^{-2}$
Thermodynamische Temperatur	T	**Kelvin**	**K**	**Basiseinheit**	**K**
Absoluter Nullpunkt	T_0	Kelvin	K	$T_0 = 0$ K = –273,15 °C	K
Celsius Temperatur	t, ϑ	Grad Celsius	°C	1 °C = 1 K	
Wärmeleitfähigkeit	λ	Watt durch Meter mal Kelvin	$W \cdot m^{-1} \cdot K^{-1}$		$kg \cdot m \cdot s^{-3} \cdot K^{-1}$
Wärmekapazität (konst. Volumen) Volumen	c_v	Joule durch Kelvin mal Mol oder Kilogramm	$J \cdot mol^{-1} \cdot K^{-1}$		$kg \cdot m^2 \cdot s^{-2} \cdot mol^{-1} \cdot K^{-1}$
Stoffmenge $n(X) = N(X) / N_A$	n	**Mol**	**mol**	**Basiseinheit**	**mol**
Molare Masse $M(X) = m_i / n_i(X)$	M	Kilogramm durch Mol	kg / mol		$kg \cdot mol^{-1}$
Molares Volumen $V_m(X) = V_i / n_i(X)$	V_m	Kubikmeter durch Mol	m^3 / mol		$m^3 \cdot mol^{-1}$
Molare Teilchenzahl (Avogadro-Konstante)	N_A	durch Mol	1 / mol	$N_A = 6{,}0221367(36) \cdot 10^{23}$ mol^{-1}[1]	

$N_A = n(X) / N(X)$
N = Teilchenzahl
X = Teilchen des betreffenden Stoffes (Atome, Moleküle, Ionen usw.)
m_i = Masse der betrachteten Stoffportion i
V_i = Volumen der betrachteten Stoffportion i
n_i = Stoffmenge der betrachteten Stoffportion i

Größe, Verknüpfung	Formelzeichen	SI-Einheit		Definition der	
		Name	Kurzzeichen (Symbol)	SI-Einheit	Dimension
Elektrische Stromstärke	***I***	**Ampere**	**A**	**Basiseinheit**	**A**
Elektrische Ladung $Q = I/t$	Q	Amperesekunde Coulomb	A · s C	1 As = 1 A · 1 s = 1 C	A · s
Elektrische Elementarladung	e	Amperesekunde	A · s	1 e = ± 1,60217733(49) · 10^{-19} A · s	A · s
Elektrische Spannung $U = W/Q$	U	Volt	V	1 V = 1 J / 1 A · 1 s 1 V = 1 W / 1 A	kg · m^2 · s^{-3} · A^{-1}
Elektrischer Widerstand $R = U \cdot I$	R	Ohm	Ω	1 Ω = 1 V / 1 A	kg · m^2 · s^{-3} · A^{-2}
Spezifischer elektrischer Widerstand	ρ	Ohm · Meter	Ω · m		kg · m^3 · s^{-3} · A^{-2}
Elektrischer Leitwert $G = 1/R$	G	Siemens	S	1 S = 1/Ω	A^2 · s^3 · kg^{-1} · m^{-3}
Elektrische Leitfähigkeit	ϰ	Siemens durch Meter	S / m		A^2 · s^3 · kg^{-1} · m^{-4}
Aktivität einer radioaktiven Substanz (radiologische Aktivität)	A	Becquerel (Curie Ci)	Bq	1 Bq = 1 s^{-1}	s^{-1}
Energiedosis $D = W/m$	D	Gray	Gy	1 Gy = 1 J · 1 kg^{-1}	
Äquivalentdosis	D_q	Sievert	Sv	1 Sv = 1 J · 1 kg^{-1}	
Wirkungsquerschnitt	σ	Meter quadrat	m^2		m^2

Umrechnung von Einheiten

Physikalische Größe	Umrechnung der Einheiten
Länge l, s	1 Zoll (in, ″) = 25,4 mm = 0,0254 m (England / USA) 1 m = 39,37″ (Zoll) 1 Femtometer = 1 fm = 10^{-15} m 1 Fermi = 1 f = 10^{-15} m 1 Angström = 1 A = 10^{-10} m
Masse m	1 u = 1,6605402(10) · 10^{-27} kg 1 kg = 0,6022136(10) · 10^{27} u 1 Dalton = 1,66018 · 10^{-27} kg (Avogramm)
Druck p	1 Pa = 1 N · m^{-2} 1 Pa = 1 · 10^{-5} bar 1 MPa = 10 bar 1 bar = 1 · 10^{5} Pa = 0,1 MPa 1 mbar = 1 hPa
Energie E, W	1 J = 2,7778 · 10^{-7} kWh 1 kWh = 3,6 · 10^{6} J 1 J = 6,241506(49) · 10^{18} eV 1 eV = 1,60217733(49) · 10^{-19} J 1 eV = 4,4505281(49) · 10^{-26} kWh 1 eV/Teilchen = 96,48653 kJ · mol^{-1} 1 kJ · mol^{-1} = 0,0103641 eV/Teilchen
Elektrische Ladung Q	1 As = 6,241506(49) · 10^{18} e 1 e = 1,60217733(49) · 10^{-19} As
Radiologische Aktivität A	1 Bequerel = 1 Bq = 1 s^{-1} 1 Bq = 0,27027 · 10^{-10} Ci 1 Curie = 1 Ci = 3,7 · 10^{10} Bq (bis 1979)
Energiedosis D	1 Gray = 1 Gy = 1 J · kg^{-1} 1 Gy = 100 rd 1 Rad = 1 rd = 10^{-2} Gy (bis 1979)
Äquivalentdosis D_q ; H	1 Sievert = 1 Sv = 1 j · kg^{-1} 1 Sv = 100 rem 1 Rem = 1 rem = 10^{-2} Sv (bis 1979)
Wirkungsquerschnitt σ (Absorptionsquerschnitt σ_{abs} Spaltquerschnitt σ_f)	1 m^2 = 1 · 10^{28} b 1 cm^2 = 1 · 10^{24} b 1 Barn = 1 b = 1 · 10^{-28} m^2 (= 1 · 10^{-24} cm^2)

Dezimale, Teile und Vielfache der SI-Einheiten, international festgelegte Vorsätze nach DIN 58 122.

Faktor, mit dem die Einheit multipliziert wird	**Vorsatz**		**Herkunft**	
	Name	**Zeichen**	**Fremdwort**	**Bedeutung**
10^{-24}	Yocto	y	siehe[6]	
10^{-21}	Zepto	z	siehe[4]	
10^{-18}	Atto	a	Dänisch *atten*	achtzehn
10^{-15}	Femto (Fermi)	f_m f	Dänisch *femteen*	fünfzehn
10^{-12}	Piko	p	Italienisch *piccolo*	klein
10^{-9}	Nano	n	Griechisch νανος (nánnos)	Zwerg
10^{-6}	Mikro	μ	Griechisch μιϰϱος (mikros)	klein
10^{-3}	Milli	m	Lateinisch *mille*	tausend
10^{-2}	Zenti	c	Lateinisch *centum*	hundert
10^{-1}	Dezi	d	Lateinisch *decem*	zehn
10^{1}	Deka	da	Griechisch δεϰα (deka)	zehn
10^{2}	Hekto	h	Griechisch εχατονν (echaton)	hundert
10^{3}	Kilo	k	Griechisch χιλιοι (chilioi)	tausend
10^{6}	Mega	M	Griechisch μεγαζ (megas)	groß
10^{9}	Giga	G	Griechisch γιγαζ (gigas)	Riese
10^{12}	Tera	T	Grischisch τεϱαζ (teras)	Ungeheuer[1]
10^{15}	Peta	P	Griechisch πεντα (penta)	fünf[2]
10^{18}	Exa	E	Griechisch χεξα (hexa)	sechs[3]
10^{21}	Zetta (Heta)	Z H	Griechisch ζετα (Zeta) Griechisch hepta (hepta)	Zeta[4] sieben[5]
10^{24}	Yotta	Y	siehe[6]	

Möglich wären auch folgende Ableitungen:

[1] von *tetra* (vier) ohne t; $10^{12} = 10^{3 \cdot 4} = 1000^4$
[2] von *penta* (fünf) ohne n; $10^{15} = 10^{3 \cdot 5} = 1000^5$
[3] von *hexa* (sechs) ohne h; $10^{18} = 10^{3 \cdot 6} = 1000^6$
[4] von *Zeta* der *siebte* Buchstabe im griechischen Alphabet; $10^{21} = 10^{3 \cdot 7} = 1000^7$
[5] von *hepta* (sieben) ohne p; w. o.
[6] als Gegensatz zu *Yocto* von *octo* (acht) mit Y; $10^{24} = 10^{3 \cdot 8} = 1000^8$

Abkürzungen

ADI:	Engl.: **A**cceptable **D**ayli **I**ntake, d. h. annehmbare tägliche Aufnahme.
BAL:	Engl.: **B**ritish **A**nti-**L**ewisite. Bezeichnung für Dimercaprol, Mittel gegen den Kampfstoff Lewisit
BTX-Aromaten:	Benzol, Tuluol und Xylol.
(CPD)	Kontaktpotentialdifferenz
DNA (DNS):	**D**esoxiribo**n**ucleic **a**cid.
DNS (DNA):	**D**esoxiribo**n**unucleinsäure
EC:	Eng.: **e**lectron **c**apture d. h. Elektroneneinfang
EDTA:	**E**thylene**d**iamine**t**etraacetid **a**cid d. h. Ethylendiamintetraessigsäure
Eloxal	Von: **el**ektrisch **ox**idiertes **Al**umium
(F)	Feldemission
GSI:	**G**esellschaft für **S**chwer**i**onenforschung; 1969 von der Bundesrepublik Deutschland und dem Land Hessen gegründete Gesellschaft, Sitz in Darmstadt.
GUS-Staaten:	**G**emeinschaft **U**nabhängiger **S**taaten, Nachfolgegemeinschaft der Sowjetunion UdSSR.
HILAC:	**H**eavy **I**on **L**inear **Ac**celerator, Schwerionenlinearbeschleuniger Lawrence Berkeley Laboratory, Kalifornien, USA.
IT	Engl.: **i**someric **t**ransition d. h. isomere Umlagerung
JINR	Joint Institut for Nuclear Research: Osteuropäisches Institut für Nuklearforschungg
MAK-Wert:	**M**aximale **A**rbeitsplatz **K**onzentration, Schadstoffkonzentration in der Luft, die am Arbeitsplatz nicht überschritten werden darf. MAK-Werte haben gesetzliche Verbindlichkeit.
MIBK	**M**ethyl**i**so**b**utyl**k**eton
MIK-Wert:	**M**aximale **I**mmisions **K**onzentration, Richtwerte ohne rechtliche Bedeutung. MIK – für kurzfristige Belastung MIK – für Dauerbelastung
NMR-Spektroskopie:	Von engl.: **N**uclear **M**agnetic **R**esonanz d. h. magnetische Kernresonanzspektroskopie, bzw. kernmagnetische Resonanzspektroskopie, bzw. Kernspinresonanzspektroskopie.
NTA	**N**itrilo**t**riacetic **a**cid d. h. Nitrilotrieessigsäure
PAN:	**P**oly**a**cryl**n**itrit
PAR:	4-(2-**P**yridylazo)-**r**esorcin
PSE:	**P**eriodensystem der **E**lemente
(P)	Photoemission
PVC:	**P**oly**v**inyl**c**hlorid (Kunststoff)
RNA:	**R**ibo**n**ucleic **a**cid d. h. Ribonucleidsäure (RNS soll nicht mehr benutzt werden)
sf::	Engl.: **s**pontaneous **f**ission d. h. spontane Spaltung
SHIP:	**S**eparator for **H**eavy **I**on Reaction **P**roducts; Gescdhwindigkeitsfilter der GSI.
SIS:	**S**chwer**i**onen**s**ynchrotron, Beschleunigerkomplex der GSI in Darmstadt zur Beschleunigung schwerer Ionen bis Uran. Es hat einen Gesamtdurchmesser von 70 m und ist über einen 150 m langen Transferkanal mit dem UNILAC verbunden.
SU:	**S**owjet**u**nion
(T)	Thermische Emission

TBP	**Tr**i**b**utyl**p**hosphat
TEB (TEL):	**T**etra**e**thyl**b**lei
TEL (TEB):	Engl.: **T**etra**e**thyl**l**ead
TRK-Wert:	**T**echnische **R**icht**k**onstante für krebserzeugende Stoffe.
UdSSR:	Sowjetunion
UNILAC:	Von engl.: **U**niversal **L**inear **A**ccelerator", Schwerionenlinearbeschleuniger der GSI, Darmstadt, zur Beschleunigung von Ionen aller Massenzahlen auf Energien bis zu 10 MeV/u. Gesamtlänge 120 m, maximale Energie der Teilchen bis 200 GeV (einschl. SIS).
WGO:	**W**elt**g**esundheits**o**rganisation
WHO:	Engl.: **W**orld **H**ealth **O**rganisation d. h. Weltgesundheitsorganisation.
Zeiteinheiten:	
s	Sekunden
m, min	Minuten
h	Stunden (von lat.: *hora* d. h. Stunde)
d	Tage (von lat.: *dies* d. h. Tag)
a	Jahre (von lat.: *annus* d. h. Jahr)
Jh.	Jahrhundert
Jahrtsd.	Jahrtausend

Gefahrensymbole

E 

Explosions-
gefährlich

O 

Brand-
fördernd

F 

Leicht
entzündlich

F+ 

Hoch-
entzündlich

T 

Giftig

T+ 

Sehr giftig

C 

Ätzend

Xn 

Gesundheits-
schädlich

Xi 

Reizend

N 

Umwelt-
gefährlich

Radioaktiv

Das griechische Alphabet

$A\ \alpha$ alpha	$B\ \beta$ beta	$\Gamma\ \gamma$ gamma	$\Delta\ \delta$ delta	$E\ \varepsilon$ epsilon	$Z\ \zeta$ zeta	$H\ \eta$ eta	$\Theta\ \vartheta$ theta
$I\ \iota$ jota	$K\ \varkappa$ kappa	$\Lambda\ \lambda$ lambda	$M\ \mu$ my	$N\ \nu$ ny	$\Xi\ \xi$ xi	$O\ o$ omikron	$\Pi\ \pi$ pi
$P\ \varrho$ rho	$\Sigma\ \sigma$ sigma	$T\ \tau$ tau	$Y\ \upsilon$ ypsilon	$\Phi\ \varphi$ phi	$X\ \chi$ chi	$\Psi\ \psi$ psi	$\Omega\ \omega$ omega

Literaturverzeichnis

Abelson, P. H.: Discovery of Neptunium in: Transuranium Elements – A Half Century, American Chemical Society, Washington, DC, 1992.

Armbruster, P. et al.: Atomic Physics, ISR, Vol. 9, Nr. 4. Dez. 1984.

Armbruster, P.: On the Production of Heavy Elements by Cold Fusion. Ann.Rev.Nucl.Part.Sci. 35 (1985) 135.

Armbruster, P., Münzenberg, G.: Die schalenstabilisierten schwersten Elemente, Spektrum der Wissenschaft 9 (1988) 42.

Armbruster, P.: Die schwersten Elemente der Ordnungszahlen 107, 108 und 109. GSI, Vorträge 7. September 1992.

Armbruster, P.: Element 110 entdeckt, Spektrum der Wissenschaft, Januar 1995.

Armbruster, P.: Die Synthese überschwerer Elemente, Spektrum der Wissenschaft, Dezember 1996

Asimov, I. A.: A Short History of Chemistry, Garden City 1964.

Beyer, Walter.: Lehrbuch der organischen Chemie, Hirzel Verlag, Stuttgart 1991.

Binder, H.: Formeln und Tabellen der Physik, Ferdinand Schöningh Verlag, Paderborn 1980.

Bock, R. et al.: Nuclear Reactions Induced by Heavy Ions, ISR Vol. 9, Nr. 4, Dez. 1984.

Bock, R., Herman, G., Siegert, G.: Schwerionenforschung; Beschleuniger, Atomphysik, Kernphysik, Kernchemie. Wissenschaftliche Buchgesellschaft, Darmstadt 1993.

Böhm, W.: Die Naturwissenschaftler und die Philosophie. Wien/Freiburg im Breisgau/Basel 1961.

Böhne, D.: Heavy Ion Accelerators, ISR, Vol. 9, Nr. 4, Dez. 1984.

Brockhaus Enzyklopädie, 19. Auflage (ab 1986), Band 1 bis 24; F. A. Brockhaus, Mannheim.

Bugge, G. (Hrsg.): Das Buch der großen Chemiker, Bad 1 u. 2. Berlin 1929/1930. Nachdruck: Weinheim 1965.

Cooper, D. G.: Das Periodensystem der Elemente, Verlag Chemie GmbH Weinheim, 1983.

Deutscher Zentralausschuß für Chemie, Internationale Regeln für die chemische Nomenklatur und Terminologie, Band 1 und 2; Verlag Chemie, Weinheim 1970 bis 1990.

DIN 32640, Chemische Elemente und einfache anorganische Verbindungen, Dezember 1986.

DIN Deutsches Institut für Normen eV; DIN-Normen für den Unterricht, Band 1; Beuth Verlag GmbH, Berlin, Köln 1985.

Dörrenbächer, A.: Iupac-Regeln und DIN-Normen im Chemieunterricht; Aulis Verlag Deubner & Co KG, Köln 1990.

Emsley, John: The Elements, Second Edition, Clarendon Press. Oxford 1991

Engels, S.; Stolz, R.: ABC Geschichte der Chemie; VEB, Deutscher Verlag für Grundstoffindustrie, Leipzig 1989.

Engels, S.; Nowak, A.: Auf der Spur der Elemente; VEB Deutscher Verlag für Grundstoffindustrie, Leipzig 1977.

Enzyklopädie Naturwissenschaft und Technik, Band 1 bis 5; Zweiburgen Verlag, Weinheim 1981.

fachlexikon abc-forscher und erfinder, Verlag Harri Deutsch Thun, Frankfurt am Main 1992.

fachlexikon abc-Chemie, Band 1 und 2, Verlag Harri Deutsch Thun, Frankfurt am Main 1987.

Figurowsky, N.: Die Entdeckung der chemischen Elemente und der Ursprung ihrer Namen; Aulis Verlag Deubner & Co KG, Köln 1981.

Fischer, B. E. and Spohr, R.: Applied Heavy Ion Research, ISR, Vol. 9, Nr. 4, Dez. 1984.

Folger, H. et. al.: Development of ^{207}Pb, ^{208}Pb, and ^{209}Bi target wheels in the synthesis auf $_{107}Ns$, $_{108}Hs$ and $_{109}Mt$, North-Holand Physics Publishing, 1993.

Fürst, L., Müller, W.: Elemente aus der Retorte; Rainer Wunderlich Verlag Hermann Leins, Hrg. A. v. Cube, Tübingen, 1972.

Gefahrenstoff-Vorschriften; GefStoffV, 2. Auflage, ecomed Verlagsgesellschaft mbH, 1986.

Ghiorso, A., Thompson, S. G., Higgins, G. H., Seaborg, M., Studier, M., Fields, P. R., Fried, S. M., Diamond, H., Mech, J. F., Pyle, G. L., Huizenga, J. R. Hirsch, H., Browne, C. I., Smith, H. L., Spence, R. W.: New Elements Einsteinium and Fermium, Atomic Number 99 and 100, Phys. Rev. 99 (1955) 1048.

Ghiorso, A., Harvey, B. G., Choppin, G. R., Thompson, S. G., Seaborg, G. T., New Element Mendelevium, Atomic Number 101, Phys. Rev. 98 (1955) 1518.

Ghiorso, A., Sikkeland, T., Walton, J. R., Element 102, Phys.Rev.Lett. 1 (1958) 18.
Ghiorso, A., Sikkeland, T., Larsh, A. E., Latimer, R. M., New Element, Lawrencium, Atomic Number 103. Phys.Rev.Lett. 6 (1961) 473.
Ghiorso, A., Nurmia, M., Harries, J., Eskola, K., Eskola, P., Positive Identification of two Alpha-Particle-Emitting Isotopes of Element 104. Phys.Rev.Lett. 22 (1969) 1317.
Ghiorso, A., Nurmia, M., Eskola, K., Harris, J., Eskola, P., New Element Hahnium, Atomic Number 105. Phys.Rev.Lett. 24 (1970) 1498.
Ghiorso, A., Nitschke, J. M., Alonso, J. R., Nurmia, M., Seaborg, G. T., Hulet, E. K., Lougheed, R. W., Element 106, Phys.Rev.Lett. 33 (1974) 1490.
Ghiorso, A., Lee, D. u. a.: Evidence for the possible synthesis of element 110 produced by the $^{59}Co + ^{209}Bi$ reaction, Physical Review C, Vol. 51, Nr. 5, May 1995.
Gisbert, Freiherr zu Putlitz: Introduction to Heavy Ion Research, ISR, Vol. 9, Nr. 4, Dez. 1984.
Gmelin, J. K.: Geschichte der Chemie, Band 1 bis 3, Göttingen 1779/1799. Nachdruck: Hildesheim 1965.
Gmelin, L.: Gmelins Handbuch der anorganischen Chemie, 8. Aufl. Weinheim, Verlag Chemie seit 1922; Berlin, Springer seit 1974.
Greenwood, N. N., Earnshaw, A.: Chemistry of the Elements; Pergamon Press, 1990.
Günther, H.: Exotic Nuclei, ISR, Vol. 9, Nr. 4, Dez. 1984.
Haissinsky, M.; Adloff, J. P.: Dictionnaire Radiochemique des Éléments, Editions René Kister, Genève 1963.
Heinig, K. (Hrsg.): Biographien deutscher Chemiker, Berlin 1964, 5. Aufl.: 1983.
Herder-Lexikon; Naturwissenschaftler; Verlag Herder, Freiburg im Breisgau 1979.
Hermann, G.: Synthese schwerster chemischer Elemente – Ergebnisse und Perspektiven. Angew. Chem. 100 (1988) 181.
Hofmann, S. et al.: Production and decay of $^{269}_{110}$; Z.Phys.A 350 (1995) 277–280.
Hofmann, S. et al.: The New Element 111; Z.Phys.A 350 (1995) 281–282.
Hofmann, S.: The New Element 112; Z.Phys.A February 21, 1996.
Hollemann-Wiberg: Lehrbuch der anorganischen Chemie; 91–100 Auflage, Walter de Gruyter Berlin, New York 1985.
Höfling, O.: Lexikon der Schulphysik; Geschichte der Physik; Aulis Verlag Deubner & Co KG, Köln 1971.
Hörath, H.: Giftige Stoffe der Gefahrenstoffverordnungen; 2. Auflage, Wissenschaftliche Verlagsgesellschaft mbH, Stuttgart 1981.
International Union of Pure and Applied Chemistry (IUPAC), Manual of Symbols and Terminology for Physicochemical Quantities and Units; Butterworths Scientific Publications, London 1975.
International Union of Pure and Applied Chemistry, and International Union of Pure and Applied Physics, Discovery of the Transfermium Elements, Pure and Appl.Chem. 65 (1993) 1757.
Katz, J. J., Seaborg, G. T. and Morss, L. R.: The Chemistry of the „„Actinoide““ Elements, 2nd Ed, Chapman and Hall, London, 1986 BVol. 1 und 2.
Koch, G. Hrg. Gmelins Handbuch der anorganischen Chemie, Transurane, Bd. 7 a, 7 b, Verlag Chemie, Weinheim, 1973.
Kuroda, P. K.: The Origin of the Chemical Elements and the Oklo Phenomen, Springer-Verlag, Berlin–Heidelberg, 1982.
Kraft, G.: Biological and Medical Research with Heavy Ions, ISR, Vol. 9. Nr. 4, Dez. 1984.
Lazarev, Yu, A., Oganessian Yu.Ts. et al.: α decay of $^{273}110$: Shell closure at $N = 162$. Physical Review C, Vol. 54, Nr. 2, August 1996
Mackensen, L.: Deutsches Wörterbuch; Südwest Verlag, München 1986.
Massain, R.: Chimie et chmimistes; Editions Magnard, Paris 1982.
McMillan, E., Abelson, P. H.: Radioactive Element 93, Phys. Rev. 57 (1940) 1185.
Münzenberg, G.: On the road to superheavy nuclei-The discovery of the elements 107 to 109. Reprinted from Proceedings of The Robert A. Welch Foundation Conferece on Chemical Research, Huoston Texas Oct. 22–23. 1990.
Münzenberg, G.: The Prospects of Heavy Element Research. GSI.
Münzenberg, G. et al.: Identification of Element 107 by alpha Correlation Chains. Z.Phys.A – Atoms and Nuclei 300 (1981) 107.
Münzenberg, G. et al.: The identification of Element 108. Z.Phys.A – Atoms and Nuclei 317 (1984) 235.
Münzenberg, G. et al.: Observation of the Isotopes $^{264}_{108}$ and $^{265}_{108}$. Z.Phys.A – Atomic Nuclei 328 (1987) 49.
Münzenberg, G.: Attempt to Synthesize Element 110 by Fusion of Ni and Pb. GSI Darmstadt Scientific Report 1985, GSI 86–1, 1986.

Münzenberg, G. et al.: Observation of One Correlated alpha-Decay in the Reaction Fe–58 + Bi–209 ⟶ 109–266. Z.Phys.A – Atoms and Nuclei 309 (1982) 89.

Münzenberg, G. und Schädel, M.: Moderne Alchemie; Die Jagd nach den schwersten Elementen, Braunschweig/Wiesbaden: Vieweg 1996.

Nuklidkarte; Kernforschungszentrum Karlsruhe, November 1995.

Oganessian, Yu. Ts.: Transmendelevium Elements; the Present and the Future. The R. A. Welch Foundation Conference on Chemical Research, October 22–23, 1990, Houston, Texas.

Pershina, V. G.: Chem. Rev. Vol. 96; 1977–2010 (1996).

Personen Lexikon, Band 1 und 2; Chronik Verlag, Dortmund 1983.

Pilgrim, E.: Entdeckung der Elemente; Mundus-Verlag, Stuttgart 1950.

Pschyrembel, W.: Klinisches Wörterbuch, 256 Auflage; Verlag Walter de Gruyter, Berlin, New York 1990.

Römpp Chemie Lexikon: 9. Auflage, Band 1 bis 6, Georg Thieme Verlag, Stuttgart, New York 1995.

Schädel, M.: Chemistry of the Transactinide Elements; Radiochim, Acta 70/71, 207–223 (1995).

Schädel, M., J. V. Kratz: Chemie des Seaborgiums – Chromatographie mit einzelnen Atomen; Phys. Bl. 53 (1997) Nr. 9.

Schädel, M. et al.: Chemical properties of element 106 (seaborgium); Nature, Vol. 388, 3. July 1997.

Schwerionenforschung in Darmstadt, Stand und Perspektiven; GSI 1994.

Seaborg, G. T., Loveland, W. D.: The Elements Beyond Uranium. John Wiley & Sons, Inc. New York, 1990.

Seaborg, G. T.: Transuranium Elements, Products of Modern Alchemy. Dowden, Hutchinson und Ross, Stroudsburg, 1978.

Seaborg, G. T.: Transuranium Elements: Past, Present, Future; Accounts of Chemical Research (Acc.Chem.Res.) 28, 257–264 (1995).

Siegert, G.: Element 109 entdeckt, CLB, Heft 12/1982.

Siegert, G.: Element 108 entdeckt, CLB, Heft 7/1984. Umschau Verlag, Frankfurt/M.

Spronsen, J. W. van: Das Periodensystem der Elemente. Eine Geschichte der ersten hundert Jahre; Elvesier, Amsterdam 1969.

Strube, I., Stolz, R., Remane, H.: Geschichte der Chemie. Ein Überblick von den Anfängen bis zur Gegenwart; Deutscher Verlag der Wissenschaften, Berlin 1986.

Strube, W.: Der historische Weg der Chemie; Aulis Verlag Deubner & Co KG, Köln 1971.

Taube, P. R., Rudenko, J. I.: Die chemischen Elemente; Aulis Verlag Deubner & Co KG, Köln 1968.

The Project Physics Course: Project Physics, Harvard University, New York, Toronto 1970.

Thompson, S. G., Ghiorso, A., Seaborg, G. T.: Element 97, Phys.Rev. 77 (1950) 298.

Thompson, S. G., Street, K., Ghiorso, A., Seaborg, G. T.: Element 98, Phys.Rev. 78 (1950) 298.

Ullmanns Encyklopädie der technischen Chemie; 4. Auflage, 25 Bände, Verlag Chemie, Weinheim 1972–1984.

Webster's New Universal Unabridged Dictionary; Corset & Baber Cleveland Ohio USA 1979.

Willmes, A.: Taschenbuch Chemische Substanzen; Verlag Harri Deutsch, Thun und Frankfurt am Main, 1993.

Zeitschrift; Spektrum der Wissenschaft, März 1995: Neuer Erfolg der GSI-Element 111 entdeckt.

Zeitschrift GSI: Im Wunderland der Atome und Kerne. edit fr1.

Namenregister

P

Q

R

S

T

U

V

W

Y

Sachregister

B

C

D

E

C

D

E

F

G

H

I

J

K

L

M

N

O

P

Q

R

S

T

U

V

W

X

Y

Z